聚氨酯原料及助剂手册

第二版

HANDBOOK OF RAW MATERIALS AND ADDITIVES FOR POLYURETHANES

刘益军　编著

化学工业出版社

·北京·

本书收集了大量聚氨酯相关化学品的资料，包括化学和物理性质、中英文名称和缩写、特性及用途、主要生产厂商等，部分原料助剂还简述了制造方法等，并在2005年第一版的基础上做了较多的更新。全书分12章，内容包括各种多异氰酸酯、聚醚多元醇、聚酯多元醇、其他含活性氢低聚物、扩链剂和交联剂、催化剂、阻燃剂、泡沫塑料助剂、溶剂及增塑剂、防老剂和稳定剂、填料和色浆、聚氨酯涂料等CASE材料助剂、低聚物多元醇原料、改性单体、除水剂、抗静电剂、偶联剂、脱模剂等。本书具有较高的参考价值，是聚氨酯的基本工具书，可供聚氨酯原料、助剂和各种聚氨酯材料生产和开发、聚氨酯材料应用人员参考，也适合于相关高分子材料领域的研发人员使用。

图书在版编目（CIP）数据

聚氨酯原料及助剂手册/刘益军编著．—2版．—北京：化学工业出版社，2012.11（2025.5重印）

ISBN 978-7-122-15362-3

Ⅰ．①聚…Ⅱ．①刘…　Ⅲ．①聚氨酯-原料-手册②聚氨酯-助剂-手册　Ⅳ．①TQ323.804-62

中国版本图书馆CIP数据核字（2012）第221971号

责任编辑：赵卫娟　　文字编辑：冯国庆
责任校对：顾淑云　　装帧设计：韩　飞

出版发行：化学工业出版社（北京市东城区青年湖南街13号　邮政编码100011）
印　　装：北京盛通数码印刷有限公司
787mm×1092mm　1/16　印张31¾　字数818千字　　2025年5月北京第2版第12次印刷

购书咨询：010-64518888　　售后服务：010-64518899
网　　址：http://www.cip.com.cn
凡购买本书，如有缺损质量问题，本社销售中心负责调换。

定　　价：148.00元

第二版前言

《聚氨酯原料及助剂手册》自2005年出版以来，受到业界的欢迎，是聚氨酯行业的热销书之一。

从2004年完稿、2005年出版迄今已有七八年的时间，该书中部分内容已显陈旧。聚氨酯行业的发展一日千里，跨国公司的并购频繁，国内外知名公司的产品牌号等变动不少，很多厂家的产品推陈出新。在聚氨酯业内人士和化学工业出版社有关人员的热情建议下，作者对书中的部分内容进行了修订。除了对聚氨酯原料助剂产品目录、化学品物性、应用领域等进行了大量补充和更新外，还对原书中的个别不妥之处作了修正。由于工作变动、工作繁忙等原因，从2010年在香港工作时着手修订，断断续续，到2012年上半年在南京完稿，耗时2年，对热切盼望本书出版的读者致歉！

修订后全书分为12章，内容包括各种多异氰酸酯（含二异氰酸酯）、聚醚多元醇、聚酯多元醇、其他含活性氢低聚物、扩链交联剂、低聚物多元醇原料、催化剂、阻燃剂、泡沫助剂、溶剂及增塑剂、防老化助剂和稳定剂、填料和色浆、聚氨酯CASE助剂（"CASE"在聚氨酯行业是涂料、胶黏剂、密封胶和弹性体等非泡沫材料的俗称，在本书经常出现的CASE应用领域，就不再一一注解）等。本版内容比第一版丰富。由于篇幅有限，本次修订删去了原版不太重要的部分内容，原版部分资料与本次增加的资料有所互补，请读者在使用本书时注意。

本次修订工作得到了不少厂家和业内专家、读者的支持，在此表示感谢！

因作者的能力和水平有限，且数据繁杂、工作量较大，个别数据包括生产厂商名称可能存在不足之处，作者无法一一核实，请读者见谅，并欢迎指正，以备在下次印刷前修正。作者电子信箱：njliuyj@163. com。

刘益军

2012年9月于南京

第一版前言

聚氨酯材料是一类产品形态多样的多用途合成树脂，它以泡沫塑料、弹性体、涂料、胶粘剂、纤维、合成革、防水材料以及铺装材料等产品形式，广泛地用于交通运输、建筑、机械、电子设备、家具、食品加工、纺织服装、合成皮革、印刷、矿冶、石油化工、水利、国防、体育、医疗等领域。由于聚氨酯配方灵活、产品形式多样、制品性能优良，在各行各业中的应用越来越广泛。目前，我国聚氨酯制品年产量已超过 150 万吨，市场年增长率在 10%左右，发展平稳。

聚氨酯是多元醇（包括二元醇）和多异氰酸酯（包括二异氰酸酯）等的反应产物。有机多异氰酸酯及（聚醚、聚酯等）低聚物多元醇两大主要原料，通常占聚氨酯制品（不包括溶剂）质量的 80%以上。而聚氨酯材料的多样化、高性能离不开助剂。助剂用量虽少，却是聚氨酯材料的关键原材料。主原料和助剂的发展，促进了聚氨酯新材料的开发。助剂品种很多，从功能上分有催化剂、扩链剂、交联剂（固化剂）、阻燃剂、发泡剂、泡沫稳定剂、抗氧剂、紫外光吸收剂、抗水解剂、杀菌（防霉）剂、偶联剂、底涂剂、抗静电剂、流变助剂和增稠剂、流平剂、润湿分散剂、颜料和色浆、除水剂、改性单体及树脂、脱模剂等，其中有的还可分出几个小类。原料助剂的化学成分也很多，有多异氰酸酯、聚醚多元醇、聚酯多元醇、小分子二醇和三醇、芳香族二胺、改性有机硅、卤代烃、磷酸酯、丙烯酸酯、位阻酚、叔胺、有机金属化合物、酮、酯碳化二亚胺、氧化烯烃、碳酸酯、内酯等。

国内出版的聚氨酯方面的参考书虽已有 10 多种，但对于原料和助剂的介绍很不系统，国外也没有聚氨酯原料助剂方面的专著。聚氨酯专业技术人员在工作中经常感到查阅某些聚氨酯原料和产品性能数据的不便，迫切需要这方面的工具书。作者早在数年前就有编写聚氨酯原材料资料手册的想法，并一直注意收集资料，只是因为工作繁忙，没有形成写作计划。2003 年，终于下定决心付诸行动。

作者在本手册中收集了大量聚氨酯相关化学品的资料，包括其化学和物理性质、中英文名称和缩写、CAS 编号（美国化学文摘登记号）、特性及用途、主要生产厂商等，部分原料助剂还简述了制造方法等。希冀对广大聚氨酯研究开发、生产及应用人员，以及聚氨酯原料助剂生产和研发人员有参考价值，成为常用的聚氨酯工具书。

全书分 15 章，内容包括各种多异氰酸酯（含二异氰酸酯）、聚醚多元醇、聚酯多元醇、其它含活性氢低聚物、扩链交联剂、低聚物多元醇原料、催化剂、阻燃剂、发泡剂、泡沫稳定剂、溶剂及增塑剂、防老剂和稳定剂、填料和色浆、聚氨酯 CASE 助剂、改性单体及助剂、脱模剂等。

本书写作过程中参考了大量的最新资料，借助了因特网的信息渠道，许多物性参数是综合而成。写作中虽然力求严谨、突出资料数据的权威性，但因作者的能力和水平有限，且数据繁杂、时间仓促，少数物性数据缺乏来源，个别数据包括生产厂商名称可能存在错误，作者无法一一核实，请读者见谅，并欢迎指正，以备在下次印刷前修正。作者电子信箱：njliuyj@163.com。

聚氨酯涉及门类繁多，不仅是聚氨酯产品，而且助剂和原料品种牌号也在不断地更新，厂商也在经常变化。如有新产品出现，欢迎厂家技术人员及知情者向作者举荐，争取在修订时进行补充和更新。

限于篇幅，对大部分原料助剂产品以介绍物性为主。本手册不是产品说明书，作者力求客观地介绍聚氨酯的原料和助剂的特点和物性数据，读者如需了解其应用性能数据，可进一步查询其它聚氨酯资料，或直接向有关公司（包括跨国公司在我国的代表处）及经销商详询。

本书在选题时得到了李绍雄先生的指导，并且承蒙他对部分章节进行了审阅，在此谨表谢忱。在资料收集和编写中得到了有关公司和专家的支持，特别是南京水利科学研究院、南京瑞迪高新技术公司总经理黄国泓教授在工作中给予的支持，在此一并感谢。

刘益军

2004 年 10 月

目 录

· 第 1 章 · 多异氰酸酯

多异氰酸酯是所有聚氨酯材料必不可少的原料之一，其种类比较多，从原料工业化来源、经济性和产品物性等方面考虑，目前聚氨酯工业中实际使用的多异氰酸酯原料以 TDI、MDI 和 PAPI 为主。其中 TDI 主要用于制造软质聚氨酯泡沫塑料、聚氨酯涂料、浇注型聚氨酯弹性体、胶黏剂、铺装材料和塑胶跑道等，MDI 多用于制造热塑性聚氨酯弹性体、合成革树脂、鞋底树脂、喷涂聚氨酯（脲）树脂、单组分溶剂型胶黏剂等，PAPI 主要用于合成硬质聚氨酯泡沫塑料、胶黏剂等。还有一些小品种多异氰酸酯，如脂肪族二异氰酸酯 HDI、IPDI 用于不黄变聚氨酯漆，芳香族二异氰酸酯 NDI、PPDI 用于高性能聚氨酯弹性体等，三异氰酸酯用作聚氨酯及其他树脂的交联剂等。本章将从二异氰酸酯单体、二异氰酸酯衍生物、三异氰酸酯、PAPI 及改性 MDI、封闭型异氰酸酯等方面进行介绍。

1.1 二异氰酸酯单体

1.1.1 甲苯二异氰酸酯

简称：TDI。

TDI 有 2,4-TDI 和 2,6-TDI 两种异构体。TDI 工业品以 2,4-TDI 和 2,6-TDI 质量比 80∶20 的混合物（简称 TDI-80 或 TDI-80/20）为主，还有纯 2,4-TDI（又称 TDI-100）和 TDI-65(2,4-TDI 和 2,6-TDI 两种异构体质量比约为 65∶35 的混合物）产品。

英文名：toluene diisocyanate；isocyanic acid，methylphenylene ester；1,3-diisocyanatomethyl benzene 等。

2,4-TDI 英文名：2,4-toluene diisocyanate；toluene-2,4-diisocyanate；2,4-diisocyanato-1-methylbenzene；4-methyl-*m*-phenylene diisocyanate；isocyanic acid，4-methyl-*m*-phenylene ester；2,4-diisocyanatotoluene；4-methyl-1,3-phenylene diisocyanate 等。

2,6-TDI 英文名：2,6-toluene diisocyanate；1,3-diisocyanato-2-methylbenzene；2,6-diisocyanatotoluene 等。

TDI 的分子式为 $C_9H_6N_2O_2$，分子量为 174.15。

TDI（异构体混合物）的 CAS 编号为 26471-62-5，EINECS 号为 247-722-4；2,4-TDI 的 CAS 编号为 584-84-9，EINECS 号为 209-544-5；2,6-TDI 的 CAS 编号为 91-08-7，EINECS 号为 202-039-0。

结构式：

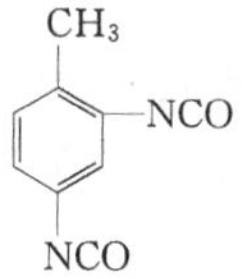

CH_3 NCO NCO

2,4-TDI

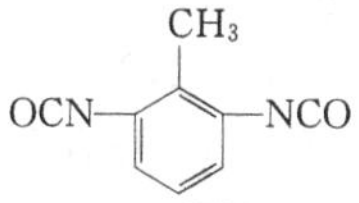

CH_3 OCN NCO

2,6-TDI

物化性能

常温下 TDI 为无色或淡黄色有特殊刺激性气味的透明液体，长期遇光照颜色可变黄。不溶于水，但与水发生化学反应产生 CO_2 气体。溶于丙酮、乙酸乙酯、甲苯和卤代烃等。TDI-80 在 10℃以下放置会产生白色结晶。TDI 的典型物理性质见表 1-1。

表 1-1 甲苯二异氰酸酯的典型物理性质

项 目	TDI-100	TDI-80	TDI-65
凝固点/℃	19.5～22	11.5～14	3.5～7
相对密度(d_4^{20})	1.22		
沸点/℃	251(101kPa),120(1.33kPa),100(0.47kPa)		
蒸气压/Pa	1.33(20℃),2.7 (25℃),7.46(35℃),16.0(45℃)		
蒸气相对密度	6(以空气相对密度为 1 计)		
闪点/℃	127(2,4-TDI 闭杯),132(开杯)		
在空气中可燃极限(体积分数)/%	0.9～9.5		
蒸发热/(kJ/kg)	369(120℃),365(180℃)		
比热容/[kJ/(kg·K)]	1.46(20℃),1.71(100℃)		
折射率	1.569(20℃),1.566(25℃)		
NCO 质量分数/%	48.2		
黏度(20℃)/mPa·s	3.2		

注：表中数据大部分来源于 BASF TDI 手册；TDI-65 的蒸气压（25℃）为 3.3Pa。

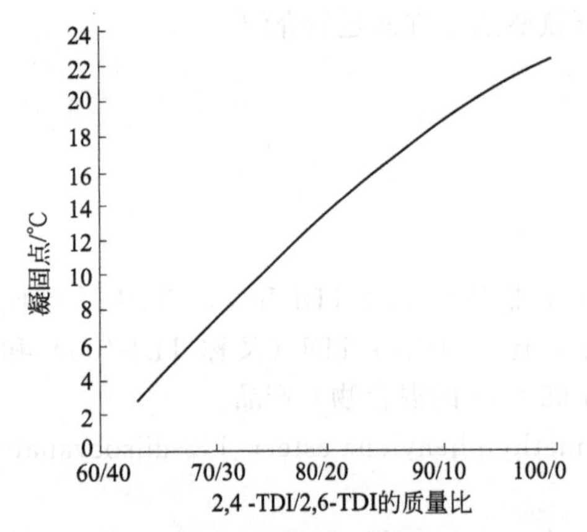

图 1-1 TDI 异构体比例与凝固点的关系

2,4-TDI 的熔点（凝固点）约为 21℃，沸点为 252～254℃，DSC 法测定的沸点约为 249℃，相对密度（25℃）为 1.214。2,6-TDI 的熔点（凝固点）为 8～10.5℃，沸点为247～249℃，DSC 法测定沸点为 244℃，减压蒸馏沸点为 130℃/2.4kPa、96℃/200Pa，相对密度（20℃）为 1.226。

TDI-80 饱和蒸气浓度：20℃环境下约 13ppm，25℃下约 26ppm；TDI-65 的饱和蒸气浓度在 25℃下约 33ppm（体积分数与质量体积浓度的换算关系：1ppm＝7.11mg/m³，或 1mg/m³＝0.14ppm)。

TDI 中 2,4-和 2,6-异构体的比例影响它的物性，如凝固点、黏度。随着 2,4-异构体含量的增加，TDI 产品的凝固点上升，如图 1-1 所示。

2,4-TDI 和 2,6-TDI 异构体的含量（或比例）可以通过它们的红外吸收光谱中波长 12.25μm 和 12.75μm 的峰高来测定。

2,4-TDI 的红外光谱如图 1-2 所示。

TDI 容易与含有活泼氢原子的化合物如胺、水、醇发生反应，放出大量热。TDI 与水反应生成二氧化碳，是软质块状聚氨酯泡沫塑料制造过程中的关键反应之一。因 TDI 遇潮气变质，应避免接触湿气和水。它能与强氧化剂发生反应，可燃。加热至高温分解可放出有毒的氰化物和氮氧化物。

产品牌号及性能指标

蓝星化工有限责任公司的 TDI 产品（TDI-80）纯度≥99.9%，2,4-异构物含量 80%，酸度≤0.004%，可水解氯（质量分数）≤0.005%，总含氯量（质量分数)≤0.01%，色度(APHA)≤15。甘肃银光聚银化工股份有限公司 TDI-100 的总纯度≥99.9%，其中 2,4-TDI 含量≥98.3%，总氯含量≤0.01%，酸度≤0.005%，色度（APHA)≤15。

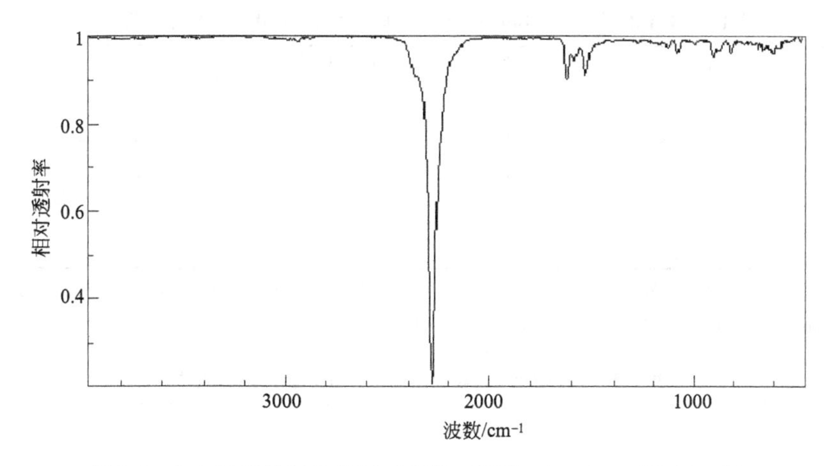

图 1-2 2,4-TDI 的红外光谱（来源：NIST Chemistry WebBook）

表 1-2～表 1-8 为几个公司的 TDI 产品质量指标。

表 1-2 河北沧州大化 TDI 有限责任公司 TDI 产品质量标准

指标名称		优级品	一级品	合格品
纯度/%	≥	99.5	99.0	98.5
(2,4-/2,6-)异构比/%		80/20 (±1.0)	80/20 (±2)	80/20 (±2)
可水解氯/(mg/kg)	≤	100	100	100
酸度/(mg/kg)	≤	40	50	80
色度(APHA)	≤	25	25	35

注：甘肃银光聚银化工股份有限公司质量标准与河北沧州大化 TDI 有限责任公司优级品指标基本相同，色度≤15。产品质量符合国家军用标准 GJB 2614—1996《甲苯二异氰酸酯规范》。

表 1-3 Bayer 公司 TDI 系列产品规格及参考指标

项目	Desmodur		Mondur		
	T100	T80	TDS	TD 80	TD 或 TD-65
酸度/%	≤0.004	≤0.004	≤0.004	0～0.010	≤0.005
水解氯/%	≤0.010	≤0.010	≤0.010	0～0.015	≤0.007
色度(APHA)	—	—	≤25	≤15	≤20
TDI 质量分数/%	≥99.5	≥99.5	≥99.5	≥99.7	≥99.7
2,4-体质量分数/%	≥99.0	80.5±1.0	≥98.0	80.5±1.0	66.0±1.0
2,6-体质量分数/%	—	19.5±1.0	≤2.0	19.5±1.0	34.0±1.0
NCO 质量分数/%	≥48.0	≥48.0	48.0	48.0	48.0
凝固点/℃	约 22	约 14	21	13	4

注：Bayer MaterialScience LLC（Bayer 北美公司）的 TDI-100 牌号为 Mondur TDS，TDI-80 牌号为 Mondur TD-80，TDI-65 牌号为 Mondur TD 或 TD-65。

另外，Desmodur T80P、Mondur TDS grade E 是高酸度 TDI 产品，其中 Desmodur T80P 的酸度和水解氯分别为 0.013%～0.018%和 0.015%～0.020%，Mondur TDS E 的酸度和水解氯均为 0.010%～0.015%。Mondur TD-80 有 A、B 两个品种，Mondur TD-80 A 的酸度和水解氯分别是 0～0.004%、0～0.007%，Mondur TD-80 B 是高酸度产品，其酸度和水解氯指标分别是 0.009%～0.010%、0.008%～0.015%。

Bayer 公司供应亚太地区的 Desmodur T80C 是用于生产软质聚氨酯泡沫塑料的标准型 TDI 产品，Desmodur T65N 是 TDI-65 产品，用于生产聚酯型、黏弹性等特种聚氨酯软泡。它们的 NCO 质量分数均约 48.3%。

表 1-4 BASF 公司和 Huntsman 聚氨酯公司的 TDI-80 产品质量指标

项 目	Lupranate T80 1 型	Lupranate T80 2 型	Suprasec TDI 80/20
TDI 质量分数/%	≥99.5	≥99.5	≥99.7
2,4-TDI 质量分数/%	80±1	80±1	约 80
总酸度/%	0.003	0.007～0.009	1 型 0.002～0.004 2 型 0.007～0.011
水解氯/%	0.007	0.008～0.012	—
色度(APHA)	≤15	≤15	≤15

注：Lupranate T80 为 BASF 公司的 TDI 牌号，其中 2 型为高酸度 TDI 产品；Suprasec TDI 80/20 为 Huntsman 公司的牌号，Huntsman 公司 TDI 80/20 另一个牌号是 Rubinate TDI。

表 1-5 Perstorp 公司 Scuranate TDI 系列产品指标

产 品 牌 号	化 学 成 分	水解氯/%	总酸度/%	色度 APHA
Scuranate T80	TDI 80/20	<0.007	<0.004	<40
Scuranate T65	TDI 68/32	<0.010	<0.005	<40
Scuranate T100	2,4-TDI	<0.015	<0.013	<30
Scuranate TX	TDI 95/5	<0.010	<0.0015	<40

注：相同的物性：相对密度（25℃）为 1.22，黏度（25℃）为 3mPa·s。Scuranate TDI 原是 Lyondell 化学公司的产品牌号，该业务 2008 年已经被瑞典 Perstorp 公司收购。

表 1-6 日本三井化学株式会社的 TDI 产品牌号及质量指标

牌号 Cosmonate	外观	TDI 纯度或 NCO 含量/%	黏度(25℃)/mPa·s	水解氯/%
T-80	无色透明液体	纯度 99.5%以上	—	≤0.01
T-65	透明液体	纯度 99.5%以上	—	0.01～0.013
T-100	透明液体	纯度 99.5%以上	—	0.01～0.013
T-21	透明液体	纯度 99.5%以上	—	≤0.01
TX-101	茶褐色液体	NCO 含量 45.8±0.5	≤20	≤0.05

表 1-7 日本聚氨酯工业株式会社的 TDI 产品质量指标

品 名	纯度/%	水解氯/%	凝固点/℃	主要用途
Coronate T-80	≥99.6	≤0.01	12.0～13.4	软质泡沫
Coronate T-65	≥99.5	≤0.01	5.7～6.5	高回弹软泡
Coronate T-100	≥99.5	≤0.01	≥20	涂料、弹性体

表 1-8 韩国 KPX 精细化工公司的 TDI 产品质量指标

项 目		Konnate T-80	Konnate T-100	Konnate T-65
TDI 质量分数/%	≥	99.7	99.7	99.7
2,4-TDI/%		80±1	≥98	65±2
2,6-TDI/%		20±1	≤2	35±2
酸度(HCl 计)/%	≤	0.0015	0.002	—
水解氯/%	≤	0.004	0.005	0.01
总氯化物(Cl)/%	≤	0.018	0.018	0.2
色度(APHA)	≤	15	20	20

Dow 化学公司的 TDI 产品牌号为 Voranate T-80，分普通低酸度（Ⅰ型）和高酸度（Ⅱ型）产品。它们的标称 NCO 质量分数为 48.2%。

韩国 OCI 株式会社（OCI Company Ltd.）的几种 TDI 产品牌号分别为 Orinate-80、Orinate-65 和 Orinate-100。Orinate-80 的总纯度≥99.7%，2,4-和 2,6-异构体含量（%）分别为 80±1、20±1，酸度（HCl）为 0.002%～0.004%，水解氯（HCl）≤0.01%，总氯≤0.10%，色度（APHA）≤15。

制法

TDI工业化生产主要由甲苯经硝化生成二硝基甲苯，然后经催化氢化生成二氨基甲苯，最后与光气反应制得。

国内外工业生产TDI的方法大多采用液相光气化法工艺。光气法反应大致由5个工序组成：一氧化碳和氯气反应生成光气；甲苯与硝酸反应生成二硝基甲苯（DNT）；DNT与氢反应生成甲苯二胺（TDA）；经干燥处理过的TDA与光气反应生成甲苯二异氰酸酯（TDI）。而Bayer公司在上海的30万吨/年TDI装置是第一套应用该公司开发的气相法新工艺生产TDI的世界级装置。

TDI工业产品以TDI-80为常见。TDI-65等产品可以通过结晶后分离两种异构体而制备。TDI-100含99%左右的2,4-TDI，可在纯化工序中通过结晶特性制备。

特性及用途

甲苯二异氰酸酯是聚氨酯合成最重要的二异氰酸酯产品，广泛用于软质聚氨酯泡沫塑料、涂料、弹性体、胶黏剂、密封胶及其他聚氨酯产品。

TDI是一种芳香族二异氰酸酯，反应活性较脂肪族异氰酸酯高，TDI本身及其聚氨酯产品长期暴露在自然光下会发生黄变。TDI所含的NCO基团活性很大，易与水、醇、胺等起反应，这些反应可被碱性物质和许多种金属化合物催化，若操作不当可引起急剧放热升温而产生质量或安全事故，故需小心对待。TDI在一定条件如在加热、某些催化剂存在条件下可自聚成二聚体或多聚体。

TDI工业品中以TDI-80用途最广，主要用途包括聚氨酯软泡、聚氨酯弹性体、涂料、胶黏剂等，TDI-80在TDI系列产品中消耗量最多，尤其在各种聚氨酯软泡领域的使用量最大；TDI-100结构规整，可用于合成特殊的预聚体，主要用于浇注型聚氨酯弹性体、聚氨酯涂料；TDI-65主要用于高承载及高回弹聚氨酯软泡、聚酯型聚氨酯泡沫塑料等。另外，高2,4-TDI含量的TDI产品TX（Perstorp公司产品）主要用于聚氨酯涂料和聚氨酯胶黏剂/黏合剂产品。

少数公司提供高酸度的特殊TDI产品，主要用于合成预聚体，制备的预聚体具有较好的贮存稳定性。

毒性及防护

大鼠经口急性中毒半致死剂量 $LD_{50}=4130mg/kg$，大鼠吸入急性中毒半致死浓度 $LC_{50}=14mL/(m^3 \cdot 4h)$，吸入 $LCLo \approx 600mL/(m^3 \cdot 6h)$；小鼠经口 $LD_{50}=1950mg/kg$，吸入急性中毒半致死浓度 $LC_{50}=10mL/(m^3 \cdot 4h)$；兔经皮 $LD_{50}>10mL/kg$。本品急性吸入毒性较高，经口毒性较低。主要有明显刺激作用。对眼、呼吸道黏膜和皮肤有刺激作用，并引起支气管哮喘。人的嗅觉阈为0.35～0.92mg/m³。浓度达3～3.6mg/m³时，对黏膜有刺激；浓度约27.8mg/m³时对眼和呼吸道有严重刺激。

车间空气卫生标准：中国制订的最大允许浓度（MAC）为0.2mg/m³；美国政府工业卫生学家协会（ACGIH）规定的8h加权平均浓度（TLV-TWA）是0.036mg/m³或 0.005×10^{-6}、短期暴露极限浓度（STEL）为0.14mg/m³或 0.02×10^{-6}；英国对所有异氰酸酯规定8h的时间加权平均浓度（TWA）按NCO计为0.02mg/m³，10min短期暴露极限浓度TWA为0.07mg（NCO）/m³；德国TRGA900规定工作场所TDI浓度极限值为0.01mL/m³（0.01×10^{-6}）或等同于0.07mg/m³。

TDI已被归入剧毒化学品目录，销售、运输和使用受到严格管制。

接触TDI的操作人员应穿防毒物渗透工作服，戴化学安全防护眼镜，戴橡胶耐油手套。如空气中浓度超标时，必须佩戴自吸过滤式防毒面具。

如果皮肤接触 TDI 则宜用乙醇、洗手液或肥皂、清水等清洗，眼睛接触则立即提起眼睑，用大量流动清水或生理盐水彻底冲洗至少 15min，并就医。如吸入 TDI 蒸气，则迅速脱离现场至空气新鲜处。

生产厂商

河北沧州大化 TDI 有限责任公司，甘肃银光化学工业公司（甘肃银光聚银化工股份有限公司），山西太原蓝星化工有限责任公司，烟台巨力异氰酸酯有限公司，台湾南亚塑胶工业股份有限公司，辽宁北方锦化聚氨酯有限公司，德国 Bayer MaterialScience 公司，德国 BASF 公司，上海巴斯夫聚氨酯有限公司，拜耳上海一体化基地，瑞典 Perstorp 公司，美国 Dow 化学公司，日本三井化学株式会社，韩国 KPX 精细化工公司，韩国 OCI 公司，日本聚氨酯工业株式会社等。

1.1.2 二苯基甲烷二异氰酸酯

简称：MDI，国外也有简称 MMDI（单体 MDI）、MBI。

别名：二苯基亚甲基二异氰酸酯，亚甲基双(4-苯基异氰酸酯)，亚甲基二苯基二异氰酸酯，二苯甲烷二异氰酸酯，单体 MDI 等。

二苯基甲烷二异氰酸酯（MDI）一般有 4,4′-MDI、2,4′-MDI 和 2,2′-MDI 三种异构体，而以 4,4′-MDI 为主，2,4′-MDI 和 2,2′-MDI 无工业化纯产品。

英文名（4,4′-MDI）：4,4′-diphenylmethane diisocyanate；1-isocyanato-4-(4-isocyanatobenzyl) benzene；methylenedi (*p*-phenylene isocyanate)；4,4′-methylene di (phenylene isocyanate)；4,4′-diisocyanatodiphenylmethane 等。

2,4′-MDI 的英文名：1-isocyanato-2-(4-isocyanatobenzyl) benzene；2,4′-Diphenylmethane diisocyanate 等。

2,2′-MDI 的英文名：1-isocyanato-2-(2-isocyanatobenzyl) benzene；2,2′-Diphenylmethane diisocyanate 等。

分子式为 $C_{15}H_{10}N_2O_2$，分子量为 250.25。

4,4′-MDI 的 CAS 编号为 101-68-8，EINECS 号为 202-96-60；2,4′-MDI 的 CAS 编号为 5873-54-1，EINECS 号为 227-534-9；2,2′-MDI 的 CAS 编号为 2536-05-2，EINECS 号为 219-79-94。MDI 异构体混合物的 CAS 编号为 26447-40-5，EINECS 号为 247-714-0。

结构式：

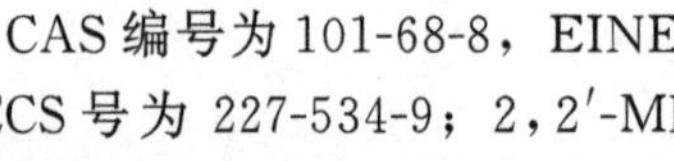

OCN—C₆H₄—CH₂—C₆H₄—NCO

4,4′-二苯基甲烷二异氰酸酯
(4,4′-MDI)

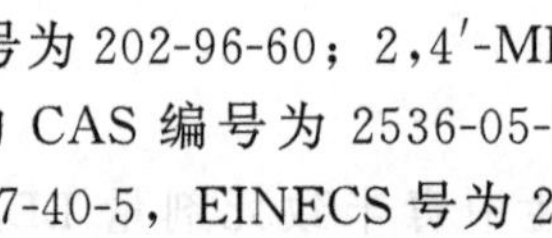

2,4′-二苯基甲烷二异氰酸酯
(2,4′-MDI)

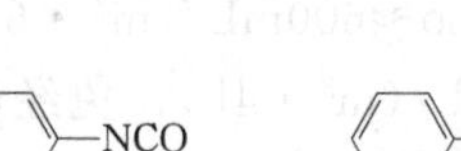

2,2′-二苯基甲烷二异氰酸酯
(2,2′-MDI)

物化性能

通常，纯 MDI 一般是指 4,4′-MDI，即含 4,4′-二苯基甲烷二异氰酸酯 99%以上的 MDI，又称 MDI-100，MDI 以 4,4′-MDI 为主要成分，此外它还有少量 2,4′-MDI 和 2,2′-MDI 这两种异构体，其中 2,2′-MDI 异构体的含量很低（一般小于 0.5%）。

常温下 4,4′-MDI 是白色至浅黄色固体，熔点为 38～43℃，熔化后为无色至微黄色液体。MDI 可溶于丙酮、四氯化碳、苯、氯苯、硝基苯、二氧六环等。MDI 在 230℃以上蒸馏易分解、变质。MDI 在贮存过程缓慢形成不熔化的二聚体，但低水平二聚体（0.6%～0.8%）的存在不影响 MDI 的外观及性能。4,4′-MDI 的典型物性见表 1-9。

表 1-9　4,4′-MDI 的典型物性

项　　目	指　　标	项　　目	指　　标
外观	白色固体	黏度(50℃)/mPa·s	约 5
分子量	250.26	蒸气压(25℃)/Pa	约 0.001
NCO 质量分数/%	33.5	蒸气压(45℃)/Pa	约 0.01
熔点范围/℃	39～43	蒸气压(100℃)/Pa	约 2.6
沸点(0.67kPa)/℃	196	凝固点/℃	38
沸点(常压 101.3kPa)/℃	364(DSC 法)	比热容(40℃)/[J/(g·K)]	1.38
相对密度(20℃固体)	1.325	熔化热/(J/g)	101.6
相对密度(50℃熔融)	1.182	燃烧热/(kJ/g)	29.1
折射率(50℃)	1.5906	闪点(COC 开杯)/℃	200～218

注：Dow 公司的 MDI 产品说明书比热容为 1.80J/(g·K)，熔化热为 136.3J/g (32.6cal/g)。

在高温时 MDI 的蒸气压（即 MDI 的沸点与真空度）的关系见表 1-10。其饱和蒸气浓度（45℃，计算值）约为 1.5mg/m^3。

表 1-10　在较高温度下 MDI 的蒸气压与温度的关系

温度/℃	160	169	180	197	208	216	222	229	241
蒸气压/Pa	107	267	360	800	1333	1866	2533	3466	5065

中国国家标准 GB/T 13941—1992 中 4,4′-MDI 优等品和一等品的纯度≥99.6%。

2,4′-MDI 的熔点范围为 34～38℃，蒸气压<0.014Pa。市场上没有纯 2,4′-MDI 产品。据 Huntsman 公司的资料，2-位（邻位）的 NCO 基团的反应活性比 4′-位（对位）的 NCO 基团低 3 倍。

除了固态 4,4′-MDI 外，市场上的液态 MDI 单体（不含改性 MDI）一般是 2,4′-MDI 和 4,4′-MDI 含量各 50%左右的高 2,4′-MDI 含量 MDI 产品，业内称为“MDI-50”。

与 4,4′-MDI 相比，高 2,4′-MDI 含量的 MDI 产品具有相对较低的反应活性和熔点。一般情况下，当 MDI 中 2,4′-异构体含量大于 25%（质量分数）时，在常温下是液态，稍低温度仍会结晶。高 2,4′-MDI 含量的 MDI 产品最佳贮存温度是 25～35℃。由高 2,4′-MDI 含量 MDI 产品制备的预聚体，其黏度比由 4,4′-MDI 制备的相同 NCO 含量预聚体的低。

据有关资料介绍，下列物质的其中一种可用作 MDI 的稳定剂，存在于 MDI 产品中：亚磷酸三苯酯（TPP），邻苯二甲酸二壬酯（DNP），磷酸三乙酯（TEP），2,6-二叔丁基对甲酚（BHT）。其浓度范围是 0.02%～0.1% [(200～1000)×10^{-6}]。

产品牌号及性能指标

烟台万华聚氨酯有限公司的纯 4,4′-MDI 产品牌号为 Wannate MDI-100，而 4,4′-MDI 与 2,4′-MDI 的混合物产品牌号为 Wannate MDI-50，它们的基本物理性能指标见表 1-11。

表 1-11　烟台万华聚氨酯有限公司的 Wannate MDI 主要物理性能指标

项　　目		MDI-100	MDI-50
外观		白色或微黄晶状固体	无色或微黄透明液体
纯度(MDI 总含量)/%	≥	99.6	99.6
熔点(凝固点)/℃		38～39(≥38.1)	≤15
相对密度(50℃/4℃)		1.19	1.22～1.25

续表

项　　目	MDI-100	MDI-50
黏度(50℃)/mPa·s	4.7	3～5
水解氯/%　≤	0.005	0.005
环己烷不溶物/%　≤	0.3	0.3
4,4′-异构体含量/%	≥98	50±5
2,4′-异构体含量/%	≤2	50±5
色度(APHA)　≤	30	30

德国 Bayer MaterialScience 公司（Bayer MaterialScience AG）的 4，4′-MDI 产品 Desmodur 44 系列中，Desmodur 44M 未做稳定化处理；Desmodur 44MC 为经酸化稳定处理的产品（水解氯含量 0.004%～0.006%），特别适合用于制备预聚体。Desmodur TP. PU 0118 为低变色 4，4′-MDI 产品。Bayer MaterialScience 北美分公司（Bayer MaterialScience LLC）的 4,4′-MDI 产品牌号为 Mondur M。Bayer 公司的纯 4，4′-MDI 产品片状、块状和液体三种供货形式的技术指标基本相同，除了表 1-11 中所列的指标，Desmodur 44M 的苯基异氰酸酯含量≤10mg/kg，蒸气压（20℃）≤0.001Pa。Mondur M 的片状、块状和液体产品的二聚体含量典型值分别为 0.7%、1.0% 和 0.3%。片状产品的表观密度较低，例如 Desmodur 44M 片状产品的松装密度约为 0.422g/cm³，Mondur M 的片状产品密度为0.55～0.70g/cm³。另外 Mondur MB 和 Mondur MQ 都是高纯度 4，4′-MDI 产品，用于生产聚氨酯弹性体、胶黏剂、涂料和预聚体。Bayer 公司高 2，4′-MDI 含量 MDI 产品 Desmodur 2460M（加有抗变色稳定剂）、Desmodur LS 2424，及 Bayer 北美公司的同类产品 Mondur ML、Mondur MLQ，其 2，4′-MDI 的含量均在 55%左右。Mondur MLQ 的凝固点较低，为 11～15℃，NCO 质量分数 33.4%。Bayer 公司的单体 MDI 产品的典型物性及质量指标见表 1-12。

表 1-12　Bayer 公司的单体 MDI 产品的典型物性及质量指标

Desmondur 牌号	44M	Mondur M	Mondur ML	2460 M	LS 2424	TP. PU 0129	TP. PU 0317
外观	无色到浅黄固/液		无色到浅黄色透明液体				
纯度(总 MDI)/%	≥99.5		≥99.5				
NCO 质量分数/%	33.6(理论值)		33.4～33.6	33.6(理论值)			
凝固点/℃	≥38.4	约 39	15～20	<20	<20	12～20	30～35
相对密度(25℃)	1.19(45℃)		1.19	1.21	1.21	1.21	1.21
黏度(25℃)/mPa·s	4.1(40℃)	NA	10	11	12±2	NA	NA
水解氯/%	≤0.005	≤0.002	NA	≤0.005			
酸度/(mg/kg)	NA	≤15	≤30	NA			
二聚体含量/%	液 0.1，固 0.7		≤0.3	NA			
4,4′-MDI 含量/%	98	≥95	40～50	≥38.5	≥39.2	≥38.5	≥74.5
2,4′-MDI 含量/%	≤1.8	NA	50～60	55.0±5.0	55.0±5.0	55.0±5.0	21±2
2,2′-MDI 含量/%	0	NA	NA	≤0.8	≤0.8	≤1.5	≤1.2
闪点/℃	212	202	198	NA			

注：NA 表示数据不详（或保密），全书同。

BASF 公司纯 MDI 产品典型物性见表 1-13。Lupranate MS 和 Lupranate 251 是含防黄变稳定剂的纯 4，4′-MDI，用于浅色场合。由于添加剂的差别，Lupranate MS 其制品不能用于接触食品的用途。而 Lupranate 251（其技术指标与 Lupranate MS 的相同）制造的聚氨酯可用于接触食品的用途。Lupranate MI 是 MDI-50 产品。BASF 公司有好几种液态的 MDI 替代品，这些产品的特点是：使用方便，NCO 含量与纯 MDI 相近，用途包括弹性体、鞋底、密封胶和胶黏剂等。例如，表 1-13 中的 Lupranate LP30 是指在 30℃仍是液体的特殊

MDI，外观为浅黄色低黏度液体，建议贮存温度是 30～40℃，低于 30℃会有结晶，并且有 MDI 二聚体产生。Lupranate 227 也是轻度改性的 MDI，据有关资料介绍，该产品含低于 7.0%碳化二亚胺改性的 MDI 和其他助剂，建议贮存温度是 20～35℃。另外，Lupranate LP27 也是一种与 LP30 相似的高 4,4′-MDI 含量、高贮存稳定性的低黏度液体 MDI 单体，官能度为 2.01，NCO 含量 32.4%。另外该公司的 Lupranate 265 是与 Lupranate M、MS 指标相同的纯 4,4′-MDI。

表 1-13　BASF 公司纯 MDI 产品典型物性

性　　能	牌号 Lupranate				
	M	MS	MI	LP30	227
外观	固体	固体	液体	液体	液体
纯度(MDI 总含量)/%	99.5	99.5	99.5	＞95.0	＞93.0
NCO 质量分数/%	33.5	33.5	33.5	33.0	32.1
熔点/℃	38.5	38.5	10～15	≤30	≤20
黏度(25℃)/ mPa·s	—	—	15	16	15
相对密度(25℃)	1.22	1.22	1.22	1.22	1.22
水解氯/(mg/kg)	＜20	＜20	＜70	—	—
4,4′-异构体含量/%	约 98	约 98	49±3	约 95	约 81
2,4′-异构体含量/%	约 2	约 2	约 50	＜2	＜15
蒸气压(25℃)/Pa	0.04	＜0.0013	0.04	0.0013	0.004
闪点(COC)/℃	199	199	199	200	199

日本聚氨酯工业株式会社 4,4′-MDI 产品牌号为 Millionate MT（白色至微黄色固体）、Millionate MT-F（白色至微黄色片状），纯度≥99.5%，凝固点≥38℃，水解氯≤0.005%。

日本三井化学株式会社的纯 MDI 产品牌号为 Cosmonate PH，有透明熔融液体、白色固体和白色薄片三种供应形式，纯度和水解氯含量与其他公司的相同。韩国锦湖三井化学株式会社的纯 MDI 牌号也是 Cosmonate PH，其纯度≥99.8%，NCO 质量分数为 33.6%，色度（APHA）为 20，水解氯≤0.002%，凝固点为 38.7℃，沸点为 314℃，蒸气压约为 1Pa。

Dow 化学公司的纯，4,4′-MDI 产品牌号有 Isonate M124（特殊产品用于纤维）、Isonate 125M、Isonate 125MCJ、Isonate 125MH、Isonate 125MDR 和 Isonate 125MK 等，根据产品说明书，它们的所有技术指标基本相同，含 98%左右的 4,4′-MDI 和 2%左右的 2,4′-MDI；高 2,4′-MDI 含量的单体 MDI 产品牌号为 Isonate 50 O，P′。它们的典型物性见表 1-14。

表 1-14　Dow 化学公司的单体 MDI 质量指标及典型物性

性　　能		Isonate 125M	Isonate 50 O,P′
NCO 质量分数/%		33.5	33.5
2,4′-MDI 质量分数/%		2	50
水解氯/(mg/kg)		18	18
酸度(以 HCl 计)/(mg/kg)	≤	30	30
黏度/mPa·s		5(43℃)	10(25℃)
密度(43℃)/(g/mL)		1.18	1.20
蒸气压/Pa	＜	0.013	0.013
闪点(闭杯)/℃	＞	177	177
比热容/[J/(g·K)]		1.80	1.80
熔化热/(J/g)		136	—
凝固点/℃		38	20

Huntsman 聚氨酯公司的几种纯 MDI 产品，NCO 质量分数都为 33.5%，黏度（50℃）约为 5mPa·s。产品牌号及产品描述如下。

Rubinate 44	高纯度 4,4′-MDI，常温下为固体
Suprasec 1000	未经稳定化处理的纯 MDI
Suprasec 1100	稳定化的纯 MDI，用于生产软包装胶黏剂预聚体
Suprasec 1306	高纯度 4,4′-MDI，以固体或熔融液态形式供应
Suprasec 1400	稳定化改性的 MDI，用于生产低 NCO 含量预聚体
Suprasec 1004	70%4,4′-MDI 和 30%2,4′-MDI 混合物，低反应性、低黏度（13mPa·s），NCO 含量约 32.8%
Suprasec 3051	50%4,4′-MDI 和 50%2,4′-MDI 混合物，即 MDI-50

制法

MDI 是由苯为原料合成的，工艺步骤包括：苯用硝酸硝化生产硝基苯，硝基苯加氢还原生产苯胺，苯胺与甲醛进行缩合反应得到二氨基二苯甲烷（MDA），MDA 进行光气化反应并精制得到 MDI。

一般情况下，苯胺与盐酸生成苯胺盐酸盐，再与甲醛反应缩合，转化生成 MDA，其生产方法有间歇法与连续法。间歇法：苯胺（1.0mol）与 25%～35%盐酸制成盐酸盐溶液，然后加 37%甲醛溶液，于 40℃缩合 2h，再于 90℃转位 10h，再用碱中和，分出油层，蒸馏分出 MDA，过量的苯胺回收再用，MDA 的收率为 83.6%（以消耗的苯胺计）。连续法：其优点是反应时间大为缩短，从而提高生产效率；制得的 4,4′-MDA 异构体含量高，省去提纯 MDA 的蒸馏、重结晶工序，易于大规模生产。

二苯基甲烷二胺的光气化一般分为低温反应与高温反应两步。

在合成 4,4′-MDA 的过程中，尚有副产物 2,4′-MDA 及部分低聚物。一般情况下，在制备 4,4′-MDI 时，二胺类化合物无需提纯分离，可直接用于光气化反应。在光气化之后，将产物进行减压蒸馏，得到精制的 4,4′-MDI。若真空蒸馏分离部分纯 MDI，剩下的部分含多官能度的异氰酸酯的混合物即为聚合 MDI（PAPI），称为 MDI/PAPI 联产法。

MDI 合成反应式如下：

$$2\,C_6H_5\text{-}NH_2 + HCHO \longrightarrow H_2N\text{-}C_6H_4\text{-}CH_2\text{-}C_6H_4\text{-}NH_2 + H_2O$$

$$H_2N\text{-}C_6H_4\text{-}CH_2\text{-}C_6H_4\text{-}NH_2 + 2COCl_2 \longrightarrow \underset{(MDI)}{OCN\text{-}C_6H_4\text{-}CH_2\text{-}C_6H_4\text{-}NCO} + 4HCl$$

在 MDI 的制造过程中，苯胺与甲醛缩合时，采用固体酸性硅酸铝等催化剂，可把 2,4′-MDA 异构体质量分数提高到 94%，而 4,4′-MDA 异构体只占 6%，光气化后则成为液态的 MDI。

特性及用途

二苯基甲烷二异氰酸酯（MDI）是用于聚氨酯树脂合成的一种重要的异氰酸酯。其分子结构中含有两个苯环，具有对称的分子结构，制得的聚氨酯弹性体具有良好的力学性能；MDI 的反应活性比 TDI 大；MDI 分子量比 TDI 大，蒸气压很低，挥发性较小，对人体的毒害相对较小。纯 MDI 主要应用于各类聚氨酯弹性体的制造，多用于生产热塑性聚氨酯弹性体、氨纶、PU 革浆料、鞋用胶黏剂，也用于微孔聚氨酯弹性材料（鞋底、实心轮胎、自结皮泡沫、汽车保险杠、内饰件等）、浇注型聚氨酯弹性体等的制造。

与纯 4,4′-MDI 相比，高 2,4′-MDI 含量的 MDI 产品具有较低的反应活性和熔点。由于 2,4′-MDI 与 4,4′-MDI 反应活性的差异，MDI-50 为模塑制品的生产提供了更好的流动性能，该产品可应用于软质、半硬质和微孔弹性体等各类聚氨酯泡沫塑料的生产，还用于聚氨酯弹性体制品、胶黏剂和黏合剂、密封胶、涂料等的生产。它作为 TDI 的替代品应用于软质聚氨酯泡沫的生产，可减轻环境污染，改善操作条件。

毒性及防护

MDI 的蒸气压比 TDI 低得多，挥发毒性比 TDI 弱。大鼠经口急性毒性 $LD_{50}=31690mg/kg$，大鼠吸入 $LC_{50}=178mg/m^3$，人 30min 吸入 $TCL_O=130mL/m^3$（Oxford MSDS）。

MDI 在空气中最大允许浓度（TLV）为 0.02cm^3/m^3（即 0.02ppm，相当于 0.2mg/m^3）。日本产业卫生学会的允许浓度为 0.05mg/m^3（1993 年），ACGIH TWA 的允许浓度为 0.005cm^3/m^3（或 0.051mg/m^3）(1996 年)。20℃常压下 MDI 蒸气体积分数与质量体积浓度的换算关系：1ppm=10.22mg/m^3，或 1mg/m^3=0.098ppm。

虽然 MDI 产品的挥发性较低，但 MDI 有一定的毒性和刺激性，易与水分反应，在操作时应小心谨慎，防止其与皮肤的直接接触及溅入眼内，建议穿戴必要的防护用品，如手套、工作服等。

贮存及熔化注意事项

由于 4,4′-MDI 的 NCO 邻位无取代基，活性比 TDI 还要高，即使在无催化剂的条件下，在室温也有部分单体缓慢自聚成二聚体，加热熔化 MDI 时二聚体不溶解，形成浑浊液或者有白色不溶性沉淀产生。另外，MDI 极易与水发生反应，生成不溶性的脲类化合物并放出二氧化碳，造成鼓桶并致熔融后的黏度增加。因此，MDI 一般需要在低温下保存，建议在 5℃以下贮存，最好是在 0℃以下隔绝空气贮存，尽早使用。根据 Bayer 公司 Mondur M 产品说明书，在 20～39℃放置数小时，就可能产生明显的二聚体沉淀。在 5℃贮存也只能有约 3 个月的保质期。在－20℃以下，可稳定贮存最长 6 个月的时间。根据 Dow 化学公司产品说明书，可在－20℃贮存 12 个月，在 43℃可贮存 45 天而维持液体状态透明。一般推荐已加温熔化了的液状 MDI 的贮存温度为 41～46℃，并及早用完。不宜再次冷冻贮存，更不宜反复冷冻-熔化，因为冷冻或熔化过程经过 20～39℃温度区，会以较快的速率产生二聚体。

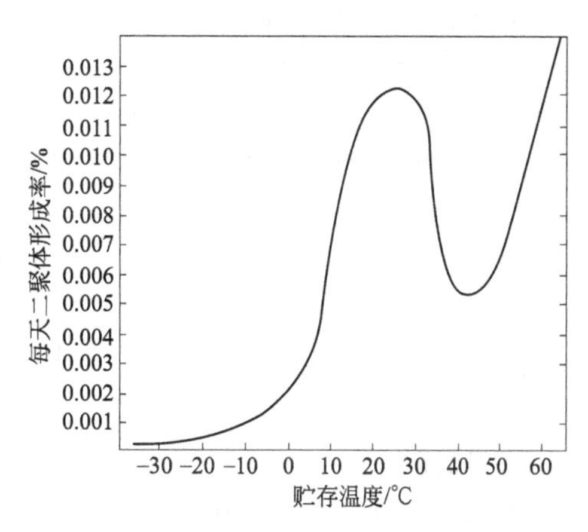

图 1-3 MDI 中二聚体的形成速率与贮存温度的关系

如图 1-3 所示为 MDI 中二聚体的形成速率与贮存温度的关系（从 Dow 公司资料整理）。可以看到，在 MDI 熔点（39℃左右）以下的温度，二聚体生成速率较快，所以应避免在较温暖的环境下贮存。另外应避免与潮气接触。

Dow 公司的产品说明书建议的 MDI 贮存期见表 1-15。

表 1-15 4,4′-MDI 在不同温度下的贮存期

温度/℃	－17.8	4.4	10	25	40.6	43.3	46.1	48.9
贮存期/天	300	68	33	不稳定	31	35	35	28

注：贮存期是指 MDI 按正确的操作熔化后呈透明液体而言，并且是平均值。

为保证二聚体的生成量最少，应采用尽可能快且均匀的加热方式熔化固体 MDI。建议采用装有滚桶装置的 80～100℃的热风烘箱烘化。烘化过程中应保证桶内 MDI 的温度不得超过 70℃。为避免局部过热而导致二聚体大量生成，不主张使用电加热装置。在确保料桶密封完好无泄漏的情况下，可以采用热水浴及常压蒸汽加热，并且转动 MDI 料桶使 MDI 熔化。应注意避免 MDI 接触水分。

某些特殊的 MDI 单体，如 MDI-50 以及轻度改性的液态“纯”MDI 替代品，可以在室温稳定贮存。

生产厂商

烟台万华聚氨酯股份有限公司，德国 Bayer MaterialScience 公司，美国 Dow 化学公司，美国 Huntsman 聚氨酯公司，德国 BASF 公司，拜耳上海一体化基地，上海巴斯夫聚氨酯有限公司，上海亨斯迈聚氨酯有限公司，日本三井化学株式会社，日本聚氨酯工业株式会社，日邦聚氨酯（瑞安）有限公司，韩国锦湖三井化学株式会社等。

1.1.3 异佛尔酮二异氰酸酯

简称：IPDI。

化学名称：3-异氰酸酯基亚甲基-3,5,5-三甲基环己基异氰酸酯。

IPDI产品是含 75%顺式和 25%反式异构体的混合物。

英文名：isophorone disocyanate；3-isocyanatomethyl-3,5,5-trimethylcyclohexyl isocyanate；5-isocyanato-l-(isocyanato-methyl)-1,3,3-trimethylcyclohexane；isocyanic acid methylene (3,5,5-trimethyl-3,1-cyclohexylene) ester。

分子式为 $C_{12}H_{18}N_2O_2$，分子量为 222.29。CAS 编号为 4098-71-9，EINECS 号为 223-861-6。

结构式：

NCO; H_3C; CH_2NCO; H_3C; CH_3

物化性能

无色或浅黄色液体，有轻微樟脑似气味，与酯、酮、醚、芳香烃和脂肪烃等有机溶剂完全混溶。IPDI 的典型物理性质见表 1-16。

表 1-16 异佛尔酮二异氰酸酯的典型物理性质

项目	指标	项目	指标
分子量	222.3	蒸气压(20℃)/Pa	0.04
外观	无色或浅黄色液体	蒸气压(25℃)/Pa	0.12
NCO 质量分数/%	37.5～37.8	蒸气压(50℃)/Pa	0.9
密度(20℃)/(g/cm³)	1.058～1.064	纯度/%	≥99.5
黏度(0℃)/mPa·s	37	闪点(闭杯)/℃	155
黏度(20℃)/mPa·s	15	折射率(25℃)	1.4829
沸点(1.33kPa)/℃	158	自燃温度/℃	430
沸点(13.3kPa)/℃	217	凝固点/℃	约－60
沸点(101.3kPa)/℃	310	比热容(20℃)/[J/(g·K)]	1.68
蒸气相对密度(空气 1)	7.63		

产品牌号及性能指标

德国 Evonik 工业公司（原 Degussa）的 IPDI 产品（牌号 Vestanat IPDI）指标为：纯度≥99.5%，NCO 质量分数为 37.5%～37.8%，水解氯含量≤200mg/kg，总氯≤400mg/kg，色度（APHA)≤30。

德国 Bayer 公司的 IPDI 产品（牌号 Desmodur I）指标为：纯度≥99.5%，NCO 质量分数≥37.5%，色度（Hazen)≤30，水解氯≤200mg/kg，总氯≤400mg/kg，黏度（25℃）约

10mPa・s。

瑞典 Perstorp 公司的 IPDI 产品（原属法国 Rhodia 公司，法国生产）的技术指标为：纯度＞99.5％，NCO 质量分数 37.5％～37.8％，水解氯含量＜200mg/kg，总氯小于 400mg/kg，色度（APHA）≤30。

制法

由丙酮三聚制成异佛尔酮，再与氢氰酸在 NaOH 存在下在甲醇中反应，制成β-氰基异佛尔酮；β-氰基异佛尔酮在高压氨存在下催化氨化加氢（或在甲酰胺作用下氨化加氢），制得异佛尔酮二胺；异佛尔酮二胺经光气化反应、精制，制得异佛尔酮二异氰酸酯。反应式如下。

IPDI 的工业产品是含顺式异构体（占 75％）和反式异构体（占 25％）的混合物。

特性及用途

IPDI 是脂肪族异氰酸酯，也是一种环脂族异氰酸酯，反应活性比芳香族异氰酸酯低，蒸气压也低。IPDI 分子中 2 个 NCO 基团的反应活性不同，因为 IPDI 分子中伯 NCO 受到环己烷环和α-取代甲基的位阻作用，使得连在环己烷环上的仲 NCO 基团的反应活性比伯 NCO 的高 1.3～2.5 倍。

IPDI 制成的聚氨酯树脂具有优异的光稳定性和耐化学药性，一般用于制造高档的聚氨酯树脂如耐光耐候聚氨酯涂料、耐磨耐水解聚氨酯弹性体，也可用于制造不黄变微孔聚氨酯泡沫塑料。

毒性及防护

大鼠经皮急性毒性值 LD_{50}＝1060mg/kg，大鼠吸入急性毒性 LC_{50}＝123mg/(m^3・4h)。

工作场所允许浓度：TLV（类同 TWA）＝0.005ppm（相当于 0.045mg/m^3）（ACGIH 1998 年）；MAK＝0.01ppm（相当于 0.094mg/m^3）（1996 年）。

IPDI 在德国的 8h 加权平均浓度职业暴露限值是 0.09mg/m^3 或等同 0.01mL/m^3（0.01ppm）。在英国对所有异氰酸酯规定 8h 的时间加权平均浓度（TWA）按 NCO 计为 0.02mg/m^3，10min 短期暴露极限浓度 TWA 为 0.07mg（NCO）/m^3。

使用 IPDI 时应穿实验服、戴手套，建议戴护目镜。

生产厂商

德国 Evonik Degussa 公司，瑞典 Perstorp 公司，德国 Bayer MaterialScience 公司，浙江丽水有邦化工有限公司，杭州伊联化工有限公司等。

1.1.4　六亚甲基二异氰酸酯

简称：HDI。

别名：己二异氰酸酯，1,6-亚己基二异氰酸酯。

英文名：1，6-hexamethylene diisocyanate；1，6-diisocyanatohexane；isocyanic acid, hexamethylene ester；hexane 1,6-diisocyanate；1,6-hexylene diisocyanate；hexamethylene-1,6-diisocyanate 等。

分子式为 $C_8H_{12}N_2O_2$，分子量为 168.19。CAS 编号为 822-06-0，EINECS 号为 212-485-8。

结构式：$OCN—CH_2CH_2CH_2CH_2CH_2CH_2—NCO$

物化性能

无色或微黄色的液体，有刺激性气味。微溶于水，在水中缓慢反应。常温下相对密度约为 1.05，沸点约为 255～261℃，熔点（凝固点）为－67～－55℃。20℃和 30℃的饱和蒸气浓度分别为 $46mg/m^3$ 和 $137mg/m^3$。

HDI 产品的典型物性及质量指标见表 1-17。

表 1-17 HDI 产品的典型物性及质量指标

项 目	指 标	项 目	指 标
外观	无色至微黄色液体	沸点(101kPa)/℃	255
分子量	168.2	凝固点/℃	－67
NCO 质量分数/%	49.7～49.9	黏度(25℃)/mPa·s	约 3
相对密度 d_4^{20}	1.05	闪点(开杯)/℃	135
折射率(20℃)	1.4530	比热容(25℃)/[J/(g·K)]	1.75
沸点(0.67kPa)/℃	112	纯度/%	99.5 以上
沸点(1.33kPa)/℃	120～125	蒸气压(20℃)/Pa	1.3～1.5
沸点(2.67kPa)/℃	140～142	自燃点/℃	454
沸点(13.3Pa)/℃	82～85	蒸气密度(空气 1)	6

关于 HDI 的蒸气压，不同的资料给出的数据不尽相同，Perstorp 公司 HDI 产品说明书中 HDI 的 20℃和 30℃下的蒸气压分别为 0.22Pa 和 0.72Pa。Bayer 公司 Desmodur H 产品说明书称 25℃时为 1.4Pa。而有的资料称 25℃时蒸气压为 6.7Pa（或 0.05mmHg），20℃时蒸气压为 1.3～1.5Pa。日本旭化成公司资料中 25℃时 HDI 的蒸气压为 1.65Pa。

HDI 的红外光谱如图 1-4 所示。

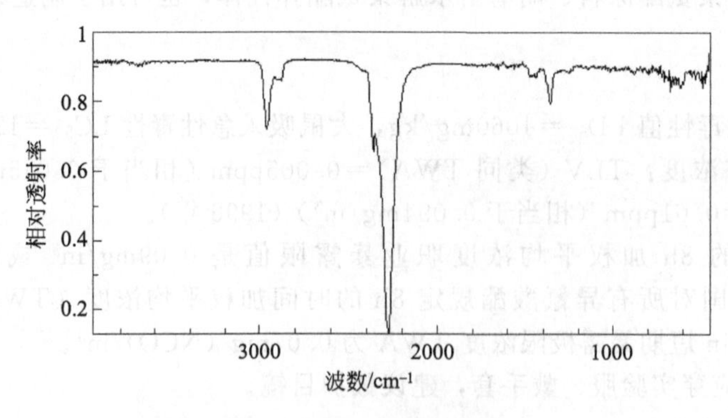

图 1-4 HDI 的红外光谱

产品牌号及性能指标

德国 Bayer 公司的 HDI 产品（牌号 Desmodur H），水解氯含量≤100mg/kg，总氯含量≤800mg/kg，色度（Hazen）≤30。

日本三井化学株式会社的 HDI（牌号 Takenate 700），纯度≥99.5%，水解氯含量≤

0.03%，色度（APHA）≤30。日本旭化成株式会社的 HDI 牌号为 Duranate 50M。日本聚氨酯工业株式会社的 HDI 纯度≥99.5%，水解氯含量≤0.03%。

跨国公司瑞典 Perstorp 公司的 HDI 产品（原属法国 Rhodia 公司），纯度≥99.5%，水解氯含量≤350mg/kg（即 0.035%），总氯含量≤1000mg/kg（即 0.01%），NCO 质量分数约 50%，色度（APHA）≤15。德国 Evonik Degussa 公司产品牌号为 Vestanat HDI。

制法

HDI 可由己二胺经光气化制得。光气化反应式如下：

$$H_2N—(CH_2)_6—NH_2+2COCl_2 \longrightarrow OCN—(CH_2)_6—NCO+4HCl$$

有专利采用非光气法制 HDI：在乙酸钴催化下，己二胺、尿素、乙醇反应在 170～175℃生成一种二氨基甲酸酯，这种二氨基甲酸酯在 260～270℃、在薄膜蒸发器中热分解，可得到 HDI。

特性及用途

HDI 是一种脂肪族多异氰酸酯，制得的聚氨酯制品具有不黄变的特点。它的反应活性较芳香族二异氰酸酯的小。由于 HDI 不含芳环，聚氨酯弹性体的硬度和强度都不太高，柔韧性较好。HDI 的挥发性较大，毒性也大，一般是将 HDI 与水反应制成缩二脲二异氰酸酯，或者催化形成三聚体，用于制造非黄变聚氨酯涂料、涂层、PU 革等。

毒性及防护

兔经皮急性毒性 $LD_{50}=0.57mg/kg$，小鼠皮肤敏感剂量 $SD_{50}=0.088mg/kg$。

在德国 HDI 的 8h 加权平均浓度职业暴露限值是 $0.035mg/m^3$ 或等同 $0.005mL/m^3$（ppm）。在英国对所有异氰酸酯规定 8h 的时间加权平均浓度（TWA）按 NCO 计为 $0.02mg/m^3$，10min 短期暴露极限浓度 TWA 为 0.07mg（NCO）/m^3。

HDI 可刺激皮肤、眼睛和呼吸道，应避免接触液体或其蒸气。操作时需戴防护手套（如 0.5mm 厚度以上的丁基橡胶手套或 0.4mm 厚度以上的氟橡胶手套）和防护目镜。如果 HDI 溅到眼睛里，应立即用自来水或者用特殊洗眼水冲洗，并尽快到医院处理。如果接触到皮肤，立即用大量水肥皂水冲洗，也可以用聚乙二醇水溶液擦洗。

生产厂商

德国 Bayer MaterialScience 公司，德国 Evonik Degussa 公司，日本聚氨酯工业株式会社，日本三井化学株式会社，日本旭化成株式会社，拜耳上海一体化基地，瑞典 Perstorp 公司等。

1.1.5 二环己基甲烷二异氰酸酯

简称：HMDI，$H_{12}MDI$，DMDI，氢化 MDI。

化学名称：4,4′-二环己基甲烷二异氰酸酯。

英文名：dicyclohexylmethane-4,4′-diisocyanate；hydrogenated MDI；methylene bis(4-cyclohexylisocyanate)；isocyanic acid，methylenedi-1,4-cyclohexylene ester；1,1-methylene bis（4-isocyanatocyclohexane）等。

分子式为 $C_{15}H_{22}N_2O_2$，分子量为 262.35。CAS 编号为 5124-30-1，EINECS 号为 225-863-2。

结构式：

OCN—⬡—CH_2—⬡—NCO

物化性能

室温下为无色至浅黄色液体，有刺激性气味，不溶于水，溶于丙酮等有机溶剂。对湿气敏感，与含活性氢的化合物起反应。在温度低于25℃可能会结晶。HMDI的物性及质量指标见表1-18。

表1-18 HMDI的物性及质量指标

项目	指标	项目	指标
外观	无色液体	闪点(COC开杯)/℃	约201℃
分子量	262.3	蒸气压(25℃)/Pa	0.002
NCO质量分数/%	31.8～32.1	蒸气压(150℃)/Pa	53
黏度(25℃)/mPa·s	约30	纯度/%	≥99.5
沸点(106Pa)/℃	160～165	色度(Hazen)	≤30
沸点(1.33kPa)/℃	206	水解氯/(mg/kg)	≤10
凝固点/℃	10～15	酸度(mg/kg)	≤10
相对密度(25℃)	约1.07	总氯/(mg/kg)	≤1000
折射率(25℃)	1.496		

注：产品指标以Bayer公司的Desmodur W的指标为主。

HMDI的红外光谱如图1-5所示。

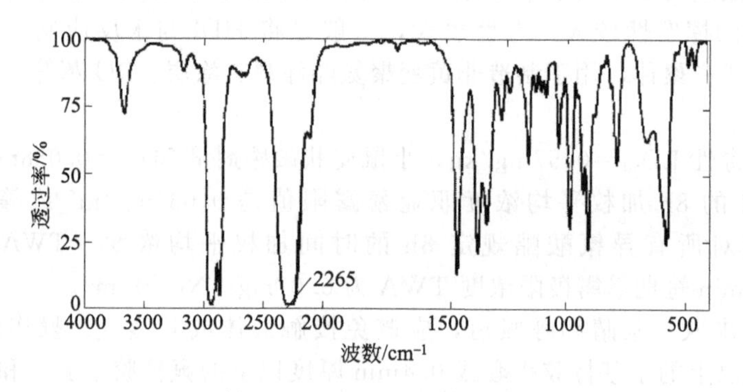

图1-5 HMDI的红外光谱

制法

H_{12}MDI的合成方法与MDI相似，也是以4,4′-二氨基二苯基甲烷为原料，不同的是在光气化前把MDA的苯环进行加氢。在钌系催化剂存在下，于溶剂中进行高温催化加氢制得4,4′-二氨基二环己基甲烷，然后再经过光气化反应制得H_{12}MDI。

MDA的加氢产物有几种，包括三种顺-反式异构体和多环多胺低聚物，可通过蒸馏的方法分离HMDA。Bayer公司开发了HMDA的光气化方法，在一定压力下，HMDA可连续碱光气化，得到HMDI。

据报道，也可用MDI得到的氨基甲酸二甲酯进行氢化，得到含亚环己烷环的氨基甲酸二甲酯，再在290℃热解、减压蒸馏，得到HMDI，得率72%左右。也可由封闭MDI进行苯环加氢，得到封闭型HMDI。

美国DuPont公司最早开发生产的HMDI牌号为Hylene W，现已归属Bayer公司生产，牌号Desmodur W。德国Hüls公司早期生产HMDI，后被Degussa公司收购，现归德国Evonik工业集团公司，产品牌号为Vestanat H_{12}MDI。

特性及用途

HMDI在化学结构上与4,4′-二苯基甲烷二异氰酸酯相似，以环己基六元环取代苯环，属脂环族二异氰酸酯。用它可制得不黄变聚氨酯制品，适合于生产具有优异光稳定性、耐候性和力学性能的聚氨酯材料，特别适合于生产聚氨酯弹性体、水性聚氨酯、织物涂层和辐射固化聚氨酯-丙烯酸酯涂料，除了优异的力学性能外，IPDI还赋予制品杰出的耐水解性和耐化学品性能。

毒性及防护

该二异氰酸酯蒸气压较MDI高，有刺激性，应穿戴好防护用具。美国国家职业安全和健康学会（NIOSH）建立的工作场所推荐性暴露极限浓度为0.01ppm（相当于0.11mg/m^3）；美国政府工业卫生学会（ACGIH）制定的8h工作制HMDI最低限值为0.005ppm（0.054mg/m^3）；德国职业暴露极限值是0.054mg/m^3（8h工作制平均值）；英国对于所有异氰酸酯，以NCO计，8h TWA允许浓度是0.02mg/m^3或10min短期TWA为0.07mg/m^3。

生产厂商

德国Bayer MaterialScience公司，德国Evonik工业公司，烟台万华聚氨酯股份有限公司等。

1.1.6 萘二异氰酸酯

简称：NDI。

化学名称：1,5-萘二异氰酸酯，萘-1,5-二异氰酸酯。

英文名：1,5-naphthylene diisocyanate；isocyanic acid，1,5-naphthylene ester；1,5-diisocyanatonaphthalene等。

分子式为$C_{12}H_6O_2N_2$，分子量为210.19。CAS编号为3173-72-6、25551-28-4（泛指萘二异氰酸酯），EINECS号为221-641-4。

结构式：

NCO

NCO

物化性能

NDI是白色至浅黄色片状结晶固体，其典型物性及质量指标见表1-19。

表1-19 NDI的典型物性及质量指标

项　目	指　标	项　目	指　标
分子质量	210.2	闪点/℃	155或192
外观	白色固体	蒸气压(20℃)/Pa	<0.001
NCO质量分数/%	40.8±1.0	比热容(25℃固态)/[J/(g·K)]	1.064
熔点(凝固点)/℃	126～130	折射率(130)	1.4253
沸点/℃		纯度/%	99.0
5×133.3Pa	167	水解氯/%	≤0.01
10×133.3Pa	183	总氯/%	≤0.1
密度(20℃)/(g/cm^3)	1.42～1.45		

日本三井化学株式会社的NDI产品（Cosmonate ND）的水解氯含量为0.004%～0.008%。Bayer公司的NDI产品牌号为Desmodur 15。

制法

NDI是用萘与硝酸经两次硝化制得二硝基萘，再还原得二氨基萘，再经光气化制得。反应式如下：

$+HNO_3$ → NO_2 / NO_2 $\xrightarrow{H_2}$ NH_2 / NH_2 $\xrightarrow{COCl_2}$ NCO / NCO (NDI)

目前部分小型公司用氯甲酸三氯甲酯（双光气，TCF）或二(三氯甲基)碳酸酯(BTC，三光气)代替光气合成这类特种多异氰酸酯。

特性及用途

NDI是高熔点芳香族二异氰酸酯，具有刚性芳香族萘环结构，用于制造高弹性和高硬度的聚氨酯弹性体。因为熔点高，制造聚氨酯弹性体的方法比较特殊。其预聚体不能稳定贮存。

用NDI制成的浇注型弹性体具有优异的动态特性和耐磨性，且阻尼小、回弹性高、内生热少，可应用于高动态载荷和耐热场合。用NDI制成的模压制品，撕裂强度高，磨耗小，压缩永久变形低，回弹性优异。微孔NDI基聚氨酯弹性体制品在动态载荷下，内生热低，永久变形小，且能保持良好的刚性。这种特殊微孔聚氨酯材料主要用于汽车减震缓冲部件。

生产厂商

德国Bayer MaterialScience公司，日本三井化学株式会社，南通海迪化工有限公司，海宁崇舜化工有限公司，浙江丽水有邦化工有限公司，杭州伊联化工有限公司，天津中信凯泰化工有限公司等。

1.1.7 对苯二异氰酸酯

简称：PPDI，*p*-PDI。

别名：1,4-苯二异氰酸酯，亚苯基-1,4-二异氰酸酯，对亚苯基二异氰酸酯。

英文名：*p*-phenylene diisocyanate；1,4-diisocyanatobenzene；1,4-phenylene diisocyanate；phenylene-1,4-diisocyanate；1,4-benzenediisocyanate；isocyanic acid，*p*-phenylene ester 等。

分子式为 $C_8H_4N_2O_2$，分子量为160.13。CAS编号为104-49-4，EINECS号为203-207-6（另外，PPDI的异构体——间苯二异氰酸酯 *m*-PDI的CAS编号为123-61-5，目前间苯二异氰酸酯没有工业化产品）。

结构式：

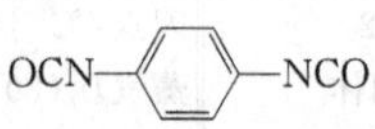

OCN—C₆H₄—NCO

物化性能

白色片状固体，不溶于水，部分溶于丙酮、乙酸乙酯等有机溶剂。熔化时有升华现象。PPDI的典型物性见表1-20。

表1-20 对苯二异氰酸酯产品的典型物性

项目	指标	项目	指标
外观	白色固体	黏度(100℃)/mPa·s	1.1
分子量	160.1	蒸气压(20℃)/Pa	0.27
NCO质量分数/%	52.5	蒸气压(95℃)/Pa	676
相对密度(100℃)	1.17	熔化热/(J/kg)	184
熔点/℃	94	比热容/[J/(g·K)]	1.26
沸点(3.3kPa)/℃	110～112	闪点(闭杯)/℃	120
沸点(101kPa)/℃	260	松装密度/(g/cm³)	0.64

另外，间苯二异氰酸酯 *m*-PDI的熔点为49～51℃，沸点为121℃/3.33kPa。

PPDI与TDI及MDI的蒸气压比较如图1-6所示。

PPDI在不同溶剂中的溶解度（g/100g溶剂）如下。

溶剂	23℃	40℃	溶剂	23℃	40℃
甲苯	13	23	乙酸溶纤剂	13	16
丙酮	18	25	四氢呋喃	25	28
乙酸乙酯	16	28	全氯乙烯	7	14

DuPont 公司的 Hylene PPDI 的质量指标和典型测试指标如下。

项目	质量指标	典型测试数据
纯度/%	≥98.5	99.5
残留溶剂/%	≤0.050	0.010
水解氯/(mg/kg)	≤200	50

制法

对苯二异氰酸酯是以对苯二胺为原料，进行光气化反应而生产。

可用氯甲酸三氯甲酯（双光气，TCF）或二（三氯甲基）碳酸酯（BTC，三光气）代替光气合成这类特种多异氰酸酯。

特性及用途

PPDI是一种特种二异氰酸酯，它具有紧凑而对称的分子结构，在聚氨酯中形成紧密的硬段和产生高度的相分离，使得聚氨酯具有优异的耐磨性和高温性能。PPDI主要用于特殊浇注型及热塑性聚氨酯弹性体的生产，应用领域包括：湿热环境、油性环境使用的部件，需耐磨的耐撕裂的场合、动力驱动重复运动的部件，如密封圈和密封垫、水泵皮线、油田设备材料、动力联轴节、传送带、减震器、辊及承载轮等。聚氨酯弹性体应用市场还包括：电动工具、采矿业、汽车、体育用品和办公设备。

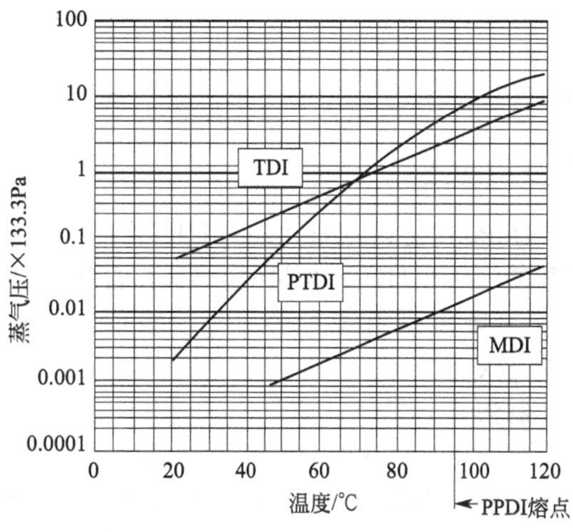

图1-6 PPDI与TDI及MDI的蒸气压比较

PPDI制造聚氨酯弹性体，一般用二醇扩链。制得的弹性体具有优良的动态力学性能、力学性能、回弹性、耐磨性、耐挠曲疲劳性、耐热性、耐湿热性、耐溶剂性，以及在较高温度下的低压缩变定性能，可在135℃连续使用，这些性能比MDI/BDO体系和TDI/MOCA体系弹性体要好得多。动态力学性能比NDI性聚氨酯弹性体更佳。但PPDI熔点较高，而且在高于100℃的熔融状态下易生成二聚体和三聚体，所以在合成预聚体时应将PPDI固体加到70～80℃的液体多元醇中，剧烈搅拌使其溶解并参加反应。

毒性及防护

对于PPDI微粒和蒸气，8h和12h允许暴露时间平均极限数值（TWA）是0.03mg/m³（相当于0.005ppm）。

生产厂商

浙江丽水有邦化工有限公司，杭州伊联化工有限公司，美国DuPont公司等。

1.1.8 1,4-环己烷二异氰酸酯

简称：CHDI。

别名：1,4-二异氰酸酯基环己烷，环己烷-1,4-二异氰酸酯，反式1,4-环己烷二异氰酸酯。

英文名：1,4-cyclohexane diisocyanate；1,4-diisocyanato cyclohexane；*trans*-cyclohexane diisocyanate。

分子式为 $C_8H_{10}N_2O_2$，分子量为166.18。1,4-环己烷二异氰酸酯 CAS 编号为 2556-36-7，EINECS 号为 219-869-4。反式 1,4-环己烷二异氰酸酯 CAS 编号为 7517-76-2。

结构式：

OCN—⟨环己基⟩—NCO

物化性能

工业产品是反式 CHDI，常温下为白色蜡状固体，不溶于水。它不易形成二聚体，所以在隔绝空气和潮气的环境下它的稳定性较 PPDI 好。反式环己烷二异氰酸酯产品的典型物性见表 1-21。

表 1-21 反式环己烷二异氰酸酯产品的典型物性

项目	指标	项目	指标
外观	白色固体	蒸气压(20℃)/Pa	<0.8
分子量	166.18	蒸气压(60℃)/Pa	40
NCO 质量分数/%	50.5	闪点(闭杯)/℃	>99
熔点/℃	60	相对密度(70℃)	1.116
沸点(101kPa)/℃	260		

DuPont 公司的 Hylene CHDI 产品是反式 CHDI，纯度≥99.0%，顺式 1,4-环己烷二异氰酸酯（*cis*-CHDI）含量≤0.5%，含氯单异氰酸酯含量≤0.10%，残留溶剂≤300mg/kg，对苯二异氰酸酯≤50mg/kg，酸值≤0.0001meq/g，甲苯不溶物≤0.5%，水解氯≤200mg/kg。

制法

工业化光气化制 CHDI 方法是，由对苯二胺催化加氢制得 70%反式和 30%顺式 1,4-环己烷二胺（CHDA）异构体的混合物，再进行光气化反应，制得 CHDI。

另一种制法是，用对苯二甲酸二甲酯或其他对苯二甲酸酯加氢，得到环己烷-1,4-二甲酸甲酯（或乙酯等），再制备 CHDI。

Akzo 公司开发了非光气法制备 CHDI，并有实验室产品。采用非光气法制备的 CHDI 为反式异构体，合成过程为：环己烷-1,4-二甲酸甲酯（或乙酯）在 110～130℃、0.5～1MPa 下全部氨化成环己烷-1,4-二（烷基酰胺），该二酰胺产物与次氯酸钠（或与氯气的 HCl 溶液）反应生成二 *N*-氯酰胺化合物，这种二 *N*-氯酰胺再与二乙胺在 NaOH 存在下生成环己烷-1,4-双 *N*,*N*-二乙基脲。这几步的得率都较高。最后，在邻二氯苯中的环己烷-1,4-双 *N*,*N*-二乙基脲悬浮液与 HCl 在 150℃热分解，生成反式 CHDI。后一部分（双二乙基脲热分解）的反应式如下：

$$Et_2NCONH—⟨C_6H_{10}⟩—NHCONEt_2 \xrightarrow[HCl]{\Delta} OCN—⟨C_6H_{10}⟩—NCO + Et_2NH \cdot HCl$$

特性及用途

CHDI 是一种特种二异氰酸酯，它具有紧凑而对称的分子结构，在聚氨酯中形成紧密的硬段。基于 CHDI 的聚氨酯弹性体具有优异的高温动态力学性能（低的热滞后性能）、光和色稳定性、耐溶剂性和耐磨性以及耐水解性能，软化温度可高达 270℃，玻璃化温度可低至约－80℃。这类聚氨酯弹性体特别适合于湿热环境、油性环境、需耐磨和耐撕裂的场合。主要用于有动态性能和生物稳定性能要求的医用聚氨酯弹性体，其他应用包括用于汽车、采矿、工业及医疗装置的密封件、传送带、软管、涂层和薄膜。

建议在使用前将 CHDI 加热到 80～100℃熔化保温，加入已脱水的低聚物多元醇中，在

100℃反应30～45min即得预聚体。建议浇注弹性体在120℃熟化16h，在130℃后熟化15～24h，再在室温下放置1周，以获得最终良好性能。

生产厂商

美国DuPont公司等。

1.1.9 苯二亚甲基二异氰酸酯

简称：XDI。

m-XDI别名：间苯二甲基二异氰酸酯，*m*-亚二甲苯基二异氰酸酯，1,3-二（异氰酸酯甲基）苯，1,3-亚二甲苯基二异氰酸酯。

英文名：xylene diisocyanate；bis（isocyanatomethyl）benzene；*m*-xylene-α,α′-diisocyanate；α,α′-diisocyanato-*m*-xylene等。

分子式为$C_{10}H_8N_2O_2$，分子量为188.19。*o*-XDI的CAS编号为25854-16-4，EINECS号为247-229-6；*m*-XDI的CAS编号为3634-83-1，EINECS号为222-852-4；*p*-XDI的CAS编号为1014-98-8。

结构式：

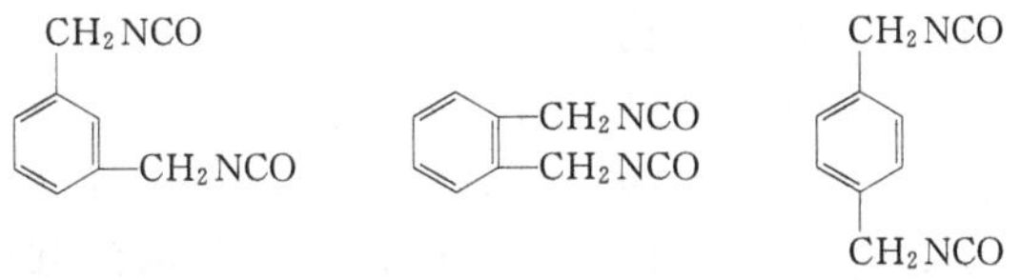

CH_2NCO / CH_2NCO　　—CH_2NCO / —CH_2NCO　　CH_2NCO / CH_2NCO

m-XDI　　*o*-XDI　　*p*-XDI

苯二亚甲基二异氰酸酯工业产品主要是纯*m*-XDI，也有*m*-XDI（间-苯二亚甲基二异氰酸酯）70%～75%+*p*-XDI（对-苯二亚甲基二异氰酸酯）30%～25%的异构体混合物。邻苯二亚甲基二异氰酸酯*o*-XDI也有试剂供应。*p*-XDI无纯品供应。

物化性能

m-XDI是无色透明液体，凝固点约为−7℃，沸点（1.6kPa）为159～162℃；*p*-XDI的凝固点为45～46℃，沸点（1.6kPa）为165℃。

常温下XDI（异构体混合物）是无色透明液体。XDI易溶于苯、甲苯、乙酸乙酯、丙酮、氯仿、四氯化碳、乙醚，难溶于环己烷、正乙烷、石油醚。XDI产品的典型物性见表1-22。

表1-22 苯二亚甲基二异氰酸酯产品的典型物性

项　目	指　标	项　目	指　标
间位异构体含量/%	70～75	折射率(20℃)	1.429
对位异构体含量/%	30～25	表面张力(30℃)/(mN/m)	37.4
分子量	188.19	沸点(6×133.32Pa)/℃	151
NCO质量分数/%	44.7	沸点(10×133.32Pa)/℃	161
凝固点/℃	5.6	沸点(12×133.32Pa)/℃	167
密度(20℃)/(g/cm³)	1.202	黏度(20℃)/mPa·s	4
蒸气压(20℃)/Pa	0.8	闪点/℃	185

日本三井化学株式会社的*m*-XDI产品牌号为Takenate 500，其质量指标为：纯度≥99.0%，水解氯≤0.1%，NCO质量分数约44.7%。

邻苯二亚甲基二异氰酸酯在日本三井化学株式会社的牌号为Takenate B 842N。

制法

工业上合成XDI，可直接采用石油化工产品——混合二甲苯（间位/对位约为70/30）

为原料，在 370～500℃、39～206kPa 下经空气氨氧化成苯二腈，然后将苯二腈加压氢化成苯二亚甲基二胺异构体混合物，再经光气化制得 XDI。

特性及用途

XDI 的蒸气压较低、反应活性较高。由于分子结构中异氰酸酯基团不直接与苯环相连而被亚甲基（—CH_2—）相隔，防止了苯环与异氰酸酯基之间产生共振现象，使得 XDI 及其聚氨酯制品对光稳定，不变黄。可用于聚氨酯涂料、弹性体、皮革、胶黏剂等。

生产厂商

日本三井化学株式会社，杭州伊联化工有限公司，天津中信凯泰化工有限公司等。

1.1.10 环己烷二亚甲基二异氰酸酯

简称：HXDI，H_6XDI，H6XDI。

化学名称：二(异氰酸酯基甲基)环己烷。

别名：氢化 XDI，氢化苯二亚甲基二异氰酸酯，二(异氰酸根合甲基)环己烷。

英文名：bis (isocyanatomethyl) cyclohexane; hydrogenated xylylene diisocyanate; bis (methylisocyanate) cyclohexane 等。

二(异氰酸酯甲基)环己烷有两种异构体：1,3-二(异氰酸酯甲基)环己烷和 1,4-二(异氰酸酯甲基)环己烷，即间二(异氰酸酯甲基)环己烷和对二(异氰酸酯甲基)环己烷。工业化产品一般是 *m*-HXDI，英文名 1,3-bis(isocyanatomethyl)cyclohexane。

分子式为 $C_{10}H_{14}N_2O_2$，分子量为 194.23。1,3-二(异氰酸酯基甲基)环己烷即 *m*-HXDI 的 CAS 编号为 38661-72-2；1,4-二(异氰酸酯基甲基)环己烷即 *p*-HXDI 的 CAS 编号为 10347-54-3，EINECS 号为 233-757-2。

结构式：

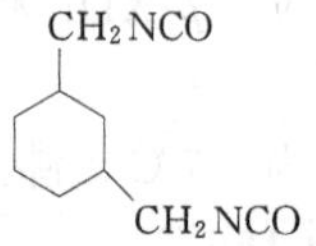

CH_2NCO

CH_2NCO

物化性能

无色透明液体，凝固点为−50℃，相对密度（25℃）约为 1.101，蒸气压为 53Pa/98℃，黏度约为 6mPa·s，闪点为 150℃，折射率（20℃）为 1.485。

日本三井化学株式会社 *m*-HXDI 产品牌号为 Takenate 600，其色度（APHA）在 20 以下，纯度在 99.5%以上，水解氯在 0.1%以下，NCO 质量分数为 43.3%。

制法

将苯二甲胺（也是生产 XDI 的中间体，一般是间苯二甲胺）氢化成环己烷二甲胺，再进行光气化，可制得环己烷二亚甲基二异氰酸酯。

特性及用途

HXDI 是一种环脂族二异氰酸酯，是为了进一步改善 XDI 型聚氨酯的耐黄变性而开发的。以 HXDI 为二异氰酸酯原料，制得的聚氨酯无黄变，具有强韧性。可用于制造各种耐光聚氨酯涂料、弹性体、胶黏剂。

生产厂商

日本三井化学株式会社等。

1.1.11 三甲基-1,6-六亚甲基二异氰酸酯

简称：TMHDI，TMDI，TMHMDI。

化学名称：2,2,4-及 2,4,4-三甲基-1,6-六亚甲基二异氰酸酯混合物。

工业产品一般是 2,2,4-TMHDI 及 2,4,4-TMHDI 两种异构体的混合物，质量比约为 1∶1。

英文名：trimethylhexamethylene diisocyanate (1∶1 mixture of 2,2,4-and 2,4,4-isomer)；trimethyl-1,6-diisocyanatohexane；2,2,4(或 2,4,4)-trimethyl-1,6-diisocyanatohexane；2,2,4-trimethylhexa-1,6-diyl diisocyanate；1,6-diisocyanato-2，2,4-trimethylhexan 等。

分子式为 $C_{11}H_{18}N_2O_2$，分子量为 210.28。

2,2,4-及 2,4,4-两种异构体 50/50（质量比）混合物的 CAS 编号为 34992-02-4；40/60 混合物的 CAS 编号为 28679-16-5。2,2,4-TMHDI 的 CAS 编号为 16938-22-0、83259-64-7 及 132878-86-5，EINECS 号为 241-001-8；2,4,4-TMHDI 的 CAS 编号为 15646-96-5，EINECS 号为 239-714-4。

结构式：

$$OCN{-}CH_2{-}C(CH_3)_2{-}CH_2{-}CH(CH_3){-}CH_2CH_2NCO$$

$$OCN{-}CH_2{-}CH(CH_3){-}CH_2{-}C(CH_3)_2{-}CH_2CH_2NCO$$

物化性能

无色或浅黄色液体，有刺激性气味。TMHDI 产品的典型物性见表 1-23。

表 1-23　三甲基-1,6-六亚甲基二异氰酸酯产品的典型物性

项　目	指　标	项　目	指　标
分子量	210.3	闪点(闭杯)/℃	148
NCO 质量分数/%	39.7～40.0	蒸气压(20℃)/Pa	0.12～0.27
相对密度(20℃)	1.010～1.016(1.012)	蒸气压(50℃)/Pa	2.7
折射率(20℃)	1.461～1.462	自燃温度/℃	440
沸点(13.3kPa)/℃	149	纯度/%	≥99.5
黏度(25℃)/mPa·s	5～8	总氯/(mg/kg)	≤10
凝固点/℃	约－80	色度(APHA)	≤10

注：主要参考 Evonic Degussa 公司的 Vestanat TMDI 产品说明书。

制法

工业上制 TMHDI，是以异佛尔酮为原料，将异佛尔酮加氢还原，得顺式、反式三甲基环己醇，然后再用硝酸氧化生成二羧酸的混合物。混合物经氨化和脱水产生相应的二腈，再氢化后生成相应的二胺。该二胺混合物经光气化反应制得 TMHDI。

特性及用途

由于其脂肪族特性，TMHDI 用于生产耐光性和耐候性聚氨酯。与环脂族二异氰酸酯相比，以 TMHDI 为基础的聚氨酯或聚氨酯改性树脂具有良好的柔韧性、相容性，可得到低黏度预聚体。TMHDI 用于生产涂料用预聚体，应用领域包括：热固化体系、水性聚氨酯和辐射固化聚氨酯-丙烯酸酯。

TMHDI 的反应活性比芳香族异氰酸酯的低，但比环脂族异氰酸酯的高。可用 0.001%～0.01%的二月桂酸二丁基锡催化。

急性毒性

大鼠经口 LD_{50}＝4810mg/kg，大鼠吸入 LC_{50}＝0.70mg/(L·4h)，大鼠经皮吸收 LD_{50}＞7000mg/kg。

生产厂商

德国 Evonik Degussa 公司等。

1.1.12 四甲基间苯二亚甲基二异氰酸酯

简称：TMXDI，*m*-TMXDI。

别名：四甲基间二亚甲苯基二异氰酸酯，1,3-双(1-异氰酸酯基-1-甲基乙基）苯。

TMXDI 英文名：tetramethylxylidene diisocyanate；tetramethylenexylene diisocyanate 等。

英文名（*m*-TMXDI）：tetramethyl-*m*-xylylene diisocyanate；α,α,α′,α′-tetramethyl-*m*-xylylene diisocyanate；1,3-bis(1-isocyanato-1-methylethyl)benzene；1,3-bis(2-isocyanato-2-propyl)benzene；1,1′-(*m*-phenylene)bis(isopropyl isocyanate)等。另外 *p*-TMXDI 的英文名是 1,4-bis(1-isocyanato-1-methylethyl)benzene。

分子式为 $C_{14}H_{16}N_2O_2$，分子量为 244.29。

m-TMXDI 的 CAS 编号为 2778-42-9、58067-42-8，EINECS 号为 220-474-4。*p*-TMXDI（四甲基对二亚甲苯基二异氰酸酯）的 CAS 编号为 2778-41-8，EINECS 号为 220-473-9。

结构式：

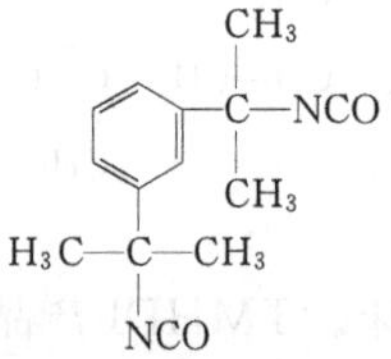

TMXDI

四甲基苯二亚甲基二异氰酸酯有间位和对位两种异构体，其中 *m*-TMXDI 已有工业化生产，*p*-TMXDI 未见工业化产品。

物化性能

m-TMXDI 常态为无色液体，凝固点为−10℃。溶于大多数极性有机溶剂，微溶于脂肪烃。不溶于水，能与水、醇、胺反应。*m*-TMXDI 产品的典型物性见表 1-24。

表 1-24 四甲基间苯二亚甲二异氰酸酯产品的典型物性

项目	指标	项目	指标
外观	无色液体	沸点(101kPa)/℃	约 320
分子量	244.3	沸点(667Pa)(Cytec)/℃	150
NCO 质量分数/%	34.4	沸点(67Pa)/℃	105
密度(25℃)/(g/cm³)	1.07	闪点(闭杯)/℃	153
黏度(20℃)/mPa·s	9	自燃点/℃	450
黏度(0℃)/mPa·s	25	蒸气压(25℃)/Pa	0.4
凝固点/℃	−10	折射率(20℃)	1.511

美国 Cytec 工业公司的 *m*-TMXDI 产品牌号为 TMXDI (META)。

另外，*p*-TMXDI 常温下为白色结晶固体，熔点为 72℃。

制法

TMXDI 的合成，文献上介绍得最多的是由四甲基苯二亚甲基二氯与异氰酸钠制得。

TMXDI 还可由间二异丙烯基苯与异氰酸反应得到。

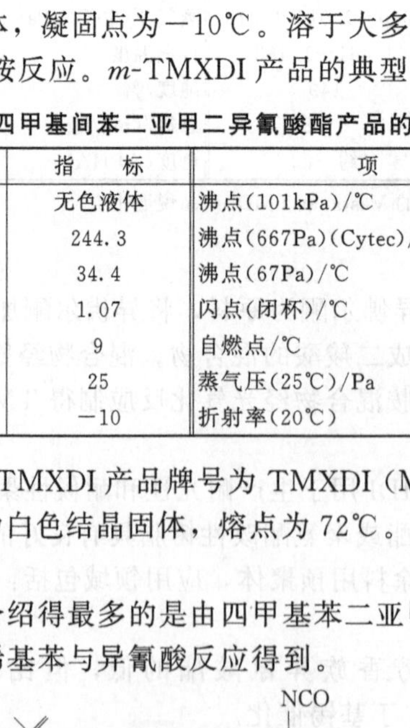

+2HNCO ⟶

间二异丙烯基苯（*m*-DIPEB）与乙氨基甲酸乙酯反应，生成二氨基甲酸乙酯。这种二氨基甲酸乙酯产物热解，就生成TMXDI和间异烯丙基二甲基亚甲基异氰酸酯（TMI）。

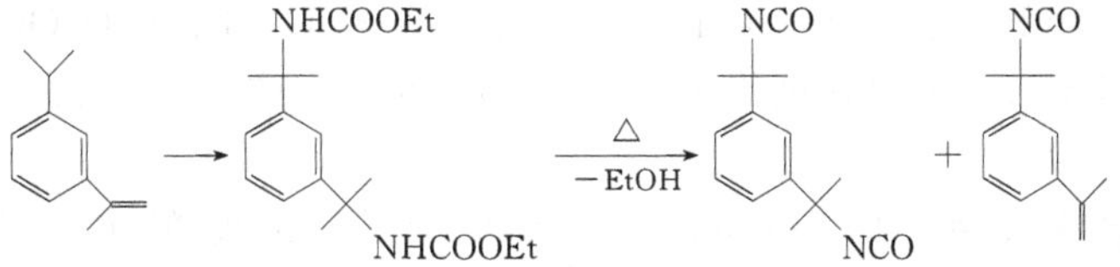

NHCOOEt NHCOOEt △ −EtOH NCO NCO + NCO

据报道，由二烯制二异氰酸酯的非光气法工艺曾被美国氰胺公司（American Cyanamid Company，2000年被BASF公司收购）用来生产TMXDI。

特性及用途

四甲基苯二亚甲基二异氰酸酯的分子结构是XDI的两个亚甲基上的氢原子以甲基取代，NCO基团在与苯环相连的亚甲基上，不与芳环键共轭，因此，它具有脂肪族和芳香族两者的特点，制得的弹性体柔软，具有较高的强度、黏附力、外观、柔韧性和耐久性。

甲基取代了氢原子以后，提高了耐紫外线老化性和水解稳定性，减弱了氢键作用，使聚氨酯的伸长率增加，而且TMXDI的两个NCO基团是叔位NCO，由于立体位阻影响，使NCO的反应活性减弱。低反应活性使其可在较高温度乳化，并且具有较低的预聚体黏度，特别适于制备水性聚氨酯而无需加入有机溶剂。它可用于生产无溶剂水性聚氨酯胶黏剂和涂料，包括水性聚氨酯汽车底漆、水性塑料涂层和木器漆、水性油墨、低热活化温度水性聚氨酯胶黏剂、覆膜层压胶黏剂和水性聚氨酯皮革涂饰剂等。

TMXDI还可用于制备封闭型异氰酸酯，并进一步配制单组分热固化涂料。叔位异氰酸酯的解封温度比伯位、仲位异氰酸酯的低10～15℃。

毒性及防护

TMXDI是低毒性二异氰酸酯。大鼠急性经口急性毒性$LD_{50}=5000mg/kg$，兔急性经皮吸收毒性$LD_{50}\geqslant 2000mg/kg$，大鼠吸入毒性$LC_{50}=2.7mL/(m^3 \cdot 4h)$或$0.027mg/(L \cdot 4h)$，豚鼠1h急性吸入毒性$LC_{50}=0.240\times 10^{-6}$。

TMXDI蒸气有刺激性，吸入有毒，液体对眼睛可能有刺激，可导致皮肤过敏反应。工作场所应通风，穿戴防护手套和工作服。

生产厂商

美国Cytec工业公司，日本三井化学株式会社等。

1.1.13 降冰片烷二异氰酸酯

简称：NBDI。

化学名称：2,5(2,6)-二(异氰酸酯甲基)二环［2.2.1］庚烷。

别名：降莰烷二异氰酸酯，降冰片烯二异氰酸酯。

英文名：2,5(2,6)-bis(isocyanatomethyl)bicyclo[2.2.1]heptane；norbornane diisocyanate；norbornanediisosyanatomethyl；norbornene diisocyanate。

该二异氰酸酯是2,5-NBDI和2,6-NBDI异构体的混合物。

分子式为$C_{11}H_{14}N_2O_2$，分子量为206.27。CAS编号为74091-64-8，EINECS号为411-280-2。

结构式：

OCN NCO

物化性能

无色至微黄色透明低黏度液体，有轻微的特殊气味。常温下的蒸气压比 TDI 和 HDI 低。沸点为 135℃/266Pa 或 159℃/800Pa，凝固点<－30℃，闪点（COC）为 172℃，黏度（25℃）约为 9.0mPa·s，相对密度为 1.14～1.15（20℃）或 1.07（25℃），NCO 质量分数约为 40.8%。

日本三井化学株式会社的 Cosmonate NBDI 产品，纯度在 99.5%以上，水解氯在 0.03%以下，色度（APHA）10 以下。

制法

NBDI 的合成反应式如下。

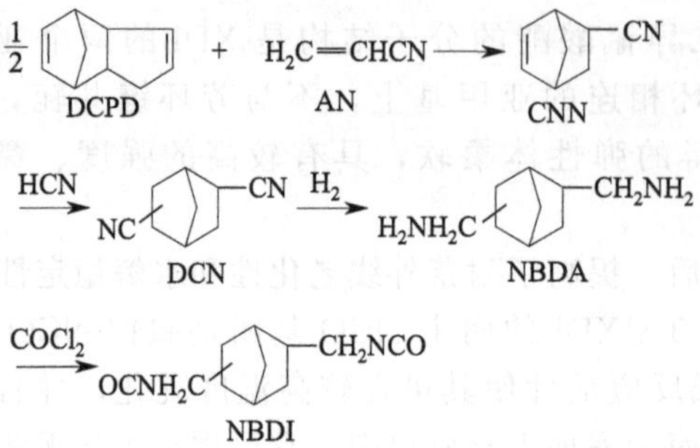

$\frac{1}{2}$ DCPD + $H_2C{=}CHCN$ (AN) ⟶ CNN

$\xrightarrow{HCN}$ DCN $\xrightarrow{H_2}$ NBDA

$\xrightarrow{COCl_2}$ NBDI ($OCNH_2C$–…–CH_2NCO)

特性及用途

NBDI 是一种新型的环脂族二异氰酸酯，2 个异氰酸酯基团的活性相等，反应活性与 HDI 相似，比 IPDI 高。

由于 NBDI 分子中含刚性双环结构，与线型结构的二异氰酸酯如 HDI 相比，制得的聚氨酯弹性体具有较高的热稳定性和硬度。NBDI 可用于生产光稳定、耐热及耐候性聚氨酯、聚脲及聚异氰脲酸酯树脂，它可以以预聚体、封闭型异氰酸酯、三聚体形式使用，主要用于涂料，具有无黄变、速干性、强韧性和耐化学品性；也用于胶黏剂、密封材料、皮革涂层、浇注型聚氨酯弹性体。

毒性

大鼠经口急性毒性LD_{50}＝1201mg/kg（雌性）、1842mg/kg（雄性）。兔吸入毒性LC_{50}＝54mg/m³/4h。

生产厂商

日本三井化学株式会社等。

1.1.14 二甲基联苯二异氰酸酯

简称：TODI。

化学名称：3,3′-二甲基-4,4′-联苯二异氰酸酯。

别名：邻联甲苯二异氰酸酯，二甲基联苯二异氰酸酯等。

英文名：1-isocyanato-4-(4-isocyanato-3-methylphenyl)-2-methylbenzene; bitolylene diisocyanate; *o*-tolidine diisocyanate; 4, 4′-diisocyanato-3, 3′-dimethyl-1, 1′-biphenyl; 3, 3′-dimethyl-4,4′-biphenylene diisocyanate; 3, 3′-dimethylbiphenyl-4, 4′-diisocyanate; 3, 3′-bitolylene-4,4′-diisocyanate 等。

分子式为 $C_{16}H_{12}N_2O_2$，分子量为 264.28。CAS 编号为 91-97-4，EINECS 号为 202-112-7。

结构式：

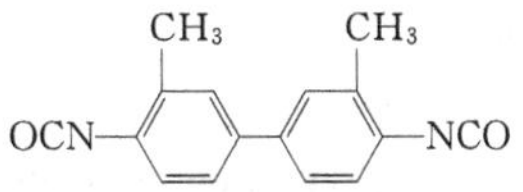

物化性能

常温下为白色固体颗粒，纯度在 99.0%以上，熔点为 70～72℃，沸点（667Pa）为 195～197℃，相对密度（80℃）为 1.197，闪点（COC 开杯）为 218℃。不溶于水，可与水缓慢反应。溶于丙酮、四氯化碳、煤油、苯、氯苯等。NCO 含量约为 31.8%。

美国三菱国际公司（Mitsubishi International Corporation）的 TODI 纯度≥99.5%。

特性及用途

TODI 分子内两个苯环具有对称结构，由于邻甲基的位阻效应，反应活性比 TDI 和 MDI 小。用 TODI、低聚物多元醇和 MOCA 制备的聚氨酯弹性体与 NDI 弹性体具有相似的物性，如具有优异的耐热性、耐水解性和力学性能。TODI 制得的预聚体可稳定贮存一定时间，并且由于其釜中寿命（适用期）较长，比 NDI 型弹性体体系操作方便。

TODI 可用于许多领域，包括：密封件（防油密封、活塞环、水封等），汽车部件（格栅、减震器、车顶、车门、车窗等），工业传送带、辊和脚轮，电子行业涂层剂，医疗设备（人工器官等）。

生产厂商

天津中信凯泰化工有限公司，浙江丽水有邦化工有限公司，杭州伊联化工有限公司，上海凯路化工有限公司，美国三菱国际公司（日本三菱公司相关企业）等。

1.1.15 甲基环己基二异氰酸酯

别名：氢化 TDI。

简称：HTDI。

英文名：methyl cyclohexamethylene diisocyanate; diisocyanato methylcyclohexane 等。

分子式为 $C_9H_{12}N_2O_2$，分子量为 180.2。甲基环己基-2,6-二异氰酸酯（1,3-diisocyanato-2-methylcyclohexane）CAS 编号为 13912-56-6，EINECS 号为 237-683-1。甲基环己基-2,4-二异氰酸酯（2,4-diisocyanato-1-methylcyclohexane）CAS 编号为 10581-16-5，EINECS 号为 234-181-4。

与 TDI 一样，HTDI 也有 2,4-和 2,6-两种异构体。结构式：

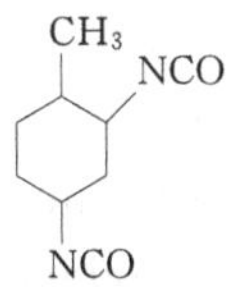

2,4-异构体 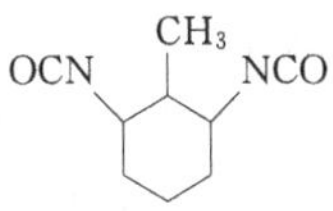　　2,6-异构体

物化性能

HTDI 常温下为无色至浅黄色透明液体，沸点为 127～129℃/267Pa 或 87～90℃/133Pa。

制法

HTDI 的合成分两步进行。先将甲苯二胺的各种异构体在催化剂作用下加氢生成甲基环亚己基二胺。然后与光气反应制得相应的二异氰酸酯。

特性及用途

甲基环亚己基二异氰酸酯属于脂肪族环化物，由于结构中不存在苯环，所以对光的作用稳定，可用于制备不变黄的聚氨酯制品。

生产厂商

美国 Mobay 化学公司和 DuPont 公司均生产过该产品，目前批量生产状况不详，少数试剂公司可以定制。

1.1.16 二甲基二苯基甲烷二异氰酸酯

简称：DMMDI。

化学名称：3,3′-二甲基-4,4′-二苯基甲烷二异氰酸酯。

英文名：3,3′-dimethyldiphenylmethane-4,4′-diisocyanate；3,3′-dimethyl-4,4′-biphenyl diisocyanate；4,4′-diisocyanato-3,3′-dimethyldiphenylmethane 等。

分子式为 $C_{17}H_{14}N_2O_2$，分子量为 278.31。CAS 编号为 139-25-3。

结构式：

物化性能

白色固体，熔点为 97～98℃，沸点（400Pa）为 200～203℃，相对密度为 1.14。

特性及用途

由于邻位甲基的位阻效应，其反应活性比 MDI 低。可用于聚氨酯弹性体。

生产厂商

目前不详。美国氰胺公司曾有产品。早期美国联合化工公司的产品牌号为 Nacconate 310。目前国内外部分化学品供应商有试剂供应，纯度在 98%或 99%以上。

1.1.17 赖氨酸二异氰酸酯

以赖氨酸［结构式 $NH_2(CH_2)_4CH(NH_2)COOH$］制得的二异氰酸酯有好几种，有人称为赖氨酸二异氰酸酯（LDI），似乎比较混乱。

（1）(S)-2,6-二异氰酸基己酸，L-赖氨酸二异氰酸酯。

英文名：(S)-2,6-diisocyanatohexanoic acid 和 L-lysine diisocyanate。

结构为 $OCN(CH_2)_4CH(NCO)COOH$。分子式为 $C_8H_{10}N_2O_4$，分子量为 198.18，CAS 编号为 34050-00-5。

（2）2,6-己酸甲酯二异氰酸酯，即赖氨酸甲酯二异氰酸酯。

英文名：methyl 2,6-diisocyanatohexanoate；lysine diisocyanate methyl ester；2,6-bisisocyanatohexanoic acid methyl ester；methyl 2,6-diisocyanatocaproate；2,6-diisocyanatohexanoic acid methyl ester；2-methoxycarbonylpentamethylene diisocyanate 等。

结构式为 $OCN(CH_2)_4CH(NCO)COOCH_3$，分子式为 $C_9H_{12}N_2O_4$，分子量为 212.20。CAS 编号为 4460-02-0，EINECS 号为 224-712-8。

外观为无色至浅黄色液体，相对密度约为 1.157，折射率（20℃）为 1.4565，沸点为 123℃（60Pa）。日本协和发酵工业株式会社曾经有小批量产品供应。

（3）2,6-己酸乙酯二异氰酸酯，即赖氨酸乙酯二异氰酸酯，也简称赖氨酸二异氰酸酯。

英文名：ethyl ester L-lysine diisocyanate；2,6-diisocyanato ethylcaproate；2,6-diisocyanatohexanoic acid ethyl ester 等。简称 L-lysine diisocyanate。

结构式为 $OCN(CH_2)_4CH(NCO)COOCH_2CH_3$，分子式为 $C_{10}H_{14}N_2O_4$，分子量为 226.2。CAS 编号为 45172-15-4。外观为红棕色液体。

以赖氨酸乙酯二异氰酸酯为例，赖氨酸二异氰酸酯（LDI）的制备方法为：以L-赖氨酸为原料，先用氯化氢和无水乙醇将L-赖氨酸转换为L-赖氨酸乙酯盐酸盐，再用三光气（三氯甲基碳酸酯）在吡啶的存在下进行光气化，经纯化后得到赖氨酸乙酯二异氰酸酯产物。纯品为无色透明液体。反应式如下：

$$
\begin{array}{lcl cl}
\quad\ \ O & & \quad\ \ O & & \qquad\ \ O \\
\quad\ \ \| & & \quad\ \ \| & & \qquad\ \ \| \\
H_2N-CHC-OH & \xrightarrow[C_2H_5OH]{HCl} & H_2N-CHC-OC_2H_5\cdot 2HCl & \xrightarrow[C_5H_5N]{Cl_3CO\overset{O}{\overset{\|}{C}}OCCl_3} & OCN-CHC-OC_2H_5 \\
\qquad | & & \qquad | & & \qquad\ | \\
\quad CH_2 & & \quad CH_2 & & \quad\ CH_2 \\
\qquad | & & \qquad | & & \qquad\ | \\
\quad CH_2 & & \quad CH_2 & & \quad\ CH_2 \\
\qquad | & & \qquad | & & \qquad\ | \\
\quad CH_2 & & \quad CH_2 & & \quad\ CH_2 \\
\qquad | & & \qquad | & & \qquad\ | \\
\quad CH_2 & & \quad CH_2 & & \quad\ CH_2 \\
\qquad | & & \qquad | & & \qquad\ | \\
\quad NH_2 & & \quad NH_2 & & \quad\ NCO
\end{array}
$$

赖氨酸二异氰酸酯是脂肪族二异氰酸酯，制成的聚氨酯耐黄变、附着力强，可用于聚氨酯涂料等用途。

1.1.18 其他二异氰酸酯

还有不少二异氰酸酯只见于报道，暂未见工业产品，部分化学品有试剂供应，现举几例。

八亚甲基二异氰酸酯（1,8-octamethylene diisocyanate 或 1,8-diisocyanatooctane），结构式为 $OCN(CH_2)_8NCO$，分子量为196.25，CAS编号为10124-86-4。液体密度（25℃）为1.007g/mL，沸点为156℃/(15×133Pa)，折射率（20℃）为1.455。纯度一般为98%。价格昂贵。

十亚甲基二异氰酸酯（1,10-decamethylene diisocyanate），结构式为 $OCN(CH_2)_{10}NCO$，分子量为224.30。CAS编号为4538-39-0。

1,12-十二碳二异氰酸酯（dodecamethylene diisocyanate 或 1,12-diisocyanatododecane），结构式为 $OCN(CH_2)_{12}NCO$，分子量为252.3。CAS编号为13879-35-1。透明低黏度液体，气味很小，1.3kPa下沸点为198℃，室温下蒸气压为0.00013Pa。液体密度为0.94g/mL，沸点（3×133Pa）为158～159℃，闪点为113℃，折射率 n_D^{20} 为1.459。纯度一般为97%。价格昂贵。

2-甲基戊烷二异氰酸酯（1,5-二异氰酸-2-甲基戊烷），简称MPDI。英文名2-methylpentane-1,5-diyl diisocyanate；1,5-diisocyanato-2-methylpentane 等。其CAS编号为34813-62-21，EINECS号为252-224-5，结构式为 $OCN(CH_2)_3CH(CH_3)CH_2NCO$，分子式为 $C_8H_{12}N_2O_2$，分子量为168.19。产品纯度≥98%。2-甲基戊烷二异氰酸酯常态为液体，黏度（25℃）约为3mPa·s，相对密度（25℃）为1.049，折射率（20℃）为1.455，闪点为113℃，产品纯度≥98%。它是HDI的支化异构体。其三聚体用于不黄变聚氨酯涂料。

2,4-二甲基辛烷-1,8-二异氰酸酯（2,4-dimethyloctane-1,8-diyl diisocyanate；1,8-diisocyanato-2,4-dimethyloctane），分子式为 $C_{12}H_{20}N_2O_2$，分子量为224.30。CAS编号为68882-56-4，EINECS号为272-571-6。

3,3′-二甲氧基联苯-4,4′-二异氰酸酯（3,3′-dimethoxybenzidine-4,4′-diisocyanate），别名邻联二茴香胺二异氰酸酯（*o*-dianisidine diisocyanate），CAS编号为91-93-0。分子式为 $C_{16}H_{12}N_2O_4$，分子量为296.28。熔点为112～116℃。多家化学品供应商有试剂供应。

4,4′-二苯醚二异氰酸酯［diphenylether-4,4′-diisocyanate，oxybis（4-phenyl isocyanate），diphenyl oxide 4,4′-diisocyanate］，分子式为 $C_{14}H_8N_2O_3$，分子量为252.23。CAS

编号为 4128-73-8。熔点为 64～68℃，沸点为 196℃(5×133Pa)。

4-甲基二苯基甲烷-3,4-二异氰酸酯(4-methyldiphenylmethane-3,4-diisocyanate)，CAS 编号为 75790-84-0。

2,4′-二苯硫醚二异氰酸酯（2,4′-diisocyanatodiphenyl sulfide），CAS 编号为 75790-87-3。

二乙基苯二异氰酸酯（diethyldiisocyanatobenzene），CAS 编号为 134190-37-7。

还有 4,4′-二苯基乙烷二异氰酸酯、异亚丙基双(4 异氰酸酯基环己烷)等。

1.2 多亚甲基多苯基异氰酸酯

简称：PAPI，粗 MDI，聚合 MDI，PMDI。

别名：多芳基多亚甲基异氰酸酯，聚芳基聚异氰酸酯，多亚甲基多苯基多异氰酸酯，多次甲基多苯基异氰酸酯。

英文名：polymethylene polyphenlene isocyanate；polyaryl polyisocyanate（此是 PAPI 简称的原意）；polymethylene polyphenyl isocyanate；polymeric diphenylmethane diisocyanate；polymeric MDI；crude MDI；technical MDI；oligomeric MDI；isocyanic acid，polymethylenepolyphenylene ester 等。

PAPI 的 CAS 编号为 9016-87-9。它实际上是一种含有不同官能度的多亚甲基多苯基多异氰酸酯的混合物。通常单体 MDI（下结构式中 $n=0$ 的二异氰酸酯）占混合物总量的 50% 左右，其余均是 3～6 官能度的低聚异氰酸酯。

结构式：

$$\text{OCN-C}_6\text{H}_4\text{-}[\text{CH}_2\text{-C}_6\text{H}_3(\text{NCO})]_n\text{-CH}_2\text{-C}_6\text{H}_4\text{-NCO}$$

$n=0，1，2，3\cdots$

物化性质

PAPI 常温下为褐色至深棕色中低黏度液体。溶于苯、甲苯、氯苯、丙酮等溶剂，能与含羟基和其他活泼氢基团的化合物反应。不溶于水，但可与水反应，产生二氧化碳气体。相对密度（20℃）约为 1.23；黏度（25℃）为 100～2000mPa·s；蒸气压（25℃）<0.001 Pa，其蒸气压小于单体 MDI 的蒸气压；饱和蒸气浓度（25℃计算值）<0.15mg/m³；闪点约为 230℃（高于 200℃）；凝固点约为 5℃，在 10℃以下可能结晶；沸点>358℃（DCS 方法），高温时能自聚，分解温度>230℃。

各种 PAPI 产品的区别主要在于所含的 4,4′-MDI 和 2,4′-MDI 以及各种官能度的多亚甲基多苯基多异氰酸酯的比例不同，因而平均官能度、反应活性不同。标准级聚合 MDI 的平均官能度约为 2.7，黏度为 100～300mPa·s，约含质量分数 50% 的 MDI，其中大部分为 4,4′-异构体。另外含约 30%的三异氰酸酯、10%的四异氰酸酯、5%的五异氰酸酯和 5%左右的更高官能度的同系物。典型的 PAPI 产品的 NCO 质量分数为 31%～32%。平均分子量在 300～400 范围。这类聚合 MDI 大量用于非水发泡的自结皮软泡和半硬泡，以及与 TDI 和液化 MDI 混用制造冷熟化高回弹泡沫塑料。低黏度 PAPI 的平均官能度一般在 2.5～2.6 之间，主要用于高密度软泡、自结皮泡沫塑料等领域。

国家标准 GB 13658—1992《多亚甲基多苯基异氰酸酯》规定的 PAPI 产品一等品理化性能为：外观为棕色液体，NCO 质量分数为 30.0%～32.0%，酸度（以 HCl 质量分数计）≤0.2%，水解氯含量≤0.3mg/kg，密度（25℃）为 1.220～1.250g/cm³，黏度（25℃）为

100～400mPa·s。

产品牌号及性能指标

烟台万华聚氨酯股份有限公司部分 PAPI 及改性 PAPI 的物性指标见表 1-25 和表 1-26。

表 1-25 烟台万华聚氨酯股份有限公司部分 PAPI 产品的物性指标

Wannate 牌号	NCO 质量分数/%	黏度(25℃)/mPa·s	平均官能度	用途(特点)
PM-100	30.0～32.0	150～250	2.7	硬泡、半硬泡、HR 泡沫、黏合剂等
PM-130	30.5～32.0	150～250	2.4～2.5	半硬泡、结构泡沫、HR 及整皮泡沫
PM-200	30.2～32.0	150～250	2.6～2.7	多用途如浇注硬泡、喷涂硬泡等
PM-300	30.0～32.0	250～350	2.8	喷涂硬泡、其他硬泡、HR 泡沫等
PM-400	29.0～31.0	350～700	2.9～3.0	连续法 PIR 板材及其他 PU 硬泡
PM-2010	30.5～32.0	170～250	2.6～2.7	硬泡发泡流动好、熟化快，色浅
PM-2025	30.0～32.0	150～250	NA	单组分发泡胶、胶黏剂
PM-6302	30.0～32.0	100～300	NA	人造板。酸度≤0.1%
PM-6304	29.0～32.0	300～1000	NA	人造板。酸度≤0.1%

注：产品酸度（以 HCl 质量分数计）未标明的皆≤0.05%。水解氯≤0.2%。

表 1-26 烟台万华公司部分 PAPI 及改性 PAPI 的物性指标

产品牌号	NCO 含量/%	相对密度(25℃)	黏度(25℃)/mPa·s	产品用途
Wannate 8001	28.8～29.8	1.19～1.21	50～80	冷熟化 HR 泡沫塑料
Wannate 8002	26.3～27.3	1.18～1.20	120～160	冷熟化 HR 泡沫塑料
Wannate 8006	30.5～31.5	1.19～1.21	25～45	低密度 HR 泡沫塑料
Wannate 8019	26.0～27.0	1.17～1.19	110～150	冷熟化 HR 泡沫塑料
Wannate 8020	15.7～16.7	1.14～1.16	1100～1500	再生软泡黏合剂
Wannate 8023	17.5～18.5	1.14～1.16	1300～1700	再生软泡黏合剂
Wannate 8102	26.8～27.8	1.17～1.19	120～160	慢回弹泡沫塑料
Wannate 8103	20.7～21.3	1.16～1.18	300～350	慢回弹泡沫塑料
Wannate 8105	25.7～26.7	1.18～1.20	150～190	慢回弹泡沫塑料
Wannate 8106	27.0～28.0	1.20～1.22	70～100	慢回弹泡沫塑料
Wannate 8215	30.5～32.0	1.22～1.25	170～250	汽车用聚氨酯泡沫
Wannate 8219	31.7～32.7	1.20～1.23	40～70	隔声和地毯底衬泡沫
Wannate 8221	31.8～32.8	1.20～1.23	25～45	高回弹、隔声泡沫等
Wannate 8626	28.0～29.0	1.21～1.23	110～150	自结皮泡沫塑料
Wannate 8629	25.5～26.5	1.20～1.23	200～300	自结皮泡沫塑料

注：大多数产品为棕色液体，仅 8103 和 8106 为浅棕色。

表 1-27 为美国 Huntsman 聚氨酯公司的大部分 PAPI 及改性 PAPI 产品的典型物性。

表 1-27 美国 Huntsman 聚氨酯公司的大部分 PAPI 及改性 PAPI 产品典型物性

牌 号	NCO/%	黏度/mPa·s	官能度	特性及典型应用
Rubinate 1245	32.8±0.5	25	2.22	低官能度改性 PAPI。用于 CASE 材料
Rubinate 1820	32.0±0.5	65	2.45	改性 PAPI。用于 CASE 材料
Rubinate 1920	27.0±0.5	200	2.20	预聚体改性。弹性体和软泡
Rubinate 9016	31.0±0.5	250	2.71	慢反应低活性 PAPI
Rubinate 9234	15.8±0.5	3400	2.54	预聚体。慢固化、湿固化涂料和黏合剂等
Rubinate 9257	30.1±0.5	700	2.90	高官能度 PAPI。硬质和耐化学品材料
Rubinate 9511	15.9±0.5	2300	2.41	预聚体。湿固化涂料和黏合剂等
Rubinate M	31.2±0.5	190	2.7	普通 PAPI。多用途
Suprasec 2015	27.4±0.5	160	2.2	良好相容性和粘接性。胶黏剂等
Suprasec 2030	28.6±0.5	175	2.3	胶黏剂、涂料等
Suprasec 2050	30.6±0.5	130	2.5	体育地板漆等高性能弹性涂层

续表

牌　号	NCO/%	黏度/mPa·s	官能度	特性及典型应用
Suprasec 2060	16.0±0.5	2750	2.5	预聚体改性。单组分体系多用途
Suprasec 2085	30.5±0.5	625	2.9	稍高官能度，交联早、固化快
Suprasec 2211	31.0±0.5	225	2.7	反应活性稍低
Suprasec 2214	32.0±0.5	30	2.2	低黏度易浸润。用于胶黏剂等
Suprasec 2234	16.0±0.5	2500	2.5	预聚体改性。单组分体系多用途
Suprasec 2237	22.7±0.5	1000	2.5	预聚体改性。高弹性体体系交联剂
Suprasec 2330	32.1±0.5	30	2.3	低黏度，用于胶黏剂等
Suprasec 2487	31.3±0.5	90	2.5	胶黏剂和涂料的交联剂
Suprasec 2495	31.3±0.5	133	2.5	增进黏附和低温稳定性。涂料等
Suprasec 2496	31.3±0.5	90	2.5	良好流动和低温稳定性。涂料等
Suprasec 2527	28.5±0.5	110	2.23	预聚体改性。黏弹性泡沫
Suprasec 2642	32.7±0.5	20	2.2	低反应活性，且很低的黏度
Suprasec 2643	32.2±0.5	20	2.2	低反应活性，且很低的黏度
Suprasec 2647	32.6±0.5	25	2.2	低黏度易浸润。胶黏剂、涂料等
Suprasec 2651	32.2±0.5	30	2.3	低黏度易浸润。胶黏剂、涂料等
Suprasec 2652	32.0±0.5	60	2.3	低反应性。双组分体系的交联剂
Suprasec 5005	30.7±0.5	220	2.7	普通 PAPI 产品，多用途
Suprasec 5025	31.0±0.5	200	2.7	低酸度 PAPI 产品，多用途
Suprasec 7316	25.9±0.5	90	2.17	预聚体改性。低密度软泡等
Suprasec 7507	25.1±0.5	315	2.29	预聚体改性。用于软泡的通用产品
Suprasec 9568	31.9±0.5	51	2.44	高 2,4′-MDI 的改性 PAPI，用于 CASE
Suprasec 9572	32.9±0.5	22	2.15	高 2,4′-MDI 的改性 PAPI，用于 CASE
Suprasec 9577	15.2±0.5	3300	2.32	快固化、湿固化涂料、胶黏剂
Suprasec 9582	31.0±0.5	800	2.93	高官能度 PAPI。硬质和耐化学品材料
Suprasec 9584	24.1±0.5	45	2.67	改性 PAPI 等。双组分混凝土底涂剂
Suprasec 9602	30.3±0.5	2000	3.20	高官能度 PAPI。硬质和耐化学品材料

注：黏度为 25℃ 的典型数据，实际产品指标允许有一定的数值范围。

Dow 化学公司的 PAPI 系列产品的典型物性见表 1-28。

表 1-28　Dow 化学公司的 PAPI 系列产品的典型物性

牌　号	典型官能度	NCO/%	平均分子量	酸度/%	黏度(25℃)/mPa·s	供应地区
PAPI 20	3.2	30.4	400	0.04	1800	美洲
PAPI 27	2.7	31.4	340	0.017/0.06	150～220	美洲、欧洲、亚太
PAPI 94	2.3	32.0	290	0.03	50	北美洲
PAPI 95	2.4	31.8	300	0.015	70	北美洲
PAPI 135	2.7	31	340	0.01	150～220	亚太
PAPI 580N	3.0	30.8	375	0.04	700	北美洲
PAPI 901	2.3	31.8	290	0.02	55	北美洲
PAPI 2940	2.3	32.1	290	0.015	44	亚太
Voracor CL 100	2.7	30.9	367	0.02	200	欧洲 40%M
Voranate M 220	2.7	30.9	340～380	0.02	205	欧洲 40%M
Voranate M 229	2.7	31.1	340～380	0.02	190	欧洲
Voranate M 2940	2.25	32.0	浅棕色	0.015	38～60	欧洲
Voranate M 590	2.9	30.4	380～420	0.03	600	欧洲 30%M
Voranate M 595	3.2	29.8	430～470	0.04	2000	欧洲 25%M
Voranate M 600	2.85	30.3	380～420	0.03	600	欧洲 30%M
Voranate M 647	2.85	30.9	370～410	0.012	600	欧洲 30%M
Voratec SD 100	2.7	30.9	367	0.02	220	欧洲 40%M

注：官能度不是真实官能度，而是参考性的数值。相对密度约为 1.23。PAPI 94、PAPI 95 和 PAPI 2940 具有高 2,4′-MDI 含量。

表1-29和表1-30分别为日本聚氨酯工业株式会社和日本三井化学株式会社PAPI的产品性能指标。

表1-29 日本聚氨酯工业株式会社粗MDI系列产品技术指标

品　名	NCO含量/%	酸度(HCl)/%	黏度(25℃)/mPa·s	主要用途
Millionate MR-100	30.5～32.0	≤0.04	150～250	喷涂发泡、板材
Millionate MR-200	30.5～32.0	≤0.04	150～250	通用型
Millionate MR-200S	31.0～32.5	≤0.04	150～250	现场浇注
Millionate MR-400	29.0～31.0	≤0.10	400～700	高密度泡沫
Coronate 1107	30.5～32.5	≤0.1	100～200	涂料、硬质泡沫
Coronate 1110	30.8～32.5	≤0.10	80～130	喷涂发泡
Coronate 1130	31.0～32.2	≤0.03	80～130	喷涂发泡
Coronate 1132	31.0～32.0	≤0.05	60～100	喷涂发泡
Coronate 1350	29.5～31.0	≤0.1	240～350	涂料、硬质泡沫
Coronate 1400	29.0～31.0	≤0.1	400～700	高密度泡沫

注：外观均为茶褐色液体。

表1-30 日本三井化学株式会社聚合MDI技术指标

聚合MDI类	外观	NCO质量分数/%	黏度(25℃)/mPa·s	水解氯/%
Cosmonate M-50	茶褐色液体	31.5±0.5	100±30	0.07～0.21
Cosmonate M-100	茶褐色液体	31.3±0.5	150±30	0.1～0.3
Cosmonate M-200	茶褐色液体	31.3±0.5	185±35	0.1～0.3
Cosmonate M-300	茶褐色液体	31.3±0.5	215±35	0.1～0.3
Cosmonate M-1500	茶褐色液体	30.8±1.0	1200±150	0.1～0.3
Cosmonate MX-50	茶褐色液体	31.6±0.5	105±25	0.12以下
Cosmonate MX-200	茶褐色液体	31.6±0.5	200±50	0.15以下
Cosmonate CX-200	茶褐色液体	31.0±1.0	125±25	0.1～0.3
Cosmonate M-200W	茶褐色液体	28.5±1.0	260±60	0.1～0.3

注：其中Cosmonate M-100和M-200是普通PAPI产品，其他的为特殊品种。

德国Bayer公司的牌号为Desmodur，其大部分PAPI产品的技术指标见表1-31。

表1-31 Bayer公司PAPI及改性PAPI产品技术指标

Desmodur牌号	NCO含量/%	黏度(25℃)/mPa·s	酸度/(mg/kg)	用途特性描述
44P16	26.2±0.5	1700±200	≤600	改性PAPI,用于硬泡
44V10 L	31.5±1.0	120±20	≤350	f=2.4。硬泡、半硬泡及HR
44V20L	31.5±1.0	200±40	≤200	硬泡、半硬泡及HR泡沫
44V40L	31.0±1.0	400±50	≤300	硬泡及HR泡沫
44V70L	30.5～32.0	680±70	≤500	官能度2.8,用于硬泡板材等
VK 5	32.5±1.0	15～30	≤600	高MDI单体改性,胶黏剂
VK 10	31.5±1.0	90±20	≤1000	胶黏剂
VK 10L	31.5±1.0	90±20	≤1000	胶黏剂。活性比VK 10稍低
VKS 10	31.5±1.0	120±20	≤200	胶黏剂
VKS 20(F)	31.5±1.0	200±40	≤200	胶黏剂
VKS 70	31.25±0.75	680±70	≤500	胶黏剂
VL	31.5±0.5	90±20	NA	无溶剂双组分CASE
VL 2854	32.5±0.8	21±5	NA	高单体。无溶剂聚氨酯体系
VL 50	32.5±1.0	22.5±7.5	NA	低黏度,用于涂料等
VL 51	32.5±1.0	21.5±5	NA	低黏度,涂料、预聚体等
VL 9010	32.6±0.5	17±4	NA	低黏度,封闭型的原料
VL R 10	31.5±1.0	120±20	NA	低黏度,无溶剂喷涂和封堵
VL R 20	31.5±1.0	200±40	NA	无溶剂喷涂和封堵料

续表

Desmodur 牌号	NCO 含量/%	黏度(25℃)/mPa·s	酸度/(mg/kg)	用途特性描述
VP KA 8766	31.5±1.0	120±20	160～200	胶黏剂
VP. PU 1520 A20	31.5±1.0	200±40	NA	硬质或半硬质模塑泡沫塑料
VP. PU 1520 A31	30.5±1.0	300±50	≤500	刨花板黏合剂
VP. PU 1975	25.2±0.4	1100～2500	≤200	改性物，总氯 0.4%。硬泡
VP. PU 22HB50	27.8±0.5	800～1300	≤300	改性物。硬泡
VP. PU 3230	32.5±0.5	15～35	≤150	HR 泡沫塑料
VP. PU 70WF19	31.9±0.4	41～55	≤200	改性物。冷模塑 HR 泡沫
VP. PU 70WF34	26.5±0.3	145～185	≤100	改性物。冷模塑 HR 泡沫
VP. PU 70WF38	29.7±0.4	50～80	≤100	改性物。冷模塑 HR 泡沫
VP. PU 70WF40	26.5±0.5	150～200	≤100	改性物。冷模塑 HR 泡沫
XP 2404	31.5±1.0	160～240	160～200	PAPI 单体混合物，胶黏剂
XP 2551	约 32	约 60	NA	用作特殊固化组分

注：官能度不详，未改性 PAPI 中的 PhNCO 质量分数≤50mg/kg（ppm）。颜色一般为暗褐色（棕色）。Desmodur 44 V 系列＝Desmodur VP. PU 44V 系列。

Bayer MaterialScience LLC 公司（Bayer 北美分公司）Mondur 等牌号的 PAPI 和改性 PAPI 典型物性见表 1-32。

表 1-32 Bayer 北美公司 Mondur 等牌号的 PAPI 和改性 PAPI 典型物性

牌号	NCO/%	黏度	f	特性及主要用途
Baymidur K88	31.5±0.5	90±20	NA	酸度≤0.12%。电器浇注弹性体
Baymidur K88 HV L	30.5～32.5	160～240	NA	酸度≤0.02%。特殊用途
Mondur MR	约 31.5	150～250	2.8	通用型。酸度(HCl) 0.01%～0.03%
Mondur MR Light	约 31.5	150～250	2.8	色稍浅。泡沫等多用
Mondur MR-5	约 32.5	约 50	2.4	高单体含量。特殊胶黏剂
Mondur MR-200	约 30.2	约 2000	3.2	高官能度。胶黏剂、层压板等
Mondur MRS	约 31.5	150～250	2.6	高 2,4′-MDI。硬泡、胶黏剂等
Mondur MRS-2	约 33.0	约 25	2.2	高 2,4′-单体。软泡、弹性体等
Mondur MRS-4	31.8～32.6	30～50	2.4	高 2,4′-MDI，低温稳定。多用途
Mondur MRS-5	31.5～32.4	45～65	2.4	高 2,4′-MDI 含量。多用途
Mondur MRS-20	约 32.9	约 30	2.3	高 2,4′-MDI。软泡、封堵材料等
Mondur 448	约 27.7	约 140	2.2	改性 PAPI。泡沫、CASE 等
Mondur 486	约 27.0	约 300	2.4	改性 PAPI。泡沫、CASE 等
Mondur 489	约 31.5	约 700	3.0	用于硬泡、胶黏剂等
Mondur 541(Light)	31.5(31.0)	约 200	NA	用于碎木黏合剂、胶黏剂等
Mondur 582	31.8～32.6	40～70	2.5	高 2,4′-MDI，涂料、半硬泡、胶等
Mondur 841	约 30.5	约 350	NA	改性 PAPI。用于仿木材等
Mondur 1508	约 32.0	约 40	2.5	高 2,4′-MDI。软泡、CASE 等
Mondur 1515	约 30.5	约 350	NA	冰箱硬泡等
Mondur 1522	31.5～32.4	45～85	NA	翻砂黏合剂，胶黏剂和涂料

注：相对密度（25℃）约为 1.24，均为褐色液体。黏度（mPa·s）为 25℃的数据，f 为平均官能度。

BASF 公司的大部分 PAPI（聚合 MDI，Lupranate M 系列）和掺混改性 PAPI 产品的典型物性见表 1-33。

表1-33 BASF公司的大部分PAPI及掺混改性PAPI产品的典型物性

产品牌号	液体颜色	NCO含量/%	官能度	黏度/mPa·s	水解氯/%	贮存温度/℃
Lupranate M10	浅褐色	32.0	2.3	70	0.03	25～30
Lupranate M20FB	深褐色	31.5	2.7	200	≤0.025	15～35
Lupranate M20SB	深褐色	31.5	2.7	200	≤0.025	15～35
Lupranate M20S	浅褐色	31.4	2.7	200	0.035	20～35
Lupranate M70L	深褐色	31.0	3.0	700	0.015	20～35
Lupranate M200	深褐色	30.5	3.1	2000	0.05	20～35
Lupranate 78	深褐色	32.0	2.3	65	NA	15～35
Lupranate 230	浅棕黄	32.4	2.2	35	NA	24～35
Lupranate 234	褐色	32.0	2.3	50	NA	20～35
Lupranate 245	褐色	32.3	2.3	35	NA	24～35
Lupranate 266	褐色	32.0	2.5	66	NA	15～35
Lupranate 273	深褐色	32.0	2.3	60	NA	15～35
Lupranate 278	浅褐色	33.0	2.1	17	NA	NA
Lupranate 280	浅褐色	33.0	2.1	17	NA	NA
Lupranate 281	褐色	32.6	2.2	26	NA	NA
Lupranate 5100	棕黄色	32.6	2.2	33	NA	NA
Lupranate TF2115	褐色	32.3	2.4	50	NA	24～35

注：黏度（mPa·s）为25℃数据。M10含较多纯MDI；M20FB反应速率快，M20SB专用于各种纤维板制造，M200特别适合于生产PIR泡沫。

制法

PAPI（粗MDI）的生产方法与MDI相同，只是苯胺与盐酸的摩尔比小一些。PAPI的合成与MDI一样，分两步进行。先由苯胺与甲醛溶液（福尔马林）在路易斯酸作用下，缩合成含一定量二胺的多胺混合物，然后这类多胺化合物经光气化反应则得PAPI。在合成多胺化合物时，要控制二胺的含量在50%左右。一般可通过调节苯胺与甲醛两种原料的投入量即摩尔配比关系来实现。经实验确定，当苯胺与甲醛的投料摩尔比值为1.75时，合成的多胺化合物中约有50%二胺存在。所以，原料组分配比关系，一般使苯胺与甲醛的摩尔比在1.6～2.0范围内变化，多胺合成的其他操作条件与MDA的操作条件类似。

对于联产法制MDI与PAPI的生产工艺所要求的多胺，必须是含60%～75%二胺的多胺化合物，其关键也是通过改变苯胺与甲醛的投料摩尔配比来实现。在苯胺/甲醛摩尔比为4/1.4的情况下，合成的多胺约含有75%二胺化合物。通常，采用MDI与PAPI联产的工艺。

特性及用途

PAPI分子中含有多个刚性苯环，并且具有较高的平均官能度，制得的聚氨酯制品较硬。固化速率较低官能度的MDI和TDI快。PAPI主要用于制备硬质聚氨酯泡沫塑料、半硬质聚氨酯泡沫塑料、模塑高回弹泡沫塑料、胶黏剂等的原料，还用于铸造工业中自硬砂树脂等。高官能度、低酸值的PAPI一般用于快速固化体系，也可用于涂料等。

包装及贮运

镀锌铁桶包装，该产品无挥发性，可按一般化学品的有关规定运输。由于PAPI活泼的化学性质，极易与水分发生反应，生成不溶性的脲类化合物并放出二氧化碳，造成鼓桶并致黏度升高。因此在贮存过程中，必须保证容器的严格干燥密封并充干燥氮气保护。PAPI应在室温（20～25℃）下于通风良好的室内严格密封保存；若贮存温度太低（低于5℃）可导致其中产生结晶现象，因此必须注意防冻。一旦出现结晶，应在使用前于70～80℃加热熔化，并充分搅拌均匀。应避免于50℃以上长期存放，以免生成不溶性固体并使黏度增加。在适宜的贮存条件下，PAPI的贮存期为1年。

生产厂商

美国Huntsman聚氨酯公司，Bayer MaterialScience公司，BASF公司，Dow化学公司，日本聚氨酯工业株式会社，日本三井化学株式会社，韩国锦湖三井化学株式会社，烟台万华聚氨酯有限公司，上海联恒异氰酸酯有限公司，日邦聚氨酯（瑞安）有限公司，重庆长风化学工业有限公司等。

1.3 二异氰酸酯衍生物

1.3.1 液化MDI

别名：改性MDI。

简称：L-MDI，C-MDI。

英文名：modified MDI；liquified MDI。

纯MDI常温下是固体，使用不方便。4,4′-MDI在贮存过程中，还容易产生二聚物，贮存稳定性差。在使用之前必须加热熔化成液体才可使用。反复加热将影响MDI的质量，而且使操作复杂化。故聚氨酯泡沫塑料一般不直接使用MDI。液化MDI是20世纪70年代发展起来的一种改性MDI，它克服了以上缺点，可用于弹性体、胶黏剂、微孔聚氨酯制品等多种聚氨酯材料的制造，还可适用于制造特殊性能要求的聚氨酯整皮模塑制品，并增加制品的耐燃度等性能。

最常用的MDI液化技术是在4,4′-MDI中通过化学反应引入氨基甲酸酯或碳化二亚胺基团，得到液态的MDI改性物。

除此之外，可在MDI制造过程通过增加2,4′-MDI比例而使MDI成为液态（可见“二苯基甲烷二异氰酸酯”条目），或者在MDI中掺混TDI，形成低凝固点的混合二异氰酸酯。

物化性能

碳化二亚胺改性的MDI是重要的液化MDI产品，这种液化MDI具有低黏度，并且NCO含量也与纯MDI接近。另外碳化二亚胺基团还增进聚氨酯制品的耐水解性能。

不同厂家、不同改性方法得到的产品物性各有不同。详见有关厂家的产品指标。

产品牌号及性能指标

烟台万华聚氨酯股份有限公司的液化MDI产品是碳化二亚胺-脲酮亚胺改性MDI，其中牌号Wannate MDI-100HL是含高效催化剂的液化MDI，Wannate MDI-100LL是含低效催化剂的液化MDI，主要用于微孔聚氨酯鞋底、整皮泡沫和涂料。这两种碳化二亚胺改性的液化MDI的NCO质量分数均在28%～30%范围，外观均为淡黄色液体，黏度为25～60mPa·s，凝固点不大于15℃，密度（25℃）均在1.21～1.23g/cm³，酸分（以HCl质量分数计）不大于0.04%。平均官能度略大于2.0。MDI-100LL比MDI-100HL贮存稳定，但颜色稍深。

烟台万华公司的部分改性MDI（主要是聚醚多元醇改性）及预聚体产品技术指标见表1-34。它们是无色至浅黄色透明黏稠液体。

表 1-34 万华公司的部分改性 MDI 及预聚体产品技术指标

产品牌号	NCO含量/%	相对密度(25℃)	黏度(25℃)/mPa·s	产品用途
Wannate 8319	20.6～21.6	1.16～1.20	350～700	CASE,包括喷涂弹性体等
Wannate 8617	22.5～23.5	1.20～1.22	600～700	软泡、微孔弹性体、胶黏剂
Wannate 6076	12.5～13.5	1.06～1.16	1000～2000	固含量75%,胶黏剂固化剂
Wannate 6110	10.0～11.0	1.07～1.09	2000～3000	涂料、胶黏剂
Wannate 6112	10.0～11.0	1.05～1.10	2600～3600	涂料、胶黏剂、橡胶粒黏结
Wannate 6115	6.9～7.9	1.05～1.07	1900～2900	橡胶粒黏结、膜、密封胶等
Wannate 6116	7.5～8.5	1.03～1.06	2500～3500	塑胶跑道用固化剂等
Wannate 8311	10.0～11.0	1.07～1.09	2000～3000	聚氨酯涂料和喷涂弹性体等
Wannate 8312	15.0～16.0	1.12～1.15	600～800	喷涂聚氨酯(脲)弹性体
Wannate 8313	12.8～13.8	1.10～1.15	900～1800	喷涂弹性体、胶黏剂等
Wannate 8314	15.8～16.8	1.12～1.15	550～800	喷涂聚氨酯(脲)弹性体
Wannate 8316	15.5～16.5	1.13～1.15	900～1800	喷涂聚氨酯(脲)弹性体
Wannate 8324	13.2～14.2	1.10～1.13	450～600	喷涂聚氨酯(脲)弹性体

Dow 化学公司碳化二亚胺改性 MDI（C-MDI）牌号为 Isonate 143L 和 Isonate 143LP，它们的官能度分别是 2.1 和 2.2，其他物性基本相同，典型物性见表 1-35。Dow 化学公司部分氨酯改性 MDI（MDI 半预聚体）产品的典型物性见表 1-36。该公司还有 Voramer 牌号的 MDI 预聚体产品。

表 1-35 Dow 化学公司液化 MDI 产品 Isonate 143L 的典型性能

项目	指标	项目	指标
官能度	2.1/2.2	黏度(25℃)/mPa·s	77
NCO 质量分数/%	29.2	密度(25℃)/(g/mL)	1.214
异氰酸酯当量	144.5	蒸气压/Pa	<0.0013
水解氯/(mg/kg)	30	闪点(闭杯)/℃	>177
酸度(以 HCl 计)/(mg/kg)	20 或 100	比热容/[J/(g·K)]	1.80

表 1-36 Dow 化学公司部分氨酯改性 MDI 产品的典型物性

性能	Isonate 181	Isonate 240	Isonate M 340	Isonate M 342
NCO 质量分数/%	23	18.7	26.3	23.3
异氰酸酯当量	182	225	160	180
水解氯/(mg/kg)	50	50	NA	NA
酸度/(mg/kg)	100	200	13	12
黏度(25℃)/mPa·s	770	1500	125	580
密度(25℃)/(g/mL)	1.221	1.220	1.21	1.21
官能度	2.0	2.0	2.1	2.0
成分备注	二醇改性	聚酯二醇改性	含单体 62%	含单体 54%

液化 MDI 在常温贮存比较稳定。在较高温度贮存，则液化 MDI 中的 MDI 单体会缓慢形成二聚体。Dow 公司液化 MDI Isonate 143L（Isonate 143LP）在不同温度贮存过程中二聚体含量随时间的变化情况如图 1-7 所示。Dow 公司建议其液化 MDI 的贮存和运输温度为 24～41℃。低于 24℃会冻结。

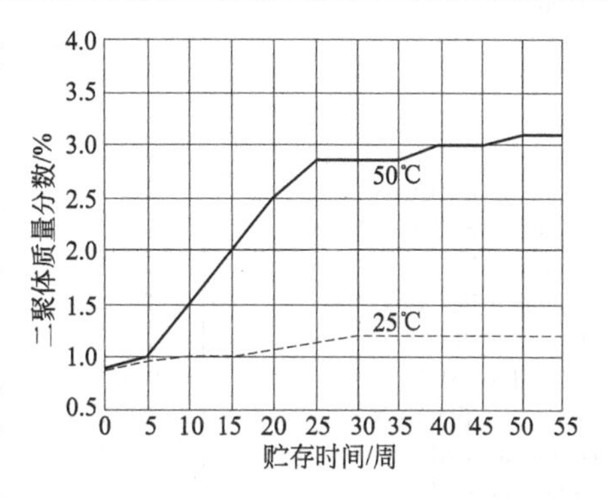

图 1-7 液化 MDI（Isonate 143L）贮存过程二聚体含量的变化

日本三井化学株式会社的部分改性 MDI（含改性 PAPI）产品的典型物性见表 1-37。其中 Cosmonate LK 和 Cosmonate LL 是碳化二亚胺改性 MDI，用于聚氨酯弹性体、反应注射模塑（RIM）、鞋底、涂料、合成革的制造；CosmonateTM、MC

用于高弹性泡沫的制造；Cosmonate PZ 是多元醇改性的异氰酸酯，主要用于 RIM 工艺 PU 汽车部件的制造；Cosmonate PM 是由多元醇改性的异氰酸酯，用于自结皮泡沫和半硬质泡沫的制造。

表 1-37　日本三井化学株式会社的部分改性 MDI（含改性 PAPI）产品的典型物性

液状 MDI 类	外观	NCO 含量/%	黏度(25℃)/mPa·s	水解氯/%
Cosmonate LK	淡黄色液体	28.3±0.5	85±45	—
Cosmonate LL	淡黄色液体	29.0±0.5	40±15	—
Cosmonate PZ-601	淡黄色液体	26.0±0.5	150±50	—
Cosmonate PZ-801	淡黄色液体	23.7±0.5	270±50	—
Cosmonate MC-30	茶褐色液体	32.7±0.5	50 以下	—
Cosmonate MC-73	茶褐色液体	30.3±0.5	50±30	—
Cosmonate MC-82	茶褐色液体	24.8±0.5	170±30	0.05 以下
Cosmonate PM-35	褐色液体	27.5±0.5	140±50	—
Cosmonate PM-50	褐色液体	27.5±0.5	500±150	—
Cosmonate PM-80	茶褐色液体	31.0±1.0	125±25	—
Cosmonate PM-697	黑褐色液体	28.1±0.5	500±100	—
Cosmonate PM-708	茶褐色液体	27.75±0.25	450±100	—
Cosmonate M-200W	茶褐色液体	28.5±1.0	260±60	0.1～0.3

日本聚氨酯工业株式会社的改性 MDI 的物性指标及用途见表 1-38。其中 Coronate 1050 和 1057 为多元醇改性，MTL 和 MX 为碳化二亚胺改性产品。

表 1-38　日本聚氨酯工业株式会社的改性 MDI 的物性指标及用途

产品牌号	外　观	NCO 含量/%	黏度(25℃)/mPa·s	用　途
Coronate 1050	黄褐色液体	22.6～23.6	400～800	整皮泡沫
Coronate 1057	褐色液体	26.1～27.1	90～160	汽车仪表板
Coronate MX	淡黄色液体	28.6～29.6	20～60	RIM、整皮泡沫、弹性体
Millionate MTL	黄褐色液体	28.0～30.0	30～70	RIM、整皮泡沫、弹性体

德国 Bayer 公司的部分改性 MDI（液化 MDI）及 MDI 预聚体的典型物性和用途见表 1-39 及表 1-40。

表 1-39(a)　Bayer 公司基于 MDI 的部分多异氰酸酯产品的典型物性

Desmodur 牌号	NCO 质量分数/%	黏度(23℃)/mPa·s	相对密度(20℃)	官能度	外观(液体颜色)
Desmodur CD	29.5±1.0	35±15	1.22(25℃)	2.1	浅黄色
Desmodur E21	16.0±0.7	5400±1300	1.15	NA	褐色
Desmodur E22	8.6±0.3	2800±400	1.08	2.0	黄色
Desmodur E23	15.4±0.4	1800±250	1.13	2.1	黄色
Desmodur E 28	16.5±1.0	6100±900	1.14	2.8	棕色
Desmodur E 29	24±1	220±80	1.17	2.2	棕色
Desmodur E 20100	15.7±0.5	1100±400	1.12	2.0	黄色
Desmodur E 2190 X	14.3±0.5	1100±400	1.11	NA	NA
Desmodur E 2200/76	9.85±0.25	2750±750	1.09	NA	无色至浅黄
Desmodur PC	26.0±1.0	100±30	1.22	2.1	无色至微黄
Desmodur PC-N	26.0±1.0	120±40	1.22	2.1	无色至微黄
Desmodur PF	23.0±0.5	600±100	1.21(25℃)	2.1	无色至黄色
Desmodur PM 76	9.85±0.25	3250±750	1.09	NA	无色至微黄
Desmodur VH 20 N	24.5±0.5	280±80	1.21	NA	黄色
Desmodur VKP 58	13.2±1.0	6500±1500	1.14	NA	棕色
Desmodur VKP 79	24.3±0.5	700±200	1.23	NA	棕色
Desmodur XP 2505	13.2 ± 0.7	6500±1200	1.13	NA	褐色
Desmodur XP 2521	约 16.0	约 1200	1.11	NA	黄色

表 1-39(b) Bayer 公司的基于 MDI 的部分多异氰酸酯产品的特性及用途

牌号	特性及用途
Desmodur CD 系列	含较多 4,4'-MDI 单体的低黏度改性 MDI。用于 CASE 材料和泡沫塑料。水解氯≤50mg/kg，Desmodur CD-L 和 CD-S 的 PhNCO≤8mg/kg。CD-L 可用于食品接触材料
Desmodur E21	MDI 预聚体和 PAPI 混合物。单组分体系和固化剂
Desmodur E22	MDI 预聚体。配制高柔韧性涂料和胶黏剂。橡胶粒黏合剂
Desmodur E23	MDI 预聚体。用作湿固化单组分涂料和胶黏剂等
Desmodur E 28	含 PAPI 的 MDI 预聚体。用作固化剂、配制单组分涂料
Desmodur E 29	含 PAPI 的 MDI 预聚体。无溶剂涂料等
Desmodur E 20100	基于 MDI 的改性多异氰酸酯，用于高低压力灌浆堵漏
Desmodur E 2190 X	90%二甲苯溶液，配制溶剂型湿固化单组分涂料
Desmodur E 2200/76	含异构体的 MDI 预聚体。用于 CASE 材料
Desmodur PC Desmodur PC-N Desmodur PF	改性 MDI。水解氯≤50mg/kg，PhNCO≤10mg/kg。特别适合于制备双组分和湿固化单组分聚氨酯胶黏剂，粘接金属、木材和塑料。建议在 20～25℃贮存
Desmodur PM 76	MDI 聚醚预聚体。适合于配制胶黏剂，包括湿固化胶黏剂
Desmodur VH20	MDI 基多异氰酸酯。双组分涂料、密封胶，生产预聚体
Desmodur VKP 58	MDI 异构体和 PAPI 混合物的聚醚预聚体。单组分胶黏剂
Desmodur VKP 79	MDI 异构体和 PAPI 混合物的聚醚预聚体。单组分胶黏剂
Desmodur XP 2505	含少量 PAPI 的 MDI 预聚体。配制无溶剂胶黏剂
Desmodur XP 2521	MDI 及异构体的预聚体。无溶剂单组分湿固化胶黏剂/涂料

表 1-40 Bayer 公司的 Mondur 牌号改性 MDI 的典型物性和用途

牌号	NCO 含量/%	黏度(25℃)/mPa·s	官能度	特性及典型应用
Mondur CD	29.5	50	2.2	典型液化 MDI。高性能弹性体
Mondur MA-2300	23.0±0.3	450±25	2.0	涂料、胶黏剂、密封胶等
Mondur MA-2600	26.0	100	2.0	高单体，低凝固点，密封胶和涂料
Mondur MA-2601	29.0	60	2.2	低凝固点。用于微孔泡沫
Mondur MA-2602	21.0	350	2.0	低黏度、低凝固点。用于喷涂弹性体
Mondur MA-2603	16.0	1050	2.0	低凝固点。喷涂弹性体、胶黏剂
Mondur MA-2604	16.1	1200	2.0	低凝固点。喷涂弹性体、胶黏剂
Mondur MA-2902	29.0	40	2.0	高单体含量。用于无溶剂 CASE 等
Mondur MA-2903	19.0	400	2.0	低黏度，用于 CASE 等
Mondur MA-2904	12.0	1800	2.0	预聚体改性。双组分 CASE 材料
Mondur PC	25.8	145	2.1	微孔泡沫，CASE 等
Mondur PF	22.9	650	2	整皮泡沫、半硬泡、CASE 等
Mondur 501	19.0	1100	2	短脱模时间。鞋底、泡沫塑料
Mondur 1437	10.0	2500	2	预聚体。湿固化黏合剂等
Mondur 1453	16.5	600	2	低黏度、低反应性。喷涂聚脲

注：MA-2601 是脲基甲酸酯改性 MDI 与含 2,4'-MDI 的 PAPI 的混合物，褐色；其他品种为浅黄色。MA-2602 和 MA-2604 是脲基甲酸酯改性 MDI 的聚醚型预聚体。

除表格所列，Bayer 公司在亚太地区销售的 Desmodur VP. PU 3133 是一种低度改性的液态 MDI 产品，其 NCO 质量分数约为 32.5%，黏度约为 25mPa·s，主要用于生产模塑泡沫。

BASF 公司的部分改性 MDI 的典型物性见表 1-41。其中 Lupranate 81 是高 2,4'-MDI 含量的液化 MDI，具有优良的低温贮存稳定性。Lupranate MM103C 是 BASF 韩国分公司生产的碳化二亚胺改性的液态 MDI，指标与 MM103 相似。另外 Lupranate 227 是碳化二亚胺轻度改性的液态 MDI，NCO 含量为 32.1%，已归到单体 MDI 表格中。

表 1-41　BASF 公司的部分改性 MDI 的典型物性

产品牌号	成分描述	NCO 含量/%	标称官能度	黏度(25℃)/mPa·s	液体外观
Lupranate MP102	4,4′-MDI 预聚体	23.0	2.0	700	无色
Lupranate MM103	碳化二亚胺改性 MDI	29.5	2.0	50	浅黄色
Lupranate 81	碳化二亚胺改性 MDI	29.5	2.1	40	黄色
Lupranate 218	碳化二亚胺改性 MDI	29.5	2.1	40	褐色
Lupranate 219	碳化二亚胺改性 MDI	29.5	2.1	40	浅黄色
Lupranate 223	纯 MDI 衍生物	27.5	2.2	140	浅棕色
Lupranate 259	异构体混合物预聚体	23.0	2.0	700	浅黄色
Lupranate 275	高 2,4′-MDI 预聚体	15.9	2.0	560	透明液
Lupranate 5010	高官能度 MDI 预聚体	28.6	2.3	75	棕黄色
Lupranate 5020	低 NCO 预聚体	9.5	2.0	2500	黄色
Lupranate 5030	特殊 MDI 预聚体	18.9	2.0	1130	浅黄色
Lupranate 5040	预聚体改性 MDI	26.3	2.1	140	黄色
Lupranate 5050	预聚体改性 MDI	21.5	2.1	335	黄色
Lupranate 5060	较高分子量预聚体	15.5	2.0	1000	透明液
Lupranate 5070	特殊 MDI 预聚体	13.0	2.0	3360	黄色
Lupranate 5080	高 2,4′-MDI 预聚体	15.9	2.0	330	浅黄色
Lupranate 5090	特殊 4,4′-MDI 预聚体	23.0	2.1	650	浅黄色
Lupranate 5110	含 PAPI 的预聚体	25.4	2.3	175	棕色
Lupranate 5140	预聚体改性 MDI	21.3	2.2	420	黄色
Lupranate 5143	碳化二亚胺改性 MDI	29.2	2.1	40	浅黄色

注：贮存温度以 20～35℃为宜。

美国 Huntsman 聚氨酯公司的改性 MDI 及 MDI 半预聚体（低官能度产品）品种非常多，可用于许多行业，例如用于汽车、家具泡沫。表 1-42 为该公司的部分改性 MDI（液化 MDI）产品的典型物性。

表 1-42　Huntsman 聚氨酯公司的部分改性 MDI 产品的典型物性

牌　号	NCO/%	黏度/mPa·s	官能度	特性及典型应用
Rubinate 1209	21.5±0.5	390	2.12	预聚体。喷涂弹性体
Rubinate 1670	26.2±0.5	200	2.06	脲酮亚胺改性。喷涂涂料或 RIM 弹性体
Rubinate 1680	29.5±0.5	40	2.12	碳化二亚胺/脲酮亚胺改性
Rubinate 1790	23.2±0.5	1050	2.01	预聚体。喷涂聚脲涂料或 RIM 弹性体
Rubinate 9009	15.8±0.5	1000	2.13	预聚体等改性 MDI。喷涂聚脲弹性体等
Rubinate 9040	9.7±0.5	2000	2.00	预聚体。缓慢湿固化,软质黏合剂等
Rubinate 9225	31.0±0.5	30	2.06	二异氰酸酯改性
Rubinate 9271	23.5±0.5	500	2.00	高 2,4′-MDI 改性预聚体。喷涂聚脲等
Rubinate 9272	8.4±0.5	2500	2.00	预聚体。高伸长率增韧用湿固化 CASE
Rubinate 9433	31.8±0.5	18	2.01	高二异氰酸酯单体含量
Rubinate 9447	12.3±0.5	1200	2.05	预聚体。软质喷涂弹性体涂层
Rubinate 9465	22.9±0.5	250	2.12	低温贮存稳定。喷涂或 RIM 弹性体
Rubinate 9480	15.2±0.5	370	2.00	高 2,4′-MDI 改性 MDI 预聚体。喷涂聚脲弹性体
Rubinate 9495	15.1±0.5	400	2.06	预聚体等改性 MDI。喷涂聚脲弹性体等
Suprasec 1007	6.8±0.5	5500	2.1	用于许多单组分体系
Suprasec 2004	32.9±0.5	13	2.0	近似纯 MDI。低反应性和改善贮存
Suprasec 2008	10.2±0.5	1800	2.0	黏度随温度变化小
Suprasec 2010	26.3±0.5	140	2.1	用于生产高质量浇注型弹性体
Suprasec 2018	26.0±0.5	170	2.1	低温贮存稳定。高质量浇注弹性体等
Suprasec 2020	29.5±0.5	40	2.1	低黏度脲酮亚胺改性 MDI。预聚体等
Suprasec 2021	23.2±0.5	975	2.0	MDI 预聚体用于工程浇注弹性体
Suprasec 2029	24.5±0.5	500	2.1	脲酮亚胺改性低 NCO,具低温稳定性

续表

牌 号	NCO/%	黏度/mPa·s	官能度	特性及典型应用
Suprasec 2054	15.0±0.5	775	2.0	喷涂聚脲预聚体。高撕裂强度和模量
Suprasec 2058	15.4±0.5	850	2.0	喷涂聚脲预聚体。低活性,高物性
Suprasec 2067	19.3±0.5	610	2.2	硬质喷涂聚脲预聚体
Suprasec 2244	15.3±0.5	2400	2.1	高反应型预聚体。多用途
Suprasec 2344	15.5±0.5	1500	2.0	高反应型预聚体。浅色,多用途
Suprasec 2385	30.9±0.5	25	2.0	脲酮亚胺改性,高润湿性
Suprasec 2386	30.2±0.5	40	2.0	脲酮亚胺改性,良好混容型
Suprasec 2388	29.5±0.5	35	2.1	脲酮亚胺改性,具低温稳定性
Suprasec 2444	20.2±0.5	950	2.0	高质量弹性体,高弹、耐疲劳、耐水解
Suprasec 2445	16.0±0.5	800	2.0	与 Suprasec 2444 相似,弹性体更软
Suprasec 2783	19.0±0.5	1000	2.0	生产尺寸稳定性优异的高性能弹性体
Suprasec 2904	21.7±0.5	750	2.0	具有性能与较高反应性的平衡
Suprasec 2980	19.0±0.5	1100	2.0	改善黏附性能
Suprasec 2981	18.9±0.5	1250	2.01	聚酯型预聚体。替代 Rubinate 1234
Suprasec 2982	16.0±0.5	2750	2.0	生产具优异动态性能的高性能弹性体
Suprasec 4102	29.7±0.5	25	2.0	脲酮亚胺改性,具低温稳定性和混容性
Suprasec 9520	16.0±0.5	750	2.00	高 2,4′-MDI 改性预聚体。喷涂聚脲等
Suprasec 9537	23.0±0.5	675	2.05	预聚体改善贮存性。喷涂或 RIM 弹性体
Suprasec 9561	29.3±0.5	36	2.10	高性能碳化二亚胺液化产品

注：黏度为 25℃数据。Rubinate 1209、1680、9561，Suprasec2020、2385、2386、2388 和 4102 为碳化二亚胺改性含少量脲酮亚胺的液化 MDI，其他多为预聚体改性产品或半预聚体。

制法

液态 MDI 由于改性的方法不同，使所制得液态 MDI 的品种也有所区别。液化 MDI 主要是氨基甲酸酯改性和碳化二亚胺改性得到。

（1）氨酯改性 MDI　将 MDI 和少量二醇混合反应，可制得氨酯改性 MDI。例如，按 NCO/OH 摩尔比 10∶1 的投料比加入分子量为 600 的聚醚二醇，升温至 50～60℃，搅拌反应 5h 即可得到液化 MDI。

OCN—Ar—NCO+HO—R—OH ⟶ OCN—Ar—NHCOO—R—OCONH—Ar—NCO

（2）碳化二亚胺改性 MDI　进行碳化二亚胺改性是将 MDI 液化而同时保持改性物具有与 MDI 相近性质的一种重要方法。一般在微量有机膦催化剂（如磷酸三乙酯）的存在下，将纯 MDI 加热到一定温度后，MDI 自聚并放出二氧化碳，形成部分含碳化二亚胺基团（—N═C═N—）的液态混合物。制备碳化二亚胺改性 MDI，典型的有机膦催化剂是 1-苯基-3-甲基-1-亚磷基氧化物。反应结束后必须除去混合物中磷化氧催化剂，可加入失活剂如路易斯酸、磺酸酯和磷卤化物等使催化剂失活。碳化二亚胺改性的 MDI 溶液在冷却和贮存过程中，MDI 的 NCO 加成到碳化二亚胺基团上，生成三异氰酸酯官能度的脲酮亚胺（反应式如下），因此这种改性 MDI 的平均官能度通常为 2.15～2.20，NCO 含量通常为 28%～31%。它可用于软泡以及微孔聚氨酯材料的制造。

OCN— —CH_2— —NCO $\xrightarrow{\text{膦化物}}$

OCN— —CH_2— —N═C═N— —CH_2— —NCO $+CO_2$

↓MDI

OCN— —CH_2— —N—C═N— —CH_2— —NCO

O═C—N— —CH_2— —NCO

（脲酮亚胺）

碳化二亚胺与异氰酸酯反应生成脲酮亚胺的反应是可逆反应，在高于 90℃下，脲酮亚胺结构可分解为碳化二亚胺和异氰酸酯。

若需制备低官能度的碳化二亚胺改性 MDI，即不含酮亚胺结构的、官能度约为 2 的碳亚胺改性 MDI，可加入特殊物质抑制 MDI 与碳化二亚胺发生加成反应。

实例：340g 二苯基甲烷二异氰酸酯（熔点 37～41℃，含 4,4′-MDI 90%、2,4′-MDI 10%）与 5g 磷酸三乙酯加热到 200℃，搅拌 25min 后，反应物料冷却至室温（25℃），放置 48h。将少量固体物过滤掉，清澈透明的滤液即为液化 MDI，于 25℃放置 8 周也无固态物析出。

特性及用途

液化 MDI 使用方便、贮存稳定，以 MDI 为基本组分，可用于高性能微孔聚氨酯弹性体、冷熟化模塑（高回弹）软质聚氨酯泡沫塑料、自结皮泡沫塑料和半硬泡制品的制造，包括：鞋底，实心轮胎，汽车保险杠、挡泥板、减震器、阻流板、方向盘、坐垫、座椅头枕、扶手、内饰件等。还应用于胶黏剂、涂料、织物涂层整饰剂等的制造。

使用前必须搅匀。如因低温或久放而产生部分结晶时，可于 60～70℃下熔化，搅拌均匀后使用。

生产厂商

Huntsman 聚氨酯公司，日本三井化学株式会社，BASF 公司，Bayer 公司，韩国锦湖三井株式会社，日本聚氨酯工业株式会社，烟台万华聚氨酯有限公司，黎明化工研究院等。

1.3.2 TDI 二聚体

简称：TD、TT。

化学名称：1,3-双（3-异氰酸酯基-4-甲基苯基)-1,3-二氮杂环-2,4-丁二酮。

TDI 二聚体又称 2,4-TDI 二聚体，因含脲二酮（uretidione）四元杂环，又称 TDI 脲二酮。

英文名：2,4-toluene diisocyanate dimer；dimeric 2,4-toluene diisocyanate；dimeric toluene 2,4-diisocyanate；TDI dimer；1,3-bis(3-isocyanato-4-methylphenyl)-1,3-diazetidin-2,4-dione；1,3-diazetidine-2,4-dione，1,3-bis（3-isocyanatomethylphenyl）等。

分子式为 $C_{18}H_{12}N_4O_4$，分子量为 348.3。2,4-TDI 二聚体 CAS 编号为 26747-90-0 和 3320-33-0，EINECS 号为 247-953-0。

结构式：

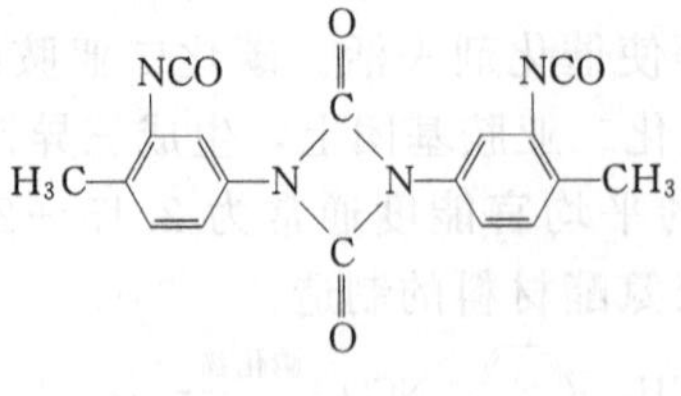

物化性能

白色至微黄色固体粉末，密度（20℃）为 1.48g/cm³，熔点＞145℃，在 100℃以上缓慢分解，在干燥阴凉处可稳定贮存 12 个月。TDI 二聚体的游离 NCO 含量理论值为 24.1%。它不溶于水，微溶于甲苯（23℃、50℃和 100℃溶解度分别为 0.1%、3%和 18%）。

产品牌号和性能指标

早期德国 Bayer 公司开发的 TDI 二聚体牌号为 Desmodur TT，目前由德国朗盛集团的子公司德国莱茵化学莱脑有限公司（Rhein Chemie Rheinau GmbH）生产，牌号为

Addolink TT，纯度约 98%，NCO 含量约 24%，游离 TDI 单体含量＜0.1%，含 1%以内的流动性添加剂气相二氧化硅，熔点＞140℃。粒径在 20μm 以内，以 8～10μm 为主。

美国 TSE 工业公司（TSE Industries，Inc.）产品牌号为 Thanecure T9。

制法

2,4-TDI 在催化剂（三烷基膦、叔胺）存在下，在较低温度下反应，脱除未反应的 TDI，即得二聚体。

特性及用途

TDI 二聚体室温稳定，在 130℃以下的温和反应条件，它用作二官能度异氰酸酯。而在 145℃以上高温，或者强碱性催化剂存在/90℃以上，二聚体在固化过程中解聚成 2 个 TDI 分子参加反应，反应活性基团增加一倍。在三烷基膦催化剂存在下，TDI 二聚体可在 80℃的苯溶液中 100%分解成 TDI 单体。

TDI 二聚体早期主要用作混炼型聚氨酯弹性体高温硫化剂（固化剂、交联剂）。TDI 二聚体中的 NCO 基团活性较低，加之 TDI 二聚体熔点较高，在贮存及混炼温度下几乎不参加反应，但在超过 150℃的混炼胶硫化温度下，二聚体会分解生成两个 TDI 分子，具有很强的反应性，能赋予满意的交联效果。

TDI 二聚体也可用于室温稳定的单组分聚氨酯弹性体、涂料、胶黏剂的高温交联剂。例如用于汽车密封件等。TDI 二聚体分散在含氨基聚醚的低聚物多元醇中可制成室温稳定的 TDI 二聚体微胶囊。

TDI 二聚体还可用于水性分散液，例如用于聚酯织物浸渍整理。还用做硫化橡胶对织物（特别是聚酯纤维）的附着力促进剂。把 TDI 二聚体配成 50%的增塑剂分散体，可用于提高织物与 PVC 的粘接力。

生产厂商

德国莱茵化学莱脑有限公司，美国 TSE 工业公司等。

1.3.3 TDI 三聚体

化学名称：1,3,5-三(3-异氰酸酯基甲苯基)-1,3,5-三嗪-2,4,6-三酮。

英文名：TDI trimer；1,3,5-tris(3-isocyanatomethylphenyl)-1,3,5-triazine-2,4,6(1*H*,3*H*,5*H*)-trione;1,3-diisocyanatomethyl-benzene trimer 等。

分子式为 $C_{27}H_{18}N_6O_6$，分子量为 522.4。CAS 编号为 9019-85-6 和 26603-40-7，EINECS 号为 247-840-6。

一般 TDI 均聚物（1,3-diisocyanatomethyl-benzene homopolymer）的 CAS 编号为 9017-01-0；2,4-TDI 均聚物（2,4-TDI homopolymer）的 CAS 编号为 26006-20-2。TDI 三聚体产品属于 TDI 均聚物。

结构式：

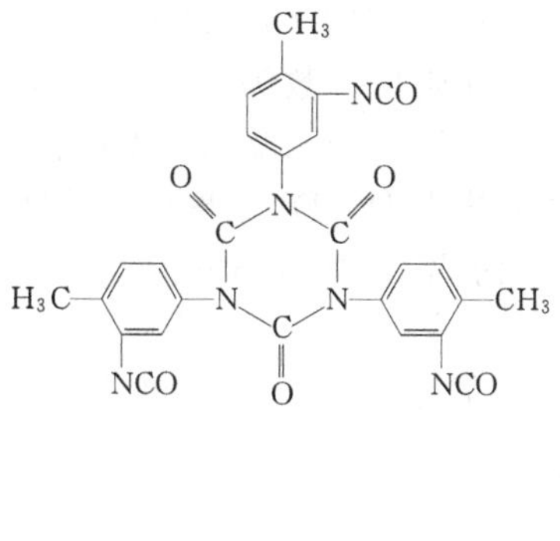

CH3, NCO, O, N, C, H3C, CH3, NCO, NCO, O

物化性能

常见工业产品为TDI三聚体的50%乙酸丁酯溶液，无色至浅黄色中低黏度液体，NCO基的质量分数为8%左右。TDI三聚体产品的典型性能详见有关厂家的产品指标

纯TDI三聚体的理论NCO质量分数是24%，实际上TDI三聚体产品固体分的NCO质量分数在16%左右，这是因为三聚体产物中含部分多聚体，降低了NCO的实际含量。

产品牌号及性能指标

有关厂家的产品指标见表1-43～表1-45。

表1-43 日本聚氨酯工业株式会社的TDI三聚体产品指标

Coronate 牌号	外观	固含量/%	NCO含量/%	游离TDI/%	黏度(25℃)/(mm²/s)	溶剂
2030	浅黄色液体	48.5～52.0	7.5～8.4	≤0.5	600～1300	乙酸丁酯
MG-55	浅黄色液体	49.0～51.0	7.1～7.9		20～200	

表1-44 日本三井化学株式会社的TDI三聚体产品的典型物性

Takenate牌号	NCO含量/%	固含量/%	黏度(25℃)/mPa·s	色度(G)	甲苯稀释率/%	特征
D-204	7.5	50	200	<1	300	最常用产品
D-262	7.5	50	70	<1	>2000	高相容性
D-268	7.9	50	1400	<1	150	固化最快

注：溶剂为醋酸丁酯。

表1-45 德国Bayer公司的TDI三聚体系列产品典型物性

牌号	NCO含量/%	固含量/%	黏度(23℃)/mPa·s	相对密度(20℃)	溶剂	闪点/℃
Desmodur IL1351	8.0±0.3	51±2	1600±500	1.09	乙酸丁酯	26
Desmodur IL1351EA	8.0±0.3	51±2	350±50	1.12	乙酸乙酯	−6
Desmodur IL1451	7.4±0.2	51±2	250±75	1.07	乙酸丁酯	26
Desmodur IL(BA)	8.0±0.2	51±2	2000±400	1.10	乙酸丁酯	25
Desmodur ILEA	8.0±0.2	51±2	700±300	1.12	乙酸乙酯	−6
Desmodur RC	7.0±0.2	约35	约3	1.01	乙酸乙酯	−4

注：游离TDI单体含量小于0.5%。

Desmodur RC是一种TDI三聚体型多异氰酸酯（TDI异氰脲酸酯），为无色至微黄、低黏度液体，适合于用作热塑性聚氨酯胶黏剂、橡胶胶黏剂的交联剂，特别适合于浅色橡胶材料的粘接。对于固含量20%的羟基聚氨酯胶黏剂或氯丁胶黏剂，RC的用量为4～7质量份/100质量份胶黏剂。

北京昊华精细化工总公司的低游离单体含量TDI三聚体PTD-50和PTD-60（固含量分别为50%和60%），游离TDI含量分别为1.0%和1.2%以下。PTD-50的黏度为20～80mPa·s，溶剂为乙酸乙酯/乙酸丁酯，NCO质量分数为（7.4±0.2）%。改性TDI三聚体PTD-2450和PTD-270（固含量分别为50%和70%），游离TDI含量分别为1.0%和1.4%以下。

韩国爱敬化学株式会社的Aknate TR-50是TDI三聚体，固含量50%，溶剂为乙酸乙酯或乙酸丁酯（按客户需要），NCO质量分数为7.80%～8.20%，黏度（25℃Gardner）T-V（50%于乙酸丁酯），或G-J（50%于乙酸乙酯），TDI游离单体<1.0%。

台湾杰华化工股份有限公司的快干型TDI三聚体亚光固化剂505N，也是50%固含量，NCO质量分数为7.5%～8.5%，游离TDI<1.5%。

特性及用途

TDI三聚体反应活性较高，一般用于快干型双组分聚氨酯涂料的固化剂，应用领域包

括家具漆、工业在线涂装等；也可用作室温固化双组分聚氨酯胶黏剂的固化剂组分。赋予漆膜突出的快干性与填充性，硬度高，耐热性能好。缺点是不耐光，会泛黄。

生产厂商

日本聚氨酯工业株式会社，Bayer MaterialScience 公司，韩国爱敬化学株式会社，四川天科科瑞涂料有限公司，广东国精合成材料有限公司，北京昊华精细化工总公司，台湾杰华化工股份有限公司等。

1.3.4 TDI-TMP 加成物

TDI-TMP 加成物是甲苯二异氰酸酯与三羟甲基丙烷的加成物。

英文名：TDI adduct；TDI-TMP adduct；trimethylolpropane-toluenediisocyanate adduct；1,3-propanediol，2-ethyl-2-(hydroxymethyl)-，polymer with 1,3-diisocyanatomethylbenzene 等。

分子式为 $C_{33}H_{32}O_9$，分子量为 656.6。CAS 编号为 9017-09-8。

另外，TDI 和 TMP、DEG 的加成物，CAS 编号为 53317-61-6。

结构式：

O NCO
CH₂OCNH—(苯环)—CH₃
O NCO
CH₃H₂C—C—CH₂OCNH—(苯环)—CH₃
CH₂OCNH—(苯环)—CH₃
O NCO

物化性能

纯 TDI-TMP 加成物是固体，为了方便操作，一般在制备时加入溶剂，并可用溶剂稀释，溶剂一般是乙酸乙酯、乙酸丁酯、丙酮等。

有关 TDI-TMP 加成物的物性指标详见有关厂家的产品物性（表 1-46～表 1-48）。

表 1-46 德国 Bayer 公司 TDI 加成物产品的典型物性

Desmodur 牌号	固含量/%	NCO 含量/%	黏度(23℃)/mPa·s	相对密度(20℃)	闪点/℃	溶剂
L 67 BA	67±2	11.9±0.4	600±200	1.14	30	乙酸丁酯
L 67 MPA/X	67±2	11.9±0.4	1600±400	1.15	40	混合溶剂
L 75	75±2	—	1600±400	1.17	5	乙酸乙酯
L 1470	70±1	9.5～10.0	1700～2140	1.14	1	乙酸乙酯
CB 55N	55±2	9.4～10.2	≤100	1.03	−3	甲乙酮
CB 601N	60±2	10.0～11.0	170～600	1.15	45	MPA
CB 60N	60±2	10.3～11.3	130～430	1.13	28	混合溶剂
CB 72N	72±2	12.3～13.3	1200～1800	1.12	51	甲戊酮
CB 75N	75±2	12.5～13.5	650～1650	1.17	7	乙酸乙酯

注：固体分树脂中游离 TDI 质量分数小于 0.7%，溶剂型产品游离 TDI 低于 0.5%。L 67 MPA/X 的溶剂为丙二醇单甲醚乙酸酯/二甲苯（1/1），CB 60N 的溶剂为丙二醇单甲醚乙酸酯/二甲苯（5/3）。

表 1-47 日本聚氨酯工业株式会社 TDI-TMP 加成物产品的技术指标

Coronate 牌号	固含量/%	NCO 含量/%	黏度(25℃)Gardner	相对密度(25℃)	溶剂
L	74～76	12.7～13.7	W-Y	1.16～1.18	乙酸乙酯
L-55E	52～57	8.9～10.4	A5-A1	1.02～1.04	乙酸乙酯
L-45E	44～46	7.9～8.2	A5-A1	1.00～1.02	乙酸乙酯
L-70B	69～71	12.0～13.0	P-W	1.13～1.15	乙酸丁酯

表 1-48 日本三井化学株式会社的 TDI 加成物产品的典型物性

Takenate 牌号	NCO 含量/%	固含量/%	黏度/mPa·s	相对密度	溶剂
L-75/D-103H	13.0	75	1400	1.16	乙酸乙酯
L-45	7.8	45	20	1.03	乙酸乙酯/二甲苯
L-30	5.2	30	10	0.98	乙酸乙酯/二甲苯

注：Gardner 色度<1，黏度和密度为 25℃的数据。

外观：淡黄色液体，色度（APHA）≤80，Coronate L 黏度为 1070～1760mPa·s，游离 TDI 含量≤0.12%。

韩国 KPX 精细化工有限公司的 TDI-TMP 加成物 Konnate L-75，固含量（75±1）%，NCO 含量（13.0±0.5）%，游离 NCO 含量≤0.5%。

制法

一般将甲苯二异氰酸酯（TDI）与三羟甲基丙烷（TMP）按摩尔比 3/1 投料，为了减少产物中的多官能度物质含量、降低黏度，TDI 可稍过量。例如：反应釜内加 246.5g 甲苯二异氰酸酯（80/20）和 212g 乙酸乙酯（一级品），开动搅拌器，滴加预先熔融的三羟甲基丙烷 60g，控制滴加温度 65～70℃，2h 滴完，并在 70℃保温 1h。冷却到室温，制得外观为浅黄色的黏稠液。

为了降低游离 TDI 的含量，减少使用时的 TDI 挥发，可用薄膜蒸馏法等工艺除去大部分游离 TDI。

特性及用途

TDI-TMP 加成物是国内外最常用的芳香族多异氰酸酯固化剂，广泛用于各种双组分聚氨酯涂料（例如家具漆、地板清漆、金属漆、塑料涂料等）、胶黏剂（通用型聚氨酯胶黏剂、食品包装软塑复合胶黏剂、纸塑复合）等。TDI-TMP 加成物也可与低羟值聚酯二醇反应，制备单组分湿固化聚氨酯涂料。

得到的涂层具有较高的硬度、耐磨性、耐化学品和耐水性。除了与聚酯多元醇、丙烯酸酯多元醇配制聚氨酯涂料外，也可与含羟基的环氧树脂、醇酸树脂、纤维素树脂、蓖麻油、乙烯基树脂反应。因为该类交联剂使用芳香族多异氰酸酯，缺点是不耐光照，清漆在户外长期阳光照射下会泛黄，色漆光泽会逐渐消失，甚至粉化。

TDI-TMP 加成物制备方便，成本上比其他多异氰酸酯固化剂经济，国内许多胶黏剂和涂料厂家都自己生产，该产品与含羟基主剂组成双组分聚氨酯涂料和胶黏剂使用。目前国内已能制造游离 TDI 含量小于 0.7%的产品。

生产厂商

国内生产溶剂型聚氨酯胶黏剂及聚氨酯涂料的厂家基本上都生产 TDI-TMP 加成物，用作固化剂组分。生产厂商很多。

1.3.5 HDI 三聚体

HDI 三聚体是一种最常见的 HDI 均聚物，它是含异氰脲酸酯杂环结构的三异氰酸酯。

英文名：HDI trimer; 1,3,5-tris(6-isocyanatohexyl)-1,3,5-triazine-2,4,6(1*H*,3*H*,5*H*)-trione; hexamethylene diisocyanate isocyanurate; hexamethylene diisocyanate homopolymer; HDI isocyanurate 等。

分子式为 $C_{24}H_{36}N_6O_6$，分子量为 504.6。CAS 编号为 3779-63-3，EINECS 号为 223-242-0。HDI 三聚体属于 HDI 均聚物，HDI 均聚物（HDI homopolymer）的通用 CAS 编号为 28182-81-2。

结构式：

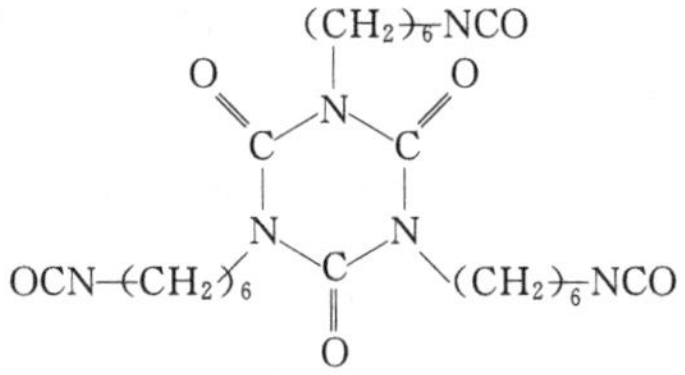

物化性能

HDI 三聚体是中等黏度浅黄色透明液体，可用有机溶剂稀释。

HDI 三聚体理论 NCO 质量分数为 25%，但由于在三聚反应过程中存在副反应，产物中一般含少量 HDI 多聚体（分子中含 2 个以上异氰脲酸酯环），平均分子量比理论值大，平均官能度通常在 3～4 之间。NCO 质量分数一般在 22%左右。

HDI 与 HDI 三聚体的红外光谱比较如图 1-8 所示。

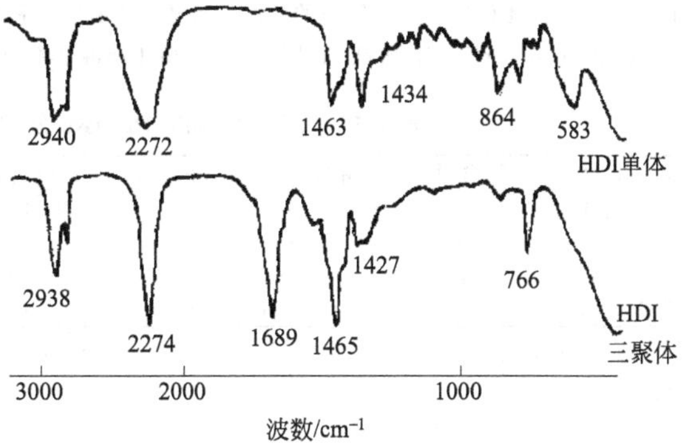

图 1-8 HDI 与 HDI 三聚体的红外光谱比较

产品牌号及性能指标

国外的 HDI 三聚体产品较多，有关技术指标见表 1-49～表 1-54。

表 1-49 Bayer 公司的 HDI 三聚体产品性能及质量指标

Desmodur 牌号	NCO/%	固含量/%	黏度(23℃)/mPa·s	游离 HDI/%	相对密度(20℃)	闪点/℃
N 3300	21.8±0.3	100	3000±750	<0.15	1.16	158
N 3350 BA	10.9±0.5	50±1	8±3	<0.15	1.01	28
N 3368 BA/SN	14.8±0.5	68±1	45±15	<0.15	1.06	37.5
N 3368 SN	14.8±0.5	68±1	55±15	<0.15	1.06	49
N 3375 BA/SN	16.3±0.3	75±1	85±15	<0.15	1.08	46
N 3375 MPA	16.3±0.3	75±1	125±30	<0.15	1.11	55
N 3386 BA/SN	18.7±0.5	86±1	320±80	<0.15	1.11	50
N 3390 BA/SN	19.6±0.3	90±1	550±150	<0.15	1.13	50
N 3390 BA	19.6±0.3	90±1	500±150	<0.15	1.13	50
N 3600	23.0±0.5	100	1200±300	<0.25	1.16	158
N 3790 BA	17.8±0.5	90±1	1800±500	<0.30	1.13	42
N 3800	11.0±0.5	100	6000±1200	<0.30	1.12	235
N 3900	23.5±0.5	100	730±100	<0.30	1.15	203
XP 2410	23.5±0.5	100	730±100	<0.30	1.15	203
XP 2580	约 20.0	80 ± 2	约 500	<0.5	1.106	193
XP 2675	20.0±1.0	100	16000±4000	<0.5	1.17	247
XP 2679 (BA)	15.4 ± 0.3	约 70	500 ± 200	< 0.5	1.10	31.5
XP 2731	约 19.5	NA	约 35000	≤0.5	1.17	208
XP 2742	约 9.0	NA	约 500	≤0.15	1.16	32

注：溶剂标记，BA 为乙酸丁酯，MPA 为 1-甲氧基丙基乙酸酯-2，即丙二醇单甲醚乙酸酯，SN 为 100 号石脑油。在北美市场供应的 Desmodur N 3300A 指标与在欧洲等地的 Desmodur N 3300 的相同。Desmodur N 3600 是以 HDI 三聚体为主的低黏度 HDI 均聚物，Desmodur N 3790 BA 和 XP 2675 是高官能度 HDI 三聚体产品，Desmodur N 3800 是软化改性的 HDI 三聚体。Desmodur N 3900、XP 2410、XP 2580、XP 2679、XP 2731 等也是 HDI 三聚体等均聚物的混合物。Desmodur XP 2742 是含纳米二氧化硅 26%的 HDI 三聚体乙酸丁酯溶液。

表 1-50 瑞典 Perstorp 公司的 HDI 三聚体产品典型物性

Tolonate 牌号	黏度/mPa·s	NCO 含量/%	HDI/%	固含量/%	密度/(g/cm³)	闪点/℃	NCO 当量	溶剂
HDT	2400±400	22.0±0.5	<0.2	100	1.160	166	191	—
HDT-90	500±100	19.8±0.7	<0.2	90.0±1.0	1.120	53	212	SB
HDT-90 B	450±100	20.0±1.0	<0.2	90.0±1.0	1.132	48	210	B
HDT-LV	1200±300	23.0±1.0	<0.2	100	1.160	168	183	—
HDT-LV2	700±200	23.0±1.0	<0.5	100	1.131	175	183	—
X FD 90 B	2000	17.4	<0.5	90	1.130	48	240	B
D2	3250±750	11.2±0.5	<0.05	75.0±2.0	1.060	49	370	S

注：相同指标，色度（APHA）≤40。HDT-LV 为低黏度产品，可用于水性配方；X FD 90 B 为快干型产品。D2 为封闭型产品。密度和黏度为 25℃下的数据；当量＝分子量与平均官能度的比值；溶剂 B 为乙酸丁酯，溶剂 S 为芳烃，溶剂 R 为 Rhodiasolv RPDE，溶剂 SB 为芳烃与乙酸丁酯混合溶剂。

表 1-51 德国 Evonik Degussa 公司的 HDI 三聚体产品技术指标

Vestanat 牌号	固含量/%	黏度(23℃)/mPa·s	NCO 含量/%	密度(23℃)/(g/cm³)	闪点/℃	游离 HDI/%
HT 2500 L	90±1	550±150	19.6±0.3	1.13	50	<0.15
HT 2500 E	90±1	500±150	19.6±0.3	1.13	50	<0.15
HT 2500/100	100	3000±750	21.8±0.3	1.16	158	<0.15
HT 2500/LV	100	1200±300	23.0±0.5	1.16	158	<0.25

注：实际平均官能度在 3～4 之间。HT 2500L 的溶剂是乙酸丁酯/100# 溶剂油（1/1），HT 2500E 的溶剂为乙酸丁酯。

表 1-52 日本三井化学株式会社的 HDI 三聚体产品典型物性

Takenate 牌号	NCO 含量/%	固含量/%	黏度(25℃)/mPa·s	产品特征
D-170N	20.7	100	2000	良好的耐候、耐热性，相对密度 1.15
D-170HN	22.7	100	600	低黏度，NCO 含量比 D-170N 高
D-172N	14.5	85	1800	作为交联剂比 D-170N 快干
D-177N	20.0	100	250	低黏度，与丙烯酸树脂和低极性溶剂的相容性比 D-170N 好

注：D-172N 的溶剂为乙酸乙酯，色度（Gardner）<1。

表 1-53 日本旭化成株式会社的 HDI 三聚体产品典型物性

Duranate 牌号	不挥发分/%	NCO 含量/%	黏度(25℃)/mPa·s	特性
TPA-100	100	23.1	1400	高 NCO 含量，耐候（标准级）
TPA-90SB	90	20.9	310	标准级产品，高耐候、与树脂良好相容性
THA-100	100	21.2	2600	
TKA-90SB	90	19.5	510	
MFA-75X	75	13.7	250	高耐候、高交联度、快固
MHG-80B	80	15.1	900	高硬度，高交联度，快固
TLA-100	100	23.5	500	高 NCO，耐候，低黏度
TSE-100	100	12.0	1650	弹性好，LPS 相容性好
TSA-100	100	20.6	550	低黏度，与芳香族溶剂相容性好
TSS-100	100	17.6	420	

注：牌号后缀溶剂，SB 为石脑油/乙酸丁酯，X 为二甲苯，B 为乙酸丁酯。LPS 表示低极性溶剂。

表 1-54 日本聚氨酯工业株式会社的 HDI 三聚体产品

Coronate 牌号	固含量/%	NCO 含量/%	黏度(25℃)/(mm²/s)	相对密度(25℃)	备注
HX	100	20.5～22.0	1300～3600	1.15～1.17	标准 HDI 三聚体
HX-T	76～78	15.7～16.7	65～85	1.07～1.09	丁酮/甲苯溶剂型
HXR	100	21.6～22.1	1700～3300	1.17	快干
HXLV	100	22.5～23.9	700～1400	—	低黏度
HK	100	19.3～20.7	3600～15000	1.17	三聚程度高，快干
2096	89～91	17.5～18.9	Gaedner P-W	NA	快干

注：因该公司没有详细的最新资料，表中可能不太准确。色度（APHA）≤40，游离 HDI 质量分数小于 0.2%。

韩国爱敬化学株式会社的一种 HDI 三聚体 Burnock DN-980BA，固含量为 89.0%～91.0%，溶剂是乙酸丁酯，黏度（25℃）为（600±300）mPa·s，NCO 质量分数为（19.0±0.5）%，游离 HDI 单体含量约为 0.5%，闪点为 22℃。

制法

HDI 在三聚催化剂（对三聚反应选择性较高的季铵盐、叔胺）存在下，在一定温度下反应，通过检测 NCO 含量来控制 HDI 自聚合程度，达到所需转化率时加终止剂使催化剂失活。减压脱除游离单体，即得到以 HDI 三聚体为主成分的 HDI 自聚体。

对芳香族异氰酸酯有明显三聚催化效果的三(二甲胺甲基)苯酚、三(二甲胺丙基)对称六氢三嗪等催化剂，对脂肪族异氰酸酯的三聚反应催化效果不佳。

HDI 三聚体产品中一般含少量未反应的单体和高官能度多聚体。通过低程度转化，可得到低黏度的含 95%三聚体的 HDI 三聚体产品。

例如，将 1000g HDI 加入四口烧瓶中，再加入 300g 二甲苯，升温至 60℃，在搅拌下加入 0.3g 辛酸四甲基铵盐。加毕后在 60℃反应 4h，测 NCO 含量，至 HDI 有 21%转化为异氰脲酸酯时加入磷酸终止反应，冷却至室温使催化剂四甲基铵磷酸盐结晶析出，过滤除去未反应的 HDI，最终制得外观为浅黄色透明的 HDI 三聚体。25℃黏度为 1300mPa·s，NCO 质量分数为 23.5%，游离 HDI 质量分数为 0.2%。

特性及用途

其他类型的二异氰酸酯三聚体是固体，但 HDI 三聚体是液体，可不需溶剂，配制无溶剂或高固含量涂料。

HDI 三聚体比 HDI 缩二脲的性能优越，表现在：HDI 三聚体多异氰酸酯的黏度比缩二脲低，有利于少用溶剂，可配制成高固含量产品，降低大气污染，有利于环境保护；HDI 三聚体的异氰脲酸酯环很稳定，不易变质，久贮后黏度变化不大；HDI 三聚体的制品耐光性高于缩二脲；HDI 三聚体使用期比缩二脲长；HDI 三聚体的制品硬度高，韧性和黏附力与缩二脲相近。

HDI 三聚体的反应性低于芳香族多异氰酸酯，但高于环脂族多异氰酸酯。如果有必要，可添加辛酸锌、有机锡或有机铋类催化剂。

HDI 三聚体主要用作不变黄的双组分聚氨酯涂料和胶黏剂的交联剂。涂料树脂可以是含羟基的聚酯、丙烯酸酯、中短油度醇酸树脂等。它可与 IPDI 三聚体结合使用，获得良好的干燥性能、表面硬度、适用期和耐环境化学品蚀刻性能。典型应用领域：汽车漆、维修漆、木器漆、工业涂料和塑料涂料。

使用时，可用氨酯级溶剂稀释到 40%固含量。

生产厂商

德国 Bayer 公司，德国 Evonik Degussa 公司，日本三井化学株式会社，日本旭化成化学品株式会社，瑞典 Perstorp 公司，日本聚氨酯工业株式会社，韩国爱敬化学株式会社，拜耳上海一体化基地等。

1.3.6 HDI 二聚体

英文名：HDI dimer；hexamethylene diisocyanate dimer；2,4-dioxo-1,3-diazetidine-1,3-*bis*(hexamethylene) diisocyanate；1,3-*bis*(6-isocyanatohexyl)-1,3-diazetidine-2,4-dione；1,3-*bis*(6-isocyanatohexyl)-2,4-uretedione 等。

纯 HDI 分子量为 336.39，分子式为 $C_{16}H_{24}N_4O_4$，CAS 编号为 23501-81-7，EINECS 号为 245-699-5。

结构式：

$$OCN{-}(CH_2)_6{-}N\langle\begin{matrix}C{=}O\\ C{=}O\end{matrix}\rangle N{-}(CH_2)_6{-}NCO$$

市场供应的 HDI 二聚体品种很少，并且没有纯品。一般是以 HDI 二聚体（脲二酮）为主、含少量三聚体的多异氰酸酯产品，主要用作耐光性双组分聚氨酯涂料的固化剂或反应型稀释剂，以及单组分湿固化聚氨酯涂料的黏合剂。由于黏度低，还可用于无溶剂、高固含量聚氨酯涂料以及水性双组分聚氨酯涂料体系。在双组分体系，一般与其他脂肪族多异氰酸酯（如 HDI 三聚体、HDI 缩二脲、IPDI 三聚体）混合使用，羟基组分最好是丙烯酸酯多元醇。Bayer 公司的 Desmodur N3400 为低黏度浅黄色液体，无溶剂（固含量 100%），NCO 含量为 21.8%±0.7%，游离 HDI 含量<0.5%，黏度（23℃）为 70～250mPa·s，相对密度（20℃）约为 1.14，闪点为 185℃。

1.3.7 HDI 缩二脲

HDI 缩二脲为一种三异氰酸酯，是最常用的含缩二脲结构的多异氰酸酯。

英文名：1,3,5-tris(6-isocyanatohexyl) biuret; hexamethylene diisocyanate biuret; HDI Biuret。

分子式为 $C_{23}H_{38}N_6O_5$，分子量为 478.6。CAS 编号为 4035-89-6，EINECS 号为 223-718-8。

结构式：

$$OCN{-}(CH_2)_6{-}N\langle\begin{matrix}C(=O){-}NH{-}(CH_2)_6{-}NCO\\ C(=O){-}NH{-}(CH_2)_6{-}NCO\end{matrix}$$

物化性能

不含溶剂的 HDI 缩二脲多异氰酸酯是一种浅色、黏稠、透明液体，黏度很大，可用溶剂稀释，降低黏度，改善可操作性。HDI 缩二脲与酯类、酮类和芳烃类溶剂如甲氧基丙基乙酸酯、丙酮、甲乙酮、甲基异丁基酮、环己酮、甲苯、二甲苯、100# 溶剂石脑油及其混合溶剂具有良好的相溶性，可用这些溶剂稀释。由于合成时副反应的存在，有少量多聚产物，使得 HDI 缩二脲的官能度比理论值稍高，平均官能度一般在 3～4 之间。

产品牌号及性能指标

国外的 HDI 缩二脲系列产品的技术指标见表 1-55～表 1-58。

表 1-55 Bayer 公司的 Desmodur N 系列 HDI 缩二脲产品性能及质量指标

Desmodur 牌号	NCO 含量 /%	固含量 /%	黏度(23℃) /mPa·s	游离 HDI/%	相对密度 (20℃)	当量 /(g/mol)	闪点 /℃
N 100	22.0±0.3	100	10000±2000	<0.7	1.14	191	181
N 3200	23.0±0.3	100	2500±1000	<0.5	1.13	183	170
N 50 BA/MPA	11.0±0.5	50±1	18±10	<0.5	1.01	382	45
N 75 BA	16.5±0.3	75±1	160±50	<0.5	1.07	255	35
N 75 MPA/X	16.5±0.3	75±1	250±75	<0.5	1.07	255	38
N 75 MPA	16.5±0.3	75±1	250±75	<0.5	1.07	255	54

注：溶剂标记，BA 为乙酸丁酯，MPA 为丙二醇单甲醚乙酸酯，X 为二甲苯。Desmodur N 3200 是低黏度无溶剂 HDI 缩二脲产品。

表 1-56 日本旭化成株式会社的 HDI 缩二脲产品的典型物性

Duranate 牌号	不挥发分/%	NCO 含量/%	黏度(25℃)/mPa·s	溶 剂	特 征
24A-100	100	23.5	1800	无	高 NCO 含量,低黏度,高黏附力
22A-75PX	75	16.5	210	MPA/二甲苯	高黏附力
21S-75E	75	15.5	170	醋酸乙酯	低温固化

表 1-57 瑞典 Perstorp 公司的 HDI 缩二脲产品技术指标

Tolonate 牌号	黏度/mPa·s	NCO 含量/%	固含量/%	密度/(g/cm³)	闪点/℃	当量/(g/mol)	溶剂
HDB	9000±2000	22.0±1.0	100	1.120	170	191	—
HDB-LV	2000±500	23.5±1.0	100	1.120	149	179	—
HDB-75 B	150±100	16.5±0.5	75.0±1.0	1.050	35	255	B
HDB-75 BX	150±100	16.5±0.5	75.0±1.0	1.050	35	255	BX
HDB-75 M	250±100	16.5±0.5	75.0±1.0	1.083	55	255	M
HDB-75 MX	250±100	16.5±0.5	75.0±1.0	1.067	38	255	MX

注：相同指标，游离 HDI 单体含量均小于<0.3%，色度（APHA)≤40。HDB-LV 为低黏度产品，可用于水性配方。密度和黏度为 25℃下的数据；当量=分子量与平均官能度的比值。溶剂：B 为乙酸丁酯，X 为二甲苯，M 为丙二醇甲醚乙酸酯，BX 为乙酸丁酯与二甲苯的混合溶剂。

表 1-58 德国 Evonik Degussa 公司 Vestanat HB 2640 系列 HDI 缩二脲产品指标

Vestanat 牌号	固含量/%	黏度(23℃)/mPa·s	NCO 含量/%	密度(23℃)/(g/cm³)	闪点/℃	色度(APHA)
HB 2640 MX	75±1	250±75	16.5±0.3	约 1.07	约 38	≤40
HB 2640 E	75±1	160±50	16.5±0.3	约 1.07	约 35	≤40
HB 2640/100	100	10000±2000	22.0±0.3	约 1.14	约 181	≤80
HB 2640/LV	100	2500±1000	23.0±0.5	约 1.13	约 170	≤40

注：平均官能度在 3～4 之间。HB 2640 MX 的溶剂为丙二醇甲醚乙酸酯/二甲苯（1/1)。HB 2640 产品游离 HDI 含量一般小于 0.5%，但 HB 2640/100 等无溶剂产品在贮存过程中游离 HDI 含量可增加至 1.2%。

日本三井化学株式会社的两种 HDI 缩二脲产品牌号分别为 Takenate D-165N 和 Olester NP1100，典型物性基本相同，为无溶剂产品，NCO 质量分数为 23.3%，在 HDI 衍生物固化剂中是 NCO 含量最高的产品，黏度（25℃）在 2300 mPa·s 左右，色度（Gardner）<1，对塑料具有优良的黏附力。

制法

1,6-己二异氰酸酯（HDI）与水反应生成缩二脲，主要有两步反应：第一步是异氰酸酯与水反应生成胺，然后与 HDI 反应生成脲基二异氰酸酯；第二步是由脲基二异氰酸酯再与 HDI 反应生成具有缩二脲结构的三异氰酸酯（简称缩二脲）。反应式如下：

$$OCN(CH_2)_6NCO + H_2O \longrightarrow OCN(CH_2)_6NHCONH(CH_2)_6NCO$$

$$O{=}C\begin{matrix} \diagup NH(CH_2)_6NCO \\ \diagdown NH(CH_2)_6NCO \end{matrix} + OCN{-}(CH_2)_6{-}NCO \longrightarrow \begin{matrix} O{=}C\diagup NH{-}(CH_2)_6{-}NCO \\ \diagdown \\ N{-}(CH_2)_6{-}NCO \\ \diagup \\ O{=}C\diagdown NH{-}(CH_2)_6{-}NCO \end{matrix} + CO_2$$

（脲基二异氰酸酯）　　　　（缩二脲三异氰酸酯）

从缩二脲三异氰酸酯的结构看来，应该是由 3mol 1,6-己二异氰酸酯和 1mol 水反应而成，但若按摩尔比 3∶1 投料会产生大量乳白色黏稠物，将得不到所需结构的产品。随着 HDI 摩尔比的增加，白色沉淀物（聚脲）逐渐减少。试验证明，摩尔比为 6∶1 较合适。

在第一步生成脲基二异氰酸酯的反应中，温度不要超过 100℃，而第二步反应温度宜在 130℃左右，反应时间为 3～4h。如在较高的温度（150℃）下进行反应，反应混合物的异氰酸酯基含量会急剧下降，这是由于生成的缩二脲进一步与 HDI 反应生成三官能度以上的异氰酸酯所致。另外，若反应温度低于110℃，则反应混合物的异氰酸酯基含量偏低，这是由于第一步反应生成的脲基二异氰酸酯未能完全生成缩二脲的缘故。

例如，将15.2mol的HDI加入反应器中，搅拌升温至97～99℃，在6h内逐渐加入水3.1mol，然后升温至130～140℃，保持3～4h，冷却，过滤除去少量的聚脲，滤液经薄膜蒸发回收过量的HDI，制得缩二脲透明黏稠液1175g，固体树脂成分中NCO含量为20.79%，加入溶剂稀释至所需固含量。

特性及用途

1,6-己二异氰酸酯单体的蒸气压低，挥发性大，因此施工中毒性也大，一般把HDI加工成缩二脲或加成物，再应用于聚氨酯涂料，既降低了挥发性，又提高了固化剂的分子量和官能度，使得涂料易快干，力学性能好，耐化学品和耐候性好，黏附力高。特别是具有不黄变特性，主要用于不变黄的聚氨酯树脂。

HDI缩二脲产品的平均官能度在3～4之间。不含溶剂的HDI缩二脲是NCO含量最高的HDI衍生物产品。

HDI缩二脲主要用作不变黄的双组分聚氨酯涂料的交联剂。涂料树脂可以是含羟基的聚酯、丙烯酸酯、中短油度醇酸树脂等。它可与IPDI三聚体结合使用，获得良好的干燥性能、表面硬度、适用期和耐环境化学品蚀刻性能。典型应用领域包括：维修漆、木器漆、工业涂料和塑料涂料。

无溶剂的缩二脲或高固含量产品可用芳烃及酯类溶剂稀释。用于稀释的溶剂应该是氨酯级溶剂，即水分小于0.05%，并且不含羟基、氨基等活性氢基团的溶剂。乙酸乙酯和乙酸丁酯在稀释到低固含量时，可能导致溶液不稳定，所以不能用作多倍稀释时的主溶剂。缩二脲不宜稀释到固含量40%以下，否则贮存时可产生浑浊或者沉淀。

HDI缩二脲的反应活性低于芳香族多异氰酸酯，但高于环脂族多异氰酸酯。如果有必要，可添加异辛酸锌、异辛酸锡或异辛酸铋催化剂。

生产厂商

德国Bayer MaterialScience公司，德国Evonik Degussa公司，瑞典Perstorp公司，日本旭化成株式会社，日本三井化学株式会社，日本聚氨酯工业株式会社，拜耳上海一体化基地等。

1.3.8 IPDI三聚体

英文名：IPDI-trimer；1,3,5-triazine-2,4,6(1*H*,3*H*,5*H*)-trione，1,3,5-tris[(5-isocyanato-1,3,3-trimethylcyclohexyl)methyl]；tris(5-isocyanato-1,3,3-trimethylcyclohexylmethyl)-2,4,6-triketohexahydrotriazine；isophorone diisocyanate homopolymer等。

IPDI三聚体的CAS编号为67873-91-0，EINECS号为267-445-2。IPDI三聚体属于IPDI均聚物，IPDI均聚物（Isophorone diisocyanate homopolymer）的CAS编号为53880-05-0，EINECS号为500-125-5。

结构式：

物化性能

不含溶剂的IPDI三聚体是固体。IPDI三聚体产品的固含量一般是70%，为浅黄色透明液体，NCO质量分数在12%左右。溶剂可以是乙酸丁酯、甲苯、二甲苯、丙二醇单甲醚乙酸酯等及其混合溶剂。

IPDI与IPDI三聚体的红外光谱比较如图1-9所示。

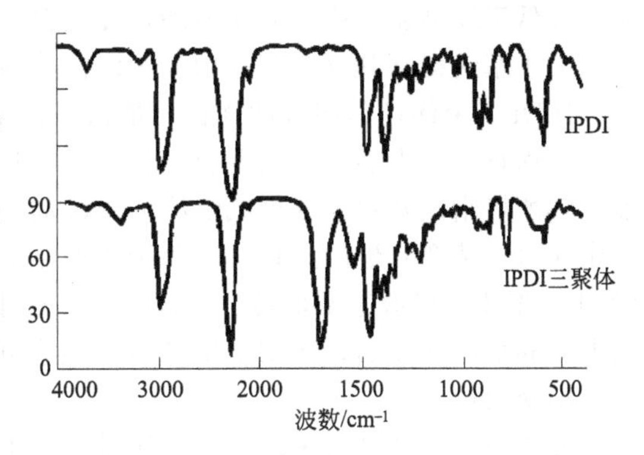

图1-9　IPDI与IPDI三聚体的红外光谱比较

产品牌号及性能指标

几个国外公司的IPDI三聚体技术指标见表1-59～表1-61。

表1-59　瑞典Perstorp公司的IPDI三聚体产品的质量指标

Tolonate牌号	固含量/%	NCO含量/%	黏度/mPa·s	密度/(g/cm³)	闪点/℃	游离IPDI/%
IDT 70 S	70.0±2.0	12.3±1.0	1700±600	1.040	45	<0.5
IDT 70 B	70.0±2.0	12.3±1.0	600±300	1.060	29	<0.5
IDT 70 MX	70.0±2.0	12.3±1.0	800±400	1.060	40	<0.5
IDT 70 SB	70.0±2.0	12.3±1.0	1000±500	1.054	49	<0.5

注：色度（APHA）≤60。密度和黏度为25℃下的数据。溶剂：B为乙酸丁酯，S为芳烃，X为二甲苯，M为丙二醇甲醚乙酸酯，SB为芳烃与乙酸丁酯混合溶剂。

表1-60　德国Bayer公司的IPDI三聚体产品的质量指标

Desmodur牌号	固含量/%	NCO含量/%	黏度(23℃)/mPa·s	密度(25℃)/(g/cm³)	闪点/℃	游离IPDI/%
Z 4470BA	70.0±2.0	11.9±0.4	600±200	1.06	34	<0.5
Z 4470MPA/X	70.0±2.0	11.9±0.4	1500±500	1.08	40	<0.5
Z 4470SN	70.0±2.0	11.9±0.4	2000±600	1.05	45	<0.5
Z 4470SN/BA	70.0±2.0	11.9±0.4	1000±300	1.04	46	<0.5
XP 2565 (BA)	80.0±2.0	12.0±0.5	2800±500	1.064	38.5	<0.5

注：溶剂BA为乙酸丁酯，MPA为丙二醇单甲醚乙酸酯，X为二甲苯，SN为100#溶剂石脑油。

表1-61　德国Evonik Degussa公司的Vestanat T 1890系列IPDI三聚体产品

Vestanat牌号	NCO含量/%	黏度(23℃)/Pa·s	密度(25℃)/(g/cm³)	闪点/℃	溶　剂
T 1890 E	12.0±0.3	0.90±0.25	1.06	30	*n*-BuAc
T 1890 L	12.0±0.3	1.7±0.4	1.06	41	BuAc/Solvesso 100(1/2)
T 1890 M	12.0±0.3	4.0±0.6	1.025	39	Kristallol 30/ Shellsol A
T 1890/100	17.3±0.3	颗粒状	1.15	—	—

注：色度（APHA）不大于150。Shellsol A为芳烃溶剂油，沸程165～178℃；Kristallol 30为石油溶剂油，含19%芳烃，沸程145～200℃；Solvesso 100为C_9～C_{10}芳烃混合物，沸程154～178℃。

Vestanat T 1890/100为100%固含量，熔程为100～115℃，松装密度0.6g/cm³，其余产品固含量为（70±1）%。游离IPDI含量均小于0.5%。

制法

IPDI在三聚催化剂（如乙酸钾）存在下，在一定温度下反应，通过检测NCO含量控制IPDI自聚合程度，达到所需转化率时加终止剂（如对甲苯磺酸甲酯）使催化剂失活。减压脱除游离单体，加入溶剂稀释，即得到以IPDI三聚体为主成分的IPDI自聚物溶液。

特性及用途

IPDI三聚体是IPDI的三聚体及少量多聚体的混合物，它含异氰脲酸酯基团，是环脂族多异氰酸酯，平均官能度在3～4之间。属于不黄变的多异氰酸酯交联剂。IPDI三聚体的反应活性低于线型脂肪族二异氰酸酯，在室温下固化缓慢，适用期可达 24～72h。可加入二月桂酸二丁基锡提高其反应性，用量为固体分的 0.01%～0.1%。

IPDI 三聚体产品溶解性优良，能溶于酮类、酯类、芳烃类、氯化烃类、石油溶剂油等溶剂，而且能与大多数树脂混容，主要用于基于含羟基聚酯、丙烯酸酯、柔性中短油度或短油度醇酸树脂以及双组分聚氨酯漆的交联剂。与合适的多元醇结合，可得到具有优异耐候性和耐光（不黄变）性的涂料。在基于线型脂肪族异氰酸酯的双组分聚氨酯涂料中加入部分 IPDI 三聚体，可改善干燥性、表面硬度、适用期和耐环境腐蚀性能。IPDI 三聚体也用于聚氨酯胶黏剂的交联剂，还用于生产封闭型多异氰酸酯或聚氨酯，IPDI 溶液产品可用于水性聚氨酯交联剂。

典型应用领域是汽车漆、船舶涂料、金属罩面漆、维修涂料、不黄变胶黏剂等。

生产厂商

德国 Bayer MaterialScience 公司，德国 Evonik Degussa 公司，瑞典 Perstorp 公司等。

1.3.9 其他二异氰酸酯衍生物

（1）HDI 加成物　HDI-TMP 加成物的 CAS 编号为 50886-64-1。

表 1-62 为几种 HDI 加成物多异氰酸酯的典型物性指标。

表 1-62　几种 HDI 加成物多异氰酸酯的典型物性指标

牌　号	NCO 含量/%	固含量/%	黏度(25℃)/mPa·s	溶　剂	特　征
Takenate D-160N	12.6	75	260	乙酸乙酯	干燥最快
Olester NP1200	7.1	70	300	X/MPA	柔软型，韧性涂层
Duranate P-301-75E	12.5	75	350	乙酸乙酯	耐下垂
Coronate HL	12.3～13.3	75	NA	乙酸乙酯	

（2）HDI 脲基甲酸酯　日本三井化学株式会社的 Takenate D-178N 是 HDI 脲基甲酸酯产品（即脲基甲酸酯改性的 HDI），为低黏度浅黄色液体，不含溶剂，NCO 质量分数为 19.2%，黏度（25℃）约为 120 mPa·s，色度（Gardner）<1。作为不黄变交联剂，它与丙烯酸树脂和低极性溶剂具有良好的相容性。

（3）H_6XDI 三聚体　日本三井化学株式会社的 Takenate D-127N 是 H_6XDI 三聚体产品，为低黏度浅黄色溶液，固含量为 75%，溶剂是乙酸乙酯，NCO 质量分数为 13.5%，黏度（25℃）约为 40 mPa·s，色度（Gardner）<1。作为不黄变交联剂，它与丙烯酸树脂的相容性比 H_6XDI 加成物（该公司产品牌号 Takenate D-120N）好。

（4）XDI 加成物　日本三井化学株式会社的 Takenate D-110N 是 XDI 加成物产品，为浅黄色溶液，固含量 75%，溶剂是乙酸乙酯，NCO 质量分数约为 11.5%，黏度（25℃）约为 500mPa·s，相对密度（25℃）为 1.15，色度（Gardner）<1。它具有较高的反应性，作为不黄变交联剂可使涂料快干，对橡胶和塑料具有良好的黏附力。

（5）H_6XDI 加成物　日本三井化学株式会社的 Takenate D-120N 是 H_6XDI 加成物产品，为浅黄色黏稠溶液，固含量为 75%，溶剂是乙酸乙酯，NCO 质量分数约为 11.0%，黏度（25℃）约为 2000 mPa·s，相对密度（25℃）为 1.08，色度（Gardner）<1。它具有较高的反应性，作为不黄变交联剂使聚氨酯涂料快干，对橡胶和塑料具有良好的黏附力。

（6）IPDI 加成物　日本三井化学株式会社的 Takenate D-140N 是 IPDI 加成物产品，为浅黄色黏稠溶液，固含量 75%，溶剂是乙酸乙酯，NCO 质量分数约为 10.5%，黏度（25℃）约为 2500mPa·s，相对密度（25℃）1.06，色度（Gardner）<1。它是一种快干型不黄变交联剂，涂膜较硬。

（7）HDI预聚体　日本旭化成化学品株式会社的HDI二官能度预聚体，Duranate D-101为低黏度产品，NCO含量为19.7%，黏度（25℃）约为600mPa·s；Duranate D-201为耐热性较好的产品，NCO含量为15.8%，黏度（25℃）约为1850mPa·s。

日本旭化成株式会社的特殊品级HDI系多异氰酸酯产品，见表1-63。

表1-63　日本旭化成株式会社的特殊品级HDI系多异氰酸酯产品

Duranate牌号	不挥发分/%	NCO含量/%	黏度(25℃)/mPa·s	溶剂	特　征
21S-75E	75	15.5	170	乙酸乙酯	低温固化
18H-70B	70	13.0	900	乙酸丁酯	高黏度
MFA-75X	75	13.7	250	二甲苯	耐候性
E-402-90T	90	8.5	1400	甲苯	弹性体
E-405-80T	80	7.1	230	甲苯	低温弹性
TSE-100	100	12.0	1650	—	弹性，与低极性溶剂等相容性好
TSA-100	100	20.6	550	—	可用高芳烃溶剂稀释
TSS-100	100	17.6	420	—	可用低芳烃溶剂稀释

表1-63中，21S-75E、18H-70B和MFA-75X是用于快干双组分固化体系的HDI系多异氰酸酯，除了普通双组分和所有HDI固化剂的优异耐候性外，还具有快干特性。E-402-90T、E-405-80T和TSE-100属于高柔性涂料固化剂，用于弹性的双组分耐候涂料，无需添加增塑剂就可获得柔韧性，可广泛用于软塑料、皮革和橡胶材料的涂层，及其他需高伸长率和弹性的涂料。TSA-100、TSS-100和TSE-100用于需低极性溶剂的建筑涂料、塑料涂料等场合，由于TSA-100、TSS-100黏度低，可用于高固含量和无溶剂涂料。

日本三井化学株式会社的通用型和快干型多异氰酸酯产品的典型物性分别见表1-64和表1-65。它们多是二异氰酸酯衍生物。

表1-64　日本三井化学（株）的通用型多异氰酸酯的典型物性

牌号 D:Takenate P:MT-Olester	NCO含量 /%	固含量 /%	黏度(25℃) /mPa·s	色度	溶　剂	特　征
D-101A	13.3	75	1500	＜1	乙酸乙酯	用于压敏胶
D-102	13.0	75	1800	＜1	乙酸乙酯	一般用途
D-103	13.0	75	800	＜1	乙酸乙酯	低黏度
D-103H/L-75	13.0	75	1400	＜1	乙酸乙酯	标准型产品
D-103M2	11.5	71	1000	＜1	乙酸乙酯	比D-103H固化快
P53-70S	11.0	70	1300	＜4	甲苯和乙酸乙酯	快干、高硬度
P53-70SS	11.0	70	1500	＜4	乙酸乙酯、乙酸丁酯	无甲苯P53-70S类似品
D-104	13.0	75	3000	＜1	乙酸丁酯	与D-103H相似
P49-75S	12.0	75	4000	＜3	乙酸乙酯	快干型
P51-70	7.5	70	1700	＜3	甲苯、乙酸乙酯、MPA	快干、高韧性
P20	7.0	58	200	＜3	甲苯、乙酸乙酯、PMA/MEK	高柔韧性

表1-65　日本三井化学（株）的快干型多异氰酸酯产品的典型物性

Takenate 牌号	NCO含量 /%	固含量 /%	黏度(25℃) /mPa·s	色度	甲苯稀释比 /%	溶　剂	特　征
D-204	7.5	50	200	＜1	300	乙酸丁酯	标准类型
D-262	7.5	50	70	＜1	＞2000	乙酸丁酯	高相容性
D-268	7.9	50	1400	＜1	150	乙酸丁酯	比D-218固化快
D-204EA	7.5	50	110	＜1	270	乙酸乙酯	溶剂与D-204不同
P3300①	8.5	59	100	＜2	＞1000	甲苯、乙酸乙酯、PMA	与硝化纤维有良好的相容性
D-212	7.7	50	250	＜1	560	乙酸丁酯	与硝化纤维有良好的相容性
D-212L	7.5	50	100	＜1	＞2000	乙酸丁酯	高相容性

续表

Takenate 牌号	NCO 含量 /%	固含量 /%	黏度(25℃) /mPa·s	色度	甲苯稀释比 /%	溶剂	特征
D-215	8.0	50	500	<1	240	乙酸丁酯	比 D-204 固化快
D-217	5.6	40	130	<1	165	乙酸丁酯	比 D-215 固化快
D-218	8.1	50	1400	<1	170	乙酸丁酯	比 D-204 固化快
D-219	5.8	40	180	<1	100	乙酸丁酯	固化很快
D-251N	9.2	60	590	<1	450	乙酸丁酯	比 D-204 耐候性更好

① P3300 前缀牌号为 MT-Olester。

注：色度是 Gardner 单位；MPA 是丙二醇甲醚乙酸酯的缩写。

1.4 特殊的异氰酸酯衍生物

1.4.1 封闭型多异氰酸酯

多异氰酸酯用苯酚、ε-己内酰胺等封端，形成的封闭型异氰酸酯，可与各种低聚物多元醇组合，在常温下稳定，可配制单组分烘烤型涂料，用于各种金属、塑料涂层，如电线漆包线漆、卷材涂料。加催化剂 DBTL 可降低烘烤温度，或可加快固化速率。即使在多元醇、封闭型交联剂的混合物中加入催化剂如二月桂酸二丁基锡（DBTDL），配成的单组分涂料在室温也可以稳定贮存。

以下介绍部分知名厂家的封闭型多异氰酸酯产品。Bayer MaterialScience 公司的封闭型多异氰酸酯产品的典型物性见表 1-66。

表 1-66 Bayer Material Science 公司的封闭型多异氰酸酯产品典型物性

Desmodur 牌号	封闭的 NCO/%	黏度(23℃) /mPa·s	相对密度 (20℃)	闪点 /℃	色度 (APHA)	固含量/%	异氰酸酯
BL 1100	约 3.0	(43±10)Pa·s	1.07	>150	≤150	100	TDI
BL 1265 MPA/X	约 4.8	(20±5)Pa·s	1.1	32	≤150	65±2	TDI
BL 3165 SN/DBE	约 9.6	550±200	1.06	50	≤60	65	HDI
BL 3175 SN	约 11.1	3300±400	1.06	45	≤60	75±2	HDI
BL 3272 MPA	约 10.2	2700±750	1.1	50	≤60	72±2	HDI
BL 3370 MPA	约 8.9	3800±1200	1.08	49	≤60	70±3	HDI
BL 3475 BA/SN	约 8.2	1000±300	1.1	41	—	75	HDI/IPDI
BL 3575 MPA/SN	约 10.5	3600±1000	1.10	53	≤100	75±2	HDI
BL 4265 SN	约 8.1	11±3 Pa·s	1.03	47	100	65±2	IPDI
BL 5375	约 8.9	4000±1500	1.04	48	≤150	75±2	HMDI
VP LS 2078/2	约 7.0	2000±500	1.04	47.5	≤100	60±2	IPDI
VP LS 2257	约 8.8	约 2300	1.10	47	≤100	约 70	HDI
VP LS 2352	约 7.2	1500±500	0.99	32	≤100	60±2	HDI/IPDI
VP LS 2376/1(MEK)	约 11.5	1350±200	1.09	2	≤100	79±2	HDI
PL 340 (BA/SN)	约 7.3	600±50	1.03	38	≤100	60±2	IPDI
PL 350 (MPA/SN)	约 10.5	4300±1500	1.10	53	≤100	75±2	HDI
VP LS 2117 MPA/SN	约 8.9	约 4000	1.04	53	≤100	约 75	H12MDI

注：游离 NCO 质量分数一般小于 0.2%。牌号后的英文为溶剂符号，MPA 为丙二醇单甲醚乙酸酯，SN 为 100# 溶剂石脑油，BA 为乙酸丁酯，DBE 为二元酸酯，X 为二甲苯。

下面以 Bayer MaterialScience 公司的封闭型异氰酸酯为例，介绍部分封闭型异氰酸酯的特性和用途。

Desmodur BL 1100 是己内酰胺封闭型芳香族多异氰酸酯，与环脂族二胺（如 BASF 公司 Laromin C260）组成高柔韧性单组分烘烤漆。可用氨酯级溶剂稀释。用于浸渍涂布或幕涂的涂料以及胶黏剂。BL 1100 与 C260 以 10/1 质量比配合，在 40℃以下贮存稳定，烘烤固化条件为 150℃/45min 或 160℃/30min 或 180℃/10min。

Desmodur BL 1265 为己内酰胺封闭型芳香族多异氰酸酯，与多元醇组分或多元胺结合，配制单组分烘烤漆。需用氨酯级溶剂稀释。一般与聚酯多元醇配合，也可与增塑剂、环氧树脂混容。当用作多元醇的交联剂组分，得到的涂料具有高硬度、优良的耐变形性、耐冲击性和耐化学品性能。应用领域包括管内涂料、罐头漆和耐碎石涂料。可在 150℃/30min 固化。可与 BL 1100 配合，改善卷材涂料等的硬度。

Desmodur BL 3165 是丁酮肟封闭的 HDI 型多异氰酸酯交联剂，用于烘烤漆，以 100# 石脑油/二元酸酯（25/10）为混合溶剂。BL 3165 用作固化剂，与聚酯多元醇等配制耐黄变、耐候的单组分聚氨酯烘烤漆。主要用途为卷材涂料、汽车漆、电器涂料、罐头漆等。典型固化条件（与支化聚酯配合）为无催化剂下 160℃/60min、180℃/15min 或 200℃/7min，加 DBTL 可明显降低烘烤温度，而不降低贮存稳定性，催化固化条件为 130℃/60min、150℃/15min 或 175℃/7min。

Desmodur BL 3175 是基于 HDI 的交联烘烤漆树脂，溶剂为 100# 石脑油。其用途与 BL 3165 相似，固含量比 BL 3165 高。

Desmodur BL 3272 是脂肪族封闭异氰酸酯树脂，溶剂为 MPA。BL3272 与聚酯多元醇配制耐黄变单组分聚氨酯烘烤漆。它可用酯、酮及芳烃类溶剂稀释到 35%。它与羟基聚酯如 Desmophen T 1665 结合可配制高质量卷材涂料，也可用于涂层厚度在 40μm 以内的底涂和顶涂涂料。耐候性比 BL 3175 和 BL 4265 的好。它与 Desmophen T 1665 配制的涂料，无催化剂时的典型固化条件为 165℃/40min、170℃/30min、180℃/20min 或 200℃/10min；加占固体分 0.3% 的催化剂 DBTL，固化条件为 160℃/30min、180℃/10min 或 200℃/5min。

Desmodur BL 3370 是基于 HDI 的烘烤漆树脂，溶剂为 MPA，可用酯、酮及芳烃类溶剂稀释到 40%。BL 3370 与聚酯多元醇配制耐黄变单组分烘烤漆。主要用途是高级工业整修涂料，如罐头漆、卷材漆、汽车表面涂料。典型固化条件为 100℃/50min、120℃/20min 或 160℃/7min。无需催化剂。

Desmodur BL 3475 是脂肪族交联烘烤漆树脂，溶剂为石脑油/乙酸丁酯（1/1），可稀释到 40%，浓度过低时贮存会浑浊和沉淀。它具有较高的反应性，与饱和聚酯多元醇配制低烘烤温度的耐黄变单组分烘烤漆。主要用于配制高质量工业涂料，特别是罐头漆和管材漆。根据所用多元醇的类型，烘烤固化温度可低至 100℃。典型固化条件为 120℃/20min 或 160℃/7min。无需催化剂。峰值金属温度为 216℃。

BL 3165、BL 3175、BL 3272、BL 3370、BL 3475 可作为常规烘烤漆的添加剂以改善柔韧性、黏附性和耐候性。

Desmodur BL 3575（Desmodur VP LS 2253）是基于 HDI 的封闭型多异氰酸酯，用于配制单组分耐光变色烘烤漆。溶剂是 100# 石脑油/丙二醇单甲醚乙酸酯，它与聚酯多元醇组分按 NCO/OH 摩尔比 1/1 配合，典型固化条件为 160℃/20min 或 170℃/10min 或 190℃/5min。与 Desmodur BL 3175 或 BL 3165 相比，烘烤温度降低 10℃。

Desmodur BL 4265 是丁酮肟封闭的脂肪族多异氰酸酯交联剂，溶剂为石脑油。它可与柔性聚酯结合，配成单组分耐黄变、耐候、耐化学品的烘烤型涂料，用于高级工业整修涂料及卷材涂料。与聚酯多元醇配合，无催化剂时固化需 180℃/20min，有催化剂时（占固体分 1%的 DBTDL）烘烤条件为 150℃/15min 或 125℃/60min。它添加到常规烘烤涂料中以改善硬度、耐候性和耐化学品性能。

BL 5375 是基于 HMDI 的封闭型环脂族多异氰酸酯，溶剂是 SN/MPA（1/1），通常它与羟基聚酯等配制成卷材及罐头听等用的高质量单组分耐黄变烘烤漆。

Desmodur VP LS 2078/2 是己内酰胺封闭型的脂肪族多异氰酸酯，溶剂为 100# 溶剂石脑油。用于耐黄变单组分聚氨酯烘烤漆。

Desmodur VP LS 2257 是丁酮肟封闭的脂肪族多异氰酸酯，溶剂是 MPA/SN，用途以及烘烤固化条件与 Desmodur BL 3165 相同。

Desmodur VP LS 2352 是脂肪族封闭型多异氰酸酯，用作单组分耐黄变工业烘烤漆的交联固化剂，无（或有 DBTDL 0.3%）催化剂时的烘烤条件：120℃/60（或40）min，或130℃/40min，或 170℃/6（3）min。

与丁酮肟封闭型聚异氰酸酯相比，Desmodur PL 340 和 PL 350 烘烤温度约降低 10℃，同时其耐溶剂与耐化学品性并无下降。

另外，Desmodur AP stable 是苯酚封闭的多异氰酸酯，该固体树脂软化点约 100℃，封闭 NCO 质量分数为 12.1%，可用氨酯级溶剂溶解。它与苯酐聚酯多元醇结合，配制漆包线漆，得到可直接焊接的漆包线。在 140℃以上解封闭。Desmodur CT 是苯酚封闭的 TDI 基多异氰酸酯，该固体树脂软化点约 150℃，封闭 NCO 质量分数为 14.0%。它们的相对密度约 1.3。

Crelan 是 Bayer 公司的静电喷涂粉末涂料的固化剂牌号，该系列封闭型脂环族多异氰酸酯固化剂，是己内酰胺封闭的 IPDI 或 HMDI 预聚体。与羟基聚酯配合，可获得较好的户外光泽保持率和耐粉化、耐腐蚀防护性能。表 1-67 为 Bayer 公司 Crelan 系列产品的典型物性。

表 1-67 Bayer 公司 Crelan 系列产品的典型物性

牌号/产品形态	NCO 含量/%		T_g/℃	单体含量/%	烘烤固化条件
	总的	游离			
Crelan UI 片状	约 11.5	≤1.5	>60	IPDI <0.1	180℃/15min 或 200℃/10min
Crelan NW-5 颗粒	约 12.7	≤1.5	48～58	HMDI<0.5	175℃/15min 或 200℃/5min
Crelan EF 403 片状	约 13.5	≤2.0	40～55	IPDI<0.5	170℃/30min 或 180℃/15min
Crelan NI-2 颗粒	约 15	≤1.0	55～60	IPDI <0.1	180℃/15min 或 200℃/10min
Crelan VP LS 2256	约 15	≤1.0	46～58	IPDI<0.1	180℃/15min（片状固体）

Bayer 公司还有一些水性封闭型脂肪族多异氰酸酯产品，大多数是以水为溶剂，含少量有机溶剂和二乙醇胺，弱碱性（Bayhydur BL 5335 例外）。与水性含羟基组分混合，用于配制单组分烘烤型水性聚氨酯涂料。其中 Bayhydur BL XP 2706 与以前开发的 Bayhydur BL 5140 和 Bayhydur VP LS 2310 相比，减少了有机溶剂，改善了热黄变问题，增加了反应性。Bayhydur 2781 XP 是 VP LS 2310 的改进产品，减少了有机溶剂。它们的典型物性见表 1-68。

表 1-68 Bayer 公司的水性封闭型多异氰酸酯固化剂

Bayhydur 牌号	封闭的 NCO/%	黏度(23℃)/mPa·s	固含量/%	密度/(g/mL)	备注
VP LS 2310	约 3.7	2000～9000	约 38	1.10	pH=8～9,130～180℃/30～60min
BL 2781 XP	约 3.7	1000～3000	约 38	1.06	pH=8～10,130～180℃/30～60min
BL 5140	约 4.4	8000±4000	约 39.5	1.1	pH≈9.5,红棕色,BO 封闭
BL 5335	约 2.5	10～30s	约 35	1.04	pH=4.4～6,H_{12}MDI 型
BL XP 2669	约 3.3	约 1100	约 39	1.05	pH≈8,IPDI 型，170℃/30min
BL XP 2706	约 3.6	100～1100	约 42	1.07	pH=8～9,稍低温固化
LP MXH 1241-B	约 4.0	4000～12000	约 39	1.05	pH=9～10,130～180℃/30～60min
LP MXH 1274-A	约 3.6	100～1200	约 38	1.07	pH=8～9,稍低温固化

注：BL 2781 XP 是 VP LS 2310 的改进版，减少了有机溶剂。

表 1-69～表 1-72 为几个公司封闭型异氰酸酯产品的技术指标。

表 1-69 日本旭化成化学品株式会社的 HDI 基封闭型异氰酸酯

Duranate 牌号	不挥发分/%	NCO/%	黏度(25℃)/mPa·s	溶剂	固化温度/℃	特 征
17B-60PX	60	9.5	300	PMA，二甲苯	130	高黏附力
TPA-B80X	80	12.5	4800	二甲苯	130	良好的树脂相容性、耐候性
MF-B60X	60	8.0	300	二甲苯，正丁醇	120	低变色性
MF-K60X	60	6.6	250	二甲苯，正丁醇	90	低温固化，贮存稳定
E402-B80T	80	6.0	2500	甲苯	130	弹性好

表 1-70 日本聚氨酯工业株式会社的封闭型多异氰酸酯产品典型指标

牌 号	外观	NCO 含量/%	固含量/%	溶剂	NCO 类型	固化条件
Coronate AP-M	黄褐色片状	12	100	—	TDI	180℃/30min
Coronate BI-301	淡黄色液体	11.3	73～76	烃类	NA	NA
Millionate MS 50	黄褐色片状	16.1	100	—	MDI	180℃/30min
Coronate 2503	黄褐色片状	10.0	100	—	MDI	180℃/30min
Coronate 2515	淡黄色液体	10.6	78.5～81.4	X/EGA	HDI	160℃/30min
Coronate 2507	淡黄色液体	11.6	78.5～81.5	MEK	HDI	140℃/30min
Coronate 2513	淡黄色液体	10.2	79.0～81.1	X/EGA	HDI	120℃/30min
Coronate 2517	淡黄色液体	9.6	75	X/EGA	HDI	160℃/30min
Coronate 2527	淡黄色液体	11.6	80	X	HDI	140℃/30min
Coronate 2529	淡黄色液体	11.1	80	X/BA	HDI	120℃/30min

注：X 为二甲苯，EGA 为乙二醇单乙醚乙酸酯（乙基溶纤素），MEK 为甲乙酮，BA 为乙酸丁酯。Coronate 2515、2507 和 2513 的相对密度（25℃）分别为 1.10～1.12、1.05～1.07 和 1.10～1.12，其他产品密度不详。

表 1-71 日本三井化学株式会社的脂肪族封闭型多异氰酸酯产品的典型物性

Takenate 牌号	封闭 NCO 含量/%	固含量/%	黏度(25℃)/mPa·s	色度(Gardner)	异氰酸酯类型	烘烤温度/℃
B-830	7.0	55	310	<3	TDI	180
B-815N	7.3	60	180	<3	$H_{12}MDI$	160
B820NSU	4.3	60	560	<5	$H_{12}MDI$	160
B-842N	9.7	70	1000	<2	H_6XDI	160
B-846N	8.5	60	150	<2	H_6XDI	150
B-870N	12.6	60	<50	<1	IPDI	170
B-874N	6.5	60	4000	<1	IPDI	150
B-882N	10.7	70	480	<1	HDI	140

Takenate B-830 中的溶剂为乙酸乙酯/甲基异丁基酮，用于普通产品、底漆；B-815N 和 B820NSU 的溶剂为 Supersol 1500/乙酸丁酯，具有耐候性；B-842N、B-846N 和 B-870N 的溶剂分别为 100# 溶剂石脑油/乙酸丁酯、100# 溶剂油和丙二醇单甲醚乙酸酯，具有耐候性和高柔韧性；B-874N 和 B-882N 的溶剂分别是乙酸乙酯/100# 溶剂油和 100# 溶剂油/乙酸丁酯，耐候、与丙烯酸树脂和含氟聚合物有良好的相容性。

日本三井化学株式会社的粉末涂料用封闭型 MDI 预聚体产品 Takenate PW-2400，是一种白色粉末，熔点 170～190℃，封闭 NCO 含量为 17.2%，烘烤温度 180℃，可用作许多聚合物的改性剂。

表 1-72 Perstorp 公司的封闭 HDI 三聚体产品的质量指标

Tolonate 牌号	黏度/mPa·s	封闭 NCO 含量/%	HDI/%	固含量/%	密度/(g/cm³)	闪点/℃	NCO 当量	溶剂
D2	3250±750	11.2±0.5	<0.05	75±2.0	1.060	49	370	S
D2RS65	600±200	9.7±0.5	<0.05	65±2.0	1.010	56	433	SR

注：溶剂 S 为芳烃，R 为特殊溶剂。

表1-73和表1-74为德国Evonik工业公司（Evonik Degussa）的封闭型多异氰酸酯产品的质量指标。

表1-73 Evonik Degussa公司的封闭型多异氰酸酯产品的质量指标

指　标	Vestanat牌号		
	B 1358 A	B 1370	B 1358/100
封闭NCO含量/%	约8	约8	12.3～12.9
游离NCO含量/%	<0.1	<0.1	<0.5
固含量/%	63±1	60±1	100
密度(25℃)/(g/cm³)	—	1.03	0.58～0.60(松密度)
黏度(23℃)/Pa·s	5.5±1	2.6±0.5	—
色度(APHA)	150	150	—
闪点(闭杯)/℃	47	28	—
蒸气压(20℃)/kPa	<1	约1(50℃)	—
解封温度/℃	130	130	130

Vestanat B 1358/100、B 1358 A、B 1370是封闭的环脂族多异氰酸酯，其中Vestanat B 1358/100和B 1358A基于IPDI的封闭异氰酸酯。B 1358A的溶剂是100#芳烃石脑油（C_9/C_{10}芳烃，沸点154～178℃）。B 1370的溶剂是乙酸丁酯/二甲苯（3/5）。Vestanat B 1358/100是片状无溶剂产品，熔程为115～130℃，用于无溶剂、溶剂型和水性加热固化体系。它们属于耐光、耐候性树脂，用作含羟基的聚酯、丙烯酸酯树脂和醇酸树脂等的交联剂，具有反应性与贮存稳定性的平衡。典型的应用领域包括：与聚酯树脂组成外用罐头涂料（罩印清漆、印刷油墨、底层涂料），外用卷材涂料，耐酸蚀的汽车涂料，耐石击汽车底漆和面漆。它们可用于配制固化温度低于130℃的聚氨酯烘烤漆，推荐使用0.1%～0.5%的催化剂DBTDL。涂料的性能同时取决于所使用的多元醇。这些交联剂提供硬段成分，因此可使用软性多元醇树脂。

表1-74 Evonik Degussa公司的涂料用封闭型多异氰酸酯产品

指　标	Vestagon牌号				
	B 1065	B 1400	B 1530	BF 1320	BF 1540
固体形态	颗粒	颗粒	片状	颗粒	片状
NCO含量/%	10.1～10.8	12.5～14.0	14.8～15.7	13.0～14.5	15.2～17.0
游离NCO/%	<1	<1	<1	<0.3	<1
密度/(g/cm³)	1.15	1.14	1.14	1.12	1.07
散装相对密度	约0.67	约0.67	约0.67	约0.57	约0.57
色度(APHA)	—	—	—	<600	<600
闪点/℃	约200	180	约195	230	>150
T_g/℃	43～54	45～58	41～53	>70	74～86
熔点范围/℃	59～79	75～100	62～82	90～115	93～112
解封温度/℃	>170	>160	>170	>160	>160
封闭剂	己内酰胺	己内酰胺	己内酰胺	内封闭	内封闭
最佳固化(温度×时间)	180×20或200×10	170×25或210×6	180×20或200×10	170×20或210×5	170×25或210×8

注：NCO含量包括封闭和少量未封闭的NCO总质量分数。T_g为玻璃化温度。固化条件：在空气循环烘烤炉中，涂料厚55～75μm；最佳固化温度单位是℃，时间单位是min。

Vestagon BF 1320、EP BF 1350和BF 1540是脲二酮内封闭多异氰酸酯，解封时不释放封闭剂。其中BF 1320是内封闭环脂族多异氰酸酯。另外，EP BF 1350为片状产品，高反应活性，它的NCO含量为12.5%～14.0%。

英国 Baxenden 化学有限公司（巴辛顿化学有限公司）的封闭型 TDI 预聚体和封闭型脂肪族多异氰酸酯产品的典型物性指标见表 1-75 和表 1-76。

表 1-75 英国 Baxenden 公司的封闭型 TDI 系异氰酸酯典型物性

Trixene 牌号	解封温度/℃	黏度(25℃)/Pa·s	类型	NCO 当量	用途
BI 7641	160	6.25	NA	744	汽车,线圈,皮革
BI 7642	160	25	NA	737	线圈,汽车,底涂
BI 7770	>160	68	支化	1860	室温操作的胺固化双组分环氧树脂增韧剂
BI 7771		80	支化	1750	
BI7772	>160	35	线型	2100	
BI 7774		40	支化	1945	
BI 7779	>160	30	支化	2170	

注：Trixene BI 7779 含 10%己二酸二辛酯。BI 7641 和 7642 均是 60%溶液，溶剂是丙二醇单甲醚乙酸酯/二甲苯，封闭剂分别是 DMP 和 MEKO。

表 1-76 Baxenden 公司的封闭型脂肪族多异氰酸酯系列典型物性

Trixene 牌号	异氰酸酯	封闭剂	黏度	当量	固含量/%	溶剂	主要用途
BI 7950	IPDI	DMP	1200	567	65	PM	汽车和卷材涂料
BI 7951	IPDI 三聚体	DMP	3500	539	65	C_9 芳烃/BA	
BI 7960	HDI 缩二脲	DMP	1100	410	70	PM	卷材及电泳漆
BI 7961	HDI 缩二脲	DMP	2250	410	70	C_9 芳烃	卷材及静电涂装
BI 7963	HDI 缩二脲	DEM	4500	477	70	PM	活性较高
BI 7981	HDI 三聚体	e-CAP	450	476	65	PMA	卷材涂料
BI 7982	HDI 三聚体	DMP	600	410	70	PM	汽车和卷材涂料
BI 7984	HDI 三聚体	MEKO	3000	373	75	C_9 芳烃	
BI 7986	HDI 三聚体	DMP	150	846	40	水/NMP	
BI 7987	HDI 三聚体	DMP	200	933	40	水/DPGME	
BI 7990	IPDI 三聚体	DMP/DEM	5000	538	65	PM/PMA	
BI 7991	HDI 缩二脲	DMP/DEM	1000	456	70	PM/PMA	
BI 7992	HDI 三聚体	DMP/DEM	1500	456	70	PM/PMA	

注：黏度（25℃）单位是 mPa·s，产品的 NCO 含量（mol/g）=1/当量，溶剂：BA 为乙酸丁酯，PM 为丙二醇聚醚，PMA 为丙二醇甲醚乙酸酯，DPGME 为二丙二醇单甲醚。DMP 封闭的解封温度约为 120℃，e-CAP 即己内酰胺封闭的解封温度（约 160℃），MEKO 封闭的解封温度约为 150℃。

还有少量封闭型多异氰酸酯的乳液产品，它们可单独作为涂料或织物处理剂等，也可用作水性聚氨酯等的交联剂，组成单组分水性树脂。

例如，瑞典 Perstorp 公司的 Easaqua WT 1000 为用于单组分高温固化配方的封闭型异氰酸酯的乳液，外观为乳白色，介质为水，约含 2%乙酸丁酯，140℃左右解封闭。其物性指标为：固含量（63.0±2.0)%，25℃黏度（3200±1800)mPa·s，密度（25℃）1.00g/cm^3，封闭 NCO 含量约 9.4%，游离 HDI<0.02%，闪点>100℃。

日本三井化学株式会社的水性封闭型异氰酸酯产品的典型物性见表 1-77。

表 1-77 日本三井化学株式会社的水性封闭型多异氰酸酯产品的典型物性

Takenate 牌号	固含量/%	黏度(25℃)/mPa·s	封闭 NCO 含量/%	pH 值	封闭剂	烘烤温度/℃
WB-700	44	60	5.0	6.0	酮肟	120
WB-820	45	80	5.0	5.0	酮肟	140
WB-920	40	90	5.4	7.3	内酰胺	150

注：外观为乳白色液体，都是非离子型。WB-700 为 TDI 型，WB-820 和 WB-920 为 HDI 系自乳化型。

1.4.2 可水分散多异氰酸酯

可水分散多异氰酸酯是一种可分散（乳化）在水中的多异氰酸酯，这类多异氰酸酯产品本身不含水，多数不含溶剂，一般是脂肪族二异氰酸酯衍生物的亲水性改性物，也有很少的亲水改性PAPI（MDI）产品。它们用于水性聚氨酯等水性树脂的交联剂等，组成双组分水性树脂。

这些液态的亲水性脂肪族多异氰酸酯，都可以在水性聚合物分散液中乳化。它们可用作水性聚氨酯的交联组分，也可用作聚乙酸乙烯乳液、聚丙烯酸酯分散液及合成橡胶分散液的交联剂，以改善耐热、耐水、耐增塑剂及耐溶剂性能。对于100质量份固含量40%～60%的聚合物分散液，交联剂用量可在3%～10%之间。Bayer公司的Desmodur XO 672推荐用量1%～5%。采用机械混合可使多异氰酸酯分散更均匀。表1-78～表1-81为几个知名厂商的可水分散异氰酸酯的质量指标或典型物性。部分用于单组分烘烤漆可乳化封闭型脂肪族多异氰酸酯，见“封闭型多异氰酸酯”小节。

表1-78 Bayer公司的可水分散多异氰酸酯交联剂

牌 号	NCO含量/%	固含量/%	黏度(23℃)/mPa·s	游离单体/%	密度/(g/mL)	异氰酸酯
Desmodur DA	19.5±1	100	4000±500	—	1.2	HDI
Desmodur DA-L	20.0±1	100	3000±600	≤0.25	1.16	HDI
Desmodur DN	21.8±0.5	100	1250±300	≤0.25	1.15	HDI
Desmodur D XP 2725	约15.5	85	约2000	<0.5	1.20	HDI/TDI
Desmodur XO 672	24.5±0.5	100	500±300	—	1.19	MDI
Desmodur 3100	17.4±0.5	100	2800±800	<0.15	1.16	HDI
Bayhydur 302	17.3±0.5	≥99.8	2300±700	<0.2	1.16	HDI
Bayhydur 303	19.3±0.5	约100	2400±800	<0.2	1.15	HDI
Bayhydur 304	18.2±0.5	100	4000±1500	<0.15	1.16	HDI
Bayhydur 305	16.2±0.4	100	6500±1500	<0.15	1.16	HDI
Bayhydur 401-70	9.4±0.5	70±2	600±200	<0.5	1.07	IPDI
Bayhydur VP LS 2150 BA	9.4±0.5	70±2	500±200	<0.5	1.06	IPDI
Bayhydur VP LS 2306	8.0±1.0	约100	6500±1500	<0.3	1.12	HDI
Bayhydur XP 2451	18.6±0.4	约100	800～1600	<0.5	1.15	HDI
Bayhydur XP 2487/1	约20.6	约100	约5400	<0.15	1.16	HDI
Bayhydur XP 2547	22.5±0.5	约100	570～730	<0.5	1.15	HDI
Bayhydur XP 2655	21.2±0.5	约100	3500±1000	<0.3	1.16	HDI
Bayhydur XP 2700	10.6±0.3	65±2	77±15	<0.1	1.07	HDI
Bayhydur XP 2759	约11	约70	约6500	<0.5	1.09	IPDI
Bayhydur XP 7165	约18.3	约100	约1000	<0.2	1.20	HDI

注：密度为23℃时的数据。Desmodur D XP 2725、Bayhydur 401-70、VP LS 2150 BA、XP 2700、XP 2759的溶剂分别是乙酸乙酯、丙二醇单甲醚乙酸酯/二甲苯（1/1）、乙酸丁酯、二丙二醇双甲醚和丙二醇单甲醚乙酸酯。Desmodur XO 672为褐色，其余为无色至浅黄色液体。

表1-79 日本三井化学（株）的可水分散型多异氰酸酯产品的典型物性

Takenate牌号	黏度(25℃)/mPa·s	NCO含量/%	特 征
WD-220	550	17.4	与多元醇有良好的相容性
WD-240	550	16.7	与多元醇有良好的相容性
WD-720	170	12.4	低黏度，低官能度，在水中良好分散性
WD-725	800	15.8	在水中良好分散性，多官能度
WD-726	200	10.3	在水中良好分散性
WD-730	2000	18.2	官能度比WD-726高

注：外观为浅黄色浑浊液体，都是非离子型。除WD-726为80%的丙二醇单聚醚乙酸酯溶液外，其他都是100%固含量。

据介绍，Perstorp公司的Easaqua系列产品在水中可自乳化，非常容易与水性涂料混合。手搅混合即可达到极佳的混合状态，无需专门的高剪切或高速分散设备，它们具有极佳相容性、快干性及高光泽、低气味、低黏度等特性。树脂固化物具有更好的硬度，进而改善涂膜的抗黏性。用Easaqua X D 401和X D 803配制的涂料，不粘灰时间可缩短25%～60%，因此能提高生产效率，并且减少漆膜缺陷。

表1-80 瑞典Perstorp公司的自乳化脂肪族多异氰酸酯产品质量指标

产品牌号	黏度(25℃)/mPa·s	NCO质量分数/%	固含量/%
Easaqua WT 2102	4300	19.0	100
Easaqua X M 501	1100	21.6	100
Easaqua X M 502	3600	18.3	100
Easaqua X D 401	1050	15.8	85
Easaqua X D 803	200	12.2	69

注：表中数据是平均值，例如Easaqua WT 2102的黏度一般在（4300±1300）mPa·s，NCO质量分数为（19.0±1.5）%，固含量>98.0%，另外其密度（25℃）约为1.16g/cm³。游离HDI质量分数均小于0.2%。

表1-81 日本聚氨酯工业株式会社的水分散型多异氰酸酯产品的典型物性

牌号	固含量/%	NCO含量/%	黏度(25℃)/mPa·s	相对密度(25℃)	色度(APHA)
Aquanate 100	100	16.0～18.0	1760～3500	1.15～1.17	≤80
Aquanate 110	100	19.0～21.0	1760～3500	1.15～1.17	≤80
Aquanate 200	100	11.0～13.0	1760～3500	1.12～1.14	≤80
Aquanate 210	100	16.0～17.4	1760～3500	1.16～1.18	≤80

另外，英国Baxenden公司的Trixene BI7985是可水分散多异氰酸酯，其黏度（25℃）为250mPa·s，固含量70%，溶剂为*N*-甲基吡咯烷酮，解封闭温度为120℃。

日本旭化成化学品株式会社的Duranate系列用于水分散树脂交联剂的HDI衍生物产品见表1-82。

表1-82 日本旭化成化学品株式会社的水分散HDI系多异氰酸酯交联剂

Duranate牌号	固含量/%	NCO(质量分数)/%	黏度(25℃)/mPa·s	特性
WB40-100	100	16.6	4500	黏附性，适用期长
WB40-80D	80①	13.4	350	亲水性溶剂稀释，高分散性
WT20-100	100	14.3	1400	耐候性树脂，分散性
WT30-100	100	16.5	1800	耐候性树脂
WE50-100	100	11.3	3000	弹性好

① 溶剂为一缩二乙二醇二乙基醚（DEDG）。

Huntsman聚氨酯公司有几种亲水性改性的可乳化MDI（PAPI）产品。它们可以用水分散、稀释，可用于水性涂料和胶黏剂，降低有机溶剂散发。水分散后的适用期一般在1～2h。它们的典型物性见表1-83。

表1-83 Huntsman聚氨酯公司部分可乳化聚合MDI产品的典型物性

牌号	NCO含量/%	黏度/mPa·s	官能度	特性及典型应用
Suprasec 1042	29.9	275	2.7	乳胶体系的交联剂、水性底涂剂等
Suprasec 2405	28.4	150	2.1	改性MDI。水性交联剂、预聚体等
Suprasec 2408	15.3	3500	2.4	水性涂料、混凝土底涂剂和胶黏剂
Suprasec 9600	31.2	400	2.70	反应速率较慢。涂料和胶黏剂的交联剂
Rubinate 9236	31.0	220	2.69	反应速率较快。交联剂
Rubinate 9259	30.2	210	2.67	水性体系交联剂等

1.5 多异氰酸酯混合物及混合多聚体

1.5.1 TDI-HDI 混合多聚体

2,4-TDI 与 HDI 的聚合物（TDI-HDI 混合多聚体）的 CAS 编号为 26426-91-5。其中 2 个 HDI 与 1 个 2,4-TDI 形成的三聚体 CAS 编号为 93859-05-3，化学名称为 1,3-二(6-异氰酸酯基己烷)-5-(3-异氰酸酯基对甲苯基)-1,3,5-三嗪-2,4,6-(1*H*,3*H*,5*H*)-三酮。TDI-HDI 混合多聚体多异氰酸酯的制品耐候性、耐光性都比 TDI 加成物和 TDI 三聚体多异氰酸酯好。它与聚酯多元醇等含羟基成分配制双组分聚氨酯清漆或色漆，具有快干和耐黄变特点，其快速初期固化和早期可砂磨性能是它用于木器漆的突出优点。

TDI-HDI 混合多聚体多异氰酸酯配制成双组分涂料的固化速率，快于 TDI 加成物多异氰酸酯，稍慢于 TDI 三聚体固化体系。

制法如下：将 170 质量份 2,4-TDI 和 300 质量份 HDI 加入反应器中，搅拌，升温至 60℃，加入 0.125 质量份三正丁基膦，保温 4.5h。当 NCO 质量分数降至 36%时，加入 0.1 质量份对甲苯磺酸甲酯和 0.1 质量份硫酸二甲酯，并迅速升温至 100℃，减压蒸馏除去未反应的异氰酸酯单体，制得 180 质量份浅黄色脆性树脂（TDI-HDI 混合多聚体）。异氰酸酯基含量为 19.8%。稀释成 67%的乙酸乙酯溶液，黏度为 725mPa·s（20℃）。混合三聚体中 HDI 一般占 40%。

几个厂家的 HDI-TDI 混合多聚体典型物性见表 1-84。

表 1-84 几个厂家的 HDI-TDI 混合多聚体典型物性

牌　号	固含量/%	NCO 含量/%	相对密度	黏度(25℃)/mPa·s	溶　剂
Coronate 2604	60	10.6	—	500mm²/s	乙酸丁酯
Takenate D-702	47	8.7	1.05(25℃)	30	EtAc/Xyl 等
Desmodur HL BA	60±2	10.5±0.5	1.13(20℃)	2200±1000	乙酸丁酯
Desmodur HL EA	60±2	10.5±0.5	1.12(20℃)	1100±600	乙酸乙酯
Desmodur RN	约 40	7.2±0.3	1.04(20℃)	约 11	乙酸乙酯
Desmodur VP LS2394	60	约 10.2	1.13(20℃)	约 340(23℃)	乙酸丁酯
Aknate TH-60	60±1	11.0±0.5	—	Gardner E-H	丁酯+乙酯
JQ-RN	约 40	7.2±0.3	1.04(20℃)	约 11	乙酸乙酯

注：外观浅黄色液体。Coronate 为日本聚氨酯工业株式会社产品商标，Takenate 为日本三井化学株式会社产品商标，Desmodur 为德国 Bayer 公司的商标，Desmodur HL BA 等同于 Desmodur HL。Aknate 为韩国爱敬化学株式会社的商标，JQ-RN 为辽宁红山化工股份有限公司产品。Desmodur HL 系列的游离单体质量分数小于 0.5%。溶剂 EtAc 为乙酸乙酯，Xyl 为二甲苯。

Desmodur RN 和 JQ-RN 外观为低黏度浅黄色透明液体，游离单体质量分数小于 0.5%，闪点为-5℃。Desmodur RN 适合于用作热塑性聚氨酯胶黏剂、橡胶胶黏剂的交联剂，不易变色，特别适合于浅色材料的粘接。对于固含量 20%的羟基聚氨酯胶黏剂或氯丁胶黏剂，RN 的用量为 4～7 质量份/100 质量份胶黏剂。

1.5.2 HDI-IPDI 混合多聚体

HDI-IPDI 混合多聚体结合了 HDI 三聚体和 IPDI 三聚体等多异氰酸酯的优点，主要用作耐黄变（耐光）双组分聚氨酯涂料的固化剂，使得漆膜具有耐化学品、耐候、高光泽保持率以及优异的力学性能。涂料的羟基组分以聚丙烯酸酯多元醇或聚酯多元醇为宜。这些聚氨酯涂料可用于气干型或强迫干燥型汽车 OEM 漆和修补漆、工业涂饰及塑料涂装。Bayer 公司有此类产品出售，Desmodur NZ 1 是 HDI 和 IPDI 均聚物 67/33 的混合物。Desmodur XP

2748 是溶剂型产品，溶剂是 100# 石脑油与乙酸丁酯 7/6 混合溶剂。它们的典型物性见表 1-85。

表 1-85　HDI/IPDI 多聚体的典型物性

Desmodur 牌号	NCO 含量/%	固含量/%	黏度(23℃)/mPa·s	游离单体/%	相对密度(20℃)	闪点/℃
Desmodur NZ 1	20.0 ± 0.5	100	3000 ± 750	< 0.5	1.16	171
Desmodur XP 2748	14.5 ± 0.5	72.0± 1.5	140 ± 30	<0.5	1.08	44

1.5.3　TDI/MDI 混合物

1.5.3.1　TDI/MDI 单体混合物

德国 Bayer 公司曾经提供的一种 TDI/MDI 混合物产品，用作聚氨酯涂料的原料。其牌号为 Desmodur TMM，为低黏度微黄色液体，其 NCO 质量分数约为 39.3%，酸度（HCl）约为 70mg/kg，黏度约为 6mPa·s，密度（20℃）为 1.21g/mL，闪点为 140℃。贮存温度以 15～25℃为宜，低于 15℃会结晶，在较高温度贮存可变黄、产生不溶性沉淀。

Bayer 公司还有一种 TDI/MDI 混合物产品，牌号为 Mondur 445，其 NCO 质量分数为 44.5%～45.2%。

1.5.3.2　TDI/PAPI 混合物

TDI/PAPI 混合物主要用于生产冷熟化高回弹聚氨酯泡沫塑料。TDI 具有很低的黏度，PAPI 具有高官能度和较高的活性，两者的混合物比纯 TDI 活性高，有利于生产冷熟化软质聚氨酯泡沫塑料，并且泡沫塑料的硬度较好。一般工厂可以自己配制不同比例的 TDI/PAPI 混合物多异氰酸酯。有些原料厂商也根据市场要求和客户需要供应这类多异氰酸酯。

表 1-86 为 Bayer 公司的几种 TDI/PAPI（含低度改性）混合物产品。

表 1-86　Bayer 等公司的几种 TDI/PAPI 混合物产品

产品牌号	NCO 含量/%	黏度(23℃)/mPa·s	相对密度(20℃)	备注
VP. PU VT 06 或 VT 06	44.8±0.7	4～8	1.22	水解氯≤0.1%
Desmodur VT 66	43.2±0.7	5～10	1.21(25℃)	水解氯≤0.1%
Desmodur VP. PU 60WF10	42±1	10～20	1.23	酸度≤0.02%
Desmodur VP. PU 60WF11	42±0.5	13～19	1.23	
Desmodur VP. PU 60WF18	38±1	85～145	1.23	
Mondur 445	44.5～45.2	约 6	1.22	TDI 含量较高
Coronate 1021	44.2～45.2	≤10	1.22	
Coronate 1025	39.0～40.0	10～30	1.23	

注：颜色一般为棕黑色。TDI 含量高的产品颜色稍浅；Coronate 为日本聚氨酯工业株式会社产品牌号。

韩国 KPX 精细化工有限公司的混合异氰酸酯产品 TM-20 是褐色低黏度液体，黏度≤15mPa·s，NCO 质量分数为 44.5%±0.5%，水解氯≤0.1%。

烟台万华聚氨酯有限公司供应的 Wannate 7025、7028 是含少量 TDI 的 TDI/MDI 混合物（成分包括 MDI 单体、聚合 MDI、TDI），为棕色低黏度液体，NCO 质量分数分别为 35.7%～36.7%、33.9%～34.9%，黏度分别为 5～25mPa·s、15～30mPa·s。它们主要用于产生高回弹聚氨酯泡沫塑料。

1.6　三异氰酸酯及四异氰酸酯

除去 TDI 三聚体、加成物等多异氰酸酯，三异氰酸酯及四异氰酸酯单体产品品种不多。它们一般用作交联剂。

1.6.1 三苯基甲烷三异氰酸酯

简称：TTI，JQ-1，Desmodur R，Desmodur RE，列克纳胶。

化学名称：三苯基甲烷-4,4′,4″-三异氰酸酯。

英文名：triphenlymethane-4,4′,4″-triisocyanate；triphenylmethane triisocyanate；1,1′,1″-methylidynetris（4-isocyanatobenzene）；benzene，1,1′,1″- methylidynetris（4-isocyanato）；methylidyne tris-*p*-phenylene triisocyanate；tris(4-isocyanatophenyl) methane 等。

分子式为 $C_{22}H_{13}N_3O_3$，分子量为 367.36。CAS 编号为 2422-91-5，EINECS 号为 219-351-8。

结构式：

物化性能

纯的三苯基甲烷-4,4′,4″-三异氰酸酯（TTI）室温下为固体，熔点为 89～90℃，沸点为 240℃/100Pa，NCO 含量理论值为 34%。TTI 易溶于甲苯、氯苯、氯代烃、乙酸乙酯等有机溶剂。

TTI 商业化产品一般是配成溶液出售。不同时期，不同厂家所用的溶剂有所不同。TTI 溶液产品一般为低黏度棕黄色、褐色至紫红色液体，随着贮存时间的延长，颜色逐渐变深。这不影响产品粘接性能。该类胶黏剂用于橡胶与钢或铝合金常温的粘接，其强度一般大于 4MPa。

早期，德国 Bayer 公司推出的 TTI 溶液牌号为 Desmodur R，是以二氯甲烷为溶剂，固含量为 20%，密度（20℃）为 1.31～1.32g/cm³，NCO 含量为（7.0±0.2)%，黏度(20℃）为（3±1)mPa·s。早在 1956 年，我国大连染料厂、重庆长风化工厂就开始批量生产 TTI 溶液，商品牌号为 JQ-1，又称列克纳胶（是当时前苏联该产品名 Leiknonat 的译音），溶剂为氯苯。目前 Bayer 公司的 TTI 是以乙酸乙酯为溶剂，挥发毒性小，并且不挥发分由 Desmodur R 的 20%提高到 27%，牌号改为 Desmodur RE。其主要指标如下：TTI 含量（不挥发分）约为 27%，NCO 含量为（9.3±0.2)%，密度（20℃）为 1.0g/cm³，黏度(20℃）约为 3mPa·s，闪点为－4℃。另外，Desmodur RE 中其他物质的质量分数为：乙酸乙酯约 70%，氯苯＜2.5%，4,4′-MDI 小于 0.1%，苯基异氰酸酯＜0.05%。德国 ContiTech 公司的固化剂 Verstuker RE，成分和技术指标与 Desmodur RE 相似。

辽宁红山化工股份有限公司的 JQ-1 产品指标见表 1-87。

表 1-87 辽宁红山化工股份有限公司的 JQ-1 产品指标

产品类型	JQ-1 型	JQ-1E 型
外观	蓝紫色或紫红色液体	蓝紫色或紫红色液体
TTI 质量分数/%	20±1	27±1
溶剂不溶物/%	≤0.1	≤0.1
粘接强度/MPa	≥4.0	≥4.0
溶剂	氯苯	乙酸乙酯

注：粘接强度是指 5470# 橡胶与 A3 钢或 10# 铝的剪切粘接强度。

重庆市长风聚氨酯黏合剂厂的 JQ-1 胶的固含量为 19%～20%，外观为浅红色至紫红色液体。江苏省常州市恒邦化工有限公司的TTI溶液产品（名称分别为JQ-1、JQ-RB、RE）胶的固含量分别为（20±1）%、（23±1）%和（27±1）%，其NCO质量分数分别为（7.0±0.2）%、（7.5±0.2）%和（9.3±0.2）%。

制法

由对氨基苯甲醛与苯胺缩合制三(氨基苯基)甲烷（俗称副品红），将三(氨基苯基)甲烷氯苯溶液进行低温光气化后，再进行高温光气化，反应终了后，除去剩余光气和氯化氢，降温过滤、蒸馏制得TTI。反应式如下：

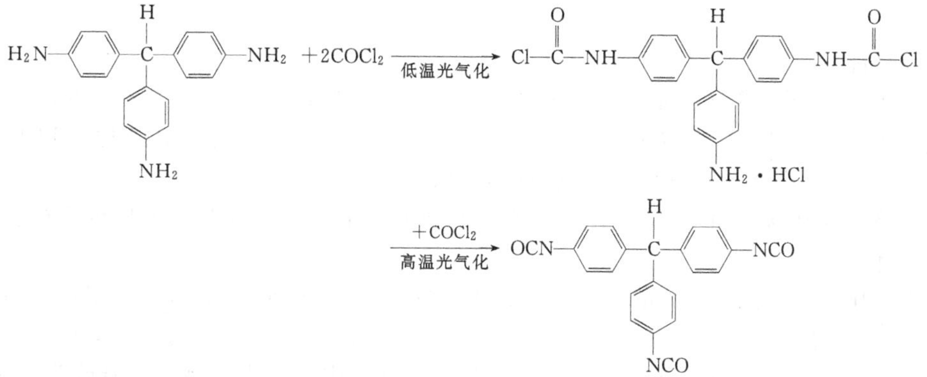

$$(H_2N-C_6H_4)_3CH + 2COCl_2 \xrightarrow{\text{低温光气化}} (Cl-CO-NH-C_6H_4)_2CH(C_6H_4-NH_2 \cdot HCl)$$

$$\xrightarrow[\text{高温光气化}]{+COCl_2} (OCN-C_6H_4)_3CH$$

和其他特种多异氰酸酯一样，目前TTI可采用二(三氯甲基)碳酸酯（BTC，即固体光气、三光气）工艺经过低温及高温光气化制备。

毒性

Desmodur RE的急性经口毒性（鼠）LD_{50}＞2500mg/kg。

特性及用途

三苯基甲烷三异氰酸酯是世界上较早开发的有机多异氰酸酯，也是我国开发最早的多异氰酸酯产品。早在第二次世界大战期间德国Bayer公司就推出Desmodur R，用于金属与橡胶等材料的粘接。

TTI含有极为活泼的NCO官能团，能与含活泼氢的羟基、氨基、巯基等基团以及某些含双键的多种化合物反应。通过所产生的化学与物理作用，使物质能牢固地黏结在一起，故广被当作胶黏剂与固化剂来使用，主要用作鞋用氯丁橡胶胶黏剂、聚氨酯胶黏剂等的交联剂。一般对于固含量20%的氯丁胶黏剂或聚氨酯胶黏剂，每100质量份固含量20%的溶剂型聚氨酯或氯丁橡胶胶黏剂，Desmodur RE或JQ-1的推荐用量为4～7质量份。加入该交联剂后，胶黏剂的适用期一般为数小时。

生产厂商

德国Bayer MaterialScience公司，德国ContiTech Transportbandsysteme GmbH公司，辽宁红山化工股份有限公司，重庆长风化学工业有限公司长风聚氨酯黏合剂厂，江苏省常州市恒邦化工有限公司，河北省临城精细化工公司，杭州伊联化工有限公司等。

1.6.2 硫代磷酸三(4-苯基异氰酸酯)

简称：TPTI，JQ-4，Desmodur RF，Desmodur RFE。

别名：三(4-异氰酸酯基苯)硫代磷酸酯，硫代磷酸三(4-异氰酸酯基苯酯)，硫代磷酸三(苯基异氰酸酯)，4,4′,4″-硫代磷酸三苯基三异氰酸酯，三异氰酸三苯基硫代磷酸酯，4,4′,4″-三异氰酸三苯基硫代磷酸酯。

英文名：tris(4-isocyanatophenyl) thiophosphate；thiophosphoric acid tris(4-isocyanatophenyl ester)；tris(*p*-isocyanatophenyl) thiophosphate；thiophosphor acid tri-(isocyanatephenyl)ester；*O,O,O-tris*-(4-isocyanatophenyl)-thiophosphate 等。

分子式为 $C_{21}H_{12}N_3O_6SP$，分子量为 465.38。CAS 编号为 4151-51-3，EINECS 号为 223-981-9。

结构式：

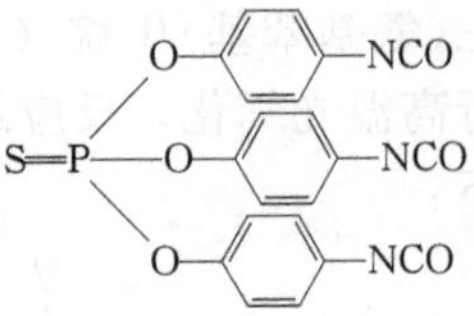

物化性能

常温下，纯硫代磷酸三(4-苯基异氰酸酯)（TPTI）为固体，熔点为 84～86℃，NCO 含量理论值为 27%。TPTI 易溶于苯、甲苯、氯苯、二氯甲烷等溶剂。TPTI 比 TTI 更易溶于极性溶剂。TPTI 遇水或潮气易发生反应而固化。

一般将硫代磷酸三(4-苯基异氰酸酯)配成溶液出售和使用，外观为无色至浅黄色至浅棕色透明液体。

早期德国 Bayer 公司推出的 TPTI 溶液牌号为 Desmodur RF，是以二氯甲烷为溶剂，固含量为 20%，密度（20℃）约为 1.32g/cm^3，NCO 含量为（5.4±0.2)%，黏度（20℃）为(3±1)mPa・s。后来 Bayer 公司改用乙酸乙酯为溶剂，固含量也提高，牌号改为 Desmodur RFE，其主要指标如下：TPTI 含量（不挥发分）约为 27%，NCO 含量为（7.2±0.2)%，密度（20℃）约为 1.0g/cm^3，黏度（20℃）约为 3mPa・s，闪点为－4℃。

辽宁红山化工股份有限公司（产品原属大连泰来化工公司）的 JQ-4 和 JQ-4，其固含量和 NCO 含量与 Desmodur RFE 相似。

杭州伊联化工有限公司的 TPTI 产品为淡黄色固体，纯度≥97.0%。其几个溶液产品为淡黄至淡茶色透明液体，其中 Hardlion RFE 的溶剂是乙酸乙酯，固含量为（27.0±0.5)%，NCO 质量分数为（7.2±0.2)%；Hardlion RF220 的溶剂是二氯甲烷，固含量为(20.0±0.5)%，NCO 质量分数为（5.4±0.2)%；Hardlion RF218 采用二氯甲烷与乙酸乙酯混合溶剂，固含量为（18.0±0.5)%，NCO 质量分数为（4.5±0.2)%。

TPTI 溶液对 5470# 橡胶与铝或硬铝的剪切粘接强度大于 4MPa。

制法

先由硝基苯酚与三氯硫磷在碱性介质中缩合，其产物经精制后再溶于乙醇中，以 Raney-Ni 为催化剂进行加氢，制得三氨基三苯基硫代磷酸酯（TPTA），TPTA 再进行光气化反应，制得硫代磷酸三(4-苯基异氰酸酯)。

$$HOC_6H_4NO_2 + PSCl + NaOH \longrightarrow (O_2NC_6H_4O)_3PS + NaCl + H_2O$$

$$(O_2NC_6H_4O)_3PS + H_2 \longrightarrow (H_2NC_6H_4O)_3PS + H_2O$$

$$(H_2NC_6H_4O)_3PS + COCl_2 \longrightarrow (ClOCHNC_6H_4O)_3PS + HCl$$

$$(ClOCHNC_6H_4O)_3PS \xrightarrow{\triangle} (OCNC_6H_4O)_3PS + HCl$$

特性及用途

硫代磷酸三(4-苯基异氰酸酯)颜色浅，遇光几乎不变色。其溶液与三苯基甲烷三异氰酸酯溶液一样，可单独用作橡胶与金属的胶黏剂，以及用作橡胶溶液胶黏剂和溶剂型聚氨酯胶黏剂的交联固化剂。用量一般为上述溶剂型胶黏剂的 4%～7%。特别适用于无色或浅色制品的黏合。具体用途包括：用于硫化（或未硫化）橡胶以及 PVC、PU、SBS 等高分子材料与金属（铁/铝）的粘接；用作氯丁胶黏剂的固化剂，以提高粘接强度；橡胶与织物粘接的固化剂；用作聚氨酯制品（弹性体、涂层等）羟基组分的交联剂；广泛用作制鞋行业所用的端羟基聚氨酯胶黏剂的交联剂，可提高初粘强度、耐热性等指标。

生产厂商

德国 Bayer MaterialScience 公司，辽宁红山化工股份有限公司，江苏省常州市恒邦化工有限公司，浙江省杭州伊联化工有限公司，常州市恒乐化工有限公司等。

1.6.3 二甲基三苯基甲烷四异氰酸酯

简称：JQ-5，TPMMTI，7900 胶。

化学名称：3,3′-二甲基-4,4′,6,6′-三苯基甲烷四异氰酸酯，三苯基甲烷-3,3′-二甲基-4,4′,6,6′-四异氰酸酯。

英文名：3,3′-dimethyldiphenylmethane-4,4′,6,6′-tetraisocyanate；4,4′-benzylidenebis(6-methyl-*m*-phenylene) tetraisocyanate；1,1′-(phenylmethylene)*bis*(2,4-diisocyanato-5-methylbenzene) 等。

分子式为 $C_{25}H_{16}N_4O_4$，分子量为 436.4。CAS 编号为 28886-07-9，EINECS 号为 249-286-0。

结构式：

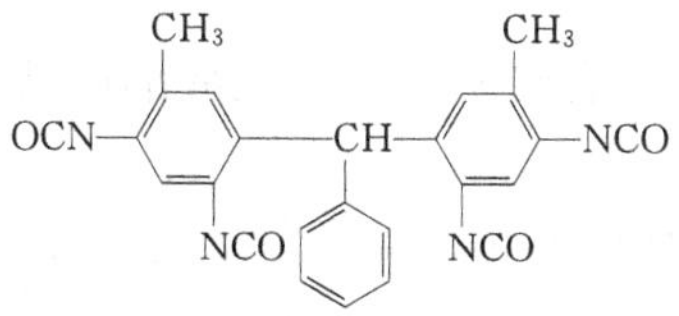

物化性能

二甲基三苯基甲烷四异氰酸酯纯品是浅黄色至棕黄色固体粉末，不挥发分约 90%，NCO 含量≥34.6%。一般配成溶液使用。

国内 JQ-5 和“7900”胶，是二甲基三苯基甲烷四异氰酸酯的溶液产品，其产品技术指标见表 1-88。

表 1-88 二甲基三苯基甲烷四异氰酸酯溶液产品技术指标

指　标	JQ-5	JQ-5E	7900
外观	浅茶色或浅棕色	浅茶色或浅棕色	浅棕色透明
固含量/%	20±1	27±1	20±1
NCO 含量/%	5.70±0.30	7.80±0.30	7.7±0.2
溶剂	氯苯	乙酸乙酯	NA

制法

它是由甲苯二胺与苯甲醛缩合，生成二甲基三苯基甲烷四胺，经光气化、活性炭脱色处理、抽滤浓缩或用溶剂配制而成。

常州 2 个厂家用氯甲酸三氯甲酯（双光气，TCF）或二(三氯甲基)碳酸酯（BTC，三光气）代替光气合成这类特种多异氰酸酯。

特性及用途

二甲基三苯基甲烷四异氰酸酯胶黏剂是一种性能优良的多异氰酸酯胶黏剂，适用于橡胶、皮革、塑料，金属、织物等的粘接，例如橡胶等高分子材料与金属的粘接。多用作氯丁胶黏剂和聚氨酯胶黏剂的交联剂，用于制鞋等行业。“7900”胶黏剂粘接强度比列克纳高，而且胶层颜色浅，不易产生变色现象。也可用作聚氨酯弹性体、涂层等体系羟基组分的交联剂。

生产厂商

辽宁红山化工股份有限公司（JQ-5E），江苏常州市恒邦化工有限公司（7900 胶），常州市恒乐化工有限公司等。

1.6.4 其他多异氰酸酯单体

L-赖氨酸三异氰酸酯的化学名称为 2,6-二异氰酸酯基己酸-2-异氰酸酯基乙酯。

英文名称：2,6-diisocyanatohexanoic acid 2-isocyanatoethyl ester；2-isocyanatoethyl 2,6-diisocyanatohexanoate；ethyl ester L-lysine triisocyanate 等。

分子式为 $C_{11}H_{13}N_3O_5$，分子量为 267.24。CAS 编号为 69878-18-8。EINECS 号为 274-179-0。

结构式：

OCN–(CH₂)₄–CH(NCO)–C(=O)–O–CH₂CH₂–NCO

据介绍，赖氨酸三异氰酸酯是低黏度液体，具有非常低的蒸气压、高 NCO 含量，产品指标不详。

日本协和发酵化学株式会社曾有赖氨酸三异氰酸酯产品。国内外有些试剂供应商可以定制这类特殊多异氰酸酯。

Bayer 等公司研发的三异氰酸酯基壬烷，化学名称为 4-异氰酸酯基甲基-1,8-辛烷二异氰酸酯，英文名为 4-isocyanatomethyl-1,8-octane diisocyanate，triisocyanatononane，简称 TIN，其 NCO 含量为 50%，黏度小于 10mPa·s，可用于高固含量涂料以及用于常规涂料体系的稀释、降低黏度。

·第2章· 聚醚多元醇

分子端基（或/及侧基）含两个或两个以上羟基、分子主链由醚链（—R—O—R′—）组成的低聚物称为聚醚多元醇。聚醚多元醇通常以多羟基、含伯氨基化合物或醇胺为起始剂，以氧化丙烯、氧化乙烯等环氧化合物为聚合单体，开环均聚或共聚而成。聚氧化丙烯多元醇及聚氧化丙烯-氧化乙烯共聚醚多元醇在此归类为普通聚醚多元醇，其官能度在2～8之间，分子量在200～8000之间。除通用聚醚多元醇（即用常规碱催化工艺制备的聚氧化丙烯多元醇）外，还有具有高伯羟基含量的高活性聚醚多元醇，含有各种元素或芳、杂环结构的特种功能性聚醚多元醇，以及分子量分布极窄的低不饱和度高分子量聚醚多元醇等。这些聚醚的开发和使用，使聚氨酯产品性能获得极大改善，使产品的使用范围得到更大的拓展。

在聚醚多元醇分子结构中，醚键内聚能较低，并易于旋转，故由它制备的聚氨酯材料低温柔顺性能好，耐水解性能优良，虽然力学性能不如聚酯型聚氨酯，但原料体系黏度低，易与异氰酸酯、助剂等组分互溶，加工性能优良。

为了增加软质泡沫塑料的硬度，人们开发了以聚醚多元醇为基础的聚合物多元醇和聚脲多元醇等有机聚合物填充多元醇，它们属于特殊的聚合物改性聚醚多元醇。用于泡沫塑料的聚合物多元醇多以聚醚多元醇为基础聚醚，可单独或与普通聚醚多元醇结合使用，用于要求一定的承载性能的聚氨酯泡沫垫材和半硬泡。耐燃聚氨酯泡沫塑料所需的阻燃多元醇则一般含卤素、磷、锑等阻燃元素。

聚四氢呋喃二醇是一类特种高性能聚醚多元醇，主要用于合成高性能耐水解聚氨酯弹性体、氨纶等。聚四氢呋喃多元醇将专门介绍。

2.1 聚氧化丙烯多元醇

本节介绍的聚醚多元醇指广义上的聚氧化丙烯多元醇，包括含氧化乙烯链节的聚氧化丙烯-氧化乙烯多元醇（共聚醚多元醇）。由不同起始剂、不同氧化烯烃单体制得的聚醚多元醇的规格及用途见表2-1。

表2-1 由不同起始剂、不同氧化烯烃单体制得的聚醚多元醇的规格及用途

官能度	起始剂	氧化烯烃	分子量	用途
2	水、乙二醇、丙二醇、二乙二醇、二丙二醇、双酚A等	EO PO PO/EO THF/PO	200～4000	PU弹性体类材料，软质、半硬质泡沫塑料等
3	丙三醇、三羟甲基丙烷、三乙醇胺等	PO PO/EO	400～7000	软质、半硬质泡沫塑料及弹性体类材料等
4	季戊四醇、乙二胺、甲苯二胺等	PO PO/EO	400～800	硬泡、半硬泡、软泡

续表

官能度	起始剂	氧化烯烃	分子量	用途
5	木糖醇、二乙烯三胺等	PO PO/EO	500～800	硬泡
6	山梨醇、甘露醇、α-甲基葡萄糖甙	PO PO/EO	1000以下	硬泡
8	蔗糖	PO PO/EO	500～15000	硬泡、高载荷软泡

注：PO、EO分别是氧化丙烯（环氧丙烷）、氧化乙烯（环氧乙烷）的缩写，THF是四氢呋喃的缩写。

聚醚多元醇的性能与起始剂关系密切，也与分子中氧化烯烃链段长度及排列结构有关。聚醚多元醇的官能度取决于合成时所选择的起始剂的活泼氢数目。

2.1.1 聚醚多元醇的应用分类

聚醚多元醇多用于制造软质、硬质和半硬质聚氨酯泡沫塑料，聚醚多元醇不仅原料易得，成本低廉，而且合成的聚氨酯泡沫塑料性能好，是聚氨酯泡沫塑料业用量最大的多元醇原料。

还有一些聚醚用于生产聚氨酯防水涂料、聚氨酯塑胶跑道、聚氨酯弹性体、聚氨酯涂料、聚氨酯胶黏剂、聚氨酯密封胶、聚氨酯鞋材等弹性非泡沫聚氨酯材料（简称CASE材料）。

2.1.1.1 软泡用聚醚多元醇

用于软泡的聚醚多元醇一般是长链、低官能度聚醚。软泡配方中聚醚多元醇官能度一般为2～3，平均分子量在2000～6500之间。在软泡中用得最多的是聚醚三醇，一般以甘油（丙三醇）为起始剂，由1,2-环氧丙烷开环聚合或环氧丙烷与少量环氧乙烷共聚而得到，分子量一般在3000～7000。聚醚二醇可作为辅助原料，与聚醚三醇在软泡配方中混合使用。

早期用量最大的软泡聚醚是分子量为3000左右的聚氧化丙烯三醇。这类聚醚的端羟基主要是反应活性较低的仲羟基。后来基本上已采用PO和EO共聚醚。分子量为3000～3500、含少量氧化乙烯链节及伯羟基的聚醚用于普通热熟化软泡；分子量在5000～6500、伯羟基含量高（摩尔分数70%以上）的聚醚，俗称“高活性聚醚”，主要用于高回弹软泡，也可用于半硬泡等泡沫制品。这类聚醚与水和异氰酸酯的混溶性较好，反应活性适宜，泡沫工艺稳定性大大改善。另外，泡沫熟化时间缩短，也降低了生产成本。

近年来国内外已经采用双金属氰化物络合物（DMC）催化体系生产低不饱和度、高分子量聚醚多元醇。采用这种新型催化聚合体系生产的高分子量聚醚多元醇，分子量甚至可高达1万以上，且分子量分布范围很窄，可用于柔软泡沫的生产，降低TDI的用量。

2.1.1.2 硬泡用聚醚多元醇

用于硬泡配方的一般是高官能度、高羟值聚醚多元醇，如此才能产生足够的交联度和刚性。硬泡聚醚多元醇的羟值一般为350～650mg KOH/g，平均官能度在3以上。一般的硬泡配方多以两种聚醚混合使用，平均羟值在400mg KOH/g左右。

以甘油为起始剂的聚醚多元醇相对来说官能度较低，形成交联网络的速度比高官能度聚醚多元醇慢，一般使得硬泡发泡物料具有较好的流动性。以胺类化合物为起始剂的聚醚多元醇具有自催化作用，与多异氰酸酯的反应活性较高，可减少胺催化剂的用量。以芳香族二胺类化合物为起始剂的聚醚多元醇，发泡后期固化较快，生成的泡沫塑料强度高、热导率小。

起始剂的价格对聚醚多元醇生产成本影响较大。基于价格因素，通用的硬泡聚醚多元醇大多是以蔗糖及其混合物为起始剂。

半硬泡配方一般使用部分高分子量软泡聚醚，特别是高活性聚醚多元醇，和部分高官能度低分子量的硬泡聚醚复配使用。

2.1.1.3 CASE用聚醚多元醇

包括聚氨酯防水涂料、弹性聚氨酯塑胶跑道、聚氨酯弹性体、聚氨酯涂料、聚氨酯胶黏剂、聚氨酯密封胶在内的聚氨酯材料，根据英文缩写，聚氨酯行业俗称为CASE材料。CASE材料所用普通聚醚多元醇，以分子量在1000～3000范围的聚醚二醇和聚醚三醇最常用，另外，密封胶还采用高分子量聚醚三醇，涂料还采用分子量在数百的聚醚多元醇。

采用新型催化剂合成的低不饱和度中高分子量聚醚，其分子量分布窄，官能度接近理论值。在低不饱和度聚氧化丙烯多元醇的基础上，通过加接环氧乙烷，可制得高伯羟基含量的高活性聚醚二醇和三醇，应用于聚氨酯微孔弹性体、密封胶、胶黏剂、涂料等领域。与普通聚醚相比，低不饱和度聚醚多元醇制得的聚氨酯制品强度和伸长率等性能得到提高。

随着聚氨酯工业的飞速发展，我国聚醚多元醇发展也相当迅速，表现在生产规模大、品种多。上海高桥石油化工公司聚氨酯事业部（原上海高桥石化化工三厂，又称中国石化集团资产经营管理有限公司上海高桥分公司聚氨酯事业部）、中国石化集团天津石化公司聚醚部（原称天津石化公司第三石油化工厂）、锦化化工集团有限责任公司、江苏钟山化工有限公司（原金陵石化公司化工二厂）、山东蓝星东大化工有限责任公司（原山东东大化工集团公司）、中海壳牌石油化工有限公司、天津大沽精细化工有限公司、江苏绿源新材料有限公司、福建省东南电化股份有限公司控股子公司福建湄洲湾氯碱工业有限公司、浙江太平洋化学有限公司等企业的聚醚年生产能力少则数万吨，多则十多万吨，产量逐年增长，新品种也经常被开发和推广。

聚醚多元醇毒性很小，如接触皮肤，可用自来水和肥皂冲洗。眼睛触及时，用低压清水冲洗或请医生治疗。聚醚多元醇是非危险品，无爆炸性。在阴凉、干燥、通风处贮存。着火时用泡沫、干粉、干冰、水等灭火。

根据起始剂品种、官能度、分子量、氧化烯烃（共聚）结构的不同，以及是否含阻燃元素等，聚醚多元醇有许多品种，不同的厂家有不同的牌号，比较复杂，下面就以官能度加以分类。

2.1.2 各种官能度的聚醚多元醇

2.1.2.1 聚醚二醇

以下介绍的聚醚二醇（polyether diol）包括聚氧化丙烯二醇和聚氧化丙烯-氧化乙烯二醇。

聚氧化丙烯二醇简称PPG，别名：聚环氧丙烷二醇，聚丙二醇。

聚氧化丙烯二醇英文名：polyoxypropylene glycol；polypropylene glycol等。

聚氧化丙烯二醇结构式：

$$H\!-\!\!\left(OCH(CH_3)CH_2\right)_{n_1}\!-OCH(CH_3)CH_2O-\!\left(CH_2CH(CH_3)O\right)_{n_2}\!-H$$

PPG的常用CAS编号为25322-69-4。

聚氧化丙烯-氧化乙烯二醇属于共聚醚二醇，其英文名有：polyethylene-polypropylene

glycol；polypropoxylated-polyethoxylated propylene glycol；propylene oxide-ethylene oxide copolymer；ethylene glycol bis（polypropylene glycol ether）；poly（propylene oxide-ethylene oxide）；polyoxyethylene-polyoxypropylene block copolymer；polyoxypropylene ethylene glycol ether 等。

不同起始剂和 PO/EO 单体合成的聚醚二醇的 CAS 编号如下。

起始剂	重复单元	CAS 编号
1,2-丙二醇	PO	25322-69-4
NA	PO/EO	9003-11-6
NA	PO/EO 嵌段	106392-12-5
乙二醇	PO	31923-84-9,9051-48-3
二甘醇	PO	9051-51-8
二甘醇	PO/EO	50658-23-6
1,4-丁二醇	PO	25302-85-6
1,4-丁二醇	PO/EO	31587-08-3
新戊二醇	PO	52479-58-0
双酚 A	PO	37353-75-6,29694-85-7
双酚 A	EO	32492-61-8,29086-67-7
双酚 A	PO/EO	52367-02-9,65324-64-3

注：PO 为氧化丙烯（propoxy），EO 为氧化乙烯（ethoxy）。NA 表示不详，下同。

最常见的聚醚二醇是分子量分别为 1000 和 2000 的聚氧化丙烯二醇，国内俗称 210 聚醚和 220 聚醚，也有厂家分别称为 1020 和 2020 聚醚。分子量分别为 400、600、700、3000、4000 的聚醚二醇一般相应地称为 204 聚醚、206 聚醚、207 聚醚、230 聚醚和 240 聚醚。也有厂家以含字母 D、G 等以及分子量命名聚醚二醇如 DL-2000、TDB-6000、PPG-2000。除了聚氧化丙烯二醇，有些厂家还供应用氧化乙烯改性的共聚醚二醇。

物化性质

一般聚醚二醇为清澈无色或浅黄色透明油状液体，溶于甲苯、乙醇、丙酮等大多数有机溶剂，PPG-200、400、600 可溶于水，较高分子量的 PPG 不溶于水。它们可与二异氰酸酯反应生成线型聚氨酯。

国家标准 GB/T 12008.2—2010 中列出了 210 聚醚和 220 聚醚的质量指标，分为优等品和合格品。合格品的水分≤0.08%，钠、钾离子含量均≤8mg/kg，色度（Pt-Co）≤100。

表 2-2 和表 2-3 为不同分子量的聚氧化丙烯二醇的典型物性。

表 2-2 不同分子量的聚氧化丙烯二醇（PPG）的典型物性

平均分子量	羟值/(mg KOH/g)	相对密度(20℃)	黏度(25℃)/mPa·s	不饱和度①/(mmol/g)≤
400	280±15	1.008	60～80	—
600	190±20	NA	NA	NA
700	160±10	1.006	NA	0.04
1000	112±4	1.005	120～200	0.04
2000	56±2	1.003	260～370	0.05
3000	37±2	1.002	460～600	0.07
4000	28±1.5	1.002	900～1100	0.11
5000	22.5±2	NA	1100～1500	NA
2000(含 EO)	56±2	1.014	NA	0.03
2000(DMC)	56±2	—	320～420	0.01

① 不饱和度是指普通 KOH 法聚醚的典型数值，对于低不饱和度聚醚（DMC 法聚醚，分子量可高至 8000），不饱和度或双键值通常≤0.01mmol/g，甚至≤0.006mmol/g。水分一般≤0.1%，酸值≤0.1mg KOH/g，pH 值 5.5～7.5。

表 2-3 几种以丙二醇为起始剂的聚氧化丙烯二醇的典型性质

项目	参数		
分子量	425	1000	1200
羟值/(mg KOH/g)	265±13	110±5	94±4
折射率(25℃)	1.447	1.448	1.448
相对密度(25℃)	1.005	1.003	1.01
闪点(PMCC)/℃	166	237	224
比热容/[J/(g·K)]			
25℃	2.055(20℃)	1.96	1.963
75℃	2.155(60℃)	2.09	2.09
100℃	2.252	2.14	2.14
热导率/[W/(m·K)]	0.137(25℃)	0.132(35℃)	0.132(35℃)
黏度(25℃)/mPa·s	—	160	175
黏度(38℃)/mPa·s	—	70～85	85～97
Voranol 多元醇牌号	220-260	220-110N	220-094

注：参照 Dow 公司产品数据。另 Voranol 220-260 聚醚的表面张力分别为 31.1mN/m（25℃）或 26.3mN/m（75℃），蒸汽压＜1.3Pa；Voranol 220-094 聚醚 65℃下的黏度为 31mPa·s。

其他聚醚二醇，包括共聚醚二醇、低不饱和度聚醚二醇的物性，可参见有关公司产品目录中相应聚醚二醇产品。

制法

凡含两个活性氢原子的化合物，如乙二醇、丙二醇、一缩二乙二醇、一缩二丙二醇、二缩三乙二醇、1,4-丁二醇等，以及水，均可作聚醚二醇的聚合起始剂。在实际生产中一般采用 1,2-丙二醇为聚氧化丙烯二醇起始剂，也可以采用乙二醇等作为共聚醚二醇的起始剂。

聚醚的分子量由氧化烯烃单体（环氧丙烷，或环氧丙烷/环氧乙烷混合单体）与二醇起始剂的投料比决定，随起始剂二醇对氧化烯烃摩尔比的增大，所合成的聚醚分子量降低，羟值增大。对于分子量为 2000 的 PPG，起始剂丙二醇与单体环氧丙烷的摩尔比值约在 1.2%～1.3%。

传统的制造方法：将起始剂（1,2-丙二醇或一缩二丙二醇）和催化剂（氢氧化钾）的混合物加入制备催化剂的釜内，加热升温至 80～100℃，在真空下除去催化剂中的水分，以便促使醇钾的生成。然后将催化剂转入聚合反应釜中，加热升温至 90～120℃，在此温度下将环氧丙烷（或及环氧乙烷）通入聚合釜中，使釜内压力保持在 0.07～0.35MPa。在此温度和压力下，环氧丙烷（或及环氧乙烷）进行连续聚合，直至到达一定的分子量。蒸出残存的环氧丙烷后，将聚醚混合物转入中和釜，用酸性物质进行中和，然后经过滤、精制、加入稳定剂，得到精制聚醚产品。

目前部分厂家采用 DMC 催化开环聚合工艺，以低分子量聚醚二醇作起始剂，进行氧化丙烯开环聚合，可得到分子量为 4000～8000 的聚醚二醇，这种聚醚具有很低的双键含量。在低不饱和度聚醚的基础上还可以再接上氧化乙烯，制得高活性的低不饱和度高分子量聚醚。

特性及用途

聚醚二醇主要用于制备聚氨酯弹性体、塑胶跑道及铺装材料、防水涂料、胶黏剂、聚氨酯泡沫塑料等。由于二羟基聚醚与二异氰酸酯反应生成线型直链聚氨酯，所以起到增加聚氨酯柔软程度、增加拉伸伸长率的作用。聚醚的分子量越大，制品的柔软度、伸长率也越高。中等分子量（如 2000）的聚醚二醇可作为辅助聚醚，与聚醚三醇配合，用于生产聚氨酯软泡。

聚醚二醇及部分聚醚多元醇还用作酯化、醚化和缩聚反应的中间体，用作脱模剂、增溶剂、增塑剂、消泡剂、润滑剂，合成油品的添加剂，用于水溶性切削液、辊子油、液压油的添加剂等。PPG-400可在化妆品中用作润肤剂、柔软剂、润滑剂。

<u>国内生产厂商</u>

上海高桥石油化工公司聚氨酯事业部，中国石化集团天津石化公司聚醚部，辽宁省锦化化工集团氯碱股份有限公司聚醚厂，江苏钟山化工有限公司，南京金浦锦湖化工有限公司，山东蓝星东大化工有限责任公司，辽宁省抚顺佳化聚氨酯有限公司，常熟一统聚氨酯制品有限公司，浙江省绍兴市恒丰聚氨酯实业有限公司，福建省东南电化股份有限公司/福建湄洲湾氯碱工业有限公司，杭州电化集团助剂化工有限公司，河北亚东化工集团有限公司，天津大沽精细化工有限公司，苏州中化国际聚氨酯有限公司，江苏省海安石油化工厂，江苏绿源新材料有限公司，淄博德信联邦化学工业有限公司，淄博巨丰乳化剂厂，广州宇田聚氨酯有限公司等。

2.1.2.2 聚醚三醇

聚氨酯行业常用的聚醚三醇为聚氧化丙烯三醇以及氧化丙烯-氧化乙烯共聚醚三醇，也有少量聚氧化乙烯三醇产品。

聚醚三醇的英文名：polyether triol；polyoxyalkylene triol 等。

聚氧化丙烯三醇别名聚环氧丙烷三醇、三羟基聚氧化丙烯醚。其英文名：polyoxypropylene triol；polypropylene oxide-based triol 等。

用于合成聚醚三醇的起始剂有丙三醇（甘油）、三羟甲基丙烷、乙醇胺、二乙醇胺、三乙醇胺等。

甘油氧化丙烯聚醚的英文名：glycerol propylene oxide adduct；propoxylated glycerin 等。

三羟甲基丙烷氧化丙烯聚醚的英文名：trimethylolpropane propylene oxide adduct；poly（propylene oxide）trimethylolpropane ether；propoxylated trimethylolpropane 等。

甘油共聚醚英文名：polyoxyethylene polyoxypropylene glyceryl ether；propoxylated ethoxylated glycerine 等。三羟甲基丙烷共聚醚英文名类推。

不同组成的聚醚三醇的CAS编号如下。

起始剂	重复单元	CAS编号
丙三醇(甘油)	PO	25791-96-2
丙三醇	PO/EO	9082-00-2,68936-80-1
丙三醇	EO	31694-55-0
三羟甲基丙烷(TMP)	PO	25723-16-4,25765-36-0
三羟甲基丙烷	PO/EO	52624-57-4,26062-52-2
三羟甲基丙烷	EO	50586-59-9
TMP,丙二醇	PO/EO	53424-30-9
乙醇胺	PO	35176-07-9
乙醇胺	PO/EO	32439-74-0
二乙醇胺	PO	35176-06-8
二乙醇胺	PO/EO	34354-45-5
三乙醇胺	PO	26221-30-7

以甘油或三羟甲基丙烷为起始剂的聚氧化丙烯三醇的结构式如下。

$$\begin{array}{l} CH_2-O-(CH_2-\underset{CH_3}{\underset{|}{CH}}-O)_nH \\ CH-O-(CH_2-\underset{CH_3}{\underset{|}{CH}}-O)_nH \\ CH_2-O-(CH_2-\underset{CH_3}{\underset{|}{CH}}-O)_nH \end{array}$$

$$\begin{array}{l} \quad\quad\quad\quad CH_2-O-(CH_2-\underset{CH_3}{\underset{|}{CH}}-O)_nH \\ H_5C_2-C-CH_2-O-(CH_2-\underset{CH_3}{\underset{|}{CH}}-O)_nH \\ \quad\quad\quad\quad CH_2-O-(CH_2-\underset{CH_3}{\underset{|}{CH}}-O)_nH \end{array}$$

聚醚三醇的品种较多，羟值在25～550mg KOH/g范围内，用于不同的领域。

在软质聚氨酯泡沫塑料制造业中用量很大的聚醚三醇是标称分子量为3000的聚氧化丙烯三醇和聚氧化丙烯-氧化乙烯三醇。其中甘油与环氧丙烷聚合制得的聚醚多元醇，代表性牌号有MN-3050、3030、3000、N-330、Caradol SC 5601等；由甘油与环氧丙烷、少量的环氧乙烷（10%～15%）混聚而成的聚醚三醇，其活性及水溶性有改善，增加了催化剂辛酸亚锡催化剂的宽容度，从而稳定提高了发泡的成功率，代表性的牌号有Voranol 3010、3031、3050E、Caradol SC 5602、Arcol 5613、ZS-2802、530、350、553、GEP-560S等。氧化乙烯-氧化丙烯无规共聚或嵌段共聚醚三醇已广泛应用于软质与半硬质聚氨酯泡沫塑料的生产中。

具有较高伯羟基含量的、分子量在3000～3500的聚醚三醇，具有较高的活性，用于热模塑聚氨酯泡沫。高活性聚醚三醇将专门在“高活性聚醚”品种中介绍。

大部分羟值在200～550mg KOH/g范围内的聚醚三醇是由甘油和环氧丙烷为原料而合成，用于聚氨酯硬泡、半硬泡等。

物化性能

无色或浅黄色透明油状液体，一般软泡聚醚三醇的相对密度稍大于1.00，高EO的聚醚密度稍大。聚氧化丙烯三醇不溶于水，含少量氧化乙烯的聚醚三醇微溶于水，含较多氧化乙烯的聚醚三醇可溶于水。这类聚醚的理论羟基官能度为3，实际官能度在2.5～3之间。不同分子量的以三羟甲基丙烷为起始剂的聚氧化丙烯三醇的典型物性见表2-4。

表2-4 不同分子量的三羟甲基丙烷-氧化丙烯聚醚三醇的典型物性

平均分子量	羟值/(mg KOH/g)	相对密度(20℃)	不饱和度/(mmol/g)	黏度(25℃)/mPa·s
300	561	—	0.005	—
400	422	—	0.005	625
700	240	1.027	0.005	325
1500	112	—	0.02	290
2500	67	1.005	0.04	440
4000	42	1.004	0.07	670
4500(含EO)	37	—	0.08	500

表2-5为国内几个品牌聚氧化丙烯三醇的典型物性及质量指标。

表2-5 国内几个品牌聚氧化丙烯三醇的典型物性及质量指标

指标		牌号		
		N-330	MN-3050	GEP-560S
色度(APHA)	≤	200	50	150
羟值/(mg KOH/g)		53～59	54.5～57.5	53～59
酸值/(mg KOH/g)	≤	0.10	0.05	0.08
水分含量/%	≤	0.10	0.05	0.08
黏度(25℃)/mPa·s		445～595	400～600	400～600
钠、钾含量/(mg/kg)	≤	—	3	5
不饱和值/(mmol/g)	≤	0.07	0.04	0.06
pH值		—	5～7	5～7
备注		钟山	天津、高桥	高桥

注：各公司的对应（相近）牌号：高桥石化公司化工三厂GMN-3050，三井武田Actcol MN-3050，锦西化工总厂JH-3030，天津第三石油化工厂TMN-3050，江苏钟山化工有限公司ZS-2801。高桥石化公司化工三厂GEP-560S为由甘油与PO和EO制得的聚醚三醇。

聚醚三醇，包括聚氧化丙烯三醇、共聚醚三醇等的其他物性，可参见有关公司产品目录中相应产品。

制法

凡含有三个活性氢原子的化合物如甘油、三羟甲基丙烷、1,2,6-己三醇以及三乙醇胺、二乙醇胺等均可做聚醚三醇的起始剂。

通用聚醚三醇一般以甘油（丙三醇）、三羟甲基丙烷等为起始剂，以氢氧化钾为催化剂，在热压釜中，催化剂 KOH 为 0.5%、反应温度100℃的情况下，进行环氧丙烷（氧化丙烯）的开环聚合而得。随着起始剂与环氧丙烷摩尔比值的增大，合成的聚氧化丙烯三醇的平均分子量减少。当起始剂与环氧丙烷的摩尔比值在 1.21 左右时，所合成的聚醚分子量约为 3000。实际合成聚醚的分子量比理论分子量低。

在软泡中用得最多的是聚醚三醇，一般以甘油为起始剂，由 1,2-环氧丙烷开环聚合或与环氧乙烷共聚而得到，分子量一般在 3000～7000。软泡及弹性体用较高分子量的聚醚三醇，也可用 DMC 催化工艺合成。

特性及用途

聚醚三醇是聚氨酯泡沫塑料、弹性体、防水涂料、胶黏剂、密封胶等的重要原料。

聚氨酯软泡和硬泡对聚醚的分子量或羟值要求不同。用于软泡的聚醚多元醇一般是长链、低官能度聚醚，聚醚的分子量为 3000 左右，即羟值约为 56mg KOH/g。硬泡通常要求聚醚分子量在 300～400 范围内，羟值为 450～550mg KOH/g。

国内生产厂商

中国石化集团天津石化公司聚醚部，上海高桥石油化工公司聚氨酯事业部，锦化化工集团氯碱股份有限公司聚醚厂，江苏钟山化工有限公司，南京金浦锦湖化工有限公司，山东蓝星东大化工有限责任公司，浙江太平洋化工公司，福建省东南电化股份有限公司，国都化工（昆山）有限公司，常熟一统聚氨酯制品有限公司，苏州中化国际聚氨酯有限公司，抚顺佳化聚氨酯有限公司，中海壳牌石油化工有限公司，天津大沽精细化工有限公司，河北亚东化工集团有限公司，淄博德信联邦化学工业有限公司，江苏绿源新材料有限公司，浙江省绍兴市恒丰聚氨酯实业有限公司，杭州电化集团助剂化工有限公司，南京红宝丽股份有限公司等。

2.1.2.3 高活性聚醚

英文名：high activity polyether。

广义上讲，凡具有较高的伯羟基含量的共聚醚多元醇，包括聚醚三醇、聚醚二醇和聚醚四醇都可称为“高活性聚醚”，尤以分子量在 4500～6500 的环氧丙烷-环氧乙烷共聚醚三醇在工业上最常用，其伯羟基含量为 70%～90%，总的氧化乙烯链节质量分数为 10%～20%。另外分子量为 3000 的高活性聚醚也用于聚氨酯软泡的生产。还有高活性聚醚二醇、高活性聚醚四醇等。

物化性能

高活性聚醚为无色至浅黄色透明黏稠液体，典型的高活性聚醚多元醇的技术规格见表 2-6。

表 2-6 高活性聚醚三醇（一级品）的技术规格

典型牌号	羟值/(mg KOH/g)	黏度(25℃)/mPa·s	用途及备注
TEP-551C GEP-551C	54～58	400～600	热模塑聚氨酯泡沫，甘油起始剂，活性较高
GEP-330N TEP-330N	33.5～36.5	800～1000	典型高活性聚醚，使用范围广

注：相同指标包括酸值≤0.05mg KOH/g，水分≤0.05%，pH 值为 5～7，K^+ 质量分数≤5mg/kg，不饱和度≤0.03mmol/g，色度（APHA）≤50。

上海高桥石油化工公司聚氨酯事业部的用于高回弹等软质泡沫塑料的不含BHT和氨基的高活性聚醚多元醇产品的典型物性见表2-7。

表2-7 上海高桥石油化工公司的高活性聚醚的典型物性

产品名称	羟值/(mg KOH/g)	水分/%	酸值/(mg KOH/g)	pH值	K离子/(mg/kg)	色度(APHA)	黏度(25℃)/mPa·s
GEP-551C	54～58	0.04	0.03	6.7	2.8	80	400～600
GEP-330N	33～37	0.032	0.03	5.8	1.0	20	750～950
GEP-330NY	33～37	0.03	0.07	5.5	1.0	50	860
GEP-828	26～30	0.03	0.07	5.5	3.5	20	950～1450
GEP-628	27.3	0.03	0.03	—	2.0	50	1610
GEP-360N	26～30	0.023	0.03	—	3.3	50	1100～1600

注：GEP-628和GEP-360N是高官能度、高分子量高活性聚醚，官能度>3。

GB/T 16576—2010《塑料　三羟基聚醚多元醇》中，标称分子量分别在3000、4800、6000和7000左右的高活性聚醚330H、348H、360H和370H的理化性能指标见表2-8。

表2-8 GB/T 16576—2010中四种高活性聚醚三醇的质量指标

规格	等级	色度(APHA)	羟值/(mgKOH/g)	酸值/(mgKOH/g)	水分/% ≤	钠离子/(mg/kg) ≤	钾离子/(mg/kg) ≤	不饱和度/(mol/kg) ≤	黏度(25℃)/mPa·s	pH值
330H	优等品	50	54.5～57.5	0.05	0.05	3	3	0.03	400～600	5.0～7.0
	合格品	100	54.0～58.0	0.08	0.08	5	5	0.05	400～600	5.0～7.0
348H	优等品	50	33.5～36.5	0.05	0.05	3	3	0.06	800～1000	5.0～7.0
	合格品	100	33.0～37.0	0.08	0.08	5	5	0.08	800～1000	5.0～7.0
360H	优等品	80	26.5～29.5	0.08	0.05	5	5	0.08	1100～1300	5.0～7.0
	合格品	150	26.0～30.0	0.08	0.08	8	8	0.10	1000～1300	5.0～7.0
370H	优等品	50	21.5～24.5	0.05	0.05	3	3	0.10	1200～1800	5.0～7.0
	合格品	100	21.0～25.0	0.10	0.10	5	5	0.12	1200～1800	5.0～7.0

羟值在33～37mg KOH/g范围的330N高活性聚醚最常见，部分厂家相似产品的牌号还有：EP-330N（蓝星东大）、ZS-1808（钟山化工）、M-820（东南电化、温州富甸）、JH-820（锦化）等。

羟值在54～58mg KOH/g范围的高活性聚醚，与TEP-551C、GEP-551C质量指标类似的产品牌号还有JH-230（锦化）、M-230（东南电化、温州富甸），根据GB/T 12008.1—2009相应国标命名为330H聚醚。国外类似牌号有V-4301、FA708等。

制法

在甘油起始剂和催化剂的存在下，先投入环氧丙烷反应，在氧化丙烯聚醚反应结束后，加入部分环氧乙烷单体继续反应，使其端基为伯羟基，经中和、过滤、减压蒸馏得成品。

采用双金属氰化物络合物催化合成低不饱和度高分子量聚氧化丙烯多元醇，再用环氧乙烷聚合成聚醚的方法，可使聚醚的官能度接近于理论值，且使聚醚的应用性能大大提高。

特性及用途

由于该类聚醚的合成中在聚氧化丙烯链上嵌入聚氧化乙烯基团，因此使聚醚多元醇与水以及二异氰酸酯的相溶性得到大的改善。

高活性聚醚中含有大量活性较仲羟基普通聚氧化丙烯多元醇高的伯羟基，与异氰酸酯的反应速率较快，主要用于泡沫塑料快速模塑工艺，如冷熟化高回弹泡沫塑料生产工艺、反应注射成型（RIM）工艺、整皮聚氨酯半硬泡模塑工艺。高活性聚醚的应用领域包括：高回弹聚氨酯模塑泡沫塑料坐垫和靠背，整皮半硬泡汽车方向盘、仪表板、扶手，RIM微孔弹性体鞋底、汽车保险杠，聚氨酯密封胶等。

国内生产厂商

中国石化上海高桥石油化工公司聚氨酯事业部，中国石化集团天津石化公司聚醚部，锦化化工集团氯碱股份有限公司聚醚厂，江苏钟山化工有限公司，南京金浦锦湖化工有限公司，山东蓝星东大化工有限责任公司，河北亚东化工集团有限公司，常熟一统聚氨酯制品有限公司，天津大沽精细化工有限公司，苏州中化国际聚氨酯有限公司，温州市富甸化工有限公司，福建省东南电化股份有限公司，江苏绿源新材料有限公司，可利亚多元醇（南京）有限公司，广州宇田聚氨酯有限公司，淄博德信联邦化学工业有限公司，淄博巨丰乳化剂厂等。

2.1.2.4 聚醚四醇

别名：四羟基聚醚。

英文名：polyether tetrol。

根据起始剂的不同，聚氧化丙烯四醇（四羟基聚醚）通常有乙二胺（基）聚醚多元醇、季戊四醇（基）聚醚多元醇和甲苯二胺聚醚多元醇等。

不同结构组成的聚醚四醇的 CAS 编号如下。

起始剂	重复单元	CAS 编号
乙二胺	PO	25214-63-5,51178-86-0
乙二胺	PO/EO	26316-40-5
乙二胺	EO	27014-42-2
甲苯二胺	PO	63641-63-4,55834-48-5
甲苯二胺	PO/EO	67800-94-6
亚甲基二苯胺(MDA)	PO	67786-32-7
季戊四醇	PO	9051-49-4
季戊四醇	PO/EO	58205-99-5,30374-35-7
季戊四醇	EO	30599-15-6

(1) 叔氨基聚醚四醇　由二氨基化合物如乙二胺、甲苯二胺、二氨基二苯基甲烷（亚甲基二苯胺）、间二甲苯二胺等为起始剂合成聚醚四醇，含叔胺基团。其中乙二氨聚醚即乙二氨基聚醚四醇最常见，俗称“胺醚”。

乙二胺聚醚四醇英文名 aminopolyether tetrol；ethylenediamino polyether tetrol。

乙二胺聚醚多元醇是乙二胺-氧化烯烃加成物，包括乙二氨基聚氧化丙烯多元醇（propoxylated ethylenediamine polyol）、乙二氨基聚氧化丙烯-氧化乙烯共聚醚多元醇（ethoxylated and propoxylated ethylenediamine polyol）、乙二氨基聚氧化乙烯多元醇（ethylenediamine-ethylene oxide adduct）等。

乙二胺聚氧化丙烯多元醇的结构式如下。

$$\left[H{-}(OCH(CH_3)CH_2)_n\right]_2N{-}(CH_2)_2{-}N\left[(CH_2CH(CH_3)O)_n{-}H\right]_2$$

叔氨基聚醚四醇一般为淡黄色透明至褐色、较高黏度的黏稠液体，有碱性。乙二胺聚醚一般可溶于水。多数乙二氨基聚醚四醇的黏度较大，颜色一般稍深，为浅琥珀色。一种羟值为 440～460mg KOH/g 的低黏度含 EO 乙二胺聚醚四醇（牌号 TAE-305），其黏度（25℃）为 700～1200mPa·s。

最常见的乙二胺聚醚四醇是分子量约为 300 的低分子量聚醚，俗称 403 聚醚。还有其他分子量规格的乙二胺聚醚四醇，如环氧乙烷改性的乙二胺聚醚四醇405E。GB/T 16577—2010《塑料　四羟基聚醚多元醇》中规定的两种乙二胺聚醚四醇的理化性能指标见表2-9，国内部分厂家的乙二胺聚醚典型物性及质量见表2-10。

表2-9　GB/T 16577—2010中两种乙二胺聚醚的质量指标

规　格	等　级	色度(APHA)	羟值/(mgKOH/g)	水分/%　≤	黏度(25℃)/mPa·s	pH值
403	优等品	≤100	745～775	0.07	45000～55000	10.0～12.0
	合格品	≤150	740～780	0.10	40000～60000	10.0～12.0
405E	优等品	≤10*	440～460	0.10	700～1200	10.0～12.0
	合格品	≤15*	435～465	0.10	700～1200	10.0～12.0

注：无钠、钾离子。*为加德纳（Gardner）色度号。

表2-10　国内部分厂家的乙二胺聚醚四醇的典型物性及质量指标

指　标	TAE-300	H403	N-403	TAE-470
羟值/(mg KOH/g)	745～775	730～770	770±35	460～480
水分/%	≤0.1	≤0.2	≤0.15	—
pH值	10～12.5	10～12	10.5～12.5	—
密度/(g/mL)	—	1.04±0.02	—	—
黏度(25℃)/mPa·s	45000±5000	35000±2000	1500～2400(50℃)	4500～5500
色度(APHA)	≤100	≤150	≤100	≤100
厂家	天津石化	红宝丽	江苏钟山	天津石化

（2）季戊四醇聚醚四醇　季戊四醇聚醚英文名：pentaerythritol polyether tetrol。

季戊四醇聚氧化丙烯四醇的结构式如下：

$$
\begin{array}{c}
\qquad\qquad\qquad CH_2\text{—}(OC_3H_6)_{x_1}\text{—}OH \\
\qquad\qquad | \\
HO\text{—}(H_6C_3O)_{x_4}\text{—}CH_2\text{—}C\text{—}CH_2\text{—}(OC_3H_6)_{x_2}\text{—}OH \\
\qquad\qquad | \\
\qquad\qquad\qquad CH_2\text{—}(OC_3H_6)_{x_3}\text{—}OH
\end{array}
$$

季戊四醇聚醚四醇是无色至浅黄色中低黏度黏稠液体。

以季戊四醇为起始剂的聚醚四醇产品，一类是用于高回弹模塑软泡的较高分子量的聚醚四醇；一类是低分子量高羟值硬泡聚醚。

分子量为400、500和600（羟值分别为560mg KOH/g、448mg KOH/g和374mg KOH/g）的季戊四醇聚醚黏度分别约为2800Pa·s、1500Pa·s和1140mPa·s。

表2-11为GB/T 16577—2010《塑料　四羟基聚醚多元醇》中规定的两种高活性季戊四醇聚醚四醇（466H和480H）的理化性能指标。

表2-11　GB/T 16577—2010中季戊四醇聚醚四醇的质量指标

规格	等级	色度(APHA)	羟值/(mgKOH/g)	酸值/(mgKOH/g)	水分/%　≤	钠离子/(mg/kg)　≤	钾离子/(mg/kg)　≤	不饱和度/(mol/kg)　≤	黏度(25℃)/mPa·s	pH值
466H	优等品	50	32.5～35.5	≤0.05	0.05	3	3	≤0.06	900～1200	5.0～7.0
	合格品	100	32.0～36.0	≤0.06	0.08	5	5	≤0.10	900～1200	5.0～7.0
480H	优等品	50	26.5～29.5	≤0.05	0.05	3	3	≤0.08	1100～1500	5.5～7.5
	合格品	100	26.0～30.0	≤0.06	0.08	5	5	≤0.10	1100～1500	5.5～7.5

天津第三石油化工厂的季戊四醇高活性聚醚四醇TEP-3033的技术规格与表2-11中的

优级品相当。

制法

（1）乙二胺聚醚　以乙二胺为起始剂，在无催化剂条件下，以环氧丙烷为主要原料，在100～110℃进行反应，开环聚合得粗聚醚，经减压蒸馏，得精聚醚。

乙二胺在聚氧化丙烯四醇的合成过程中不仅是起始剂，而且也是一种碱性催化剂。随着聚合反应的进行，分子量增加到一定程度，催化活性下降。如果要制备较高分子量的聚醚四醇，需进一步添加碱性催化剂 KOH。当环氧丙烷与乙二胺质量比为100/(3.7～4.0)、KOH 用量0.5%～1.0%时，可制得羟值为280～320mg KOH/g、分子量为700～900的乙二胺聚醚；当环氧丙烷与乙二胺质量比为100/(2.0～2.1)、KOH 用量为0.7%时，可制得羟值85～93mg KOH/g、分子量为2400～2600的乙二胺聚醚四醇。

（2）季戊四醇聚醚　以季戊四醇为起始剂，氢氧化钾为催化剂，用环氧丙烷加聚，再经脱色、中和、脱水等处理，得到精制的四羟基聚醚成品。制备条件与甘油聚醚基本相似。其分子量可通过季戊四醇与环氧丙烷的摩尔比来调节。由于季戊四醇是固体结晶，与环氧丙烷互容性差，所以聚合初期的反应诱导期较甘油作起始剂的长。

特性及用途

乙二胺聚醚多元醇具有一定的碱性，因此能加快与异氰酸酯的反应速率，多应用于硬泡现场喷涂配方中，作为具有催化作用的多元醇原料。由该聚醚多元醇制得的硬质泡沫塑料尺寸稳定性较好。

低分子量高羟值季戊四醇聚醚多元醇主要应用于一般硬泡配方中，由于季戊四醇聚醚官能度比三羟基聚醚大，所以相应制得的硬泡耐热性与尺寸稳定性较好；高分子量季戊四醇基聚醚多元醇用于模塑软泡。

低分子量聚醚四醇还用于聚氨酯胶黏剂、涂料等领域。

国内生产厂商

上海高桥石油化工公司聚氨酯事业部，江苏钟山化工有限公司，中国石化集团天津石化公司聚醚部；山东蓝星东大化工有限责任公司，锦化化工集团氯碱股份有限公司聚醚厂，南京红宝丽股份有限公司，江苏绿源新材料有限公司，常熟一统聚氨酯制品有限公司，河北亚东化工集团有限公司，浙江省绍兴市恒丰聚氨酯实业有限公司，淄博德信联邦化学工业有限公司，抚顺佳化聚氨酯有限公司，烟台正大聚氨酯化工有限公司等。

2.1.2.5　高官能度聚醚多元醇

官能度大于4的聚醚可称为高官能度聚醚。少数高官能度聚醚多元醇，采用木糖醇、山梨醇、蔗糖等单一的多羟基起始剂制造。高官能度聚醚多元醇黏度很大，与其他组分混容性差。为降低聚醚黏度，在工业制备上通常采用高官能度和低官能度混合多元醇（胺）起始剂，如采用山梨醇-甘油、山梨醇-丙二醇、蔗糖-甘油、蔗糖-甲苯二胺混合起始剂，调整各起始剂的用量，也可采用少量 EO 与 PO 共聚，可合成名种黏度、不同组分的聚醚多元醇。制得的聚醚多元醇官能度在3～8之间，实际官能度多在3～6之间。大多数高官能度聚醚多元醇的分子量在300～600之间。

由二亚乙基三胺（二乙烯三胺）或木糖醇为起始剂，与环氧丙烷开环聚合，可制得聚醚五醇（polyether pentol）。

由山梨醇或甘露醇为起始剂，可得六羟基聚醚。

不同组成的高官能度聚醚多元醇的 CAS 编号如下。

起始剂	重复单元	官能度	CAS 编号
山梨醇	PO	6	52625-13-5
山梨醇	PO/EO	6	56449-05-9
甘露醇	PO	6	52625-12-4
蔗糖	PO	8	9049-71-2
蔗糖	PO/EO	8	26301-10-0
二亚乙基三胺	PO	5	29380-50-5
三亚乙基四胺	PO/EO	6	67939-72-4

二亚乙基三胺聚醚的结构式如下。

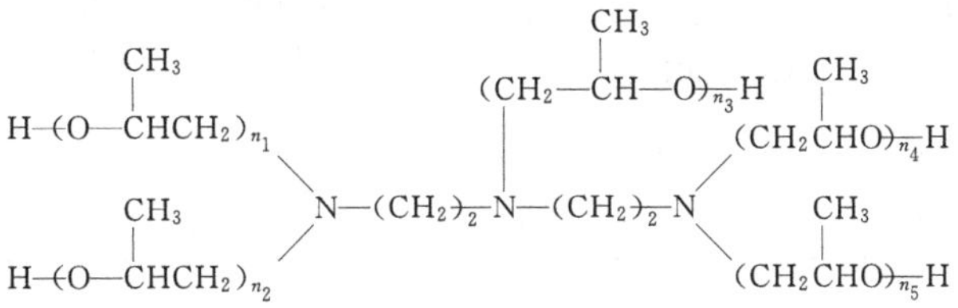

$$\begin{array}{l} H\!-\!\!(O-\underset{}{\overset{CH_3}{\overset{|}{C}}}HCH_2)_{n_1} \\ \qquad\qquad\qquad\qquad \diagdown \\ \qquad\qquad\qquad\qquad\quad N-(CH_2)_2-N(-(CH_2-\overset{CH_3}{\overset{|}{C}}H-O)_{n_3}H)-(CH_2)_2-N{\large<}\begin{array}{l}(CH_2\overset{CH_3}{\overset{|}{C}}HO)_{n_4}H \\ (CH_2\overset{CH_3}{\overset{|}{C}}HO)_{n_5}H\end{array} \\ \qquad\qquad\qquad\qquad \diagup \\ H\!-\!\!(O-\overset{CH_3}{\overset{|}{C}}HCH_2)_{n_2} \end{array}$$

木糖醇聚醚的结构式如下：

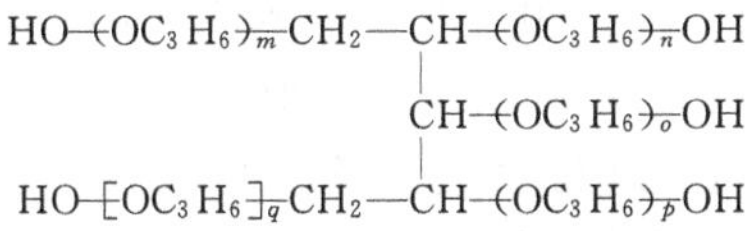

$$\begin{array}{l} HO-(OC_3H_6)_m-CH_2-CH-(OC_3H_6)_n-OH \\ \qquad\qquad\qquad\qquad\quad\;\; | \\ \qquad\qquad\qquad\qquad\quad CH-(OC_3H_6)_o-OH \\ \qquad\qquad\qquad\qquad\quad\;\; | \\ HO-[OC_3H_6]_q-CH_2-CH-(OC_3H_6)_p-OH \end{array}$$

式中，m、n、o、p、q 为聚合度。

物化性能、制法及用途

淡黄色至浅棕色黏稠液体，用作硬泡的基础原料，其特点是制得的硬质泡沫塑料耐高温性好，尺寸稳定性好。

绝大多数高官能度聚醚多元醇产品用于制备硬质聚醚型聚氨酯泡沫塑料，如普通硬泡、仿木材、硬泡夹心板、电冰箱绝热材料。

(1) 以二亚乙基三胺为起始剂制得的聚醚五醇为透明高黏度黏稠液体。例如，平均分子量为 398、羟值为 648mg KOH/g 的聚醚五醇，其黏度约为 100Pa·s（30℃），色度（APHA）200 以下，水分在 0.1%以下。由于这种聚醚结构含有叔氨基，所以可用于硬泡、半硬泡的具催化作用的交联剂，与三羟基或四羟基等低官能度聚醚混合使用，可制得尺寸稳定、压缩强度较高的硬泡，而且特别适宜于现场喷涂发泡配方。

(2) 五羟基木糖醇聚氧化丙烯的制备条件与甘油聚氧化丙烯相似，由于木糖醇吸水性强，在合成聚醚前必须进一步减压脱水，否则将严重影响聚醚质量。由 100 质量份环氧丙烷、40～42 质量份木糖醇在 0.5 质量份氢氧化钾催化下，于 100～110℃下进行聚合反应，可制得羟值为 (500±20)mg KOH/g、平均分子量为 550±50、酸值低于 0.15mg KOH/g、水分低于 0.1%的木糖醇聚氧化丙烯五醇。该聚醚多元醇外观为浅黄色黏稠液体。五羟基聚木糖醇-氧化丙烯主要用作硬泡的基础原料，其特点是制得的硬质泡沫塑料耐高温（150℃）性好，尺寸稳定性好。

聚醚五醇制得的硬泡具有比以聚醚三醇、聚醚四醇为基的硬泡更高的耐温性和尺寸稳定性。

(3) 由山梨醇或甘露醇为起始剂，在反应釜中压入氧化丙烯，在 KOH 催化剂作用下，于 100～110℃加压聚合，可得聚醚六醇。这类聚醚因含有六个羟基，官能度高，所以制得的聚氨酯硬泡交联度大，制品的耐油性、耐热氧化性及尺寸稳定性均较好。质量好的甘露醇聚醚，制得的硬质聚氨酯泡沫塑料耐热达 180℃。

羟值分别为 654mg KOH/g 和 488mg KOH/g（平均理论分子量分别为 514 和 691）的山梨醇聚氧化丙烯六醇的黏度分别为 134Pa·s 和 131Pa·s，色度（APHA）分别为 240 和

200，水分为 0.02%，不饱和度为 0.02mmol/g。

六羟基聚醚由于官能度高，黏度较高，因此与其他发泡组分（异氰酸酯、发泡剂、催化剂等）互容性差，给发泡施工造成很大困难。一般由山梨醇或甘露醇与二醇或三醇混合起始剂制备聚醚。

GB/T 12008.2—2010《塑料 聚醚多元醇 第 2 部分：规格》中规定的六羟基聚醚多元醇 6305 的技术要求见表 2-12。

表 2-12 六羟基聚醚多元醇 6305 的技术要求

指标	色度(GD) ≤	羟值/(mgKOH/g)	酸值/(mgKOH/g)	水分/% ≤	钠离子/(mg/kg) ≤	钾离子/(mg/kg) ≤	黏度(25℃)/mPa·s	pH 值
优等品	5	475～495	≤0.10	≤0.10	50	50	4000～6500	5.0～8.0
合格品	7	470～500	≤0.15	≤0.15	50	50	4000～6500	5.0～8.0

江苏钟山化工有限公司的以山梨醇与甘油混合起始剂的 635 聚醚（N-635、N-635S、N-635SA）的物性指标如下：羟值为（500±20)mg KOH/g，水分≤0.15%，黏度（25℃）为 4000～6000mPa·s，色度（APHA）为 10，pH 值为 9～11。

（4）若完全由蔗糖为起始剂，进行氧化丙烯开环聚合，则得到官能度为 8 的蔗糖聚醚，它是一种高黏度浅棕色液体，制得的聚氨酯硬泡耐热性好、抗压强度大、尺寸稳定。在制备八羟基蔗糖聚醚过程中，由于蔗糖是结晶体，与氧化丙烯不互容，同时纯的蔗糖聚醚官能度高、黏度大，与其他发泡组分相容性差，因此在实际聚合中也一般采用混合起始剂。例如采用甘油或采用其他低官能度多羟基化合物与蔗糖混合作起始剂。蔗糖-甘油聚醚实际上是八羟基和三羟基聚氧化丙烯的掺和物。混合起始剂中甘油用量对聚氨酯硬泡的物性有较大的影响，为了制得尺寸稳定性好、耐热性高的硬泡，在制备蔗糖-甘油聚醚多元醇时，一般控制甘油与蔗糖的摩尔比值在 0.5。

含蔗糖的聚醚多元醇可统称为“蔗糖聚醚（sucrose polyether polyol)”，以蔗糖为起始剂的聚氧化丙烯多元醇牌号如 8010，以蔗糖和二甘醇或丙二醇等二醇为起始剂合成的聚醚牌号有 4110、8205 等，以蔗糖与甘油为混合起始剂合成的聚醚牌号有 835、8305 等。

表 2-13 为 GB/T 15594—2010《塑料 八羟基聚醚多元醇》中规定的四种蔗糖聚醚多元醇的技术要求。

表 2-13 蔗糖聚醚多元醇的技术要求（GB/T 15594—2010）

规格	等级	色度(APHA)	羟值/(mgKOH/g)	酸值/(mgKOH/g)	水分/% ≤	钠离子/(mg/kg) ≤	钾离子/(mg/kg) ≤	黏度(25℃)/mPa·s	pH 值
8205	优等品	7	420～440	≤0.10	0.10	50	50	2000～4000	—
	合格品	9	415～445	≤0.15	0.15	50	50	2000～4000	—
8208	优等品	9	370～390	≤0.10	0.10	50	50	10500～12000	5.0～8.0
	合格品	12	365～395	≤0.15	0.15	50	50	10500～12000	5.5～7.5
8305	优等品	10	425～445	≤0.10	0.10	50	50	6000～7000	8.5～11.0
	合格品	12	420～450	≤0.15	0.15	50	50	5000～7000	8.5～11.0
8306	优等品	10	440～460	≤0.10	0.10	8	8	6000～10000	4.0～7.0
	合格品	15	435～465	≤0.15	0.15	20	20	6000～10000	4.0～7.0

注：8250 为浅黄色黏稠液体，8208、8305 和 8306 为浅黄色至黄棕色透明黏稠液体。

江苏钟山化工有限公司的4110（蔗糖和二甘醇作混合起始剂）系列聚醚产品物性指标为：羟值（430±30）mg KOH/g，水分≤0.15%，pH值9～11，黏度（25℃）2500～3500 mPa·s，色度（APHA）10。

国内生产厂商

上海高桥石油化工公司聚氨酯事业部，江苏钟山化工有限公司，中国石化集团天津石化公司聚醚部，山东蓝星东大化工有限责任公司，南京金浦锦湖化工有限公司，锦化化工集团氯碱股份有限公司聚醚厂，南京红宝丽股份集团公司，福建省东南电化股份有限公司，浙江省绍兴市恒丰聚氨酯实业有限公司，苏州中化国际聚氨酯有限公司，河北亚东化工集团有限公司，抚顺佳化聚氨酯有限公司，烟台正大聚氨酯化工有限公司，江苏绿源新材料有限公司，常熟一统聚氨酯制品有限公司，广州宇田聚氨酯有限公司，淄博德信联邦化学工业有限公司，江苏强林生物能源有限公司等。

2.1.3 国内外部分厂家的聚醚多元醇

2.1.3.1 中国石化集团天津石化公司聚醚部

表2-14～表2-16为中国石化集团天津石化公司聚醚部（原天津石化公司第三石油化工厂）的大部分聚醚多元醇产品的技术指标。

表2-14 中国石化集团天津石化公司聚醚部的CASE聚醚技术指标

产品名称	羟值/(mg KOH/g)	pH值	K^+含量/(mg/kg)	不饱和度/(mmol/g)	黏度(25℃)/mPa·s	官能度
TDiol-400	270～290	5.0～7.0	≤3	—	25～125	2
TDiol-700	156～165	5.0～7.0	≤3	—	100～200	2
TDiol-1000	109～115	5.0～7.0	≤3	≤0.04	100～300	2
TDiol-2000	54.5～57.5	5.0～7.0	≤3	≤0.04	270～370	2
TDiol-3000	35.5～38.5	5.5～7.5	≤3	≤0.07	460～600	2
TDiol-1000B	109～115	6.5～8.5	—	≤0.01	100～300	2
TDiol-2000B	54.5～57.5	6.5～8.5	—	≤0.01	300～500	2
TDB-3000	36～39	6.5～8.5	—	≤0.01	≤750	2
TDB-4000	26.5～29.5	6.5～8.5	—	≤0.01	≤1200	2
TDB-6000	17～20	6.5～8.5	—	≤0.01	≤2500	2
TDB-8000	12.5～15.5	6.5～8.5	—	≤0.01	≤4500	2
TED-28	26.5～29.5	5.0～7.0	≤3	≤0.08	700～1000	2
TED-2817	26～30	5.0～7.0	≤3	≤0.08	700～1000	2
TED-37A	35.5～38.5	5.5～7.5	≤3	≤0.07	460～600	2
TEP-240	21.5～24.5	5.0～7.0	≤3	≤0.10	1200～1800	3
TMD-1000	165～171	5.5～8.5	—	≤0.02	NA	3
TMD-3000	54.5～57.5	5.5～8.5	—	≤0.02	580～720	3
TMD-5000	32～35	5.5～8.5	—	≤0.02	NA	3
TMN-350	340～360	5.0～8.0	≤8	—	NA	3
TMN-400	405～425	5.0～8.0	≤8	—	320～500	3
TMN-450	440～460	5.0～8.0	≤8	—	200～500	3
TMN-500	320～340	5.0～8.0	≤8	—	260～380	3
TMN-700	230～250	5.0～8.0	≤3	—	150～350	3
TMN-1000	160～170	5.0～8.0	≤3	—	200～400	3

注：主要用途为弹性体、涂料、胶黏剂、密封胶等，部分聚醚三醇可用于泡沫塑料生产，如TMN-350～700可用于生产硬泡、半硬泡。大部分产品酸值≤0.05mg KOH/g，水分≤0.05%，色度≤50。

表 2-15 中国石化集团天津石化公司聚醚部的软泡聚醚物性和用途

产品名称	羟值/(mg KOH/g)	不饱和度/(mmol/g)	黏度(25℃)/mPa·s	用途
TMN-3050	54.5～57.5	≤0.04	400～600	软泡、弹性体、密封材
TEP-450	43.5～47.5	≤0.05	550～750	中活性。软块泡、热模塑泡沫
TEP-530	49.5～52.5	≤0.03	450～650	热模塑软块泡，与551C混用
TEP-553	54.5～57.5	≤0.04	400～600	中活性。软块泡、热模塑泡沫
TEP-455S	43.5～46.5	≤0.05	550～750	软质块状泡沫
TEP-505S	49.5～52.5	≤0.02	650～850	亲水性软块泡
TEP-565B	54.5～57.5	≤0.05	400～600	改良型通用聚醚。软块泡
TPE-550N	52.5～55.5	≤0.03	400～600	中高活性。RIM、半热模塑
TEP-330N	33.5～36.5	≤0.06	800～1000	高活性。高回弹模塑及块泡等
TEP-330NG	33.5～36.5	≤0.06	800～1000	低气味、低雾化、高回弹泡沫等
TEP-3600	26.5～29.5	≤0.08	1000～1200	高回弹模塑泡沫
TEP-3600G	26.5～29.5	≤0.08	1000～1200	低气味、低雾化、高回弹模塑泡沫
TEP-551C	54.5～57.5	≤0.05	400～600	高回弹热模塑及块状泡沫
TEP-3033	32.5～35.5	≤0.06	900～1200	高回弹模塑泡沫
TPE-4800	26.5～29.5	≤0.08	1100～1500	高回弹模塑泡沫
TMH-1860	170～190	≤0.08	NA	慢回弹泡沫等

注：大部分软泡聚醚的酸值基本上都≤0.05mg KOH/g，水分≤0.05%，K^+含量≤3mg/kg，色度（APHA）≤50，pH为5～7。

表 2-16 中国石化集团天津石化公司聚醚部的部分硬泡聚醚典型物性

产品名称	羟值/(mg KOH/g)	黏度(25℃)/mPa·s	产品名称	羟值/(mg KOH/g)	黏度(25℃)/mPa·s
TSU-350E	330～370	1300～2000	TAE-285	785～815	16～18 Pa·s
TSU-350H	330～370	1300～2000	TAE-300	745～775	45～55Pa·s
TSU-450L	440～460	6～10Pa·s	TAE-305	440～460	700～1200
TSU-464	435～465	4500～8500	TAE-360	610～630	10～20Pa·s
THS-700A	445～475	18～25Pa·s	TAE-470	460～480	4500～5500
THS-700G	450～470	18～25Pa·s	TNE-410	395～425	2500～4500
TNT-400	390～410	4500～8500	TSE-380	370～390	500～600
TNT-430	410～430	4500～8500	TSE-460	450～470	5400～6600
TNT-470	460～480	10～15Pa·s	TDA-401	385～415	9～17Pa·s
TNN-470	460～480	6500～10500	TSM-380	370～390	8～12Pa·s
TNR-410	405～425	4500～5500	TSM-470	460～480	20～40Pa·s
TNR-415	395～425	3500～5500	SY-6560	540～600	2000～2400
TPE-450	440～460	1500～3500			

注：此表不含聚醚三醇。水分≤0.1%，K^+杂质含量≤8mg/kg；这些硬泡聚醚的（共）起始剂有蔗糖、三乙醇胺、甲苯二胺、乙二胺、山梨醇、甘油、水等，少量聚醚含EO成分。TSU、TSE等聚醚含蔗糖起始剂成分；TAE为乙二胺聚醚，pH值多在9～12；TN*系列为含N聚醚，pH值多在9～12。

2.1.3.2 上海高桥石油化工公司聚氨酯事业部

上海高桥石油化工公司聚氨酯事业部（原高桥石化化工三厂）的聚醚多元醇一级品的技术规格见表2-17～表2-19。合格品的酸值、水分、钾离子含量、色度指标比一级品稍宽，可详询厂家。

表 2-17 上海高桥石油化工公司的聚醚二醇技术指标

产品名称	羟值 /(mg KOH/g)	酸值 /(mg KOH/g)	水分 /%	K^+ /(mg/kg)	不饱和度	用 途
GE-204	265～295	≤0.08	≤0.08	≤5	—	聚氨酯涂料等
GE-206	165～175	≤0.10	≤0.08	≤5	—	聚氨酯涂料等
GE-210	107～117	≤0.08	≤0.05	≤5	—	聚氨酯弹性体、胶黏剂等
GE-220	54.5～57.5	≤0.08	≤0.05	≤5	—	聚氨酯弹性体、胶黏剂等
GE-220E	54.5～57.5	≤0.08	≤0.05	≤5	—	高活性。CASE 材料
GED-28	26.5～29.5	≤0.05	≤0.05	≤5	≤0.08	聚氨酯鞋底料、涂料等
GED-30	26～30	≤0.08	≤0.08	≤5	≤0.015	高活性低不饱和度。鞋底
GSE-2014	12.5～15.5	≤0.05	≤0.10	—	—	低不饱和度聚醚，用于聚氨酯弹性体、黏合剂等 CASE 材料
GSE-2028	26.5～29.5	≤0.05	≤0.05	—	≤0.01	
GSE-2038	35～39	≤0.05	≤0.05	—	≤0.01	
GE-220A	54～58	≤0.05	≤0.05	—	≤0.01	

注：色度（APHA）≤50。GED-28 黏度（25℃）为 700～1000mPa·s，GED-30 黏度为 750～1050mPa·s，伯羟基≥80%，其他聚醚二醇黏度不详。不饱和度数据为实测典型值，单位为 mol/kg。

表 2-18 上海高桥石油化工公司的聚醚三醇技术指标及用途

产品名称	羟值/(mg KOH/g)	水分/%	黏度(25℃)/mPa·s	特点及用途
GE-303	445～515	≤0.15	NA	聚氨酯涂料等
GE-305	300～360	≤0.08	NA	
GE-310	163～173	≤0.10	220～300	
GMN-3050 GMN-3050S	54.5～57.5	≤0.05	400～600	软泡、防水涂料等 3050A 为低不饱和度聚醚
GEP-560 560D,560G 560S	54～58	≤0.08	400～600	软块泡如汽车坐垫、床垫、沙发。560A 为低不饱和度聚醚
GEP-455S	43.5～46.5	≤0.05	550～750	软泡，可单独连续平顶发泡
GEP-551C	54.5～57.5	≤0.05	400～600	软泡，如汽车坐垫。活性较高
GEP-330A	54～58	≤0.08	400～600	含 N 软泡聚醚
GEP-330N GEP-330NY	33.5～36.5	≤0.05	750～950	典型高活性通用聚醚，用途广
GEP-3048	46.5～49.5	≤0.05	NA	软块泡如汽车坐垫、床垫
GEP-828	26～30	≤0.05	950～1450	高活性。低密度高回弹泡沫
GEP-628	26～30	≤0.05	1500～2100	高官能度高活性。低密度高回弹
GEP-360N	26～30	≤0.05	1100～1600	高官能度高活性。高回弹泡沫
GSE-3028	26～30	≤0.05	NA	低不饱和度聚醚用于 CASE 材料
GSE-3018	15.5～18.5	≤0.05	NA	低不饱和度聚醚用于 CASE 材料

注：K^+含量指标：软泡聚醚≤3mg/kg，GE 系列涂料聚醚≤5mg/kg；软泡聚醚酸值≤0.05mg KOH/g，GE 系列≤0.10mg KOH/g；软泡聚醚多元醇色度（APHA）≤50，GE-303 色度≤100，GE-310 色度≤200。GEP-3048 不饱和度实测值 0.007mol/kg，GMN-3050 不饱和度实测值 0.03mol/kg。目前产品基本上均无 BHT。

表 2-19 上海高桥石油化工公司的硬泡用聚醚多元醇技术指标

产品名称	羟值/(mg KOH/g)	黏度(25℃)/mPa·s	pH 值	用 途
GR-835G	415～445	3500～6500	8.5～11	普通硬泡，用于冰箱、冰柜、夹心板材等
GR-635S	475～495	4000～6500	—	
GR-8349	480～500	6500～9500	—	
GH-330B	310～350	1500～3500	—	
GSU-450L	425～455	5800～8000	—	普通硬泡如夹心板等
GSU-450L-1	440～460	6000～10000	4～7	冰箱冰柜、夹心板、管道保温
GR-4110A	400～460	～2595	—	冰箱冰柜、夹心板、管道保温

续表

产品名称	羟值/(mg KOH/g)	黏度(25℃)/mPa·s	pH值	用途
GR-4110B	400～460	4000～5000	5～8	普通硬泡如冰箱、夹心板等
GR-4110G	420～440	2000～4000	—	黏度低,流动性好,用于夹心板材等
GH-320	390～430	2000～3000	—	
GNE-410	400～420	2000～5000	8～12	冰箱保温等,泡孔细成型好
GNT-400	390～410	4500～8500	9～12	夹芯板和管道保温硬泡等
GR-403	740～800	1400～2200(50℃)	10～12.5	硬泡交联剂
GR-403G	770～830	2000～6000	—	高官能度、高活性硬泡交联剂
GR-405	435～465	4000～5400	10～12	硬泡交联剂
GMN-450	440～460	200～500	5～8	硬泡交联剂
GB-500	485～515	5200～6600	—	普通硬泡如冰箱、夹心板等
GRW-310	280～340	900～1700	—	全水发泡硬泡
GR-8336	350～370	2500～4100	—	普通硬泡
GR-8231	295～325	1250～1650	—	高官能度。冰箱、夹心板等
GR-8238A	365～395	4250～5750	5～8	冰箱、夹心板、管道保温等
GR-8238B		2200～3000		
GR-750	365～395	10000～12500	5～8	高官能度。冰箱、夹心板等
GA-943L	360～380	300～500	—	用于EPS和彩色钢板黏合
GR-9303A	610～650	2000～5000	8～12	硬泡低黏度交联剂
GRA-6360	600～660	1000～1800(50℃)	—	冰箱、冰柜、夹心板、管道保温
GR-450A	430～470	4000～8000	—	通用硬泡聚醚
GR-760	420～460	4800～6200	—	冰箱、冰柜、夹心板、管道保温
GR-635B	475～525	3000～4000	5～8	冰箱、冰柜、夹心板、管道保温
GRA-855	365～395	10000～18000	—	冰箱、冰柜、夹心板、管道保温
GRA-877	365～395	9000～15000	—	蔗糖聚醚。普通硬泡

注：酸值≤0.15mg KOH/g或≤0.10mg KOH/g，水分≤0.15%或≤0.10%。部分聚醚如GR-750、GR-8231、GR-8238的K^+≤50mg/kg。表中部分数据为实测得到。

上海高桥石油化工公司聚氨酯事业部其他特殊聚醚多元醇如下。

硬泡交联剂GE-303K羟值为500～540mgKOH/g，酸值为0.2～1.0mg KOH/g，黏度为575～725mPa·s，K^+含量为1800～2200mg/kg。

慢回弹聚醚GLR-2000羟值为230～250mg KOH/g，K^+含量≤5mg/kg，黏度240mPa·s，它与聚醚GEP-560混配生产慢回弹泡沫，抗黄变，无异味。

GJ-9701用于用于高回弹泡沫、自结皮泡沫等的交联剂，羟值为590～630mg KOH/g，黏度为200～400mPa·s，K^+含量≤10mg/kg。

GJ-170用于高回弹泡沫、自结皮泡沫等开孔剂，羟值为160～180mg KOH/g，K^+含量≤20mg/kg。

2.1.3.3 江苏钟山化工有限公司和南京金浦锦湖化工有限公司

金浦集团江苏钟山化工有限公司（原金陵石油化工有限责任公司化工二厂）的聚醚多元醇的技术规格见表2-20～表2-23。南京金浦锦湖化工有限公司是江苏金浦集团与韩国锦湖石油化工株式会社的合资公司，也生产聚醚多元醇，其技术来源于江苏钟山化工有限公司。

表 2-20(a) 江苏钟山化工有限公司的 CASE 聚醚多元醇技术指标

产品名称	羟值/(mg KOH/g)	黏度(25℃)/mPa·s	产品名称	羟值/(mg KOH/g)	黏度(25℃)/mPa·s
N-204	265～295	60～80	N-303	450～500	350～550
N-210	94～110	130～190	N-307	230～250	250～350
N-220	54～58	260～370	N-310	158～178	—
N-220E	52～56	—	N-330	54～58	445～595
N-251	26～30	—	ZS-4010	215～245	—
PPG600	180～200	—	ZS-2012	30～50	—
PPG1000	107～117	—	ZS-2402	450～550	—
PN-2000	51～61	—			

注：用于弹性体、涂料、胶黏剂、密封胶、化学灌浆材料等 CASE 材料。酸值≤0.10mg KOH/g，水分≤0.15%甚至≤0.05%；N-303 和 N-220E 的 K^+杂质含量≤10mg/kg，其他≤5mg/kg。

表 2-20(b) 江苏钟山化工有限公司的 CASE 聚醚多元醇技术指标

产品名称	羟值/(mg KOH/g)	黏度(25℃)/mPa·s	产品名称	羟值/(mg KOH/g)	黏度(25℃)/mPa·s
ZSN-220	54.5～57.5	300～420	ZS-D190	17.7～19.7	—
ZSN-230	35.5～39.5	560～680	ZS-D140	13～15	—
ZSN-240	27～31	650～1050	ZS-D561	54～58	—
ZSN-260	17.7～19.7	950～1100	ZS-D351	33～37	480～880
ZSN-280	13～15	1500～1800	ZS-D281	26～30	700～1100
ZSN-330	54.5～57.5	500～700	ZS-D221	20～24	1200～1600
ZSN-350	31～35	800～1100	ZS-D562	54～58	—
ZSN-360	26～30	1000～1300	ZS-D352	33～37	480～880
ZSN-380	20～24	1200～1500	ZS-D282	26～30	650～1050
ZSD-560	54～58	—	ZS-D222	20～24	—
ZS-D350	33～37	480～880	ZS-D142	13～15	—
ZS-D280	26～30	650～1050	ZS-D112	10.2～12.2	—
ZS-D220	20～24	—			

注：该表列出的是低不饱和度聚醚多元醇，部分聚醚具有高伯羟基含量，高活性，用于弹性体、涂料、胶黏剂、密封胶、化学灌浆材料等 CASE 材料。

N-210、ZSN-240 在南京金浦锦湖化工有限公司的牌号分别是 KGF1000D、KGF4000MD，相似对应牌号可类推。N-303、N-310、N-330、ZSN-330、ZSN-360 在金浦锦湖公司的对应牌号分别是 KGF356、KGF-1000、KGF-3000、KGF-3000M、KGF-6000M（M 表示采用双金属络合物催化剂生产的低不饱和度聚醚多元醇）。N-307 对应牌号是 KGF-700。

表 2-21 江苏钟山化工有限公司的高活性聚醚多元醇部分技术指标

产品名称	羟值/(mg KOH/g)	黏度(25℃)/mPa·s	产品名称	羟值/(mg KOH/g)	黏度(25℃)/mPa·s
ZS-1406	26～30	1000～1400	ZS-T280	26～30	1100～1500
ZS-1411	26～30	900～1150	ZS-T220	20～24	—
ZS-1808	33～37	800～1050	ZS-T170	16～18	—
ZS-1820	33～37	800～1100	ZS-T561	54～58	—
ZS-1618A	32～36	700～1050	ZS-T351	33～37	700～1100
PPC-4000	46～50	700～1000	ZS-T281	26～30	1550～1950
N-6300	29～33	1000～1300	ZS-T221	20～24	—
ZS-6281	26～30	—	ZS-T562	54～58	—
ZC-330	53～59	—	ZS-T352	33～37	750～1150
ZC-330N	32～36	—	ZS-T332	31.7～35.7	—
ZS-T560	54～58	—	ZS-T282	26～30	1100～1500
ZS-T350	33～37	700～1100	ZS-T222	20～24	—
ZS-T330	31.7～35.7	—	ZS-T172	16～18	—

注：用于高回弹泡沫塑料、半硬质聚氨酯泡沫塑料和 RIM 聚氨酯制品等。普通高活性聚醚的酸值≤0.08mg KOH/g，水分≤0.08%，K^+杂质含量≤5mg/kg；多数低不饱和度高活性聚醚的酸值≤0.05mg KOH/g，水分≤0.05%，具体见产品说明书。

表 2-22 江苏钟山化工有限公司的软泡聚醚多元醇部分技术指标

产品名称	羟值/(mg KOH/g)	黏度(25℃)/mPa·s	产品名称	羟值/(mg KOH/g)	黏度(25℃)/mPa·s
ZS-2801	54～58	400～600	GPR-3000	54～58	400～600
ZSK-2802	54～58	400～600	GPR-3500	46～50	575～725
ZS-2802	54～58	500～750	GPR-6000	27～31	1075～1225
ZS-2803	54～58	400～600	ZS-3602	33～37	—

注：聚醚的官能度基本上为 3，多用于普通软泡生产。酸值≤0.08mg KOH/g，水分≤0.08%，K^+杂质含量≤5mg/kg。

ZS-2801 在南京金浦锦湖化工有限公司的牌号是 KGF-3010，GPR-3500 在金浦锦湖公司牌号是 KGF3510M。金浦锦湖公司的软泡聚醚 KGF5020 的羟值为 (34±2)mg KOH/g、黏度为 700～1050mPa·s，KGF6020 的羟值 (28±2)mg KOH/g、黏度为 850～1350mPa·s，不饱和度分别为 0.08mmol/g 和 0.10mmol/g。

表 2-23 江苏钟山化工有限公司的硬泡聚醚多元醇部分技术指标

产品名称	羟值/(mg KOH/g)	黏度(25℃)/mPa·s	pH 值
N-403	735～805	1500～2400(50℃)	10～12
N-405	425～475	3000～4500	—
N-635B	480～520	2500～3500	5～8
N-635S	480～520	4000～6500	9～11
N-635SA	480～520	4800～6500	9～11
N-635SPC	480～520	3000～4000	9～11
ZS-4110	410～450	4500～5500	9～11
ZS-4110Ⅰ	410～450	2600～4000	9～11
ZS-4110A	400～460	3000～3800	5～8
ZS-4110Ⅱ	410～450	2500～3500	9～11
ZS-4110Ⅲ	410～450	3500～5000	9～11
ZS-4110Ⅳ	410～450	3500～5000	9～11
ZS-4110D	420～460	2000～2500	8～11
ZS-4515	430～470	4000～5000	—
N-835A(ZS-4156)	430～470	6000～10000	—
ZS-4305	400～460	3000～5000	—
ZS-8118	410～450	3000～4500	9～11
ZS-8118Ⅰ	410～450	3000～5000	9～11
ZS-8118Ⅱ	425～475	≥6000	9～11
JB-380	365～395	10000～12500	5～8
ZS-8226	400～460	3500～5500	—
ZS-8221	438～458	2100～2500	—
ZS-8210	400～460	3500～5500	—
ZS-5378	380～420	1700～2300	≥8
N-4226	460～490	—	—
835L	430～470	≥6000	—
ZS-5318	480～520	3500～4500	—
ZS-835	410～450	5000～7000	9～11

注：硬泡聚醚的官能度≥4，主要用于硬质泡沫塑料生产。水分≤0.15%。

南京金浦锦湖化工有限公司的硬泡聚醚多元醇部分技术指标见表 2-24。

表 2-24 南京金浦锦湖化工有限公司的硬泡聚醚多元醇部分技术指标

产品名称	羟值/(mg KOH/g)	黏度(25℃)/mPa·s	pH值
KGR430	410～450	4500～5500	9～11
KGR450	425～475	5000～9000	9～11
KGF360	350～370	2800～3800	6～8
KGR380	360～400	10500～13000	5～7
KGR380A	360～400	9000～12000	5～7
KGR500	480～520	4000～6500	9～11
KGR500K	475～525	5000～6400	—
KGR770	735～805	1500～2400(50℃)	10.5～12.5
KGR400	380～420	＞6000	—

注：水分≤0.15%。

2.1.3.4 山东蓝星东大化工有限责任公司

山东蓝星东大化工有限责任公司（原山东东大化学工业集团公司）的聚醚多元醇指标见表2-25和表2-26。

表 2-25 山东蓝星东大化工公司 CASE 及软泡聚醚多元醇产品技术指标

产品名称	羟值/(mg KOH/g)	黏度 25℃/mPa·s	K^+/(mg/kg)	特性及用途
MN-400	380～415	280～420	≤8	CASE 材料
DL-400	270～290	60～80	≤10	CASE 材料
DL-1000	108～115	120～180	≤3	CASE 材料
DL-2000	54～58	270～370	≤3	CASE 材料
DL-3000	35～39	500～600	≤6	CASE 材料
ED-28	26～30	700～1000	≤5	弹性体、整皮泡沫、RIM、鞋材等
EP-330N	32～36	800～1000	≤3	高活性聚醚，用于高回弹、RIM 材料
EP-3600	26～30	1000～1600	≤5	高活性聚醚，用于高回弹、鞋底料
EP-551C	54～58	400～600	≤3	高活性，与低活性聚醚制热模塑泡沫
EP-553	54～58	400～600	≤3	软泡聚醚，可与 POP 制热模塑 HR 泡
MN-3050	54～58	400～600	≤3	通用聚醚，用于中高密度块状软泡等
DEP-5631	54～58	400～600	≤3	各种密度软块泡用较高活性聚醚
DEP-5631E	54～58	400～600	≤3	高中低密度软块泡，不含 BHT
EP-455S	43～47	550～750	≤3	用于块状软质泡沫塑料
EP-240	22～26	1200～1800	≤3	软泡用高活性聚醚，可与 POP 混用
EP-3033	32～36	900～1200	NA	模塑泡沫用聚醚，相当 Dow 4701

注：多数聚醚产品的水分≤0.05%，酸值≤0.05mg KOH/g，pH 值为 5～7（DL-1000/2000 在 5～8），色度(APHA)≤50。

表 2-26 山东蓝星东大化工公司硬泡聚醚多元醇的技术指标

产品名称	羟值/(mg KOH/g)	黏度(25℃)/mPa·s	K^+/(mg/kg)	pH值	特点及用途
NT-4110	410～430	2000～350	NA	8～11	通用硬泡聚醚，普通硬泡
NT-403D	435～465	700～900	≤20	NA	高官能度自催化硬泡聚醚
NT-403A	735～805	1400～2400①	NA	≤13	普通和喷涂硬泡
NT-430W	410～450	≤8000	≤20	8～11	无氟保温硬泡
DD-380	360～400	9000～13000	≤50	6.5～10.5	高官能度，尺寸稳定性好
DD-260	295～325	1250～1650	≤100	NA	低黏度，普通硬泡
SA-380	355～395	2000～2600	≤50	NA	普通硬泡
SA-460	445～475	11500～16500	≤30	4～6	普通硬泡
SA-490	475～505	7500～11500	≤30	4～6	普通硬泡
NT-330B	310～350	≤2500	≤20	7～10	普通低氟硬泡

续表

产品名称	羟值/(mg KOH/g)	黏度(25℃)/mPa·s	K^+/(mg/kg)	pH值	特点及用途
SU-415M	400～430	2000～5000	≤8	4～6	普通和喷涂硬泡
SU-450L	440～460	6000～10000	≤8	4～6	普通和喷涂硬泡
SU-450M	440～460	3000～6000	≤8	4～6	普通和喷涂硬泡
SU-440L	425～455	4800～6200	≤30	4～6	普通硬泡
MN-450	440～460	200～400	≤8	5～8	官能度3,硬泡交联剂
MN-700	225～255	250～450	≤8	5～7	官能度3,硬泡交联剂

① NT-403A的黏度是50℃的数据。

注：聚醚产品的水分≤0.20%或≤0.10%，酸值≤0.5mg KOH/g或≤0.2mg KOH/g，详见厂家产品说明书。

2.1.3.5 南京红宝丽股份有限公司

表2-27为南京红宝丽股份有限公司的硬泡聚醚的部分典型物性。

表2-27 南京红宝丽股份有限公司的硬泡聚醚的部分典型指标

产品名称	羟值/(mg KOH/g)	黏度(25℃)/Pa·s	密度/(g/mL)	K^+/(mg/kg)	特性及用途
H303	560±30	0.50～1.0	1.076	20	作交联剂用
H304	420±20	0.30～0.60	1.056	20	作交联剂用
H305	340±20	0.30～0.60	1.045	20	作交联剂用
H310	165±10	0.30～0.60	1.045	30	作交联剂用
H403	740±30	45～60	1.04	—	作交联剂用
H4039	570±20	4.0～5.5	1.063	—	作交联剂用
H4041A	590±20	13.5～15.5	1.04	—	作交联剂用
H404N	550±30	0.60～0.75	1.05	—	低黏度,用于喷涂等
H405	450±20	3.9～4.5	1.045	20	作交联剂用
H405E	460±20	1.0～2.0	1.07	20	高活性,喷涂硬泡
H3350B	470±30	8.0～13	1.01	—	喷涂、浇注硬泡
H3944B	430±30	2.0～4.0	1.01	—	喷涂、浇注硬泡
H4102X	405±10	2.5～3.5	1.08	—	特殊结构,板材与喷涂
H4110C	435±30	1.5～4.0	1.06	—	喷涂、浇注硬泡
H4110Ⅲ	430±30	4.5～6.0	1.121	—	普通硬泡
H4249A	490±20	7.0～9.0	1.1	—	普通保温硬泡
H4520	360±20	2.0～3.5	1.083	20	流动性好,夹心板等
H4521	440±20	5.5～7.0	1.12	50	普通保温硬泡
H4526A	420±20	4.5～7.0	1.07	50	普通硬泡
H4650	410±10	4.5～6.5	1.08	50	普通硬泡
H4820	430±20	7.0～9.0	1.107	50	普通保温硬泡
H4845A	450±20	7.0～8.5	1.11	—	普通保温硬泡
H6020	410±20	9.5～13	1.09	—	普通保温硬泡
H6205	510±20	9.5～11.5	1.08	50	普通保温硬泡
H6305SA	460±20	1.5～3.0	1.06	—	普通硬泡
H635SG	500±20	6.5～8.0	1.096	—	普通保温硬泡
H6437	380±20	20～40	1.1	50	普通硬泡
H6548	480±20	5.5～8.0	1.126	50	普通硬泡
H8192	440±30	0.75～1.0	1.06	—	高活性,喷涂硬泡
H8311	370±20	9.5～11.5	1.112	50	(H5820)普通保温硬泡
H8635	420±20	9.5～11.5	1.11	50	普通保温硬泡
H9211	440±20	2.0～3.0	1.08	—	普通硬泡
HP2502	250±10	7.5～10	1.24	—	高苯环含量,阻燃板材等
HP3201	320±20	1.5～3.0	1.23	—	高苯环含量,板材等

注：大多数聚醚的水分≤0.15%。

2.1.3.6 河北亚东化工集团有限公司

河北亚东化工集团有限公司的聚醚多元醇以硬泡聚醚为主，其聚醚产品的技术指标见表2-28。

表 2-28 河北亚东化工集团有限公司的部分聚醚多元醇技术指标

产品名称	羟值/(mg KOH/g)	黏度(25℃)/mPa·s	pH值	K^+/(mg/kg)	用途
YD-330N	32～37	800～1000	5～7	≤5	高活性,高回弹软泡等
YD-1020	95～115	130～190	5～7	≤5	弹性体材料
YD-2020	54～58	260～370	5～7	≤5	弹性体材料
YD-3050	53～57	400～600	5～7	≤5	聚氨酯软泡
YD-36/30	21～27	3000～4500	5～8	—	聚合物多元醇,HR泡沫
YD-303	475±25	450±100	5～8	≤50	喷涂、板材、管道等
YD-305	350±20	350±100	—	≤50	
YD-380	380±20	11000±1500	—	—	
YD-401P	400±20	13000±4000	8～11	—	
YD-403	770±20	40000±5000	9～12	—	硬泡交联剂
YD-403A	820±20	15000±5000	9～12	—	
YD-450BC	450±20	2300±500	9～11	—	连续板材、冰箱、冰柜等
YD-460	460±20	10000±1500	4～6	—	冰箱、冰柜、夹心板等
YD-464	450±20	6500±2000	5～8	—	冰箱、冰柜、夹心板等
YD-600	450±20	14000±3000	5～8	—	
YD-630	400±20	450±100	—	—	
YD-635	500±20	5000±500	5～8	≤50	冰箱、冰柜、夹心板等
YD-835	450±20	6000±500	—	≤50	冰箱、冰柜、夹心板等
YD-861	450±20	8000±1000	5～8	≤50	耐温硬泡聚醚
YD-982	350±20	700±200	9～11	—	硬泡胶黏剂
YD-986	450±20	1500±100	5～8	—	硬泡胶黏剂
YD-1050	380±20	10000±1250	5～8	≤50	高官能度,各种硬泡
YD-1050A	440±20	10000±1250	5～8	≤50	喷涂、管道、夹心板等
YD-3450	450±20	500±100	5～8	≤50	
YD-4110	450±20	7000±1000	9～11	—	管道、夹心板等硬泡
YD-4110F	450±20	3000±500	9～11	—	普通硬泡、仿木材
YD-4114	470±15	4000±1000	9～11	—	管道、夹心板等硬泡
YD-4450	350±20	220±50	5～8	—	管道保温、夹心板等
YD-6205	380±20	2500±500	5.5～8	≤50	冰箱、冰柜、夹心板等
YD-8235	350±20	9000±1000	9～11	—	环戊烷发泡冰箱、冰柜等
YD-8239	380±20	7000±1000	9～11	—	环戊烷发泡冰箱、冰柜等
YD-8310	310±20	1400±300	5～8	≤50	冰箱、冰柜、夹心板等
YD-8345	480±20	7000±1000	5～8	≤50	冰箱、冰柜、管道等
YD-K1	400±20	4500±1000	9-11	—	高官能度,环戊烷冰箱等
YD-K2	380±20	15000±5000	9～11	—	高官能度,冰箱等

2.1.3.7 可利亚多元醇（南京）有限公司

可利亚多元醇（南京）有限公司是专业生产聚醚多元醇的韩国KPX化工有限公司的独资子公司，KPX化工公司前身为韩国多元醇公司。该公司的聚醚多元醇产品的典型物性和用途见表 2-29。

表 2-29(a) 可利亚多元醇（南京）有限公司聚醚多元醇的物性指标

Konix 牌号	外观	羟值/(mg KOH/g)	pH 值	酸值(最大)	色度(APHA)	黏度(25℃)/mPa・s
FA-2500	无色透明	50.0±2.5	6.5±1.0	0.1	120	715±50
FA-505	无色透明	36.0±3	6.5±1.0	0.1	100	770±30
FA-703	无色透明	33.0±2.5	6.5±1.0	0.1	80	920±60
FA-717	无色透明	48.0±2.0	6.5±1.0	0.1	50	580±80
GL-3000	无色透明	54.0±2.0	6.8±1.2	0.03	50	510±30
GP-3000	无色透明	55.5±2.4	6.5±1.0	0.1	50	490±30
GP-3001	无色透明	55.5±2.5	6.5±1.0	0.1	50	450±100
GP-3070	无色透明	56.0±2.0	6.5±1.0	0.1	50	475±75
GP-3170	无色透明	168±15	6.5±1.1	0.1	50	250±50
SR-240	无色透明	240±10	6.5±1.5	0.1	50	260±50
HD-3405	微黄透明	405±10	6.5±1.0	0.1	100	1800±150
HR-3340	黄色透明	100±10	9.0±1.0	—	G7	750±150
HR-3805T	褐色透明	465±15	10.5±1.0	—	G15	41000±10000
HR-450P	淡黄透明	450±20	5.9±1.1	0.1	250	14000±3000
HS-3505	黄色透明	450±15	10.0±0.0	—	G10	5000±1500
HS-3670	黄色透明	430±10	5.5±1.0	—	G5	15000±3000
HS-3700	黄色透明	480±15	7.3±0.8	—	400	33000±7000
HS-6903	微黄透明	30.0±2.0	6.5±1.0	0.1	200	1600±400
HT-4110X	黄色透明	430±20	10.0±1.5	—	G10	3500±2000
KC-209	无色透明	34.0±2.0	6.3±1.2	0.1	50	900±100
KE-510	无色透明	28.0±2.0	6.2±1.2	0.1	80	900±200
KE-810	无色透明	28.0±1.0	6.2±0.8	0.1	80	1150±150
KE-810L	无色透明	28.0±1.0	6.2±0.8	0.1	80	1150±150
KR-3550	暗红透明	405±15	9.5±1.5	2.0	G18	14500±4000
PE-3280	微黄透明	400±10	6.2±0.8	0.2	200	55±11
PL-2110	无色透明	112±5	6.2±0.8	0.1	50	150±40
PP-2110	无色透明	112±4	6.5±1.5	0.1	75	150±20
PP-3200	无色透明	560±15	6.5±1.0	0.1	50	60±15
RP-3940	红色	420±15	9.0±1.0	—	G16	39000±8000
SC-2200	无色透明	56.0±1.5	6.5±1.0	0.1	50	56.0±1.5
SR-108	无色透明	120±6	6.5±1.5	0.05	100	380±70
SR-2280	无色透明	280±15	6.0±1.5	0.05	50	265±20
SR-2420	无色透明	400±10	6.2±0.8	0.05	50	365±30
SR-308	无色透明	308±15	6.2±1.2	0.05	50	285±20

注：大多数聚醚多元醇产品水分≤0.1%，酸值单位为 mg KOH/g。

表 2-29(b) 可利亚多元醇（南京）有限公司聚醚多元醇的特性及用途

Konix 牌号	适用范围、特性
FA-2500	平均分子量为 3400，主要作为开孔剂用于模塑发泡软泡。另外可用于超低硬度泡沫生产
FA-505	分子量为 4700 的高活性聚醚，用于生产高弹性泡沫。与 POP 相容性优异，与其混合可显著提高泡沫的强度和承载能力
FA-703	高活性聚醚，用于生产高回弹、半硬质泡沫(偏软)，HR 软块泡沫和冷模塑泡沫，伸长率、撕裂强度、弹性、吸能性优异
FA-717	分子量为 3500 的聚醚，对锡催化剂的适用范围很大。使用发泡剂时，FA-717 的发泡效果良好，尤其适用于生产低密度泡沫
GL-3000	EO 封端，高活性，可用于热模塑软泡。具有固化速率快的特点，能显著提高生产效率
GP-3000	适用于生产块状海绵，防烧芯。可平板或模具发泡。流动性好，泡沫拉伸强度高

续表

Konix 牌号	适用范围、特性
GP-3001	适用于生产块状海绵，防烧芯。可平板或模具发泡。流动性好，泡沫拉伸强度高
GP-3070	适用于块状海绵，防烧芯，与 GP-3001 活性相当
GP-3170	黏度低，一般可用于组合料，以调节相关性能
SR-240	特别用于高拉伸强度、伸长率、撕裂强度的聚氨酯软泡，慢回弹泡沫。配合用 Konix TA-350 可显著提高开孔率
HD-3405	特种硬泡用聚醚
HR-3340	高官能度起始剂，黏度低，可加工性能好
HR-3805T	高官能度起始剂，尺寸稳定性好，性价比高
HR-450P	高官能度聚醚，用于硬质泡沫，是用途广泛的聚醚。与其他聚醚混合使用，可提高泡沫的隔热性能
HS-3505	特种硬泡用聚醚
HS-3670	山梨醇等高官能度起始剂，生产出的泡沫尺寸稳定性好，力学性能优秀
HS-3700	山梨醇等高官能度起始剂，生产出的泡沫尺寸稳定性好，力学性能优秀，多用于结构性漂浮材料制造
HS-6903	高官能度，分子量约 12000。可单独使用或与 POP 混合使用，用于生产高硬度泡沫。本品生产出的泡沫抗老化性能优异
HT-4110X	与其他聚醚、阻燃剂、交联剂等添加剂相容性好。普通硬泡用，应用范围广。生产出的硬泡密度分布均、泡孔结构好
KC-209	分子量为 4900 的高活性聚醚，适用于与 TDI-80 或 TDI-80/C-MDI 配合生产高回弹模塑软泡。泡沫的伸长率和撕裂强度较高
KE-510	分子量为 4000，可与 C-MDI 反应生产高回弹半硬泡、耐冲击性半硬泡、高硬度半硬泡等。可用于方向盘半硬质整皮泡沫等。
KE-810	分子量为 6000 的高活性软质聚醚，与全 MDI、M/T，T/M 等反应性能优异，生产的泡沫弹性高。可用于较为柔软的半硬泡，或柔性手垫、鞋衬、汽车坐垫和隔音材料等
KE-810L	低不饱和度 KE-810，耐老化、黄变等性能优于 KE-810
KR-3550	芳香胺为起始剂的硬泡聚醚，与阻燃剂及发泡剂等相容性好，多用于高档冰箱、管道保温等。泡沫变形小，隔热系数高
PL-2110	反应活性高，流动性能优异，产品纯度高，可满足高纯度品质生产的要求
PP-2110	平均分子量为 1000，掺入部分可提高泡沫的伸长率。与 GP-3001、GP-3070 混合使用，生产的泡沫触感柔软，可用于服装业
PP-3200	易溶于水，用于生产聚氨酯弹性体
RP-3940	硬泡，尺寸稳定性好
SC-2200	低官能度起始剂，用于生产涂料、柔性垫体等
SR-108	用于生产慢回弹泡沫的低分子量聚醚，对温度的敏感性低。与 Konix TA-350 开孔剂一同使用效果更佳
SR-2280	用于生产慢回弹海绵
SR-2420	用于生产慢回弹海绵
SR-308	用于生产慢回弹海绵。与 GP-3000 等混合发泡时闭孔泡沫较多，可加入 KONIX TA-350 开孔剂以避免收缩

2.1.3.8 江苏绿源新材料有限公司

江苏馨源实业集团绿源新材料有限公司的聚醚多元醇产品见表 2-30 和表 2-31。

表 2-30 江苏绿源新材料有限公司的 CASE 及软泡用聚醚多元醇

牌　　号	羟值/(mg KOH/g)	黏度(25℃)/mPa・s	K^+/(mg/kg)	特性及用途
LY-204	265～295	—	≤8	涂料、喷涂硬泡等
LY-206	165～175	—	≤8	涂料、喷涂硬泡等
LY-210	107～117	—	≤5	CASE 材料
LY-220	54～58	—	≤5	CASE 材料
LU-230	35～38	—	≤5	CASE 材料
LY-240	26～30	700～900	≤5	CASE 材料
LY-330	54～58	400～600	≤5	CASE 材料

续表

牌　　号	羟值/(mg KOH/g)	黏度(25℃)/mPa·s	K⁺/(mg/kg)	特性及用途
LY-330N	31～37	800～1200	≤5	高回弹泡沫塑料等
LY-1031	225～255	700～900	≤5	慢回弹泡沫塑料
LY-1032	285～315	400～600	≤5	慢回弹泡沫塑料
LY-1033	80～90	400～600	≤5	泡沫开孔剂

注：大多数产品水分≤0.08%，色度（APHA）≤50，酸值≤0.05mg KOH/g。

表 2-31　江苏绿源新材料有限公司的硬泡用聚醚多元醇典型物性

牌　　号	羟值/(mg KOH/g)	黏度(25℃)/mPa·s	pH 值	K⁺/(mg/kg)	色度(APHA)	特性及用途
LY-303	445～515	NA	5～7	≤5	≤200	喷涂硬泡等
LY-303A	480～510	300～600	10～12	—	≤100	冰箱、冷库等
LY-305	300～360	NA	5～7	≤5	≤200	喷涂硬泡等
LY-310	140～170	NA	5～7	≤10	≤50	喷涂硬泡等
LY-403	735～805	NA	10～12	NA	≤100	硬泡交联剂
LY-4110A	350～410	2000～3500	9～11	NA	≤G-9	
LY-4110B	400～460	2500～4500	9～11	NA	≤G-9	普通硬泡，如冰箱、冰柜、夹心板等
LY-4110C	470～530	3500～5500	9～11	NA	≤G-9	
LY-450H	450±20	4000±1000	5.5～7.5	≤30	≤G-9	耐高温硬泡
LY-450L	440～460	6000～10000	4～7	≤8	≤G-9	普通硬泡
LY-450S	450±20	9000±16000	5.5～7.5	≤30	≤G-9	管路保温、板材
LY-455B	440±20	6500±700	5.5～7.5	≤30	≤G-9	
LY-635	470～530	4000～6500	9～11	NA	≤G-9	普通硬泡，如冰箱、冰柜、夹心板等
LU-835	420～480	4500～6500	5～8	≤8	≤G-9	
LY-635A	280±15	1600±400	5.5～7.5	≤30	≤G-9	低黏度、高官能度
LY-450	380～420	3000～5000	5～8	≤8	≤50	硬泡交联剂
LY-375S	370～400	2000～2700	5.5～7.5	≤5	≤100	冰箱冰柜、夹心板等
LY-0602	370～430	4000～6000	8～11	≤10	≤G-9	冰箱、冰柜等
LY-380	360～420	9000～13000	5～7	≤30	≤G-9	高官能度聚醚
LY-2605	350 ± 20	1600 ± 400	5.5～7.5	≤30	≤G-9	调节组合料黏度

注：大多数产品水分≤0.15%，色度（APHA）≤50，酸值≤0.15mg KOH/g。

国内聚醚多元醇生产厂家还有很多，例如：南京红宝丽股份有限公司等以生产硬泡聚醚为主，国都化工（昆山）有限公司、苏州中化国际聚氨酯有限公司等生产广范围的聚醚多元醇，因为篇幅限制，这些公司的产品牌号、物性指标和用途未能录入。有兴趣的读者可浏览这些公司的官方网站，或联系有关公司索要产品资料。

下面介绍几个跨国公司或外国公司的聚醚多元醇产品。

2.1.3.9　德国 Bayer Material Science 公司

表 2-32～表 2-35 为 Bayer Material Science 公司的聚醚典型指标。

表 2-32　Bayer 公司的低不饱和度聚氧化丙烯多元醇典型指标

Acclaim Polyol 牌　号	官能度	羟值/(mg KOH/g)	酸值≤/(mg KOH/g)	标称分子量	黏度(25℃)/mPa·s	EO 封端
Acclaim 700	3	238±5	0.05	700	265	否
Acclaim 2200	2	56.1±1.4	0.02	2000	335～370	否
Acclaim 2220N	2	50.0±1.5	0.015	2250	390	是
Acclaim 3201	2	37.5	—	3000	622	否
Acclaim 3205	2	35.0±1.5	0.02	3000	640	否
Acclaim 3300N	3	57.6±1.4	0.015	3000	525	是

续表

Acclaim Polyol 牌　号	官能度	羟值 /(mg KOH/g)	酸值≤ /(mg KOH/g)	标称分子量	黏度(25℃) /mPa·s	EO 封端
Acclaim 4200	2	28.0±1.5	0.020	4000	980	否
Acclaim 4220N	2	28.0±1.5	0.015	4000	860	是
Acclaim 6300	3	28.0±1.5	0.02	6000	1470	否
Acclaim 6320N	3	28.0±1.5	0.015	6000	1725	是
Acclaim 8200	2	14.0±1.0	0.020	8000	3000	否
Acclaim 8200 N	2	14.0±1.5	0.015	8000	2850±850	是
Acclaim 12200	2	10.0±1.5	0.015	12000	6000±2000	否
Acclaim 18200 N	2	6.0±1.0	0.03	18000	23000±4000	是

注：黏度为参考值，实际产品有一定的范围。水分≤0.05%，相对密度 1.00～1.02。

表 2-33　Bayer 公司的部分 CASE 材料用聚醚多元醇典型指标

聚醚牌号	官能度	羟值/(mg KOH/g)	标称分子量	黏度(25℃)/mPa·s	EO 封端
Arcol 1003	2	280	400	70	否
Arcol 1007	2	160	700	100	否
Arcol 1011	2	110	1000	150	否
Arcol 1021	2	56	2000	330	否
Arcol 1026	2	28	4000	880	是
Arcol 1032	2	38	3000	530	否
Arcol 1048	3	350	400	300	否
Arcol 1053	3	35	4800	1000	是
Arcol 1061	2	53	2000	350	是
Arcol 1071	3	235	700	250	否
Arcol 1103	3	56	3000	520	否
Arcol 1150	3	112	1500	300	否
Arcol 1455	3	56	3000	540	是
Arcol LG-56	3	57	3000	480	否
Arcol LG-650	3	650	260	820	否
Arcol LHT-42	3	41	4200	700	否
Arcol LHT-112	3	112	1500	280	否
Arcol LHT-240	3	238	707	250	否
Arcol PPG-425	2	263	426	70	否
Arcol PPG-725	2	147	763	125	否
Arcol PPG-1000	2	111	1000	164	否
Arcol PPG-2000	2	56	2000	370	否
Arcol PPG-3025	2	56	2000	370	否
Arcol PPG-4000	2	28	4000	980	否
Arcol PPG 1362	3	28	6000	1200	是
Arcol PPG 1376	3	23	7000	1500	是
Multranol 4011	3	550	306	1650	否
Multranol 4012	3	370	455	650	否
Multranol 8116	3	120	1400	285	是
Multranol 9133	3	1050	160	1350	否
Multranol 9158	3	470	356	470	否
Multranol 9185	6	100	3366	670	是
Multranol 9198	2	515	218	55	否
Softcel U-1000	3	168	1000	220	否

注：表中数值为典型值，实际产品指标有一定的范围。

表 2-34　Bayer 公司的部分软泡聚醚多元醇的典型指标

Bayer 的聚醚牌号	分子量	f	羟值	黏度/mPa·s	EO 封端	用　途
Arcol 1105 S	3000	3	55.5±1.5	580±55	NA	软块泡，阻燃软泡
Arcol 1108	3500	3	48±2	675±80	否	软块泡
Arcol 11-34	4800	3	35	840	是	软泡及 CASE 材料
Arcol 1362	6000	3	28	1200	是	高活性，模塑 HR 泡沫
Arcol 3553	4800	3	35	900	是	高活性，HR 泡沫
Arcol 5603	3000	3	56	500	NA	通用块泡聚醚
Arcol 5613	3000	3	56	520	NA	通用块泡聚醚
Arcol E-351	2800	2	40	490	是	软泡、半硬泡及 CASE
Arcol F-3022	3000	3	56	480	否	聚氨酯软块泡
Arcol F-3040	3000	3	56	585	否	聚氨酯软块泡
Arcol F-3222	3200	3	52.6	520	否	聚氨酯软块泡
Desmophen 24WB03	NA	NA	165±15	250±25	NA	黏弹性泡沫
Desmophen 24WB10	NA	NA	160	280	NA	黏弹性泡沫
Desmophen 3245	NA	>2	67±3	710±50	NA	改善块泡硬度
Desmophen 3426 L	3000	3	56±2	500±40	中活	热模塑 HR 软泡
Desmophen 41WB01	4500	3	37	1070	是	超软块泡，开孔剂
Desmophen 44WB03	6000	3	28	1160	是	高回弹泡沫
Desmophen 44WB39	4800	3	35	860	是	软块泡
Desmophen 5168 T	4000	2	28	870±70	是	冷模塑软泡坐垫
Desmophen 7414 V	NA	>2	58±2.5	700±60	NA	改善块泡硬度
Desmophen 80WB18	NA	>3	29	1630	是	冷模塑 HR 汽车坐垫
Hyperlite 1629	NA	>3	31.5	1050	是	冷模塑汽车坐垫泡沫
Hyperlite 1674	6200	3	27±2	1170±120	是	冷模塑汽车坐垫泡沫
Hyperlite E-824	4700	3	35.7	830	是	低密度模塑 HR 泡沫
Hyperlite E848	5300	3	31.5	1115	是	低不饱和度，HR 泡沫
Hyperlite E-863	6870	3.8	31.5±1.5	1100	是	快脱模 HR 泡沫
Multranol 3900	4800	3	35.5±1.7	850	是	冷模塑 HR、RIM、CASE
Desmophen 10WF15						
Multranol 3901	6000	3	28±2	1160±160	是	模塑软泡半硬泡弹性体
Multranol 9139	6000	3	28	1150	是	冷模塑汽车坐垫泡沫
Desmophen 10WF18				1120		
Desmophen 10WF22				1160		
Multranol 9111	4000	2	28±3	820±100	是	软/半硬泡、弹性体
Multranol 9190	4000	2	28±2	830	是	弹性体、微孔弹性体
Multranol 9199	4550	3	37±2	1100	是	软泡、半硬泡
SBU Polyol S240	4550	3	37	1070	NA	软块泡和超软泡
Softcel VE-1100	1100	2.4	120±4	300	是	黏弹性泡沫

注：f 指平均官能度。羟值单位为 mg KOH/g，黏度是 25℃时的典型值。EO 封端聚醚一般是高伯羟基、高活性。

表 2-35　Bayer 公司的硬泡聚醚多元醇的典型指标

Bayer 的聚醚牌号	分子量	官能度	羟值	黏度/mPa·s	用　途
Desmophen 21AP26	NA	3	375±15	560±45	屋顶板材硬泡
Desmophen 20AP95	NA	>4	450±20	15000±1800	高流动性硬泡
Desmophen 1590	NA	>4	430±20	4900±400	硬泡
Desmophen 1907	NA	NA	415±20	8000±1500	胺醚。硬泡
Desmophen 3601	NA	4.6	48	675	块状硬泡
Desmophen 4030M	NA	5.5	43.2	850	块状硬泡
Desmophen 4050E	360	4	620±25	19200±2200	胺醚。连续法夹心板等硬泡
Desmophen 4051B		4	470±20	5400±450	
Multranol 4030	856	5.8	380±10	12500±2000	硬泡

续表

Bayer的聚醚牌号	分子量	官能度	羟值	黏度/mPa·s	用　途
Multranol 4034	625	5.2	470±20	33000±4000	板材等硬泡
Multranol 4035	440	3	380±15	600±100	改善发泡流动性
Multranol 4050	360	4	630±30	18000±2000	胺醚。普通硬泡
Multranol 4063	490	4	460±10	18000±2500	胺醚。普通硬泡
Multranol 8114	570	4	395±10	8800±270	芳胺醚。硬泡
Multranol 8120	623	4	360	25000	胺醚
Multranol 9138	240	3	700±15	785±145	胺醚。硬泡
Multranol 9144	1100	3	150±10	250±25	胺醚。CASE材料
Multranol 9170	481	3	350	275	胺醚
Multranol 9171	1020	6.2	340±10	9000±2000	硬泡、PIR硬泡
Multranol 9181	290	4	770±20	36000	胺醚。硬泡CASE
Multranol 9196	660	5.5	470	28000	
Arcol 1004		2	260±10	70±25	硬泡
Arcol 1030		NA	380±20	370±40	硬泡

注：胺醚指由胺起始剂聚合的含氮聚醚。羟值单位为mg KOH/g。

2.1.3.10 德国BASF公司

表2-36～表2-38为BASF公司部分聚醚多元醇产品的典型物性。

表2-36 BASF公司的CASE弹性材料用聚醚多元醇的典型物性

Pluracol牌号	f	M_W	羟值	黏度(25℃)	酸值(max)	Na&K (max)	相对密度
Pluracol 220	*3	6000	27	1300	0.06	8	1.00
Pluracol 355	*4	500	450	2700	—	—	1.01
Pluracol 380	*3	6500	25	1400	0.01	5	1.02
Pluracol 593	3	3650	46	1340	0.05	2	1.08
Pluracol 628	*2	4500	25	1100	0.01	5	1.02
Pluracol 726	3	3000	58	420	0.015	5	1.00
Pluracol 1044	2	4000	29	790	0.01	5	1.00
Pluracol 1062	*2	4000	29	850	0.01	5	1.01
Pluracol 1123	3	7000	24	2580	0.01	5	1.08
Pluracol 1135i	3	1500	112	300	0.01	5	1.02
Pluracol 1477	*2	2000	56	470	0.01	5	1.00
Pluracol GP430	3	400	398	360	0.05	15	1.03
Pluracol GP730	3	700	230	270	0.03	10	1.03
Pluracol P1010	2	1000	107	150	0.04	5	1.01
Pluracol P2010	2	2000	56	250	0.025	5	1.00
Pluracol P410R	2	400	265	73	0.01	10	1.01
Pluracol P710R	2	700	145	130	0.01	5	1.01
Pluracol PEP450	4	400	555	2000	0.06	15	1.07
Pluracol TP2540	3	2500	65	400	0.04	7	1.00
Pluracol TP4040	3	4000	41	700	0.03	10	1.00
Pluracol TP440	3	400	413	600	0.03	10	1.03
Pluracol TP740	3	700	230	325	0.06	10	1.02
Pluracol TPE 4542	*3	4500	37	900	0.04	5	1.01

注：f和M_W分别为标称官能度和标称分子量，羟值和酸值单位为mg KOH/g，黏度单位为mPa·s，钠钾离子含量(Na&K)单位为mg/kg (ppm)。官能度数值上的*指端伯羟基，"max"指最大值。

表 2-37 BASF 公司的 Pluracol 系列软泡用聚醚三醇的典型物性

牌 号	标称分子量	羟值/(mg KOH/g)	黏度(25℃)/mPa·s	相对密度	用 途
Pluracol 538	4800	35	875	1.02	端伯羟基高活性聚醚三醇,用于模塑泡沫
Pluracol 816	4800	35	900	1.02	
Pluracol 945	4800	35	900	1.02	
Pluracol 1026	6000	27	1320	1.02	
Pluracol 2090	5500	28	950	1.02	
Pluracol 381	3500	47	580	1.02	用于普通软块泡
Pluracol 1135i	1500	112	300	1.02	
Pluracol 1385	3200	50	565	1.02	
Pluracol 1388	3000	56	503	1.03	
Pluracol 1718	3000	58	560	1.01	

注：酸值不大于 0.01mg KOH/g；Na^+、K^+ 含量不大于 5mg/kg。

表 2-38 BASF 公司的 Pluracol 系列硬泡聚醚多元醇的典型物性

产 品 牌 号	标称官能度	标称分子量	羟值/(mg KOH/g)	黏度(25℃)/mPa·s	相对密度
Pluracol 736	4	550	390	14500	1.05
Pluracol 824	4	570	390	10500	1.09
Pluracol 975	4	600	400	4500	1.09
Pluracol 1016	*3	335	500	290	1.02
Pluracol 922	*4	445	500	1720	1.06
Pluracol 735	*4	500	450	5500	1.13
Pluracol SG-360	4.5	610	368	3500	1.08

注：官能度数值上的*指端伯羟基。

2.1.3.11 美国 Dow 化学公司

美国 Dow 化学公司的聚醚多元醇产品的典型物性见表 2-39～表 2-42。其中 ZPCC 3010NB（即软泡用聚醚三醇 Voranol 3010）是 Dow 化学公司子公司浙江太平洋化学有限公司所生产。

表 2-39 美国 Dow 化学公司的聚醚二醇典型物性

Voranol 二醇牌号	分子量	羟值 /(mg KOH/g)	不饱和度 /(mmol/g)	黏度 /(mm^2/s)	密度 /(g/mL)	用 途
WD2104	400	270	—	70	—	CASE
220-110 2110TB	1000	110±5	—	160	1.01	预聚体、弹性体
220-094	1200	94±4	—	175	1.01	
220-110N	1000	110±5	≤0.03	160	—	
222-056	2000	56	≤0.05	321	1.017	端 EO,弹性体/微孔 RIM
2120 220-056N	2000	56	≤0.04	300	1.00	密封胶预聚体等
WD2130	3000	37.5	—	550	—	密封胶预聚体等
2140	4000	28	≤0.08	890	1.01	CASE
EP1900	4000	27.5	—	850	1.017	端 EO,弹性体/微孔 RIM

注：Voranol 2××-×××系列是在北美销售的产品牌号。222 表示 EO 封端的共聚醚二醇，高活性。黏度和密度均是 25℃时的数据。大部分产品水分≤0.05%。

表 2-40 美国 Dow 化学公司聚醚三醇的典型物性

Voranol 三醇牌号	标称分子量	羟值 /(mg KOH/g)	黏度 /mPa·s	水分< /%	密度 /(g/mL)	特点及用途
CP450	450	383	330	0.06	NA	涂料、胶黏剂、半硬泡
2070、270 230-238	700	238±13	238	0.06	1.029	预聚体、慢回弹、电缆涂层、单组分黏合剂等
CP1055	1000	156	250	0.05	NA	单组分硬泡、硬泡、半硬泡、浇注弹性体、胶黏剂
2100	3000	56	480	0.05	1.01	CASE 等
WT5000	5000	32.5	900	0.05	1.025	CASE 等
2741 232-034	5000	34	860	0.05	1.018	端 EO,用于 CASE 等
CP6001	6000	27.5	1130	0.06	1.017	端 EO,用于 CASE 等
415	6000	27	1180	0.05	1.017	包装半硬泡。高活性
225	250	673	850	0.05	1.016	硬泡
230-056 3022J	3000	56	475	0.05	1.006	软泡
230-112	1500	112±6	297	0.05	1.014	通用聚醚
230-660	250	673	850	0.04	1.09	硬弹性体、硬泡
232-027 232-028	6000	27±1	1180	0.06	1.012	高性能泡沫和弹性体
271	4900	34	860	0.05	1.018	高活性。开孔硬泡、包装半硬泡
3010(NB)	3000	56.4±1.4	420~480	0.06	1.012	软泡通用聚醚
3136	3000	54.2±2.2	460±35	0.08	1.012	用于软块泡
3512A	3500	48.0±1.1	555	0.06	1.017	共聚醚。软泡
3595	3500	47.5±1.5	556	0.1	1.04	共聚醚。软泡
4701	5000	34	860	0.05	1.02	高活性。HR 软泡等
4703	5000	34	860	0.05	1.028	高活性。HR 软泡
5815	6000	28	1180	0.05	1.025	高活性。高性能泡沫
CP 6001	6000	27.5	1130	0.06	1.02	高活性。HR 软泡
RH 360	—	360±15	3000	0.10	1.08	高官能度。硬泡
RN 490	—	495±15	6000	0.10	1.10	硬泡

注：Voranol 23×-×××系列是在北美销售的产品牌号。232-×××表示 EO 封端的共聚醚三醇，具有高反应活性。黏度和密度均是 25℃时的数据。

表 2-41 美国 Dow 化学公司的部分特种软泡聚醚多元醇

多元醇	羟值/(mg KOH/g)	黏度(25℃)/mPa·s	特点及用途
Specflex NC 630	31±2	1250	f=4.2,高活性,用于 HR 泡沫、CASE
Voralux HF 505	29.5±2	1500±100	高官能度(f>3),用于高回弹泡沫
Voractiv 6340	32±2	1170	高官能度,催化活性,用于模塑 HR 家具及汽车软泡
Voractiv VM 799	33	1100	高活性,用于高回弹模塑泡沫
Voranol CP 1421	33.5±2.5	1305±115	超软块泡、高回弹的开孔剂
Voractiv VV 6009	56	485	中等内在催化活性,用于软块泡
Voractiv VV 6010	56.5±1.4	450±30	中等内在催化活性,用于软块泡
Voractiv VV 6530	47.8±1.5	295±15	中等内在催化活性,用于软块泡
Voractiv VV 7010	56.5±1.5	245±15	高内在催化活性,用于软块泡
Voractiv VV 7013	48	550±50	内在催化活性,用于软块泡
Voractiv VV 7018	49.4	600±50	内在催化活性,用于软块泡
Voractiv VV 8013	48	600±50	内在催化活性,用于软块泡

注：其他软泡聚醚可见“聚醚三醇”部分的内容。水分≤0.08%。Voractiv 牌号的全称是 Voranol Voractiv。

表 2-42 Dow 化学公司的部分 Voranol 硬泡聚醚多元醇产品典型指标

Voranol 牌号	羟值	相对密度	官能度	平均 M_w	黏度/mPa·s	特点及用途	起始剂
280	280	1.10	7	NA	3310	与其他聚醚混用	蔗糖/甘油
360	360	1.09	4.5	700	3600	低黏度。绝热硬泡	蔗糖/甘油
370	370	1.11	7	NA	30580	绝热硬泡	蔗糖/甘油
391	391	1.09	4	575	4740	高反应性胺醚	*o*-TDA
446	446	1.11	4.5	566	6510	预聚体、硬泡	蔗糖/甘油
490	490	1.11	4.3	490	5500	绝热硬泡	蔗糖/甘油
520	520	1.13	5.0	550	36000	HCFC-141b 硬泡	蔗糖/甘油
550	550	1.14	4.9	NA	29500	硬泡	蔗糖/甘油
800	800	1.05	4	278	17300	与其他聚醚混用	脂肪族胺
RA 640	640	1.07	4	350	21000	高活性,不单独用	胺
RN 411A	413	1.1	4.5	610	5900	普通硬泡	
Tercarol 5902	370	1.09	4	600	12000	伯羟基,硬泡层压板	芳香族二胺

注：水分≤0.1%，羟值单位为 mg KOH/g，密度和黏度为 25℃时的数据。

2.1.3.12 美国 Shell 化学公司

美国 Shell 化学公司（壳牌公司）的 CAES 用聚醚多元醇的典型物性见表 2-43，软泡聚醚多元醇的典型物性见表 2-44。其中 SC56-01、SC56-02 等聚醚多元醇由中海壳牌石油化工有限公司生产和供应。最近中海壳牌石油化工有限公司用新牌号佳瑞得（Caradol）SC56-22 和 SC56-23 代替原有 SC56-01、SC56-02，另有 MC34-03，均是无 BHT 软泡聚醚。

表 2-43 美国 Shell 化学公司的 CAES 用聚醚多元醇的典型物性

Caradol 牌号	羟值 /(mg KOH/g)	平均分子量	典型黏度 /mPa·s	密度(20℃) /(g/mL)	备注
ED28-08	28	4000	800	1.020	高活性二醇
ED56-07	56	2000	320	1.025	高活性二醇
ED56-09/10	56	2000	320	1.003	普通 PPG
ED 56-200	56	2000	350	1.00	低不饱和度 PPG
ED110-03/04	110	1000	150	1.003	PPG
ED260-02	260	400	70	1.008	PPG
ET28-03/07	28	6000	1200	1.02	高活性三醇
ET34-08/09	34	5000	870	1.02	高活性三醇
ET36-17	36	4700	800	1.026	高活性三醇
ET48-07	48	3600	565	1.019	中活性三醇
ET48-09	48	3500	565	1.03	低不饱和度三醇
ET250-04	250	675	280	1.03	低活性聚醚三醇
ET380-02	380	450	330	1.055	低活性聚醚三醇
EP500-11	500	450	2960	1.083	高官能度

注：黏度为 25℃时的数据。为节约空间，ED56-09/10 表示 Caradol ED56-10 和 Caradol ED56-09 两种产品，该牌号其他几个表格的表示法同此。

表 2-44 美国 Shell 化学公司的软质聚氨酯泡沫用聚醚多元醇的典型物性

Caradol 牌号	羟值/(mg KOH/g)	平均分子量	黏度/mPa·s	特性及用途
MC28-02	28	6000	1130	高回弹块泡及冷模塑泡沫
MC34-03	33～36	5000	NA	高活性无 BHT。高回弹块泡汽车坐垫
MC36-03	36	4700	NA	高活性聚醚三醇。高回弹泡沫
MD36-13	36	4700	815	高回弹块泡及冷模塑泡沫等
MD36-21	36	4700	800	高回弹块泡及冷模塑泡沫等
SA36-02	36	4700	1050	超软泡沫、开孔剂、冷模塑泡沫
SA250-06	250	675	280	黏弹性泡沫
SA34-05	36	4700	810	高回弹块泡及冷模塑泡沫
SC48-03	48	3500	565	普通软块泡
SC48-08	48	3500	650	低不饱和度，用于普通软块泡
SC52-05	52	3200	520	普通软块泡
SC56-15	56	3000	500	普通块泡，阻燃泡沫
SC56-16/20/22	56	3000	500	普通软块泡、防水涂料
SC56-01/02	56	3000	500	普通软块泡、防水涂料

注：黏度是指 25℃下的典型黏度。大多数产品水分≤0.05%，色度（APHA）≤50。

2.1.3.13 美国 Arch 化学品公司

Lonza 集团美国 Arch 化学品公司主要生产非泡沫聚氨酯用聚醚多元醇。该公司大部分聚醚的典型物性见表 2-45～表 2-47。

表中，Poly-G 20 系列为普通聚氧化丙烯二醇，Poly-G 30 系列为普通聚氧化丙烯三醇，Poly-G 55 和 Poly-G 85 系列分别为高伯羟基含量的高活性聚醚二醇和聚醚三醇，Poly-G 系列聚醚适用于绝大多数聚氨酯预聚体及聚氨酯 CASE 材料的制备。Poly-L 系列为低不饱和度聚醚。Poly-Q 聚醚是由乙二胺为起始剂的聚醚四醇，有自催化活性。

表 2-45 美国 Arch 化学品公司的聚醚二醇典型物性

Poly-G 聚醚	分子量	羟值	酸值	水分/%≤	pH 值	色度(APHA)≤	黏度/mPa·s	相对密度
Poly-G 20-28	4000	28	0.05	0.02	6.0	45	925	1.001
Poly-G 20-37	3000	37	0.05	0.05	6.0	50	550	1.002
Poly-G 20-56	2000	56	0.05	0.01	6.0	20	325	1.001
Poly-G 20-112	1000	112	0.05	0.01	6.0	20	145	1.003
Poly-G 20-150	750	145	0.05	0.02	5.5	50	125	1.004
Poly-G 20-265	425	265	0.02	0.02	6.5	50	75	1.008
Poly-G 22-56	2000	56	0.05	0.05	6.0	50	500	1.099
Poly-G 26-150	770	146	0.05	0.02	6.0	25	125	1.004
Poly-G 55-28	4000	28	0.05	0.02	6.0	50	875	1.023
Poly-G 55-37	3000	37	0.05	0.02	6.5	50	600	1.036
Poly-G 55-53	2000	56	0.05	0.04	6.0	50	355	1.033
Poly-G 55-56	2000	56	0.03	0.02	6.0	50	370	1.058
Poly-G 55-112	1000	112	0.05	0.02	6.5	50	175	1.056
Poly-G 55-173	650	173	0.05	0.02	6.0	50	110	1.058
Poly-L 220-28	4000	28	0.02	0.02	6.0	50	1000	1.003
Poly-L 220-56	2000	56	0.05	0.02	6.0	50	350	1.003
Poly-L 255-28	4000	28	0.05	0.02	6.0	70	1600	1.025

注：羟值、酸值的单位为 mg KOH/g，黏度、相对密度是 25℃时的数据。羟值、黏度、pH 等是平均值和典型值，不是指标值。下同。

表 2-46 美国 Arch 化学品公司的聚醚三醇典型物性

Poly-G 聚醚	分子量	羟值	酸值	水分/%≤	pH 值	色度(APHA)≤	黏度/mPa·s	相对密度
Poly-G 30-28	6000	28	0.05	0.02	6.5	45	1130	1.005
Poly-G 30-33	5000	33	0.03	0.02	6.0	30	900	1.006
Poly-G 30-42	4000	40	0.03	0.03	5.5	35	700	1.004
Poly-G 30-56	3000	56	0.05	0.03	7.0	35	490	1.007
Poly-G 30-112	1500	112	0.05	0.03	6.0	30	275	1.015
Poly-G 30-168	1000	168	0.05	0.02	6.0	20	260	1.022
Poly-G 30-240	700	235	0.05	0.05	5.0	35	250	1.027
Poly-G 30-280	600	274	0.05	0.02	6.5	40	275	1.035
Poly-G 30-565	300	565	0.05	0.08	6.3	30	630	1.076
Poly-G 32-52	3200	52	0.02	0.04	7.0	40	550	1.0176
Poly-G 36-232	725	232	0.05	0.03	6.3	40	265	1.030
Poly-G 37-600	280	600	—	0.08	11	5G	380	1.051
Poly-G 76-120	1400	120	0.05	0.08	6.3	100	290	1.044
Poly-G 76-160	736	160	0.05	0.03	6.2	50	175	1.007
Poly-G 76-635	265	648	0.05	0.03	6.3	50	930	1.091
Poly-G 83-26	6500	26	0.04	0.02	6.0	50	1225	1.012
Poly-G 83-34	5000	34	0.04	0.06	6.5	50	1210	1.086
Poly-G 83-48	3500	48	0.04	0.03	6.0	50	875	1.105
Poly-G 83-170	1000	170	0.05	0.05	6.0	70	188	1.101
Poly-G 85-24	7000	24	0.05	0.03	7.5	50	1420	1.031
Poly-G 85-29	6000	28	0.05	0.03	6.2	50	1150	1.022
Poly-G 85-34	4500	35	0.02	0.03	7.4	50	875	1.025
Poly-G 85-36	4500	37	0.05	0.04	5.5	50	770	1.022
Poly-G 85-37	4500	37	0.03	0.04	6.5	40	800	1.027
Poly-L 330-26	6400	26	0.04	0.03	5.4	50	1400	NA
Poly-G 30-400T	420	400	0.05	0.05	5.5	50	613	1.033
Poly-G 35-610	275	610	0.05	0.03	6.8	50	650	1.114

表 2-47 美国 Arch 化学品公司的高官能度聚醚多元醇典型物性

Poly-G 聚醚	分子量	羟值	水分/%≤	pH 值	色度(APHA)≤	黏度/mPa·s	相对密度
Poly-G 70-600	NA	600	0.1	11.0	18GD	265	1.129
Poly-G 71-357	NA	350	0.08	10.5	12GD	2400	1.075
Poly-G 71-360	NA	360	0.1	9.0	12GD	2750	1.084
Poly-G 71-530	NA	530	0.08	11.0	12GD	13500	1.114
Poly-G 72-465	NA	470	0.06	10.8	8GD	9250	1.045
Poly-G 73-490	NA	490	0.1	8.3	6GD	9500	1.092
Poly-G 74-376	NA	365	0.1	6.3	7GD	2750	1.087
Poly-G 74-292	NA	292	0.1	11.5	16GD	700	1.115
Poly-G 74-444	NA	440	0.03	6.8	12GD	5000	1.106
Poly-G 74-532	NA	525	0.08	6.3	8GD	30000	1.138
Poly-G 540-378	600	378	0.05	5.5	30	1062	1.053
Poly-G 540-450	500	450	0.05	5.5	50	1750	1.064
Poly-G 540-555	400	555	0.05	5.5	50	2715	1.078
Poly-G 542-449	500	449	0.05	7.5	50	809	1.110
Poly-Q 40-56	4000	56	0.05	10.0	100	658	1.005
Poly-Q 40-770	292	745	0.05	11.0	70	50000	1.032
Poly-Q 40-480	468	480	0.05	11	70	4000	1.025
Poly-Q 40-800	278	775	0.05	11.0	70	17000	1.055
Poly-Q 43-455	493	455	0.05	11	80	2100	1.036

注：高官能度聚醚多元醇多用于硬泡，其中 Poly-G 540 系列还可用于 CASE 交联剂。

2.1.3.14 日本三井化学株式会社

三井化学株式会社的大部分聚醚多元醇见表2-48～表2-51。

表2-48 三井化学株式会社的Actcol系列聚醚二醇的典型物性

Actcol牌号	羟值/(mg KOH/g)	黏度(25℃)/mPa·s	色度(APHA)	pH值	水分/%
Diol-400	280±10	—	≤60	5～8	≤0.05
Diol-700	160±5	100±50	≤60	4～7	≤0.05
Diol-1000	112±3	—	≤60	5～8	≤0.04
Diol-1500	75±3	230±50	≤60	5～8	≤0.05
Diol-2000	56±2	315±25	≤60	5～8	≤0.05
Diol-3000	38±2	550±50	≤60	6～7	≤0.05
SHP-2550	20.5±1.5	1400±200	≤50	5～7	≤0.05
ED-26	28±2	850±150	—	5～7	≤0.05
ED-28	28±2	850±150	≤100	5～8	≤0.05
ED-36	36±2	870±100	≤150	5～8	≤0.05
ED-37A	38±2	—	≤70	5～7	≤0.1
ED-56	56±2	—	≤70	5～7	≤0.1
21-56	56.0±1.5	310±50	≤30	5.5～7	≤0.03
22-110	110±5	150±30	≤30	5.5～7	≤0.05
P-21	56±15	310±50	≤30	5.5～7	≤0.05
P-22	110±5	150±30	≤30	5.5～7	≤0.05
P-23	38±15	550±50	≤30	5～7	≤0.05
P-28	30±2	800±150	≤100	5.5～7.5	≤0.05
P-250	250±8	75±25	≤50	5.5～7.5	≤0.05
P-400	280±10	75±25	≤30	4.5～6	≤0.03
P-460	460±10	60±15	≤30	4.5～6	≤0.1
MF-12	28±2	950±150	≤200	5～7	≤0.05
MF-16	46±2	425±25	≤150	5～7	≤0.05

表2-49 日本三井化学株式会社的Actcol系列聚醚三醇的典型物性

Actcol三醇牌号	羟值/(mg KOH/g)	黏度(25℃)/mPa·s	色度(APHA)	pH值	水分/%≤
MH-1000	60±5	250±50	≤30	5～7	0.05
MN-1500	112±3	—	≤60	5～8	0.05
MN-3050	56.0±1.5	500±100	≤50	5～8	0.05
MN-4000	42±2	700±100	≤30	5～8	0.05
MN-5000	34±2	—	≤60	5～7	0.05
SHP-3900	19±1	2600±400	≤100	5～7	0.05
35-34	34.5±1.5	900±100	≤50	5～7	0.05
79-56	56.0±1.5	500±60	≤30	5.5～7	0.05
G-28	30±2	1200±200	≤100	5.5～7.5	0.05
G-100	100±5	300±50	≤50	5～6.5	0.1
G-250	250±15	250±100	≤150	5～7.5	0.1
MN-300	550±15	650±100	≤50	5～7	0.1
MN-400	415±10	410±90	≤50	5～7	0.05
MN-700	235±10	250±50	≤50	5～7	0.05
32-160	160±5	250±50	≤30	5～6	0.05
G-410	400±50	400±10	≤G-3	5～7	0.1
G-530/P-530	600±100	530±15	≤100	5～6.5	0.1
IR-94	920±15	3000±1000	≤200	5～7	0.1
IR-96	430±10	350±50	≤200	4.5～6.5	0.1
T-550	550±20	1800±300	≤100	5～7	0.1
T-600	600±20	2400±400	≤100	5～7.5	0.1
T-880	875±15	5000±1500	≤100	5～8.5	0.1

表 2-50 三井化学（株）的 PPG-EP 系列 PO-EO 共聚醚多元醇物性指标

牌　号	羟值/(mg KOH/g)	黏度(25℃)/mPa·s	色度(APHA)	pH 值	水分/%
EP-240	24±1	1450±150	≤50	5～7	0.05 以下
EP-330N	33±2	900±100	≤70	5～7	0.05 以下
EP-505S	51±3	750±100	≤100	5～7	0.1 以下
EP-530	51.0±2.5	550±100	≤50	5～7	0.05 以下
EP-538	42±1	1000±500	—	5～8	0.05 以下
EP-550N	54±2	530±50	≤50	5～8	0.05 以下
EP-551C	56.0±2.5	520±50	≤50	5～7	0.05 以下
EP-553	56.0±2.5	500±100	≤50	5～8	0.1 以下
EP-560S	56.0±2.5	500±100	≤50	5～7	0.1 以下
EP-828	27.5±2.0	1250±250	≤50	5～7	0.05 以下
EP-2026	25±3	1200±200	≤100	5～7	0.05 以下
EP-3028	28±2	1400±300	≤100	5～8	0.05 以下
EP-3033	34±2	—	≤70	5～7	0.05 以下
EP-3043	44.5±2.0	750±100	≤70	5～7	0.05 以下
EP-5135	35±2	1150±250	≤22	5～8	0.05 以下
CP-601	56±2	750±100	≤50	5～7	0.05 以下
FC-24	25±1	1500±500	≤100	5.5～7.5	0.05 以下
GS-92	40±2	700±100	≤100	5～7	0.05 以下
MC-12	54±2	530±30	≤100	5.5～7.5	0.05 以下
MC-15	56±2	600±100	≤70	5.5～7.5	0.05 以下
MF-12	28±2	950±150	≤200	5～7	0.05 以下
MF-15	28±2	1250±150	≤150	5.5～7.5	0.05 以下
MF-16	46±2	425±25	≤150	5～7	0.05 以下
MF-53	70±2	420±50	≤35	6～8	0.05 以下
MF-78	36±2	800±100	≤150	5.5～7.5	0.05 以下
MF-81	35±2	1125±175	≤70	5.5～7.5	0.05 以下
MF-83	35±2	1000±200	≤70	5.5～7.5	0.05 以下
MF-85	28±2	1250±250	≤100	5.5～7.5	0.05 以下

注：这些共聚醚多元醇大多用于聚氨酯软泡，也有用于聚氨酯 CASE 弹性材料。

表 2-51 三井化学（株）的部分 Actcol 系列硬泡聚醚多元醇的物性指标

PPG 多官能度系列	羟值/(mg KOH/g)	黏度(25℃)/mPa·s	色度(APHA)	pH 值	水分(max)/%
AE-300	755±30	45000±5000	≤G-1	10～13	0.1
AE-302	755±30	4500±1000	≤G-7	10～13	0.1
AE-305	450±15	900±200	≤G-15	10～13	0.1
DA-401	400±15	13000±4000	≤G-18	9～12	0.1
NC-400	400±15	10000±3000	≤G-18	9～12	0.1
ND-450	450±15	10000±4000	≤G-15	6～9	0.1
NE-410	415±15	3500±1500	≤G-15	8～12	0.1
HS-100	345±15	300±50	≤G-10	9～12	0.1
NS-100C	345±15	420±50	≤G-18	9～12	0.1
NT-400	400±15	6500±2000	≤G-18	9～12	0.1
NT-470	470±10	13000±2000	≤G-18	9～12	0.1
NT-630	470±15	6000±1500	G-13～18	9～12	0.1
PE-450	450±10	2500±500	≤100	4～7	0.1
SU-450L	450±10	8500±1500	≤G-9	4～6	0.1
SU-460	455±10	12000±3000	≤G-2	5～6	0.05
SU-464	455±15	6500±2000	≤G-3	8～11	0.05

续表

PPG多官能度系列	羟值/(mg KOH/g)	黏度(25℃)/mPa·s	色度(APHA)	pH值	水分(max)/%
TQ-500	485±15	1100±200	≤G-2	5～7	0.1
52-460	460±10	20000±3000	≤G-10	4.5～6	0.1
DT-250	250±15	1900±500	≤G-10	9～11	0.1
DT-300	305±10	3750±750	G-19	9～11	0.1
GR-05	310±10	550±150	≤300	9.5～11.5	0.1
GR-07	770±10	50000±5000	≤200	11～12.5	0.1
GR-08	820±20	7500±1000	≤1000	11～12.5	0.1
GR-11	450±10	1250±150	≤G-4	9.5～11.5	0.1
GR-17	370±10	2000±500	≤300	5～7	0.1
GR-30	400±15	6000±2000	≤G-18	9～11	0.1
GR-33	465±10	6000±2000	—	9.5～11.5	0.1
GR-34	450±10	7000±1500	—	9～11	0.1
GR-35	400±10	3900±600	≤G-15	9～11	0.1
GR-40	400±10	8500±1500	≤G-13	10～11.5	0.1
GR-46	465±10	12500±2500	—	9～11	0.1
GR-49	450±15	12000±3000	—	95～115	0.1
GR-84(T)	450±10	600±155	≤G-10N	9(5)～11	0.1
SOR-200	225±15	1350±250	G-2	5.5～7.5	0.1
SOR-400	395±10	10500±3500	≤500	5.5～7.5	0.1

2.1.3.15 韩国SKC株式会社

韩国SKC株式会社的聚氨酯软泡及CASE用聚醚多元醇的典型物性分别见表2-52和表2-53。

表2-52 韩国SKC株式会社的部分软泡聚醚多元醇的典型物性

Yukol牌号	羟值	酸值	分子量	黏度/mPa·s	密度/(g/mL)	用　　途
1030	290～320	≤0.10	—	320	1.034	慢回弹聚氨酯泡沫塑料
1455	53～58	—	3000	550	1.015	活性聚醚三醇,热模塑软泡
1900	—	≤0.05	—	725	0.969	慢回弹开孔聚醚
4813	46～50	≤0.10	3500	540	1.015	通用型软块泡聚醚多元醇
5603	54～58	≤0.10	3000	480	1.005	通用型软块泡聚醚多元醇
5613	54～58	≤0.03	3000	480	1.005	通用型软块泡聚醚多元醇
8756	54～58	1.0	3000	5340	1.085	软泡特殊聚醚多元醇

注：水分≤0.08%，pH=5.5～7.5，色度（APHA)≤50，羟值、酸值的单位是mg KOH/g，黏度和密度是25℃时的典型数据。6048聚醚的pH=10～13。

表2-53 韩国SKC株式会社的CASE聚醚多元醇的典型物性

Yukol牌号	羟值/(mg KOH/g)	黏度(25℃)/mPa·s	密度(25℃)/(g/mL)
DF-600	约187	140	—
DF-1000	108～116	120～180	1.015
DF-2000	54～58	325	1.013
DF-2400	44～48	425	1.013
DF-3000	33～37	590	1.010
TF-3000	54～58	460～570	1.005
TF-4000	40～44	650	1.002
TF-5000	32～35	800～1000	1.002

注：其他指标：水分≤0.05%，pH=5.5～7.5，色度（APHA)≤50，酸值≤0.04mg KOH/g。DF为聚醚二醇，TF为聚醚三醇。

2.2 聚合物多元醇

聚合物多元醇是聚合物接枝聚醚多元醇的俗称，目前也是聚氨酯泡沫塑料用多元醇的一个重要品种，多用于模塑泡沫及块状软泡。

聚合物多元醇的开发和应用基于两方面因素：采用低价的苯乙烯等乙烯基单体对聚醚改性和填充可降低多元醇成本；在软泡配方中使用聚合物多元醇可明显提高泡沫塑料的承载能力。

聚合物多元醇实际上是乙烯基单体聚合物在基础聚醚中形成的分散液，它是一种混合物体系，含有未改性聚醚多元醇、呈微粒状分散的乙烯基共聚物与均聚物、乙烯基单体共聚物接枝聚醚多元醇。聚合物接枝聚醚量虽少，却是聚合物多元醇中的重要组成部分，起稳定作用，保证了分散相微粒的规整性和均一性。

聚合物多元醇最早是由美国联合碳化物公司（UCC）研究开发的。UCC在1964年建立了第一套聚合物多元醇生产装置。聚合物多元醇的发展经过了丙烯腈接枝、丙烯腈-苯乙烯或丙烯腈-甲基丙烯酸甲酯共聚物接枝改性等几个阶段，技术逐渐完善。单纯丙烯腈接枝，虽然丙烯腈与聚醚的混容较好，接枝反应容易进行，但得到的改性聚醚多元醇黏度大、颜色发黄、贮存时易结块、气味大，并且接枝量受限制。后来开发的共聚接枝方法，得到的聚合物黏度较低，颜色较浅。控制单体加入速度是反应的关键，反应结束后抽真空脱除未反应的单体。聚合物多元醇中含有三类聚合物：未改性的聚醚、乙烯基共聚物接枝改性的聚醚和呈微粒状分散的乙烯基共聚物。相当长的一段时间内，基于技术原因，乙烯基聚合物的总体质量分数（俗称“固含量”）一般只能达到20%。近年来聚合物多元醇技术的研究重点是开发高接枝量、高苯乙烯比例的新型聚合物多元醇。提高苯乙烯比例的目的主要在于增加阻燃性和减轻制品泛黄程度，通常接枝单体中苯乙烯量在50%以下。近年来，国内外普遍推出固含量高达40%以上的聚合物多元醇。

2.2.1 聚合物多元醇

别名：接枝聚醚，共聚物多元醇，俗称“白聚醚”。

简称：POP。

英文名：polymer polyol；grafted polyether polyol；copolymer polyol。

以PO-EO共聚醚三醇为基础的苯乙烯-丙烯腈接枝聚合物多元醇的CAS编号是68541-83-3和57913-80-1。

乙烯基聚合物接枝聚醚的示意化学结构式如下。

$$HO\!-\!(CH_2\!-\!\underset{}{\overset{CH_3}{\overset{|}{C}H}}\!-\!O)_x\!-\!(\underset{\lfloor (CH_2)-(\underset{CN}{CH})_n-(CH_2-\underset{C_6H_5}{CH})_m H}{CH}\!-\!\overset{CH_3}{\overset{|}{C}H}\!-\!O)\!-\!(CH_2\!-\!\overset{CH_3}{\overset{|}{C}H}\!-\!O)_p\!-\!CH_2\!-\!CH_2\!-\!OH$$

物化性能

聚合物多元醇外观一般为乳白色至浅乳黄色黏稠液体，相对密度为1.02～1.05。性质稳定，略带特殊气味、难溶于水，与绝大多数有机物相溶性好，为非易燃易爆物品。

聚合物多元醇的典型物性见本小节有关厂家的产品指标。

聚合物多元醇属低毒化学品。某些产品含残留苯乙烯等单体，蒸气对眼睛有刺激，吸入蒸气时能引起头痛、食欲不振、呕吐等。皮肤沾污后用肥皂清水冲洗，溅入眼内，用低压清水冲洗或请医生治疗。闪点较高，可燃，闪点≥200℃，无爆炸性。需远离火源和热源。操作时建议佩戴防护用品。

制备方法

常见的商品聚合物多元醇是由以通用聚醚多元醇为基础，加丙烯腈、苯乙烯（或甲基丙烯酸甲酯等乙烯基单体）及引发剂偶氮二异丁腈，在氮气保护下进行自由基接枝聚合而成。维持正压可限制反应混合物中乙烯基单体的挥发，促使反应进行。反应温度范围一般在115～125℃。连续工艺的停留时间范围最好是30～120min，间歇工艺的停留时间最好控制在4h左右。反应结束后一般需减压脱除未反应的单体，减轻聚合物多元醇的气味。

聚醚分子中的—CH_2—CH_2—O—链节较 —CH_2—CH(CH_3)—O—链节具有更高的接枝效果，因此基础聚醚多元醇一般是环氧丙烷（PO)-环氧乙烷（EO）共聚醚，根据最终用途不同，选用不同端EO含量和不同分子量（3000～6000）的聚醚。

在POP合成体系中，通常在基础聚醚中加入一定量的含烯键的多官能度聚醚（如烯丙基聚醚、马来酸酐与聚醚的反应产物)，它与乙烯基单体通过原位聚合形成接枝共聚物。这种聚醚接枝聚合物起分散剂作用，是制备稳定POP的关键组分。

聚合物多元醇的合成主要有间歇和连续两种工艺。

在间歇工艺中，一般是将部分基础聚醚与乙烯基单体、引发剂、链转移剂等混合物料缓慢滴加到有分散剂和部分基础聚醚混合物的搅拌着的反应器中。间歇工艺在每釜配料时将基础聚醚分为釜底料（釜底预先加入的少量基础聚醚和全部分散剂，以便能够得着搅拌）和釜顶料两部分。在合成聚合物多元醇中，控制单体加入速度是关键，一般是将乙烯基单体混合料缓慢地滴加到反应釜内。间歇法物料反应完全所需时间较长。且不利于生产低黏度、高固含量产品。有时在间歇工艺中采用连续工艺所制备的接枝多元醇产品为“晶种”，生产粒径分布宽、固含量大于30%的POP。

连续工艺是将所有原料混匀后连续加入反应器中。连续工艺可保证滴加混合料中乙烯基单体浓度最低且恒定，促使单体快速转变成接枝共聚物和非接枝共聚物，减少均聚现象，减少了乙烯基聚合物在反应器中的停留时间，确保POP中聚合物粒子直径基本上都小于30μm，避免乙烯基聚合物在反应器内结垢。因此，该工艺有利于降低产品黏度，生产高质量的高固含量POP产品。连续工艺多采用双釜流程。双釜流程是指在POP制造工艺中装两台串联的反应釜，其工艺流程如下图所示。

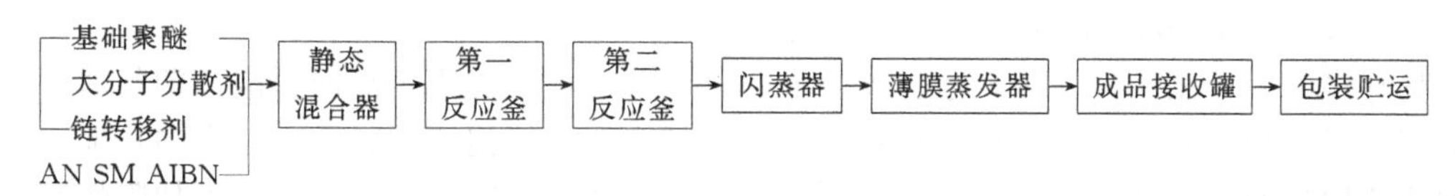

特性及用途

聚合物多元醇（接枝聚醚多元醇）中含刚性的苯乙烯、丙烯腈均聚物及共聚物和接枝聚合物，这些乙烯基聚合物起类似有机“填料”的作用，可明显改善软质泡沫塑料的硬度、提高承载性能，例如用于坐垫泡沫塑料可减少制品厚度、降低泡沫密度而降低成本。

聚合物多元醇主要用于制造高承载聚载氨酯泡沫。用于冷熟化高回弹泡沫，可增加泡沫制品的压缩强度，即提高聚氨酯泡沫塑料的硬度和承载性能，并可增加泡沫的开孔性。可用于生产高硬度软质块泡、高回弹泡沫、热模塑软泡、半硬泡、自结皮泡沫、反应注射模塑（RIM）制品等。

国内生产厂商

中国石化集团天津石化公司聚醚部，上海高桥石油化工公司聚氨酯事业部，江苏钟山化工有限公司，南京金浦锦湖化工有限公司，山东蓝星东大化工有限责任公司，方大锦化化工科技股份有限公司，常熟一统聚氨酯制品有限公司，淄博德信联邦化学工业有限公司，江苏绿源新材料有限公司，绍兴市恒丰聚氨酯实业有限公司，天津大沽精细化工有限公司，张家港飞航实业有限公司，淄博巨丰乳化剂厂，温州市富甸化工有限公司等。

2.2.2 聚脲多元醇

二胺或肼和二异氰酸酯在聚醚多元醇中反应而生成的聚脲微粒分散于聚醚，即形成聚脲多元醇（德文中又称“PHD分散体”）。实际上它也是一种聚合物改性多元醇。聚脲多元醇和普通聚合物多元醇一样，用于提高泡沫塑料的承载能力。在生成聚脲的同时部分脲链上的端异氰酸酯基与聚醚羟基结合生成脲-氨酯共聚物。因此，聚脲改性多元醇中含有三种结构：未改性聚醚、聚脲分散体和脲-氨酯聚合物。

由肼和 TDI 在聚醚多元醇中进行原位逐步聚合制备聚脲多元醇的步骤为：先将高伯羟基含量的多元醇加热，与肼水溶液在有搅拌的反应当中混合，加入相当于肼反应量的 TDI，利用反应热使其混合物回流，冷却反应器，真空脱除过量的水。聚脲多元醇的固含量（TDI 和肼在多元醇中比例）一般为 20%。

最常用于合成聚脲多元醇的基础聚醚官能度一般为 3、羟值约为 34mg KOH/g、伯羟基摩尔分数大于 70%的高活性聚醚多元醇，文献中也有采用聚酯多元醇为基础多元醇的。乙二胺、己二胺、对苯二胺、肼、N,N'-二甲基肼等及其水合物可用于合成聚脲多元醇，工业化生产常用水合肼。由于聚脲微粒的密度较聚醚大，为了防止存放时沉淀，合成时可使异氰酸酯对于氨基稍过量，生成部分脲-氨酯共聚物，后者起稳定作用。

聚脲多元醇的制备可用间歇法，也可用连续法。国外工业化的聚脲多元醇多用连续法生产。

国外典型的商品性能如下。

羟值	28mg KOH/g	平均分子量	约 6000
聚脲含量	20%	pH 值	8～9
黏度(25℃)	3000～4000mPa·s		

典型商品有 Multranol 9151、E-9154、E-9128（原美国 Mobay 化学公司的 Multranol E-9151，现属 Bayer MaterialScience 公司）等。

聚脲多元醇可用于高回弹软泡、半硬泡、软泡及硬泡。当用于高回弹泡沫塑料时，与聚合物多元醇一样具有提高发泡体系稳定性、促进开孔、提高泡沫塑料承载能力的功能；它还使泡沫初始凝胶速度增加，可降低催化剂用量，使泡沫具有阻燃性，甚至在不加阻燃剂的情况下，制品可达到自熄程度的阻燃性。

聚脲多元醇的生产成本较高，影响了其应用，其产量较小。

还有一种称为 PIPA 的改性聚醚多元醇，是由聚醚多元醇与三乙醇胺（TEA）在 20℃混合后迅速加入 TDI 反应而成的聚氨酯改性聚醚多元醇，以二月桂酸二丁基锡为催化剂，反应在 3～5min 内完成。异氰酸酯添加量一般低于反应 TEA 的羟基需要量，TEA/TDI 大约为 1∶1。Shell 化学公司的 SP50-04 是 PIPA 多元醇。

2.2.3 国内外聚合物多元醇的产品牌号和产品性能

部分公司的聚合物多元醇产品的物性归纳于表 2-54～表 2-66。

表 2-54 Bayer公司的部分聚合物多元醇产品典型物性

牌号	羟值/(mg KOH/g)	黏度(25℃)/mPa·s	EO封端	用途
Arcol 24-32	32	1220	是	鞋底、RIM、一步法弹性体、整皮泡沫等
Arcol 31-28	28	3000	是	
Arcol 34-28	27	2240	是	
Arcol 34-45	47	1260	否	泡沫等
Arcol E-900/919	25.4	2600	是	HR泡沫。29%固含量
Arcol E-737	230	1100	NA	阻燃层压软泡
Arcol 1255	30.2±2.5	1600	是	HR软块泡
Arcol 1266	27.0±2.5	2800±430	是	HR软块泡
Arcol HS 100	28.2±2.0	3600	否	HR块泡、块泡
Arcol HS 102		3100		
Arcol U777	31	1710	NA	高回弹块泡
Arcol UHS-150	25.5±2.0	4700	NA	高固含量。块泡CASE
Desmophen 1159 S	43.2±2.0	850±120	否	固含量10%。CO_2发泡软块泡
Desmophen 1166	36.0±2.5	1350±350	否	CO_2发泡，软块泡
Desmophen 1366	22.5±2.5	2600±400	是	HR块泡及冷模塑泡沫
Desmophen 1905	43.2±2.0	750±120	否	PHD。普通软块泡
Desmophen 7563	28.0±2.5	1800±250	是	PHD。高阻燃HR块泡
Desmophen7619	28.0±1.5	3600±400	是	PHD。高阻燃HR块泡、模泡
Hyperlite 1639	18.5±2.0	6000	是	固含量41%。冷模塑软泡
Hyperlite 1650	20.2±2.0	5500	是	固含量43%。冷模塑软泡
Hyperlite 1651	18.5±2.0	5700±850	是	固含量41%。冷模塑软泡
Hyperlite E-851	18.5	6000	是	高固含量。模塑HR泡沫
Hyperlite E-852	20.2±2.0	5200	是	快脱模模塑泡沫等
Desmophen 1159	43.2±2.0	900±120	否	普通软块泡
Multranol 8151	28	3600	是	PHD。HR泡沫
Ultracel 2009	28±2	1820±270	是	PHD。高回弹块泡 改善操作
Ultracel(U)3000	30±2	1700	是	固含量10%。高回弹块泡

注：官能度一般为3，但Arcol 24-32官能度为2。相对密度范围是1.02～1.05。EO封端聚醚一般是高伯羟基、高活性。

表 2-55 BASF公司的软质块泡用（接枝）聚醚多元醇典型物性

牌号	f	羟值/(mg KOH/g)	黏度(25℃)/mPa·s	酸值(max)/(mg KOH/g)	相对密度	固含量/%
Pluracol 973	3	25	3200	0.01	1.04	30
Pluracol 1365	2	69	3750	0.01	1.04	—
Pluracol 1443	3	29	4200	0.01	1.04	40
Pluracol 1441	3	29	4060	0.01	1.05	43
Pluracol 1442	3	28	5500	0.01	1.05	43
Pluracol 1543	3	30	4000	0.015	1.05	43
Pluracol 2100	3	25	1400	0.01	1.02	—
Pluracol 2115	3	25	1900	0.01	1.03	14
Pluracol 2130	3	25	3200	0.01	1.04	30

注：Pluracol 1×××系列为普通块泡接枝聚醚；Pluracol 21××系列为HR块状泡沫用（接枝）聚醚多元醇，是含端伯羟基的高活性接枝聚醚。Pluracol 973是模塑软泡用高活性接枝聚醚。

表 2-56 Dow 化学公司的聚合物多元醇的典型物性

产品牌号	羟值 /(mg KOH/g)	黏度(25℃) /mPa·s	固含量/%	特点及用途
Specflex NC 700	21.3±1.8	4750～6250	39～42	高活性
Voranol 3943A	31.0±1.8	3500～6000	43	适用于各种高承载软泡
Voralux HL 430	31.0±1.8	5500～8000	43	适用于各种高承载软泡
Voractiv VV 6106、7106、8106	约 45	800±100	10	内催化性,用于软块泡提高承载能力
Voractiv VV 8109	约 45	800±100	15	内催化性,软块泡
Voractiv VV 8400	约 34	4300	40	内催化性,用于高回弹块泡

注：这些聚合物多元醇不含 BHT 抗氧剂，Specflex NC 700 粒径小于 200μm，Voranol 3943A 和 Voralux HL 430 粒径小于 100μm。水分≤0.1%。相对密度约为 1.045。Voractiv 牌号的全称是 Voranol Voractiv。

表 2-57 Shell 化学公司的聚合物多元醇的典型物性

Caradol 牌号	羟值 /(mg KOH/g)	典型黏度 /mPa·s	固含量 /%	用途
MD22-40	22	4800	40	高回弹块泡及冷模塑泡沫等
SP30-15	30	1350	15	高回弹块泡及其他承载块泡
SP30-45	30	4500	43	高承载普通块泡
SP37-25	37	1300	25	普通高承载块泡
SP42-15	42	860	15	普通承载块泡
SP44-10	44	770	10	普通承载块泡
SP50-04	50	2500	10/PIPA	阻燃 HR 块泡

注：黏度为 25℃时的数据。SP50-04 是 PIPA 多元醇。普通聚合物多元醇的密度（20℃）约为 1.02g/mL。

表 2-58 韩国 SKC 公司的聚合物多元醇典型物性

牌号	羟值 /(mg KOH/g)	水分 /%	pH 值	黏度(25℃) /mPa·s	密度(25℃) /(g/mL)	用途
Yukol 7130	28～32	0.06	6.0～9.0	≤5500	1.042	高承载块泡
Yukol 7322	20～24	0.06	6.0～9.0	≤6000	1.043	HR 块泡
Yukol 7325N	23～27	0.06	5.0～7.0	≤4500	1.043	冷模塑泡沫

表 2-59 可利亚多元醇（南京）有限公司聚合物多元醇的典型物性

产品牌号	羟值 /(mg KOH/g)	黏度(25℃) /mPa·s	固含量 /%	特性及用途
FA-3630	23.0±2.0	3125±875	30	黏度较小,与 FA-505、FA-703 等混合用于生产高回弹、高硬度软泡
KE-2045	30±2	5250±1250	40	生产高承载、高硬度白色泡沫
KE-737	20±2	7500±1500	40	生产高承载、高硬度白色泡沫
KE-1990	41.5±2.5	1000±300	NA	生产高档泡沫,密度低,硬度高、撕裂强度高,伸长率大,承载性能优异

注：FA-3630、KE-2045 和 KE-737 颜色白，气味低。

表 2-60 江苏钟山化工有限公司的聚合物多元醇指标

牌号	羟值 /(mg KOH/g)	黏度(25℃) /mPa·s	牌号	羟值 /(mg KOH/g)	黏度(25℃) /mPa·s
GP101	29±2	≤3000	GP-104G	27±2	≤3500
GP102	27±2	2200±500	GP-3630	24±3	≤5000
GP103	27±2	2750±750	GP-2042	29±2	≤5500
GP104	27±2	2750±750	H-45	21±2	≤7000
GP120	29±2	≤3000			

注：外观白色至淡黄色黏稠液体，酸值≤0.3mg KOH/g，水分≤0.1%。

表2-61 中国石化集团天津石化公司聚合物多元醇产品的技术规格

产品名称	羟值/(mg KOH/g)	黏度(25℃)/mPa·s	pH值	用途
TPOP-31/28	26～30	≤5000	7～10	HR、半硬泡、整皮、RIM
TPOP-36/28	25～29	≤3500	6～9	HR、半硬泡、整皮、RIM
TPOP 93/28	23～28.5	≤4000	6～9	HR、半硬泡、整皮、RIM
TPOP 93/28G	22.5～28.0	≤3500	6～9	低气味低雾化HR泡沫
TPOP-C/28	39～43.5	≤3100	6～9	HR、半硬泡、整皮
TPOP-05/45	17.5～21.5	NA	6～9	高回弹模塑、块状泡沫
TPOP-06/32	21～25	NA	6～9	高回弹模塑、块状泡沫
TPOPL-30	22.5～28.0	≤3500	6～9	高回弹模塑、块状泡沫
TPOPL-43	30～34	3500～6000	6～9	软质块状泡沫
TPOPDL-50	67～75	2200～3900	6～9	半硬泡、汽车内饰件、CASE
TPOPDL-25	30～34	≤1600	6～9	半硬泡、汽车内饰件、CASE
TPOPDL-15	30～34	≤1200	6～9	半硬泡、汽车内饰件、CASE

注：水分≤0.05%。

表2-62 上海高桥石油化工公司聚合物多元醇产品的技术规格

产品名称	羟值/(mg KOH/g)	黏度(25℃)/mPa·s	用途
GEP-2005	25-32	1600～2500	高官能度,用于高回弹软泡等
GPOP-2042	27.5～31.5	3000～5000	块状高硬度软泡、热模塑软泡
GPOP-2045	25～30	3500～5500	块状超高硬度软泡、热模塑软泡
GPOP-3410	38～43	700～1300	块状软泡
GPOP-3413	39～42	900～1200	块状软泡
GPOP-36/15	27～33	1200～1800	高回弹软泡等
GPOP-36/28G	25～29	1800～2600	高回弹软泡、整皮泡沫等
GPOP-36/30(Y)	21～27	2000～3500	高回弹软泡、整皮泡沫等
GPOP-H45(Y)	19～23	≤7000	高硬度软泡,高回弹、冷熟化泡沫等

注：表中为一级品产品指标，水分≤0.08%，合格品指标未列入。所有聚合物多元醇都不含BHT。GPOP-2042、2045、3410、3413为普通聚合物多元醇，其他为高活性聚合物多元醇。

表2-63 江阴友邦化工公司的难燃级/普通聚合物多元醇

牌号	羟值/(mg KOH/g)	黏度(25℃)/mPa·s	用途
YB-3028	23±2	≤3500	普通聚合物多元醇,用于高承载软泡
YB-3081	26±2	2000±200	阻燃高回弹泡沫塑料,氧指数≥28%
YB-3082	30±2	1400±200	阻燃高回弹泡沫塑料,氧指数≥28%
YB-3083	26±2	2000±200	阻燃高回弹泡沫,气味比3081小
YB-3090	28±2	≤3200	普通聚合物多元醇,用于高承载软泡

注：水分≤0.2%。YB-3081、3082和3083属特殊聚合物多元醇，含阻燃元素。

表2-64 常熟一统聚氨酯制品有限公司的聚合物多元醇

牌号	羟值/(mg KOH/g)	黏度(25℃)/mPa·s	用途
YT-2013	51±2	730±50	普通软泡如沙发、床垫泡沫等
YT-2043	29±2	≤6000	高含固量,用于较高硬度软泡等
YT-3510	45±2	850±50	普通软泡如沙发、床垫泡沫等
YT-3513	44±2	950±50	普通软泡如沙发、床垫泡沫等
YT-3515	42±2	1050±50	普通软泡如沙发、床垫泡沫等
YT-3525	39±2	1150±50	普通软泡如沙发、床垫泡沫等
YT-3628	27±2	≤4000	高回弹块状泡沫

注：水分≤0.08%。

表 2-65 山东蓝星东大化工有限责任公司聚合物多元醇产品的技术指标

产品名称	羟值 /(mg KOH/g)	黏度(25℃) /mPa·s	pH 值	用 途
POP42	29～33	≤6500	0.05	高硬度块状软泡、热模塑泡沫
POP43	29～33	3000～6000	0.10	用于高回弹汽车坐垫、靠背等
POP31/28	26～29	≤5000	7～10	高回弹泡沫、半硬泡
POP36/28	25～29	≤3500	6～9	模塑高回弹软泡等

注：大部分产品的水分≤0.05%。

表 2-66 国内其他聚合物多元醇产品的技术规格

产品名称	羟值 /(mg KOH/g)	黏度(25℃) /mPa·s	用 途
DGPOP36/28	24～30	≤3500	冷熟化高回弹泡沫、整皮泡沫
DGPOP-C45	28～34	≤6500	高硬度块状泡沫、热模塑高回弹泡沫
FH-101	38～45	≤3000	高硬度热模塑块状泡沫
FH-102	30～35	4000～5000	高固含量产品。高硬度块泡
FH-104	24～30	≤4000	冷熟化 HR 泡沫
HF31-28	26～30	2900～3400	高回弹、半硬泡、整皮泡沫、RIM
HF36-28	23～27	3600～5500	高回弹、半硬泡、整皮泡沫、RIM
HF36-37	36～38	3600～5500	高硬度块状软泡、热模塑高回弹
MPOP-88/43	24～30	≤5500	高硬度块状泡沫、热模塑高回弹泡沫
M-36/28	22～26	≤3500	冷熟化高回弹泡沫，整皮泡沫
POP-280	26～31	1400～2200	用于阻燃软泡
POP-290	28±2	≤2500	用于阻燃高回弹泡沫塑料、半硬泡

注：DGPOP 是天津大沽精细化工有限公司产品，FH 系列由张家港市飞航化工有限公司生产，酸值≤0.3mg KOH/g、水分≤0.10%。HF 系列是绍兴市恒丰聚氨酯实业有限公司产品，水分≤0.05%。M 系列是温州市富甸化工有限公司产品。POP280 和 290 是浙江湖州创新聚氨酯科技有限公司的含阻燃元素的聚合物聚醚多元醇。

2.3 聚四氢呋喃及其共聚醚二醇

聚四氢呋喃二醇是一种特殊的聚醚二醇，官能度为 3 或以上的聚四氢呋喃罕见。聚四氢呋喃二醇广泛用于高性能耐水聚氨酯弹性体。少量四氢呋喃与环氧丙烷或环氧乙烷的共聚醚用于特殊聚氨酯弹性体。

2.3.1 聚四氢呋喃二醇

简称：PTMEG、PTG、PTMG、PTMO、PTHF。

化学名称：聚四亚甲基醚二醇。

别名：四氢呋喃均聚醚，聚丁二醇，聚四氢呋喃醚二醇，聚氧四甲撑醚二醇，α,ω-羟基聚氧亚丁基等。

英文名：polytetramethylene ether glycol；polyoxytertramethylene glycol；polytetramethylene oxide；polytetrahydrofuran；polybutylene glycol 等。

CAS 编号：25190-06-1，24979-97-3。

结构式：$HO\text{-}[CH_2CH_2CH_2CH_2O]_n\text{-}H$

物化性能

在常温下大多数聚四氢呋喃二醇是白色蜡状固体，在 40℃左右熔化成低黏度无色至浅黄色透明液体。分子量为 650～2900 的 PTMEG 闪点（PMCC）为 197～207℃，熔点（凝固点）为 11～38℃（详细数据请见有关厂家的产品数据），熔化了的 PTMEG 可过冷，结晶缓慢。聚四氢呋喃二醇折射率（25℃）为 1.464。不溶于水，在水中的溶解度小于 1%，也不溶于脂肪烃，可溶于芳烃、氯化烃、醇、酯、酮等极性有机溶剂。聚四氢呋喃二醇在隔绝氧气下贮存稳定，例如在氮气保护下55℃以下可至少稳定贮存1年。在100℃只能贮存数天。长期接触空气可导致氧化和降解，造成色泽变黄、过氧化物含量和酸值增加，在无空气下210～220℃发生热降解，生成四氢呋喃。为了改善贮存稳定性，PTMEG工业品中一般加有微量的抗氧剂。

根据LyondellBasell工业公司资料，PTMEG-650的密度d(g/mL)与温度t(℃)的关系为$d=1.0047-0.0007t$；PTMEG-1000和PTMEG-2000的密度与温度的关系为$d=1.0025-0.0007t$。

聚四氢呋喃二醇的黏度与温度的关系如图2-1所示。

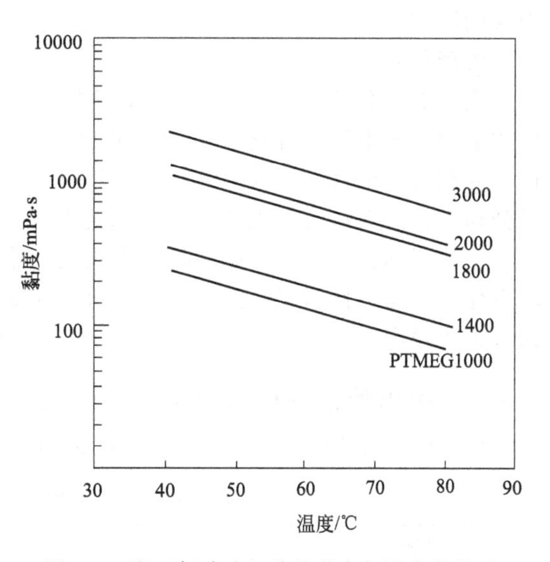

图2-1 聚四氢呋喃二醇的黏度与温度的关系

聚四氢呋喃多元醇易吸湿，在敞开体系，根据分子量的不同，最多可吸收2%的水分。较多的水可用甲苯共沸蒸馏除去，如需进一步降低水分，需在低于2.6kPa的真空度，在120～150℃减压脱水。

特性及用途

聚四氢呋喃二醇是由四氢呋喃（THF）在阳离子引发下开环聚合而得到的均聚醚，它含有醚键，又有相当多的规整排列的亚甲基，以伯羟基为端基，主要用作聚氨酯弹性体的软段，是聚氨酯的高档原料。非聚氨酯用途包括共聚酯弹性体、聚醚酰胺工程塑料。

PTMEG型聚氨酯弹性体具有较高模量和强度，优异的耐水解、耐磨、耐霉菌、耐油性、动态力学性能、电绝缘性能和低温柔性等性能，它具有通常的聚酯型聚氨酯弹性体所不能达到的某些特性，特别是良好的耐水性。

PTMEG是一种常用的特种聚醚多元醇，用于注射及挤出热塑性聚氨酯弹性体（TPU）、浇注型聚氨酯弹性体、聚氨酯纤维纺丝、混炼型聚氨酯弹性体等制造工艺，特别适合用于氨纶、汽车配件、电缆、薄膜、织物涂层、合成革、医疗器材、高性能胶辊、耐油密封件、胶黏剂、金属部件耐磨内衬、体育运动制品，以及用于水下、地下、矿井及低温场合的制品。弹性体多用于耐水解要求高的场合。

制法

聚四氢呋喃二醇的工业化生产工艺根据催化剂的不同主要有氟磺酸催化聚合工艺、乙酸酐-高氯酸催化聚合工艺和杂多酸催化聚合工艺。其中氟磺酸催化工艺对设备材质要求较高，造价昂贵，所需氟磺酸的量大。DuPont公司1994年实现工业化的乙酸酐-高氯酸催化工艺，由THF原料经二乙酸酯中间体制取PTMEG，副产物为乙酸甲酯和甲醇，生产成本较氟磺酸法低。日本旭化成株式会社等公司开发的杂多酸催化工艺，采用由Mo、W、V的氧化物与磷酸反应制得多聚酸，如十二聚磷钨酸为催化剂，一步法制得PTMEG，且催化剂为固态，可回收，是一种新工艺。

实验室制备PTMEG：在反应釜中加入四氢呋喃，温度降到－5℃以下，于强烈搅拌下滴加发烟硫酸催化剂，保持反应物料低温，搅拌下加入定量的水，升温至70～90℃，蒸出未反应的四氢呋喃单体，经静置分层、中和过滤、抽真空等工序后，制得聚四氢呋喃二醇。

毒性

聚四氢呋喃二醇毒性很小，大鼠经口急性毒性LD_{50}＞11g/kg。熔化的PTMEG对皮肤中等刺激性。

生产厂商

美国 INVISTA 公司，德国 BASF 公司，美国 LyondellBasell 工业公司，日本三菱化学株式会社，日本保土谷化学工业株式会社，日本旭化成化学株式会社，韩国 PTG 株式会社，菱化高新聚合产品（宁波）有限公司，巴斯夫化工有限公司（上海），台湾菱化股份有限公司，台湾大连化学工业公司，大连化工（江苏）有限公司，山西三维集团股份有限公司，中化国际太仓兴国实业有限（中化太仓化工产业园），中国石油天然气股份有限公司前郭石化分公司，杭州青云控股集团杭州三隆新材料有限公司，山东济南圣泉集团股份有限公司（近年停产）等。

2.3.2 国内外部分厂家的 PTMEG 典型技术指标及物性

BASF 公司的聚四氢呋喃二醇产品的典型物性见表 2-67。

表 2-67 BASF 公司的聚四氢呋喃二醇产品的典型物性

聚四氢呋喃产品牌号	分子量	羟值/(mg KOH/g)	密度(40℃)/(g/cm³)	熔点/℃	黏度(40℃)/mPa·s
PolyTHF 250	250±25	408.0～498.7	0.991	−14	58
PolyTHF 650	650±25	166.2～179.5	0.977	25	170
PolyTHF 1000	1000±50	106.9～118.1	0.975	26	300
PolyTHF 1400	1400±50	77.4～83.1	0.987(20℃)	26～36	NA
PolyTHF 1800	1800±50	60.6～64.1	0.975	27	1238
PolyTHF 2000	2000±50	54.7～57.5	0.973	36	1450
PolyTHF 2900	2900±100	37.4～40.1	0.985	NA	1880

注：PolyTHF 250 密度（20℃）为 1.00g/cm³。PolyTHF 650 密度（25℃）为 0.987g/cm³。PolyTHF 1000 密度（30℃）为 0.982g/cm³。PolyTHF 250 闪点为 180℃，其他产品闪点≥215℃。

PolyTHF 产品的其他指标：

色度	≤40 APHA(DIN 53995)
酸值	≤0.05mg KOH/g(DIN 53402)(通常不能检出)
杂质	水分：≤0.025%(DIN 51777)
	灰分：≤10mg 硫酸盐/kg(重量分析)
	过氧化物[O]：≤10mg/kg
碘值	≤0.02g/100g
稳定剂	所有 PolyTHF 二醇都加入了 BHT(200～350mg/kg)稳定剂

表 2-68 为美国科氏工业集团的子公司 INVISTA 公司（英威达）的 Terathane 系列（原属 DuPont 公司）聚四氢呋喃二醇的物性指标。

表 2-68 美国 INVISTA 公司聚四氢呋喃二醇的物性指标

Terathane 牌号	分子量	羟值/(mg KOH/g)	熔点/℃	黏度(40℃)/mPa·s	密度(40℃)/(g/mL)	熔化热/(J/g)
250	230～270	416～488	−5～0	40～70	0.97	—
650	625～675	166～180	11～19	100～200	0.978	—
1000	950～1050	107～118	25～33	260～320	0.974	90
1400	1350～1450	77～83	27～35	480～700	0.973	—
1800	1700～1900	59～66	27～38	850～1050	0.972	105
2000	1900～2100	53～59	28～40	950～1450	0.972	109
2900	2825～2975	38～40	30～43	3200～4200	0.97	—

注：相同指标，碱值−2～1meq. KOH/30kg（即酸值≤3.74mg KOH/kg，碱值≤1.87mg KOH/kg），水分≤0.015%，色度（APHA）≤40，闪点（开杯）>163℃，折射率（25℃）为 1.464，过氧化物含量（以 H_2O_2 计）<5mg/kg。

LyondellBasell工业公司（利安德巴塞尔）的聚四氢呋喃二醇产品的技术指标和典型物性见表2-69。

表2-69 LyondellBasell工业公司的聚四氢呋喃二醇产品的技术指标和典型物性

产品牌号		Polymeg 650	Polymeg 1000	Polymeg 2000
分子量		625～675	950～1050	1950～2050
羟值/(mgKOH/g)		166.2～179.5	106.9～118.1	54.7～57.5
酸值/(mgKOH/g)	≤	0.05	0.05	0.05
水分/%	≤	0.015	0.015	0.015
色度(APHA)	≤	40	40	40
黏度(40℃)/mPa·s		100～200	240～360	1180～1650
相对密度(40℃)		0.98	0.975	0.972
BHT含量/(mg/kg)		200～350	200～350	200～350

日本三菱化学株式会社全系列聚四氢呋喃二醇产品的技术指标表2-70。目前该公司的聚四氢呋喃二醇产品主要有PTMG-1000、PTMG-2000和PTMG-3000。另外，该公司独资公司菱化高新聚合产品（宁波）有限公司已经在2009年底竣工试产，可以专产聚四氢呋喃二醇。

表2-70 日本三菱化学株式会社全系列聚四氢呋喃二醇产品的技术指标

产品牌号	分子量	羟值/(mg KOH/g)	产品牌号	分子量	羟值/(mg KOH/g)
PTMG 650	650±50	160～187	PTMG 1500	1500±75	71～79
PTMG 850	850±50	125～140	PTMG 1800	1800±100	59～66
PTMG 1000	1000±50	107～118	PTMG 2000	2000±100	53～59
PTMG 1300	1300±65	82～91	PTMG 3000	3000±200	35～40

注：相同指标，酸值≤0.05mg KOH/g，水分≤0.03%，挥发物含量≤0.1%，色度（APHA)≤50。

韩国PTG株式会社的PTMEG产品的技术指标见表2-71。

表2-71 韩国PTG公司聚四氢呋喃二醇的产品规格和物性指标

PTMEG牌号	分子量	羟值/(mg KOH/g)	熔点/℃	黏度(40℃)/mPa·s	相对密度(40/4℃)	折射率	T_g/℃
1000	1000±50	106.9～118.1	24	310	0.975	1.463	−76
1800	1800±50	60.6-64.1	28	1240	0.974	1.464	−76
2000	2000±50	54.7～57.5	32	1445	0.974	1.464	−76
3000	3000±50	36.2～38.7	35	4300	0.970	1.464	NA

注：除羟值外，相同销售指标有，水分≤0.02%，色度（APHA)≤50，酸值≤0.05mg KOH/g，过氧化物（以H_2O_2计)≤10mg/kg，稳定剂（BHT）添加量（220±50)mg/kg，挥发物≤0.1%。熔点、黏度、密度、折射率、玻璃化温度（T_g）为标称分子量时的典型物性；相同物性有，铁离子≤1mg/kg，闪点（开杯)≥260℃。

山西三维集团股份有限公司引进韩国PTG公司技术生产，PTMEG产品的技术指标见表2-72。

表2-72 山西三维集团股份有限公司PTMEG产品技术指标

产品牌号	分子量	羟值/(mg KOH/g)	产品牌号	分子量	羟值/(mg KOH/g)
PTG 250	250±50	374～561	PTG 1800	1810±25	61.1～62.9
PTG 650	650±50	160～187	PTG 1800B	1785±25	62～63.8
PTG 1000	1000±50	107～118	PTG 2000	1990±25	55.7～57.1
PTG 1400	1400±50	77.4～83.1			

注：色度（APHA)≤40，酸值≤0.05mg KOH/g，水分≤0.02%，过氧化物（以H_2O_2计)≤2mg/kg，稳定剂(BHT）添加量（250±50)mg/kg。

台湾大连化学工业股份有限公司及其子公司大连化工（江苏）有限公司采用日本保土谷化学工业株式会社技术生产 PTMEG，其聚四氢呋喃二醇产品的技术指标和典型物性见表 2-73。

表 2-73 台湾大连化学工业股份有限公司 PTMEG（PTG）产品的技术指标和典型物性

产品等级	分子量	羟值/(mg KOH/g)	酸值/(mg KOH/g)	色度(APHA)	水分/%
850	801～890	126～140	≤0.05	≤50	≤0.02
1000	959～1049	107～117	≤0.05	≤50	≤0.02
1400	1336～1457	77～84	≤0.05	≤50	≤0.02
1800	1726～1870	60～65	≤0.03	≤30	≤0.01
2000	1901～2117	53～59	≤0.05	≤50	≤0.02
3000	2877～3206	35～39	≤0.05	≤50	≤0.02

注：色度（APHA)≤50，酸值≤0.05mg KOH/g，水分≤0.02%。

日本保土谷化学工业株式会社的聚四氢呋喃二醇产品的技术指标见表 2-74 和表 2-75。

表 2-74 日本保土谷化学工业株式会社的聚四氢呋喃二醇产品

产品牌号	分子量	羟值/(mg KOH/g)	产品牌号	分子量	羟值/(mg KOH/g)
PTG 650(SN)	603～701	173±13	PTG 1400SN	1350～1450	74±3
PTG 850(SN)	802～891	133±7	PTG 1500	1457～1581	74±3
PTG 1000(SN)	959～1049	112±5	PTG 1800	1726～1901	62±3
PTG 1200SN	1200～1247	85±3	PTG 2000(SN)	1901～2117	56±3
PTG 1300	1275～1369	85±3	PTG 3000	2877～3206	37±2

注：酸值≤0.05mg KOH/g，水分≤0.02%，色度（APHA)≤50。PTG 650（SN）表示有 PTG 650 和 PTG 650SN 两种品级。SN 表示窄分子量分布产品。

表 2-75 日本保土谷化学工业株式会社部分聚四氢呋喃二醇的详细典型物性

指　　标	PTG 1000	PTG 2000	PTG 1000SN	PTG 2000SN
外观	常温为白色蜡状固体(30℃以上为无色透明液体)			
平均分子量	1000	2000	1000	2000
标称羟值/(mg KOH/g)	112	56	112	56
分子量分布(M_w/M_n)	2.1	2.0	1.6	1.4
凝固点/℃	18～22	22～25	18～22	22～25
熔点/℃	—	—	24	27
闪点(开杯)/℃　≥	260	260	260	260
相对密度(40/4℃)	0.976	0.974	0.976	0.974
黏度(40℃)/mPa·s	366	1320	272	960
比热容/[J/(g·K)]	2.11	2.08	2.11	2.08

注：上述数据取自 20 世纪 90 年代初的日文产品说明书。

2.3.3 四氢呋喃共聚物二醇

2.3.3.1 含支链聚四氢呋喃二醇 PTG-L

日本保土谷化学工业株式会社的 PTG-L 系列是由四氢呋喃和侧基取代四氢呋喃共聚得到的改性聚四氢呋喃二醇，这类二醇既具有 PTG 产品的独特物性，又改善了普通 PTG 产品的室温结晶性，常温下为液体，制得的聚氨酯弹性体具有高弹性，可用于高性能氨纶、聚氨酯弹性体、涂料等。该公司从 1990 年起生产该系列产品。

PTG-L 的结构式如下：

$$HO(CH_2CH_2CH_2CH_2O)_m(CH_2CH_2\underset{}{\overset{R}{C}}HCH_2O)_nH$$

PTG-L 系列改性聚四氢呋喃二醇产品的典型物性见表 2-76。

表 2-76 PTG-L 系列改性聚四氢呋喃二醇产品的典型物性

产品型号	分子量	羟值 /(mg KOH/g)	熔点 /℃	黏度(40℃) /mPa·s	密度(40℃) /(g/cm³)	MWD (M_w/M_n)
PTG-L 1000	943～1069	105～119	6	344	0.978	2.1
PTG-L 2000	1839～2200	51～61	9	1219	0.977	2
PTG-L 3000	2805～3300	34～40	9	2519	0.975	1.5
PTG-L 4000	3740～4488	25～30	11	4480	0.974	1.3
PTG 1000	959～1049	107～117	24	268	0.977	1.6
PTG 2000	1901～2117	53～59	27	1070	0.974	1.6

注：相同指标：水分≤0.02%，色度（APHA)≤50，闪点（开杯)≥260℃，PTG-L 酸值≤0.10mg KOH/g，PTG 酸值≤0.05mg KOH/g。表中 PTG 两个产品为对比用。

PTG-L 系列液态聚四氢呋喃二醇和聚四氢呋喃二醇 PTG 对聚氨酯弹性体低温硬度的影响如图 2-2 所示。可见，普通 PTG 制成的弹性体低温结晶明显，硬度随温度降低而增加；而 PTG-L 基弹性体的硬度与温度关系不大。

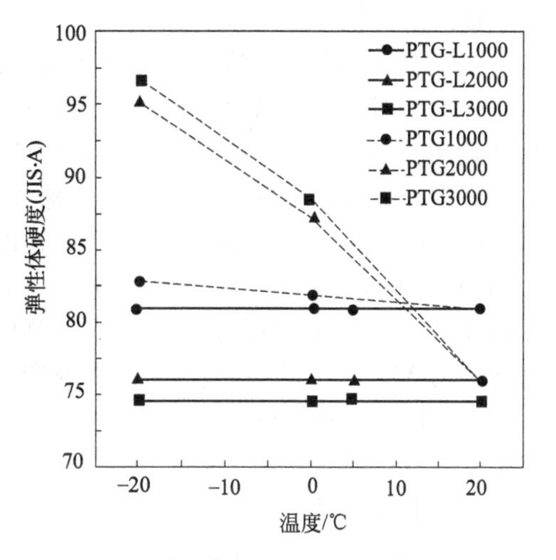

图 2-2 不同聚四氢呋喃原料对聚氨酯弹性体低温硬度的影响

2.3.3.2 含支链聚四氢呋喃二醇 PTXG

日本旭化成株式会社生产一类由四氢呋喃与新戊二醇得到的 PTXG 共聚物二醇，结构式如下。

$$HO\!-\!(CH_2CH_2CH_2CH_2O)_m\!-\!(CH_2\overset{CH_3}{\underset{CH_3}{C}}CH_2O)_n\!-\!H$$

PTXG 共聚物二醇常温下为透明浅黄色液体，分子量分布较窄。25℃相对密度为 0.975，比热容为 1.92J/(g·K)，闪点>200℃。

PTXG 产品的典型物性指标见表 2-77。

表 2-77 PTXG 产品的典型物性指标

指 标	PTXG-1000	PTXG-1500	PTXG-1800
分子量	1000	1500	1800
羟值/(mg KOH/g)	112	73	61
M_w/M_n(GPC)	1.6	NA	1.7
熔点/℃	3.2	6.3	8.1
玻璃化温度 T_g/℃	−87	−86	−86
黏度(40℃)/mPa·s	280	400	530

注：相同指标，色度（APHA)<40，水分<0.02%，酸值<0.8mg KOH/g。

与 PTMEG 相比，用 PTXG 制得的聚氨酯具有低结晶性和低拉伸变定。

2.3.3.3 四氢呋喃-氧化丙烯共聚醚二醇

英文名：tetrahydrofran oxypropylene copolyether glycol

四氢呋喃与氧化丙烯的共聚醚二醇结合了PTMEG和PPG的特点，其弹性体具有成本与性能的平衡。

四氢呋喃-氧化丙烯共聚二醇结构式如下：

$$
\begin{array}{l}
\qquad\qquad\qquad\quad CH_3 \\
\qquad\qquad\qquad\quad | \\
H_2C-O-(CH_2-CH-O)_{n_1}-(CH_2-CH_2-CH_2-CH_2-O)_{m_1}-H \\
\ \ | \\
H_2C-O-(CH_2-CH-O)_{n_2}-(CH_2-CH_2-CH_2-CH_2-O)_{m_2}-H \\
\qquad\qquad\qquad\quad | \\
\qquad\qquad\qquad\quad CH_3
\end{array}
$$

物化性能

四氢呋喃-氧化丙烯共聚醚室温下为淡黄色液体。

制法

该产品是由四氢呋喃与环氧丙烷在路易斯酸催化剂的作用下低温开环聚合，再经中和、水洗、过滤和脱色等工序而成。

特性及用途

该产品与聚酯多元醇、聚四氢呋喃二醇、聚氧化丙烯多元醇一样，可应用于聚氨酯泡沫、弹性体、黏合剂、涂料等，由于该产品的特殊结构，性能近似于PTMEG，可赋予其制品高强度、耐油、耐低温等优异性能，特别适用于制造主要用于特殊耐低温聚氨酯弹性体以及聚氨酯胶黏剂等，耐寒可达－200℃。

日本日油株式会社（原日本油脂株式会社Nippon Oil&Fats Co.，Ltd.，英文现名NOF Corporation）油化事业部的四氢呋喃-氧化丙烯共聚醚二醇，以前牌号为Unisafe DCB-1000、DCB-2000和DCB-4000，目前该系列无规共聚二醇牌号改为Polycerine DCB-1000、DCB-2000和DCB-4000，凝固点低于0℃，具体指标不详，可按订单生产。另外还有一种名称为Ng210的Mw1000的四氢呋喃-氧化丙烯共聚醚二醇，厂家暂不详。

在国内，这种共聚醚有些研究报道，曾经有山西省化工研究所合成材料厂、江苏扬州合成化工厂（已关停）生产过分子量为1000～2000的四氢呋喃-氧化丙烯共聚醚，目前国内似乎已无工业化产品。

2.3.3.4 四氢呋喃-氧化乙烯共聚二醇

日油株式会社生产四氢呋喃（THF)-氧化乙烯（EO）无规共聚二醇，牌号为Polycerin DC-1100、DC-1800E和DC-3000E的四氢呋喃-氧化乙烯共聚醚二醇常温都为液体，对应的分子量分别为1000、1800和3000。

另外，有资料表明该公司原牌号Unisafe DC-1000、DC-1800和DC-3000的四氢呋喃-氧化乙烯无规共聚二醇，其EO/THF摩尔比分别约为65/35、50/50和50/50，相应EO/THF质量比分别为50/50、40/60和35/65。

这种共聚醚二醇结合了PTMEG和PEG的优点，制得的聚氨酯弹性材料具有柔韧性、亲水性、透湿性、低温弹性，可用于运动鞋、PU革等材料，用于合成革涂层具有优异的低温柔软性，甚至在零下20℃下PU革还保持柔软。

2.4 聚氧化乙烯多元醇

聚氧化乙烯二醇是一类由乙二醇或二甘醇为起始剂，由环氧乙烷聚合而成的聚醚二醇。

别名：聚乙二醇。

简称：PEG。

英文名：polyoxyethylene glycol；polyethylene glycol；ethylene glycol polymer；ethoxylated 1,2-ethanediol；1,2-ethanediol，homopolymer；ethylene oxide，homopolymer 等。

聚氧化乙烯二醇的 CAS 编号为 25322-68-3，化学结构式为 $HO(CH_2CH_2O)_nH$。

物化性能

聚氧化乙烯二醇常温为无色透明液体或白色蜡状固体，无毒、无刺激性，具有良好的水溶性，并与许多有机物有良好的相溶性。它们具有优良的润滑性、保湿性、分散性、抗静电性及柔软性等。

国内聚氧化乙烯二醇系列产品的主要质量指标见表 2-78。

表 2-78　国内聚乙二醇（PEG）系列产品的主要质量指标

品种	平均分子量	外观(25℃)	熔点/℃	黏度(40℃)	羟值/(mg KOH/g)
PEG-200	190～210	无色透明液体	50±2	22～23	534～590
PEG-400	380～420	无色透明液体	5±2	37～45	268～294
PEG-600	570～630	无色透明液体	20±2	1.9～2.1	178～196
PEG-800	760～840	白色膏体	28±2	2.2～2.4	133～147
PEG-1000	950～1050	白色蜡状	37±2	2.4～3.0	107～118
PEG-1500	1425～1575	白色蜡状	46±2	3.2～4.5	71～79
PEG-2000	1800～2200	白色固体	51±2	5.0～6.7	51～62
PEG-4000	3600～4400	白色固体	55±2	8.0～11	25～32
PEG-6000	5500～7500	白色固体	57±2	12～16	15～20
PEG-8000	7500～8500	白色固体	60±2	16～18	12～15
PEG-10000	8600～10500	白色固体	61±2	19～21	8～11
PEG-20000	18500～22000	白色固体	62±2	30～35	—

注：pH 值为 6.0～8.0，黏度单位为 mm^2/s。

日本日油株式会社的专用于聚氨酯的 PEG U 系列去除了产品中的重金属离子，解决了一般 PEG 在制备聚氨酯时可能发生的暴聚和凝胶问题。

美国 Arch 化学品公司有两个氨酯级 PEG 产品，其典型物性指标见表 2-79。

表 2-79　美国 Arch 化学品公司的氨酯级 PEG 产品典型物性

产品型号	标称 M_w	羟值/(mg KOH/g)	黏度(99℃)/(mm^2/s)	相对密度	pH 值
21-77	1400	77	18	1.114/50℃	6.0
21-112	1000	112	18	1.128/25℃	5.5

注：水分≤0.05%，酸值≤0.05mg KOH/g，色度（25%溶液）≤30APHA。

美国 Perstorp 多元醇公司的多元醇 TP200 是以三羟甲基丙烷为起始剂的聚氧化乙烯三醇，分子量为 1010，典型羟值为 165mg KOH/g，黏度（23℃）约为 350mPa·s，灰分（钾钠离子）为 50mg/kg。该公司的多元醇 PP150 是以季戊四醇为起始剂的聚氧化乙烯四醇，分子量为 800，典型羟值为 290mg KOH/g，黏度（23℃）约为 450mPa·s，灰分（钾钠离子）为 50mg/kg。这些低分子量的亲水性多元醇用于合成聚氨酯及水性聚合物。该公司生产的低聚合度聚氧化乙烯三醇和四醇用作聚氨酯泡沫及弹性体的交联剂。

以 EO 为主的 EO/PO 共聚醚多元醇可用于水溶性聚氨酯，如灌浆材料等，国内几个厂有产品。中国石化集团天津石化公司聚醚部的 TEP-505S 是高 EO 含量的共聚醚三醇。

特性及用途

PEG 在化妆品、制药、化纤、橡胶、塑料、造纸、涂料、电镀、农药、金属加工及食品加工等行业中均有着极为广泛的应用。主要用作药物的水溶性软膏基质、栓剂基质、膜材和囊材等，在化妆品等行业用作保湿剂、润湿剂等。聚乙二醇系列产品可作为酯型表面活性剂的原料。

聚氧化乙烯二醇很少用于单独合成聚氨酯，因为吸湿性严重、强度低，甚至不能固化。但可用于改善某些特殊聚氨酯产品的亲水性，可赋予聚氨酯树脂透湿性，小分子量 PEG 可用作扩链剂。

生产厂商

杭州电化集团助剂化工有限公司，江苏四新界面剂科技有限公司（原苏北化工有限公司），抚顺佳化聚氨酯有限公司，美国陶氏化学公司，邢台蓝星助剂厂，江苏省海安石油化工厂，北京国人逸康科技有限公司，日本日油株式会社等。

2.5 聚三亚甲基醚二醇

聚三亚甲基醚二醇（polytrimethylene diol）是一种特殊的聚亚丙基醚二醇，它和常见的聚氧化丙烯二醇（PPG）有些像同分异构体，不同之处在于 PPG 是由氧化丙烯即环氧丙烷开环聚合得到，含侧甲基、端仲羟基；聚三亚甲基醚二醇是由 1,3-丙二醇聚合得到的直链高性能聚醚二醇，结构上与聚四氢呋喃二醇类似，端羟基为活性较高的伯羟基。

结构式：$HO[CH_2CH_2CH_2O]_nH$。

美国 DuPont 公司近年来已经把这种新聚醚二醇工业化。该公司从玉米通过生物技术制得 1,3-丙二醇，再通过一步法缩聚工艺制得聚三亚甲基醚二醇，产品牌号为 Cerenol，称为 Cerenol H 系列均聚物。据介绍它是 100% 的可再生资源制造，低能耗，低毒性，可生物降解。

DuPont 公司的 Cerenol H 系列聚三亚甲基醚二醇的典型物性指标见表 2-80。

表 2-80 DuPont 公司的 Cerenol H 系列聚三亚甲基醚二醇的典型物性指标

Cerenol 牌号	分子量	羟值 /(mg KOH/g)	熔点 /℃	密度(40℃) /(g/mL)	黏度(40℃) /mPa·s
H650	600～700	187.0～160.3	9～11	1.019	100～150
H1000	900～1100	124.7～102.0	12～14	1.018	190～260
H1400	1300～1450	86.3～77.4	15～17	1.017	310～420
H2000	1900-2100	59.1～53.4	16～18	1.016	720～850
H2400	2300～2500	48.8～44.9	17～19	1.016	950～1100

注：不饱和度≤0.02mmol/g，碱度为－2.0～2.0meq/30kg，色度（APHA)≤50。

Cerenol H 系列聚三亚甲基醚二醇具有与 PTMEG 相似的耐热氧化性能。它是液态无定形相，黏度低，操作方便，并且即使在－5℃低温结晶速率也比 PTMEG 慢。DuPont 公司已经用这种聚醚二醇生产聚氨酯瓷漆，据介绍它具有优异的耐久性、光泽和保色性。在汽车底漆和清漆配方中使用少量 Cerenol 聚醚二醇，可改善柔韧性和抗石屑性能。

DuPont 公司还生产四氢呋喃与 1,3-丙二醇的共聚物二醇 Cerenol G 系列，产品品种不详，据介绍其中可再生资源占 70%～80%。

2.6 芳香族聚醚多元醇

芳香族聚醚多元醇一般指含苯环的聚醚多元醇。此处不包含苯乙烯接枝的聚合物多元醇。含苯环的聚醚多元醇具有耐热、阻燃等特点。

获得芳香族聚醚多元醇的途径比较多，例如工业上还有甲苯二胺、二苯甲烷二胺等芳香族胺作起始剂进行环氧丙烷/环氧乙烷开环聚合，可得到四羟基聚醚；用苯酚、甲醛、仲胺等为原料合成含苯环的起始剂，再合成芳香族聚醚多元醇；还有用双酚 A（BPA）作起始剂合成双酚 A 聚醚多元醇。

2.6.1　芳香族聚醚二醇

可以用苯胺或取代苯胺等含两个活性氢的胺化合物都可以作起始剂合成聚醚二醇，这类叔氨基聚醚二醇产品主要用作弹性体扩链剂。其他工业化产品还有以双酚 A 为起始剂的聚醚二醇。

双酚 A/环氧乙烷聚醚的 CAS 编号为 32492-61-8 和 29086-67-7。英文名为 ethoxylated bisphenol A 等，别名为双酚 A 聚氧化乙烯醚。

双酚 A/环氧丙烷聚醚（propoxylated bisphenol A，双酚 A 聚氧化丙烯醚）的 CAS 编号为 37353-75-6 和 29694-85-7。双酚 A/PO/EO 共聚醚（ethoxylated/propoxylated bisphenol A，双酚 A 聚氧化乙烯-氧化丙烯醚）的 CAS 编号为 62611-29-4、52367-02-9 和 65324-64-3。

双酚 A 聚氧化乙烯醚的结构式：

HO-[-CH₂CH₂-O-]ₙ-C₆H₄-C(CH₃)₂-C₆H₄-[-O-CH₂CH₂-]ₙ-OH

日本青木油脂工业株式会社的 Blaunon BEO 和 Blaunon BPO 系列，日本乳化剂株式会社的 BA 系列，以及法国 SEPPIC 公司的 Dianol 和 Agodiol 等牌号的双酚 A/氧化烯烃聚醚二醇的典型物性指标见表 2-81 和表 2-82。日本保土谷化学公司曾经推出的 BEP 多元醇是用双酚 A 作为起始剂，与氧化丙烯聚合而制得，用于聚氨酯硬泡，提高耐热性和尺寸稳定性等性能。

表 2-81　几个外国公司的双酚 A/氧化乙烯聚醚二醇的典型物性指标

EO 数	标称	黏度/Pa·s	青木油脂产品		日本乳化剂产品		法国 SEPPIC 产品	
	M_w	状态	牌号	羟值	牌号	羟值	牌号	羟值
3	360	NA	—	—	BA-3U	304～324	—	—
4	405	10,黏稠	BEO-4	276	BA-4U	270～290	Dianol 240/1	280
6	500	3,液体	BEO-6	225	BA-6U	223～233	Dianol 265	220
8	580	液体	—	—	BA-8	185～205	—	—
10	668	液体	BEO-10	168	BA-10	160～180	—	—
17.5	1000	液体	BEO-17.5	110	BA-17	110～125	—	—
20	1108	液体	BEO-20	—	—	—	—	—
30	1548	半固态	BEO-30	73	—	—	—	—

表 2-82　几个外国公司的双酚 A/氧化丙烯聚醚二醇的典型物性指标

PO 数	标称	黏度/Pa·s	青木油脂产品		日本乳化剂产品		法国 SEPPIC 产品	
	M_w	状态	牌号	羟值	牌号	羟值	牌号	羟值
3	400	36,液体	BPO-3	280	BA-P3	272～288	Agodiol P3	280
4	460	液体	BPO-4	244	BA-P4U	245～260	—	—
6	580	液体	BEO-6	196	—	—	—	—
8	700	液体	—	—	BA-P8	160～180	—	—
12	920	1,液体	—	—	—	—	Simulsol BPRP	130

注：日本青木油脂工业株式会社聚醚二醇水分≤0.1%，日本乳化剂株式会社多数产品水分≤0.5%。羟值单位为 mg KOH/g。表中 EO（氧化乙烯）和 PO（氧化丙烯）的数目指一个双酚 A 分子所结合的氧化烯烃分子数。

杭州白浪助剂有限公司的增韧树脂 A-206 是双酚 A 聚氧乙烯醚（BPA+6EO），为无色至浅黄色透明液体，羟值为 220～230mg KOH/g，酸值≤0.1mg KOH/g，钾钠离子≤15mg/kg。国都化工（昆山）有限公司 BP-11 是以双酚 A 为起始剂的聚醚，羟值为 280～300mg KOH/g，黏度为 800～2200（60℃），色度≤100，酸值≤0.2mg KOH/g。江苏省海安石油化工厂、沈阳普瑞兴精细化工有限公司也生产双酚A聚氧乙烯醚。

这些双酚A/氧化乙烯以及双酚A/氧化丙烯聚醚，可以用于聚氨酯弹性体、聚氨酯粉末涂料、光固化聚氨酯丙烯酸涂料、胶黏剂、聚氨酯及PIR泡沫塑料等，材料具有良好的韧性、硬度、阻燃性、耐热性和耐水性。这类芳香族多元醇也用于环氧树脂、丙烯酸酯以及聚酯树脂等。

2.6.2 Mannich聚醚多元醇

官能度大于3的芳香族聚醚可以通过芳香族二胺如甲苯二胺等很容易地制备，有部分硬泡聚醚是这样的产品。例如中国石化集团天津石化公司聚醚部的硬泡聚醚TDA-401是以三乙醇胺和甲苯二胺为起始剂的聚氧化丙烯多元醇，羟值为385～415mg KOH/g，黏度为9～17Pa·s，官能度约3.7。

利用Mannich反应是制备硬泡聚醚多元醇的一种重要途径。含有活泼氢的化合物（如酚类）、醛（通常为甲醛）及碱性胺（伯胺、仲胺）进行三元缩合反应，反应活泼氢被胺甲基取代，所得产物称为Mannich碱。此反应又称为胺甲基化反应。在聚醚生产中，以苯酚（或壬基酚等）、甲醛和二元醇胺为原料，利用Mannich反应，可制备芳胺多元醇（Mannich碱）起始剂，再进行氧化烯烃的开环聚合，即制得含苯环的聚醚多元醇，或称Mannich多元醇。通过控制起始剂的官能度和氧化烯烃的用量，聚醚多元醇的羟值和官能度可以调节，官能度一般在3～7之间。聚醚中含酚醛结构芳环、叔氨基，苯环的引入使聚氨酯制品具有优异的耐热、阻燃和力学性能，而叔氨基使其具有一定的自催化性，在发泡配方中可以不用或少用催化剂。

有些厂家的硬泡聚醚就是以此类方法制得。例如方大锦化化工科技股份有限公司的硬泡聚醚JH-4548用了甘油、Mannich碱、蔗糖和山梨醇复合起始剂合成，羟值为440～480 mg KOH/g，pH值为9～11，黏度为1700～2400mPa·s。而其中Mannich碱（起始剂）是由苯酚、双酚A、二乙醇胺和甲醛制备的。另外，中国石化天津石化公司聚醚部的喷涂硬泡用聚醚多元醇SY-6560就是利用Mannich起始剂再与PO聚合制得，其官能度约为6，羟值为540～600mg KOH/g，黏度为2000～2400mPa·s。

· 第3章 · 聚酯多元醇

广义上，聚酯多元醇包括常规聚酯多元醇、聚己内酯多元醇和聚碳酸酯二醇，它们含酯基（COO）或碳酸酯基（OCOO），但实际上人们所指的聚酯多元醇是由二元羧酸与二元醇等通过缩聚反应得到的聚酯多元醇。

3.1 常规聚酯多元醇

聚酯多元醇（polyester polyol）是聚酯型聚氨酯的主要原料之一，根据是否含苯环，可分为脂肪族多元醇和芳香族多元醇。其中脂肪族多元醇以己二酸系聚酯二醇为主。

合成聚酯多元醇所常用二元醇和二元酸见第 5.1.2 小节。

3.1.1 己二酸系聚酯二醇

普通脂肪族聚酯多元醇实际上以聚酯二醇居多，一般是由己二酸（少量产品采用癸二酸）与乙二醇、丙二醇、1,4-丁二醇、一缩二乙二醇（即二甘醇）等二醇中的一种或两种（以上）缩聚而成。

常见的几种己二酸系聚酯二醇的英文名和 CAS 编号如下。

中文名	常见英文名	CAS 编号
聚己二酸乙二醇酯二醇	poly(ethylene adipate)glycol	24938-37-2
聚己二酸丙二醇酯二醇	poly(propylene adipate)glycol	25101-03-5
聚己二酸丁二醇酯二醇	poly(1,4-butylene adipate)glycol	25103-87-1
聚己二酸二甘醇酯二醇	poly(diethylene adipate)glycol	9010-89-3
聚己二酸新戊二醇酯二醇	poly(neopentyl adipate)glycol	27925-07-1
聚己二酸己二醇酯二醇	poly(1,6-hexamethylene adipate)glycol	25212-06-0
聚己二酸乙二醇丁二醇酯二醇	poly(ethylene/butylene adipate)glycol	26570-73-0
聚己二酸乙二醇丙二醇酯二醇	poly(ethylene/propylene adipate)glycol	26523-14-8
聚己二酸乙二醇二甘醇酯二醇	poly(ethylene/diethylene adipate)glycol	25214-18-0
聚己二酸丁二醇己二醇酯二醇	poly(butylene/hexamethylene adipate)glycol	25214-15-7
聚己二酸己二醇新戊二醇酯二醇	poly(hexamethylene/neopentyl adipate)glycol	25214-14-6

采用混合二醇或混合二酸制得的聚酯结构式复杂。下面仅列出己二酸（AA）与乙二醇（或丁二醇等）所合成的聚酯二醇的结构式。

$$H{-}\!\!\left[O(CH_2)_aO{-}\overset{\overset{O}{\|}}{C}{-}(CH_2)_4{-}\overset{\overset{O}{\|}}{C}\right]_n\!\!O(CH_2)_aOH$$

式中，$O(CH_2)_aO$ 表示小分子二醇链节，a=2、3、4、6 等。—$CO(CH_2)_4CO$—表示己二酸链节。

物化性能

根据原料组成的不同，聚酯二醇常温下为乳白色蜡状固体或无色至浅黄色黏稠液体。固态聚酯熔点在25～50℃，烘化后即为黏稠液体。微溶于水。聚酯酸值一般低于1.0mg KOH/g。

聚酯多元醇基本上无毒性，当不慎进入眼内或溅落到皮肤上时应立即用自来水清洗。长期接触皮肤可能产生轻微刺激，操作时最好戴上防护镜和手套。

化工行业标准HG/T 2707—1995《聚酯多元醇规格》规定了几种己二酸系聚酯多元醇的理化性能指标，采用行业标准推荐的聚酯命名。目前大多数厂家的聚酯色度、酸值已经达到或超过这些指标。

部分己二酸系传统聚酯二醇的技术指标见表3-1。

常规命名中与英文缩写相对应，如聚己二酸乙二醇酯二醇（polyethylene adipate glycol）简称PEA。第一个P代表“聚合”之意；最后一个字母或末位第二的A表示己二酸（AA），I代表间苯二甲酸，P代表邻苯二甲酸；中间字母E代表乙二醇（EG），D代表二甘醇（DEG），B代表1,4-丁二醇（BDO），P代表1,2-丙二醇（PG），H代表1,6-己二醇（HDO），N代表新戊二醇（NPG），M代表2-甲基丙二醇（MPD），T代表三羟甲基丙烷（TMP），G代表甘油（Gly）。英文缩写后的数字代表聚酯的分子量。

表3-1 部分己二酸系传统聚酯二醇的技术指标

型号	分子量	羟值/(mg KOH/g)	熔点/℃	黏度(75℃)/mPa·s	其他温度下的典型黏度/mPa·s	代表性牌号
PDA-1000	1000	97～117	<5	150～200	1500(25℃)	5100-1000
PDA-2000	2000	51～61	<5	750～950	8000(25℃)	POL-156
PEA-3000	3000	34～42	蜡状	1600～1800	—	PE-230
PEA-2000	2000	53～59	40～50	600～750	1300(60℃)	CMA-24
PEA-1000	1000	106～118	35～45	100～200	380(60℃)	CMA-1024
PBA-2000	2000	53～59	40～50	600～750	1300(60℃)	CMA-44
PBA-1000	1000	106～118	35～45	100～250	380(60℃)	CMA-1044
PBA-580	580	185～205	30～40	50～150	—	CMA-44-600
PHA-1000	1000	109～115	45～50	—	—	YA-7610
PHA-2000	2000	52～58	55～60	—	—	YA-7620
PHA-3000	3000	37～41	60～65	—	—	YA-7630
PEBA-2000	2000	53～59	25～35	700～900	4000(40℃)	CMA-244
PEBA-1500	1500	71～79	20～30	200～500	2000(40℃)	MX-785
PEBA-1000	1000	106～118	20～30	100～300	800(40℃)	MX-355
PEDA-2000	2000	53～59	30～40	500～800	—	CMA-254
PEDA-2000B	2000	53～59	<5	500～750	—	MX-2016
PEDA-1500	1500	71～79	<5	200～500	1800(40℃)	MX-706
PETA-2000	2000	57～63	<0	1000～1600	—	MX-2325
PHNA-1500	1500	71～79	30～40	300～600	—	CMA-654
PEPA-2000	2000	53～59	50～60	500～800	—	ODX-218

制法

聚酯的合成分两个主要阶段。第一阶段是把二元羧酸、二元醇（及微量催化剂）加入反应器中，在140～220℃进行酯化和缩聚反应，控制分馏塔（柱）顶温度在100～102℃，常压蒸除生成的绝大部分的副产物水后，在200～230℃保温1～2h，此时酸值一般已降低到20～30mg KOH/g。第二阶段抽真空，并逐步提高真空度，减压除去微量水和多余的二醇化合物，使反应向生成低酸值聚酯多元醇的方向进行，可称为“真空熔融法”。也可持续通入氮气等惰性气体以带出水，称为“载气熔融法”。也可以在反应体系中加入甲苯等共沸溶剂，在甲苯回流时用分水器将生成的水缓慢带出，此法称为“共沸蒸馏法”。

另外，近年来已经研究出酶催化合成聚酯多元醇的技术，不过离工业化似乎还有一段距离。

特性及用途

聚酯型聚氨酯具有较多的酯基、氨酯基等极性基团，内聚强度和附着力强，具有较高的强度、耐磨性等性能。因此脂肪族聚酯二醇多用于生产浇注型聚氨酯弹性体、热塑性聚氨酯弹性体、微孔聚氨酯鞋底、PU革树脂、聚氨酯胶黏剂、聚氨酯油墨和色浆、织物涂层等。由己二酸与1,4丁二醇、1,6-己二醇或乙二醇制得的聚酯二醇为蜡状固体，得到的聚氨酯弹性体结晶性强，初黏力大；由带侧基的二醇制得的聚酯如PMA和PPA常温呈液态，柔软，用于油墨、软革等，PMA耐水解性较好。

国内生产厂商

浙江华峰新材料股份有限公司，山东烟台华大化学工业公司，青岛新宇田化工有限公司，烟台华鑫聚氨酯有限公司，江苏德发树脂有限公司，旭川化学（苏州）有限公司，无锡市新鑫聚氨酯有限公司，洛阳吉明化工有限公司，佛山市高明区业晟聚氨酯有限公司，长兴化学工业（中国）有限公司，高鼎精细化工（昆山）有限公司，福建南光轻工有限公司，江苏省泰兴市茂尧聚氨酯塑料制品厂，浙江台州埃克森聚氨酯有限公司，广东省高明市华驰化工树脂有限公司，常州市三河口聚氨酯有限公司，辽阳市星火聚氨酯有限公司，温州德泰树脂有限公司，温州市隆丰化学工业有限公司，辽阳东辰聚氨酯有限公司，温州市宏得利树脂有限公司，潮州市立信高分子材料有限公司（原广东潮州市虫胶厂），成都意泰利聚氨酯实业有限公司等。

3.1.2　芳香族聚酯多元醇

别名：芳烃聚酯多元醇，苯酐聚酯多元醇。

英文名：aromatic polyester polyol；aromatic polyol。

芳香族聚酯多元醇即是含苯环的聚酯多元醇，一般是指以芳香族二元羧酸（或酸酐、酯）与二元醇（或及多元醇）为原料合成的聚酯多元醇。聚酯的原料一般是邻苯二甲酸酐（苯酐、PA）、对苯二甲酸（PTA）、间苯二甲酸（IPA）等，常用的二元醇原料是一缩二乙二醇（二甘醇、DEG），也可采用其他二醇等，加入少量三元醇可使聚酯多元醇分子有支链结构。

聚邻苯二甲酸一缩二乙二醇酯二醇CAS编号为32472-85-8，结构式：

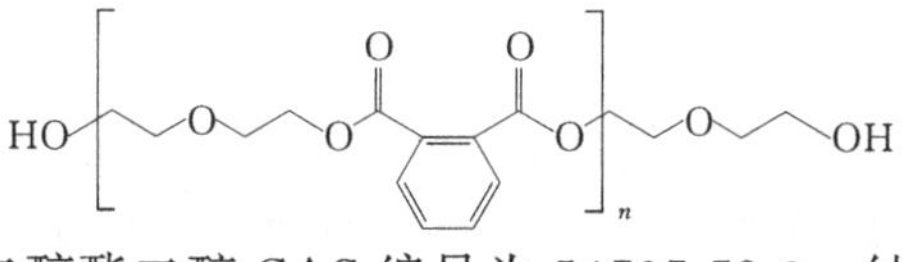

聚邻苯二甲酸-1,6-己二醇酯二醇CAS编号为54797-78-3，结构式：

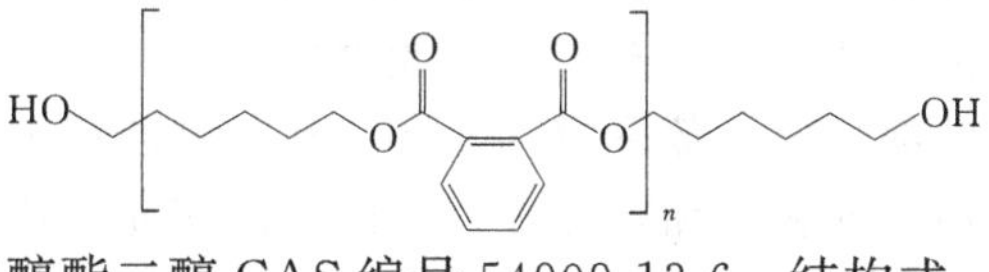

聚邻苯二甲酸新戊二醇酯二醇CAS编号54909-13-6，结构式：

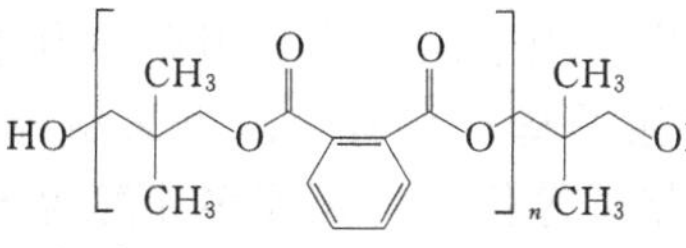

聚邻苯二甲酸新戊二醇己二醇酯二醇CAS编号为74499-74-4。

聚氨酯行业使用的芳香族聚酯多元醇产品，目前以苯酐聚酯多元醇为主。另外还有由涤纶聚酯废料、PTA残渣等原料与一缩二乙二醇等原料通过酯交换反应制得对苯二甲酸聚酯多元醇，以及由对苯二甲酸、间苯二甲酸、己二酸、癸二酸等二元酸与乙二醇、二甘醇、新戊二醇等二元醇缩聚得到的中高分子量芳香族共聚酯二醇。

物化性能

芳香族聚酯多元醇为淡黄色至棕红色、黏性透明的黏稠液体，性质稳定，略带芳香气味，无毒，无腐蚀性，不溶于水，与绝大多数有机物相溶性好，为非易燃易爆品。芳香族多元醇以聚酯二醇居多，官能度一般在2~3之间。芳香族聚酯二醇的黏度比同等分子量的脂肪族聚酯二醇的高。部分代表性的苯酐聚酯二醇的典型物性见表3-2。

表3-2 部分代表性的苯酐聚酯二醇的典型物性

Stepanpol 牌号	组成	平均分子量	典型黏度(25℃) /mPa·s	相对密度 (25℃)	T_g /℃
PS-4002	DEG/PA	280	1300	1.22	NA
PS-3152	DEG/PA	350	2700	1.24	NA
PS-2402	DEG/PA	450	8000	1.25	NA
PD-200LV	DEG/PA	560	3500或220/80℃	1.19	−60
PS-2002	DEG/PA	570	26000	1.26	NA
PS-1752	DEG/PA	650	3800	1.26	−47
PD-110LV	DEG/PA	1000	11000或500/80℃	1.15	−60
PS-70L	DEG/PA	1600	1900	1.076	NA
PD-56	DEG/PA	2000	6000/80℃	1.27/75℃	−1
PN-110	NPG/PA	1000	≥950/100℃	1.24	26
PH-56	1,6-HD/PA	2000	4400/80℃	1.16	−15

注：本表数据参考美国Stepan公司的产品说明书。T_g是指纯聚酯的玻璃化温度，固化后的T_g会改变。NA表示数据不详。

部分公司的芳香族聚酯的典型物性见有关厂家的产品表格。

制法

芳香族聚酯多元醇的制造方法与脂肪族聚酯多元醇相似，不同的是采用苯酐为主要二元酸成分，缩聚过程产生的水较少；大部分芳香族聚酯多元醇具有高羟值，合成时醇类原料相对于酸过量较多。

以涤纶聚酯废料、PTA残渣等原料与一缩二乙二醇通过酯交换反可制得芳香族聚酯多元醇。由于成本低廉，颇有竞争力。

特性及用途

由芳香族聚酯制得的聚氨酯具有优良的耐水解性、耐热性和黏附性。

苯酐聚酯多元醇以及由废涤纶/废PTA制得的芳香族聚酯多元醇一般用于制造硬质聚氨酯泡沫塑料。以高羟值芳香族聚酯多元醇为基的硬质泡沫塑料，其阻燃性优于聚醚多元醇为基的泡沫塑料。聚氨酯泡沫塑料行业多以芳香族聚酯多元醇替代聚氨酯泡沫塑料和聚异氰酸酯硬质泡沫塑料配方中的部分或全部聚醚多元醇。在冬季冰箱组合料配方中加入部分芳香族聚酯多元醇，还可提高泡沫的韧性和粘接性。苯酐聚酯多元醇特别适宜用于聚异氰脲酸酯（PIR）泡沫，泡沫塑料中含大量苯环，既提高了泡沫的耐热性，同时又改善了制品的阻燃性。国内外将芳香族聚酯多元醇广泛用于制造建筑用夹心泡沫板材生产和建筑业现场喷涂施工。这种含有聚酯的聚氨酯硬泡除了基本具有聚醚型聚氨酯硬泡的性质外，还具有泡沫细腻、韧性好、阻燃性能优良、价格低等优点。聚酯多元醇含大量的伯羟基，活性高，可在低温施工，还可降低催化剂用量。在硬泡行业的具体应用领域有：硬质泡沫板材和夹心板，冰箱、冰柜绝热用组合料、热水器绝热用组合料、喷涂硬泡、仿木材、单组分硬泡、超低密度包装泡沫、硬质微孔鞋底料等。

较低羟值的苯酐聚酯二醇还可用于高回弹软质泡沫塑料、整皮泡沫和半硬泡，也可用于非泡沫聚氨酯，如聚氨酯涂料、胶黏剂（无溶剂覆膜胶、反应型热熔胶、普通溶剂型胶黏剂等）、弹性体等。

由对苯二甲酸、间苯二甲酸、己二酸、癸二酸等二元酸中的一种或两种，与乙二醇、二甘醇、新戊二醇、甲基丙二醇等二元醇中的一种或两种缩聚得到的中高分子量芳香族共聚酯二醇，一般用于制备双组分溶剂型胶黏剂，这类胶黏剂多用于食品软包装复合薄膜和铝塑复合。

国内生产厂商

南京金陵斯泰潘化学有限公司，浙江华峰新材料股份有限公司，青岛新宇田化工有限公司，常州市派瑞特化工有限公司，青岛瑞诺化工有限公司，江苏省句容宁武化工有限公司，张家港南光化工有限公司，江苏富盛新材料有限公司，南京手牵手化工科技有限责任公司，旭川化学（苏州）有限公司（即太仓旭川树脂有限公司），辽阳东辰聚氨酯有限公司，淄博得福化工有限公司，烟台市福山聚氨酯材料厂，上海港玖实业有限公司，黑龙江省大庆同丰有限公司，绍兴市恒丰聚氨酯实业有限公司，佳化化工集团公司等。

3.1.3 部分知名公司聚酯多元醇产品指标

3.1.3.1 国内部分聚酯多元醇产品指标

烟台华大化学工业有限公司的聚酯多元醇典型指标、物性和用途见表3-3。

表3-3 烟台华大化学工业有限公司的聚酯多元醇典型指标、物性和用途

规格/产品牌号		标称分子量	羟值/(mg KOH/g)	熔点/℃	用途
EG系列	CMA-24	2000	53～59	40～50	涂料/胶黏剂/弹性体
	CMA-1724	1700	62～70	40～50	涂料/胶黏剂/弹性体
	CMA-1524	1500	71～79	35～45	涂料/胶黏剂/弹性体
	CMA-1024	1000	106～118	35～45	涂料/胶黏剂/弹性体
BG系列	CMA-3044	3000	35～39	45～55	涂料/胶黏剂/弹性体
	CMA-44	2000	53～59	40～50	涂料/胶黏剂/弹性体
	CMA-1044	1000	106～118	35～45	涂料/胶黏剂/弹性体
	CMA-44-600	580	185～205	30～40	涂料/胶黏剂/弹性体
EG/BG系列	CMA-244-4000	4000	24～28	35～45	涂料/胶黏剂/弹性体
	CMA-244-3000	3000	35～39	30～40	涂料/胶黏剂/弹性体
	CMA-244	2000	53～59	25～35	涂料/胶黏剂/弹性体
	MX-785	1500	71～79	20～30	涂料/胶黏剂/弹性体
	MX-355	1000	106～118	20～30	涂料/胶黏剂/弹性体
EG/DEG系列	CMA-16037	3000	35～39	35～45	涂料/胶黏剂/弹性体
	CMA-254	2000	53～59	30～40	涂料/胶黏剂/弹性体
	MX-2016	2000	53～59	5～10	涂料/胶黏剂/弹性体
	MX-706	1500	71～79	5～10	涂料/胶黏剂/弹性体
新戊二醇系列	N-112	1000	106～118	35～45	水性PU/胶黏剂
	N-76	1500	71～79	40～50	水性PU/胶黏剂
	N-56	2000	53～59	40～50	水性PU/胶黏剂
1,6-HD系列	CMA-66-2000	2000	53～59	45～55	涂料/胶黏剂/弹性体
	CMA-66-1500	1500	71～79	45～55	涂料/胶黏剂/弹性体
	CMA-66	3000	35～39	40～50	涂料/胶黏剂/弹性体
EG/PG系列	ODX-218	2000	53～58	35～45	涂料/胶黏剂/弹性体
己内酯系列	M-103-ES	2000	53～59	40～50	涂料/胶黏剂/弹性体
	M-108-ES	3000	35～39	45～55	涂料/胶黏剂/弹性体

续表

规格/产品牌号		标称分子量	羟值 /(mg KOH/g)	熔点 /℃	用途
特殊系列	M-460E	2000	53～59	40～50	涂料/胶黏剂/弹性体
	CMB-54	2000	53～59	25～25	涂料/胶黏剂/弹性体
	CMA-2372	2200	47～53	30～40	涂料/胶黏剂/弹性体
	MX-2420	2000	53～59	30～40	涂料/胶黏剂/弹性体
	SC-2000	2000	53～59	40～50	涂料/胶黏剂/弹性体
	CMA-750	1500	71～79	30～40	涂料/胶黏剂/弹性体
	MX-2325	2000	57～63	≤0	涂料/胶黏剂/弹性体
	CMA-654	1500	71～79	30～40	涂料/胶黏剂(用于PVC)

注：酸值为0.1～0.6mg KOH/g，水分<0.03%，色度（APHA）≤80。除己内酯系列和特殊系列外，其他系列大部分是分别由乙二醇（EG）、丁二醇（BG）、一缩二乙二醇（DEG）、丙二醇（PG）或己二醇（1,6-HD）等与己二酸缩聚所得。

青岛新宇田化工有限公司的聚酯多元醇典型指标、物性和用途见表3-4～表3-6。

表3-4 青岛新宇田化工有限公司的己二酸系列聚酯二醇的典型物性指标

系列	牌号	分子量	羟值 /(mg KOH/g)	酸值 /(mg KOH/g)	黏度(温度) /mPa·s	用途
DEG系列	POL-1125	900	120～130	0.1～0.8	1600(25℃)	涂、胶、弹
	POL-156	2000	54～58	0.1～0.8	8000(25℃)	涂、胶、弹
	POL-1180	600	177～183	0.1～0.8	450(60℃)	涂、胶、弹
	POL-138	3000	35～41	0.1～0.8	1000(60℃)	涂、胶、弹
EG系列	POL-2112	1000	106～118	0.1～0.8	380(60℃)	涂、胶、弹
	POL-265	1700	62～68	0.1～0.8	1000(60℃)	涂、胶、弹
	POL-256	2000	53～59	0.1～0.8	1300(60℃)	涂、胶、弹
	POL-238	3000	35～41	0.1～0.8	1800(60℃)	涂、胶、弹
BG系列	POL-3195	600	185～205	0.1～0.8	250(60℃)	涂、胶、TPU
	POL3112	1000	106～118	0.1～0.8	380(60℃)	涂、胶、TPU
	POL-356	2000	53～59	0.1～0.8	1300(60℃)	涂、胶、弹
	POL-345	2500	42～48	0.1～0.8	1500(60℃)	涂、胶、弹
	POL-338	3000	35～41	0.1～0.8	2400(60℃)	涂、胶、弹
	POL-328	4000	26～30	0.1～0.8	NA	涂、胶、弹
	POL-322	5000	20～24	0.1～0.8	NA	涂、胶、弹
	POL-311	10000	10～12	<0.5	NA	涂、胶、弹
PG系列	POL-456	2000	53～59	0.1～0.8	NA	涂、胶、弹
HD系列	POL-538	3000	35～41	0.1～0.8	NA	涂、胶、弹
	POL-556	2000	53～59	0.1～0.8	NA	涂、胶、弹
	POL-5112	1000	106～118	0.1～0.8	NA	涂、胶、弹
	POL-5224	500	221～227	0.1～0.8	NA	涂、胶、弹
NPG系列	POL-737	3000	35～39	<0.5	6300(60℃)	胶黏剂
	POL-756	2000	53～59	<0.5	2500(60℃)	胶黏剂
	POL-97356	2000	53～59	0.1～0.8	NA	涂、胶、弹
	POL-7112	1000	106～118	<0.5	10000(25℃)	水性PU
EG/DEG系列	POL-1276	1500	71～79	0.1～0.8	750(60℃)	涂、弹性体
	POL-1266	1700	64～68	<0.5	11150(25℃)	涂、胶、弹
	POL-1262	1800	59～65	0.1～0.8	900(60℃)	涂、胶、弹
	POL-1256	2000	51～59	0.1～0.8	1500(60℃)	涂、胶、弹
	POL-2016	2000	51～59	0.1～0.8	12000(60℃)	涂、胶、弹
	POL-1238	3000	35～41	0.1～0.8	1800(60℃)	涂、胶、弹
	POL-1232	3500	31～33	<0.5	NA	涂、胶、弹

续表

系列	牌号	分子量	羟值/(mg KOH/g)	酸值/(mg KOH/g)	黏度(温度)/mPa·s	用途
EG/BG 系列	POL-23112	1000	106～118	0.1～0.8	500(60℃)	涂、胶、TPU
	POL-2375	1500	71～79	0.1～0.8	1000(60℃)	涂、胶、弹
	POL-2365	1700	63～67	0.1～0.5	NA	涂、胶、弹
	POL-2356	2000	53～59	0.1～0.8	1500(60℃)	涂、胶、弹
	POL-2345	2500	42～48	0.1～0.8	NA	涂、胶
	POL-2338	3000	35～41	0.1～0.8	NA	涂、胶、弹
	POL-2328	4000	25～31	0.1～0.8	NA	涂、胶、弹
	POL-2322	5000	19～25	<0.5	3000(60℃)	涂、胶、弹
EG/PG 系列	POL-2476	1500	71～79	0.2～0.5	NA	涂、CPU
	POL-2500	2000	53～59	0.2～0.5	14500(60℃)	覆膜胶
	POL-2456	2000	53～59	0.3～0.5	1500/(60℃)	涂、胶、弹
	POL-2428	4000	26～30	<0.5	NA	涂、胶、弹
E/D/B	POL-123	3500	31～33	<0.5	NA	涂、胶、弹
E/N/H	POL-25722	5000	20～24	<0.5	25000(60℃)	涂、胶、弹
BG/NPG 系列	POL-7356	2000	53～59	0.1～0.8	3000(60℃)	涂、胶、弹
	POL-7349	2250	46～52	0.1～0.8	NA	涂、胶、弹
	POL-7338	3000	35～41	<0.5	18000(60℃)	涂、胶、弹
	POL-7332	3500	29～35	0.1～0.8	NA	涂、胶、弹
BG/HD	POL-3538	3000	35～41	<0.5	20000(60℃)	涂、胶、弹
NPG/HD	POL-5776	1500	71～79	0.2～0.5	1000(60℃)	涂、胶
D/N	POL-1756	2000	53～59	0.1～0.8	2500(60℃)	涂、胶、弹
HPHP	POL-HP56	2000	53～59	0.1～0.8	1500(60℃)	涂、胶、弹

注：绝大部分产品的水分<0.03%。用途简称，涂代表涂料，胶代表胶黏剂，弹代表弹性体，CPU 代表浇注型聚氨酯弹性体，TPU 代表热塑性聚氨酯弹性体，下同。因表格空间有限，“系列”中 E、D、N、B 分别是 EG、DEG、NPG、BG 的缩写。NA 代表“不详”。

表 3-5 青岛新宇田化工有限公司的其他脂肪族聚酯多元醇的典型物性指标

产品牌号	分子量	羟值/(mg KOH/g)	酸值/(mg KOH/g)	黏度(温度)/mPa·s	用途	备注
POL-AmA756	2000	53～59	0.1～0.8	1400(60℃)	涂、胶、弹	NPG/BA
POL-AmAHP56	2000	53～59	0.1～0.8	1600(60℃)	涂、胶、弹	HPHP/BA
POL-23112WC	1000	106～118	0.1～0.8	500(60℃)	涂、胶、TPU	EG/BG/AA
POL-12345S	2500	42～48	4.2～5.0	NA	胶、CPU	NA
POL-1984S	1300	82～86	5.2～6.0	NA	胶、CPU	NA
POL-1234	1500	72～78	0.4～0.8	NA	涂、胶、弹	官能度>2
SR-76	1500	72～78	<1.2	NA	涂、胶、弹	官能度>2
POL-2325	1900	57～63	0.2～0.6	NA	涂、胶、弹	官能度>2
POL-D3500	3500	30～34	<0.3	熔点 72℃	胶黏剂	结晶型
POL-S3500	3500	30～34	<0.3	熔点 62℃	胶黏剂	结晶型
POL-A3500	3500	30～34	<0.3	熔点 55℃	胶黏剂	结晶型
POL-511	10000	10～12	<1.5	NA	胶黏剂	高分子量
POL-711	10000	10～12	<1.5	NA	胶黏剂	高分子量
POL-705	20000	4～6	<2	NA	胶黏剂	高分子量

注：水分<0.03%。BA 代表丁二酸，AA 代表己二酸。POL-23112WC 是无催化剂产品。

表 3-6 青岛新宇田化工有限公司的芳香族聚酯二醇的典型物性指标

牌号	分子量	羟值/(mg KOH/g)	酸值/(mg KOH/g)	水分/%	用途
POL-1856	2000	50～60	≤1.5	<0.03	涂料、胶黏剂、弹性体
POL-I-345	2500	32～56	≤1.0	<0.03	涂料、胶黏剂、弹性体
POL-T056	2000	53～59	0.2～0.5	<0.03	涂料、胶黏剂、弹性体
YT-4200	350	310～320	≤1.5	<0.03	涂料、胶黏剂、弹性体

浙江华峰新材料股份有限公司的脂肪族聚酯二醇典型指标、物性和用途见表3-7。

表3-7 浙江华峰新材料股份有限公司的脂肪族聚酯二醇的典型指标、物性和用途

产品牌号	分子量	羟值 /(mg KOH/g)	酸值 /(mg KOH/g)	黏度(75℃) /mPa·s	组成	用途
JF-PE-1020	2000	53.0～59.0	≤0.6	NA	AA/EG	涂/胶/革/弹
JF-PE-1030	3000	33.0～39.0	≤0.6	1100～1600	AA/EG	涂/胶/革/弹
JF-PE-3010	1000	107～117	≤0.6	100～300	AA/BG	涂/胶/TPU/革
JF-PE-3020	2000	53.0～59.0	≤0.6	NA	AA/BG	涂/胶/TPU/革/弹
JF-PE-3030	3250	32.0～37.0	≤0.3	NA	AA/BG	胶黏剂
JF-PE-3028	2850	37.0～42.0	≤0.3	NA	AA/BG	涂/鞋用胶/革
JF-PE-3010T	1000	107～117	≤0.6	NA	AA/BG	涂/胶/TPU/革
JF-PE-3006	600	185～205	≤0.6	NA	AA/BG	涂/胶/TPU/革
JF-PE-1310	1000	107～117	≤0.6	100～300	AA/EG/BG	涂/胶/TPU/革
JF-PE-1320	2000	53.0～59.0	≤0.6	300～1000	AA/EG/BG	涂/胶/革/弹/鞋
JF-PE-1330	3000	33.0～39.0	≤0.6	1100～2300	AA/EG/BG	涂/胶/革/弹
JF-PE-1420	2000	53.0～59.0	≤0.6	300～800	AA/EG/DEG	涂/革/弹/鞋
JF-PE-1415	1500	71.0～79.0	≤0.6	100～500	AA/EG/DEG	涂/革/弹/鞋
JF-PE-1220	2000	53.0～59.0	≤0.6	300～700	AA/EG/PG	涂/胶/革/弹
JF-PE-95	3000	33.0～40.0	≤0.6	NA	AA/EG/BG	涂/革/弹

注：水分<0.03%。

台湾长兴化学工业股份有限公司聚酯二醇的物性指标和用途见表3-8。该公司在大陆有两个子公司生产聚酯多元醇，分别是位于珠海市南水镇的长兴化学工业（广东）有限公司，以及位于江苏省昆山市周市镇的长兴化学工业（中国）有限公司。

表3-8(a) 台湾长兴化学工业股份有限公司聚酯二醇的物性指标

产品型号	标称分子量	组成	羟值 /(mg KOH/g)	酸值(最大) /(mg KOH/g)	水分(最大) /%
5100-1000	1000	AA/DEG	107～117	0.25	0.05
5120	2000	AA/DEG/EG	53～59	0.40	0.05
5200	2000	AA/EG	54～58	0.30	0.05
5200-2000A	2000	AA/EG	54～58	0.25	0.05
5330	2000	AA/PG	53～59	0.50	0.05
5400-650A	650	AA/BG	163～183	0.20	0.05
5400-1000	1000	AA/BG	107～117	0.30	0.05
5400-1000A	1000	AA/BG	108～116	0.20	0.05
5400-2000	2000	AA/BG	54～58	0.30	0.05
5400-2000A	2000	AA/BG	54～58	0.20	0.05
5400-2800	2800	AA/BG	38～42	0.30	0.05
5400-2950A	2950	AA/BG	38～40	0.20	0.05
5400-3000	3000	AA/BG	37～39	0.20	0.05
5400-4000A	4000	AA/BG	26.5～28.5	0.25	0.05
5401	2000	AA/MPD	53～59	0.50	0.05
5420-1000	1000	AA/BG/EG	109～115	0.30	0.05
5420	2000	AA/BG/EG	53～59	0.50	0.05
5420A	2000	AA/BG/EG	54～58	0.20	0.05
5420-3300	3300	AA/BG/EG	32～36	0.30	0.05
5550-5000	5000	AA/MPD	21～24	0.5	0.05
5600	2000	AA/HG	54～58	0.30	0.05
5600-4000	4000	AA/HG	26.5～28.5	0.25	0.05
5641-600	600	AA/HG/BG	180～194	0.30	0.05
5641	2000	AA/HG/BG	54～58	0.30	0.05

表 3-8(b) 台湾长兴化学工业股份有限公司聚酯二醇的物性及用途

产品型号	外观 25℃	色度 APHA	主要用途	特 性
5100-1000	透明液体	≤50	合成皮革	柔软性
5120	透明液体	≤50	浇注型弹性体	伸缩性
5200	蜡状固体	≤50	合成皮革	机械强度
5200-2000A	蜡状固体	≤40	热塑性弹性体	机械强度
5330	透明液体	≤50	油墨	柔软性
5400-650A	蜡状固体	≤40	热塑性弹性体	结晶性 低温特性 高机械强度 平衡的弹性体特性
5400-1000	蜡状固体	≤50	合成皮革	
5400-1000A	蜡状固体	≤40	热塑性弹性体	
5400-2000	蜡状固体	≤50	合成皮革	
5400-2000A	蜡状固体	≤40	热塑性弹性体	
5400-2800	蜡状固体	≤50	合成皮革	
5400-2950A	蜡状固体	≤40	热塑性弹性体	
5400-3000	蜡状固体	≤40	胶黏剂	
5400-4000A	蜡状固体	≤40	热塑性弹性体	
5401	透明液体	≤50	油墨	柔软性
5420-1000	浆状液体	≤50	合成皮革	伸缩性 平衡的弹性体特性 柔软性
5420	浆状液体	≤50	合成皮革	
5420A	浆状液体	≤40	热塑性弹性体	
5420-3300	浆状液体	≤50	合成皮革	
5550-5000	透明液体	≤50	油墨	高耐水解性
5600	蜡状固体	≤50	合成皮革	结晶接着性
5600-4000	蜡状固体	≤40	胶黏剂	结晶接着性
5641-600	蜡状固体	≤50	紫外光型树脂	耐水解性
5641	蜡状固体	≤50	合成皮革	耐水解性

台湾高鼎化学工业股份有限公司的子公司高鼎精细化工（昆山）有限公司的脂肪族聚酯二醇的典型物性指标见表 3-9。

表 3-9 高鼎精细化工（昆山）有限公司的脂肪族聚酯二醇的典型物性指标

牌号	组成	标称分子量	羟值 /(mg KOH/g)	酸值 /(mg KOH/g)	熔点 /℃	色度 (APHA)	用途特性
YA-7210	AA/EG	1000	112±3	0.5	45～50	100	一般
YA-7220	AA/EG	2000	55±3	0.5	55～60	100	一般
YA-7410	AA/BG	1000	112±3	0.5	45～50	70	一般
YA-7120	AA/BG	2000	56±3	0.5	55～60	70	一般
YA-7130M	AA/BG	3000	39±2	0.5	60～65	70	鞋胶
YA-7720	AA/BG/EG	2000	56±3	0.5	25～30	70	一般
YA-2520	AA/EG/DEG	2000	56±3	0.5	25～30	100	一般
YA-7610	AA/1,6HD	1000	112±3	1.0	45～50	150	一般
YA-7620	AA/1,6HD	2000	55±3	1.0	55～60	150	一般
YA-7630	AA/1,6HD	3000	39±2	1.0	60～65	150	一般
YA-5610	AA/HD/NPG	1000	112±3	1.0	35～40	150	一般
YA-5620	AA/HD/NPG	2000	55±3	1.0	40～45	150	一般
YA-5630	AA/HD/NPG	3000	39±2	1.0	40～45	150	一般

注：水分≤0.02%。

南京金陵斯泰潘化学有限公司是由美国 Stepan 公司和金陵石化公司合资兴建的聚酯多元醇专业厂家，主要生产苯酐聚酯等芳香族聚酯多元醇。表 3-10 为该公司的大部分产品的典型物性指标及用途。其母公司美国 Stepan 公司的产品牌号基本上与金陵斯泰潘公司相同。

表 3-10 南京金陵斯泰潘公司的 Stepanol 系列聚酯多元醇的典型物性及用途

Stepanpol牌号	典型羟值/(mg KOH/g)	酸值/(mg KOH/g)	黏度(25℃)/Pa·s	主要用途
PD-56	51～56	≤1.5	高黏度	水性 PU,热熔胶,涂料,弹性体
PD-110LV	115±5	≤1.0	～11	用于 CASE 材料等
PH-56	53～59	≤1.0	高黏度	热熔胶,水性 PU,涂料,弹性体
PHN-56	51～61	≤2.0	高黏度	热熔胶,水性 PU,弹性体,涂料
PDP-70	66～74	≤1.0	1.9	OCF 弹性体,涂料,密封胶,热熔胶
PN-110	103～118	≤2.0	常温固态	热熔胶,结构胶,涂料
PS-70L	66～74	≤1.0	1.5～2.5	软泡
PS-1552	145～170	≤1.0	2.0	软泡
PS-1752	160～180	≤1.0	≤5.0	弹性体,胶黏剂,涂料,软泡
PS-1922	180～200	1.5～2.5	2.0～4.5	PIR 板材,泡沫添加剂
PS-2002	190～200	≤0.7	10～30	弹性体,涂料,光固化,热熔胶,软泡
PS-20-200A	190～200	≤1.0	10～30	预聚体,弹性体,涂料,热熔胶
PS-2352	230～250	0.6～1.6	2.0～4.5	141b、水或烃类发泡的 PIR 板材
PS-2402	240～260	2.0～3.0	8.0	PIR 板材,浇注和喷涂硬泡,包装泡沫,弹性体,涂料
PS-2412	230～250	1.9～2.5	2.0～4.5	141b、水或烃类发泡的 PIR 板材
PS-2502A	240±10	2.0～3.0	2.0～4.0	PIR 板材,浇注和喷涂硬泡,包装泡
PS-3204	300～320	1.5～2.5	5.0～11	PIR 板材,浇注和喷涂硬泡,包装泡
PS-3152	300～330	2.0～3.0	2.0～3.0	PIR 板材,浇注和喷涂硬泡,包装泡沫,密封胶,鞋材,软包装胶,涂料等
PS-4002	390～410	≤1.0	1.3	硬泡,软包装胶,弹性体,鞋材等
PS-4027	390～420	1.5～2.5	5.0～11	PIR 板材,浇注和喷涂硬泡,包装泡
AA-52	50～54	1.0～1.4	20～25	软泡等
AA-60	57～61	1.0～1.4	20～25	软泡等
BC-180	176～190	≤1.5	2.3～4.3	覆膜胶,涂料,OCF,弹性体

江苏省化工研究所有限公司的芳香族聚酯多元醇的典型指标和用途见表 3-11。

表 3-11 江苏省化工研究所有限公司的芳香族聚酯多元醇的典型物性指标和用途

牌号	羟值/(mg KOH/g)	典型用途	牌号	羟值/(mg KOH/g)	典型用途
JSPS2100	200±20	硬泡、CASE	JSPS3361	360±20	硬泡
JSPS2400	250±20	硬泡、CASE	JSPS3362	360±20	硬泡
JSPS3100	310±20	硬泡	JSPS3400	410±30	硬泡
JSPS3150	310±20	硬泡	JSPS3500	480±30	硬泡
JSPS3160	300±20	硬泡	JSPS3368	350±30	EPS 黏合剂
JSPS3360	360±20	硬泡	JSPS3168	300±20	EPS 黏合剂

注：酸值≤2.0mg KOH/g、水分≤0.15%。

江苏省句容宁武化工有限公司的芳香族聚酯二醇的典型指标和用途见表 3-12。

表 3-12 江苏省句容宁武化工有限公司的芳香族聚酯二醇的典型物性指标和用途

产品牌号	羟值/(mg KOH/g)	酸值/(mg KOH/g)	黏度(25℃)/mPa·s	水分/%	特性和用途
NJ-4430	435±20	≤2.5	3000±1000	≤0.1	芳族聚酯多元醇,官能度高,活性高,与聚醚相容性好,可用于生产普通硬泡,尤其适合于生产喷涂型硬泡
NJ-300B	400±30	≤1	2500±500	≤0.15	
NJ-400	400±30	≤1	3500±500	≤0.15	
NJ-375	375±15	≤1.5	2500±500	≤0.1	
NJ-310	310±15	≤1.5	3000±1000	≤0.1	
NJ-2270	270±15	≤2.5	3500±500	≤0.1	高密度硬泡和胶黏剂,可降低异氰酸酯用量
NJ-2230	225±15	≤2	10000±2000	≤0.1	

续表

产品牌号	羟值/(mg KOH/g)	酸值/(mg KOH/g)	黏度(25℃)/mPa·s	水分/%	特性和用途
NJ-2175	180±10	≤2.5	3000±1000	≤0.1	改性芳族聚酯多元醇,主要用于生产涂料、胶黏剂、密封胶和弹性体
NJ-2150	150±10	≤2.5	5000±1000	≤0.1	
NJ-2070	80±10	≤2.5	30000±10000	≤0.15	

表3-13为青岛瑞诺化工有限公司芳香族聚酯多元醇的典型物性指标。Raynol PS系列产品与硬泡组合聚醚各组分互溶性良好，泡沫的尺寸稳定性得到改善，适用于冷库喷涂、建筑板材、家电等聚氨酯硬泡组合料。Raynol PL系列低羟值聚酯多元醇，可用于涂料、高回弹等软泡、弹性体、胶黏剂、铺装材料等，这类聚酯多元醇能够改进泡沫的撕裂强度和压缩性能，改进泡沫的阻燃性及防火性能，与钢材、塑料等基材的黏附力极强，泡沫塑料具有良好的热稳定性和机械强度。Raynol PF为阻燃型聚酯多元醇，是在含有较高的苯环分子结构中引入阻燃元素，主要应用于聚氨酯硬泡和软泡中，能够大大提高泡沫塑料的阻燃性能，同时能够改善泡沫的耐高温性能，具有长久阻燃效果。

表3-13 青岛瑞诺化工有限公司芳香族聚酯多元醇的典型物性指标

产品牌号	羟值/(mg KOH/g)	黏度(25℃)/mPa·s	用途
Raynol PS-2402	240±10	3500±500	板材、胶水、密封胶
Raynol PS-260	260±10	3500±500	连续板材、胶水、密封胶
Raynol PS-3152	315±15	3000±500	块泡、浇注等普通硬泡
Raynol PS-4002	400±20	3000±500	喷涂保温工程
Raynol PS-315S	315±30	800±200	聚合物建材
Raynol PS-3802	380±20	3000±500	硬泡、半硬泡、汽车顶棚
Raynol PS-400A	400±20	3000±500	太阳能、家电、板材
Raynol PL-5601	55±1	6000±2000	涂料、软泡
Raynol PL-2000	56±2	5500±1500	涂料、弹性体
Raynol PL-1201	120±5	3500±500	胶黏剂、弹性体
Raynol PL-1000	120±5	4000±500	胶黏剂、密封胶等
Raynol PF-5605	56±2	4000±1000	软泡等
Raynol PF-2605	260±10	3000±500	硬泡
Raynol PF-3805	380±15	3000±1000	硬泡

注：大多数产品外观为浅色透明液体、酸值≤1.5mg KOH/g、水分≤0.10%，只有PF-3805为棕色透明，酸值≤2.0mg KOH/g。

张家港南光化工有限公司苯酐聚酯多元醇的技术参数见表3-14。

表3-14 张家港南光化工有限公司苯酐聚酯多元醇的技术参数

产品牌号	羟值/(mg KOH/g)	酸值/(mg KOH/g)	黏度(25℃)/mPa·s	用途
NGPS-65	65±10	≤2.0	1000±300	软泡,CASE
NGPS-175	175±15	≤2.5	3500～5000	软泡,CASE
NGPS-200	200±20	≤2.5	20000～30000	CASE领域
NGPS-200S	200±20	≤2.0	2500～4000	CASE领域
NGPS-250	250±20	≤3.0	8000±1500	硬泡组合料,CASE
NGPS-250S	250±20	≤2.0	2000～4000	硬泡组合料
NGPS-300	310±20	≤3.0	2000～3000	硬泡组合料,CASE
NGPS-300A	300±20	≤3.0	1500～2500	硬泡组合料,CASE
NGPS-300B	300±20	≤3.0	1500～2500	硬泡组合料,CASE

续表

产品牌号	羟值 /(mg KOH/g)	酸值 /(mg KOH/g)	黏度(25℃) /mPa·s	用途
NGPS-350	350±20	≤3.0	2500～3500	硬泡组合料
NGPS-400A	420±20	≤3.0	2500～3500	硬泡组合料
NGPS-400B	430±20	≤3.0	2000～3000	硬泡组合料
NGPS-400C	430±20	≤3.0	2000～3000	硬泡组合料（高活性）

注：水分≤0.1%。

江苏富盛新材料有限公司芳香族聚酯多元醇的技术参数见表3-15。

表3-15 江苏富盛新材料有限公司苯酐聚酯多元醇的技术参数

凯瑞尔 牌号	芳烃成分 /f	羟值 /(mg KOH/g)	酸值 /(mg KOH/g)	黏度(25℃) /mPa·s	特点及用途
CF-2330	NA/高	320～360	≤2.0	3000～5500	硬泡
CF-6200	PA/2	190～220	≤1.0	20～30Pa·s	CASE、软质板材阻燃等
CF-6245	NA	235～265	≤1.5	3500～5500	高苯环含量。PIR板材等
CF-6300	PET/2	300～330	≤1.0	13～23Pa·s	阻燃喷涂、PIR板硬泡等
CF-6320	苯酐	300～330	2.0～3.0	2000～4000	PIR板材、硬泡、包装泡沫、CASE
6320LA			≤1.0		
CF-8110	PA/2	100～120	≤1.0	2000～3000	高苯环含量，与聚醚混溶，OCF、半硬泡、软泡等
CF-8180	NA	170～190	≤1.5	2500～4500	CASE材料
CF-8190	NA	180～200	≤1.5	2500～5000	节省黑料，PIR板材
CF-8240	PA	230～260	≤1.5	2000～4500	PIR板材、OCF等
CF-8410	PA/高	390～430	≤1.0	2000～4500	各种硬泡，低密度鞋底
CF-8420	PA/3	390～430	≤1.0	2000～4500	各种硬泡，鞋底增硬等
CP-2055	PA/2	53～59	≤1.0	800～1300	CASE材料，如热熔胶等
CP-2056	PA/2	53～59	≤1.0	1500～2500	胶黏剂等CASE材料
CP-2110	PA/2	100～120	≤1.0	3500～5500	高苯环含量。CASE材料

注：大部分产品水分≤0.15%。PA表示苯二甲酸，NA表示组成不详。

国内其他部分厂家的芳香族聚酯多元醇产品（主要是苯酐聚酯）的技术指标见表3-16。

表3-16 国内其他部分厂家的芳香族聚酯多元醇产品的技术指标

型号	羟值 /(mg KOH/g)	酸值 /(mg KOH/g)	黏度(25℃) /mPa·s	水分 /%	颜色外观	特点用途
JF-PA-20300	300～330	2.0～3.0	1500～2500	≤0.15	浅色透明	连续板、硬泡
FC-400	380±30	≤3.0	2500±500	≤0.15	浅黄透明	硬泡
HF-400	400±30	≤1.0	3000±1000	≤0.15	棕红透明	普通硬泡
HF-803	450±50	≤3.0	5000±2000	≤0.15	棕红透明	普通硬泡
HF-800	430±30	≤5.0	3500±1000	≤0.10	棕红透明	用于喷涂硬泡
CFH-108	400±30	≤2.5	2700±300	≤0.15	淡黄色	硬泡
CFH-108-S	300±30	≤2.5	2700±300	≤0.15	淡黄色	防止收缩
CFH-108-SZ	350±30	≤2.5	2700±300	≤0.15	淡黄色	防止收缩、阻燃
XCPA-320	300～340	≤3	NA	≤0.05		涂料、硬泡
XCPA-2000DP	53～59	≤3	NA	≤0.05		涂料、硬泡
XCP-2000IPS	53～59	0.1～0.8	NA	≤0.03		胶黏剂
聚酯4110s	300～400	≤5	2500～6000		棕褐色	硬泡

注：FC-400是江苏强林生物能源有限公司的苯酐聚酯多元醇。HF系列为绍兴恒丰聚氨酯实业有限公司产品，JF-PA-20300是浙江华峰新材料股份有限公司产品。CFH-108系列为常州市派瑞特化工有限公司产品，XCPA-320、XCPA-2000DP和XCP-2000IPS为旭川化学（苏州）有限公司的芳香族聚酯二醇，其成分分别为PA/DEG、PA/DPG和SA/IPA/EG/NPG。聚酯4110s是烟台市福山聚氨酯材料厂产品。

表 3-17 列出了国内部分厂家脂肪族聚酯多元醇相同或相近产品的牌号对照。

表 3-17 国内部分厂家脂肪族聚酯多元醇相同或相近产品的牌号对照

组成-分子量	厂家牌号
PDA-2000	POL-156,XCP-2000D,NY-120D,JW-9307,LF-2220,PE-320,YS-P-256
PEA-1000	CMA-1024,POL-2112,XCP-1024,NY-110E,YA-7210,JF-PE-1020,JW-1024,LF-2010,YS-P-1112
PEA-2000	CMA-24,POL-256,XCP-24,JW-24,NY-120E,LF-2020,YA-7220,PE-220,YS-P-156,5200
PEA-3000	POL-238,JF-PE-1030,PE-230
PBA-600	CMA-44-600,POL-3195,XCP-44-600,JW-44-600,NY-106B,JF-PE-3006,LF-1406,YS-P-3200
PBA-1000	CMA-1044,POL-3112,XCP-1044,JW-1044,LF-1410,NY-110B,YA-7410,JF-PE-3010(T),PE-410,YS-P-3100,5400-1000
PBA-2000	CMA-44,POL-356,XCP-44,JW-2044,LF-1420,NY-120B,JF-PE-3020,YA-7120,PE-420,YS-P-354,5400-2000
PBA-2500	POL-345,JW-2544,LF-1425
PBA-3000	CMA-3044,POL-338,XCP-3000B,NY-130B,YA-7130M,JF-PE-3028,JW-3044,LF-1430,PE-430,5400-3000
PBA-4000	POL-328,NY-140B,5400-4000A
PHA-1000	POL-5112,XCP-1000H,YA-7610
PHA-2000	CMA-66-2000,POL-556,XCP-2000H,5600,YA-7620
PHA-3000	CMA-66,POL-538,XCP-3000H,YA-7630
PNA-1000	N-112,POL-7112,XCP-1000N
PNA-2000	N-56,POL-756,XCP-2000N
PPA-2000	POL-456,XCP-2000M,长兴 5330
PEBA-1000	MX-355,长兴 5420-1000,POL-23112,XCP-355,JW-355,JF-PE-1310,LF-2410,YS-P-2312
PEBA-1500	MX-785,POL-2375,XCP-785,JW-785,LF-2415,YS-P-2376
PEBA-2000	CMA-244,长兴 5420、POL-2356,XCP-244,JW-244,NY-320,YA-7720,JF-PE-1320,LF-2420,YS-P-2356
PEBA-3000	CMA-244-3000,JF-PE-95,JF-PE-1330,PE-4228,PE-4230
PEDA-1500	MX-706,Unipol-2515、YS-P-13、POL-1276,XCP-706,JW-706,LF-706,YS-P-1270,JF-PE-1415
PEDA-2000	CMA-254,MX-2016,长兴 5120、Unipol-2520、PES 2023、PES 2078、POL-1256、POL-2016,XCP-254,JW-254,LF-254,XCP-2016,NY-220,YA-2520,PE-2320,JF-PE-1420,YS-P-1254,YS-P-1256
PEPA-2000	POL-2456,XCP-218,JF-PE-1220,YS-P-1456,YS-P-1453
PDTA-2500	XCP-2325,JW-2325,LF-2325
PBNA-2000	XCP-2200NB,JW-2503

注：混合醇酯中各厂家和子牌号的二醇比例可能不同。

表 3-17 中，POL 为青岛新宇田化工公司聚酯二醇牌号，XCP 系列为旭川化学（苏州）有限公司牌号，这两个公司聚酯二醇的牌号指标基本上相同。NY 系列为福建南光轻工有限公司产品。YA 系列为高鼎精细化工（昆山）有限公司产品。YS-P 系列为佛山市高明业晟聚氨酯有限公司产品。JF-PE 系列为浙江华峰新材料股份有限公司产品。JW 系列为浙江台州埃克森聚氨酯有限公司（原三门永盛聚氨酯厂）产品。LF 系列为温州市隆丰化学工业有限公司产品。PE 为江苏德发树脂有限公司的产品。CMA、MX、N 系列是烟台华鑫聚氨酯有限公司、烟台华大化学工业公司的产品。5××× 系列为长兴化学工业股份有限公司产品。

脂肪族聚酯的组成多样，除了表 3-17 列出的常见产品，其他牌号的聚酯产品补充概括如下（括号内为牌号）：

- PEA-1500（CMA-1524），PEA-1700（CMA-1724，POL-265）。
- PDA-600（POL-1180），PDA-800（YS-P-2140），PDA-900（POL-1125，XCP-900D），PDA-1000（5100-1000），PDA-1500（YS-P-15），PDA-3000（POL-138）。
- PBA-650（5400-650A），PBA-5000（POL-322），PBA-2800（5400-2800），PBA-2950（5400-2950A），PBA-2850（JF-PE-3028），PBA-3250（JF-PE-3030），PBA-10000（POL-311）。

• PHA-500（POL-5224），PHA-1500（CMA-66-1500），PHA-4000（5600-4000）。

• PMA-1000（XCP-1000PM），PMA-2000（XCP-2000PM，5401），PMA-3000（XCP-3000PM），PMA-5000（5550-5000）。

• PNA-1500（N-76），PNA-3000（POL-737，XCP-3000N）。

• PPA-1000（XCP-1000M），PPA-3000（XCP-3000M）。

• PEDA-1700（POL-1266），PEDA-1800（POL-1262），PEDA-2200（NY-222），PEDA-3000（CMA-16037，POL-1238），PEDA-3500（POL-1232）。

• PDBA-1000（NY-410），PDBA-1500（NY-415），PDBA-2500（NY-425，PE-3426）。

• PEBA-1300（NY-313），PEBA-2200（NY-322），PEBA-3300（5420-3300），PEBA-4000（CMA-244-4000）。

• PEPA-1200（XCP-218-1200，JW-218），PEPA-1800（XCP-218-1800）。

• PBHA-600（5641-600），PBHA-2000（5641）。

• PNHA-1000（YA-5610），PNHA-3000（YA-5630）。

• PDGA-950（LF-5761），PDGA-1100（LF-5054），PDGA-2000（LF-5357）。

• PEBDA-3500（POL-123，XCP-35EBD）。

• PNHA-1500（XCP-1500NH，JW-654），PNHA-2000（XCP-2200NH，YA-5620）；PDTA-1800（NY-418）。

3.1.3.2 国外部分聚酯多元醇产品指标

本小节列出了国外几个知名公司的聚酯多元醇产品的典型物性，其中有脂肪族聚酯多元醇，也有芳香族聚酯多元醇。

Bayer MaterialScience 公司的部分常规聚酯多元醇产品的典型物性指标和用途见表 3-18～表 3-20。

表 3-18 Bayer 公司的 Desmophen 系列涂料用聚酯多元醇性能

Desmophen 牌号及成分	羟基含量 /%	酸值 /(mg KOH/g)	黏度 23℃ /mPa·s	相对密度	说明
1100	6.5±0.45	≤3	400±100	1.17	支化聚酯,2KPU 涂料
1145	7.1±0.5	≤2	2950±250	1.01	含醚/酯基,用于硬涂料
1150	4.7±0.2	≤2	3500±500	1.01	含醚/酯基多元醇,用于柔韧性涂料
1155	5.0±0.2	≤2	425±75	0.90	含醚/酯基多元醇,与 1145 等配制涂料
1200	5.0±0.3	≤2	300±100	1.17	轻支化聚酯。软涂层。75%MPA 溶液黏度
1300	4.25±0.35	12±4	3600±400	1.13	无溶剂聚酯。用于 2K 涂料。75%二甲苯溶液黏度
1300BA	3.2±0.3	9±3	1000±200	1.06	聚酯的 75%乙酸丁酯溶液,2KPU 涂料
1300X	3.2±0.3	9±3	3450±350	1.05	聚酯的 75%二甲苯溶液，2KPU 涂料
1652	1.6±0.2	≤4	(11±2)Pa·s	1.17	聚酯二醇。软涂料
1700	1.30±0.09	≤1.5	17500±2500	1.19	聚酯二醇。用于软树脂
1800	1.80±0.15	≤2	21500±2500	1.19	聚酯,用于软涂料/浸渍用清漆等
650MPA	5.3±0.4	≤3	(20±3)Pa·s	1.15	聚酯的 64%MPA 溶液,用于 2KPU 涂料
651MPA	5.5±0.4	≤3	(14.5±3.5)Pa·s	1.11	65%支化聚酯,2KPU 涂料
651MPA/X	5.5±0.4	≤3	(25±5)Pa·s	1.11	支化聚酯 67%溶液,用于 2KPU 涂料
670	4.3±0.4	≤2.5	2200±400	1.17	轻支化聚酯,用于配制柔韧性耐候涂料
670BA	3.5±0.3	≤2	2800±400	1.11	支化聚酯 80%溶液
680BA	2.2±0.5	16±3	3000±500	1.08	支化聚酯 70%溶液
680X	1.8±0.4	13±3	2750±500	1.04	支化聚酯 60%溶液
690MPA	1.4±0.2	≤6	(10.0±3.5)Pa·s	1.11	支化聚酯 70%溶液
800	8.6±0.3	≤4	850±150	1.18	高支化聚酯,用于配制 2KPU 涂料
800 80%BA	6.85±0.25	≤3	3500±300	1.08	高支化聚酯 80%溶液
850	8.5±0.5	≤15	230±50	1.31	聚酯二醇。2KPU 涂料

注：羟基含量与羟值的换算式是羟值=(OH 含量×10/17)×56.1；相对密度（20℃）是参考值。“2K”表示双组分。

表 3-19 Bayer 公司的 Baycoll 系列聚酯多元醇性能指标及用途

Baycoll	羟值/酸值 /(mg KOH/g)	黏度(75℃) /mPa·s	备注
Baycoll AD 1110	112±7/≤1.3	140±20	线型聚酯二醇，浅黄色黏稠液体，用于配制低溶剂含量的聚氨酯胶黏剂
Baycoll AD 1115	112±7/≤1.0	(19.5±2.8)Pa·s (23℃)	
Baycoll AD 1122	112±7/≤1.3	280±35	
Baycoll AD 1225	225±10/≤1.3	100±15	
Baycoll AD 1280	288±17/≤1.5	410±50	
Baycoll AD 2047	55±5/≤1	(7±2)Pa·s	二醇，用于溶剂型胶黏剂及涂料
Baycoll AD 2055	56±5/≤1.1	630±75	二醇，熔点 50℃，蜡状固体，无溶剂胶
Baycoll AD 3040	43±3/≤1.1	850±100	二醇，低溶剂胶黏剂
Baycoll AD 5027	28±5/≤1.2	(2.8±1)Pa·s	二醇，蜡状固体，熔点 55℃，无溶剂胶
Baycoll AS 1155	142±14/≤2.5	3100±400	轻度支化，无溶剂胶黏剂
Baycoll AS 1160	162±12/≤4	450±60	轻度支化，配制低溶剂胶黏剂
Baycoll AS 2060	60±3/≤2	1000±100	轻度支化，用于无溶剂胶黏剂
Baycoll AV 1210	213±15/≤3	680±100	高支化，无溶剂胶黏剂
Baycoll AV 2113	109±7/≤1	650±100	高支化，配制低溶剂胶黏剂
Baycoll CD 2084	84±7/≤1.3	120±15	PPG 聚酯二醇，配制无溶剂胶
Baycoll DS 1165	155±7/≤2	3500±500 (23℃)	轻支化脂肪酸改性聚酯二醇，用于无溶剂胶
Baycoll DV 1245	234±17/≤1	2950±250 (23℃)	支化的脂肪酸改性含 PPG 的聚酯，黏稠液体，配制无溶剂胶

注：水分一般不大于 0.05%，少数不大于 0.1%。

表 3-20 Bayer MaterialScience 公司聚酯多元醇的典型物性和用途

Desmophen 牌号	组成	分子量	典型羟值 /(mg KOH/g)	酸值 /(mg KOH/g)	黏度(73℃) /mPa·s	用途等
1431	二醇	370	275～325	NA	5～8Pa·s(25℃)	硬泡
1700	PDA	2550	44	≤1.5	670～900	高柔性涂料等
1800	B-PDA	2800	60	≤1.2	900～1600	高柔性涂料等
2000	PEA	2000	52～58	≤1.0	540～750	喷涂 CAE 等
2001 KS	PEBA	2000	52～58	≤1.0	540～770	高性能 CAE
2002H	PEBA	2000	52～55	≤0.5	—	—
2003E	PDEA	2000	52～58	0.5～1.0	—	泡沫塑料等
2200 B	PDTA	2500	57～63	≤2.0	900～1100	连续法软块泡
2300 X	PDTA	3500	47～53	1.0～1.5	1100～1400	连续法软块泡
2400 S	PPTAP	NA	205～225	≤3.0	580～780	半硬块泡或增硬
2450 X	PPGAP	NA	198～228	≤4.0	420～620	半硬块泡或增硬
23HS81 FL	二醇	NA	210± 6	NA	7000±600(25℃)	硬泡、PIR
60WB01	PDTA	NA	57～63	0.6～1.4	17～22Pa·s(25℃)	低烟雾软泡
60WB02	PDTA	NA	50～56	0.6～1.4	800～1100	低烟雾软泡
2500	PEA	1000	107～117	≤1.5	—	喷涂 CAE 等
2501	PEA	759	150	≤1.5	—	—
2502	PBA	2000	54～58	≤0.8	580～790	喷涂 CAE 等
2505	PBA	4000	26～30	≤0.5	2400～5200	CAE 等
2601	PDP	330	320～360	≤1.5	—	硬泡
2602	PDP	470	230～250	2.0～3.0	—	硬泡

注：聚酯代号见表 3-1 上方的命名规则。另有与 2001 KS 指标相同的 2001K 是未加催化剂制得的。B 表示支化，即官能度稍大于 2。水分一般≤0.1%。

表 3-21 为 Bayer 公司聚氨酯粉末涂料用羟基聚酯树脂的典型物性。

表 3-21 Bayer公司聚氨酯粉末涂料用羟基聚酯树脂的典型物性

Rucote 牌号	羟值	酸值	T_g /℃	黏度 /Pa·s	配比	特　性
102	35～45	11～14	59	3.5～4.5	82∶18	极高光泽，耐化学品
106	40～44	11～15	63	3.8～4.8	81∶19	优异流动性和反应性
107	约47	11～14	63	3.5～4.5	79∶21	高 T_g，耐熔结，耐溶剂
112	27～33	约6	58	3.5～4.5	86∶14	低固含量用量，高光泽
118	38～44	11～15	63	6.5～8.0	84∶16	优异的边缘覆盖率，用于低光泽体系
121	38～43	1～4	57	3～4	82∶18	柔性，用于低光泽体系
194	42～47	8～13	60	3.7～4.7	80∶20	与脲二酮配合，含催化剂。耐候
103	255～280	≤2	53	3.5～4.5	40∶60	与 Rucote 107 合用，高硬度，耐化学品，耐候
104	108～117	约10	57	3.5～4.5	65∶35	耐洗涤剂，高光泽，耐候
109	250～280	6～10	55	2～3	40∶60	高硬度。与低羟值聚酯合用，低光泽。户外应用，耐候
117	102～118	约4	58	3.5～4.5	62∶38	高耐化学品、高光泽和韧性，耐候
123	20～26	≤2	61	6.5～8.5	90∶10	低光泽，耐候
108	280～310	约2	53	3～4	38∶62	用于其他体系的硬度改性剂，耐久
182	25～35	≤5	58	2.5～4.5	86∶14	较少固化剂用量。超耐久性
184	45	约9	59	3.5～4.5	85∶15	与脲二酮交联剂并用，耐久
1003	55	3	57	25	78∶22	高光泽，耐化学品，耐久
1004	80	3	56	28	70∶30	优异的耐化学品性和高硬度，耐久

注：羟值和酸值单位为 mg KOH/g，黏度是指200℃下的指标。聚酯树脂与封闭型异氰酸酯粉末涂料固化剂 Crelan VP LS2147 按表中比例配合，烘烤固化周期为200℃/10min 或 180℃/20min。

美国 Chemtura 公司（科聚亚公司，由原 Crompton 公司、Uniroyal 化学公司、Great Lakes 化学等公司并购而成）的己二酸系聚酯二醇的典型物性指标见表 3-22，己二酸系支化聚酯（即聚酯多元醇）及其他聚酯的物性指标见表 3-23。

表 3-22 美国 Chemtura 公司的己二酸系聚酯二醇的典型物性指标

Fomrez 牌号	羟值	酸值（最大）	色度（最大）	黏度 /mPa·s	状态 25℃	醇组成	用　途
11-45	43.0～47.0	0.50	100	13000(25℃)	液态	DEG	涂料　胶黏剂
11-56	54.0～58.0	0.60	100	8000(25℃)	液态	DEG	涂料　胶黏剂
11-112	110～114	0.50	100	1800(25℃)	液态	DEG	涂料 胶黏剂
11-225	220～230	0.50	100	500(25℃)	液态	DEG	色浆
22-44U	43.0～47.0	0.50	50	3200(60℃)	固态	EG	CPU
22-54U	54.0～58.0	0.50	50	1200(60℃)	固态	EG	CPU
22-56	54.0～58.0	0.50	50	1200(60℃)	固态	EG	CPU
22-58U	54.0～58.0	0.50	50	1200(60℃)	固态	EG	CPU
22-93	91.0～96.0	0.35	50	700(60℃)	固态	EG	CPU
22-112	110～114	0.35	50	350(60℃)	固态	EG	CPU
22-114U	110～114	0.50	50	350(60℃)	固态	EG	CPU
44-27	25.0～28.5	0.50	60	9000(60℃)	固态	BD	TPU
44-37	35.0～39.0	0.50	60	3700(60℃)	固态	BD	TPU
44-54U	52.0～56.0	0.50	50	1200(60℃)	固态	BD	TPU，CPU
44-56	54.0～58.0	0.50	50	1400(60℃)	固态	BD	TPU
44-57	54.0～58.0	0.50	50	1200(60℃)	固态	BD	TPU
44-111	110～114	0.50	50	350(60℃)	固态	BD	TPU
44-112	110～114	0.50	60	350(60℃)	固态	BD	CPU
44-114U	110～114	0.50	50	350(60℃)	固态	BD	CPU
44-160	157～162	0.50	50	200(60℃)	固态	BD	TPU
55-56	54.0～58.0	0.80	75	7000(40℃)	浆状	NPG	辐射固化涂料
55-112	110～114	0.60	50	2500(40℃)	液态	NPG	辐射固化涂料

续表

Fomrez 牌号	羟值	酸值 (最大)	色度 (最大)	黏度 /mPa·s	状态 25℃	醇组成	用途
55-225	220～230	0.80	50	2200(25℃)	液态	NPG	涂料
66-20	18.0～22.0	0.50	80	20000(60℃)	固态	HD	反应型热熔胶
66-28	26.0～30.0	0.50	80	7000(60℃)	固态	HD	反应型热熔胶
66-32	28.0～32.0	0.50	50	5600(60℃)	固态	HD	反应型热熔胶
66-56	54.0～58.0	0.50	50	1200(60℃)	固态	HD	涂料,胶黏剂
66-112	110～114	0.50	50	350(60℃)	固态	HD	涂料,胶黏剂
66-225	220～230	0.50	50	120(60℃)	固态	HD	涂料
A23-55	54.0～58.0	0.50	50	1300(60℃)	固态	EG/PG	CPU
C23-33U	33.0～36.0	0.50	50	10000(40℃)	固态	EG/PG	CPU
C24-53U	53.0～59.0	0.50	50	3800(40℃)	固态	EG/BD	CPU
E24-54U	54.0～58.0	0.50	50	4000(40℃)	固态	EG/BD	CPU，微孔
E24-56	54.0～58.0	0.50	50	4000(40℃)	固态	EG/BD	CPU，微孔
E24-58	54.0～58.0	0.50	50	4000(40℃)	固态	EG/BD	CPU，微孔
E65-56	54.0～58.0	0.50	50	3500(40℃)	固态	HD/NPG	涂料
F15-175	170～180	0.50	50	1000(25℃)	液态	DEG/NPG	涂料
F46-56	54.7～57.5	0.50	50	3200(40℃)	固态	BD/HD	TPU
G21-55	54.0～58.0	0.50	50	10000(25℃)	液态	EG/DEG	微孔弹性体
G24-56	54.0～58.0	0.50	50	4000(40℃)	液态	EG/BD	CPU
G24-112	110～114	0.50	50	1100(40℃)	液态	EG/BD	CPU
I21-37	35.0～39.0	0.50	50	8000(40℃)	液态	EG/DEG	微孔弹性体
I21-57	54.0～58.0	0.50	50	3100(40℃)	液态	EG/DEG	微孔弹性体
I24-56	54.7～57.5	0.50	50	10400(25℃)	液态	EG/BD	TPU
124-57	54.7～57.5	0.50	50	4200(25℃)	液态	EG/BD	TPU
124-112	110～114	0.60	250	400(60℃)	液态	EG/BD	TPU
I46-40	39.0～43.0	0.50	50	6200(40℃)	固态	BD/HD	TPU

注：羟值、酸值的单位是mg KOH/g，黏度是典型值，色度APHA。牌号后缀“U”代表不含催化剂。

表3-23 美国Chemtura公司的己二酸系聚酯多元醇及其他特殊聚酯的物性指标

Fomrez 牌号	羟值	酸值 (最大)	色度 (最大)	黏度 /mPa·s	状态 (25℃)	醇组成	用途
1023-63	61.0～67.0	1.00	100	5000(40℃)	固态	TMP/EG/PG	CPU
1024-56	54.0～58.0	0.50	125	4500(40℃)	液态	TMP/EG/BD	微孔弹性体
1066-187	184～190	0.40	100	1200(40℃)	固态	TMP/HD	涂料
1066-310	305～315	0.40	100	900(40℃)	固态	TMP/HD	涂料
1066-560	553～567	0.40	100	1700(25℃)	液态	TMP/HD	涂料
2011-54B	51.0～57.0	1.50	125	13500(25℃)	液态	GLY/DEG	微孔弹性体
0049-49	430～440	1.00	175	6000(25℃)	液态	GLY/DPG	泡沫增硬
45	48.0～52.0	1.50	125	12000(25℃)	液态	TMP/DEG	亲水性泡沫
50	50.0～53.5	1.40	125	23000(25℃)	液态	TMP/DEG	软泡
2C53	50.0～53.0	1.40	125	23000(25℃)	液态	GLY/DEG	织物用软泡
2C76	58.0～60.5	1.40	125	23000(25℃)	液态	GLY/DEG	可冲切泡沫
特殊聚酯	下列几种聚酯多元醇的酸原料成分不是纯己二酸						
8012-56	54.0～58.0	0.80	80	90000(40℃)	固态	DEG/EG	涂料,胶黏剂
8066-72	70.0～74.0	0.80	80	5000(40℃)	固态	HD	涂料,胶黏剂
8166-74	70.0～74.0	0.80	80	4500(40℃)	固态	HD	涂料,胶黏剂
SN12-56	54.0～58.0	0.50	G 1	16000(40℃)	液态	DEG/EG	耐溶剂CPU

注：8×××-××系列聚酯二醇是二元酸原料组成是己二酸和间苯二甲酸。SN12-56的酸原料组成不详。

表3-24为美国INVISTA公司的Terate芳香族聚酯多元醇的典型物性及用途。

表 3-24 美国 INVISTA 公司的 Terate 芳香族聚酯多元醇的典型物性及用途

Terate 牌号	典型羟值	黏度 /mPa·s	官能度	典型酸值	苯环 /%	主要用途
203	315	15000	2.3	3.0	28	硬泡板材，喷涂泡沫，黏合剂
258	238	3000	2.0	0.5	26	与烃相溶性好。板材，CASE 等
552	415	5000	2.4	2.0	24	硬泡板材，喷涂泡沫
2031	307	10000	2.3	2.0	28	硬泡板材，喷涂泡沫，块泡
2033 V	285	6500	—	2	—	块状硬泡和组合料
2541	240	3200	2.0	0.7	26	阻燃层压，硬泡板材，喷涂泡沫
2541 V	232	3200	—	1.6	—	阻燃层压，板材，喷涂硬泡
3512	227	3000	2.0	0.7	28	阻燃层压，喷涂硬泡
3712	193	4000	2.0	0.7	28	阻燃层压
4020	307	5500	2.2	1.7	28	高密度块泡，喷涂硬泡
4026	200	2500	2.0	1.0	20	硬泡板材，喷涂泡沫
7541	240	3600	—	1	—	阻燃层压，板材，喷涂硬泡
7541 L	195	4000	—	0.5	—	阻燃层压，板材，喷涂硬泡

注：典型羟值及酸值的单位是 mg KOH/g，黏度是 25℃时的数据。

德国 Evonik Degussa 公司供应的 Oxyester T1136 聚酯二醇（表 3-25），是无溶剂中等黏度透明液体。Oxyester T1136 为线型的聚酯，与通用的 PU 树脂相容性极好，溶于酮、酯类及芳烃溶剂，适用于涂料工业。它可用于 PU 体系的改性，作为柔性多元醇，与聚己内酯三醇组合，用于 PU 组合料、双组分高固体分涂料。

表 3-25 聚酯二醇 Oxyester T1136 的技术指标

性　　能	指标值	性　　能	指标值
羟值/(mg KOH/g)	107±10	密度(25℃)/g/cm^3	1.09
黏度(23℃)/Pa·s	4.0±0.8	凝固点/℃	−23
羟基含量/%	约 3.2	闪点(开杯)/℃	231
酸值/(mg KOH/g)	<2	闪点(闭杯)/℃	160
水分/%	<0.1	色度	≤150APHA 或 1G

日本聚氨酯工业株式会社（NPU）的涂料用聚酯多元醇的典型物性见表 3-26。它们大多是由芳香族羧酸与二醇制得的多元醇，为淡黄色黏稠液体，用于木器、金属及塑料涂料，Nippollan 131、800 和 1100 还用于胶黏剂。该公司的弹性体用聚酯多元醇（表 3-27）是由己二酸与各种二元醇制得的聚酯二醇，主要用于生产热塑性和浇注型聚氨酯弹性体、胶黏剂、涂层等。

表 3-26 日本聚氨酯工业株式会社的涂料用聚酯多元醇的典型物性

Nippollan	羟值 /(mg KOH/g)	酸值 /(mg KOH/g)	固含量 /%	黏度 /mPa·s	溶剂
121E	270～310	≤2.5	68～72	2800～6500(25℃)	EEP
125P	160～180	≤2	63～67	1000～2500(25℃)	E/PMA
131	142～160	≤3	100	440～530(75℃)	无
179P	158～182	≤3	63～67	6000～16000(25℃)	PMA
800	280～300	≤4	100	2400～4000(75℃)	无
1100	205～221	≤4	100	600～800(75℃)	无

注：溶剂代号 EEP＝乙氧基乙基丙酸酯，E＝乙酸乙酯，PMA＝丙二醇单甲醚乙酸酯。

表 3-27 日本聚氨酯工业株式会社的弹性体用聚酯二醇的牌号及典型物性

Nippollan	羟值/(mg KOH/g)	酸值/(mg KOH/g)	黏度(75℃)/mPa·s	组成及分子量	外观
136	40～46	≤0.6	870～1190	PHA-2600	白色固体
141	102～108	≤2.0	160～240	PEBA-1100	黄色液体
150	107～117	≤0.8	100～180	PDA-1000	淡黄液体
152	53～59	0.2～1.0	400～550	PDA-2000	淡黄液体
163	42～48	≤1.0	850～1150	PEBA-2500	淡黄液体
164	106～116	≤1.0	120～170	PHA-1000	白色固体
1004	39～47	≤2.0	600～900	PDA-2600	淡黄液体
3027	43～49	≤1.0	1000～1200	PBA-2500	白色固体
4002	107～117	≤2.0	150～200	PEA-1000	白色固体
4009	107～117	≤2.0	160～210	PBA-1000	白色固体
4010	52～60	≤1.5	600～900	PBA-2000	白色固体
4040	52～60	≤1.5	450～650	PEA-2000	白色固体
4042	51～61	≤1.5	600～800	PEBA-2000	白色固体
4073	52～60	≤1.0	350～650	PHA-2000	白色固体
5018	52～60	≤0.8	470～620	PEDA-2000	白色固体
5035	42～49	≤0.8	760～930	PEDA-2500	白色固体

注：组成 E=乙二醇，B=1,4-丁二醇，H=1,6-己二醇，D=二甘醇，A=己二酸。组成后面的数字代表分子量，例如 EBA-1100 表示聚己二酸乙二醇丁二醇酯二醇，分子量为 1100。

韩国爱敬油化株式会社的苯酐聚酯多元醇的典型物性指标和用途见表 3-28。

表 3-28 韩国爱敬油化株式会社的苯酐聚酯多元醇的典型物性指标和用途

牌号	羟值/(mg KOH/g)	酸值/(mg KOH/g)	黏度(25℃)/mPa·s	相对密度(25℃)	水分/%	特性和用途
AK-POL-2001	300±15	≤1.5	200 ～ 400	1.20±0.01	≤0.05	低黏度，相容好。EPS胶、喷涂硬泡等
AK-POL-2002	200±15	≤1.5	500 ～ 900	1.215±0.01	≤0.05	
AK-POL-3001	300±15	≤1.5	800 ～ 1200	1.22±0.01	≤0.05	
AK-POL-4001	260±10	≤1.0	7500±1000	1.250±0.01	≤0.05	硬泡物性，阻燃优。PIR和喷涂硬泡，普通硬泡等
AK-POL-4002	270±5	≤0.5	14000±3000	1.26±0.01	≤0.05	
AK POL-5001	300±10	≤1.0	13000±2000	1.26±0.01	≤0.05	
AK-POL-7001	300±5	≤1.0	16000±3000	1.255±0.01	≤0.05	
AK-POL-3002	310±10	≤1.0	2200±300	1.23±0.01	≤0.05	高芳环，相容性优。普通 PU 硬泡等
AK-POL-1001	330±10	≤4.0	2100±250	1.235±0.01	≤0.15	
AK-POL-1002	300±15	≤4.0	3200±700	1.245±0.01	≤0.10	
AK-POL-8001	640±15	≤2.0	3100±800	1.13±0.01	≤0.05	高阻燃硬泡等

意大利 Coim 公司（科意公司，Coim S. p. A.）的饱和脂肪族聚酯二醇的技术指标见表 3-29，饱和脂肪族支化聚酯二醇的技术指标见表 3-30，硬泡用聚酯多元醇的技术指标见表 3-31。

表 3-29 意大利 Coim 公司的饱和脂肪族聚酯二醇的技术指标

Diexter 牌号	醇原料组成	羟值/(mg KOH/g)	黏度(35℃)/mPa·s	主要用途
DG20	DEG	61～65	7800～8800(50℃)	覆膜胶
DG172	DEG	38～42	6900～8100	微孔泡沫，合成革
DG200	MEG	54～58	1800～2000(50℃)	TPU，合成革
DG201	MEG/BD	54～58	4500～5100	微孔泡沫，TPU，合成革
DG202	MEG/DEG	54～58	3600～4400	微孔泡沫
DG205	MEG	108～116	560～640(50℃)	微孔泡沫，TPU，合成革
DG210	MEG/BD	54～58	4500～5400	微孔泡沫，TPU，合成革

续表

Diexter 牌号	醇原料组成	羟值/(mg KOH/g)	黏度(35℃)/mPa·s	主要用途
DG211	MEG/DEG	54～58	4200～5000	微孔泡沫
DG214	BD	54～58	1250～1550(60℃)	TPU,合成革,胶黏剂
DG215	BD	108～116	480～560(50℃)	TPU,合成革,胶黏剂
DG216	BD	38～42	2700～3300(50℃)	TPU,合成革,胶黏剂
DG217	DEG	54～58	3600～4100	微孔泡沫,合成革
DG218	DEG	108～116	900～1200	胶黏剂
DG222	MEG/BD	54～58	4300～4900	微孔泡沫-合成革
DG224	MEG/DEG/BD	51～61	4150～5150	涂料,微孔泡沫,合成革
DG235	HD	54～58	1000～1300(60℃)	TPU,胶黏剂,合成革
DG240	HD	36～40	2600～3200(60℃)	TPU,胶黏剂,合成革
DG250	NPG/HD	72～78	1100～1400(50℃)	TPU,合成革
DG253	NPG/BD	54～56	7700～8900	TPU,合成革
DG680	BD	160～170	170～210(60℃)	TPU,合成革,胶黏剂
DG4000	NPG	26～30	9300～10700(60℃)	TPU,合成革
DG4008	NPG	54～58	3700～4500(50℃)	胶黏剂,合成革
DG4019	HD	26～30	5100～5500(60℃)	TPU,胶黏剂,合成革
DG4082	NPG/HD	54～58	4300～4900	胶黏剂
DG4083	MEG/DEG	38～42	9300～10700	微孔泡沫
DG4095	MEG	54～58	7600～8600	微孔泡沫
DG4102	NPG	108～116	2900～3500	TPU,胶黏剂,合成革
DG4166/65	DEG	27～31	190～250(25℃)	胶黏剂(65%EtAc黏度)
DG4824	MEG/DEG	36～40	5000～6000(50℃)	微孔泡沫
DG4831	DEG	130～140	820～940	胶黏剂

表 3-30 意大利 Coim 公司饱和脂肪族支化聚酯二醇的技术指标

Diexter 牌号	醇原料组成	羟值/(mg KOH/g)	黏度(35℃)/mPa·s	主要用途
DG120	MEG/TMP	164～176	8900～9900	涂料,胶黏剂
DG173	DEG/TMP	58.5～62.5	9300～10700	微孔泡沫,块泡
DG174	DEG/TMP	48～52	6900～7500	微孔泡沫,块泡
DG175	DEG/TMP	51～55	9300～10700	微孔泡沫,块泡
DG182	MEG/DEG/TMP	540～58	4500～6500	微孔泡沫,块泡
DG196	MPG/GL	197～213	8200～10000	块泡
DG360	MEG/DEG/TMP	58～62	6000～7000	由两种酸与醇缩聚得到的聚酯。用于微孔泡沫
DG380	MEG/TMP	61～65	9300～10700	
DG390	MEG/TMP	60～64	9600～12000(50℃)	
DG4001MB	MPG/TMP	70～80	3000～4000	胶黏剂(75%EtAc)
DG4230	MEG/DEG/TMP	54～58	4500～5300	微孔泡沫

表 3-31 意大利 Coim 公司硬泡用聚酯二醇的技术指标

Isoexter 牌号	化学性质	羟值	黏度	Isoexter 牌号	化学性质	羟值	黏度
I3446	芳香族-PET	250	4000	I4526	脂肪族	530	3500
I3555	芳香族-PET	315	8000	I4530	脂肪族	500	10500
I3557	芳香族-PET	250	5000	I4531	脂肪族	350	650
I3623	芳香族-PET	250	5500	I4537	脂肪族	340	5000
I3061	芳香族-PET	320	2600	I3340	芳香族-脂肪族	360	9000
I3645	芳香族-PET	240	4000	I3714	芳香族-脂肪族	190	3200
I3266	脂肪族	190	1300	I3644	芳香族溴化	300	5000
I3392	脂肪族	200	900	IV104	脂肪族自反应	400	2000
I3580	脂肪族	560	13000	IV107	芳香族自反应	420	6500

注：羟值单位为 mg KOH/g，黏度（25℃）单位为 mPa·s。

西班牙圣希亚集团公司 Synthesia Internacional 公司（含原 Hoocker 公司）用于 CASE 聚氨酯的聚酯多元醇的典型物性见表 3-32，用于软泡和鞋底的聚酯多元醇的典型物性见表 3-33，聚氨酯反应型热熔胶用聚酯多元醇的典型物性见表 3-34，用于硬泡 PU 的聚酯多元醇的典型物性见表 3-35。

表 3-32 西班牙 Synthesia 公司用于 CASE 聚氨酯的聚酯多元醇的典型物性

牌　　号	羟值 /(mg KOH/g)	酸值 /(mg KOH/g)	黏度(60℃) /mPa·s	分子量
Hoopol F-116	54～58	<0.5	960～1440	2000
Hoopol F-123	108～116	<0.5	300～350	1000
Hoopol F-330	38～44	<0.5	1600～2400	2750
Hoopol F-412	54～60	0.5～0.8	7000～9000(25℃)	2000
Hoopol F-501	54～58	<0.5	1300～1500	2000
Hoopol F-523	114～122	0.1～0.3	200～600	940
Hoopol F-690	218～230	<0.7	2300～3300(25℃)	500
Hoopol F-9480	82～95	<1.0	2100～2800	1250
Hoopol F-9900	54～58	<0.6	2300～2900	2000
Hoopol F-9920	115～125	<0.5	400～600	950
Hoopol F-9690	218～230	<0.7	15000～19000(25℃)	500
Hoopol F-881	84～93	<2.0	2800～3600(25℃)	1250
Hoopol F-5321	109～115	<0.5	3500～5500(25℃)	1000
Hoopol F-10670	41～44	0.5～1.0	2300～2700	2650
Hoopol F-10201	54～58	<0.4	1500～2000	2000
Hoopol F-20013	54～58	<0.5	1300～1600	2000
Hoopol S-101-55	53～58	<0.5	1050～1350	2000
Hoopol S-101-135	130～140	<0.6	200～300	830
Hoopol S-1015-35	35.5～38.5	<0.6	3000～3600	3000
Hoopol S-1015-120	117～123	<0.6	300～400	950
Hoopol S-1015-210	205～215	<0.6	140～150	530
Hoopol S-1017-70	65～75	<0.5	600～950	1600
Hoopol S-1042-55	54～58	<0.5	800～1300	2000
Hoopol S-1063-35	34～38	<0.6	3200～4200	3000
Hoopol S-1100-100	97～107	<0.5	300～500	1100
Hoopol S-1155-55	53～58	<0.5	1300～1500	2000
Hoopol F-900	53～58	<0.5	700～1300	2000

表 3-33 西班牙 Synthesia 公司用于软泡和鞋底的聚酯多元醇的典型物性

Hoopol 牌号	羟值 /(mg KOH/g)	酸值 /(mg KOH/g)	黏度 /Pa·s	羟基官能度	用　　途
F-772-P	58～62	1.0～1.4	17～21(25℃)	2.5～3.0	软泡标准型
F-740-SF	58～62	0.8～1.4	17～21(25℃)	2.5～3.0	软泡低烟雾型
F-745-SF	57～62	0.6～0.9	20.5～23.5(25℃)	2.5～3.0	软泡低烟雾型
F-759-SF	51～55	0.9～1.2	20.5～23.5(25℃)	2.5～3.0	软泡低烟雾型
Q-5014	207～219	1.0～2.0	18～22(25℃)	3.0～3.5	软泡交联剂
Q-5017	215～225	1.0～2.0	25～35(25℃)	3.0～3.5	软泡交联剂
F-110-1000	54～58	0.2～0.7	0.9～1.2(60℃)	2	鞋底
F-113	54～58	<0.4	1.0～1.4(60℃)	2	鞋底
F-171	44～48	<0.5	1.5～1.8(60℃)	2.0～2.5	鞋底
F-173	54～60	0.5～0.8	1.3～1.8(60℃)	2.0～2.5	鞋底
F-772-D	58～62	1.0～1.4	17～21(25℃)	2.5～3.0	鞋底

表 3-34 西班牙 Synthesia 公司聚氨酯反应型热熔胶用聚酯多元醇的典型物性

牌号	羟值/(mg KOH/g)	酸值/(mg KOH/g)	T_g/℃	熔点/℃	M_w	黏度/Pa·s
Hoopol F-580	37～40	<0.5	结晶	50	3000	3～4(60℃)
Hoopol F-531	26.4～28.4	<0.2	结晶	53	4000	6～10(60℃)
Hoopol F-900	53～58	<0.5	结晶	53	2000	0.7～1.3(60℃)
Hoopol F-970	38～42	<0.5	结晶	54	2800	1.8～3(60℃)
Hoopol F-972	44～48	<0.5	结晶	54	2400	1～2.3(60℃)
Hoopol F-931	28～32	<0.5	结晶	57	3750	4～7(60℃)
Hoopol F-902	18～24	<2.0	结晶	58	5500	2～8(80℃)
Hoopol F-911	10～16	<2.0	结晶	59	8500	35(80℃)
Hoopol FS-930	27～34	<2.0	结晶	67	3750	2(80℃)
Hoopol F-3000	27～33	<0.5	结晶	71	3750	2～4(80℃)
Hoopol F-7931	27～34	<2.0	结晶	96	3750	1.5(130℃)
Hoopol F-88933	27～34	<2	结晶	106	3750	2(130℃)
Hoopol F-88931	27～34	1.0～2.0	结晶	120	3750	3～5(130℃)
Hoopol F-5630	30～34	<2.0	16	无定形	3500	3(130℃)
Hoopol F-39030	33～37	<2.0	29	无定形	3200	9～16(130℃)
Hoopol F-37070	38～46	<2	51	无定形	2650	50(130℃)
Hoopol F-37040	27～34	<2.0	−20	液态	3750	10(80℃)
Hoopol F-37030	27～32	<1.0	−27	液态	3750	5～10(80℃)
Hoopol F-7930	27～34	<2.0	−28	液态	3750	2(130℃)
Hoopol F-37031	30～34	<2.0	−30	液态	3500	4～10(80℃)
Hoopol F-37032	27～34	<2.0	−35	液态	3750	8(80℃)
Hoopol F-37050	27～34	<2.0	−41	液态	3750	12(80℃)
Hoopol FJ-20030	18～24	<2.0	−55	液态	5500	5(80℃)

注：有熔点的是结晶性聚酯，有玻璃化温度 T_g 的是无定形聚酯。

表 3-35 西班牙 Synthesia 公司用于 PU 硬泡的聚酯多元醇的典型物性

牌号	类型	羟值/(mg KOH/g)	酸值/(mg KOH/g)	黏度(25℃)/mPa·s
Hoopol F-1360	基于 PET	325～375	1.7～2.3	1000～2000
Hoopol F-1394	基于 PET	230～250	0.8～1.2	1500～2500
Hoopol F-1395-P	基于 PET	160～180	<2.0	1500～2500
Hoopol F-1396	基于 PET	230～250	0.8～1.2	1500～2500
Hoopol F-7020	基于 PET	120～130	<5	1000
Hoopol F-7021	基于 PET	155～165	<5	750
Hoopol F-3362	基于 PET	300～320	1.7～2.3	1500～2900
Hoopol F-4091-M	基于 PA	180～200	0.8～1.3	8000～12000
Hoopol F-4390	基于 PA	230～260	<2.0	8000～12000
Hoopol F-4391-D	基于 PA	230～250	<1.0	2100～3500
Hoopol F-4361	基于 PA	300～320	<2.0	2500～3200
Hoopol MT-480	Mannich	460～500	—	8000～15000
Hoopol MP-115-P	Mannich	465～515	—	9000～15000
Hoopol MP-126-A	Mannich	420～475	—	10000～18000

注：基于 PET 指基于对苯二甲酸或 PET 的，PA 指苯酐，Mannich 指基于 Mannich 碱合成机理的聚酯。

3.1.4 高分子量聚酯多元醇

由对苯二甲酸、间苯二甲酸、已二酸、癸二酸等二元酸与乙二醇、二甘醇、新戊二醇等二元醇缩聚得到的高分子量芳香族共聚酯二醇，分子量一般在 5000～10000 之间，可溶解在乙酸乙酯等有机溶剂中，配制成双组分聚氨酯胶黏剂的主剂，用于复合薄膜、铝塑层压材料等的粘接。

高分子固态饱和聚酯树脂可用于烘烤型聚氨酯涂料，这些饱和树脂产品形态是颗粒状固体。由高分子量饱和聚酯和氨基树脂及封闭多异氰酸脂制得的烘烤型涂料柔韧性极好，对金属的附着力极强。用于卷材涂料底漆和底面合一涂料、耐深冲和消毒试验的罐听涂料、金属保护内层涂料等。

一些厂家还供应溶剂型的饱和聚酯溶液，同样和氨基树脂及封闭型多异氰酸酯配制烘烤型涂料。例如 Evonik Degussa 公司的 Dynapol LH、H 是以溶液形式供应的聚酯多元醇产品。

高分子量固体粉末聚酯多元醇可与封闭型多异氰酸酯固体粉末配制聚氨酯粉末涂料，烘烤固化。

3.1.5 二聚体聚酯二醇

脂肪酸二聚体是一种由 2 个不饱和脂肪酸分子通过自聚得到的二元羧酸，简称二聚酸，这种二元酸和普通二元酸一样可与二元醇或多元醇缩聚成聚酯多元醇。英国禾大国际股份有限公司（Croda International Plc）2006 年从英国帝国化学工业公司（ICI）手上收购了 Uniqema 公司，继续生产原 Uniqema 公司以二聚酸和二醇合成的聚酯二醇系列产品，用于聚氨酯树脂、涂料、胶黏剂等。

Croda 公司的二聚体聚酯二醇（表 3-36）是由含有 36 碳原子的、带支链的脂肪酸二聚体二酸制得的，具有高度疏水性。此外，烃类特性和非结晶性又赋予其极低温度下的柔韧性和润滑性。含二聚酸聚酯结构的聚氨酯与己二酸聚酯聚氨酯相比，其吸湿性较低，耐水解性能优异，柔韧性好；与聚醚软段相比，因分子骨架中无醚键存在，将使二聚酸基聚氨酯具有抗热氧降解的能力。二聚酸基湿固化聚氨酯热熔胶黏剂可良好地粘接未经处理的难粘材料如聚乙烯等。

二羧酸二聚体制得的聚氨酯涂料用聚酯树脂具有较高的二甲苯容忍度。在聚酯合成中以二聚体酸代替己二酸，可降低聚酯的黏度。增加树脂在中等极性溶剂中的溶解性，增加韧性和冲击强度。

表 3-36 Croda 公司的二聚体聚酯二醇的产品典型指标及特性。

Priplast 牌号	标称分子量	特性及用途
1838	2000	液态，与低极性相容性好，用于 PU 压敏胶、软弹性聚氨酯
3162	1000	半结晶，良好表面硬度和黏附力浸润性，用于 PU 分散液
3172	3000	耐水解高强度，用于 PU 弹性体和热熔胶
3182	2000	半结晶，低温柔韧性、耐化学品，用于 PU 微孔鞋底等
3184	400	来自天然产物的非二聚体聚酯，混溶性好，用于 PU 硬泡
3186	1700	液态，适用于交联体系、拒水性 PU 软泡、双组分密封胶等
3187	2000	很低温度柔软性好，用于聚氨酯弹性体等
3188	2000	适用于交联体系，用于聚氨酯弹性体等
3190	2000	液态，低 T_g，热氧稳定优，用于柔性聚氨酯 CASE
3192	2000	熔点 45℃，力学性能好，用于聚氨酯弹性体等
3196	3000	液态，低极性，与烃类相溶性好，用于非常软的弹性体
3199	2000	液态，用于 TPU 等相分离良好

注：水分≤0.1%，酸值≤1.0mg KOH/g，可能更低。耐水解是这类聚酯的通性，表中略。

3.1.6 带侧基的特种聚酯多元醇

日本可乐丽公司（株式会社クラレ）生产的特种聚酯多元醇是用该公司特殊的侧甲基二醇 3-甲基-1,5-戊二醇等为原料，与己二酸、癸二酸、对苯二甲酸、1,4-环己烷二羧酸、间苯二甲酸缩聚而得的多系列聚酯二醇及少量支化聚酯（表3-37）。由于侧基的存在，这类聚酯无结晶性，具有广泛的溶剂相溶性，与普通己二酸系聚酯型聚氨酯相比，制得的聚氨酯具有良好的性能，如柔软性、耐水解、优良的耐久性、良好的透明度、优良的耐沾污性和模塑性能。

部分以3-甲基-1,5-戊二醇等为原料的特殊聚酯多元醇的CAS编号如下。

化学名称	CAS编号
聚己二酸-3-甲基-1,5-戊二醇酯二醇	39751-34-3
聚对苯二甲酸-3-甲基-1,5-戊二醇酯二醇	162005-47-2
间苯二甲酸-3-甲基-1,5-戊二醇酯二醇	162005-47-2
聚1,4-环己烷二羧酸-3-甲基-1,5-戊二醇酯二醇	142200-49-5
聚癸二酸-3-甲基-1,5-戊二醇酯二醇	26009-52-9
聚己二酸间苯二甲酸-3-甲基-1,5-戊二醇酯二醇	156638-20-9
聚己二酸对苯二甲酸-3-甲基-1,5-戊二醇酯二醇	160935-30-8
聚己二酸-3-甲基-1,5-戊二醇1,4-丁二醇酯二醇	163148-64-9
聚己二酸-3-甲基-1,5-戊二醇三羟甲基丙烷酯多元醇	122310-07-0
聚己二酸-1,9-壬二醇酯二醇	73019-30-4
聚己二酸-2-甲基-1,8-辛二醇-1,9-壬二醇酯二醇	119310-57-5

表3-37 日本可乐丽公司3-甲基-1,5-戊二醇系聚酯多元醇醇的典型物性

Kuraray Polyol	组成	分子量	羟值/(mg KOH/g)	酸值	黏度/Pa·s	T_g/℃	密度/(g/mL)
P-510	MPD/AA	500	213～235	<0.5	0.54	−76.7	1.06
P-1010	MPD/AA	1000	106～118	<0.5	1.5	−70.6	1.08
P-1510	MPD/AA	1500	71.0～79.0	<0.5	3.2	−68.3	—
P-2010	MPD/AA	2000	53.0～59.0	<0.5	5.7	−66.6	1.09
P-3010	MPD/AA	3000	35.0～40.0	<0.5	13.8	−64.9	1.09
P-4010	MPD/AA	4000	26.5～29.5	<0.5	28	−64.4	1.09
P-5010	MPD/AA	5000	21.0～24.0	<0.5	47	−63.8	1.09
P-6010	MPD/AA	6000	17.5～20.0	<0.5	68	−64.3	1.09
P-520	MPD/PTA	500	213～235	<1	13.3	−51.6	1.14(20℃)
P-1020	MPD/PTA	1000	106～118	<1	8.7(60℃)	−24.7	1.12(70℃)
P-2020	MPD/PTA	2000	53.0～59.0	<1	73(60℃)	−9.6	1.15/85℃
F-2010	MPD/AA/TMP	2000	约84	<0.5	7.2	−62.7	1.10(20℃)
F-3010	MPD/AA/TMP	3000	约56	<0.5	15	−62.7	1.10(20℃)
P-1011	MPD/AA/PTA	1000	106～118	<1	19	−51.5	1.13(20℃)
P-2011	MPD/AA/PTA	2000	53～59	<1	40	−43.1	1.14(20℃)
P-1012	MPD/AA/IPA	1000	106～118	<1	14	−51.0	1.13(20℃)
P-2012	MPD/AA/IPA	2000	53～59	<1	42	−42.0	1.14(20℃)

注：酸值单位为mg KOH/g，水分<0.05%，色度（APHA）≤100。P-520、P-1020和P-2020为糊状，凝固点分别为54℃、47℃和53℃，其他聚酯外观为无色至淡黄色液体。如无特别指明，黏度、密度是25℃下的数据。T_g是通过DSC测定的（升温10℃/min）。

3.1.7 聚合物聚酯多元醇

别名：聚酯聚合物多元醇，聚合物接枝改性聚酯多元醇。

英文名：polymeric polyester polyol；polymeric polyester polyol；polyester polymer polyol

常规的“聚合物多元醇”是以聚醚多元醇为基础、以乙烯基单体在聚醚多元醇连续相中继续自由基聚合得到的乙烯基聚合物改性的聚醚多元醇（详见2.2节），也可称为聚合物聚醚多元醇。而另一种聚合物多元醇——以聚酯多元醇为基础，同样用乙烯基单体进行自由基聚合得到的产物，则比较少见。这种聚合物改性多元醇，一般称为聚合物聚酯多元醇或者聚酯聚合物多元醇。它的性质与聚醚聚合物多元醇相似，外观为白色黏稠液体。

聚合物聚酯多元醇是由基础聚酯多元醇、大分子分散剂和乙烯基聚合物颗粒组成的聚合物分散体。其制备方法也与聚醚基聚合物多元醇的相似，一般也用苯乙烯或苯乙烯和少量丙烯腈的混合物作为乙烯基单体，在引发剂、大分子分散剂、链转移剂存在下，在聚酯多元醇基础介质中进行自由基聚合得到。

聚合物聚酯多元醇中乙烯基聚合物的含量（也称作"固含量"）一般在10%～30%之间，线型或轻微支化的基础聚酯分子量一般在1000～2500之间。由于聚酯多元醇黏度比聚醚多元醇大，所以制备工艺比聚醚系聚合物多元醇要难一些。

聚合物聚酯多元醇主要用于生产微孔聚氨酯鞋底和鞋垫，也用于聚氨酯软泡，代替部分聚酯多元醇，就可大大提高微孔泡沫体网络的承载能力和强度。其优点包括：良好的耐水解性能；在同样泡沫密度下具有较高的硬度，可以降低密度而得到同样的硬度，也可以降低异氰酸酯预聚体等的用量，生产低密度微孔弹性体鞋材，以此节省原料用量和成本；泡孔结构更均匀，增加泡沫塑料制品开孔率和改善制品尺寸稳定性，可减少匀泡剂用量，在微孔鞋垫配方中甚至不用匀泡剂也可得到均匀微细的泡孔；提高泡沫塑料制品的撕裂强度等力学性能；在聚酯型聚氨酯软泡中使用，可降低TDI-65的用量，制造低密度泡沫，且减少废品率。

国内有烟台万华北京研究院、中国科学院山西煤炭化学研究所进行过研发和应用试验，聚合物聚酯多元醇试验品的质量可达到与进口品相当的水平，但目前国内似乎还未见工业化产品。而西班牙Synthesia集团公司旗下的Synthesia Internacional，S. L. U（原Hoocker公司）早在2000年前后就有Hoopol PM系列聚合物聚酯多元醇产品推出，目前仍在供应。表3-38为Synthesia公司的几种聚合物聚酯多元醇产品的典型物性和用途。其中Hoopol PM 2245和PM-245为以支化聚酯多元醇为基础的产品，Hoopol PM 445为聚合物接枝改性的聚酯二醇。该公司还有许多聚酯多元醇产品，用于反应型热熔胶、鞋底、其他CASE弹性材料、软泡、硬泡等聚氨酯制品。

表3-38 Synthesia公司的几种聚合物聚酯多元醇产品的典型物性和用途

Hoopol牌号	羟值 /(mg KOH/g)	酸值 /(mg KOH/g)	黏度 /Pa·s	特点及用途
PM-2245	60～64	≤0.1	2.5～5.0(60℃)	低模温。凉鞋、高硬度微孔鞋底
PM-245	57～63	≤0.8	1.5～3.0(60℃)	低模温、结皮优、强度好。低密度中底,大底
PM-445	57～63	0.2～0.8	1.0～3.0(60℃)	
PM-7872-SF	55～59	0.8～1.2	20～30(25℃)	软质泡沫塑料,较好力学性能
PM-7812-SFC	53～57	0.8～1.2	27～37(25℃)	软质泡沫塑料

3.2 聚己内酯多元醇

3.2.1 聚己内酯二醇和聚己内酯三醇

简称：PCL。

英文名：poly-ε-caprolactone polyol；polycaprolactone diol（聚己内酯二醇）；polycaprolactone triol（聚己内酯三醇）等。

聚己内酯多元醇工业化产品以聚己内酯二醇居多，也有少量聚己内酯三醇产品。聚己内酯二醇和三醇的分子量范围通常在300～4000之间。

聚己内酯多元醇的官能度取决于所用多元醇起始剂的官能度。不同起始剂制得的聚己内酯，其CAS编号不同，分别是：

BDO 聚己内酯二醇 CAS 编号为 31831-53-5；

NPG 聚己内酯二醇 CAS 编号为 69089-45-8；

HDO 聚己内酯二醇 CAS 编号为 36609-29-7；

DEG 聚己内酯二醇 CAS 编号为 36890-68-3；

EG 聚己内酯二醇 CAS 编号为 27102-04-1；

DMPA 聚己内酯二醇 CAS 编号为 2522667-29-1；

TMP 聚己内酯三醇 CAS 编号为 37625-56-2。

聚己内酯二醇的结构式如下：

$$H{-}\!\!\left[O{-}CH_2CH_2CH_2CH_2CH_2{-}\overset{\overset{\displaystyle O}{\|}}{C}\right]_m\!O{-}R{-}O\!\left[\overset{\overset{\displaystyle O}{\|}}{C}{-}CH_2CH_2CH_2CH_2CH_2{-}O\right]_n\!H$$

起始剂是 HO—R—OH

物化性能

聚己内酯二醇的相对密度（55℃液态/20℃水）约为 1.07，溶解度参数（δ）为 9.34～9.43 $(cal/cm^3)^{1/2}$，1cal＝4.18J。

聚己内酯多元醇一般具有低色度、高纯度，官能度与起始剂精确匹配（与理论官能度非常相近），分子量分布窄，通常为无色透明液体，黏度（包括熔融黏度）比一般聚酯二醇的低。

制法

聚 ε-己内酯多元醇是由单体 ε-己内酯和起始剂（二醇、三醇或醇胺）在催化剂（钛酸四丁酯、辛酸亚锡等）存在下经开环聚合而成。

特性及用途

聚 ε-内酯二醇制成的聚氨酯树脂耐温和水解稳定性都比己二酸系聚酯多元醇优良。制得的聚氨酯具有较高的拉伸强度、低温柔韧性，良好的弹性、耐水解性和耐候性，优良的耐撕裂和耐磨性、高温黏附性，耐烃类溶剂和耐化学品性能。

原则上，聚己内酯二醇和三醇可用于制造各种聚氨酯制品，由于目前 PCL 价格较高，一般用于特殊聚氨酯弹性体、胶黏剂、涂料等，应用领域包括：浇注型聚氨酯弹性体、热塑性聚氨酯弹性体、聚氨酯合成革树脂、聚氨酯涂料、聚氨酯胶黏剂、密封胶、微孔聚氨酯弹性体、鞋底、聚氨酯薄膜和薄片、反应型稀释剂以及各种树脂改性中间体、光学透明聚氨酯透镜、水性聚氨酯等。

通常，低酸值聚己内酯二醇制得的聚氨酯，耐水解性能更优异。窄分子量分布的 PCL 制得的聚氨酯具有改善的耐磨性和低压缩变定。

聚己内酯三醇等还可用于生产聚氨酯泡沫塑料。

除用于聚氨酯，聚己内酯多元醇还可用于丙烯酸酯、聚酯树脂、乙烯基树脂等涂料树脂的改性剂；用作反应型稀释剂，获得高固含量涂料体系；用于环氧树脂涂料及灌封胶的增韧剂，还可用于单组分环氧树脂涂料。

生产厂商

瑞典 Perstorp 公司，日本株式会社大赛璐，美国 Dow 化学公司，青岛华元聚合物有限公司等。

3.2.2 部分厂家聚己内酯多元醇代表性产品

本小节介绍几个知名厂商的聚己内酯多元醇其典型物理性能。

日本化学工业株式会社大赛璐（原名日本大赛璐化学工业株式会社）有机合成公司（Organic Chemical Products Company）的聚己内酯二醇产品典型物性指标见表 3-39，聚己内酯多元醇产品典型物性指标见表3-40。

表3-39 日本化学工业株式会社大赛璐的聚己内酯二醇产品典型物性指标

Placcel牌号	分子量	羟值/(mg KOH/g)	酸值/(mg KOH/g)	熔点/℃	黏度(75℃)/mPa·s	常温状态	起始剂
205	530	212±5	<1.0	30～40	30～50	糊状	DEG
205H	530	212±5	<1.0	—	880(25℃)	液-糊	DEG
205U	530	212±5	<0.2	—	300(25℃)	液状	DEG
205BA	500	220±10	100～120	—	—	糊状	DMPA
L205AL	500	224±5	<1.0	13～16	700～800(25℃)	液状	—
208	830	135±5	<1.0	35～45	90～110	蜡状	—
L208AL	830	135±5	<1.0	14～18	1600～1800(25℃)	液状	—
210	1000	114±5	<1.0	46～48	110～130	蜡状	—
210CP	1000	111～120	<0.5	—	150～190(60℃)	糊状	NPG
210N	1000	112±5	<1.0	32～37	80～100	蜡状	—
212	1250	90±4	<1.0	48～50	140～200	蜡状	EG
L212AL	1250	90±3	<1.0	19～22	3000～4000(25℃)	液状	—
220	2000	56±3	<1.0	53～55	330～400	蜡状	—
220CPB	2000	56±3	<0.1	53～55	200～300	蜡状	—
220NP1	2000	56±3	<1.0	34～44	450～550	蜡状	—
220N	2000	56±3	<1.0	48～51	210～270	蜡状	EG
220UA	2000	56±3	<1.0	—	—	蜡状	—
L220AL	2000	56±3	<1.0	0～5	8200～8700(25℃)	液状	—
230	3000	36～39	<1.0	55～58	770～870	蜡状	EG
230N	3000	36～39	<1.0	55～58	—	蜡状	—
230CP	3000	36～39	<0.5	—	400～600	蜡状	NPG
240	4000	26～31	<1.0	55～58	1450～1650	蜡状	EG
240CP	4000	26～31	<0.5	—	800～1000	蜡状	NPG

注：Placcel 205U为低黏度、低酸值产品，205H的耐水性比205的好；Placcel 210CP、220CPB、230CP和240CP具有低酸值，改善了耐水性。220NPI为低结晶性产品。后缀N、UA代表窄分子量分布产品，210、210N、220和220N的分子量分布（M_w/M_n）分别为1.88、1.34、2.00和1.24。

表3-39中，L205AL、L208AL、L212AL、L220AL、L220PM、L230AL和220NPI等为液化的聚己内酯产品，CAS编号为86630-69-5，可能是己二酸、新戊二醇与己内酯的共聚物二醇。Placcel 205BA、210BA和220BA是以二羟甲基丙酸为起始剂得到的含COOH基PCL，可直接用于生产水性聚氨酯。

表3-40 日本化学工业株式会社大赛璐聚己内酯多元醇产品典型物性指标

Placcel牌号	分子量	羟值/(mg KOH/g)	酸值/(mg KOH/g)	熔点/℃	黏度(25℃)/mPa·s	状态(常温)	起始剂
303	300	530～550	<1.5	—	1600～1900	液状	TMP
305	550	300～310	<1.0	—	1100～1600	液状	TMP
308	850	190～200	<1.5	20～30	1350～1550	糊状	TMP
309	900	182～192	<1.0	—	—	—	—
312	1250	130～140	<1.0	33～37	145(75℃)	蜡状	TMP
L312AL	1250	128～138	<1.0	14～17	3500～5000	液状	—
320	2000	79～89	<1.0	40～45	—	蜡状	TMP
L320AL	2000	81～87	<1.0	17～20	10～15Pa·s	液状	—
320ML	2000	55～63	<1.0	—	270	溶液	TMP
L330AL	3000	53～59	<1.0	—	20～30Pa·s	液状	—
410	1000	～220	<1.0	—	2500	液状	四醇

注：L312AL、L320AL、L320ML和L330AL起始剂等原料不详，CAS编号为26745-09-5。Placcel 320ML是Placcel 320的70%MIBK溶液。Placcel 410D是聚己内酯四醇，其他是聚己内酯三醇。

美国 Arch 化学的 Poly-T 系列聚己内酯多元醇的典型物性见表 3-41。

表 3-41 美国 Arch 化学公司的 Poly-T 系列聚己内酯多元醇的典型物性

Poly-T 牌号	起始剂	分子量	羟值	酸值 ≤	熔程 /℃	色度 (APHA)	黏度(75℃) /mPa·s
205	DEG	530	207～217	1.0	30～40	100	30～50
205U	DEG	530	207～217	0.5	<25	50	约 400(25℃)
208	EG	830	130～140	1.0	35～45	150	90～110
210N	EG	1000	107～117	1.0	32～37	100	70～110
212	EG	1250	86～94	1.0	40～52	150	150～190
210CP	NPG	1000	107～117	0.5	30～40	50	150～190(60℃)
220	EG	2000	53～59	1.0	45～55	150	350～400
220CPB	NPG	2000	53～59	0.5	40～50	100	200～300
220N	EG	2000	53～59	1.0	48～51	100	210～270
220UA	DEG	2000	53～59	1.0	45～55	150	200～300
230	EG	3000	36～39	1.0	55～58	150	770～870
303	TMP	300	530～550	1.5	<25	150	约 1800(25℃)
305	TMP	550	300～310	1.0	<20	150	约 1250(25℃)
309	TMP	900	182～192	1.0	<40	100	约 1450(25℃)

注：水分≤0.05%，羟值和酸值的单位是 mg KOH/g。200 系列为聚己内酯二醇，300 系列为聚己内酯三醇。

瑞典 Perstorp 集团公司已经在 2008 年收购了 Solvay 公司 Caprolactones 业务，目前 CAPA 系列聚己内酯二醇属于 Perstorp 公司。其聚己内酯二醇及多元醇的典型技术指标见表 3-42 和表 3-43。

CAPA2043、2054、2085、2100、2100A、2200、2200A 与异氰酸酯反应速率快，用于聚氨酯胶黏剂、表面涂层、软泡、树脂中间体，其中 2100A、2200A 特别用于高性能耐水解聚氨酯弹性体。2047A 特别用于光学树脂，2077A 用于特殊涂料和聚氨酯弹性体。CAPA 2101A、2121、2125、2125A、2201、2201A 反应活性较低，用于高性能聚氨酯弹性体、胶黏剂、涂料等。2101A、2201A、2203A、2302A、2125A 和 2161A 与常规 CAPA 相比改善了预聚体稳定性和耐水解性，其与 MDI 生产稳定预聚体，可用于 TPU 和浇注弹性体。2125A 和 2161A 还可生产高质量聚氨酯涂料和纤维。2200D、2403D 特别用于生产低烟雾 TPU 和高性能弹性体，2403D 可用于制造短开放时间和高出初始强度的聚氨酯胶黏剂。7201A 和 7203 为低熔点的共聚物二醇。

表 3-42 Perstorp 公司的 CAPA 系列聚己内酯二醇典型物性

CAPA 牌号	起始剂	分子量	羟值	酸值	物理形态	熔点范围 /℃	黏度 /mPa·s	特性及用途
2043	BDO	400	280	≤0.25	液体	0～10	40	C/A/软泡等
2047A	HDO	400	280	≤0.05	液/糊	0～10	40	C/E
2054	DEG	550	204	≤0.25	液体	18～23	60	C/A/软泡等
2067A	—	650	173	≤0.05	液体	20～30	95(55℃)	C/E/A
2077A	HDO	750	150	≤0.05	液/糊	20～30	85	C/E
2085	DEG	830	135	≤0.25	糊状	25～30	100	中间体,C
2100	NPG	1000	112	≤0.25	糊状	30～40	150	C/A/E/软泡
2100A	NPG	1000	112	≤0.05	糊状	30～40	150	耐水解,E
2101A	NPG	1000	112	≤0.05	糊状	30～40	150	C/A/软泡等
2125	DEG	1250	90	≤0.5	蜡状	35～45	180	C/E/纤维
2125A	DEG	1250	90	≤0.05	蜡状	35～45	175	C/E/纤维
2161A	NPG	1600	70	≤0.05	蜡状	35～50	300	C/E/纤维
2200	NPG	2000	56	≤0.5	蜡状	40～50	480	C/A/E/软泡

续表

CAPA牌号	起始剂	分子量	羟值	酸值	物理形态	熔点范围/℃	黏度/mPa·s	特性及用途
2200A	NPG	2000	56	≤0.05	蜡状	40～50	480	耐水解,E
2200D	NPG	2000	56	≤0.05	蜡状	40～50	480	快,低烟雾
2200P	NPG	2000	56	≤0.05	蜡状	40～50	400	窄 M_w,E
2201	NPG	2000	56	≤0.5	蜡状	40～50	480	比 2200 慢
2201A	NPG	2000	56	≤0.05	蜡状	40～50	480	预聚体稳定,耐水解,E
2203A	BDO	2000	56	≤0.05	蜡状	40～50	460	
2205	DEG	2000	56	≤0.5	蜡状	40～50	435	C/A/E/软泡
2209	MEG	2000	56	≤0.25	蜡状	40～50	380	C/A/E/软泡
2302A	BDO	3000	37	≤0.05	蜡状	50～60	1100	C/A/E
2302	BDO	3000	37	≤0.5	蜡状	50～60	1100	快结晶,高撕裂强度,C/A/E
2303	BDO	3000	37	≤0.25	蜡状	50～60	1100	
2304	DEG	3000	37	≤0.25	蜡状	50～60	1050	
2402	BDO	4000	28	≤0.25	蜡状	55～60	1670	高初黏性。PVC 胶黏剂
2407A	—	4000	28	≤0.05	蜡状	58～60	1750	
2403D	—	4000	28	≤0.25	蜡状	55～60	1670	低烟雾。A
7201A	PTMEG	2000	56	≤0.05	糊状	30～35	315	微孔/弹性体
7203	PCDL	2000	56	≤0.25	软蜡	30～35	1000	耐水解 TPU

注：水分≤0.02%。羟值和酸值单位是 mg KOH/g。黏度是 60℃数据。C 代表特殊涂料，A 代表胶黏剂，E 代表弹性体。CAPA 2403D 低烟雾应用及 PU 胶黏剂。

表 3-43 Perstorp 公司的 CAPA 聚己内酯三醇和四醇的典型物性

CAPA牌号	起始剂	分子量	羟值/(mg KOH/g)	酸值/(mg KOH/g)	物理形态	熔点范围/℃	黏度(60℃)/mPa·s
3022	DEG/甘油	240	540	≤0.5	液状	0～10	40
3031	TMP	300	560	≤1.0	液状	0～10	170
3041	TMP	425	395	≤1.0	液状	0～10	160
3050	TMP	540	310	≤1.0	液状	0～10	160
3091	TMP	900	183	≤1.0	液状	0～10	165
3201	TMP	2000	84	≤0.5	软蜡	40～50	355
4101	季戊四醇	1000	218	≤1.0	液状	10～20	260
4801		8000	28	≤1.0	液状	10～20	4700

注：水分≤0.02%。

CAPA3022 平均官能度为 2.4，特别用于生产整皮聚氨酯硬泡、色浆。CAPA3031 和 CAPA3041 活性较低，用于硬质聚氨酯表面涂层，可用作聚氨酯交联剂。3050 可用作色浆分散介质，用于表面涂层，透明、光稳定的浇注型硬质聚氨酯弹性体。CAPA3201 用于色浆等。CAPA4101 和 CAPA4801 用于高固体分涂料，具有高交联密度和柔韧性。

HC1060、HC1100 和 HC1200 是含羧基聚己内酯二醇，起始剂是 DMPA，用于水性聚氨酯涂料或胶黏剂。其典型物性见表 3-44。

表 3-44 Perstorp 公司的含羧基 CAPA 聚己内酯二醇的典型物性

CAPA牌号	分子量	羟值/(mg KOH/g)	酸值/(mg KOH/g)	物理形态	熔点范围/℃	黏度(60℃)/mPa·s	水分/%
HC1060	600	180	<90	软蜡	35～40	545	<0.5
HC1100	1000	106～110	<60	蜡状	45～50	610	<0.2
HC1200	2000	54～56	<30	硬蜡	45～50	940	<0.1

3.3 聚碳酸酯二醇

3.3.1 聚碳酸酯二醇

简称：PCDL。

英文名：polycarbonate diol；polycarbonatediol。

常见的几种聚碳酸酯二醇的英文名和CAS编号如下。

中文名	常见英文名	CAS编号
聚碳酸亚己酯二醇	poly(hexamethylene carbonate)diol	61630-98-6
聚碳酸-1,6-己二醇酯二醇	1,6-hexanediolpolycarbonate diol	101325-00-2
聚碳酸己内酯亚己酯二醇	1,6-hexanediol and 2-oxepanone polycarbonate diol	282534-15-0
聚碳酸亚丁酯二醇	poly(tetramethylene carbonate)diol	NA
聚碳酸环己烷二甲醇-1,6-己二醇酯二醇	poly(1,4-cyclohexanedimethylene-co-1,6-hexanediol carbonate)diol	216691-97-3
聚碳酸-1,5-戊二醇-1,6-己二醇酯二醇	poly(hexamethylene-co-pentamethylene carbonate)diol	132459-81-5
聚碳酸亚乙酯二醇	poly(ethylene carbonate)diol	25608-11-1
聚碳酸亚丙酯二醇	poly(trimethylene carbonate)diol ;poly(propylene carbonate)diol	31852-84-3
聚碳酸-1,4-丁二醇-1,6-己二醇酯二醇	poly(tetramethylen-co-hexamethylene carbonate)diol	149295-53-4

聚碳酸1,6-己二醇酯二醇（聚碳酸亚己酯二醇）结构式如下：

$$HO{+}(CH_2)_6{-}O{-}[\overset{\overset{O}{\|}}{C}{-}O{+}(CH_2)_6{-}O]_n{-}H$$

物化性能

不同原料合成的聚碳酸酯二醇，在室温下为浅色透明黏稠液体或固体。聚碳酸酯二醇不溶于水，溶于酯、酮、芳烃和醚酯类有机溶剂。

常见的聚碳酸-1,6-己二醇酯二醇（聚六亚甲基碳酸酯二醇、PHCD）常温下为白色蜡状固体。Sigma-Aldrich公司供应的一种分子量约为860的聚碳酸亚己酯二醇，黏度为350～850mPa·s，熔点为40～50℃，25℃时密度为1.09g/mL。

聚碳酸酯二醇有轻微的吸湿性，在30℃以下密封容器中可稳定贮存6个月以上。起始剂对PCDL的外观、物性有较大的影响，某些PCDL产品常温为液体，某些产品常温下结晶，可加热熔化后使用。

黏度、熔点、密度等物性见有关厂家的产品数据表格。

制法

最初的聚碳酸亚己酯二醇是由1,6-己二醇（HDO）和二苯基碳酸酯进行加热酯交换反应制得。目前一般采用小分子二元醇和小分子碳酸酯在催化剂的存在下进行酯交换反应，最后减压抽出小分子物质，即得到聚碳酸酯二醇。通过调整二元醇的种类可以合成多种结构的聚碳酸酯二醇，分子量可调，催化剂使用量少，产品色度低，羟基官能度比较接近理论值。

用于合成聚碳酸酯二醇的二元醇原料有1,6-己二醇、1,4-丁二醇、1,4-环己烷二甲醇、1,5-戊二醇、3-甲基戊二醇等。小分子碳酸酯有碳酸二甲酯、碳酸二乙酯、碳酸二丙酯、碳酸二苯酯、碳酸亚乙酯、碳酸亚丙酯等。催化剂可用甲醇钠、钛酸四丁酯、Mg/Al水滑石、三亚乙基二胺等。

另外还可用低分子量聚四氢呋喃二醇等合成聚四氢呋喃碳酸酯二醇，还可以用己内酯开环参与聚碳酸酯二醇的合成。

中国科学院广州化学研究所开发了由二氧化碳和环氧丙烷、环氧乙烷为原料制脂肪族聚碳酸酯二醇的工业化技术。将一定量的特种催化剂、环氧丙烷（或环氧乙烷）及分子量调节剂加入经过干燥处理的高压反应釜中，密封反应釜，开启搅拌装置，充入一定量的二氧化碳，60℃

下反应6～8h后出料。然后将未反应完全的环氧丙烷分离后加入一定量的溶剂稀释，再加入吸附剂进行吸附精制，最后分离出溶剂，即得到聚碳酸亚丙酯二醇（或聚碳酸亚乙酯二醇）。

特性及用途

由聚碳酸酯二醇制得的聚氨酯具有优良的耐候性、耐水解特性和耐磨性，是性能最好的一种低聚物多元醇，它可用于热塑性聚氨酯弹性体、薄膜、高档PU革、氨纶、胶黏剂、水性漆和溶剂型聚氨酯漆。还可用于流淌型或耐垂挂聚氨酯密封胶。聚碳酸酯二醇可与脂肪族异氰酸酯结合，配制涂料、胶黏剂等，具有优良的耐候性和耐水解性。

生产厂家

德国Bayer MaterialScience公司，日本旭化成化学品株式会社，日本宇部兴产株式会社，日本聚氨酯工业株式会社，日本可乐丽株式会社，美国Arch化学公司，江苏省化工研究所有限公司，日本大赛璐化学工业株式会社，青岛华元聚合物有限公司等。

3.3.2　部分厂家聚碳酸酯二醇代表性产品

几个知名厂家的聚碳酸酯二醇产品的牌号和典型物性见表3-45～表3-50。日本株式会社大赛璐的聚碳酸酯二醇产品典型物性见表3-45。

表3-45　日本株式会社大赛璐的聚碳酸酯二醇产品典型物性

Placcel牌号	分子量	羟值/(mg KOH/g)	酸值/(mg KOH/g)	熔点/℃	水分/%	黏度(25℃)/mPa·s	状态(常温)
CD205PL	500	215～235	<1.0	—	≤0.1	100～300	液态
CD210	1000	107～117	<0.1	40～48	≤0.1	750～950(60℃)	蜡状
CD220	2000	51～61	<1.0	47～53	≤0.1	4～6Pa·s(60℃)	蜡状
CD220PL	2000	51～61	<1.0	—	≤0.1	3000～7000	液态
CD205	500	215～235	<0.1	25～35	≤0.1	150～350(60℃)	蜡状
CD210PL	1000	107～117	<1.0	—	≤0.1	700～1000	液态
CD205HL	500	215～235	<1.0	—	≤0.05	400～700	液态
CD210HL	1000	107～117	<1.0	—	≤0.1	3000～4500	液态
CD220HL	2000	51～61	<1.0	—	≤0.1	20～40Pa·s	液态

注：色度均不大于200APHA。牌号的后缀PL表示为低模量（柔软型）产品，HL为高模量（硬型）产品。

日本旭化成化学品株式会社（Asahi Kasei Chemicals Corporation，旭化成ケミカルズ株式会社，属日本旭化成株式会社）的聚碳酸酯二醇系列产品的质量指标和典型物性见表3-46。

表3-46　日本旭化成化学品株式会社的Duranol聚碳酸酯二醇系列产品的质量指标和典型物性

Duranol牌号	分子量M_n	羟值/(mg KOH/g)	黏度(50℃)/Pa·s	熔点/℃	状态(常温)	特性
T6002	2000	51～61	6～15	40～50	白色固体	传统PCDL
T6001	1000	100～120	1.1～2.3	40～50	白色固体	
T5652	2000	51～61	7～16	≤-5	黏稠液体	低结晶性,良好溶解性,易于操作
T5651	1000	100～120	1.2～2.4	≤-5	黏稠液体	
T5650J	800	130～150	0.6～1.2	≤-5	黏稠液体	
T5650E	500	200～250	0.20～0.43	≤-5	黏稠液体	
T4672	2000	46～56	12～25	5～15	黏稠液体	液态,易于操作
T4671	1000	100～120	1.5～3	5～15	黏稠液体	
T4692	2000	51～61	3～8(70℃)	50～60	白色固体	更好耐化学品性能
T4691	1000	100～120	0.5～1.5(70℃)	50～60	白色固体	
G3452	2000	51～61	6.8～13(70℃)	≤-5	黏稠液体	低结晶性,更好耐化学品
G3450J	800	130～150	0.4～0.8(70℃)	≤-5	黏稠液体	

注：酸值≤0.05mg KOH/g，水分≤0.05%，色度（APHA）<100。T60系列醇原料为1,6-HDO，T56系列是1,6-HDO/1,5-PDO聚碳酸酯，T46系列是1,6-HDO/1,4-BDO聚碳酸酯。

日本宇部兴产株式会社（Ube Industries，Ltd）的 UH-CARB 系列产品是以 1,6-己二醇（HDO）为起始剂所制得的聚碳酸酯二醇，UC-CARB 是以 1,4-二羟甲基环己烷（CHDM）为起始剂的聚碳酸酯二醇，UM-CARB 是以 CHDM/HDO（表中比例为摩尔比）混合二醇为起始剂的聚碳酸酯二醇。它们的典型物性见表 3-47。

表 3-47 日本宇部兴产株式会社的聚碳酸酯二醇的典型物性

型号	平均分子量(M_n)	羟值/(mg KOH/g)	黏度(75℃)/mPa·s	熔点/℃	状态(常温)
UH-CARB50	500	224±20	100±10	33±5	白色蜡状
UH-CARB100	1000	110±10	410±50	45±5	白色蜡状
UH-CARB200	2000	56±5	2200±200	50±3	白色蜡状
UH-CARB300	3000	37±3	6000±1000	52±3	白色蜡状
UC-CARB100	1000	110±10	—	54±5	白色蜡状
UM-CARB90(3/1)	900	125±10	<8000(80℃)	50±5	白色蜡状
UM-CARB90(1/1)	900	125±10	<2000(80℃)	—	透明黏液

注：酸值<0.1mg KOH/g，水分<0.1%，色度（APHA）<100。

日本可乐丽株式会社（株式会社クラレ）用其特有的 3-甲基-1,5-戊二醇，与 1,6-己二醇按一定的比例生产液态聚碳酸酯二醇产品系列，见表 3-48。

表 3-48 日本可乐丽公司液态聚碳酸酯二醇的典型物性

Kuraray Polyol	MPD/HD 摩尔比	分子量	典型羟值/(mg KOH/g)	酸值/(mg KOH/g)	黏度/60℃/mPa·s	T_g/℃
C-590	90/10	500	224	<0.5	170	−70.2
C-1050	50/50	1000	112	<0.5	1000	−57.6
C-1090	90/10	1000	112	<0.5	1800	−53.2
C-2050	50/50	2000	56	<0.5	5200	−49.9
C-2090	90/10	2000	56	<0.5	4600	−45.3
C-3090	90/10	3000	37	<0.5	15700	−42.0

德国 Bayer MaterialScience 公司的聚碳酸酯二醇的产品指标及典型物性见表 3-49。另外，Desmophen C 200 曾是 Bayer 公司的聚碳酸酯二醇产品牌号。

表 3-49 德国 Bayer MaterialScience 公司的聚碳酸酯二醇的产品指标及典型物性

Desmophen 牌号	分子量	羟基含量/%	典型羟值/(mg KOH/g)	黏度(23℃)/mPa·s	密度/(g/mL)	状态
C 1100	1000	3.3±0.3	112	3200±1300	1.10	液态
C 1200	2000	1.7±0.2	56	16500±2500	1.10	液态
C 2100	1000	3.3±0.3	112	410±110(75℃)	1.15	固态
C 2200	2000	1.7±0.2	56	2300±750(75℃)	1.14	固态
C XP 2716	650	约 5.2	172	约 4000	1.10	液态

注：水分≤0.05%，色度 APHA≤150，酸值≤0.1mg KOH/g。密度是 20℃数据。

日本聚氨酯工业株式会社的聚碳酸酯二醇的典型物性见表 3-50。

表 3-50 日本聚氨酯工业株式会社的聚碳酸酯二醇的典型物性

Nippollan 牌号	分子量	羟值/(mg KOH/g)	黏度/75℃/(mm^2/s)	熔点/℃	密度/(g/mL)	状态
N-980	2000	52～59	1900～2600	约 53	1.077	白色固体
N-981	2000	107～117	300～430	约 42	1.064	白色固体
N-982	2000	52～60	900～1400	约 5	1.073	淡黄液体

续表

Nippollan 牌号	分子量	羟值 /(mg KOH/g)	黏度/75℃ /(mm²/s)	熔点 /℃	密度 /(g/mL)	状态
N-983	1000	约 114.3	约 250	约 5	1.062	液体
963	2000	53～59	1600～2300	NA	NA	透明液体
964	2000	53～59	1700～2400	NA	NA	透明液体
PC-61	NA	108～138	3000～7000	NA	NA	80%液体

注：色度（APHA）为 20，闪点>260℃。PC-61 的黏度是 25℃时测得的，单位为 mPa·s。

美国 Arch 化学公司的聚碳酸酯二醇 Poly-CD220（Poly-CD CD220），分子量为 2000 左右，常温为固体，其典型物性为：熔点 53～55℃，羟值 51～56mg KOH/g，酸值≤1.0mg KOH/g，黏度（60℃）4000～6000mPa·s，水分≤0.1%，色度（APHA）≤200。

江苏省化工研究所有限公司聚碳酸酯二元醇材料有四个品种，见表 3-51。

表 3-51 江苏省化工研究所有限公司的聚碳酸酯二元醇

产品牌号	分子量	羟值 /(mg KOH/g)	产品牌号	分子量	羟值 /(mg KOH/g)
JSB10	1000	100～120	JSH10	1000	100～120
JSB20	2000	51～61	JSH20	2000	51～61

注：酸值≤0.1mg KOH/g，皆为白色蜡状固体。

国内有厂家生产聚碳酸亚丙酯二醇和聚碳酸亚乙酯二醇，它们的外观为无色透明或乳白色黏稠液体，聚碳酸亚丙酯二醇的羟值范围 24～37mg KOH/g，聚碳酸亚乙酯二醇羟值范围为 24～56mg KOH/g，pH 值为 6.0～7.0，黏度（25℃）≤15000mPa·s，水分≤0.5%。

· 第4章 · 其他多元醇及含活性氢低聚物

除聚醚多元醇和聚酯多元醇两大类低聚物（齐聚物）多元醇外，其他含多官能度活性氢基团的低聚物也用作聚氨酯的原料，包括聚丙烯酸酯多元醇、端羟基聚丁二烯、端氨基聚醚、蓖麻油、大豆油多元醇、环氧树脂等。

4.1 聚丙烯酸酯多元醇

聚丙烯酸酯多元醇（acrylic polyol）是由不含羟基的丙烯酸酯与含羟基的丙烯酸酯或烯丙醇为原料合成的低聚物多元醇。

聚丙烯酸酯多元醇主要用于耐光照、抗粉化、耐候性丙烯酸-聚氨酯涂料，用于户外涂料、汽车漆等。聚丙烯酸酯多元醇与多异氰酸酯反应生成的丙烯酸聚氨酯涂料（acrylic urethane coatings）是一种杂聚物（hybrid polymer），具有聚丙烯酸酯的耐光性和聚氨酯的配方灵活、固化快速的特点，得到的涂料耐候、耐磨、耐化学品性能优异。这些丙烯酸酯多元醇主要与脂肪族多异氰酸酯或三聚氰胺系交联剂配制双组分汽车涂料、维护和整修涂料、工业涂料。

由不含羟基的丙烯酸酯与含羟基的丙烯酸酯（如丙烯酸羟乙酯）合成的聚丙烯酸酯多元醇，羟基一般是无规分布，聚丙烯酸酯多元醇的黏度很大，通常是在溶剂中进行溶液聚合，以溶液形式供应，如 Bayer MaterialScience 公司的 Desmophen A 系列聚丙烯酸酯多元醇是以这种方法制备的，其主要物性指标见表 4-1。

表 4-1 Bayer 公司聚丙烯酸酯多元醇产品主要物性指标

Desmophen 牌号及溶剂	固含量/%	羟基含量/%	酸值/(mg KOH/g)	黏度(23℃)/mPa·s	相对密度
A 160 SN	60±1	1.6±0.3	4±2	2800±500	1.00
A 160 X	60±1	1.6±0.3	4±2	1800±500	0.98
A 165 BA/X	65±1	1.7±0.3	4±2	4300±500	1.00
A 170 BA	70±1	1.8±0.2	13±2	3750±1000	1.02
A 265 BA	65±1	2.0±0.3	≤15	2300±500	1.06
A 365 BA/X	65±1	2.9±0.4	7.5±2.5	3000±500	1.04
A 450 BA/X	50±2	1.0±0.2	4±2	4000±1000	1.01
A 450 BA	50±2	1.0±0.2	4±2	4500±1000	1.01
A 450 MPA/X	50±2	1.0±0.2	4±2	5000±1000	1.01
A 565 X	65±1	2.6±0.3	5±2	1000±300	1.03
A 575 X	75±1	2.8±0.2	5±2	3500±500	1.06
A 665 BA	70±1	3.2±0.4	7.5±2.5	8500±1500	1.05
A 665 BA/X	65±1	3.0±0.4	6.5±2.5	2400±500	1.03
A 760 BA/X	60±1	1.8±0.2	5±2	2000±300	1.02
A 870 BA	70±1	2.95±0.15	7.5±.5	3500±700	1.03
A 960 SN	60±1	0.75±0.15	3.6±0.8	4550±550	1.00

注：羟基聚丙烯酸酯的有机溶剂溶液主要用于配制耐黄变、耐候的双组分聚氨酯涂料。BA 表示溶剂是乙酸丁酯，MPA 表示溶剂是丙二醇单甲醚乙酸酯，X 代表溶剂是二甲苯，SN 表示 100# 溶剂石脑油。

Dow化学公司属下Rohm&Haas的Paraloid AU系列聚丙烯酸酯多元醇主要用于丙烯酸聚氨酯维修和工业涂料，大部分产品具有如下优点：低异氰酸酯用量，降低成本；可以配制低VOC涂料；快干；高光泽；优异耐久性；优异的耐腐蚀、耐化学品等性能。大部分Paraloid AU系列产品的典型物性和特点见表4-2。另外该公司还有Paraloid AU-191X高固含量聚丙烯酸酯多元醇、AU-1164S溶剂型聚丙烯酸酯多元醇树脂，都用于聚氨酯丙烯酸酯涂料。

表4-2(a) Dow化学公司部分聚丙烯酸酯多元醇产品的典型物性和特点

Paraloid牌号	固含量/%	羟基当量[①]	黏度(25℃)/mPa·s	T_g/℃	平均分子量	相对密度(25℃)	溶剂[②]
AU-191X	77	800	3500～7100	40	10000	1.02	二甲苯
AU-608B	60	650	4500			1.03	BA
AU-608S	60	650	6500			1.05	AT/Tol
AU-608 TBZ	59	650	3000～7000	55	20000	1.014	BA
AU-608X	58	650	6000			1.02	
AU-685	60	600	5500			1.03	混合溶剂
AU-750	80	400	5000			1.043	BA
AU-830	77	500	15000			1.05	MAK
AU-946	67	420	8750	50	7500	1.03	MAK
AU-1033	46.5	1000	6000	65	35000	1.02	混合溶剂
AU-1164S	55	700	2000～5000	50	20000	1.015	S100/PMA
AU-1166	73	1000	8000	40	9000	1.05	BA
AU-1453	70	460	4500	45	10000	1.067	BA
AU-2100	81	700	7500	30		1.014	MAK

① 羟基当量=分子量/官能度，表中羟基当量是指干基值。

② 溶剂BA为乙酸丁酯，MAK为甲基正戊基酮，AT为丙酮，Tol为甲苯，S100为溶剂油，PMA为丙二醇单甲醚乙酸酯。

表4-2(b) Dow化学公司部分聚丙烯酸酯多元醇产品的特点及用途

Paraloid牌号	特点及用途
AU-191X	高固含量，用于低VOC轻至中型工业涂料
AU-608B	用于高性能面漆和无HAPS溶剂体系，耐受性好，光泽保持，耐久性优，低温固化
AU-608S	耐腐蚀、保光性和保色性等优异，低温固化，用于高性能面漆
AU-608 TBZ	低VOC汽车修补漆和维护涂料，高光泽，高耐久性，耐化学品
AU-608X	用于高性能面漆和塑料涂层
AU-685	耐久性高光泽涂料，用于汽车修补漆等，应用广
AU-750	高固含量，很高光泽度，高耐久性，耐化学品，用于高性能涂料
AU-830	高固含量，用于中至重防腐工业涂料
AU-946	高固含量，用于重防腐维修涂料
AU-1033	低异氰酸酯用量，优异保光性和保色性，耐腐蚀
AU-1164S	是AU-1164固体的溶剂型产品，配制高性能双组分涂料
AU-1166	用途广，耗NCO少，耐酸碱，快干与适用期的平衡
AU-1453	固含量较高，低VOC，性能好，用于重防腐涂料等
AU-2100	用于低VOC双组分工业维护涂料，可配制喷涂漆

日本株式会社大赛璐（原大赛璐化学工业株式会社）的Placcel EPA和Placcel DC系列多元醇是己内酯改性聚丙烯酸酯多元醇，它们是以羟烷基（甲基）丙烯酸酯为起始剂得到的己内酯改性丙烯酸酯大分子单体进行聚合得到的聚丙烯酸酯多元醇，这种树脂的羟基远离丙烯酸酯主链，活性高，可与HDI缩二脲等多异氰酸酯交联剂组成双组分涂料树脂，形成弹

性聚氨酯涂层。这些丙烯酸酯多元醇的典型物性见表4-3。

表 4-3 日本株式会社大赛璐的己内酯改性聚丙烯酸酯多元醇

Placcel 牌号	羟值 /(mg KOH/g)	酸值 /(mg KOH/g)	黏度(25℃) /mPa·s	不挥发分(%) 及溶剂	T_g/℃
EPA2250	47～53	<2	400～630	50±2 甲苯/EtAc(1/1)	35
EPA5860	27～32	<1	1300～2100	60±1 甲苯/MIBK(1/1)	12
DC2009	85～95	<2	2700～3700	70±2 二甲苯	26
DC2016	75～85	<2	1200～1800	70±2 二甲苯	13.5
DC2209	9～15	<2	400～800	50±2 二甲苯	9

日本三井化学株式会社的用于双组分聚氨酯涂料的聚丙烯酸酯多元醇的典型物性和用途见表4-4。

表 4-4 日本三井化学株式会社的用于双组分聚氨酯涂料的聚丙烯酸酯多元醇的典型物性和用途

Olester 牌号	固含量/%	黏度 (25℃)	羟值	酸值	T_g /℃	特点和用途
Q164	45	W-Z	27	<5	98	很硬，耐溶剂，快干。木器漆
Q167-40	40	S-Y	24	<2.5	98	比Q164改善颜料稳定性，用于木器漆
Q166	50	Y-Z3	30	<5	53	Q164的柔性产品，一般用途
Q420	50	X-Z2	68	<10	50	高羟值，耐溶剂，快干。木器漆
Q186	50	Z1-Z4	30	<3	10	弹性好，面漆等
Q185	50	S-W	23	<3	63	黏附好，耐候，耐水。ABS、SMC等塑料漆
Q193	50	V-Z	20	<1	46	
Q174	50	V-Y	45	<4.5	85	快干型，木/金属/无机建材等涂层
Q612	50	P-T	25	<3	79	低羟值型，金属/塑料漆
Q177	60	Y-Z2	60	<7	61	高相容性，厚涂木器漆
Q182	50	V-Y	45	<4	45	耐候性优，无机建材汽车修补漆等
Q517	60	W-Z	42	<5	39	相容性好，高光泽，无机建材涂层

注：黏度是Gardner黏度；羟值和酸值单位为mg KOH/g，是清漆（含溶剂）状态的数据；溶剂一般是混合溶剂，限于篇幅未列入。

丙烯酸多元醇的生产商和产品还有：台湾鸿连实业有限公司（Procachem Corporation）的RA系列等，美国Cytec工业公司的Macrynal SM系列，韩国KS化学有限公司（KS Chemical Co.，Ltd.）的KR系列，印度D.S.V化学品公司（D.S.V Chemcials Pvt Ltd）的Disvacryl系列，印度DR涂料油墨和树脂公司（D.R.Coats Ink & Resins Pvt. Ltd.）的Drokryl系列，印度Hardcastle & Waud Mfg Co. Ltd.，法国Cray Valley公司的Synocure系列等。

4.2 聚烯烃多元醇

常见的聚烯烃多元醇主要是聚丁二烯多元醇，还有端羟基聚丁二烯-丙烯腈、端羟基丁苯液体橡胶、氢化端羟基聚丁二烯等。这些多元醇的特点是链段具有疏水性，制得的聚氨酯材料耐水解性能优异。

4.2.1 端羟基聚丁二烯

简称：HTPB，丁羟胶。

别名：端羟基聚丁二烯液体橡胶。

英文名：hydroxyl-terminated polybutadiene；自由基聚合得到 hydroxyl-terminated-1,3-butadiene homopolymer；阴离子活性聚合得到 hydroxyl-terminated-1,2-butadiene homopolymer。

HTPB是以聚丁二烯为主链的多元醇。CAS编号为69102-90-5。

端羟基聚丁二烯的通常组成结构式如下。

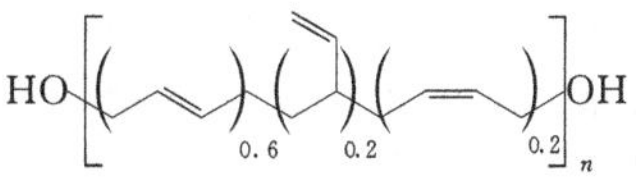

HTPB的官能度一般在2～2.6范围内。国外也有1,4-顺式/1,4-反式/1,2-乙烯基质量比不为20/60/20的产品。

物化性能

HTPB常温下为无色或淡黄色透明液体，常温下密度为0.89～0.92g/cm^3。不溶于水，溶于甲苯、氯仿、矿油精、甲乙酮、乙酸乙酯、100# 芳烃溶剂，稍溶于丙酮、己烷、异丙醇。

国内有关厂家的HTPB产品的质量指标见表4-5～表4-7。

表4-5 黎明化工研究院HTPB产品技术指标

指　　标	Ⅰ型	Ⅱ型	Ⅲ型	Ⅳ型	Ⅴ型
羟值/(mmol/g)	0.40～0.53	0.54～0.64	0.65～0.70	0.71～0.95	0.95～2.00
水分/%	≤0.10	≤0.10	≤0.10	≤0.10	≤0.15
过氧化物含量/%	≤0.05	≤0.05	≤0.08	≤0.10	≤0.10
黏度(40℃)/Pa·s	≤15	≤9.5	≤6.5	≤5.5	≤4.5
数均分子量(VPO)	2500～5000	2000～4300	1800～3500	1600～3300	1500～3000

表4-6 兰州石化公司研究院聚丁二烯多元醇产品规格

指　　标	Ⅰ	Ⅱ	Ⅲ	Ⅳ	测试方法
外观	无色透明、无机械杂质的黏稠液				
羟值/(mmol/g)	>1.0	0.65～0.80	0.45～0.60	0.5～0.7	乙酰化法
数均分子量(M_n)	<2000	2300～3500	3500～4500	2200～4000	VPO法
黏度(30℃)/mPa·s	≤2500	≤8000	≤20000	<20000	锥板法
水分/(mg/kg)	≤500	≤500	≤500	≤500	卡尔费休法
H_2O_2含量/(mg/kg)	≤500	≤500	≤500	≤500	碘量法

表4-7 山东淄博齐龙化工有限公司的端羟基液体聚丁二烯技术指标

指　　标	Ⅰ	Ⅱ	Ⅲ	Ⅳ
羟值/(mmol/g)	≥1.00	0.80～1.00	0.65～0.80	0.55～0.65
数均分子量M_n	≤2300	2300～2800	2800～3500	3500～4500
黏度(40℃)/Pa·s	≤3.0	≤5.0	≤6.0	≤9.0

注：相同指标，水分≤0.10%，过氧化物（以H_2O_2计）≤0.05%。

法国Elf AtoChem是较早开发端羟基聚丁二烯的公司，最早的产品牌号有Poly bd R-45HT、R-20LM等，经过数次并购、更名和业务整合，现由法国Total集团下的Cray Valley公司（法国Cray Valley SA和美国Cray Valley USA，LLC）生产和销售端羟基聚丁二烯系列产品，Total集团下的Sartomer公司已不销售这类产品。旗下由Elf AtoChem变更来的法国Atofina公司更名为Arkema公司，也不生产HTPB等品种。Cray Valley公司HTPB产品牌号和典型物性见表4-8和表4-9，其Poly bd品牌的HTPB是通过自由基聚合得到，其官能度较高，羟基平均官能度约为2.5。而Krasol LBH品牌的HTPB是通过阴离子聚合法生产，分子量分布窄，平均官能度约为2。

表 4-8 Cray Valley 公司的 Poly bd 牌号端羟基聚丁二烯的典型物性

Poly bd 牌号	分子量 (M_n)	1,2-乙烯基 /%	羟值 /(mmol/g)	黏度 /Pa·s	T_g /℃	分散度 (M_w/M_n)	相对密度 (23℃)	羟基官能度
R-20LM	1200	20	1.6～2.0	0.9～1.9	−70	2.0	0.913	2.4～2.6
R-45HTLO	2800	20	0.78～0.88	4.5～5.5	−75	2.5	0.901	2.4～2.6
R-45M	2800	NA	0.72	4.3	−76	2.2	0.899	2.2～2.4
LF1	2291	31	0.87	5	−67	2.9	0.9	2.35
LF2	2029	42	0.89	5.3	−57	2.67	0.9	2.2
LF3	2474	53	0.9	5.8	−48	1.7	0.9	2.05

注：不挥发分≥99.9%，水分<0.1%，黏度为 30℃下的数据。R-20LM、R-45HTLO 和 R-45M 的羟值分别约为 101mg KOH/g、48mg KOH/g 和 41mg KOH/g。

表 4-9 Cray Valley 公司的 Krasol 牌号端羟基聚丁二烯的典型物性

Krasol 牌号	1,4-顺式/1,4 反式/1,2-乙烯基质量比	T_g /℃	分子量 (M_n)	羟值 /(mmol/g)	黏度(25/30℃) /Pa·s	分散度 (M_w/M_n)
LBH 2000	12.5/22.5/65	−33	2100	0.91	13/9	1.35
LBH-P 2000	12.5/22.5/65	−30	2100	0.91	13/9	≤1.35
LBH 2040	官能度 4.0	−33	2249	1.791	61.85/NA	1.2
LBH 3000	12.5/22.5/65	−40	3000	0.64	20/13	1.35
LBH-P 3000	12.5/22.5/65	−41	3200	0.64	20/13	≤1.25
LBH 5000	12.5/22.5/65	−45	5000	0.38	35/19	1.15
LBH-P 5000	12.5/22.5/65	−42	5300	0.38	29/19	1.35
LBH 10000	18/17/65	−50	10000	0.19	35(50℃)	1.1

注：LBH 为端仲羟基，LBH-P 为端伯羟基。除 LBH 2040 为四官能度 HTPB 外，其他 LBH 产品为线型 HTPB，官能度约为 1.9，1,2-乙烯基质量分数约为 65%。其他相同指标：不挥发分为 99.5%，水分为 0.04%，相对密度（20℃）约为 0.9。

日本曹达株式会社（Nippon Soda Co.，Ltd.）采用阴离子聚合工艺生产的端羟基聚丁二烯，牌号为 Nisso PB，1,2-乙烯基含量达 85%以上，可以称为端羟基聚 1,2-丁二烯(hydroxy-terminated 1,2-Polybutadiene)。其产品典型物性见表 4-10。推荐用途包括：聚氨酯涂料、胶黏剂和弹性体材料、电绝缘材料、真空镀膜底涂剂、树脂改性、脱模剂。

表 4-10 日本曹达株式会社的 Nisso PB G 系列 HTPB 的典型物性

指标		Nisso PB 牌号		
		G-1000	G-2000	G-3000
数均分子量		1250～1650	180～2200	2600～3200
化学结构/%	1,2-乙烯基	≥85	≥85	≥90
	1,4-反式	≤15	≤15	≤10
黏度(45℃)/Pa·s		30～100	80～250	250～450
羟值/(mg KOH/g)		68～78	35～55	≥27
相对密度(25/4℃)		0.88	0.88	0.88

日本出光兴产株式会社（Idemitsu Kosan Co.，Ltd.）的端羟基聚丁二烯，其 1,4-聚合结构（$CH_2CH{=}CHCH_2$）约占全部丁二烯单元的 80%（表 4-11）。

表 4-11 日本出光兴产株式会社的 HTPB 典型物性

Poly bd 牌号	相对分子质量(M_n)	羟基含量 /(mmol/g)	黏度(10℃/30℃/50℃)/Pa·s	碘值 /(g/100g)	相对密度 (30/4℃)	羟值 /(mg KOH/g)
R-45HT	2800	0.83	16/5/2	250	0.897	46.6
R-15HT	1200	1.83	8/1.5/0.4	264	0.906	102.7

制法

主要合成方法有自由基聚合、阴离子活性聚合和阴离子配位聚合。

例如，自由基聚合生产工艺：首先将反应釜除氧充氮气，向反应釜加入计量的 H_2O_2、溶剂、丁二烯和烯丙醇等含羟基不饱和单体，搅拌加热至反应温度，保持一定时间后出料。出釜的胶乳和母液在室温下静置冷却和澄清，除去残余的丁二烯。再经钢网过滤，进行减压蒸馏，真空干燥后制得产品。

端羟基聚丁二烯的微观结构是由其合成方法决定。一般来说，利用自由基聚合时，1,4-结构占 75%～80%，其中 1,4-反式结构约占 60%，1,2-乙烯基结构为 20%～25%。利用阴离子配位聚合，分子中几乎全部是 1,4-结构，而且 1,4-顺式结构的比例较高。利用阴离子活性聚合，有的产品中 1,2-乙烯基结构可达 90%，所得预聚物分子量分布也窄，M_w/M_n 接近于 1。

特性及用途

HTPB 与扩链剂、多异氰酸酯交联剂在室温或高温下反应可以生成三维网络结构的固化物。聚丁二烯主链使聚合物具有类似天然橡胶及丁基橡胶等聚合物的性能，具有较强的疏水性，固化物具有优异的力学性能，透明度好，特别具有优异的耐水解性、电绝缘性、耐酸碱性，优异的低温柔顺性，耐老化，对非极性和低极性材料的黏附性较好，气密性优良，湿气透过率非常低。它一般用于制造固体推进剂的黏合剂等，近年来逐渐推广用于生产民用浇注型聚氨酯弹性体、RIM 聚氨酯制品和 CASE 聚氨酯弹性材料，具体应用领域包括用于汽车和飞机轮胎结构橡胶制品、建筑材料、制鞋材料、特殊泡沫塑料、涂料、胶黏剂、灌封材料、电绝缘封装材料、防水防腐材料、水下密封材料、体育跑道、耐磨运输带，以及用于其他橡胶的改性及环氧树脂改性等多种用途。HTPB 用于电器灌封胶和胶黏剂，具有优良的耐低温性能和柔韧性。

一般小分子二醇扩链剂与 HTPB 相容性不好。HTPB/MDI 体系合适的扩链剂有：*N*,*N*-苯胺二异丙醇（DIPA，diisopropanol aniline，Dow 公司产品 Voranol 220-530）、2-乙基-1,3-己二醇（EHD）、2-丁基-2-乙基-1,3-丙二醇（BEPG）以及 2,2,4-三甲基-1,3-戊二醇（TMPD）。

生产厂商

河南省黎明化工研究院，山东省淄博齐龙化工有限公司，淄博齐鲁乙烯化工有限公司，中国石油兰州石化公司研究院（原兰州化学工业公司化工研究院），法国 Cray Valley 公司及 Cray Valley 美国公司，日本曹达株式会社，日本出光兴产株式会社，山东龙口市有机化工有限公司等。

4.2.2　端羟基氢化聚丁二烯

别名：端羟基氢化的丁二烯均聚物。

英文名：hydroxyl-terminated hydrogenated polybutadiene；hydroxyl terminated butadiene homopolymer，hydrogenated。

CAS 编号为 68954-10-9。根据聚合工艺，有以 1,2-聚合为主和 1,4-聚合为主的二种主要产品结构。

将端羟基聚丁二烯催化加氢，可得到氢化端羟基聚丁二烯产品。特点是：主链为饱和结构，具有更好的光候稳定性，与普通的端羟基聚丁二烯相比，改善了耐热性和对聚烯烃材料的粘接性。

Cray Valley 公司的 Krasol HLBH-P 3000 是氢化端羟基聚丁二烯产品，无色透明液体，典型物性指标如下：二醇含量>97%，氢化度>98%，羟值为31mg KOH/g或0.56mmol/g，黏度为65Pa·s（25℃）或7Pa·s（50℃），水分为0.03%，其他指标见表4-12。

表4-12 Cray Valley公司的Krasol牌号端羟基氢化聚丁二烯的典型物性

Krasol牌号	羟基官能度	T_g/℃	分子量(M_n)	羟值/(mmol/g)	黏度(25℃)/Pa·s
HLBH-P 2000	1.9	NA	2100	0.89	37.4
HLBH-P 3000	1.9	−46	3100	0.56	62.6

日本曹达株式会社的端羟基氢化聚丁二烯是在该公司的1,2-聚合产品的基础上的氢化产品。其产品物性指标见表4-13。推荐用途包括：聚氨酯涂料、胶黏剂和弹性体材料、电绝缘材料、树脂改性等。

表4-13 日本曹达株式会社的Nisso PB GI系列氢化HTPB典型物性

Nisso PB牌号	GI-1000	GI-2000	GI-3000
数均分子量	1500	2100	3000
黏度(45℃)/Pa·s	8～14	12～25	25～45
羟值/(mg KOH/g)	60～75	40～55	25～35

注：相同指标，碘值≤21mg/100g，相对密度为0.88。

端羟基氢化聚丁二烯的厂商（产品）还有日本三菱化学株式会社的ポリテー（Polytail H和Polytail HA）。ポリテールH是Poly bd R-45HT的氢化产物。

4.2.3 端羟基环氧化聚丁二烯树脂

环氧化的端羟基聚丁二烯树脂（epoxidized hydroxyl terminated polybutadiene resin）是含环氧基团和端羟基的聚丁二烯低聚物。它也是HTPB的衍生物，是聚丁二烯主链上的部分双键被环氧化所得的产品，其CAS编号为129288-65-9，结构式如下。

HO[(CH₂CH=CHCH₂)(环氧化丁二烯单元)(1,2-乙烯基单元)(CH₂CH=CHCH₂)(环氧化丁二烯单元)]$_n$OH

端羟基环氧化聚丁二烯树脂与双酚A环氧树脂及环脂族环氧树脂相容性良好，不仅可用于异氰酸酯固化体系，使得制得的聚氨酯具有柔韧性和耐水性，而且可用于改性环氧树脂，用Lewis酸或酸酐固化，赋予环氧树脂耐冲击性和柔韧性。不宜用胺类固化剂固化该产品。

法国Cray Valley公司生产端羟基环氧化聚丁二烯树脂Poly bd 600E和Poly bd 605E，其物性见表4-14。

表4-14 Cray Valley公司的环氧化端羟基聚丁二烯树脂的典型物性

Poly bd牌号	分子量(M_n)	羟值/(mmol/g)	环氧值/(mmol/g)	黏度(30℃)/Pa·s	T_g/℃	多分散性(M_w/M_n)	环氧当量
600E	1350	1.86	2.2	≤10	−70	4.0	410～470
605E	1450	1.74	3.5	≤25	−70	4.5	280～320

注：水分≤0.05%，相对密度（23℃）为1.01。平均官能度约为2.5，1,2-乙烯基含量为20%（摩尔分数）。

4.2.4 端羟基聚丁二烯-丙烯腈

简称：丁腈羟，HTBN。

别名：聚丁二烯-丙烯腈共聚二醇，丁腈羟液体橡胶。

英文名：hydroxyl-terminated polybutadiene acrylonitrile；hydroxyl-terminated poly (butadiene-acrylonitrile) liquid rubber；hydroxyl-terminated acrylonitrile-butadiene copolymer 等。

HTBN 化学结构式如下：

$$\mathrm{HO}-\!\!\!\!\!\!\left[\!\left(\mathrm{CH_2}-\mathrm{CH}=\mathrm{CH}-\mathrm{CH_2}\right)_a\!\left(\underset{\displaystyle\mathrm{CN}}{\mathrm{CH}}-\mathrm{CH_2}\right)_b\right]_n\!\!-\mathrm{OH}$$

式中，a/b 摩尔比一般为 0.85/0.15，$n=55\sim65$

物化性能

端羟基聚丁二烯-丙烯腈是浅黄色透明黏稠液体。其黏度、羟值等物性和质量指标见表 4-15 和表 4-16。

表 4-15 山东省淄博齐龙化工有限公司的 HTBN 产品规格

指　标	Ⅰ型	Ⅱ型	Ⅲ型	Ⅳ型
数均分子量	≥2000	≥2000	≥2000	≥2500
黏度(40℃)/Pa・s	≤20.0	≤25.0	≤30.0	≤15.0
羟值/(mmol/g)	≥0.50	≥0.45	≥0.4	0.55～0.7
氰基含量/%	10.0±2.0	15.0±2.0	20.0±2.0	5.0±2.0

注：相同指标，水分≤0.05%，过氧化物（以 H_2O_2计）≤0.05%。

表 4-16 兰州石化公司究院 HTBN 产品规格

指　标	Ⅰ	Ⅱ	Ⅲ	Ⅳ	测试方法
氰基含量/%	10.0±1.5	15.0±2.0	20.0±2.0	20.0±2.5	定氮法
数均分子量	≥3000	≥2700	≥2500	≥2500	VPO 法
羟值/(mmol/g)	≥0.5	≥0.45	≥0.40	≥0.40	乙酰化法
黏度(70℃)/Pa・s	≤20(40℃)	≤15	≤25	—	锥板法
水分/%	≤0.05	≤0.05	≤0.05	≤0.05	卡尔费休法
H_2O_2含量/%	≤0.05	≤0.05	≤0.05	≤0.05	碘量法

特性及用途

由于 HTBN 分子链中含有极性腈基，所以丁腈羟液体橡胶除具有端羟基聚丁二烯的一般特性外，还具有良好的耐油性、粘接性、耐老化性和耐低温性能。

HTBN 可用于固体火箭发动机的药柱包覆层或绝热层，力学性能良好；用 HTBN 可制聚氨酯胶黏剂，用于粘接橡胶、聚酯、金属。其特点是不使用溶剂、常温固化；可以制造适用酸性环境使用的耐腐涂料；HTBN 可代替丁腈羧用作环氧树脂的增韧剂，进行环氧树脂的改性，可提高其耐老化性能。

端羟基丁腈液体橡胶主要用于制造聚氨酯胶黏剂与密封胶，其制品具有优异的耐油、耐低温、电绝缘等性能。

用 HTBN 制备聚氨酯弹性材料，扩链剂常用二醇类，催化剂可用二月桂酸二丁基锡、二辛酸二丁基锡等。

生产厂商

山东省淄博齐龙化工有限公司，中国石油兰州石化公司研究院，山东龙口市有机化工有限公司等。

4.2.5 端羟基丁苯液体橡胶

端羟基丁苯液体橡胶，简称丁苯羟或 HTBS，是一种以丁二烯、苯乙烯为分子主链，两端带有活性官能团羟基的低分子遥爪聚合物。

山东淄博齐龙化工有限公司的 HTBS 产品指标见表 4-17。

表 4-17 山东淄博齐龙化工有限公司的 HTBS 产品指标

型号	分子量 (M_n)	黏度(40℃) /Pa·s	羟值 /(mmol/g)	结苯含量 /%	水分 /(mg/kg)
Ⅰ型	>2500	<12	0.60～0.70	10	500
Ⅱ型	>2000	<16	0.70～0.80	18	500

该产品纯度高、透明性好、黏度低、耐老化性以及加工性能好。HTBS 可用于环氧树脂、聚氨酯材料的改性以及电器材料的绝缘密封。也可用作弹性体灌封材料，或单独用于轮胎浇注等。该类橡胶不仅具有固体丁苯橡胶的特性，而且还可作为浇注材料和密封材料。

4.2.6 端羟基聚异戊二烯及端羟基氢化聚异戊二烯

端羟基聚异戊二烯又称端羟基液状聚异戊二烯，英文名为 hydroxyl-terminated polyisoprene（HTPI）、hydroxyl-terminated 2-methyl-1,3-butadiene homopolymer。CAS 编号为 153857-77-3。

端羟基氢化聚异戊二烯英文名为 hydroxyl-terminated hydrogenated polyisoprene（H-HTPI），CAS 编号 146177-82-4。

异戊二烯的结构式为：$H_2C{=}C(CH_3){-}CH{=}CH_2$

日本出光兴产株式会社小批量生产端羟基聚异戊二烯和端羟基氢化聚异戊二烯，牌号分别为 Poly ip 和 Epol（エポール）。另外法国 Total 集团的子公司也曾经生产过此类产品，牌号相同。日本出光兴产株式会社的 HTPI 和 H-HTPI 的典型物性见表 4-18。

表 4-18 日本出光兴产株式会社的 HTPI 和 H-HTPI 的典型物性

牌号	分子量 (M_n)	羟基含量 /(mmol/g)	黏度(30℃) /Pa·s	碘值 /(g/100g)	相对密度 (30/4℃)	羟值 /(mg KOH/g)
Poly ip	2500	0.83	7.5	220	0.907	46.6
エポール	2500	0.9	75	5	0.862	50.5

端羟基聚异戊二烯 Poly ip 具有高反应活性的羟基，容易与多异氰酸酯反应、固化，得到优良的聚氨酯弹性材料。与 HTPB 相比，它具有低模量、高伸长率、优良的附着力等优点。

Epol 是将 Poly ip 加氢得到的液态聚烯烃多元醇，分子链段几乎没有双键，适合于制备耐热和耐候的聚氨酯。用 Epol 为原料制得的聚氨酯弹性体具有低透湿性、低透气性和优良的粘接性。

4.2.7 聚苯乙烯多元醇

聚苯乙烯多元醇可由苯乙烯和烯丙醇聚合得到，烯丙醇提供羟基和官能度。这种多羟基聚合物也称为聚苯乙烯-烯丙醇共聚物多元醇（styrene/allyl alcohol copolymer），简称 SAA 多元醇。

美国 LyondellBasell 工业公司开发的 SAA 多元醇系列产品，主要用作功能性树脂的改性剂，用于涂料和油墨体系，可改善硬度、光泽、耐化学品性、耐污和耐腐蚀性、黏附性、颜料分散性、耐摩擦性。

LyondellBasell 工业公司的聚苯乙烯-烯丙醇共聚物多元醇产品有 3 种，它们都是白色颗粒，具有较高的伯羟基含量，其典型物性见表 4-19。

表 4-19　LyondellBasell 公司的聚苯乙烯-烯丙醇共聚物多元醇的典型物性

指　　标	产品牌号		指　　标	产品牌号	
	SAA-100	SAA-101		SAA-100	SAA-101
苯乙烯/烯丙醇质量比组成	70/30	60/40	羟基当量/(g/mol)	267	220
数均分子量(GPC 法 M_n)	1500	1200	玻璃化温度(T_g)/℃	62	57
重均分子量(GPC 法 M_w)	3000	2500	软化点(T_s)/℃	79	73
分子量分布(多分散系数)	2.0	2.1	黏度(100℃)/mPa·s	317	338
羟值/(mg KOH/g)	210	255	色度(APHA,在 30%甲乙酮中)	40	40
羟基含量/%	6.4	7.7	相对密度	1.055	1.094

除用于聚氨酯涂料树脂改性外，高反应型的 SAA 多元醇还与三聚氰胺、环氧树脂和硅烷交联剂反应，降低固化温度或缩短固化时间。残存的羟基也增进树脂与木材、金属和某些塑料表面的黏附性。这些多元醇具有高苯环含量，使得涂膜耐水、耐污和耐化学品。

SAA 多元醇一般先溶于溶剂，单独或与其他树脂一起使用。SAA 或混合树脂溶液用多异氰酸酯或三聚氰胺交联剂固化，形成快速固化的高光泽涂层。

4.3 生物基多元醇

生物基多元醇（bio-polyol）是以动植物等为原料得到的低聚物多元醇，属于可再生资源的利用，与石油基低聚物多元醇相比具有成本低、来源丰富等优点，有些生物基多元醇还具有可生物降解的特点。动植物原料包括植物油、动物油脂、木材及松香、淀粉等。动植物油制得的多元醇，国外称为天然油脂多元醇（natural oil polyol，简称 NOP）。目前研究和应用最多的是植物油多元醇。

蓖麻油是用于聚氨酯历史悠久的一种天然植物油多元醇，该天然农副产品无需通过化学方法改性即可使用。其他生物基多元醇大多是以天然产物为原料进行化学反应而制备。

4.3.1 蓖麻油及其衍生物多元醇

4.3.1.1 蓖麻油

英文名：castor oil；ricinus oil 等。简称 CAS。

蓖麻油的美国化学文摘登记号（CAS 编号）为 8001-79-4。

蓖麻油是脂肪酸的甘油酯，其中约含 70%左右的甘油三蓖麻油酸酯和 30%甘油二蓖麻油酸酯单亚油酸酯等。蓖麻油皂化产生的脂肪酸中约含 90%蓖麻油酸（ricinoleic acid，化学名称为 9-烯基-12-羟基十八酸），还有约 10%是不含羟基的成分，包括 3%～4%的油酸（oleic acid，十八烯酸）、3%～4%的亚油酸（linoleic acid）以及 0.5%～1%不能皂化的成分。

蓖麻油的当量（分子量与官能度之比）约为 345，羟基平均官能度约为 2.7。

蓖麻油没有确定的分子式。其主成分示性结构式如下：

$$\begin{array}{l}
CH_2OCO{+}CH_2{+}_7CH{=}CH{-}CH_2{-}CH(OH){+}CH_2{+}_5CH_3 \\
| \\
CH_2OCO{+}CH_2{+}_7CH{=}CH{-}CH_2{-}CH(OH){+}CH_2{+}_5CH_3 \\
| \\
CH_2OCO{+}CH_2{+}_7CH{=}CH{-}CH_2{-}CH(OH){+}CH_2{+}_5CH_3
\end{array}$$

物化性能

蓖麻油为浅黄色液体，有轻微的特殊气味，密度（20℃）为 0.950～0.965g/mL，黏度（25℃）为 $730mm^2/s$，折射率（20℃）为 1.475～1.480，熔点为−18～−10℃，

沸点为313℃。闪点为229℃。蓖麻油不溶于水，能与醇、乙酸、苯和三氯甲烷等混溶。

蓖麻油的羟值大于160mg KOH/g（典型值163～164mg KOH/g），羟基含量约为4.9%，皂化值为176～186mg KOH/g，碘值为82～90g I_2/100g。未经处理的蓖麻油酸值<5.0mg KOH/g，过氧化值<5.0meq/kg，经活性白土漂制后的精漂（精制）蓖麻油为无色或浅黄色透明液体，酸值为1～2mg KOH/g，水分及挥发物≤0.2%，游离脂肪酸≤1.0%。

特性及用途

从蓖麻油的化学结构看，它是一种多羟基化合物，具有长链脂肪基，因此制得的聚氨酯制品具有良好的耐水（解）性、柔韧性、低温性能和电绝缘性。蓖麻油可直接用于制造聚氨酯胶黏剂、涂料、泡沫塑料，也可改性后使用。

除用于聚氨酯外，蓖麻油还有许多用途，包括肥皂、润滑油、医用促泻剂，制造癸二酸和尼龙11、蓖麻油聚氧化乙烯酯表面活性剂等。

生产厂商

吉林省洮南市兴吉化工有限责任公司，山东省邹平县天兴化工有限公司，内蒙古通辽市威宁化工有限责任公司（原通辽市康斯特油化有限公司），内蒙古通辽市兴合化工有限公司等。

4.3.1.2 蓖麻油衍生物多元醇

通过加入乙二醇、甘油、三羟甲基丙烷、季戊四醇、山梨醇甚至是低分子量聚醚多元醇进行醇解和酯交换，还可得到不同羟值、官能度和分子量的蓖麻油衍生物。酯交换反应温度一般在200～220℃，加催化剂促进醇解的进行。例如，蓖麻油与甘油进行醇解（酯交换）反应，可得到甘油单蓖麻油酸酯和甘油双蓖麻油酸酯。酯交换反应得到的蓖麻油衍生物，不仅增加了羟值和官能度，而且因为伯羟基含量的增加，提高了产物的反应活性。这些蓖麻油醇解产物多元醇已广泛应用于涂料，可用于聚氨酯硬泡和半硬泡。

美国Vertellus特性材料公司（Vertellus Performance Materials Inc.）专业供应Polycin和Caspol系列的以蓖麻油为基础的低聚物多元醇，用于聚氨酯涂料、胶黏剂、填缝剂和弹性体等领域，具有优良的黏附性、防潮耐水、耐化学品等性能。Polycin和Caspol系列低黏度产品具有蓖麻油衍生物典型的流动性和流平性优点。其中Polycin GR系列多元醇是美国Vertellus公司仅以蓖麻油为原料制得的全天然可再生资源产品，据称系列产品得到的力学性能以前从未在蓖麻酸甘油酯聚氨酯产品中获得，以MDI固化这些多元醇，可得到硬度范围较大的聚氨酯弹性体。低黏度的Polycin D、M、T产品，以及Caspol系列的以蓖麻油为基础的多元醇，外观为浅黄色液体，推荐用作反应型稀释剂、100%固含量以及低VOC聚氨酯和三聚氰胺交联涂料的改性多元醇。应用包括：配制100%固含量高性能聚氨酯涂料，低VOC耐紫外光双组分工业维护涂料和热固性OEM涂料，在涂料、胶黏剂、密封胶和弹性材料配方中用作柔韧性、防潮、耐化学品等的性能改性剂，用于塑料和金属的低VOC强迫干燥面漆和底漆，在涂料、胶黏剂中降低黏度和减少溶剂使用。表4-20为美国Vertellus公司蓖麻油衍生物系列多元醇的典型物性。

表4-20(a) 美国Vertellus公司蓖麻油衍生物系列多元醇的典型物性

Polycin牌号	官能度	羟值	外观	黏度/mPa·s	密度/(g/mL)	水分/%	特性及用途
2525	3	156	乳白糊	25000	0.969	0.03	不垂挂聚氨酯密封胶和胶黏剂，其他CASE
3551	3	161	乳白糊	17000	0.953	0.03	

续表

Polycin 牌号	官能度	羟值	外观	黏度 /mPa·s	密度 /(g/mL)	水分/%	特性及用途
D-140	2	140	浅黄液	650	0.957	0.02	高性能涂料，低或无 VOC，改进 CASE 柔韧性等，颜料分散剂
D-265	2	265	浅黄液	370	0.968	0.02	
D-290	2	290	浅黄液	280	0.960	0.02	
M-280	4	280	浅黄液	1250	0.990	0.02	低或无 VOC 耐 UV 高硬度涂料，改进 CASE 性能，硬模塑/浇注物
M-365	4	365	浅黄液	2000	1.02	0.02	
T-400	3	400	浅黄液	1500	0.996	0.02	

注：酸值典型值为 1mg KOH/g。羟值单位是 mg KOH/g，密度、黏度是 25℃时的数据。D-140 是仲羟基产品。Polycin 2525 比 Polycin 3551 得到的聚氨酯软，后者较硬。

表 4-20(b)　美国 Vertellus 公司蓖麻油衍生物系列多元醇的典型物性

Polycin 牌号	官能度	羟值	当量	分子量	黏度 /mPa·s	密度 /(g/mL)	色度 (Gardner)	邵尔 A 硬度①
GR-340	2.9	342	164	370	900	0.985	3	98
GR-220	2.8	220	255	650	775	0.968	2+	80
GR-160	2.7	164	342	928	720	0.959	1+	60
GR-110	2.6	109	515	1330	1000	0.948	3+	52
GR-80	2.4	78	716	1770	1050	0.946	3−	35
GR-50	2.2	52	1085	2610	1400	0.943	4	13
GR-35	2.0	38	1457	3450	2000	0.941	5	3

① 以 MDI 固化 Polycin GR 多元醇得到的聚氨酯硬度。

表 4-20(c)　美国 Vertellus 公司蓖麻油衍生物系列多元醇的典型物性

Caspol 牌号	官能度	羟值	酸值	黏度 /mPa·s	密度 /(g/mL)	水分/%	特性及用途
1842	2	145	1	600	0.957	0.05	含脂环和线型骨架，仲羟基，改善涂料耐受性
1962	3	390	1	1400	0.996	0.02	改善耐受性等，高硬度涂料
5001	2	285	2	300	0.960	0.02	低黏度，高强度和柔韧性
5002	3	342	2	850	0.985	0.02	提高 PU 涂料硬度和强度
5003	2	262	2	430	0.965	0.02	涂料比 5001 的稍硬
5005	5	288	1	1400	1.020	0.02	低伯羟基固化慢，高硬度
5006	3.5	280	2	1400	0.988	0.02	高硬度，改善耐候性、流动性等
5007	2	254	3	350	0.967	0.02	低黏度，高伸长率
5009	4	740	1	760	1.01	0.02	固化稍快
7001	3	255	1	770	1.008		低分子量可水乳化聚酯，用于双组分水性聚氨酯涂料
7002	2	180	1.5	410	0.994		

德国 Elastogran 公司（BASF 的子公司）的 Lupranol Balance 50 是基于蓖麻油的天然油脂多元醇产品，含 31%的蓖麻油，采用双金属催化剂（DMC）在蓖麻油羟基上进行环氧丙烷/环氧乙烷开环聚合得到蓖麻油聚醚多元醇。Lupranol Balance 50 的典型羟值为 50mg KOH/g，官能度约为 2.7，典型黏度为 725mPa·s，气味低。主要用作软泡聚醚多元醇。

日本伊藤制油株式会社（Itoh Oil Chemicals Co.，Ltd）的 Uric H 系列蓖麻油基多元醇产品，其中 Uric H30 是精制蓖麻油，Uric H52、H56 和 H57 是聚醚改性蓖麻油，其他的也是以蓖麻油为基础的高性能低聚物多元醇。Uric H 系列蓖麻油基多元醇用于 CASE 聚氨酯材料，具有比一般聚醚型和聚酯型聚氨酯更好的热稳定性、耐水解性、耐酸性和耐化学品性能，并且具有优异的柔韧性、电绝缘和耐磨性、耐冲击性等力学性能。Uric Y 多元醇黏度较低，适合用作双组分聚氨酯的活性稀释剂，它们与聚烯烃多元醇相容性良好，提高拉伸强度、伸长率等力学性能。其中 Uric Y331 和 Y332 不含双键，具有优异的耐候性和耐黄变性质，还可用作聚异戊二烯多元醇的活性稀释剂。Uric AC 是含芳香族骨架的蓖麻油基多元醇，用于无溶剂聚氨酯体系。Uric PH 系列是特殊的蓖麻油基多元醇，与不同的多异氰酸酯固化剂组合可得到柔软、高伸长率的聚氨酯弹性体，具有比一般聚醚型和聚酯型聚氨酯更好的热稳定性、耐水解性能。表 4-21 为日本伊藤制油株式会社蓖麻油基多元醇的典型物性。

表 4-21 日本伊藤制油株式会社蓖麻油基多元醇的典型物性

牌号	羟值	酸值	水分/%	黏度/mPa·s	官能度	特点及用途
Uric H-30	160	0.2	0.03	690	2.7	防腐涂料、弹性体
Uric H-31	164	1.0	0.03	30	1	反应型稀释剂
Uric H-52	200	0.5	0.03	630	3	双组分胶黏剂等
Uric H-62	260	≤4	0.03	265	2	CASE 聚氨酯材料
Uric H-368	195	≤2	0.03	1300	2.5	重防腐涂料，地板漆
Uric H-57	100	2.0	0.03	460	3	用于单/双组分聚氨酯
Uric H-73X	270	2.0	0.03	1000	3	用于双组分弹性体和涂料具高耐水解性及物性
Uric H-81	340	2.0	0.03	1200	3	
Uric H-102	320	0.5	0.03	1100	5	双组分聚氨酯涂料/胶黏剂，高耐热性
Uric H-420	320	1.0	0.10	800	3	
Uric H-854	215	1.0	0.05	800	3	用于双组分聚氨酯，具高耐水解和黏附性
Uric H-917	255	1.0	0.05	1000	3	
Uric H-1262	265	4～15	≤0.1	6000	3	胶黏剂等
Polycastor ＃10	160	2.0	0.05	2600	5～6	聚合蓖麻油用于高耐热 2KPU 弹性体和涂料
Polycastor ＃30	165	2.0	0.05	4750	5～6	
Uric Y-403	160	1.0	0.03	220	2	与 HTPB 混溶，胶黏剂等
Uric Y-406	165	≤3	0.03	1250	2.2	
Uric Y-331	331	1.0	0.03	380	2	用于双组分聚氨酯具有耐候性
Uric Y-332	123	1.0	0.03	1250	2	
Uric AC-005	204	≤4	0.03	1100	2	CASE 聚氨酯材料
Uric AC-006	178	≤5	≤0.1	4000	2	CASE 聚氨酯材料
Uric PH-5001	45	NA	NA	5400	2	软质聚氨酯弹性体
Uric PH-5002	43	NA	NA	8300	2	更软的聚氨酯弹性体

注：羟值、酸值的单位是 mg KOH/g，黏度是 25℃数值。

4.3.2 大豆油和棕榈油多元醇

4.3.2.1 植物油多元醇的制法和用途

大多数植物油分子不像蓖麻油那样含多个羟基，需要通过化学方法增加羟基含量。植物油是自然资源，近年来，国内外少数公司充分利用价格比较低廉的植物油如大豆油、棕榈油为原料，开发了一系列植物油多元醇，代替石油化工资源的聚醚多元醇，主要用于聚氨酯硬泡的原料，少量用于聚氨酯软泡原料以及聚氨酯 CASE 材料。

植物和动物中天然存在的油及脂肪是不溶于水的疏水性化合物，主要是脂肪酸甘油酯，即甘油三酸酯。天然油脂中复杂的甘油三酸酯混合物在合适的条件下经过一系列化学反应如水解、酯交换、皂化、加氢、环氧化以及胺化反应，油脂即转化为聚氨酯的一种原料。

用甘油、季戊四醇等多元醇与油脂进行酯交换，可制得一定羟基官能度的醇解产物，这种方法制备的多元醇，由于反应状态难以控制，成分往往比较复杂，而且产品的性质差别也比较大。

大豆油和棕榈油等植物油的分子结构中含有不饱和双键，可以通过过渡金属催化羰基化法、臭氧氧化法、环氧开环法制备多元醇。

过渡金属催化羰基化法：植物油的双键在铑或钴配合物的催化氧化下，发生羰基化反应而生成一个支链醛基，而后在 Raney Ni 的催化下还原为羟基。多元醇产物羟基主要为支链伯羟基。此法催化剂昂贵，工艺复杂。

臭氧氧化法直接将植物油分子中的双键切断而在双键切断处产生伯羟基，得到分子量较低的多元醇，大豆油多元醇产物官能度一般在 2.5～2.8 之间。

环氧开环法是目前制备植物油多元醇最常用的方法，包括两个连续反应步骤，植物油首先与过氧乙酸（或双氧水等）反应把双键氧化生成环氧植物油（例如最常见的环氧大豆油），然后将环氧植物油与醇、催化剂等反应得到植物油多元醇。例如环氧大豆油加入由醇和水组成的混合液中，在酸或碱的催化下开环。这种方法得到的多元醇，其羟基全部为仲羟基。大豆油多元醇羟基官能度可达 4.1～4.5。

通过不饱和油脂双键反应制备天然油脂多元醇，缺点是，有的油脂中不含双键的成分占一定比例，且与环氧化或者羟基化植物油难以分离，是惰性成分，会对聚氨酯制品的性能有影响；另外就是羟基的分布以及活性不均匀，可能导致硬泡发酥发脆。

一般来说，羟值低的植物油多元醇用于制备聚氨酯软泡时，只是部分代替石油基聚醚多元醇，某些高羟值高官能度的植物油也可作为硬泡的大部分甚至全部多元醇原料。

4.3.2.2 大豆油多元醇

大豆油（soybean oil）是一种甘油三酸酯，含 20%～30%油酸（oleic acid，C18∶1 表示十八碳烯酸，含一个双键）、45%～58%亚油酸（linoleic acid，C18∶2）和 4%～10%亚麻酸（linolenic acid，C18∶3）。

大豆是美国、中国等国家广泛种植的食用油农产品，来源广泛，相对于石油类产品成本较低。目前植物油多元醇多采用大豆油为原料，进行环氧化和羟基化制备大豆油多元醇。国内外有不少厂家从事大豆油多元醇的研发以及相应聚氨酯材料的开发。

美国的大豆资源比较丰富，成立于 1998 年的美国 Urethane Soy Systems Company（简称 USSC，美国大豆聚氨酯系统料公司），很早就开发了由大豆油制得的多元醇，其应用范围几乎与由石油衍生物生产的聚醚多元醇相同，年生产能力达 20 多万吨。USSC 公司的 Soyol 系列大豆油多元醇的质量指标见表 4-22。其中部分带字母后缀的牌号为近年来研发的低气味、低酸值或低黏度产品。这些产品为黏稠黄色液体，带有轻微的甜味和焦煳气味。另外，该公司有 SoyOyl RS 牌号的大豆油产品用于聚氨酯地毯背衬，但产品物性不详。SoyOyl 是早期大豆油多元醇产品的牌号。

表 4-22 美国 USSC 公司的 Soyol 系列大豆油多元醇的质量指标

Soyol 牌号	羟值 /(mg KOH/g)	酸值 /(mg KOH/g)	水分/%	黏度 /mPa·s
R2-052	52～56//54	5.4～7.4//6.4	<0.10//<0.10	2500～4000//3000
R2-052-C	50～60//55	3.0～7.0//4.0～5.0	<0.10//0.05～0.10	800～1200//1000
R2-052-E	50～60//55	0.5～2.5//1.5～2.0	<0.10//<0.10	1000～1500//1200
R2-052-F	50～60//55	3.0～7.0//4.0～5.0	<0.10//0.05～0.10	800～1200//1000
R2-052-G	50～60//55	0.5～2.5//1.5～2.0	<0.10//0.05～0.10	800～1200//1000
R3-170	160～180//170	5.0～7.3//5.0～6.0	<0.10//0.05～0.10	3000～6000//4500
R3-170-C	160～180//170	3.0～7.0//4.0～5.0	<0.10//0.05～0.10	1000～1500//1250
R3-170-E	160～180//170	0.5～2.5//1.5～2.0	<0.10//0.05～0.10	1000～1500//1250
R3-170-F	160～180//170	3.0～7.0//4.0～5.0	<0.10//0.05～0.10	1000～1500//1250
R3-170-G	160～180//170	0.5～2.5//1.5～2.0	<0.10//0.05～0.10	1000～1500//1250

注："//" 前后分别是指标值范围和典型值。

美国嘉吉股份有限公司（Cargill，Incorporated）生产牌号为 BiOH Polyols 的大豆油多元醇。据称可用于各种聚氨酯应用领域。其中 Polyol X-0500 和 Polyol X-0210 系列都是 100%仲羟基，闪点>130℃。该公司的 BiOH 大豆油多元醇的典型物性见表 4-23。

表 4-23 美国 Cargill 公司的 BiOH 大豆油多元醇的典型物性

BiOH 牌号	羟值 /(mg KOH/g)	酸值 /(mg KOH/g)	黏度(25℃) /mPa·s	官能度	水分/%	密度 /(g/mL)	分子量	色度 (Gardner)
X-0500	56	0.30	4500	2.0	0.05	1.00	1700	<1
X-0210	235	1.7	8900	4.4	0.30	1.01	1100	<2

Cargill 公司的 BiOH 大豆油多元醇主要用于聚氨酯软泡和硬泡，在多元醇组合料中可替代 30%～35%的普通聚醚/聚酯多元醇，在聚氨酯产品中生物基原料占 15%～20%。

美国陶氏化学公司早在 20 世纪 90 年代初期就开始研发天然油脂多元醇，目前采用其专有 Renuva 技术已经可以生产低气味的与石油基多元醇相媲美的植物油多元醇，并且提高天然资源产物在聚氨酯产品中的含量。据介绍，Renuva 技术生产的大豆油多元醇可以用于包括泡沫和 CASE 材料等在内的各种聚氨酯应用领域，满足对环境无害产品不断增长的需求。据介绍，该技术把油脂分解成含醛基的中间体，然后转化为含羟基中间体。Dow 公司技术人员形象地表达为把天然油脂分解成结构部件再重组，以此消除大豆油多元醇中普遍存在的气味。

Bayer MaterialScience 公司供应的 Multranol 8160 是由大豆油和甘油等制得的聚醚多元醇，含 60%的可再生资源产物，在生产聚异氰脲酸酯硬泡时可替代最多 50%的聚酯多元醇，而不影响性能。Multranol 8160 的物性指标：羟值为 200～220mg KOH/g，黏度（25℃）为 50～250mPa·s，水分为 0.1%，酸值为 0.3mg KOH/g，25℃相对密度为 1.0174，闪点>200℃。另外，Bayer 公司用 20%以内的植物油与氧化烯烃用其 Impact 聚醚生产技术生产低羟值的天然油基软泡聚醚多元醇，可与普通石化聚醚多元醇相媲美。

国内研发和生产大豆油多元醇的公司有山东高密市明环工贸有限公司、上海中科合臣股份有限公司、上海高维实业有限公司、山东省莱州市金田化工有限公司、广州市海珥玛植物油脂有限公司等。

山东高密市明环工贸有限公司的大豆油多元醇羟值在 100～400mg KOH/g 之间，官能度在 1～3 之间，根据用户对分子量和官能度、羟值的要求生产。大豆油多元醇产品主要用于生产聚氨酯硬泡、软泡、胶黏剂等。

上海高维实业有限公司与上海中科合臣股份有限公司合作研发的植物油多元醇，据介绍是以转基因大豆为原料，产品技术指标见表 4-24。

表 4-24 上海高维实业有限公司天然油脂多元醇的技术指标

指　标	产品型号					
	SD-50	SD-100	SD-250	SD-280	SD-430	SD-630
黏度(25℃)	≤50	50～100	330～400	330～400	900～1200	1900～2300
羟值	45～55	90～110	230～270	260-280	400～450	600～650
官能度	1.5	2	3	2.8-3	4	5～6

注：水分≤0.15%。羟值单位为 mg KOH/g，黏度单位为 mPa·s。

山东莱州金田化工有限公司的植物油多元醇 JTM-4110，主要用于聚氨酯硬泡，指标为：羟值（380±20)mg KOH/g，酸值≤0.7mg KOH/g，黏度（25℃）(480±30)mPa·s，平均官能度 4.2，pH 值 7.5～8.5。

广州市海珥玛植物油脂有限公司的生物基多元醇，是大豆油多元醇，其物性指标见表4-25。

表4-25 广州市海珥玛植物油脂有限公司生物基多元醇的技术指标

产品型号	羟值/(mg KOH/g)	酸值/(mg KOH/g)	黏度/mPa·s	水分/%	浊点/℃	环氧值
HM-10	260～300	≤0.36	500～700	≤0.25	≤8	—
HM-10A	70～110	≤0.48	1500～3500	≤0.2	≤8	0.02～0.03
HM-10B	270～350	≤0.55	6000～8500	≤0.2	≤9	≤0.002

韩国波斯卡（Pulsecam）株式会社在中国独资的公司北京波斯卡科技有限公司，最近也推出大豆油多元醇Soyol 560，其产品技术指标见表4-26，在泡沫配方中建议大豆油多元醇为20%，普通聚醚多元醇为80%。该公司的Soyol 5616典型羟值为56mg KOH/g，典型黏度为300mPa·s，平均分子量约为1600。

表4-26 北京波斯卡科技有限公司的大豆油多元醇的技术指标

产品	羟值/(mg KOH/g)	黏度(25℃)/mPa·s	官能度	水分/%	分子量	外观
1	115～125	≤7000	3.5	≤1.0	1600～1700	透明液体
2	55～65	≤4000	1.7	≤1.0	1500～1600	透明液体

4.3.2.3 棕榈油多元醇

精炼棕榈油（palm oil）为白色或淡黄色半固体，相对密度（15/15℃）为0.921～0.925。熔点为27～50℃。碘值为40～58g/100g。主要成分为棕榈酸和油酸的甘油三酸酯。分子结构中所含的双键经环氧化和羟基化后得到棕榈油多元醇。环氧棕榈油与小分子多元醇在催化剂等条件下反应得到棕榈油多元醇，其羟值与多元醇的类型有关。

马来西亚是全球最大的棕榈油生产地，该国研究人员将棕榈油进行改性，制得了一系列棕榈油多元醇，促进可再生资源利用。

马来西亚Maskimi多元醇公司（Maskimi Polyol Sdn Bhd）部分棕榈油多元醇产品的技术指标见表4-27。这些植物油多元醇适用于替代部分聚醚多元醇生产聚氨酯泡沫塑料。

表4-27 马来西亚Maskimi多元醇公司部分棕榈油多元醇产品的技术指标

Maskimiol牌号	平均分子量	羟值/(mg KOH/g)	pH值	黏度(25℃)/mPa·s	用　途
PKF 3000	3000	58～65	8～10	1500～1900	软泡
PK 317	NA	315～330	8～9	250～350	硬泡
PKF 5000	5000	28～35	7～9	2650～3150	模塑软泡

注：外观为棕色液体。

马来西亚聚氨酯块状泡沫生产商万盛泡沫工业公司（Wansern Foam Industry Sdn Bhd）在2008年宣布开发了棕榈油多元醇以及聚氨酯泡沫塑料，棕榈油多元醇牌号为Natura。其中一个产品的技术指标为：外观棕黄色液体，稍有典型的棕榈油气味，羟值170～200mg KOH/g，黏度（35℃）3500～4500mPa·s，pH=6.5～7.5，酸值≤3mg KOH/g，相对密度0.95～0.98，水分≤0.30%。

4.3.2.4 其他植物油多元醇产品

美国肯塔基生物泡沫保温公司（Bio-Foam Insulation of Kentucky）生产Agrol系列的植物油多元醇（生物基多元醇），据介绍与同类植物油多元醇相比具有低气味、低酸值、高达96%生物质含量等优点，不同官能度和分子量的植物油多元醇产品推荐用于多种聚氨酯应用领域，包括泡沫塑料和CASE材料等。其技术指标见表4-28。具体植物油品种不详。

表 4-28　美国肯塔基生物泡沫保温公司的植物油多元醇的技术指标

牌　号	官能度	分子量	羟值/(mg KOH/g)	典型羟值/(mg KOH/g)	黏度/mPa·s	典型黏度/mPa·s	凝固点/℃	碘值/(g/100g)
Agrol 2.0	2.0	1600～1700	106～115	111	≤300	120	1～2	65～75
Agrol 3.6	3.6	1700～1800	109～119	114	≤700	530	1～2	88～99
Agrol 4.3	4.3	1800～1900	127～137	131	≤1300	1100	1～2	75～85
Agrol 5.6	5.6	1950～2000	151～170	160	≤6000	4710	3～5	47～54
Agrol 7.0	7.0	2050～2200	185～195	190	≤35000	34800	5～8	5～20
Agrol Diamond	3.0	500～600	328～351	339	≤3000	2160	＜－9	78～85

注：酸值＜1.0mg KOH/g，水分＜0.1%，不溶于水。

美国亨斯迈公司高性能产品部门（Huntsman's Performance Products division）最近推出一款牌号为 JEFFADD B650 的生物基多元醇。该多元醇采用可再生植物油制备而成，可用于水发泡喷涂聚氨酯泡沫、硬泡、涂料、胶黏剂、密封胶和混合型聚脲等生产。该低聚物技术指标以及组成不详，它可与水混溶，具有类似 Mannich 多元醇的高反应活性，用于聚氨酯涂料具有优良的耐磨性等物性。

上海中科合臣股份有限公司的天然油脂多元醇是以天然原料如大豆油、蓖麻油、葵花籽油等为原料改性得到的多元醇，外观为棕黄色液体，具体对应产品的植物油来源不详。表 4-29 为该公司部分产品的技术指标。官能度不详，按羟值看，这些产品主要用于生产聚氨酯硬泡。

表 4-29　中科合臣股份有限公司部分天然油脂多元醇的技术指标

产品型号	ZK-400	ZKC-340	ZKG-340 ZKGR-340	ZKR-320	ZKS-310
羟值/(mg KOH/g)	400±30	340±20	340±20	340±20	340±20
黏度(25℃)/mPa·s	6000±500	3000±300	4000±500	4000±500	3500±500

注：相同指标，水分≤1%，酸值≤0.5mg KOH/g，pH 值在 7～9 范围。

4.3.3　松香酯多元醇

以林产品天然松香树脂为原料的松香酯多元醇（俗称“松香聚酯多元醇”）是一类生物基低聚物多元醇，一般用作聚氨酯硬泡的原料，泡沫塑料性能与聚醚多元醇为原料的相当，价格上也有竞争力。

松香（rosin）是一种组成很复杂的稠合杂环天然化合物的混合物，化学成分比较复杂，通用分子式是 $C_{19}H_{29}COOH$，根据产地的不同，主要成分是松香酸（abietic acid，又称枞酸）为主的树脂酸，另有少量脂肪酸和中性物质（树脂烃）。

大多数松香分子结构中只含一个羧酸基团，只有含量很少的左旋海松酸。所以通常需先对松香进行改性再将其引入多元醇反应，制备松香基多元醇。

一种改性松香的方法是将松香与马来酸酐反应，制备含 3 个羧酸（酐）的马来松香。松香中的树脂酸，除左旋海松酸外，都不直接与马来酸酐发生加成反应，但当枞酸、新枞酸、长叶松酸在加热条件下异构为左旋海松酸后，才能与马来酸酐（顺丁烯二酸酐）发生 Diels-Alder 加成反应，生成以马来海松酸为主要成分的马来松香。马来海松酸分子中有 3 个羧基官能团，与过量二醇发生反应，制得松香酯多元醇。

左旋海松酸　+　马来酸酐　→　马来海松酸

马来松香与多元醇（如二甘醇、乙二醇）在氮气保护下进行酯化和熔融缩聚反应，当酸值降到 5mg KOH/g 时，停止反应。通过改变马来松香与多元醇的比例及多元醇的组成可得到不同羟值的以马来松香酯多元醇为主要成分的松香酯多元醇。

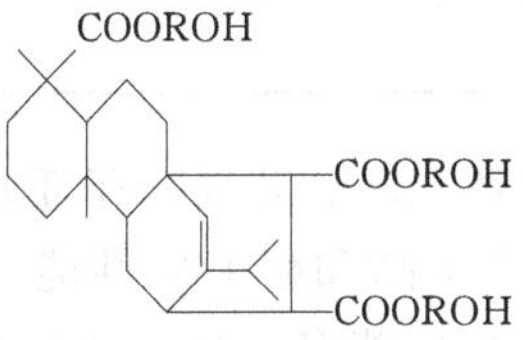

松香酯多元醇 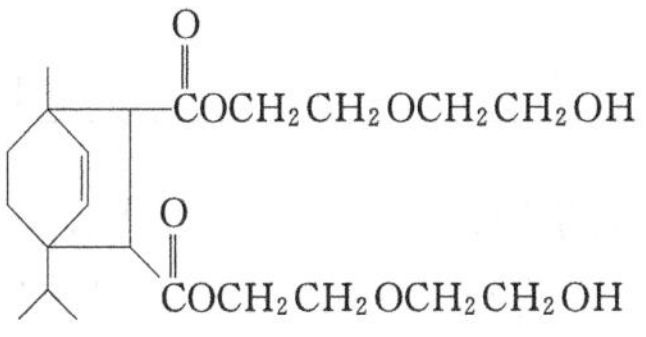　　　松节油酯二醇

另一种方法是将松香改性为二元酸，再与过量小分子多元醇进行酯化反应制备松香酯多元醇。获得改性松香二羧酸采用的方法有：松香二聚、松香与甲醛加成、丙烯酸改性等。

另外，松节油马来酸酐加成物二甘醇酯多元醇也是一种复杂的混合物，该松节油酯二醇是天然产物二醇，具有双环二酸酯结构。

也可在制备松香酯多元醇的过程中加入脂肪族和芳香族二酸（酐）得到混合松香酯多元醇。

由于一般的松香酯多元醇产品羟值高，分子量小，实际上不属于聚酯，所以名称“松香酯多元醇”比“松香聚酯多元醇”科学。国内几种松香酯多元醇产品的技术指标见表 4-30。

表 4-30 国内几种松香酯多元醇产品的技术指标

型号	颜色外观	羟值 /(mg KOH/g)	酸值 /(mg KOH/g)	黏度(25℃) /mPa·s	水分/%	备 注
JC-400	浅棕透明	400±25	≤5.0	5000±1000	≤0.2	35℃黏度
NJ-400S	浅棕透明	400±30	≤5.0	3500～5000	≤0.2	
TH-330A	浅黄透明	330±30	≤5.0	5000±1000	≤0.15	
FC-300A	浅黄透明	380±20	≤5.0	6000±1000	≤0.15	

注：NJ-400S 是江苏省句容宁武化工有限公司产品，TH-330A 是南京拓瀚商贸实业有限公司产品。FC-300A 是江苏强林生物能源有限公司（江苏力强集团有限公司和中国林科院林产化学工业研究所的合资企业）的产品，其色度(APHA)≤100。

松香酯多元醇主要用于生产浇注和喷涂聚氨酯硬泡，具有与其他原料混溶性好、黏附力好、泡孔细腻、耐热和阻燃性优良的特点。

4.3.4 脂肪酸二聚体二醇以及二聚体聚酯二醇

二聚体二醇是从天然油脂得到的产物，属于生物基二醇。

英国 Croda 国际股份有限公司的 Pripol 2033（原属美国 Uniqema 公司）是一种特殊的二聚体二醇（dimer diol），它是由脂肪酸二聚体还原得到，含 36 个碳原子，有支链，不含双键，结构示意图如下。

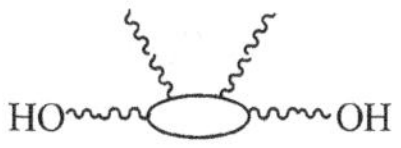

HO～～○～～OH

该二聚体二醇不含酯基，常温下为液态，用于 CASE 聚氨酯弹性材料，显著改善聚氨酯的水解稳定性、流动性和玻璃化温度范围。其典型物性指标见表 4-31。美国 Jarchem 工业公司的二聚体二醇 DD36 相对密度为 0.90，黏度为 2500mPa·s，羟值为 185～210mg KOH/g，酸值约为 0.4mg KOH/g，皂化值为 1.3～5mg KOH/g。

表 4-31 英国 Croda 公司的二聚体二醇 Pripol 2033 典型物性指标

项目	指标	项目	指标
分子量	540	水分/%	≤0.1
羟值/(mg KOH/g)	196～206	二聚体含量/%	≥97
酸值/(mg KOH/g)	≤0.2	单体/%	≤1.0
皂化值/(mg KOH/g)	≤2.0	三聚体/%	≤1.5

英国Croda公司的Pripol 2030也是无定形二聚体二醇，相对分子质量为570，用于制造CASE聚氨酯材料、工程塑料等，具有耐水解、耐化学品和耐UV性能。Croda公司还生产以二聚体（酸/醇）等天然产物为基础的Priplast系列聚酯多元醇，产品介绍见3.1.5小节。

中国林业科学研究院林产化学工业研究所2004年在国内率先实现在用天然油脂（菜籽油、酸化油、地沟油以及海滨锦葵油等）生产生物柴油的同时联产脂肪酸二聚体（二聚酸）。研究人员用二聚酸替代常规二元羧酸制备二聚酸聚酯二醇，建成年产500t油脂基聚酯多元醇中试生产线。

4.3.5 其他生物基多元醇

（1）鱼油多元醇 北大西洋中的一个西欧岛国——冰岛盛产鱼油，该渔业副产品年产量高达10万吨。据2006年的报道，冰岛技术研究所（IceTec）和Icelandic Polyol Co. Ltd（Icepol）在马来西亚Maskimi多元醇公司帮助下采用酯化工艺生产鱼油多元醇，建成1500～2000t/年的多元醇装置，并用于聚氨酯泡沫塑料生产。该鱼油羟值约为350mg KOH/g，官能度约为3.7，典型分子量约为634，密度为0.95～1.05g/mL，黏度（25℃）为450～600mPa·s，水分≤0.40%。由于鱼油具有较高的不饱和度，Icepol曾寻求用环氧化技术生产鱼油多元醇。

（2）木质素多元醇/木粉聚醚多元醇 木屑、秸秆、甘蔗渣、玉米芯、淀粉的天然纤维素和淀粉类农林副产品一般可用硫酸或其他催化剂在一定条件下进行液化，可用聚醚二醇作为辅助液化原料，得到天然植物多元醇。

早年郑州大学以木材加工过程中的废弃物锯末、刨花、木屑等为起始原料，经粉碎、过筛、干燥成60～80目的木粉，在Lewis酸催化下，在常压和一定温度的条件下与多元醇反应，合成木粉聚醚多元醇。其间经历木粉解体后的纤维素、半纤维素、木质素等与多元醇间的接枝共聚反应。该木粉聚醚多元醇用于制备聚氨酯硬泡，降低成本。但未见工业化产品。

福建省新达保温材料有限公司2008年宣布成功研发出植物多元醇，它由杉木、毛竹、烟杆等农林副产物碎粉，经酯化、醚化等工艺过程合成植物多元醇，并用于生产聚氨酯硬泡保温材料，降低成本。该公司以杉木粉与毛竹粉混合，建成年产2500t植物多元醇生产线。植物多元醇可以和不同比例的聚醚和聚酯进行配合应用，植物多元醇最大可用量可在60%左右。研究发现在填埋若干年后，杉木粉基聚氨酯泡沫塑料比毛竹粉基泡沫塑料易生物降解。

这类木质素多元醇的颜色较深。常州山峰化工有限公司供应的木质素型聚醚多元醇（环保型），为棕褐色黏稠液体，黏度（25℃）为7000～10000mPa·s，羟值≥420mg KOH/g，官能度>3，水分<0.5%。

（3）淀粉聚醚多元醇 淀粉聚醚多元醇早有研发，淀粉含有大量的羟基，理论上可制备多元醇。主要采用淀粉糖化后发酵的方法，制备甲基葡萄糖苷或其他液化产物，再在催化剂存在下，同环氧丙烷/环氧乙烷开环聚合，合成聚醚多元醇。四川大学早期研发的淀粉聚醚多元醇，在室温下是浅黄色半透明的黏稠液体，其羟值和黏度可按实际需要进行调节，多用作制备聚氨酯硬泡。

（4）其他生物基低聚物多元醇　从广义上说，聚酯和聚醚多元醇可以用生物来源的小分子二醇、三醇、蔗糖等生产，都可以称为生物基低聚物多元醇。例如，玉米等淀粉酵解后可以得到多种多元醇或者其他小分子化合物，长春大成集团用玉米淀粉为原料大规模地工业化生产生物法多元醇，建成年产 20 万吨以上的生物化工醇，并且采用玉米秸秆发酵制多元醇。生产的生物法多元醇有乙二醇、丙二醇、1,2-丁二醇和 2,3-丁二醇等。另外许多动植物可以生物法制甘油，而生物甘油可以用于生产聚醚多元醇等。

美国 DuPont 公司在 2007 推出的 Cerenol 系列聚 1,3-丙二醇，是从玉米发酵产物 Bio-PDO 聚合得到的生物基聚醚二醇，有关产品详见第 2.5 节。

4.4　端氨基聚醚

端氨基聚醚是主链为聚醚的多元胺，又称“聚醚多胺”（polyether polyamine）。目前市场上大多数端氨基聚醚是以端仲羟基聚醚二醇或三醇（包括 PPG 和 PO-EO 共聚醚）胺化后的产物，是脂肪族聚醚胺，其中端基以伯氨基为主，由于氨基与异氰酸酯的活性比羟基高得多，因此聚醚多胺是一种高活性的聚醚。也有少量由氨基转为仲氨基得到的聚醚胺。还有特殊的以 PTMEG 为主链、端基为芳氨基的端氨基聚醚。

聚氧化丙烯二胺（polyoxypropylenediamine）的 CAS 编号为 9046-10-0，代表性产品有 Jeffamine D 系列。以丙三醇为起始剂的聚氧化丙烯三胺的（polyoxypropylene triamine）CAS 编号为 64852-22-8，代表性产品有 T-3000 和 T-5000。以三羟甲基丙烷为起始剂的聚氧化丙烯三胺的（polyoxypropylenetriamine）CAS 编号为 39423-51-3，代表性产品有 T-403。聚氧化乙烯-氧化丙烯二胺（PPG-PEG-PPG 共聚醚二胺）的 CAS 编号为 65605-36-9，代表性产品有 Jeffamine ED 系列。PPG-PTMEG-PPG 嵌段共聚醚二胺的 CAS 编号为 796093-55-5，代表性产品有 Jeffamine THF-100 和 THF-140。聚四氢呋喃二胺的 CAS 编号为 960525-56-8，典型产品有 Jeffamine THF-170。

Jeffamine ED 系列等共聚醚二胺的结构式如下：

$$H_2N\underset{CH_3}{\underset{|}{C}}HCH_2\text{—}(O\underset{CH_3}{\underset{|}{C}}HCH_2)_a\text{—}(OCH_2CH_2)_b\text{—}(OCH_2\underset{CH_3}{\underset{|}{C}}H)_c\text{—}NH_2$$

一种特殊的端氨基醚的化学名称为聚四亚甲基醚二对氨基苯甲酸酯，其 CAS 编号为 54667-43-5，典型产品是 Air Products 公司的 Versalink P-250、P-650 和 P-1000（具体物性可见 5.1.1.2 表 5-6）。结构式如下：

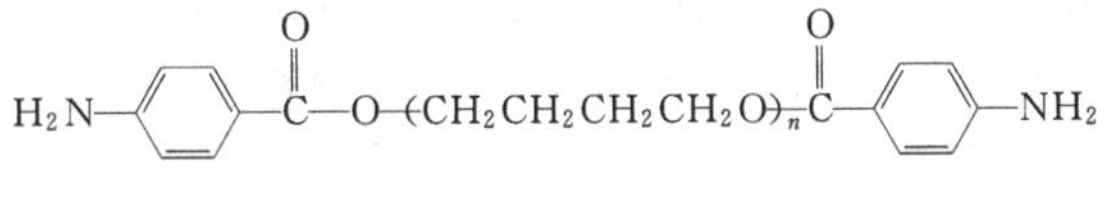

$$H_2N\text{—}C_6H_4\text{—}\overset{O}{\overset{\|}{C}}\text{—}O\text{—}(CH_2CH_2CH_2CH_2O)_n\text{—}\overset{O}{\overset{\|}{C}}\text{—}C_6H_4\text{—}NH_2$$

物化性能

聚醚二胺和聚醚三胺常态为无色到浅黄色液体，有轻微胺臭味，黏度低到中等。低分子量或高 EO 含量的聚醚多胺溶于水，中高分子量聚氧化丙烯多胺一般不溶于水。聚醚多胺的稀水溶液呈碱性，pH 值在 10～11.5 之间。

普通端氨基聚醚中有少量的羟基没被胺化，一般在 2%～5%之间，羟基和伯氨基、仲胺基都与异氰酸酯基团反应，它们的总量可采用乙酰化方法测定。

代表性产品及技术指标

国内外生产端氨基聚醚的厂家不多，下面简要介绍有关公司的产品及物性。

Huntsman 公司的共聚醚二胺，包括 ED 和 THF 系列，一般是端仲羟基聚醚胺化产物，即氨基与甲基相邻，如此使得氨基的反应性比较温和。XTJ-582（Elastamine RP-409）和XTJ-578（Elastamine RP-2009）是羟基转化率高的端氨基PPG聚醚，羟基仅占端基摩尔分数的1%～2%。Jeffamine ED-900、ED-2003、THF-100（XTJ-542）、THF-140（XTJ-559）和THF-170（XTJ-548）熔点分别为22℃、43℃、9℃、16℃和33℃。Jeffamine SD/ST系列是仲氨基聚醚二胺，活性较低。表4-32为美国Huntsman公司的端氨基聚醚的典型物性指标。

表 4-32(a) 美国 Huntsman 公司的端氨基聚醚的典型物性指标

Jeffamine 牌号	典型 M_w	当量	总胺 /(meq/g)	伯胺率 /%	黏度 /mPa·s	相对密度	水分 /%≤	色度	闪点 /℃
D-230	230	120	8.10～8.70	≥97	9.5	0.948	0.20	25	121
D-400	430	230	4.10～4.70	≥97	22	0.972	0.25	50	163
D-2000	2000	1030	0.98～1.05	≥97	248	0.991	0.25	25	185
D-4000	4000	2000	0.44～0.52	≥95	877	0.994	0.25	75	—
ED-600	600	265	3.00～3.43	≥95	72(20℃)	1.035	0.35	75	160
ED-900	900	NA	1.80～2.25	≥95	119(38℃)	1.065*	0.35	100	174
ED-2003	2000	NA	0.90～1.05	≥95	134(50℃)	1.068*	0.35	75	260
THF-100	1000	520	1.87～2.06	≥98	121(40℃)	0.976	0.50	50	238
THF-170	1700	760	1.40～1.70	—	936(38℃)	0.965*	0.50	100	>232
THF-140	1400	710	1.35～1.46	≥98	234(40℃)	0.977	0.50	50	246
T-403	440	NA	6.10～6.60	≥90	72	0.978	0.25	50	196
T-3000	3000	NA	0.90～0.98	≥97	367	0.996	0.25	75	235
T-5000	5000	1904	0.50～0.54	≥97	819	0.997	0.25	75	213
ST-404	565	189	4.40～5.40	<5	46	0.923	0.20	100	154
SD-231	315	158	5.30～6.30	<5	7	0.885	0.20	100	135
SD-401	515	258	3.20～4.10	<5	18	0.921	0.20	100	168
SD-2001	2050	1025	0.90～1.03	<5	209	0.978	0.20	100	145
XTJ-582	440	220	4.20-4.80	98	14(38℃)	0.972	0.25	50	185
XTJ-578	2000	1000	0.94-1.04	98	248	0.991	0.25	40	>93

注：闪点测试方法PMCC（闭杯）；伯胺率指氨基在氨基＋仲氨基中的百分率；没有范围的数据是典型值。当量（分子量/官能度）是针对NCO而言。如未注明，黏度和密度（±0.01）均在25℃测定，有*表示密度测定温度与黏度的测定相同。

表 4-32(b) 美国 Huntsman 公司的端氨基聚醚的典型物性指标

Jeffamine 牌号	特性及在聚氨酯行业的用途等
D-2000	蒸气压低，低黏度，改善柔韧性，喷涂聚脲和RIM的关键原料
D-4000(XTJ-510)	较低黏度低气味，改善柔性，聚脲和RIM的关键原料
ED-600(XTJ-500)	水溶性低分子量，可制备聚氨酯脲水凝胶、生物材料和涂料
ED-900(XTJ-501)	水溶性，熔点22℃。可制备聚氨酯脲水凝胶，生物材料和涂料
ED-2003(XTJ-502)	水溶性，熔点43℃。可制备水溶性聚脲、水性涂料等
THF-100(XTJ-542)	用于聚脲改善耐腐蚀
THF-140(XTJ-559)	与THF-100同属PPG/PTMEG/PPG嵌段共聚醚二胺，改善耐腐蚀
THF-170(XTJ-548)	聚四氢呋喃二胺，含伯氨基和仲氨基，改善聚脲耐腐蚀性
XTJ-582，XTJ-578	高伯氨基转化率聚醚二胺，用于特殊场合
SD-231(XTJ-584) SD-401(XTJ-585)	仲氨基聚醚二胺，反应比伯氨基慢；低气味低黏度。用于聚脲和聚氨酯的扩链剂，PU抗垂挂剂
SD-2001(XTJ-576)	仲氨基聚醚二胺，用于PUU和PU，制备低黏度PU预聚体
T-403	水溶性。用于聚脲配方、聚氨酯的抗垂挂剂等
T-3000(XTJ-509)	用于聚脲RIM和喷涂聚脲，PU弹性体及泡沫改性剂和固化剂
T-5000	用于喷涂聚脲、RIM、胶黏剂等
ST-404(XTJ-586)	仲氨基聚醚三胺。聚脲和聚氨酯的固化剂/交联剂，PU抗垂挂剂等

表 4-33 为 BASF 公司的聚醚多胺（polyetheramine）产品的技术指标及典型物性。表中乙酰化值是指氨基和未胺化的羟基的总量。BASF 公司另有 D 230 M 未列入表中，物性与 Huntsman 公司的 D-230 大致相同。

表 4-33　BASF 公司的聚醚多胺产品的技术指标及典型物性

聚醚胺牌号	总胺/(meq/g)	乙酰化值/(mg KOH/g)	闪点/℃	伯胺率/%	黏度/mPa·s	相对密度	水溶性(20℃)	色度(APHA)
D 400	4.30～4.60	236～275	158	≥97	26.5	0.97	混溶	≤100
D 2000	0.97～1.05	55.0～61.7	234	≥97	431	0.998	微溶	≤50
T 403	6.1～6.6	365～398	196	≥90	NA	0.987	混溶	≤50
T 5000	0.50～0.57	32.0～35.0	236	≥97	1045	0.998	不溶	≤100

注：相同指标，水分≤0.25%。胺值（mg KOH/g）=56.1×总胺（meq/g）。黏度和密度是 20℃时的数据。

德国高性能化学品汉德尔斯有限公司（Performance Chemicals Handels GmbH）的端氨基聚醚，可用于聚氨酯、聚脲体系，产品牌号有 PC Amine DA 250、DA 400、DA 2000、TA 5000，与 Huntsman 公司的部分产品相似。

美国 Arch 化学品公司的聚氧化丙烯二胺和三胺（端氨基聚醚），其典型物性见表 4-34。

表 4-34　美国 Arch 公司的聚醚多胺产品的典型物性

Poly-A 牌号	分子量	总胺/(meq/g)	水分/%≤	黏度(25℃)/mPa·s	相对密度(25℃)	pH 值	色度(APHA)	官能度
27-400	400	4.4	0.25	27	0.975	11.7	50	2
27-2000	2000	1.00	0.1	250	1.000	10.8	100	2
37-5000	5000	0.56	0.1	785	1.002	—	50	3

烟台民生化学品有限公司的端氨基聚醚的典型物性见表 4-35。

表 4-35　烟台民生化学品有限公司的端氨基聚醚的典型物性

产品型号	分子量	官能度	总胺/(meq/g)	伯胺率/%	色度(APHA)	水分/%
AMD-230	230	2	8.10～9.10	≥95	≤75	≤0.2
AMD-400	430	2	4.00～4.60	≥95	≤75	≤0.2
AMD-1000	1000	2	1.86～2.10	≥97	≤75	≤0.2
AMD-2000	2000	2	0.93～1.05	≥97	≤50	≤0.2
AMT-403	440	3	6.10～6.80	≥90	≤75	≤0.2
AMT-5000	5000	3	0.50～0.57	≥97	≤75	≤0.2

江苏省化工研究所有限公司的产品有 D230、D400、D2000、T403 和 T5000，与 Huntsman 公司的部分产品相似。

扬州晨化科技集团有限公司采用江苏省化工研究所技术生产的端氨基聚醚，3 种产品外观为无色至浅黄色透明液体，总氨含量（占端基的）≥96%，水分<0.2%。CGA2-2000、CGA3-5000 和 CGA3-300 的分子量分别为 2000、5000 和 300，官能度分别为 2、3 和 3。

制法

目前端氨基聚醚工业化生产一般由普通聚醚多元醇经高压催化加氨加氢制备。例如，将聚醚和氨、氢气、催化剂雷尼镍加热到 210～220℃，压力 15～20MPa，反应 9h，经冷却脱氨过滤，真空脱水得到成品。

特性及用途

由端氨基聚醚与异氰酸酯等制得的喷涂聚脲弹性体强度高、延伸率大、耐摩擦、耐腐蚀、耐老化，广泛应用于混凝土和钢结构表面的防水防腐耐磨涂层，以及其他构件的防护、装饰涂层。

端氨基聚醚用作环氧树脂固化剂，可提高制品的韧性，特别是较低分子量的端氨基聚醚，大量用作环氧树脂固化剂，以及聚酰胺、抗静电剂等。

聚醚多胺的端基一般是伯氨基，活性较伯羟基高，与异氰酸酯基团反应迅速。Huntsman公司近年来推出 Jeffamine SD/ST 系列，是仲氨基聚醚二胺，活性较低，适合用于聚氨酯。

<u>生产厂商</u>

美国 Huntsman 聚氨酯公司，德国 BASF 公司，德国 Nitroil 公司，美国 Arch 化学品公司，扬州晨化科技集团有限公司，江苏省化工研究所有限公司，烟台民生化学品有限公司等。

4.5 环氧树脂

环氧树脂含有仲羟基和环氧基，这些基团可以与异氰酸酯反应。环氧树脂可用作聚氨酯涂料、胶黏剂、弹性体等的改性树脂，提高聚氨酯的耐高温、黏附力、耐水解和耐化学品性能。

环氧树脂（epoxy resin）有双酚 A 环氧树脂、酚醛环氧树脂、双酚 F 环氧树脂、脂肪族环氧树脂等种类，以双酚 A 环氧树脂最常用。常用的环氧树脂是由多元醇或二酚与环氧氯丙烷反应制得。

双酚 A 环氧树脂的结构式如下：

$$\underset{\diagdown O \diagup}{CH_2—CH}—CH_2—[O—C_6H_4—\overset{CH_3}{\underset{CH_3}{C}}—C_6H_4—O—CH_2—\overset{OH}{CH}—CH_2]_n—O—C_6H_4—\overset{CH_3}{\underset{CH_3}{C}}—C_6H_4—O—CH_2—\underset{\diagdown O \diagup}{CH—CH_2}$$

作为羟基组分的环氧树脂，有三种方式形成的羟基都可与异氰酸酯基进行反应。

(1) 单纯使用环氧树脂作为多元醇一部分掺入聚氨酯树脂含羟基的组分中，使用此方法只有羟基参加反应，环氧基未能反应。

(2) 用酸（如羧酸、磷酸）使环氧基团开环，生成羟基，再与聚氨酯树脂（特别是胶黏剂）中的异氰酸酯基反应。

$$\sim\sim R—COOH + \underset{\diagdown O \diagup}{CH_2—CH}\sim\sim \longrightarrow \sim\sim R—COO—CH_2—\underset{OH}{CH}\sim\sim$$

(3) 醇胺或胺与环氧基团反应，生成多元醇：

$$\sim\sim\underset{\diagdown O \diagup}{CH—CH_2} + HN(CH_2CH_2OH)_2 \longrightarrow \sim\sim\underset{OH}{CH}—CH_2N(CH_2CH_2OH)_2$$

在加成物中有叔氮原子的存在，可加速 NCO 与 OH 基团之间的反应。

环氧树脂为无色至浅黄透明黏稠液体或固体。供应形式除液态、固态颗粒或块状固体环氧树脂外，还有溶液。

表 4-36 列出常规的双酚 A 型环氧树脂的质量指标。

表4-36 常规的双酚A型环氧树脂的质量指标

型号	环氧值 /(mol/100g)	环氧当量 /(g/mol)	软化点 /℃	挥发分 /%	状态
E-51(618)	0.48～0.54	184～210	—	≤2	黏稠液体
E-44(6101)	0.41～0.47	210～250	12～20	≤1	黏稠液体
E-42(634)	0.38～0.45	230～290	21～27	≤1	黏稠液体
E-20(601)	0.18～0.22	450～560	64～76	≤1	透明固体
E-12(604)	0.09～0.14	800～1200	85～95	≤1	透明固体
E-03(609)	0.025～0.042	2400～4000	135～145	—	透明固体

注：有机氯值≤0.02mol/100g，无机氯值≤0.001mol/100g。E-51（618）黏度（40℃）≤2.5Pa·s。

环氧当量（E_n）是指含有1mol环氧基的环氧树脂克数（g/mol）。环氧值（E_v）是指每100g环氧树脂中含有的环氧基的物质的量（mol/100g）。环氧值与环氧当量的换算关系：$E_n=100/E_v$，$E_v=2\times100/M$，M为环氧树脂的分子量。

国内常用E-51或618这两种方式表示环氧树脂的型号，这些型号的环氧树脂与国外部分厂家类似环氧值产品的牌号比较见表4-37。

表4-37 国内外部分环氧树脂产品牌号对照

产品牌号	环氧当量	厂家简称					
		Grace	Shell Epikote	Dow D. E. R.	DIC Epiclon	三井石化	CIBA Araldite
E-54(616) E-51(618)	185.1 196	128	828	331	850 850S	R-139 R-140	GY260 GY226
E-44(6101) E-42(634)	227 238	134	834	337	860	R-144	GY280
E-20(601)	500	901	1001	671	1050	R-301	GT-7071
E-12(604)	833	903	1004	663u	3050	R-363P R-304	GT-6084
E-06(607)	1667	907	1007	667	7050	R-307	GT-6097
E-03(609)	3333	909	1009	869	9055	R-309	GT-6610

注：环氧当量是指含有1mol环氧基的环氧树脂的质量（g）。

4.6 其他多元醇

4.6.1 氨酯多元醇

氨酯多元醇即是含氨基甲酸酯基团的多元醇，是由过量多元醇与二异氰酸酯反应得到的端羟基预聚体，它是聚氨酯的中间体原料。高分子量的聚氨酯多元醇黏度大，一般是溶剂型双组分聚氨酯胶黏剂主剂的主要成分，多用于直接配制胶黏剂，很少有产品出售。高羟基含量、低分子量的氨酯多元醇产品，多用于配制涂料。

德国Bayer公司的氨酯多元醇Desmophen D70是一种无溶剂固态树脂，软化点85℃，羟基（OH）质量分数为（6.0±0.5）%，其45%丙二醇单甲醚乙酸酯（MPA）溶液的黏度（23℃）为（1400±300）mPa·s。密度（20℃）为1.2g/cm^3。它与封闭型多异氰酸酯结合，用于漆包线漆，具有特别好的可焊接性能。如果加入苯二甲酸聚酯多元醇，效果更好。

美国King Industries公司的K-Flex系列氨酯二醇（urethane diol）溶于水和多数极性溶剂。K-Flex UD-320系列的主成分脂肪族氨酯二醇树脂相同，其分子量分布窄，分子量为320，羟值为350mg KOH/g。其中K-Flex UD-320-100是不含溶剂的氨酯二醇，黏度约为7000mPa·s（50℃）或150～200Pa·s（25℃），用于合成预聚体和无溶剂体系。K-Flex

UD-320 的固含量为 82%，溶剂是丙二醇单甲醚乙酸酯，黏度（25℃）约为 7000mPa·s，推荐用于汽车漆、底漆、透明漆，还可用于工业涂料、海洋、维护用双组分聚氨酯涂料，得到较高硬度、耐化学品、耐水解和耐久性的涂层。K-Flex UD-320W 是水性的，固含量为 88%，含水，黏度（25℃）约为 6500mPa·s，它有助于把疏水性树脂引入水中，配制低 VOC 水性体系，也改善流平性，推荐用于汽车漆底涂剂、工业涂料等。

K-Flex XM-4306 是聚醚改性的 K-Flex UD-320-100，无溶剂，黏度（25℃）约为 11000mPa·s，不挥发分树脂的羟值为 330mg KOH/g，黏度相对较低，可用于工业底涂剂、内装饰涂料等。K-Flex XM-3305 是氨酯三醇，分子量为 1800，它是 70%的二甲苯溶液，不挥发分树脂的羟值为 140mg KOH/g，黏度（25℃）约为 9000mPa·s，它在汽车用溶剂型涂料中改善耐酸侵蚀性能。K-Flex XM-3322 的分子量为 1770，是 85%聚酯型氨酯二醇的乙酸丁酯溶液，用于三聚氰胺或多异氰酸酯交联体系，改善柔韧性和耐石击性。

4.6.2 聚醚酯二醇等

日本大赛璐化学工业株式会社开发的 Placcel T 系列聚醚（PTMEG）改性的 PCL 二醇产品，即聚(醚-酯)二醇，分子量为 2000，它们的色度（APHA）均不大于 150，羟值在 53～59mg KOH/g 范围，水分<0.1%。其物性区别在于熔点不同，牌号为 Placcel T2203、T2205 和 T2207 的熔点典型数值分别为 30℃、38℃和 43℃。

瑞典 Perstorp 公司的 CAPA 7201A 是 PTMEG-PCL 聚(醚-酯)二醇，具体指标见“聚己内酯多元醇”条目。

· 第5章 · 扩链交联剂和小分子原料

5.1 小分子多官能团化合物的应用

在聚氨酯材料所用的小分子多官能团化合物中，二元醇、多元醇、醇胺、二元胺等是多用途原材料：二元醇、多元醇、醇胺、胺可用作扩链剂或交联剂（固化剂）；二元醇和少量多元醇可用于合成聚酯多元醇；部分二元醇、多元醇、醇胺、二元胺可用作合成聚醚的起始剂；部分特殊二元胺还是制造二异氰酸酯的原料。二元羧酸一般用于制造聚酯多元醇。

5.1.1 扩链剂和交联剂

在聚氨酯材料配方中，扩链剂或交联剂是常用的助剂。扩链剂是指含2个官能团的化合物或二元醇、二元胺、乙醇胺等，通过扩链反应生成线型高分子；聚氨酯行业中的交联剂一般指三官能度以及四官能度化合物，如三醇、四醇等，它们使得聚氨酯产生交联网络结构。

扩链剂和交联剂用于各种类型的聚氨酯材料，包括浇注型非泡沫聚氨酯弹性体、微孔聚氨酯弹性体、RIM聚氨酯、热塑性聚氨酯弹性体、聚氨酯涂料、胶黏剂、高回弹泡沫塑料、半硬质泡沫塑料等。

扩链剂和交联剂是小分子，在聚氨酯分子中对硬段含量产生贡献。在满足固化的前提下，扩链剂用量越多，相应的二异氰酸酯用量也越多，聚氨酯的硬段含量高，由此得到高强度、较高硬度的材料。

扩链剂和交联剂可在一步法合成聚氨酯（包括预聚体）时使用。用于固化预聚体的二胺、二元醇或多元醇也称作固化剂。

水是特殊的扩链剂和固化剂，水分子的2个氢原子都与异氰酸酯基反应，相当于是二官能度扩链剂。湿固化聚氨酯胶黏剂和涂料利用空气中的水分进行固化反应。

低聚物多元醇、端羟基聚氨酯与二异氰酸酯反应，生成端羟基或端异氰酸酯基预聚体或者聚氨酯弹性材料，因为二异氰酸酯用量少，有时也称二异氰酸酯为扩链剂或固化剂。三异氰酸酯常用作双组分聚氨酯涂料和聚氨酯胶黏剂的交联剂或固化剂。多异氰酸酯已在第1章中叙述，以下将主要介绍醇类及胺类扩链/交联剂。

5.1.1.1 醇类扩链剂和交联剂

常用二醇类扩链剂及固化剂主要有1,4-丁二醇、乙二醇、一缩二乙二醇、1,6-己二醇、HQEE等。

常用的多元醇交联剂有甘油、三羟甲基丙烷、季戊四醇及低分子量聚醚多元醇。

二羟甲基丙酸、二羟甲基丁酸及一些自制的含羧基二醇是一类含亲水性基团的扩链剂，用于制备水性聚氨酯。

大多数特定结构的二元醇和多元醇将在“多羟基化合物”部分介绍。下面介绍一些特殊的多羟基交联剂。

美国科聚亚公司（Chemtura）的 Vibracure A250 是一种二元醇混合物，羟基当量为 45.0，主要用于 PPDI 预聚体的固化，比 BDO 易于与预聚体混合。得到的弹性体具有高拉伸强度和伸长率，高撕裂强度、回弹率和动态力学性能。Vibracure A931 是一种熔点约为 93℃的二元醇混合物，羟基当量为 87.6。固化的弹性体硬度范围为邵尔 A55～60，具有高拉伸强度、伸长率、撕裂强度和低压缩变定。

小分子二醇是常规扩链剂，但也有些公司推荐较高分子量的二元醇扩链剂（固化剂）产品。

例如美国 Chemtura 公司的 Vibracure A120 是一种液态聚醚二醇（M_w=1000），用作轮辊等低硬度聚氨酯弹性体柔性扩链剂，可单独使用或与 BDO、HQEE 或 MOCA 等固化剂并用。Vibracure A122 是白色蜡状固体聚醚二醇（PTMEG-2000），可用于 TDI 或 MDI 基预聚体，固化温度为 55～115℃。Vibracure A125 是一种熔点为 49℃的聚酯二醇（M_w=1000），可与 BDO 以各种比例混合，用作 MDI-聚酯预聚体的固化剂；它与 MOCA 混合，作为 TDI 预聚体固化剂，可获得较软的弹性体。

德国莱茵化学莱脑有限公司（Rhein Chemie Rheinau GmbH）的 Addolink 3530 是羟值约为 245mg KOH/g 的聚酯二醇，黏度（25℃）约为 300mPa·s，倾点约为－4℃，用作聚氨酯弹性体的固化剂。

另外，少量低分子量聚醚用作泡沫或弹性体的扩链剂和交联剂，在第 2 章“聚醚多元醇”等章节的产品用途中已简单介绍。许多聚醚厂商有分子量为数百的低分子量聚醚多元醇交联剂供应，用于聚氨酯泡沫塑料体系和“CASE”弹性聚氨酯体系，应用领域包括硬泡、半硬泡、高回弹、软泡、涂料、胶黏剂、弹性体等。

例如美国 Perstorp 多元醇公司（瑞典 Perstorp 公司的子公司）生产一系列的可用于聚氨酯泡沫塑料和弹性体的交联剂，某些产品也用于聚氨酯涂料。它们是 1 个三羟甲基烷或季戊四醇分子与 3～8 个氧化乙烯或氧化丙烯的低分子量加成物。其中，多元醇交联剂 Polyol 3610 是乙氧基化的三羟甲基丙烷，结构式为 $CH_3CH_2C(CH_2OCH_2CH_2OH)_3$，即 1 个三羟甲基丙烷分子与 3 个环氧乙烷的加成物，原美国 Upjoin 公司和 Dow 公司的对应产品牌号分别为 Isonol 93 及 Voranol 234-630（现都已停止生产）。水分很低的产品（如含水量 0.03%）可用作聚氨酯预聚体的固化剂，用于非泡沫聚氨酯。

上海宏璞化工科技有限公司生产的 HP-Link 600 是一种基于三羟甲基丙烷的液体多元醇交联剂，为无色透明黏稠液体，黏度（25℃）为 600～800mPa·s，羟值为（600±20)mg KOH/g，它已经广泛用于聚氨酯高回弹泡沫、微孔泡沫、弹性体及高密度硬泡，可提高泡沫塑料制品的回弹性，并产生致密的表皮。HP-Link 105C 是一款脂肪胺类起始的多元醇，棕色黏稠液体，黏度（25℃）为 500～700mPa·s，羟值为（500±20)mg KOH/g，可代替常规二乙醇胺、三乙醇胺交联剂，用于改善高 MDI 体系高回弹泡沫的回弹性，同时可加快制品熟化和脱模。

BASF 公司的 Pluracol PEP 系列是季戊四醇与环氧丙烷反应得到的仲羟基聚醚四醇，Pluracol 858 是小分子聚醚三醇，Bayer 公司的 Arcol Polyol 1004A/1004、Arcol Polyol 1030、Arcol Polyol 1070、Multranol 4011（Desmophen 4011T）、Multranol 4012（相当于该公司 Desmophen 4012R）也是聚氧化丙烯多元醇，其中 Arcol Polyol 1004A 是低酸值聚醚二醇，用于弹性体扩链剂和固化剂。这些聚醚的典型物性见表 5-1。

表 5-1　BASF 和 Bayer 公司的部分聚氧化丙烯多元醇交联剂

Pluracol 牌号	f	标称分子量	羟值	黏度(25℃)	水分(max)/%	Na^+&K^+(max)	相对密度
Pluracol 858	3	180	935	1360	0.05	5	1.02
Pluracol PEP 450	4	400	555	2000	0.05	15	1.07
Pluracol PEP 550	4	500	450	2400(20℃)	0.10	20	1.06
Arcol 1004A/1004	2	430	260	74	0.05	—	1.01
Arcol Polyol 1030	3	420	400	450	0.1	—	1.05
Arcol Polyol 1070	3	720	232	330	0.05	—	1.02
Multranol 4011	3	306	550	1700	—	—	—
Multranol 4012	3	455	370	650	—	—	—

注：f 表示标称官能度，羟值单位为 mg KOH/g，黏度单位为 mPa·s，钠钾离子含量（Na^+&K^+）单位为 mg/kg，“max”指最大值。

另外，Solvay 公司的低分子量聚己内酯，如 CAPA2054、2043、3031、3022、3050、3091 和 4101，也可用作聚氨酯弹性体、涂料、胶黏剂等的扩链剂、交联剂。它们的物性见“聚己内酯多元醇”部分。

5.1.1.2　胺类扩链剂和交联剂

常用的二胺扩链剂和固化剂有 MOCA、DETDA 等芳香族二胺，以及脂肪族仲胺、含芳环的脂肪族仲胺。脂肪族二元伯胺活性太高，一般不用于芳香族异氰酸酯体系的交联剂，仅少量用于喷涂聚脲。仲胺扩链剂活性较低，可用于多种聚氨酯材料，如微调喷涂体系的反应性，控制表面外观，改善物理性能。

表 5-2 列出了部分芳香族二胺扩链剂（固化剂）。

表 5-2　部分芳香族二胺扩链剂

简　称	化学名称	分子量	常态下外观	熔点/℃
MOCA	3,3'-二氯-4,4'-二苯基甲烷二胺	267.2	浅黄色固体	98～105
DMTDA	3,5-二甲硫基甲苯二胺	214	琥珀色液体	4
DETDA	3,5-二乙基甲苯二胺	178.3	琥珀色液体	−9
M-CDEA	4,4'-亚甲基双(3-氯-2,6-二乙基苯胺)	379.4	米色结晶	88～90
M-DEA	4,4'-亚甲基双(2,6-二乙基)苯胺	310.5	白色至棕色固体	87～89
M-MEA	4,4'-亚甲基双(2-甲基-6-二乙基苯胺)	282.4	白色至棕色固体	84～88
M-OEA	4,4'-亚甲基双(2-乙基苯胺)	254.4	黄色至褐色液体	NA
M-DIPA	4,4'-亚甲基双(2,6-二异丙基)苯胺	366.6	浅棕色蜡液	20～30
M-MIPA	4,4'-亚甲基双(2-异丙基-6-甲基)苯胺	310.5	琥珀色固体	70～73
TX-2	2,4-二氨基-3,5-二甲硫基氯苯	234.5	褐色液体	−5
740M	丙二醇双(4-氨基苯甲酸酯)	314.3	灰色至棕色固体	125～128
1604	3,5-二氨基-4-氯苯甲酸异丁酯	242.7	灰色至棕色固体	83～90

DETDA 和 DMTDA 是液态位阻型芳香族二胺，20 世纪 80 年代由美国 Ethyl 公司开发，牌号分别为 Ethacure 100 和 Ethacure 300，后来美国 Albemarle（雅保）公司承用这两个牌号生产。这两种扩链剂都是液态芳香族二胺，其中 DETDA 与 NCO 的反应速率比 DMTDA 快数倍，比 MOCA 快约 30 倍，在聚氨酯领域主要用于 RIM 工艺；DMTDA 可用于浇注型聚氨酯弹性体等。这两种扩链剂也用于喷涂聚氨酯-脲体系。

Unilink 二胺扩链剂是比较知名的聚氨酯预聚体固化剂，Unilink 和 Clearlink 品牌的二胺扩链剂由美国 UOP 公司开发，已转让给印度 Dorf Ketal 公司。表 5-3 为 Dorf Ketal 公司的 Unilink 和 Clearlink 二胺扩链剂的典型物性。

表 5-3 Dorf Ketal 公司的 Unilink 和 Clearlink 二胺固化剂的典型物性

牌号	化学名称	相对分子质量	黏度/mPa·s	相对密度	LD_{50}/(mg/kg)
Unilink 4100	1,4-双仲丁氨基苯	220	8.5(38℃)	0.94(16℃)	335
Unilink 4102	1,2-双仲丁氨基苯	220	8.0(38℃)	—	638
Unilink 4200	4,4′-双仲丁氨基二苯基甲烷	310	115(38℃)	0.99(16℃)	1380
Unilink 4230	NA	混合物	265(38℃)	1.01(16℃)	>1400
Unilink 7100	1,4-双仲庚氨基苯	305	32.4(38℃)	0.88～0.92	780
Clearlink 1000	(名称见表下文字)	322	110(16℃)	0.90(20℃)	482
Clearlink 3000	(名称见表下文字)	350	270(16℃)	0.90(20℃)	523

注：表中部分数据由 Dorf Ketal 化学品（印度）私人公司提供。

这些二胺固化剂是仲胺化合物，Unilink 4100、Unilink 4200 将在“芳香族二胺”小节详细介绍。下面简要介绍其他二胺的特性和应用。

Unilink 4102 具有与 Unilink 4100 相似的性能，固化速率比 Unilink 4100 要慢。Unilink 4230 是特殊二胺扩链剂与交联剂四(2-羟丙基)亚乙基二胺的混合物，黏度（16℃）为 4000mPa·s，表观羟值（胺值）为 432mg KOH/g，推荐用于 TDI 基聚氨酯 CASE 材料，适用期较长，固化物较 MOCA 固化的软，可得到硬度低于邵尔 A60 的弹性体。Unilink 7100 是 1,4-双仲庚氨基苯，结构式与 Unilink 4100 相似，褐色液体，可用于各种聚氨酯制品，具有较长的釜中寿命。现无此产品。

Clearlink 1000 是 4,4′-双仲丁氨基二环己基甲烷。外观为无色液体，黏度较低，倾点为 −42℃。具有低湿气敏感性，与其他聚氨酯原料有良好的相容性。反应活性较低，一般用于与脂肪族异氰酸酯配制耐黄变聚氨酯脲。可采用常规喷涂技术得到光稳定的聚氨酯及聚脲涂料。

Clearlink 3000 是 3,3′-二甲基 4,4′-双仲丁氨基二环己基甲烷。外观为无色液体，黏度较低，倾点为 −30℃，具有低湿气敏感性，与其他聚氨酯原料有良好的相容性。反应活性比 Clearlink 1000 还要低得多。主要用于与脂肪族异氰酸酯结合，配制光稳定性聚合物。

Huntsman 公司生产用于聚氨酯扩链剂的特殊脂肪族胺，Jefflink 754 是一种脂环族双仲胺（*N*,*N*′-双仲戊基环己烷二胺，CAS 编号 156105-38-3），总氨基含量为 7.55～8.10mmol/g（典型值为 7.8mmol/g），伯氨基含量约为 0.1mmol/g，常温下为低黏度无色透明液体，密度（25℃）为 0.855g/mL，黏度（25℃）为 13mPa·s，闪点为 104℃，20℃在水中溶解度为 4.1g/L。与聚氧化烯烃胺相容性良好，对湿气不敏感，低分子量，作为扩链剂用于要求速度较慢的胺固化体系，例如用于光稳定脂肪族聚脲体系。

另外 Huntsman 公司曾经推出的 Jefflink 555 扩链剂是脂肪族胺的混合物，总氨基含量为 7.5～8.2mmol/g，含有羟基，主要用于快速固化填缝聚脲弹性体，它可与端氨基聚醚结合使用于喷涂聚脲，降低固化速率。Jefflink 7027 是低黏度位阻型脂肪族胺混合物，总氨基约为 4.4mmol/g，含少量伯胺（0.54mmol/g），用于脂肪族或芳香族聚脲体系，这些聚脲可用于工业涂料、密封胶和包封胶。

Huntsman 公司的低分子量伯氨基或仲氨基聚醚有 Jeffamine D-230、D-400、SD-231、SD-401、ST-404、T-403 以及 XTJ-582、XTJ-578 等，具体技术指标可见 4.4 节“端氨基聚醚”。部分分子量很低的二氨基醚产品可用作扩链剂，见表 5-4。这些脂肪族二元伯胺是无色至浅黄色微浊液体，活性高，一般多用于环氧树脂固化剂，也可用于特殊聚氨酯-脲体系的扩链剂。

表 5-4 Huntsman公司的部分低分子量端氨基脂肪族醚

Jeffamine 牌号	典型 M_w	当量	总胺 /(meq/g)	伯胺率 /%	黏度 25℃ /mPa·s	相对密度	水分 /%≤	色度	闪点 /℃
EDR-104	104	52	—	—	3.2	0.967	—	—	90
EDR-148	148	74	≥12.70	≥98	8	0.998	0.35	50	129
EDR-176	176	88	≥11.00	≥99	9	0.980	0.30	50	105
HK-511	220	110	8.00～9.00	—	11	0.991	0.25	75	138

Jeffamine EDR-104 是 2,2′-氧双乙胺，CAS 编号为 2752-17-2。DR-148（XTJ-504）是乙二醇双 2-氨基乙基醚（胺化三甘醇），CAS 编号为 929-59-9。EDR-176（XTJ-590）是乙二醇双(3-氨丙基)醚。

Jeffamine HK-511 是二甘醇双(2-氨丙基)醚，CAS 编号为 194673-87-5，伯氨基含量约为 8.2 mmol/g，结构式如下。氨基与甲基相邻，使得氨基的反应性比 EDR 系列温和，可用于聚氨酯 CASE 材料扩链。

H_2N—CH(CH₃)CH₂—O—CH₂CH₂—O—CH₂CH₂—O—CH₂CH(CH₃)—NH_2

二甘醇双(3-氨丙基)醚具有与 Jeffamine HK-511 和 EDR-176 相似的化学结构，但无邻甲基位阻。其 CAS 编号为 4246-51-9，分子式为 $C_{10}H_{24}N_2O_3$，分子量为 220.3。

Bayer 公司的 Hardener DT 是一种取代芳香族二胺，分子量约为 180。其黏度为 (200±40)mPa·s，胺值为（630±10）mg KOH/g，闪点＞130℃，密度（20℃）约为 1.02g/mL，水分＜0.1%。它主要用于无溶剂聚氨酯涂料，具有高柔韧性，可用于混凝土裂缝修补密封材料、喷涂聚氨酯弹性体以及单组分触变涂料等。

德国性能化学品汉德尔斯有限公司（Performance Chemicals Handels GmbH）生产多种二胺扩链剂（固化剂），都可用于聚氨酯、聚脲体系，该公司的 PC Amine 系列芳香族及脂肪族胺扩链剂牌号及说明见表 5-5。

表 5-5 Handles 公司的 PC Amine 芳香族及脂肪族胺扩链剂牌号及说明

PC 胺牌号	化学成分	说 明
ADA 180	二乙基甲苯二胺异构体混合物(DETDA)	聚氨酯和聚脲的低黏度扩链剂，还用于环氧树脂固化剂
ADA 311	*N*,*N*′-二仲丁基对苯二胺	液态芳胺扩链剂，分子量约为 311。主要用于浇注型聚脲(聚氨酯)、涂料等体系
ADA 890	二官能度芳香族伯胺	分子量约为 890，主要用于聚氨酯、聚脲和环氧树脂，具有良好黏附性
DA 145	*N*,*N*-双氨丙基甲胺	低黏度脂肪族二元伯胺，用于聚氨酯和聚脲高活性，也用于环氧树脂固化剂

美国空气化工产品公司（Air Products）的 Versalink 系列端氨基聚醚是为室温固化聚氨酯弹性体开发的交联剂（固化剂），与 TDI 预聚体或 MDI 预聚体组成弹性体体系。Versalink 端氨基聚醚产品的典型物性见表 5-6。

表 5-6 美国空气化工产品公司 Versalink 端氨基聚醚产品的典型物性

牌号	官能度	标称分子量	熔点/℃	黏度(40℃)/mPa·s	密度/(g/cm³)
P-250	2	470	56	＜300(85℃)	1.04～1.10
P-650	2	830	15	＜2500	1.00～1.05
P-1000	2	1200	18～21	3000	1.01～1.06
740M	2	314	125～128	—	1.14(熔化)

Versalink P 系列是聚四氢呋喃二对氨基苯甲酸酯。Versalink 740M 是 1,3-丙二醇二对

氨基苯甲酸酯。另外该公司的 Versalink MCDEA 是 4,4′-亚甲基双(3-氯-2,6-二乙基苯胺)。

Vestamin A139 是德国 Evonik Degussa 公司生产的一种封闭的环脂族二胺，为透明液体，纯度≥96%，色度（APHA)≤150，胺值为（400±10)mg KOH/g。其典型物性为：密度（25℃）0.86g/cm³，黏度（23℃）20～30mPa·s，氨基当量约 140，闪点 77℃，着火温度 240℃。该产品是端 NCO 预聚物的封闭型固化剂，供应形态的产品与异氰酸酯基团具有非常低的反应性。在有湿气存在时，释放出原始的二胺，立即与异氰酸酯基团反应。

5.1.1.3 醇胺类及含氮多元醇交联剂

同时含有羟基和伯氨基（或仲氨基）的化合物、含有叔氮原子的多元醇都可以作聚氨酯交联剂，叔氨基对异氰酸酯和多元醇的反应还有一定的催化作用。常用的醇胺交联剂有二乙醇胺、三乙醇胺、乙醇胺、双-2-(羟丙基)苯胺等。表 5-7 为乙醇胺系列产品的典型物性。

表 5-7 乙醇胺系列产品的典型物性

品　名	乙醇胺	二乙醇胺	三乙醇胺
分子量	61	105	149
相对密度	1.018(20℃)	1.083(40℃)	1.120(25℃)
凝固点/℃	10.5	28	21.2
沸点/℃	171	269	360
闪点(开杯)/℃	33	66.5	82.5
黏度/mPa·s	24(20℃)	380(30℃)	913(25℃)
CAS 编号	141-43-5	111-42-2	102-71-6

三乙醇胺、二乙醇胺等醇胺类化合物是高回弹泡沫和半硬泡等体系的常用交联剂。

美国空气化工产品公司的 Dabco DEOA-LF 是用于聚氨酯泡沫的交联剂，其组成为 85% 二乙醇胺和 15% 水。该公司的 Dabco 2035 是一种用于低密度软泡的“硬化添加剂”，羟值为 620mg KOH/g，pH 值为 9.8，黏度为 650mPa·s，相对密度为 1.10，它可增加聚醚型聚氨酯软块泡硬度 20%～30%，适用于液态 CO_2 发泡技术。

以小分子醇胺为起始剂与氧化乙烯聚合而得的分子量在数百的低黏度多元醇可用于 RIM 半硬泡等配方。

由甲苯二胺、苯胺与环氧乙烷或环氧丙烷为原料制得的羟值在 250～500mg KOH/g 范围的含苯环的叔胺醚多元醇，主要用于 RIM 微孔弹性体、半硬泡、高回弹泡沫塑料及低密度耐温阻燃硬泡。例如，由苯胺和环氧乙烷在催化剂存在下进行加成反应制备聚氧乙烯苯胺醚二醇，在环氧乙烷与苯胺的摩尔比为 6～7 时，得到羟值在 315mg KOH/g 左右、黏度低于 500mPa·s 的产物。

由 1 个苯胺与 2 个氧化烯烃分子合成的含叔胺和苯环的特殊二醇详见 5.2.4 小节“醇胺类二醇及多元醇”。

环氧丙烷与乙二胺摩尔比为 4 的加成物是 N,N,N',N'-四(2-羟丙基)亚乙基二胺。BASF 公司的 Quadrol、美国 Arch 化学品公司的 Poly Q40-770、美国空气化工产品公司的 Dabco CL-485 就是这种叔胺醚四醇，其分子式为 $C_{14}H_{32}N_2O_4$，标称分子量为 292，典型羟值为 770mg KOH/g，密度（25℃）为 1.035g/mL，典型黏度（25℃）为 50～52Pa·s，水分≤0.1%。

以乙二胺为起始剂的低分子量聚氧化丙烯四醇，根据环氧丙烷与乙二胺摩尔比的不同，可以得到各种分子量的产物。这类叔胺聚醚四醇用作硬质、半硬质聚氨酯泡沫塑料、聚氨酯涂料的交联剂。

美国 Arch 公司的 Poly Q40-800 也是含氮聚醚四醇，标称分子量为 278，典型羟值为

800mg KOH/g，密度（25℃）为1.055g/mL，典型黏度（25℃）为17Pa·s。该公司还有一种可用于扩链剂的高反应型聚醚三醇Poly G70-600，标称分子量为280，典型羟值为595mg KOH/g，相对密度（25℃）为1.129，典型黏度（25℃）为280mPa·s，水分≤0.1%。

由三乙醇胺和环氧乙烷制得的分子量为265左右的高活性聚醚三醇，主要用作聚氨酯硬泡、半硬泡和高回弹泡沫塑料的交联剂。

选择交联剂和扩链剂时，要根据对制品的要求，从性能、加工和价格等方面考虑。

5.1.2 聚酯多元醇原料

聚酯多元醇的主要原料是多元醇和二元羧酸。多元醇包括二元醇、三元醇，乙二醇（EG）、一缩二乙二醇（二甘醇、DEG）、1,2-丙二醇（PG）、1,4-丁二醇（BDO）、新戊二醇（NPG）、2-甲基丙二醇（MPD）等是聚酯多元醇合成中最常用的二元醇，1,6-己二醇（HDO）等二醇也用于合成聚酯二醇。三羟甲基丙烷（TMP）、丙三醇（甘油）也可少量用于聚酯多元醇的合成，起调节支化度的作用，使聚酯的羟基官能度大于2。聚酯合成中常用的二元醇原料的典型物性见表5-8。

表5-8 聚酯合成中常用的二元醇原料的典型物性

指标	EG	PG	DEG	NPG	BDO	MPD	HDO
相对分子质量	62.1	76.1	106.1	104.1	90.1	90.1	118
熔点/℃	−13	−60	−7	125	20	−54	43
沸点/℃	196	188	245	208	229	212	250
黏度(25℃)/mPa·s	17	46	36(20℃)	—	70	168	—
密度/(g/mL)	1.11	1.035	1.12	—	1.017	1.02	—
羟基性质	2伯	1伯、1仲	2伯	2伯	2伯	2伯	2伯

原则上含伯羟基或仲羟基的脂肪族二醇都可用于聚酯合成，除上述常用二醇，还有1,3-丁二醇、1,3-丙二醇、1,5-戊二醇、3-甲基-1,5-戊二醇、2,4-二乙基-1,5-戊二醇、2,2,4-三甲基-1,3-戊二醇、一缩二丙二醇、1,4-二羟甲基环己烷、1,4-环己二醇、羟基新戊酸羟基新戊醇单酯、2-丁基-2-乙基-1,3-丙二醇、2-乙基-1,3-己二醇、十二碳二醇、十二碳环烷二醇、三环12碳伯羟基二醇等，大部分商业化二醇的物化性能将在“脂肪族二元醇”部分详细介绍。

在这些二元醇中，偶数碳原子的二元醇（如1,4-丁二醇、1,6-己二醇）与己二酸制得的聚酯二醇结晶性较高，多用于要求有高初黏强度的聚氨酯胶黏剂以及高强度弹性体的生产。带侧基的二醇如新戊二醇、3-甲基-1,5-戊二醇、2,4-二乙基-1,5-戊二醇、2,2,4-三甲基-1,3-戊二醇等制备的聚酯二醇具有较好的柔韧性和耐水解性。

瑞典Perstorp公司生产的多元醇NS20是由新戊二醇与环氧丙烷以1/2的摩尔比合成的二元醇，分子量为220，羟值为480～530mg KOH/g，典型黏度为170mPa·s，用作合成聚酯多元醇的原料。

由于不少二元醇成本较高，实际上用于聚酯二醇生产的不多，相信随着某些二元醇工业化程度的提高和原料价格的降低、特种功能化聚酯二醇需求的增加，部分特种二元醇也会批量用于聚酯多元醇的合成。例如日本可乐丽公司就利用该公司生产的3-甲基-1,5-戊二醇为原料，生产系列化的聚酯二醇及聚酯三醇。

在聚酯合成中最常用的二元羧酸是己二酸，癸二酸也少量用于合成有耐水解要求的特殊聚酯二醇，因价格较己二酸高，用量不大。对苯二甲酸、邻苯二甲酸酐、间苯二甲酸也是合成芳香族聚酯多元醇常用的原料。特殊的聚酯多元醇也可采用少量偏苯三酸酐体原料，以形成一定的支化度。

可用于聚酯合成的二元羧酸（酐、酯）还有丁二酸、戊二酸、壬二酸、十二碳二酸、1,4-环己烷二甲酸、二聚酸、混合二酸等。表 5-9 为部分二酸（酐/酯）的熔点、分子量等参数。二酸及多元酸（酐）的典型物性详见“二元羧酸”部分。

表 5-9　部分二元酸（酐/酯）的熔点、分子量等参数

二酸	英文名	CAS 编号	分子量	熔点/℃
丙二酸	malonic acid (propanedioic acid)	141-82-2	104.06	136
丁二酸	succinic acid (butanedioic acid)	110-15-6	118.09	190
戊二酸	glutaric acid (pentanedioic acid)	110-94-1	132.12	99
己二酸	adipic acid (hexanedioic acid)	124-04-9	146.14	152
庚二酸	pimelic acid (heptanedioic acid)	111-16-0	160.17	106
辛二酸	suberic acid (octanedioic acid)	505-48-6	174.20	143
壬二酸	azelaic acid (nonanedioic acid)	123-99-9	188.22	106
癸二酸	sebacic acid (decanedioic acid)	111-20-6	202.25	134
十二烷二酸	dodecandioic acid	693-23-2	230.3	128
对苯二甲酸	terephthalic acid	100-21-0	166.13	300 升华
间苯二甲酸	isophthalic acid	121-91-5	166.13	347 升华
邻苯二甲酸	*o*-phthalic acid	88-99-3	166.13	230
苯酐	phthalic anhydride	85-44-9	148.12	130.5
对苯二甲酸二甲酯	dimethyl terephthalate	120-61-6	194.18	141
1,4-环己烷二甲酸	1,4-cyclohexanedicarboxylic acid	1076-97-7	172.2	167

5.1.3　聚醚多元醇起始剂

含多羟基或氨基等活泼氢原子的化合物可用于生产聚醚多元醇，作起始剂使用。聚醚多元醇的官能度与起始剂的官能度相关。

多元醇、多元胺、醇胺化合物可单独用作聚醚多元醇的起始剂，也可 2 种或 3 种混合作为起始剂，例如甲苯二胺/甘油、蔗糖/甘油、甘露醇/乙二醇等组合。

水也是二官能度起始剂，可在高官能度聚醚多元醇生产中起降低聚醚平均官能度的作用，一般很少单独使用。因此在制造聚醚多元醇时应注意起始剂中的水分含量，否则会降低聚醚官能度。

由于碱催化环氧丙烷的开环聚合反应过程存在少量羟基的歧化副反应，聚醚多元醇的实际羟基官能度低于起始剂的平均官能度，对于高分子量聚醚，这种实际官能度与理论官能度的差异比较明显。

聚醚多元醇常用的起始剂及相关官能度见表 5-10。大多数小分子多元醇、醇胺、多元胺的物化性能详见有关小节的具体条目。

表 5-10 聚醚多元醇常用的起始剂及相关官能度

官能度	起始剂	官能度	起始剂
2	水、乙二醇、丙二醇、二乙二醇、二丙二醇等	5	木糖醇、二乙烯三胺等
3	丙三醇、三羟甲基丙烷、三乙醇胺等	6	山梨醇、甘露醇、α-甲基葡萄糖苷
4	季戊四醇、乙二胺、甲苯二胺等	8	蔗糖

5.1.4 环状单体

用于制备聚醚多元醇的环状单体主要是氧化丙烯（即环氧丙烷）、氧化乙烯（环氧乙烷）和四氢呋喃。另外特殊的阻燃聚醚等可采用环氧氯丙烷、三氯环氧丁烷等含卤素环氧化合物。

氧化烯烃中在分子结构上含有的价键与烯烃类键相似，所以较一般的碳-碳键和碳-氧键不稳定，可以进行多种反应。

ε-己内酯是一种特殊的环状单体，用于合成聚己内酯多元醇。

5.1.4.1 环氧丙烷

别名：1,2-环氧丙烷，氧化丙烯。

简称：PO。

英文名：propylene oxide；methyl oxirane；1,2-epoxypropane 等。

分子式为 C_3H_6O，分子量为 58.08。CAS 编号为 75-56-9，EINECS 号为 200-879-2。

结构式：

$$\begin{array}{c} \quad\quad CH_3 \\ \quad\quad | \\ H_2C\text{——}CH \\ \diagdown\ \diagup \\ O \end{array}$$

物化性能

环氧丙烷是无色透明液体，气味类似乙醚。沸点为 34.2℃，馏程为 33～37℃。凝固点/熔点约为 －104℃，黏度（20℃）为 0.3mm^2/s，相对密度（20℃）为 0.830（0.829～0.831），蒸气压（20℃）为 59kPa。闪点（PMCC）为－37℃，着火点为 465℃。在空气中爆炸极限（体积分数）为 1.8%～36%。蒸气密度为空气的 2 倍。可溶于水，溶解度（20℃）为 41g/100mL。

美国亨斯迈公司（Huntsman）、美国利安德巴塞尔工业公司（LyondellBasell Industries）和陶氏化学公司（Dow）的环氧丙烷产品销售指标见表 5-11。

表 5-11 部分厂家的环氧丙烷产品质量指标

指标		参数				
纯度/%	≥	99.9	99.98	99.9	99.97	99.97
酸度(以乙酸计)/(mg/kg)	≤	15	20	20	20	20
总醛(乙醛)/(mg/kg)	≤	50	100	50	50	30
色度(Pt-Co)	≤	5	5	10	10	5
不挥发物/(mg/100mL)	≤	2	1.7	2	2	4
总杂质(干基)/(mg/kg)	≤	—	200	—	—	—
水分/(mg/kg)	≤	100	200	200	200	100
甲醇含量/(mg/kg)	≤	50	—	—	—	10
氯化物(以 Cl 计)/(mg/kg)	≤	10	10	—	10	10
环氧乙烷/(mg/kg)	≤	—	—	—	—	100
二氧化碳/烃和醚/(mg/kg)	≤	—	—	—	—	10/10
厂商		Huntsman	LyondellBasell 美国	LyondellBasell 亚洲	LyondellBasell 欧洲地区	Dow

制法

环氧丙烷以丙烯为原料，主要生产方法有氯丙醇法、过乙酸氧化法、联产共氧化法（即哈康法）、无联产产物的共氧化法和过氧化氢直接氧化法（HPPO 法）等。

氯丙醇法即丙烯直接与氯气在水中反应制得氯丙醇，再用石灰乳皂化生成环氧丙烷。过乙酸氧化法是将乙醛氧化生成过氧乙酸后，再与丙烯反应，得到环氧丙烷和乙酸。联产共氧化法是用叔丁基过氧化氢或乙苯过氧化物（原料分别是异丁烷和乙苯）把丙烯氧化，在环氧化工艺中联产氧化丙烯/苯乙烯（PO/SM）或氧化丙烯/甲基叔丁基醚（PO/MTBE）。日本住友化学公司等开发的共氧化法 PO 生产工艺，把丙烯通过丙烯过氧化物中间体转化为 PO，过氧化氢异丙苯循环使用，不产生副产物。过氧化氢直接氧化法采用稳定的、高活性和选择性的硅酸钛多相催化剂，使用过氧化氢（HP）作氧化剂，直接氧化丙烯制环氧丙烷，同时利用直接生成的过氧化物溶液为原料以降低成本。

我国的聚醚厂以氯丙醇法生产工艺为主，而目前几个跨国公司如 Shell 化学公司、LyondellBasell 工业公司等的工艺都以 PO/SM 联产法为主，Huntsman 公司联产 PO/MTBE。

特性及用途

环氧丙烷在碱性催化剂或特种催化剂存在下进行开环聚合，主要用于生产聚醚多元醇。聚醚多元醇是聚氨酯材料特别是聚氨酯泡沫塑料的主要原料，全世界大约 2/3 的 PO 用于生产聚醚多元醇。环氧丙烷也用于生产丙二醇、非离子型表面活性剂（包括聚氨酯泡沫塑料用泡沫稳定剂）、阻燃多元醇等。

生产厂商

中海壳牌石油化工有限公司，中国石化上海高桥石化公司，滨化集团股份有限公司，锦化化工（集团）有限责任公司，天津大沽化工股份有限公司，江苏钟山化工有限公司，南京金浦锦湖化工有限公司，山东蓝星东大化工有限责任公司，山东石大胜华化工集团，中国石化巴陵石化有限责任公司，东辰控股集团有限公司东营经济开发区分公司，福建省东南电化股份有限公司，美国 Huntsman 公司，美国 LyondellBasell 工业公司，美国 Dow 化学公司，美国 Shell 化学公司，韩国 SKC 株式会社等。

5.1.4.2 环氧乙烷

别名：氧化乙烯。

简称：EO。

英文名：ethylene oxide；oxirane；dimethylene oxide；1,2-epoxyethane 等。

分子式为 C_2H_4O，分子量为 44.06。CAS 编号为 75-21-8，EINECS 号为 200-849-9。

结构式：

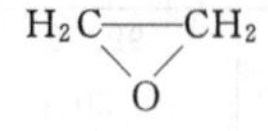

物化性能

常温下为无色气体，在加压或冷却时可液化为透明液体，沸点为 10.4℃，闪点为−17℃，液态密度（20℃）为 0.87g/mL，凝固点为−113℃，蒸气压（20℃）为 151.6kPa。临界压力为 7.191MPa，临界体积为 0.00319m³/kg。蒸气密度是空气的 1.5 倍。环氧乙烷与空气混合可形成爆炸性混合物，爆炸极限为 3%～100%（体积分数）。可溶于水，容易和含活泼氢的化合物发生反应。环氧乙烷蒸气毒性大，并且大鼠急性中毒数据 LD_{50} 约为 100mg/kg。

制法

环氧乙烷制备法有氯醇法和氧化法两种。目前工业化生产主要是氧化法：乙烯和氧在银催化剂作用下，通过固定床反应器发生乙烯氧化反应，主反应生成环氧乙烷，主要副反应生成二氧化碳。反应温度为 230～270℃，反应压力为 0.5～2.5MPa。

特性及用途

环氧乙烷水化即得到乙二醇，是聚酯、聚氨酯等树脂的原料。

在聚氨酯领域，环氧乙烷用于制造亲水性或高活性聚醚多元醇，还用于制造有机硅-聚醚共聚物泡沫稳定剂等。

还有大量环氧乙烷用于制造表面活性剂等。气态环氧乙烷可用作消毒剂。

环氧乙烷反应活性高，反应过程强烈放热，因此，使用环氧乙烷时必须多细心操作，并注意环氧乙烷具有毒性、易燃、瞬间聚合、高温分解等特性，应采取安全措施。

生产厂商

北京燕山石化公司，中油辽阳石化分公司，扬子石化公司，吉林化学工业公司，吉林联合化工厂，抚顺石化公司，天津石化公司，独山子石化总厂，中国石化上海石油化工股份有限公司，茂名石化公司，北京东方石油化工有限公司，中海壳牌石油化工有限公司，美国 LyondellBasell 工业公司等。

5.1.4.3 四氢呋喃

别名：1,4-环氧丁烷，氧戊环，氧杂环戊烷。

简称：THF。

英文名：tetrahydrofuran；1,4-epoxybutane；butylene oxide；cyclotetramethylene oxide；oxacyclopentane；diethylene oxide。

分子式为 C_4H_8O，分子量为 72.11。CAS 编号为 109-99-9，EINECS 号为 203-726-8。

结构式：

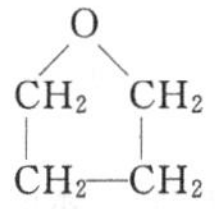

```
       O
     /   \
  CH2     CH2
   |       |
  CH2 ——— CH2
```

物化性能

无色透明液体，有类似乙醚、丙酮的气味。相对密度（20℃）为 0.889。沸点为 66℃，沸程（65～67℃）馏出物体积分数≥95%，凝固点为－108.5℃，闪点为－17.2℃，自燃点为 321℃，折射率为 1.405～1.407，表面张力（20℃）为 26.4mN/m，临界温度为 268℃，临界压力为 5.19MPa，蒸气压为 15.2kPa（15℃）、17.2kPa（20℃），蒸气密度是空气的 2.5 倍。溶于水、乙醇、乙醚、脂肪烃、芳香烃、氯化烃、丙酮、苯等多数有机溶剂。

蒸气能与空气形成爆炸性混合物，爆炸极限为 1.5%～12%（体积分数）。接触空气或在光照条件下可生成具有潜在爆炸危险性的过氧化物。由于 THF 在贮存中有形成过氧化物的趋势，工业品一般加抗氧剂 BHT。水分含量≤0.2%。

美国 LyondellBasell 工业公司在美国和欧洲的四氢呋喃销售指标为：纯度 99.90%，色度（APHA）10，水分 0.03%，THF 氢过氧化物 0.005%，杂质总量 0.05%，氧化抑制剂 0.025%～0.035%。

制法

四氢呋喃的合成工艺有糠醛法、1,4-丁二醇法和顺酐法。以糠醛为原料生产四氢呋喃的基本过程有：糠醛的接收和净化，糠醛的脱羰基反应，反应混合物的冷凝和加压，呋喃的分离，呋喃的加氢，催化剂的活化，四氢呋喃的分离和干燥。1,4-丁二醇的脱水成环，即得到 THF（LyondellBasell 工业公司用此路线）。

毒性及防护

THF 吸入为微毒类，经口属低毒类。大鼠经口急性毒性 LD_{50}＝2816mg/kg，大鼠吸入

LC_{50}＝61740mg/m³（3h）。本品对皮肤和黏膜有刺激作用。高浓度有麻醉作用，国外报道引起人麻醉的浓度为73800mg/m³，人的嗅觉阈为88.5mg/m³。车间空气卫生标准：中国MAC为300mg/m³（1996年），美国OSHA PEL（所有行业）8h TWA为0.02%（590mg/m³）。

特性及用途

四氢呋喃是一种重要的有机化工及精细化工原料。

在聚氨酯行业中最主要的用途是作为聚四氢呋喃二醇（PTMEG）的单体原料，这也是THF的主要用途之一。另外少量用作溶剂。

生产厂商

山西三维集团股份有限公司，山东佳泰石油化工有限公司，山东胜利油田石油化工有限责任公司，BASF公司，LyondellBasell工业公司等。

5.1.4.4 ε-己内酯

英文名：epsilon-caprolactone；caprolactone monomer；6-hydroxyheanoic acid 1,6-lactone；2-oxepanone等。

分子式为$C_6H_{10}O_2$，分子量为114.1。CAS编号为502-44-3，EINECS号为207-938-1。

结构式：

CH_2—CH_2—O
CH_2 C=O
CH_2—CH_2

物化性能

无色液体。溶于水，易吸湿。ε-己内酯单体的典型物理性质见表5-12。

表5-12 ε-己内酯单体的典型物理性质

项目	指标	项目	指标
外观	无色透明液体	黏度(0℃)/mPa·s	13.5
分子量	114.1	20℃	6.6
沸点/℃	235～237	40℃	3.7
凝固点/℃	−1.5	密度(20℃)/(g/mL)	1.076
折射率(20℃)	1.4639	闪点(TCC)/℃	108
蒸气压(25℃)/Pa	<1.3	燃烧热(25℃)/(kJ/g)	28.9

日本株式会社大赛璐（大赛璐公司）的ε-己内酯单体牌号为Placcel M，据其产品说明书，蒸气压（20℃）为2.7 Pa。

特性及用途

ε-己内酯是低黏度高反应型液体，可被活性氢化合物开环，一般用于制造聚己内酯多元醇、共聚物多元醇、聚己内酯热塑性弹性体。聚己内酯多元醇用于生产具有耐水解性能和柔韧性优良的聚氨酯涂料及聚氨酯弹性体。

ε-己内酯还用于聚酰胺、PET聚酯和其他聚合物的改性，用作反应型溶剂/稀释剂。

一般贮存时间不要超过1年。不能用塑料容器贮存。吸水会缓慢聚合，出现浑浊或沉淀。

生产厂商

瑞典Perstorp公司英国有限公司（Perstorp UK Limited），日本株式会社ダイセル（原大赛璐化学工业株式会社）等。

5.2 多羟基化合物

5.2.1 脂肪族二元醇

5.2.1.1 乙二醇

别名：甘醇，单乙二醇。

简称：EG、MEG。

英文名：ethylene glycol；ethanediol；1,2-ethanediol；ethane-1,2-diol；1,2-dihydroxyethane；monoethylene glycol；glycol；ethylene alcohol。

分子式为 $C_2H_6O_2$，分子量为 62.1。CAS 编号为 107-21-1，EINECS 号为 203-473-3。

结构式：$HOCH_2CH_2OH$。

物化性能

无色透明黏稠液体，味甜，具有吸湿性，易燃。爆炸极限为 3.2%～15.3%（体积分数）。乙二醇与水、低级脂肪族醇、甘油、乙酸、酮类、醛类、吡啶等混溶，微溶于乙醚，几乎不溶于苯及其同系物、氯代烃、石油醚和油类。它能大大降低水的冰点。乙二醇的典型物化性能见表 5-13。

表 5-13 乙二醇的典型物化性能

项 目	指 标	项 目	指 标
外观	无色透明液体	闪点(开杯)/℃	116
黏度(20℃)/mPa·s	21	表面张力(20℃)/(mN/m)	47.7～48.4
密度(20℃)/(g/cm³)	1.112	比热容(20℃)/[J/(g·K)]	2.35
沸点/℃	196～198	熔解热/(J/g)	187.025
凝固点/℃	−13～11.5	蒸发热/(J/g)	799.14
折射率(20℃)	1.4318	自燃点/℃	400～412.8
蒸气压(20℃)/Pa	13	摩尔生成热/(kJ/mol)	−452.3

我国工业用乙二醇国家标准 GB 4649—2008 中规定优等品纯度≥99.8%，沸程为 196～199℃，水分≤0.1%，酸度（以乙酸计)≤0.002%，一缩二乙二醇含量≤0.1%。

美国 Huntsman 公司两种乙二醇产品规格如下。

EG 品级		工业级	聚酯级
乙二醇/%	≥	99.5	99.9
酸度(以乙酸计)/%	≤	0.005	0.001
灰分/%	≤	0.005	0.001
色度(Pt-Co)	≤	10	5
水分/%	≤	0.3	0.1
DEG/%	≤	0.05	0.05
Fe 含量/(mg/kg)	≤	1.0	0.05
氯化物/(mg/kg)	≤	0.1	0.1

制法

环氧乙烷直接水合法是目前工业规模生产乙二醇的唯一方法，环氧乙烷由乙烯为原料制得。环氧乙烷和水在加压（2.23MPa）和 190～200℃条件下，在管式反应器中直接与液相水合制得乙二醇，同时副产一缩二乙二醇、二缩三乙二醇和多缩聚乙二醇。反应所得乙二醇稀溶液经薄膜蒸发器浓缩，再经脱水、精制后得合格乙二醇产品及副产品。

早期用环氧乙烷硫酸催化水合法制乙二醇。

特性及用途

主要用于与对苯二甲酸（PTA）聚合生产 PET 聚酯树脂和纤维（涤纶）的原料；并用

于聚酯多元醇、不饱和聚酯树脂等。也可用于溶剂和配制发动机防冻剂，制造化妆品和炸药（二硝基乙二醇）等。

在聚氨酯领域，乙二醇主要用于合成聚酯多元醇，也可用作起始剂合成聚醚二醇、聚氨酯扩链剂等。

毒性

乙二醇毒性很低，公布的最低致死量（人）LDL_0＝786mg/kg，大鼠经经口急性毒性值 LD_{50}＝4.7～8.5g/kg。由于乙二醇沸点高，蒸气压低，一般不存在吸入中毒现象。

生产厂商

扬子石化-巴斯夫有限责任公司，中石化扬子石化公司，中石油吉林石化分公司，中国石化上海石油化工股份有限公司，中石化茂名石化公司，中石化北京燕山石化公司，中石油辽阳石化公司，中石油新疆独山子石化公司，中海壳牌石油化工有限公司，台湾南亚塑胶工业股份有限公司，天津石化公司，美国 Dow 化学公司，日本三菱化学控股株式会社，沙特 SABIC 公司等。

5.2.1.2 1,4-丁二醇

别名：1,4-二羟基丁烷。

简称：BDO，BD，BG。

英文名：1,4-butanediol；1,4-butylene glycol；1,4-dihydroxybutane。

分子式为 $C_4H_{10}O_2$，分子量为 90.12。CAS 编号为 110-63-4，EINECS 号为 203-786-5。

结构式：$HOCH_2CH_2CH_2CH_2OH$。

物化性能

无色油状液体，可燃，溶于水、甲醇、乙醇、丙酮，以及聚醚与聚酯多元醇中，微溶于乙醚，与脂肪族和芳香族烃不混溶。

1,4-丁二醇的物理性质见表 5-14。

表 5-14 1,4-丁二醇的典型物理性质

项　目	指　标	项　目	指　标
外观	无色油状液体	蒸发热(203.5℃)/(kJ/mol)	56.5
羟值	1245mg KOH/g	燃烧热/(kJ/mol)	2585
凝固点/℃		引燃温度/℃	354
纯品	20.2	表面张力/(mN/m)	45.27
含水 0.5%	19	蒸气压/Pa	
沸点/℃	228～230	50℃	14
密度/(g/mL)		80℃	133
20℃	1.017	闪点/℃	
25℃	1.0154	闭杯	121
黏度/mPa·s		开杯	155
20℃	91.6	沸点(减压蒸馏)/℃	
25℃	71.5	200×133.3Pa	187
50℃	23	100×133.3Pa	170
折射率		20×1333.3Pa	133
20℃	1.4460	10×133.3Pa	118
25℃	1.4446	2×133.3Pa	102
熔化潜热/(kJ/mol)	16.3	比热容(20℃)/[kJ/(kg·K)]	2.2

工业品纯度一般大于 99% 或 99.5%，水分小于 0.1%，碘值不大于 0.1%，色度（APHA）低于 25。

制法

1,4-丁二醇生产方法有20多种，但真正工业化生产的只有5～6种，目前工业化的主要方法有改良Reppe法、顺酐加氢法、顺酐酯化加氢法、环氧丙烷法和丁二烯法。

最早的是20世纪30年代德国Reppe开发成功的以乙炔和甲醛为原料合成1,4-丁炔二醇、再催化加氢合成1,4-丁二醇的工艺技术，BASF、ISP和DuPont等公司一直采用此法，国内目前的生产公司多采用乙炔法。我国山西三维集团公司采用改良的GAF的低压淤浆床丁二醇生产工艺，以电石乙炔为原料采用低压淤浆床Reppe法生产丁二醇。20世纪70年代日本三菱化成公司开发成功以丁二烯、乙酸为原料的丁二烯乙酰氧基法工艺路线，并在日本、韩国、中国台湾等地建成了几套生产装置。在此之后日本德山曹达公司成功开发并工业化的丁二烯氯化法，该工艺将丁二烯在260～300℃下气相氯化生成3,4-二氯丁烯-1和1,4-二氯丁烯-2，前者用于生产氯丁橡胶，后者经水解制备1,4-丁二醇。英国Davy（现Kvaerner）公司开发了顺酐酯化加氢法，首先将顺酐与一元醇进行酯化反应生成顺丁烯二酸二酯，然后进行150～240℃、2.5～5MPa催化加氢得到1,4-丁二醇。山东胜利油田石油化工有限责任公司引进英国Davy公司顺酐酯化加氢生产1,4-丁二醇的技术。另一种以顺酐为原料的加氢工艺由日本三菱公司开发，首先在Ni-Re催化剂存在下，反应压力为0.08MPa，反应温度为260℃左右，顺酐加氢生成γ-丁内酯和四氢呋喃，然后采用以K_2O为助催化剂的钼铬催化剂，在10MPa、250℃下使γ-丁内酯催化加氢生产1,4-丁二醇，采用该法的主要优点是在反应过程中可以得到重要的精细化学品四氢呋喃和γ-丁内酯。日本可乐丽公司及美国Arco公司开发了以环氧丙烷为原料生产1,4-丁二醇的方法，首先由环氧丙烷异构化制成烯丙醇，烯丙醇在铑系催化剂作用下，液相加氢甲酰化生成4-羟基丁醛，然后再加氢生成1,4-丁二醇。20世纪90年代，美国Lyondell（原Arco化学公司）成功开发以环氧丙烷为原料的烯丙醇法生产工艺，并在美国德克萨斯州建成5万吨/年生产装置，台湾大连化学工业股份有限公司13万吨规模的丁二醇装置采用丙烯醇法。20世纪90年代，英国BP和德国鲁奇公司合作开发成功以C_4馏分为原料的Geminox工艺，即正丁烷先氧化成顺酐，再水合成顺酸，经加氢制得1,4-丁二醇，简化了工艺，使生产成本下降，更具竞争力。

特性及用途

1,4-丁二醇为一种基本的化工及精细化工原料，广泛用于生产PBT工程塑料及纤维，合成四氢呋喃（THF）、聚四亚甲基醚二醇（PTMEG，由THF聚合得到）、聚醚型高性能弹性体及氨纶弹性纤维（由PTMEG与二异氰酸酯等合成）、不饱和聚酯树脂、聚酯多元醇、丁二醇醚溶剂，以及制药和化妆品工业。1,4-丁二醇还可用于生产*N*-甲基吡咯烷酮、己二酸、缩醛、顺丁烯二酸酐、1,3-丁二烯等。

1,4-丁二醇的下游产品γ-丁内酯是生产2-吡咯烷酮和*N*-甲基吡咯烷酮产品的原料，由此而衍生出乙烯基吡咯烷酮、聚乙烯基吡咯烷酮等一系列高附加值产品，广泛用于农药、医药和化妆品等领域。

在聚氨酯领域除用于合成聚四氢呋喃多元醇，主要用于合成聚酯二醇以及用作弹性体、微孔聚氨酯鞋材的扩链剂，聚己二酸丁二醇酯基聚氨酯具有良好的结晶性。

1,4-丁二醇易吸水，水分含量过高时可用氧化钙或分子筛等干燥剂进行脱水，经减压蒸馏后水分含量可低于0.1%。1,4-丁二醇也可以与聚醚或聚酯多元醇混合一起脱水。

毒性

低毒，大鼠经口急性毒性值$LD_{50}=1500\sim1780$mg/kg，兔经皮吸收毒性值$LD_{50}>2000$mg/kg。

生产厂商

国内厂家有山西三维集团股份有限公司，四川天华股份有限公司，山东佳泰石油化工有限公司，台湾大连化学工业股份有限公司，山东胜利油田石油化工有限责任公司，台湾南亚塑胶工业股份有限公司，上海吴淞化工总厂，福建省东南电化股份有限公司等；国外厂家有BASF公司，BP-Amoco公司，美国ISP公司，美国INVISTA公司，美国LyondellBasell工业公司，意大利SISAS公司，日本三菱化学株式会社，日本东燃化学株式会社等。

5.2.1.3 一缩二乙二醇和二缩三乙二醇

(1) 一缩二乙二醇

别名：二甘醇，二乙二醇，双甘醇、二（羟乙基）醚。

简称：DEG。

英文名：diethylene glycol；diglycol；2,2′-oxybisethanol；glycol ethyl ether 等。

分子式为 $C_4H_{10}O_3$，分子量为106.12。CAS编号为111-46-6。

结构式：$HOCH_2CH_2OCH_2CH_2OH$。

物化性能

无色或微黄色透明黏稠液体，味辛辣并微甜，易燃低毒，有吸湿性。相对密度（20℃）为1.115～1.118，沸点为245℃，沸程（≥95%）为241～248℃，凝固点为－10.5℃，熔点为－6.5℃，表面张力（20℃）为44.8mN/m。

二甘醇和三甘醇能与水、醇、醚、丙酮、乙二醇混溶，不溶于苯、四氯化碳。

表5-15为美国Huntsman公司二甘醇（DEG）和三甘醇（TEG）的产品规格及典型物性。

表5-15 美国Huntsman公司二甘醇和三甘醇的产品规格及典型物性

指　标	一缩二乙二醇	二缩三乙二醇	指　标	一缩二乙二醇	二缩三乙二醇
DEG/%	≥99		凝固点/℃	－10.5	－7.2
酸度(以乙酸计)/%	≤0.005	≤0.01	密度(20℃)/(g/cm³)	1.116	1.124
灰分/%	≤0.005	≤0.005	比热容(0℃)/[J/(g·K)]	2.30	2.19
色度(Pt-Co)	≤15	≤25	黏度(20℃)/mPa·s	35.7	47.8
水分/%	≤0.2	≤0.1	折射率(20℃)	1.4475	1.4559
沸点/℃	244.8	287.4	蒸气压(20℃)/Pa	13.3	13.3
沸程/℃	242～250	278～300	分子量	106.12	150.17
铁分/(mg/kg)	≤1.0	—	CAS编号	111-46-6	112-27-6
闪点/℃	143	168			

二甘醇几乎无毒，大鼠经口急性中毒数据 $LD_{50}=14.8g/kg$，兔皮肤吸收毒性 $LD_{50}=11.9g/kg$。

制法

二甘醇可由环氧乙烷与乙二醇反应而得。环氧乙烷与水反应制备乙二醇工艺，可副产一缩二乙二醇和二缩三乙二醇。

特性及用途

主要用作不饱和聚酯树脂。用作气体脱水剂和芳烃抽提溶剂，也用作纺织品的润滑剂、软化剂和整理剂，以及可作溶剂、纺织助剂、橡胶与树脂的增塑剂，增塑剂、增湿剂、上浆剂、硝基纤维素、树脂和油脂等溶剂。

在聚氨酯领域，可用于合成芳香族聚酯多元醇和己二酸系脂肪族聚酯多元醇，可用作聚氨酯的扩链剂、聚醚多元醇的起始剂等。

生产厂商

扬子石化-巴斯夫有限责任公司，中国石化上海石油化工股份有限公司，中海壳牌石油化工有限公司，无锡市化工助剂厂，美国 Huntsman 公司，韩国 SKC 株式会社等。

(2) 二缩三乙二醇

三甘醇（二缩三乙二醇、三乙二醇）是二甘醇的同系物，简称 TEG。英文名为 triethylene glycol，2,2′-(ethylenedioxy) diethanol 等，分子式为 $C_6H_{14}O_4$，分子量为 150.17。CAS 编号为 112-27-6，EINECS 号为 203-953-2。结构式为 $HO(CH_2CH_2O)_2CH_2CH_2OH$，是无色、无臭、有吸湿性的黏稠液体，相对密度为 1.125，溶于水和乙醇，不溶于苯、甲苯和汽油。它主要用作润湿剂和溶剂中间体等，少用于聚氨酯，但也可以用作聚氨酯扩链剂、低聚物多元醇原料。

5.2.1.4 1,2-丙二醇

简称：PG，MPG，PD。

别名：丙二醇，甲基乙二醇，1,2 二羟基丙烷，单丙二醇。

英文名：1,2-propanediol；1,2-propylene glycol；1,2-dihydroxypropane；monopropylene glycol；methylethylene glycol；propane-1,2-diol。

分子式为 $C_3H_8O_2$，分子量为 76.09。CAS 编号为 57-55-6，EINECS 为 200-338-0。

结构式：

$$HO-\underset{\displaystyle CH_3}{\underset{|}{CH}}-CH_2-OH$$

物化性能

无色黏稠状液体，微有辛辣味。有吸湿性，与水混溶。1,2-丙二醇的典型物性见表 5-16。

表 5-16 1,2-丙二醇的典型物性

项目	指标	项目	指标
相对密度(20℃)	1.038	黏度(20℃)/mPa·s	58～62
沸点/℃	187～188	黏度(50℃)/mPa·s	10
凝固点/℃	－60	蒸气压(20℃)	9.3Pa
闪点/℃	99	比热容(20℃)/(J/g·K)	2.47
折射率(20℃)	1.431～1.433	燃烧热/(kJ/mol)	1802
表面张力(25℃)/(mN/m)	40.1	燃烧极限/%	2.6～12.5

纯 1,2-丙二醇的相对密度与温度的关系如图 5-1 所示。

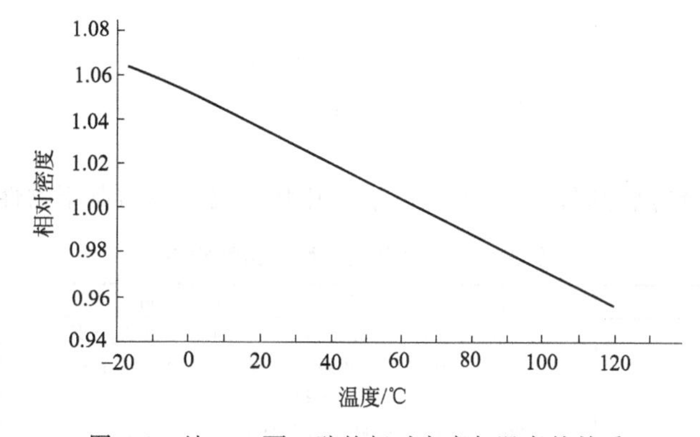

图 5-1 纯 1,2-丙二醇的相对密度与温度的关系

1,2-丙二醇基本上无毒，大鼠经口急性毒性数据 LD_{50} >5.0g/kg，兔皮肤吸收毒性 LD_{50} >2.00g/kg。

工业级（包括药用品）丙二醇的产品规格见表5-17。

表 5-17　工业级（包括药用级）丙二醇的产品规格

项　目	指　标	项　目	指　标
纯度/%	≥99.5	氯化物含量/(mg/kg)	≤0.5
二丙二醇含量/%	≤0.1	硫酸盐含量/%	≤0.006
馏程/℃	185～190	重金属(以 Pb 计)/(mg/kg)	≤5
酸度(以乙酸计)/%	≤0.005	Fe 含量/(mg/kg)	≤0.5
色度(Pt-Co)	≤10	水分/%	≤0.20

注：外观无色透明黏稠液体无悬浮物。

制法

1,2-丙二醇是环氧丙烷的重要衍生产品。由环氧丙烷与水反应得到1,2-丙二醇和一缩二丙二醇的混合物，再蒸馏纯化，得到这两种产物。

特性及用途

1,2-丙二醇是不饱和聚酯、增塑剂、表面活性剂、乳化剂和破乳剂的原料。在聚氨酯行业，用于聚酯多元醇的原料、聚醚多元醇的起始剂、聚氨酯扩链剂等。

利用其低毒性和良好的溶剂特性，1,2-丙二醇还可用于食品业、药物业和化妆品、烟草等产业，还用作于防冻液、防腐剂、热载体等。

生产厂商

美国 Huntsman 公司，美国 Shell 化学品有限公司，美国 LyondellBasell 工业公司，日本三井化学株式会社，韩国 SKC 株式会社，中海壳牌石油化工有限公司，锦化化工（集团）有限责任公司，金浦集团江苏钟山化工有限公司，Dow 浙江太平洋化学有限公司等。

5.2.1.5　新戊二醇

简称：NPG，NEO。

化学名称：2,2-二甲基-1,3-丙二醇。

别名：季戊二醇。

英文名：neopentyl glycol；2,2-dimethyl-1,3-propanediol；2,2-dimethylpropane-1,3-diol；neopentylene glycol；1,3-dihydroxy-2,2-dimethylpropane 等。

分子式为 $C_5H_{12}O_2$，分子量为104.15。CAS 编号为126-30-7，EINECS 号为204-781-0。

结构式：

$$HOCH_2-\overset{\displaystyle CH_3}{\underset{\displaystyle CH_3}{\overset{|}{\underset{|}{C}}}}-CH_2OH$$

物化性能

通常为白色片状结晶性固体，易吸湿潮解。片状新戊二醇的典型物性见表5-18。

表 5-18　片状新戊二醇的典型物性

项　目	指　标	项　目	指　标
羟值/(mg KOH/g)	1070～1075	比热容(20℃固态)/[J/(g·K)]	1.88
熔点范围/℃	125～130	液态比热容(155℃)/[J/(g·K)]	2.72
凝固点/℃	129～130	熔化热/(J/g)	209
沸点范围/℃	207～212	闪点(闭杯)/℃	98
蒸气压(20℃)/Pa	约3	松装密度(20℃)/(g/mL)	0.50～0.58

新戊二醇溶于水、冷乙醇、乙醚、丙酮，溶于热乙酸丁酯、甲苯。在20℃的甲苯和二甲苯中溶解度仅0.5%。

几个跨国公司的新戊二醇产品规格及我国化工行业标准（HG/T 2309—1992）指标见表5-19。

表5-19 几个跨国公司的新戊二醇产品规格及我国化工行业标准指标

厂　商	Perstorp、Celanese、BASF	三菱	HG/T 2309—1992
含量/%	⩾99	—	—
色度(APHA)	⩽15	⩽20	⩽30
水分/%	⩽0.3	⩽0.5	⩽1
熔点范围/℃	124～130	⩾126.0	123～130
羟基含量/%	32.5	—	⩾31.6
酸值(以乙酸计)	⩽0.1mg KOH/g	⩽0.04	⩽0.05
酯含量/%	—	⩽1.0	—
醛含量/%	—	⩽0.5	—
灰分/%	⩽0.0005	—	⩽0.03

Celanese、BASF、Eastman、三菱瓦斯等公司还有浆状和熔化态新戊二醇产品出售。其中浆状产品NPG-90含90%的新戊二醇和9.5%～10.5%的水，去除水后新戊二醇纯度99%以上。BASF的NEOL浆状产品物性为：25℃时为含针状结晶浆液，40℃为均相液体，含水为9.5%～10.5%；熔点范围为34～41℃，凝固点为34℃；密度为0.98g/cm^3（35℃）、0.935g/cm^3（90℃）；黏度为72.6mm^2/s（38℃）、22.5mm^2/s（60℃）、9.5mm^2/s（80℃）；蒸气压为7.6kPa（35℃）、15.8kPa（50℃）；闪点（闭杯）为107℃。

制法

BASF公司的新戊二醇是由异丁醛和甲醛为原料并加氢制得的。异丁醛是由丙烯和甲醛氧化而成。

特性及用途

由于新戊二醇分子中引入新戊基结构，含侧甲基，使合成的树脂具有优良的热稳定性、耐酸碱性、耐水解性、耐候性以及软硬度平衡。

新戊二醇在聚氨酯领域主要用于生产聚酯多元醇，这种聚酯多元醇主要用于非泡沫聚氨酯，如热塑性聚氨酯、聚氨酯涂料、浇注型弹性体和胶黏剂。基于含新戊二醇聚酯的聚氨酯具有优良的水解稳定性、较低的玻璃化温度、较低的熔点、优良的热和紫外光稳定性、耐化学品性能、低温柔韧性。

此外，新戊二醇用于生产不饱和聚酯、饱和聚酯、无油醇酸树脂，广泛应用于涂料、绝缘材料、印刷油墨等行业，也用于合成耐低温增塑剂、高档润滑剂、UV固化涂料交联剂、含卤阻燃剂等。

毒性

新戊二醇几乎无毒。大鼠经口急性毒性数据LD_{50}=3.2～12.8g/kg。

生产厂商

德国BASF公司（商品名NEOL），韩国LG化学有限公司，德国Celanese化学品欧洲公司（商品名NEO），美国Eastman化工有限公司，瑞典Perstorp公司（商品名NEO），日本三菱瓦斯化学株式会社，日本广荣化学工业株式会社，巴斯夫吉化新戊二醇有限公司，山东东辰生物工程股份有限公司，山东富丰柏斯托化工有限公司，山东广河精细化工有限责任公司等。

5.2.1.6 甲基丙二醇

化学名称：2-甲基-1,3-丙二醇。

简称：MPD。

英文名：2-methyl-1,3-propanediol；methylpropanediol 等。

分子式为 $C_4H_{10}O_2$，分子量为 90.12。CAS 编号为 2163-42-0，EINECS 号为 412-350-5。

结构式：

$$HOCH_2-\underset{CH_3}{\overset{H}{C}}-CH_2OH$$

物化性能

甲基丙二醇为透明低黏度液体。与水、甲醇、乙醇、丁醇、丙二醇、丙二醇单甲醚、四氢呋喃、丙酮、碳酸丙酯、苯乙烯混溶，不溶于环己烷、己烷、甲苯、二甲苯。其典型物理性质见表 5-20。

表 5-20 甲基丙二醇的典型物理性质

项 目	指 标	项 目	指 标
相对分子质量	90.1	相对密度(20℃)	1.01～1.02
外观	无色透明液体	黏度(20℃)/mPa·s	178
熔点/℃	−54	黏度(25℃)/mPa·s	168
沸点/℃	212	蒸气压(20℃)/Pa	<13
闪点(闭杯)/℃	127	蒸气压(100℃)/Pa	573
表面张力(20℃)/(mN/m)	72.2	折射率(20℃)	1.445
自燃温度/℃	380	脂肪溶解度/(g/kg)	9.4

注：引自美国 LyondellBasell 公司资料。

甲基丙二醇的黏度-温度曲线如图 5-2 所示。

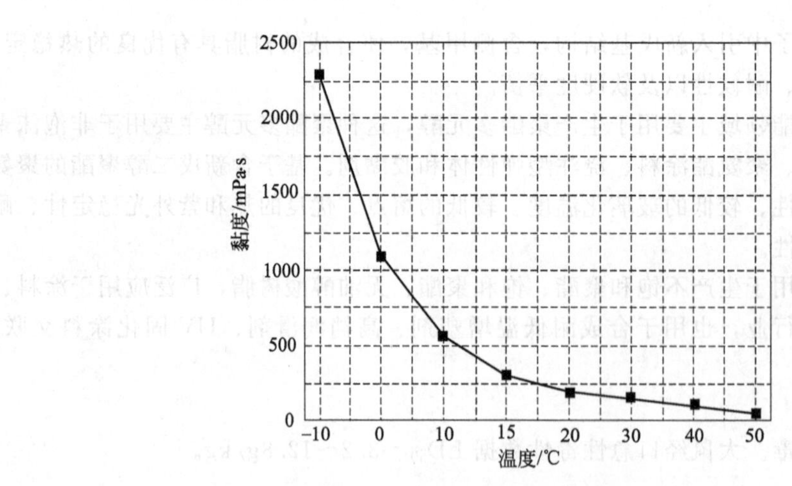

图 5-2 甲基丙二醇的黏度-温度曲线

LyondellBasell 工业公司的甲基丙二醇产品 MPDiol 销售指标如下。

项 目	指 标	项 目	指 标
甲基丙二醇/%	≥98.0	水分/%	≤0.10
2-甲基-1,3-戊二醇/%	≤2.0	羰基(以 CHO 计)/%	≤0.05
色度(Pt-Co)(APHA)	≤20	羟值/(mgKOH/g)	1180～1280

瑞典 Perstorp 公司、美国 Perstorp Polyols Inc. 公司的 MPD 产品典型指标为：MPD 含量≥98.0%，水分≤0.1%，色度（Pt-Co）≤20，羟值约 1230mg KOH/g，酸值约 0.05mg KOH/g。

制法

工业上由环氧丙烷异构制得烯丙醇，经过加氢甲酰化反应，再氢化，合成甲基丙二醇。

特性及用途

甲基丙二醇是一种含2个伯羟基、1个侧甲基的低分子量、较高沸点的二醇，室温为液态，比新戊二醇易计量、泵送，是一种易于操作、适用范围广的二元醇。它可用于制造不饱和聚酯、液体饱和聚酯、热塑性聚酯树脂（PET 和 PBT 的改性）、醇酸树脂、聚氨酯树脂、双酯型增塑剂、润滑剂等，也用于化妆品、药品等。得到的聚合物具有低黏度、低熔点、耐低温、耐候等特点。

在聚氨酯领域可用于生产非结晶性、低结晶性的聚酯多元醇，并可用作扩链剂，应用领域有合成革浆料、聚氨酯涂料、水性聚氨酯、食品软包装复合用聚氨酯胶黏剂等。

毒性资料

甲基丙二醇几乎无毒，对皮肤和眼睛无刺激性，通过 FDA 批准。大鼠经口急性毒性数据 LD_{50}＞5000mg/kg，兔皮肤吸收急性毒性数据 LD_{50}＞2000mg/kg。

生产厂商

美国 LyondellBasell 工业公司，瑞典 Perstorp 公司，台湾大连化学工业股份有限公司等。

5.2.1.7 1,6-己二醇

别名：1,6-二羟基己烷。

简称：HDO，HD。

英文名：1,6-hexanediol；1,6-hexylene glycol；1,6-dihydroxyhexane；hexamethylene glycol；hexamethylenediol；*alpha*，*omega*-hexanediol；*omega*-hexanediol 等。

分子式为 $C_6H_{14}O_2$，分子量为 118.2。CAS 编号为 629-11-8。

结构式：$HOCH_2CH_2CH_2CH_2CH_2CH_2OH$。

物化性能

1,6-己二醇常态为白色固体，易溶于水、甲醇、正丁醇以及乙酸丁酯，微溶于乙醚。50℃下为透明液体。

1,6-己二醇的典型物理性质见表 5-21。

表 5-21 1,6-己二醇的典型物理性质

项目	指标	项目	指标
分子量	118.2	黏度(50℃)/mPa·s	37
外观	白色蜡状固体	黏度(75℃)/mPa·s	13.5
熔点/℃	41～42	黏度(100℃)/mPa·s	7.3
沸点(101.3kPa)/℃	253～260	蒸气压(20℃)/Pa	70.6
沸点(1.06kPa)/℃	141～142	蒸气压(100℃)/Pa	100
密度(20℃固体)/(g/mL)	1.116	蒸气压(150℃)/kPa	2
密度(50℃液体)/(g/mL)	0.960	蒸发热/(kJ/kg)	712.0
闪点(Tag闭杯)/℃	135	熔化热/(kJ/kg)	172.9
闪点(P-M闭杯)/℃	137～147	自燃温度/℃	320

日本宇部兴产公司 HDO 产品规格：纯度≥98.0%，凝固点≥40℃，沸点约为 250℃，水分≤0.2%，酸值≤0.1mg KOH/g，酯化值≤0.5mg KOH/g，色度（Hazen 值，60℃）≤20。

BASF 公司 HDO 产品规格：六碳二醇含量≥99.0%，1,6-HDO 含量≥96.0%，1,4-环己二醇含量≤3.0%，水分≤0.1%，酸值≤0.1mg KOH/g，色度（APHA）≤15.0。

1,6-己二醇的毒性较低，大鼠经口毒性数据 LD_{50} = 3730mg/kg，兔皮肤吸收 LD_{50} > 2500mg/kg。

制法

己二醇的生产方法有苯酚催化加氢和己二酸酯化再加氢等。

特性及用途

1,6-己二醇是一种含两个伯羟基端基的线型二醇，可用于制造不饱和聚酯、聚氨酯、饱和聚酯树脂、聚碳酸酯、涂料、增塑剂、UV 固化涂料活性稀释剂、有机合成中间体等。

在聚氨酯领域主要用于制造聚酯二醇，再用于合成聚氨酯弹性体。由聚己二酸己二醇酯和 MDI 等二异氰酸酯制成的聚氨酯弹性体具有优良的耐水解性、结晶性和较高的机械强度。1,6-己二醇还用作聚氨酯的扩链剂等。

生产厂商

BASF 公司，日本宇部兴产株式会社（UBE），德国 Bayer MaterialScience 公司，抚顺市天赋化工制造有限公司等。

2-甲基-2,4-戊二醇（“己二醇”关联物）

2-甲基-2,4-戊二醇，CAS 编号为 107-41-5，EINECS 号为 203-489-0，国内外也有人简称为“己二醇（hexylene glycol，HG）”，含一个仲羟基和一个叔羟基，是液态二醇，沸点为 198℃，一般用于润滑剂、农药除虫菊酯、有机过氧化物、环状麝香等的合成，也可用于树脂的合成，用作抗冻剂、共溶剂等。法国 Arkema 公司等有生产。

5.2.1.8 1,3-丙二醇

别名：1,3-二羟基丙烷，三亚甲基二醇。

简称：PDO、PD。

英文名：1,3-propanediol；trimethylene glycol；1,3-propylene glycol；1,3-dihydroxypropane；2-(hydroxymethyl)ethanol；propane-1,3-diol 等。

分子式为 $C_3H_8O_2$，分子量为 76.09。CAS 编号为 504-63-2，EINECS 为 207-997-3。

结构式：$HOCH_2CH_2CH_2OH$ 。

物化性能

无色至浅黄色透明液体，有吸水性质，低毒，与水、醇、醚等互溶，难溶于苯、氯仿等。1,3-丙二醇的典型物性见表 5-22。

表 5-22 1,3-丙二醇的典型物性

性能项目	典型数值	性能项目	典型数值
分子量	76.1	蒸气压/Pa	
外观	透明液体	20℃	10.7
纯度/%	≥99.7	100℃	130
色度(Pt-Co 色)	≤20	表面张力(20℃)/(mN/m)	46.2
熔点/℃	−26.7	折射率(25℃)	1.4386
沸点/℃		水分/%	≤0.1
760mmHg	214.4	酸(以乙酸计)/%	≤0.002
10mmHg	103.0	羰基含量/%	≤0.1
闪点(ASTM D-92)/℃	129	灰分/(mg/kg)	≤10
密度(20℃)/(g/cm³)	1.053	铁含量/(mg/kg)	≤0.1
黏度(20℃)/mPa·s	48～52	氯化物/(mg/kg)	≤0.5

注：美国 Shell 化学公司产品指标。

制法

1,3-丙二醇有多种合成方法，工业化生产方法主要有环氧乙烷羰基化法、丙烯醛水解法和微生物法三种。

环氧乙烷法是Shell（壳牌）等公司开发的一种方法。环氧乙烷首先与CO和氢气在催化剂存在下进行氢甲酰化反应，生成3-羟基丙醛，后者再在一个固定床催化剂上7.5～15MPa和100～200℃下加氢制得PDO。通过改进催化剂，两个反应也可以一步进行。

丙烯醛水解法是Degussa公司开发的方法。丙烯醛在催化剂存在下水解为3-羟基丙醛，再加氢制得1,3-丙二醇。

微生物生产PDO技术是采用微生物发酵将葡萄糖（来自谷物淀粉，如玉米淀粉）或甘油转化为PDO，DuPont公司已工业化。

特性及用途

1,3-丙二醇是一种线型伯羟基二醇，主要用于生产新型热塑性聚酯工程塑料聚对苯二甲酸丙二醇酯（PTT)。也可用于生产聚氨酯用液体聚酯多元醇，用作聚氨酯扩链剂，可改善热塑性聚氨酯热稳定性和水解稳定性、热尺寸稳定性。此外，它还用于生产涂料和胶黏剂树脂、溶剂、抗冻剂等，也是多种药物及新型抗氧剂合成的重要中间体。

毒性

1,3-丙二醇毒性很小，大鼠经口急性中毒数据LD_{50}约为15g/kg，兔经皮吸收毒性数据LD_{50}>20 g/kg。对眼睛无刺激，有轻微皮肤刺激。

生产厂商

美国DuPont公司，美国Shell化学品有限公司，山东邹平铭兴化工有限公司等。

5.2.1.9 一缩二丙二醇及三丙二醇

(1) 一缩二丙二醇

别名：二丙二醇，氧代双丙醇，二羟丙基醚。

简称：DPG。

英文名：dipropylene glycol；oxybispropanol；dihydroxypropyl ether 等。

分子式为$C_6H_{14}O_3$，分子量为134.17。一缩二丙二醇CAS编号为25265-71-8，实际上是几种异构体的混合物：1,1′-氧代二(2-丙醇)（CAS 108-61-2)、2-(2′-羟基丙氧基)-1-丙醇(CAS 106-62-7）和2,2′-氧代二(1-丙醇)（CAS 110-98-5)。主成分结构式：

$$\underset{\displaystyle CH_3}{\underset{|}{HOCH}}CH_2OCH_2\underset{\displaystyle CH_3}{\underset{|}{CH}}OH$$

物化性能

一缩二丙二醇是一种无色透明吸湿性液体，可与水以任意比例混溶，溶于许多有机溶剂，可与小分子脂肪族醇、酮混溶，微溶或稍溶于烃类溶剂。正辛醇/水分配系数$\lg K_{ow}$约为−1.07。

一缩二丙二醇的典型性能及质量指标见表5-23和表5-24。

表5-23 高纯度一缩二丙二醇的典型性能

性能项目	典型数值	性能项目	典型数值
闪点/℃	149	黏度(20℃)/mPa·s	84
倾点/℃	−47	折射率(20℃)	1.4415
沸程/℃	229～232	表面张力(25℃)/(mN/m)	33.6～33.9
密度(20℃)/(g/mL)	1.027	比热容(20℃)/[kJ/(kg·K)]	2.11
蒸气压(20℃)/Pa	≤1	蒸发热(20℃)/(kJ/kg)	593.2
蒸气压(50℃)/Pa	16	燃烧热(25℃)/(kJ/g)	25.6

注：以Shell公司数据为主。

表 5-24 一缩二丙二醇工业品的典型质量指标

指 标	以 Shell 为主	LyondellBasell	指 标	Lyondell 数据
色度(Pt-Co)	≤10	—	倾点/℃	−40
纯度/%	≥99.0	≥99.5	闪点(闭杯)/℃	128
PG 含量/%	≤0.1	≤0.2	闪点(开杯)/℃	138
水分/%	≤0.2	≤0.1	密度(20℃)	1.020～1.025
酸(以乙酸计)/%	≤0.01	≤0.01	折射率(25℃)	1.4387～1.4397
氯化物(以 Cl 计)/(mg/kg)	≤1.0	≤1.0	蒸气压(20℃)/Pa	<13
离子(以 Fe 计)/(mg/kg)	≤1.0	≤1.0		
灰分/%	≤0.005	≤0.005		
黏度(20℃)/mPa·s	100	107		
沸程/℃	222～236	228～236		

制法

由环氧丙烷与水反应得到 1,2-丙二醇和一缩二丙二醇的混合物，再蒸馏纯化，得到一缩二丙二醇，可得到少量二缩三丙二醇。

特性及用途

最终用途包括不饱和聚酯树脂、增塑剂、聚氨酯用多元醇、醇酸树脂、化妆品成分和香料萃取剂、防冻液、油墨和涂料、液压传动液、醚或酯衍生物溶剂、染料中间体、杀虫剂中间体等。主要市场是增塑剂一缩二丙二醇二苯甲酸酯和不饱和聚酯树脂。在聚氨酯领域可用于合成聚酯多元醇，用作扩链剂，作为催化剂三亚乙基二胺的介质等。

毒性

一缩二丙二醇无毒，大鼠经口急性中毒数据 $LD_{50}=15$ g/kg，兔经皮吸收毒性数据 $LD_{50}>2$g/kg。

生产厂商

美国 Shell 化学品有限公司，美国 LyondellBasell 工业公司，美国 Huntsman 公司等。

(2) 二缩三丙二醇

二缩三丙二醇（TPG）分子式为 $C_9H_{20}O_4$，分子量为 192.3，CAS 编号为 24800-44-0。透明液体，几乎无气味，易吸湿，完全溶于水，可与许多有机溶剂混溶。沸程为 263～280℃，凝固点为−45℃，相对密度（20℃）为 1.017～1.028，折射率为 1.440～1.445，一般工业品纯度≥99.0%，水分≤0.2%。用于合成聚酯树脂、聚氨酯用聚酯多元醇、丙烯酸酯、溶剂和增塑剂等。

5.2.1.10 丁基乙基丙二醇

简称：BEPD，EBP，BEPG。

化学名称：2-丁基 2-乙基-1,3-丙二醇。

别名：乙基丁基丙二醇。

英文名：2-butyl-2-ethyl-1,3-propanediol；2-ethyl-2-butyl-1,3- propanediol 等。

分子式为 $C_9H_{20}O_2$，分子量为 160.3。CAS 编号为 115-84-4，EINECS 号为 204-111-7。

结构式：

$$CH_3CH_2CH_2CH_2-\underset{\displaystyle CH_2OH}{\overset{\displaystyle CH_2OH}{\underset{|}{\overset{|}{C}}}}-CH_2CH_3$$

物化性能

常温下为白色或微黄色固体，熔点为 42～44℃。微溶于水，正辛醇/水分配系数 $\lg P_{OW}=2.17$。丁基乙基丙二醇的典型物性见表 5-25。

表 5-25　丁基乙基丙二醇的典型物性

项　目	指　标	项　目	指　标
羟值(mg KOH/g)	约 695	蒸气压(20℃)/Pa	<2
熔点/℃	42～44	色度(APHA)	≤30
沸点/℃	262	在水中溶解度(20℃)/(g/100g)	0.8～1.1
密度(50℃)/(g/cm^3)	约 0.929	燃点/℃	306～310
黏度(100℃)/mPa·s	8	闪点(开杯)/℃	138～139

Perstorp 的丁基乙基丙二醇有两种规格：一种是白色结晶固态产品或熔化态产品，含 99%以上的丁基乙基丙二醇，酸度（以乙酸计）≤0.01%，色度（液态 APHA）≤30，水分≤0.1%；另一种是液态混合物产品，含（70±1)%的丁基乙基丙二醇、(25±1)%的新戊二醇和（5±1)%的水，是无色透明液体。

日本协和发酵公司的 BEPD 产品的技术指标为：BEPD 含量≥99.0%，水分≤0.5%，羟基含量≥20.5%，熔点≥40℃，游离酸（以甲酸计)≤0.04%，色度（熔融态 APAH)≤20。

特性及用途

丁基乙基丙二醇是一种特殊的位阻二醇，它含 2 个伯羟基。它能改善水解稳定性和耐清洁剂腐蚀性，以及改善溶解和降低结晶度。它可用于制造粉末涂料、卷材涂料和其他烘烤瓷漆的饱和聚酯树脂聚酯多元醇、聚氨酯涂料、弹性体等，用于胶衣涂料等的不饱和聚酯树脂、溶剂型和水性短油度醇酸树脂等。

毒性

丁基乙基丙二醇的毒性很小，大鼠经口急性中毒数据 LD_{50} = 3536 或 5040mg/kg，兔经皮吸收毒性数据 LD_{50} = 3810mg/kg。对皮肤、眼睛无刺激。

生产厂商

瑞典 Perstorp 公司、美国 Perstorp 多元醇有限公司，Perstorp UK Ltd（Nexcoat 700/EBP)，日本协和发酵化学株式会社等。

5.2.1.11　二乙基戊二醇

化学名称：2,4-二乙基-1,5-戊二醇。

简称：DEPD。

英文名：2,4-diethyl-1,5-pentanediol；diethylpentanediol 等。

分子式为 $C_9H_{20}O_2$，分子量为 160.3。CAS 编号为 57987-55-0。

结构式：

```
   CH3CH2      CH2CH3
        |          |
HOCH2CHCH2CHCH2OH
```

物化性能

无色至浅黄色液体，微溶于水。蒸气密度是空气的 5.57 倍。2,4-二乙基-1,5-戊二醇的典型物性见表 5-26。

表 5-26　2,4-二乙基-1,5-戊二醇的典型物性

项　目	指　标	项　目	指　标
外观	透明液体	相对密度(20℃/20℃)	0.954
羟值(理论)/(mg KOH/g)	700	在水中溶解度(20℃)/(g/100g)	1.9
沸点(0.67kPa)/℃	144	色度(APHA)	≤20
黏度(20℃)/mPa·s	1650	纯度/%	≥97
闪点(开杯)/℃	143	水分/%	≤0.5
燃点/℃	340	游离酸(以甲酸计)/%	≤0.04
表面张力(20℃)/(mN/m)	36.2		

注：日本协和发酵化学株式会社产品（牌号 PD-9）指标。

特性及用途

二乙基戊二醇是一种特殊的位阻二醇，它具有对称的分子结构，含 2 个伯羟基。它能改善水解稳定性和耐清洁剂腐蚀性，以及改善溶解性和降低结晶度。它可用于饱和聚酯原料和不饱和聚酯的原料，可用于生产聚氨酯涂料、弹性体等。

毒性

DEPD 大鼠经口急性中毒数据 LD_{50} ＞2000mg/kg，兔经皮吸收毒性数据 LD_{50} ＞2000mg/kg。

生产厂商

日本协和发酵化学株式会社等。

5.2.1.12 3-甲基-1,5-戊二醇

英文名：3-methyl-1,5-pentanediol 等。

简称：MPD。

分子式为 $C_6H_{14}O_2$，分子量为 118.20。CAS 编号为 4457-71-0，EINECS 号为 224-709-1。

结构式：

$$\mathrm{HOCH_2CH_2\underset{\displaystyle CH_3}{\underset{|}{C}}HCH_2CH_2OH}$$

物化性能

透明液体，与水混溶。沸点为 250℃，或 135℃/(1.3kPa)、114℃/(0.53kPa)。凝固点＜－50℃，密度（25℃）为 0.971g/cm³，黏度（20℃）为 173mPa·s，闪点（开杯）为 143℃，蒸气压（25℃）为 1.7Pa。

日本可乐丽公司生产的 3-甲基-1,5-戊二醇，纯度≥98.0%，色度（APHA）≤20，水分≤0.1%。

MPD 几乎无毒，大鼠急性经口中毒数据 LD_{50} 约为 8g/kg。

特性及用途

3-甲基-1,5-戊二醇是含两个伯羟基的支链脂肪醇，是一种具有独特分子结构的低黏度二醇，它可用于生产聚酯型增塑剂、生产用于涂料及聚氨酯的聚酯多元醇，用作聚氨酯扩链剂等。得到的聚酯黏度低、低温柔性好。

由于 3-甲基-1,5-戊二醇含侧甲基，不需加入增塑剂便可制成柔软的 TPU，弹性体具有优异的耐污性和耐久性，对基材黏附性好，可制造透明膜、辊、弹性片、氨纶、鞋底、涂料、层压胶黏剂、水性聚氨酯、微孔泡沫等。

生产厂商

日本可乐丽公司（株式会社クラレ）等。

5.2.1.13 1,3-丁二醇及 1,2-/2,3-丁二醇

(1) 1,3-丁二醇

别名：1,3-二羟基丁烷。

简称：BG、1,3-BG。

英文名：1,3-butylene glycol；1,3-butanediol；1,3-dihydroxybutane；2-methyltrimethylene glycol；beta-butylene glycol；butane-1,3-diol 等。

分子式为 $C_4H_{10}O_2$，分子量为 90.12。CAS 编号为 107-88-0，EINECS 号为 203-529-7。

结构式：

$$HO—CH—CH_2—CH_2—OH$$
$$\ \ \ \ |$$
$$\ \ CH_3$$

物化性能

无色透明、有吸湿性的黏稠液体，溶于水、乙醇、丙酮和醚类，不溶于脂肪烃、苯和四氯化碳。基本上无味。蒸气密度为空气的3.1倍，在空气中爆炸极限（体积分数）为1.9%～12.6%。

1,3-丁二醇的典型物性见表5-27。

表5-27 1,3-丁二醇的典型物性

项目	指标	项目	指标
相对分子质量	90.1	相对密度(20℃)	1.005
外观	无色透明液体	黏度(25℃)/mPa·s	104
凝固点/℃	−50	蒸气压(20℃)/Pa	8
沸点/℃	207.5	折射率(20℃)	1.4412
闪点(闭杯)/℃	109	表面张力(25℃)/(mN/m)	37.8
闪点(开杯)/℃	121	燃烧热/(kJ/mol)	2486
比热容(20℃)/[kJ/(kg·K)]	1.17	自燃温度/℃	394

注：采用Celanese公司数据。另日本协和发酵公司数据：比热容（20℃）为2.34 J/（g·K）、熔点为−77℃、折射率（25℃）为1.439、燃点为377℃、闪点（开杯）为115℃。

1,3-丁二醇吸湿性非常高，在相对湿度分别为81%、47%和20%的环境下25～28℃、144h的吸湿率分别为38.5%、12.5%和1.3%。

1,3-丁二醇无毒，大鼠经口毒性数据 $LD_{50}=18.61g/kg$，小鼠经口毒性数据 $LD_{50}=12.98g/kg$，对皮肤几乎无刺激作用。

Celanese公司产品销售技术指标：纯度≥99.5%，水分≤0.5%，色度（APHA)≤10，酸度（以乙酸计)≤0.005%。

协和发酵公司产品销售技术指标：水分≤0.5%，色度（APHA）≤10，游离酸（以乙酸计)≤0.005%，相对密度（20℃）为1.004～1.007，蒸馏试验沸程为200～215℃。

特性及用途

1,3-丁二醇是含一个伯羟基和一个仲羟基的二醇。主要用途是生产聚酯型增塑剂和不饱和聚酯树脂。制得的聚酯增塑剂与许多聚合物相容性好、稳定性好。不饱和聚酯具有良好的耐候性、柔韧性和耐冲击性。1,3-丁二醇还用于生产饱和聚酯多元醇，用于聚氨酯涂料，赋予柔韧性。1,3-丁二醇还是一种优异的吸湿/保湿剂，他二醇保湿剂好，可用于猫狗食、烟草和化妆品等。它还可用于表面活性剂、油墨、香料的溶剂、玻璃纸的偶联剂等。

生产厂商

Celanese化学品公司，日本协和发酵化学株式会社等。

(2) 1,2-丁二醇和2,3-丁二醇　1,2-丁二醇和2,3-丁二醇是1,4-丁二醇及1,3-丁二醇的同分异构体，以前生产和应用较少，最近利用生物发酵法可以大批量生产，例如长春大成集团就用玉米发酵大规模生产多种小分子二醇。

1,2-丁二醇CAS编号为584-03-2（原26171-83-5)。凝固点为−50℃，沸点为195～197℃或94～96℃（1.6kPa)，相对密度（25℃）为1.006，黏度为73mPa·s，闪点为107℃，折射率（20℃）为1.438。与水可完全互溶，易溶于醇，微溶于醚和酯中，不溶于烃类化合物。1,2-丁二醇凝固点较低，主要用于溶剂、有机合成中间体、化妆品保湿剂，可用于生产聚酯树脂、聚酯类增塑剂、聚酯多元醇和聚氨酯等。

2,3-丁二醇 CAS 编号为 513-85-9。无色结晶固体或黏稠液体，熔点为 23～27℃，沸点为 179～182℃，相对密度（20℃）为 1.045。能与水混溶，溶于醇和醚，有吸湿性。2,3-丁二醇可作为吸湿剂、增塑剂和有机中间体，也可用作溶剂和合成树脂的原料等。

5.2.1.14 三甲基戊二醇

化学名称：2,2,4-三甲基-1,3-戊二醇。

简称：TMPD。

英文名：2,2,4-trimethyl-1,3-pentanediol 等。

分子式为 $C_8H_{18}O_2$，分子量为 146.22。CAS 编号为 144-19-4。

结构式：

```
     CH3      CH3
     |        |
H3C—CH—CH—C—CH2—OH
         |    |
         OH   CH3
```

物化性能

常态为白色蜡状固体，熔化后为透明液体。稍溶于水。TMPD 的典型物性见表 5-28。产品形式有固态和熔融两种。

表 5-28 2,2,4-三甲基-1,3-戊二醇的典型物性

性能项目	数值	性能项目	数值
熔点范围/℃	46～55	溶解度(25℃)/%	
沸点/℃		在水中	1.9
初始	220	在乙醇中	75
蒸出 95%时	235	在异丙醇中	80
密度(21℃,块状)/(g/mL)	0.897	在丙二醇中	50
密度(21℃颗粒状)/(g/mL)	0.688	酸度(以丁酸计)/%	≤0.05
闪点(Cleveland 开杯)/℃	113	色度(Pt-Co)	≤15 熔化后
自燃温度/℃	346	水分/%	≤0.2
分解温度/℃	>500	纯度/%	≥98.6
平衡吸湿性(25℃、50%相对湿度)/%	0.1～0.2		

TMPD 毒性很小，大鼠急性毒性 $LD_{50}=3730mg/kg$，豚鼠经皮吸收毒性 $LD_{50}>1000mg/kg$。

特性及用途

TMPD 二醇主要用于制造高固含量涂料和耐腐蚀不饱和聚酯树脂，也可用于聚酯型聚氨酯涂料等，应用领域有汽车漆、家用器具、高固含量和水性涂料、纤维柔软剂、普通涂料、化妆品聚合物中间体、FRP 塑料等。

TMPD 含一个仲羟基和一个伯羟基，分子结构中体积大的侧基赋予涂料优异的耐水解、耐化学品和防沾污性能，同时大体积侧基和不对称结构使得树脂有良好的溶解性、较低的溶液黏度、较低的树脂密度和较低的 T_g，支链结构和 β 氢原子使得树脂有适中的热稳定性和耐候性。

2,2,4-三甲基-1,3-戊二醇的仲羟基仅有中等的反应性，所以在合成时注意保证它完全反应，可用少量有机锡催化剂（如水合单丁基氧化锡）催化酯化反应，反应温度不宜超过 215℃，以防止分解。

生产厂商

美国 Eastman 化学公司，Celanese 化学品公司等。

5.2.1.15 1,5-戊二醇和1,2-戊二醇

(1) 1,5-戊二醇

别名：五亚甲基二醇，1,5-二羟基戊烷。

英文名：1，5-pentanediol；pentamethylene glycol；1，5-pentylene glycol；1，5-dihydroxypentane 等。

分子式为 $C_5H_{12}O_2$，分子量为104.2。CAS编号为111-29-5，EINECS号为203-854-4。

结构式：$HOCH_2(CH_2)_3CH_2OH$。

物化性能

无色透明液体，与水、醇和酮可混溶，不溶于烃类溶剂。1,5-戊二醇的典型物性见表5-29。

表5-29 1,5-戊二醇的典型物性

性能项目	典型数值	性能项目	典型数值
密度(20℃)/(g/cm³)	0.99	凝固点/℃	约-16
黏度(20℃)/mPa·s	123	闪点/℃	129～136
沸点/℃	242(240～244)	表面张力(20℃)/(mN/m)	43.3

BASF公司产品，纯度≥97.0%，水分≤0.2%，色度≤60APHA。日本UBE公司产品纯度≥98.0%。

制法

1,5-戊二醇可由四氢化糠醇在高温高压下催化加氢得到。

特性及用途

1,5-戊二醇是一种含奇碳原子数的二伯羟基化合物，用于合成聚酯、聚氨酯、增塑剂、药物和农作物保护剂的中间体。在聚氨酯中可用于合成特殊的聚酯及用作扩链剂。

生产厂商

BASF公司化学品分公司（美国），日本宇部兴产株式会社（UBE），美国GFS化学品公司等。

(2) 1,2-戊二醇 CAS编号为5343-92-0，EINECS号为226-285-3。无色透明液体，溶于水、醇、醚、醋酸乙酯等溶剂。相对密度（25℃）为0.971，沸点为206℃，折射率（20℃）为1.4387～1.4407，闪点为104℃。潍坊阿尔法化学有限公司、常州祥邦化工有限公司等厂家有工业生产批量产品。主要用于医药中间体等。

5.2.1.16 羟基新戊酸羟基新戊醇酯

别名：羟基特戊酸新戊二醇单酯。

简称：HPHP，HPN，1115酯。

英文名：3-hydroxy-2，2-dimethylpropyl 3-hydroxy-2，2-dimethylpropanoate；hydroxypivalyl hydroxypivalate；hydroxypivalic acid neopentyl glycol ester 等。

分子式为 $C_{10}H_{20}O_4$，分子量为204.3。CAS编号为1115-20-4，EINECS号为214-222-2。

结构式：

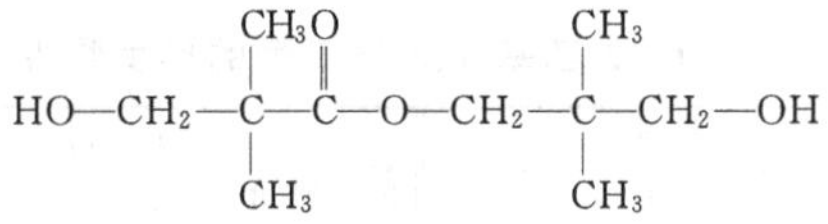

$$HO-CH_2-\underset{CH_3}{\overset{CH_3}{C}}-\overset{O}{\overset{\|}{C}}-O-CH_2-\underset{CH_3}{\overset{CH_3}{C}}-CH_2-OH$$

物化性能

白色蜡状固体，略具吸潮性，溶于醇、醚，部分溶于水。相对密度为1.04（20℃）或1.014（60℃）。含量一般不小于97.5%，羟值≥535mg KOH/g，酸值≤5mg KOH/g。

羟基新戊酸羟基新戊醇酯的典型物化性能及质量指标见表5-30。

表5-30 羟基新戊酸羟基新戊醇酯的典型物化性能及质量指标

性能项目	典型数值	性能项目	典型数值
羟基含量/%	15.3～17.3	醛(以羟基新戊醛计)/%	≤0.5
熔点/℃	46～50	水分/%	≤0.5
沸点/℃	292～293	酸(以乙酸计)/%	≤0.5
纯度/%	≥97.5	相对密度(55℃/20℃)	1.01
闪点(Cleveland开杯)/℃	161	新戊二醇含量/%	≤1
在水中溶解度/%	12.8		

注：以美国Eastman化学公司产品说明书为基础整理。

制法

由甲醛与异丁醛在有机胺类催化剂存在下缩合制羟基特戊醛，结晶纯化后，在130～134℃进行歧化反应，得到HPHP。

特性及用途

羟基新戊酸羟基新戊醇酯是一种特殊的二醇，它含2个伯羟基，具有较快的酯化或固化反应速率，可不用酯化催化剂；侧基位阻使所合成的聚合物具有良好水解稳定性、耐化学品性能和耐沾污性；不含氢原子使产物具有优异的耐候性、热稳定性，在230～240℃的合成反应温度也可得到浅色聚酯树脂。它可部分替代新戊二醇或其他二醇。

该二醇主要用于制造涂料用聚酯树脂，树脂具有良好的柔韧性和耐候性。可用于聚氨酯涂料等。最终用途有汽车漆、卷材涂料、粉末涂料、高固体分涂料、水性涂料、热熔胶、轮胎帘子布处理乳液、油墨罩光漆、胶黏剂等。

生产厂商

美国Eastman化学公司（产品名称HPHP），BASF公司（HPN），山东淄博市临淄有机化工股份有限公司等。

5.2.1.17 乙基己二醇

化学名称：2-乙基-1,3-己二醇。

简称：EHD，OG。

别名：2-乙基-3-丙基-1,3-丙二醇，驱蚊醇，辛二醇。

英文名：2-ethyl-1,3-hexanediol；octylene glycol；ethyl hexanediol等。

分子式为$C_8H_{18}O_2$，分子量为146.2。CAS编号为94-96-2，EINECS号为202-377-9。

结构式：

$$CH_3CH_2CH_2\underset{\displaystyle OH}{\underset{|}{C}}H\overset{\displaystyle CH_2CH_3}{\overset{|}{C}}HCH_2OH$$

物化性能

无色至浅黄色透明液体，微溶于水。蒸气密度是空气的5倍。2-乙基-1,3-己二醇的典型物性见表5-31。

表5-31 2-乙基-1,3-己二醇的典型物性

项　目	指标	项　目	指标
羟值(理论)/(mgKOH/g)	766	相对密度(20℃)	0.939～0.944
沸点/℃	244	表面张力(25℃)/(mN/m)	29
沸点/℃	102(400Pa)	闪点(开杯)/℃	135
熔点/凝固点/℃	−40	在水中溶解度(20℃)/(g/100g)	0.6
黏度(20℃)/mPa·s	320	折射率(25℃)	1.449

日本协和发酵化学株式会社的产品指标，纯度≥98.5%，酸值≤0.10mg KOH/g，水分≤0.1%，色度（APHA）≤20。美国迪克西化工公司（Dixie Chemical Company，Inc）的EHDiol纯度≥98%，酸值（按乙酸计）≤0.02%，水分≤0.05%。

制法

先由丙烯合成丁醛，在碱或酸的催化下，丁醛自缩合生成2-乙基-3-羟基己醛，经加氢即得2-乙基-1,3-己二醇。

特性及用途

2-乙基-1,3-己二醇是一种特殊的位阻二醇，含1个伯羟基和1个仲羟基。它能改善水解稳定性、树脂溶解性和降低结晶度。它可用于饱和聚酯原料和不饱和聚酯的原料，也可用于生产聚氨酯涂料、弹性体等。2-乙基-1,3-己二醇与端羟基聚丁二烯等低极性低聚物多元醇混溶性好，可用作该体系的扩链剂。还可以用于印刷油墨溶剂、化妆品、驱蚊剂等。

毒性

大鼠经口急性中毒数据 LD_{50} =1400mg/kg，小鼠经口急性毒性数据 LD_{50} =4200mg/kg。

生产厂商

日本协和发酵化学株式会社，美国Dixie化工公司等。

5.2.1.18 十二碳二醇

别名：十二烷二醇。

英文名：1,12-dodecanediol等。

分子式为 $C_{12}H_{26}O_2$，分子量为202.3。CAS编号5675-51-4。

结构式：$HO(CH_2)_{12}OH$。

物化性能

白色固体颗粒，熔点为81～84℃，沸点为189℃/16kPa，闪点（闭杯）为176℃。

美国英威达公司（INVISTA）的十二碳二醇牌号为C12 LD，纯度≥98.0%，二醇总量≥99.0%，十二烷醇为0.3%。色度（APHA）≤15。淄博广通化工公司产品纯度≥98%，酸值≤1mg KOH/g，熔点为79～81℃。美国Jarchem工业公司（Jarchem Industries，Inc.）牌号为Jardiol 1-12。

特性及用途

C12 LD是一种高纯度12碳线型二醇，可用于生产聚氨酯用聚酯二醇、聚酯等树脂以及用作扩链剂等，制得的聚合物具有优异的耐水解、耐光、耐热性能。

生产厂商

美国INVISTA公司，美国Jarchem工业公司，淄博广通化工有限责任公司等。

5.2.1.19 1,4-二羟甲基环己烷

别名：1,4-环己基二甲醇。

简称：CHDM。

英文名：1,4-cyclohexanedimethanol；1,4-bis(hydroxymethyl)cyclohexane；1,4-dimethylolcyclohexane等。

分子式为 $C_8H_{16}O_2$，分子量为144.21。CAS编号为105-08-8，EINECS号为203-268-9。

结构式：

物化性能

Eastman供应的1,4-二羟甲基环己烷有3种形态：块状CHDM-D固体、熔融CHDM-D

和浆状含水产品 CHDM-D90。固体产品 CHDM-D 常温下为白色蜡状，CHDM-D90 产品含水 9.5%～10.5%，常温为微浊液体。CHDM-D90 不出现明显的凝固点。其典型物性见表 5-32。

表 5-32 1,4-二羟甲基环己烷的典型物性

性能项目	CHDM-D	CHDM-D90
分子量	144.21	144.21
羟值(纯品计算值)/(mg KOH/g)	778	—
色度(Pt-Co)	≤10 (熔化后)	—
水分/%	≤0.2	9.5～10.5
纯度(CHDM)/%	≥98.5	88.0～90.5
顺式异构体含量/%	31	—
中等沸点二醇等含量/%	≤1.1	—
高沸点(二酯、二醚)二醇含量/%	≤0.5	—
熔点/℃	41～61	−1
凝固点①/℃	24	−12
沸点/℃	284～288	113
黏度/mPa·s	877(50℃)	915(23℃)
密度/(g/mL)	1.023(50℃)	1.043(23℃)
闪点/℃	169℃(闭杯),167℃(开杯)	—

① CHDM-D 在 61℃形成过冷却，通常在 24℃凝固。

韩国 SK 化学品公司与新日本理化株式会社、三菱商事株式会社合资成立的韩国 SK NJC Co.，Ltd.，CHDM（牌号 SKY CHDM）生产能力为 1 万吨/年，有 CD-100 和 CD-90 两种产品形式。CD-100 的 CHDM 纯度≥99.0%，其中反式异构体含量为 67%～73%，水分≤0.1%，相对密度（15℃/4℃）为 1.047。

制法

由对二甲苯氧化制得粗对苯二甲酸，用甲醇酯化得对苯二甲酸二甲酯，再催化加氢得 1,4-二羟甲基环己烷。

特性及用途

该产品是一种特殊的脂环族二醇，含对称的非受阻的伯羟基，具有较快的反应速率、优异的热稳定性，合成的树脂颜色浅，具有良好的硬度和柔韧性的平衡，高玻璃化温度，中等溶解性和适中的耐候性。主要用于合成涂料用聚酯树脂，合成化妆品用聚合物。它可用于聚酯多元醇合成，可用作聚氨酯扩链剂，因结构对称，有独特的性能。

美国 Chemtura 公司的固化剂 Vibracure A 240 是熔点约 57℃的 1，4-环己二甲醇固体，用作 PPDI 型预聚体的固化剂，具有较长的适用期，比丁二醇扩链的弹性体稍低的硬度。

生产厂商

美国 Eastman 化学公司，韩国 SK NJC 有限公司等。

5.2.1.20 环己二醇

化学名称：环己基二醇，环己烷二醇。

简称：CHDO。

英文名：cyclohexanediol 等。

环己二醇包括 1,4-环己二醇、1,2-环己二醇和 1,3--环己二醇。

分子式为 $C_6H_{12}O_2$，分子量为 116.16。

1,4-环己二醇一般是反式-1,4-环己二醇（CAS 编号 6995-79-5）和顺式-1,4-环己二醇（CAS 编号 931-71-5）的混合物，CAS 编号为 556-48-9。

1,3-环己二醇有顺式和反式 2 种异构体。CAS 编号为 504-01-8。其中顺式 1,3-环己二醇

CAS 编号为 823-18-7。

环己二醇结构式如下：

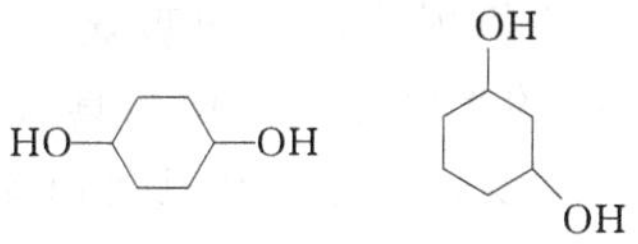

物化性能

1,4-环己二醇为无色或白色晶体或微细粉末，熔点为 98～100℃，纯度≥99%，水分≤0.5%，灰分≤0.5%。

1,3-环己二醇的熔点为 246～247℃。

制法

由 1,4-环己二醇可由对苯二酚催化加氢制得。可通过间苯二酚的选择性氢化反应制得顺式 1,3-环己二醇。

韩国 SK 公司拥有顺式 1,3-环己二醇专利生产技术，可得到高产率的顺式 1,3-环己二醇，纯度大于 95%。日本东京化成工业株式会社的半商业化 1,3-环己二醇纯度大于 99%（GC 方法），还半商业化生产 1,2-环己二醇（CAS 编号为 931-17-9）。

特性及用途

1,4-环己二醇是对称脂环族仲羟基二醇，可用于药物合成中间体、聚氨酯扩链剂等。

生产厂商（1,4-CHDO）

日本东京化成工业株式会社，Eastman 化学英国公司，日本高压化学工业株式会社，成都川科化工有限公司，美国 Fluorochem 公司等。

5.2.1.21 TCD 三环二醇

TCD 是三环癸烷二甲醇的异构体的混合物。

化学名称：3(4),8(9)-二羟甲基-三环-[5.2.1.$0^{2,6}$]癸烷。

英文名：TCD alcohol DM；3(4),8(9)-bis-(hydroxymethyl)-tricyclo [5.2.1.$0^{2,6}$]decane；tricyclo[5.2.1.0(2,6)]decanedimethanol 等。

分子式为 $C_{12}H_{20}O_2$，分子量为 196.3。CAS 编号为 26896-48-0 和 26160-83-8。

结构式：

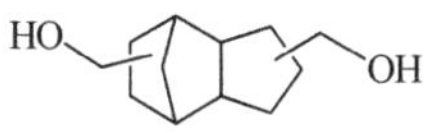

物化性能

在室温下为无色高黏度液体，有轻微的特殊气味。它可与一般的极性有机溶剂混溶，部分溶于水、脂肪族和芳香族烃类溶剂。TCD 的典型物性如表 5-33 所示。

表 5-33 TCD 的典型物性

项　目	指标	项　目	指标
外观	无色黏稠液体	蒸气压(20℃)/Pa	＜1.3
纯度(羟基法)/%	≥97.0	色度(APHA)	≤25
熔点/℃	约 23℃	酸值/(mg KOH/g)	≤0.15
沸点(130Pa)/℃	约 175℃	在水中溶解度(20℃)/(g/L)	约 11
密度(50℃)/(g/cm³)	约 1.107	着火温度/℃	250
黏度(80℃)/mPa·s	650	折射率(50℃)	1.520

特性及用途

该化合物主要可用于聚丙烯酸酯、聚酯、环氧树脂和聚氨酯等聚合物的合成。这些树脂用于清漆及涂料，具有良好的黏附力、高拉伸强度、耐热、耐候和耐冲击性能；还用于低黏度胶黏剂、密封胶和模塑组合物等。该特种二醇还可用于合成具有高光敏性、高透明性、耐光性和耐干刻蚀的光敏材料，合成高折射率的有机玻璃以及具有高透明性和强度的牙齿材料。基于 TCD 三环二醇二丙烯酸酯的光固化光纤树脂具有优良的耐热性、耐湿气性和快速固化性能。基于该二醇的环氧树脂有较高的弯曲和剥离强度、硬度和非常低的吸水性。它还可用作香料工业的固定剂，具有优异光学性质的显微镜无卤浸镜油，还可合成润滑剂。

基于 TCD 的聚氨酯，具有高黏附力、强度、模量和较高的玻璃化转变温度。

生产厂商

德国 Celanese 公司等。

5.2.1.22 十二碳环烷二醇

美国 INVISTA 公司的十二碳环烷二醇（cyclododecanediol，简称 CDDD）C_{12} CD 是一种结构独特的环状 12 碳二醇异构体混合物，由 1,4-、1,5-和 1,6-十二碳环烷二醇（CAS 编号分别为 41417-03-2、13474-05-0 和 14435-21-3）为主要成分。

分子式为 $C_{12}H_{24}O_2$，分子量为 200.3。

结构式：

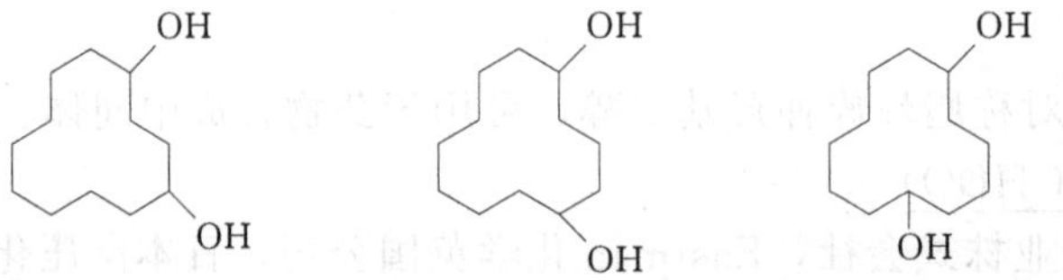

1,4-CDDD 异构体 35%～40%　　1,5-CDDD 异构体 10%～12%　　1,6-CDDD 异构体 45%～50%

物化性能

该产品为白色颗粒状固体，熔点为 93～94℃，沸点为 185℃，闪点（闭杯）为 176℃。

美国 INVISTA 公司牌号 C_{12} CD，总二醇含量≥97.0%，十二碳环烷二醇含量≥93.0%，十二环烷醇≤0.2%，羟基环十二烷酮≤0.8%。

特性及用途

十二碳环烷二醇是仲羟基二醇，可用于生产聚酯多元醇、聚氨酯、润滑剂、药物中间体、聚合物交联剂、油墨涂料、胶黏剂及弹性体等。赋予聚合物耐生物降解和优异的耐水解、耐光热老化性能。

生产厂商

美国 INVISTA 公司等。

5.2.1.23 螺二醇

化学名称：3,9-双-(1,1-二甲基-2-羟基乙基)-2,4,8,10-四噁螺环[5,5]十一烷。

别名：螺环二醇。

简称：SPG。

英文名：3,9-bis(1,1-dimethyl-2-hydroxyethyl)-2,4,8,10-tetraoxaspiro [5.5]undecane; spiroglycol。

分子式为 $C_{15}H_{28}O_6$，分子量为 304.38。CAS 编号为 1455-42-1。

结构式：

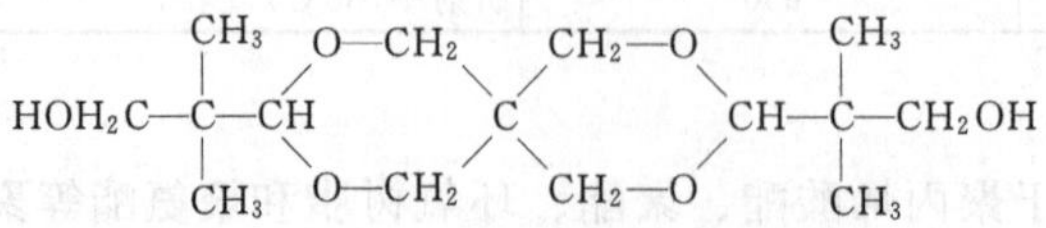

物化性能

白色粉末，熔点为200～201℃，不溶于水，微溶于或稍溶于有机溶剂，羟基含量为(10.8±0.2)%。

产品纯度有≥99.0%或≥97.0%。

制法

螺二醇由甲醛与异丁醛合成，是由合成新戊二醇的中间体制得。

特性及用途

螺二醇是一种由4个相邻甲基保护的螺环组成的特殊杂环二醇，该化合物含2个伯羟基，可用于合成聚酯、聚氨酯、聚碳酸酯、聚醚多元醇、环氧树脂、二丙烯酸酯、抗氧剂。特别用作聚氨酯、聚酯和聚丙烯酸酯原料，如生产聚氨酯弹性体、涂料、合成革等。

由于螺环的作用，可使材料获得好的耐热性、耐光性、韧性、高硬度、耐溶剂性等物理性能。由于价格高，只用于生产特殊改性树脂及助剂。

生产厂商

嘉兴市吉拉特化工有限公司，嘉兴市鑫瑞医药科技有限公司，日本精细化工株式会社(株式会社日本ファインケム)，日本广荣化学工业株式会社，日本三菱瓦斯化学株式会社等。

5.2.1.24 其他长链二醇

除了上面介绍的十二烷二醇、一缩二乙二醇等长链二醇，还有一些不常见的直链二醇，介绍如下。

1,7-庚二醇(1,7-heptanediol) 分子式为$C_7H_{16}O_2$，分子量为132.2。CAS编号为629-30-1。日本东京化成工业株式会社小批量生产，纯度>98%。

1,8-辛二醇（1,8-octanediol；octamethylene glycol；1,8-dihydroxyoctane）分子式为$C_8H_{18}O_2$，分子量为146.2。CAS编号为629-41-4。白色粉末或片状晶体，熔点为59～61℃，沸点为172℃（2.67kPa）。溶于乙醇，难溶于水、醚、轻汽油。用作化妆品、增塑剂、特种添加剂的中间体、UV固化涂料等。淄博广通化工有限责任公司工业化生产1,8-辛二醇，纯度≥98.0%。

1,9-壬二醇（1,9-nonanediol）简称ND，分子式为$C_9H_{20}O_2$，分子量为160。CAS编号为3937-56-2。白色固体，凝固点为46℃，沸点（1.33kPa）为166℃，黏度（60℃）为33mPa·s，相对密度（54℃）为0.914，闪点（开杯）为162℃，不溶于水。日本可乐丽公司（株式会社クラレ）和淄博广通化工有限责任公司工业化生产1,9-壬二醇，纯度≥98.0%。大鼠急性经口中毒数据LD_{50}=3.4g/kg。

日本可乐丽公司还供应一种牌号为ND-15的混合二醇，它是由80%～90%的2-甲基-1,8-辛二醇[CAS编号为109359-36-6]和10%～20%的1,9-壬二醇[CAS编号为3937-56-2]组成的混合物，分子式为$C_9H_{20}O_2$，分子量为160。常态为无色透明液体。相对密度（30℃）为0.934，黏度（20℃）为267mPa·s。其中2-甲基-1,8-辛二醇的沸点（1.33kPa）为159℃。凝固点在-6℃以下，闪点（开杯）为155℃，不溶于水。

1,10-癸二醇（decamethylene glycol；decane-1,10-diol）分子式为$C_{10}H_{22}O_2$，分子量174.28。CAS编号为112-47-0。它是白色晶体或粉末，熔点为72～75℃，沸点为297℃或192℃（2.67kPa），相对密度约为1.08，闪点为152℃。用于化妆品、润滑剂、增塑剂和聚氨酯扩链剂等。淄博广通化工有限责任公司、美国Jarchem工业公司有工业化生产。

上述几种长链二醇可用作聚氨酯扩链剂。

由二聚酸加氢得到的二聚体二醇（C_{36}二醇）详见4.3.4小节。

5.2.2 芳香族二醇

此处仅介绍苯酚或双酚A与2个氧化烯烃得到的羟烷基产物。

由双酚A为起始剂的聚醚多元醇见2.6.1小节“芳香族聚醚二醇”。由苯胺或甲苯胺与2个氧化烯烃的加成物是一种含叔氨基和苯环的芳香族二醇，详见5.2.4小节“醇胺类二醇及多元醇”。

5.2.2.1 对苯二酚二羟乙基醚（HQEE）

简称：HQEE。

别名：氢醌双(2-羟乙基)醚，对苯二酚二羟乙基醚，对苯二酚-双(2-羟乙基)醚，1,4-二(2-羟乙基)对苯二酚，1,4-二(2-羟基乙氧基)苯。

英文名：hydroquinone bis(2-hydroxyethyl) ether；hydroquinone di(-hydroxyethyl) ether；hydroquinone di(beta-hydroxyethel)ether；1,4-bis(2-hydroxyethoxy)benzene 等。

分子式为$C_{10}H_{14}O_4$，分子量为198.2。CAS编号为104-38-1，EINECS号为203-197-3。

结构式：

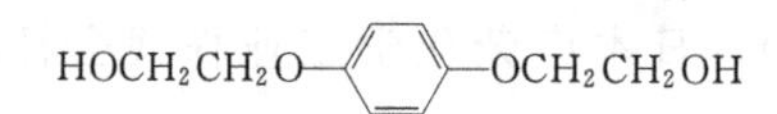

物化性能

白色至灰白色粉状或片状固体，有吸湿性。片状产品在相对湿度66.5%、24℃下放置168h后吸湿量0.39%。HQEE的典型物性见表5-34。

HQEE对光较敏感，在紫外光的作用下会变成黄色或褐色。

表5-34 HQEE的典型物性

性能项目	典型数值	性能项目	典型数值
外观	灰白色片状或粉末状	溶解度(25℃)	
分子量	198.2	在水中/(g/L)	11.7
羟值/(mg KOH/g)	545～580	在丙酮中/%	4
熔点/℃	100～107	在乙醇中/%	4
沸点(40Pa)/℃	190(185～200)	在乙酸乙酯中/%	1
沸点(101.3kPa)/℃	344	在石油醚中/%	<1
密度(110℃熔化)/(g/mL)	1.15	堆积密度(松散)/(g/mL)	0.51
黏度(110℃熔化)/mPa·s	15	堆积密度(压实)/(g/mL)	0.62
比热容/[J/(g·K)]	1.67		

Arch公司的氢醌双羟乙基醚（牌号Poly-G HQEE）典型指标为：熔点为98℃，平均羟值为555mg KOH/g，相对密度（25℃）为1.15。

山东烟台市裕盛化工有限公司的HQEE，外观为白色或淡黄色粉末，纯度≥99.5%，羟值为550～580mg KOH/g，熔点≥100℃。

莱茵化学公司的产品牌号为Addolink 30/10，有颗粒和片状，羟值为560mg KOH/g，熔点≥104℃，水分≤0.1%。

HQEE几乎无毒，大鼠经口急性毒性数据LD_{50}>5g/kg。

制法

美国Eastman化学公司最早开发HQEE，1999年左右已将HQEE生产业务出售给美国Arch化学公司。传统的合成方法是以氢氧化钠作催化剂，在加压下用对苯二酚与环氧乙烷反应制得，反应式如下。

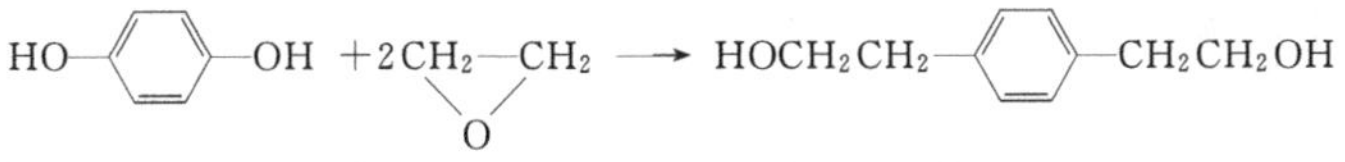

$$HO-C_6H_4-OH + 2\,CH_2-CH_2(O) \longrightarrow HOCH_2CH_2-C_6H_4-CH_2CH_2OH$$

对苯二酚　环氧乙烷　氢醌双羟乙基醚（HQEE）

还可用对苯二酚与2-氯乙醇在常压下反应，经一系列精制步骤得到HQEE，反应式为：

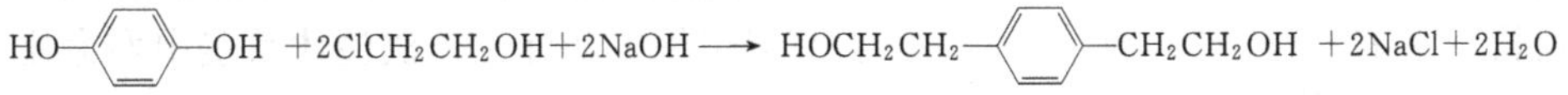

$$HO-C_6H_4-OH + 2ClCH_2CH_2OH + 2NaOH \longrightarrow HOCH_2CH_2-C_6H_4-CH_2CH_2OH + 2NaCl + 2H_2O$$

对苯二酚　2-氯乙醇　氢醌双羟乙基醚（HQEE）

特性及用途

HQEE是一种对称的芳香族二醇扩链剂，提高聚氨酯弹性体的刚性和热稳定性。本品无毒性和刺激作用。

HQEE主要用作聚氨酯弹性体的扩链剂，可用作混炼型、浇注型、热塑型聚氨酯弹性体的交联剂，可提高制品的稳定性，改善撕裂强度、耐热性、硬度、回弹性、压缩变形等多种物性指标。特别可用于MDI系列制品中，与MDI有着良好的配伍性，可有效地延长釜中寿命，方便操作。

在生产聚氨酯弹性体时，HQEE熔化釜应有加热和轻微搅拌装置，以防止表面结膜。在整个生产加工过程中，预聚体与HQEE的温度均应控制在110℃以上，防止出现结晶析出堵塞生产线或造成混合比不准的现象，模具温度也应保持在110℃以上，避免弹性体出现疵点。NCO/OH的摩尔比建议设计为1.1/1左右。避免吸潮。

生产厂商

苏州市湘园特种精细化工有限公司，山东烟台市裕盛化工有限公司，美国Arch化学公司，德国莱茵化学莱脑有限公司等。

5.2.2.2　间苯二酚二羟乙基醚（HER）

别名：间苯二酚双(羟乙基)醚，1,3-双(2-羟乙氧基)苯，间苯二酚二(2-羟乙基)醚。

简称：HER。

英文名：hydroxyethyl ether of resorcinol；resorcinol di(hydroxyethyl) ether；1,3-bis(2-hydroxyethoxy)benzene等。

分子式为$C_{10}H_{14}O_4$，分子量为198.2。CAS编号为102-40-9，EINECS号为203-028-3。

结构式：

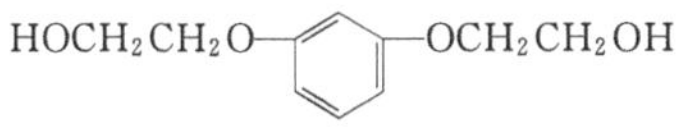

$$HOCH_2CH_2O-C_6H_4-OCH_2CH_2OH\ (1,3)$$

物化性能

纯间苯二酚二羟乙基醚（HER HP）为白色至灰白色晶体或粉末，纯度一般为99%，熔点为87～89℃，羟值在560mg KOH/g左右。工业级HER为灰白色固体，熔点为80～90℃，羟值为545～565mg KOH/g。

苏州湘园公司的HER羟值为545～565mg KOH/g，熔点为≥83℃，水分≤0.2%，相对密度（100℃熔化后）为1.16，在丙酮中溶解度为11%。山东烟台市裕盛化工有限公司的HER产品为白色或淡黄色粉末，纯度不小于99.5%，羟值为550～580mg KOH/g，熔点不低于83℃。

INDSPEC化学公司的HER TG-210含7%高分子量多元醇，羟值为540～560mg KOH/g。HER TG-210为灰白色固体。

制法

用间苯二酚与环状的亚乙基碳酸酯在较低压力下反应制得间苯二酚双羟乙基醚。也可采用类似 HQEE 的生产方法。

特性及用途

HER 是一种芳环二元醇，可用作邵尔硬度 90A～60D 的 MDI 基硬质聚氨酯弹性体的扩链剂。与 HQEE 相比，含有该扩链剂的聚氨酯弹性体改进了拉伸性，具有较低的收缩率、低压缩永久变形和较好的脱模性。HER 可在较低的温度下熔融，结晶较 HQEE 慢，因此操作期较长。用 HER 作扩链剂，100～120℃高温下聚氨酯弹性体浇注体系釜中寿命比丁二醇扩链体系长 3～6 倍。

它还可用于生产聚酯塑料，增加聚酯饮料瓶的阻隔性。

生产厂商

苏州市湘园特种精细化工有限公司，山东烟台市裕盛化工有限公司，美国 INDSPEC 化学公司等。

5.2.2.3 HPR 和 HPER

HPR 化学名称：间苯二酚双羟丙基醚。

HPER 化学名称：间苯二酚双羟丙基乙基醚。

HPR 英文名：hydroxypropyl ether of resorcinol；resorcinol di-(hydroxypropyll)ether。

HPER 英文名：hydroxypropyl ethyl ether of resorcinol。

HPR 分子式为 $C_{12}H_{18}O_4$，分子量为 226.2。

结构式：

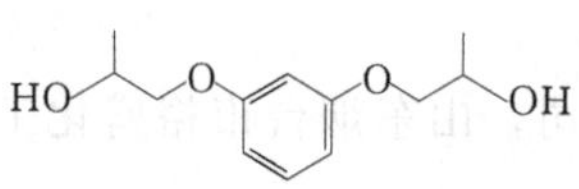

HPR

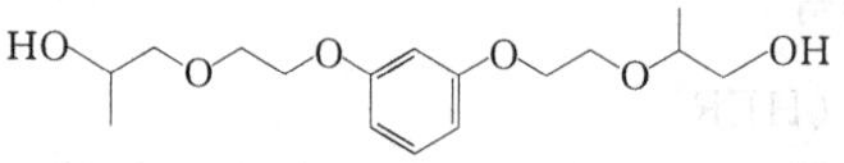

HPER

物化性能

间苯二酚双羟丙基醚（HPR）、间苯二酚双羟丙基乙基醚（HPER）是液态的，25℃时的黏度分别为 20Pa·s、3.9Pa·s。

制法

用间苯二酚与亚丙基碳酸酯反应，可制得间苯二酚双羟丙基醚。

用间苯二酚双羟乙基醚与亚丙基碳酸酯反应，脱去二氧化碳，可制得间苯二酚双羟丙基乙基醚。

特性及用途

HPR 和 HPER 是芳环二醇，可用作聚氨酯弹性体的扩链剂。这类扩链剂的主要优点包括：由于其熔点低，易于操作，改善了耐久性、延伸性；降低收缩性。根据 Indspec 公司的研究介绍，HPR 扩链的 PU 弹性体比 HER 或 HQEE 扩链的 PU 弹性体透明性好；采用分子量较大的液态二醇 HPER 扩链的弹性体比 HER 或 HQEE 型弹性体软。

生产厂商

美国 INDSPEC 化学公司等。

5.2.2.4 HQEE-L 和 HER-L

(1) HQEE-L　HQEE-L 是 HQEE 的类似物，比 HQEE 多一个羟乙基。

化学名称：4-羟乙基氧乙基-1-羟乙基苯二醚。

英文名：4-hydroxyethoxy-1-hydroxyethylbenzendiether 等。

分子式为 $C_{12}H_{18}O_5$，分子量为 242.26。

结构式：

$$HOCH_2CH_2O-C_6H_4-OCH_2CH_2OCH_2CH_2OH$$

HQEE-L为无色至浅黄色透明液体，羟值为520～540mg KOH/g，水分≤0.2%。具体物性不详。

HQEE-L常温下不易流动，当温度高于27℃时，其黏度逐渐变小，可以流动。由HQEE-L制成的聚氨酯制品除具有由固体HQEE制成的产品所具有的常规性能外，还具有优异的拉伸强度、延伸率、柔软挠曲性能等特点。用作TDI/MDI系列聚氨酯制品的扩链剂，应用于聚氨酯胶黏剂、涂料、密封胶、弹性体、PU泡沫、氨纶、体育设施等领域。该产品尤其适应于中硬度的制品。

苏州市湘园特种精细化工有限公司有生产。

(2) HER-L

化学名称：3-羟乙基氧乙基-1-羟乙基苯二醚。

英文名：3-hydroxyethoxy-1-hydroxyethylbenzendiether 等。

分子式为 $C_{12}H_{18}O_5$，分子量为242.26。

结构式：

$$HOCH_2CH_2O-C_6H_4-OCH_2CH_2OCH_2CH_2OH$$

HER-L为无色至浅黄色透明液体，羟值为520～540mg KOH/g，水分≤0.2%。物性不详。

HER-L主要用作TDI系列或MDI系列聚氨酯制品的扩链剂，尤其适合于中、低硬度的CASE制品。HER-L常温下是液体，与固体HER相比具有使用方便的特点。由HER-L制成的聚氨酯制品除具有由固体HER制成的产品所具有的常规性能外，还具有优异的拉伸强度、延伸率、柔软挠曲性能等特点。

苏州市湘园特种精细化工有限公司有生产。

5.2.2.5 双酚A二羟乙基醚

别名：双羟乙基双酚A，羟乙基化双酚A。

英文名：2,2′-[isopropylidenebis(*p*-phenyleneoxy)]di-ethanol；4,4′-isopropylidenebis(2-phenoxyethanol)；bisphenol A bis(2-hydroxyethyl)ether；2,2-bis[*p*-(2-hydroxyethoxy)phenyl]propane 等。

分子式为 $C_{19}H_{24}O4$，分子量为316.39。CAS编号为901-44-0，EINECS号为212-985-6。

结构式：

$$HOCH_2CH_2O-C_6H_4-C(CH_3)_2-C_6H_4-OCH_2CH_2OH$$

物化性能和厂家牌号

无色至淡黄色或白色固体。密度为 $1.135g/cm^3$。物性不详。

法国SEPPIC公司产品牌号为Dianol 220，典型羟值为350mg KOH/g，熔点约为110℃。日本乳化剂株式会社的双酚A二羟乙基醚产品牌号为BA-2，羟值为330～350mg KOH/g。杭州白浪助剂有限公司的产品牌号为BPE-2，羟值为330～350mg KOH/g。其水分≤0.1%。沈阳普瑞兴精细化工有限公司羟乙基化双酚A产品为白色固体，羟值为340～

360mg KOH/g。

制法

一般可由双酚 A 和环氧乙烷（或氯乙醇）在碱性催化剂存在下缩聚制得，也可用双酚 A 和碳酸乙烯酯合成。

特性及用途

含 2 个苯环，刚性分子结构，可用于合成改性饱和聚酯、不饱和聚酯、环氧树脂、（光固化）丙烯酸酯等树脂。用作聚氨酯扩链剂可提高热稳定性、耐水解、硬度和柔韧性等性能。

5.2.2.6 双酚 A 二羟丙基醚

化学名称：双酚 A 二(β-羟丙基)醚，双酚 A 双异丙醇基醚，双酚 A 二异丙醇醚，1,1-[1-(甲基乙基)-双-4,1-亚苯氧基]-二-2-丙醇，2,2-双(4-β-羟丙氧基苯基)丙烷等。

国内多简称该产品为 D-33（来源于原 Akzo 化学公司 Dianol 33)。

英文名：bisphenol A bis(beta-hydroxypropyl) ether；2,2-bis-(4-beta-hydroxypropoxyphenyl) propane；bis-(4-beta-hydroxypropoxyphenyl) dimethylmethane；1,1′-isopropylidene-bis-(p-phenyleneoxy) dipropan-2-ol；bispropoxylated 2,2-bis(4-hydroxyphenyl) propane 等。

分子式为 $C_{21}H_{28}O_4$，分子量为 344.4。CAS 编号为 116-37-0，EINECS 号为 204-137-9。结构式：

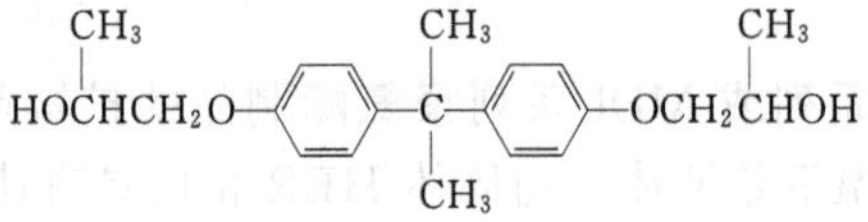

$HOCH(CH_3)CH_2O-C_6H_4-C(CH_3)_2-C_6H_4-OCH_2CH(CH_3)OH$

物化性能和厂家牌号

无色至淡黄色黏稠液体，放置后慢慢结晶成为淡黄色或白色固体。熔点约为 60℃，黏度（75℃）约为 2700mPa·s。热稳定性优异。溶于丙酮、甲乙酮、环己酮、苯、甲苯等有机溶剂。

法国 SEPPIC 公司产品牌号为 Dianol 320 和 Agodiol P2，典型羟值分别为 320mg KOH/g 和 325mg KOH/g。日本乳化剂株式会社产品牌号为 BA-P2，羟值为 310～325mg KOH/g。

国内厂家的指标中双酚 A 含量≤0.03%。广州东政化工有限公司的 D-33 含量≥99%，熔点为 52.5～64.5℃。济南市树脂合成材料有限责任公司 D-33 二醇产品含量≥99%，熔点为 58～64℃。常熟市医药助剂厂、蓝星化工新材料股份有限公司无锡树脂厂、济南三能树脂化工有限公司、常州勇天诚毅化工有限公司等也可生产这种芳香族二醇。

制法

由双酚 A 和环氧丙烷（或环氧氯丙烷）在氢氧化钠存在下缩聚制得。

特性及用途

用作生产耐热、耐腐蚀性不饱和聚酯树脂、高韧性环氧树脂等。还可用于涂料、黏结剂、玻纤浸润剂等产品的制造。可用作聚氨酯的扩链剂。它是仲羟基二醇，一般需用催化剂促进聚氨酯形成反应。

5.2.3 多元醇

5.2.3.1 三羟甲基丙烷

化学名称及别名：2-乙基-2-羟甲基-1,3-丙二醇，1,1,1-三(羟甲基)丙烷。

简称：TMP。

英文名：trimethylolpropane；2-ethyl-2-hydroxymethyl-1,3- propanediol；1,3-propanediol，2-ethyl-2-hydroxymethyl；1,1,1-tri(hydroxymethyl)propane；1,1,1-tris-hydroxymethyl-propane；ethyltrimethylolmethane；propylidynetrimethanol 等。

分子式为 $C_6H_{14}O_3$，分子量为 134.18。CAS 编号为 77-99-6，EINECS 号为 201-074-9。

结构式：

```
              CH2OH
              |
H3C—CH2—C—CH2OH
              |
              CH2OH
```

物化性能

常温下为白色固体，与水、乙醇、甘油以任意比例混溶，溶于丙酮、甲乙酮、二氧六环、环己酮，稍溶于二氯甲烷、乙醚，不溶于脂肪烃和芳烃。有较强的吸湿性。TMP 的典型物性见表 5-35。

表 5-35 TMP 的典型物性

项　目	指标	项　目	指标
外观	白色蜡状薄片	松装密度(干片状)/(g/cm³)	0.56～0.62
分子量	134.18	密度(20℃)/(g/cm³)	1.176
熔点/凝固点/℃	59～61	熔融相对密度	
沸点/℃		70℃	1.0889
常压 101.3kPa	289～295	100℃	1.0742
50×133.3Pa	210	120℃	1.0584
5×133.3Pa	160	闪点/℃	
黏度(75℃)/mPa·s	157	COC 开杯	179
表面张力(70℃)/(mN/m)	40.45	闭杯	>99
折射率(70℃)	1.4716	着火点(开杯)/℃	193
蒸气压(20℃)/Pa	<133	比热容(31℃固体)/[kJ/(kg·K)]	2.43
熔化潜热/(J/g)	183.5		

注：大部分参考自 Celanese 公司数据。

TMP 实际上对动物无毒性，大鼠经口急性中毒数据 LD_{50}=14.1～14.7g/kg。

Celanese 公司片状或熔融状 TMP 产品技术规格为：纯度≥98.0%（气相色谱法），羟基含量≥37.5%（通过 GC 计算），水分≤0.05%，色度（10%水溶液）≤5(APHA)，酸度(以甲酸计)≤0.003%。

Perstorp 公司 TMP 产品指标：羟基含量为 37.5%～38.2%（羟值 1238～1260mg KOH/g)，水分≤0.1%，酸度（以甲酸计)≤5mg/kg，熔点≥57℃，灰分（以 Na 计)≤10mg/kg，色度（熔融)(APHA)≤15。

BASF 公司 TMP 产品指标：纯度≥98.5%，水分≤0.1%（片状）或≤0.05%（熔融)，羟值为 1230～1260mg KOH/g（气相色谱法)，熔点为 58～60℃，灰分≤10mg/kg，色度（100℃熔融)(APHA)≤15，过氧化物含量≤1mg/kg。江苏波力奥化工有限公司的 TMP 纯度≥99.5%，水分≤0.1%。

制法

一般由正丁醛和甲醛为原料，在碱性催化剂作用下发生醇醛缩合反应，缩合产物再与甲醛进行交叉康尼扎罗（Connizzaro）反应或直接催化加氢，即制得三羟甲基丙烷。而正丁醛是由丙烯和甲醛为原料合成的。

特性及用途

TMP分子的同一个C原子上连接三个羟甲基，是一种新戊结构的伯羟基三元醇，能够提高树脂的耐化学品、耐热性等性能。

三羟甲基丙烷是一种用途广泛的有机化工中间体，主要用作聚氨酯树脂、醇酸树脂以及高档涂料的原料，也是其他树脂和有机物的重要中间体。据估计3/4的TMP用于制造聚氨酯涂料和醇酸涂料，满足对硬度、光泽和耐久性方面的要求。

在聚氨酯领域，可合成用于聚氨酯漆和聚氨酯胶黏剂的固化剂，如TDI-TMP加成物多异氰酸酯；合成用于聚氨酯涂料、聚氨酯合成革、弹性体的支化聚酯多元醇；作为起始剂合成聚醚多元醇，用于聚氨酯泡沫塑料的生产；用作聚氨酯弹性体、微孔聚氨酯泡沫塑料等的交联剂等。

生产厂商

德国BASF公司，德国Bayer公司，瑞典Perstorp特殊化学品公司（美国Perstorp多元醇有限公司），美国Celanese化学品公司，意大利Polioli公司，日本三菱瓦斯化学株式会社，日本广荣化学工业株式会社，山东富丰柏斯托化工有限公司，江苏波力奥化工有限公司，无锡百川化工股份有限公司等。

双-三羟甲基丙烷：双-三羟甲基丙烷（Di-TMP）分子式为$C_{12}H_{26}O_5$，分子量为250.33。CAS编号为23235-61-2，EINECS号为245-509-0。英文名为di（trimethylolpropane）等。白色或微黄色结晶固体，易吸潮。熔点为109～112℃，工业品纯度一般≥95.0%，羟值为870～910mg KOH/g。

它是三羟甲基丙烷的二聚物，是四元伯醇。用于生产丙烯酸单体/低聚物、合成润滑油、特种树脂及化学中间体、涂料树脂、PVC稳定剂及其他精细化学品的原料。

5.2.3.2 甘油

化学名称：1,2,3-丙三醇，丙三醇。

简称：GLY。

别名：1,2,3-三羟基丙烷。

英文名：glycerol；1,2,3-propanetriol；1,2,3-trihydroxypropane；glycerine；glycerin；propanetriol；trihydroxypropane等。

分子式为$C_3H_8O_3$，分子量为92.1。CAS编号为56-81-5，EINECS号为200-289-5。

结构式：$HOCH_2CH(OH)CH_2OH$。

物化性能

无色透明无气味黏稠液体，味甜，具有较强的吸湿性，低毒。与水和乙醇混溶，能降低水的冰点。稍溶于乙酸乙酯和乙醚，不溶于苯、氯仿、四氯化碳、石油醚、油类。

纯甘油相对密度为1.261，表面张力（20℃）为64.0mN/m，折射率为1.473，闪点为160℃，熔点为18℃，沸点为290℃，自燃温度为370℃。室温下蒸气压很低，20℃蒸气压＜0.1Pa，50℃蒸气压0.33Pa。

纯度≥95%的工业甘油，相对密度（20℃）≥1.248，黏度（20℃）≥50mPa·s，折射率（20℃）为1.440～1.470。耐热性（120±5）℃×3min不分解，不变色；耐寒性（−10±2）℃×24h不结晶、不分层。pH值为6～8。

加热失水时生成双甘油、聚甘油等，氧化时生成甘油醛、甘油酸等，还原时生成丙二醇。在沸点以下温度分解，分解温度为171℃，当加热到280℃以上时，甘油分解产生毒性、腐蚀性较强的丙烯醛。

表5-36为中国国家标准GB/T 13206—2011规定的甘油质量指标。

表 5-36 甘油工业品的质量指标（GB/T 13206—2011）

项　目		优等品	一等品	二等品	特优级[1]
外观		透明无悬浮物			
含量/%	≤	99.5	98.0	95.0	99.5
色泽(Hazen)	≤	20	30	30	20APHA
密度(20℃)/(g/mL)	≤	1.2598	1.2559	1.2481	1.2598
氯化物含量(以 Cl 计)/%	≤	0.001	0.01	—	0.001
硫酸化灰分/%	≤	0.01	0.01	0.05	0.01
酸度或碱度/(mmol/100g)		0.05	0.10	0.30	≤0.064
皂化当量/(mmol/100g)	≤	0.40	1.0	3.0	0.64
重金属（以 Pb 计）/(mg/kg)	≤	5	5	—	5
有机氯化物(以 Cl 计)/%		0.001	0.01	—	0.001
砷含量(以 As 计)/(mg/kg)		2	2	—	2

① 为博兴华润油脂化学有限公司特优级甘油指标。

国外一种从动植物油脂制造的高纯度甘油指标如下。

纯度/%	≥99.5	重金属含量/(mg/kg)	≤5
相对密度	≥1.249	有机氯化物含量/(mg/kg)	≤30
色度(APHA)	≤20	有机挥发性杂质	满足要求
灰分%	≤0.01	脂肪酸及酯/(mL/50g)	≤1.0
氯化物含量/(mg/kg)	≤10	水分/%	≤0.5
硫酸盐含量/(mg/kg)	≤20		

制法

国内外多采用生物方法，如传统的采用动物脂肪和植物油经皂化水解制造甘油，也可采用植物糖类发酵制造甘油。还可用化学方法合成甘油，如蔗糖高压氢化裂解制甘油。

特性及用途

在医药方面，用以制取各种制剂、溶剂、吸湿剂、防冻剂和甜味剂，配制外用软膏或栓剂等。用甘油制取的硝化甘油用作炸药原料。它是合成树脂的重要原料，用于制造醇酸树脂、聚酯树脂、缩水甘油醚、聚醚多元醇和环氧树脂。在纺织和印染工艺中用以制取润湿剂、吸湿剂、织物防皱防缩处理剂、扩散剂和渗透剂。在仪器工业中用作甜味剂、烟草的吸湿剂和溶剂。此外，在造纸、化妆品、制革、照相、印刷、金属加工橡胶等行业中广泛应用。

在聚氨酯领域，最重要的应用是作为聚醚三醇等聚醚多元醇的起始剂，也可用于制造聚氨酯泡沫塑料、涂料、胶黏剂等。

毒性

甘油几乎无毒，大鼠经口急性中毒数据 $LD_{50}=12.6g/kg$。反复接触可引起皮肤脱水，吸入高浓度烟雾可引起刺激，典型有害临界值为 $10mg/m^3$。

生产厂商

博兴华润油脂化学有限公司，山西省介休市维群生物工程有限公司，黑龙江省友谊甘油厂，内蒙古通辽市威宁化工有限责任公司（原通辽市康斯特油化有限公司），通辽市兴合化工有限公司，河北省衡水东风化工有限责任公司，山东瑞星集团有限公司，辽宁丹东巨龙化工有限责任公司，江苏强林生物能源有限公司，江苏省泰兴市甘油厂，浙江遂昌惠康药业有限公司（原浙江遂昌甘油厂），上海双乐油脂化工有限公司等。

5.2.3.3 三羟甲基乙烷

化学名称及别名：1,1,1-三(羟甲基)乙烷，2-甲基-2-羟甲基-1,3-丙二醇。

简称：TME。

英文名：trimethylolethane；1,1,1-tris(hydroxymethyl)ethane；2-(hydroxymethyl)-2-methyl-1,3-propanediol。

分子式为 $C_5H_{12}O_3$，分子量为 120.15。CAS 编号为 77-85-0，EINECS 号为 201-063-9。

结构式：

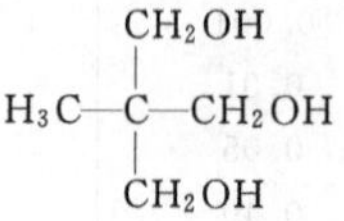

$$H_3C-\overset{\displaystyle CH_2OH}{\underset{\displaystyle CH_2OH}{\overset{|}{\underset{|}{C}}}}-CH_2OH$$

物化性能

常温下为白色结晶颗粒状或块状固体。无气味，熔点为 200～203℃，溶于水，在水、醇中的溶解度（25℃）为：140g/100g 水，75.2g/100g 甲醇，27.9g/100g 乙醇。

GEO 公司的三羟甲基乙烷 TRIMET 典型物性及质量指标见表 5-37。

表 5-37 Geo 公司的三羟甲基乙烷 TRIMET 典型物性及质量指标

项　目	工业级	高纯级
外观	白色结晶固体	
实际当量	41	40.5
熔点/℃	185～195	199～203
相对密度(块状)	0.755	—
相对密度(颗粒)	0.743	0.779
闪点(COC 开杯)/℃	160	—
羟基含量/%	≥41.0	≥41.75
灰分(以 Na_2O 计)/%	≤0.01	≤0.01
水分/%	≤0.30	≤0.30
水不溶物/%	≤0.005	≤0.005
色度(APHA)	≤250	≤100

TME 基本上无毒，小鼠经口急性中毒数据 LD_{50}＞5g/kg。

制法

一般由丙醛和甲醛为原料，在碱性催化剂作用下发生醇醛缩合反应，缩合产物再与甲醛进行交叉康尼扎罗（Connizzaro）反应或直接催化加氢，即制得三羟甲基乙烷。

特性及用途

三羟甲基乙烷的分子结构与三羟甲基丙烷（TMP）相似，含 3 个伯羟基，但它具有高熔点，它紧密的新戊基结构和高羟基含量，可赋予聚合物优异的耐热性、耐光性、耐水解及抗氧化性。它可用于高质量的醇酸树脂和聚酯树脂，用于涂料、粉末涂料；它的多元醇酯衍生物可用于润滑剂，塑料和二氧化钛颜料涂料的增塑剂和稳定剂；其硝酸酯用于炸药和推进剂；它本身可用作一种固相贮热介质。

在聚氨酯领域，TME 可和 TMP 一样用于合成支化聚酯多元醇，用作聚氨酯交联剂以及聚醚多元醇的起始剂等，应用于聚氨酯涂料、弹性体、泡沫塑料等产品。

生产厂商

美国 GEO 特殊化学品公司，江苏省响水县现代化工有限责任公司，山东省巨野锦晨精细化工有限公司等。

5.2.3.4 1,2,6-己三醇

别名：1,2,6-三羟基己烷。

英文名：1,2,6-hexanetriol；1,2,6-trihydroxyhexane。

分子式为 $C_6H_{14}O_3$，分子量为134.2。CAS编号为106-69-4。

结构式：

$$HO-CH_2-\underset{}{\overset{OH}{\overset{|}{C}}}H-CH_2-CH_2-CH_2-CH_2-OH$$

物化性能

无色至微黄黏稠液体，溶于水、丙酮，几乎不溶于辛烷、甲苯。其他典型物性指标见表5-38。

表5-38　1,2,6-己三醇的典型物性

项　目	指标	项　目	指标
分子量	134.17	黏度(30℃)/mPa·s	1095
工业品纯度/%	>98.0	折射率(20℃)	1.472～1.477
相对密度(20℃)	1.109	表面张力(20℃)/(mN/m)	50
沸点(5×133Pa)/℃	178	熔点(凝固点)/℃	25～32
沸点(13.3Pa)/℃	145～147℃		

1,2,6-己三醇几乎无毒，大鼠经口急性中毒数据 LD_{50} 约为15.5g/kg，兔皮肤吸收急性中毒数据 $LD_{50}\geqslant 20mL/kg$。

特性及用途

该品是一种稳定、无毒、高沸点的液体多元醇，含2个伯羟基和1个仲羟基。主要用于化妆品保湿剂和药物制造中间体，以及用于合成树脂。与甘油相比，其黏度大、密度较低，吸湿性稍低，对颜料的分散性好。它还可用于圆珠笔油、油墨和许多涂料配方的溶剂、增塑剂。它可用作聚醚多元醇的起始剂。不过，由于价格昂贵，目前已很少使用。

生产厂商

日本东京化成工业株式会社，美国Aldrich公司，天津瑞发化工科技发展有限公司等。

5.2.3.5　三羟乙基异氰尿酸酯

简称：THEIC，赛克。

英文名：trihydroxyethyl isocyanurate；1,3,5-tris(2-hydroxyethyl)-1,3,5-triazine-2,4,6-trione；tris(beta-hydroxyethyl)isocyanurate；*N*,*N*′,*N*″-tris(2-hydroxyethyl) isocyanurate等。

分子式为 $C_9H_{15}N_3O_6$，分子量为261.23。CAS编号为839-90-7。

结构式：

```
              (CH2)2OH
                 |
                 N
               /   \
          O═C       C═O
            |       |
HO-(CH2)2-N         N-(CH2)2OH
               \   /
                 C
                 ‖
                 O
```

物化性能

白色结晶粉末或颗粒，熔点为134.5～136.5℃，羟值为630～650mg KOH/g，酸值≤1.0mg KOH/g。

特性及用途

含异氰脲酸酯刚性杂环和3个羟基，能改善树脂的耐热性。用于制造耐热漆包线漆、表面涂料、不饱和聚酯树脂、聚氨酯树脂、水性烘烤漆等，还用于合成杀虫剂、染料和药物。

在聚氨酯领域，可用作聚醚多元醇起始剂，特殊场合还可用作交联剂等。

生产厂商

江苏宜兴市中正化工有限公司，江苏常州市华安精细化工厂，江苏武进市牛塘化工厂，江苏扬州三得利化工有限公司等。

5.2.3.6 季戊四醇

化学名称：2,2-二(羟甲基)-1,3-丙二醇。

国外有厂家简称PE、Penta、PE-T。

英文名：pentaerythritol；(2,2-bishydroxymethyl)-1,3-propanediol；pentaerythrite；monopentaerythritol；tetrahydroxymethylmethane；tetrakis(hydroxymethyl)methane等。

分子式为$C_5H_{12}O_4$，分子量为136.15。CAS编号为115-77-5，EINECS号204-104-9。

结构式：

$$C(CH_2OH)_4:\quad HO-CH_2-\underset{CH_2-OH}{\overset{CH_2-OH}{C}}-CH_2-OH$$

物化性能

季戊四醇为高熔点白色结晶，自由流动粉末。无气味，蒸气压很低。微带甜味，基本无毒，在空气中稳定，不易吸湿。微溶于冷水，而易溶于热水，高纯品在20℃和75℃水中的溶解度分别是5.8g/100g和37.1g/100g。不溶于丙酮、乙酸乙酯、乙醇、甲苯、环己酮等有机溶剂，微溶于乙二醇、二甘醇等。季戊四醇的典型物性见表5-39。

表5-39 季戊四醇的典型物性

项 目	指标	项 目	指标
工业级熔点/℃	248～252	燃烧热/(kJ/mol)	2769
高纯级熔点/℃	256～262	蒸气压/Pa	0.003(106℃)
沸点(4.0kPa)/℃	276	溶解热/(kJ/mol)	−22.1
松装密度(20℃)/(g/cm³)	0.72～0.85	比热容(100℃)/[J/(g·K)]	255
密度(30℃固体)/(g/cm³)	1.397		

注：根据Celanese公司资料整理。

季戊四醇通常有三个标准品级，即单品级或高纯级（mono grade或pure grade）、工业级（technical grade）和硝化级。

表5-40为我国季戊四醇产品质量标准（GB/T 7815—2008）及部分国外厂商的质量标准。GB/T 7815按纯度把季戊四醇分为98级、95级、90级和86级四个级别。云南云天化

表5-40 我国季戊四醇产品质量标准（GB/T 7815）及部分厂商的质量标准

指标来源	GB/T 7815—2008			Celanese公司		Perstorp公司	
产品等级	98级	95级	90级	单品级	工业级	单品级	工业级
单季戊四醇/%	≥98.0	≥95.0	≥90.0	≥98.0	86.0～90.0	≥98	≥89
二季戊四醇/%	—	—	—	0～2	10.0～12.0	0～2	7
多季戊四醇/%	—	—	—	—	0～4	—	—
羟基含量/%	≥48.5	≥47.5	≥47.0	≥49.3	47.9～49.0	49.2～50.0	48.5～49.4
加热减量/%	≤0.20	≤0.50	≤0.50	≤0.20	≤0.30	0.1	0.1
灰分/%	≤0.05	≤0.10	≤0.10	≤0.01	≤0.01	≤15	≤30
色度①	≤1	≤2	≤2	≤1	≤1	1	2

① 邻苯二甲酸酯色度（Gardner）。

注：加热减量即水分。Perstorp公司的单品级、工业级（欧洲/美洲）的羟值分别为1625～1650mg KOH/g、1600～1630mg KOH/g/1550～1618mg KOH/g。

股份有限公司的产品有 99、98、96 和 93 四个级别，分别对应单季戊四醇的最低含量 99% 至 93%。江苏瑞阳化工股份有限公司季戊四醇（单季戊四醇含量）产品分别有：特级品（≥99.2%），高纯级（≥98%），工业 95 级（≥95%）、90 级和 86 级。

特性及用途

季戊四醇有四个伯羟基，是常用的多元醇之一。它大量地应用于醇酸树脂涂料的生产，起增强硬度、改善干燥性能的作用。在聚氨酯领域，主要用于作为硬泡聚醚多元醇的起始剂，以及用于聚氨酯涂料。

季戊四醇还用于许多中间体或产品的原料，如季戊四醇脂肪酸酯和 C_5～C_{11} 酸酯（高级合成润滑剂）、季戊四醇松香酯（用于印刷油墨和胶黏剂等）、妥尔油季戊四醇酯（木浆浮油酯，用于耐水、快干油性清漆）、季戊四醇四硝酸酯（炸药原料）、氯化聚醚树脂、季戊四醇丙烯酸酯（光固化涂料和油墨的交联剂）、酚类抗氧剂（如 1010 等），微细粉状产品用于阻燃涂料膨胀剂和 PVC 的增塑剂。

毒性

季戊四醇几乎无毒。大鼠经口急性中毒数据：高纯级季戊四醇 LD_{50}＞16g/kg，工业级季戊四醇 LD_{50}＞11g/kg。

生产厂商

湖北宜化化工股份有限公司，云南云天化股份有限公司，湖南衡阳三化实业股份有限公司，濮阳市鹏鑫化工有限公司，江苏力强化工有限公司，江苏瑞阳化工股份有限公司，云南省宣威华兴化工有限公司，保定市国秀化工有限责任公司（原保定市化工原料厂），山西三维集团股份有限公司，瑞典 Perstorp 特殊化学品公司，Celanese 化学品公司，日本广荣化学工业株式会社，日本三菱瓦斯化学公司等。

二季戊四醇：二季戊四醇（dipentaerythritol）是由甲醛和乙醛生产季戊四醇过程中的副产物，可用分步结晶法自季戊四醇中分离回收。分子式为 $C_{10}H_{22}O_7$，分子量为 254.28。CAS 编号为 126-58-9。

结构式：$(CH_2OH)_3CCH_2OCH_2C(CH_2OH)_3$。

白色结晶状固体。无毒。熔点范围为 215～225℃，一般约为 222℃。密度为 1.356g/cm^3。无吸湿性。微溶于水。不溶于乙醇、丙酮和苯。主要用于醇酸树脂、干性油、松香酯和耐燃剂等的制造。

5.2.3.7 木糖醇

英文名：xylitol；pentane-1,2,3,4,5-pentol 等。

分子式为 $C_5H_{12}O_5$，分子量为 152.15。CAS 编号为 87-99-0。

结构式：

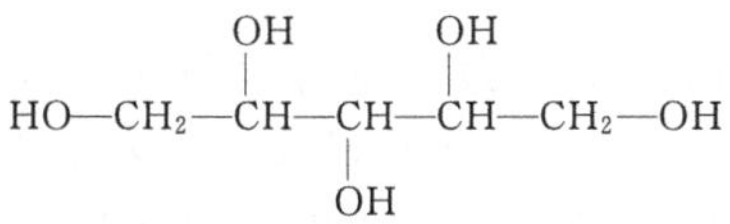

$$HO—CH_2—\underset{}{\overset{OH}{\overset{|}{C}H}}—\underset{\underset{OH}{|}}{CH}—\overset{OH}{\overset{|}{C}H}—CH_2—OH$$

物化性能

白色结晶或结晶性粉末，熔点范围为 92～96℃，易溶于水，具有清凉甜味，10%水溶液的 pH 值为 5.0～7.0。溶解时明显吸热。微溶于乙醇，热稳定性好。

通常木糖醇含量≥98.5%，水分≤0.5%，其他多元醇（包括山梨醇、甘露醇、阿拉伯糖醇、半乳糖醇）≤2.0%或≤1.0%，还原糖（葡萄糖）≤0.2%，重金属含量＜10mg/kg。

制法

木糖醇可从玉米芯、甘蔗渣等物质中提取。也可通过葡萄糖催化加氢法制取。

特性及用途

木糖醇主要用于医药工业，直接作为经口药物，可作为甜味剂供糖尿病人食用，其次是食品工业，用于生产防龋齿甜味剂，如口香糖等。还可用于化妆品、保湿剂等。

木糖醇含 5 个羟基，也是合成树脂等的原料，可用于合成硬泡聚醚多元醇的起始剂。由于来源和价格问题，目前木糖醇很少用来合成聚醚。

生产厂商

山东绿健生物技术有限公司，山东福田科技集团有限公司，山东龙力生物科技股份有限公司，福建省唐传生物科技有限公司，河南博康生物科技有限公司，河南汤阴县豫鑫有限责任公司，河北圣雪葡萄糖有限责任公司，河北宝硕股份有限公司糖醇分公司等。

5.2.3.8 山梨醇

别名：山梨糖醇，己六醇等。

英文名：sorbitol；glucitol；D-glucitol；D-sorbit 等。

分子式为 $C_6H_{14}O_6$，分子量为 182.18。CAS 编号为 50-70-4，EINECS 号为 200-061-5。

结构式：

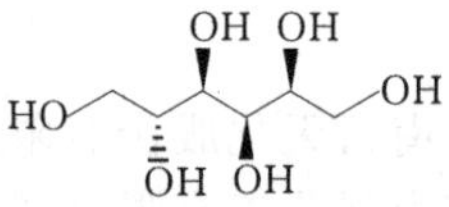

HO—CH₂—CH(OH)—CH(OH)—CH(OH)—CH(OH)—CH₂—OH

物化性能

白色结晶粉末，熔点为 93～97℃。相对密度为 1.489。无气味，溶于水、甘油、丙二醇，味甜，微溶于乙醇，几乎不溶于多数其他有机溶剂。

山梨醇在不同条件下结晶，可有 α、β、γ 和 δ 四种晶型，其中 γ 型最稳定，在普通湿度下，含 80% γ 型的山梨醇不会吸潮。山梨醇稳定性好，可承受 200℃高温不变色。工业级山梨醇有液体（70%）和固体两种。

制法

目前国际上均以廉价的葡萄糖为原料，经氢化还原生产山梨醇。山梨醇的产量比甘露醇大得多。

特性及用途

山梨醇广泛应用于医药、日化、轻工与食品等行业。它作为化工合成中间体，可用于生产表面活性剂司班和吐温、复合甘油、醇酸树脂、聚醚多元醇、增塑剂等化工产品。

山梨醇含 6 个羟基，是六元醇，在聚氨酯行业，主要用作起始多元醇，生产硬泡用的聚醚多元醇。制得的聚氨酯泡沫塑料具有机械强度高、耐热性好、尺寸稳定性好等优点。

生产厂商

山东联盟化工集团有限公司山东天力药业有限公司，罗盖特（中国）精细化工有限公司，山东寿光市金阳光化工有限公司，石家庄欧莱茵科技有限公司，广西南宁化学制药有限责任公司，河北圣雪葡萄糖有限责任公司，苏州市明华糖醇有限公司，鲁洲生物科技（山东）有限公司，青岛明月海藻集团有限公司等。

5.2.3.9 甘露醇

别名：甘露糖醇，1,2,3,4,5,6-己六醇。

英文名：mannitol；1,2,3,4,5,6-hexanehexol；D-mannitol；mannite；manna sugar；hexitol 等。

分子式为 $C_6H_{14}O_6$，分子量为 182.18。CAS 编号为 69-65-8。

结构式：

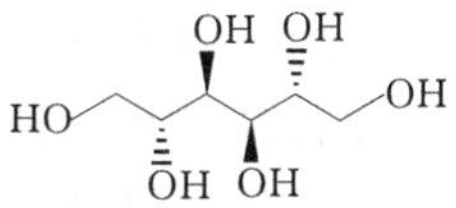

物化性能

白色结晶粉末或针状结晶，无吸湿性，无臭，味甜。溶于水和热的甲醇、乙醇，不溶于乙醚。10%水溶液的pH值为4.0～7.5。熔点为165～169℃，沸点为290～295℃（3.5×133Pa）。相对密度为1.49～1.52。

甘露醇无毒，大鼠经口急性中毒数据LD_{50}=17g/kg。

制法

海带中含甘露醇，从海带提取甘露醇是海带综合利用的传统的联产品。

化学合成方法有两种：一种是由蔗糖为原料，经水解、氢化、分离结晶制备甘露醇；另一种方法是以葡萄糖为原料，经酶异构后加氢，分离结晶制备甘露醇。合成法产品品质好，环境污染轻，生产成本低，不受自然资源影响。国外主要采用化学法生产甘露醇，近年来国内也已工业化。

特性及用途

甘露醇和山梨醇是同分异构体。甘露醇主要用于医药工业。以甘露醇为原料可以合成多种重要精细化工中间体。

甘露醇含6个羟基，是六元醇，以甘露醇为原料与环氧丙烷合成的甘露醇环氧丙烷聚醚，可用于硬质聚氨酯泡沫塑料的合成，泡沫塑料具有机械强度高、耐热性好、尺寸稳定性好等优点。

生产厂商

山东洁晶集团股份有限公司，山东天力药业有限公司，连云港中大海藻工业有限公司，青岛明月海藻集团有限公司，青岛宇龙海藻有限公司，河北华旭药业有限责任公司等。

5.2.3.10 蔗糖

英文名：sucrose；saccharose；1-α-D-glucopyranosyl-2-β-D-fructofranoside；cane sugar 等。

分子式为$C_{12}H_{22}O_{11}$，分子量为342.3。CAS编号为57-50-1。

结构式：

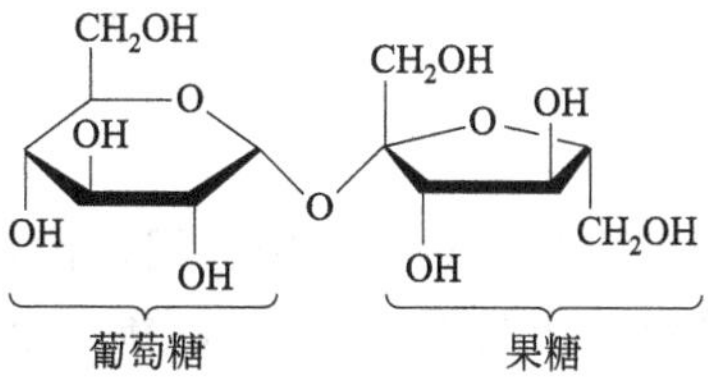

葡萄糖　果糖

物化性能

无色结晶、结晶块状物或白色结晶粉末。相对密度为1.5805，熔点为185～192℃。

食用蔗糖有白砂糖和绵白糖两种规格。白砂糖含蔗糖≥99.5%，绵白糖中蔗糖含量≥97.9%。

制法

蔗糖一般通过从大量种植的甘蔗和甜菜中提取。

特性及用途

蔗糖主要用于食品工业。其分子结构中有8个羟基，可用作聚醚多元醇的原料，还可用于合成蔗糖酯类化合物。

使用蔗糖来生产硬质聚氨酯泡沫塑料的中间体——蔗糖聚醚多元醇的优点有：蔗糖容易得到，能大量供应，价格便宜；蔗糖纯度较高，是一种理想的化工原料；蔗糖为双环结构，以蔗糖作为起始剂的聚醚多元醇具有官能度高、耐温、尺寸稳定性好等特点。

5.2.3.11 甲基葡萄糖苷

别名：α-甲基葡萄糖苷。

简称：MeG。

英文名：methyl glucoside；methyl-α-D-glucopyranoside；α-methyl glucopyranoside；α-methyl D-glucose ether 等。

分子式为 $C_7H_{14}O_6$，分子量为 194.18。CAS 编号为 97-30-3。

结构式：

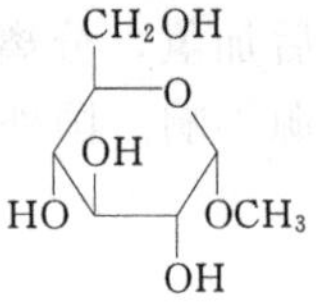

CH_2OH
O
OH
HO　　OCH_3
OH

物化性能

外观为白色或微黄色结晶粉末，稍有甜味，无毒，易溶于水，易吸潮，性能稳定。熔点为 169～171℃，相对密度为 1.46。

产品纯度一般不低于 98.0%，葡糖苷不大于 1.5%，干燥失重不大于 1.2%。

制法

葡萄糖在酸性催化剂作用下，与甲醇反应生成甲基葡萄糖苷。

也可以由淀粉、甲醇为原料，以酸为催化剂，在压力条件下合成甲基葡萄糖苷。

特性及用途

甲基葡萄糖苷是一种非还原性的葡萄糖衍生物。葡萄糖是醛糖，醛基易发生氧化还原反应，会导致产品颜色深，酸值高，因此不直接用于中高温合成。葡萄糖只有与脂肪醇缩合成葡萄糖苷后，化学稳定性才大大增强。甲基葡萄糖苷不含醛基，而且价格不高。

甲基葡萄糖苷是具有环状结构的四羟基多元醇，可作为聚氨酯硬泡聚醚多元醇的起始剂，也可少量用于聚酯多元醇合成。可用作日化产品非离子表面活性剂的原料，也用于医药。还可用于热固性脲醛、酚醛树脂的改性剂以及织物精整、黏合剂、涂料、化妆品等工业。

生产厂商

湖州汇晶化工有限公司，泰安市长江化工有限公司，汝州市全盛实业有限公司，北京杨村化工有限公司（旗下有河南省辉县市长城化工厂），新乡市京辉合成材料有限公司等。

5.2.4 醇胺类二醇及多元醇

此处介绍小分子醇胺，以及由苯胺、甲苯胺等单氨基芳香族胺与 2 个氧化烯烃合成的二官能度含苯环的扩链剂，它们含叔胺基团，具有自催化作用。由 2 个（或 2 个以上）氨基的起始剂如乙二胺、甲苯二胺与氧化烯烃合成的低分子量聚醚多元醇，详见第 2 章。

5.2.4.1 三乙醇胺

简称：TEOA、TEA。

别名：2,2′,2″-羟基三乙胺，三羟乙基胺。

英文名：triethylolamine；2，2′，2″-nitrilotriethanol；nitrilo-2，2′，2″-triethanol；tris（2-hydroxyethyl）amine；2，2′，2″-trihydroxy-triethylamine；tri（hydroxyethyl）amine。

分子式为 $C_6H_{15}O_3N$，分子量为 149.19。CAS 编号为 102-71-6。

结构式：$N(CH_2CH_2OH)_3$。

物化性能

无色至浅黄色黏稠液体，稍有氨味，易溶于水、乙醇。碱性，水溶液 pH 值约为 10.5。可腐蚀铜、铝及其合金。

熔点为 18～21℃，冷却可形成过冷液体。相对密度约为 1.12，沸点为 190～193℃（5×133Pa），常压下约 335℃分解。蒸气压约为 1.3Pa。闪点为 185℃，自燃温度为 315℃。

液体和蒸气腐蚀皮肤和眼睛。可与多种酸反应生成酯、酰胺盐。

几乎无毒，大鼠经口急性中毒数据 LD_{50}＝8g/kg。

市场上 TEOA 产品有纯度 99％以上的高纯度产品，还有 TEOA 含量为 95％、90％、85％等品级的产品，一般含水、少量二乙醇胺等。一级品纯度≥98.5％，水分≤0.3％。

制法

乙醇胺系列产品由液氨和环氧乙烷反应制得。

特性及用途

三乙醇胺是一种用途广泛的化工原料，用作非炭黑补强胶料的硫化活性剂、油类和蜡类的乳化剂、金属切削冷却剂、防锈剂、水泥早强剂、中和剂、酸性气体吸收剂、日化用品湿润剂等。

在聚氨酯领域可用作聚醚的起始剂，聚氨酯泡沫塑料及弹性体的交联剂兼辅助催化剂。由于含叔胺基团，具有一定的催化作用，并且可中和酸性成分，保护聚氨酯泡沫组合料中的叔胺主催化剂。

生产厂商

美国 Huntsman 公司，美国 Dow 化学公司，日本三井化学株式会社，日本触媒株式会社，韩国 KPX 绿色化工株式会社，德国 BASF 公司，抚顺北方化工有限责任公司，江苏银燕化工股份有限公司，常州市宇平化工有限公司，河北省邢台科王助剂有限公司，抚顺佳化化工有限公司等。

5.2.4.2 二乙醇胺

简称：DEOA、DEA。

别名：2，2′-羟基二乙胺，二羟乙基胺。

英文名：diethanolamine；*N*，*N*-diethanolamine；di（2-hydroxyethyl）amine；bis（hydroxyethyl）amine；2，2′-iminobisethanol；2，2′-dihydroxydiethylamine 等。

分子式为 $C_4H_{11}O_2N$，分子量为 105.15。CAS 编号为 111-42-2。

结构式：$NH(CH_2CH_2OH)_2$。

物化性能

无色至浅黄色稠性液体或白色结晶固体，微有氨味。熔点为 28℃，沸点为 267～269℃（分解）或 138℃（5×133Pa）。相对密度（30℃）为 1.08～1.09，折射率为 1.477，闪点为 146℃，蒸气压（20℃）＜1.3Pa。有吸湿性。易溶于水、乙醇。0.1mol/L 水溶液 pH 值约为 11。可腐蚀铜、铝及其合金。

大鼠经口急性中毒数据 LD_{50}＝710mg/kg。液体和蒸气腐蚀皮肤和眼睛。

美国 Huntsman 公司和抚顺北方化工有限责任公司的二乙醇胺产品规格为：色度（Pt-

Co)≤20，二乙醇胺含量≥99.0%，一乙醇胺≤0.5%，三乙醇胺≤0.5%，水分≤0.15%，氨基当量104.0～106.0。

市场还有80%～95%纯度的二乙醇胺水溶液产品。例如美国空气产品公司的Dabco DEOA-LF的组成为85%二乙醇胺和15%水，蒸气压（21℃）为466.62Pa，沸点为129℃，相对密度为1.09。

特性及用途

二乙醇胺是有机合成的重要原料，如用于生产织物用表面活性剂，用作药物、农药除草剂等的中间体，合成化妆品，石油脱乳剂，还用作酸性气体吸收剂，腐蚀抑制剂等。

在聚氨酯行业可用作生产高回弹、半硬质聚氨酯泡沫塑料的交联剂，还可用于聚醚多元醇的起始剂。因为含仲胺基团，对聚氨酯反应有一定的催化作用，在聚氨酯泡沫组合料中可中和酸性成分，保护主催化剂。

生产厂商

抚顺北方化工有限责任公司，常州市宇平化工有限公司，韩国KPX绿色化工株式会社等。

5.2.4.3 三异丙醇胺

英文名：triisopropanolamine；tris(2-hydroxypropyl)amine；1,1′,1″-nitrilotri-2-propanol；tris(2-propanol)amine 等。

简称：TIPA。

分子式为$C_9H_{21}O_3N$，分子量为191.2。CAS编号为122-20-3。

结构式：$[CH_3CH(OH)CH_2]_3N$。

物化性能

淡黄微白色至棕黄色结晶固体，熔点≥45℃（48～52℃），凝固点为58℃，沸点为305℃，相对密度为1.02（20℃）或0.991（60℃/20℃），黏度（60℃）为141mPa·s，闪点为154℃。溶于水。

微毒，大鼠急性经口毒性数据LD_{50}=4730mg/kg。

纯品含量97%～98%。还有含量分别为95%、90%～95%、85%～90%的三异丙醇胺产品，是三异丙醇胺和水的混合物。90%～95%产品在10℃以上为淡黄色或无色透明液体，10℃以下凝结成固体；纯度为85%～90%的产品凝固点在0℃左右。

特性及用途

该产品主要用作合成洗涤剂、化妆品、表面活性剂的原料，纤维工业精炼剂、抗静电剂、染色助剂、纤维润湿剂、润滑油和切削油的抗氧剂、酸性气体吸收剂、增塑剂、乳化剂、溶剂等。

在聚氨酯领域，可用于聚氨酯软泡交联剂、聚醚多元醇起始剂。它含仲羟基，叔氨基具有辅助催化效果。作为软泡交联剂可提高拉伸强度，还具有提高耐热性和阻燃效果。

生产厂商

南京红宝丽股份有限公司，常州市宇平化工有限公司，抚顺佳化化工有限公司等。

5.2.4.4 甲基二乙醇胺

简称：MDEA。

化学名称：*N*-甲基二乙醇胺。

别名：二羟乙基甲胺。

英文名：methyldiethanolamine；*N*-methyliminodiethanol；2,2′-methyliminodiethanol；

N,*N*-bis(2-hydroxyethyl) methylamine; methyl bis(2-hydroxyethyl) amine; *N*,*N*-di(2-hydroxyethyl)-*N*-methylamine; diethanolmethylamine 等。

分子式为 $C_5H_{13}O_2N$，分子量为 119.16。CAS 编号为 105-59-9。

结构式：$CH_3N(CH_2CH_2OH)_2$。

物化性能

无色至微黄色黏稠液体，易与水、乙醇、乙醚混溶。沸点为 247℃，沸程为 240～255℃（沸点 247.3℃），或 120℃（850Pa）。密度（20℃）为 1.036～1.043g/cm^3，黏度（38℃）为 37mPa·s，凝固点为－21℃。蒸气压（20℃）＜1.3Pa，蒸气密度为空气的 4 倍。与空气混合物爆炸极限为 1.4%～8.8%。闪点（PMCC）为 116℃，自燃温度为 410℃。

MDEA 毒性很小，大鼠经口急性中毒值 LD_{50}＝4780mg/kg。

Huntsman 公司产品甲基二乙醇胺含量≥99.0%，水分≤0.5%。BASF 公司产品纯度≥98.5%，水分≤0.5%。

特性及用途

N-甲基二乙醇胺主要用于酸性气体净化，为高效低能耗脱硫脱碳溶剂。还可用于表面活性剂、水性涂料溶剂及医药中间体乳化剂等。

在聚氨酯行业，*N*-甲基二乙醇胺可用作泡沫塑料的反应型催化剂、阳离子型聚氨酯乳液扩链剂等。

生产厂商

德国 BASF 公司，美国 Huntsman 公司，四川省精细化工研究设计院，常州市宇平化工有限公司（原武进市第五化工厂），飞翔化工（张家港）有限公司等。

5.2.4.5　双羟异丙基苯胺

化学名称：*N*,*N*-双羟异丙基苯胺，*N*,*N*-二(2-羟丙基)苯胺。

英文名：1-[*N*-(2-hydroxypropyl)anilino]propan-2-ol; *N*,*N*-bis(2-hydroxypropyl)aniline; *N*,*N*-di(2-hydroxypropyl)aniline; anilinodi-2-propanol 等。

分子式为 $C_{12}H_{19}NO_2$，分子量为 209.28。CAS 编号为 3077-13-2、62534-33-2、89750-17-4，EINECS 号为 221-360-7。

结构式：

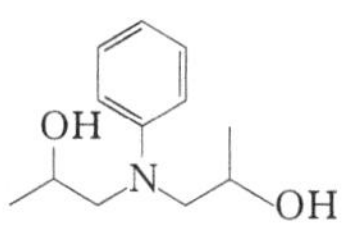

物化性能及厂家牌号

液体。密度为 1.106g/cm^3。闪点为 180℃。

Dow 化学公司早先的牌号 Isonol C-100，羟值为 540mg KOH/g 左右，酸值≤0.015mg KOH/g，水分≤0.15，折射率（23℃）约为 1.552。日本青木油脂工业株式会社产品产品 Blaunon ANIP-2 羟值约为 532mg KOH/g，黏度约为 1300（50℃）。

山东淄博齐龙化工有限公司有环氧丙烷与苯胺按稍大于 2 的摩尔比反应，开发了不同羟值的聚氧化丙烯苯胺醚二醇，其中 QL-HPA-1 的分子量为 200～220，黏度（30℃）≤9.0Pa·s，羟基含量为（9.5±0.2）mmol/g；QL-HPA-2 的分子量为 250～270，羟基含量为（7.6±0.2）mmol/g，黏度（30℃）≤7.0Pa·s；HPA-3 的分子量为 350～400，羟基含量为（5.2±0.3）mmol/g，黏度（30℃）≤5.0Pa·s。杭州通特化工有限公司也生产这种产品。

制法

由环氧丙烷与苯胺按 2/1 摩尔比反应，即可制得 *N*,*N*-双(二羟异丙基)苯胺。

特性及用途

双羟异丙基苯胺是一种具有催化性的扩链剂，它含苯环和2个仲羟基。这类苯胺-氧化烯烃加成物二醇扩链剂主要用作端羟基聚丁二烯聚氨酯弹性体的固化剂，效果比其他扩链剂好。

5.2.4.6 二羟异丙基对甲苯胺

别名：*N*,*N*-二异丙醇对甲苯胺，1,1′-[(4-甲基苯基)亚氨基]二-2-丙醇。

简称：DIIPT。

英文名：*N*,*N*-diisopropanol-*p*-toluidine；*N*,*N*-di(2-hydroxypropyl)-*p*-toluidine；1,1′-(*p*-tolylimino)dipropan-2-ol 等。

分子式为 $C_{13}H_{21}NO_2$，分子量为 223.31。CAS 编号为 38668-48-3，EINECS 号为 254-075-1。

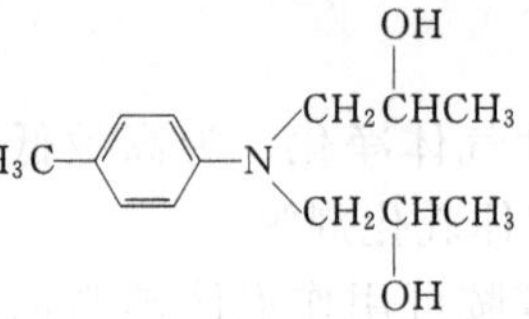

物化性能及厂家牌号

无色至浅黄色糊状固体，稍有氨味。凝固点为 65～72℃，沸点＞300℃。密度（40～80℃）为 0.99g/cm³。稍溶于水，pH 值约为 8。

BASF 美国公司的二羟异丙基对甲苯胺纯度≥97.0%，多氧化丙烯化苯胺产物≤3.5%，单羟异丙基对甲苯胺≤1%。杭州通特化工有限公司等公司也生产这种产品，纯度≥99%，为白色结晶粉末。

有毒，大鼠经口急性毒性 LD_{50}＝25～200mg/kg。

特性及用途

用于合成树脂的原料。它含仲羟基，可用于聚氨酯扩链剂、树脂反应促进剂等。

5.2.4.7 二羟乙基苯胺

别名：*N*,*N*-二羟乙基苯胺，*N*-苯基二乙醇胺，2,2′-(苯亚氨基)二乙醇，*N*,*N*-双(*β*-羟乙基)苯胺。

英文名：*N*,*N*-dihydroxyethylaniline；2,2′-(phenylimino)diethanol；*N*-phenyldiethanolamine 等。

分子式为 $C_{10}H_{15}NO_2$，分子量为 181.23。CAS 编号为 120-07-0，EINECS 号为 204-368-5。

结构式：

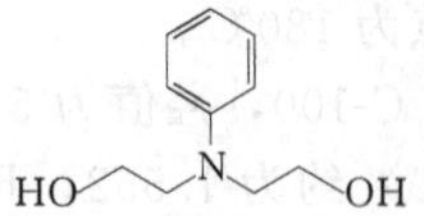

物化性能及厂家牌号

白色至黄色结晶型粉末，熔点为 55～59℃，沸点为 228℃（2kPa），闪点为 200℃。相对密度为 1.23 或 1.201（60℃），黏度约为 123mPa·s（60℃）。溶于丙酮、乙醚和乙醇，稍溶于水。

有毒，有刺激性，对环境有危险。经口急性毒性 LD_{50}＝980mg/kg（大鼠），LD_{50}＝360mg/kg（小鼠）。兔皮肤接触毒性 LD_{50}≥20mL/kg。

江苏省滨海恒联化工有限公司产品纯度≥98.0%，苯胺含量≤0.5%，*N*-羟乙基苯胺≤1.0%，水分≤0.5%。无锡市汇友化工有限公司产品为淡黄色至红棕色固态，纯度≥

98.0%。浙江省海宁市通元化工厂产品为白色结晶粉末纯度≥99%。

特性及用途

主要用于医药、染料、有机合成的中间体。也可用于聚氨酯扩链剂等。

5.2.4.8　二羟乙基对甲苯胺

别名：*N*,*N*-二羟乙基对甲苯胺，2,2′-对甲苯基亚氨二乙醇。

英文名：*N*,*N*-dihydroxyethyl-*p*-toluidine；diethylol-*p*-toluidin；*p*-tolyldiethanolamine；2,2′-(*p*-Tolylimino)diethanol 等。

分子式为 $C_{11}H_{17}NO_2$，分子量为 195.26。CAS 编号为 3077-12-1。

物化性能及厂家牌号

棕黄色油状液体，或淡黄色至红棕色固体，熔点为 49～53℃，沸点为 338～340℃，相对密度为 1.237 或 0.957 (15℃)。溶于醇和酸液。

滨海恒联化工有限公司产品纯度≥98.0%，*N*-羟乙基对甲苯胺≤1.0%，对甲苯胺≤0.5%，水分≤0.5%。杭州通特化工有限公司、海宁市通元化工厂产品纯度≥98%。

特性及用途

主要用于医药、染料等的中间体。也可用于不饱和树脂促进剂、聚氨酯自催化扩链剂等。

5.2.4.9　二羟乙基间甲苯胺

别名：*N*,*N*-双(2-羟基乙基)-间甲苯胺，间甲苯基二乙醇胺，*N*-(3-甲苯基)二乙醇胺等。

英文名：*N*,*N*-di(hydroxyethyl)-*m*-toluidine；*m*-tolyldiethanolamine；*N*,*N*-bis(2-hydroxyethyl)-*m*-toluidine；*N*-(*m*-tolyl)-diethanolamine；*N*,*N*-bis(2-hydroxyethyl)-3-methylaniline 等。

分子式为 $C_{11}H_{17}NO_2$，分子量为 195.26。CAS 编号为 91-99-6，EINECS 号为 202-114-8。

物化性能

淡黄色至棕黄色固体。熔点为 65～70℃，密度为 1.237。纯度一般≥98%。

特性及用途

主要用于染料等的中间体，也可用于聚氨酯自催化扩链剂等。

生产厂商

无锡市汇友化工有限公司，滨海恒联化工有限公司，海宁市通元化工厂等。

5.2.5　羧基二醇

5.2.5.1　二羟甲基丙酸

化学名称：2,2-二羟甲基丙酸。

别名：二羟基新戊酸。

简称：DMPA，DHPA，Bis-MPA。

英文名：dimethylolpropionic acid；2,2-dimethylolpropionic acid；2,2-bis(hydroxymethyl) propionic acid；dihydroxypivalic acid 等。

分子式为 $C_5H_{10}O_4$，分子量为 134.13。CAS 编号为 4767-03-7。

结构式：

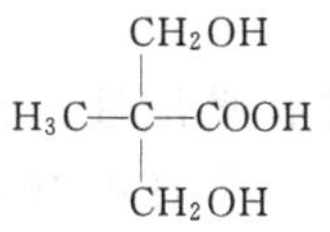

$$H_3C-\underset{CH_2OH}{\overset{CH_2OH}{\overset{|}{\underset{|}{C}}}}-COOH$$

物化性能

白色晶体粉末，在相对湿度高时有吸湿性，部分溶于水、二甲基甲酰胺，稍溶于丙酮，不溶于冷乙醇。在230℃可分解。DMPA典型物性和质量指标见表5-41。

表5-41 DMPA典型物性和质量指标

项目	典型数值	项目	典型数值
熔点(工业品)/℃	≥175	纯度/%	≥98或≥99
熔点(纯品)/℃	190～191	水分/%	≤0.3
羟基含量/%	24～26.0	灰分/%	≤0.03
羟值/(mg KOH/g)	810～860	残醛/%	≤0.03
酸值/(mg KOH/g)	405～425	过氧化物/%	≤0.01
溶解度/(g/100g水)	11(25℃)	铁含量/(mg/kg)	≤10
溶解度/(g/100g丙酮)	1～2(25℃)	闪点/℃	220
密度/(g/cm^3)	1.263		

毒性很低，大鼠经口急性中毒值LD_{50}>5g/kg。

制法

可由甲醛和丙醛在催化剂存在下进行羟醛缩合反应，得到2,2-二羟甲基丙醛，再用双氧水氧化成粗2,2-二羟甲基丙酸，精制后得到2,2-二羟甲基丙酸。

特性及用途

二羟甲基丙酸是一种多功能团化合物，含2个伯羟基和1个羧基，具有新戊基结构。它可用于水性聚氨酯、水性和普通醇酸树脂、水性和普通聚酯树脂、有机合成中间体等。引入羧基还改善涂料的附着力和合成纤维的染色性，增加镀膜的碱溶性。可用于环氧树脂涂料、粉末涂料、磁性记录材料黏合剂等。

在水性聚氨酯的制造中，它既是扩链剂，又因引入了亲水基团羧基，在扩链反应中保存下来的低活性羧基，可以转化为铵盐或碱金属盐而使聚氨酯获得亲水性，因而可制稳定性优良的自乳化型水性聚氨酯，也可用于特殊的聚氨酯弹性体等。

生产厂商

江苏省丹阳市华盛化工有限公司，江西南城红都化工科技开发有限公司，山东省赛美克化工有限公司，浙江东阳市向阳化工有限公司，安徽安庆市京安精细化工厂，浙江湖州长盛化工有限公司，美国GEO特殊化学品公司，瑞典Perstorp特殊化学品公司（牌号为Bis-MPA），Perstorp UK Ltd（Nexcoat DHPA），日本化成株式会社（Nikkamer-PA）等。

5.2.5.2 二羟甲基丁酸

化学名称：2,2-二羟甲基丁酸。简称：DMBA。

英文名：dimethylol butanoic acid；2,2-bis(hydroxymethyl)butanoic acid等。

分子式为$C_6H_{12}O_4$，分子量为148.2。CAS编号为10097-02-6，EINECS号为424-090-1。

结构式：

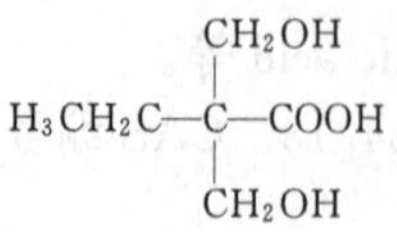

$$H_3CH_2C-\underset{\displaystyle CH_2OH}{\overset{\displaystyle CH_2OH}{\overset{|}{\underset{|}{C}}}}-COOH$$

物化性能

白色晶体粉末，在相对湿度高时有吸湿性。熔点为107～115℃（高纯度为112～114℃），密度为1.263g/cm^3。溶于水。20℃在丙酮、甲乙酮和甲基异丁基酮中的溶解度分别是 15g/100g、7g/100g 和 2g/100g，40℃ 时溶解度分别是 44g/100g、14g/100g 和 7g/100g。

毒性较低，大鼠经口急性中毒值 LD_{50}＞2000mg/kg。

制法

由甲醛和丁醛在催化剂存在下进行羟醛缩合反应，得到 2,2-二羟甲基丁醛，再用双氧水氧化，精制后得到 2,2-二羟甲基丁酸。

特性及用途

二羟甲基丁酸含 2 个伯羟基、1 个叔羧基和疏水性的乙基。羟基的反应活性较羧基大得多，所以 DMBA 可作为聚氨酯的扩链剂而无需预先保护羧基。它可用于水性聚氨酯、水性聚酯树脂、水性环氧树脂、有机合成中间体等。用途与二羟甲基丙酸相同。

与 DMPA 相比，DMBA 熔点较低，在常用有机溶剂中的溶解度较大，并且在低聚物多元醇中的溶解性也好，因此改善了操作性能，并且据称水性聚氨酯的耐水性也比 DMPA 扩链的有改善。

生产厂商

江西南城红都化工科技开发有限公司，日本化成株式会社，瑞典 Perstorp 特殊化学品公司等。

5.3 二胺化合物

5.3.1 芳香族二胺

二胺化合物中用于聚氨酯以芳香族二胺为主，主要用作扩链剂或固化剂。部分脂肪族二胺以及低分子量端氨基聚醚可用于聚氨酯扩链剂，已在“5.1.1.2”小节介绍。本小节介绍芳香族二胺。

5.3.1.1 3,3′二氯-4,4′-二苯基甲烷二胺（MOCA）

化学名称：3,3′二氯-4,4′-二苯基甲烷二胺，3,3′-二氯-4,4′-二氨基二苯甲烷，亚甲基双邻氯苯胺。

简称：MOCA、莫卡，国外又称 MBCA、MBOCA。

英文名：4,4′-methylene-bis(ortho-chloroaniline)；4,4′-methylene bis(2-chlorobenzenamine)；3,3-dichloro-4,4′-diaminodiphenylmethane；di-(4-amino-3-chlorophenyl) methane；bis(3-chloro-4-aminophenyl) methane；methylene bis(3-chloro-4-aminobenzene)等。

分子式为 $C_{13}H_{12}N_2Cl_2$，分子量为 267.16。CAS 编号为 101-14-4，EINECS 号为 202-918-9。

结构式：

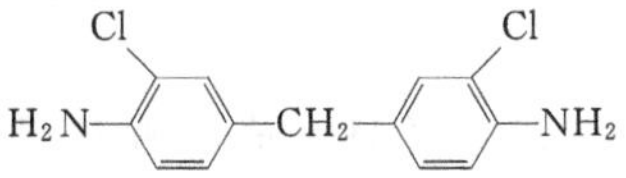

Cl　Cl
H_2N—⟨苯环⟩—CH_2—⟨苯环⟩—NH_2

物化性能

MOCA 有精（纯）MOCA 和粗 MOCA 之分，粗 MOCA 中含部分三环以上的多芳基多胺物质，物性与纯 MOCA 有所不同。

精 MOCA 为白色至淡黄色针状结晶或粉末，粗 MOCA 通常为黄色粉末，其熔点较纯 MOCA 稍低，并且结晶较纯 MOCA 慢。MOCA 几乎不溶于水，可溶于丙酮、二甲基亚砜、二甲基甲酰胺、四氢呋喃、甲苯、乙醇等有机溶剂，还可溶于热的聚醚多元醇中。吸湿性不明显。纯 MOCA 的物理性质见表 5-42。

表 5-42 纯 MOCA 的物理性质

项 目	指标	项 目	指标
外观	浅黄色针状结晶	蒸气压(90℃)/Pa	0.003
熔点/℃	100～109	蒸气压(120℃)/Pa	0.007
固态密度(25℃)/(g/cm³)	1.44	胺值/(mmol/g)	7.4～7.6
液态密度(107℃)/(g/cm³)	1.26	丙酮不溶物/%	≤0.04
溶解热/(J/mol)	18.9	含氯量/%	26
分解温度/℃	约 296	水分/%	≤0.3

台湾有郁实业股份有限公司的 MOCA（牌号 Richcure MOCA）的松装密度是 0.8～0.9g/mL。

为了避免粉尘污染，目前不少厂家将 MOCA 造粒，产品多为淡黄色或黄色颗粒状固体。国内知名厂家苏州市湘园特种精细化工有限公司的 MOCA 产品，其中Ⅰ型精品白色 MOCA 为白色针状结晶，熔点为 102～108℃；Ⅱ型 MOCA 为浅黄色，粒状产品熔点≥98℃，粉状产品熔点≥95℃；Ⅲ型 MOCA 为提取精 MOCA 后的产物，用于防水涂料。Ⅰ型和Ⅱ型 MOCA 用于聚氨酯弹性体等用途。它们的水分≤0.3%，游离苯胺质量分数≤1.0%。张家港市金秋聚氨酯有限公司的颗粒 MOCA-Ⅰ型和粉末 MOCA-Ⅱ型（耐高温）都是淡黄色，熔点≥98℃，纯度≥86%，胺值为 7.4～7.6mmol/g。

MOCA 在使用时需加热熔化，但在高温或长时间受热会发生氧化，使颜色变深。一般在 110℃下的极限加热时间为 4h，而在 130℃左右则为 1h。苏州湘园公司生产的耐高温颗粒 MOCA 在 150℃的高温下保持淡黄色透明状态，能反复熔化而不明显变色。

制法

将邻氯苯胺与盐酸反应生成邻氯苯胺盐酸盐，然后滴加甲醛缩合成 MOCA 粗品，中和，蒸馏出过量的邻氯苯胺，水洗，乙醇重结晶，即得精 MOCA。MOCA 可粉碎成粉末，或加工成粒状产品出售。

$$2H_2N\text{-}C_6H_4(Cl) + H\text{-}C(=O)\text{-}H \longrightarrow H_2N\text{-}C_6H_3(Cl)\text{-}CH_2\text{-}C_6H_3(Cl)\text{-}NH_2 + H_2O$$

国内某些厂家的Ⅰ级 MOCA 即精 MOCA；Ⅱ级 MOCA 即没有提取精 MOCA 的原始合成产品，据称含有约 71%以上的精 MOCA，剩余的是多环 MOCA（三苯基三氨基化合物等）；Ⅲ级 MOCA 是在Ⅱ级 MOCA 中分离精 MOCA 后剩余的物质，约含 10%左右的精 MOCA，其余的为多环氨基化合物。

特性及用途

MOCA 主要是在浇注型聚氨酯弹性体中作为固化剂，MOCA 能很好地与 TDI 型预聚体配合。MOCA 作为固化组分的成分，还用于聚氨酯塑胶跑道、塑胶地板、防水涂料、双组分无溶剂聚氨酯胶黏剂中。

由于 MOCA 分子中含有两个苯环，并且生成的脲基具有较强的极性，这些因素在很大程度上赋予弹性体较高的强度。MOCA 常温下是固体，需在 100～110℃熔化，一般用于弹性体热浇注工艺。

MOCA 还用作环氧树脂的固化剂。

毒性和防护

MOCA 的经口急性毒性不大，LD_{50}（大鼠）≥5000mg/kg。操作时应戴口罩、手套、护目镜等防护用具。加强通风，避免吸入蒸气。

生产厂商

苏州市湘园特种精细化工有限公司，浙江省常山化工有限公司，张家港市金秋聚氨酯有限公司，台湾有郁实业股份有限公司，滨海县星光化工有限公司，安徽祥龙化工有限公司，海宁崇舜化工有限公司，台湾三晃公司，江苏高恒化工集团等。国外知名生产厂商有日本和歌山精化工业株式会社（牌号 BisAmine A/S），日本イハラ（音：伊哈拉）株式会社，美国 Chemtura 公司（牌号 Vibracure A 133 HS 和 Vibracure A134）等。

"液态 MOCA"——ML-200：苏州市湘园特种精细化工有限公司的 ML-200 是具有与 MOCA 相似化学结构和物理性能的芳香族二胺交联剂产品，常温下为浅黄色至棕色透明液体，反应速率比固体 MOCA 快，操作性比固体 MOCA 优良，可在 TDI 系列聚脲、聚氨酯脲类弹性体及涂料、胶黏剂中作为扩链剂、固化剂使用，也是环氧树脂的固化剂。其胺值为 7.4～7.5mmol/g，水分≤0.2%，游离胺≤1.00%，黏度（25℃）为 1350～1550mPa・s。

5.3.1.2　3,5-二甲硫基甲苯二胺（DMTDA）

简称：DMTDA，DADMT，Ethacure 300。

化学名称：3,5-二甲硫基甲苯二胺，二甲硫基二氨基甲苯，二氨基二甲硫基甲苯。

英文名：dimethylthiotoluenediamine；mixture of 3,5-dimethylthio-2,6-toluenediamine and 3,5-dimethylthio-2,4- toluenediamine；methy sulfide diaminotoluene 等。

分子式为 $C_9H_{14}N_2S_2$，分子量为 214.34。CAS 编号为 106264-79-3。

DMTDA 工业产品是 3,5-二甲硫基-2,4-甲苯二胺与 3,5-二甲硫基-2,6-甲苯二胺两种异构体（80/20）混合物。

结构式：

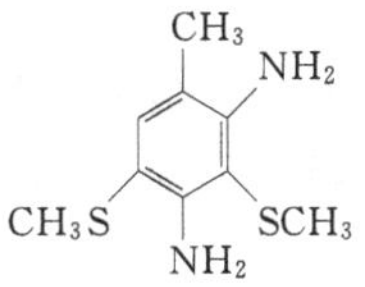

CH_3　NH_2　CH_3S　SCH_3　NH_2

3,5-二甲硫基-2,4-甲苯二胺

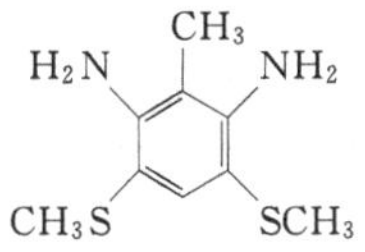

H_2N　CH_3　NH_2　CH_3S　SCH_3

3,5-二甲硫基-2,6-甲苯二胺

物化性能

黄色至琥珀色黏稠透明液体，密度为 1.208g/cm³（20℃）或 1.18g/cm³（60℃），黏度约为 700mPa・s（20℃）或 22mPa・s（60℃），沸点为 353℃（常压）或 200℃（2.24kPa），倾点（凝固点）为 4℃，蒸气压（20℃）≤1.33Pa，闪点（PMCC）为 176℃。与乙醇、甲苯混溶，几乎不溶于水，在 20℃水中溶解度＜0.03%，在 20℃庚烷中溶解度约为 3.5%。暴露在空气中颜色逐渐变深。

美国 Albemarle 公司 DMTDA 产品（牌号 Ethacure 300）典型组成为：二甲硫基甲苯二胺 95%～97%，单甲硫基甲苯二胺 2%～3%，二胺化合物总质量分数＞99%，水分＜0.08%。临淄辛龙化工股份有限公司的 DMTDA 产品二元胺总量≥98%，胺值为 530～550mg KOH/g。

制法

DMTDA 由 2,4-甲苯二胺与二甲基二硫反应制得。

特性及用途

DMTDA 是聚氨酯弹性体的芳香族二胺固化剂，用于浇注、涂料、RIM 及胶黏剂，起扩链或交联作用。它也是环氧树脂的固化剂。

DMTDA 是一种位阻型芳香族二胺，甲硫基和甲基的位阻作用使得其活性比甲苯二胺

（TDA）和二乙基甲苯二胺（DETDA）低，它与聚氨酯预聚体的反应速率比 DETDA 低 5～9 倍，可用于浇注弹性体和涂料体系。DMTDA 的活性比 MOCA 高，在低 NCO 含量的预聚物中采用 DMTDA 固化的浇注时间比 MOCA 短，对加工者来说更合适。

毒性试验表明接触 DADMT 不会引起生理变异和癌症。

生产厂商

美国 Albemarle 公司，德国莱茵化学莱脑有限公司（牌号 Addolink 1705），德国性能化学品汉德尔斯有限公司（PC Amine ADA 215），山东省淄博市临淄辛龙化工有限公司，高青县天成化工有限公司，淄博方中化工有限公司，安徽祥龙化工有限公司，海宁崇舜化工有限公司，杭州伊联化工有限公司等。

5.3.1.3 3,5-二乙基甲苯二胺（DETDA）

英文名：diethyltoluene diamine 等。

简称：DETDA，Ethacure 100。

分子式为 $C_{11}H_{18}N_2$，分子量为 178.3。CAS 编号为 68479-98-1。

DETDA 是 3,5-二乙基-2,4-甲苯二胺（约 80%）与 3,5-二乙基-2,6-甲苯二胺（约 20.0%）两种异构体组成的混合物。

结构式：

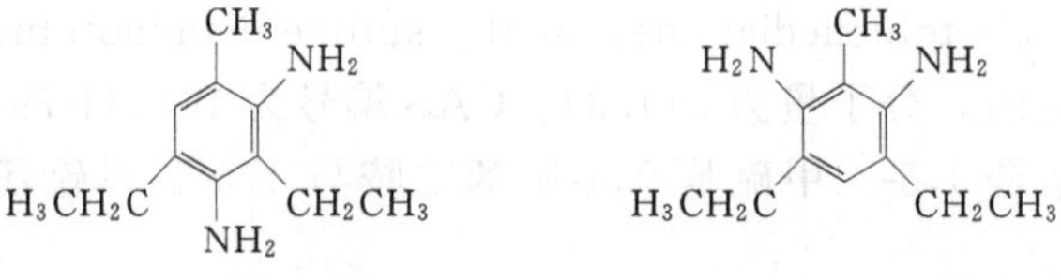

CH_3, NH_2, H_3CH_2C, CH_2CH_3, NH_2

3,5-二乙基-2,4-甲苯二胺

CH_3, H_2N, NH_2, H_3CH_2C, CH_2CH_3

3,5-二乙基-2,6-甲苯二胺

物化性能

淡黄色至琥珀透明液体，暴露在空气中颜色变深。与乙醇、甲苯混溶，几乎不溶于水，在 20℃水中溶解度约为 1%，在 20℃庚烷中溶解度约为 3.5%。DETDA 的典型物性见表 5-43。

表 5-43 DETDA 的典型物性

项 目	指标	项 目	指标
外观	黄色液体	黏度(20℃)/mPa·s	280
沸点/℃	308	黏度(25℃)/mPa·s	155
沸点(400Pa)/℃	132	闪点(TCC)/℃	>135
密度(20℃)/(g/cm³)	1.022	倾点(凝固点)/℃	−9
密度(60℃)/(g/cm³)	1.18	Gardner 色度	约 2.0(浅色产品)

DETDA 与异氰酸酯反应的当量（即分子量与每个分子中反应基团平均数的比值）为 89.1～89.5，与环氧树脂反应的当量约为 44.3。

美国 Albemarle 公司 DETDA 产品（牌号 Ethacure 100）典型组成（质量分数）为：3,5-二乙基-2,4-甲苯二胺为 75%～81%，3,5-二乙基-2,6-甲苯二胺为 18.0%～20.0%，二烷基间苯二胺等化合物为 0.5%～3%，水分<0.08%。瑞士 Lonza 公司的 Lonzacure DETDA 80 中，3,5-二乙基甲苯二胺纯度≥97.5%，上述 2 种异构体的质量分数分别为 77.0%～81.0%和 18.0%～22.0%，另外含乙基甲苯二胺≤1.0%，甲苯二胺≤0.015%，水分<0.10%。

Albemarle 公司还有一种浅色 DETDA 产品（Ethacure 100LC），用于浅色制品，其暴露在空气中颜色变化也比较缓慢，如图 5-3 所示。

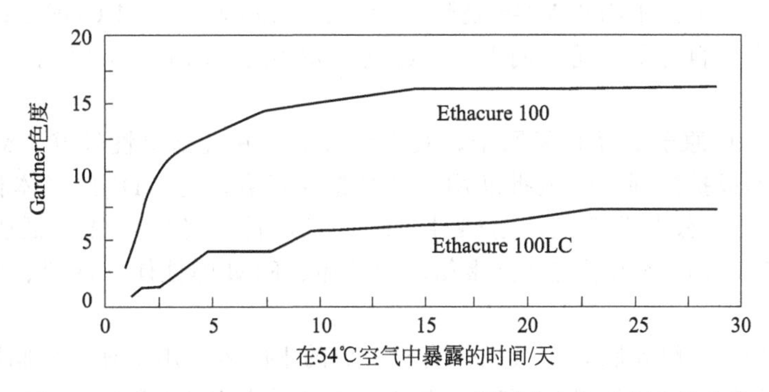

图 5-3 Ethacure 100LC 与 Ethacure 100 暴露在空气中颜色的变化

特性及用途

DETDA 是聚氨酯弹性体以及环氧树脂的芳香族二胺固化剂，用于浇注、涂料、RIM 及胶黏剂，也是聚氨酯及聚脲弹性体的扩链剂。

DETDA 是一种位阻型芳香族二胺，乙基和甲基的位阻作用使得其活性比甲苯二胺（TDA）低得多。它与聚氨酯预聚体的反应速率比 DMTDA 快数倍，比 MOCA 快约 30 倍。主要用于 RIM 聚氨酯体系以及喷涂聚氨酯（脲）弹性体涂料体系，具有反应速率快，脱模时间短、初始强度高、制品耐水解、耐热等优点。

另外该品还可用作弹性体、润滑剂及工业油脂的抗氧剂，以及化学合成中间体。

生产厂商及牌号

美国 Albemarle 公司（牌号 Ethacure 100），瑞士 Lonza 集团公司（牌号 Lonzacure DETDA 80），德国莱茵化学莱脑有限公司（Addolink 1701），德国性能化学品汉德尔斯有限公司（牌号 PC Amine ADA 180），江苏省昆山市化学原料有限公司，山东省淄博市临淄辛龙化工有限公司，台湾有郁实业股份有限公司（Richcure MCA），等。

5.3.1.4 4,4′-亚甲基双(3-氯-2,6-二乙基苯胺)(M-CDEA)

化学名称：4,4′-亚甲基双(3-氯-2,6-二乙基苯胺)。

简称：MCDEA，M-CDEA。

英文名：4,4′-methylenebis(3-chloro-2,6-diethylaniline)；4,4′-methylene-bis(3-chloro-2,6-diethyl-benzenamine)等。

分子式为 $C_{21}H_{30}Cl_2N_2$，分子量为 379.38。CAS 编号为 106246-33-7，EINECS 号为 402-130-7。

结构式：

H_2N—(苯环：C_2H_5, Cl, C_2H_5)—CH_2—(苯环：C_2H_5, Cl, C_2H_5)—NH_2

物化性能

灰白色结晶粉末或颗粒，熔点为 87～90℃，表观密度（松装密度）为 0.61～0.65g/cm³。稳定性大于 3 年。与异氰酸酯反应时，当量为 187.8～191.6。M-CDEA 溶于甲苯、二甲苯、DMF、DMSO、苯胺，不溶于水，完全溶于 80℃的二缩三乙二醇，50% M-CDEA 的二缩三乙二醇溶液从 80℃冷却到 40℃经 48h 无结晶析出。它可用甲醇重结晶。

M-CDEA 毒性很小，大鼠经口急性中毒值 LD_{50}＞5000mg/kg。

Lonza 公司的 M-CDEA（牌号 Lonzacure M-CDEA）纯度≥97.0%，水分≤0.15%。

Lonza公司的Lonzacure M-CDEA GS是颗粒状产品，Lonzacure M-CDEA PQ是浅色产品。江苏省昆山市化学原料有限公司的同类产品纯度≥98.0%，水分≤0.5%。

特性及用途

因为氨基邻位C原子上没有氢原子，其毒性很低，并且稳定性较好。M-CDEA是一种性能优良的固化剂或扩链剂，欧盟批准用于食品接触场合。与TDI预聚体相容性好，制得的制品具有良好的动态力学性能、耐热性、水解稳定性、光稳定性和低吸水性，活性比MOCA高。M-CDEA可适用于浇注型聚氨酯弹性体、RIM弹性体、涂料、胶黏剂、微孔弹性体等。

另外它还可用于聚酰亚胺，以及用作有机合成的中间体。用于环氧树脂固化剂，制品具有优异的耐化学品性能，耐酸碱，高玻璃化温度T_g（可高达230℃）。

生产厂商

苏州市湘园特种精细化工有限公司，瑞士Lonza集团公司，江苏省常熟市永利化工有限公司，江苏省昆山市化学原料有限公司，无锡鼎泰化工有限公司等。

5.3.1.5 4,4′-亚甲基双(2,6-二乙基)苯胺（M-DEA）

化学名称：4,4′-亚甲基双(2,6-二乙基)苯胺。

简称：M-DEA。

英文名：4,4′-methylene-bis-(2,6-diethyl)-aniline；4,4′-methylene bis-(2,6-diethylbenzenamine)。

分子式为$C_{21}H_{30}N_2$，分子量为310.49。CAS编号为13680-35-8，EINECS号为237-185-4。

结构式：

H₂N … NH₂

物化性能

白色至棕色结晶粉末或颗粒，熔点为87～89℃，表观密度（松装密度）为0.45～0.65g/cm³。稳定性大于3年。与异氰酸酯反应时，当量为154.7～157.6。M-DEA不溶于水，可溶于甲苯、二甲苯、1，4-丁二醇、苯胺以及80℃的热二缩三乙二醇。

M-DEA产品纯度一般≥99%，水分≤0.5%。

大鼠经口急性中毒值LD_{50}=1901mg/kg。

特性及用途

在聚氨酯领域，M-DEA是扩链剂，适用于浇注型聚氨酯弹性体、RIM弹性体、涂料（包括喷涂弹性体涂料）。制品具有普通扩链剂所没有的良好动态力学性能和低吸水性。

M-DEA也用作环氧树脂的固化剂，合成聚酰亚胺，以及用作有机合成的中间体。

生产厂商

瑞士Lonza集团公司（Lonzacure M-DEA），江苏省常熟市永利化工有限公司，江苏省昆山市化学原料有限公司（M-DEA），无锡鼎泰化工有限公司，台湾有郁实业股份有限公司（Richcure M-DEA）等。

5.3.1.6 4,4′-亚甲基双(2,6-二异丙基)苯胺（M-DIPA）

化学名称：4,4′-亚甲基双(2,6-二异丙基)苯胺。

简称：M-DIPA。

英文名：4,4′-methylene-bis-(2,6-diisopropyl)aniline；bis(4-amino-2,6-diisopropylphenyl)methane；4,4′-methylene-bis-[2,6-bis(1-methyl-ethyl)benzenamine]等。

分子式为 $C_{25}H_{38}N_2$，分子量为366.60。CAS编号为19900-69-7。

结构式：

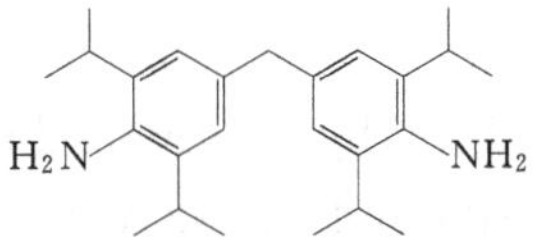

物化性能

浅棕色液体或蜡状固体，熔点为20～30℃。表观密度为 $0.99g/cm^3$。与异氰酸酯反应时，当量为183.0～190.2。

产品中4,4′-亚甲基双(2,6-二异丙基)苯胺含量一般≥85%，纯度一般≥95%（包括异构体），水分≤0.5%。

大鼠经口急性中毒值 LD_{50}=1110mg/kg。

特性及用途

在聚氨酯领域，M-DEA适用于浇注型聚氨酯弹性体、RIM弹性体、涂料等。制品具有良好的水解稳定性和低吸水性。

M-DEA也用作环氧树脂的固化剂，特别适用于室温固化体系。

生产厂商

瑞士Lonza集团公司（Lonzacure M-DIPA），江苏昆山市化学原料有限公司，台湾有郁实业股份有限公司（Richcure M-DIPA），等。

5.3.1.7 4,4′-亚甲基双(2-异丙基-6-甲基)苯胺（M-MIPA）

化学名称：4,4′-亚甲基双(2-异丙基-6-甲基)苯胺。

简称：M-MIPA。

英文名：4,4′-methylene-bis-(2-isopropyl-6-methyl)-aniline；4,4′-methylene-bis-(2-isopropyl-6-methyl)benzenamine等。

分子式为 $C_{21}H_{30}N_2$，分子量为310.49。CAS编号为16298-38-7。

结构式：

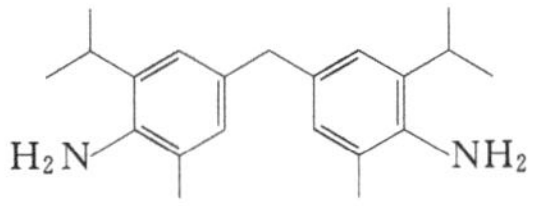

物化性能

琥珀色固体，熔点为70～73℃，稳定性大于3年。与异氰酸酯反应时，当量为154.7～157.6。微溶于水，在20℃水中溶解度为8.23g/L；在正丁醇中溶解度很大，可溶于二甲苯。

Lonzacure M-MIPA产品中，包括异构体在内，亚甲基双（异丙基甲基）苯胺含量≥98.5%；4,4′-异构体含量≥92.0%。

大鼠经口急性中毒值 LD_{50}=2015mg/kg。对皮肤无刺激。

特性及用途

可用于弹性聚氨酯材料的扩链剂，环氧树脂的固化剂，聚酰亚胺、聚酯酰亚胺和聚醚酰亚胺的原料，以及有机合成的中间体。

在聚氨酯领域，它适用于浇注型聚氨酯弹性体、RIM弹性体、建筑用涂料。制品具有良好动态力学性能、水解稳定性和低吸水性。

生产厂商

瑞士Lonza集团公司（Lonzacure M-MIPA），台湾有郁实业股份有限公司（Richcure

M-MIPA）等。

5.3.1.8 4,4′-亚甲基双(2-甲基-6-二乙基苯胺)（M-MEA）

别名：4,4′-二氨基-3,3′-二乙基-5,5′-二甲基二苯甲烷。

简称：MMEA，M-MEA 等。

英文名称：4,4′-methylene-bis(2-methyl-6-ethylaniline)；bis(4-amino-3-ethyl-5-methylphenyl)methane；4,4′-diamino-3,3′-diethyl-5,5′-dimethyldiphenylmethane 等。

分子式为 $C_{19}H_{26}N_2$，分子量为 282.43。CAS 编号为 19900-72-2。

结构式：

物化性能

灰白色至褐色粉末或颗粒，熔点为 83.5～87.5℃。

常熟市永利化工有限公司 M-MEA 产品纯度≥98.5%。

特性及用途

用作聚氨酯弹性体、聚脲树脂固化剂及环氧树脂固化剂。

生产厂商

常熟市永利化工有限公司，江苏高恒化工集团，瑞士 Lonza 集团公司等。

5.3.1.9 4,4′-亚甲基双(2-乙基苯胺)

简称：MBOEA，M-OEA，MOEA，ME-DDM。

别名：3,3′-二乙基-4,4′-二氨基二苯基甲烷。

英文名：4,4′-methylen-bis(2-ethylanilin)；4,4′-methylene- bis(2-ethylbenzeneamine)；4,4′-methylene bis(*o*-ethylaniline)；3,3′-diethyl- 4,4′-diaminodiphenylmethane。

分子式为 $C_{17}H_{22}N_2$，分子量为 254.4。CAS 编号为 19900-65-3，EINECS 号为 243-420-1。

结构式：

物化性能

淡黄色至褐色透明油状液体，长时间放置可变成深棕色。黏度（25℃）为 2000～5000mPa·s，相对密度（25℃）为 1.05，闪点（OC）为 240℃，不溶于水。氨基当量为 124～130。

一般产品销售指标为：4,4′-亚甲基双(乙基苯胺)的纯度大于 97%，水分≤0.1%。常熟市永利化工有限公司产品 M-OEA 纯度≥97.5%，常州凯美特国际贸易有限公司供应的产品 H-256，纯度≥95%，2-乙基苯胺含量≤0.3%。

Huntsman 公司有 4,4′-亚甲基双(2-乙基苯胺）与增塑剂 DBP 或溶剂 *N*-甲基吡咯烷酮的混合物产品。

特性及用途

主要用于环氧树脂的固化剂及聚氨酯扩链剂，活性比 MOCA 高。

生产厂商

美国 Aceto 公司，江苏高恒化工集团，常熟市永利化工有限公司，江苏常州凯美特国际贸易有限公司，无锡鼎泰化工有限公司，德国莱茵化学莱脑有限公司等。

5.3.1.10 丙二醇双(4-氨基苯甲酸酯)

化学名称：1,3-丙二醇双(4-氨基苯甲酸酯)。

简称：TMAB，740M。

英文名：1,3-propanediol bis(4-aminobenzoate)；trimethyleneglycol di(*p*-aminobenzoate)；1,3-propanediol bis(*p*-aminobenzoate)；3-(4-aminobenzoyl)oxypropyl 4-aminobenzoate 等。

分子式为 $C_{17}H_{18}N_2O_4$，分子量为 314.3。CAS 编号为 57609-64-0，EINECS 号为 260-847-9。

结构式：

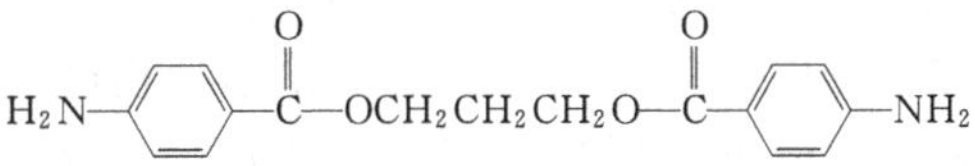

$$H_2N-C_6H_4-\overset{O}{\overset{\|}{C}}-OCH_2CH_2CH_2O-\overset{O}{\overset{\|}{C}}-C_6H_4-NH_2$$

物化性能

灰白色至淡棕色结晶粉末颗粒，熔点为 125～128℃。相对密度为（140℃）1.14，闪点（开杯）为 288℃。不易吸湿，贮存稳定性良好。25℃时在 DMF、2-乙氧基乙酸乙酯、丙酮、甲乙酮和乙酸乙酯中的溶解度分别是 56%、19%、18%、10.6%和 9.6%，微溶于氯仿、甲苯，不溶于水。

工业产品纯度一般≥98.0%或≥99.0%，水分≤0.5%，灰分≤0.2%。毒性很小。早期美国 Polaroid 公司产品牌号为 Polacure 740M。

特性及用途

该芳香族二胺是一种安全低毒、具有优良性能的胺类固化剂，用于聚醚型或聚酯型 TDI-80 预聚体的固化，但不建议用于 TDI-100 预聚体体系。所制备的聚氨酯弹性体具有优良的耐水解、耐热、耐油/溶剂/潮湿/臭氧等性能。可手工浇注，有足够的釜中寿命。固化的弹性体可用于食品接触场合。它还用于环氧树脂的固化，得到优良性能的制品。

生产厂商及牌号

苏州市湘园特种精细化工有限公司（牌号 XYlink 740M），江苏高恒化工集团（硬化剂 CUA-4），美国空气化工产品公司（Versalink 740M），美国 Chemtura 公司（Vibracure A157）等。

5.3.1.11 4,4′-双仲丁氨基二苯基甲烷

化学名称：4,4′-双仲丁氨基二苯基甲烷。

别名：4,4′-亚甲基双(*N*-仲丁基苯胺)，Unilink 4200。

英文名：4,4′-bis-(*sec*-butylamino)-diphenylmethane；4,4′-methylene-bis(*N*-*sec*-butylaniline)；*N*,*N*′-di-*sec*-butyl-4,4′-methylenedianiline；bis(*N*-sec-butyl-*p*-aminophenyl)methane 等。

分子式为 $C_{21}H_{30}N_2$，分子量为 310.48。CAS 编号为 5285-60-9 EINECS 号为 226-122-6。

结构式：

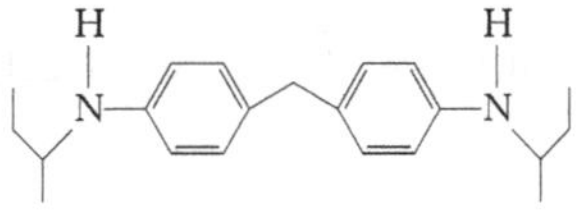

$$CH_3CH_2CH(CH_3)-NH-C_6H_4-CH_2-C_6H_4-NH-CH(CH_3)CH_2CH_3$$

物化性能

深黄色黏稠液体，密度（16℃）为 $0.99g/cm^3$，黏度（38℃）约为 115mPa·s，黏度

(100℃）约为 8mPa·s，闪点（PMCC）为 161～177℃。表观羟值（胺值）为 362mg KOH/g。

毒性低，艾姆斯试验为阴性，大鼠经口急性中毒数据 LD_{50} =1380mg/kg。

印度 Dorf Ketal 化学品公司（Dorf Ketal Chemicals India Pvt Ltd）的 4,4′-双仲丁氨基二苯基甲烷（牌号 Unilink 4200，原属美国 UOP 公司）水分≤0.05%。美国 Aceto 公司的产品牌号为 Polylink 4200。

烟台万华聚氨酯有限公司产品（牌号 WanaLink 6200），纯度≥96.0%，二氨基二苯基甲烷（MDA）含量≤0.03%，水分≤0.05%。

特性及用途

4,4′-双仲丁氨基二苯基甲烷是液态的芳香族二仲胺，主要用作聚氨酯弹性体的扩链剂。

4,4′-双仲丁氨基二苯基甲烷两个氨基上的各一个氢原子被仲丁基取代，由于强位阻效应，它的反应活性比其他芳香族胺低得多，与聚氨酯化学品相容性好。该芳香族二胺扩链剂具有与一般芳香族二胺相似的湿气低敏感性，可用于 TDI 型、MDI 型配方，具有较长的适用期，弹性体可在具有较高强度、黏附性、耐冲击性和低温性能的同时具有较低的硬度。可用于室温固化配方。

该二胺扩链剂可用于聚氨酯硬泡、软泡、涂料、胶黏剂、密封剂、弹性体，典型用量是每 100 质量份多元醇添加 1～5 质量份该二胺。例如 Unilink 4200 可用于 TDI 基和 MDI 基块泡及模塑软泡，改善低密度泡沫塑料的强度和承载性能。在软泡和硬泡中应用 Unilink 4200 对泡沫上升行为影响不大。

在涂料、胶黏剂、密封胶和弹性体（CASE）领域，该扩链剂可用于 TDI 及 MDI 基室温固化涂料，获得良好的黏附性和表面装饰性。用于喷涂或浇注弹性体技术，具有较慢的固化时间。凝胶时间的延长，使胶黏剂更好地润湿基材，提高了涂层间以及与基材的黏附力。Unilink 4200 二胺可用来固化 MDI 型半预聚体，生产不同硬度的非常坚韧的弹性体。软弹性体体系也可用 Unilink 4200 二胺固化，具有较长的适用期和低硬度，可适合于密封胶。用 Unilink 4200 二胺固化的聚合物具有优异的物理性能、良好的冲击强度和低温性能。

生产厂商

烟台万华聚氨酯股份有限公司，张家港市大伟助剂有限公司，无锡鼎泰化工有限公司，印度 Dorf Ketal 公司，美国 Aceto 公司等。

5.3.1.12 1,4-双仲丁氨基苯

别名：*N*,*N*′-二仲丁基对苯二胺，Unilink 4100。

英文名：1,4-bis-(*sec*-butylamino)-benzene；*N*,*N*′-di-*sec*-butyl- 1,4-phenylenediamine；*N*,*N*′-di-*sec*-butyl-*p*-phenyldiamine；*N*,*N*′-di-*sec*-butyl-*p*-phenylenediamine；*N*,*N*′-bis(1-methylpropyl)-1,4-benzenediamine 等。

分子式为 $C_{14}H_{24}N_2$，分子量为 220.35。CAS 编号为 101-96-2，EINECS 号为 202-992-2。

结构式：

$$CH_3CH_2CH(CH_3)-NH-C_6H_4-NH-CH(CH_3)CH_2CH_3$$

物化性能

暗红色黏稠液体。密度（16℃）为 0.941g/cm³，黏度（16℃）约为 38.5mPa·s，黏度（38℃）约为 8.5mPa·s，闪点（PMCC）为 121℃。熔点为 14～18℃，沸点为 340℃或

159℃（933.24Pa），折射率为1.539。不溶于水，可溶于酸的水溶液。

艾姆斯试验为阴性，大鼠经口急性中毒数据 $LD_{50}=335mg/kg$。

Dorf Ketal公司的1,4-双仲丁氨基苯（牌号Unilink 4100，原属美国UOP公司），水分≤0.06%，表观羟值（胺值）为510mg KOH/g。Hanson公司（The Hanson Group，LLC）的产品牌号为Polylink 4004，德国Performance Chemicals Handels公司的产品是PC Amine ADA311。

特性及用途

Unilink 4100是一种低成本二胺扩链剂，用于固化预聚体有较长的适用期（釜中寿命），属慢速扩链剂，对湿气敏感性低。与多元醇、辅助固化剂和其他聚氨酯化学品的相容性较好，可单独使用，也可与Unilink 4200二胺混合使用，以获得较好的性价比。可用于室温固化体系。可制得高硬度（邵尔80D）弹性体，也可制得低硬度（邵尔25A）的具有一定强度性能的弹性体。可用作TDI型和MDI型预聚体的固化剂，推荐用于MDI基聚氨酯弹性体，特别推荐用于室温固化MDI型聚氨酯涂料，具有较长适用期、良好黏附力和优异的物理性能。它也可用于PU和PIR硬泡，改善泡沫塑料的尺寸稳定性、流动性和黏附性。

该化学品还是一种广谱抗氧剂。

生产厂商

印度Dorf Ketal公司，江苏天音化工有限公司，常州勇天诚毅化工有限公司，美国Hanson集团有限责任公司，德国性能化学品汉德尔斯有限公司等。

5.3.1.13　3,5-二氨基-4-氯苯甲酸异丁酯

别名：3,5-二氨基-对-氯苯甲酸异丁酯，4-氯-3,5-二氨基苯甲酸异丁酯，扩链剂1604。

英文名称：3,5-diamino-4-chioro benzoic acid-2-methylpropyl ester；3,5-diamino-4-chlorobenzoicacid isobutyl ester；isobutyl 4-chloro-3,5-diaminobenzoate等。

分子式为 $C_{11}H_{15}ClN_2O_2$，分子量为242.7。CAS编号为32961-44-7，EINECS号为251-311-5。

结构式：

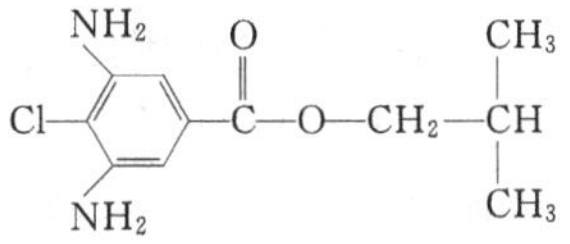

物化性能

灰白色至深褐色颗粒或片状固体，熔点为83～90℃，分解温度为170℃，相对密度为1.148（90℃）或1.140（100℃），黏度为27mPa·s（90℃）或19mPa·s（100℃）。其溶解性与MOCA相似。

3,5-二氨基-对-氯苯甲酸异丁酯是Bayer公司1972开始推广使用的一种芳香族二胺，牌号为Baytec XL-1604，目前由Bayer子公司德国Bay Systems BUFA Polyurethane GmbH & Co.生产，莱茵公司销售，牌号为Addolink 1604，外观为黄至褐色颗粒，胺当量为117～124，熔点（DSC）为86～94℃。

国内扩链剂专业厂家湘园特种精细化工有限公司的牌号为XYlink 1604，外观为黄至棕色块状，熔点为83～87℃，水分含量≤0.5%，游离氯含量<0.1%，丙酮中不溶物<0.5%。

特性及用途

主要用于环氧树脂的固化剂及聚氨酯扩链剂。

作为聚氨酯扩链剂/固化剂，它用于制备高性能的聚酯或聚醚型聚氨酯弹性体，不仅可用于 TDI 体系，也可用于 MDI 体系，它与 NCO 的反应活性比 MOCA 低。建议在 90～100℃热浇注。比 MOCA 等二胺类扩链剂釜中寿命长，加工性能良好，可浇注大件制品，也可手工浇注。赋予 CPU 弹性体优异的物理机械性能。XYlink1604 能够在 110℃以液态存放 10h，与空气接触液态的颜色会变深，用氮气保护可避免该现象发生，这种颜色变深不会影响最终弹性体的物理机械性能。

生产厂商

苏州市湘园特种精细化工有限公司，三门峡市峡威化工有限公司，德国莱茵化学莱脑有限公司等。

5.3.1.14 2,4-二氨基-3,5-二甲硫基氯苯（TX-2）

化学名称：2,4-二氨基-3,5-二甲硫基氯苯。

英文名：2,4-diamino-3,5-dimethylthio chlorobenzene 等。

分子式为 $C_8H_{11}N_2S_2Cl$，分子量为 234.76。

结构式：

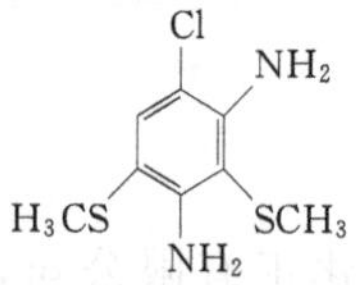

Cl
NH_2
H_3CS SCH_3
NH_2

物化性能

常温下为褐色油状液体，黏度（25℃）约为 500mPa·s，相对密度（20℃）为 1.23，凝固点为−5℃，沸点为 200℃（1kPa），水分≤0.03%，二胺化合物含量≥98%。

制法

由 2,4-二氨基氯苯和二甲基二硫在催化剂存在下反应，减压蒸出过量二甲基二硫而得。

特性及用途

2,4-二氨基-3,5-二甲硫基氯苯是聚氨酯弹性体的芳香族二胺固化剂，用于浇注聚氨酯弹性体、喷涂聚氨酯脲弹性体、聚氨酯涂料、RIM 及胶黏剂，起扩链或交联作用。也可用作环氧树脂的固化剂。

它是一种位阻型芳香族二胺，甲硫基的位阻作用以及氯原子的吸电子作用使得其活性比甲苯二胺（TDA）和二乙基甲苯二胺（DETDA）低。与 MOCA 相比，它为液体，操作方便，可制备常温固化体系；其分子量比 MOCA 小，用量少。TX-2 活性比 DMTDA 稍低。

生产厂商

山东省高青县天成化工有限公司，山东淄博方中化工有限公司。

5.3.1.15 2,4-二氨基-3-甲硫基-5-丙基甲苯

英文名：2,4-diamino-3-methylsulphyl-5-propylmethylbenzene 等。

分子式为 $C_{11}H_{18}N_2S$，分子量为 210.3。

结构式：

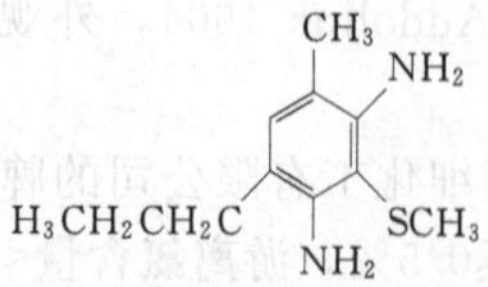

CH_3
NH_2
$H_3CH_2CH_2C$ SCH_3
NH_2

物化性能

常温下为棕色油状液体，相对密度（20℃）为 1.202，黏度（25℃）约为 550mPa·s，

凝固点约为2℃，沸点约为200℃（2.13kPa），可溶于丙酮、甲苯等有机溶剂，不溶于水。

淄博方中化工有限公司产品牌号为TX-3，其二胺化合物含量≥99%，水分≤0.05%。

特性及用途

2,4-二氨基-3-甲硫基-5-丙基甲苯活性较高，可用于快速固化聚氨酯弹性体体系，固化时间为2～3min。

生产厂商

山东淄博方中化工有限公司。

5.3.1.16 甲苯二胺（TDA）

别名：二氨基甲苯。

简称：TDA。

英文名：diaminotoluene；toluenediamine；methylphenylene diamine；toluenediamine isomers；tolylenediamine 等。

分子式为$C_7H_{10}N_2$，分子量为122.17。甲苯二胺异构体混合物CAS编号为25376-45-8。2,4-甲苯二胺CAS编号为95-80-7。2,6-甲苯二胺CAS编号为823-40-5。2,4-甲苯二胺和2,6-甲苯二胺的混合物别名为甲基间苯二胺、间甲苯二胺。

结构式：

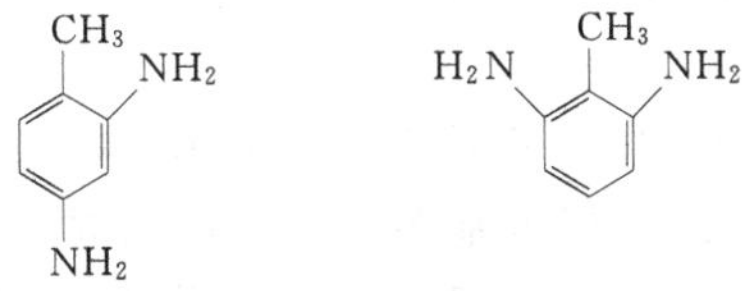

CH_3 NH_2 NH_2

2,4-甲苯二胺

H_2N CH_3 NH_2

2,6-甲苯二胺

另外，3,4-甲苯二胺英文名为toluene-3,4-diamine，CAS编号为496-72-0。2,3-甲苯二胺和3,4-甲苯二胺别名为甲基邻苯二胺、邻甲苯二胺，简称OTD。

物化性能

2,4-甲苯二胺的物性：无色至灰色结晶，暴露在空气中颜色变深，易溶于水，熔点为99℃，沸点为292℃或106.5℃（0.13kPa），闪点为149℃。印度Garuda公司的2,4-甲苯二胺质量指标：纯度≥98.0%，灰分≤0.5%，水分≤0.5%，熔点为97～99℃。

2,6-甲苯二胺的物性：浅灰色结晶粉末，熔点为105℃（102～105℃）。印度Garuda公司的2,6-甲苯二胺质量指标：纯度≥98.5%，灰分≤0.5%，水分≤0.5%，松装密度约为0.85g/mL，2,4-甲苯二胺含量≤0.5%。

日本三井化学株式会社甲苯间二胺（2,4-MTD 80%+2,6-MTD 20%）为黑褐色固体，纯度≥98.0%；甲苯邻二胺（2,3-OTD 60%+3,4-OTD 40%）为黑褐色固体，纯度≥94%，氨基含量26%。

特性及用途

间甲苯二胺（TDA）主要用作合成TDI的原料和聚醚起始剂，而邻甲苯二胺（OTD）则用作聚醚起始剂，以及抗氧化剂和防腐蚀剂等产品的中间体。

以甲苯二胺为起始剂合成的聚醚多元醇，制得的泡沫均匀细致，可提高泡沫的隔热性能及低温尺寸稳定性。

另外甲苯二胺还用作环氧树脂固化剂、染料中间体。它可用于合成DMTDA、DETDA等用于聚氨酯的二胺固化剂。甲苯二胺与异氰酸酯反应活性很高，不适合于用作聚氨酯弹性体的固化剂。

生产厂商

Bayer公司，美国Air Products公司，甘肃银光化学工业有限公司，日本三井化学株式会社，日本三菱瓦斯化学株式会社等。

5.3.1.17 4,4′-二氨基二苯基甲烷（MDA）及其氯化钠络合物

别名：4,4′-二苯基甲烷二胺，双（对氨基苯）甲烷，4,4′-亚甲基二苯胺，亚甲基双苯胺，亚甲基二苯胺。

简称：MDA，DAM，DDM，DAPM，DADPM。

英文名：4,4′-diaminodiphenylmethane；bis(*p*-aminophenyl)methane；4-(4-aminobenzyl)aniline；4，4′-diphenylmethanediamine；dianilinomethane；4，4′-methylene dianiline；methylenebisaniline等。

分子式为$C_{13}H_{14}N_2$，分子量为198.27。CAS编号为101-77-9。

结构式：

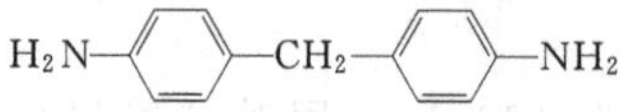

$$H_2N-C_6H_4-CH_2-C_6H_4-NH_2$$

物化性能

浅黄色片状或粒状固体，熔点为89～91℃。闪点为220℃，密度为1.15g/cm^3。

烟台万华公司MDA产品纯度（以4,4′-二氨基二苯基甲烷计）≥99%，初熔点≥87℃。湖州康全药业有限公司外销品指标：二氨基二苯基甲烷含量≥98.5%，杂质（异构体）含量≤3%。水分≤0.3%。

烟台万华公司还供应由MDA与多苯基多氨基甲烷的混合物系列产品，含有不同量4,4′-MDA、2,4′-MDA、2,2′-MDA和多苯基多氨基甲烷的混合物，常温下为浅黄色固体，溶于大多数有机溶剂和盐酸，不溶于汽油、己烷和水。除主要用于制备MDI系列产品外，还大量应用于环氧树脂系列制品的交联固化。

日本三井化学株式会社的MDA牌号为MDA-220，为淡黄色至褐色薄片，纯度在99%以上，凝固点在86℃以上，氨基含量为16.1%。

MDA大鼠经口急性中毒值LD_{50}=662mg/kg。TWA为0.1×10^{-6}或0.81mg/m^3。

特性及用途

在聚氨酯领域，主要用于合成二苯基甲烷二异氰酸酯（MDI）、氢化MDI。也可用作聚氨酯扩链剂，但其活性很高，固化速率快，可用作脂肪族聚氨酯预聚体的固化剂。

MDA主要用于制备聚酰亚胺树脂和绝缘漆，以及具有特殊性能要求的环氧粉末涂料等领域，是环氧树脂的固化剂。

生产厂商

山东烟台万华聚氨酯股份有限公司，日本三井化学株式会社，日本保土谷化学工业株式会社，浙江湖州康全药业有限公司，美国Aceto公司，台湾有郁实业股份有限公司等。

MDA氯化钠络合物固化剂：MDA与异氰酸酯的反应活性很高，但MDA与氯化钠的混合物（络合物）却是TDI基预聚体良好的固化剂，也可以用于MDI基预聚体。该混合物具有延迟扩链作用。室温时，由于固化剂中氨基被封闭，没有活性，它与预聚体的混合物甚至可以在50℃以下存放一个月。当加热至115～160℃时，封闭剂被解除，释放出来的高活性氨基迅速与预聚物反应，生成高强度的弹性体制品。这种预聚体/固化剂体系适用于常压浇注、注射成型、旋转浇注等聚氨酯弹性体成型加工技术。可手工操作，特别适合大面积施工。

此类固化剂产品中，美国Chemtura公司的Duracure C3和Caytur 31 DA，以及苏州市

湘园特种精细化工有限公司 XYlink 311，都是 47% MDA/NaCl 混合物在己二酸二辛酯（DOA）中的分散液，Chemtura 公司产品外观为白色液体，粒径≤5μm。黏度（30℃）约为 2500mPa·s，水分≤0.08%，氨基当量约为 250，游离 MDA≤0.5%。而该公司以前的 Caytur 31 是以邻苯二甲酸二辛酯（DOP）为介质的产品，两者性能相似。XYlink 311 也是白色黏稠液体，其指标与 Duracure C3 相似，游离 MDA≤0.2%。

5.3.1.18 其他芳香族二胺

下面介绍几种芳香族二胺也可用作聚氨酯固化剂。

（1）3,3′-二氯对二氨基联苯　英文名：3,3′-dichlorobenzidine；4,4′-diamino-3,3′-dichlorodiphenyl 等。分子量为 253.1。CAS 编号为 91-94-1。结构式：

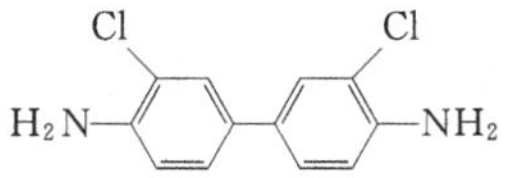

灰色至紫色结晶固体，熔点为 133℃。它具有与 MOCA 相似的氨基环境结构，可用作聚氨酯固化剂，但熔点偏高。

（2）亚乙基双(2-氨基苯硫醚)　CAS 编号为 52411-33-3。

英文名：2,2′-[1,2-fthanediylbis-(thio)]-bis-(benzenamine)等。结构式：

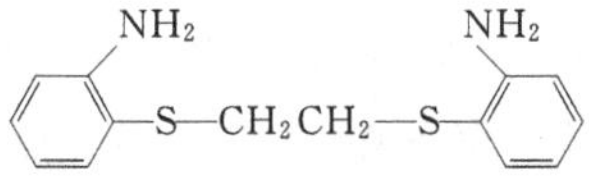

原美国氰胺公司（被 BASF 公司并购）和美国 M&T 化学公司生产这种芳香族二胺，牌号分别为 Cyanacure 和 Apocure 601E。可用作聚氨酯和环氧树脂固化剂。

（3）二乙二醇双(4-氨基苯甲酸酯)　日本イハラ株式会社产品牌号为 CUA-22，它与牌号为 CUA-4 的丙二醇双(4-氨基苯甲酸酯)有相似的化学结构。可用作聚氨酯固化剂。

（4）亚甲基双(4-氨基-3-苯甲酸甲酯)　Bayer 公司曾有此产品，牌号为 CUA-A。结构式：

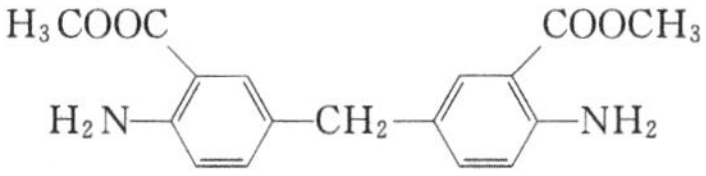

（5）3,5-二氨基-4-氯苯乙酸异丙酯　结构与 Baytec-1604 相似，日本イハラ株式会社产品牌号 CUA-60。结构式：

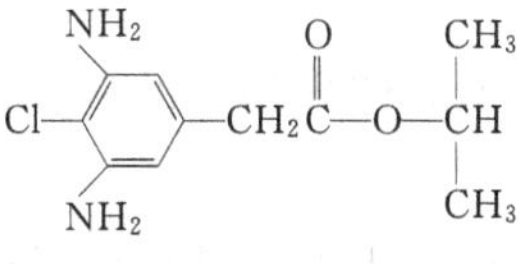

（6）4,4′-二氨基-2,2′,3,3′-四氯二苯甲烷　CAS 编号为 42240-73-7。淡黄色粉末。江苏高恒化工集团产品名称为硬化剂 TCDAM。

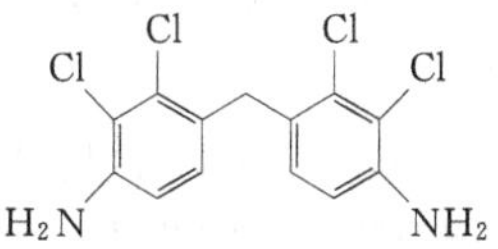

（7）3,5-二氨基-4-三氟甲基苯乙醚　日本イハラ株式会社产品牌号为 CUA-24。结构式：

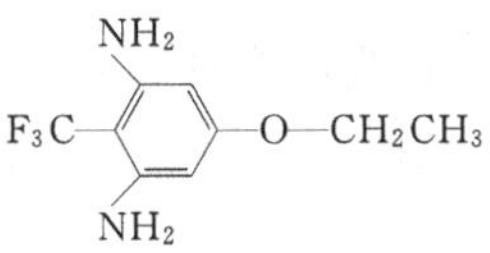

(8) 1,4-双(2-氨基苯基硫代乙氧基)苯　结构式如下：

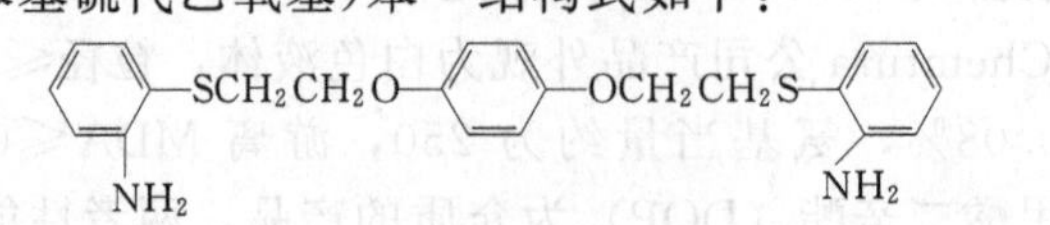

SCH_2CH_2O　OCH_2CH_2S
NH_2　NH_2

日本イハラ株式会社产品牌号为 CUA-154。

(9) 1,4-双(2-氨基苯基硫代乙基)苯二甲酸酯　日本イハラ株式会社产品牌号 CUA-160。结构式：

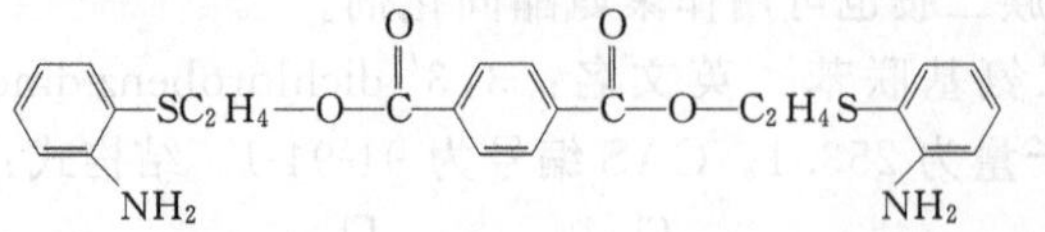

$SC_2H_4—O—\overset{O}{\overset{\|}{C}}$　$\overset{O}{\overset{\|}{C}}—O—C_2H_4S$
NH_2　NH_2

(10) 3-氨基-4-氯苯甲基-4′-氨基苯甲酸酯　日本イハラ株式会社产品牌号为 CUA-Ⅲ。结构式：

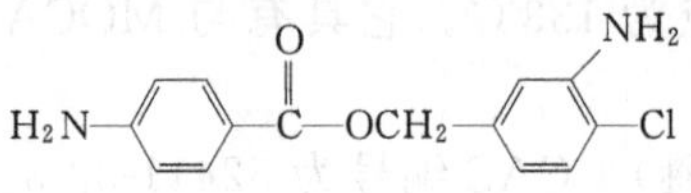

H_2N　$\overset{O}{\overset{\|}{C}}—OCH_2$　NH_2　Cl

5.3.2 脂肪族二胺

脂肪族二胺活性高，常规的小分子脂肪族二胺如乙二胺、已二胺很少直接用于聚氨酯的扩链剂，不过在特殊条件也可以用于聚氨酯领域。部分脂肪族胺已经在 5.1.1.2 小节中介绍，此处再介绍几种可用于聚氨酯的脂肪族（含脂环族）二胺。

5.3.2.1 异佛尔酮二胺

化学名称：5-氨基-1,3,3-三甲基环己甲胺。

简称：IPDA。

英文名：5-amino-1,3,3-trimethylcyclohexanemethylamine；isophorondiamine 等。

分子式为 $C_{10}H_{22}N_2$，分子量为 170.29。CAS 编号为 2855-13-2，EINECS 号为 220-666-8。

结构式：

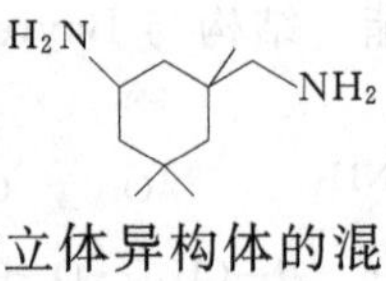

H_2N　NH_2

异佛尔酮二胺工业品是顺/反两种立体异构体的混合物。

物化性能

无色或浅黄色透明液体，相对密度（20℃/4℃）为 0.920～0.925，折射率（20℃）为 1.488～1.490。凝固点为 10℃，沸点为 247℃，闪点为 117℃。蒸气压（20℃）＜100Pa。黏度（20℃）为 18mPa・s。溶于水和醇、酮、酯、醚及大多数烃类有机溶剂。有较强的碱性，可吸收空气中的二氧化碳变成白色粉末。

一般工业品纯度可达 99%以上。德国 Evonik 工业公司的异佛尔酮二胺牌号为 Vestamin IPD，纯度≥99.7%，水分≤0.2%仲/叔胺化合物杂质＜0.15%，色度（APHA)≤15。

毒性与防护

异佛尔酮二胺有强碱性，吞食有害，动物急性经口毒性 LD_{50} =1030mg/kg。接触皮肤可造成严重皮肤灼伤和眼睛损伤，可能造成皮肤过敏，对水生生物有害并具有长期持续影响。应穿戴适当的防护衣物、手套，戴眼罩/护面罩，若与眼睛接触，立刻以大量的水洗涤后去诊所治疗处理。

特性及用途

异佛尔酮二胺是脂环族二元胺，两个氨基的活性不同，是一种特殊结构的二胺化合物。主要用于环氧树脂的固化剂，配制低黏度固化剂，例如用于环氧树脂地坪涂料等。还用于生产非结晶性特殊的聚酰胺，聚氨酯的扩链剂，生产异佛尔酮二异氰酸酯，以及用作其他化学中间体等。

生产厂商

德国 Evonik 工业公司，德国 BASF 公司，美国 DuPont 公司等。

5.3.2.2 二氨基二环己基甲烷

化学名称：4,4′-二氨基二环己基甲烷，4,4′-亚甲基双环己胺，氢化 MDA。

简称：PACM，DC。

英文名：4,4′-diaminodicyclohexyl methane；4,4′-methylenedicyclohexylamine；4,4′-methylenebis(cyclohexylamine)；4,4′-bis(4-aminocyclohexyl)methane 等。

分子式为 $C_{13}H_{26}N_2$，分子量为 210.36。CAS 编号为 1761-71-3，EINECS 号为 217-168-8。

结构式：

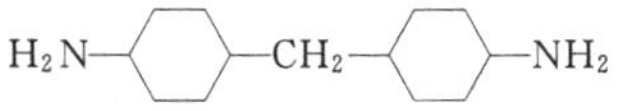

H_2N—⬡—CH_2—⬡—NH_2

物化性能

无色至浅黄色固体，相对密度为 0.96～0.97，熔点为 33.5～44℃，沸点为 326～333℃，闪点为 153～159℃，燃点为 305℃。微溶于水，溶于有机溶剂。碱性。40℃以上为无色或淡黄透明液体，黏度（40℃）为 54mPa·s，胺值为 510～530mg KOH/g。

中等毒性。鼠经口急性毒性 LD_{50}≈1000mg/kg。对眼睛和皮肤有腐蚀性。

特性及用途

二氨基二环己基甲烷是脂环族二元胺。它是二环己基甲烷二异氰酸酯（HMDI）的原料，主要用于环氧树脂的固化剂，也可用于聚氨酯、聚脲喷涂弹性体等的扩链剂，制造聚酰胺，用作染料、医药中间体等。

生产厂商

美国空气化工产品公司（牌号 Amicure PACM），BASF 公司（Dicykan），美国 Aceto 公司（Polylink PACM），深圳市业旭实业有限公司，常州艾坛化学有限公司等。

5.3.2.3 三甲基己二胺

化学名：2,2,4-三甲基-1,6-六亚甲基二胺与 2,4,4-三甲基-1,6-六亚甲基二胺的混合物。

英文名：2,2,4-/2,4,4-trimethylhexane-1,6-diamine；trimethylhexamethylenediamine 等。

分子式为 $C_9H_{22}N_2$，分子量为 158.28。两种异构体混合物的 CAS 编号为 25513-64-8。

结构式：

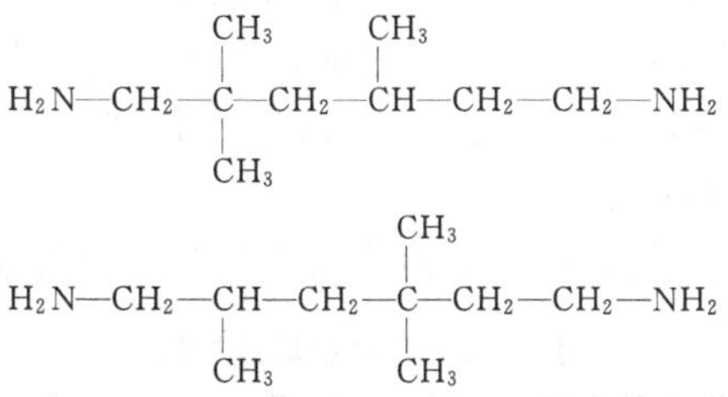

$$H_2N-CH_2-C(CH_3)_2-CH_2-CH(CH_3)-CH_2-CH_2-NH_2$$

$$H_2N-CH_2-CH(CH_3)-CH_2-C(CH_3)_2-CH_2-CH_2-NH_2$$

物化性能

2,2,4-与 2,4,4-三甲基六亚甲基二胺近似 1/1 混合物工业品，是无色透明碱性液体，沸点为 232℃，黏度（20℃）约为 6mPa·s，凝固点为－80℃，闪点为 110～127℃，相对密度（20℃）为 0.865～0.870。

特性及用途

主要用于环氧树脂固化剂，以及合成聚酰胺和聚氨酯，还用于多种产品的化学中间体如特殊二异氰酸酯 TMHDI。

生产厂商

德国 Evonik 工业公司等。

5.3.2.4 二甲基二氨基二环己基甲烷

化学名称：3,3′-二甲基-4,4′-二氨基二环己基甲烷。

简称：DMDC，MACM。

英文名：3,3′-dimethyl-4,4′-diamino-dicyclohexylmethane；4,4′-methylenebis(2-methylcyclohexylamine)；dimethyl dicykan 等。

分子式为 $C_{15}H_{30}N_2$，分子量为 238.41。CAS 编号为 6864-37-5。

结构式：

H_2N—⬡—CH_2—⬡—NH_2（两环上各带 CH_3）

物化性能

无色液体，熔点为－7～－1℃，黏度约为 110mPa·s（25℃）或 142mPa·s（20℃），密度（20℃）为 0.945g/cm³。沸点为 347℃，闪点为 173℃，蒸气压（30℃）为 0.03Pa。在水中溶解度（20℃）为 3.6g/L。

碱性，对皮肤有刺激性或腐蚀性。较高毒性，鼠急性经口毒性 LD_{50}＝320～460mg/kg。

工业品纯度一般在 99.0%或 99.5%以上，水分＜0.5%，胺值为 455～485mg KOH/g。BASF 公司牌号为 Laromin C260、Baxxodour EC331。

特性及用途

因环己烷环上有邻甲基，其化学活性比二氨基二环己基甲烷低。

多用于环氧树脂固化剂。也用于合成二异氰酸酯，用作聚氨酯、聚脲喷涂弹性体(SPUA)等的扩链剂，提升耐热性、耐候性、耐磨性能等，也用于聚酰胺等。

生产厂商

BASF 公司，武汉盛宝祥医药科技有限公司等。

5.3.2.5 其他脂肪族二胺

（1）癸二胺，CAS 编号为 646-25-3，飞翔化工（张家港）有限公司有生产。

（2）1,12-十二碳二胺（1,12-dodecanediamine），CAS 编号为 2783-17-7，分子式为 $C_{12}H_{28}N_2$，分子量为 200.4，白色片状固体，熔点为 71℃，沸点为 304℃，相对密度(80℃)为 0.811，闪点（闭杯）为 155℃。美国 INVISTA 公司产品牌号 Dytek12，纯度≥96%。飞翔化工（张家港）有限公司牌号 Fentamine HP-122。可用于合成特殊二异氰酸酯、聚氨酯和聚脲，其他树脂、药物中间体等。

（3）表 5-44 中的几种脂环族二胺，常州艾坛化学有限公司等有生产。

表 5-44 几种脂环族二胺

化学名称和 CAS	结构式
1,3-双氨甲基环己烷 CAS 编号为 2579-20-6	H_2N、NH_2（环己烷 1,3-位各连 CH_2）

续表

化学名称和 CAS	结构式
1,4-双氨甲基环己烷 CAS 编号为 2549-93-1	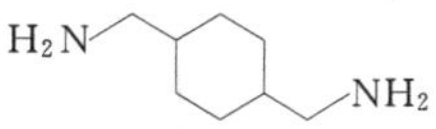 H_2N NH_2
双(4-氨环己基)醚 CAS 编号为 51097-78-0	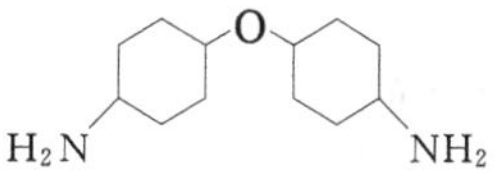 O H_2N NH_2
1,4-环己烷二胺 CAS 编号为 3114-70-3	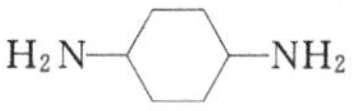 H_2N NH_2
1,3-环己烷二胺 CAS 编号为 3385-21-5	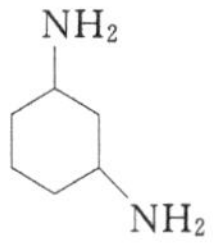 NH_2 NH_2

5.4　二元羧酸（酐、酯）

5.4.1　己二酸

简称：AA。

别名：己烷二羧酸，肥酸，1,4-丁烷二羧酸。

英文名：adipic acid；hexane diacid；hexane dicarboxylic acid；hexanedioic acid，1,4-butanedicarboxylic acid 等。

分子式为 $C_6H_{10}O_4$，分子量为 146.14。CAS 编号为 124-04-9。

结构式：$HOCO(CH_2)_4COOH$。

物化性能

白色无气味的结晶固体粉末。溶于醇，微溶于水，水溶液有酸味。油水分配系数 $\lg P_{ow}$ = 0.08（实测值）或 −0.10（计算值）。25℃下 0.1%水溶液 pH＝3.2，0.4%水溶液 pH＝3.0，2.5%水溶液 pH＝2.7。解离系数（25℃）$K_1=3.90\times10^{-5}$、$K_2=5.29\times10^{-6}$。己二酸的典型物性见表 5-45。

表 5-45　己二酸的典型物性

项　目	典型数值	项　目	典型数值
分子量	146.14	比热容(固体)/[J/(kg·K)]	1.59
熔点/℃	151.5～153	比热容(液体)/[kJ/(kg·K)]	2.26
沸点/℃	337～338 分解	熔化热/(kJ/kg)	238.5
密度(25℃固体)/(g/cm³)	1.360	蒸气压(18.5℃)/Pa	10
密度(163℃液体)/(g/cm³)	1.093	蒸气压(159.5℃)/Pa	133
松装密度/(g/cm³)	0.65～0.73	蒸气压(240.5℃)/kPa	5.33
紧装密度/(g/cm³)	0.80～0.93	自燃温度/℃	422
黏度(160℃)/mPa·s	4.5	闪点(COC)/℃	210
溶解度(25℃)/(g/100g 水)	1.4	闪点(TCC)/℃	196

己二酸的红外光谱如图 5-4 所示。

己二酸几乎无毒，大鼠经口急性中毒数据 LD_{50} >11g/kg。

己二酸粉尘与空气混合物的爆炸上限为 7.9%，下限为 3.94%。己二酸性质稳定，不易

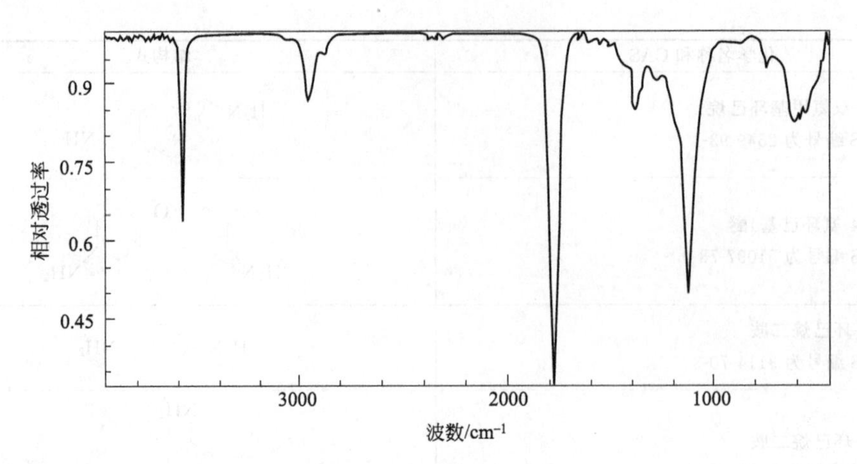

图 5-4 己二酸的红外光谱

潮解，在 27℃、相对湿度 85%环境不吸湿。蒸气相对密度为 5.04（空气=1）。

德国朗盛公司（LANXESS）己二酸典型质量指标：纯度≥99.8%，水分≤0.1%，丁二酸含量≤0.1%，铜含量≤0.5mg/kg，铁含量约为 0.2mg/kg，氮含量≤10mg/kg，灰分约为 10mg/kg，色度（熔化 200℃、1h）为 100Hazen。

美国 INVISTA 公司（原属 DuPont 公司）的纯己二酸（牌号 Adi-pure）的纯度≥99.7%，水分≤0.2%，铁含量≤0.5mg/kg，灰分≤2mg/kg，甲醇溶液色度（APHA）≤6，总氮含量≤1.5mg/kg。

制法

己二酸的生产方法主要有环己烷法、丁二烯法、环己烯法和苯酚法 4 种。

其中环己烷法是由环己烷为原料，在空气、硝酸、金属催化剂存在下进行氧化，再精制，得到己二酸。环己烷法是目前世界上己二酸生产中主要采用的方法，其产量约占总产量的 90%以上，主要优点是技术工艺成熟，产品收率高，产品纯度高，但工艺过程较复杂。

环己烯法是以苯为原料的工艺，是日本旭化成公司开发的一种的新工艺，目前处于试生产阶段。丁二烯法是德国巴斯夫开发的，可用炼厂的混合 C_4 为原料，价格低廉，生产成本低，其缺点是生产步骤多，流程复杂，需高压设备。苯酚法是以苯酚为原料进行氧化生产己二酸的技术，生产成本高，环境污染大，目前基本淘汰。

特性及用途

己二酸是脂肪族二元酸中最有应用价值的二元酸。己二酸具有脂肪族二元酸的通性，包括成盐反应、酯化反应、酰胺化反应等。己二酸的主要用途是作为三大类产品的原料，即：合成尼龙 66 盐，进而制造聚酰胺树脂和纤维（尼龙 66），尼龙 66 是己二酸最大的终端市场；合成聚酯多元醇，用于聚酯型聚氨酯的生产；己二酸二酯增塑剂。此外还可用于生产高级润滑油和食品添加剂（食品饮料的酸味剂）。

聚氨酯是己二酸的重要应用领域，己二酸系聚酯二醇（多元醇）用于生产聚氨酯弹性体、聚氨酯革、聚氨酯鞋材、聚氨酯胶黏剂等。

生产厂商

德国 LANXESS 公司，德国 BASF 公司，法国 Rhodia 公司，美国 INVISTA 公司，美国 Solutia 公司，中国石油天然气股份有限公司辽阳石化分公司，河南神马尼龙化工有限责任公司，太原化学工业集团有限公司，浙江宁波敏特尼龙工业有限公司，辽阳天成化工有限公司等。

5.4.2　癸二酸

别名：1,8-辛烷二羧酸，皮脂酸。

简称：SA。

英文名：sebacic acid；decanedioic acid。

分子式为 $C_{10}H_{18}O_4$，分子量为 202.25。CAS 编号为 111-20-6。

结构式：$HOCO(CH_2)_8COOH$。

物化性能

白色粉末状结晶体，相对密度（25℃）为 1.207，熔点为 130～134.5℃，沸点为 352℃（101.3kPa）或 295℃（13.3kPa）。微溶于水，溶于乙醇或乙醚，不溶于苯，在 95%乙醇中的溶解度为 11.7g/100mL，具有有机羧酸的一般化学特性。

工业癸二酸纯度可达 99.5%以上，水分小于 0.3%。

制法

目前主要是采用蓖麻油水解或皂化生成蓖麻油酸（钠）后，再加碱裂解，经酸化、脱色等纯化处理后得到癸二酸产品。该工艺使用酚类，存在腐蚀设备和污染环境等问题。有一种工艺是将蓖麻油酸先异构化生成 12-羟基-10-十八烯酸，同时把蓖麻油水解副产的亚油酸转变为 10,12-十八碳二烯酸，然后再用过氧化氢氧化，则两者均可生成癸二酸，增加了原料的利用率且无需使用苯酚。

特性及用途

癸二酸是工业化规模较大的长链二元酸，在脂肪族二元酸中用量仅次于己二酸。它主要用于：生产聚酰胺工程塑料，如尼龙 1010、尼龙 610、尼龙 810、尼龙 9 等；生产癸二酸二酯及聚酯耐寒增塑剂、溶剂、软化剂及耐高温润滑油等；生产聚氨酯用聚酯二醇；也用作环氧树脂固化剂、癸二酸酐、合成润滑脂及人造香料、医药等方面的原料。

在聚氨酯行业，以长链的癸二酸制得的聚酯二醇为基础制得的聚氨酯具有优良的耐水解性，可用于有特殊要求的聚氨酯弹性体、聚氨酯胶黏剂等。

生产厂商

河北衡水东风化工有限责任公司，京华集团河北衡水京化化工厂，内蒙古通辽市兴合化工有限公司，山东四强化工有限公司，通辽市威宁化工有限责任公司，山东省邹平县天兴化工有限公司，吉林省洮南市兴吉化工有限责任公司，山东潍坊荣昌油脂有限公司等。

5.4.3　对苯二甲酸

简称：PTA、TPA。

别名：对苯二酸，对酞酸，1,4-苯二羧酸，精对苯二甲酸。

英文名：terephthalic acid；*p*-phthalic acid；*p*-benzenedicarboxylic acid；1,4-benzenedicarboxylic acid；purified terephthalic acid 等。

分子式为 $C_8H_6O_4$，分子量为 166.13。CAS 编号为 100-21-0。

结构式：

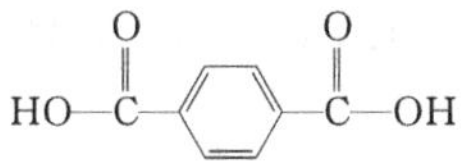

$$HO-\overset{\displaystyle O}{\overset{\|}{C}}-C_6H_4-\overset{\displaystyle O}{\overset{\|}{C}}-OH$$

物化性能

精对苯二甲酸为白色针状结晶或粉末，相对密度为 1.51～1.55。熔点>300℃，约在 300℃升华，闪点（COC）为 271℃，自燃点为 680℃。能溶于热乙醇，微溶于水，不溶于乙醚、冰乙酸和氯仿。低毒，易燃，其粉尘与空气形成爆炸性混合物，爆炸极限为 0.05～

12.5g/L。

精对苯二甲酸工业品质量标准见表5-46。

表5-46 精对苯二甲酸工业品的质量指标

指标名称	低温法	高温法	优级品	一级品
含量/%	≥99.5	≥99.5	—	—
酸值/(mgKOH/g)	675	675±2	675±2	675±2
灰分/(mg/kg)	≤20	≤15	≤15	≤15
金属离子含量/(mg/kg)	≤5	≤10	≤10	≤10
色度(5%DMF)(APHA)	≤25	≤10	≤10	≤10
对羧基苯甲醛含量/(mg/kg)	≤0.35%	≤25	≤25	≤25
对甲基苯甲酸含量/(mg/kg)	≤500	≤50	≤150	—
水分/%	—	—	≤0.3	≤0.5

注：外观为白色粉末；优级品和一级品为天津石油化工公司化工厂质量指标。

制法

PTA生产工艺可分为一步法和两步法：两步法是先将对二甲苯经空气氧化，制得粗对苯二甲酸，然后精制成PTA。例如，由对二甲苯为原料，以乙酸为溶剂，在催化剂的作用下与空气进行液化氧化，得粗对苯二甲酸，然后对粗对苯二甲酸进行加氢精制，去除杂质，再经分离、结晶、干燥，制得纤维级精对苯二酸产品。一步法是由对二甲苯直接进行氧化反应，制得PTA。一步法制得的PTA中，杂质4-羧基苯甲醛的含量较两步法的多。

特性及用途

精对苯二甲酸是生产聚酯切片、长短涤纶纤维等化纤产品和其他重要化工产品的原料。对苯二甲酸主要用于聚酯树脂如PET、PBT的生产。另外还用于合成对苯二甲酸双酯增塑剂等。

在聚氨酯领域，PTA用于合成芳香族液体聚酯多元醇，聚酯多元醇用于聚氨酯泡沫塑料、胶黏剂、涂料等。

生产厂商

翔鹭石化股份有限公司，中化国际（控股）股份有限公司，亚东石化（上海）有限公司，浙江逸盛石化有限公司，珠海碧阳化工有限公司，中国石化扬子石油化工公司化工厂，中国石化天津分公司，中国石化北京燕化石油化工股份有限公司，中国石油辽阳石化分公司，中国石化洛阳石化分公司，中国石油乌鲁木齐石化公司，台湾化学纤维股份有限公司，英国石油（BP）集团公司，美国DuPont公司，日本三菱化学株式会社，Eastman化学公司，日本三井化学株式会社，韩国三南石油化学株式会社，韩国SK油化株式会社，印度Reliance工业有限公司等。

5.4.4 对苯二甲酸二甲酯

简称：DMT。

英文名：dimethyl terephthalate；1,4-benzenedicarboxylic acid dimethyl ester。

分子式为$C_{10}H_{10}O_4$，分子量为194.18。CAS编号为120-61-6。

结构式：

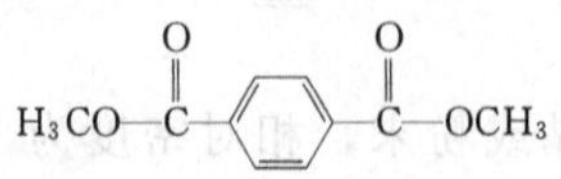

$$H_3CO-\overset{O}{\overset{\|}{C}}-C_6H_4-\overset{O}{\overset{\|}{C}}-OCH_3$$

物化性能

白色片状固体或粉末，轻微气味，不溶于水。熔点为141℃，相对密度（25℃）为

1.05，熔体黏度（150℃）为 3.1mPa·s，沸点为 288℃（升华），闪点（COC 开杯）为 153℃，自燃温度为 496℃。

美国 Eastman 公司的 DMT，色度（初熔时，Pt-Co）≤50，对甲酸基苯甲酸甲酯含量≤30mg/kg。

对苯二甲酸二甲酯的红外光谱如图 5-5 所示。

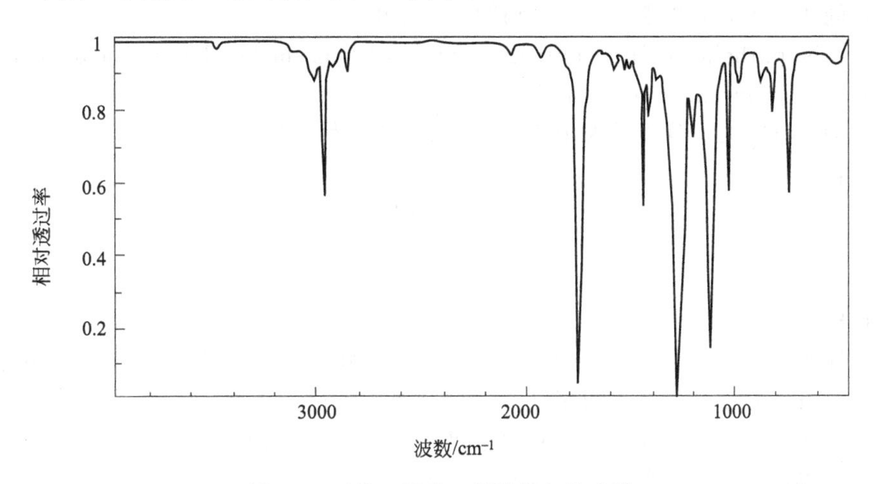

图 5-5　对苯二甲酸二甲酯的红外光谱

DMT 急性毒性数据（大鼠经口）LD_{50} >3500mg/kg。

制法

DMT 主要生产工艺有合并氧化法和合并酯化法。

（1）合并氧化法　一种改进工艺的主要过程与特点为：以对二甲苯（PX）和 PT-酯（为中间产品）为原料，以锰、钴盐为催化剂，用空气氧化，所得氧化产物为 PT-酸和对苯二甲酸单甲酯（MMT）。其特点是：利用氧化反应热发电，所得电能可满足本装置用电需要；反应尾气可用来驱动空气压缩机；尾气净化后可作惰性气体使用。

（2）合并酯化法　以氧化产物为原料，经甲醇酯化后得 PT-酯和 DMT。该法回收甲醇纯度提高，可直接用于酯化；真空蒸馏时采用高效 Sulzer 填料，提高分离效率；分出的高沸物以甲醇醇解，以提高 PX 收率；几乎完全回收了锰、钴催化剂，每小时仅需补充数克。

以“熔体结晶”法代替传统的甲醇“溶解结晶”法精制 DMT，是一种新工艺。其要点为：将酯化所得的熔融态“粗酯”与温度较低传热面相接触，DMT 即在传热面上结晶，而杂质则仍存留在熔融体中；在分出熔融体后，将结晶熔化，即可得到纯度较高的 DMT；如此反复进行，即可制得 DMT 产品。以此法精制，不用甲醇就能有效地除去杂质，允许对二甲苯中带有较多的异构体（如间二甲苯、邻二甲苯等），可根据市场需要，灵活地调节产品纯度。此法连同上述改进，可使 DMT 生产的投资及运转成本都较传统方法低。

特性及用途

应用领域与对苯二甲酸（PTA）相同，如用于生产聚酯树脂、芳香族聚酯多元醇及增塑剂等。

与 PTA 相比，DMT 的熔点较低，易于在较低的温度溶解在热的多元醇中，且纯度较高，一度曾大量用于聚酯树脂 PET 等的生产。目前由于 PTA 的价格优势，而 DMT 单耗高，以及 PTA 在生产树脂时没有副产物甲醇产生，PTA 已成为聚酯的首选原料，大量使用，DMT 用量较少。

生产厂商

美国 Eastman 化学公司，韩国 SK 株式会社等。

5.4.5 间苯二甲酸

简称：PIA，IPA。

别名：间苯二酸，1,3-苯二甲酸，精间苯二甲酸。

英文名：isophthalic acid；*m*-phthalic acid；1,3-benzenedicarboxylic acid；benzene-1,3-dicarboxylic acid；puried isophthalic acid 等。

分子式为 $C_8H_6O_4$，分子量为 166.13。CAS 编号为 121-91-5。

结构式：

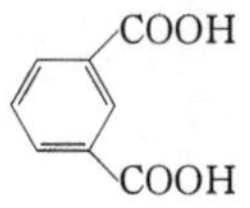

COOH
COOH

物化性能

白色晶体粉末，熔点为 345～348℃（升华）。相对密度为 1.51～1.54。松装密度为 0.8g/mL（Eastman 公司 PIA 粉末产品密度）。溶于乙醇、丙酮、乙酸，不溶于苯、甲苯、石油醚。不溶于冷水，微溶于热水。自燃温度为 650℃。性能稳定。

急性中毒毒性数据（大鼠经口）LD_{50}＝10400mg/kg。

精间苯二甲酸工业品纯度一般≥99.8%，酸值为（675±2）mg KOH/g，金属杂质总量≤5mg/kg，间甲苯甲酸含量≤150mg/kg，3-羧基苯甲醛含量≤25mg/kg，水分≤0.1%。

制法

以间二甲苯为原料，采用空气氧化方法，把间二甲苯氧化成间苯二甲酸，产品经加氢精制、结晶、分离、干燥后，得到纯间苯二甲酸。

IPA 可由间二甲苯和乙酸水溶液发生氧化反应制得，在 BP 工艺中，乙酸、水、间二甲苯、催化剂和空气的混合物进入反应器，形成的间苯二甲酸原位结晶，可用机械方法与溶剂分离。粗的 IPA 用水溶解，经过催化剂固定床进行加氢还原以除去杂质，反应后 IPA 再经结晶分离和干燥，最终得到 IPA 产品。

特性及用途

间苯二甲酸主要用于代替苯酐生产高强度和韧性、耐腐蚀、低吸水性的间苯型不饱和聚酯树脂；还用于生产快干、光泽好、耐烘烤的醇酸树脂和高档油墨涂料的中间体；用于改性聚酯树脂，由 IPA 生成的间苯二甲酸二甲酯-5-磺酸钠和间苯二甲酸二乙二醇酯-5-磺酸钠是聚酯切片改质单体，用来生产阳离子可染切片；直接用作改性单体，生产韧性好聚酯瓶级切片和高收缩纤维等产品；间苯二甲酸还可生产低挥发性的增塑剂等。

在聚氨酯行业，间苯二甲酸用于与己二酸等制造共聚酯多元醇，这种芳香族多元醇可用于生产聚氨酯胶黏剂、涂料、泡沫塑料等。特别是用于聚氨酯胶黏剂，能改善胶黏剂的粘接强度、耐水解性、耐温性，并且胶膜具有良好的透明性。

生产厂商

北京燕化石油化工股份有限公司，台湾 Tuntex 石油化学公司，英国石油公司（BP），日本 AG 国际化学公司，美国 Eastman 化学公司，西班牙 Interquisa 公司，韩国 KP 化学公司，Lonza 新加坡公司等。

5.4.6 邻苯二甲酸酐

别名：苯酐，邻苯二酸酐，酞酐。

简称：PA。

英文名：phthalic anhydride；phthalic acid anhydride；1，2-benzenedicarboxylic acid anhydride；1,2-benzenedicarboxylic anhydride；1,3-isobenzofurandione；1,3-phthalandione 等。

分子式为 $C_8H_4O_3$，分子量为 148.12。CAS 编号为 85-44-9。

结构式：

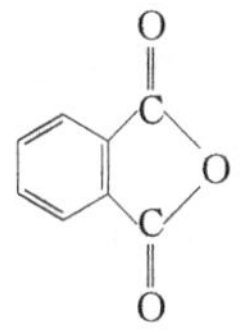

物化性能

白色固体鳞片状结晶性粉末或白色针状晶体，熔点为 130～131℃，相对密度为 1.53，沸点为 284～295℃，易升华。闪点（闭杯）为 152℃。自燃温度为 570℃。在空气中混合物爆炸极限为 1.7%～10.5%。蒸气压（20℃）为 0.2Pa。苯酐微溶于水（6g/L），易溶于热水并水解为邻苯二甲酸。可溶于乙醇、苯和吡啶。

按苯酐质量标准（GB/T 15336—2006），优等品和一等品苯酐的纯度≥99.5%，游离酸含量分别≤0.2%和 0.3%，结晶点分别为 130.5℃和 130.3℃。合格品纯度≥99.0%。

特性及用途

主要用于生产增塑剂、不饱和聚酯树脂、醇酸树脂、饱和聚酯多元醇，也用于生产蒽醌及其衍生物（染料）、靛红酸酐和酞菁染料（涂料、油墨颜料）、卤代酸酐（反应型阻燃剂及阻燃剂中间体）、聚醚酰亚胺树脂、医药、农药、糖精等产品。

在聚氨酯行业，主要用于合成芳香族聚酯多元醇，这类聚酯多元醇可用于硬质聚氨酯泡沫塑料，也可用于聚氨酯胶黏剂、涂料等。另外，邻苯二甲酸酯系增塑剂也少量用于聚氨酯产品。

生产厂商

湖北荆州市博尔德化学有限公司，中国蓝星哈尔滨石化有限公，天津金源泰化工有限公司，江阴市中润化工有限公司（江阴市苯酐厂），淄博周村鲁燕化工有限公司，金陵石化化工一厂，山东宏信化工股份有限公司，浙江温州三维集团等。

邻苯二甲酸：邻苯二甲酸（酞酸）的分子式为 $C_8H_6O_4$，分子量为 166.13。CAS 编号为 88-99-3。无色结晶或白色粉末，相对密度为 1.59。较稳定。熔点为 200～211℃（分解）或 230℃（迅速加热）。闪点（闭杯）为 168℃。在 200℃左右开始脱水分解，生成邻苯二甲酸酐。微溶于水。

由于工业上可直接生产邻苯二甲酸酐（苯酐），且苯酐使用方便，所以邻苯二甲酸很少工业化应用。仅少量用于有机合成。

5.4.7 丁二酸

别名：琥珀酸。

英文名：succinic acid；1,4-butanedioic acid；ethylene succinic acid；ethylene dicarboxylic acid。

分子式为 $C_4H_6O_4$，分子量为 118.09。CAS 编号为 110-15-6。

结构式：

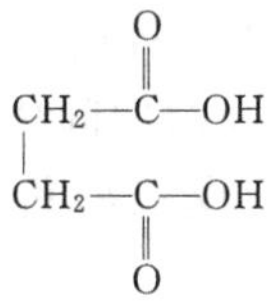

```
       O
       ‖
CH2—C—OH
 |
CH2—C—OH
       ‖
       O
```

物化性能

无色结晶或白色晶体粉末，熔点为185℃（熔程为183～189℃），沸点为235℃（分解为酸酐），相对密度约为1.572；溶于水，微溶于醇、醚、酮类，不溶于苯、四氯化碳。工业级丁二酸纯度≥99.0%。

制法

丁二酸工业化生产可由顺丁烯二酸酐电解还原法和顺丁烯二酸酐加氢法制得。

特性及用途

丁二酸是一种重要的有机化工原料及中间体，可用于生产丁二酸酯类增塑剂、醇酸树脂、离子交换树脂、不饱和聚酯树脂、丁二酰亚胺及其衍生物等；可作为医药、农药等的中间体，在医药工业中用于合成镇静剂、避孕药及治癌药物等，生产琥乙红霉素等药品、植物生长调节剂比久和杀菌剂菌核净等；染料工业生产高级有机颜料酞菁红；在食品工业作酱油、液体调味品及炼制品的调味剂、食品铁质强化剂等。

丁二酸可用于生产聚酯二醇，进一步生产聚氨酯树脂。由于价格较贵，仅特殊场合使用。

生产厂商

安徽三信化工有限公司（原安徽池州三元化工有限公司），安徽安庆和兴化工有限责任公司，陕西宝鸡宝玉化工有限公司，常州曙光化工厂等。

丁二酸酐

另外，丁二酸酐CAS编号108-30-5，为无色针状或粒状结晶，溶于乙醇、三氯甲烷和四氯化碳，微溶于水和乙醚。在热水中水解为丁二酸。由于价格比丁二酸贵1～2倍，基本上不用于合成树脂。

5.4.8 戊二酸

别名：胶酸，α,γ-丙烷二羧酸。

英文名：glutaric acid；pentanedioic acid；1,5-pentanedioic acid；1,3-propanedicarboxylic acid；α,γ-propane dicarboxylic acid。

分子式为$C_5H_8O_4$，分子量为132.12。CAS编号为110-94-1。

结构式：$HOCO(CH_2)_3COOH$。

物化性能

白色至灰白色针状或单斜粒状结晶，易溶于水、乙醇、乙醚和氯仿，微溶于石油醚。

产品纯度一般为99.5%，相对密度为1.429，熔点为96～99℃，沸点为302～304℃、200℃（20×133Pa），水不溶物≤0.01%，灼烧残渣≤0.1%。

几乎无毒，小鼠经口急性毒性LD_{50}=6000mg/kg。

制法

工业上可从生产己二酸的副产品中回收。

实验室制备戊二酸可有多种方法，例如：由γ-丁内酯制备，由二氢吡喃制备，由戊二腈制备。

特性及用途

用于制备戊二酸酐（CAS编号为108-55-4）、戊二酸酯增塑剂、α-酮戊二酸、过氧戊二酸、β-(4-氯苯基)戊二酸以及制成抗血压剂的中间体等；用作助焊剂等。

它也可用于合成聚酯二醇的原料，但戊二酸价格较高（5万元以上/t），一般配方很少使用。

生产厂商

江西省乐平市恒辉化工有限公司，上海三微实业有限公司，辽宁嘉志化学制品制造有限公司，宜兴市联阳化工厂（宜兴市联洋化工有限公司）等。

5.4.9　壬二酸

别名：杜鹃花酸。

英文名：azelaic acid；nonanedioic acid；1,9-nonanedioic acid；1,7-heptanedicarboxylic acid；anchoic acid 等。

分子式为 $C_9H_{16}O_4$，分子量为 188.22。CAS 编号为 123-99-9，EINECS 号为 204-669-1。

结构式：$HOCO(CH_2)_7COOH$。

物化性能

白色至浅黄色针状、片状和单斜菱形结晶或粉末。微溶于冷水，溶于热水、醇和有机溶剂，微溶于醚。熔点为 106.5℃，沸点为 286℃（13.3kPa），密度为 1.225g/cm^3。闪点为 210℃。

制法

一般以油酸为原料，采用硝酸氧化或高锰酸钾氧化工艺，催化氧化生产壬二酸。

特性及用途

壬二酸是外用抗菌剂，用于治疗痤疮和皮肤病。此外，壬二酸在香料、油剂、抗蚀剂、絮凝剂、电解电容、阻燃剂等方面都有应用。

壬二酸可用作生产壬二酸酯增塑剂如壬二酸二辛酯（DOZ），还是聚酰胺树脂（尼龙 9、尼龙 69、尼龙 1010 等）的原料，也可用于制备聚酯二醇，但因价格高，很少使用。

生产厂商

江苏森萱医药化工有限公司，成都万和生物工程有限责任公司等。

5.4.10　十二碳二酸

别名：十二双酸，十二烷二酸。

简称：DDDA、DDA。

英文名：1,12-dodecanedioic acid 等。

分子式为 $C_{12}H_{22}O_4$，分子量为 230.3。CAS 编号为 693-23-2。

结构式：$HOCO(CH_2)_{10}COOH$。

物化性能

白色粉末或片状固体，熔点为 128～131℃，相对密度（25℃）为 1.15，离解常数 $pK_{a_1}=5.70$，$pK_{a_2}=6.60$。不溶于水，在 60℃和 100℃水中溶解度分别为 0.012%和 0.4%。不溶于苯，微溶于丙酮，在 20℃和 55℃丙酮中溶解度分别为 1.0%和 7.5%。溶解度参数为 12.2。

INVISTA 公司的 DDDA，纯度≥98.5%，其他二元羧酸≤1.0%，一元羧酸≤0.08%，水分≤0.4%，灰分≤2mg/kg，铁分≤1mg/kg。

特性及用途

十二碳二酸可用于生产聚酯、聚酯多元醇、胶黏剂、双酯润滑剂、聚酰胺树脂、尼龙纤维等，用于环氧树脂和粉末涂料固化剂、腐蚀抑制剂等。

生产厂商

美国 INVISTA 公司，日本宇部兴产株式会社，淄博广通化工有限责任公司等。

5.4.11 1,4-环己烷二甲酸

简称：CHDA，1,4-CHDA。

化学名称：1,4-环己烷二羧酸，1,4-环己烷二甲酸。

英文名：1,4-cyclohexanedicarboxylic acid。

分子式为 $C_8H_{12}O_4$，分子量为 172.2。CAS 编号为 1076-97-7。

结构式：

HO—C(=O)—C₆H₁₀—C(=O)—OH

物化性能

白色粉末，微溶于水。1,4-环己烷二甲酸是反式异构体和顺式异构体的混合物，其中顺式异构体具有高于 300℃的熔点，在 165℃左右熔化时，得到浑浊熔化物，并且在这个温度反式异构体开始向顺式异构体转化。Eastman 公司的高纯 1,4-环己烷二甲酸（1,4-CHDA-HP）中含 65%～85%（多在 70%～79%范围）的反式异构体。

高纯度 CHDA-HP 的典型物性及质量指标见表 5-47。

表 5-47 高纯度 CHDA 的典型物性及质量指标

性能项目	典型数值	性能项目	典型数值
外观	白色至灰白色粉末	纯度/%	≥99
相对密度(20℃)	1.38	反式异构体含量/%	≥65
松装密度/(g/mL)	0.56	色度(APHA)	≤100
熔点①/℃	164～167	杂质铁含量/(mg/kg)	<15
闪点(COC 开杯)/℃	235	水分/%	≤1.0
在水中溶解度(20℃)/%	1		

① 由于在熔点温度异构化反应，无明显的熔点。

制法

由对二甲苯氧化制得粗对苯二甲酸，精制得对苯二甲酸，再加氢得环己烷二甲酸。

特性及用途

与线型脂肪族二酸相比，CHDA 分子结构中饱和脂肪环结构赋予聚合物良好硬度和柔韧性的平衡，改善耐腐蚀性和耐沾污性；与对苯二甲酸相比，环己烷二甲酸在热的二醇中迅速溶解，树脂的柔韧性得以改善。它可用于不饱和聚酯、饱和聚酯、聚氨酯等树脂的生产。树脂具有水解稳定性、耐腐蚀性、热稳定性和浅色泽，以及中等溶解性。

生产厂商

美国 Eastman 化学公司等。

5.4.12 1,4-环己烷二甲酸二甲酯

别名：环己烷二羧酸二甲酯，环己基二甲酸二甲酯。

简称：DMCD。

英文名：dimethyl 1,4-cyclohexanedicarboxylate。

分子式为 $C_{10}H_{16}O_4$，分子量为 200.23。CAS 编号为 94-60-0。

结构式：

CO_2CH_3—C₆H₁₀—CO_2CH_3

物化性能

白色浆状，含反式和顺式异构体，异构体总含量大于 94.8%，其中顺式异构体熔点约为 71℃，反式异构体熔点约为 14℃，沸点为 259～265℃，相对密度（20℃）为 1.102。蒸气压为 1.17kPa（140℃）。

Eastman 公司有浆状和熔化 DMCD 产品出售。SK NJC 公司的液态 DMCD 产品纯度≥96%，水分≤0.6%，熔点 17～25℃。

制法

由对二甲苯氧化制得粗对苯二甲酸，用甲醇酯化得对苯二甲酸二甲酯，再加氢得环己烷二甲酸二甲酯。

特性及用途

与 1,4-环己烷二甲酸相比，1,4-环己烷二甲酸二甲酯的熔点较低。形成树脂的优点与 1,4-环己烷二甲酸相同。在合成聚酯时，一般需将 1,4-环己烷二甲酸二甲酯先与多元醇进行酯交换反应，建议加 0.2% 氧化二丁基锡（DBTO）催化剂，脱除甲醇后再进行下步反应。

可用于不饱和聚酯、饱和聚酯、聚氨酯等树脂的生产。

生产厂商

美国 Eastman 化学公司，韩国 SK NJC Co.，Ltd. 等。

5.4.13 二聚酸

英文名：dimer acid；(octadecadienoic acid) dipolymer；C_{36} dimer acid；dimerized fatty acid 等。

别名：二聚脂肪酸，脂肪酸二聚体，十八烷不饱和脂肪酸二聚物，十八碳二烯酸二聚体。

分子式为 $C_{36}H_{64}O_4$，分子量为 560.91。CAS 编号为 61788-89-4。

二聚酸没有统一的结构式，一般来说是含 2 条支链的二元酸，交接处是六元环，并且含双键。典型的二聚酸结构示意图如下。

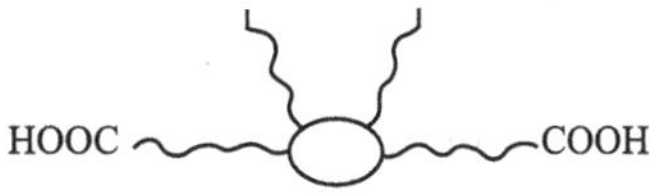

HOOC COOH

商品二聚酸是以 C_{36} 二聚体为主的混合物，含有少量 C_{54} 三聚体及部分异构化的 C_{18} 单酸等。有较高纯度的二聚酸产品供应。

物化性能

高纯度二聚酸为浅黄色至黄色透明液体，相对密度（25℃）约为 0.95，无挥发性，高闪点（280～350℃），低温不冻结。溶于丙酮、乙醇、乙醚以及脂肪族、石脑油等几乎所有溶剂，不溶于水。黏度一般在 3～10Pa·s 之间。二聚酸还可通过加氢工艺成为饱和大分子二元酸，具有耐光等优点。

代表性产品

Arizona 化工有限责任公司（Arizona Chemical Company，LLC）二聚体的技术指标见表 5-48。

表 5-48 Arizona 化工有限责任公司二聚酸的技术指标

指　　标	Unidyme 10	Unidyme 14	Unidyme 18	Unidyme 22
外观	浅黄黏稠液	黄色黏稠液	棕黄色黏稠	棕黄色黏稠
二聚酸/%	≥97.8//99.0	92.7～97.0//94.8	79～85//82	78～84//81

续表

指标	Unidyme 10	Unidyme 14	Unidyme 18	Unidyme 22
单体酸/%	≤0.2//0.1	≤0.3//0.2	≤2//1.7	1～3//2.0
多聚体酸/%	≤2.0//0.9	3.0～7.0//5.0	15～19//17	15～19//17
水分/%	0.1	≤0.25//0.1	≤0.25//0.05	≤0.25//0.03
酸值	193～200//197	193～198//196	190～196//195	190～196//195
皂化值	201	201	200	199
不能皂化物/%	0.2	0.2	0.2	0.3
色度(Gardner)	≤3.5//1.8	≤5//5	≤7//6	≤8//7
相对密度/25℃	0.94	0.95	0.95	0.95
闪点(COC)/℃	310	282	288	271
黏度(25℃)/(mm²/s)	6450	7250	8900	8900

注："//"前后分别是产品指标和典型数值。酸值和皂化值的单位是 mg KOH/g。

英国 Croda 公司的 Pripol 1012、Pripol 1013 和 Pripol 1098 是蒸馏提纯的二聚酸，纯度约为 97%、95%和 97%，其中 1098 色更浅；Pripol 1006 和 Pripol 1009 是高纯度氢化二聚酸（含量分别约 95%、二聚亚油酸 98%），它们可用于制备聚氨酯用聚酯多元醇。Pripol 1017 和 Pripol 1025 分别含 75%的二聚酸和 75%氢化二聚酸，其余成分以三聚酸为主，多用于聚酰胺、环氧树脂和聚酯等树脂。

国内几家公司的高纯度二聚酸的物性指标见表 5-49。

表 5-49 国内几家公司的高纯度二聚酸的物性指标

牌号	酸值/(mgKOH/g)	皂化值/(mg KOH/g)	黏度(25℃)/mPa·s	二聚酸/%	单体酸/%	三及多聚酸/%	色度(铁-钴)
YH13	194～198	197～201	7000±200	95～98	0.2	2～4	5
HY005	≥190	≥190	5000～7000	≥98	≤0.5	≤2	≤3
BX-1	194～198	197～201	5000～7000	>98	<0.5	<2	<3
BX-2	194～198	197～201	5000～7500	95～98	<0.5	<5	<3
BX-3	194～198	197～201	5000～8000	92～95	<1	<8	<4
ZD-90	192～197	195～200	7500～8500	90～95	0～2	5～8	≤6
ZD-95	192～197	195～200	7000～8000	90～95	0～2	2～3	≤6
ZD-98	192～197	195～200	7000～7500	90～95	0～1	0～1	≤6
DA300	192～198	195～201	5000～7000	≥95	≤1	NA	≤3
KD-13	190～198	195～201	6000～8000	95～98	≤0.2	2～4	4～5

注：有关牌号产品的归属厂家，可见"生产厂商"。

制法

C_{18}不饱和脂肪酸（如油酸、亚油酸等）在白土、膨润土等催化剂存在下，经分子间聚合反应生成以二元羧酸为主要成分的混合物。我国二聚酸生产以前采用脂肪酸甲酯法，现在多采用脂肪酸聚合法。聚合反应完成后，混合物经过滤分离出催化剂等杂质后，进入分离提纯工艺，得到二聚酸。国外生产二聚酸的原料主要是妥尔油脂肪酸。采用白土催化剂加压聚合再脱色，最后用薄膜蒸发器蒸馏或分子蒸馏可得到高纯度二聚酸、三聚酸。

特性及用途

二聚酸分子结构中含长链烃基团，具有优异的疏水性、柔韧性。

二聚酸可用于合成聚酯多元醇，再合成 CASE 聚氨酯材料，如反应型热熔胶黏剂、弹性体、涂料。含二聚酸结构的聚氨酯与己二酸聚酯聚氨酯相比，其吸湿性较低，耐水解性能优异，柔韧性好，特别具有优异的低温弹性。与聚氧化丙烯和聚四氢呋喃等聚醚相比，因分子骨架中无醚键存在，将使二聚酸基聚氨酯更具有抵御热氧化或紫外线辐射分解的能力。

脂肪酸二聚体主要应用于聚酰胺油墨、涂料、热熔胶、环氧树脂固化剂、醇酸树脂、聚酯树脂等，聚合物具有优异的柔韧性、密封性、耐水性和附着力。二聚体还用于油田缓蚀剂、表面活性剂、润滑剂、脱脂剂、燃油防锈剂等。

生产厂商

Arizona 化工有限责任公司（牌号 Unidyme），英国 Croda 国际股份有限公司（牌号 Pripol），美国 Emery 油脂化学品公司（牌号 Emery），比利时 Oleon 公司（牌号 Radiacid），江西省宜春远大化工有限公司（YH1*系列），江苏金马油脂科技发展有限公司（JM 系列），浙江永在化工有限公司，山东汇金化工有限公司，安庆市虹宇化工有限责任公司（HY00*系列），成都优武特科技有限公司（NW-201*系列），福建省连城百新科技有限公司（BX 系列），福建中德科技有限公司（ZD 系列），福建省沙县嘉利化工有限公司，山东省广饶信和化工有限公司，山东省广饶县福利树脂厂，山东省东营新百丰化工有限公司，上海种良油脂化工有限公司（DA 系列），湖南省科迪亚实业有限公司（KD），浙江黄岩树脂化工有限公司等。

5.4.14　混合二羧酸

5.4.14.1　4～6 碳二羧酸（DBA）

4～6 碳二羧酸（尼龙酸，dicarboxylic acids $C_4C_5C_6$）是生产已二酸的副产物，含戊二酸、丁二酸和已二酸，或称 C_4、C_5、C_6 混合二羧酸。

DBA 是 DuPont 公司尼龙中间体剂特殊品部门对这种混合二羧酸（dibasic acid）产品的简称，也是商品牌号，它是去除了硝酸和金属杂质的戊二酸、丁二酸和已二酸混合物。其结构式为：

$$HOCO(CH_2)_{2\sim4}COOH$$

固态 DBA 的典型成分为：戊二酸 51%～61%，丁二酸 18%～28%，已二酸 15%～25%，有机氮化合物 1%，硝酸 0.2%，铜 0.02%，钒 0.01%。实际上该产品通常以 50%～94%的水溶液形式用液罐车运输、供应。

DBA 在水中的溶解度随其组成变化而略有变化，大致数据为：18℃时为 20%（质量浓度，下同），34℃时为 50%，83℃时为 80%。50%水溶液 100℃的相对密度为 1.04，80%溶液 100℃的相对密度为 1.13。

中国石油辽阳石化分公司也副产混合二羧酸，其中含有戊二酸约 50%、丁二酸 25%和已二酸 25%。

该产品是低成本脂肪族二元羧酸混合物，是一种副产物。DBA 可用于生产聚酯多元醇，进而生产聚氨酯和聚异氰脲酸酯；还可用于生产增塑剂、聚酯树脂、鞣革剂等。

生产厂商

美国 DuPont 公司，法国 Rhodia 公司（AGS Diacides），中国石油辽阳石化分公司，宜兴市良丰化工环保有限公司等。

5.4.14.2　长链混合二羧酸

美国 INVISTA 公司的 Corfree M1 是一种不含亚硝酸盐的 C_{10}～C_{12}二羧酸混合物，主要含 C_{11}和 C_{12}二羧酸，其典型组成为：十一碳二酸 40%～42%，十二碳二酸 36%～40%，癸二酸 7%～8%，C_4～C_9 二酸 8%～10%，其他二元羧酸 3%～4%，一元羧酸 0.3%，水分 0.3%。

它是片状固体，平均分子量为 215，酸值为 480～532mg KOH/g，熔程为 85～95℃，相对密度为1.02。25℃在水中溶解度小于0.5%。

它主要用作铁腐蚀抑制剂，可与胺形成铵盐，用作腐蚀抑制剂，耐腐蚀性能优异。它也可用于生产聚酯多元醇，进而生产聚氨酯。

5.4.15 顺丁烯二酸酐

别名：马来酸酐，顺酐，失水苹果酸酐。

简称：MA。

英文名：maleic anhydride 等。

分子式为$C_4H_2O_3$，分子量为98.06。CAS 编号为108-31-6。

结构式：

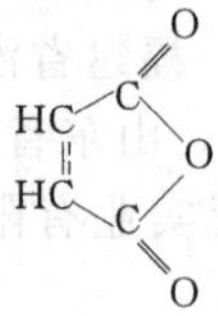

物化性能

白色斜方形针状结晶，熔点为52.8℃，沸点为202℃，易升华，闪点为103℃。相对密度为1.314。顺酐溶于水形成失水苹果酸，可溶于醇或酯，微溶于四氯化碳和粗汽油。

特性及用途

顺酐是一种常用的重要基本有机化工原料。主要用于合成不饱和聚酯树脂，还用于合成醇酸树脂涂料和改性氨基树脂涂料等。顺酐也是生产润滑油的添加剂、农药、富马酸、共聚物、食品添加剂、水处理剂等重要中间体。其加氢衍生物有琥珀酸酐、1,4-丁二醇、γ-丁内酯和四氢呋喃，丁二醇和四氢呋喃是生产聚氨酯弹性体的重要原料。在聚氨酯领域，顺酐也可由于杂合聚氨酯体系，用作合成水性聚氨酯的助剂等。

生产厂商

天津渤海精细化工有限公司，山西太明化工工业有限公司，常州亚邦化学有限公司，江阴顺飞精细化工厂，江苏钟腾化工有限公司，太原市侨友化工有限公司，常茂生物化学工程公司等。

· 第6章 · 催 化 剂

6.1 催化剂简述

催化剂是许多化学反应的促进剂。催化剂是合成树脂的一种重要助剂，对于聚氨酯也不例外。它缩短反应时间，提高生产效率，选择性促进正反应、抑制副反应。在许多聚氨酯制品生产中，催化剂是一种常用的助剂，用量虽少，作用很大。

虽然少量无机盐化合物、有机磷氧化合物等可用作聚氨酯的催化剂，但使用方便、在聚氨酯及其原料合成中常用催化剂主要有叔胺催化剂（包括其季铵盐类）和有机金属化合物两大类。

叔胺类催化剂主要又可分为脂肪胺类、脂环胺类、芳香胺类和醇胺类及其铵盐类化合物。

脂肪族胺类催化剂有 *N*,*N*-二甲基环己胺、双(2-二甲氨基乙基)醚、三亚乙基二胺、*N*,*N*,*N'*,*N'*-四甲基亚烷基二胺、*N*,*N*,*N'*,*N''*,*N''*-五甲基二亚乙基三胺、三乙胺、*N*,*N*-二甲基苄胺、*N*,*N*-二甲基十六胺、*N*,*N*-二甲基丁胺等。

脂环族胺类有三亚乙基二胺、*N*-乙基吗啉、*N*-甲基吗啉、*N*,*N'*-二乙基哌嗪、*N*,*N'*-二乙基-2-甲基哌嗪、*N*,*N'*-双-(α-羟丙基)-2-甲基哌嗪、*N*-2-羟基丙基二甲基吗啉等。

醇胺类化合物催化剂有三乙醇胺、*N*,*N*-二甲基乙醇胺等。醇胺是一类反应型催化剂，可与其他高活性催化剂配合使用。三乙醇胺同时还是模塑泡沫的交联剂。

芳香族胺类有吡啶、*N*,*N'*-二甲基吡啶。

GE Silicones OSi 特殊化学品公司（现 Momentive Performance Materials Inc.，中文名为迈图高新材料集团，下文简称美国 Momentive 公司）的研究数据表明，（二甲氨基乙基）醚（A-1）的催化活性很高，它的反应速率常数比三亚乙基二胺高 50%。OSi 公司在催化剂的活性比较试验中，采用丁醇-苯基异氰酸酯模型反应体系研究醇-异氰酸酯反应动力学数据，采用水与苯基异氰酸酯模型反应体系研究水-异氰酸酯反应动力学，溶剂采用 25℃ 甲苯-二甲基甲酰胺(90/10)，每种体系加相等用量的辛酸亚锡，各种催化剂的反应速率常数结果见表 6-1。

表 6-1 几种叔胺催化剂对 NCO-OH 和 NCO-H_2O 的催化性比较

类别	比速率常数(K_a/C_a)/min^{-1}	
	羟基-NCO 反应	水-NCO 反应
Niax A-1	56	158
三亚乙基二胺	49	98
Niax A-133	19	53
Niax A-33	16	33
二甲基乙醇胺	10	68
N-甲基吗啉	7.5	14
N-乙基吗啉	5.0	10

有机金属化合物包括羧酸盐、金属烷基化合物等，所含的金属元素主要有锡、钾、铅、汞、锌、钛、铋等，最常用的是有机锡化合物。

在聚氨酯泡沫塑料中，一般使用叔胺及季铵盐作催化剂。除此以外，辛酸亚锡是连续法块状发泡聚氨酯软泡的常用催化剂，羧酸钾多用于聚异氰脲酸酯改性聚氨酯硬泡，二月桂酸二丁基锡等有机锡化合物可用于少数硬泡、半硬泡和高回弹泡沫配方。

硬质聚氨酯泡沫塑料常见的胺类三聚催化剂有2,4,6-(二甲氨基甲基)苯酚（牌号为DMP-30）、TMR系列（如三甲基-*N*-2-羟丙基己酸，牌号为Dabco TMR）、1,3,5-三(二甲氨基丙基)-六氢化三嗪（牌号为PC Cat NP 40、Polycat 41）等。

在聚氨酯弹性体以及胶黏剂、涂料、密封胶、防水涂料、铺装材料等配方中，二月桂酸二丁基锡等有机金属催化剂最为常用，它对促进异氰酸酯基与羟基反应很有效，但在有水分的配方中对水与异氰酸酯的反应也有一定的加速作用，所有在塑胶跑道等配方中可采用有机铅等特殊催化剂。三亚乙基二胺等强凝胶性（促进异氰酸酯基与羟基反应为主）叔胺也可用于某些弹性聚氨酯配方。

羧酸铋催化剂是近年来受到关注的一类催化剂，主要促进聚氨酯的形成反应，可替代有机锡、有机汞和有机铅催化剂。

选择适用于聚氨酯及其原料的催化剂，不仅要考虑催化剂的催化活性（与使用最低浓度相关）和选择性，还要考虑物理状态、操作方便性、与其他原料组分的互溶能力、在混合原料体系中的稳定性、毒性、价格、催化剂残留在制品中对聚合物性能是否有损害性影响等因素。

叔胺和有机金属化合物品种非常多，考虑到各种因素，在聚氨酯生产中最常用的仅20多种。

胺类催化剂贮存过久颜色会变深，但却不会影响其化学活性。

催化剂有一定的毒性，例如不少胺类化合物有刺激性气味，对皮肤、眼睛也有刺激性，某些重金属化合物毒性较大，所以使用时应注意个人防护，不小心溅到皮肤上要用肥皂清洗、清水冲洗，必要时请求医生救护。

6.2 叔胺催化剂

6.2.1 三亚乙基二胺

6.2.1.1 三亚乙基二胺晶体

简称：TEDA、DABCO。

化学名称：1,4-二氮杂双环[2,2,2]辛烷。

别名：三乙烯二胺、三亚乙基二胺。

英文名：triethylenediamine；1,4-diazabicyclo[2.2.2]octane。

分子式为$C_6H_{12}N_2$，分子量为112.17。CAS编号为280-57-9。

结构式：

$$\begin{array}{c} CH_2—CH_2 \\ N—CH_2—CH_2—N \\ CH_2—CH_2 \end{array}$$

物化性能

TEDA常态为无色或白色晶体，暴露在空气中易吸湿潮解并结块，呈碱性，能吸收空气中的CO_2并发黄。易溶于丙酮、苯及乙醇，可溶于戊烷等直链烃类溶剂，在25℃、100g水中可溶解46g。晶体的相对密度（25℃）约为1.14。纯品熔点为158～159℃，闪点约为60℃，沸点为174℃，易升华，微有氨味。其蒸气压21℃时约为67Pa，50℃时为533Pa，100℃时为7.7kPa。纯TEDA毒性很小，小鼠的致死中毒量LD_{50}为2g/kg，吸入饱和的TEDA蒸气会引起轻微的黏膜刺激，对眼睛有损害，刺激皮肤会引起过敏症。

三亚乙基二胺工业品纯度一般能达到99.0%甚至99.5%以上，水分含量≤0.5%，也有≤1.5%的。

制法

少数厂家在生产哌嗪等产品时少量副产TEDA，量很少。国内外合成TEDA的方法有几种，有不少专利和论文报道，一般工艺是把胺或醇胺原料的水溶液以一定的流速通过装填有催化性沸石的反应器，在320～400℃、0.3MPa条件下反应，经提纯，得到TEDA。所用的主要原料有哌嗪、*N*-羟乙基哌嗪（HEP）、*N*,*N*-二羟乙基哌嗪（BisHEP）、*N*-氨乙基哌嗪（AEP）、二乙醇胺、乙醇胺、乙二胺或环氧乙烷等。

例如：①在320～400℃时，将HEP的60%水溶液以7mL/h的流速通入含20mL β-$SrHPO_4$催化剂的管式反应器中，维持反应器温度为370℃，原料的转化率为95.4%，TEDA的选择性为86.6%，单程得率82.6%；②在适当的催化剂作用下，乙二胺通过气相脱水杂环化可一步合成TEDA。用氢型分子筛催化剂或金属离子改性的分子筛KZSM-5，将含40%乙二胺水溶液通过340℃、0.3MPa下通过管式反应器，转化率保持在80%～90%，产物的选择性接近95%；③用氢型ZSM-5分子筛以及具有类似结构的镓硅沸石（SiO_2/Ge_2O_3＝75.5）、硼硅沸石（SiO_2/B_2O_3＝170）等为催化剂，将乙醇胺和水的混合物（胺与水量比为1∶2）在一定温度、压力、空速下，用氢气做载气载入固定床反应器，得到TEDA，产率为50%～63%。主要反应式如下：

$$\underset{\text{乙醇胺}}{6NH_2CH_2CH_2OH} \longrightarrow \underset{\text{TEDA}}{2N(CH_2CH_2)_3N} + 2NH_3 + 6H_2O$$

副反应：

$$2NH_2CH_2CH_2OH \longrightarrow \underset{\text{哌嗪}}{NH(CH_2CH_2)_2NH} + 2H_2O$$

采用哌嗪及其衍生物制备TEDA，产品得率较高，工艺也较成熟，已实现产业化。但我国哌嗪及其衍生物产量小、价格高，而采用乙醇胺为原料生产TEDA，货源充足，操作简单，成本低，且日本已实现工业化，在国内有可行性。

美国空气化工产品公司（Air Products and Chemicals，Inc.）较早开发TEDA，该公司TEDA牌号为DABCO。

特性及用途

三亚乙基二胺是一种双杂环结构的叔胺化合物，主要用作聚氨酯泡沫塑料的凝胶催化剂，广泛用于软质、半硬质、硬质聚氨酯泡沫塑料、弹性体，此外，还可用作环氧树脂固化催化剂、乙烯聚合催化剂、丙烯腈聚合催化剂及环氧乙烷烃聚合催化剂、六氢吡啶等农药生产的引发剂以及无氢电镀添加剂等。

三亚乙基二胺的化学结构很独特，是一种笼状化合物，两个氮原子上连接三个亚乙基。这个双环分子的结构非常密集和对称。从结构式可以看出，N原子上没有位阻很大的取代基，它的一对空电子易于接近。在发泡体系中，异氰酸酯首先和它反应生成活性络合物，络合物的性质很不稳定，一旦氨基甲酸酯键生成后，它就会游离出来，有利于更进一步催化。由于这个原因，虽然三亚乙基二胺不是强碱，却对异氰酸酯基团和活性氢化合物的反应表现出极高的催化活性。

在叔胺类催化剂中，三亚乙基二胺是最重要的一个品种，可广泛地用于各种聚氨酯泡沫塑料（包括软质、半硬质、硬质聚氨酯泡沫塑料、微孔弹性体）、涂料、弹性体等。在一步法发泡工艺中，三亚乙基二胺的重要性尤其显著。一方面由于它的活性高，用量较小；另一方面是它对凝胶反应和发泡反应都有较强的催化作用，尤以对聚氨酯与羟基的催化作用（氨酯形成反应、凝胶反应）选择性更强。

生产厂商及牌号

美国空气化工产品公司（牌号 DABCO），日本东曹株式会社（牌号 TEDA），日本花王株式会社（Kaolizer 30P），美国 Huntsman 公司（Jeffcat TD-100），德国性能化学品汉德尔斯有限公司（PC CAT TD 100），德国 Evonik Goldschmidt 公司（赢创高施米特公司，Tegoamin 100），德国 Lanxess 集团 Rhein Chemie Rheinau GmbH（朗盛集团莱茵化学莱脑有限公司，牌号 Addocat 104），河北石家庄合佳保健品有限公司，河南省新乡市巨晶化工有限责任公司，河南延化化工有限责任公司，江苏雅克科技股份有限公司，黄山市盛达化工厂，江苏省江都市大江化工实业有限公司（JD TEDA）等。

6.2.1.2 三亚乙基二胺溶液

三亚乙基二胺在室温时为固态，作为聚氨酯的催化剂使用不方便。在工业应用中，往往将它熔化、溶解在小分子二元醇中，配制成质量分数为33%（或其他浓度）的醇溶液使用。常用的二元醇有一缩二丙二醇、丙二醇、一缩二乙二醇（二甘醇）、乙二醇等。

这类叔胺-二醇溶液黏度低，不仅加料、与多元醇物料混合方便，而且可避免催化剂潮解吸水。由于二醇是反应活性成分，若催化剂用量可观，则在计算异氰酸酯用量时需考虑催化剂溶液中少量二醇对异氰酸酯的消耗。

（1）TEDA+DPG 溶液　由33%的三亚乙基二胺与67%一缩二丙二醇所配制成的TEDA溶液催化剂，美国空气化工产品公司的牌号为 Dabco 33-LV，美国 Momentive 公司（原GE Silicones 公司）的牌号为 Niax A-33，美国 Huntsman 公司的牌号为 Jeffcat TD-33A，日本东曹株式会社的牌号为 TEDA L33，BASF 公司的牌号为 Lupragen N201（25℃时相对密度为1.025），德国性能化学品汉德尔斯有限公司牌号为 PC CAT TD 33，德国 Evonik Goldschmidt 公司牌号为 Tegoamin 33，德国 Rhein Chemie 公司的产品牌号为 Addocat 105，美国 Aceto 公司牌号为 Acetocure TEDA-33L，日本花王株式会社的牌号为 Kaolizer 31，国内多数聚氨酯催化剂专业厂家一般用 A-33 或 33LV 作产品名。

美国 Momentive 公司 Niax A-33 的典型物性如下。

相对密度（20℃）为1.033，黏度为700mPa·s（2℃）或100mPa·s（24℃），在20℃水中完全溶解，与聚醚多元醇混溶。蒸气压：2×133Pa（38℃），17×133Pa（93℃），65×133Pa（149℃）。闪点为（Pensky-Martens 闭杯）79℃。

A-33 用于各种类型的聚氨酯泡沫塑料及微孔弹性体。在软泡配方中，33-LV（A-33）催化剂与 A-1 催化剂［70%的双（二甲氨基乙基）醚与30%一缩二丙二醇配成的催化剂］并用可获得最佳的性能。也可用于聚氨酯涂料、弹性体等。

（2）TEDA+EG 溶液　由33%的三亚乙基二胺与67%的乙二醇（EG）所配制成的催化剂，黏度（25℃）为60mPa·s，相对密度（25℃）为1.09，羟值为1207mg KOH/g，该催化剂美国空气化工产品公司的牌号为 Dabco EG，德国 Evonik Goldschmidt 公司牌号为MEG，德国性能化学品汉德尔斯有限公司牌号为 PC CAT TD 33 EG，日本东曹株式会社的牌号为 TEDA-L33E，美国 Momentive 公司的牌号为 Niax A-533，BASF 公司的牌号为 Lupragen N203。主要用于 EG 扩链的微孔聚氨酯弹性体和聚氨酯半硬泡。Lupragen N203 的技术指标为：TEDA 含量33.1%～33.5%，水分≤0.35%。沸点196℃，闪点111℃。

（3）TEDA+BDO 溶液　由33%的三亚乙基二胺与67%的1,4-丁二醇（BDO）所配制成的催化剂，美国空气化工产品公司的牌号为 Dabco 33-S，日本东曹株式会社同类催化剂的牌号为 TEDA-L33B。由25%的三亚乙基二胺与75%的1,4-丁二醇所配制成的催化剂，黏度（25℃）约为110mPa·s，相对密度约为1.02（BASF 公司数据是25℃时为1.09），羟值为934mg KOH/g，美国空气化工产品公司的牌号为Dabco S-25，日本东曹株式会社同类催化剂的牌号为TEDA-L25B，德国Evonik Goldschmidt公司牌号为Tegoamin 25 BDO，德国性能化学品汉德尔斯有限公司牌号为PC CAT MC 352，BASF公司的牌号为Lupragen N202。它们主要用于BDO扩链的微孔聚氨酯弹性体和聚氨酯半硬泡体系。

(4) 其他含TEDA复配催化剂及延迟催化剂 由20%的三亚乙基二胺与80%的二甲基乙醇胺配制而成的催化剂，一般用于聚醚型聚氨酯硬泡、软泡及半硬泡。该催化剂为无色透明液体，相对密度约为0.92，闪点约为42℃。美国空气化工产品公司的上述产品牌号为Dabco R-8020，美国Huntsman公司的牌号为Jeffcat TD-20，江苏雅克科技股份有限公司和石家庄合佳保健品有限公司的同类产品牌号为TEDA-A20。

A-33与A-1的3/1复配催化剂，德国Evonik Goldschmidt公司的牌号为Tegoamin B 75，美国空气化工产品公司牌号为Dabco BLV。

美国空气化工产品公司的牌号为Dabco 1027和1028的催化剂是含TEDA的延迟催化剂，分别含EG和BDO，用于微孔鞋底原液，用于延迟乳白、缩短脱模时间。Dabco 1027含37%的有效成分，以EG为溶剂，用于EG扩链的聚酯及聚醚鞋底体系；Dabco 1028含有效成分30%和BDO，用于BDO扩链体系。

Evonik Goldschmidt公司的Tegoamin AS-33是酸中和后的Tegoamin 33 (TEDA-DPG)，黏度(25℃)为150～180mPa·s，密度(25℃)为1.03～1.05g/cm^3，水分≤0.5%。溧阳市雨田化工有限公司的Yutian 7是酸中和TEDA-DPG溶液延迟催化剂，与Tegoamin AS-33相似。这种延迟催化剂主要用于聚醚型PU软泡包括高回弹泡沫的生产。

在一步法发泡工艺中，三亚乙基二胺的重要性尤其显著。由于它的活性高，用量较小，一般不超过1%；其次它对链增长反应和发泡反应都有效果。它可以使物料的初期黏度迅速增长，有利于泡沫生长形成网络。

6.2.2 双(二甲氨基乙基)醚及其类似物

6.2.2.1 纯双(二甲氨基乙基)醚

简称：BDMAEE。

别名：二[2-(*N*,*N*-二甲氨基乙基)]醚。

英文名：bis(2-dimethylaminoethyl) ether；2,2'-oxybis(*N*,*N*-dimethylethylamine)；*N*,*N*,*N'*,*N'*-tetramethyl-2,2'-oxybis(ethylamine)；tetramethylbis(aminoethyl)ether 等。

分子式为$C_8H_{20}N_2O$，分子量为160.3。CAS编号为3033-62-3（已废除的同物质CAS编号有59948-21-9等）。

结构式：$(CH_3)_2NCH_2CH_2OCH_2CH_2N(CH_3)_2$。

物化性能

外观为淡黄色透明液体，可无限溶于水，水溶液呈碱性，$pK_{a_1}=10.1$，$pK_{a_2}=7.6$。纯的双(二甲基氨基乙基)醚的典型物性见表6-2。

表6-2 纯的双(二甲基氨基乙基)醚的典型物性

项 目	指标	项 目	指标
黏度(25℃)/mPa·s	1.4	折射率(20℃)	1.436
密度(25℃)/(g/cm^3)	0.85	沸点/℃	189
闪点/℃	64～68	沸点(1333Pa)/℃	76～82
燃烧极限/%	1.0～5.1	蒸气压(21℃)/Pa	37
凝固点/℃	低于−70	燃点/℃	160

制法

双(二甲氨基乙基)醚可由二甲基乙醇胺与二甲氨基-2-氯乙烷反应脱氯化氢而制得。

特性及用途

双(二甲氨基乙基)醚是聚氨酯行业重要的胺类催化剂之一。双(二甲氨基乙基)醚对发泡反应有极高的催化活性和选择性，纯品活性很高，人们用二醇把它稀释成溶液使用。

生产厂商

美国空气化工产品公司（牌号 Dabco BL-19），美国 Momentive 公司（牌号 Niax A-99、A-501），美国 Huntsman 公司（牌号 Jeffcat ZF-20），BASF 美国公司（牌号 Lupragen 205），日本东曹株式会社产品（牌号 Toyocat ETS），日本花王株式会社（Kaolizer 12P），德国性能化学品汉德尔斯有限公司（PC CAT NP 99），江苏省溧阳市雨田化工有限公司，溧阳市雨声化工有限公司，江苏省江都市大江化工实业有限公司（JD BDMAEE）等。

6.2.2.2 70%双(二甲氨基乙基)醚溶液

由质量分数为70%的双(二甲氨基乙基)醚与30%的一缩二丙二醇（DPG）配成的催化剂最常用。美国联碳公司最早研究开发了双(二甲基氨基乙基)醚（70%）的一缩二丙二醇溶液，牌号为 Niax A-1，后来 OSi 有机硅公司、美国 Witco 公司 OSi 部门、Crompton 集团公司 OSi 部门、GE 有机硅公司 OSi 部门、美国 GE 东芝有机硅公司、美国 Momentive Performance Materials 公司依次延用此牌号。国内也称之为 A-1 催化剂。

物化性能

A-1 催化剂的典型物性为：黏度（20℃）4.1mPa·s，密度（20℃）0.902g/cm^3，闪点（闭/开杯）74℃/77℃，折射率（25℃）1.4346，沸程 186～226℃，蒸气压（21℃）1.3Pa。溧阳市蒋店化工有限公司的双(二甲氨基乙基)醚及其二醇稀释的催化剂产品的物性见表 6-3。

表 6-3 几种双(二甲氨基乙基)醚及其二醇稀释的催化剂产品的物性指标

指标	牌号	
	LCA-3	LCA-3A
外观	无色至微黄	无色至微黄
密度(20/5℃)	0.8482±0.0010	0.9256±0.0010
折射率(25℃)	1.4287±0.0005	1.4372±0.0005
含量%	≥98	70±1(30%二丙二醇)
沸点(2.26kPa)/℃	77～79	—

特性及用途

A-1 催化剂主要用于软质聚醚型聚氨酯泡沫塑料的生产，也可用于包装用硬泡。A-1 催化剂对水的催化效力特别强，因此可使泡沫密度降低。它用于控制产生气体的反应的功效约占 80%，用于控制凝胶反应的功效约占 20%。该催化剂活性高，用量少，调节该系列的用量，可控制发泡上升和凝胶时间。A-1 与有机锡催化剂共用，能使泡沫塑料的生产宽容度明显地提高，确保在生产中不致因操作不小心或计量系统的微小误差而导致不必要的质量问题，生产出优质的软质泡沫塑料。

A-1 催化剂被广泛用于聚氨酯泡沫塑料制造的各种配方中，特别适用于生产高回弹、半硬泡和低密度泡沫塑料。

生产厂商

美国 Momentive Performance Materials 公司（牌号 Niax A-1），美国空气化工产品公司（牌号 Dabco BL-11），日本东曹株式会社（牌号 Toyocat ET），美国 Huntsman 公司（牌号 Jeffcat ZF-22），德国性能化学品汉德尔斯有限公司（牌号 PC CAT NP 90），德国

RheinChemie公司（牌号 RC Catalyst 108），德国 Evonik Goldschmidt 公司（Tegoamin BDE），日本花王株式会社（Kaolizer 12），溧阳市蒋店化工有限公司（LCA-3A），江苏雅克科技股份有限公司（YOKE A-1），溧阳市雨田化工有限公司（Y-2），江苏省江都市大江化工实业有限公司（JD A-1），江苏省金坛市华阳科技有限公司，溧阳市雨声化工有限公司（N-610）等。

6.2.2.3 低浓度双(二甲氨基乙基)醚溶液

为了进一步降低同等用量的催化剂对反应的催化活性，市场上也有低浓度的双(二甲氨基乙基)醚催化剂，例如23%双(二甲氨基乙基)醚与77%一缩二丙二醇的混合物，相对密度约为0.98，美国 Momentive 公司的牌号是 Niax A-133，美国空气化工产品公司的产品牌号为 Dabco BL-13，美国 Huntsman 公司的牌号为 Jeffcat ZF-24。其用量是 A-1 的 3 倍时，可达到与 A-1 相似的催化剂活性。A-133 可单独或作为胺催化剂的一部分，有助于改善高密度填充或非填充软泡、高承载软泡、高回弹模塑泡沫、低密度软泡的操作性能和物理性能。其用量可在较大的范围内调整。

美国 Huntsman 公司 Jeffcat ZF-234 是 33%双(二甲氨基乙基)醚与 67% PPG-400 的混合物，20℃时相对密度约为 0.96。

还有浓度更低的双(二甲氨基乙基)醚的二醇溶液，美国 Huntsman 公司 Jeffcat ZF-26 是 11%的双(二甲氨基乙基)醚溶于 DPG 而成，相对密度约为 1.00，而美国空气化工产品公司的 Dabco BL-16 的主要成分是 10%的双(二甲氨基乙基)醚和 90%的 DPG。

双(二甲氨基乙基)醚可用酸封闭，制成具有延迟乳白功能的延迟性催化剂，延迟起发，利于泡沫物料的充模。可采用较高用量以缩短脱模时间，还可赋予制品良好开孔性。例如 BL-11（A-1）的甲酸封闭物含 78%双(二甲氨基乙基)醚甲酸盐和 22%DPG，是一种淡黄色液体，相对密度为 1.04，黏度为 61mPa·s，羟值为 476mg KOH/g，该产品美国空气化工产品公司的产品牌号为 Dabco BL-17，美国 Momentive 公司的牌号是 Niax A-107，德国 Evonik Goldschmidt 公司牌号为 Tegoamin AS-1。其用量为 Niax A-1 的 1.33 倍，可达到与 Niax A-1 相似的升起时间，而乳白时间推迟 20%。

6.2.2.4 双(二甲氨基乙基)乙二醇醚

别名：1,2-双(二甲氨基乙氧基)乙烷。

英文名：2,2′-(ethylenedioxy)bis(*N*,*N*-dimethylethylamine)；1,2-bis(2-dimethylaminoethoxy)ethane 等。

分子式为 $C_{10}H_{24}N_2O_2$，分子量为 204.36。CAS 编号为 3065-46-1。

结构式：$(CH_3)_2NCH_2CH_2OCH_2CH_2OCH_2CH_2N(CH_3)_2$。

物化性能

无色至浅黄色透明液体，沸点约为 250℃，相对密度为 0.90～0.925。闪点 64℃或 113℃（PMCC）。

特性及用途

低气味高效双叔胺催化剂，主要用于聚氨酯软泡，包括聚酯型聚氨酯软泡。

生产厂商

美国 Huntsman 公司（Jeffcat E-40）等。

6.2.3 环己基甲基叔胺

6.2.3.1 二甲基环己胺

化学名称：*N*,*N*-二甲基环己胺。

简称：DMCHA。

英文名：*N*,*N*-dimethylcyclohexylamine 等。

分子式为 $C_8H_{17}N$，分子量为 127.23。CAS 编号为 98-94-2。

结构式：

（环己基—N(CH_3)$_2$）

物化性能

N,*N*-二甲基环己胺常温为无色至浅黄色透明液体，能溶于醇及醚类溶剂，不溶于水。是强碱性叔胺化合物。纯度一般≥98%，有的厂家产品纯度≥99%。其典型物性为：沸程 160～165℃，凝固点－60℃，黏度（25℃）2mPa·s，密度（25℃）0.85～0.87g/cm³，折射率（20℃）1.4541～1.4550，闪点（闭杯）40～41℃，蒸气压（20℃）293Pa。蒸气在空气中爆炸极限（体积分数）最小为 3.6%，最大为 19.0%。

但这种催化剂蒸气胺苦味较大。市场上还有一种低气味的 *N*,*N*-二甲基环己胺，美国空气化工产品公司的牌号为 Polycat 33，美国 Huntsman 公司的牌号为 Jeffcat DMCHA-LO，国内也有低气味二甲基环己胺产品，据报道是在 *N*,*N*-二甲基环己胺中按一定配比加入二(*β*-氨乙基)甲胺，它们之间形成氢键，从而阻止了 DMCHA 分子从液体向空气中扩散，降低催化剂的气味，同时催化剂的活性与普通 DMCHA 相当。

美国空气化工产品公司的一种复配的催化剂产品 Polycat 35 是由 75%DMCHA 与 25%五甲基二亚乙基三胺组成的，用于各种硬泡的平衡性催化剂。

制法

N,*N*-二甲基环己胺的合成路线有多种，根据原料的种类不同有环己酮法、*N*,*N*-二甲基苯胺法、环己胺法、苯酚法等。例如，以 *N*,*N*-二甲基苯胺为原料，采用气-液-固三相滴流床反应器连续催化加氢，反应压力为 1.0～1.5MPa，反应温度为 100～130℃，液体流速为 0.2～0.3L/h，氢气流速为 1000～2000L/h，则 *N*,*N*-二甲基苯胺的单程转化率大于 98%，生成 *N*,*N*-二甲基环己胺的选择性大于 98%，加氢产物通过简单蒸馏，可得到纯度大于 99.5%的 *N*,*N*-二甲基环己胺。

特性及用途

N,*N*-二甲基环己胺的主要用途是作为硬质聚氨酯泡沫塑料的催化剂，它是一种低黏度的中等活性胺类催化剂，用于冰箱硬泡、板材、喷涂、现场灌注聚氨酯硬泡。该催化剂对凝胶和发泡都有催化作用，对硬泡的发泡反应和凝胶反应提供较平衡的催化性能，它对水与异氰酸酯的反应（发泡反应）的催化更强，同时对多元醇与异氰酸酯的反应也有适中的催化性，它是泡沫反应的强初始催化剂。除用于硬泡外，也可用于模塑软泡及半硬泡等的辅助发泡剂。在组合料中性能稳定，可调性大，并能长期存放。

DMCHA 可用作单独的催化剂，但一般与其他催化剂并用。根据反应速率和泡沫物性的不同，每 100 质量份聚醚多元醇 DMCHA 用量在 0.5～3.5 质量份之间。

N,*N*-二甲基环己胺还可用作燃料油的稳定剂，阻止油渣形成，是 150～480℃石油馏分的稳定添加剂；用于医药和农药的原料，以及杀菌剂、消毒剂、匀染剂和抗静电剂等。

生产厂商

美国空气化工产品公司（牌号 Polycat 8），德国 Evonik Goldschmidt 公司（Tegoamin DMCHA），德国 Rhein Chemie 公司（Addocat 726 b），美国 Huntsman 公司（Jeffcat DM-CHA），德国 BASF 公司（Lupragen N100），德国性能化学品汉德尔斯有限公司（PC CAT DMCHA），美国 Momentive 公司（Niax C-8），溧阳市蒋店化工有限公司，江苏雅克科技股

份有限公司，溧阳市雨田化工有限公司、江苏省江都市大江化工实业有限公司，江苏省金坛市华阳科技有限公司，溧阳市雨声化工有限公司，张家港市大伟助剂有限公司等。

6.2.3.2 *N*-甲基二环己胺

别名：*N*-环己基-*N*-甲基环己胺，*N*-甲基二环己基胺。

英文名：*N*-cyclohexyl-*N*-methylcyclohexanamine；*N*-methyldicyclohexylamine。

分子式为 $C_{13}H_{25}N$，分子量为196，CAS编号为7560-83-0。

结构式如下：

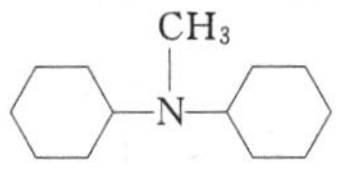

CH_3

N

物化性能

无色透明液体，闪点101℃，蒸气压（21℃）3.89×133Pa，不溶于水（溶解度小于0.1%），pH=10.0，沸点265℃，相对密度约0.91。

工业品纯度一般>99.0%。

特性及用途

N-甲基二环己基胺是聚氨酯模塑泡沫及聚氨酯硬泡的凝胶共催化剂（与其他催化剂并用），促进表皮固化，可增加聚醚聚氨酯块泡硬度。适合于水量较多的配方，具有PVC低污斑性。可用于低密度软泡、模塑软泡、包装泡沫的催化剂以及硬泡的辅助催化剂，它可与二甲基环己胺并用于高回弹模塑泡沫、半硬泡、整皮泡沫等。

生产厂商

美国空气化工产品公司（牌号Polycat 12），德国性能化学品汉德尔斯有限公司（牌号PC CAT NP 112），江苏省溧阳市雨田化工有限公司等。

6.2.4 五甲基二亚烷基三胺

6.2.4.1 五甲基二亚乙基三胺

N,*N*,*N*′,*N*″,*N*″-五甲基二亚乙基三胺，别名五甲基二乙烯三胺、五甲基二乙撑三胺，简称PMDETA。

英文名：*N*,*N*,*N*′,*N*′,*N*″-pentamethyldiethylenetriamine。

分子式为 $C_9H_{23}N_3$，分子量为173.3。CAS编号为3030-47-5。

结构式：

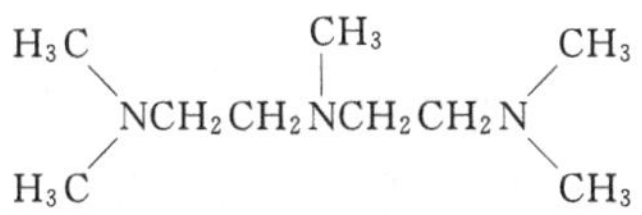

$(H_3C)_2NCH_2CH_2N(CH_3)CH_2CH_2N(CH_3)_2$

物化性能

五甲基二亚乙基三胺为无色至淡黄清透液体，易溶于水，产品纯度一般为98.0%，其典型物性为：黏度（25℃）2mPa·s，相对密度（20℃）0.8302～0.8306，闪点（闭杯）72℃左右，闪点（PMCC）83.3℃，沸程196～201℃或70～80℃（1100Pa），蒸气压（21℃）0.29×133Pa，凝固点<−20℃。爆炸极限：下限1.1%，上限5.6%。折射率为1.4435±0.0005，pH=11.0。

国内蒋店化工有限公司的牌号为LCA-1的催化剂主要成分为70%五甲基二亚乙基三胺溶液，是无色至浅黄色透明液体，气味较低，相对密度（20℃）为0.913～0.944，折射率（20℃）为1.4430～1.4450，是聚氨酯软泡的高效催化剂。

以五甲基二亚乙基三胺为主要成分可配制季铵盐延迟催化剂，国内江苏省金坛市华阳科技有限公司的此类延迟催化剂产品外观为红棕色或微黄色黏稠液体，有效成分含量>95%，相对密度（20℃）约为1.06，黏度为250～300mPa·s。

制法

五甲基二亚乙基三胺一般以二亚乙基三胺(二乙烯三胺)为原料进行*N*-甲基化而得，甲基化方法有甲酸/甲醛法、甲醛加氢法等。

特性及用途

五甲基二亚乙基三胺是高活性强发泡聚氨酯催化剂，也用于平衡整体发泡及凝胶反应。它广泛用于各种聚氨酯硬泡，包括聚异氰脲酸酯板材硬泡，能够改善泡沫流动性，因此可以改善产品生产工艺和提高制品质量。五甲基二亚乙基三胺可单独用作聚氨酯泡沫塑料配方的催化剂，也可与其他催化剂如DMCHA等并用。单独用作硬泡催化剂时，用量范围为每100质量份多元醇1.0～2.0质量份。

除用于硬泡配方外，五甲基二亚乙基三胺也可用于聚醚型聚氨酯软块泡和模塑泡沫的生产中。例如70%的五甲基二亚乙基三胺主要用于软泡制品的配方中，该品催化活性大，发泡速度快，制品具有高韧性以及高承载性。在软泡中每100质量份聚醚用该催化剂0.1～0.5质量份就能得到较好的效果。

美国Air Products公司的Polycat 520由20%五甲基二亚乙基三胺和80%一缩二乙二醇组成，用于微孔聚氨酯弹性体配方。

五甲基二亚乙基三胺季铵盐是软泡延迟催化剂，用于延长发泡乳白时间，适合复杂形状泡沫制品及箱式发泡工艺，改善泡孔结构，提高模塑质量。其自身用量范围相当宽，并且用量变化对乳白时间影响不明显；但增加用量能缩短泡沫上升时间，缩短固化时间。

生产厂商

美国空气化工产品公司（牌号为Polycat 5），美国Momentive公司（Niax C-5），日本东曹株式会社（Toyocat DT），美国Huntsman公司（Jeffcat PMDETA），德国Evonik Goldschmidt公司（Tegoamin PMDETA），德国Rhein Chemie公司（Addocat PV），日本花王株式会社（Kaolizer 3），日本广荣化学工业株式会社，德国性能化学品汉德尔斯有限公司（PC CAT PMDETA），BASF公司（Lupragen N301），江苏省溧阳市蒋店化工有限公司，江苏省溧阳市雨田化工有限公司，溧阳市雨声化工有限公司（N-619），江苏省金坛市华阳科技有限公司（PMDETA或Am-1），石家庄合佳保健品有限公司，张家港市大伟助剂有限公司等。

6.2.4.2 五甲基二亚丙基三胺

全称：*N*,*N*,*N*′,*N*″,*N*″-五甲基二亚丙基三胺。

别名：双(二甲氨基丙基)甲胺，五甲基二丙烯三胺。

英文名：*N*,*N*,*N*′,*N*′,*N*″-pentamethyldipropylenetriamine，bis(dimethylaminopropyl)methylamine。

分子式为$C_{11}H_{27}N_3$，分子量为201.4。CAS编号为3855-32-1。

结构式：

$$\begin{array}{c} H_3C \qquad\qquad\qquad CH_3 \qquad\qquad\qquad CH_3 \\ \diagdown \qquad\qquad\qquad | \qquad\qquad\qquad \diagup \\ NCH_2CH_2CH_2NCH_2CH_2CH_2N \\ \diagup \qquad\qquad\qquad\qquad\qquad\qquad \diagdown \\ H_3C \qquad\qquad\qquad\qquad\qquad\qquad CH_3 \end{array}$$

物化性能

无色至浅黄色低黏度液体，鱼腥味，闪点为98℃、92℃（PMCC），沸点为227℃，蒸气压（21℃）为4.1×133Pa，相对密度为0.83，黏度（25℃）约为3mPa·s。溶于水，水溶液为强碱性，$pK_{a_1}=9.7$，$pK_{a_2}=8.4$，$pK_{a_3}=7.4$。

特性及用途

五甲基二亚丙基三胺是五甲基二亚乙基三胺的类似物，它是一种低气味发泡/凝胶平衡性催化剂，可用于聚醚型聚氨酯软泡、聚氨酯硬泡和涂料胶黏剂等，特别用于冷模塑HR泡沫。泡沫的开孔性较好。在制造块泡的Maxfoam发泡工艺配方中使用，具有优异性能，

生产厂商

美国空气化工产品公司（牌号Polycat 77），美国Huntsman公司（Jeffcat ZR-40），德国性能化学品汉德尔斯有限公司（PC CAT NP 50），日本东曹株式会社（Toyocat PMA），江苏省张家港市大伟助剂有限公司等。

6.2.5 四甲基亚烷基二胺

6.2.5.1 四甲基乙二胺

别名：四甲基亚乙基二胺，1,2-双(二甲氨基)乙烷。

英文名：*N*,*N*,*N'*,*N'*-tetramethylethylenediamine（TMEDA或TMED）；1,2-bis(dimethylamino)ethane等。

分子式为$C_6H_{16}N_2$，分子量为116。CAS编号为110-18-9。

结构式：

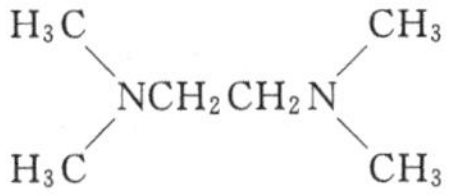

$$(H_3C)_2NCH_2CH_2N(CH_3)_2$$

物化性能

无色透明至淡黄色液体，纯度≥99%或≥97%，易溶于水，典型物化性能为：相对密度（25℃）0.77，黏度（25℃）1mPa·s，沸程120～122℃，凝固点<－55℃，闪点（TCC）16℃，蒸气压（20℃）665Pa。

大鼠急性经口毒性LD_{50}=1580mg/kg。

由于该物质闪点较低，日本东曹株式会社把65%的四甲基乙二胺和35%的水配成另一种催化剂Toyocat TEW，其相对密度（25℃）为0.86，闪点（TCC）为31℃，沸程为90～120℃。

特性及用途

四甲基乙二胺是中等活性发泡催化剂，发泡/凝胶平衡性催化剂，可用于热模塑软泡、聚氨酯半硬泡及硬泡，改善流动性，促进表皮形成，可作为三亚乙基二胺的辅助催化剂。

生产厂商

日本东曹株式会社（Toyocat TE），日本花王株式会社（Kaolizer 11），美国空气化工产品公司（牌号为Dabco TMEDA，目前不在产品目录中），江苏省溧阳市雨田化工有限公司，江苏省江都市大江化工实业有限公司（JD TMEDA），溧阳市蒋店化工有限公司，溧阳市雨声化工有限公司，张家港市大伟助剂有限公司等。

6.2.5.2 四甲基丙二胺

英文名：tetramethylpropylenediamine；tetramethyl-1,3-diaminopropane等。

分子式为$C_7H_{18}N_2$，分子量为130。CAS编号为110-95-2。

结构式：$(CH_3)_2NCH_2CH_2CH_2N(CH_3)_2$。

物化性能

无色至浅黄色透明液体，可溶于水，溶于醇。相对密度（25℃）为0.78，沸点为145℃，闪点为32℃，蒸气压（21℃）为532Pa，折射率（20℃）为1.4905～1.4908。含量一般≥98%。

特性及用途

可用于各种聚氨酯泡沫塑料、微孔弹性体的发泡/凝胶平衡性催化剂。也可作为环氧树脂固化催化剂。

生产厂商

日本花王株式会社（Kaolizer 2），日本广荣化学工业株式会社，美国空气化工产品公司（牌号为 Polycat 2，目前不在产品目录中），江苏省溧阳市雨田化工有限公司，江苏省江都市大江化工实业有限公司（JD TMPDA），溧阳市雨声化工有限公司，江苏省张家港市大伟助剂有限公司，飞翔化工（张家港）有限公司等。

6.2.5.3 四甲基己二胺

化学名称：*N*,*N*,*N*′,*N*′-四甲基-1,6-己二胺。简称 TMHDA。

英文名：*N*,*N*,*N*′,*N*′-tetramethyl-1,6-hexanediamine；1,6-bis(dimethylamino)hexane 等。

分子式为 $C_{10}H_{24}N_2$，分子量为172.3。CAS 编号为111-18-2。

结构式：$(CH_3)_2NCH_2CH_2CH_2CH_2CH_2CH_2N(CH_3)_2$。

物化性能

无色至浅黄色透明液体，相对密度（20℃）为0.80，黏度（25℃）为1mPa·s，凝固点为−46℃，沸点为214℃（沸程198～216℃），闪点（COC）为81℃，在20℃水中溶解度为40%。BASF 公司产品纯度>99.0%。

特性及用途

它是一种对热不敏感的催化剂，可用于各种聚氨酯泡沫塑料，特别用于聚氨酯硬泡，是发泡/凝胶平衡性催化剂，改善表面固化和黏结性。

生产厂商

日本东曹株式会社（牌号为 Toyocat MR），BASF 公司（牌号为 Lupragen N500），日本花王株式会社（Kaolizer 1），日本广荣化学工业株式会社，江苏省江都市大江化工实业有限公司（JD TMHDA），溧阳市雨田化工有限公司，江苏省张家港市大伟助剂有限公司等。

另外，四甲基丁二胺（英文名 *N*,*N*,*N*′,*N*′-tetramethyl-1,3-butanediamine，TMBDA），CAS 编号为97-84-7，分子量为144.3，沸点为165℃，折射率（20℃）为1.431，相对密度（25℃）为0.787。

6.2.6 其他二甲氨基类叔胺催化剂

6.2.6.1 2,4,6-三(二甲氨基甲基)苯酚

国内一般称该催化剂为 DMP-30。

英文名：2,4,6-tris(dimethylaminomethyl)phenol。

分子式为 $C_{15}H_{27}N_3O$，分子量为265.4。CAS 编号为90-72-2。

结构式：

OH

$(CH_3)_2NH_2C$—[苯环]—$H_2CN(CH_3)_2$

$CH_2N(CH_3)_2$

物化性能

浅黄色至淡红色的透明黏稠液体，溶于水。沸点约为250℃，黏度（25℃）约为200mPa·s，相对密度（20℃）为0.972～0.978，折射率（20℃）为1.5162。工业品纯度一般≥95%。

特性及用途

该催化剂是异氰酸酯三聚反应催化剂，对聚异氰脲酸酯（PIR）反应的催化选择活性比PUR高，故多用于聚异氰脲酸酯反应的配方中。该产品为较弱活性的催化剂，在配方中用量较大，反应缓和、上升平稳、流淌性好。所得制品具有PIR耐高温、耐燃效果。可用于配制组合料。

2,4,6-三(二甲氨基甲基)苯酚还用作热固性环氧树脂的固化剂、酸中和剂等。

美国空气化工产品公司的Dabco K130含低于40%的2,4,6-三(二甲氨基甲基)苯酚，是用于夹心板硬泡的复配胺系三聚催化剂。

生产厂商

美国空气化工产品公司（Dabco TMR-30），德国性能化学品汉德尔斯有限公司（牌号PC CAT NP 30），江苏省溧阳市蒋店化工有限公司（LCA-30），江苏省溧阳市雨田化工有限公司，江苏省江都市大江化工实业有限公司（JD DMP-30），辽宁抚顺佳化化工有限公司，常州山峰化工有限公司，溧阳市雨声化工有限公司等。

6.2.6.2 1,3,5-三(二甲氨基丙基)六氢三嗪

三(二甲氨基丙基)六氢三嗪，简称三嗪。

英文名：1,3,5-tris(3-dimethylaminopropyl) hexahydro-s-triazine (s-triazine)；*N*,*N*′,*N*″-tri(dimethylaminopropyl)hexahydrotriazine 等。

分子式为$C_{18}H_{42}N_6$，分子量为342.0。CAS编号为15875-13-5。

结构式：

H_3C, CH_3, N

物化性能

该产品是无色至浅黄的透明液体，有极微弱的气味或接近无味，易溶于水。相对密度为0.92～0.95，黏度（25℃）为26～33mP·s，闪点为153℃（COC）或132℃（TMCC），沸点为225℃或140℃/133Pa，凝固点为−59℃，蒸气压（21℃）为13Pa。产品中水分≤0.5%。含氮量为17%～18%。

特性及用途

三嗪催化剂是具有优异发泡/凝胶能力的聚氨酯硬泡高活性三聚催化剂，通常与其他催化剂共用。主要用于聚氨酯（PU）和聚异氰脲酸酯（PIR）反应的催化，实际上对PU的催化选择活性略高于PIR反应，常用于层压板材聚氨酯硬泡、喷涂硬泡、模塑硬泡，更适用于PIR硬泡板材、各种发泡剂发泡（包括全水发泡）等工艺，在水发泡硬泡体系有优异的性能。也适用于微孔聚氨酯弹性体及高回弹泡沫塑料制品。

根据不同配方使用量（按100质量份聚醚计）范围为0.1～3.0质量份。

生产厂商

美国空气化工产品公司（牌号为Polycat 41），日本东曹株式会社（Toyocat TRC），日本花王株式会社（Kaolizer 14），德国性能化学品汉德尔斯有限公司（PC CAT NP 40），美国Momentive高新材料公司（Niax C-41），美国Huntsman公司（Jeffcat TR-90），BASF公司（Lupragen N600），江苏溧阳市蒋店化工有限公司（LCA-41），江苏省溧阳市雨田化

工有限公司，江苏省江都市大江化工实业有限公司（JD-10），江苏省金坛市华阳科技有限公司（PC-41 或 HY-41），溧阳市雨声化工有限公司，江苏省张家港市大伟助剂有限公司等。

6.2.6.3 三(二甲氨基丙基)胺

别名：双(3-二甲氨基丙基)-*N*,*N*-二甲基丙二胺。

英文名：tris(3-dimethylaminopropyl)amine；bis(3-dimethylamino propyl)-*N*,*N*-dimethylpropanediamine。

分子式为 $C_{15}H_{36}N_4$，分子量为 272.5。CAS 编号为 33329-35-0。

结构式：

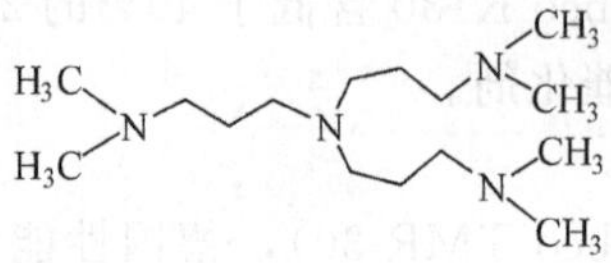

$$[(CH_3)_2N(CH_2)_3]_3N$$

物化性能

无色到黄色液体，溶于水，相对密度（25℃）为 0.89，黏度（25℃）为 6mPa·s，凝固点为−46℃，沸点为 285℃或 298℃，闪点为 112℃，蒸气压<400Pa。

特性及用途

用于硬泡及模塑泡沫的低气味平衡催化剂，可用于喷涂聚氨酯硬泡体系，它可与 DBU 盐配合，用于 RIM 配方。

生产厂商

美国空气化工产品公司（Polycat 9），德国性能化学品汉德尔斯有限公司（PC CAT NP 109），溧阳市雨田化工有限公司（Pucat 50），张家港市大伟助剂有限公司等。

6.2.6.4 *N*,*N*-二甲基苄胺

别名：*N*-苄基二甲胺。

简称：BDMA。

英文名：benzyldimethylamine；*N*,*N*-dimethylbenzylamine 等。

分子式为 $C_9H_{13}N$，分子量为 135.20。CAS 编号为 103-83-3。

结构式：

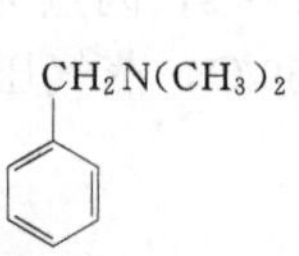

$$C_6H_5CH_2N(CH_3)_2$$

物化性能

N,*N*-二甲基苄胺是无色至微黄色透明液体，纯度≥98%或≥99%，水分≤0.05%。溶于乙醇、乙醚，不溶于水。黏度（25℃）约为 90mPa·s，密度（25℃）为 0.897g/cm³，凝固点为−75℃，沸程为 178～184℃或 70～72℃（1.6kPa），折射率（25℃）为 1.5011，闪点（TCC）为 54℃，蒸气压（20℃）为 200Pa。

毒性：家兔 MLD 为 250mg/kg，对交感神经呈较强的兴奋作用。对皮肤和黏膜有强烈刺激性和腐蚀性。

制法

N,*N*-二甲基苄胺可由二甲胺与氯化苄反应后精馏制得。

特性及用途

N,*N*-二甲基苄胺是聚酯型聚氨酯块状软泡、聚氨酯硬泡、胶黏剂及涂料的催化剂，主

要用于硬泡，可使聚氨酯泡沫具有良好的前期流动性和均匀的泡孔，泡沫体与基材间有较好的黏结力。

在有机合成领域中，主要用作有机药物合成脱卤化氢催化剂及酸性中和剂，还用于合成季铵盐，生产阳离子表面活性强力杀菌剂等。也可促进环氧树脂固化。

生产厂商

德国性能化学品汉德尔斯有限公司（牌号 PC Cat NP 60），美国空气化工产品公司（牌号 Dabco BDMA），美国 Momentive 高新材料公司（Niax BDMA），德国 Rhein Chemie 公司（Addocat DB），美国 Huntsman 公司（牌号 Jeffcat BDMA），德国 BASF 公司（Lupragen N103），日本广荣化学工业株式会社，江苏省溧阳市雨田化工有限公司，江苏省江都市大江化工实业有限公司（JD BDMA），江苏溧阳蒋店化工有限公司，溧阳市雨声化工有限公司，张家港市大伟助剂有限公司等。

6.2.6.5 *N*,*N*-二甲基(十六烷基)胺

别名：*N*-十六烷基-*N*,*N*-二甲基胺。

英文名：*N*-hexadecyl-*N*,*N*-dimethylamine。

分子式为 $C_{18}H_{39}N$，分子量为 269.5。CAS 编号为 112-69-6。

结构式：$C_{16}H_{33}N(CH_3)_2$。

物化性能

无色到黄色液体，相对密度（25℃）为 0.79，黏度（25℃）为 9mPa·s，沸点＞197℃，闪点为 65℃，蒸气压为 2.34kPa。不溶于水。

美国空气化工产品公司的 Dabco B-16 是 *N*-十六烷基-*N*,*N*-二甲基胺（96%）＋4%丙醇。

制法

N-十六烷基-*N*,*N*-二甲基胺可由十六醇与二甲胺进行加氢催化反应制得。

特性及用途

促进聚酯型 PU 软块泡的交联，改善整皮泡沫（半硬泡）表皮固化。

生产厂商

美国空气化工产品公司等。

6.2.7 反应型低气味低雾化胺类催化剂

这类叔胺催化剂以含羟基的叔胺为主，它们是反应型催化剂，可结合到聚氨酯分子结构中，制品的胺散发性、雾化性很低。

6.2.7.1 二甲基乙醇胺

简称：DMEA、DMAE、DMEOA。

化学名称：*N*,*N*-二甲基乙醇胺，2-二甲氨基乙醇，二甲基-2-羟基乙胺。

英文名：dimethylamino 2-ethanol；dimethylethanolamine 等。

分子式为 $C_4H_{11}NO$，分子量为 89.14。CAS 编号为 108-01-0。

结构式：$(CH_3)_2NCH_2CH_2OH$。

物化性能

二甲基乙醇胺为无色或浅黄色液体，溶于水、醇、醚、酯、酮等。0.001mol/L 水溶液 pH＝10.1。在空气中爆炸上限 11.9%，爆炸下限 1.6%。

二甲基乙醇胺的典型物性见表 6-4。

表 6-4 二甲基乙醇胺的典型物性

项 目	指标	项 目	指标
密度(25℃)/(g/cm³)	0.89	蒸气压(25℃)/Pa	559
黏度(25℃)/mPa·s	6	蒸气压(38℃)/kPa	1.70
沸点/℃	134.6(133～135)	闪点(TCC闭杯)/℃	41
凝固点/℃	−59	蒸发热/(J/g)	397
羟值/(mgKOH/g)	638	燃烧热/(kJ/mol)	3214
折射率(20℃)	1.4294～1.4296	自燃温度/℃	220

大鼠经口急性毒性 LD_{50} 约为 2.03mL/kg。

产品纯度一般≥99.0%。BASF 公司的 DMEA 产品纯度≥99.0%。Huntsman 公司 DMEA 产品纯度≥99.0%，色度（Pt-Co）≤30，水分≤0.2%。

制法

二甲基乙醇胺可由二甲胺和环氧乙烷反应而得。

特性及用途

二甲基乙醇胺用途广泛，如可用于制备可用水稀释的涂料；也是甲基丙烯酸二甲基氨乙基酯的原料，该丙烯酸酯用于制备抗静电剂、土壤调节剂、导电材料、纸张助剂和絮凝剂；还用于水处理剂，防止锅炉腐蚀。它还用于合成双（二甲氨基乙基）醚。

在聚氨酯泡沫塑料中，二甲基乙醇胺是一种辅助催化剂，也是一种反应型催化剂，可用于聚氨酯软泡和聚氨酯硬泡配方。在它的分子中有一个羟基，能与异氰酸酯基反应，因此它可以结合在聚合物分子上，是一种低 VOC 低雾化催化剂。

二甲基乙醇胺的催化活性很低，对泡沫上升和凝胶反应影响很小，但它的碱性较强，可以有效地中和发泡组分中的微量酸，特别是异氰酸酯中的酸值。因而保住了体系中其他有机胺。它价格相对低廉，在和三亚乙基二胺配合使用时特别有利，用低浓度的三亚乙基二胺就可以达到所需的反应速率。部分专业生产聚氨酯催化剂公司供应含 DMEA 成分的复配型催化剂产品。

可以采用高 DMEA 比例的混合催化剂体系，如 80%二甲基乙醇胺和 20%三亚乙基二胺的混合物（Dabco 8020 等牌号产品），具有经济性。但是它对后期反应的催化作用很小，只适于硬质泡沫塑料的生产。

二甲基乙醇胺作为中等活性的叔胺催化剂，曾大量用于软块泡生产，目前已逐渐被三亚乙基二胺取代。

生产厂商

美国 Huntsman 公司（Jeffcat DMEA），美国空气化工产品（Dabco DMEA），德国 BASF 公司（Lupragen N101），美国 Momentive 高新材料公司（Niax DMEA），德国 Evonik Goldschmidt 公司（Tegoamin DMEA），德国 Rhein Chemie 公司（Addocat DMEA），常州市南方精细化工厂，江苏省江都市大江化工实业有限公司（JD DMEA），张家港市大伟助剂有限公司，飞翔化工（张家港）有限公司等。

6.2.7.2 二甲氨基乙氧基乙醇

简称：DMEE、DMAEE。

化学名称及别名：2-(2-二甲氨基-乙氧基)-乙醇，*N*,*N*-二甲基乙氨基乙二醇，二甲基 2-(2-氨乙氧基)乙醇。

英文名：dimethylaminoethoxyethanol；dimethyl 2-(2-aminoethoxy)ethanol；2-(2-dimethylaminoethoxy)-ethanol 等。

分子式为 $C_6H_{15}NO_2$，分子量为133.2。CAS编号为1704-62-7。

结构式：

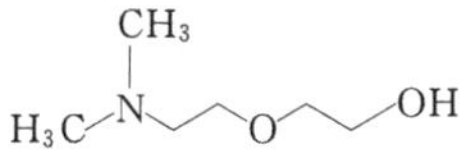

物化性能

无色或浅黄色液体，相对密度为0.96（20℃）或0.954（25℃），黏度为5mPa·s，闪点为86℃（PMCC）、93℃（TCC），蒸气压（21℃）＜6.7Pa，沸点为201～205℃或95℃（2kPa），凝固点＜－40℃，折射率（20℃）为1.442。溶于水，pH值约为11.0。

特性及用途

用于聚氨酯硬泡的低气味反应型发泡催化剂，也可用于模塑软泡和聚醚聚氨酯软块泡。可单独使用，也常与A-33共用。

生产厂商

美国Momentive高新材料公司（Niax DMEE），美国空气化工产品公司（牌号Dabco DMAEE），德国Evonik Goldschmidt公司（Tegoamin DMEE），德国性能化学品汉德尔斯有限公司（牌号PC CAT NP 70，另NP 71和72是含NP 70的复配催化剂），日本东曹株式会社（牌号Toyocat RX3），美国Huntsman公司（牌号Jeffcat ZR-70），德国BASF公司（牌号DMEE，Lupragen N107），江苏省张家港市大伟助剂有限公司，飞翔化工（张家港）有限公司等。

6.2.7.3 三甲基羟乙基丙二胺

别名：*N*-甲基-*N*-(二甲氨基丙基)氨基乙醇

英文名：trimethylhydroxyethyl propylenediamine。

分子式为 $C_8H_{20}N_2O$，分子量为160.3。CAS编号为82136-26-3。

结构式：

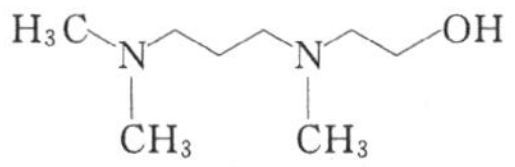

物化性能

无色或浅黄色液体，有氨味，黏度为12mPa·s，相对密度为0.92，闪点为95℃，蒸气压（21℃）＜800Pa，沸点为238℃，溶于水。羟值约为350mg KOH/g。

特性及用途

该催化剂是反应型低烟雾平衡性叔胺催化剂，由于催化剂参与反应，生产的泡沫塑料制品不会散发胺蒸气，可用于模塑泡沫、包装用半硬泡等，不会腐蚀金属，对PVC制品无污染性。

生产厂商

美国空气化工产品公司（牌号Polycat 17）等。

6.2.7.4 三甲基羟乙基乙二胺

别名：*N*,*N*-二甲基氨乙基-*N*′-甲基氨基乙醇，*N*,*N*,*N*′-三甲基氨乙基乙醇胺，2-(二甲氨基乙基甲氨基)乙醇。

英文名：*N*,*N*,*N*′-trimethylaminoethylethanolamine；*N*,*N*-dimethylaminoethyl-*N*′-methylaminoethanol等。

分子式为 $C_7H_{18}N_2O$，分子量为146.2。CAS编号为2212-32-0。

结构式：

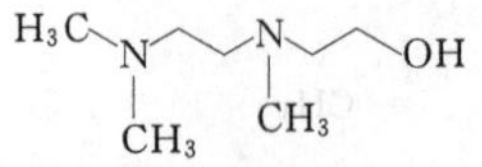

$$H_3C-N(CH_3)-CH_2CH_2-N(CH_3)-CH_2CH_2-OH$$

物化性能

三甲基羟乙基乙二胺是无色至浅黄色液体，易溶于水。计算羟值为387mg KOH/g。相对密度（25℃）为0.90～0.91，黏度（25℃）为5～7mPa·s，沸点为207℃或116℃(7kPa)，凝固点＜－20℃，蒸气压（20℃）约为100Pa，闪点（PMCC）为88℃。

特性及用途

三甲基羟乙基乙二胺是一种反应型发泡催化剂，具有低雾化性，对PVC低污染，用于低密度聚醚型聚氨酯软块泡、模塑泡沫、半硬泡和硬泡，特别推荐用于汽车泡沫、包装泡沫。

生产厂商

美国空气化工产品公司（牌号为Dabco T），德国BASF公司（牌号为Lupragen N400），美国Huntsman公司（Jeffcat Z-110），日本东曹株式会社（Toyocat RX5），江苏省溧阳市雨田化工有限公司，江苏省江都市大江化工实业有限公司（JD-36），江苏省张家港市大伟助剂有限公司等。

6.2.7.5 *N*,*N*-双(二甲胺丙基)异丙醇胺

别名：双(3-二甲基氨丙基)氨基-2-丙醇，双(3-二甲基氨基丙基)氨基异丙醇等。

英文名：*N*,*N*-bis-(3-dimethylaminopropyl)-*N*-isopropanol amine；bis-(3-dimethylaminopropyl)amino-2-propanol；bis-(3-dimethylaminopropyl)-imino-propan-2-ol 等。

分子式为$C_{13}H_{31}N_3O$，分子量为245.4。CAS编号为67151-63-7。

结构式：

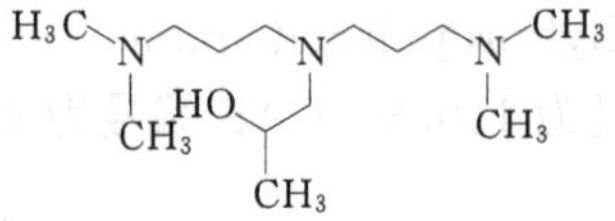

$$[(CH_3)_2N-CH_2CH_2CH_2]_2N-CH_2-CH(OH)-CH_3$$

物化性能

无色或浅黄色液体，相对密度（20～25℃）为0.89，沸点为290℃，闪点（TCC）为141℃，折射率（20℃）为1.459，凝固点为－50℃。

特性及用途

它是一种反应型凝胶发泡剂，低散发性，用于聚醚型聚氨酯软泡、微孔聚氨酯弹性体、RIM聚氨酯、硬泡等。

生产厂商

美国Huntsman公司（Jeffcat ZR-50），德国性能化学品汉德尔斯有限公司（PC CAT NP 15），江苏省张家港市大伟助剂有限公司等。

6.2.7.6 *N*,*N*,*N'*-三甲基-*N'*-羟乙基双氨乙基醚

别名：2-{2-[2-(二甲氨)乙氧基乙基]甲氨基}乙醇。

英文名：*N*,*N*,*N'*-trimethyl-*N'*-hydroxyethyl-bisaminoethylether；2-{{2-[2-(dimethylamino)ethoxy]ethyl}methylamino}ethanol 等。

分子式为$C_9H_{22}N_2O_2$，分子量为190.3。CAS编号为83016-70-0。

结构式：

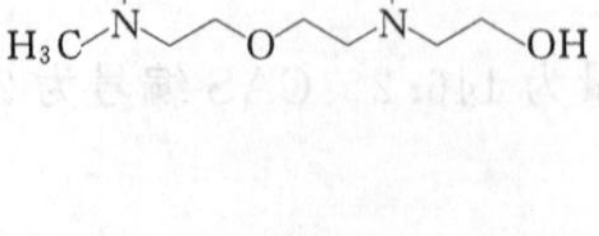

$$H_3C-N(CH_3)-CH_2CH_2-O-CH_2CH_2-N(CH_3)-CH_2CH_2-OH$$

物化性能

无色或浅黄色液体，相对密度（20℃）为0.95，沸点为254～259℃，凝固点<－50℃，折射率（20℃）为1.458，闪点（PMCC）为118℃。

特性及用途

它是一种高效反应型发泡催化剂，具有低散发性，用于聚醚型聚氨酯软块泡、模塑泡沫、包装用硬泡等。

生产厂商

美国Huntsman公司（Jeffcat ZF-10）等。

6.2.7.7 *N*-(二甲氨基丙基)二异丙醇胺

别名：二甲氨基丙基胺二异丙醇。

英文名：*N*-(3-dimethylaminopropyl)-*N*,*N*′-diisopropanolamine等。

分子式为$C_{11}H_{26}N_2O_2$，分子量为218.3，CAS编号为63469-23-8。

结构式：$(CH_3)_2N(CH_2)_3N[CH_2CH(OH)CH_3]_2$。

物化性能

无色至淡黄色透明液体，溶于水。相对密度（20℃）约为0.95，闪点（TCC）为90℃，凝固点<－26℃，沸点为212℃。产品纯度一般≥99%，水分≤0.3%。

特性及用途

它是一种反应型凝胶发泡剂，低散发性，用于低密度聚醚型聚氨酯软泡、微孔聚氨酯弹性体、RIM聚氨酯、硬泡等，提供良好的初期流动性。

生产厂商

美国Huntsman公司（Jeffcat DPA），德国性能化学品汉德尔斯有限公司（PC CAT NP 10），江苏省溧阳市雨田化工有限公司（牌号yutian 42）等。

6.2.7.8 四甲基二亚丙基三胺

别名：*N*,*N*,*N*′,*N*′-四甲基二亚丙基三胺，双-(3-二甲基丙氨基)胺，四甲基亚胺二丙基胺，四甲基二丙烯三胺，四甲基二丙基三胺。简称TMBPA。

英文名：tetramethyliminobispropylamine；*N*′-[3-(dimethylamino)propyl]-*N*,*N*-dimethyl-1,3-propanediamine；bis(3-dimethylaminopropyl)amine；*N*,*N*,*N*′,*N*′-tetramethyldipropylenetriamine等。

分子式为$C_{10}H_{25}N_3$，分子量为187.33。CAS编号为6711-48-4。

结构式：

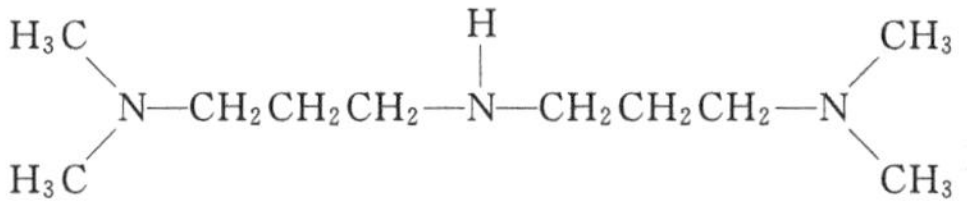

$$(H_3C)_2N-CH_2CH_2CH_2-N(H)-CH_2CH_2CH_2-N(CH_3)_2$$

物化性能

无色至浅黄色透明液体，有鱼腥味。黏度为3～5mPa·s，相对密度（20℃）为0.84，闪点（PMCC）为88℃，蒸气压（21℃）为365Pa，沸点为220～223℃，凝固点为－75℃，计算胺值为282mg KOH/g。溶于水，呈碱性，$pK_{a_1}=9.9$，$pK_{a_2}=8.5$，$pK_{a_3}=7.2$。产品纯度一般≥99%。

特性及用途

它是一种促进表面固化的低气味反应型催化剂，主要用于聚氨酯硬泡、模塑软泡和半硬泡，也用于聚醚型聚氨酯软块泡和聚氨酯CASE材料。还可用于环氧树脂作固化剂和促进剂、半导体材料的除铜剂及作阳离子表面活性剂的原料等。

生产厂商

美国空气化工产品公司（牌号 Polycat 15），德国性能化学品汉德尔斯有限公司（牌号 PC CAT NP 20），美国 Huntsman 公司（牌号 Jeffcat Z-130），溧阳市雨田化工有限公司，张家港市大伟助剂有限公司，飞翔化工（张家港）有限公司等。

6.2.7.9 其他反应型叔胺催化剂

（1）双(二甲氨基)-2-丙醇　别名 *N*,*N*,*N*′,*N*′-四甲基-1,3-二氨基-2-丙醇、1,3-二(二甲氨基)-2-丙醇，CAS 编号为 5966-51-8，英文名为 bis(dimethylamino)-2-propanol，分子量为 146.2，相对密度（25℃）为 0.897。它是一种反应型催化剂，用于聚氨酯泡沫塑料、微孔弹性体。结构式如下：

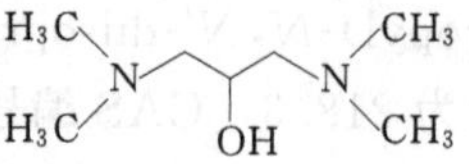

$$(H_3C)_2N-CH_2-CH(OH)-CH_2-N(CH_3)_2$$

（2）二乙基乙醇胺（diethylethanolamine，DEEA）　分子量为 117.2。CAS 编号为 100-37-8。沸点 161℃。凝固点为－70℃，相对密度（25℃）为 0.884。用作医药中间体、软化剂、乳化剂、聚氨酯泡沫塑料催化剂等。BASF 等公司有生产。

（3）2,2′-(环己基亚氨基)二乙醇(*N*-cyclohexyldiethanolamine)　别名为二羟乙基环己胺，分子式为 $C_{10}H_{21}NO_2$，分子量为 187.3，CAS 编号为 4500-29-2，结构式如下：

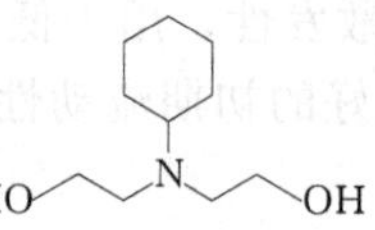

$$C_6H_{11}-N(CH_2CH_2OH)_2$$

（4）*N*,*N*′,*N*′-三(2-羟基丙基)乙二胺　CAS 编号为 10507-78-5，英文名为 1,1′-{{2-[(2-hydroxypropyl)amino]ethyl}imino}bis(2-propanol)。分子式为 $C_{11}H_{26}N_2O_3$，分子量为 234.3，密度为 1.066g/cm³，沸点为 391℃，闪点为 190℃。结构式如下：

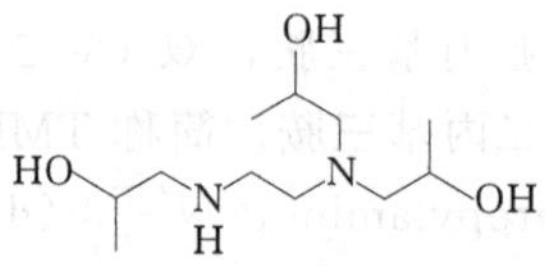

$$CH_3CH(OH)CH_2-NH-CH_2CH_2-N[CH_2CH(OH)CH_3]_2$$

6.2.8 哌嗪衍生物催化剂

1,4-二甲基哌嗪、*N*,*N*′,*N*″-三甲基胺乙基哌嗪、*N*,*N*′-二乙基哌嗪、*N*,*N*′-二乙基-2-甲基哌嗪、*N*-甲基-*N*′-羟乙基哌嗪等，都可用作软泡及模塑泡沫的催化剂。*N*-甲基-*N*′-羟乙基哌嗪是低散发的反应型催化剂。

6.2.8.1 1,4-二甲基哌嗪

别名：*N*,*N*′-二甲基哌嗪。

简称：DMP。

英文名：1,4-dimethylpiperazine；*N*,*N*′-dimethylpiperazine。

分子式为 $C_6H_{14}N_2$，分子量为 114.2。CAS 编号为 106-58-1。

结构式：

$$H_3CN\langle\,\rangle NCH_3$$

物化性能

无色至浅黄色液体，相对密度（20℃）为 0.86，沸点为 130～133℃，凝固点为－1℃，

闪点（TCC）为22℃，蒸气压（21℃）为1.47kPa。

溶于水，水溶液呈弱碱性，$pK_{a_1}=8.2$，$pK_{a_2}=4.1$。

纯度一般≥98%，水分≤0.5%。

特性及用途

该产品可用于聚氨酯的发泡/凝胶平衡性催化剂，可用于聚氨酯软泡、整皮泡沫、聚氨酯硬泡和涂料、胶黏剂等，有利于泡沫开孔。也可用于医药中间体等其他中间体。

生产厂商

美国Momentive公司（Niax DMP），美国Huntsman公司（牌号为Jeffcat DMP），德国Evonik Goldschmidt公司（Tegoamin DMP），德国BASF公司（牌号为Lupragen N204），江苏溧阳市雨田化工有限公司，江苏省江都市大江化工实业有限公司（JD DMP），溧阳市雨声化工有限公司，张家港市大伟助剂有限公司等。

6.2.8.2 1-二甲氨乙基-4-甲基哌嗪

别名：二甲氨乙基甲基哌嗪，*N*-甲基-*N′*-(二甲胺乙基)哌嗪，*N*,*N*,4-三甲基哌嗪-1-乙胺，三甲基氨乙基哌嗪。

英文名：*N*，*N′*，*N″*-trimethylaminoethylpiperazine；*N*，*N*，4-trimethyl-1-piperazineethanamine；1-(dimethylamineoethyl)-4-methylpiperazine等。

分子式为$C_9H_{21}N_3$，分子量为171.3。CAS编号为104-19-8。

结构式：

$$H_3C-N\langle\text{piperazine}\rangle N-CH_2CH_2N(CH_3)_2$$

物化性能

无色至浅黄色液体，相对密度（20℃）为0.89，黏度（25℃）为3mPa·s，沸点208～212℃，凝固点<－20℃，闪点（COC）为92℃。

特性及用途

热敏凝胶/发泡平衡性催化剂，用于各种聚氨酯泡沫塑料、弹性体，改善内部固化。

生产厂商

日本东曹株式会社（牌号为Toyocat NP），江苏省江都市大江化工实业有限公司（JD 80）等。

6.2.8.3 *N*-甲基*N′*-羟乙基哌嗪

别名：1-羟乙基-4-甲基哌嗪。

英文名：*N*-methyl-*N′*-hydroethylpiperazine；1-(2-hydroxyethyl)-4-methylpiperazine等。

分子式为$C_7H_{16}N_2O$，分子量为144.2。CAS编号为5464-12-0。

结构式：

$$H_3C-N\langle\text{piperazine}\rangle N-CH_2CH_2OH$$

物化性能

纯*N*-甲基*N′*-羟乙基哌嗪为无色固体，熔点为39～41℃，沸点为54～55℃（50Pa）。

该催化剂东曹株式会社牌号为Toyocat HP和HPW，其中Toyocat HP为90% *N*-甲基-*N′*-羟乙基哌嗪和10% DPG，计算羟值为434mg KOH/g，相对密度（20℃）为0.99，黏度（20℃）为30mPa·s，闪点（COC）为114℃，凝固点<30℃；Toyocat HPW为90% *N*-甲基-*N′*-羟乙基哌嗪＋10%水，降低了凝固点，相对密度（20℃）为1.00，沸程为219～231℃，黏度（20℃）为30mPa·s，闪点（COC）为127℃，凝固点<5℃。

特性及用途

该催化剂是活性较弱的反应型催化剂，用在泡沫中无迁移和残留气味，降低汽车用半硬泡体系的PVC变色性。它与*N*-乙基吗啉活性相似，还具有热敏性，对异氰酸酯-多元醇反应非常有效。

生产厂商

日本东曹株式会社，扬州市普林斯化工有限公司（原高邮市有机化工厂）等。

6.2.8.4 *N*,*N*-二甲基(4-甲基-1-哌嗪基)乙胺

别名：1-二甲氨乙基-4-甲基哌嗪。

英文名：*N*,*N*-dimethyl-(4-methyl-1-piperazinyl)-ethanamine。

分子式为$C_9H_{21}N_3$，分子量为171.3，CAS编号为29589-40-0。

结构式：

H_3C—N(哌嗪环)N—CH_2CH_2—N(CH_3)$_2$

物化性能

浅黄色液体，沸点为202℃，闪点（TCC）为80℃，相对密度（20℃）为0.88。

特性及用途

该催化剂是共催化剂，聚氨酯泡沫塑料平衡性催化剂，具有优异的后固化性能，在改善聚氨酯泡沫物料流动性的同时帮助凝胶固化。可用于聚酯型PU软块泡、高回弹模塑软泡，微孔弹性体、RIM和RRIM、硬泡、包装泡沫塑料。

生产厂商

美国Huntsman公司（牌号为Jeffcat TAP），美国Momentive高新材料公司（Niax C-109），日本东曹株式会社（Toyocat NP）等。

6.2.9 吗啉类催化剂

6.2.9.1 *N*-甲基吗啉

别名：*N*-甲基吗啡啉，4-甲基吗啉。

简称：NMM。

英文名：*N*-methylmorpholine。

分子式为$C_5H_{11}NO$，分子量为101.2。CAS编号为109-02-4。

结构式：

O(吗啉环)NCH_3

物化性能

N-甲基吗啉为无色透明液体，黏度（23℃）为2.3mPa·s，相对密度（23℃）为0.91，沸程为111～117℃，凝固点为－65～－66℃，折射率（20℃）为1.4328～1.4337，闪点为23℃，蒸气压（20℃）为2200Pa。溶于水，$pK_a=7.5$。在空气中爆炸极限2.2%～11.8%。

特性及用途

在聚氨酯行业，*N*-甲基吗啉用作聚酯型聚氨酯软块泡的催化剂，用作共催化剂。目前部分公司如空气化工产品公司、迈图公司似不再供应此产品。

N-甲基吗啉还用作溶剂、催化剂、腐蚀抑制剂等，也用于橡胶促进剂和其他精细化学品的合成，用作合成氨基苄青霉素和羟基苄基青霉素的催化剂。用双氧水氧化*N*-甲基吗啉可制造*N*-甲基氧化吗啉。

生产厂商

德国 Rhein Chemie 公司（Addocat 101），美国 Huntsman 公司（牌号 Jeffcat NMM），德国 BASF 公司（Lupragen N105），日本乳化剂株式会社，日本花王株式会社（Kaolizer 21），日本广荣化学工业株式会社，吉林省龙腾精细化工有限责任公司（吉化集团公司辽源精细化工厂），江苏溧阳市雨田化工有限公司（牌号 Y-9），江苏省张家港市大伟助剂有限公司，江苏淮安市华泰化工有限公司，溧阳市蒋店化工有限公司，溧阳市雨声化工有限公司等。

6.2.9.2 *N*-乙基吗啉

别名：*N*-乙基吗啡啉。

简称：NEM。

英文名：*N*-ethylmorpholine。

分子式为 $C_6H_{13}NO$，分子量为 115.2。CAS 编号为 100-74-3。

结构式：

O N—C_2H_5

物化性能

N-乙基吗啉为无色至微黄色液体，黏度（23℃）为 2.3mPa·s，相对密度为 0.916，折射率（23℃）为 1.4415，沸点为 138～139℃，凝固点为－60～－63℃，闪点（TCC）为 32℃，蒸气压（20℃）为 813Pa。溶于水，pK_a=7.8。

产品纯度≥98%或≥99%，水分≤0.5%。

特性及用途

在 PU 领域中可作为催化剂使用，臭味比 NMM 小。*N*-乙基吗啉常用作油类和树脂类的溶剂，也可用作有机合成的中间体等。目前部分公司如空气化工产品公司、迈图公司似已不再供应此产品。

N-乙基吗啉、*N*-甲基吗啉是中等强度的叔胺催化剂，特别适用于聚酯型软质聚氨酯泡沫塑料的生产，表皮形成性能好。*N*-乙基吗啉能在泡沫上升达到最高点之后仍能对凝胶反应有较强的催化作用，使泡孔扩至最大程度。而且发泡反应和凝胶反应速率不会因催化剂的浓度不同而有显著的改变，但缺点是臭味大。

生产厂商

美国 Huntsman 公司（Jeffcat NEM），德国 BASF 公司（Lupragen N104），日本花王株式会社（Kaolizer 22），日本乳化剂株式会社，日本东曹株式会社（Toyocat NEM），吉林省龙腾精细化工有限责任公司（吉化集团公司辽源精细化工厂），溧阳市雨田化工有限公司，溧阳市蒋店化工有限公司，溧阳市雨声化工有限公司，江苏省张家港市大伟助剂有限公司等。

6.2.9.3 双吗啉基二乙基醚

别名：二吗啉二乙基醚，双(2,2-吗啉乙基)醚，双吗啉基乙基醚。

英文名：2,2-dimorpholinodiethylether；bis(2,2-morpholinoethyl)ether。

简称：DMDEE。

分子式为 $C_{12}H_{24}N_2O_2$，分子量为 244.0。CAS 编号为 6425-39-4。

结构式：

O N O N O

物化性能

双吗啉基二乙基醚外观为无色至淡黄色液体，溶于水，典型物性指标为：黏度（25℃）

为 18mPa·s，相对密度（25℃）为 1.06，沸点＞225℃，熔点＜－28℃，闪点（TCC）为 146℃。胺值为 7.9～8.1mmol/g。

纯度一般≥99％或≥98％，含水量≤0.5％。

特性及用途

双吗啉基二乙基醚是适合于水固化体系的胺类催化剂。它是一种强发泡催化剂，由于氨基的位阻效应，可使含 NCO 的组分有很长的贮存期。主要用于单组分硬质聚氨酯泡沫体系，也可用于聚醚型和聚酯型聚氨酯软泡、半硬泡、CASE 材料等。

Huntsman 公司的 Jeffcat DM-70 是 70％DMDEE 与 30％DMP 的复配催化剂，用于聚酯型 PU 软泡，改善初始强度。

生产厂商

美国 Air Products 公司（牌号为 Dabco DMDEE），美国 Huntsman 公司（Jeffcat DM-DEE、低气味产品 Jeffcat DMDLC），德国 Evonik Goldschmidt 公司（Tegoamin DMDEE），德国 BASF 公司（Lupragen N106），德国性能化学品汉德尔斯有限公司（PC CAT DM-DEE），石家庄合佳保健品有限公司，江苏省江都市大江化工实业有限公司（JD DMDEE），江苏省张家港市大伟助剂有限公司，江苏省溧阳市雨田化工有限公司（Y-23），溧阳市蒋店化工有限公司，溧阳市雨声化工有限公司等。

6.2.9.4 *N*-可可吗啉

英文名：*N*-cocomorpholine。

N-可可吗啉是 C_{12}～C_{18}烷基取代吗啉。CAS 编号为 72906-09-3。

结构式：

$$O\langle\rangle N—(CH_2)_n—CH_3$$

$$n=11～17$$

物化性能

黄色有刺激性气味液体，微溶于水，水溶液呈弱碱性。相对密度（25℃）为 0.85～0.87，黏度（25℃）为 8～10mPa·s，凝固点－10℃，沸点＞100℃，蒸气压（21℃）＜122Pa，闪点（TCC）＞100℃。

特性及用途

聚酯型聚氨酯软块泡凝胶催化剂，改善耐冲切加工性能。

生产厂商

美国空气化工产品公司（牌号为 Dabco NCM）等。

6.2.9.5 二吗啉三乙基醚

别名：二吗啉烷基醚。

简称：DMEEG。

分子式为 $C_{14}H_{28}N_2O_3$，分子量为 272.4。

结构式：

$$O\langle\rangle NCH_2CH_2OCH_2CH_2OCH_2CH_2N\langle\rangle O$$

物化性能

淡黄色至棕黄色透明液体，黏度（25℃）为 31mPa·s，相对密度为 1.05，沸点为 95～96℃（133Pa），闪点为 146℃。纯度≥98％，水分≤0.04％。

特性及用途

它主要用于水汽固化单组分聚氨酯泡沫和胶黏剂，配入该催化剂产品的贮存稳定性比DMDEE好。

生产厂商

溧阳市雨田化工有限公司（Yutian 22）等。

6.2.9.6 *N*-(二甲氨基乙基)吗啉

别名：4-[2-(二甲基氨基)乙基]吗啉，*N*,*N*-二甲基-4-吗啉乙胺。

英文名：4-[2-(dimethylamino)ethyl]morpholine；*N*-(2-dimethylaminoethyl)morpholine；*N*,*N*-dimethyl-4-morpholine ethanamine等。

分子式为$C_8H_{18}N_2O$，分子量为158.2，CAS编号为4385-05-1。

结构式：

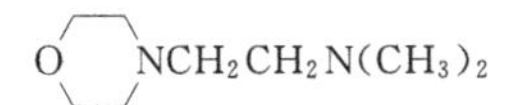

物化性能

无色至淡黄色液体，溶于水，相对密度为0.925，沸点为93～94℃（20×133Pa），折射率为1.4582，闪点为75℃。

特性及用途

辅助性催化剂，能改善表皮外观及固化。

生产厂商

美国空气化工产品公司（Dabco XDM），日本东曹株式会社（Toyocat DAEM）等。

6.2.9.7 其他*N*-取代吗啉

（1）4-(2-甲氧乙基)吗啉　英文名为4-(2-methoxyethyl)morpholine，CAS编号为10220-23-2，分子式为$C_7H_{15}NO_2$，分子量为145.2，密度为0.974g/cm^3，沸点为181℃，闪点为59℃，蒸气压（25℃）为114Pa，它是用于聚酯型聚氨酯软泡的低气味催化剂，在Huntsman公司牌号为JEFFCAT MM。Huntsman公司的Jeffcat PM就是基于4-(2-甲氧乙基)吗啉的低气味催化剂，而Jeffcat MM-70是4-(2-甲氧乙基)吗啉与二甲基哌嗪的混合物，也是聚酯型聚氨酯软泡的低气味催化剂。

（2）二吗啉聚氧化乙烯醚（DMPEG200）　主要用于水汽固化单组分聚氨酯泡沫和胶黏剂。溧阳市雨田化工有限公司产品编号为Yutian 24，溧阳市雨声化工有限公司产品牌号为N-669。

（3）4-丁基吗啉（4-butyl-morpholine，NBM）　CAS编号为1005-67-0，也可用于聚氨酯催化剂。

（4）1-(4-吗啉基)-2-丙胺[4-(2-aminopropyl)morpholine]　CAS编号为50998-05-5，分子式为$C_7H_{16}N_2O$，分子量为144.2。可用作聚氨酯的反应型胺类催化剂。

6.2.10 咪唑衍生物催化剂

6.2.10.1 *N*-甲基咪唑

英文名：*N*-methylimidazole；1-methylimidazole。

分子式为$C_4H_6N_2$，分子量为82.1。CAS编号为616-47-7。

结构式：

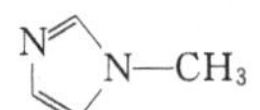

物化性能

无色透明液体，沸点为72～73℃（1.3kPa），凝固点为－2～－1℃。BASF公司产品纯度＞99.0%。

特性及用途

用作聚氨酯半硬泡和硬泡的凝胶性催化剂。

生产厂商

德国BASF公司（Lupragen NMI），德国性能化学品汉德尔斯有限公司（牌号为PC CAT NMI）等。

6.2.10.2 1,2-二甲基咪唑

英文名：1,2-dimethylimidazole。

分子式为$C_5H_8N_2$，分子量为96.1。CAS编号为1739-84-0。

结构式：

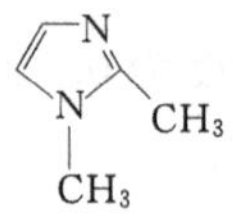

物化性能

沸点为93～94℃，熔点为38℃。

BASF公司产品纯度＞98.0%。

日本东曹株式会社的Toyocat DM70是70%的1,2-二甲基咪唑/乙二醇溶液，凝固点低于－10℃，黏度（25℃）为10mPa·s，相对密度（2℃）为1.04，计算羟值为542mgKOH/g。

特性及用途

1,2-二甲基咪唑是凝胶催化剂，用于多种聚氨酯材料，包括聚氨酯硬泡、半硬泡、软泡和微孔弹性体等。

生产厂商

德国BASF公司（Lupragen DMI），德国性能化学品汉德尔斯有限公司（牌号为PC CAT DMI），日本东曹株式会社（Toyocat DMI）等。

6.2.10.3 其他*N*-取代咪唑

（1）*N*-(2-羟基丙基)咪唑　别名为1-(2-羟基丙基)咪唑，英文名为*N*-(2-hydroxypropyl)imidiazole，CAS编号为106-58-3，它是一种低气味反应型聚氨酯催化剂，用于软质聚醚型聚氨酯泡沫塑料。德国性能化学品汉德尔斯有限公司的该产品混合物牌号为PC CAT HPI 70、80、90。江都市大江化工实业有限公司该催化剂产品牌号JD HPI，纯度≥99%。

（2）*N*-(2-羟乙基)咪唑　别名1-(2-羟乙基)咪唑，英文名*N*-(2-hydroxyethyl)imidiazole，CAS编号为1615-14-1，分子量为112.1，熔点为36～40℃，沸点为115℃，折射率为1.518～1.52，闪点为110℃。该催化剂原德国Nitroil公司的牌号为PC CAT HXI。杭州东帆化学有限公司1-(2-羟乙基)咪唑产品纯度≥98%。

（3）*N*-(3-氨丙基)咪唑　英文名*N*-(3-aminopropyl)imdazole，分子式为$C_6H_{11}N_3$，分子量为125.2。CAS编号为5036-48-6。凝固点为－68℃，沸点为170～180℃（2kPa）。原德国Nitroil公司的牌号为PC CAT API，BASF公司产品Lupragen API的纯度＞97.0%。江都市大江化工实业有限公司的催化剂产品牌号为JD API。该催化剂属于凝胶催化剂，也是反应型催化剂，一般用于PU软泡和半硬泡，结合到聚氨酯中。

它们的结构式如下：

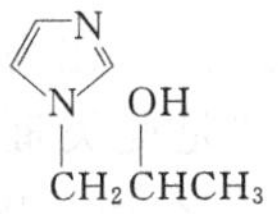

N-(2-羟基丙基)咪唑 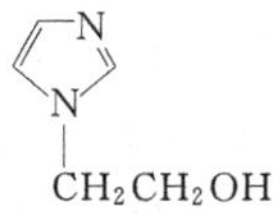　　N-(2-羟乙基)咪唑 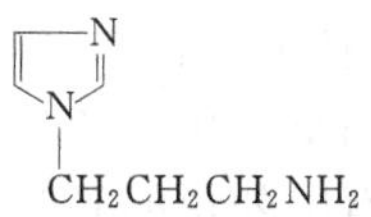　　N-(3-氨丙基)咪唑

美国空气化工产品公司的 Dabco 2039 含 30%～70%的 1,2-二甲基咪唑，其他成分保密。它是用于聚酯型 PU 软块泡的低气味凝胶胺催化剂，活性是 *N*-乙基吗啉的 2 倍。闪点为 95℃，相对密度为 1.01，计算羟值为 415mg KOH/g，可溶于水，黏度（25℃）为 18mPa·s，沸点为 198℃，蒸气压（21℃）为 133Pa。

6.2.11 DBU

化学名称：1,8-二氮杂二环-双环(5,4,0)十一烯-7。

简称：1,8-二氮杂环十一烯、二氮杂二环。

英文名：1,8-diazabicyclo(5,4,0)undec-7-ene。

分子式为 $C_9H_{16}N_2$，分子量为 152.2。CAS 编号为 6674-22-2。

结构式：

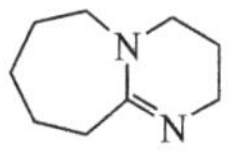

物化性能

DBU 是无色至淡黄色透明油状液体，挥发性相对较低，几乎无臭味，具有强碱性。遇光易变色，具吸湿性和腐蚀性。与酸结合生成其相应的盐，露置于空气中吸收二氧化碳，形成碳酸盐。易溶于水，也溶于醇类、醚类、烷烃、芳香烃等有机溶剂，其蒸气有毒。

DBU 的典型物性为：相对密度 1.04～1.07，黏度（25℃）14mPa·s，沸点 259℃或 78～85℃（13Pa），折射率（25℃）1.5219，闪点（TCC）＞96℃，熔点＜－78℃，蒸气压（21℃）＜173Pa，1%水溶液 pH＝12～13.5。

毒性数据：急性经口毒性 LD_{50}（大鼠）约为 830mg/kg，急性经皮毒性 LD_{50}（兔）为 1233mg/kg。

产品的纯度一般≥98%，水分≤0.3%。山东新华工贸股份有限公司的优级品纯度≥99.0%、一级品≥98.0%、合格品≥97.0%，水分≤0.2%，BASF 公司 DBU 产品纯度≥98.0%。

制法

DBU 的合成方法有氮丙啶-内酰胺法、内酰胺-丙烯腈加氢法、内酰胺-丙烯腈霍夫曼反应法、内酯-烯化二胺法等。国外资料大多采用内酰胺-丙烯腈加氢法合成路线，包括三个合成步骤：①由 ε-己内酰胺和丙烯腈合成 *N*-(β-氰乙基)-ε-己内酰胺，简称 CEC；②将 CEC 催化加氢合成 *N*-(γ-氨丙基)-ε-己内酰胺，简称 APC；③APC 脱水环化、减压蒸馏，即可得 DBU。

特性及用途

DBU 属双环脒类化合物，在聚氨酯行业中用作催化剂，它是一种催化活性很强的低气味凝胶催化剂，主要用于需要强凝胶催化作用的场合，包括含有脂环族异氰酸酯或脂肪族异氰酸酯的配方，因为它们的活性不如芳香族的异氰酸酯，所以需要很强的催化剂。DBU 催化活性随着温度的升高而明显加强，例如 70℃时 DBU 对异氰酸酯-醇、异氰酸酯-水反应的催化速率常数分别是 25℃时的 67 倍和 35 倍，而常用的双环叔胺催化剂三亚乙基二胺的催化活性则分别增加到原来的 5 倍和 6 倍。DBU 催化剂可用于整皮泡沫、微孔弹性体、硬泡等配方。

DBU 与有机酸（如甲酸、异辛酸、苯酚）结合，可制备延迟性催化剂，具有优异的后期固化性能。美国空气化工产品公司的 Polycat SA-1、SA-102 即是此类催化剂，德国性能化学品汉德尔斯有限公司的 PC CAT DBU TA 催化剂是 DBU 与 2-乙基己酸的产物。溧阳市雨田化工有限公司等国内公司也有这类延迟催化剂。

DBU 的主要用途是作为药物合成的一种优良的有机碱脱酸剂。它可取代有机碱如三乙胺、*N*,*N*-二甲苯胺、吡啶和喹啉，广泛应用于有机合成和半合成抗生素，在脱卤化氢反应中获得较满意的效果。它广泛用于头孢半合成抗生素药物的生产，如氨和二氯乙烷在 DBU 的存在下反应生成哌嗪。它还可用于环氧树脂硬化剂、防锈剂，可配制缓蚀剂，用于其他化学反应的催化剂。

生产厂商

美国 Air Products 公司（牌号为 Polycat DBU），德国性能化学品汉德尔斯有限公司（PC CAT DBU），BASF 公司（Lupragen N700），日本三洋化成株式会社，山东新华万博化工有限公司，浙江省临海市永嘉助剂化工厂，江苏省溧阳市雨田化工有限公司，江苏省江都市大江化工实业有限公司（JD DBU）等。

6.2.12 三乙胺

英文名：triethylamine；*N*,*N*-diethylethanamine。

简称：TEA。

分子式为 $C_6H_{15}N$，分子量为 101.2。CAS 编号为 121-44-8。

结构式：$(CH_3CH_2)_3N$。

物化性能

无色至浅黄色液体，微溶于水。相对密度（25℃）为 0.73，闪点为−4℃，沸点为 89℃。三乙胺是一种挥发较强的叔胺，蒸气压为 7.12kPa，在空气中爆炸极限为 1.2%～8.0%。

特性及用途

三乙胺是聚氨酯的平衡性叔胺催化剂，偏于发泡。它可与 TEDA 并用作为模塑半硬泡配方的催化剂，有形成表皮的功能，来源广泛，缺点是气味大，目前在聚氨酯工业使用不多，已被其他叔胺替代。

三乙胺在聚氨酯行业除了用作聚氨酯泡沫塑料的辅助催化剂外，还可用作阴离子水性聚氨酯体系的中和成盐剂。

生产厂商

美国空气化工产品公司（Dabco TETN），法国 Arkema 公司等。

6.3 有机金属催化剂

许多有机金属化合物，如铅、锡、钛、锑、汞、锌、铋、锆、铝等的烷基化合物及羧酸盐，对异氰酸酯-羟基之间的反应都具有催化活性。但是在聚氨酯泡沫塑料生产中重要的是锡有机化合物，特别是辛酸亚锡和二月桂酸二丁基锡，可用于聚氨酯泡沫塑料、胶黏剂、弹性体等。

碱金属和碱土金属盐类化合物，由于其碱性较强，也能作为聚氨酯泡沫塑料的催化剂。这类化合物有甲醇钠、异辛酸钾、油酸钾等。例如，乙酸钾、油酸钾主要用作聚异氰脲酸酯（PIR）泡沫塑料催化剂。

6.3.1 有机锡催化剂

6.3.1.1 二月桂酸二丁基锡

别名：二丁基锡二月桂酸酯。

英文名：dibutyltin dilaurate；di-*n*-butyltin dilaurate；dibutyltin laurate 等。

简称：DBTDL、DBTL。

分子式为 $C_{32}H_{64}O_4Sn$，分子量为 631.56。CAS 编号为 77-58-7。

结构式：

$$\begin{array}{ccc} H_9C_4 & & OCOC_{11}H_{23} \\ & Sn & \\ H_9C_4 & & OCOC_{11}H_{23} \end{array}$$

物化性能

淡黄色透明油状液体，溶于一般增塑剂及溶剂，不溶于水。二月桂酸二丁基锡的典型物性见表 6-5。

表 6-5 二月桂酸二丁基锡的典型物性

项 目	指标	项 目	指标
锡含量/%	18.6±0.6	折射率(20℃)	1.468～1.475
黏度(25℃)/(mPa·s)	40～50	沸点/℃	>205
密度(25℃)/(g/cm³)	1.04～1.08	凝固点/℃	12～20
闪点(COC)/℃	235		

美国空气化工产品公司的 Dabco T-12 或 T-12A 是含二月桂酸二丁基锡 95%以上的有机锡混合物。总锡含量 18%，凝固点 18℃。

江苏宜兴雅克化工有限公司的二月桂酸二丁基锡 Yoke T-12，锡含量 18%～19.0%，水分≤0.4%。黏度（25℃）≤380mPa·s。

北京正恒化工有限公司的有机锡稳定剂 ZT-101 化学成分为二月桂酸二丁基锡，锡含量 17.5%～19.0%，色度（APHA）≤300，水分≤0.4%。

该催化剂的毒性较大，操作时应注意劳动防护。

制法

二月桂酸二丁基锡制造工艺较复杂，一般采用以下工艺路线：碘丁烷与金属锡在微量镁催化下，以丁醇为溶剂直接反应合成碘丁基锡，再经水解成氧化二丁基锡，它再和月桂酸进行酯化反应，从而得到二月桂酸二丁基锡。

特性及用途

二月桂酸二丁基锡是强凝胶性质的催化剂，可用于弹性体、胶黏剂、密封胶、涂料、硬泡、模塑泡沫、RIM 等。它可与胺催化剂并用于高速生产高密度结构泡沫、喷涂硬泡、硬泡板材。

二月桂酸二丁基锡还是一种热稳定剂，主要用于 PVC 软制品的加工，硅橡胶的催化剂，聚酰胺和酚醛树脂的光热稳定剂等。

生产厂商

北京三安化化工产品有限公司（原北京化工三厂），北京正恒化工有限公司，江苏雅克科技股份有限公司，吉林磐石市大田化工助剂研究所，美国空气化工产品公司（牌号 Dabco T-12），德国 Evonik Goldschmidt 公司（Kosmos 19），美国 Momentive 公司（Niax D-22），德国性能化学品汉德尔斯有限公司（PC CAT T 12），日本三共有机株式会社（Stann BL）等。

6.3.1.2 辛酸亚锡

化学名称：2-乙基己酸亚锡，异辛酸亚锡。

英文名：stannous octoate；tin 2-ethylhexanoate；bis(2-ethylhexanoate)tin；stannous-2-ethyl hexanoate；tin（Ⅱ）2-ethylhexanoate；2-ethyl-hexanoic acid，tin(Ⅱ)salt 等。

分子式为 $C_{16}H_{30}O_4Sn$，分子量为 405.1，CAS 编号为 301-10-0。

结构式：$[C_4H_9CH(C_2H_5)COO]_2Sn$。

物化性能

淡黄色油状液体，可溶于多元醇类及大多数有机溶剂，不溶于醇及水。亚锡含量（占总锡量的）96%以上。其他典型物性见表 6-6。

表 6-6 辛酸亚锡的典型物性

项　目	指标	项　目	指标
锡含量/%	28.0±0.5	折射率(20℃)	1.495±0.005
黏度(20℃)/mPa・s	≤500	凝固点/℃	−25
密度(25℃)/(g/cm³)	1.25±0.02	闪点/℃	142

辛酸亚锡毒性较小，大鼠经口急性中毒数据 LD_{50}＝3400mg/kg。野兔急性经皮中毒数据 LD_{50}＞2000mg/kg。

美国空气化工产品的辛酸亚锡 Dabco T-9，含≥97%辛酸亚锡和≤3%的 2-乙基己酸。总锡含量为 28%，总锡量中亚锡占 97%，黏度为 265～310mPa・s。

美国空气化工产品公司的 Dabco T-16 是 50%辛酸亚锡与 50%邻苯二甲酸 C_8～C_{10} 酯的混合物，相对密度为 1.08；Dabco T-95 是 33%辛酸亚锡与 67%增塑剂邻苯二甲酸 C_8～C_{10} 酯的混合物，相对密度为 1.29，黏度约为 100mPa・s；Dabco T-26 是 25%辛酸亚锡与 75%邻苯二甲酸二异壬酯的混合物，相对密度为 1.15，蒸气压为 3.6kPa，微溶于水；Dabco T-96 是 33%辛酸亚锡与 67%增塑剂 DOP 的混合物，相对密度为 1.05。它们都用作软块泡的凝胶催化剂。

OMG Borchers 公司的 Borchi Kat 28 是稳定化的辛酸亚锡，为微黄色透明液体，其 Sn 元素含量为 28.0%～29.3%，典型黏度（25℃）约为 350mPa・s，密度（20℃）为 1.23～1.27g/cm³，折射率（20℃）为 1.496。

河北沧州东塑集团威达化工有限公司的辛酸亚锡 T-19，总锡含量≥28.0%，亚锡含量≥26.5%。云南锡业公司研究设计院的企业标准指标，亚锡（Sn^{2+}）含量 28.0±0.5，黏度（20℃）＜600mPa・s，密度（1.25±0.05）g/mL。江苏宜兴雅克化工有限公司的辛酸亚锡 Yoke T-9，黏度（25℃）≤380mPa・s，折射率（20℃）为 1.492，锡含量≥28.0%，亚锡含量≥27.25%。

制法

2-乙基己酸与氢氧化钠反应生成 2-乙基己酸钠，然后与氯化亚锡在惰性溶剂中加热进行复分解反应制得 2-乙基己酸亚锡。原料 2-已基已酸、氢氧化钠与二水合氯化亚锡摩尔比为 1∶0.516∶0.5。反应过程中加入少量抗氧剂-264，可提高 2-乙基己酸亚锡的含锡量和稳定性。

特性及用途

可用于聚氨酯催化剂，主要用于软质块状聚醚型聚氨酯泡沫塑料的生产中，还可以用作聚氨酯涂料、弹性体、室温固化硅橡胶的催化剂等。由于它是二价锡化合物，发泡后本身可能被氧化为四价锡化合物，留在泡沫体内起着一种防老剂的作用，它发泡后留在泡沫塑料内，对泡沫性能没有不利影响。

辛酸亚锡易水解和氧化，不能用于组合聚醚（预混物）中。它的催化活性比二月桂酸二丁基锡高。

辛酸亚锡至少可存放12个月，但容器必须密封，必须贮存于干燥阴凉处。辛酸亚锡毒性低，可用于制造医疗用品。

生产厂商

美国空气化工产品公司（Dabco T-9），美国 Momentive 公司，德国 Evonik Goldschmidt 公司（Kosmos 29），德国 Rhein Chemie 公司（Addocat SO），Atofina 加拿大公司（Niax D-19），德国性能化学品汉德尔斯有限公司（PC CAT T 9），OMG Borchers 公司（Borchi Kat 28），Rohm and Haas 公司，江苏雅克科技股份有限公司（Yoke T-9），云南锡业公司研究设计院，河北沧州东塑化工公司，临海市万盛化工有限公司，等。

6.3.1.3 二(十二烷基硫)二丁基锡

英文名：dibutyltin dilaurylmercaptide。

该催化剂属硫醇二丁基锡（dibutyltinmercaptide）类别。

分子式为 $C_{32}H_{68}S_2Sn$，分子量为635.7。CAS编号为1185-81-5。

结构式：

$$\begin{array}{ccc} H_9C_4 & & SC_{12}H_{25} \\ & \diagdown \quad \diagup & \\ & Sn & \\ & \diagup \quad \diagdown & \\ H_9C_4 & & SC_{12}H_{25} \end{array}$$

物化性能

油状液体，相对密度为1.02～1.04，黏度（25℃）约为20mPa·s，闪点（闭杯）约为121℃，沸点为185℃，折射率为1.4992，蒸气压为1.3kPa，不溶于水。

特性及用途

具有良好水解稳定性的强凝胶催化剂，催化活性比DBTDL高，贮存稳定，用于软泡、半硬泡、微孔弹性体及硬泡。它具有热活性，催化反应开始时很慢，然后很快提高。

生产厂商

美国空气化工产品公司（牌号 Dabco T-120），美国 Momentive 公司，日本三共有机株式会社等。

6.3.1.4 二乙酸二丁基锡

别名：二醋酸二丁基锡，二丁基锡二乙酸酯。

简称：DBTAC。

英文名：dibutyltin diacetate；di-*n*-butyltin diacetate；dibutyltinacetate 等。

分子式为 $C_{12}H_{24}O_4Sn$，分子量为351。CAS编号为1067-33-0。

结构式：

$$\begin{array}{ccc} H_9C_4 & & OCOCH_3 \\ & \diagdown \quad \diagup & \\ & Sn & \\ & \diagup \quad \diagdown & \\ H_9C_4 & & OCOCH_3 \end{array}$$

物化性能

无色至微黄色油状液体，相对密度（25℃）约为1.30，折射率（25℃）为1.46～1.47。沸点为142～145℃（1.33kPa），凝固点为8～10℃，闪点为146℃（开杯）或143℃（闭杯），蒸气压约为173Pa，pH>5.00。锡含量为32.0%～33.8%。不溶于水。

特性及用途

二乙酸二丁基锡是凝胶催化剂，主要用作室温硅橡胶固化催化剂，尤其是适用于脱乙酸型的有机硅制品。其特点是催化速率要比二月桂酸二丁基锡快。可用于聚氨酯弹性体、喷涂硬质聚氨酯泡沫塑料、硬泡高回弹模塑泡沫等。

生产厂商

美国空气化工产品公司（Dabco T-1）、美国 Momemtive 公司（Fomrez UL-3），目前可能不供应。日本三共有机株式会社（NS-8），吉林磐石市大田化工助剂研究所等。

6.3.1.5 其他有机锡催化剂

因为空间位阻对催化活性的影响随温度的升高而降低，用位阻较大的烷基代替位阻较小的基团，可使得有机锡化合物具有较高稳定性、抗水解以及具有延迟催化活性。例如用二辛基锡代替二丁基锡，可起到延迟催化作用。用二烷基锡二马来酸酯、二硫醇二烷基锡代替二月桂酸二丁基锡，可以提高耐水解稳定性。含大烷基基团的锡硫醇化物具有高稳定和延迟催化两种功能，如硫醇二辛基锡等。

下面介绍几种有机锡催化剂产品。

(1) 美国空气化工产品公司的有机锡催化剂　Dabco T125 是一种有机锡催化剂，分子式 $C_{32}H_{56}O_8Sn$，pH＝2.3。其黏度约为 282mPa·s，相对密度（25℃）为 1.15，闪点为 123℃，沸点为 215℃，蒸气压 345Pa，不溶于水。它是强凝胶催化剂，催化活性比 Dabco T120 低，可用于软泡、半硬泡及硬泡。

Dabco T131 是双硫醇二丁基锡（dibutyltin bis-mercaptide)。其黏度约为 40mPa·s，相对密度（25℃）为 1.13，闪点为 162℃，沸点为 268℃，蒸气压＜1.33kPa，溶于水，pH＝3.0。催化活性比 Dabco T125 低，可用作聚氨酯硬泡的凝胶催化剂。

(2) 美国 Momentive 高新材料集团公司的有机锡催化剂　牌号为 Fomrez 的有机锡系列催化剂原是美国 Witco 公司 OSi 特殊化学品部门的产品牌号，目前由美国 Momentive 公司拥有并生产。有机锡催化剂的典型物性和应用领域见表 6-7。

表 6-7　有机锡催化剂的典型物性

Fomrez 牌　号	相对密度	凝固点/℃	在聚氨酯领域的主要用途
UL-1	1.00	−15	喷涂、模塑泡沫
UL-2	1.142	−25	一步法弹性体，硬泡(包括喷涂)
SUL-4	1.045	8	一步法和喷涂弹性体，泡沫，涂料等
UL-6	1.12	<-25	机械发泡，微孔，浇注弹性体，SRIM，泡沫，涂料
SUL-11A	1.185	—	一步法弹性体，涂料，酯化
UL-22	1.03	−10	聚氨酯泡沫包括喷涂
UL-24	1.16	−42	微孔泡沫，喷涂泡沫，弹性体，涂料等
UL-28	1.136	−6	一步法和喷涂弹性体，涂料
UL-29	1.08	−40	泡沫，CASE 等
UL-32	0.97	−8	泡沫特别是微孔泡沫，高密度 SRIM，涂料
UL-38	1.03	<0	微孔泡沫，高密度 SRIM，喷涂弹性体
UL-50	—	—	一步法和喷涂弹性体，涂料(低挥发快固化)

注：无色至浅黄色液体。

Fomrez UL-1 属硫醇二丁基锡（dibutyltin mercaptide)，即烷基硫基二丁基锡。主要特点是具有相对较高的耐水解性能，采用 UL-1 催化剂的聚氨酯泡沫体系在贮存 4 周还维持其相容性和活性，因此可延长泡沫组合料的贮存期。在现场浇注工艺，UL-1 代替 DBTDL，可降低胺催化剂用量，获得较长的乳白时间，以有足够的时间充满模腔。

Fomrez UL-2 是一种羧酸二丁基锡，推荐替代 DBTDL，它与聚醚型聚氨酯有比 DBT-

DL 更好的相容性。它的凝固点也比 DBTDL 低得多。

Fomrez SUL-4 是一种高质量二月桂酸二丁基锡，可广泛用于一步法或预聚体法聚醚型及聚酯型聚氨酯，如胶黏剂、密封胶和室温固化有机硅。它可单独使用，也可与一般的胺催化剂并用。

Fomrez UL-6 主要成分是二巯基乙酸二丁基锡（dibutyltin dithioglycolate)，它具有延迟催化效果，使得聚氨酯弹性体在室温或低温下增加釜中寿命，在高温固化，总固化时间与用 DBTDL 相似。还用于模塑泡沫、软泡和微孔弹性泡沫，它的凝固点比 DBT-DL 低。

Fomrez SUL-11A 是氧化二正丁基锡（CAS 编号为 818-08-6）与邻苯二甲酸二异辛酯（1/1）混合物。折射率（25℃）为 1.5055，锡含量为 23.5%。主要用于聚合及酯化催化剂，特别适用于有机硅和聚氨酯涂料、胶黏剂、密封胶和电沉积薄膜。

Fomrez UL-22 是双(十二烷基硫基)二甲基锡[bis-(dodecylthio)- dimethylstannane]，CAS 编号为 51287-84-4，分子式为 $C_{26}H_{56}S_2Sn$，分子量为 551.6，油状液体，相对密度为 1.08。它在聚氨酯体系中的活性比 UL-1 高，用量仅为 UL-1 的一半，与 DBTDL 相比具有良好性价比。Fomrez UL-22 在含 0.5%水的泡沫组合聚醚中可保持 6 个月的活性。

Fomrez UL-24 属硫醇二甲基锡，活性比 Fomrez UL-6 强，具有延迟效应，可用于 RIM、高密度泡沫、硬泡、聚醚型聚氨酯泡沫，有利于充模。凝固点非常低。

Fomrez UL-28 是二新癸酸二甲基锡（dimethyltin dineodecanoate)，分子式为 $C_{22}H_{44}O_4Sn$，分子量为 491.3，CAS 编号为 68928-76-7，熔点为 −6℃，密度为 1.14g/cm³，折射率为 1.47。它是 Fomrez 有机锡催化剂系列产品中催化活性最高的，获得很短的凝胶时间和不黏时间。它的活性与二乙酸二丁基锡（DBTDA）相似，但无 DBTDA 的乙酸气味或腐蚀性。它在许多聚氨酯泡沫体系中替代 DBTDL，具有用量少、成本低的优点。凝固点比 DBTDL 低，耐水解性也稍好。它可用于快速固化浇注和喷涂弹性体，可用于室温固化聚氨酯和有机硅体系，特别适合于脂肪族聚氨酯体系。

Fomrez UL-29 是二巯基乙酸二辛基锡，它是 Fomrez 系列催化剂中延迟效果最好的，可用于聚氨酯微孔弹性体、RIM、鞋底和汽车部件。凝固点低。

Fomrez UL-32 属硫醇二辛基锡，与 UL-1 是类似物，具有延迟效应，并且具有较高的耐水解性，可用于水发泡泡沫塑料。其用量与 UL-1 相近，比 DBTDL 有延迟效果。

Fomrez UL-38 是二新癸酸二辛基锡（dioctyltin dineodecanoate，别名二辛基二新癸酰氧锡)，分子式为 $C_{36}H_{72}O_4Sn$，分子量为 687.7，CAS 编号为 68299-15-0，与 UL-28 和 DBTDL 相比具有轻微的延迟效应。它是羧酸锡催化剂中耐水解性能最好的。可用于浇注型聚氨酯弹性体以及需要较长凝胶时间以改善注模的微孔 PU 泡沫塑料。

Fomrez UL-50 是二油酸二甲基锡（dimethyltin dioleate)，催化活性比 Fomrez UL-28 稍低，是 UL-28 的低成本替代品，但需在 10℃存放以免浑浊或冻结。具有更好的水解稳定性。可用于汽车内饰材料，也可用于喷涂和一次成型 PU 弹性体，以及脂肪族聚氨酯。

Fomrez UL-54 是二巯基乙酸二甲基锡（dimethyltin dithioglycolate)，也是 UL-6 的类似物，活性比 UL-6 高，具有较好的初期延迟性能，而在较高温度激活后具有较强的后固化催化活性。可用于热活化双组分喷涂 PU 涂料、弹性体和泡沫塑料。

Fomrez UL-59 是二月桂酸二辛基锡（dioctyltin dilaurate)，在聚氨酯弹性体体系中可替代 DBTDL，活性比 DBTDL 低。

另外，德国性能化学品汉德尔斯有限公司的有机金属催化剂 PC CAT T125 属二丁基锡羧酸盐。

6.3.2 羧酸钾类催化剂

6.3.2.1 异辛酸钾

别名：辛酸钾，2-乙基己酸钾盐溶液。

英文名：potassium 2-ethylhexanoate；potassium octoate；2-ethylhexanoic，potassium salt 等。

分子式为 $C_8H_{15}O_2K$，分子量为 182.3。CAS 编号为 3164-85-0。

物化性能

纯异辛酸钾是一种白色粉末，纯度≥97%，水分≤2%，溶于水，pH=7.0～9.5。

用于聚氨酯催化剂的异辛酸钾是以溶液形态供应。例如：美国 Air Products 化工公司的 Dabco T-45 是 60%异辛酸钾与 40%聚氧化丙烯二醇的混合物，为黏稠液体，凝固点为 −5℃，黏度为 2000mPa·s，相对密度为 1.13，计算羟值为 86mg KOH/g，闪点为 102℃，蒸气压小于 0.67kPa，溶于水。Dabco T-45L 是 60%异辛酸钾溶解在 40%一缩二丙二醇（DPG）中形成的黄色溶液，pH=6.40，相对密度为 1.09，闪点为 158℃，蒸气压为 212Pa。Dabco K-15 是 75%异辛酸钾与 25%一缩二乙二醇（DEG）配成的溶液，无色无味，黏度为 5400mPa·s，闪点（闭杯）为 138℃，相对密度为 1.13，计算羟值为 271.6mg KOH/g。它们都可溶于水。Dabco K2097 也是异辛酸钾的 DEG 溶液，黏度（25℃）为 550mPa·s，相对密度（25℃）为 1.23，计算羟值为 740mg KOH/g。Dabco K2097 与其他三聚催化剂如 Polycat 5、Polycat 9 或 Polycat 41 一起使用。

美国 Expomix 公司的 Puma 3020 是 75%异辛酸钾溶解在 25%DPG 中形成的液体；Puma 3021 是 75%异辛酸钾溶解在 25%DEG 中形成的液体。德国性能化学品汉德尔斯有限公司的 PC CAT TKO 和 K 4 分别是异辛酸钾溶解在 DPG 和 DPG/水得到的催化剂，TK 40 是异辛酸钾与乙酸、胺得到的混合物催化剂。

德国 Evonik Goldschmidt 公司的 Kosmos 70 是 70%异辛酸钾/无羟基透明溶液，相对密度约为 1.09，25℃黏度低于 2500mPa·s，水分为 1.5%～2%；Kosmos 75 是 75%异辛酸钾/聚乙二醇黄色透明溶液，黏度为 4500～6000mPa·s，水分为 3%～4%；Kosmos 75 MEG 是 75%异辛酸钾/乙二醇黄色透明溶液，黏度低于 3500mPa·s，水分为 3.1%～3.6%。Kosmos 70 推荐用量是 2～5 质量份/每 100 质量份多元醇，Kosmos 75 推荐用量是 2～3 质量份。

江苏溧阳市雨田化工有限公司供应 50%和 70%浓度的异辛酸钾，其中 50%异辛酸钾溶液产品的异辛酸钾含量为 50%±1%，相对密度（25℃）为 1.124～1.185，黏度（25℃）为 320～430mPa·s。

特性及用途

异辛酸钾是聚氨酯硬泡的低成本三聚催化剂。最适合于高黏度多元醇配方。活性高，用于喷涂硬泡、PIR（耐高温）硬泡和 PU 硬泡制品的发泡配方，也可用于聚氨酯涂料、聚酯树脂制造（与钴类结合）等。

生产厂商

美国空气化工产品公司，美国 Expomix 公司，德国性能化学品汉德尔斯有限公司，溧阳市蒋店化工有限公司（LCM-2，50%），江苏省溧阳市雨田化工有限公司，江苏省江都市大江化工实业有限公司（JD K-15 溶液），溧阳市雨声化工有限公司，沈阳市迈达斯化工有限公司，石家庄合佳保健品有限公司（粉末）等。

6.3.2.2 乙酸钾

英文名：potassium acetate。

简称：KAC。

分子式为 CH_3COOK，分子量为 98.1。CAS 编号为 127-08-2。

物化性能

乙酸钾是白色结晶固体粉末，纯度一般≥98%，多呈细颗粒或粉末状，易溶于水、酸和乙醇。

用于聚氨酯催化剂的是乙酸钾溶解在二元醇中形成的 30%～50%乙酸钾溶液，无色至黄色透明。

例如，美国空气化工产品公司的硬泡三聚催化剂 Polycat 46 是乙酸钾的乙二醇溶液(62%乙二醇，38%乙酸钾)，白色液体。其黏度为 200mPa·s，相对密度为 1.26，闪点＞110℃，沸点为 197℃，蒸气压为 750Pa。溶于水。

德国 Evonik Goldschmidt 公司的 Kosmos 33 是 33%乙酸钾/聚乙二醇透明溶液，相对密度为 1.23～1.25，25℃时黏度为 400～700mPa·s，推荐用量 1～2 质量份/100 质量份多元醇；Kosmos 45 是高浓度乙酸钾溶液，含 7%～8%的水，相对密度约为 1.28，黏度约为 300mPa·s，羟值（计入水）约为 1000mg KOH/g，用量 0.5～4 质量份不等。

德国性能化学品汉德尔斯有限公司的 PC CAT TKA、TKA 30 分别是乙酸钾溶解在乙二醇、一缩二乙二醇中得到的催化剂，TKA-W 是 70%乙酸钾水溶液。

美国 ExpoMix 公司的 Puma 3010 是 40%乙酸钾溶解在 60%一缩二丙二醇中形成的透明液体，乙酸钾含量≥39%，水分≤2%。闪点为 138℃，相对密度（25℃）约为 1.13，易溶于水。Puma 3011 是 40%乙酸钾溶解在 60%一缩二乙二醇中形成的透明液体。

国内的乙酸钾催化剂溶液为无色至浅黄色透明液体，乙酸钾含量为 30%或 35%，相对密度（25℃）约为 1.23，黏度为 380～485mPa·s。

特性及用途

乙酸钾溶液是一种对异氰酸酯三聚形成聚异氰脲酸酯反应有催化效力的催化剂，与其他催化剂如叔胺和异辛酸钾共同使用，能满足各种硬泡浇注和喷涂工艺，具有发泡快、凝胶快等特点。该催化剂成本较低。

乙酸钾粉末主要用于青霉素钾盐的生产，用作化学试剂等。

生产厂商

德国性能化学品汉德尔斯有限公司，美国 ExpoMix 公司，德国 Evonik Goldschmidt 公司（Kosmos 70/75/75 MEG，Kosmos33/45），江苏省江都市大江化工实业有限公司（JD KAC），江苏省溧阳市雨田化工有限公司，溧阳市雨声化工有限公司，溧阳市蒋店化工有限公司（LCM-1，30%），辽宁抚顺佳化化工有限公司等。

6.3.2.3 油酸钾

英文名：potassium oleate。

分子式为 $C_{17}H_{33}COOK$，分子量为 320.6。CAS 编号为 143-18-0。

结构式：$CH_3(CH_2)_7CH{=}CH(CH_2)_7COOK$

物化性能

浅黄色至棕黄色固体，易溶于水，碱性。不纯物为油状液体，有效物含量≥97%，水分≤3%。

江都市大江化工实业有限公司的油酸钾催化剂 JD-30，油酸钾含量为 35%，相对密度为 1.23，黏度（25℃）为 800～1500mPa·s。

ExpoMix 公司的 Puma 3030 催化剂是含 40%油酸钾的一缩二丙二醇溶液，透明液体，油酸钾含量≥39%，水分≤2%，闪点为138℃，相对密度（25℃）约为1.13，易溶于水。Puma 3031催化剂是含40%油酸钾的一缩二乙二醇溶液。

特性及用途

主要用作聚氨酯泡沫塑料的催化剂，专门用于催化聚异氰脲酸酯反应，它可以替代有机锡及其他叔胺类、醇胺类化合物，与其他催化剂共同使用能满足硬泡浇注和喷涂工艺。发泡时性能良好，活性高，性能稳定，还具有发泡快、凝胶快、成本低等特点。

生产厂商

美国ExpoMix公司，江苏省溧阳市雨田化工有限公司，辽宁抚顺佳化化工有限公司，江苏省江都市大江化工实业有限公司等。

6.3.3 有机重金属催化剂

有机铅、有机汞化合物可用于室温固化聚氨酯催化剂，效果良好。

6.3.3.1 异辛酸铅

别名：辛酸铅，2-乙基己酸铅。

英文名：lead octoate；lead 2-ethylhexanoate；lead 2-ethylcaproate；lead bis（2-ethylhexanoate）等。

分子式为$C_{16}H_{30}O_4Pb$，分子量为493.6。CAS编号为301-08-6。

结构式：$[CH_3(CH_2)_3CH(C_2H_5)COO]_2Pb$。

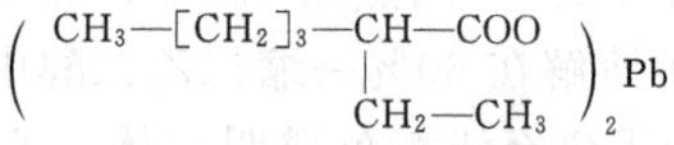

$$\left(\begin{array}{l} CH_3-[CH_2]_3-CH-COO \\ \qquad\qquad\qquad\quad | \\ \qquad\qquad\qquad CH_2-CH_3 \end{array}\right)_2 Pb$$

物化性能

纯的或高浓度异辛酸铅为淡黄色黏稠透明液体，不含溶剂的纯异辛酸铅相对密度为0.99～1.01，含铅量为37.0%±0.5%。由于纯异辛酸铅黏度大，不利于操作，一般可用增塑剂配成一定浓度的溶液使用。

上海长风化工厂的4种牌号的异辛酸铅822-3、822-2、822-1和822-6，金属含量（%）分别为10.0±0.2、24.0±0.2、33.0±0.5和36.0±0.5。迈达斯化工有限公司的异辛酸铅产品金属含量（%）分别为10.0±0.2、12.0±0.2、20.0±0.3、30.0±0.3。

韩国Apros公司的异辛酸铅铅含量为40.5%～42.5%，Gardner黏度为Z-8，水分及挥发物≤2.0%，酸值≤1.2mg KOH/g，邻苯二甲酸二乙酯不溶物≤1.0%。

特性及用途

异辛酸铅在聚氨酯跑道等铺装材料体系中用作催化剂。用作各类气干型涂料的催化剂，具有优良的贮存稳定性，与传统环烷酸铅相比，具有色泽浅、气味小、含量高、催干效果好等特点。在浅色涂料中使用，更具有良好的特性，能降低漆膜的色泽、提高光泽。

生产厂商

上海长风化工厂，沈阳市迈达斯化工有限公司，淄博市淄川区耀东化工有限公司，淄博市博山金诺助剂厂，无锡德宇化工有限公司，江苏省江都市大江化工实业有限公司（JD-32）等。

6.3.3.2 乙酸苯汞

英文名：phenylmercury acetate；phenylmercuric acetate；phenylmercury（Ⅱ）acetate；acetoxyphenylmercury。

简称：PMA、PMAC。

分子式为 $C_8H_8HgO_2$，分子量为336.7。CAS编号为62-38-4。

结构式：$CH_3COOHgC_6H_5$。

物化性能

白色或微黄色结晶粉末，有吸湿性。熔点为149℃（148～153℃）。相对密度为2.58。闪点（闭杯）为37.8℃，蒸气压（25℃）为0.016Pa。稍溶于醇、苯，溶于丙酮、乙酸，微溶于水，20℃水中溶解度约为0.44g/100mL。

特性及用途

特种催化剂，对异氰酸酯-水几乎无催化活性，催化异氰酸酯-羟基的反应，采用该催化剂的聚氨酯不会因微量水分而产生气泡。主要用于聚氨酯弹性塑胶跑道。低浓度乙酸苯汞还用作杀菌剂等。

乙酸苯汞剧毒，大鼠经口急性毒性 LD_{50}=22mg/kg，应特别注意防护粉尘毒害。

生产厂商

江苏泰兴苏中橡塑助剂厂，江苏省泰兴市化学试剂厂，泰兴盛铭精细化工有限公司，江苏省江都市大江化工实业有限公司（JD-31）等。

6.3.4 羧酸锌和羧酸铋

羧酸锌和羧酸铋是环保型催化剂，它们可替代异辛酸铅、乙酸苯汞等重金属毒性催化剂。

6.3.4.1 异辛酸锌

别名：辛酸锌，2-乙基己酸锌。

英文名：zinc octoate；zinc 2-ethylhexanoate；zinc caprylate。

分子式为 $C_{16}H_{30}O_4Zn$，分子量为351.8。CAS编号为136-53-8。

结构式：

$$\left(\begin{array}{l} CH_3-[CH_2]_3-CH-COO \\ \qquad\qquad\qquad\quad | \\ \qquad\qquad\qquad CH_2-CH_3 \end{array} \right)_2 Zn$$

物化性能

纯的或高浓度异辛酸锌为淡黄色黏稠液体，锌质量分数理论值为18.6%。由于纯异辛酸锌黏度大，不利于操作，一般可用增塑剂配成一定浓度的溶液使用。

上海长风化工厂的3种异辛酸锌产品，825-4、825-1和825-12，锌含量分别为（4.0±0.2）%、（9.0±0.2）%和（12.0±0.2）%。

美国领先化学公司（Shepherd）的羧酸锌催化剂Bicat ZM，Zn的质量分数为18.3%～19.7%，相对密度为1.10～1.16，黏度约为10Pa·s，不溶物含量≤1.0%。

特性及用途

本品具有优良的贮存稳定性，与传统环烷酸锌相比，具有色泽浅、气味小、含量高等特点。在浅色涂料中使用更具有良好的特性，能降低漆膜的色泽、提高光泽，是环烷酸锌的升级换代产品。本品可用于脂肪族聚氨酯涂料及弹性体的催化剂，能促进交联，缩短固化时间。它的毒性比异辛酸铅小得多，可部分替代异辛酸铅。催化活性比异辛酸铅低。建议用量为0.03%～0.2%（金属对树脂固体分）。

生产厂商

上海长风化工厂，淄博市淄川区耀东化工有限公司，淄博市博山金诺助剂厂，沈阳市迈达斯化工有限公司，无锡德宇化工有限公司，德国OMG Borchers公司（牌号Octa-Soligen Zinc）等。

6.3.4.2 异辛酸铋

有机铋催化剂以羧酸铋特别是异辛酸铋为主。

异辛酸铋，别名为三(2-乙基己酸)铋。

英文名：bismuth octote；bismuth tris(2-ethylhexanoate)等。

异辛酸铋分子式为 $C_{24}H_{45}BiO_6$，分子量为 638.6。CAS 号为 67874-71-9，EINECS 号为 267-499-7。

结构式：$Bi[OCOCH(C_2H_5)C_4H_9]_3$。

物化性能

棕黄色黏稠液体，相对密度（25℃）为 1.28～1.34，黏度（25℃）不大于 3Pa·s。

美国领先化学品公司（The Shepherd Chemical Company）的异辛酸铋 28％产品，铋含量为 27.7％～28.3％，不挥发分（105℃，3h）≥85％。

美国领先化学品公司的有机铋催化剂如下。

产品	Bi 含量(质量分数)/％	产品	Bi 含量(质量分数)/％
BiCAT 8118	16	BiCAT 8106	20
BiCAT 8108	20	BiCAT 8210	28
BiCAT 8124	28		

其中 BiCAT 8118、BiCAT 8108 几乎可用于各种聚氨酯材料，BiCAT 8124 推荐用于 PU 胶黏剂和弹性体，BiCAT 8106 推荐用于胶黏剂和密封胶，BiCAT 8210 推荐用于涂料和胶黏剂。

美国 Strem 化学品有限公司（Strem Chemicals，Inc.）生产的以溶剂油为溶剂的异辛酸铋 72％浓度产品中 Bi 含量约 28％；以二甲苯为溶剂的 70％～75％浓度产品，Bi 含量约 24％。

沈阳市应用技术实验厂的异辛酸铋是黄褐色液体，铋含量为 4％。国内另一家公司的异辛酸铋是以溶剂油或二甲苯为溶剂的黄褐色液体，铋含量为 4％。

特性及用途

可用于涂料催干剂、润滑油添加剂及聚氨酯室温催化剂。有机铋催化剂是有机汞、有机铅等有毒重金属类催化剂的环保型替代品，异辛酸铋与有机铅有极为相似的技术特性，可用作铅催干剂的替代材料，对 NCO/OH 基团选择性更好，避免 NCO 副反应，减少 CO_2 的生成；铋化合物比锡化合物有更好的耐水解稳定性，降低与水反应的选择性；在水性 PU 分散液中，减少水与 NCO 基的副反应，能在恶劣气候条件下尤其是空气湿度大的恶劣条件下改善涂料的干燥性能，制成的终产品力学性能更佳；在单组分聚氨酯体系中，起解封闭作用，而不是促进 NCO 与水的反应。但在某些体系中催化活性较低。铋锌组合使用有协同效果，使得配方和生产更灵活。可单独使用，或与胺或其他有机金属化合物配合使用。

羧酸铋对脂肪族异氰酸酯与聚醚仲羟基反应的催化效果甚至比伯羟基好，在羧酸铋催化下，含 β-羟烷基酯、氨基甲酸酯和醚基的多元醇，与异氰酸酯的反应速率比无位阻的羟基快。

有机铋价格较高，抑制了其广泛应用。

生产厂商

美国领先化学品公司，美国 Strem 化学品有限公司，沈阳市应用技术实验厂，沈阳市迈达斯化工有限公司等。

6.3.4.3 其他羧酸盐及有机金属类催化剂

美国领先化学品公司生产用于聚氨酯橡胶的安全环保型催化剂，已有超过 30 年的历史，其BiCAT牌号的有机铋、有机锌和有机锆催化剂可进行室温固化或加热固化，是替代有毒的有机铅、有机汞和有机锡产品的较好选择。

美国领先化学品公司的有机锌催化剂BiCAT Z和BiCAT 3228中，锌含量分别为19%和23%。有机锌的催化活性比有机铋低，反应速率较慢。

有部分厂家供应铋锌复合催化剂，其中有机铋提供固化所需的凝胶速度、高选择性和高速率地生成聚氨酯；有机锌加速反应后段，促进交联。对NCO/OH反应具有高选择性，制成的终产品表面不粘手，釜中可操作时间长，产气泡少，终产品针孔少，表面光泽度高。可通过改变体系中这两种金属的浓度来调节聚氨酯橡胶的凝胶性态。铋锌比例一般控制在1∶1～1∶10之间。美国领先化学品公司的铋锌复合催化剂BiCAT 8含8%铋和8%锌。另外，BiCAT 4130也是Bi/Zn复合催化剂。BiCAT 4232是锌Zn/铋Bi/锆Zr复合催化剂。

OMG Borchers公司的Borchi Kat 22和Kat 24是不含锡、不含溶剂的金属羧酸盐，它们可加速溶剂型单组分和双组分聚氨酯涂料以及封闭型聚氨酯烘烤卷材涂料的固化，可替代DBTDL，特别是对于解封闭反应具有较高的催化活性。Borchi Kat 22是羧酸锌，锌含量为22%，它具有较长的适用期，但干燥时间并未延长，其密度（20℃）为1.17g/mL，黏度（20℃）为5～20Pa·s，活性成分约为96%，闪点＞100℃，溶于白油、二甲苯、二醇（醚酯）、酮和酯类溶剂。Borchi Kat 15也是羧酸锌催化剂，锌含量15%。Borchi Kat 24是羧酸铋，无色至棕黄色液体，密度（20℃）为1.21g/mL，活性成分约为75%，闪点＞100℃，溶于烃类、二醇醚酯、酮及酯类溶剂。Kat 24具有高催化活性，在多数情况下可增加涂膜的硬度。另外Kat 315和Kat 320也是羧酸铋催化剂，铋含量分别是16%和28%。

Borchers公司的Borchi Kat系列三种不含锡的羧酸盐类催化剂，都不含有机络合剂，为无色至黄色液体，是溶剂型双组分聚氨酯涂料的催化剂，可代替胺催化剂和DBTDL催化剂。其中Kat 0243和Kat 0244用于双组分PU清漆，与DBTDL相比，在许多PU涂料体系中具有降低黄变、增加涂膜硬度的效果。Kat 0243是羧酸铋和羧酸锂复合催化剂，用量以固体分计在0.02%～0.06%之间。Borchi Kat VP 0244是羧酸锌和羧酸铋的复合催化剂，活性成分约为80%，适合于溶剂型和无溶剂聚氨酯清漆，以及有机硅树脂合成。Kat 0245是羧酸锌，用于溶剂型单组分和双组分PU色漆涂料，赋予双组分聚氨酯涂料较长的适用期，增加涂膜硬度。它们的典型物性见表6-8。

表6-8 Borchers公司不含锡金属羧酸盐催化剂的典型物性

Borchi型号	密度/(g/mL)	黏度/mPa·s	闪点/℃	不挥发分/%	金属含量/%	溶剂
Kat 0243	0.98～1.02	≤1000	＞61	59～69	11.75	石油溶剂油
Kat 0244	1.19～1.25	≤8000	＞100	—	24	—
Kat 0245	0.92～0.96	30～130	＞23	40～50	4	二甲苯

注：黏度、密度是20℃时的数据。

有机锆催化剂等对NCO与OH反应具有较高的选择性。有机锆的催化活性很高。据国外研究报道，在脂肪族异氰酸酯与含羟基模型化合物的反应中，当金属离子浓度均为0.014%时，锆络合物的催化剂的效果比DBDTL还要好，相比而言，异辛酸锌和一种羧酸铋催化剂的催化效果较差。但锆催化剂对甲氧基三丙二醇（聚氧化丙烯多元醇的模型化合物，仲羟基）的催化效果非常差。美国领先化学品公司的BiCAT 4130、BiCAT 4232是有机锆催化剂，锆（Zr）含量分别为12%和18%。该催化剂用于聚氨酯涂料等的特点是NCO/OH反应选择性高、操作时间长、产气泡很少。

美国King Industries公司供应的可替代有机锡用于聚氨酯的催化剂见表6-9。据介绍，添加羧酸铋K-KAT 348的脂肪族聚氨酯具有良好耐久性、不黄变性和光泽保持率；2,4-乙酰基丙酮（即戊二酮）锆络合物 K-KAT 4205 是液体，具有合适的适用期，在较低金属元素浓度下起催化作用。K-KAT 5218 使得涂料具有良好适用期和优异户外耐久性。K-KAT XC-6212 推荐用于双组分快速混合体系，快速固化，可低温固化，对 NCO/OH 反应具有良好的选择性。

表 6-9 美国 King Industries 公司的特殊有机金属催化剂

牌 号	成分	不挥发分/%	相对密度	典型用量(占树脂固体分)
K-Kat 348	羧酸铋	75	1.20	0.03%～0.1%(双组分 PU)或 0.05%～2.0%(封闭型异氰酸酯)
K-Kat XC-B221	羧酸铋	100	1.13	0.03%～0.1%(双组分 PU)或 0.05%～2.0%(封闭型异氰酸酯)
K-Kat XC-C227	羧酸铋	88	1.11	0.05%～0.5%(双组分 PU)或 0.05%～2.0%(封闭型异氰酸酯)
K-Kat 4205	锆螯合物 2,4-戊二酮	—	0.97	1.0%～2.0%,推荐用于室温固化双组分 PU 涂料,不粘时间短,不用于强制干燥体系。金属离子浓度低
K-Kat 5218	铝络合物、活性稀释剂	65	1.10	1.0%～2.0%,室温和烘烤固化皆可
K-Kat XC-6212	锆络合物、活性稀释剂	95	0.98	0.3%～2.0%,可与异氰酸酯组分预混,或在使用前加入混合组分中
K-Kat A209	锆络合物、活性稀释剂	35	0.95	0.05%～2.0%,室温和烘烤固化皆可

美国空气化工产品公司的 DABCO MB20 是一种低挥发性羧酸铋凝胶催化剂，为棕黄色液体，黏度（25℃）约为 50mPa·s，相对密度（25℃）为 1.22，计算羟值为 177mg KOH/g，不溶于水。可用于多种聚氨酯泡沫。它可与叔胺催化剂结合，加速聚氨酯反应和固化，可替代块状软泡、高密度软泡、喷涂材料、微孔聚氨酯和硬泡使用中的有机锡催化剂。

还有一些许多金属盐及有机金属化合物可催化聚氨酯的形成反应，例如环烷酸金属化合物等。

6.3.5 钛酸酯类催化剂

钛酸酯类催化剂中，常用的是钛酸四丁酯和钛酸四异丙酯，它们主要用作聚酯多元醇合成等的催化剂。

6.3.5.1 钛酸四丁酯

别名：钛酸四正丁酯、四正丁氧基钛。

英文名：tetrabutyl titanate；butyl titanate；*n*-tetrabutyl titanate；tetra-*n*-butyl titanate；*n*-tetrabutyl orthotitanate 等。

简称：TBT、TNBT。

分子式为 $C_{16}H_{36}O_4Ti$，分子量为 340.4。CAS 编号为 5593-70-4。

结构式：$(CH_3CH_2CH_2CH_2O)_4Ti$。

物化性能

无色至浅黄色油状液体，沸点约为 312℃，凝固点为−55℃，密度（20℃）为 0.996g/mL，闪点为 77℃（闭杯）。

钛酸四丁酯极易与氨基、羟基、羧基、酰胺等极性基团反应，特别是极易与水发生水解反应。溶于除酮类外的多种有机溶剂。

Dorf Ketal 公司的钛酸四正丁酯产品牌号为 Tyzor TNBT 或 Tyzor TBT（原属 DuPont 公

司)，含100%活性成分，钛含量约为14.0%，或 TiO_2 含量为23.0%～24.0%，黏度（20℃）约为90mPa·s，折射率为1.493，倾点为－93℃，沸点约为185℃（1.4kPa），闪点约为50℃。

急性经口毒性（大鼠）LD_{50}＝3122mg/kg。

特性及用途

钛酸四正丁酯是一种有机钛化合物，用于缩聚反应及交联反应催化剂，主要用于酯化和酯交换反应，如合成聚酯多元醇。还可用于金属-塑料的增黏剂、高强度聚酯漆改性剂、交联剂等。

生产厂商

安徽泰昌化工有限公司，印度 Dorf Ketal 公司等。

6.3.5.2 钛酸四异丙酯

别名：四异丙氧基钛。

简称：TPT、TIPT。

英文名：tetra-isopropyl titanate 等。

分子式为 $C_{12}H_{28}O_4Ti$，分子量为284。CAS 编号为546-68-9。

结构式：

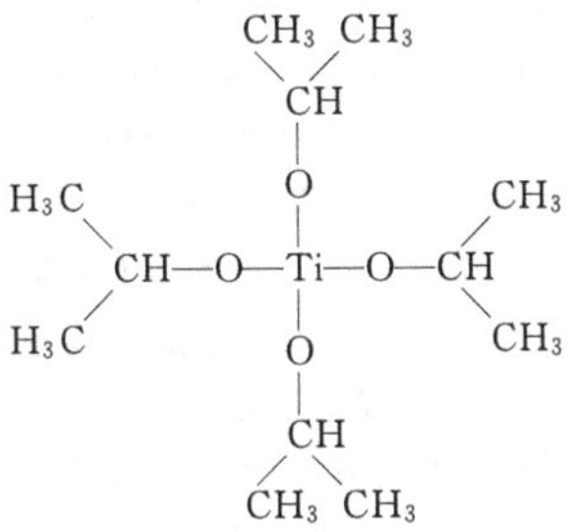

```
               CH3 CH3
                 \ /
                 CH
                  |
                  O
  H3C             |           CH3
     \            |          /
      CH—O—Ti—O—CH
     /            |          \
  H3C             O           CH3
                  |
                 CH
                 / \
               CH3 CH3
```

物化性能

无色至浅黄色透明均匀液体，凝固点约为19℃，沸点约为232℃，密度（20℃）约为0.96g/mL，黏度（25℃）为2～7mPa·s，折射率（20℃）为1.465～1.477，闪点约为60℃，pH 值约为6。

钛酸四异丙酯可与许多有机溶剂如脂肪族和芳香族烃、醇、酯、酮混溶。

钛酸四异丙酯对水非常敏感，与潮气接触产生易燃的异丙醇和氧化钛水合物（或二氧化钛），故在潮气环境下的闪点只有23℃，属可燃性液体。钛酸四异丙酯的水解反应比钛酸四正丁酯快。

安徽泰昌化工有限公司的钛酸四异丙酯，钛含量＞16.68%，二氧化钛含量＞27.8%。Dorf Ketal 公司的钛酸四异丙酯（牌号 Tyzor TPT）中，以 TiO_2 计 TiO_2 含量约为28.1%，Ti 含量约为16.8%。

另外，Dorf Ketal 公司的 Tyzor TPT-20B 是由80%钛酸四异丙酯和20%钛酸四丁酯组成的混合物，无色至浅黄色透明均匀液体，凝固点较 TPT 低，小于15℃，黏度（20℃）约为20mPa·s，密度（20℃）约为0.99g/mL，TiO_2 含量约为27.1%，闪点为42℃。

特性及用途

钛酸四异丙酯是一种高活性的有机烷氧基钛酸酯。主要用于非水体系交联剂、聚酯和酯类增塑剂合成催化剂、有机钛偶联剂（表面改性剂和黏附性增强剂）等。作为酯化催化剂，用量在0.01%～1%范围，一般作为最后的原料加入。酯交换反应温度低于100℃，酯化反应（如生产增塑剂）反应温度需高于180℃。

生产厂商

印度Dorf Ketal公司，日本三菱ガス化学株式会社，安徽泰昌化工有限公司等。

6.4 部分厂家的催化剂

美国空气化工产品公司是专业的聚氨酯催化剂生产厂家，该公司亚太区域供应的大部分催化剂见表6-10。

表6-10 美国空气化工产品公司的部分聚氨酯催化剂

牌号	产品描述
Curithane 52	促进后固化、改善硬泡尺寸稳定性的辅助催化剂
DABCO晶体	强凝胶催化剂，三亚乙基二胺(TEDA)
Dabco 33-LV	多用途凝胶催化剂，33%TEDA+67%二丙二醇(DPG)
Dabco 33LX	33% TEDA+67%非危险性载体
Dabco 1027	用于EG扩链的聚酯及聚醚鞋底，延迟乳白、缩短脱模时间
Dabco 1028	用于BDO扩链体系，延迟乳白、缩短脱模时间
Dabco 2039	聚酯型块泡的低气味凝胶催化剂，活性比NEM高1倍
Dabco 8154	酸封闭的TEDA，延迟反应凝胶催化剂
Dabco B-16	二甲基氨基十六胺，聚酯型软块泡辅助催化剂，改善整皮泡沫表皮固化
Dabco BL-11	发泡催化剂，70%双(二甲氨基乙基)醚的DPG溶液
Dabco BL-17	延迟催化剂，78%双(二甲氨基乙基)醚甲酸盐和22%DPG
Dabco BL-19	100%的双(二甲氨基乙基)醚，强发泡催化剂
Dabco BL-22	强发泡复合胺催化剂，改善开孔性和水发泡硬泡的脆性
Dabco BLV	33-LV/BL-11按3/1配比，用于连续法块泡的优良平衡催化剂
Dabco BLX-11	双(二甲氨基乙基)醚的稀溶液，发泡催化剂
Dabco BLX-13	双(二甲氨基乙基)醚的更稀的溶液，便于精确计量
Dabco DMEA	二甲基乙醇胺，弱催化活性平衡催化剂，乳白时间较短
Dabco EG	强凝胶催化剂，33%TEDA的EG溶液，用于EG扩链的微孔鞋材
Dabco K-15	异辛酸钾的DEG溶液，低成本PIR硬泡催化剂
Dabco K2097	乙酸钾的DEG溶液，低成本PIR硬泡催化剂
Dabco KTM60	用于乙二醇聚酯和聚醚型微孔泡沫的特殊催化剂
Dabco MD45	软模塑泡沫和硬泡的凝胶催化剂
Dabco NCM	*N*-可可吗啉，聚酯型PU软泡的凝胶催化剂
Dabco NE210	用于各种软模塑泡沫的低雾化发泡催化剂
Dabco NE300	促进发泡反应，与其他非雾化催化剂如NE1070结合，降低气味
Dabco NE400	用于聚酯型PU软块泡的非散发反应型发泡催化剂
Dabco NE500	用于各种块状泡沫的新型非散发凝胶催化剂
Dabco NE600	用于各种块状泡沫的非散发平衡性催化剂
Dabco NE1070	用于TDI和MDI型软模塑泡沫的第二代非散发凝胶催化剂
Dabco R-8020	20% DABCO和80% DMEA，用于软模塑和硬泡的平衡性催化剂
Dabco RE530	用于聚氨酯软泡的高效低散发胺类催化剂
Dabco S-25	凝胶催化剂，25% TEDA+75% BDO
Dabco T	2-[2-(二甲氨基乙基)甲氨基]乙醇，低烟雾反应型发泡催化剂
Dabco T-9	辛酸亚锡，用于生产连续法软块泡的凝胶催化剂
Dabco T-12	二丁基二月桂酸锡，强凝胶催化剂
Dabco T-120	二(十二烷基硫)二丁基锡，PU泡沫的强凝胶催化剂，耐水解
Dabco T-125	用于多种泡沫的耐水解有机锡凝胶催化剂，活性比T-120稍低
Dabco T-131	泡沫用有机锡凝胶催化剂，活性比T-125稍低，减少收缩
Dabco TMR	胺系三聚催化剂，加速PIR硬泡后期固化而不影响乳白时间

续表

牌　号	产品描述
Dabco TMR-2	胺系延迟性三聚催化剂，较温和，缩短脱模时间
Dabco TMR-3	酸封闭的胺系延迟性三聚催化剂，反应较 TMR-2 慢
DabcoTMR-4	三聚催化剂，用于 PIR 板材浇注硬泡、半硬泡等泡沫具有良好的流动性
DabcoTMR-5	低气味延迟性三聚催化剂
DabcoTMR-30	2,4,6-三(二甲氨基甲基)苯酚，具延迟性的三聚凝胶催化剂
Dabco XDM	二甲氨基乙基吗啉，模塑软泡辅助性催化剂，改善表皮固化
Polycat 1058	整皮、微孔及 PIR 板材泡沫的延迟性凝胶辅助催化剂
Polycat 5	五甲基二亚乙基三胺，强发泡催化剂，改善硬泡流动性
Polycat 8	二甲基环己胺(DMCHA)，用途广泛的硬泡凝胶催化剂固化
Polycat 9	三(二甲氨基丙基)胺，硬泡及模塑泡沫的低气味平衡催化剂
Polycat 11	用途广泛的催化剂，活性与 DMCHA 相似，固化稍快
Polycat 12	*N*-甲基二环己基胺，通用低活性助催化剂，改善浇注硬泡固化
Polycat 15	四甲基二亚丙基三胺，反应型平衡催化剂，促进表皮固化
Polycat 17	羟乙基亚丙基二胺，低雾化反应型平衡性胺催化剂
Polycat 30	用于喷涂硬泡的平衡性催化剂
Polycat 31	低密度水发泡开孔喷涂泡沫的低散发胺类催化剂
Polycat 36	高活性平衡性叔胺催化剂
Polycat 41	三嗪，具有优异发泡能力的三聚助催化剂，适用于高水量发泡硬泡、半硬泡、鞋底
Polycat 43	硬泡三聚催化剂，控制反应平衡
Polycat 46	乙酸钾的乙二醇溶液，硬泡三聚催化剂
Polycat 58	用于模塑软泡沫的低气味表皮固化催化剂
Polycat 77	五甲基二亚丙基三胺，凝胶及发泡平衡性催化剂
Polycat SA-1	基于 DBU 的热活化延迟催化剂，活性比 DBU 低，促进后期固化
Polycat SA-102	基于 DBU 的热活化延迟催化剂，活性比 SA-1 低，促进后期固化

德国性能化学品汉德尔斯有限公司的大部分 PC CAT 系列牌号的催化剂见表 6-11。

表 6-11(a)　德国性能化学品汉德尔斯有限公司的大部分 PC CAT 系列牌号的催化剂

PC CAT 牌　号	催化剂的成分或作用
DBU	1,8-二氮杂二环-双环(5,4,0)十一烯-7
DBU TA	异辛酸封闭的 1,8-二氮杂二环-双环(5,4,0)十一烯
DMA16	*N*,*N*-二甲基十六胺(聚酯型块泡的共催化剂)
MID	良好成皮性的叔胺催化剂混合物
NP10T	特殊催化剂混合物，赋予模塑硬泡良好流动性
NP145	低 VOC TDI 模塑软泡的反应型催化剂
NP146	低 VOC MDI 模塑软泡的反应型催化剂
NP147	低 VOC MDI 半硬泡的反应型催化剂
NP148	低 VOC MDI 软泡的反应型催化剂
NP15	*N*,*N*-双(二甲胺丙基)异丙醇胺
NP16	特殊催化剂混合物，赋予冰箱硬泡等良好流动性和最终固化性能
NP40	1,3,5-三(二甲氨基丙基)六氢三嗪
NP160	低 VOC 聚酯型 PU 软块泡的反应型催化剂
NP170	低 VOC 聚醚型 PU 软块泡的反应型催化剂
NP72	用于喷涂泡沫的叔胺催化剂混合物
NP75	用于模塑软泡的叔胺催化剂混合物
NP90	70 %双(二甲氨基乙基)醚的二丙二醇溶液
NP93	甲酸封闭的双(二甲氨基乙基)醚
Q1	用于 PIR 的季铵盐，在乙二醇中用异辛酸封闭
TD33	33.3%三亚乙基二胺的二丙二醇溶液

表 6-11(b) 德国性能化学品汉德尔斯有限公司的大部分 PC CAT 系列牌号的催化剂

牌 号	催化剂的成分或作用	牌 号	催化剂的成分或作用
API	*N*-(3-氨丙基)咪唑	NP51	叔胺混合物催化剂,多用途
DD70	叔胺催化剂混合物	NP60	*N*,*N*-二甲基苄胺
DMCHA	二甲基环己胺	NP70	二甲基 2-(2-氨乙氧基)乙醇
DMDEE	二吗啉基二乙醚	NP80	三甲基羟乙基乙二胺
DMEA	二甲基乙醇胺	PMDETA	五甲基二亚乙基三胺
DMI	1,2-二甲基咪唑	Q6	改善操作性的三聚催化剂
DMP	1,4-二甲基哌嗪	T9	辛酸亚锡
HPI	*N*-(2-羟丙基)咪唑	T12	二月桂酸二丁基锡
NCM	*N*-可可吗啉	T14	二羧酸二辛基锡
NEM	*N*-乙基吗啉	T120	二丁基锡硫醇
NMI	*N*-甲基咪唑	T125	二羧酸二丁基锡
NMM	*N*-甲基吗啉	TD100	三亚乙基二胺结晶
NP10	二甲胺丙基二丙醇胺	TD39	叔胺催化剂混合物
NP109	三(二甲氨基丙基)胺	TD82	叔胺催化剂混合物
NP112	*N*-甲基二环己基胺	TKA	乙酸钾催化剂
NP20	四甲基亚胺二丙基胺	TKO/K4	辛酸钾催化剂
NP30	2,4,6-三(二甲胺甲基)苯酚	TMEDA	四甲基乙二胺
NP30R	低气味二甲基环己胺	TMHDA	四甲基己二胺
NP50	五甲基二亚丙基三胺	TMPDA	四甲基丙二胺

德国 RheinChemie 公司的主要聚氨酯催化剂的典型物性和特性用途见表 6-12。

表 6-12 德国 RheinChemie 公司的主要聚氨酯催化剂的典型特性和特性用途

牌 号	成分、特性及用途
Addocat 101	NMM,主要用于聚酯型 PU 泡沫共催化剂
Addocat 102	凝胶催化剂,用于硬泡,产生毛糙表面,提高粘接力
Addocat 104	三亚乙基二胺晶体,可用于各种聚醚型 PU 泡沫塑料等
Addocat 105	TEDA 的 DPG 溶液,用于各种聚醚型 PU 泡沫、浇注弹性体
Addocat 108	类似 A-1,聚醚软泡、HR 泡沫、硬泡的强发泡催化剂
Addocat 117	聚酯型 PU 泡沫等的低烟雾凝胶共催化剂
Addocat 118	叔胺,可改善预聚体贮存稳定性,用于单组分硬泡等
Addocat 1221	叔胺混合物,PIR 硬泡催化剂
Addocat 1221VN	叔胺混合物的聚醚溶液,多用于 PIR 硬泡共催化剂
Addocat 1594	三聚催化剂,多用于 PIR 硬泡共催化剂,改善表面固化和粘接
Addocat 1656	叔胺、有机金属与乳化剂混合物,多用于 PIR 块泡凝胶催化剂
Addocat 1926	叔胺聚醚溶液,多种硬泡的平衡性催化剂
Addocat 3144	低气味发泡共催化剂,用于硬泡
Addocat 726b	多种硬泡的平衡性叔胺催化剂
Addocat 9079	叔胺聚醚溶液,偏发泡共催化剂,改善泡沫料流动性
Addocat 9558	双(二甲基氨基乙基)醚,聚醚型软泡的发泡催化剂
Addocat 9645	改性双(二甲基氨基乙基)醚,聚醚型软泡的反应型发泡催化剂
Addocat 9668	成分和用途与 Addocat 108 相似
Addocat 9692	偏凝胶反应的聚醚型 PU 软泡的低散发反应型叔胺催化剂
Addocat DB	二甲基苄胺,聚酯型 PU 块泡和硬泡凝胶催化剂
Addocat DMEA	二甲基乙醇胺,聚醚软泡及硬泡反应型弱共催化剂
Addocat FS	烷基醇叔胺,用于阻燃块状软泡
Addocat PP	叔胺混合物,多种软泡以及涂料硬泡等的平衡性催化剂
Addocat PV	五甲基二亚乙基三胺,聚酯型 PU 软泡和硬泡等的偏发泡催化剂
Addocat SO	辛酸亚锡,聚醚型 PU 软泡、涂料等凝胶催化剂

表6-13为德国赢创工业公司（Evonik Goldschmidt公司）的聚氨酯催化剂。

表6-13 德国Evonik Goldschmidt公司的聚氨酯催化剂

牌号	成分、特性及用途
Tegoamin 100	TEDA用于聚醚型PU软泡
Tegoamin 33	33%TEDA+67% DPG,用于聚醚型软泡的主凝胶催化剂
Tegoamin AS-33	酸封闭的Tegoamin 33,HR等软泡的延迟性催化剂
Tegoamin BDE	等同于A-1,主发泡催化剂,一般复合使用
Tegoamin B 75	75% A-33 + 25% A-1,该复配发泡/凝胶催化剂用于各种密度聚醚型PU软泡
Tegoamin DMEA	二甲基乙醇胺,聚醚型PU软泡的高发泡催化剂,常与A-33一起使用
Tegoamin LDI	用于低密度软块泡的叔胺催化剂,可提高硬度
Tegoamin SMP	特别适合于低中密度聚醚型软泡特殊叔胺催化剂,可提高硬度5%~10%
Tegoamin PTA	特别适合于各种密度聚醚型PU软泡,良好发泡凝胶平衡,无需其他催化剂
Tegoamin PMDETA	五甲基二亚乙基三胺,用于硬泡和聚醚性软泡
Tegoamin DMCHA	二甲基环己胺,用于聚氨酯硬泡
Tegoamin DMEE	二甲氨基乙氧基乙醇,用于各种硬泡
Tegoamin DMDEE	二吗啉二乙基醚,用于单组分泡沫塑料
Tegoamin DMP	二甲基哌嗪,用于聚氨酯硬泡等
Tegoamin CPE	低气味聚酯型PU软泡催化剂,二甲基苄胺代替品
Tegoamin EPS	聚酯型PU泡沫催化剂,*N*-甲基吗啉的低气味代替品
Tegoamin E 5	不含有乙氧基化壬基酚,CPE的低烟雾替代品,用于聚酯PU泡沫
Tegoamin E 10	不含有乙氧基化壬基酚,NMM的低烟雾替代品,用于聚酯PU泡沫
Tegoamin E 12	不含有乙氧基化壬基酚的特殊叔胺,聚酯泡沫高效低气味催化剂,改善表面固化
Tegoamin ZE 1	反应型叔胺催化剂,用于聚醚型聚氨酯软泡
Tegoamin MEG	33% TEDA+67% EG,用于聚氨酯微孔鞋底
Tegoamin AS MEG	酸封闭的Tegoamin MEG,微孔鞋底用延迟催化剂
Tegoamin 25 BDO	25% TEDA + 75% BDO,用于聚氨酯微孔鞋底
Kosmos 29	辛酸亚锡,聚醚型聚氨酯软块泡辅助催化剂
Kosmos 19/Kosmos 21	二月桂酸二丁基锡/二烷基锡巯基化合物主要用于加速高回弹和喷涂硬泡配方的凝胶反应催化剂
Kosmos 70/75/75 MEG	异辛酸钾溶液,异氰酸酯三聚催化剂,用于PIR硬泡
Kosmos 33/45	乙酸钾,异氰酸酯三聚催化剂,用于PIR硬泡
Kosmos 54	特殊有机锌,与辛酸亚锡和Ortegol 204用于无DBTL HR块泡
Kosmos EF	含锡催化剂,作为无散发催化剂用于各种软泡

表6-14为日本花王株式会社的聚氨酯催化剂。

表6-14 日本花王株式会社的聚氨酯催化剂

牌号	成分、特性及用途
Kaolizer 1	四甲基己二胺,各种聚氨酯泡沫塑料发泡/凝胶平衡性催化剂
Kaolizer 2	四甲基丙二胺,各种聚氨酯泡沫塑料发泡/凝胶平衡性催化剂
Kaolizer 3	五甲基二亚乙基三胺,多种软硬PU泡沫的强发泡催化剂
Kaolizer 11	四甲基乙二胺,各种聚氨酯泡沫塑料发泡/凝胶平衡性催化剂
Kaolizer 110	1-甲基咪唑,硬泡水发泡催化剂,黏结性和表面固化性能优良
Kaolizer 12	等同于A-1,多种聚氨酯泡沫塑料包括微孔鞋底强发泡催化剂
Kaolizer 12P	100%的双(二甲氨基乙基)醚,高性能强发泡催化剂
Kaolizer 120	1-异丁基-2-甲基咪唑,水发泡模塑软泡和硬泡催化剂
Kaolizer 14	三嗪类,硬泡三聚催化剂
Kaolizer 20	*N*,*N*-二甲基苄胺,聚氨酯软块泡及环氧树脂催化剂
Kaolizer 21	*N*-甲基吗啉,用于软泡的温和活性催化剂
Kaolizer 22	*N*-乙基吗啉,用于软泡的温和活性催化剂
Kaolizer 23NP	*N*,*N*-二甲氨基乙氧基乙氧基乙醇,低气味反应型催化剂
Kaolizer 25	*N*,*N*-二甲氨基己醇,多种软硬泡的低气味反应型催化剂

续表

牌　号	成分、特性及用途
Kaolizer 26	*N*,*N*-二甲氨基乙氧基乙醇,半硬泡和硬泡的低气味反应型催化剂
Kaolizer 30P	三亚乙基二胺晶体,聚氨酯泡沫通用催化剂
Kaolizer 31	33%TEDA+67%DPG,聚氨酯泡沫塑料通用强凝胶催化剂
Kaolizer 300 Kaolizer 310	用于水发泡 PU 硬泡的特殊咪唑类复配催化剂,具有良好的黏结性和表面固化
Kaolizer 410	&Kaolizer 420:用于 PIR 硬泡的季铵盐三聚催化剂
Kaolizer 8	三甲氨基乙基哌嗪,平稳催化聚氨酯泡沫塑料反应
Kaolizer 81	多种软硬聚氨酯泡沫塑料的低气味反应型胺类催化剂
Kaolizer P200	PU 泡沫塑料的低气味反应型胺类催化剂,与 Kaolizer SK 一起用
Kaolizer SK	硬泡特殊交联剂,低气味反应型催化剂,与 Kaolizer P200 一起用

表 6-15 为日本东曹株式会社的聚氨酯催化剂。

表 6-15　日本东曹株式会社的聚氨酯催化剂

牌　号	成分、特性及用途
TEDA	凝胶催化剂
TEDA-L33	33%TEDA+67%DPG,凝胶催化剂
TEDA-L33E	33%TEDA+67%EG,凝胶催化剂
TEDA-L25B/ L33B	TEDA+BDO,微孔聚氨酯弹性体催化剂
Toyocat-DT	五甲基二亚乙基三胺,发泡催化剂
Toyocat-DMI	1,2-二甲基咪唑,凝胶催化剂,改善表面固化和黏结性
Toyocat-ET	双(二甲氨基乙基)醚的 DPG 溶液,发泡催化剂
Toyocat-MR	四甲基己二胺,聚氨酯泡沫塑料平衡性催化剂
Toyocat-NP	1-二甲氨乙基-4-甲基哌嗪,聚氨酯泡沫塑料平衡性催化剂
Toyocat-TE/ TEW	四甲基乙二胺,凝胶/发泡平衡性催化剂
Toyocat-HPW	1-羟乙基-4-甲基哌嗪,凝胶催化剂
Toyocat-HX35W	反应型发泡催化剂,改善流动性
Toyocat-HX63	反应型凝胶催化剂,改善聚氨酯泡沫塑料成型性
Toyocat-HX70	高活性反应型凝胶/发泡平衡性催化剂
Toyocat-RH2	反应型凝胶/发泡平衡性催化剂,针对 PVC 变色问题
Toyocat-RX3	二甲基乙氨基乙二醇,反应型发泡催化剂
Toyocat-RX4	低气味反应型凝胶催化剂
Toyocat-RX5	三甲基羟乙基乙二胺,反应型发泡催化剂,低密度化
Toyocat-RX7	低气味反应型凝胶/发泡催化剂,强发泡作用增进软泡开孔
Toyocat-RX20 RX21,RX24	低气味反应型凝胶/发泡平衡性催化剂
Toyocat-TF	TEDA-甲酸,延迟性凝胶催化剂
Toyocat-SPF2	延迟性凝胶/发泡平衡性催化剂
Toyocat-TMF	延迟性发泡催化剂,用于软泡改善开孔
Toyocat-ETF	以 ET 为基础的延迟性发泡催化剂
Toyocat-NCT	延迟性凝胶催化剂,低腐蚀性
Toyocat-NCD	延迟性催化剂
Toyocat-NCE	延迟性发泡催化剂,低腐蚀性
Toyocat-TRC	三(二甲氨基丙基)六氢三嗪,凝胶/发泡平衡性三聚催化剂
Toyocat-TR20	三聚发泡催化剂,改善泡沫塑料剖面特性
Toyocat-TRX	高异氰尿酸酯化三聚凝胶催化剂
Toyocat-B41	温敏性凝胶催化剂,改善初期强度
Toyocat-F22	温敏性凝胶催化剂,改善初期强度
Toyocat-DM70	DMI/EG 溶液,凝胶催化剂,改善表面固化和黏结性
Toyocat-DP70	DMI/DPG 溶液,凝胶催化剂

续表

牌　号	成分、特性及用途
Toyocat-F2	凝胶催化剂，改善透气性和表面固化
Toyocat-F10	凝胶催化剂，改善透气性和表面固化
Toyocat-F94	凝胶催化剂，改善黏结性
Toyocat-DB2	凝胶催化剂，替代金属催化剂
Toyocat-DB30	高温敏性凝胶催化剂，替代金属催化剂
Toyocat-DB41，DB42	PU弹性体用长适用期中温固化凝胶催化剂，特殊酸封闭的DBU/50% DPG溶液，替代有机金属
Toyocat-DB60	PU弹性体用长适用期中温固化凝胶催化剂，替代有机金属
Toyocat-DB70	PU弹性体用长适用期高温固化凝胶催化剂，替代有机金属
Toyocat-LE31	凝胶/发泡平衡性催化剂，一般用于软泡
Toyocat-S10	非温度敏感性强凝胶催化剂，用于微孔鞋底等
Toyocat-M50	凝胶/发泡平衡性催化剂，改善表面固化
Toyocat-W25	软块泡用凝胶/发泡平衡性催化剂，发泡作用改善开孔
Toyocat-W60	软块泡用凝胶/发泡平衡性催化剂
Toyocat-D60	低气味凝胶/发泡平衡性催化剂，改善表面固化和黏结性
Toyocat-F40	发泡催化剂，改善内部固化膨胀
Toyocat-TT	低气味发泡催化剂

表6-16为美国迈图高新材料集团的部分叔胺类聚氨酯催化剂。

表6-16　美国迈图高新材料集团的部分叔胺类聚氨酯催化剂

牌　号	成分、特性及用途
Niax A-1	70%双(二甲基氨基乙基)醚的DPG溶液，发泡催化剂
Niax A-30	用于聚酯型PU泡沫的发泡催化剂
Niax A-31	用于多种软泡垫材的发泡催化剂
Niax A-107	Niax A-1的延迟改性催化剂
Niax A-127	用于多种软泡垫材的发泡催化剂
Niax A-133/167	低浓度Niax A-1，易于计量
Niax A-225	用于模塑泡沫的胺类催化剂
Niax A-230	用于多种软泡垫材的发泡催化剂
Niax A-300	用于汽车内饰模塑泡沫，可促进凝胶反应的叔胺催化剂
Niax A-310	用于MDI及MDI/TDI模塑泡沫的平衡性发泡剂
Niax A-33	软泡的凝胶反应催化剂
Niax A-337	用于汽车模塑泡沫的胺类催化剂，改善低温时表面固化
Niax A-4	用于汽车内饰泡沫改善表面固化的低变色胺类催化剂
Niax A-400/440	改善汽车模塑泡沫开孔性、承载性和流动性的延迟性发泡催化剂
Niax A-501	双(二甲氨基乙基)醚，发泡反应强催化剂
Niax A-507	用于低密度微孔SRIM或开模自结皮泡沫的延迟发泡催化剂
Niax A-510	为微孔自结皮泡沫而开发的延迟性发泡催化剂
Niax A-530	为微孔自结皮泡沫而开发的延迟性凝胶催化剂
Niax A-533	微孔鞋底RIM、SRIM和自结皮泡沫的延迟性凝胶催化剂
Niax A-537	用于微孔鞋底、方向盘和浇注复杂部件的延迟性催化剂
Niax A-575	为鞋底SRIM、浇注弹性体而开发的延迟性凝胶催化剂
Niax A-577	用于需流动性和快脱模、低密度SRIM的延迟偏凝胶催化剂
Niax A-99	纯双(二甲氨基乙基)醚，强发泡胺类催化剂
Niax B-19NPF	聚酯型PU泡沫的发泡催化剂
Niax BDMA	二甲基苄胺，用于促进水发泡硬泡发泡反应
Niax C-131NPF	用于内衬的微细泡孔聚酯型PU软泡沫的低气味发泡剂
Niax C-174	用于MDI型高回弹泡沫的发泡催化剂
Niax C-183	用于软块泡的平衡性催化剂
Niax C-225	高回弹泡沫的快速脱模催化剂，可单独使用

续表

牌　号	成分、特性及用途
Niax C-41	用于硬泡PU、PIR改性PU、PIR硬泡的三嗪催化剂
Niax C-5	五甲基二亚丙基三胺，硬泡强发泡催化剂
Niax C-8	DMCHA，中等活性硬泡用催化剂
Niax DMEA	二甲基乙醇胺，中等活性的反应型催化剂
Niax DMEE	二甲氨基乙氧基乙醇，聚氨酯硬的低气味反应型发泡催化剂
Niax DMP	二甲基哌嗪，偏凝胶的聚酯型聚氨酯泡沫塑料辅助催化剂
Niax EF-600	用于软质模塑聚氨酯泡沫的低散发催化剂
Niax EF-602	用于模塑聚氨酯泡沫塑料的低散发延迟性催化剂
Niax EF-700	用于软质聚氨酯泡沫塑料的低散发延迟性催化剂
Niax EF-708	用于模塑聚氨酯泡沫塑料的低散发延迟性催化剂
Niax EF-867	用于软质块状聚氨酯泡沫的低散发催化剂
Niax EF-890	用于聚酯型PU汽车泡沫的无散发平衡性催化剂
Niax KST-100NPF	低烟雾聚酯型PU软泡的平衡性催化剂

注：表中列出的是Momentive公司的叔胺类催化剂，Fomrez牌号有机锡催化剂详见6.3.1.5小节。

表6-17为美国Huntsman公司的聚氨酯催化剂。

表6-17　美国Huntsman公司的聚氨酯催化剂

牌　号	产品描述
BDMA	二甲基苄胺
DM-70	DMDEE与DMP的复配催化剂，提高聚酯型PU软泡的初始强度
DMCHA	二甲基环己胺，广泛用于各种硬泡的催化剂
DMDEE	二吗啉基二乙基醚，在预聚体中稳定的强发泡催化剂，用于单组分泡沫
DMDLC	用于对颜色有要求的单组分湿固化体系
DMEA	二甲基乙醇胺
DPA	*N*-(二甲氨基丙基)二异丙醇胺，低气味平衡性催化剂，提供初期流动性
LE-210	反应型凝胶催化剂，可替代等量33%TEDA，用于各种软泡
LE-425	反应型发泡催化剂和凝胶催化剂的复配催化剂
LED-103	用于模塑软泡的酸封闭反应型延迟发泡催化剂，低散发，低气味，低污染
LED-204	用于模塑软泡的酸封闭反应型延迟凝胶催化剂，低散发，低污染
M-75	聚酯型软泡的低气味复配催化剂，改善操作性
MM-70	较低气味，在聚酯型PU软泡中替代NEM
NEM	*N*-乙基吗啉，用于聚酯型PU软泡促进表面固化
NMM	*N*-甲基吗啉，用于聚酯型软泡也用于高发泡模塑硬泡
PM	在聚酯型PU圆块泡中NEM的低气味替代品
PMDETA	五甲基二亚乙基三胺，对HCFC/水发泡的硬泡特别有效，类似PC-5
TAP	具有良好最终固化的共催化剂，在改善流动性同时有助于凝胶
TD-20	20%TEDA的DMEA溶液，硬泡催化剂，软泡中低成本替代物
TD-33A	33% TEDA的DPG溶液，类似A-33
TR-52	后熟化共催化剂，有助于缩短硬泡体系脱模时间
TR-63	低气味季铵盐三聚催化剂，改善黏结性
TR-90	三嗪催化剂，在多种硬泡体系改善尺寸稳定性，可用于喷涂硬泡
Z-110	三甲基氨乙基乙醇胺，用途广泛的反应型发泡催化剂
Z-130	四甲基二亚丙基三胺，低散发反应型凝胶催化剂
Z-65P	在PPG-400介质得到的发泡催化剂，改善泡沫的压缩变定
ZF-10	三甲基羟乙基双氨乙基醚，低气味高效强发泡催化剂
ZF-123	35% ZF-20的分子量为3000三醇溶液
ZF-20	双-(2-二甲氨基乙基)醚，很强的高效发泡催化剂
ZF-22	70%ZF-20的一缩丙二醇溶液，类似A-1
ZF-24	23%ZF-20的DPG溶液

续表

牌 号	产品描述
ZF-26	11%ZF-20 的 DPG 溶液
ZF-53	TD-33A 与 ZF-22 的复配催化剂，用于软块泡
ZF-54	ZF-22 用甲酸部分中和得到的延迟性辅助催化剂，改善固化和流动性
ZR-40	五甲基二亚丙基二胺，对冷模塑高回弹泡沫特别有效，低气味平衡性催化剂
ZR-50	*N*,*N*-双(3-二甲氨基丙基)-*N*-二异丙醇胺，低气味，平衡性，用途广
ZR-70	二甲氨基乙氧基乙醇，反应型发泡催化剂，用于包装泡沫等
ZR-81	延迟性平衡催化剂

上海宏璞化工科技有限公司生产一系列聚氨酯用胺类催化剂，其中 Carcat HP-1056 是一种针对低密度聚氨酯鞋底开发的胺类催化剂，无刺激氨味，不溶于水，用于高水配方中具有优良的成皮性和开孔性，可防止脱皮现象；Carcat HP-102F 是用于全水自结皮微孔泡沫的胺类催化剂，有弱氨味，溶于水，它具有成皮率高、防止制品胀气等特点；Carcat HP-1033 是用于喷涂聚氨酯硬泡的胺类高效发泡催化剂，具有气味小、活性高等特点，可代替传统催化剂五甲基二乙烯三胺，它可溶于水及大多数醇；Carcat HP-1037 是用于喷涂聚氨酯硬泡的平衡发泡/凝胶胺类催化剂，溶于水，具有气味小、活性高、喷涂泡沫不易起包等特点，可代替常规催化剂三乙烯二胺（A33）；Carcat PIR-001 是一款低温高效三聚催化剂，溶于水，它能延迟乳白时间，促进 PUR/PIR 平稳转化，三聚反应转化率可比常规三聚催化剂的高 8%～10%；Carcat PIR-006 是一款三聚催化剂，用于 PIR 板材的生产，可降低泡沫的脆性，提高与基材的粘接力，它有弱氨味，不溶于水；Carcat C-225B 是用于冷模塑高回弹泡沫塑料的催化剂，有微弱氨味，溶于水，它具有低 VOC 含量、低气味、低烟雾值以及延迟乳白时间、熟化快等特点。它们的典型物性见表 6-18。

表 6-18 上海宏璞化工科技有限公司几种胺类聚氨酯催化剂的典型物性

牌 号	外观	沸点/℃	闪点/℃	密度(25℃)/(g/mL)	应用领域
Carcat HP-1056	无色透明液体	>250	>80	0.85	聚氨酯低密度鞋底
Carcat HP-102F	无色透明液体	>200	>82	0.85	自结皮微孔泡沫
Carcat HP-1033	浅黄色透明液	>180	>95	0.98	聚氨酯喷涂泡沫
Carcat HP-1037	无色透明液体	>210	>80	0.88	聚氨酯喷涂泡沫
Carcat PIR-001	无色透明液体	>170	>110	1.03	PIR 板材
Carcat PIR-006	无色透明液体	>200	>120	1.05	PIR 板材
Carcat C-225B	无色透明液体	>180	>80	1.02	冷模塑高回弹泡沫

· 第7章 · 阻燃剂

与其他大多数高分子材料一样，聚氨酯不耐燃，且燃烧时产生有毒气体，危害人身财产安全。特别是聚氨酯泡沫塑料密度小、比表面积大，而且聚氨酯软泡开孔率较高，可燃成分多，燃烧时由于较高的空气流通性而源源不断地供给氧气，易燃且不易自熄。所以，一般通过各种方法，赋予聚氨酯制品特别是聚氨酯泡沫塑料一定的阻燃性。添加阻燃剂是最常用的方法，阻燃剂是聚氨酯泡沫材料的重要助剂。

阻燃剂品种很多，从形态分，有固体粉末阻燃剂、液体阻燃剂；从化学性质分有无机阻燃剂、有机阻燃剂；从化学成分来分，有卤代磷酸酯、磷酸酯、卤代有机物、三聚氰胺、聚磷酸铵、氢氧化铝等阻燃剂；从化学反应类型分，有添加型非反应型阻燃剂，和以阻燃多元醇为代表的反应型阻燃剂。

7.1 卤代磷酸酯添加型阻燃剂

卤代烷基磷酸酯类化合物是聚氨酯泡沫塑料中应用广泛、效果显著的一大类添加型有机阻燃剂，多数卤代磷酸酯常温下是液态，使用方便。与多元醇有良好的相容性，且价格适中。这类阻燃剂在高温产生的磷化物可以消耗泡沫塑料燃烧时分解出的可燃气体，使其转化成不易燃烧的碳化物；卤素是泡沫塑料燃烧反应的链终止剂，在泡沫塑料燃烧时生成卤化氢而抑制燃烧反应。但用量过大易造成泡沫中心烧焦，引起性能显著下降。

常见的卤代磷酸酯阻燃剂有较低分子量的卤代单磷酸酯和高分子量的二磷酸酯等，高分子量阻燃添加剂的挥发性低，多用于有低雾化要求的聚氨酯软泡等产品。

7.1.1 低分子量卤代磷酸酯

下面介绍常见的几种低分子量卤代磷酸酯。

7.1.1.1 三(2-氯乙基)磷酸酯

简称：TCEP。

别名：磷酸三(2-氯乙基)酯，磷酸三(β-氯乙基)酯，三(β-氯乙基)磷酸酯。

英文名：tris-(2-chloroethyl)-phosphate；tri(2-chloroethyl) phosphate；tris(chloroethyl) phosphate；tri-β-chloroethyl phosphate；phosphoric acid tris(2-chloroethyl) ester；2-chloroethanol phosphate 等。

分子式为 $C_6H_{12}O_4Cl_3P$，结构式为 $O{=}P(OCH_2CH_2Cl)_3$ ，分子量为 285.5，含磷约为 10.8%，含氯约为 37.2%。CAS 编号为 115-96-8，EINECS 号 204-118-5。

物化性质

无色至浅黄色透明液体，沸点为 351℃(常压)、210～220℃(2.7kPa)、192～194℃

(1.33kPa) 或 145℃(0.67kPa)，凝固点为−64℃。相对密度（20℃）为1.42～1.43，黏度（25℃）为34～50mPa·s。热分解温度为240～280℃，闪点为232℃左右（开杯）、202℃(Pensky Martin闭杯)，蒸气压为1.3Pa(20℃) 或8.1Pa(25℃)。折射率(20℃) 为1.4745。

TCEP微溶于水（20℃时0.7%～0.8%），不溶于脂肪烃，溶于醇、酮、酯、醚、苯系溶剂、卤代烃。一般工业品酸值≤1.0mg KOH/g，高质量产品的酸值≤0.1mg KOH/g，水分≤0.1%。

低至中等毒性，急性经口中毒数据（大鼠）LD_{50}=1150mg/kg。

制法

环氧乙烷与三氯氧磷在催化剂偏钒酸钠的存在下，于45～50℃反应，除去过量的环氧乙烷，反应产物经氢氧化钠中和、水洗、减压蒸馏后，即制得TCEP产品。反应式如下：

$$\underset{\diagdown O \diagup}{CH_2—CH_2} + 3POCl_3 \longrightarrow O{=}P(OCH_2CH_2Cl)_3$$

特性及用途

TCEP是一种添加型阻燃剂，在聚氨酯软泡、硬泡生产中都能使用，但以用于硬泡效果更好，这是因为硬泡的闭孔率高，透气性小，阻燃剂挥发较困难，阻燃效果维持得比较长久。它的缺点是用量较大。如果用量超过15%时，泡沫塑料的物性则有下降现象。

TCEP广泛用于阻燃聚氨酯泡沫塑料，在聚氨酯硬泡或半硬泡中添加10%TCEP可获得显著的阻燃效果。使用TCEP降低硬泡的脆性，而不明显削弱泡沫的抗蚀性。当TCEP用于聚氨酯软泡，例如用于阻燃改性高回弹泡沫（CMHR）时，TCEP可与三聚氰胺结合使用。如果要求泡沫具有长期的阻燃效果，需考虑到TCEP的挥发性。TCEP可作为一个单独组分在发泡过程中直接注入混合头，也可在发泡前与聚醚多元醇混合。它可降低多元醇组分黏度。

TCEP还广泛用于不饱和树脂、醋酸纤维素、聚氯乙烯，聚乙酸乙烯、酚醛树脂等，所得制品除具有自熄性外，还可改善耐水性、耐候性、耐寒性、抗静电性，手感柔软，添加量一般为5～10质量份。

TCEP是应用最早、最广泛的阻燃剂，它具有较好的抗水解性和较高的阻燃效率，但挥发性相对偏大，阻燃持久性较差。国外最初该产品也主要用于聚氨酯泡沫塑料，在20世纪80年代以后用量下降，在聚氨酯泡沫塑料中以其他阻燃剂进行替代。美国Albemarle公司（雅保化工公司）牌号Antiblaze 100、德国Celanese公司（塞拉尼斯公司）牌号Celluflex CEF的TCEP，已不生产。

生产厂商

浙江万盛股份有限公司，浙江省淳安助剂厂，扬州晨化科技集团有限公司，江苏雅克科技股份有限公司，江苏如东通园化工有限公司，浙江淳安千岛湖龙祥化工有限公司，青岛联美化工有限公司，无锡银湖化工有限责任公司，开平市德力精细化工有限公司，上海信博森化工有限公司，济南泰星精细化工有限公司，天津市联瑞化工有限公司，河北振兴化工橡胶有限公司，济南金盈泰化工有限公司，建德市华海化工有限公司，建德市宏明助剂有限公司，北京炬恒创科技有限公司，无锡市洛社中心化工有限公司，山东兄弟科技股份有限公司，泰安市迪诺化工有限公司，江都市大江化工实业有限公司，印度United Phosphorus公司等。

7.1.1.2 三(2-氯丙基)磷酸酯

简称：TCPP，国外也简称TMCP、TCIP。

别名：三(2-氯异丙基)磷酸酯，三(1-氯-2-丙基)磷酸酯，磷酸三(1-氯-2-丙基)酯，三

(β-氯丙基)磷酸酯，三(2-氯-1-甲基乙基)磷酸酯，三(1-氯甲基乙基)磷酸酯。

英文名：tris(2-chloroisopropyl) phosphate；tris(1-chloro-2-propyl) phosphate；tris(2-chloro-1-methylethyl)-phosphate；tris(1-chloromethylethyl)phosphate 等。

该阻燃剂属于三(氯丙基)磷酸酯（即三单氯丙基磷酸酯，英文缩写为 TMCPP）的异构体。分子式为 $C_9H_{18}O_4Cl_3P$，分子量为 327.6。理论含磷约为 9.5%，含氯约为 32.5%。

TCPP 有 4 种异构体，其中三(2-氯异丙基)磷酸酯，CAS 编号为 13674-84-5。它是商业化的最丰富的三单氯丙基磷酸酯异构体，常说的阻燃剂三(2-氯丙基)磷酸酯 TCPP 就是指以它为主要成分的混合物。而三(2-氯正丙基)磷酸酯（CAS 编号为 6145-73-9）是产品中量最少的。

结构式：

$$(H_3C-\underset{\displaystyle CH_2Cl}{\underset{|}{CH}}-O)_3-P-O$$

物化性质

无色至淡黄色油状液体，沸点≥200℃(4×133Pa)，分解温度≥230℃，闪点（Cleveland 开杯方法）为 218℃，蒸气压（25℃）小于 2×133Pa，熔点为 -42℃，相对密度(25℃)为 1.27～1.31，折射率（20℃）为 1.4635±0.0025。黏度（25℃）为 60～70mPa·s。几乎不溶于水，在 20℃水中溶解度为 1.6g/L。不溶于脂肪族烃，能溶于乙醇、丙酮、氯仿、酯类和芳烃等有机溶剂。水解稳定性好，仅在酸或碱存在下可发生缓慢的降解。具有良好的抗紫外线能力。

几个公司的 TCPP 阻燃剂产品的典型物性及质量指标见表 7-1。

表 7-1 几个公司的产品的 TCPP 阻燃剂产品的典型物性和质量指标

牌号	Fyrol PCF	Levagard PP	TCPP（TOTES）	Antiblaze TMCP
色度(APHA)	≤75	≤50	≤50	—
磷含量/%	9.5	9.5	≥9.2	9.4
氯含量/%	32.5	32.5	≥32.0	33.0
酸值/(mg KOH/g)	≤0.08	≤0.1	≤0.05	0.1
水分/%	≤0.07	≤0.1	≤0.05	—
黏度/mPa·s	65～72(25℃)	95(20℃)	60～70	78(20℃)
相对密度(25℃)	1.290	1.289	1.285～1.295	1.29
生产厂商	ICL IP	LANXESS	Aceto	Albemarle

注：Fyrol PCF 热失重 2%/5%/10%的温度对应为 145/165/180℃。

急性经口中毒数据（大鼠）LD_{50} =200～2000mg/kg。空气中 TCPP 含量的换算：1ppm=0.0746mg/m³（即 1mg/m³=13.39ppm）。

制法

由三氯氧磷与环氧丙烷反应而得。

性能与用途

三(2-氯丙基)磷酸酯是一种添加型阻燃剂，黏度低，热稳定性、水解稳定性良好。由于分子内同时含有磷、氯两种元素，阻燃性能显著，同时还有增塑、抗静电等作用。因为磷氯含量比 TCEP 的低，因此它的阻燃效果比三(氯乙基)磷酸酯稍差。

TCPP 主要用于聚氨酯泡沫塑料的阻燃剂。一般较多地用于聚氨酯（PU）硬泡及聚异氰脲酸酯（PIR）硬泡中，也用于聚氨酯软泡。用于聚氨酯软泡时持久性不好，但不会使泡沫发生焦烧（烧芯）现象。可预配在双组分体系的任一组分，保持长期贮存稳定性。通常还与三氧化二锑配合使用，以提高三氧化二锑的阻燃效率。用量在10%左右。

除用于聚氨酯泡沫塑料外，也可用于聚氯乙烯、聚苯乙烯、不饱和树脂、酚醛树脂、环氧树脂以及橡胶、纺织品、涂料等的阻燃。

TCPP从20世纪60年代就已开始在国外工业化生产，是一种较早使用的传统阻燃剂。

生产厂商

浙江省淳安助剂厂，江苏常余化工有限公司，江苏省江都市大江化工实业有限公司，江苏如东通园化工有限公司，无锡银湖化工有限责任公司，开平市德力精细化工有限公司，天津市联瑞化工有限公司，浙江省建德市宏明助剂有限公司，建德市华海化工有限公司，扬州晨化科技集团有限公司，浙江万盛股份有限公司，江苏雅克科技股份有限公司，张家港顺昌化工有限公司，无锡市洛社中心化工有限公司，浙江淳安千岛湖龙祥化工有限公司，北京炬恒创科技有限公司，河北振兴化工橡胶有限公司，山东兄弟科技股份有限公司，泰安市迪诺化工有限公司，青岛联美化工有限公司，美国Aceto公司，美国Albemarle公司，以色列ICL集团工业产品公司，德国朗盛公司等。

7.1.1.3 三(二氯丙基)磷酸酯

简称：TDCP、TDCPP。

三(二氯丙基)磷酸酯产品主要成分是三(1,3-二氯-2-丙基)磷酸酯，别名为三(1,3-二氯异丙基)磷酸酯，CAS编号13674-87-8，EINECS号237-159-2。

英文名：tris(1,3-dichloroisopropyl) phosphate；tris(1,3-dichloro-2-propyl)phosphate；tris(1-chloromethyl-2-chloroethyl) phosphate；tris[2-chloro-1-(chloromethyl) ethyl] phosphate等。

三(二氯丙基)磷酸酯分子式为$C_9H_{15}O_4Cl_6P$，分子量为430.9。理论含氯为49.4%、磷为7.2%。

三(1,3-二氯-2-丙基)磷酸酯的结构式为：$O=P[OCH(CH_2Cl)_2]_3$。

TDCP产品中还含有微量同分异构体三（2,3-二氯丙基）磷酸酯，CAS编号为78-43-3，其结构式为$O=P(OCH_2CHClCH_2Cl)_3$。

物化性质

无色至黄色透明黏稠液体，密度（25℃）约为1.51g/cm^3，黏度（25℃）为1700～1900mPa·s，熔点为－64℃，沸点为236～237℃(533Pa)，闪点(Cleveland开杯方法)为252℃，起始分解温度为230℃；蒸气压约为1.33Pa(30℃)或<13.3Pa(100℃)；折射率为1.500±0.003(25℃)。不溶于水，在30℃水中溶解度仅为0.1g/L。溶于大多数有机溶剂。耐水解，耐碱。

急性经口中毒毒性低到中等，不同资料的LD_{50}（大鼠）在2～3g/kg。

三(1,3-二氯异丙基)磷酸酯产品，以色列ICL集团工业产品公司的产品细分了几个牌号，其中普通TDCP牌号为Fyrol FR-2；Fyrol FR-2LV是掺混少量其他阻燃剂所得的低黏度产品；Fyrol 38是掺入少量抗氧剂得到的具有抗软泡烧芯的阻燃剂，改善软泡高温变色性，也用于硬泡；Fyrol A300TB是专用氯代烷基磷酸酯混合物，用于汽车用PU软泡，因不含苯酚和磷酸三苯酯，满足低烟雾性能要求。

美国Albemarle公司的Antiblaze 195(Antiblaze TDCP）是三(1,3-二氯异丙基)磷酸酯产品。Antiblaze 190和Antiblaze WR-30-LV是TDCP为主要成分的低黏度低散发阻燃剂，主要用于要求通过极低烟雾值汽车阻燃标准的聚酯型PU软泡。它们的典型物性见表7-2。

表 7-2 以 TDCP 为主要成分的 Fyrol 系列阻燃剂的典型物性

项　目	Fyrol 牌号				Antiblaze 牌号		
	FR-2	FR-2LV	38	A300TB	190	195	WR-30-LV
色度(APHA)	≤40	60	≤100	50	100	100	100
磷含量/%	7.1	7.3	7.1	7.1	7.4	7.2	7.2
氯含量/%	49.0	47.0	49.0	47.0	47.8	49.1	45.9
酸值/(mg KOH/g)	≤0.09	0.01	≤0.1	0.02	≤0.1	≤0.1	≤0.1
水分/%	≤0.09	0.02	≤0.1	0.01	≤0.1	≤0.1	≤0.1
黏度(25℃)/mPa·s	1800	1300	1800	1050	1020	1540	1210
密度(25℃)/(g/cm³)	1.52	1.483	1.52	1.480	1.48	1.51	1.47

注：Fyrol FR-2、FR-2LV、38 和 A300TB 的热失重温度（2%/5%/10%损失）分别是 204℃/223℃/238℃、204℃/223℃/238℃、206℃/225℃/240℃和 195℃/215℃/235℃。Antiblaze 190、195 和 WR-30-LV 的折射率（25℃）分别是 1.493～1.497、1.497～1.503 和 1.504。

表 7-3 为浙江万盛股份有限公司 TDCP 系列阻燃剂的典型物性。

表 7-3 浙江万盛股份有限公司 TDCP 系列阻燃剂的典型物性

WSFR-牌号	TDCP	TDCP/LO	TDCP/LV	TDCP/LF
酸值/(mg KOH/g)	≤0.05	≤0.1	≤0.1	≤0.05
色度(APHA)　≤	50	50	—	50
磷含量/%	>7.1	7.1	7.4	7.1
氯含量/%	>49.0	49.0	47.8	47.0
黏度(25℃)/mPa·s	1650±150	1500±300	950±150	1050±150
密度(25℃)/(g/cm³)	1.51±0.01	1.512±0.005	1.475±0.025	1.48±0.01

某些国产阻燃剂是改性 TDCP 产品，或者估计是以 TDCP 为主要成分的阻燃剂，它们的典型物性见表 7-4。

表 7-4 部分国产改性 TDCP 阻燃剂产品的典型物性

牌号	磷含量/%	氯含量/%	黏度(25℃)/mPa·s	密度(25℃)/(g/cm³)	折射率	厂家
TDCP-LV	≥7.0	≥44.0	600～1000	1.51	—	雅克
TDCPP-LV	≥7.4	≥45.6	600～1000	1.47	—	飞航
CP50	7.2*	49.5①	1850	1.51	—	威达
FR-V808	7.2	49.4	1600	1.5	1.489	德力
FR-508	7.2	49.5	1850	1.51	1.502	洛社
F-101	7.5	45	—	1.50±0.05	—	洛社 银湖
FRV-618	7.5	47	—	1.48±0.05	—	洛社
FR	≥7.3	≥46.5	—	1.42±0.05	—	洛社 银湖

① CP50 的磷氯含量为理论值。

注：外观均为浅黄色透明黏稠液体，酸值一般≤0.2mg KOH/g。阻燃剂 CP50 是沧州东塑集团威达化工分公司产品。

制法

TDCPP 可由三氯氧磷和环氧氯丙烷反应制得。以三氯化铝为催化剂，三氯氧磷和环氧氯丙烷在溶剂中反应，经处理，得到三(1,3-二氯-2-丙基)磷酸酯。反应式如下：

$$POCl_3 + 3\underset{\diagdown O \diagup}{CH_2—CHCH_2Cl} \xrightarrow{AlCl_3} O═P(\underset{|\atop CH_2Cl}{OCH}—CH_2Cl)_3$$

特性及用途

TDCP 为添加型阻燃剂。它具有优良的水解稳定性、低挥发性。由于 TDCP 的含氯量较高，所以延迟燃烧的效果好，持久性较长，对泡沫的物理性能影响较小。在聚氨酯材料中它主要用于要求抗烧芯、低挥发性、低雾化、耐湿老化的聚醚型及聚酯型PU软泡，可用于火焰复合泡沫。也可用于其他PU泡沫塑料如硬泡，还用于聚氯乙烯树脂、环氧树脂、酚醛树脂、橡胶及纤维材料等的阻燃。它可制成乳剂，用于地毯、雨衣、织物整理等，也可以作为防火涂料的添加剂。

LV型TDCP用于需要低黏度阻燃剂的上述材料。

生产厂商

浙江万盛股份有限公司，浙江省淳安助剂厂，无锡银湖化工有限责任公司，如东通园化工有限公司，天津市联瑞化工有限公司，建德市华海化工有限公司，浙江省建德市宏明助剂有限公司，江苏雅克科技股份有限公司，浙江淳安千岛湖龙祥化工有限公司，张家港飞航实业有限公司，河北振兴化工橡胶有限公司，北京炬恒创科技有限公司，泰安市迪诺化工有限公司，开平市德力精细化工有限公司（FR-V808），美国Albemarle公司，以色列ICL集团工业产品公司，新加坡Planet化学品私人有限公司，无锡市洛社中心化工有限公司，等。

7.1.1.4 二(2-卤代乙基)(3-溴代-2,2-二甲基丙基)磷酸酯

别名：(2-溴代乙基)(2-氯代乙基)(3-溴代新戊基)磷酸酯。

英文名：2-bromoethyl 3-bromoneopentyl 2-chloroethyl phosphate; phosphoric acid, mixed 3-bromo-2, 2-dimethylpropyl & 2-bromoethyl & 2-chloroethyl esters 等。

分子式为 $C_9H_{18}Br_2ClPO_4$，分子量为416.5。CAS编号为125997-20-8。

结构式：

$$
\begin{array}{l}
\qquad\quad CH_3 \quad\; O \\
\qquad\quad\; | \qquad\;\; \| \\
BrCH_2CCH_2OPOCH_2CH_2Cl \\
\qquad\quad\; | \qquad\;\; | \\
\qquad\quad CH_3 \quad\; OCH_2CH_2Br
\end{array}
$$

物化性能

浅黄色透明液体，不溶于水。几个厂家的同类产品物性指标有所不同，其物性指标见表7-5。

表7-5 几种(2-溴代乙基)(2-氯代乙基)(3-溴代新戊基)磷酸酯的典型物性

指　标	Firemaster 836	CBAP-912	FRT-6
磷含量/%	6～8	7.5	≥7.5
溴含量/%	≥34	36.0	≥39.1
氯含量/%	≥8.0	9.0	≥8.6
酸值/(mg KOH/g)	0.1	＜0.15	≤0.1
色度　≤	5(Gardner)	50(APHA)	—
黏度(25℃)/mPa·s	200	147	—
密度(25℃)/(g/cm³)	1.6	1.578	1.456～1.627
水分/%	≤0.2	—	≤0.1
厂家	原美国大湖	莱玉化工	江苏雅克

原美国大湖公司（现属美国科聚亚）的同类产品Firemaster 836，倾点为−3℃，挥发分≤0.4%，目前已停产。

制法

由三氯化磷、新戊二醇、溴、氯气和环氧乙烷为原料合成。

特性及用途

二(2-卤代乙基)(3-溴代-2,2-二甲基丙基)磷酸酯是一种含氯、溴、磷三种阻燃元素的高

效卤代烷基磷酸酯阻燃剂。具有挥发性低，热稳定性好等特点，具有良好的自身阻燃协同效应。其黏度较低，易于使用，可用于聚氨酯泡沫塑料、不饱和聚酯树脂、聚苯乙烯泡沫、环氧树脂、聚氯乙烯、酚醛树脂、丙烯酸树脂、橡胶、涂料等。在聚氨酯材料中主要用于软泡(车辆内部材料、地毯类及家具泡沫)，在聚氨酯软泡中加入 6 质量份阻燃剂，可通过 MVSS302 燃烧检测。

生产厂商

山东省莱州市莱玉化工有限公司，江苏雅克科技股份有限公司等。

7.1.2 高分子量卤代磷酸酯

TCEP、TCPP 等氯代磷酸酯因分子量小，长久会慢慢挥发。为了减少液体阻燃剂在泡沫塑料中长期挥发损失，可选用较高分子量的卤代多磷酸酯，以二聚氯代磷酸酯为主要产品，俗称“高分子量的”卤代磷酸酯阻燃剂，一般具有低散发（低雾化）、耐老化迁移性能，可用于高回弹、高承载、聚醚型 PU 块状及模塑泡沫塑料。可用于掺三聚氰胺的 CMHR 或 CME（阻燃改性）聚氨酯泡沫塑料。

7.1.2.1 四(2-氯乙基)二亚乙基醚二磷酸酯

简称 CR-505。四(2-氯乙基) 二亚乙基醚二磷酸酯是最早开发的一种多聚磷酸酯，日本大八化学株式会社产品牌号为 CR-505，国内也沿用该名称。

别名：二乙二醇双[二(2-氯乙基)]磷酸酯，双[二(2-氯乙基)]二乙二醇磷酸酯，四(2-氯乙基)乙氧乙基二磷酸酯。

英文名：tefrakis(2-chlorethyl) ethyleneoxyethylenediphosphate；oxydiethylene tetrakis (2-chloroethyl) bisphosphate；phosphoric acid，*p*,*p*′-(oxydi-2,1-ethanediyl)*p*,*p*,*p*′,*p*′-tetrakis(2-chloroethyl)ester 等。

分子式为 $C_{12}H_{24}Cl_4O_9P_2$，分子量为 516.1，理论含磷量为 12.0%，含氯量为 27.5%。CAS 编号为 53461-82-8、67352-01-6，EINECS 号为 258-570-3。

结构式：

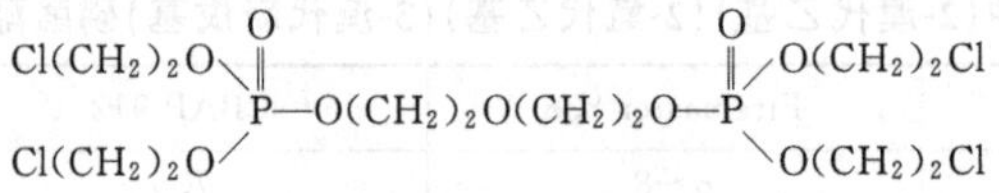

$$[Cl(CH_2)_2O]_2P(=O)-O(CH_2)_2O(CH_2)_2O-P(=O)[O(CH_2)_2Cl]_2$$

物化性能

浅黄色透明油状液体，能溶于一般有机溶剂，黏度（25℃）为 200～500mPa・s。折射率为 1.48。密度（25℃）约为 1.413g/cm³，沸点为 551℃。

特性及用途

四(2-氯乙基)二亚乙基醚二磷酸酯主要用于汽车和家具业用聚氨酯软泡的阻燃，其特点是分子量大，迁移性小，阻燃持久性好，产品黏度低，与聚氨酯原料混容性好，能防止泡沫烧芯现象。该产品在软泡配方中添加 8～10 质量份（每 100 质量份聚醚），即可达到自熄。

生产厂商

浙江淳安千岛湖龙祥化工有限公司（CR-505），浙江省建德市宏明助剂有限公司，莱州市三鼎化工有限公司等。

7.1.2.2 四(2-氯乙基)亚乙基二磷酸酯

简称 T-101、FR-101 等。美国 Olin 公司早先开发了此产品，牌号为 Thermolin 101，后来国内厂家以及用户也沿用 T-101 等名称。

别名：1,2-亚乙基-四(2-氯乙基)二磷酸酯。

英文名：tefrakis(2-chlorethyl)-1,2-ethylenediphosphate；ethylene bis[bis(2-chloroethyl)phosphate] 等。

分子式为 $C_{10}H_{20}Cl_4O_8P_2$，分子量为 472.0，磷含量为 13.1%，氯含量为 30.5%，CAS 编号为 33125-86-9，EINECS 号 251-384-3。

结构式：

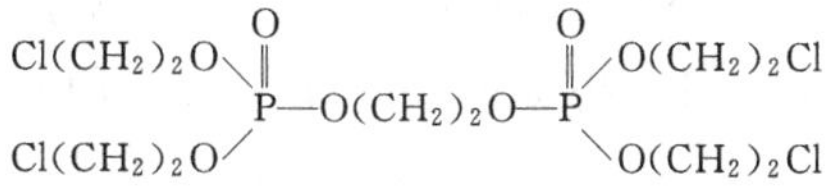

$$[Cl(CH_2)_2O]_2P(=O)-O(CH_2)_2O-P(=O)[O(CH_2)_2Cl]_2$$

物化性能

无色液体。相对密度为 1.45～1.46，沸点为 510℃。

制法

四(2-氯乙基)亚乙基二磷酸酯可由三氯氧磷、乙二醇及环氧乙烷为原料制得。

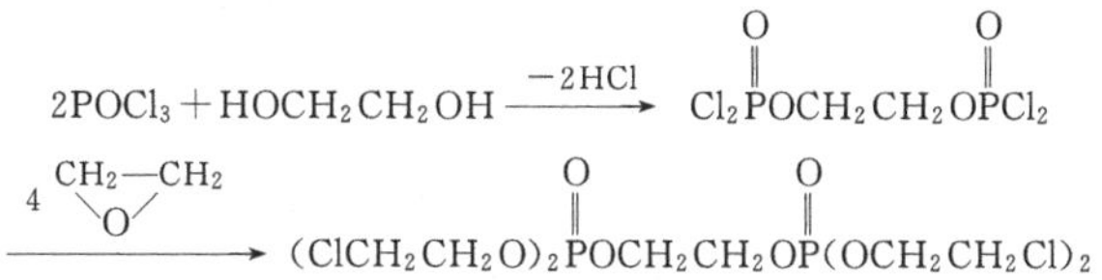

$$2POCl_3 + HOCH_2CH_2OH \xrightarrow{-2HCl} Cl_2P(=O)OCH_2CH_2OP(=O)Cl_2$$

$$\xrightarrow{4\ CH_2-CH_2\ (-O-)} (ClCH_2CH_2O)_2P(=O)OCH_2CH_2OP(=O)(OCH_2CH_2Cl)_2$$

也可采用三氯化磷、氯气、乙二醇、环氧乙烷为原料制得：

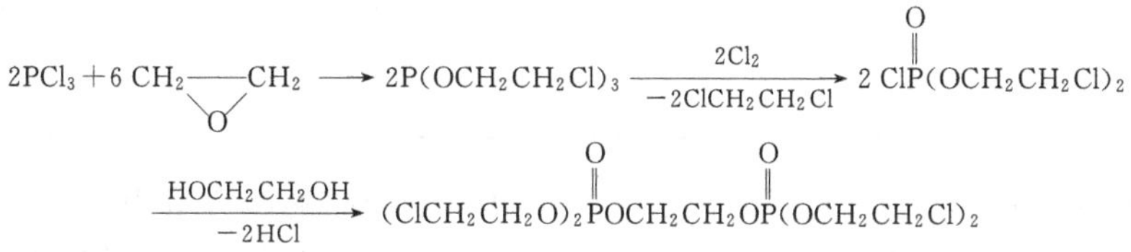

$$2PCl_3 + 6\ CH_2-CH_2\ (-O-) \longrightarrow 2P(OCH_2CH_2Cl)_3 \xrightarrow[-2ClCH_2CH_2Cl]{2Cl_2} 2\ ClP(=O)(OCH_2CH_2Cl)_2$$

$$\xrightarrow[-2HCl]{HOCH_2CH_2OH} (ClCH_2CH_2O)_2P(=O)OCH_2CH_2OP(=O)(OCH_2CH_2Cl)_2$$

特性及用途

四(2-氯乙基)亚乙基二磷酸酯是一种二聚磷酸酯，它是一种低挥发的持久性阻燃剂，可用于汽车内饰件用聚氨酯软泡和硬泡的阻燃。

生产厂商

浙江淳安千岛湖龙祥化工有限公司（T-101），莱州市三鼎化工有限公司等。

7.1.2.3　四(2-氯乙基)-2,2-二氯甲基-1,3-亚丙基二磷酸酯 V6

简称 V6、ZXC-20。原美国 Monsanto 公司产品牌号 Phosgard 为 ZXC-20，原美国 Stauffer 化学公司牌号为 Fyrol ZXC-20。

别名：2,2-二(氯甲基)-1,3-丙二醇双[双(2-氯乙基)磷酸酯]等。

英文名：tetrakischloroethyl-2,2-bis(chloromethyl) propylene diphosphate；2,2-bis(chloromethyl)-1,3-propanediyltetrakis(2-chloroethyl) phosphate；2,2-bis(chloromethyl)-1,3-propanediol bis[bis(2-chloroethyl)phosphate] 等。

分子式为 $C_{13}H_{24}Cl_6O_8P_2$，分子量为 583.0。理论磷含量为 10.6%、氯含量为 36.5%。CAS 编号为 38051-10-4，EINECS 号为 253-760-2。

结构式：

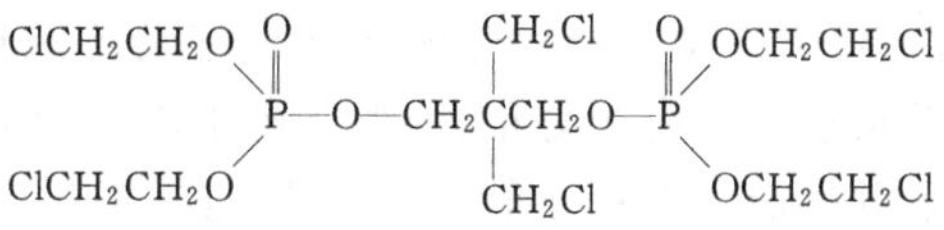

$$(ClCH_2CH_2O)_2P(=O)-O-CH_2C(CH_2Cl)_2CH_2O-P(=O)(OCH_2CH_2Cl)_2$$

物化性能

黄色至褐色黏稠液体，密度(25℃) 为 1.47～1.50g/cm³，黏度(25℃) 约为 2200mPa · s。闪点(CCF)＞190℃，自燃温度＞400℃，分解温度＞200℃，折射率(25℃) 为 1.489～1.495，不溶于水 (溶解度＜0.1%)。

美国 Albemarle 公司牌号为 Antiblaze V6-LS、V66、TL-10-ST，是以四(2-氯乙基)-2,2-二氯甲基-1,3-亚丙基二磷酸酯为基础的产品，为棕黄色透明液体，其典型物性见表 7-6。Antiblaze V66 和 Antiblaze TL-10-ST 是在以前 Antiblaze V6 产品基础上的"提纯品"，其中 V66 是把 V6 合成中的 TCEP 副产物提取到含量＜0.5%后，经黏度调节后得到的产品；Antiblaze TL-10-ST 是把 TECP 降低到＜0.1%的产物。另外 Antiblaze TL-10-LV 是 Antiblaze TL-10-ST 的低黏度产品，25℃时的黏度 2500mPa · s。

表 7-6　氯代二磷酸酯 Antiblaze V6 系列产品的典型物性

指　　标	Antiblaze 牌号		
	V6-LS	V66	TL-10-ST
色度(Hazen)	＜400	＜750	＜400
氯含量/%	36.0	32.9	36.5
磷含量/%	10.4	10.3	10.6
黏度(25℃) /mPa · s	2060	1420	3500
密度(25℃)/(g/mL)	1.46	1.40	1.48
TECP 含量/%	—	＜0.5	＜0.1
酸值/(mg KOH/g)	≤0.2	＜1	＜1
水分/%	≤0.1	＜0.1	＜0.1
折射率(25℃)	—	—	1.493

新加坡 Planet 化学品私人有限公司 Noblaze FRV-6 产品的磷含量为 10.3%，氯含量为 36.5%，酸值≤0.2mg KOH/g，水分≤0.2%。如东通园化工有限公司的 FR-V6，为无色至微黄液体，典型黏度 (25℃) 约为 1500mPa · s，磷含量为 10.5%，氯含量为 36.5%，酸值≤0.3mg KOH/g，水分≤0.3%。

制法

此阻燃剂是以季戊四醇、三氯化磷、氯气及环氧乙烷为原料通过如下反应制得。

$$2PCl_3 + C(CH_2OH)_4 \xrightarrow{-4HCl} ClP\begin{matrix}OCH_2\\ \\OCH_2\end{matrix}C\begin{matrix}CH_2O\\ \\CH_2O\end{matrix}PCl$$

$$\xrightarrow{2Cl_2} Cl_2\overset{O}{\overset{\|}{P}}OCH_2-\underset{CH_2Cl}{\overset{CH_2Cl}{C}}-CH_2O\overset{O}{\overset{\|}{P}}Cl_2 \xrightarrow{4\ CH_2-CH_2\ (O)}$$

$$(ClCH_2CH_2O)_2\overset{O}{\overset{\|}{P}}OCH_2-\underset{CH_2Cl}{\overset{CH_2Cl}{C}}-CH_2O\overset{O}{\overset{\|}{P}}(OCH_2CH_2Cl)_2$$

特性及用途

四(2-氯乙基)-2,2-二氯甲基-1,3-亚丙基二磷酸酯的含磷量与三(氯乙基)磷酸酯(TCEP) 相同，分子量却比 TCEP 大一倍，持久性好。它是含氯量较高的二聚氯代磷酸酯，因其分子结构中含多种阻燃元素，具有很好的阻燃协同作用，故是一种非常高效的阻燃剂。这种高分子量卤代双磷酸酯阻燃剂主要用于软质聚氨酯泡沫塑料 (包括聚醚型块泡、模塑泡沫、高回弹泡沫）的阻燃，特别适用于汽车内饰件和家具用聚氨酯泡沫塑料，不会在老化过程中迁移，具有良好的热稳定性和长时间阻燃性能，并能防止烧芯现象。它可使软泡达到英国 BS AU 169、德国 DIN 75200、美国 UL94HF1 及美国家具 CAL117 等阻燃标准。Antiblaze V6-LS 用于高回弹软泡和耐焦烧低密度软泡等，Antiblaze V66 特别用于要求耐迁移的汽车泡沫及家具泡沫。Antiblaze TL-10-ST 满足汽车业 FMVSS302 阻燃要求。降低 TCEP 后 V6 系列产品具有更好的低散发、低雾化性能。

它在软泡使用时，可以使软泡具有自熄性，对物性影响较少，在硬泡中使用时，和反应型阻燃剂并用更有效果。

生产厂商

美国 Albemarle 公司，开平市德力精细化工有限公司，浙江省淳安助剂厂（FR-V6），江苏如东通园化工有限公司，浙江建德市华海化工有限公司，浙江省建德市宏明助剂有限公司，浙江淳安千岛湖龙祥化工有限公司，江苏雅克科技股份有限公司，新加坡 Planet 化学品私人有限公司等。

7.1.2.4　其他高分子量卤代磷酸酯

（1）氯乙基磷酸酯低聚物　以色列 ICL 集团工业产品公司（阿克苏诺贝尔公司）的 Fyrol-99 是一种氯代乙基磷酸酯低聚物，英文名为 oligomeric chloroalkyl phosphate。CAS 编号为 109640-81-5。

结构式：

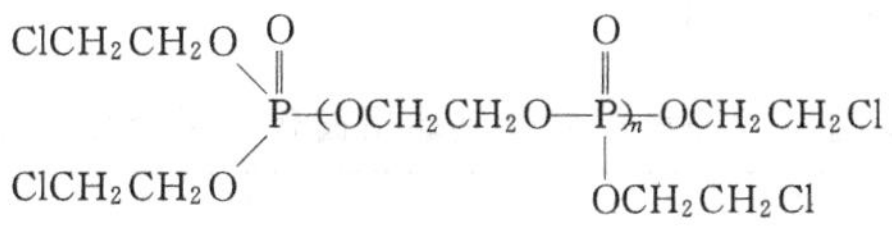

$$(ClCH_2CH_2O)_2\overset{O}{\overset{\|}{P}}\!-\!\!\left(OCH_2CH_2O\!-\!\!\underset{OCH_2CH_2Cl}{\underset{|}{\overset{O}{\overset{\|}{P}}}}\right)_n\!\!-OCH_2CH_2Cl$$

Fyrol-99 是无色透明液，相对密度约为 1.45，黏度（25℃）约为 2200mPa·s，磷含量为 14.0%，氯含量为 26%。可用于聚氨酯软泡和硬泡的阻燃剂，具有高阻燃性。

（2）四(1,3-二氯异丙基)-2,2-二氯甲基-1,3-亚丙基二磷酸酯　以季戊四醇、三氯化磷、氯气及环氧氯丙烷为原料，可得到四(1,3-二氯异丙基)-2,2-二氯甲基-1,3-亚丙基二磷酸酯。它具有与四(2-氯乙基)-2,2-二氯甲基-1,3-亚丙基二磷酸酯相似的化学结构和用途，含磷、氯和溴，同样可用作聚氨酯软泡的阻燃剂。该阻燃剂曾经有国外厂家生产，牌号为 FRO-1，国内北京理工大学曾有人合成过。其典型物性为：无色或浅黄色黏稠液体，氯含量 46.0%（理论值 45.1%），相对密度（25℃）1.475，黏度（25℃）66Pa·s，折射率（25℃）1.5181，酸值 0.37mg KOH/g，水分≤0.2%。

（3）四(1-氯-2-丙基)-1,2-亚乙基二磷酸酯　别名：1,2-亚乙基-四(1-氯-2-丙基)二磷酸酯。英文名：tetrakis(1-chloropropan-2-yl)ethane-1,2-diyl bis(phosphate) 等。

分子式为 $C_{14}H_{28}Cl_4O_8P_2$，分子量为 528.1。含磷为 5.9%，含氯 32.7%。CAS 编号为 34621-99-3。

结构式：

$$(ClCH_2\overset{CH_3}{\overset{|}{C}}HO)_2\overset{O}{\overset{\|}{P}}OCH_2CH_2O\overset{O}{\overset{\|}{P}}(O\overset{CH_3}{\overset{|}{C}}HCH_2Cl)_2$$

前美国 Olin 化学公司开发的该阻燃剂牌号为 Thermolin 909，它具有与 Thermolin 101 类似的化学结构。相对密度（25℃）为 1.33～1.34，黏度（25℃）为 800mPa·s，沸点为 536℃。它主要用于聚氨酯泡沫塑料的阻燃。

(4) 五(氯丙基)-2,2-亚乙基三磷酸酯 化学名：1-{[(2-氯乙氧基)(2-氯乙基次膦基)氧]乙基}膦酸-1-[双(2-氯乙氧基)次膦基]乙基-2-氯乙酯。

英文名：[bis(2-chloroethoxy)phosphinyl]ethyl 2-chloroethylester 等。

分子式为 $C_{14}H_{28}Cl_5O_9P_3$，分子量为 610.6，CAS 编号为 4351-70-6，EINECS号为 224-417-4。理论磷含量为 15.2%，氯含量为 29%。

该高分子量阻燃剂曾有生产，国外牌号是 Phosgard C-22-R，含磷量为 15%，含氯量为 27%，相对密度为 1.492～1.496，凝固点为 5℃，300℃分解产生气体。其含磷量是在磷-氯系阻燃剂中最高的，具有良好的阻燃性和持久性。

其他卤代烷基磷酸酯阻燃剂，如二(2,3-二溴丙基)二氯丙基磷酸酯、2,2-二甲基-3-溴丙基双(1,3-二卤-2-丙基)磷酸酯、2,2-二甲基-3-氯丙基双(1,3-二氯-2-丙基)磷酸酯、2,2-二溴甲基-3-氯丙基双(1,3-二氯-2-丙基)磷酸酯、三(2-溴-3-氯丙基)磷酸酯、四(2,3-二溴丙基)乙二醇双磷酸酯(CAS 编号 95896-77-8)、三(三溴新戊基)磷酸酯(CAS 编号为 19186-97-1)等，有的见于文献，未见有产品，有的不推荐用于聚氨酯，在此不作介绍。三(2,3-二溴丙基)磷酸酯的 CAS 编号为 126-72-7 或 548-35-6，分子量为 697.6，曾是使用较多的添加型阻燃剂，因长期接触有致癌可能，在一些国家禁用，也不作介绍。

7.1.3 部分厂家的卤代磷酸酯阻燃剂产品

美国雅保公司的 Antiblaze 品牌阻燃剂是用于聚氨酯的卤代烷基磷酸酯阻燃剂，可用于包括 PU 软泡和硬泡，涂料、胶黏剂、密封胶和弹性体在内的聚氨酯材料。表 7-7 是该公司的聚氨酯用阻燃剂的典型物性和用途。

表 7-7(a) 美国雅保公司部分聚氨酯用卤代磷酸酯阻燃剂的典型物性

阻燃剂牌号	磷含量 /%	卤含量 /%	酸值 /(mg KOH/g)	水分 /%	色度 (APHA)	黏度 /mPa·s	密度 /(g/mL)
Antiblaze BK-69	7.9	42.8	<0.5	<0.2	<100	1600	—
Antiblaze 117-HF	9.6	0	<1.5	<0.1	<100	135	—
Antiblaze 81	9.4	33	<0.1	<0.1	<50	78	—
Antiblaze V490	18.6	0	<0.5	<0.05	<50	1.5	1.025
Antiblaze V610	11.3	35.0	<2	<0.1	<200	350	1.43～1.45
Antiblaze V650	10.0	34.5	<0.1	<0.1	<300	290	1.37

注：黏度、密度是 25℃时的数据。Antiblaze 190、195、WR-30-LV 见 TDCP 产品条目，Antiblaze TMCP 见 TCPP 产品条目。Antiblaze 66、TL-10-ST 见 V6 条目。Antiblaze V610 水中溶解度<1.0%，折射率（25℃）为 1.489。Antiblaze V650 不溶于水（在水中溶解度<0.1%），折射率（25℃）为 1.473～1.479，蒸气压（100℃）<13Pa。

表 7-7(b) 美国雅保公司部分聚氨酯用卤代磷酸酯阻燃剂的特性及用途

牌号	特性及用途
Antiblaze BK-69	聚醚及聚酯型 PU 软泡阻燃剂，低气味，持久高效，水解稳定，具有优异抗烧芯性能。推荐用于家具垫材等软泡产品。阻燃泡沫可满足 Bs5852 Crib5、Cal117、FMVSS302 和 DIN 4102B2/B3 阻燃要求
Antiblaze 117-HF	用于聚醚型、聚酯型 PU 泡沫的无卤、无色无味、低黏度阻燃剂，推荐用于电子包装泡沫和家具用 PU 泡沫，具有优异的低烧芯性能，帮助 PU 泡沫通过无卤标准 UL-94 HF-1 和 Cal117 测试
Antiblaze 81	基于 TCPP 的低气味氯代磷酸酯。推荐用作低阻燃要求的 PU 硬泡的单用阻燃剂
Antiblaze V490	无卤阻燃剂 DEEP，可降物料黏度，主要用于 PU 硬泡，可单独或与其他阻燃剂并用，贮存稳定性好
Antiblaze V610	低黏度高分子量阻燃剂，用于热模塑及冷模塑聚氨酯软泡，具有良好耐热老化性能
Antiblaze V650	TCPP 与其他阻燃剂的混合物，用于软泡聚醚、高回弹泡沫及阻燃 PU 软泡，泡沫耐低强度火源的点燃

以色列 ICL 集团工业产品公司（阻燃剂业务原属美国 Akzo Nobel 公司功能化学品部）的部分氯代磷酸酯产品的典型物性及特性用途见表 7-8。

表 7-8(a) 以色列 ICL 公司部分 Fyrol 系列卤代磷酸酯阻燃剂的典型物性

牌号	磷含量/%	氯含量/%	黏度(25℃)/mPa·s	相对密度(25℃)	热失重温度(2%/5%/10%)/℃
Fyrol FR-4	不详	不详	140	1.244(20℃)	185/216/235
Fyrol FR-7	不详	不详	290	1.31	210/230/240
Fyrol A117 Fyrol A117S	10.7	33.0	1000	1.39	—

表 7-8(b) 以色列 ICL 公司部分 Fyrol 系列卤代磷酸酯阻燃剂的特点和用途

牌号	特点用途
Fyrol FR-4	专有的氯代磷酸酯混合物，用于 PU 软泡，可通过汽车 MVSS302 和家具 CA117 阻燃测试，良好压缩变形和 IFD 性能，低烧芯，易操作，耐水解，低挥发/低雾化
Fyrol FR-7	专有的氯代磷酸酯混合物，用于 PU 软泡，良好压缩变形和 IFD，低烧芯
Fyrol A117 Fyrol A117S	氯代磷酸酯混合物，特别适用于通过美国加州 117 和 BS 5852 标准的软质聚氨酯泡沫配方的阻燃剂。其中 A117S 用于低烧芯阻燃软泡

注：Fyrol FR-2、Fyrol 38、Fyrol A300TB 的典型物性和用途已在三(二氯丙基)磷酸酯即 TDCP 产品条目介绍，Fyrol PCF 即 TCPP 已在三(2-氯丙基)磷酸酯小节介绍，Fyrol 99 已在氯乙基磷酸酯低聚物小节介绍，此处略。

表 7-9 是部分国产添加型卤代磷酸酯阻燃剂的典型物性和特性用途。这些产品可能是卤代磷酸酯的混合物。

表 7-9(a) 部分国产添加型卤代磷酸酯（混合物）阻燃剂的典型物性

阻燃剂牌号	磷含量/%	氯含量/%	黏度(25℃)/mPa·s	密度(25℃)/(g/cm³)	酸值≤	水分/%≤	厂家
BN-780	9.6	34.5	800～1000	1.420±0.05	0.15	0.1	淳安助剂
FR-118	8.2	42.5	1000～1200	1.420±0.05	0.1	0.1	淳安助剂
WSFR-118	≥8.5	≥45.0	500～800	1.470±0.005	0.1	0.1	万盛
FR-530	≥13	NA	NA	NA	0.3	0.2	淳安助剂
FR-608	≥13	NA	NA	NA	0.1	0.1	河北振兴
FR-PU 2#	磷氯总量≥40		60～65	1.28～1.30	NA	NA	雅尔利
FR-PU 3#	磷氯总量≥50		700～1000	1.50～1.65	NA	NA	雅尔利
TMMP	15%	20%	NA	NA	NA	NA	洛社，银湖
WSFR-504L	10.9	23.0	800～1200	1.330±0.005	0.1	0.1	万盛
WSFR-660	≥8.5	≥39.0	190～210	1.40±0.01	0.1	0.1	万盛
WSFR-680	NA	NA	190～210	1.40±0.01	0.1	0.1	万盛
WSFR-690	≥7.9	≥42.8	1300～1800	1.455±0.005	0.5	0.2	万盛
YOKE V100	≥9.5	≥33.0	1800	1.37±0.05	0.1	0.1	雅克
V166	≥9.0	≥32.5	1000～2000	1.37±0.05	0.1	0.1	雅克，振兴
YOKE-M1	≥4.6	≥32.0	≥2000	NA	0.3	0.3	雅克

注：NA 表示数据不详（或保密）。YOKE-M1 氮含量≥18.6%，WSFR-504L 磷氯含量是理论值。酸值单位是 mg KOH/g。厂家全称包括：浙江省淳安助剂厂，江苏雅克科技股份有限公司，无锡市洛社中心化工有限公司，河北振兴化工橡胶有限公司，南通雅尔利阻燃材料有限公司，无锡银湖化工有限责任公司。

表 7-9(b) 部分国产添加型卤代磷酸酯（混合物）阻燃剂的特性及用途

牌号	特性及用途
BN-780	适用于聚氨酯软泡的阻燃。分子量大、阻燃持久性好，黏度低，与主体材料的混容性好，能防止泡沫烧芯现象
FR-118 WSFR-118	氯代烷基磷酸酯混合物，具有低成本、良好的稳定性、耐水解性。可作为块状软泡、高回弹和模塑聚氨酯泡沫材料的阻燃剂
FR-530 FR-608	复合型高分子量(卤代)磷酸酯阻燃剂，用于 PU 软泡、涂层等，磷含量最高，且磷、卤含量比合理，阻燃持久性好。较少的添加量即可达到各类阻燃标准要求

续表

牌号	特性及用途
FR-PU2#	主要用于软硬聚氨酯泡沫、环氧树脂、聚氯乙烯等塑料、橡胶和涂料的阻燃。特别推荐用聚氨酯硬泡，具有优良热稳定性及水解稳定性。与三氧二锑或者硼酸锌配合使用，可提高阻燃效率及起到消烟作用
FR-PU3#	磷氯含量高，可用于阻燃软质和硬质聚氨酯泡沫塑料、聚氯乙烯、环氧树脂、酚醛树脂以及橡胶、纤维中
TMMP	可能是复合阻燃剂，含磷量高而价廉，用于软硬质聚氨酯泡沫塑料、不饱和树脂等，可用于阻燃PU软泡、火焰复合软泡等
WSFR-504L	氯代烷基多聚磷酸酯，可用于聚氨酯等材料的阻燃剂，用于PU软泡具有低雾化、低黄芯等优点，可满足多种国内外阻燃剂标准
WSFR-660 WSFR-680	氯代烷基磷酸酯混合物，低成本的高效阻燃剂，具有优良的水解稳定性。用于块状、高回弹、模塑聚氨酯泡沫塑料，以及聚氯乙烯等树脂阻燃
WSFR-690	氯代烷基磷酸酯混合物，具有高稳定性、低黄芯性等优点。可作为聚氨酯泡沫塑料等材料的阻燃剂，可满足多种国内外阻燃标准
YOKE V100	抗焦芯PU软泡高效阻燃剂，分子量大，热稳定性好，阻燃效果持久。特别适用于汽车内饰件和各种家具的聚氨酯软泡。在较低密度软泡生产中抗焦芯作用显著。可与阻燃增效匀泡剂配合，效果显著
YOKE V166 V166	经济实用型高效阻燃剂，主要用于软质聚氨酯泡沫，有良好的抗焦芯作用。满足FMVSS-302、CA-117、BS-5852等阻燃测试。可与阻燃增效匀泡剂硅油配合使用
YOKE-M1	有成核性，是超细孔PU软泡高效阻燃剂。含多种阻燃元素，具有很好的阻燃协同作用，显著减少泡沫燃烧的发烟量，对发泡影响小，特别适用于汽车和家具制品

7.2 磷酸酯类添加型阻燃剂

磷酸酯的品种较多，原则上许多磷酸酯都可用作聚氨酯的阻燃剂，但实际应用的不多。磷酸酯同时具有增塑效应，有的也是增塑剂，用量偏大时会软化聚氨酯，降低强度等物性。

添加了磷酸酯如DMMP的制品遇到火焰时，磷酸酯分解生成磷酸→偏磷酸→聚偏磷酸。在分解过程中产生磷酸层，形成不挥发性保护层覆盖于燃烧面，隔绝了氧气的供给，促使燃烧停止。又因聚偏磷酸能促进高聚物燃烧分解向碳化进行，生成大量水分，从而阻止了燃烧。磷酸酯燃烧时热分解生成五氧化二磷、二氧化碳和水，没有氯化氢等有毒气体产生，属于环保型的阻燃剂。

7.2.1 脂肪族磷酸酯阻燃剂

7.2.1.1 甲基膦酸二甲酯

简称：DMMP。

英文名：dimethyl methylphosphonate；methylphosphonic acid dimethyl ester。

分子式为$C_3H_9O_3P$，分子量为124.08。CAS编号为756-79-6，EINECS号为212-052-3。理论磷含量为25.0%。

结构式：

$$H_3CO-\overset{\overset{\displaystyle O}{\|}}{\underset{\underset{\displaystyle CH_3}{|}}{P}}-OCH_3$$

物化性能

无色或淡黄色透明液体。沸点为180～181℃，分解温度≥180℃，凝固点<－50℃，蒸气压（25℃）为130～160Pa，闪点（TCC）为93℃。相对密度（25℃）为1.16～1.17，黏

度（25℃）为4～18mPa·s，折射率（25℃）为1.410～1.416。能与水及多种有机溶剂混溶。在弱碱或酸性条件下缓慢水解。

工业品DMMP的酸值一般≤1.0mg KOH/g，水分≤0.1%。例如，美国联合磷有限公司（印度United Phosphorus子公司）的DMMP产品纯度≥97%，酸值≤2mg KOH/g，三甲基磷酸酯杂质≤0.2%，三甲基亚磷酸酯≤0.05%，水分≤0.1%。

低毒性，急性经口中毒（大鼠）LD_{50}>5000mg/kg。

制法

工业上合成一般以三氯化磷、甲醇为主要原料，在缚酸剂氨气的存在下，以石油醚为溶剂一步法合成中间体亚磷酸三甲酯，再在催化剂（如碘甲烷）存在下进行异构化反应，得到目的产物甲基膦酸二甲酯。

特性及用途

甲基膦酸二甲酯是一种不含卤素的低黏度液态添加型阻燃剂，其特点是含磷量高，阻燃性能优良，添加量少，价格低，使用方便，具有降低黏度和阻燃的双重作用。另外，DMMP的分解温度大于187℃，所以热稳定性较含卤阻燃剂好。它可用于软质和硬质聚氨酯泡沫塑料，阻燃效果很好。尤其适用于透明或浅色制品及喷涂硬泡等方面的应用。作为聚氨酯泡沫塑料、不饱和聚酯树脂、环氧树脂类的添加型阻燃剂，添加量一般在3%～15%范围。

DMMP不适合于预配在组合料中，建议在发泡生产之前添加。Albemarle公司强烈推荐该高效阻燃剂用于水发泡及烃发泡的双带层压工艺的复合聚氨酯硬泡板材和硬质块泡。

在软泡中添加5%～10%的DMMP，可达到离火自熄的效果。在硬泡加入5%的DMMP，相当于加入14%TCEP或加入18%磷酸三(2,3-氯丙基)酯所达到氧指数24.5%的相似阻燃效果，而添加5%～8%DMMP的硬泡材料的阻燃效果可达一级阻燃水平。

生产厂商

青岛联美化工有限公司，河北振兴化工橡胶有限公司，上海旭森非卤消烟阻燃剂有限公司，扬州晨化科技集团有限公司，无锡银湖化工有限责任公司，无锡市洛社中心化工有限公司，宁海县天成化学有限公司，印度United Phosphorus公司，等。

7.2.1.2 乙基膦酸二乙酯

简称：DEEP。

英文名：diethyl ethylphosphonate；diethoxyethylphosphine oxide，diethylethanephosphonate等。

分子式为$C_6H_{15}O_3P$，分子量为166.2。理论磷含量为18.6%。CAS编号为78-38-6。

结构式：

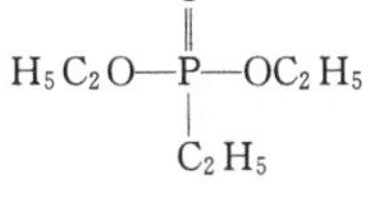

$$H_5C_2O-\overset{\overset{\displaystyle O}{\|}}{\underset{\underset{\displaystyle C_2H_5}{|}}{P}}-OC_2H_5$$

物化性能

无色或浅黄色透明液体，相对密度（25℃）为1.028（1.020～1.030），黏度（25℃）为1.5mPa·s，折射率（25℃）为1.412～1.418，沸点为198～200℃，不沸腾，分解温度>180℃，闪点（CCE）>200℃，蒸气压（50℃）为266Pa。酸值<1.0mg KOH/g。DEEP可与水和有机溶剂混溶。

制法

可以三氯化磷和乙醇为主要原料，在缚酸剂氨的存在下反应生成亚磷酸三乙酯。后者再在催化剂碘乙烷作用下发生重排反应，制得 DEEP。

特性及用途

DEEP 是一种新型的高效有机磷阻燃剂，它可广泛添加在各种硬质聚氨酯泡沫塑料中，包括各种发泡体系的硬泡配方。它比传统的添加型有机磷阻燃剂更适合于作为软质、硬质聚氨酯泡沫塑料等的阻燃，是优异的含磷阻燃剂品种，其阻燃效率是 TCPP 的 1.5～2 倍。

DEEP 黏度低，不含卤素，其化学稳定性使其在聚醚多元醇和异氰酸酯双组分体系中十分稳定。同时它是高效降黏剂，改善水发泡硬泡及聚酯型 PU 硬泡体系的操作性。DEEP 的用量可高达 20～25 质量份，制得符合 DIN 4102 B3 或 B2 阻燃标准的硬泡。当它与其他阻燃剂结合使用，阻燃效果更好。它不适合于配在异氰酸酯组分中，如预聚体、单组分 PU 泡沫塑料。DEEP 曾被提议在某些应用领域代替 DMMP。

生产厂商

青岛联美化工有限公司，扬州晨化科技集团有限公司，美国 Albemarle 公司（Antiblaze V490），德国朗盛公司（Levegard VP AC4048、DEEP）等。

7.2.1.3 丙基膦酸二甲酯

别名：二甲基丙基膦酸酯。

简称：DMPP。

英文名：dimethyl propylphosphonate。

分子式为 $C_5H_{13}O_3P$，分子量为 152.2。CAS 编号为 18755-43-6，EINECS 号为 242-555-3。理论磷含量为 20.4%。

结构式：

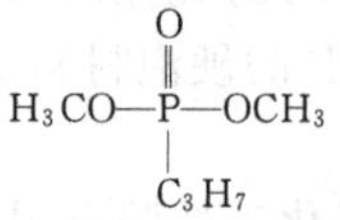

$$H_3CO-\overset{\overset{\displaystyle O}{\|}}{\underset{\underset{\displaystyle C_3H_7}{|}}{P}}-OCH_3$$

物化性能

无色或浅黄色透明液体，黏度（20℃）为 2.5mPa·s，相对密度（20℃）为 1.072，倾点＜－60℃，闪点为 109℃，折射率（20℃）为 1.4212±0.0015。DMPP 可与水及醇、酯、醚、酮、氯代烃等有机溶剂混溶。

Levagard DMPP 纯度≥98.0%，酸值≤0.5mg KOH/g，水分≤0.1%。

特性及用途

DMPP 主要用作 PU 硬泡及 PIR 硬泡的阻燃剂，它可与其他阻燃剂结合使用。

它也可用于其他热固性树脂如不饱和树脂等的阻燃，例如高填料不饱和树脂体系使用可改善操作性。

生产厂商

德国朗盛公司（牌号 Levagard DMPP）等。

7.2.1.4 磷酸三乙酯

简称：TEP。

别名：三乙基磷酸酯。

英文名：triethyl phosphate。

分子式为 $C_6H_{15}O_4P$，分子量为 182.2，理论磷含量为 17.0%。CAS 编号为 78-40-0。EINECS 号为 201-114-5。

结构式：$O{=}P(CH_2CH_3)_3$。

物化性能

无色透明液体，相对密度(25℃)为1.065～1.072，黏度(20℃)为1.6～1.7mPa·s，折射率为1.406±0.001，凝固点为－56℃，沸点为210～220℃或80℃(500Pa)，闪点为130℃。饱和蒸气压为0.13kPa(39℃)。混溶于水，轻微分解。混溶于醇、醚等多种有机溶剂，不溶于石油醚。磷质量分数一般在16.4%～17.0%范围。

德国朗盛公司 Levagard TEP-Z(Levagard TEP)技术指标为：酸值≤0.05mg KOH/g，TEP纯度≥99.5%，水分≤0.2%。江苏常余化工有限公司工业品纯度≥99.5%，酸值≤0.05mg KOH/g，水分≤0.2%。ICL集团工业产品公司的 Fyrol TEP 黏度约为45mPa·s，2%/5%/10%热失重的温度分别为50℃/60℃/75℃。

毒害性

对皮肤有轻度刺激、局部麻醉作用。吸入、食入吸收后，可能对身体有害。LD_{50}＝1165mg/kg（大鼠经口）。LC-Lo＝28000mL/m^3/6h（大鼠吸入）。

特性及用途

磷酸三乙酯是一种阻燃增塑剂，可用于聚氨酯泡沫塑料和其他热固性树脂的阻燃。它黏度非常低，也是一种多元醇和预聚物的降黏剂。它用于高黏度多元醇的聚氨酯硬泡配方，可降低体系黏度，改善操作性能。它有时可与其他阻燃剂，包括反应型阻燃剂一起使用。Levagard TEP-Z 推荐用于聚氨酯。

生产厂商

德国朗盛公司，以色列ICL集团工业产品公司，天津市联瑞化工有限公司，江苏常余化工有限公司，上海信博森化工有限公司，无锡银湖化工有限责任公司，张家港顺昌化工有限公司，浙江万盛股份有限公司，江苏雅克科技股份有限公司，无锡市红星化工厂，河北振兴化工橡胶有限公司，吉化集团吉林市联化福利化工厂等。

7.2.1.5 磷酸三(丁氧基乙基)酯

化学名称：磷酸三(2-丁氧基乙基)酯，三(丁氧基乙基)磷酸酯。

英文名：tributoxyethyl phosphate。

简称：TBEP、KP-140。

分子式为$C_{18}H_{39}PO_7$，分子量为398.5。CAS编号为78-51-3。

物化性能

无色透明液体，沸点为225℃，燃点为251℃，闪点为150℃，相对密度（20℃）为1.016～1.023，黏度（25℃）为12mPa·s，折射率（25℃）为1.432～1.437。

特性及用途

可用于聚氨酯橡胶、纤维素、聚乙烯醇等的阻燃剂。还可用于水性聚氨酯地板涂料配方用作阻燃剂兼流平增塑剂。

生产厂商

浙江万盛股份有限公司，张家港顺昌化工有限公司，江苏常余化工有限公司，德国科莱恩公司等。

7.2.1.6 低聚磷酸酯阻燃剂 Fyrol PNX 和 Fyrol PNX-S

英文名：alklphosphate oligomer；Oligomeric ethyl ethylene phosphate 等。

Fyrol PNX 和 Fyrol PNX-S 是乙基亚乙基磷酸酯低聚物。CAS编号为184538-58-7。

物化性能

Fyrol PNX 和 Fyrol PNX-S 的典型物性见表7-10。它们很易吸潮。

表 7-10 Fyrol PNX 和 Fyrol PNX-S 的典型物性

项　目	Fyrol PNX	Fyrol PNX-S
外观	透明液体	透明液体
色度(APHA)	<350	约 270
磷含量/%	19	19
羟值/(mg KOH/g)	约 2	约 5
酸值/(mg KOH/g)	<2.0	1.2
水分/%	<0.1	0.03
黏度(25℃)/mPa·s	2250	2250
密度(25℃)/(g/cm³)	1.31	1.31
2%/5%/10%热失重的温度/℃	185/215/235	185/215/235

特性及用途

Fyrol PNX 系列是一种高效无卤磷酸酯阻燃剂，主要可用于软质聚氨酯泡沫塑料，特别适合于制造符合 MVSS 302 和 Cal 117 阻燃标准的软泡。Fyrol PNX-S 是改善 PU 泡沫烧芯的 Fyrol PNX 产品，黏度稍低。它们是高分子磷酸酯，低烟雾，因此用于制造汽车用泡沫，VOC 很低。尽管阻燃剂用量因泡沫密度和配方而异，然而在符合上述阻燃要求的软质 PU 块状泡沫中添加量仅约需常规阻燃剂的一半。

生产厂商

以色列 ICL 集团工业产品公司。

7.2.2 芳香族磷酸酯阻燃剂

7.2.2.1 异丙基化三苯基磷酸酯

别名：异丙基化磷酸三苯酯，异丙基化三苯基磷酸酯，磷酸三异丙基苯酯，异丙苯基苯基磷酸酯，磷酸异丙苯基二苯酯。

简称：IPPP。

英文名：triaryl phosphate isopropylated；isopropylated triphenyl phosphate；isopropylphenyl diphenyl phosphate 等。

CAS 编号为 68937-41-7，EINECS 号为 273-066-3。这是一类同系物，分子式不定，例如：异丙基苯基二苯基磷酸酯分子式为 $C_{21}H_{21}O_4P$，分子量为 368.3；三异丙基化苯基磷酸酯分子式为 $C_{27}H_{33}O_4P$，分子量为 452.5。

结构式：

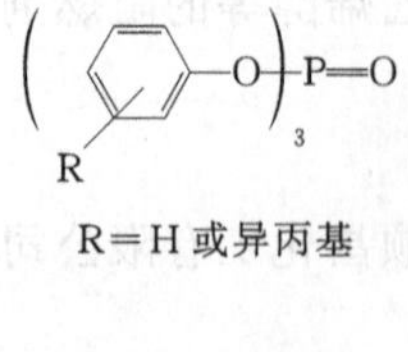

$$\left(\text{R-C}_6\text{H}_4\text{-O}\right)_3\text{P=O}$$

R＝H 或异丙基

物化性能

无色至浅黄色透明油状液体，不溶于水，溶于甲乙酮、甲苯、二氯甲烷、甲醇。相对密度为 1.165～1.185。

美国科聚亚公司 Reofos 系列阻燃剂（原属大湖化学公司）是以磷酸三异丙基苯酯为主要成分的阻燃剂，含少量三苯基磷酸酯，Reofos 系列磷酸三异丙基苯酯阻燃剂的典型物性见表 7-11。天津市联瑞化工有限公司有类似系列产品。

表 7-11 美国科聚亚公司的 Reofos 系列磷酸三异丙基苯酯阻燃剂的典型物性

项 目	Reofos 35	Reofos 50	Reofos 65	Reofos 95	Reofos NHP
磷含量/%	8.6	8.4	8.1	7.6	7.4
密度(20℃)/(g/mL)	1.183	1.17～1.18	1.16	1.14	1.12
黏度(25℃)/mPa·s	50～56	62～75	74～88	114～130	115
沸点(532Pa)/℃	220～270	220～270	220～265	220～270	＞300
闪点(COC)/℃	＞220	—	255	255	＞220
蒸气压(150℃)/Pa	3.5	3.5	1.3	1.3	—
酸值/(mg KOH/g)	—	≤0.1	≤0.1	≤0.1	—
折射率(25℃)	—	—	—	1.546	—
倾点/℃	—	—	—	−18	—
热失重温度/℃					
失重 5%	217	216	212	222	219
失重 10%	235	235	229	241	241
失重 50%	287	284	285	296	292
失重 95%	318	—	—	—	—
用途(推荐用于)	TPU	TPU、软泡	TPU	TPU	软泡
用途(也适用于)	硬泡	硬泡	软泡、硬泡	软泡	—

Reofos NHP 的黏度与温度的关系如下：

温度/℃	20	25	40	100
黏度/mPa·s	165	115	43	5.3

Reofos 35 常压沸点为 415℃(分解)，自燃温度为 551℃。Reofos NHP 沸点＞300℃(分解)，自燃温度为 545℃。

低毒性，急性经口中毒（大鼠）LD_{50}＞5000mg/kg。

特性及用途

Reofos NHP 是低黏度液体，主要用于软质聚氨酯泡沫塑料。与现有的阻燃剂相比具有以下优点：无卤，低挥发性，在聚酯型和聚醚型泡沫中优异的水解稳定性，在软泡生产过程中杰出的耐变色性，阻燃泡沫具有优异的压缩变定性能。

Reofos 35、Reofos 50、Reofos 65 和 Reofos95 是低黏度液体，用作阻燃增塑剂。Reofos 50、Reofos 65、Reofos95 可用于许多树脂，特别是 PVC、软质聚氨酯、纤维素树脂及合成橡胶的阻燃剂，还可用作工程塑料的阻燃操作助剂。

Reofos 35 黏度最低，广泛用作阻燃增塑剂。Reofos 35 推荐用于织物涂层用增塑溶胶及其他需降低黏度、改善操作性的场合。它具有高增塑效果可使生产者在低成本下获得更好的阻燃性。Reofos 35 设计用于酚醛树脂层压板的阻燃剂，也可用于聚氨酯材料。

国内有厂生产阻燃增塑剂三异丙苯基磷酸酯 IPPP，与 Reofos 50 类似。

生产厂商

天津市联瑞化工有限公司，江苏常余化工有限公司，美国科聚亚公司（Reofos 系列），等。

7.2.2.2 磷酸三苯酯、磷酸三甲苯酯和磷酸甲苯二苯酯

磷酸三苯酯英文名：triphenyl phosphate；phosphoric acid triphenyl ester；triphenoxyphosphine oxide。简称 TPP。

磷酸三甲苯酯别名：磷酸三甲酚酯，简称 TCP。英文名：tricresyl phosphate；phosphoric acid，tricresyl ester 等。磷酸三甲苯酯工业品一般是其异构体的混合物。

甲苯基二苯基磷酸酯即磷酸二苯甲苯酯，英文名 cresyl diphenyl phosphate。

结构式：

$$O{=}P{-}(O{-}C_6H_5)_3 \qquad O{=}P{-}(O{-}C_6H_4{-}CH_3)_3$$

物化性能

TCP 和 CDP 常温下为无色或微黄色透明油状液体，略带酚味。TPP 为白色片状、针状晶体或粉末。

它们都不溶于水，TCP 溶于苯、醚、醇等有机溶剂。TPP 溶于氯仿、醚、苯，部分溶于乙醇。

它们的化学数据和典型物性见表 7-12。

表 7-12 磷酸三苯酯、磷酸三甲苯酯及磷酸甲苯二苯酯的化学数据和典型物性

阻燃剂缩写	TPP	TCP	CDP
分子式	$C_{18}H_{15}O_4P$	$C_{21}H_{21}O_4P$	$C_{19}H_{17}O_4P$
分子量	326.3	368.4	340.3
CAS 编号	115-86-6	1330-78-5	26444-49-5
理论磷含量/%	9.5	8.4	9.1
外观状态	白色固体	透明液体	透明液体
凝固点(熔点)/℃	48～51	−33	−38℃
密度(20℃)/(g/cm³)	1.18～1.21	1.17～1.18	1.20～1.21
黏度(25℃)/mPa·s	11(50℃)	65～85	35～60
沸点(沸程)/℃	370	410～440	235～255
闪点/℃	220	215～230	232
折射率(25℃)	1.552～1.563	1.557～1.560	1.560～1.561
毒性 LD_{50}/(mg/kg)	3000	300	—
水溶性	不溶	不溶	不溶

注：LD_{50} 为大鼠经口急性中毒数据。

特性及用途

TPP 主要用于电器及汽车部件用塑料的阻燃剂，用作纤维素、聚酯、聚氨酯硬泡及 PPO 等工程塑料的阻燃增塑剂。可与其他阻燃剂混合使用。

磷酸三甲苯酯稳定不挥发，具有良好的阻燃性、耐油性、电绝缘性、易加工性，是生产乙烯基树脂、聚氯乙烯、电缆、橡胶制品及软质聚氨酯泡沫塑料等的阻燃增塑剂；与高聚物有良好的耐磨性、耐候性、防霉性、耐辐射性及电性能；可用作汽油、润滑油及液压油的添加剂等。

美国科聚亚公司的磷酸二苯甲苯酯产品 Kronitex CDP 推荐用于 TPU，也适合用于软质聚氨酯。其他公司的产品说明书则推荐其用于 PVC 等塑料、橡胶的阻燃增塑剂，有的未提及用于聚氨酯。

生产厂商

江苏如东通园化工有限公司（TCP），天津市联瑞化工有限公司（TPP，CDP，TCP），江苏常余化工有限公司（TPP，CDP，TCP），北京炬恒创科技有限公司（TPP，TCP），浙江万盛股份有限公司（TPP，CDP，TCP），江苏如东通园化工有限公司（TPP），上海信博森化工有限公司（TPP），张家港顺昌化工有限公司（TPP），深圳市安正化工有限公司（TPP），江苏雅克科技股份有限公司（TPP），山东兄弟科技股份有限公司（TPP），上海旭森非卤消烟阻燃剂有限公司（TPP），美国科聚亚公司（CDP），德国朗盛公司（TPP 牌号

Disflamoll TP，CDP 牌号 Disflamoll DPK，TCP 牌号 Disflamoll TKP）等。

7.2.2.3 间苯二酚双(二苯基磷酸酯)

简称：RDP。

英文名：resorcinol bis-(diphenyl phosphate)；1,3-phenylene tetraphenylphosphate 等。

间苯二酚双(二苯基磷酸酯)是五苯基二磷酸酯。它一种高分子量磷酸酯阻燃剂，与三芳基磷酸酯相比具有更低的挥发性和优良的阻燃性能。理论磷含量为 10.8%

分子式为 $C_{30}H_{24}O_8P_2$，分子量为 574.5。CAS 编号为 57583-54-7。

结构式：

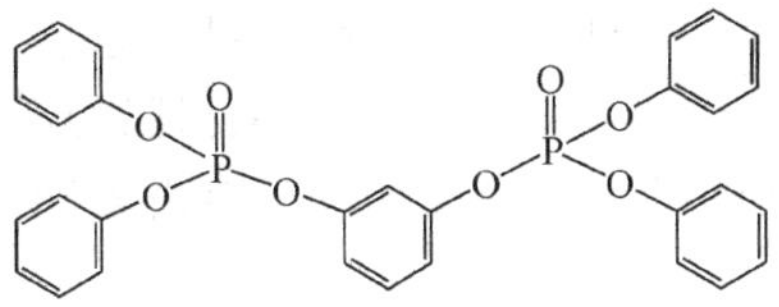

物化性能

无色至淡黄色透明液体，黏度（25℃）为 400～800mPa·s，相对密度（25℃）为 1.30～1.31，不溶于水。毒性 LD_{50} 为 4500mg/kg。

以色列 ICL 集团工业产品公司 Fyrolflex RDP（原属美国 Akzo Nobel 公司）的典型物性如下：相对密度（25℃）为 1.318，黏度（55℃）为 105mPa·s，酸值≤0.12mg KOH/g，水分≤0.1%，倾点为－12℃，沸点＞300℃，折射率（20℃）为 1.5773，热失重温度（热重分析：样品在 N_2 气氛中升温速率为 10℃/min）分别为 2%(288℃)、5%(325℃)、10%(360℃)。天津市联瑞化工有限公司的卤代双磷酸酯化合物 RDP 的物性指标为：磷含量为 10%～12%，酸值≤0.5mg KOH/g，水分≤0.15%，黏度（25℃）为 600～800mPa·s，相对密度（25℃）为 1.30～1.31。美国科聚亚公司的同类产品 Reofos RDP 其 25℃黏度为 400～800mm²/s(525～1050mPa·s)。

特性及用途

五苯基二磷酸酯是低聚芳香族磷酸酯阻燃剂，具有高磷含量、高分子量和低挥发性，其毒性低，热稳定性好，耐水解能力强，增塑效应低，阻燃效果优良。它主要用于工程塑料如改性聚苯醚、PC/ABS 共混物，以及聚氨酯泡沫塑料（高回弹泡沫和模塑泡沫）。特别使用于汽车和家居制品，它具有良好的热稳定性和长时间阻燃性能，并能防止焦烧现象。

密度为 30～32kg/m³ 的聚醚型聚氨酯软泡中 RDP 用量为 8 质量份/100 质量份聚醚，可达到 MVSS 302 试验 SE 阻燃等级。由于其极低的挥发性，不产生烟雾。与无阻燃剂同类泡沫对比，加 RDP 的泡沫具有更低的烟雾性。美国科聚亚公司对其产品 Reofos RDP 只推荐用于 TPU，没有推荐用于软和硬质聚氨酯泡沫塑料。

生产厂商

天津市联瑞化工有限公司，江苏雅克科技股份有限公司，浙江万盛股份有限公司，山东兄弟科技股份有限公司（原寿光市海洋化工有限公司），以色列 ICL 集团工业产品公司，美国科聚亚公司等。

7.2.2.4 其他芳香族磷酸酯阻燃剂

美国科聚亚公司称其双酚 A 双(二苯基磷酸酯)或四苯基双酚 A 二磷酸酯［英文名 bisphenol A bis-(diphenyl phosphate)］产品 Reofos BAPP 适用于 TPU，天津市联瑞化工有限公司称可用于聚氨酯泡沫塑料，其他公司的未指明。该阻燃剂黏度为 13000mPa·s(25℃)，或 120～200mPa·s(80℃)。

对苯二酚双(二苯基磷酸酯)是间苯二酚双(二苯基磷酸酯)即 RDP 的同分异构体，具有相同的分子量，也属于无卤多芳基磷酸酯，浙江万盛股份有限公司的产品牌号为 WSFR-PX220，CAS 编号为 51732-57-1，为白色粉末，熔点≥90℃，TPP 含量≤3.0%(质量分数)，主要用于聚碳酸酯、ABS 等工程塑料的阻燃剂。

阻燃剂 DOPO 化学名称为 9,10-二氢-9-氧杂-10-磷杂菲-10-氧化物，英文名为 6H-dibenz (C,E)(1,2)oxaphosphorin-6-oxide，属于磷菲类环状磷酸酯以及有机磷类杂环化合物，具有较高的热稳定性、抗氧化性和优良的耐水性，主要用于聚酯纤维、聚氨酯泡沫塑料、尼龙、热固性树脂及胶黏剂等。由于该阻燃剂有磷-碳键，阻燃性能比一般磷酸酯更好，具有环保、不迁移和阻燃性能持久的特点。它可用于环氧树脂的反应型阻燃剂。另外它可防止聚合物的变色，例如添加 DOPO 可以防止聚氨酯等材料由光和热引起的黄变。DOPO 结构式如下：

江苏汇鸿金普化工有限公司主导产品为磷系环保阻燃剂 DOPO 及其衍生物，其 DOPO 纯度≥99%。该公司阻燃剂 DOPO-DDP 的化学名为 [(6-氧-(6*H*)-二苯并-(CE)(1,2)-氧膦杂己环-6-酮)甲基]-丁二酸，纯度≥99%，用于聚酯的反应型阻燃剂，也可用于聚氨酯泡沫塑料、热固性树脂等的添加型阻燃剂，特性与 DOPO 的相同。

BDP 和 DOPO 系列阻燃剂的化学参数及典型物性见表 7-13。

表 7-13　BDP 和 DOPO 系列阻燃剂的化学参数及典型物性

项　目	指　标			
牌号或缩写	BDP 或 BAPP	DOPO	DOPO-DDP	DOPO-HQ
分子式	$C_{39}H_{34}O_4P_2$	$C_{12}H_9O_2P$	$C_{17}H_{15}O_6P$	$C_{18}H_{13}O_4P$
分子量	628.6	216.2	346	324
CAS 编号	5945-33-5,181028-79-5	35948-25-5	63562-33-4	99208-50-1
磷含量/%	8.9	14.3	8.96	9.6
外观	无色液体	白色粉末	白色固体	白色固体
密度(20℃)/(g/mL)	1.25～1.27	—	—	—
熔点/℃	—	≥116℃	188～194	247～253
水溶性	不溶	不溶	—	—

生产厂商

美国科聚亚公司（BDP 牌号 Reofos BAPP），天津市联瑞化工有限公司（BDP），浙江万盛股份有限公司（BDP，DOPO），江苏雅克科技股份有限公司（BDP），山东兄弟科技股份有限公司（BDP），以色列 ICL 集团工业产品公司（牌号 Fyrolflex BDP），山东省寿光卫东化工有限公司（DOPO），江苏汇鸿金普化工有限公司（DOPO 系列），山东默锐化学有限公司（BDP，DOPO），山东铭杉精细化工有限公司（DOPO），浙江省联化科技股份有限公司（DOPO），德国 Schill＋Seilacher 公司等。

7.2.3　结构式不详的几种磷酸酯阻燃剂

部分不知具体化学结构式的磷酸酯阻燃剂（部分为混合物）产品的典型物性见表 7-14。

表 7-14(a) 部分无卤磷酸酯（混合物）阻燃剂的典型物性

阻燃剂牌号	磷含量 /%	黏度 /mPa·s	相对密度	酸值 /(mg KOH/g)≤	水分 /%≤	厂家
CA-117	8.6	300～400	1.360±0.050	0.2	0.1	淳安助剂
FR-101	14	—	1.15～1.23	0.1	0.1	河北振兴
FR-PU1#	≥20	1.6	1.0～1.18	—	—	雅尔利
WSFR-117HF	>9.6	100～150	1.200±0.005	0.2	0.1	万盛
FR-PUG	NA	—	1.2～1.3	—	—	雅尔利
Fyrol A710	8.5	70	1.18	0.1	0.1	ICL IP
Fyrol HF-4	8.5	70	1.18	0.1	0.1	ICL IP，万盛
Fyrol HF-5	14	900	1.30	1.0	0.1	ICL IP

注：表中厂家详名：浙江省淳安助剂厂，河北振兴化工橡胶有限公司，南通雅尔利阻燃材料有限公司，浙江万盛股份有限公司，以色列 ICL 工业产品公司。Fyrol HF-4 和 HF-5 的 2%/5%/10%热失重的温度分别为 215℃/235℃/250℃、174℃/212℃/252℃。

表 7-14(b) 部分无卤磷酸酯（混合物）阻燃剂的特性及用途

牌　　号	特 性 及 用 途
CA-117	较高分子量的磷酸酯，适用于汽车、家具用聚氨酯软泡的阻燃，具有较好的抗焦芯性，良好的热稳定性和持久性，并且能降低制品成本
FR-101	是甲基膦酸二甲酯的复合物，含磷量高，黏度小，阻燃性能优良，应用于聚氨酯、不饱和聚酯树脂等材料
FR-PU1#	环保阻燃剂，用于软硬聚氨酯泡沫、泡沫填缝剂和其他树脂的阻燃，建议用量 8～15 质量份，可与三氧化二锑或者硼酸锌配合以提高阻燃效率
FR-PUC	适用于热塑性聚氨酯的无卤环保阻燃剂。建议添加量为 15%～20%，达到 UL94 V-0 级
FR-PUG	环保型阻燃剂，固含量≥40%，特别适用于 PU、PVC 人造革等，建议添加量为 6%～15%，达到 UL94 V-0 级阻燃
WSFR-117HF	无卤磷酸酯混合物添加型阻燃剂，具有高的阻燃性能和极佳的抗黄芯性能。可作为家具、汽车等聚氨酯软质泡沫材料的阻燃剂
Fyrol A710	专有的无卤磷酸酯，用于 PU 软泡，可通过汽车 MVSS302 和家具 CA117 阻燃测试，低黄变、低烧芯，良好的压缩变形和 IFD 性能，耐水解，低挥发/低雾化。推荐用于织物复合聚酯型聚氨酯软泡
Fyrol HF-4 WSFR-HF-4	专有的稳定化无卤阻燃剂，主要成分可能是叔丁基化芳基磷酸酯，用于 PU 软泡，低黏度，低烧芯，低雾化
Fyrol HF-5	专有的高分子量磷酸酯混合物，用于 PU 软泡，可通过汽车 MVSS302 和家具 CA117 阻燃测试，低黏度，低雾化

7.3 卤代烃及其他含卤素添加型阻燃剂

7.3.1 十溴二苯醚和十溴二苯乙烷

十溴二苯醚别名为十溴联苯醚。

十溴二苯醚英文名：decabromodiphenyl oxide。

十溴二苯乙烷英文名：decabromodiphenyl ethane。

十溴二苯醚分子式为 $C_{12}Br_{10}O$，分子量为 959.2。理论溴含量为 83.3%。CAS 编号为 1163-19-5。

十溴二苯乙烷分子式为 $C_{16}H_4Br_{10}$，分子量为 971.2。理论溴含量为 82.3%。CAS 编号为 84852-53-9。

结构式：

物化性能

十溴二苯醚为白色（或微黄色）可自由流动状粉末，粒径一般小于10μm，相对密度为3.2，熔程为300～310℃，挥发分小于0.1%，分解温度为425℃。不溶于水、甲苯、二氯甲烷、甲乙酮。

美国科聚亚公司的DE-83R是高纯度十溴二苯醚，溴含量为83%，真密度为3.3g/cm^3，粉体松密度（堆积密度）为1.07g/cm^3，粉体压实密度为1.42g/cm^3，平均粒径小于4μm。苏州市晶华化工有限公司的十溴二苯醚典型物性：白色粉末，总溴含量≥82.5%，细度≤20μm，水分≤0.005%，熔点≥300℃。以色列ICL集团工业产品公司的十溴二苯醚FR-1210（DECA）纯度≥97%，溴含量为83%，熔点为305℃。

美国科聚亚公司的Firemaster 2100R是十溴二苯乙烷，溴含量为81%～82%，熔程为348～353℃，真密度为3.2g/cm^3，粉体松密度为1.19g/cm^3，粉末压实堆积密度为1.39g/cm^3，不溶于水和常规有机溶剂。

特性及用途

十溴二苯醚和十溴二苯乙烷分子中都分别有10个溴原子取代了苯环上的氢，其溴含量高达81%～83%，阻燃效能高，热稳定性好。

它们是热塑性及热固性聚合物（塑料、橡胶、涂料等）的添加型阻燃剂，可用于聚氨酯。科聚亚公司推荐它们用于TPU以及PU泡沫塑料。ICL公司推荐十溴二苯醚可用于PU软泡和硬泡。

生产厂商

美国科聚亚公司，以色列ICL集团工业产品公司，美国雅保公司，青岛市海大化工有限公司，山东天一化学股份有限公司，山东省潍坊大成盐化有限公司，济南泰星精细化工有限公司，苏州市晶华化工有限公司，济南金盈泰化工有限公司，莱州市莱玉化工有限公司，山东省寿光卫东化工有限公司等。

7.3.2 三溴苯酚、四溴双酚A及四溴双酚A衍生物

三溴苯酚化学名称：2,4,6-三溴苯酚。简称：TBP。英文名：2,4,6-tribromophenol。分子式为$C_6H_3Br_3O$，分子量为330.8，理论溴含量为72.5%。CAS编号为118-79-6。

四溴双酚A简称，英文名：tetrabromobisphenol-A。简称：TBBA。分子式为$C_{15}H_{12}Br_4O_2$，分子量为543.7，理论溴含量为58.8%。CAS编号为79-94-7。

四溴双酚A双(2,3-二溴丙基醚)，别名八溴醚，英文名tetrabromobisphenol A bis(2,3-dibromopropyl ether)，分子式为$C_{21}H_{20}Br_8O_2$，分子量为943.6，CAS编号为21850-44-2。

四溴双酚A双(烯丙基)醚简称四溴醚(TBE)。分子式为$C_{21}H_{20}Br_4O_2$，分子量为624.0，CAS编号为25327-89-3。

结构式：

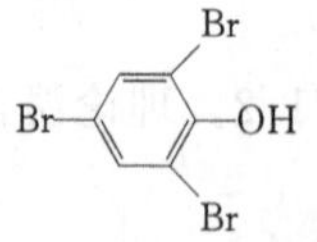

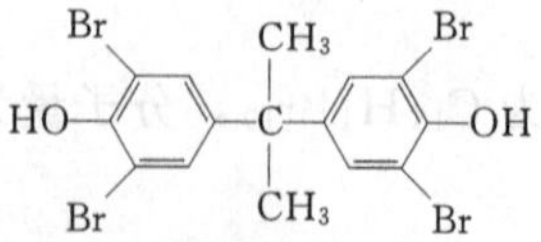

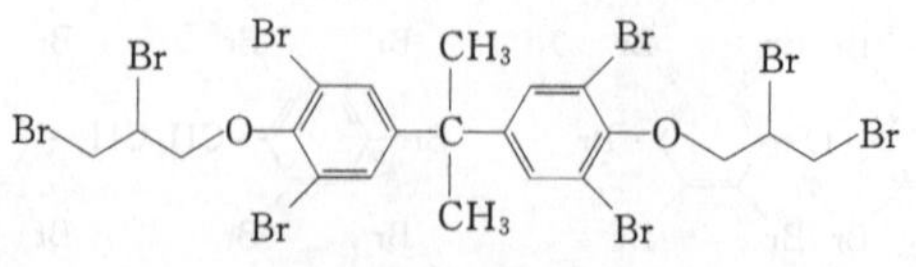

物化性能

都是白色结晶性粉末（或颗粒）。

三溴苯酚不溶于水，溶于有机溶剂。

四溴双酚A熔点为184℃，不溶于水，溶于丙酮、乙醇和甲醇，难溶于苯。八溴醚溶于二氯甲烷、丙酮、甲苯，而不溶于水和甲醇。

它们的典型物性见表7-15。

表7-15　三溴苯酚、四溴双酚A及其衍生物阻燃剂的典型物性

项　目	化学名及牌号				
	三溴苯酚 FR-613	四溴双酚A FR-1524	四溴双酚A BA-59P	八溴醚 PE-68	四溴醚
纯度/%	99.8	99	—	—	—
溴含量/%	72	58.5	59	68	≥51
真密度/(g/cm³)	2.55	2.17	—	2.2	1.68
松密度/(g/cm³)	—	—	0.96	0.76	—
压实密度/(g/cm³)	—	—	1.36	1.10	—
熔点(熔程)/℃	93	181	179～184	106～120	115～120
水分/%	0.2	0.08	—	—	—
厂家	ICL IP	ICL IP	Chemtura	Chemtura	—

以色列ICL集团工业产品公司的三溴苯酚FR-613的热失重5%、10%的温度分别是120℃、132℃，四溴双酚A FR-1524的热失重2%、5%、10%的温度分别是262℃、284℃和301℃。

特性及用途

三溴苯酚、四溴双酚A主要用于环氧树脂、聚碳酸酯、酚醛树脂等的阻燃剂或中间体，也可用作聚氨酯的添加型阻燃剂。它们所含的酚羟基对于聚氨酯反应活性不大，可用作聚氨酯的添加型阻燃剂。在加工温度下具有良好的热稳定性。三溴苯酚还是一种真菌杀灭剂和木材防腐剂。

四溴双酚A双(2,3-二溴丙基醚)即八溴醚主要用于聚丙烯等聚烯烃塑料，也可用于TPU等的阻燃。四溴醚也可用于TPU等的阻燃剂。

生产厂商

莱州市莱玉化工有限公司（TBP、八），潍坊汇韬化工有限公司（TBP），济南市鲍山化工厂（TBP），以色列ICL集团工业产品公司（TBP、TBBA、八），青岛市海大化工有限公司（TBBA），山东寿光市科锐海洋化工有限公司（TBBA），美国科聚亚公司（TBBA，四），山东兄弟科技股份有限公司（TBP、TBBA、四、八），山东天一化学股份有限公司（TBP、TBBA、八），石家庄齐博化工有限公司（四、八），连云港海水化工有限公司（TB-BA、四、八），山东寿光神润发海洋化工有限公司（TBP、TBBA、四、八），山东莱央子盐场（八）等。

7.3.3 四溴苯酐衍生物及磷溴复合添加型阻燃剂

美国科聚亚公司（Chemtura）的四溴苯酐的衍生物有多种。

美国科聚亚公司的DP-45是四溴苯二甲酸二异辛酯，CAS编号为26040-51-7，分子量为706.1，溴含量为45%，25℃时黏度为1800mPa·s，25℃时密度为1.6g/cm³，不溶于水。

美国科聚亚公司的Firemaster BZ-54、BZ-54HP也是四溴苯酐的衍生物。其中BZ-54的

溴含量54%，黏度约为500mPa·s，25℃时密度为1.7g/cm³；BZ-54HP溴含量为42.5%，25℃时密度为1.54g/cm³。它们不溶于水（在水中溶解度≤0.1%），溶于甲苯、甲乙酮、二氯甲烷。

DP-45、Firemaster BZ-54和BZ-54HP推荐用于软质聚氨酯泡沫塑料，具有以下特点：黏度低，可作为阻燃增塑剂，在汽车雾化测试中具有低挥发性，优异的水解稳定性，制得的阻燃软泡在California 117阻燃测试中不闷烧，改善火焰复合的粘接性，有助于改善高回弹软泡的低压缩硬度问题。BZ-54和BZ-54HP还建议可用于TPU。

科聚亚有几种用于聚氨酯软泡的含溴含磷阻燃剂是四溴苯酐酯与异丙基化三芳基磷酸酯、三苯基磷酸酯等的混合物。Firemaster 552中还含有相容剂。均不溶于水。它们主要用于聚氨酯软泡的阻燃。它们的典型物性见表7-16。

表7-16　美国科聚亚公司的几种含溴含磷复合阻燃剂的典型物性

牌号	溴含量/%	磷含量/%	黏度/mPa·s	相对密度
Firemaster 550	27.1	4.3	120(25℃)	1.4
Firemaster 552	27.0	4.3	170(25℃)	1.4
Firemaster 600	27.1	4.0	322(20℃)	1.37
Firemaster 602	26.85	4.1	315(20℃)	1.37

7.3.4　其他含卤添加型阻燃剂

（1）三(2,3-二溴丙基)聚异氰脲酸酯　简称TBC、TAIC-6B。分子式为$C_{12}H_{15}Br_6O_3N_3$，分子量为728.7。CAS编号为52434-90-9。白色结晶粉末，溴含量约为66%（≥65%），相对密度为2.50，酸值小于0.5mg KOH/g；熔点范围为100～110℃；分解温度≥220℃，265℃热失重5%，不溶于水和烷烃，溶于酮、芳烃、卤代烃溶剂。它可用于聚氨酯泡沫。国内厂家有山东省寿光卫东化工有限公司、湖南以翔化工有限公司、山东兄弟科技股份有限公司等。

结构式：

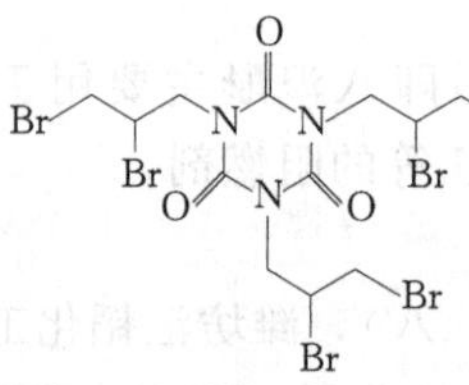

（2）溴化环氧树脂　CAS编号为68928-70-1，分子量为700～50000，白色或浅黄色粉末，溴含量为48%～54%，软化点范围为70～175℃。不溶于水、丁酮等，不同分子量的溴化环氧树脂是工程塑料用阻燃剂。它具有较高的热稳定性、耐热老化。以色列ICL集团工业产品公司的溴化环氧树脂F-2400E，溴含量典型值为53%（52%～54%），分子量为3.2万（3万～3.5万），软化点为145～155℃，2%失重温度为339℃。该公司推荐其可用于TPU，它与热塑性聚氨酯具有很好的相容性，可以用于TPU薄膜。

（3）溴化聚苯乙烯　溴化聚苯乙烯依据其合成途径分别命名为溴化聚苯乙烯和聚溴化苯乙烯，前者是通过对聚苯乙烯进行溴化来完成的。工业溴化聚苯乙烯一般为灰白色粉末，高分子量产品的熔点为230～260℃，软化点为210～230℃，溴含量为68%～69%，密度约为2.8g/cm³。美国科聚亚公司的聚二溴苯乙烯PDBS-80，CAS编号为148993-99-1。分子量约为6万，溴含量为59.0%，T_g=144℃，粉末堆积松密度为1.11g/cm³，压实密度约为1.9g/cm³。科聚亚推荐PDBS-80可用于TPU阻燃，但对另一种聚二溴化苯乙烯Firemaster

PBS-64HW，并未推荐用于聚氨酯。ICL 也为聚氨酯的阻燃推荐其溴化聚苯乙烯产品 FR-803P（CAS 编号 88497-56-7、溴≥66%）。

国内厂家有山东润科化工股份有限公司、青岛市海大化工有限公司、山东兄弟科技股份有限公司等。

（4）聚二溴苯醚 CAS 编号 69882-11-7。灰白色粉末，熔点≥210℃，由于是聚合物，热稳定性高，相容性好，加入树脂中不降低树脂的力学性能，主要用于 PBT、PET、HIPS、ABS、PU、PPO 等工程树脂中。

（5）其他 卤化石蜡类阻燃剂最大的优点是价格低廉，缺点是易使泡沫中心烧焦，且受热易分解。

五溴二苯醚（CAS 编号为 32534-81-9）分子量为 565，理论溴含量为 70.7%，因欧盟等国家禁用，国外也没有生产，这里不作介绍。

7.4 三聚氰胺及其盐类

7.4.1 三聚氰胺

化学名称：2,4,6-三氨基均三嗪。

别名：蜜胺，美耐明，三氨三嗪，蛋白精等。

英文名：melamine；2,4,6-triamino symtriazine；1,3,5-triazine-2,4,6-triamine；2,4,6-triamino-1,3,5-triazine；cyanuramide；s-triaminotriazine。

分子式为 $C_3N_6H_6$，分子量为 126.1，理论含氮量为 66.6%。CAS 编号为 108-78-1。

结构式：

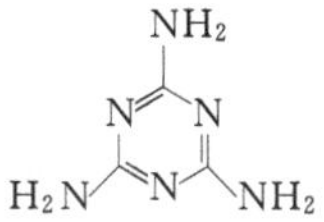

NH_2
N N
H_2N N NH_2

物化性能

白色单斜结晶或白色粉末。在常压下，当温度超过 150℃时表现出升华性，升华温度为 300℃。熔点为 354℃，相对密度为 1.537，堆密度为 0.70～0.95g/cm^3。

三聚氰胺微溶于水（20℃，0.33%），水溶液为弱碱性，pH 值为 7.4～9.2。在水中的溶解度随着温度的升高而逐渐上升。微溶于二乙醇胺、三乙醇胺、甘油、热乙二醇；不溶于乙醇、乙醚、四氯化碳。

三聚氰胺产品指标执行 GB/T 9567—1997。工业一级品含量≥99.0%，水分≤0.2%；优等品纯度≥99.8%，水分≤0.1%。

三聚氰胺低毒，急性经口中毒数据（大鼠）LD_{50}＝3248mg/kg。

台湾帝王化学工业有限公司供应（上海昆晶工贸有限公司代理）的“美耐明”环保型聚氨酯专用阻燃粉，是一种超细粒径的白色结晶粉末，主成分是三聚氰胺，细度为 400 目，熔点为 354℃，杂质含量≤0.15%，水分≤0.1%，灰分≤0.01%，溶解度（20℃水）≤0.3g/100mL，pH 值为 8.0～9.5 相对密度为 1.60。

制法

一般以尿素为原料、氨气为流化介质，使微球硅胶（催化剂）呈流态化状态，进行气固相催化反应，生成三聚氰胺。

特性及用途

三聚氰胺是一种含杂环的化合物，是高档塑料、涂料、胶黏剂、助剂的基础原料，三聚氰胺最主要的用途是作为生产三聚氰胺-甲醛树脂（MF）的原料。少量用于阻燃剂，例如它可制备三聚氰胺盐阻燃剂，用于尼龙等热塑性塑料的阻燃。

三聚氰胺可以微细粉末的方式用作连续发泡、间歇箱式发泡和模塑发泡聚氨酯软质泡沫塑料的固体阻燃剂，在生产 PU 泡沫塑料的过程中，三聚氰胺没有参与化学反应，而是以细微的分散颗粒形式机械地混入泡沫塑料中。点燃时主要通过分解吸热，释放出不燃性气体从而使泡沫塑料具有阻燃性。用于软泡填料兼阻燃剂的三聚氰胺必须是微细粉末，例如在 400 目左右的粒径，普通三聚氰胺需研磨成微细颗粒，再加入聚醚多元醇中，配成悬浮液使用，进行发泡。它多用于各种软泡（俗称海绵）的阻燃，可以有效提高软泡的着火温度，消除燃烧时的滴落现象，有效降低燃烧发烟量，使原来的浓浓黑烟变成淡淡的白烟。还能弥补阻燃海绵硬度损失，减轻海绵“黄芯”现象。

三聚氰胺在聚醚中具有很好的分散性和相容性，配合使用液态阻燃剂（如反应型阻燃剂 FR-780 等）即可使 PU 软泡垫材等达到英国 BS 5852、美国 CAL117、UL-94、MVSS302 高阻燃要求。

三聚氰胺添加量不宜超过 60 质量份。对于 25 质量份以上的用量，建议调整催化剂来平衡发泡和交联反应过程。

三聚氰胺还可用于制造具有阻燃特性的含氮聚合物多元醇。

生产厂商

荷兰帝斯曼公司（DSM），川化集团有限责任公司，河南豫华精细化工有限公司（中原大化集团有限责任公司控股），河南宇星三聚氰胺有限公司（中原大化控股），福建三钢（集团）三明化工有限责任公司，中国石化股份公司金陵分公司化肥厂，中盐安徽红四方股份有限公司，河南濮阳市三安化工有限公司，江苏新亚化工集团公司等。

7.4.2 三聚氰胺盐阻燃剂

三聚氰胺可与聚磷酸铵等组成盐类衍生物，三聚氰胺氰尿酸盐、三聚氰胺单磷酸盐、聚磷酸三聚氰胺、焦磷酸三聚氰胺都可用于聚氨酯（包括 TPU）的阻燃。

7.4.2.1 氰尿酸三聚氰胺

别名：三聚氰胺氰尿酸盐、三聚氰胺尿酸酯。

英文名：melamine cyanurate 等。

简称：MC、MCA。

分子式为 $C_6H_9N_9O_3$，分子量为 255.2。CAS 编号为 37640-57-6，EINECS 号为 253-575-7。

结构式：

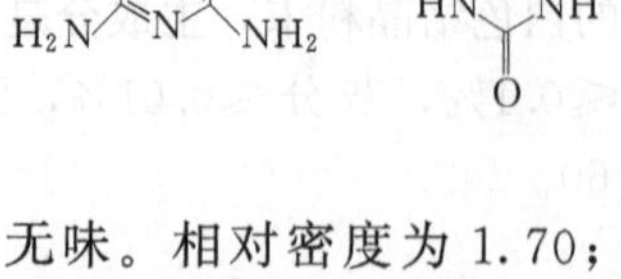

物化性能

白色微细结晶粉末，无毒，无味。相对密度为 1.70；在常压下，350℃吸热分解，升华。不溶于水，可溶于乙醇、甲醛等有机溶剂。化学性质很稳定，氰尿酸三聚氰胺呈弱酸性，不燃。工业品纯度一般≥99.5%，有不同粒径的产品，例如寿光卫东化工公司 MCA 氰尿酸三聚氰胺的粒径 D_{50}(平均粒径)≤2μm、D_{98}≤8μm，MC15 型粒径 D_{50}≤2.5μm、D_{98}≤15μm，MC25 型粒径 D_{50}≤4μm、D_{98}≤25μm，MC50 型 D_{50}≤4μm、D_{98}≤50μm。以色列

ICL 集团工业产品公司的氰尿酸三聚氰胺产品 FR-6120 纯度约为 99.5%，残留三聚氰胺≤0.1%，残留氰尿酸≤0.1%，水分≤0.15%，1%失重的温度为 300℃，5% 失重的温度为 340℃，其中 FR-6120 粉末产品松密度为 0.30～0.40g/cm³，D_{50} 粒径约为 2.5μm，D_{98} 粒径为 12～17μm；颗粒产品平均粒径为 0.5～1.5mm，堆积密度为 0.6g/cm³。

特性及用途

氰尿酸三聚氰胺是三聚氰胺与氰尿酸形成的盐，三聚氰胺氰尿酸盐具有比纯三聚氰胺更高的热稳定性，在 320℃还保持稳定，因此常用作高效阻燃剂和润滑剂。它属于高效膨胀型阻燃剂，高温时脱水成炭，燃烧时释放氮气、二氧化碳和水，并且产生不燃烧的滴落物，减少与火焰接触。它不含卤素、无腐蚀作用、符合欧盟环保指令要求。主要用作聚酰胺的无卤阻燃剂，其他一些聚合物如聚酯、聚氨酯泡沫塑料、热塑性聚氨酯、环氧树脂、聚苯乙烯、聚烯烃和涂料中，与其他协效剂共同使用，效果也很显著。其他应用包括润滑油和胶黏剂。

以色列 ICL 集团工业产品公司的 FR-6120 推荐用于 TPU，其熔体流动性优异，与 TPU 具有很好的相容性，具有高光稳定性和热稳定性，阻燃效率高，低烟，成本较低。

生产厂商

青岛市海大化工有限公司，山东省寿光卫东化工有限公司，杭州捷尔思阻燃化工有限公司，南通意特化工有限公司，以色列 ICL 集团工业产品公司等。

7.4.2.2 三聚氰胺(聚)磷酸盐

磷酸、焦磷酸及多聚磷酸都可与三聚氰胺形成盐，它们是磷-氮复合协同阻燃剂，属于环保型膨胀阻燃剂。它们的结构式为：

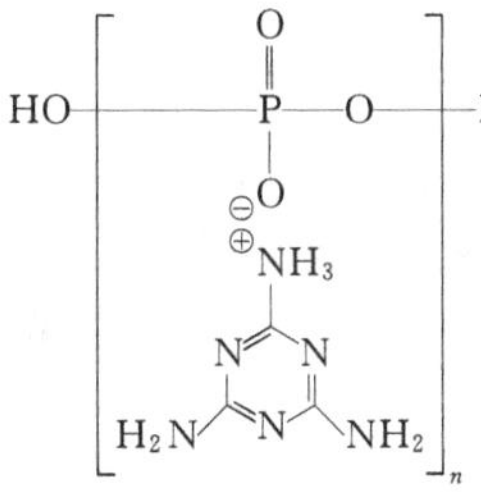

$n=1$ 为磷酸三聚氰胺（英文名 melamine phosphate，又称蜜胺磷酸盐，简称 MP，分子式为 $C_3H_6N_6O_4P$，分子量为 221.1，CAS 编号为 20208-95-1），$n=2$ 为焦磷酸三聚氰胺，$n>2$ 为聚磷酸三聚氰胺。它们的热稳定性按磷酸三聚氰胺、焦磷酸三聚氰胺、聚磷酸三聚氰胺次序递增，在 200℃左右磷酸三聚氰胺脱水变成焦磷酸三聚氰胺，在 260℃左右焦磷酸三聚氰胺脱水吸热，生成聚磷酸三聚氰胺。

焦磷酸三聚氰胺英文名为 melamine pyrophosphate，分子式为 $C_6H_{16}N_{12}P_2O_7$，分子量为 430.2，CAS 编号为 15541-60-3。简称 MPY，又称焦磷酸蜜胺、三聚氰胺焦磷酸酯、三聚氰胺焦磷酸盐。为白色晶状固体粉末，氮含量约为 38%，P_2O_5 含量约为 33%，水分<0.25%，熔点为 320℃，pH 值（25%悬浮液）为 3～5，纯度>98%，20℃水溶性<0.3%，300℃失重<0.5%。其加工温度可达到 300℃，燃烧时产生的烟密度很低。它既可以单独作为阻燃剂使用，也可以作为辅助型阻燃添加剂，广泛用于各种工程树脂、热塑性塑料、合成橡胶、防火涂料等。

聚磷酸三聚氰胺、三聚氰胺聚磷酸盐（melamine-polyphosphate）简称 MPP，CAS 编号为 218768-84-4，白色晶状固体粉末。

合肥精汇化工研究所研制开发的无卤阻燃剂 MP，为白色晶状粉末，通过 50μm 粒径的

≥99%，氮含量≥36.0%，磷含量≥12.0%，水分≤0.5%，pH 值为 3.0～6.0。山东省寿光卫东化工有限公司的无卤环保阻燃剂 FR-MP 也是三聚氰胺磷酸盐，其氮含量≥36.0%，磷含量≥12.0%。其无卤环保阻燃剂 FR-NP 是聚磷酸三聚氰胺，含磷量为 15.0%±1.0%，粒度≤25μm，密度约为 1.6g/cm³，堆积密度约为 0.5g/cm³，水分≤0.2%，分解温度≥330℃。

南通意特化工有限公司的磷酸三聚氰胺 Melanic MP 可应用于热塑性工程塑料、聚烯烃、橡胶和发泡型防火涂料，可以部分替代 APP。

普塞呋（清远）磷化学有限责任公司的 Preniphor EPFR-400A 阻燃剂据称是由三聚氰胺聚磷酸盐和有机次膦酸盐组成，为白色微细粉末，主要用于 TPU 的阻燃剂。

生产厂商

青岛市海大化工有限公司，杭州捷尔思阻燃化工有限公司，南通意特化工有限公司，合肥精汇化工研究所，山东省寿光卫东化工有限公司等。

7.5 反应型阻燃剂

聚氨酯所用的反应型阻燃剂多为各种液态及固态的含磷、氮或（和）卤素的阻燃多元醇等。反应型阻燃剂作为一种反应成分参与反应，使聚氨酯本身含有阻燃成分，具有对材料性能影响小、阻燃效果稳定等特点。含磷异氰酸酯也是反应型阻燃剂，但产品罕见。

有一类含三聚氰胺等阻燃成分的聚合物聚醚多元醇，属于阻燃聚醚多元醇，不属于少量使用的阻燃剂，不在此介绍。

7.5.1 含磷多元醇

7.5.1.1 三(一缩二丙二醇)亚磷酸酯

英文名：tris (dipropyleneglycol) phosphite 等。

三(一缩二丙二醇)亚磷酸酯是含磷多元醇阻燃剂，也是一种特殊的烷基亚磷酸酯稳定剂。

分子式为 $C_{18}H_{39}O_9P$，分子量为 430.5。CAS 编号为 36788-39-3、26259-91-6，EINECS 号为 253-211-7。

结构式：

$$P(OCHCH_2OCH_2CH-OH)_3 \quad (\text{两个 CH 上各带 } CH_3)$$

物化性能

磷含量理论值为 7.2%，羟值为 395mg KOH/g。无色透明液体，低毒，急性经口中毒数据（大鼠）LD_{50}>10g/kg。无腐蚀性。

三(一缩二丙二醇)亚磷酸酯溶于多元醇和大多数有机溶剂，易溶于水，在水存在下可发生水解。

美国科聚亚公司（原属美国 GE 特殊化学品公司）这种亚磷酸酯多元醇牌号为 Weston 430，其典型性能为：

项目	指标	项目	指标
外观	透明液体	黏度(38℃)	42.2 mPa·s
色度(Pt-Co)	≤50	磷含量	7.2%
酸值	≤0.20mg KOH/g	沸点(1.33kPa)	145℃
折射率(25℃)	1.4600～1.4635	闪点(Pensky-Martens 闭杯)	118℃
密度(25℃)	1.088～1.098g/mL		

国内有沧州威达化工公司生产该品种产品，牌号为 P430。其技术指标为：外观无色透明液体，磷含量（理论值）为 7.2%，相对密度（20℃）为 1.09～1.13，折射率（25℃）为

1.469～1.473，酸值≤0.8mg KOH/g。

制法

三(一缩二丙二醇)亚磷酸酯可由三氯化磷与一缩二丙二醇反应制得：

$$PCl_3 + 3HOCH(CH_3)CH_2OCH_2CH(CH_3)OH \longrightarrow [HOCH(CH_3)CH_2OCH_2CH(CH_3)O]_3P + 3HCl$$

也可用亚磷酸三苯酯与一缩二丙二醇在催化剂存在下进行酯交换反应制得。

特性及用途

对于许多聚合物（包括聚酯纤维），该化合物是一种有效的热、色及黏度稳定剂，是一种抗氧剂。

在聚氨酯行业它还是含磷多羟基反应型阻燃剂，主要用于火焰复合用聚氨酯软泡的阻燃，含有 2～4 质量份本品的泡沫薄片在与纺织布火焰复合时不仅可阻燃，还可提高泡沫与布料间的黏附力，使泡沫层有热熔再固化的性能。在泡沫中加入 0.1%～0.5%，可防止烧芯和黄变。

也可用于聚氨酯硬泡的阻燃，用量可在 10 质量份（每 100 质量份聚醚）左右。

生产厂商

美国科聚亚公司（Weston 430），美国迈图高新材料公司（Niax CS-22），河北省沧州东塑集团威达化工有限公司（P430）等。

7.5.1.2 *N*,*N*-二(2-羟乙基)氨基亚甲基膦酸二乙酯

别名：*O*,*O*-二乙基-*N*,*N*-双(2-羟乙基)氨甲基膦酸酯。

英文名：*N*,*N*-bis-(2-hydroxyethyl)aminomethane phosphonic acid diethyl ester; diethyl bis(2-hydroxyethyl)aminomethylphosphonate 等。

N,*N*-二(2-羟乙基)氨亚甲基膦酸二乙酯含磷约 12.1%、含氮约 5.5%。该产品由美国 Stauffer 化学公司最早推出，牌号为 Fyrol 6，现属以色列 ICL 集团工业产品公司。德国朗盛公司产品牌号 Levagard 4090N。

分子式为 $C_9H_{22}NO_5P$，分子量为 255.2。CAS 编号为 2781-11-5，EINECS 号为 220-482-8。

结构式：

$$CH_3CH_2O-\overset{\overset{\displaystyle O}{\|}}{\underset{\underset{\displaystyle OCH_2CH_3}{|}}{P}}-CH_2N\begin{matrix} \diagup CH_2CH_2OH \\ \diagdown CH_2CH_2OH \end{matrix}$$

物化性能

黄色至褐色液体，羟值为 420～460mg KOH/g，黏度为（25℃）为 150～300mPa·s，密度（20℃）为 1.16g/cm^3。折射率（25℃）为 1.465，蒸气压（65℃）为 1867Pa。溶于水、低级醇、酮、乙二醇醚，部分溶于聚醚多元醇、邻苯二甲酸二辛酯，不溶于脂肪烃。

几个公司的 *N*,*N*-二(2-羟乙基)氨亚甲基膦酸二乙酯产品典型物性见表 7-17。

表 7-17 几个公司的 *N*,*N*-二(2-羟乙基)氨亚甲基膦酸二乙酯产品典型物性

项　目	Levagard 4090N	Fyrol 6	FRC-6	FR-lm6	WSFR-6
磷含量(质量分数)/%	12.1 计算值	12.4	12.4	12.4	NA
氮含量(质量分数)/%	NA	—	5.5	5.5	NA
相对密度(25℃)	1.160	1.160	—	1.16	1.15～1.17
黏度/mPa·s	150～200				200～300

续表

项 目	Levagard 4090N	Fyrol 6	FRC-6	FR-lm6	WSFR-6
酸值/(mg KOH/g)	≤20	6.0	≤8	6	≤6.0
水分%	~1	0.2	≤0.8	≤0.1	≤0.2
羟值/(mg KOH/g)	420~460	460	420~460	460	450±50
分子量	—	1067	—	—	
生产厂家	朗盛	ICL-IP	联美化工	联美化工	浙江万盛

制法

根据原料路线的不同，有两种较适用的合成工艺。

由二乙醇胺、甲醛（或多聚甲醛）和亚磷酸二乙酯（或亚磷酸三乙酯）在较低温度下反应，经处理，可得到目的产物。反应式如下：

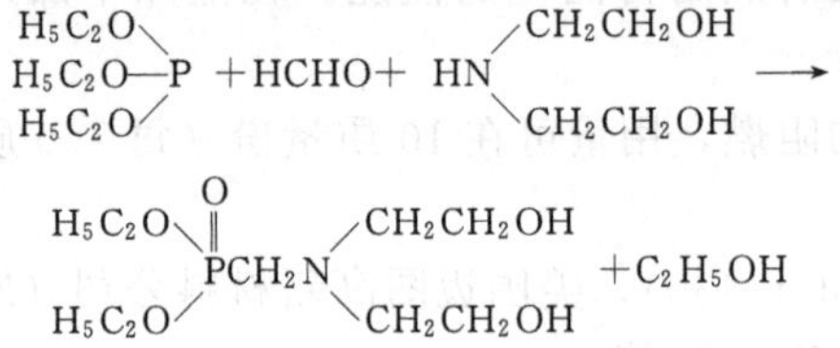

$$(H_5C_2O)_3P + HCHO + HN(CH_2CH_2OH)_2 \longrightarrow (H_5C_2O)_2P(=O)CH_2N(CH_2CH_2OH)_2 + C_2H_5OH$$

还可由亚磷酸二乙酯与3-(2-羟乙基)噁唑烷在一定条件下合成：

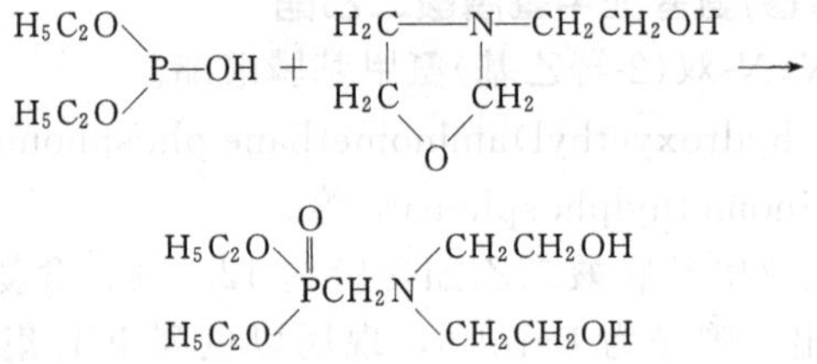

$$(H_5C_2O)_2P{-}OH + \underset{\text{3-(2-羟乙基)噁唑烷}}{H_2C{-}N(CH_2CH_2OH){-}CH_2{-}O{-}CH_2} \longrightarrow (H_5C_2O)_2P(=O)CH_2N(CH_2CH_2OH)_2$$

特性及用途

N,*N*-双(2-羟乙基)氨基亚甲基膦酸二乙酯是一种无卤反应型膦酸酯阻燃剂，因分子结构中含羟基，它可结合到许多聚合物如聚氨酯、不饱和树脂等结构中，特别适用于硬质聚氨酯泡沫塑料。它是一种反应型膦酸酯阻燃剂，在聚氨酯泡沫中可作为多元醇代替部分聚醚参与反应。以它阻燃的PU硬质聚氨酯泡沫塑料具有优异的抗湿、抗老化性能。即使在高温下也能使聚合物保持长期阻燃效果，既无阻燃剂迁移、发生烟雾，也不产生增塑效应。

当发泡配方中的磷含量高于3%时，泡沫制品的阻燃性为离火自熄。含叔氮原子，故有自催化活性。特别适用于喷涂发泡成型。

该化合物还可与氧化烯烃进行加成反应，得到分子量较大的阻燃聚醚多元醇，用于软质聚氨酯泡沫塑料的生产。

生产厂商及牌号

德国朗盛公司（Levagard 4090N），以色列ICL集团工业产品公司（Fyrol 6），浙江万盛股份有限公司（WSFR-6），青岛联美化工有限公司（FRC-6）等。

7.5.1.3 *N*,*N*-二(2-羟乙基)氨基甲基膦酸二甲酯

别名：*O*,*O*-二甲基-*N*,*N*-双(2-羟乙基)氨甲基膦酸酯。

英文名：[bis(2-hydroxyethyl)amino] methyl phosphonic acid dimethyl ester 等。

N,*N*-二(2-羟乙基)氨基甲基膦酸二甲酯是一种含磷含氮多元醇，是反应型高效阻燃剂，磷含量为13.6%，氮含量为6.2%。

分子式为$C_7H_{18}NO_5P$，分子量为227.2。CAS编号为2883-51-4。

结构式：

$$H_3CO-\overset{\overset{O}{\parallel}}{\underset{\underset{OCH_3}{|}}{P}}-CH_2N\begin{cases}CH_2CH_2OH\\CH_2CH_2OH\end{cases}$$

物化性能

深黄色透明液体，密度（25℃）为1.16g/cm³，黏度（25℃）约为170mPa·s，羟值在480mg KOH/g左右，水分为0.2%，酸值为6mg KOH/g。

制法

可由二乙醇胺、甲醛和亚磷酸二甲酯在一定条件下合成。

特性及用途

它是一种含羟基的磷酸酯，它参与聚氨酯泡沫反应，能提供持久的阻燃性。本产品主要应用于聚氨酯硬泡的阻燃，含FR-600的组合聚醚贮存稳定性好，可用于喷涂、浇注等应用中。

生产厂商

青岛联美化工有限公司（FR-600）等。

7.5.1.4 含磷多元醇 Exolit OP550 及 OP560

Exolit OP 550和Exolit OP 560是有机磷酸酯二醇。

结构式：

$$HO-R-O\left[\overset{\overset{O}{\parallel}}{\underset{\underset{OR}{|}}{P}}-O-R-O\right]_n\overset{\overset{O}{\parallel}}{\underset{\underset{OR}{|}}{P}}-O-R-OH$$

物化性能

Exolit OP 550和Exolit OP 560阻燃多元醇是有色透明液体，典型物性见表7-18。

表7-18 Exolit OP 550和Exolit OP 560阻燃多元醇的典型物性

项　目	Exolit OP550	Exolit OP560
磷含量/%	16.0～18.0	11.0～13.0
密度(25℃)/(g/cm³)	1.31	1.20
黏度(25℃)/mPa·s	≤3500	≤500
酸值/(mg KOH/g)	≤2	≤2
羟值/(mg KOH/g)	≤170	400～500
色度(APHA)	≤600	≤800

特性及用途

Exolit OP550和OP560无卤含磷多元醇属反应型阻燃剂，具有较高磷含量，主要用于阻燃硬质及软质（聚醚型）聚氨酯泡沫塑料的生产，产品具有高阻燃效率，因为结合到聚氨酯分子结构中，耐迁移，具有低成雾性和持久的阻燃性能。

在聚醚型聚氨酯软泡配方中每100质量份多元醇添加2～10质量份Exolit OP550，阻燃性可通过FMVSS 302自熄性试验及德国DIN 75200燃速试验，并通过德国DIN 75201成雾试验；加6～12质量份还可通过美国CA 117及德国DIN 4102 B级试验。

在使用Exolit OP550阻燃多元醇时，建议在配方中添加抗烧芯剂。Exolit OP560特别用于要求非常高的低烟雾聚氨酯软泡的阻燃。

由于磷酸酯在水存在下缓慢水解，并且 Exolit OP550、OP560 与低羟值软泡聚醚多元醇仅部分溶解，因此需在生产前分批加入。

建议用量 15～30 质量份/100 质量份多元醇。

生产厂商

德国 Clariant 公司。

7.5.2 卤代芳香族多元醇

7.5.2.1 四溴邻苯二甲酸酯二醇

英文名：tetrabromophthalate diol；2-hydroxypropyl 2-(2-hydroxyethyl) ethyl tetrabromophthalate 等。

理论分子式为 $C_{15}H_{16}O_7Br_4$，分子量为 627.9。CAS 编号为 77098-07-8、20566-35-2。

结构式：

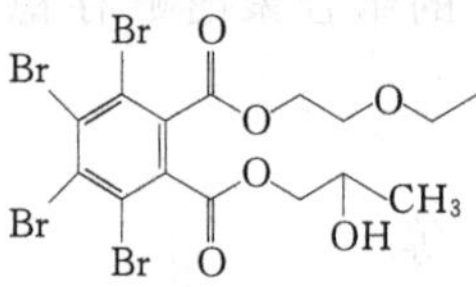

四溴邻苯二甲酸酯二醇是由 3,4,5,6-四溴-1,2-苯二酸（或四溴苯酐，四溴苯酐 CAS 编号为 632-79-1）与一缩二乙二醇及丙二醇的缩合产物，所得产物实际上是混合物。

美国 Chemtura 公司产品牌号为 PHT4 Diol（来源于原美国大湖化学公司），美国 Albemarle 公司产品牌号为 Saytex RB-79。另外，Albemarle 公司还有 Saytex RB Blends（即混合物），例如其中的 Saytex RB-7980 是 80％的 Saytex RB-79 与 20％的非反应型低黏度卤代磷酸酯的混合物。

物化性能

浅棕色黏稠液体，与多元醇及发泡剂具有良好相容性。典型物性及质量指标见表 7-19。

表 7-19 四溴邻苯二甲酸酯二醇阻燃剂的典型物性及质量指标

项　　目	PHT4 Diol	Saytex RB-79	Saytex RB-7980
外观	微褐色黏稠	琥珀色液体	琥珀色液体
黏度(25℃)/Pa·s	约 90	80～135	6～10
黏度/mPa·s	7500(50℃)	1400～2100(60℃)	—
溴含量/％	46	45	36①
密度(25℃)/(g/cm³)	1.90	1.80	1.65
热失重温度/℃			
1％重量损失	—	107	92
5％	128	165	145
10％	166	210	175
50％	319	355	308
90％	380(95％)	400	375
羟值/(mg KOH/g)	200～235	200～235	160～188
酸值(最大)/(mg KOH/g)	0.1	0.25	0.50
水分(最大)/％	0.1	0.2	0.20
溶解度(25℃)/％			
水	<0.1	<0.1	<0.1
丙酮	2.6(MEK)	>100	>100

续表

项　　目	PHT4 Diol	Saytex RB-79	Saytex RB-7980
甲醇	1.6	<0.1	<0.1
甲苯	6	>100	>100
二氯甲烷	1	—	—
HCFC-141b	—	6	6
HFC-245fa	—	23	23
CFC-11	—	<1.0	<1.0

① Saytex RB-7980 还含氯 6.5%、含磷 1.9%。

PHT4-Diol 的黏度与温度的关系如下：

温度/℃	20	50	80
黏度/mPa·s	90000	7500	500

四溴邻苯二甲酸酯二醇毒性很低，急性经口中毒数据（大鼠）LD_{50}>10g/kg。

特性及用途

四溴邻苯二甲酸酯二醇具有高溴含量，其结构中键合芳香溴的存在，使它的性质十分稳定。该产品主要用于有高阻燃要求的硬质聚氨酯泡沫塑料，泡沫具有良好的物性和经济性，抗烧芯。

该含溴二醇会结合到聚氨酯中，不仅不会像添加型阻燃剂那样使聚氨酯材料软化，对泡沫塑料尺寸稳定性无害，而且随着添加量的增加，明显改善产品的抗焦化性、发烟性和火焰蔓延性。

它也可用于 RIM 聚氨酯、弹性体、涂料、胶黏剂及纤维。

Saytex RB-7980 具有较低的黏度，改善了操作性。

生产厂商

美国科聚亚公司，美国雅保公司，南京科邦阻燃材料研究院有限公司等。

7.5.2.2　含溴多元醇 Firemaster 520

Firemaster 520 是以四溴苯酐为基础合成的二元醇，含伯羟基，高反应活性。

物化性能

溴含量为 46.0%，密度（25℃）为 1.8g/mL，酸值≤0.25mg KOH/g，羟值为 195～217mg KOH/g，其黏度（25℃）为 40Pa·s，其黏度-温度曲线如图 7-1 所示。

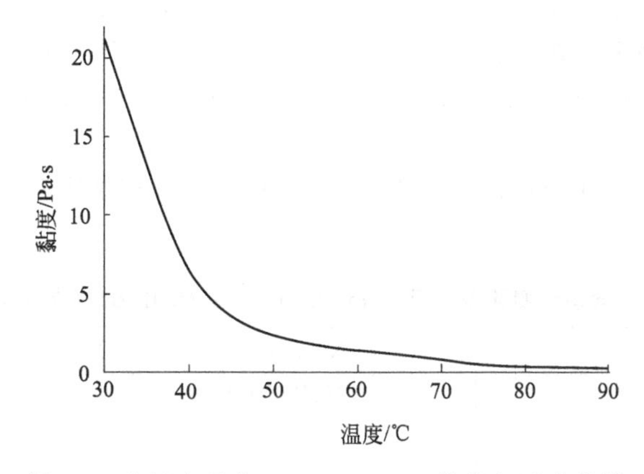

图 7-1　含溴多元醇 Firemaster 520 的黏度-温度曲线

Firemaster 520 热失重温度如下（热重分析：10mg 样品在 N_2 气氛中升温速率 10℃/min）：

失重率/%	5	10	50	95
温度/℃	150	195	332	400

特性及用途

Firemaster 520 是一种含溴多元醇，用于聚氨酯、不饱和树脂等热固性树脂的阻燃，对聚合物的物性没有负面影响。特别用于硬质 PU 及 PIR 泡沫塑料。

Firemaster 520 主要用于硬质聚氨酯泡沫塑料、RIM 聚氨酯材料、弹性体、涂料、胶黏剂和不饱和树脂。它与其他阻燃多元醇相比黏度较低，在水发泡及烃发泡聚氨酯硬泡体系具有良好相容性，它的高反应性降低了泡沫表面脆性，增加了整体一致性。用 Firemaster 520 为阻燃剂制造的聚氨酯硬泡可符合以下阻燃性及泡沫物性要求：ASTM E-84 或着色、烟道试验，DIN 4102 或 B2，ISO 2796（尺寸稳定性），ASTM C518-91（热传递）。

Firemaster 520 单独使用或与其他常规多元醇结合，可具有以下优点：使泡沫通过 ASTM E-84 Class 1 严格的低烟和火焰扩散标准；较低的黏度和更大的 HCFC-141b 溶解性，增强操作性，改善泡沫塑料的压缩强度和尺寸稳定性；Firemaster 520 的高反应性，可改善泡沫的表面固化和粘接性，降低脆性。

生产厂商

美国科聚亚公司。

7.5.2.3 四溴双酚 A 双羟乙基醚

化学名：2,2-双[4-(2-羟基乙氧基)-3,5-二溴苯基]丙烷。

简称：EOTBBA。

分子式为 $C_{19}H_{20}Br_4O_4$，分子量为 632.0，理论溴含量为 50.6%。CAS 编号为 4162-45-2，EINECS 号为 224-005-4。

它是白色粉末，熔点为 108～114℃，折射率为 1.627，密度为 1.84g/cm³。不溶于水，部分溶于甲乙酮、二氯甲烷。热失重 5%的温度为 322℃。

稳定性优异，用于 PBT 和 PET 树脂，也可用于聚氨酯的反应型阻燃剂。

7.5.3 卤代脂肪族多元醇

7.5.3.1 含溴含氯聚醚多元醇 IXOL M125 和 IXOL B251

IXOL M125 是一种卤代脂肪族聚醚二醇，由环氧氯丙烷与溴化多元醇合成而得，含溴和氯元素，官能度约为 2。CAS 编号为 86675-46-9，英文名为 halogenated polyetherpolyol。

IXOL B251 是一种复合阻燃剂，含不低于 93.5%的卤代脂肪族聚醚三醇（Solvay Fluor 公司牌号 IXOL B350，CAS 编号为 68441-62-3）和不大于 6.5%的磷酸三乙酯。

物化性能

IXOL M125 和 IXOL B251 都溶于醇、酮等有机溶剂，在水中有一定的溶解度。其典型物性见表 7-20。

表 7-20 含溴含氯聚醚多元醇 IXOL M125 和 IXOL B251 的典型物性

项 目	XOL M125	IXOL B251
外观	棕色黏稠液体	暗棕色黏稠液体
溴含量/%	32.0	31.5
氯含量/%	7.0	6.9
密度(25℃)/(g/cm³)	1.570	1.580

续表

项　　目	XOL M125	IXOL B251
黏度(25℃)/mPa·s	2900	7000
羟值/(mg KOH/g)	239	330
官能度	2	2～3
熔点(凝固点)/℃	－44～－37	＜－20
沸点/℃	＞150(分解)	＞160(分解)
闪点(开杯)/℃	198	196
酸值/(mg KOH/g)	—	＜0.3
水分/%	—	＜0.2
分子量	468	—

它们的急性经口中毒数据（大鼠）LD_{50}＝917mg/kg、1337mg/kg。

特性及用途

它们与聚醚及聚酯多元醇和磷酸酯等阻燃剂良好相容，与磷酸酯等阻燃剂具有良好协同效应。

IXOL M125 具有较低官能度，在室温具有较低的黏度，操作方便，特别适合于单组分聚氨酯泡沫和硬质 PIR 和 PU 泡沫塑料。在组合聚醚体系中具有优良的长期贮存稳定性。当然，对于不同的配方，若长期贮存，还是需检测贮存后组合聚醚或泡沫的性能是否改变的。

IXOL M125 可与聚醚多元醇与聚酯多元醇结合，得到符合德国 DIN 4102 阻燃标准 B2 级阻燃效果的单组分泡沫。Ixol M125 适合于 HCFC-141b 或戊烷发泡 PIR 硬泡，可降低异氰酸酯指数，因而降低泡沫脆性。还用于聚氨酯胶黏剂。它可与 Ixol B251 结合使用。

IXOL B251 具有中等黏度，特别适用于各种生产工艺的硬质聚氨酯泡沫塑料的阻燃。

因为阻燃元素结合到聚合物结构中，具有持久的阻燃效果。

对于异氰酸酯指数为 110 的 PU 硬泡，混合多元醇中不同 IXOL B25 用量与聚氨酯硬泡阻燃性能的关系如图 7-2 所示。

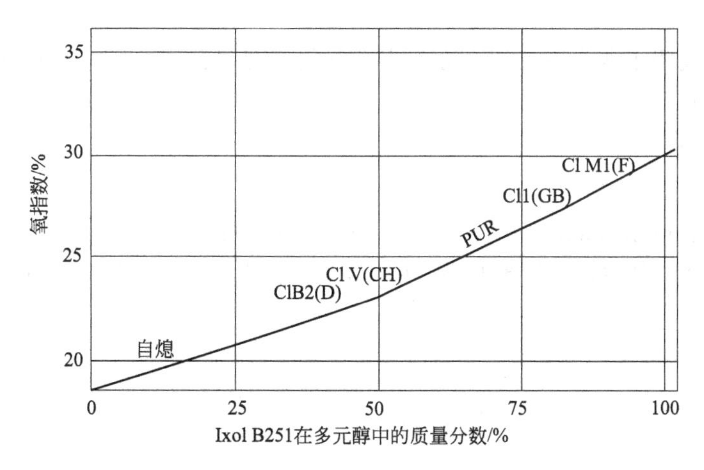

图 7-2　不同阻燃多元醇 Ixol B251 用量与聚氨酯硬泡阻燃性能的关系

生产厂商

德国 Solvay Fluor 公司等。

7.5.3.2　三溴新戊醇

简称：TBNPA。

英文名：tribromoneopentyl alcohol；pentaerythritol tribromide；3-bromo-2,2-bis(bromomethyl)propanol 等。

分子式为 $C_5H_9Br_3O$，分子量为 324.9，理论溴含量为 73.0%。CAS 编号为 1522-92-5、36483-57-5。

结构式：

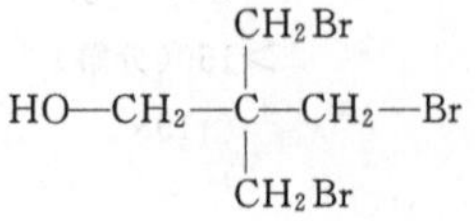

$$HO—CH_2—\underset{CH_2Br}{\overset{CH_2Br}{C}}—CH_2—Br$$

物化性能

外观白至灰色片状结晶或粉末，熔点 62～67℃，水分≤0.1%，密度（25℃）为 2.28g/cm^3，理论溴含量为 73.8%。

以色列 ICL 公司的三溴新戊醇产品牌号为 FR-513，其典型物性为：白至灰色片状结晶，溴含量为 73%，相对密度为 2.3，纯度（HPLC 法）为 97%，熔点为 65℃，水分为 0.05%，羟值为 173mg KOH/g（羟基含量 5.24%）。热失重温度（TGA，10℃/min，空气）：失重 2%、5%和 10%温度分别是 135℃、152℃和 166℃。不溶于水，溶于乙醇、甲苯等有机溶剂。

特性及用途

三溴新戊醇的主要用途是作为高分子量溴-磷阻燃剂的反应性中间体，例如可用于生产三（三溴新戊基）磷酸酯，并且它还作为聚氨酯的反应型阻燃剂。其特点是高溴含量，高阻燃效果，较高的热稳定性，不迁移。可用于有耐热、耐水解和光稳定性的场合。

三溴新戊醇易溶于多元醇和三氯丙基磷酸酯（TCPP）中，作为反应型阻燃剂，可直接用于聚氨酯泡沫塑料，通过单个羟基参加反应，形成聚氨酯分子侧基。它用于聚氨酯软泡和硬泡中都具有良好的性能。以三溴新戊醇阻燃的软泡具有优良的手感、力学性能和阻燃性。

生产厂商

以色列 ICL 集团工业产品公司，苏州市晶华化工有限公司，宜兴市中正化工有限公司，常州正和化工有限公司等。

7.5.3.3 二溴新戊二醇

简称：DBNPG、BBMP。

英文名：dibromoneopentyl glycol；2,2-bis(bromomethyl)-1,3-propandiol 等。

分子式为 $C_5H_{10}Br_2O_2$，分子量为 261.9，理论溴含量为 60.0%。CAS 编号为 3296-90-0。

结构式：

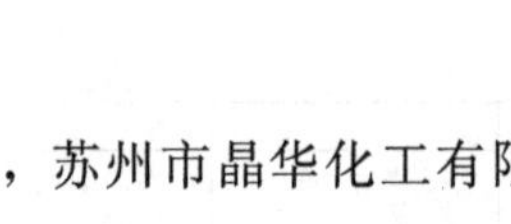

$$HO—CH_2—\underset{CH_2Br}{\overset{CH_2Br}{C}}—CH_2—OH$$

物化性能

二溴新戊二醇是灰白色粉状晶体，熔点为 109.5℃（108～114℃），溴含量为 60%～61%，密度（25℃）为 2.23g/cm^3。

以色列 ICL 集团工业产品公司的二溴新戊二醇产品牌号为 FR-522。其典型物性指标为：白色或灰白色粉末，纯度为 99%，溴含量为 60%，相对密度为 2.23，熔点为 109.5℃，水分为0.08%，羟值为420mg KOH/g(羟基含量13%)，色度（熔融)(Gardner）为3。热失重温度（TGA，10℃/min，空气)：失重2%温度为200℃，失重5%温度为225℃，失重10%时温度为245℃。在25℃下的溶解度（g/100g)：丙酮83，四氯化碳0.5，异丙醇52，水2，二甲苯0.5。100℃下二甲苯中溶解度100。

制法

二溴新戊二醇可由季戊四醇溴化、纯化而得。

特性及用途

特点是高阻燃性、光稳定性和透明性。主要用于热固性树脂如不饱和树脂、聚氨酯硬泡。二溴新戊二醇在40～60℃易溶于多元醇和TCPP，是生产高阻燃要求硬质聚氨酯泡沫塑料的阻燃剂。

二溴新戊二醇还可用作合成溴系阻燃剂的中间体。

生产厂商

以色列ICL集团工业产品公司，苏州市晶华化工有限公司，宜兴市中正化工有限公司，常州正和化工有限公司等。

7.5.3.4 其他脂肪族溴化多元醇

（1）四溴二季戊四醇　别名一缩二(二溴新戊二醇)，简称TBDPE。分子式为$C_{10}H_{18}Br_4O_3$，分子量为505.84，理论溴含量为63.2%。

TBDPE是灰白色流动性粉末，密度（25℃）为$1.98g/cm^3$，熔点为75～82℃。热失重温度：1%、240℃，5%、265℃，15%、295℃，30%、315℃。

TBDPE/Sb_2O_3混合物主要用于阻燃纤维。TBDPE也可用于聚氨酯的阻燃。

（2）2,3-二溴丙醇　英文名：2,3-dibromopropanol。分子式为$C_3H_6Br_2O$，分子量为217.9。CAS编号为96-13-9。

无色至淡黄色透明油状液体，相对密度为2.128～2.135，折射率（25℃）为1.5577，沸点为95～97℃(1.33kPa)。纯度为98%或≥96%，水分≤0.5%。溶于氯仿、甲苯、异丙醇、甲乙酮，不溶于水。

2,3-二溴丙醇是一种医药中间体。它含羟基，用于合成聚氨酯等反应型阻燃剂的中间体，也可用作阻燃剂。

河北泰丰化工有限责任公司、河北省大名县瑞恒化工有限责任公司、江苏省丹阳市华盛化工有限公司等有生产。

7.5.4 部分公司的反应型阻燃剂

美国雅保公司的Antiblaze品牌反应型阻燃剂是用于聚氨酯的磷系阻燃剂，大部分含溴或氯元素，可用于包括PU软泡和硬泡，涂料、胶黏剂、密封胶和弹性体在内的聚氨酯材料。表7-21是该公司的部分聚氨酯用反应型阻燃剂的典型物性和用途。

表7-21(a)　美国雅保公司的部分聚氨酯用反应型阻燃剂的典型物性

Antiblaze牌号	磷含量/%	卤含量/%	25℃黏度/mPa·s	羟值/(mg KOH/g)	酸值/(mg KOH/g)	水分/%	色度(APHA)
FL-76	4.5	29.5	2200	75	<0.5	<0.2	<500
RX-35	6.7	43.5	660	48	<0.2	<0.2	—
VE-95	4.5	29	750	50.5	<0.2	<0.5	<500
VE-97	6.8	0	260	18	<1	<0.2	<100

注：该公司另一种反应型阻燃剂Saytex RB-79已经在“四溴邻苯二甲酸酯二醇”项目介绍。

表 7-21(b) 美国雅保公司的部分聚氨酯用反应型阻燃剂的特性和用途

牌号	特性及用途
Antiblaze FL-76	聚醚型 PU 软泡的反应型阻燃剂。低气味，低雾化，低烧芯，持久高效。提高织物与泡沫火焰复合剥离强度。阻燃泡沫可满足汽车 FMVSS302 阻燃标准和 DIN75201、SAEJ1756 低雾化标准
Antiblaze RX-35	含有氯烷基磷酸酯和反应型溴化合物，阻燃持久，低烧芯。适用于抗低烈度火焰的软泡，包括普通、高承载、高回弹的阻燃 PU 泡沫
Antiblaze VE-95	含氯、含溴、含磷的反应型高效阻燃剂。专用于慢回弹软泡，可与三聚氰胺一起使用，满足英标 BS5852 Crib5 等测试
Antiblaze VE-97	专门为慢回弹泡沫开发的无卤反应型高效阻燃剂。性能同 VE-95。允许提高 TDI 或 MDI 指数而不影响回复时间等泡沫物性

以色列 ICL 集团工业产品公司的 SaFRon 6600 系列阻燃剂是基于溴化乙醇、溴化聚醚多元醇和氯化磷酸酯的产品，主要用于 PU 硬泡。据介绍它的高效阻燃性能是靠脂肪溴和芳香溴的最佳结合。SaFRon-7700 Grade 7 高效反应型阻燃剂用于 PU 软泡，使泡沫产品达到 CA117 阻燃水平。该公司的 SaFRon 系列反应型阻燃剂产品见表 7-22。

表 7-22 以色列 ICL 公司的 SaFRon 反应型阻燃剂典型物性

项目	SaFRon 牌号					
	6601	6602	6603	6604	6605	7700-7
外观颜色	灰色	棕色	黄色	黄色	棕黄	棕黄
羟值/(mg KOH/g)	345	255	340	240	80	91
黏度(25℃)/mPa·s	5500	14700	3000	2210	2480	155
溴含量/%	32	45	卤 34.5	33.5	卤 53	34～36
氯含量/%	6	2.5	—	0	—	0
磷含量/%	1.9	0.86	NA	0	0.86	3.9
密度(25℃)/(g/mL)	1.51	1.660	1.49	1.450	1.51	1.47
官能度	2.5	2.0	2.3	2.2	1.0	—
水分/%	＜0.2	＜0.2	＜0.2	＜0.2	＜0.2	＜0.2
酸值/(meq/100g)	＜1.0	＜0.1	＜1.0	＜0.1	＜1.0	＜0.1
备注	卤 38.3	卤 47.4	—	低反应型	—	抗焦芯
PU 泡沫等应用	硬泡	硬泡	硬泡	硬泡	硬泡	软泡

部分国产反应型阻燃剂的典型物性和用途见表 7-23。

表 7-23(a) 部分国产反应型阻燃剂的典型物性

项目	阻燃剂牌号						
	磷含量/%	氯含量/%	溴含量/%	黏度/mPa·s	相对密度	羟值/(mg KOH/g)	厂家
FR-300,FRT-4	≥5.3	≥24.2	0	—	—	430～460	雅克 振兴
FR-780	≥7.0	≥38.0	≥9.8	600～1000	1.543	46±2	雅克 振兴
WSFR-780	≥7.0	≥38.3	≥9.8	300～500	1.474	46±2	万盛
WSFR-780LS	≥8.3	≥26	≥9.8	300～500	1.35	46±2	万盛
V68	≥11.5	≥18.2	≥18.4	45～65	NA	43±2	雅克 振兴
P630	NA	NA	NA	250～350	1.055	480±20	威达
HT-307	NA	≥38	NA	200～400	1.56	NA	泰星

注：NA 表示数据不详（或保密）。厂家全称：江苏雅克科技股份有限公司，河北振兴化工橡胶有限公司，济南泰星精细化工有限公司，沧州东塑集团威达化工分公司。

表 7-23(b) 部分国产反应型阻燃剂的特性和用途

牌号	特性及用途
FR-300 FRT-4	有机磷卤反应型阻燃剂。羟基参加聚氨酯反应，主要用于PU硬泡，也可用于聚氨酯软泡和环氧树脂
FR-780 WSFR-780 HT-307	高效复合阻燃剂，含反应型阻燃剂，成本低，用量比TDCP、TCEP、TCPP少，阻燃效果好，用于PU软泡，对泡沫影响很小。用量10%～20%，可达到CA-117、BS5852标准
WSFR-780LS	高效反应型卤代磷酸酯复合阻燃剂，具有很好的抗黄芯性能，用于聚氨酯软泡，和FR-780一样能满足多种阻燃标准
V68 YOKE-V68	高效阻燃剂，含多种阻燃元素和羟基，磷含量高，黏度低。比V6阻燃效果提高35%以上。用于慢回弹软泡可满足多种阻燃标准
P630	多羟基反应型阻燃剂，黏度低，可与聚醚多元醇、水混溶。用于火焰复合聚醚型聚氨酯软泡，不仅阻燃，还可改善泡沫层热熔再固化性能，提高粘接强度，缩短固化时间，一般用量为3%～8%

7.6 无机阻燃剂

无机阻燃剂也可用于聚氨酯泡沫塑料，常用的有三氧化锑、氢氧化铝、硼酸盐、聚磷酸铵等。但无机阻燃剂一般是固体粉末，用于泡沫塑料的粉末越细越好，某些机械发泡不能用含固体粉末的发泡物料，所以无机阻燃剂在聚氨酯泡沫塑料中的应用有一定的局限性。

7.6.1 聚磷酸铵及包覆改性聚磷酸铵阻燃剂

聚磷酸铵简称APP。CAS编号为68333-79-9。

英文名：ammonium polyphosphate；polyphosphoric acids ammonium salts。

聚磷酸铵系无分支的长链聚合物，分子结构通式为$(NH_4)_{n+2}P_nO_{3n+1}$，当n足够大时，可写为$(NH_4PO_3)_n$。APP的结构式为：

$$NH_4O-\overset{\overset{O}{\|}}{\underset{\underset{ONH_4}{|}}{P}}-O-\left[\overset{\overset{O}{\|}}{\underset{\underset{ONH_4}{|}}{P}}-O\right]_{n-2}-\overset{\overset{O}{\|}}{\underset{\underset{ONH_4}{|}}{P}}-ONH_4$$

物化性能

聚磷酸铵的含磷量高达30%～32%，含氮为14%～16%。这类阻燃剂最突出的特征是燃烧时的生烟量极低，不产生卤化氢。由于聚磷酸铵热稳定性好，替代磷酸铵用于聚合物的阻燃。

聚磷酸铵为白色结晶或无定形微细粉末。其水溶性和吸湿性随聚合物增加而降低。国内按聚合度（n）的不同可分为水溶性（$n=10\sim20$，分子量为1000～2000）和水不溶性（$n>20$，分子量为大于2000）两种。n可大于1000。国外把$n<100$称为结晶相Ⅰ聚磷酸铵（APPⅠ），把$n>1000$的带支链的APP称为结晶相Ⅱ聚磷酸铵（APPⅡ）。$n<100$的短链APP对水的敏感性（可水解性）比超长链（$n>1000$）APP大，而后者的热稳定性和耐水解性较高。长链APP在300℃以上才开始分解成磷酸和氨，而短链APP在150℃以上就开始分解。

德国Clariant公司的Exolit AP422和AP423均是APP白色极细粉末，分子式为$(NH_4PO_3)_n$（$n>1000$），水溶性很低，在多元醇中的悬浮液黏度低，酸值小。Exolit AP422平均粒径（D_{50}）约15μm。粒径<50μm的占95%（质量分数）以上。Exolit AP423颗粒比AP 422更细，平均粒径（D_{50}）约8μm，粒径<24μm的占97%（质量分数）以上。Exolit AP462是在Exolit AP422粉末表面用三聚氰胺树脂包覆改性得到的白色粉末阻燃剂。

与AP422相比，AP462降低水溶性，甚至升温后水溶性也很低；降低了悬浮液黏度；改善了粉末流动性。它也不溶于有机溶剂。

Clariant公司的Exolit AP750、AP760是以APP为基础的膨胀型非卤粉末阻燃剂，具有良好的操作稳定性、磷-氮协同阻燃效果、良好的成炭效应。AP760的热稳定性更好。它们的典型物性见表7-24。

表7-24 德国Clariant公司的Exolit AP系列聚磷酸铵类阻燃剂典型物性

项目	Exolit牌号				
	AP422	AP423	AP462	AP750	AP7650
磷含量/%	31.0～32.0	31.0～32.0	29.0～31.0	20.0～22.0	19.0～21.0
氮含量/%	14.0～15.0	14.0～15.0	15.0～17.0	11.5～13.5	约14.0
密度(25℃)/(g/cm³)	1.9	1.9	约1.9	约1.8	约1.8
堆积密度/(g/cm³)	约0.7	约0.7	约0.9	约0.4	约0.4
黏度①(25℃)/mPa·s	≤100	≤100	≤20	—	—
酸值/(mg KOH/g)	≤1	—	≤0.5	—	—
水分/%	≤0.25	≤0.5	≤1.0	约0.5	≤0.5
pH值	5.5～7.5	5.0～7.5	6.5～8.5	—	—
水中溶解性/%	≤0.5	≤1.0	≤0.04	—	—
分解温度/℃	>275	>275	—	>250	>250
热失重率(350℃)/%	约5%	约5%	约10	—	
平均粒径(D_{50})/μm	约15	约8	约20	—	

注：黏度是在25℃测定的10%悬浮液的黏度。pH值也是10%悬浮液的值。

上海旭森非卤消烟阻燃剂有限公司的聚磷酸铵阻燃剂APP Ⅰ，聚合度$n \geq 50$，水中溶解度<2%，P_2O_5含量≥69%，氮含量为14%～15%，平均粒径D_{50}为6～12μm；APP Ⅱ产品，$n \geq 1000$，水中溶解度<0.4%，P_2O_5含量为70%～71%，氮含量为13%～14%，D_{50}为8～14μm。

衢州佳捷助剂有限公司的APP高分子量多聚磷酸铵（$n>1000$，Ⅱ型）系列产品是白色可流动性粉末，物性指标见表7-25。

表7-25 衢州佳捷助剂公司的高分子量多聚磷酸铵阻燃剂物性指标

项目	Exflam牌号			
	201	202	204	204
磷含量/%	≥31	≥28	≥28	≥28
氮含量/%	≥14	≥15.5	≥18	≥14
黏度①(25℃)/mPa·s	≤100	≤20	≤20	≤20
pH值(10%悬浮液)	5.5～7.0	6.5～7.5	7.5～8.5	6.5～7.5
热分解温度/℃	≥275	300	≥300	≥300
水中溶解性(g/100cm³)	≤0.5	≤0.05	≤0.3	≤0.1
特点	标准型	蜜胺树脂包覆	蜜胺蜜包覆	硅烷包覆

注：黏度是在25℃测定的10%悬浮液的黏度。密度都是1.9 g/cm³，堆积密度都是0.7g/cm³，平均粒径都≤15μm，水分≤0.25%。

Exflam201主要用于膨胀型防火涂料，可用于胶黏剂、PU硬泡、软泡、环氧树脂等；Exflam202、203和204可改善与树脂的相容性，除了用于Exflam201能应用的场合外，Exflam202特别适合于要求耐水、耐暴晒的户外用膨胀型涂料，Exflam203适用于PU泡沫阻燃；Exflam204可改善耐热性和绝缘性，特别适用于溶剂型防火涂料、热塑性塑料和电子元器保护等。

什邡市长丰化工有限公司供应环氧树脂包覆聚磷酸铵，可用于环氧树脂、聚氨酯等的阻燃。

APP 的毒性非常小，急性经口中毒数据（大鼠）$LD_{50}>10g/kg$。

特性及用途

常用的结晶态 APP 为水不溶性长链状聚磷酸铵盐。APP 含磷量大、含氮量高，磷氮体系产生协同效应，阻燃性好，分散性好，化学稳定性好，消烟、毒性低。APP 的阻燃机理是受热脱水后生成聚磷酸脱水剂，促使有机物表面脱水生成碳化物，加上生成的非挥发性磷的氧化物及聚磷酸对基材表面进行覆盖，隔绝空气从而达到阻燃的目的。聚磷酸铵具有膨胀阻燃功能，故更有利于降烟和抗滴落。

APP 广泛应用于膨胀型防火涂料、聚氨酯、聚乙烯、聚丙烯、环氧树脂、橡胶制品、纤维板及干粉灭火剂等，是一种使用安全的高效磷系非卤消烟阻燃剂。在聚氨酯材料中可用于聚酯型 PU 软泡、整皮软泡、PIR 和 PU 硬泡、浇注型聚氨酯等。APP 易于在多元醇中分散，一般配成多元醇悬浮液或多异氰酸酯悬浮液。用量为 5%～20%。

APP 在聚氨酯硬泡中有很高的阻燃性、尺寸稳定性、耐水解性和耐热性。对硬质聚氨酯泡沫塑料的有毒和腐蚀性气体生成量，甚至可与未阻燃的同类材料媲美。一氧化碳及氰化氢的生成量也比含卤聚氨酯泡沫塑料低得多。

生产厂商

山东省寿光卫东化工有限公司，上海旭森非卤消烟阻燃剂有限公司，潍坊杜得利化学工业有限公司，上海新华阻燃剂总厂，衢州佳捷助剂有限公司，青岛市海大化工有限公司，什邡市长丰化工有限公司，杭州捷尔思阻燃化工有限公司，镇江星星阻燃剂公司，山东世安化工有限公司，济南泰星精细化工有限公司，浙江海宁市丰士阻燃化工厂，德国 Clariant 公司等。

7.6.2 包覆红磷阻燃剂

采用包覆技术制成的包覆红磷超细粉末，以及微胶囊包覆红磷糊状物，降低了红磷的活性，防止氧化，改善了相容性，并保持了有效阻燃成分的高含量，用于某些可以接受红磷原始颜色的红色、灰色或黑色的产品。

上海旭森非卤消烟阻燃剂有限公司将微细红磷粉末用无机化合物进行原位包覆和树脂包覆，得到的包覆赤磷阻燃剂产品 FR-P、FR-PA 和 FR-PM，磷含量分别为 50%、40% 和 40%，平均粒径为 3～8μm。添加量范围为 10%～15%。主要用于聚烯烃和聚酰胺等，也用于聚氨酯、环氧树脂等的阻燃。

南通意特化工有限公司 REDNIC 63460N3 产品含有 60% 的特别稳定化和微胶囊化的超细红磷粉，以 TCPP 为载体，适用于高防火要求的深色聚氨酯制品。

德国 Clariant 公司的 Exolit RP6520 阻燃剂是微胶囊包覆红磷，以蓖麻油为载体形成的红褐色触变性分散体糊状物，PU 6580（Exolit RP6580）阻燃剂是微胶囊包覆红磷，以 TCPP 阻燃剂为载体形成的红褐色触变性糊状物。这种糊状物使得操作方便而安全，避免红磷粉尘的危害。触变性阻止固体粉末沉淀，使得该糊状物在长期存放后易于搅拌均匀。由于含磷量很高，这两种产品是非常有效的阻燃剂。这两种微胶囊包覆红磷糊状物产品的物性指标见表 7-26。

Exolit RP6520 是为用于电子电器领域聚氨酯材料开发的阻燃剂，作为载体的蓖麻油与许多多元醇相容性良好。Exolit RP6520 与氢氧化铝结合使用，可用很少的填料制得达到 UL 94 阻燃级别的聚氨酯浇注树脂。Exolit RP6580 主要用于 PIR 和 PU 硬泡。Exolit RP6580 与氯代磷酸酯结合使用，可使制品达到德国 DIN 4102 B1 级阻燃标准。

表 7-26 糊状微胶囊包覆红磷产品的物性指标

项　　目	Exolit RP6520	PU 6580
磷含量/%	43.0～48.0	60.0～63.0
氯含量/%	0	约 13
密度(25℃)/(g/cm³)	1.27～1.47	1.68～1.78
黏度(25℃)/Pa·s	≤50	≤12
羟值/(mg KOH/g)	约 80	—
水分/%	—	≤0.3

生产厂商

上海旭森非卤消烟阻燃剂有限公司，河南科威阻燃新材料有限公司，获嘉县华原阻燃材料厂，石家庄昊辰化工科技有限公司，南通意特化工有限公司，德国 Clariant 公司等。

7.6.3 三氧化二锑

别名：氧化锑、锑白。

英文名：antimony trioxide，antimony oxide，white antimony。

分子式为 Sb_2O_3，分子量为 292，含锑量为 83%。CAS 编号为 1309-64-4。

物化性能

白色微细粉末，受热后变为黄色，冷却后恢复白色或灰色。平均粒径为 1～3μm，密度为 5.2～5.7g/cm³，熔点为 652～656℃，105℃加热 2h 热损失 0.1%，不溶于水、醇和有机溶剂，溶于浓酸和强碱溶液。

大多数氧化锑产品纯度≥99.3%，含≤0.3%的杂质砷、≤0.2%的铅和≤0.003%的铁。不同的产品松密度在 0.55～1.5g/cm³ 不等。

国标 GB/T 4062—1998 规定了氧化锑品级指标。

三氧化二锑毒性很小，急性经口中毒（大鼠）LD_{50}＞34.6g/kg。

特性及用途

氧化锑可用作阻燃协效剂，其单独使用时，阻燃效果较低，必须与含卤化合物配合使用才能达到较好的阻燃效果。通常与含卤阻燃剂并用，产生良好的协效阻燃作用，使阻燃效果显著提高。

作为阻燃剂，可用于 ABS、HIPS、PP、PE、EVA、EPDM、PBT、环氧树脂、聚氨酯、酚醛树脂、PVC、橡胶等聚合物。科聚亚公司的氧化锑阻燃剂抑烟剂 TMS/ Timonox Red Star/Fireshield H /Thermoguard S 推荐用于 TPU，也适用于软质聚氨酯。

还用作颜料、填料、催化剂，广泛用于涂料、织物处理、搪瓷、玻璃、陶瓷、冶金和石油化工等工业。

该无机粉末对人体的鼻、眼、咽喉有刺激作用，与皮肤接触可引发皮炎，使用时应注意防护。

生产厂商

美国科聚亚公司，美国雅保公司，锡矿山闪星锑业有限责任公司，益阳市华昌锑业有限公司，湖南省安化华宇锑业有限公司，云南文冶有色金属有限公司等。

7.6.4 硼酸锌

英文名：zinc borate。

分子式为 $2ZnO \cdot 3B_2O_3 \cdot 3.5H_2O$(或 $4ZnO \cdot 6B_2O_3 \cdot 7H_2O$)，分子量为 434.75；或

$2ZnO \cdot 2B_2O_3 \cdot 3H_2O$，分子量为356.06。CAS编号为1332-07-6。

物化性能

白色可流动粉末，不吸湿，不溶于水，平均粒径为2～10μm，熔点为980℃，相对密度为2.69。与含卤化合物并用，有良好的阻燃迭加效应，受热脱水温度较氢氧化铝要高。

美国科聚亚公司的硼酸锌ZB-467是一种高稳定性硼酸锌，分子式为$2ZnO \cdot 3B_2O_3 \cdot 3.5H_2O$，典型组成为：氧化锌(ZnO)37.4%，硼酸($B_2O_3$)48.1%，结合水14.5%。推荐用于热塑性树脂，用量为2%～10%。

科聚亚公司的ZB-223和ZB-467硼酸锌的典型物性见表7-27。

表7-27 科聚亚公司的ZB-223和ZB-467硼酸锌的典型物性

项　目	ZB-223	ZB-447
相对密度(25℃)	2.83	2.74
平均粒径/μm	4	5
99%颗粒粒径/μm	小于30	25
散装密度/(g/mL)	0.30	0.47
吸油量/(g/100g)	31	24.2
折射率	1.57	1.59
溶解度/(g/100mL水)	0.04	0.1
热失重温度/℃		
失重1%	200	280
失重5%	245	380
失重10%	285	420

毒性较低，急性经口中毒（大鼠）LD_{50}>5000mg/kg。

特性及用途

硼酸锌可用作阻燃剂/抑烟剂，主要用于PVC的阻燃和抑烟剂，也可用于热固性和热塑性树脂如聚烯烃、聚氨酯等。可与含卤或非卤阻燃剂结合使用。例如原大湖化学公司的Smokebloc AZ-75是由约75%的三氧化二锑和25%的硼酸锌组成的无机协效阻燃抑烟剂。

生产厂商

美国科聚亚公司，江阴市长泾同和化工有限公司，淄博五维实业有限公司，潍坊海镁化工有限公司等。

7.6.5 其他无机阻燃剂

无机阻燃剂还有氢氧化铝、氢氧化镁、偏硼酸钡、氧化锑-氧化硅复合物等。

氢氧化铝分子式为$Al(OH)_3$或$Al_2O_3 \cdot 3H_2O$，分子量为78。CAS编号为21645-51-2。作为阻燃剂使用的氢氧化铝主要是α-三水合氧化铝。氢氧化铝是无机阻燃剂中用量最大的一种。市场上有经表面活性处理和微细化处理的氢氧化铝阻燃剂和氢氧化铝纳米纤维产品。填料及阻燃剂用氢氧化铝外观为白色细微结晶粉末，平均粒径为1～20μm，相对密度为2.42，松装密度约为0.80g/cm^3，压实密度约为1.2g/cm^3。氢氧化铝含结晶水为34.6%，200℃以上脱水，最大吸热温度为300～350℃，大约在300℃有80%的结晶水放出。氢氧化铝粉末是最常用的无机阻燃剂及填料，兼具阻燃、抑烟、填充等多种功能，主要用于环氧树脂、不饱和聚酯树脂、聚氨酯树脂、硅树脂中，也可用于热塑性塑料等。

氢氧化镁是白色粉末，分子式为$Mg(OH)_2$，分子量为58.32，阻燃性能和用法与氢氧化铝相似，也有用硅烷类或硬脂酸类化合物作表面处理的活性氢氧化镁。作为阻燃剂与氢氧化铝相比，热稳定性好，适用于加工温度略高的聚合物。具有低烟、无毒、阻滴、耐酸性能，经活性处理与聚合物相容性好，添加量提高，对制品机械强度影响小。以氯化镁为原料加工制备纤维状结晶氢氧化镁纯度比水镁石法制得的氢氧化镁高。

偏硼酸钡分子式为 $Ba(BO_2)_2$，白色粉末，相对密度为 3.25～3.35，熔点为 900～1050℃。不溶于水而溶于盐酸。它们价格低廉，与含磷、含卤素化合物阻燃剂配合使用，有良好的阻燃协同效应。

氧化锑-氧化硅复合物为白色粉末，氧化锑和氧化硅含量各占一半，相对密度为 3.6，细度（325 目筛余物）为 0.3%，可用作含氯聚合物、环氧树脂和聚氨酯材料的外添加型阻燃剂。

·第8章· 泡沫助剂

在聚氨酯泡沫塑料生产中用到多种助剂，其中必不可少的助剂有催化剂、泡沫稳定剂（匀泡剂）、发泡剂等，还有一些助剂是可选的，在有需要的时候使用，如阻燃剂、扩链剂/交联剂、抗氧剂、光稳定剂、泡沫软化剂、开孔剂、填料、色浆、抗静电剂、水解稳定剂、泡沫组合料贮存稳定剂等。催化剂、阻燃剂、扩链剂/交联剂、抗氧剂、光稳定剂、填料、色浆、抗静电剂、水解稳定剂等已经或将在其他章节专门介绍，本章主要介绍发泡剂、匀泡剂、开孔剂、泡沫软化剂，以及脱模剂。

8.1 发泡剂

8.1.1 发泡剂概述

发泡剂是聚氨酯泡沫塑料配方的重要助剂之一。发泡剂分化学发泡剂和物理发泡剂（辅助发泡剂）。聚氨酯泡沫塑料用的化学发泡剂一般情况是水。其他的通过吸收热量而汽化、使泡沫料发泡的物质是物理发泡剂。

水与异氰酸酯反应生成的二氧化碳气体，使泡沫物料膨胀、发泡、黏度迅速增加、固化，得到泡沫塑料。在传统的聚氨酯泡沫塑料中，水主要用作软质泡沫塑料的发泡剂，也用于微孔弹性体、半硬质泡沫塑料和硬质泡沫塑料。

不使用物理发泡剂、完全采用水发泡的“全水发泡”技术，生产的聚氨酯硬泡一般用于非绝热保温用途，如高密度结构泡沫塑料（仿木材）、包装材料、填充材料等，也可以用于绝热要求不高的场合。

由于二氧化碳热导率较高，并且渗透性较强，因此水很少用于要求有高绝热性能的硬质聚氨酯泡沫塑料配方。绝热用聚氨酯硬泡的生产一般需使用物理发泡剂。因为硬泡生产中的物料混合初期，在数十秒内产生大量的热量，它需要发泡剂吸收部分热量，同时发泡剂的气化使反应型物料膨胀发泡、固化。在聚氨酯软泡生产中，为了获得低密度的柔软泡沫塑料，同时不因水用量过多而引起泡沫僵硬，一般需控制水的用量，而添加适量的物理发泡剂作为辅助发泡剂。

在氯氟烃（chlorfluorcarbon）化合物中，用作聚氨酯泡沫塑料发泡剂的是三氯一氟甲烷，俗称 CFC-11（氟里昂 11 即 Freon 11、F-11、R-11）。由于 CFC-11 具有不燃、沸点适宜、易于气化、气相热导率低、毒性低、与聚氨酯原料相容性好、无腐蚀性、价格低、发泡工艺简单等特点，自 20 世纪 60 年代起，一直到 20 世纪 90 年代初，CFC-11 广泛用作聚氨酯泡沫塑料的发泡剂。

但由于分子中氯原子的存在，散发在大气层中的氯氟烃会破坏臭氧层，对全球气候产生不利影响。因此“蒙特利尔议定书”对 CFC 等高臭氧消耗潜值（ODP）的化学物质的使用进行限制，聚氨酯泡沫塑料也必须采用替代 CFC 的发泡剂。替代发泡剂种类有氢氯氟烃化合物（hydrochlorofluorocarbon，HCFC）、氢氟烃化合物（hydrofluorocarbon，HFC）、烷烃（hydrocarbon，HC）等。硬质聚氨酯泡沫塑料目前正在使用的替代 CFC-11 的发泡剂是 HCFC-141b、环戊烷及其与异戊烷混合物等，零臭氧消耗潜值的 HFC-365mfc 和 HFC-245fa 也少量使用。二氯甲烷暂时性用作聚氨酯软泡的辅助发泡剂，液态二氧化碳发泡聚氨酯软泡工艺也有应用。

表 8-1 是部分常见发泡剂的典型物性及其比较。

表 8-1 部分常见发泡剂的典型物性及其比较

项 目	CFC-11	HCFC-141b	HFC-365mfc	HFC-245fa	二氯甲烷	环戊烷	二氧化碳
分子式	CCl_3F	CH_3CCl_2F	$CH_3CF_2CH_2CF_3$	$CF_3CH_2CHF_2$	CH_2Cl_2	C_5H_{10}	CO_2
分子量	137.4	116.9	148	134	84.9	70.1	44
沸点/℃	24	32	40.2	15.2	40	49	−78.5
密度/(g/cm³)	1.49	1.24	1.26	—	1.32	0.745	—
蒸气压(20℃)/kPa	—	69	47	123	47.4	36	5780
热导率 λ	8.7	9.7	10.6	12.2	—	12.6	16.3
爆炸极限(体积分数)/%	无	无	3.5～9	无	12～25	1.5～8.7	无
ODP 值	1.0	0.11	0	0	0	0	0
GWP 值	3300	300	840	820	0	约 0	1
大气寿命/年	65	7.8	10.8	7.4	—	0.05	>120

注：气体热导率 λ(25℃) 单位为 mW/(m·K)。温室效应潜值（GWP）以 CO_2 的 GWP＝1 计。密度在 20℃测定，低沸点 HCFC 的密度为在加压液化后测定。

下面介绍几种常见的发泡剂。

8.1.2 常见发泡剂

8.1.2.1 HCFC-141b

化学名称：1,1-二氯-1-氟代乙烷，二氯氟乙烷，一氟二氯乙烷。

英文名：1,1-dichloro-1-fluoroethane；dichlorofluoroethane。

分子结构式为 CH_3CCl_2F，分子量为 116.9。CAS 编号为 1717-00-6。

物化性能

无色透明低沸点液体，有轻微醚味。在空气中爆炸极限（体积分数）为 5.6%～17.7%。在 25℃其蒸气密度是空气的 4.86 倍。其典型物性见表 8-2。

表 8-2 二氯氟乙烷（HCFC-141b）的典型物性

项 目	指 标	项 目	指 标
沸点/℃	32.0℃	液态黏度(20℃)/mPa·s	0.44
凝固点/℃	−103.5	表面张力(20℃)/(mN/m)	18.7
临界温度/℃	206℃	气相热导率/[mW/(m·K)]	9.5
临界压力/MPa	4.25	比热容(25℃)/[kJ/(kg·K)]	1.16
临界密度/(g/cm³)	0.433	蒸气压(25℃)/kPa	79
液态密度(25℃)/(g/cm³)	1.23	蒸气压(50℃)/kPa	183
汽化热/(kJ/kg)	225	在水中溶解度/(g/kg)	4

德国苏威氟化学（Solvay Fluor）公司的 1,1-二氯-1-氟代乙烷产品牌号为 Solkane 141b，纯度≥99.7%，水分≤50mg/kg，酸度（以 HCl 计）≤1mg/kg，不挥发的残余物≤10mg/kg。富时特公司的二氯氟乙烷产品纯度≥99.5%，水分≤50mg/kg，酸度(以 HCl 计)≤1mg/kg，残渣≤10mg/kg。

根据危险品法规，Solkane 141b 不属于有毒物质，Solvay 公司建议暴露在空气中的最大体积分数为0.05%（8h/天，40h/周）。

特性及用途

HCFC-141b被认为是性能最接近于CFC-11的替代发泡剂。HCFC-141b沸点比CFC-11略高，发泡工艺特性与CFC-11相似，发泡效率比CFC-11稍高，与气态的HFC如HFC-134a或液态的可燃性戊烷类发泡剂相比，工艺操作上比较方便，可以在CFC-11发泡的生产设备上使用。另外HCFC-141b的气体热导率相对较低，与泡沫的两大主要原料多元醇和异氰酸酯相溶性好，泡沫性能与CFC-11的相近。

从20世纪90年代中期到2002年左右，在北美洲，冰箱、冰柜绝热泡沫及建筑、管道保温等聚氨酯硬泡中基本上都采用HCFC-141b为发泡剂。欧洲部分国家、日本等在部分聚氨酯泡沫塑料中采用HCFC-141b发泡剂。HCFC-141b多用于硬质聚氨酯泡沫塑料。在我国HCFC-141b仍是主要的硬泡发泡剂之一。但它是一种过渡性发泡剂，根据国家环保部中国聚氨酯泡沫行业HCFC-141b第一阶段的淘汰计划，到2015年全部完成冰箱、冰柜、冷藏集装箱和小家电三行业的聚氨酯硬泡中HCFC-141b的淘汰。取而代之的是环戊烷、HFC-245fa、HFC-365mfc等发泡剂。

另外，添加0.03%稳定剂的HCFC-141b还是一种溶剂，用于清洗和脱脂。

生产厂商

德国苏威氟化学有限公司，法国阿科玛公司（Arkema，牌号Forane 141b），美国霍尼韦尔公司（Honeywell，牌号Genetron 141b），日本セントラル硝子株式会社（Central Glass Co.，Ltd.），浙江巨化股份有限公司，中化蓝天集团有限公司杭州富时特化工有限公司，常熟三爱富氟化工有限责任公司，浙江三环化工有限公司等。

8.1.2.2 环戊烷

英文名：cyclopentane。

分子式为C_5H_{10}，分子量为70.1。CAS编号为287-92-3。

物化性能

无色透明易挥发液体，有汽油味。凝固点－94℃，沸点约49℃。蒸气密度是空气的2.4倍，20℃下蒸气压为36.6kPa，38℃蒸气压为69kPa。密度（20℃）为0.745g/cm³。闪点（闭杯）为－37℃，易燃。自燃温度为361℃。在空气中爆炸极限（体积分数）为1.5%～8.7%。

TLV/TWA限制值一般为600cm³/m³。

部分国产环戊烷产品的技术指标见表8-3。

表8-3 部分国产环戊烷产品的技术指标

项目	厂家			
	美龙	桩西	胜海	中原
密度/(g/cm³)	0.73～0.75	—	—	0.62～0.64
环戊烷含量/%	≥95	≥92	≥93	81.3
(正戊烷+异戊烷)含量/%	≤3.5	≤3	≤2	—
2,2-二甲基丁烷含量/%	≤1.5(异己烷)	≤4	余量	—
正己烷含量/(mg/kg)	≤10	≤2	≤100	—
苯含量/(mg/kg)	≤1	≤1	—	—
(2-甲基戊烷+3-甲基戊烷)含量/%	—	—	≤0.5	—
碳四及更轻组分含量/%	—	无	≤0.5	—
水/(mg/kg)	≤150	未检出	未检出	未检出
馏程/℃	—	—	—	30～60
总硫含量/(mg/kg)	—	≤50	≤5	≤50

特性及用途

环戊烷的臭氧损耗潜能（ODP 值）和地球暖化潜能（GWP 值）均为零，作为硬质聚氨酯泡沫的发泡剂，主要用于无氟冰箱、冰柜行业以及冷库、管线保温等领域。

环戊烷在聚醚多元醇中的溶解度较小，一般需采用低黏度聚醚多元醇，环戊烷可与异戊烷混合使用。

生产厂商

广东顺德美龙环戊烷化工有限公司，中国石油天然气集团公司大庆油田化工有限公司，北京东方亚科力化工科技有限公司，宁波新龙欣化学有限公司，山东胜海化工股份有限公司，中国石化中原油气高新股份有限公司天然气化工厂，中国石化集团广州石油化工总厂等。

8.1.2.3 戊烷

戊烷包括正戊烷和异戊烷。分子式为 C_5H_{12}，分子量为 72.15。

物化性能

正戊烷和异戊烷常温下均无色透明液体，有微弱芳香气味。不含烯烃，无机械杂质和游离水。正戊烷和异戊烷的典型物性与技术指标见表 8-4 及表 8-5。

表 8-4 正戊烷和异戊烷的典型物性

项　目	正戊烷	异戊烷
英文名	*n*-pentane	*iso*-pentane
CAS 编号	109-66-0	78-78-4
沸点(101.3kPa)/℃	36.1	27.8
相对密度(20℃)	0.63	0.62
闪点/℃	−40	−56
自燃温度/℃	260	420
爆炸极限(体积分数)/%	1.4～7.8	1.4～8.3

表 8-5 国内几个厂的正戊烷和异戊烷产品的技术指标

项　目	正戊烷			异戊烷		
厂家	美龙	桩西	胜海	美龙	桩西	胜海
密度/(g/cm³)	0.60～0.65	—	—	0.58～0.63	—	—
正戊烷含量/%	≥95	≥95	≥95	≤4.0	—	—
环戊烷含量/%	≤0.5	≤0.5	—	—	—	—
异戊烷含量/%	—	—	—	≥95	≥90	≥95
戊烷总含量/%	不详	≥98.5	≥99.5	不详	≥99	≥99.5
碳六及更重组分含量/%	≤0.5	≤0.5	≤0.5	—	—	—
碳四及更轻组含量/%	—	≤0.5	≤0.5	—	≤1	≤1
总硫/(mg/kg)	≤1	≤3	≤3	≤1	≤3	≤5

注：戊烷总含量包括正戊烷和异戊烷。桩西公司的正戊烷中苯含量≤1%。

中原油气高新股份有限公司天然气化工厂的高纯度正戊烷纯度高达 99.5%，正丁烷含量小于 0.01%，异戊烷含量小于 0.2%，C_6 含量小于 0.3%。

特性及用途

正戊烷和异戊烷是从油田轻烃中经过高效精馏分离而得到的。

正戊烷可用作分子筛脱蜡工艺的脱附剂，与异戊烷按不同比例调和后可满足不同发泡程度的要求，用作可发性聚苯乙烯的高效发泡剂。可与环戊烷等混合用作聚氨酯发泡剂。

异戊烷可用作可发性聚苯乙烯的发泡剂、聚氨酯泡沫体系的发泡剂、脱沥青溶剂、聚乙烯生产中催化剂的溶剂等。一般与环戊烷掺和，用作硬质聚氨酯泡沫塑料发泡剂。

中原油气高新股份有限公司、胜利油田桩西精细化工有限责任公司等供应戊烷发泡剂系列产品，主要成分为正戊烷和异戊烷，戊烷的总含量达到98%以上，根据需要可按正异比例调配成10种左右不同型号的产品，主要用作塑料发泡剂，也可以用作工业溶剂、萃取剂和化工原料。

生产厂商

中国石油天然气集团公司大庆油田化工有限公司，广东顺德市美龙环戊烷化工有限公司，山东胜利油田桩西精细化工有限责任公司，山东胜海化工股份有限公司，中国石化中原油气高新股份有限公司天然气化工厂，宁波新龙欣化学有限公司，中国石化集团广州石油化工总厂，北京东方亚科力化工科技有限公司等。

8.1.2.4 HFC-245fa

化学名称：1,1,1,3,3-五氟丙烷，五氟丙烷。

英文名：1,1,1,3,3-pentafluoropropane。

分子结构式为$CF_3CH_2CHF_2$，分子量为134.0。CAS编号为460-73-1。

物化性能

无色透明液体，不可燃。HFC-245fa的典型物性见表8-6。

表8-6 五氟丙烷(HFC-245fa)的典型物性

项　目	指　标	项　目	指　标
沸点/℃	15.3	气相热导率/[mW/(m·K)]	11.4
凝固点/℃	−160	蒸气压(20℃)/kPa	123
液态密度(20℃)/(g/cm³)	1.32	蒸气压(54℃)/kPa	388
在水中溶解度/%	0.16～0.7	蒸气密度(空气为1)	4.6

特性及用途

第三代替代发泡剂，替代CFC和HCFC硬质聚氨酯泡沫塑料的发泡剂，用于冰箱、板材聚氨酯绝热材料发泡。

HFC-245fa由美国Honeywell公司（原联合信号公司）首先推出。HFC-245fa不燃、低毒、气体热导率低、与多元醇相溶性较好，所发的硬泡性能也较好。由于HFC-245fa的沸点偏低（15℃），可以改善发泡过程泡沫料的流动性。

生产厂商

美国Honeywell公司（牌号Enovate 3000），乌克兰Allchem公司（牌号MackFri 245fa），日本セントラル硝子株式会社等。

8.1.2.5 HFC-365mfc

化学名称：1,1,1,3,3-五氟丁烷。

英文名：1,1,1,3,3-pentafluorobutane。

分子式为$CF_3CH_2CF_2CH_3$，分子量为148.1。CAS编号为406-58-6。

物化性能

室温下为无色挥发性液体，有轻微醚味，可燃。在空气中爆炸极限（体积分数）为3.6%～13.3%。HFC-365mfc的典型物性见表8-7。

表 8-7 五氟丁烷（HFC-365mfc）的典型物性

项 目	指 标	项 目	指 标
沸点/℃	40.2	着火点/℃	580～594
凝固点/℃	−35	气相热导率(25℃)/[mW/(m·K)]	10.6
液态密度(20℃)/(g/cm³)	1.27	蒸气压(20℃)/kPa	43～47
液态黏度(20℃)/mPa·s	0.45	蒸气压(50℃)/kPa	916
汽化热(沸点下)/(kJ/mol)	26.2	在水中溶解度(23℃)/(g/kg)	0.8～1.7
闪点/℃	≤−27	蒸气密度(空气为1)	5.7

毒性很小，大鼠经口急性中毒数据 LD_{50} >2000mg/kg。

特性及用途

HFC-365mfc 主要可用作塑料泡沫特别是聚氨酯硬质泡沫塑料的发泡剂，属第三代发泡剂（ODP 值为 0），用于替代 CFC 类和 HCFC 类发泡剂。在当前所有零 ODP 的 HFC 发泡剂产品中，HFC-365mfc 是唯一沸点高于 25℃的液态发泡剂，发泡设备无需大的改动。

HFC-365mfc 有一定的可燃性。在 HFC-365mfc 中加入 5%非可燃性 HFC，如 HFC-134a、HFC-227ea（1,1,1,2,3,3,3-七氟丙烷，英文名为 heptafluorobutane，CAS 编号为 431-89-0，分子量为 170，沸点为−16.5℃）或 HFC-245fa，可克服直接使用 HFC-365mfc 的可燃性。如 HFC-365mfc 与 HFC-245fa 质量比 95∶5 的混合物，以及与 HFC-134a 质量比 93∶7 的混合物均无闪点。而且 HFC-365mfc 可与戊烷类发泡剂复配成共沸混合物，以改善碳氢化合物的发泡性能。

HFC-365mfc 与其他发泡剂形成的共沸混合物的组成、沸点及热导率见表 8-8。HFC-365mfc/HFC-227ea 混合物的典型物性见表 8-9。

表 8-8 HFC-365mfc 共沸混合物的组成、沸点及热导率

混合物	HFC-365mfc 含量/%	沸点/℃	热导率（25℃）/[mW/(m·K)]
HFC-365mfc/正戊烷	58	27	12.9
HFC-365mfc/异戊烷	45	22.5	12.8
HFC-365mfc/环戊烷	72	32	11.1
HFC-365/227	93	30	10.7
HFC-365/227	87	24	10.9
HFC-365/134a	93	20	10.9

表 8-9 HFC-365mfc/HFC-227ea 混合物的典型物性

项 目	指 标	
365mfc/227ea 质量比	93/7	87/13
平均分子量	149.6	150.9
起始沸点(101.3kPa) /℃	30	24
可燃性	非	非
蒸气压(20℃)/kPa	70	93
密度(20℃液态)/(g/cm³)	1.28	1.29
密度(20℃蒸气，以空气密度为 1 计)	6.4	6.5
气相热导率(25℃)/[mW/(m·K)]	10.7	10.9

生产厂商

德国 Solvay 氟化学有限公司（牌号 Solkane 365mfc），法国 Arkema 公司（牌号 Forane

365mfc）等。

8.1.2.6 液体二氧化碳

英文名：liquid carbon dioxide。

分子式为 CO_2，分子量为 44。CAS 编号为 124-38-9。

物化性能

二氧化碳为无色无味液体或气体，沸点为－78.5℃，凝固点为－56.6℃。蒸气压（20℃）为 5.78MPa。常温常压下为气体，气态密度为空气的 1.53 倍。只有在加压下才可成为液体，低温下可形成固体即“干冰”。

工业液体二氧化碳的最新国家标准号为 GB/T 6052—2011。

特性及用途

用途广泛。对环境影响很小，ODP 为零。

它是高压罐装的液化气体，在聚氨酯行业中主要用于低密度块状软泡，通过特殊的装置可在适当减压下混入聚氨酯反应料液中，起发泡剂作用。在特殊的工艺中液态二氧化碳也可用于聚氨酯硬泡的发泡剂。

生产厂商

浙江巨化股份有限公司，湖南凯美特气体股份有限公司，重庆富源化工股份有限公司，南京特种气体厂有限公司等。

8.1.2.7 二氯甲烷

别名：亚甲基二氯，氯甲烷，氯化亚甲基，亚甲基氯，氯化甲烯。

英文名：dichloromethane；methylene chloride；methylene dichloride 等。

简称：MC。

分子式为 CH_2Cl_2，分子量为 84.9。CAS 编号为 75-09-2。

物化性能

无色透明挥发性液体，有类似乙醚的气味。相对密度（20℃）为 1.31～1.33，黏度（20℃）为 0.43mPa·s，折射率（20℃）为 1.4244。沸点范围为 39～41℃，表面张力（20℃）为 26.5mN/m，凝固点约为－95℃。蒸气压为 30.55kPa(10℃)、53.3kPa(24℃)。溶解度参数为 9.78。蒸气密度是空气的 2.9 倍。能与乙醇、乙醚、二甲基甲酰胺相混溶。微溶于水，在水中溶解度约 2g/100mL。

二氯甲烷有中度毒性，有麻醉性。急性毒性 LD_{50}＝1600～2000mg/kg（大鼠经口）；LC_{50}＝56.2g/m^3，8h（小鼠吸入）；人经口 20～50mL，轻度中毒；人经口 100～150mL，致死；人吸入 2.9～4.0g/m^3，20min 后眩晕。在对大鼠和小鼠的吸入研究中的发现，二氯甲烷可视为一种对人类潜在的致癌物。

二氯甲烷不燃烧。但遇高热明火可燃，自燃温度为 556℃。

工业产品二氯甲烷的纯度可达 99.9%。工业上一般通过甲烷的氯化来合成二氯甲烷。

特性及用途

二氯甲烷是优良的低沸点有机溶剂。在聚氨酯行业可用作软质聚氨酯泡沫塑料的辅助发泡剂、发泡设备清洗溶剂。它还是醋酸纤维素电影胶片、药物、香料和油脂的萃取剂、灭火剂等。

生产厂商

浙江巨化股份有限公司，四川自贡鸿鹤化工股份有限公司，江苏梅兰化工股份有限公司，德国苏威氟化学有限公司，韩国三星化工公司，英国 ICI 公司等。

8.1.3 单组分泡沫塑料发泡剂

单组分泡沫填缝剂用的无氟低沸点发泡剂有丙丁烷和二甲醚。可将丙丁烷和二甲醚混合使用。

8.1.3.1 丙丁烷

精制丙丁烷是从油田天然气凝析油中分离精制得到的丙烷与丁烷的混合物，在常压下为气态，加压下液化。根据组成的不同，沸点不同。它可用作优质打火机气、代替 CFC 用作可发性聚苯乙烯的发泡剂、聚乙烯片材的发泡剂、气雾推进剂（抛射剂），还可用作化工原料、民用燃料、清洁汽车燃料等。在聚氨酯行业一般用作单组分聚氨酯泡沫填缝胶的发泡剂（抛射剂）。

胜利油田桩西精细化工有限责任公司和山东胜海化工股份有限公司的精制丙丁烷组成如下：（甲烷＋乙烷）含量≤1%，丙烷含量为 10%～15%，异丁烷含量为 10%～15%，正丁烷含量为 70%～75%，戊烷及更重组分含量≤2%，总硫含量≤2.5mg/kg，不含烯烃、游离水和不挥发物。

8.1.3.2 二甲醚

英文名：dimethyl ether。

简称：DME。

分子结构式为 CH_3OCH_3，分子量为 46.10。CAS 编号为 115-10-6。

物化性能

常温下二甲醚是无色、无味气体，沸点为－24℃，熔点为－138.5℃，密度（液态 20℃）为 0.666g/cm³，气体密度是空气密度的 1.6 倍。DME 20℃蒸气压（表压）为 0.4MPa，可燃，蒸发热为 484kJ/kg，比热容为 2.37kJ/(kg·K)，闪点为－5.6℃，空气中爆炸极限为 3.4%～18.6%（体积分数），着火点为 235℃，自动着火温度为 350℃。

DME 黏度和表面张力较低，对极性和非极性有机物质均有高度溶解性，易溶于水，0.1MPa 下在水中的溶解度为 34%（质量分数）。DME 与大多数溶剂混溶。它与一种非可燃性溶剂混合就能得到非可燃性混合物。

DME 的急性、亚急性、慢性吸入毒性极低。

特性及用途

二甲醚是从煤、天然气、生物质中得到的一种无毒含氧燃料，它无色、无味、无腐蚀性，可用作车用燃料、民用燃气等，也可用作致冷剂、气雾推进剂和发泡剂。

DME 在大气层中的寿命约为 10 天，在大气层中被降解为二氧化碳和水，臭氧消耗潜值（ODP）为零，因而不会造成环境污染和影响臭氧层。它成本较低，可用作聚氨酯泡沫塑料的发泡剂，例如，与丙丁烷混合，用作单组分聚氨酯发泡填缝剂的发泡剂。

生产厂商

久泰能源集团，河北裕泰实业集团，宁夏宁东能源化工基地，贵州天福化工有限责任公司，陕西渭化集团公司，湖北省天茂实业集团股份有限公司，四川泸天化股份有限公司等。

8.2 泡沫稳定剂

泡沫稳定剂（或称匀泡剂）是在生产聚氨酯泡沫塑料时一个不可或缺的组分。它增加各组分的互溶性，起着乳化泡沫物料、稳定泡沫和调节泡孔的作用。

8.2.1 泡沫稳定剂概述

泡沫稳定剂属于表面活性剂一类，有非硅系化合物以及有机硅化合物两类。目前使用的泡沫稳定剂多属于聚醚改性有机硅类表面活性剂（行业有时俗称“硅油”），它的主要结构是聚硅氧烷-氧化烯烃嵌段或接枝共聚物。由于这类表面活性剂结构组成变化范围广，使用效果良好，目前聚氨酯泡沫塑料行业已广泛采用聚醚改性有机硅表面活性剂作为泡沫稳定剂。

有机硅泡沫稳定剂的结构有多种，用于不同软泡、硬泡及高回弹（HR）泡沫发泡体系的匀泡剂结构是不同的，但一般含有重复的二甲基硅氧烷链节、氧化乙烯链节、氧化丙烯链节。在泡沫形成过程中，不溶性聚脲的析出会破坏泡沫的稳定，聚醚硅氧烷类表面活性剂的一个重要作用是增加聚脲与泡沫基体的相容性，可使聚脲均匀分散，它的这种功能是通过其聚醚链段实现的。硅氧烷与聚氧化烯烃的连接结构有多种多样，例如有AB型线型嵌段结构、ABA型线型嵌段结构、单支链型和多支链型结构，氧化乙烯和氧化丙烯无规共聚物也有各种组成比例和分子量。氧化乙烯-氧化丙烯共聚物的化学组成，以及与有机硅氧烷的连接方式等因素，影响匀泡剂的稳定性和表面性能。氧化烯烃聚合时，可以用不同的低分子一元醇作起始剂，分子量可以任意控制，而且和聚硅氧烷相连时可有不同方式，得到各种类型的泡沫稳定剂。增大聚醚链中的氧化乙烯含量，可以提高聚脲在泡沫混合物中的溶解性。

以下为有机硅表面活性剂的几种结构式：

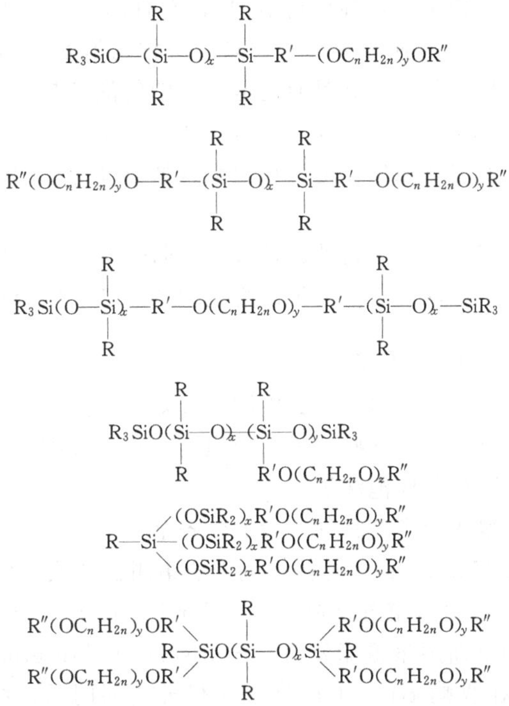

$$R_3SiO-(\underset{R}{\overset{R}{Si}}-O)_x-\underset{R}{\overset{R}{Si}}-R'-(OC_nH_{2n})_yOR''$$

$$R''(OC_nH_{2n})_yO-R'-(\underset{R}{\overset{R}{Si}}-O)_x-\underset{R}{\overset{R}{Si}}-R'-O(C_nH_{2n}O)_yR''$$

$$R_3Si(O-\underset{R}{\overset{R}{Si}})_x-R'-O(C_nH_{2n}O)_y-R'-(\underset{R}{\overset{R}{Si}}-O)_x-SiR_3$$

$$R_3SiO(\underset{R}{\overset{R}{Si}}-O)_x-(\underset{R'O(C_nH_{2n}O)_zR''}{\overset{R}{Si}}-O)_ySiR_3$$

$$R-Si\left\langle\begin{array}{l}(OSiR_2)_xR'O(C_nH_{2n}O)_yR''\\(OSiR_2)_xR'O(C_nH_{2n}O)_yR''\\(OSiR_2)_xR'O(C_nH_{2n}O)_yR''\end{array}\right.$$

$$\left.\begin{array}{r}R''(OC_nH_{2n})_yOR'\\R''(OC_nH_{2n})_yOR'\end{array}\right\rangle\underset{R}{R-SiO(}\!\!\overset{R}{\underset{R}{Si}}\!\!-O)_xSi-R\left\langle\begin{array}{l}R'O(C_nH_{2n}O)_yR''\\R'O(C_nH_{2n}O)_yR''\end{array}\right.$$

上面各结构式中，R为H、CH_3、C_2H_5等，但大多数为甲基；R″为H或有机基团；$(C_nH_{2n}O)_y$通常为氧化乙烯（CH_2CH_2O）和氧化丙烯［$CH(CH_3)CH_2O$］的无规共聚物；R′为烷基或没有基团。

根据连接聚硅氧烷链段和聚氧化烯烃链段的化学键的性质，即根据硅、氧、碳原子连接的方式，有机硅表面活性剂可分为Si－O－C（硅-氧-碳链）型和Si－C（硅-碳链）型。

Si—C键不发生水解，产品可长期贮存也不易变质。Si—O—C键在强酸或强碱条件下易水解，不能与有机锡催化剂稳定存在，与胺催化剂混合后存放较长的时间也不稳定。它可被分裂成硅氧烷和聚醚，失去稳定作用。故用于硬泡、半硬泡、高回弹泡沫塑料组合聚醚体系的匀泡剂一般为Si—C型。硬泡匀泡剂一般是聚醚-聚二甲基硅氧烷共聚物，不溶于水，非水解性，具有乳化与成核作用。高回弹泡沫匀泡剂一般也不溶于水，非水解性，具有使泡沫开孔的作用。

用于聚酯型聚氨酯软泡的表面活性剂的活性应远低于用于聚醚型聚氨酯软泡的，因此一般选含较低分子量聚醚链侧链的有机硅-聚醚共聚物。冷熟化高回弹泡沫塑料体系以及微孔弹性体，由于采用高伯羟基含量的高活性聚醚多元醇，反应体系的黏度增长很快，因此所用的表面活性剂其垂悬的共聚醚支链也大大减少，以使泡沫不至于太过稳定而过度闭孔。

不少匀泡剂具有协同阻燃作用，在有阻燃剂的配方中用这类匀泡剂，可增加泡沫塑料的阻燃性。这些阻燃剂本身不具有阻燃性，但可使阻燃剂在软泡体系中更好地发挥阻燃效果。某些具有协同阻燃效应的有机硅匀泡剂，可降低配方含卤阻燃剂用量，因而降低泡沫塑料中挥发性阻燃剂的挥发（散发）。在聚硅氧烷链段中引入极性基团如烯丙基氰，可以提高燃烧时聚甲基硅油的溶解能力，降低表面活性物对熔融物流变性的不利影响，从而降低泡沫塑料的燃烧倾向。

有机硅泡沫稳定剂在常温下一般为无色至淡黄色透明液体，少数微浊，加热后透明。

有的匀泡剂偏于使泡沫稳定（可称作稳泡剂），而有的匀泡剂偏于使泡孔结构规整（整泡剂）。对于大多数MDI型高回弹泡沫塑料，只需一种匀泡剂，但对于高TDI用量的HR泡沫，可采用具有稳泡效果的匀泡剂和具有整泡效果的匀泡剂复配。

泡沫稳定剂的用量为0.1%～2.5%，一般在0.5%～1.5%，用量越大，泡孔越细，但有可能造成闭孔。在相同发泡体系中，泡沫稳定剂在低密度泡沫中的用量一般需高于高密度配方中的用量。

近年来，为了适应汽车、垫材等行业的低雾化、阻燃等要求，低散发匀泡剂以及具有降低阻燃剂用量但获得相同阻燃性的有机硅泡沫稳定剂产品被一些公司推向市场。

8.2.2 部分品牌泡沫稳定剂的介绍

国内外的泡沫稳定剂生产商有多家，其中国内较知名的泡沫稳定剂（匀泡剂）生产商包括南京德美世创化工有限公司等。这些厂家的匀泡剂产品比较零散，产品品种不多，用于软泡、硬泡、高回弹泡沫、微孔鞋底泡沫等。

某些跨国公司供应的泡沫稳定剂品种一般比较齐全，生产厂商有美国迈图高新材料集团（Momentive Performance Materials）、德国赢创工业集团公司或赢创德固萨（中国）投资有限公司（Evonik Degussa）、美国空气产品公司（Air Products）、德国莱茵化学莱脑有限公司（RheinChemie）、美国亨斯迈聚氨酯公司（Huntsman Polyurethane）等。

德国BYK化学公司在收购Bayer-GE公司的有机硅部门后，结合该公司原有的产品，推出用于各种聚氨酯泡沫塑料体系的聚氨酯泡沫稳定剂，2010年BYK化学公司的SILBYK聚氨酯泡沫添加剂业务又被德国赢创工业集团收购。

下面介绍一些知名公司的聚氨酯匀泡剂产品。

表8-10～表8-12是德国赢创德固萨公司（Evonik Degussa）的泡沫稳定剂产品的典型物性和用途。

表 8-10 赢创公司部分聚氨酯软泡用稳定剂产品的典型物性和用途

Tegostab 牌号	密度 /(g/mL)	黏度 /mPa·s	4%水溶液 pH值和浊点	应用
BF 2270		1600±250	10～11 36～40℃	用于聚醚型 PU 软块泡，低散发
BF 2370	1.02～1.04	900～1300	10～11 35～39℃	广泛用于低、中密度聚醚型 PU 软块泡和热模塑泡沫，SiOC 型可水解匀泡剂，溶于水，水解敏感，可用于液态 CO_2 发泡，操作范围宽
BF 2470	1.01～1.03	1100～1600	6.4～8.4 37～46℃	用于低、中密度软块泡和热熟化模塑泡沫标准配方，高效能，不水解，辛酸亚锡宽容度好
B 4113	0.970～0.99	100～130	NA	HR 模塑泡沫，低效力稳定剂，使泡孔规整。计算羟值为 43mg KOH/g，非水溶性。在 MDI 型 HR 泡沫需单独使用，对于 TDI 型泡沫需复配其他匀泡剂。推荐用量为 0.3～1.0 质量份
B 4690	0.985	100～130	NA	HR 模塑泡沫，低、中效稳定剂，使泡孔规整。计算羟值为 42mg KOH/g，非水溶性。在 MDI 型 HR 泡沫单独使用，对于 TDI 型泡沫则复配其他匀泡剂。推荐用量为 0.3～1.0 质量份
B 4900	1.03～1.05	1100～1500	10.0～10.8 38～42℃	用于中密度 PU 软块泡和热模塑软泡，高通透性，SiOC 型可水解匀泡剂，溶于水，可液态 CO_2 发泡，计算羟值为 20mg KOH/g，操作范围宽
B 8002	1.02～1.04	500±150	9.7～10.7 35～40℃	用于高密度聚醚型 PU 软块泡和热模塑泡沫，以及慢回弹泡沫，操作宽容度好，低散发。属 SiOC 型可水解匀泡剂，溶于水，可与 BF 2470 等混用。计算羟值为 30mg KOH/g。推荐用量为 0.6～1.5 质量份
B 8040	1.02～1.04	1850～2250	9.9～10.9 36～41℃	低、中密度聚醚型 PU 软块泡，低散发，可液态 CO_2 发泡，水解敏感
B 8110	1.013～1.03	650～1000	5.0～9.0 39～45℃	非水解，高效能，宽容度好。用于特低、中密度聚醚型 PU 软块泡，可用于液态 CO_2 发泡
B 8125	1.02～1.04	500～800	NA	用于包括阻燃泡沫在内的热模塑软泡。SiC 型广谱匀泡剂，高稳定效力，计算羟值为 165mg KOH/g，水溶性。推荐用量为 0.8～1.2 质量份
B 8220	1.01～1.04	600～900	5.0～8.0 39～45℃	特低、中密度 PU 软泡，非水解型有机硅，高效能，可液态 CO_2 发泡，增强泡沫阻燃
B 8221	1.025～1.033	700～900	5.5～8.5 41～48℃	特低、中密度聚醚型 PU 软块泡，非水解，特高稳泡效能
B 8225	1.03	600±100	6.3～7.5 41～44℃	聚醚型 PU 软块泡和热模塑泡沫，水溶性 SiC 型，具协同阻燃性，宽容度好，经济性好，计算羟值为 21mg KOH/g
B 8228	1.02～1.04	500～800	5～8 45～51℃	用于聚醚型 PU 软块泡，可用于阻燃泡沫，高效能，中等宽容度
B 8229	1.02～1.04	600～1000	5.5～8.5 43～49℃	用于普通及阻燃型聚醚型 PU 软块泡，高稳定活性，高宽容度，比 B 8228 改善协同阻燃性。不能与水、叔胺预混
B 8232	1.02～1.04	500～700	6.3～7.5 41～44℃	用于阻燃型聚醚型 PU 软块泡，具协同阻燃作用
B 8233	—	325～525	6.5±1.5 48±3℃	用于阻燃型(聚醚型)中密度 PU 软块泡，具协同阻燃作用，水解稳定，但不能与水、叔胺预混久置。推荐用量为 0.8～1.2 质量份
B 8234	1.02～1.04	500～800	5～8 45～51℃	用于普通及阻燃型中密度聚醚型 PU 软块泡，非水解型，高效能、中操作宽容度，配方适应性优
B 8239	—	800～1300	6.0～8.0	用于普通聚醚型 PU 软块泡，具协同阻燃作用，低散发，可用于 CO_2 发泡工艺。推荐用量为 0.8～1.5 质量份
B 8242	1.035	700(计算值)	6.5～8.5	用于聚醚型 PU 软块泡，阻燃优化，低散发，适应各种泡沫密度，可用于 CO_2 发泡工艺。推荐用量为 0.8～1.5 质量份

续表

Tegostab 牌号	密度 /(g/mL)	黏度 /mPa·s	4%水溶液 pH值和浊点	应　用
B 8255	1.03	800～1400	6.5±1.5	用于聚醚型PU软块泡，属于广谱稳定剂，包括常规及阻燃软泡，可用于CO_2发泡工艺。推荐用量为0.8～1.2质量份
B 8260	1.03	650～1000	6.3～7.5	包括阻燃泡沫在内的热模塑软泡，高稳定效力，计算羟值为107mg KOH/g，水溶性，SiC型广谱匀泡剂。推荐用量为0.8～1.2质量份
B 8285	1.04±0.01	950～1200	6.5～8.5 45～55℃	聚醚型PU软块泡，主要用于MDI型黏弹性泡沫，低散发，水解稳定。推荐用量为2～3质量份

注：密度和黏度是25℃时数据，羟值单位为mg KOH/g，下同。

表 8-11　赢创公司部分高回弹聚氨酯软泡用稳定剂产品的典型物性和用途

Tegostab 牌号	密度 /(g/mL)	黏度 /mPa·s	计算羟值 /(mg KOH/g)	应　用
B 8629	0.94～0.96	10～16	128	用于HR模塑泡沫，不水解，高效力整泡和稳泡剂
B 8680	0.95	13	120	用于HR块状泡沫，特别适用于含POP的TDI型HR块状泡沫，也用于MDI型HR块泡的整泡，不水解，宽操作，开孔，用量为0.3～1.0质量份
B 8681	0.95±0.01	11～15	120	所有TDI型HR块状泡沫，HR模塑泡沫，中等效力稳泡剂
B 8781 LF2	0.97	35	74	用于所有HR块泡，特别含POP的TDI型HR块泡，极低VOC，也用于MDI型HR块泡的整泡，极宽操作平台，用量为0.2～0.4质量份
B 8707 LF2	0.99	150	36	用于所有HR块泡，特别是含POP的TDI型HR块状泡沫，也用于MDI型HR块泡及黏弹性泡沫，开孔泡孔规整，宽操作宽容度，不水解，是B 8707的不散发升级产品，推荐用量为0.3～1.0质量份
B 8715 LF2	0.98±0.01	30～50	82	HR模塑泡沫，低稳泡效力，低VOC
B 8716 LF2	0.978	35	72	所有HR块泡，特别适合含POP的TDI型HR块状泡沫，不水解，低VOC，也用于MDI型HR块泡的整泡，较宽操作平台，是B 8716 LF的无邻苯二甲酸酯升级产品。推荐用量为0.3～1.0质量份。
B 8724 LF2	0.969±0.010	20～40	79	HR模塑泡沫，高效力，最强整泡性能，中等稳泡效果，减少表皮下空洞
B 8726 LF2	0.979±0.010	30～50	73	HR模塑泡沫，中高效力，推荐用于高MDI单体的泡沫体系或MDI/TDI型泡沫
B 8727 LF2	0.973±0.010	25～45	78	高效力TDI型HR模塑泡沫，高固含量POP体系
B 8729 LF2	0.973±0.010	25～45	75	MDI型HR模塑泡沫泡孔规整剂
B 8732 LF2				HR块状泡沫，低散发性
B 8733 LF	0.96～0.99	250～500	0	含聚合物多元醇的HR块状泡沫，耐水解，宽范围
B 8734 LF2	0.975±0.010	35～55	83	MDI型HR模塑泡沫，低VOC
B 8736 LF2	0.974±0.010	25～45	72	TDI型HR模塑泡沫，最低VOC，中高效力
B 8737 LF2	0.968±0.010	20～40	69	最强TDI型HR模塑泡沫稳定剂，与B 8727 LF2相似，可与整泡剂结合，效力很高
B 8738 LF2	0.955～0.990	25～55	76	HR模塑泡沫，中低效力，TDI或TM 20体系，低用量MDI型泡沫共匀泡剂

注：HR泡沫匀泡剂基本上是不溶于水的低黏度无色至浅黄色透明液体。用量是指以聚醚为100质量份时的质量份。

表 8-12　赢创公司部分聚氨酯硬泡用稳定剂产品的典型物性和用途

Tegostab 牌号	密度 /(g/mL)	黏度 /mPa·s	4%水溶液 pH 值	用量范围	应　用
B 8404	1.055±0.010	450±120	6.5±1.5	1.5～2.5	通用硬泡匀泡剂
B 8407	1.055±0.010	270±80	6.5±1.5	1.5～2.5	用于 PU 及 PIR 硬泡,(建筑板材、硬块泡)
B 8408	1.072±0.010	730±150	6.5±1.5	2.0～3.0	乳化性能优异,用于 PU 及 PIR 硬泡,(建筑板材、喷涂硬泡),包括芳香族聚酯与聚醚多元醇复配体系
B 8409	1.055±0.010	750±170	7.0±1.5	1.5～2.5	用于 PU 硬泡如冰箱等
B 8418	1.04±0.01	1000±200	6.5±1.5	1.0～2.5	疏水性,用于高密度 PU 硬泡和 MDI 型黏弹性软泡
B 8423	1.055±0.010	650±150	6.5±1.5	2.0～3.0	用于 PU 硬泡如建筑板材,赋予物料优异流动性,产生均匀闭孔泡
B 8433	1.06±0.01	900±200	6.5±1.5	1.5～2.5	用于高水量发泡 PU 硬泡
B 8443	1.036±0.010	520±120	6.5±1.5	1.5～2.5	用于 PU 及 PIR 硬泡(建筑板材及特殊应用)
B 8444	1.075±0.010	700±150	7.4±1.2	0.5～2.0	亲水性,优异乳化性能,用于极性差异大的体系,推荐高密度硬泡
B 8450	1.075±0.015	320±50	7.0±1.5	1.5～2.5	用于阻燃硬泡有协同效果,特别适合于块状发泡、双带层压及现场浇注、喷涂硬泡
B 8460	1.06±0.01	750±250	7.5±1.5	约 2.0	广谱硬泡匀泡剂,良好乳化性能
B 8461	1.05±0.02	650±200	7.0±2.0	约 2.0	耐水解,适合于高反应活性体系,以及 HCFC 和 HFC 发泡体系
B 8462	1.045±0.010	1000±200	7.5±1.5	约 2.0	耐水解,适合于 HCFC、HFC、环戊烷发泡体系
B 8465	1.035±0.010	900±200	6.5～8.0	1.0～2.0	耐水解,适合于 HCFC、HFC 发泡体系
B 8466	1.06±0.01	550±100	6.5±1.0	1.5～2.5	特别适合于非极性发泡剂如戊烷发泡硬泡
B 8469	1.06±0.01	2500±500	7.0±1.0	约 2.0	特别适合于烃类如戊烷异构体发泡的硬泡
B 8474	1.04±0.01	750±250	7.0±1.5	1.0～2.5	特别适合于物理发泡剂如 HCFC 和烃类发泡的硬泡
B 8476	NA	1900±400	5～8	1.5～2.5	特别适合于烃类发泡剂高流动性发泡体系,羟值为 109mg KOH/g
B 8484	1.04±0.01	1400±300	7.0±1.5	NA	特别适合于环戊烷和 HFC-245fa 发泡高流动性体系
B 8485	1.042±0.010	700±300	6.5±1.5	1.5～2.5	硬泡各种发泡剂体系,如用于非连续生产夹心板和块泡
B 8486	1.06±0.01	400±200	6.5±1.5	1.0～2.0	硬泡块泡和板材,HFC 和烃类等发泡体系
B 8487	1.08±0.05	200±100	NA	1.5～2.5	主要用于戊烷发泡的高异氰酸酯指数的硬泡(PIR 泡沫)
B 8490	1.05±0.01	350～550	5.0～8.0	1.0～2.0	特别用于阻燃硬泡,例如 HFC、烃或全水发泡的 B2 级硬泡和 PIR
B 8491	1.04±0.02	1250±250	7.0±1.0	1.5～2.5	高流动性的 HFC、烃类发泡剂发泡硬泡
B 8512	1.035±0.010	700～1100	6.5～8.0	1.0～2.0	硬泡块泡和板材,HFC 和烃类等发泡体系
B 8522	1.04±0.02	600～1000	NA	1.5～2.5	在组合料中稳定性好,用于 PU 及 PIR 硬泡流动性优异、泡孔均匀
B 8523	1.020±0.005	150～550	NA	NA	开孔硬泡的匀泡剂
B 8526	1.02～1.04	2600～3400	NA	0.25～2.5	用于开孔结构的水发泡硬泡,可与开孔剂 B 8523 复配提升开孔率
B 8536	1.04～1.06	350～550	5.0～8.0	1.0～3.0	烃类发泡剂发泡的 PIR 硬泡
B 8870	1.02±0.01	2500±500	7.5±1.0	约 2.0	用于单组分、包装泡沫等特殊硬泡
B 8871	1.02±0.02	750±100	NA	0.25～2.5	用于全水发泡开孔硬泡,可与 B 8934 开孔剂并用,用于单组分、包装泡沫等特殊硬泡
B 8951	NA	750±250	NA	1.5～2.5	硬泡,还用于单组分、包装泡沫等特殊硬泡

注：表中用量是指配方中每用 100 质量份聚醚多无醇所用泡沫稳定剂的质量份。

美国 Air Products 公司的匀泡剂牌号较多，简单归纳于表 8-13。该公司的 DC-193 是用于半硬泡、硬泡的广谱 Si-C 型匀泡剂，DC-198 是可用于软泡和硬泡的高活性匀泡剂。

表 8-13(a) 美国空气化工产品公司聚氨酯泡沫稳定剂产品的典型物性

Dabco 牌号	闪点 /℃	黏度 /mPa·s	密度 /(g/mL)	计算羟值 /(mg OH/g)	水溶性	应用领域
DC193	80	300	1.07	75	可溶	半硬泡/鞋底/硬泡
DC197	66	330	1.04	NA	可溶	鞋底/硬泡
DC198	>100	2100	1.03	NA	可溶	软块泡
DC2525	127	17	0.95	60	不溶	软模泡
DC2584	>100	70	0.97	60	不溶	软模泡
DC2585	>100	75	0.97	161	不溶	软模泡/半硬泡
DC3042	120	150	0.98	85	不溶	微孔鞋底
DC3043	120	150	1.00	63	不溶	微孔鞋底
DC4020	>95	300	1.02	50	可溶	软块泡
DC5000	101	170	0.98	NA	不溶	鞋底、微孔弹性体
DC5043	80	300	0.99	NA	不溶	软模泡/半硬泡/鞋底
DC5098	61	210	1.07	—	可溶	硬泡
DC5103	72	200	1.05	104	可溶	硬泡
DC5164	>100	370	1.00	24	不溶	软模泡
DC5188	>100	670	1.02	NA	可溶	软块泡
DC5258	>100	300	1.03	78	不溶	软模泡/鞋底
DC5357	78	450	1.04	54	不溶	硬泡
DC5526	83	120	0.99	131	不溶	软泡
DC5598	61	520	1.05	42	≤10%	硬泡
DC5604	93	280	1.04	57	可溶	硬泡
DC5810	>120	360	1.03	NA	可溶	软块泡
DC5900	>100	1900	1.04	NA	可溶	软块泡
DC5901	105	1250	1.03	NA	可溶	软块泡
DC5933	118	209	1.03	NA	不溶	软块泡
DC5950	63	200	1.03	NA	可溶	软模泡/软块泡
DC5990	103	756	1.03	251	可溶	软块泡
LK-221E	>100	2800	1.03	42	不溶	硬泡/鞋底
LK-443E	>100	2600	1.09	36	≤20%	硬泡/鞋底

表 8-13(b) 美国空气化工产品公司聚氨酯泡沫稳定剂产品的特性及用途

Dabco 牌号	特性及用途
DC193	多用途，一般用于微孔 PU 泡沫鞋底，还用于阻燃硬泡、半硬泡
DC197	用于喷涂硬泡具有优异流动性和黏附性，也可用于微孔泡沫
DC198	普通聚醚型 PU 软块泡及液态二氧化碳发泡软块泡、黏弹性泡沫
DC2525	低效能硅油，在 MDI 冷模塑软泡中使泡孔规则，开孔良好
DC2584	在 MDI/TDI 冷模塑软泡中具有低雾化性能的高效能硅油
DC2585	用于 TDI/MDI、MDI 冷模塑泡沫，具有低雾化性能的低效能硅油
DC3042	改善低密度微孔弹性体表皮质量，可与 DC193 或 DC3043 共用
DC3043	改善低密度微孔弹性体尺寸稳定性，可与 DC3042 共用
DC4020	聚酯型 PU 软块泡的低雾化硅油

续表

Dabco 牌号	特性及用途
DC5000	用于要求表面泡沫塌泡的高密度微孔及整皮泡沫体系
DC5043	用于 TDI 及 TDI/MDI 冷模塑泡沫体系，较大宽容度，高稳泡性
DC5098	与 MDI 相容的硬泡有机硅表面活性剂，可加在黑料中
DC5103	低效能硅油，用于硬泡体系有较好的乳化能力
DC5164	用于 TDI 冷模塑泡沫体系的高效能硅油，能提高稳定性
DC5179	用于多种异氰酸酯体系 HR 软泡，通常与 DC5043 或 DC5164 并用
DC5188	在低密度聚醚型 PU 软块泡体系中具有优异乳化性能的高效能硅油
DC5258	适用于高 MDI 含量冷模塑泡沫，优良开孔性
DC5357	高效能硬泡硅油，特别适用于 HCFC-141b 发泡体系，高流动性
DC5526	聚酯型 PU 软块泡的通用硅油
DC5577	用于环戊烷及环戊烷/异戊烷发泡硬泡的有机硅匀泡剂
DC5598	高效能硬泡硅油，适用于不同发泡剂，良好流动性，低热导率
DC5604	硬泡通用硅油，优异的体系兼容性和稳定性
DC5810	适用于各种密度软泡，高活性硅油，宽容度大
DC5900	多用途软泡硅油，适用于液态二氧化碳发泡等，宽容度大
DC5901	多用途软泡高效能硅油，用于液态二氧化碳发泡，泡沫均匀
DC5906	中高效能有机硅匀泡剂，用于包括 CO_2 发泡的聚醚型 PU 软块泡，操作范围宽
DC5933	高活性有机硅匀泡剂，适用于箱式发泡聚醚型 PU 软块泡
DC5950	中等效能高宽容度阻燃硅油，用于聚醚型软块泡，与阻燃剂协同良好
DC5986 DC5987 DC5990	高效能有机硅匀泡剂用于液态 CO_2 发泡聚醚型 PU 软块泡，具阻燃效能。良好的成核、乳化、发泡稳定性，泡孔细而均匀。其中 DC5990 设计用于无卤素阻燃体系，也可与常规阻燃剂一起使用提升阻燃性
DC6070	用于冷熟化 TDI 基模塑泡沫和 HR 块泡的低散发有机硅匀泡剂
DCI990	用于有低雾化值要求的各种聚酯型 PU 软块泡。还可改善微孔泡沫和硬泡的开孔性
LK-221E	非硅表面活性剂。优良乳化效果，用于双密度鞋底、自结皮和硬泡
LK-443E	非硅表面活性剂。用于硬泡喷涂体系和鞋材，活性比 LK-221E 低

美国迈图高新材料集团（前美国 GE Toshiba Silicones 公司）供应 Niax 品牌的泡沫稳定剂，Niax L-×××系列为用于软泡的匀泡剂，L-3×××和 L-5×××一般为模塑软泡、HR 泡沫的匀泡剂，L-6×××、部分 L-5×××以及 Y-10×××为硬泡匀泡剂。其中 L-580 泡沫稳定剂在国内聚氨酯软泡行业最知名，它是一种 Si-C 型广谱高效软泡匀泡剂，主要用于低、中密度块泡，还可用于 CO_2 发泡大块软泡。L-530、L-534、L-553 用于聚酯型聚氨酯泡沫塑料，其中 L-534 是低雾化匀泡剂，加工范围宽。L-539 用于纺织用聚酯型 PU 软泡。L-633 推荐用于中低密度软泡配方，即使在高水量及二氯甲烷发泡体系也有高稳定性。L-660、L668 用于黏弹性泡沫。L-3111 是用于 MDI 和 TDI/MDI 基软模塑泡沫高开孔性匀泡剂。L-3222 是用于 MDI 基软模塑泡沫的中等开孔匀泡剂。L-3170 和 L-3184 是用于 TDI 基软模塑泡沫的高效能平衡性匀泡剂。Niax L-3627 是一种低挥发性的有机硅表面活性剂，可应用于 MDI 或 MT 模塑高回弹聚氨酯泡沫，能够有效地改善泡沫的开孔性及稳定性。L-3629 是用于低密度及高回弹模塑泡沫的具有较好匀泡能力和较好开孔作用的低雾化辅助型有机硅表面活性剂。Niax L-3637 是一种低挥发有机硅表面活性剂，能帮助提高植物油改性聚醚在高回弹模塑泡沫中的含量，提供规整的泡孔结构和光滑平整的表皮。L-2171 用于高回弹块泡，特别是含 POP 的配方。L-5348 用于单组分 PU 泡沫塑料。L-5351、5352 用于单组分 PU 泡沫塑料，改善低温发泡性能。L-5388 用于含填料的单组分 PU 泡沫塑料。L-6164

用于开孔模塑硬泡。

部分 Niax 有机硅表面活性剂的典型物性和用途见表 8-14。

表 8-14(a) 美国迈图公司的部分 Niax 有机硅表面活性剂的典型物性

牌号	黏度/mPa·s	相对密度	水溶性	闪点/℃	牌号	黏度/mPa·s	相对密度	水溶性	闪点/℃
L-580	610～1225	1.03	可溶	97	L-3150	13	0.94	—	110
L-590	760	1.03	—	115	L-3151	41	0.92	—	141
L-595	1850～2260	1.03	—	101	L-3350	45	0.97	—	140
L-600	500～1500	1.03	—	>200	L-3415	41	0.92	—	>100
L-603	670	1.03	可溶	98	L-3416	45	0.93	—	>100
L-618	545	1.031	可溶	104	L-3417	45	0.97	—	>100
L-620	780	1.04	可溶	100	L-3418	41	0.91	—	>100
L-626	12900	0.92	不溶	113	L-3555	45	0.95	—	185
L-627	4550	0.91	—	116	L-3620	41	0.91	—	>100
L-629	20～40Pa·s	1.00	—	116	L-3630	44	0.93	—	—
L-635	1120	1.02	—	113	L-5309	125～375	1.00	—	102
L-650	920	1.03	—	109	L-5333	300	1.01		49
L-655	970	1.03	—	113	L-5340	735	1.05	可溶	101
L-670	1700	1.02	—	110	L-5420	370	1.07	可溶	79
L-680	550	1.03	稍溶	87	L-5440	635	1.06	可溶	104
L-682	600～900	1.03	—	15	L-5614	12900	0.92	—	113
L-690	620～825	1.03	—	>80	L-5702	640	1.06	—	115
L-701	—	1.03	可溶	97	L-5770	670	1.03	可溶	98
L-818	635	1.06	—	104	L-6635	525	1.05	—	90
L-820	825	1.03	—	>120	L-6900	750	1.05	可溶	99
L-1500	370	1.08	—	>100	L-6915	6360	1.06	—	110
L-1501	30	0.92	—	97	L-6952	1855～2575	1.03	可溶	>93
L-1505	100～180	1.02	—	57	L-6980	515	1.05	可溶	113
L-1540	410～620	1.03	—	104	L-6988	945～1990	1.05	可溶	>93
L-1580	580～890	1.05	—	101	SE-232	330	1.01	可溶	101
L-2100	37	0.93	不溶	118	M-66-82E	350	1.04	—	—
L-2125	—	1.01	可溶	64	M-6682-E	500	1.047	—	—
L-3001	41	0.97	不溶	127	Y-10366	250	1.01	—	55
L-3002	41	0.97	不溶	127					

注：闪点是指 Pensky-Martens 闭杯。

表 8-14(b) 美国迈图公司的部分 Niax 有机硅表面活性剂的特性及用途

牌号	特性及用途
L-566	适用于中、低密度普通块泡，特别为添加无机填料的软泡制品提供更佳的加工宽容度及稳定性。非水解，可与水、胺预混
L-580	中等效能，水解稳定。主要用于聚醚型软块泡。可用于 CO_2 发泡低密度配方，具有优异的泡沫稳定性和通气性。可用于高 TDI、高水配方。L-580AP 和 L-580K 推荐用于超低密度软泡
L-590	用于一般软泡具有宽操作范围，可用于低至高密度软泡的稳定
L-595	中高效能，用于各种聚醚型软块泡具宽操作范围，也可用于液态 CO_2 发泡。得到微细规整泡孔
L-598	宽操作范围，中等效能，用于中、高密度普通软泡
L-600	非水解有机硅匀泡剂。用于 PU 软质泡沫塑料，密度范围宽，加工宽容度很好。有协助阻燃性能。在高含水量、高 MC 发泡配方中稳定性
L-603	通用型，特别用于聚醚型软块泡改善阻燃性
L-618	各种聚醚型软块泡、较大的宽容度，泡孔精细。可制造阻燃软泡
L-620	烷基悬挂型硅氧烷，是各种聚醚型软块泡的高效匀泡剂，包括阻燃、MC 发泡、全水发泡

续表

牌号	特性及用途
L-626	用于慢回弹泡沫及低通气性块泡配方的特殊有机硅，含烷基苯>50%，泡沫具有微细开孔结构。通常与其他表面活性剂如SC-154、SC-155、L-620结合使用。还可用于半硬质块泡如汽车顶棚泡沫以防止收缩
L-627	用于黏弹性泡沫(慢回弹)及低通气性块泡配方，具开孔性质
L-629	用于黏弹性软泡，开孔性能有助改善操作宽容性，也可用于半硬泡
L-635	高活性，微细泡孔结构，操作宽容度好，推荐用于液态CO_2发泡阻燃软块泡
L-650	中等效能。烷基悬挂型硅氧烷，用于含阻燃剂的软块泡，降低阻燃剂用量10%～30%，宽操作范围
L-655	中等效能。烷基悬挂型硅氧烷，用于含阻燃剂的软块泡，宽操作范围，可用于液态CO_2发泡。L-658也是同类型阻燃匀泡剂
L-668	用于高密度和慢回弹泡沫配方，具有良好的操作工艺宽容度
L-670	中等效能。特别用于大豆油多元醇等天然油多元醇制软块泡，也用于阻燃泡沫，与L-650、655相似。可用于液态CO_2发泡
L-682	中等活性。用于各种密度聚醚型软泡，工艺宽容度高，泡孔结构好。
L-680	用于密度在12kg/m^3以上的软块泡，用于阻燃泡沫配方、全水发泡及一般软泡，操作宽容度大，在胺-水混合物中稳定
L-690	通用水解稳定性有机硅匀泡剂，在组合聚醚或水/胺/硅油预混物中稳定，用于包括阻燃泡沫在内的各种聚醚型软泡
L-701	用于聚醚型PU软块泡的低散发有机硅表面活性剂
L-818	普通及阻燃聚醚聚氨酯泡沫，较宽操作平台，与L-618相似用于阻燃泡沫。含很少低分子量硅氧烷，低散发。用于垫材泡沫等
L-820	高效能通用匀泡剂，用于各种设备生产的常规和阻燃的软块泡，低分子量硅氧烷含量低，在较宽有机锡范围改善泡沫透气性
L-1500	非水解的泡孔稳定匀泡剂，用于中高密度聚酯型PU微孔整皮配方
L-1501	用于低、中密度聚醚型或聚酯型微孔/整皮泡沫的非水解匀泡剂
L-1505	用于低、中密度聚酯型微孔整皮泡沫的非水解匀泡剂
L-1540	用于聚酯型微孔整皮泡沫的非水解匀泡剂，改善剪切稳定性，表皮好
L -1580	用于聚酯型PU微孔整皮泡沫及浇注弹性体异氰酸酯组分的非水解匀泡剂，改善剪切稳定性，表皮好
L-2100	可用于所有普通和阻燃高回弹块泡配方，包括高水量配方，用量少，泡沫结构和开孔率可通过该匀泡剂的用量控制
L-2125	用于高回弹软块泡
L-3001	用于MDI高回弹模塑泡沫，低用量，较宽的操作平台。也可用于TDI/MDI高回弹模塑泡沫。生产高开孔泡沫
L-3002	用于TDI/MDI基及高水量MDI基高回弹模塑泡沫配方，比L-3001改善操作宽容度，具中等的开孔性，可用于汽车及家具泡沫
L-3003	用于TDI/MDI和MDI模塑泡沫，高稳定泡孔能力和调节泡孔能力
L-3150	高活性，属于L-3100/L-3200混合物，适用于生产TDI冷模塑高回弹泡沫，设计配合于新型高反应活性和高官能度的聚醚多元醇中，操作范围宽，能极佳地平衡剪切稳定性、泡孔结构和泡沫开孔性 L-3100主要提供良好的泡沫开孔性并保持整体稳定性，而L-3200主要提供良好的泡孔结构以及剪切稳定性
L-3151	用于TDI或TDI/MDI基模塑HR泡沫的低散发高效能平衡性表面活性剂。可解决剪切稳定性、泡孔结构、泡沫开孔率等问题。操作范围宽
L-3167	具备较强匀泡能力和较好开孔作用的辅助性匀泡剂，适用于TDI/MDI和TDI体系
L-3350	适用于生产低密度TDI(高活性聚醚、高固含量POP)冷模塑高回弹加工的高效能表面活性剂，操作范围宽，开孔好，用量为0.5～1质量份
L-3415	用于MDI基HR模塑配方的低雾化有机硅表面活性剂，操作范围宽，开孔好，光滑表皮
L-3416	用于MDI和TDI/MDI型HR模塑配方的低雾化有机硅表面活性剂，操作范围宽，稳定性好，开孔好
L-3417	低雾化的表面活性剂，适用于MDI、TDI/MDI和改性TDI模塑高回弹PU泡沫体系，操作范围宽，稳定性好，得到规则的开孔泡孔
L-3418	用于MDI和TDI/MDI型HR模塑配方的低雾化有机硅表面活性剂，操作范围宽，稳定性好，开孔好，得到规则的开孔泡孔

续表

牌 号	特 性 及 用 途
L-3555	低雾化的有机硅表面活性剂，适用于TD基高回弹模塑泡沫，具有极佳的操作宽容度、剪切稳定性和泡孔稳定性，泡沫具有良好的开孔性
L-3620	用于MDI和TDI/MDI型HR模塑配方的低雾化有机硅表面活性剂，操作范围宽，稳定性好，开孔好，得到规则的开孔泡孔
L-3630 L-3640	分别为具备中等和较强稳泡能力，都是具较好开孔作用的低雾化有机硅表面活性剂，适用于TM和改性TDI模塑HR泡沫。操作范围宽
L-5309	用于TDI基HR冷模塑及块状泡沫的非水解型匀泡剂。操作范围宽，在稳定泡沫、消除表面缺陷及崩塌方面有特别的功效
L-5333	用于普通和阻燃高回弹块泡以及高回弹模塑，具较宽的加工范围，提供良好的泡沫稳定性，使泡沫结构均匀开孔和透气
L-5340	与异氰酸酯相容，用于粗TDI或聚合MDI配方，适用广、用量低，包括常规和水发泡硬泡、PIR硬泡
L-5420	聚酯型硬泡匀泡剂，适用各种硬泡生产工艺。也用于鞋底泡沫
L-5440	用于难以稳定的低反应型硬泡配方，用于高水量发泡等
L-5614	用于在基材上机械沫状发泡中高密度PU泡沫
L-5702	用于阻燃软块泡，提供泡沫好的透气性能，更宽的催化剂和表面活性剂的操作宽容度
L-5770	用于聚醚型软块泡，特别适合于阻燃软泡，减少阻燃剂。宽容度好
L-6635	用于硬泡连续法层压板，减少表面空洞
L-6900	用于高用水量、低氟聚氨酯硬泡，耐水解。羟值为40mg KOH/g。用量为1.5～2.5质量份。
L-6915	用于环戊烷等烃类发泡体系硬泡，细腻泡孔结构和极低热导率
L-6952	用于HFC-245fa发泡PU硬泡。流动性好，泡孔微细，热导率低
L-6980	主要用于高水量PU硬泡。流动性好，泡孔微细，热导率低
L-6988	用于冰箱用环戊烷发泡PU硬泡。流动性好，泡孔微细，热导率低
SC-155	用于常规聚醚型聚氨酯软块泡，包括液态二氧化碳发泡，泡孔微细
SE-232	用于普通聚酯型泡沫，宽容度大。用量为0.9～1.2质量份
M-66-82E	用于非织物用聚酯型聚氨酯软泡(包括网状泡沫)的酯类匀泡剂，促进泡孔均匀，改善阻燃性能和搭接性能。M-6682-E含水10％
Y-10366	用于TDI或TDI/MDI体系冷模塑HR泡沫，提供低密度配方的特别稳定性，协助消除表面孔穴和排气孔周边的塌陷，在全用水配方和加用辅助发泡配方中，都有良好的效果

表8-15和表8-16为南京德美世创化工有限公司的部分泡沫稳定剂的物性指标及其应用范围。

表8-15 德美世创公司AK系列硬泡匀泡剂常规物性及用途

Matestab 牌 号	黏度(25℃) /mPa·s	密度(25℃) /(g/mL)	适用的硬泡发泡(剂)体系
AK-8801	650±200	1.07±0.02	高水低CFC配方
AK-8803	1200±300	1.05±0.02	HCFC-141b和戊烷发泡体系
AK-8804	350±100	1.07±0.02	微孔弹性体体系
AK-8805	800±200	1.05±0.02	各种发泡剂体系的广谱匀泡剂
AK-8806	700±250	1.07±0.02	聚酯型及聚醚型全水发泡体系
AK-8808	1150±200	1.05±0.02	广谱匀泡剂尤适用于HFC-365/227发泡体系
AK-8809	1100±200	1.04±0.02	专用于HFC-245fa发泡体系
AK-8810	850±200	1.06±0.02	专用于环-异戊烷体系
AK-8811	800±200	1.07±0.02	特别适合于HCFC-141b低氟发泡体系
AK-8812	1200±250	1.04±0.03	适用于戊烷体系和141b发泡体系
AK-8818	800±150	1.06±0.02	全水发泡体系
AK-8826	1450±250	1.10±0.02	环戊烷发泡体系
AK-8830	750±200	1.04±0.02	戊烷发泡体系，低热导率和黏结力

续表

Matestab牌　号	黏度(25℃)/mPa·s	密度(25℃)/(g/mL)	适用的硬泡发泡(剂)体系
AK-8832	1150±250	1.05±0.02	141b和戊烷发泡体系
AK-8835	750±150	1.03±0.02	太阳能热水器泡沫和单组分泡沫体系
AK-8856	800±200	1.11±0.02	聚酯及聚醚多元醇计硬泡,全水发泡体系
AK-8866	1000±200	1.11±0.02	特别适用于141b及戊烷异构体发泡体系
AK-8871	300±50	1.03±0.02	用于开孔硬泡生产。具一定开孔性能,与AK-9901开孔剂配合可使泡沫中等开孔能力
AK-8889	1100±200	1.05±0.02	141b和戊烷发泡体系
AK-8882	1050±250	1.05±0.02	141b和戊烷发泡体系

表8-16　德美世创公司软泡和高回弹冷熟化泡沫匀泡剂常规物性及用途

牌　号	黏度(25℃)/mPa·s	密度(25℃)/(g/mL)	适用的泡沫塑料类型
AK-6618	1050±200	1.02±0.02	25～45kg/m^{3}的聚醚型PU软块泡
AK-6678	850±150	1.02±0.02	10～30kg/m^{3}的聚醚型PU软块泡
AK-6688	850±150	1.02±0.02	密度<10kg/m^{3}的聚醚型PU软块泡
AK-7700 AK-7720	60±20	0.95±0.02	TDI或TDI/MDI(TDI≥70%)基HR泡沫,其中AK-7720具有低雾化特性
AK-7701 AK-7721	70±20	0.95±0.02	TDI/MDI(TDI 50%～70%)基HR泡沫,其中AK-7721具有低雾化特性
AK-7703 AK-7723	80±20	0.96±0.02	MDI或TDI/MDI(MDI≥50%)基HR泡沫,其中AK-7723具有低雾化特性

注：AK-7730、AK-7731和AK-7733的指标和用途分别与AK-7700、AK-7701和AK-7703相同，但不含苯类化学物质。

表8-17为聚氨酯泡沫稳定剂厂商广东省中山市东峻化工有限公司的部分泡沫稳定剂的物性指标及其特性、用途。

表8-17　中山市东峻化工有限公司的部分泡沫稳定剂的物性指标及其特性、用途

名称	黏度(25℃)/mPa·s	密度(25℃)/(g/mL)	适　用　范　围
H-3903	—	—	适用于部分开孔的141b发泡硬泡
H-3901	600±200	1.07±0.02	适用于部分开孔的141b发泡硬泡
H-3618	—	—	环戊烷发泡硬泡,热导率更低
H-3616	—	—	环戊烷发泡硬泡,流动性更好
H-3615	—	—	环戊烷发泡硬泡,乳化能力更强
H-3609	750±300	1.07±0.02	聚酯、聚酯+聚醚混合体系,141b、环异戊烷及全水发泡硬泡,乳化能力强
H-3608	950±300	1.05±0.02	环戊烷发泡硬泡,较强的乳化能力
H-3606	800±300	1.06±0.02	聚酯、聚酯+聚醚型141b及环异戊烷发泡硬泡
H-3605	800±200	1.04±0.02	全水、141b及环异戊烷发泡硬泡
H-3603	900±300	1.06±0.02	环异戊烷、高水量、HFC-365/227等发泡硬泡
H-360	800±200	1.04±0.02	环戊烷发泡体系、高水量发泡体系
H-350	900±300	1.04±0.02	141b、高水量发泡硬泡
H-3303	900±300	1.04±0.02	141b、365mfc、高水量等发泡硬泡
H-330	900±300	1.04±0.02	141b、高水量等发泡硬泡
H-3203	450±150	1.07±0.02	HCFC-141b、HFC-245fa、高水量等发泡硬泡
H-3202	560±200	1.07±0.02	141b发泡硬泡
H-3201	600±200	1.07±0.02	141b发泡硬泡

续表

名称	黏度(25℃)/mPa·s	密度(25℃)/(g/mL)	适用范围
H-320	780±200	1.07±0.02	141b发泡体系
H-510	1000±250	1.02±0.02	12～40kg/m³的箱式、平泡及热模塑软泡
H-930	5±15	0.95±0.02	高MDI冷模塑HR泡沫塑料
H-920	36±15	0.95±0.02	高TDI(TDI≥50%)冷模塑HR泡沫塑料
H-910	180±60	1.01±0.02	适用于TDI/MDI冷模塑HR泡沫塑料

表8-18为沧州东塑集团威达化工分公司的匀泡剂常规物性及用途。

表8-18　沧州东塑集团威达化工分公司产品匀泡剂常规物性及用途

牌号	黏度(25℃)/mPa·s	密度(25℃)/(g/mL)	用途和特性
G1280	≤500	1.00～1.05	高回弹软质聚氨酯泡沫，较宽的加工范围
G1080	1000±200	1.03～1.07	慢回弹聚氨酯泡沫体系，良好的乳化性、稳定性和适应性
G1180	≤1500	1.03～1.07	阻燃硅油，可节省阻燃剂15%～20%
G680、G780、G980	≤1500	1.03～1.07	软泡匀泡剂，活性高，用量少，乳化性和稳定性好，适用于低至中高密度的聚醚型聚氨酯软质泡沫

上海宏璞化工科技有限公司生产2种专用于单组分PU泡沫塑料的有机硅泡沫稳定剂，其中HP-STAB 850是无色透明黏稠液体，黏度（25℃）为（1500±200)mPa·s，浊点大于37℃，适用于中、低档单组分泡沫填缝剂，特别适合于二甲醚/丙丁烷发泡剂体系，具有孔径均匀、发泡体积大、泡沫丰满、表皮光滑等特点。HP-STAB 851为无色透明黏稠液体，黏度（25℃）为（1200±200)mPa·s，浊点大于60℃，适用于高、中档单组分泡沫填缝剂，具有孔径均匀、表干快、泡沫不收缩等特点。它们的密度均在1.01～1.03g/mL范围。

8.3 开孔剂

获得开孔聚氨酯泡沫塑料的方法，对于软泡来说一般需采用合适的催化剂，使得凝胶反应和发泡反应达到所需的平衡，在泡沫物料上升到最高点时泡孔的壁膜强度不足以把气泡封闭在内，气体破壁而出，形成开孔的泡沫结构。另外还需采用合适的聚醚多元醇原料。如果当催化剂和主原料不足以解决问题时，可采用少量的开孔剂（cell opener)。

开孔剂是一类特殊的表面活性剂，一般含疏水性和亲水性链段或基团，它的作用是降低泡沫的表面张力，使得水发泡形成的脲分散，促使泡孔破裂，提高聚氨酯泡沫塑料的开孔率，改善因闭孔造成的软质、半硬质、硬质泡沫塑料制品收缩等问题。聚氨酯硬泡由于交联密度高，发泡中泡孔壁膜强度大，一般是闭孔的泡孔结构，但添加开孔剂，可制造开孔硬质聚氨酯泡沫塑料，用于消音、过滤等用途。

开孔剂的成分较复杂，早期疏水性的液体石蜡、聚丁二烯、二甲基聚硅氧烷等可用作泡沫稳定剂和开孔剂，石蜡分散液、聚氧化乙烯也可用作开孔剂，目前多采用特殊化学组成的聚氧化丙烯-氧化乙烯共聚醚、聚氧化烯烃-聚硅氧烷共聚物等作为开孔剂。

下面介绍几种泡孔开孔剂。

德国赢创工业集团公司的Ortegol 500是有机聚合物的混合物，为无色至微黄色透明或微浊液体，不溶于常用硬泡聚醚多元醇，但用在组合聚醚中不会分层。Ortegol 501是黄色透明有机聚合物液体，羟值约为2mg KOH/g。它们用于PU硬泡的开孔，可与该公司泡沫稳定剂B 8433、8444或8466并用，不影响泡孔大小。建议避免使用凝胶性催化剂和三聚催化剂。Ortegol 501可得到90%以上的开孔率。

美国Dow化学公司的Voranol CP 1421是用于块状软泡和超软泡沫生产的一种特种聚醚多元醇，羟值为（33.5±1.5）mg KOH/g，可用作HR开孔剂。

美国迈图公司的Niax L-6164和L-6188是有机硅类开孔剂，用于开孔PU硬泡，包括单组分硬泡和喷涂PU硬泡等，L-6188还可用于PIR泡沫。Niax L-626是一种有机硅溶液，用于慢回弹软泡，也可用作半硬泡的开孔剂。

中山市东峻化工有限公司的H-4001和H-4002的硬泡开孔剂，它们无稳定泡沫的作用，必须与泡沫稳定剂配合使用。开孔率多少可根据添加量来调整。其开孔率可达90%以上。

沧州东塑集团威达化工分公司的特种聚醚K-3800、K-600分别是高回弹开孔剂和慢回弹泡沫开孔剂，为无色透明黏稠液体。K-3800的羟值为（42.0±1.5）mg KOH/g，可溶于聚醚、异氰酸酯及大多数有机溶剂，用量2～4质量份。K-600羟值≤15mg KOH/g，不溶于水。

韩国SKC株式会社的特种聚醚多元醇Yukol 1900是慢回弹泡沫开孔剂。

Bayer公司的聚醚三醇Desmophen 41WB01用于生产超软块泡，也可用作开孔剂，其羟值为37mg KOH/g，黏度为1070mPa·s。

Shell化学公司的软质聚氨酯泡沫用聚醚多元醇Caradol SA36-02也用于超软泡沫、开孔剂。

上海宏璞化工科技有限公司生产3种PU泡沫塑料开孔剂，其中Carcat HP-290是有机硅类开孔剂，为无色透明黏稠液体，黏度（25℃）为（100±20）mPa·s，专用于单组分泡沫填缝剂的开孔，具有开孔效率高、贮存稳定等特点；Carcat HP-291是聚醚类开孔剂，为无色透明黏稠液体，羟值为（35±2）mg KOH/g，黏度（25℃）为（2000±200）mPa·s，用于高回弹和自结皮泡沫的开孔，它还可改善制品的手感；Carcat HP-292是聚醚类开孔剂，为无色透明黏稠液体，羟值为（40±2）mg KOH/g，黏度（25℃）为（1800±200）mPa·s，用于半硬质PU泡沫塑料的开孔，是针对汽车顶棚泡沫开发的专用开孔剂。它们的水分含量均低于0.5%。

南京德美世创化工有限公司的AK-9901是一种有机聚合物溶液，用于生产开孔型聚氨酯硬泡。AK-9901开孔剂宜与成核性较强的泡沫稳定剂配合使用，在聚氨酯硬质泡沫中可以达到90%的开孔率。

上海高桥石油化工公司聚氨酯事业部的聚醚GJ-170用于高回弹泡沫、自结皮泡沫等开孔剂，羟值为160～180mg KOH/g，K^+含量≤20mg/kg。GK-350D可用作高回弹模塑泡与高回弹块泡的开孔剂，还可用作超软泡沫和MDI基慢回弹的基础聚醚。

江苏钟山化工有限公司的开孔剂系列CO-170、CO-42、CO-28和KF-28属于特殊聚醚多元醇，其羟值分别是160～180mg KOH/g、39～45mg KOH/g、25～31mg KOH/g和22～28mg KOH/g，酸值均≤0.08mg KOH/g。用量为1～3质量份/100质量份聚醚。用于冷熟化高回弹泡沫、半硬泡制品，增加泡沫开孔性能，防止闭孔，改善泡沫结构，使制品具有优良的回弹性、压缩性和舒适感。

中国石化集团资产经营管理有限公司天津石化分公司聚醚部的开孔剂在HR冷模塑及块泡生产中改善和减少闭孔现象，其羟值为50～53mg KOH/g，黏度（25℃）为400～600mPa·s。开孔剂与扩链剂、交联剂配合使用时，其用量一般为2～5质量份。

宁波市镇海劲翔化工有限公司的高回弹泡沫塑料开孔剂FK-8300，为无色透明液体，平均分子量约为6100，羟值为29～35mg KOH/g，它增加泡沫开孔性能，防止闭孔，改善泡沫结构。使制品具有优良的回弹性、压缩性和舒适感。

江苏绿源新材料有限公司泡沫开孔剂LY-1033羟值为80～90mg KOH/g。

部分开孔剂的典型物性和用途见表 8-19。

表 8-19 部分开孔剂产品的典型物性和用途

名称	黏度(25℃) /mPa·s	密度(25℃) /(g/mL)	特性及适用范围
Ortegol 500	2000～3000	0.89～0.93	不含有机硅。主要用于 PU 硬泡,包括水发泡配方。用量为 0.25～1.00 质量份/100 质量份聚醚
Ortegol 501	275 ± 125	0.95 ± 0.05	主要用于 PU 硬泡。用量为 1.0～3.0 质量份/100 质量份聚醚
Voranol CP 1421	1300～1550	1.091	特种聚醚多元醇,可用于高回弹块泡和模塑泡沫开孔剂。用量为 0.5～5.0 质量份
Niax L-6164	4685	0.937	不水解有机硅表面活性剂,用于开孔硬泡
Niax L-6188	200	1.02	不水解有机硅表面活性剂,用于开孔硬泡,用量为 1～4 质量份
Yukol 1900	630～775(40℃)	0.969	慢回弹泡沫塑料开孔剂
H-4002	120～300	0.90±0.05	适用于硬泡和高回弹泡沫。用量为 0.3～2.0 质量份
H-4001	150～350	0.90±0.05	适用于硬泡。用量为 0.3～2.0 质量份
K-600	4000±500	0.95～1.05	慢回弹泡沫塑料开孔剂。用量为 2～4 质量份
LY-1033	400～600	—	泡沫开孔剂
AK-9901	120±50	0.95±0.05	硬泡开孔剂。用量为 0.5～2 质量份
FK-8300	800～1300	—	高回弹泡沫和半硬泡开孔剂,用量为 0.8～1.5 质量份

有的泡沫稳定剂同时也具有促进开孔的效果，在此不作介绍。

8.4 软化剂

在高水量发泡的软质聚氨酯泡沫塑料生产中采用软化剂（softener）以抑制过多的脲基带来的泡沫僵硬问题。

泡沫软化改性剂是在较高化学发泡剂水的用量下具有软化效果的泡沫添加剂，一般通过降低异氰酸酯用量来降低泡沫硬度，用于软质聚氨酯泡沫塑料的生产。现介绍 2 个公司的软化剂。

美国迈图公司的 Geolite Modifier 91、205、206 和 210 等是聚氨酯软泡的软化改性剂，是用于低 TDI 指数配方的稳定性添加剂，它们完全溶于水，可在配方中使用较多的水和较少的发泡剂（或完全取消物理发泡剂）获得所需的泡沫硬度。Geolite 系列软化剂中所含的水需计入泡沫配方。

美国迈图公司部分软化剂的典型物性见表 8-20。

表 8-20 美国迈图公司部分软化剂的典型物性

名称	黏度(25℃) /mPa·s	密度(25℃) /(g/mL)	羟值(表观) /(mg KOH/g)	沸点 /℃	凝固点 /℃	水含量 /%	20℃蒸气压 /Pa
Geolite 91	170	1.128	1330	130	−40	10	665
Geolite 205	91	1.170	2170	108	−39	28	1730
Geolite 206	60	1.14(20)	2455	108	<−35	33	1730
Geolite 210	78	1.115	1835	>100	<−35	22.4	>133

Geolite 91 是浅黄色透明液体，含特殊聚醚、二乙醇胺和水。不含水时羟值为 785mg KOH/g，TDI/Geolite 91＝2.06/1。使用 Geolite 91 可减少 30％的发泡剂。

Geolite 205 含特殊聚醚、特殊多元醇和水，用于在许多常规软块泡中取消或大幅度降低辅助发泡剂。Geolite 205 是无色透明液体。TDI/Geolite 205＝3.37/1。采用 Geolite 205 软化剂，异氰酸酯指数降低到 80 左右，同时维持泡沫的物性和操作范围，Geolite 205 的操作范围较宽，泡沫更软。

Geolite 206 是无色透明液体，含特殊聚醚、特殊多元醇和水，TDI/Geolite 205＝3.81/1。使用 Geolite 206，TDI 指数可低至 85。

Geolite 210 是无色透明液体，含特殊聚醚、水、特殊多元醇、二丙二醇和二甲基环己胺。TDI/Geolite 210＝2.84/1，闪点 47℃。采用 Geolite 210，泡沫异氰酸酯指数可降低至 85。相对于 Geolite 205，可降低更多的辅助发泡剂，使泡沫更软，改善手感，与用于降低发泡剂用量的其他添加剂相比，Geolite210 可改善泡沫塑料的压缩变定性能。

Ortegol 310 是德国赢创公司的一种泡沫塑料软化剂，Ortegol 310 中含 50％的水，黏度（25℃）为 6.5～10.5mPa・s，密度（25℃）为 1.075～1.095g/mL，无限溶于水，pH 值为 7～9。它主要用于软质聚氨酯泡沫塑料的生产，以降低泡沫硬度，并得以用稍多的水发泡，减轻因大水量发泡导致脲基的增加使泡沫“僵硬”的副作用，达到用二氯甲烷辅助发泡剂在降低泡沫密度的同时泡沫保持柔软的效果，Ortegol 310 适合于聚醚型聚氨酯块状泡沫，相对于质量 100 份聚醚多元醇，其用量应小于质量 1 份。当泡沫密度≥22kg/m^3，使用 Ortegol 310 与未使用 Ortegol 310 相比泡沫硬度可降低 30％。

8.5 脱模剂

聚氨酯材料与许多材料都有较好的黏结性，因此在模塑成型时，需在模具表面涂上脱模剂（mold release agent）或离型剂（release agent），以使泡沫表皮与模具中间形成很薄的隔离层，便于制品的脱模。脱模剂分内脱模剂和外脱模剂两种，前者加入物料中，主要用于 RIM 等快速脱模体系。在聚氨酯泡沫塑料、聚氨酯弹性体制品生产中一般使用外脱模剂。少数制品如 RIM 聚氨酯可采用内脱模剂。

8.5.1 脱模剂的主要成分

脱模剂的主要成分是有机硅、石蜡、聚乙烯蜡、矿脂、脂肪酸盐、有机氟等。

几种可用于聚氨酯制品脱模物质的物性简介如下。

聚二甲基硅氧烷（polydimethylsiloxane）别名为二甲基硅油、硅油，是无色透明的黏稠液体。分子量范围一般在 5000～10 万，黏度一般在 1000mPa・s 以下，长期使用温度范围为－50～180℃。表面张力为 0.016～0.022N/m。溶于甲苯、二甲苯，部分溶于丙酮、乙醇、丁醇，不溶于水。二甲基硅油广泛用作脱模剂，具有优良的耐高低温性能、电绝缘性能、憎水性、防潮性和化学稳定性。一般需配成很稀的溶液或乳液使用。用于脱模剂的聚硅氧烷还可以是聚甲基苯基硅氧烷、含羟基和硅醇基的硅油、含乙氧基硅油等。某些特殊液态硅氧烷（有机硅树脂）能够在模具表面聚合成固态薄膜，可配制“半永久性”脱模剂，一次施用可连续许多次生产循环而无需涂脱模剂，提高了生产效率。如果制件有涂装要求，需慎用有机硅系脱模剂，否则可引起不能上漆等问题。

石蜡（paraffin wax）是从石油中提炼出来的固体结晶产品，又称矿蜡，由多种碳氢化合物构（包括正构烷烃和少量的异构烷烃、环烷烃等）。工业石蜡的碳原子数一般为 22～26，分子量范围为 360～540，纯的石蜡为白色，无臭、无味。相对密度为 0.87～0.92，熔点为 48～70℃，沸点范围为 300～350℃。易溶于氯仿、石油醚、四氯化碳、各种矿物油和大多数植物油中，微溶于乙醇、丙酮，不溶于水。石蜡的熔点越高，溶解度越小。石蜡的化学性能较为稳定。按熔点的高低有 48 号、50 号、52 号、54 号、56 号、58 号、60 号、62 号、70 号等品级。石蜡广泛用作各种塑料的润滑剂和脱模剂。同样也配成稀溶液或乳液使用。

液体石蜡又称白油、石蜡油，由饱和石蜡烃和环烷烃组成，有的含有极微量的芳香烃，为无色、无味、透明油状液体，无毒。相对密度（15℃/4℃）为0.831～0.883，凝固点为-30～-3℃，溶于氯仿、苯和热乙醇，不溶于水、甘油和冷乙醇。

低分子量聚乙烯基聚乙烯蜡也用作脱模剂，例如可使用聚乙烯蜡的2%～10%烃类溶液作汽车保险杠等RIM聚氨酯材料的外脱模剂。

高级脂肪酸金属盐可用作聚氨酯制品的脱模剂，例如硬脂酸、油酸等混合脂肪酸的铝盐、锂盐等，据报道混合脂肪酸铝脱模剂涂一次可模塑几个循环。脂肪酸酯、脂肪酰胺衍生物，如*N*-硬脂酰基-12-羟基硬脂酰胺、*N*-(2-羟基乙基)-12-羟基硬脂酰胺、蓖麻醇酸酰胺、羟基硬脂酸甲酯、甘油单油酸酯、硬脂酸酰胺等，也可用作脱模剂。

氟系脱模剂如低分子量聚四氟乙烯、氟树脂的有机溶液，是高效脱模剂，对各种聚氨酯制品都能快速而方便地脱模，并且一次喷涂可以脱模多次，同时也不会转移到制品表面影响性能。

滑石粉等也可用作脱模剂，但滑石粉粉尘飘散，可配成悬浮液。

除了要求脱模剂具有良好的脱模性能外，对于外脱模剂而言，在选择脱模体系时需考虑对制品的表面质量是否有影响等，为了在模具表面形成非常薄的隔离层，一般将有机硅、石蜡、脂肪酸盐、聚乙烯蜡等脱模物质用溶剂溶解或配成水乳液，如配成聚乙烯蜡烃类溶液、有机硅溶液等。一般使用商品脱模剂，喷涂施工，待溶剂挥发后再注模。商品脱模剂主要分为溶剂型和水乳型。市场上不少脱模剂是浓溶液，使用时可根据厂家推荐或者根据实际情况用甲苯、乙醇、汽油等有机溶剂或者水稀释，有时需稀释10～50倍，搅拌均匀后使用。

8.5.2 部分脱模剂介绍

目前已有不少专业生产脱模剂的厂家，对于冷模塑高回弹泡沫塑料、微孔鞋底、RIM等制品推荐不同的专用脱模剂。下面介绍几个公司的产品。

美国Mann Formulated Products公司的脱模剂有通用脱模剂Ease Release、水性脱模剂Aqualease和半永久脱模剂Permalease三大系列。其中水性脱模剂Aqualease 50是白色有机硅乳液，相对密度为0.959～0.983，是用于泡沫塑料及聚氨酯弹性体的低成本脱模剂，可直接使用，也可稍加稀释。Aqualease 75是浓缩的有机硅乳液，固含量为18%～20%，使用时稀释4倍，用于合成和天然橡胶、微孔和实心聚氨酯弹性体、环氧树脂、热塑性塑料的脱模。Ease Release系列通用溶剂型脱模剂用于包括聚氨酯弹性体、聚氨酯泡沫塑料在内的浇注制品的脱模。Ease Release 200系列中200#气雾剂罐采用二氯一氟乙烷/异丙烷/丁烷混合溶剂，干燥迅速，205#、206#、207#、215#分别采用低沸点石油烃、已烷、较高沸点的石油烃、二氯一氟乙烷为溶剂，可用于聚氨酯弹性体和泡沫塑料、环氧树脂、聚酯树脂等的脱模。Ease Release 300和400系列溶剂种类与Ease Release 200系列相似，主要用于聚氨酯弹性体、微孔聚氨酯、环氧树脂、橡胶。Ease Release 2831是含蜡6%～7%的非有机硅溶剂型脱模剂，喷涂施工。Ease Release 6577用于复杂形状浇注型聚氨酯弹性体制品，含较多的有机硅成分，也有气溶胶和不同溶剂配制的产品。Permalease 2045RTV是室温固化的半永久性脱模剂，固含量6%～8%，白色，喷涂或刷涂，完全固化需24h。

美国Slide Products公司聚氨酯脱模剂45812H是特别为聚氨酯行业开发的气溶胶型脱模剂，是聚二甲基硅氧烷的6%无色透明溶液，溶剂为二甲醚/HFC-134a(1/1)，相对密度为0.81。不会在模具内结垢，一次喷涂可使用几个循环。可用于所有聚氨酯制品，包括硬泡、半硬泡和软泡。Dura Kote脱模剂41712是一种特殊的气干性脱模树脂在溶剂中的分散液，模具烘烤后制得的制品可上漆，它用作热固性树脂及热塑性塑料的半永久性脱模剂，用于聚氨酯及环氧树脂的模塑，不变色。另外该公司还有烃类合成润滑剂有效成分1%～8%

与三氯乙烯配成的溶剂型脱模剂如 45801B、45805B 和 45855B。由天然卵磷脂有效成分 3%～4%为脱模成分的脱模剂，可用于聚氨酯泡沫塑料。还有 DFL 41112N 氟碳干膜润滑脱模剂、Pure Eze 45712N 中性白油基通用脱模剂、Econo-Spray 40510 有机硅喷涂型不可上漆脱模剂、Econo-Spray 40710 可上漆脱模剂、Econo-Spray 40810 非硅系可上漆脱模剂、41012N 硬脂酸锌粉末脱模剂、41212N 非有机硅系可上漆可溶于水的脱模剂、44312 水性有机硅脱模剂、42612H 植物油磷酸单甘油酯和磷酸二甘油酯为基础的通用脱模剂等。

吉林省磐石市大田化工助剂研究所生产的一种聚氨酯高效脱模剂 TDX-2000A，为无色透明液体，相对密度为 1.40～1.48，pH 值为 7～10，采用涂刷、喷涂、浸涂的方法模具后，加热到 135～145℃固化 8～10min，175～185℃固化 3～5 min，即可使用。每次涂刷后可多次脱模，属于半永久性脱模剂。该公司的聚氨酯高效脱模剂 TDX-2000B、聚氨酯鞋底用高效脱模剂（8072#），物性指标与 TDX-2000A 相似，其中 TDX-2000B 风干即可使用，8072#需加热到 115～120℃、10～15min 固化，都属于半永久性脱模剂。

国内外生产或销售脱模剂的厂商较多，如美国 Franklynn 工业公司，美国 Axel 塑料研究实验室有限公司，美国 McGee 工业公司 McLube 部门（氟系脱模剂为主），瑞士 BERLAC 集团宝美施化工（上海）有限公司，德国 Freudenberg 集团肯天化工（上海）公司（销售美国 Chem-Trend 公司脱模剂），吉林省磐石市大田化工助剂研究所，青岛德慧精细化工有限公司，上海亿邦化工有限公司，台湾旋宝好企业有限公司，厦门凯平化工有限公司，德国赢创工业集团（德固赛公司的 Gorapur 脱模剂），厦门凌云志化工有限公司，深圳市欣德利化工有限公司等。

8.5.3 内脱模剂

为了适应提高生产效率的要求，内脱模剂作为 RIM 聚氨酯（脲）的重要助剂被开发，内脱模剂是加到配方中的起脱模作用的助剂，在聚氨酯成型过程可部分迁移到制品表面而起隔离作用。最初开发的内脱模剂有含活性有机基团的聚硅氧烷化合物。高级脂肪醇或胺与氧化乙烯的加成物（非离子型表面活性剂）、硬脂酸锌等也是常用的内脱模剂。

美国 Axel 塑料研究实验室有限公司的内脱模剂产品，MoldWiz INT-320 用于软质聚氨酯弹性体，INT-1681 用于透明浇注型聚氨酯，INT-21/4061 用于压纹聚氨酯薄膜等，INT-1230、INT-1988A 和 INT-120IMC 用于聚氨酯模内漆，INT-420/2C 用于微孔闭孔泡沫塑料。另外 INT-220 IMC、INT-1230、INT-1988A 和 INT-120 IMC 用于聚氨酯模内漆。

·第9章· 防老化助剂和稳定剂

在自然界和特殊的使用环境中，聚氨酯和其他聚合物材料一样，在光、热、氧、水以及微生物存在下发生热氧降解、水解、光降解以及微生物降解等，这将使得聚合物的强度降低，直至失去使用价值。为了抑制降解，延长材料的使用寿命，必须添加防老剂或稳定剂。

通常抗氧剂和光稳定剂是常用的防老剂，而为了抑制水解，一般需添加抗水解剂；为了抑制真菌、细菌引起的聚合物性能降低和霉斑，一般需添加杀菌防霉剂。这些助剂都可称为稳定剂，它们使得聚合物材料保持长期稳定、防止老化，是与在聚氨酯泡沫塑料生产过程中发生稳泡作用的泡沫稳定剂（匀泡剂）完全不同的一大类助剂。

9.1 光稳定助剂

大部分聚氨酯材料是以芳香族二异氰酸酯 TDI、MDI 和芳香族多异氰酸酯 PAPI 为主要原料制得的，芳香族氨酯基的存在使得聚氨酯在长期日光照射发生黄变，为了减轻变色，可添加光稳定剂。

能够防止光老化，防止光致降解、黄变的光稳定助剂主要有紫外线吸收剂（UVA）和受阻胺光稳定剂（HALS)。紫外线吸收剂从化学结构来分主要有苯并三唑类、水杨酸酯类和二苯甲酮类，可用于聚氨酯材料的是以苯并三唑类化合物为主的紫外线吸收剂。受阻胺类光稳定剂与紫外线吸收剂不同，它不吸收紫外光，它发生热氧化或光氧化而产生稳定的氮-氧自由基，后者是一种有效的自由基清理剂，优先与烷基自由基反应，产生光稳定作用。受阻胺在很低的浓度下就能起到很好的光稳定作用，比一般的紫外线吸收剂的稳定效果高 2～4 倍。市场上的光稳定助剂品种较多，大多数对聚氨酯材料有效果，有的还特别推荐用于聚氨酯。下面介绍一些可用于聚氨酯光稳定化的紫外线吸收剂、受阻胺光稳定剂以及黄变防止剂。

9.1.1 紫外线吸收剂

9.1.1.1 紫外线吸收剂 UV-1

化学名称：4-{[(甲基苯氨基)亚甲基]氨基}苯甲酸乙酯，*N*-(乙氧基羰基苯基)-*N*′-甲基-*N*′-苯基甲脒。

英文名：ethyl 4-{[(methylphenylamino)methylene]amino}benzoate；*N*-(ethoxycarbonylphenyl)-*N*′-methyl-*N*′-phenylformamidine。

该紫外线吸收剂在原 Ciba 公司中牌号为 Tinuvin 101，被 BASF 并购后，此产品可能停产。

分子式为 $C_{17}H_{18}N_2O_2$，分子量为 282.3。CAS 编号为 57834-33-0。

结构式：

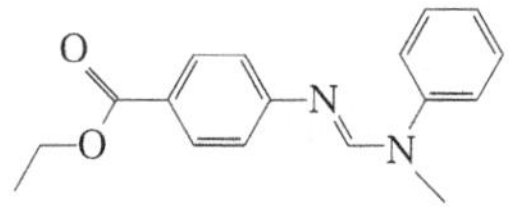

物化性能

淡黄色黏稠液体，熔点为27～28℃，闪点>100℃，密度（20℃）为1.127g/cm^3，黏度（20℃）约为9Pa·s。不溶于水，溶于丙酮、乙酸乙酯、乙醇、异丙醇等有机溶剂。

特性及用途

UV-1是液态甲脒类紫外线吸收剂，它对波长280～350nm特别是300～330nm之间的紫外光有较强的吸收，而在这个区域内聚氨酯易受到辐射而降解。因此它对聚氨酯制品如微孔泡沫、整皮泡沫、传统的硬泡、半硬泡、软泡、织物涂层、某些胶黏剂、密封胶和弹性体都具有优异的光稳定性能。也可用于其他聚合物体系。它使用方便，易于与聚酯多元醇及聚醚多元醇混溶，在许多溶剂中具有较高的溶解度，与异氰酸酯及其他聚氨酯添加剂也有良好的相容性。其抗紫外线效果是二苯甲酮或苯并三唑类的1.1～1.4倍。

它在聚氨酯中的正常用量范围在0.2%～1.0%之间。在胶黏剂和密封胶中，Tinuvin 101浓度范围在0.5%～1.0%之间。它可单独使用，但由于其特殊的吸收特性，特别适合于与其他稳定剂体系如HALS、其他UV吸收剂、酚类抗氧剂、亚磷酸酯及苯并呋喃酮结合使用。

生产厂商

常州市阳光药业有限公司，昆山市中星染料化工有限公司等。

9.1.1.2 紫外线吸收剂UV-320

化学名称：2-(2′-羟基-3′,5′-二叔丁基苯基)苯并三唑。

英文名：2-(2′-hydroxy-3′,5′-di-*t*-butyl-phenyl)benzotriazole。

分子式为$C_{20}H_{25}N_3O$，分子量为323。CAS编号为3846-71-7。

结构式：

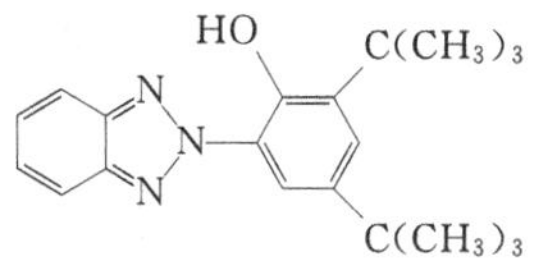

物化性能

白色至微黄色粉末，熔点为152～156℃，纯度为99%（HPLC），溶解度（20℃）：在丙酮中3.0%，正己烷5.0%，乙酸乙酯7.0%，甲醇0.3%，水<0.01%。

毒性数据LD_{50}≥2000mg/kg。

特性及用途

UV-320为高效光稳定剂，广泛应用于塑料和其他有机物中，包括不饱和聚酯、硬质和软质PVC树脂、聚氨酯、聚酯、聚酰胺等。UV-320具有吸收紫外线能力强，挥发性低的特点。UV-320比一般的紫外线吸收剂颜色稍浅，无气味。在聚氨酯中用量范围0.2%～1.0%。

生产厂商

台湾双键化工股份有限公司（Chisorb 320），台湾永光化学股份有限公司（Eversorb 77），南京华立明科工贸有限公司，衡水优维精细化工有限公司等。

9.1.1.3 紫外线吸收剂 UV-326

化学名称：2-(2′-羟基-3′-叔丁基-5′-甲基苯基)-5-氯代苯并三唑，2-(5-氯-2*H*-苯并三唑基-2)-6-叔丁基-4-甲基苯酚。

英文名：2-(5-chloro-2*H*-benzotriazole-2-yl)-6-(1,1-dimethylethyl)-4-methyl-phenol 等。

分子式为 $C_{17}H_{18}N_3OCl$，分子量为 315.8。CAS 编号为 3896-11-5。

结构式：

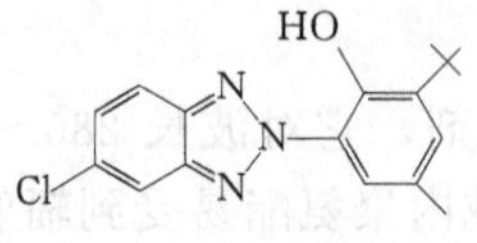

物化性能

白色至浅黄色结晶粉末或细颗粒，熔点范围为 138～141℃，密度为 $1.32g/cm^3$，松装密度为 $0.13～0.22g/cm^3$。不溶于水。在常见溶剂中的溶解度（20℃）：丙酮 1%，乙酸乙酯 2%，二氯甲烷 9%。纯度一般≥99%。

特性及用途

紫外吸收剂 UV-326 为羟基苯酚苯并三唑类的高效紫外线吸收剂。UV-326 在 300～400nm 区域有较强的吸收，而在可见光区吸收很少，最大吸收峰在 312nm 和 353nm。

紫外吸收剂 UV-326 具有低挥发性，耐热降解，主要用于聚烯烃、聚酯树脂。它与树脂中作为催化剂的金属离子不形成有色络合物。在聚酯树脂中正常用量为 0.2%～0.3%，在含氯阻燃剂的聚酯树脂中推荐用量是 0.5%。它可用于 RIM 聚氨酯、TPU 和聚氨酯热熔胶。

生产厂商

德国 BASF 公司（Tinuvin 326），德国 Clariant 公司（Hostavin 3326），北京加成助剂研究所，台湾双键化工股份有限公司（Chisorb 326），台湾妙春实业股份有限公司（Sunsorb 326），佛山市沅胜化工有限公司（Chemsorb 326），台湾永光化学股份有限公司（Eversorb 73），南京紫奇化工有限公司，衡水优维精细化工有限公司，宜兴市天使合成化学有限公司，青岛市海大化工有限公司，烟台市裕盛化工有限公司，等。

9.1.1.4 紫外线吸收剂 UV-327

化学名称：2-(2′-羟基-3′,5′-二叔丁基苯基)-5-氯代苯并三唑，2,4-叔丁基-6-(5-氯代苯并三唑基-2)苯酚。

英文名：2,4-di-*tert*-butyl-6-(5-chlorobenzotriazole-2-yl)phenol 等。

分子式为 $C_{20}H_{24}N_3OCl$，分子量为 357.9。CAS 编号为 3864-99-1。原 Ciba 特殊化学品公司的产品牌号 Tinuvin 327。

结构式：

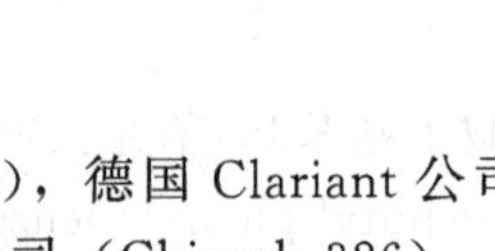

物化性能

白色至浅黄色结晶粉末，熔点范围为 154～157℃，密度约为 $1.26g/cm^3$。溶解度（20℃）：水中<0.01%，丙酮 1%，氯仿 19%，环己烷 5%，乙酸乙酯 5%，正已烷 4%，甲醇<0.1%，二氯甲烷 17%。

热失重（TGA，纯物质在空气中加热速率20℃/min）：1.0%失重温度为190℃，2.0%失重温度为205℃，5.0%失重温度为225℃。纯度一般≥99%。

特性及用途

UV-327是一种羟基苯酚苯并三唑类高效紫外线吸收剂，能强烈吸收波长为300～400nm的紫外线，其氯仿溶液的最大吸收峰为314nm和353nm。它在可见光区域（波长＞400nm）吸收很少，特别适用于无色透明和浅色制品。它对于长波长的紫外光（＞350nm）具有较强的吸收，特别适合于对长波长紫外光辐射敏感的聚合物（如聚氨酯、聚苯硫醚）的稳定，还可用于许多其他聚合物。在聚氨酯领域，可用于RIM、氨纶、热熔胶等。

UV-327的用量范围为0.1%～1.0%。它可单独使用，也可与其他光稳定剂（受阻胺、普通苯并三唑类UV吸收剂）、抗氧剂（受阻酚、亚磷酸酯、硫基增效剂、羟基胺、内酯）及其他功能性稳定剂配合使用。

生产厂商

青岛市海大化工有限公司，烟台市裕盛化工有限公司，昆山市中星染料化工有限公司，衡水优维精细化工有限公司，台湾双键化工股份有限公司（Chisorb 327），台湾妙春实业股份有限公司（Sunsorb 327），台湾恒桥产业股份有限公司（Chemsorb 327），台湾永光化学股份有限公司（Eversorb 75），宜兴市天使合成化学有限公司，北京加成助剂研究所，南京紫奇化工有限公司，上海同金化工有限公司等。

9.1.1.5 紫外线吸收剂UV-328

化学名称：2-(2′-羟基-3′,5′-二叔戊基苯基）苯并三唑，2-(2*H*-苯并三唑基-2)-4,6-二叔戊基苯酚。

英文名：2-(2′-hydroxy-3′,5′-ditertpentyl-phenyl)benzotriazole；2-(2*H*-benzotriazole-2-yl)-4,6-ditertpentylphenol。

分子式为$C_{22}H_{29}N_3O$，分子量为351.5。CAS编号为25973-55-1或25973-55-5。

结构式：

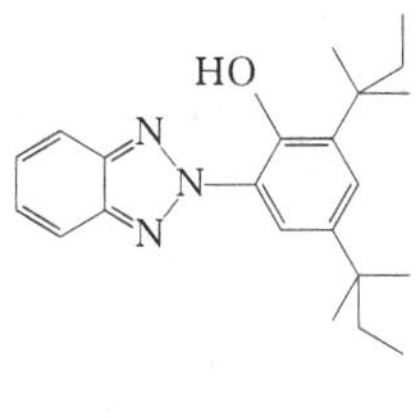

物化性能

浅黄色或白色粉末或颗粒，熔程为80～88℃，闪点为229℃，密度（20℃）为1.17g/cm^3。UV-328不溶于水（＜0.01%），可溶于甲苯、乙酸乙酯、甲乙酮、溶剂汽油等有机溶剂和增塑剂。蒸气压（20℃）为4.7×10^{-6}Pa。1.0%失重温度为183℃，2.0%失重温度为202℃，5.0%失重温度为223℃。

特性及用途

UV-328是高效紫外线吸收剂，能有效地吸收波长为270～380nm的紫外线，最大吸收峰为306nm和345nm，光稳定效能与UV-327相似，本品与聚合物相容性好，挥发性低，耐洗涤。紫外线吸收剂328主要用于聚乙烯、聚丙烯、聚苯乙烯、丙烯酸树脂、聚氯乙烯、不饱和聚酯树脂、聚氨酯、ABS树脂、环氧树脂和纤维树脂等。在聚氨酯领域，可用于TPU、RIM聚氨酯、氨纶、密封胶等。在各种涂料中也有优良的光稳定效果。根据用途和材料的不同，用量范围为0.1%～1.5%。

UV-328 可单独使用，也可与受阻胺光稳定剂、抗氧剂（受阻酚、亚磷酸酯、硫基增效剂、羟基胺、内酯）及其他功能性稳定剂配合使用，UV-328 与受阻胺光稳定剂结合使用，效果很好。

生产厂商

德国 BASF 公司（Tinuvin 328），美国科聚亚公司（Lowlite 28），台湾双键化工股份有限公司（Chisorb 328），烟台市裕盛化工有限公司，德国 Clariant 公司（Hostavin 3310），宜兴市天使合成化学有限公司，上海同金化工有限公司，南京紫奇化工有限公司，昆山市中星染料化工有限公司，衡水优维精细化工有限公司，台湾妙春实业股份有限公司（Sunsorb 328），台湾永光化学股份有限公司（Eversorb 74）等。

9.1.1.6 紫外线吸收剂 UV-571

化学名称：2-(2′-羟基-3′-十二烷基-5′-甲基苯基）苯并三唑。

英文名：2-(2*H*-benzotriazole-2-yl)-6-dodecyl-4-methylphenol 等。

分子式为 $C_{25}H_{35}N_3O$，分子量为 393.6。CAS 编号为 23328-53-2 或 125304-04-3 或 104487-30-1。在原 Ciba 公司牌号为 Tinuvin 571。

结构式：

物化性能

浅黄色油状液体，凝固点为−56℃，闪点＞200℃，密度（20℃）为 1.0g/cm³。Tinuvin 571 不溶于水，溶于丙酮、乙酸乙酯等有机溶剂。热挥发性比 UV-326 低。

特性及用途

紫外线吸收剂 UV-571 为羟基苯酚苯并三唑类液态紫外线吸收剂。在 300～400nm 区域有较强的吸收，而在可见光区吸收很少，最大吸收峰在 303nm 和 343nm（10mg/L 氯仿溶液中）。

该液态紫外线吸收剂溶于许多溶剂、单体或中间体，容易乳化于水性胶黏剂中。它与许多聚合物有良好的相容性，高温时呈低挥发性，光稳定效率较高。UV-571 可用于热塑性聚氨酯、整皮聚氨酯泡沫塑料、聚氨酯密封胶、PVC、PMMA、EVA、热固化不饱和聚酯及合成纤维（包括氨纶）等，也可用于乳胶、蜡制品、胶黏剂、苯乙烯聚合物、弹性体和聚烯烃。在聚氨酯中 UV-571 的用量在 0.2%～0.5%之间。

UV-571 可与酚类抗氧剂、辅助稳定剂（亚磷酸酯、硫醚等）、HALS 等结合使用。Tinuvin 571 与受阻胺光稳定剂 Tinuvin 765、抗氧剂 Irganox 1135 的混合物具有良好的协同效果。

生产厂商

德国 BASF 公司（Tinuvin 171），南京华立明科工贸有限公司等。

9.1.1.7 紫外线吸收剂 UV-1130

英文名：reaction products of methyl 3-[3-(2*H*-benzotriazole-2-yl)-5-*t*-butyl-4-hydroxyphenyl] propionate/PEG-300。

UV-1130 是甲基 3-[3-(2*H*-苯并三唑基-2)-5-叔丁基-4-羟基苯] 丙二酸酯与聚氧化乙烯（PEG300）的反应产物。原 Ciba 公司牌号 Tinuvin 213。它是组分 A（分子量为 637，CAS 编号为 104810-48-2）、组分 B（分子量为 975，CAS 编号为 104810-47-1）和组分 C（即聚氧化乙烯 PEG300，分子量为 300，CAS 编号为 25322-68-3）的混合物。原 Ciba 公司紫外线吸收剂 Tinuvin 213 也是这 3 种成分。Chisorb 5530 的 A、B、C 组分质量分数分别在 30%～45%、45%～55%和 10%～16%范围。飞翔化工滨海有限公司的 UV-1130 的 A、B、C 组分质量分数分别在 50%～52%、36%～38%和 10%～16%范围。

结构式：

组分 A：$R—COO—[(CH_2)_2O]_n—H$
组分 B：$R—COO—[(CH_2)_2O]_n—CO—R$
组分 C：$HO—[(CH_2)_2O]_n—H$

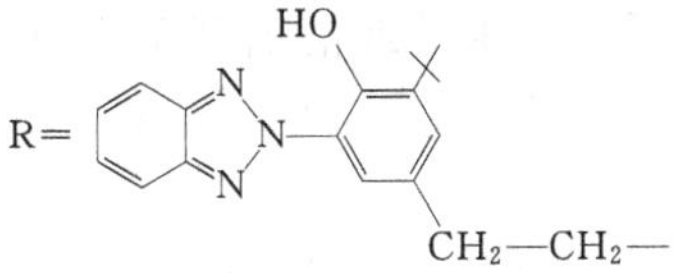

R= （苯并三唑基-2-羟基-3-叔丁基苯基）—$CH_2—CH_2—$

物化性能

浅黄色至浅褐色透明液体，凝固点为-40℃，闪点为 114℃，密度（20℃）为 1.17g/cm^3。黏度（20℃）为 6000～8000mPa·s。不溶于水，可分散于水相体系，溶于丙酮、甲苯、氯仿、乙酸乙酯、乙醇、二氯甲烷等有机溶剂。

热失重（TGA，在空气中加热速率 10℃/min）：1%失重温度 140℃，10%失重温度 280℃。

特性及用途

Tinuvin 1130 是液态羟基苯酚苯并三唑类的紫外线吸收剂，能强烈吸收波长为 300～400nm 的紫外线，最大吸收峰为 303nm 和 342nm，防止聚合物光降解。它具有低挥发性，液态形式的产品易于操作。可用于许多种材料，包括聚氨酯（RIM、TPU、密封胶、泡沫塑料、水性聚氨酯等）、液态浓色浆、弹性体、苯乙烯聚合物、PMMA、乙烯基聚合物、聚碳酸酯等工程塑料和聚烯烃。不建议用于双组分 PU 涂料。

用量范围为 0.15%～1%。它也可与其他稳定剂如 HALS、受阻酚抗氧剂及/或助稳定剂结合使用。

生产厂商

德国 BASF 公司（Tinuvin 1130），台湾双键化工股份有限公司（Chisorb 5530），常州市阳光药业有限公司（UV-1130），台湾永光化学工业股份有限公司（Eversorb 80），台湾优禘股份有限公司（Eustab UV-213），飞翔化工滨海有限公司（UV-1130），广州志一化工有限公司（UV-1130）等。

9.1.2 受阻胺类光稳定剂

9.1.2.1 光稳定剂 292

光稳定剂 292 是双(1,2,2,6,6-五甲基-4-哌啶基)癸二酸酯（CAS 编号为 41556-26-7，分子式为 $C_{30}H_{56}O_4N_2$，分子量为 508.8）和 1-(甲基)-8-(1,2,2,6,6-五甲基-4-哌啶)癸二酸酯（CAS 编号为 82919-37-7，分子式为 $C_{21}H_{39}NO_4$，分子量为 369.5）的混合物。双(1,2,2,6,6-五甲基-4-哌啶基)癸二酸酯在原瑞士 Ciba 公司中的牌号是 Tinuvin 765，可单独用于聚氨酯（密封胶、涂料、胶黏剂、RIM 和 TPU）。妙春公司产品 Sunsorb LS 292/765 中上述两个组分的质量比是 4/1。

结构式：

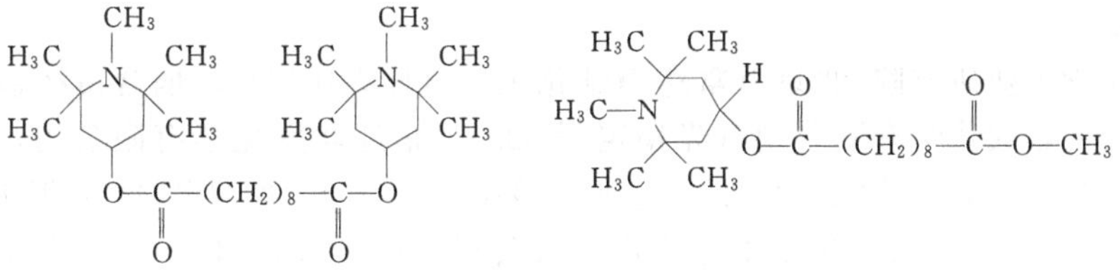

（1,2,2,6,6-五甲基-4-哌啶基）—$O—C(=O)—(CH_2)_8—C(=O)—O$—（1,2,2,6,6-五甲基-4-哌啶基）

（1,2,2,6,6-五甲基-4-哌啶基）—$O—C(=O)—(CH_2)_8—C(=O)—O—CH_3$

物化性能

外观淡黄色液体，黏度（20℃）约为400mPa·s，凝固点小于0℃，密度（20℃）约为0.99g/cm³，不溶于水，易溶于有机溶剂，溶于多元醇。

特性及用途

属于液态受阻胺光稳定剂（HALS），操作方便，与聚合物和常用溶剂相容性好，加热不挥发，不染色，热稳定。它可用于许多户外使用的塑料、涂料、胶黏剂等，包括聚乙烯、PVC、ABS、聚氨酯、聚酯等。可用于水性或溶剂型单组分或双组分聚氨酯漆、PU泡沫塑料、TPU等。它可与紫外线吸收剂UV-1130、UV-328等并用，具有协同效应。

生产厂商

台湾永光化学工业股份有限公司（Eversorb 93、Eversorb 765），台湾妙春实业股份有限公司（Sunsorb LS 292/765），烟台开发区星火化工有限公司，台湾双键化工股份有限公司（Chisorb 292），宜兴市天使合成化学有限公司，南通金康泰精细化工有限公司，台湾优祎股份有限公司（Eustab LS-292），德国BASF公司（Tinuvin 292），美国科聚亚公司（Lowilite 92）等。

9.1.2.2 光稳定剂622

化学名称：聚(1-羟乙基-2,2,6,6-四甲基-4-羟基哌啶)丁二酸酯，聚丁二酸(4-羟基-2,2,6,6-四甲基-1-哌啶乙醇)酯。

英文名：poly-(*N*-hydroxyethyl-2,2,6,6-tetramethyl-4-hydroxy-piperidylsuccinate)等。

CAS编号为65447-77-0。

结构式：

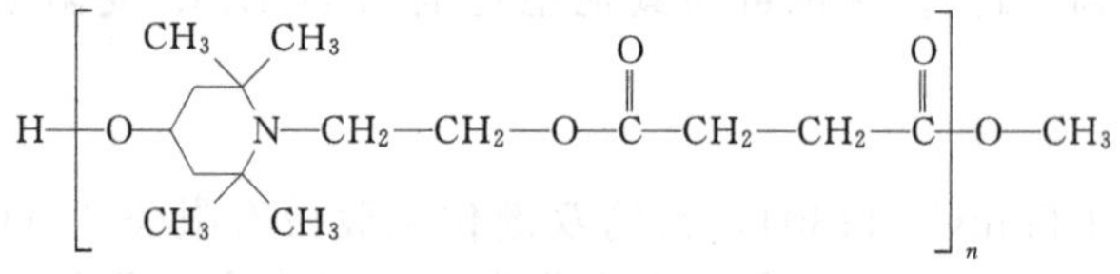

$$H-\left[O-\underset{\text{(2,2,6,6-}(CH_3)_4\text{ 哌啶环)}}{\bigcirc}N-CH_2-CH_2-O-\overset{O}{\overset{\|}{C}}-CH_2-CH_2-\overset{O}{\overset{\|}{C}}\right]_n-O-CH_3$$

物化性能

白色到浅黄色粉末或细颗粒，密度（20℃）为1.22g/cm³。松装密度为0.5～0.7g/cm³。不溶于水，在丙酮、乙酸乙酯中的溶解度（20℃）分别是4.0%、3.0%。Tinuvin 622SF熔点为57～61℃，分子量为3100～4000。烟台星火化工公司622LD的分子量为2500～6000，软化点约为95℃。

大鼠急性经口毒性 LD_{50} ＞2000mg/kg。

特性及用途

属低聚物高分子量受阻胺光稳定剂。它具有优良的加工热稳定性，很低的挥发性和耐迁移、耐萃取、耐气体褪色等特点。具有优秀的长效抗光老化性质。主要用于聚烯烃及其共聚物，还用于聚酰胺、聚氨酯（纤维、热熔胶等）。它是一种高效光稳定剂，特别在含颜料体系其效果超过紫外线吸收剂。它与紫外线吸收剂或其他HALS并用可产生良好的协同效应。在聚氨酯制品加工时直接配合或以母料形式混配，推荐用量为0.3%～0.6%。

生产厂商

北京市化学工业研究院/北京万富达精细化工厂（BW-10LD），烟台市裕盛化工有限公司，宜兴市天使合成化学有限公司（光稳定剂622），宿迁联盛化学有限公司，南京华立明科工贸有限公司，北京加成助剂研究所（GW-622），台湾双键化工股份有限公司（Chisorb 622LD），台湾永光化学工业股份有限公司（Eversorb 94），烟台开发区星火化工有限公司（XH-622LD），台湾恒桥产业股份有限公司（Chemsorb LS-622），德国 BASF 公司（Tinuvin 622SF）等。

9.1.2.3　光稳定剂 770

化学名称：双（2,2,6,6-四甲基-4-哌啶基）癸二酸酯。

英文名：bis（2,2,6,6-tetramethyl-4-piperidyl）sebacate。

分子式为 $C_{28}H_{52}O_4N_2$，分子量为 480.7。CAS 编号为 52829-07-9。

结构式：

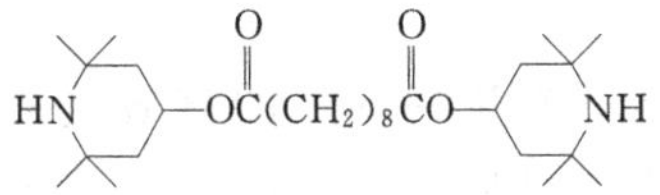

O　O

HN —$OC(CH_2)_8CO$— NH

物化性能

白色或微黄色粉末或细粒，熔点范围为 80～86℃，蒸气压（20℃）为 1.3×10^{-8} Pa，密度（20℃）为 $1.05g/cm^3$，松装密度（结晶细粒）为 0.47～$0.51g/cm^3$。不溶于水，在丙酮、乙酸乙酯中的溶解度分别为 19%、24%。

小鼠急性经口毒性 LD_{50}＞2000mg/kg。

特性及用途

光稳定剂 770 是一种低分子量受阻胺光稳定剂。具有较高的光稳定性能，可用于聚丙烯、聚乙烯、聚苯乙烯以及它们的共聚物、聚氨酯、聚酰胺及聚缩醛树脂。其光稳定效果优于目前常用的光稳定剂。与抗氧剂并用，能提高耐热性，与紫外光吸收并用也有协同作用，能进一步提高光稳定效果。在聚氨酯领域，可用于 RIM、TPU、密封胶等。用量在0.1%～0.5%范围。

生产厂商

台湾永光化学工业股份有限公司（Eversorb 90），宜兴市天使合成化学有限公司，烟台市裕盛化工有限公司，北京市化学工业研究院，宿迁联盛化学有限公司，南京紫奇化工有限公司（LS-770），南京华立明科工贸有限公司，常州市阳光药业有限公司，台湾双键化工股份有限公司（Chisorb 770），台湾妙春实业股份有限公司（Sunsorb LS 770），烟台开发区星火化工有限公司，台湾恒桥产业股份有限公司（Chemsorb LS-770），台湾优禘股份有限公司（Eustab LS-770），德国 BASF 公司（Tinuvin 770DF），美国科聚亚公司（Lowlite 77）等。

9.1.3　其他光稳定助剂

除了上述的紫外线吸收剂和光稳定剂，还有一些光稳定剂可用于聚氨酯体系。

9.1.3.1　紫外线吸收剂 UV-2

紫外线吸收剂 UV-2 化学名是 *N*-(乙氧基羰基苯基)-*N*′-乙基-*N*′-苯基甲脒，是 UV-1 的同系物（结构式相似），其分子式为 $C_{18}H_{20}N_2O_2$，分子量为 296.4，CAS 编号为 65816-20-8，白色至淡黄色粉末或结晶，熔点≥90℃。用途与前述的 UV-1 相同，用于聚氨酯（涂料等）、聚烯烃、ABS 等。厂家有南京紫奇化工有限公司、昆山市中星染料化工有限公司、广州志一化工有限公司等。

9.1.3.2　紫外线吸收剂 UV-P

化学名称：2-(2′-羟基-5′-甲基苯基）苯并三唑，英文名称为 2-(2*H*-benzotriazole-2-yl)-*p*-cresol。前 Ciba 公司的该产品牌号为 Tinuvin P。分子式为 $C_{13}H_{11}N_3O$，分子量为 225。

CAS 编号为 2440-22-4。

结构式：

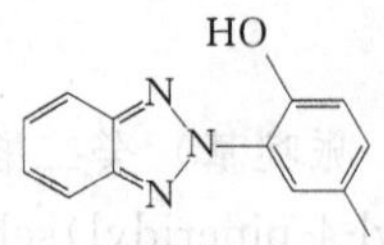

UV-P 为白色至浅黄色结晶粉末或细颗粒，熔点范围为 128～132℃，密度为 1.38g/cm^3。不溶于水，稍溶于丙酮、乙酸乙酯，可溶于氯仿等。纯度一般≥99%。几乎无毒，无味，允许用于食品接触容器。

紫外吸收剂 UV-P 为羟基苯酚苯并三唑类的高效紫外线吸收剂，能强烈吸收波长为 270～340nm 的紫外线。几乎不吸收可见光，特别适用于无色和浅色透明制品。UV-P 用于多种树脂，有些厂家建议它可用于聚氨酯，如 RIM 材料等。添加量可在 0.1%～1.0%范围。UV-P 与抗氧剂并用可大大改善聚氨酯因光解而引致的变色。

生产厂商

美国科聚亚公司（Lowilite 55），青岛市海大化工有限公司，南京紫奇化工有限公司，南通金康泰精细化工有限公司，南京华立明科工贸有限公司，台湾双键化工股份有限公司（Chisorb P），衡水优维精细化工有限公司，台湾妙春实业股份有限公司（Sunsorb P），台湾恒桥产业股份有限公司（Chemsorb P），台湾永光化学股份有限公司（Eversorb 71）等。

9.1.3.3 紫外线吸收剂 UV-234

紫外线吸收剂 UV-234 化学名为 2-(2′-羟基-3′,5′-二苯异丙基苯基）苯并三唑，分子式为 $C_{30}H_{29}N_3O$，CAS 编号为 70321-86-7，其结构式与 UV-320、UV-328 类似。外观为白色或浅黄色粉末，熔点为 137～141℃，相对密度为 1.22。原 Ciba 公司牌号为 Tinuvin 234。目前生产厂家包括：BASF 公司（牌号 Tinuvin 900），台湾双键化工股份有限公司（Chisorb 234），台湾永光化学工业股份有限公司（Eversorb 234、Eversorb 76），台湾妙春实业股份有限公司（Sunsorb LS 234/900），南通金康泰精细化工有限公司，南京紫奇化工有限公司，南京华立明科工贸有限公司，烟台市裕盛化工有限公司等。中国台湾部分厂家推荐其可用于 TPU 等聚氨酯材料，其他厂家则推荐主要用于聚烯烃、环氧树脂等。

9.1.3.4 紫外线吸收剂 UV-531

UV-531 是一种传统的常用紫外线吸收剂，化学名称为 2-羟基-4-正辛氧基二苯甲酮（英文名为 2-hydroxy-4-octyloxybenzophenone，CAS 编号为 1843-05-6，分子式为 $C_{21}H_{26}O_3$，分子量为 326.4），浅黄色晶状粉末，不溶于水，稍溶于乙醇，溶于增塑剂 DOP。一般产品纯度≥99.5%，熔点为 47～50℃。它多用于聚烯烃、PVC、PC 塑料，也可用于聚氨酯。生产厂家有：宜兴市天使合成化学有限公司，南京紫奇化工有限公司，飞翔化工滨海有限公司，南通金康泰精细化工有限公司，德国 BASF 公司（Chimassorb 81），德国 Clariant 公司（Hostavin ARO8），台湾妙春实业股份有限公司（Sunsorb 531），台湾永光化学工业股份有限公司（Eversorb 12），台湾双键化工股份有限公司（Chisorb BP-12），美国科聚亚公司（Lowilite 22），南京华立明科工贸有限公司，烟台市裕盛化工有限公司等。

9.1.3.5 紫外线吸收剂 UV-1229

UV-1229 是高效液体复合稳定剂，外观浅黄色透明黏稠液体，适用于多种聚合物和多种用途，包括聚氨酯（泡沫塑料等）、密封胶、黏合剂、弹性体、不饱和聚酯、丙烯酸类、乙烯基聚合物（PVB、PVC）、苯乙烯均聚和共聚物、聚烯烃、液体颜色浓物和其他有机物基体，特别对PU发泡有很好的抗黄变作用。依据基体和应用效果的不同要求，UV-1229添加量在0.1%～3.0%之间。

生产厂家

南京永光化工有限公司、南京紫奇化工有限公司等。

9.1.3.6 紫外线吸收剂UV-1164

化学名称：2,4-二(2′,4′-二甲基苯基)-6-(2′-羟基-4′-辛氧基)-1,3,5-三嗪,2-[2,4-双(2,4-二甲苯基)-2-(1,3,5-三嗪基)]5-辛氧基苯酚。

英文名：2,4-bis(2′,4′-dimethylbenzyl)-6-(2′-hydroxy-4′-octyloxy)-1,3,5-triazine 等。分子式为$C_{33}H_{39}N_3O_2$，分子量为509。CAS编号为2725-22-6。

结构式：

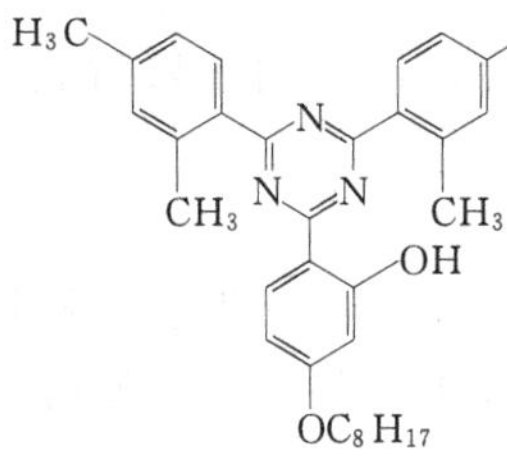

H_3C CH_3 N N N CH_3 CH_3 OH OC_8H_{17}

紫外线吸收剂UV-1164是浅黄色粉末，熔点为88～91℃，相对密度（25℃）为1.15，热失重为10%的温度为347℃（升温速率10℃/min)。UV-1164基于三嗪类光吸收剂，光稳定性能高，挥发性低，对最终产品的颜色影响小，用于聚酰胺等。在聚氨酯领域可显著提高氨纶纤维的光稳定作用，适用于氨纶纤维的高温加工，与其他稳定剂的化学相容性好。

生产厂商

烟台市裕盛化工有限公司，南通金康泰精细化工有限公司等。

9.1.3.7 光稳定剂944

化学名称：聚-{[6-[(1,1,3,3,-四甲基丁基)-氨基]-1,3,5,-三嗪-2,4-二基][2-(2,2,6,6-四甲基哌啶基)-亚氨基]-六亚甲基-[4-(2,2,6,6-四甲基哌啶基)-亚氨基]}。分子量为2000～3100。CAS编号为71878-19-8、70624-18-9。

结构式：

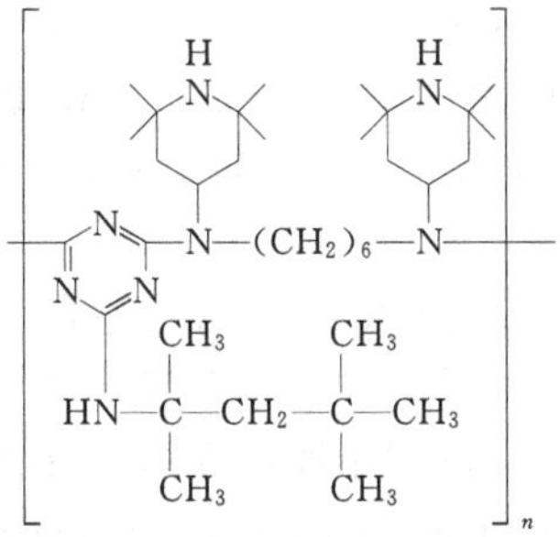

H H N N N N—$(CH_2)_6$—N N N CH_3 CH_3 HN—C—CH_2—C—CH_3 CH_3 CH_3 n

它是白色或淡黄色粉末，熔程为100～135℃，挥发分（105℃，2h)≤0.5%，灰分≤0.5%，相对密度为1.01，堆积密度为450～550g/L，热失重300℃为1%。溶于丙酮、乙酸乙酯、苯、二氯甲烷、氯仿等有机溶剂，微溶于醇，不溶于水（<0.01%)。

它是受阻胺类高分子量光稳定剂，与树脂相容性好，光稳定效率高。由于分子量大，该产品具有很好的耐热性、耐抽提性、低挥发性。主要用于聚烯烃厚制品、薄膜、纤维，有部分厂商推荐它也可用于热塑性聚氨酯、聚氨酯涂层、聚酰胺、聚缩醛等。

生产厂商

德国 BASF 公司（Chimassorb 944），美国科聚亚公司（Lowilite 94），北京加成助剂研究所（GW-944），台湾双键化工有限公司（Chisorb 944），烟台开发区星火化工有限公司（光稳定剂 XH-944），宜兴市天使合成化学有限公司，广州志一化工有限公司，烟台市裕盛化工有限公司，南京华立明科工贸有限公司，宿迁联盛化学有限公司等。

9.1.3.8 光稳定剂 783

光稳定剂 783 是光稳定剂 944（CAS 编号 71878-19-8、70624-18-9）和光稳定剂 622（CAS 编号 65447-77-0）的 1∶1 混合物，分子量≥2000，外观为白色至黄色粉末或颗粒，熔程为 55～140℃，颗粒堆积密度为 0.51g/cm³。它是聚合型高分子量受阻胺光稳定剂的复合增效产品，具有良好的加工热稳定性，良好的相容性和耐水抽出性，是对许多聚合物都适用的通用型光稳定剂，主要用于聚烯烃，还可用于聚酰胺、聚氨酯弹性体以及 ABS 等工程塑料。

生产厂家

烟台市裕盛化工有限公司，宜兴市天使合成化学有限公司，烟台开发区星火化工有限公司，宿迁联盛化学有限公司，台湾双键化工股份有限公司（Chisorb 783），等。

9.1.3.9 光稳定剂 5050、5060 和 5151

德国 BASF 公司的 Tinuvin 5050、5060 和 5151 都是苯并三唑类紫外线吸收剂与受阻胺光稳定剂（HALS）的复合型光稳定助剂，外观均为为琥珀色黏稠液体。Tinuvin 5050 黏度（25℃）为 900mPa·s，密度（20℃）为 1.03g/cm³；Tinuvin 5060 黏度（25℃）为 4200mPa·s，密度（20℃）为 0.98g/cm³；Tinuvin 5151 黏度（25℃）为 1500mPa·s，密度（20℃）为 1.1g/cm³。

它们属于通用型复合光稳定剂。适用于清漆、色漆、水性体系和溶剂体系，可用于单组分或双组分聚氨酯涂料、木器漆等，用量为 1%～3%。

9.1.3.10 其他光稳定助剂

2-(2′-羟基-3′,5′-二烷基苯基)苯并三唑，一般用于 PVC 等，也可用于各种聚氨酯。其中：2-(2′-羟基-3′-异丁基-5′-叔丁基苯基)苯并三唑，CAS 编号为 36437-37-3，分子式为 $C_{20}H_{25}N_3O$，分子量为 323，熔点为 83～87℃，台湾双键、妙春和永光公司的牌号分别为 Chisorb 325、Sunsorb 350 和 Eversorb 79；2-(2′-羟基-5′-叔辛基苯基)苯并三唑，分子式为 $C_{20}H_{25}N_3O$，分子量为 323，熔点为 102～108℃，CAS 编号为 3147-75-9，即 UV-329，台湾双键、妙春和永光公司的牌号分别为 Chisorb 5411、Sunsorb 5411 和 Eversorb 72，南京华立明科工贸有限公司也有产品。

原 Ciba 公司（稳定剂业务已归属 BASF 公司）还有一种聚氨酯专用光稳定剂 PUR866，成分不详，为白色至浅黄色粉末，堆密度（松装密度）约为 0.4g/cm³，适用于 TPU、CASE、RIM、软泡、涂层等，尤其适用于浅色 TPU，比常规光稳定助剂好。

台湾双键化工股份有限公司的 Chisorb QUV、Chisorb SUV 都是由协效紫外线吸收剂组成的、专用于多种聚氨酯材料（如泡沫塑料、弹性体、氨纶、PU 革、PU 漆及胶黏剂等）的液态紫外线吸收剂。活性成分≥98%，挥发成分≤2%。Chisorb 1268 是基于二烷氨基苯甲酸酯的紫外线吸收剂，为淡黄色液体，可用于PU 革、PU 软泡和 PU 涂料等，对 PU 软泡的耐黄变性好。Chisorb 2260 是液态苯并三唑类紫外线吸收剂，用于聚氨酯。Chisorb 389 是一种专用于聚氨酯（包括泡沫塑料、TPU、涂料等）的液体紫外线吸收剂。Chisorb 3668

是由苯并三唑类紫外线吸收剂、受阻胺光稳定剂组成的光稳定剂产品，常温时为液体，用于聚氨酯泡沫塑料等。

9.1.4 氨纶防黄剂

氨纶防黄剂是一种特殊的稳定剂，可用于氨纶纤维、合成革、人造革等。

9.1.4.1 氨纶防黄剂 UDT/HN-150

简称：防黄剂 UDT、HN-150、SLT-150、LN-50。

化学名称：双(*N*,*N*-二甲基酰肼氨基 4-苯基)甲烷。

分子式为 $C_{19}H_{26}N_6O_2$，分子量为 370.4，CAS 编号为 85095-61-0。

结构式：

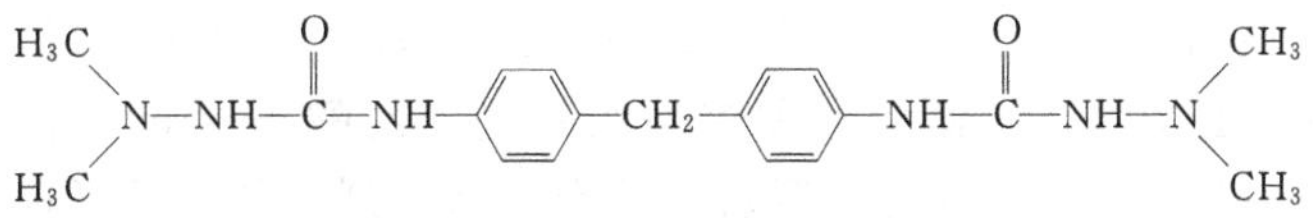

$$(H_3C)_2N-NH-\overset{O}{\overset{\|}{C}}-NH-C_6H_4-CH_2-C_6H_4-NH-\overset{O}{\overset{\|}{C}}-NH-N(CH_3)_2$$

白色或淡黄色粉末，熔点为 177℃(160～180℃)，密度为 1.1～1.23g/cm³。干燥减量≤0.7%，在甲醇、DMF 中易溶，不溶于二甲苯、甲苯。在水中难溶。毒性极低。台湾双键化工股份有限公司相同产品牌号为 Chisorb 1500，熔点为 168～172℃，可用于聚氨酯泡沫塑料、TPU 等。生产厂商还有烟台市裕盛化工有限公司、烟台开发区星火化工有限公司、北京福莱恩科技发展有限公司、蓬莱红卫化工有限公司等。

9.1.4.2 氨纶防黄剂 HN-130

中文名称：4,4′-六亚甲基双(1,1-二甲基氨基脲)。

分子式为 $C_{12}H_{28}N_6O_2$，分子量为 288.4，CAS 编号为 69938-76-7。

结构式：

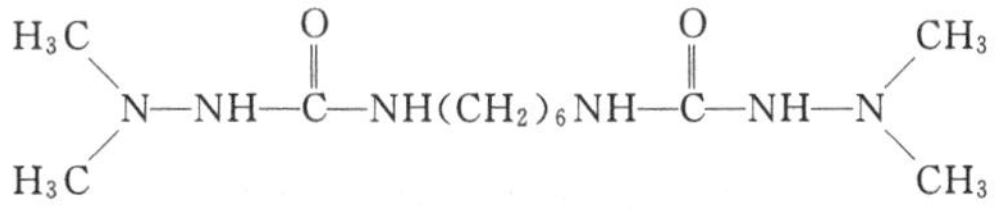

$$(H_3C)_2N-NH-\overset{O}{\overset{\|}{C}}-NH(CH_2)_6NH-\overset{O}{\overset{\|}{C}}-NH-N(CH_3)_2$$

白色或淡黄色粉末，熔点为 138～146℃，堆积密度为 0.56g/cm³，在水中的溶解度>200g/L(20℃)。还可用于 PU 鞋材、涂料、泡沫塑料等。台湾双键化工股份有限公司产品牌号为 Chisorb 1300，熔点为 135～148℃。烟台市裕盛化工有限公司、北京福莱恩科技发展有限公司等也有生产。

9.1.4.3 氨纶防黄剂 UHS

UHS 是月桂酸酰肼合双酚二甘油醚的 DMF（或 DMAC）溶液，分子量为 1000～1200，淡黄色，固含量为（32.0±0.5)%。

生产厂商

上海新浦化工厂有限公司，蓬莱红卫化工有限公司，烟台开发区星火化工有限公司，烟台市裕盛化工有限公司等。

9.1.4.4 氨纶防黄剂 SAS

氨纶防黄剂 SAS 是聚甲基丙烯酸二乙基氨基乙酯的 DMF（或 DMAC）溶液，固含量为(32.0±0.5)%，密度（30℃）为 0.95g/cm³，黏度（25℃）为 15mPa·s，聚甲基丙烯酸二乙基氨基乙酯分子量为 3000～4000。

结构式：

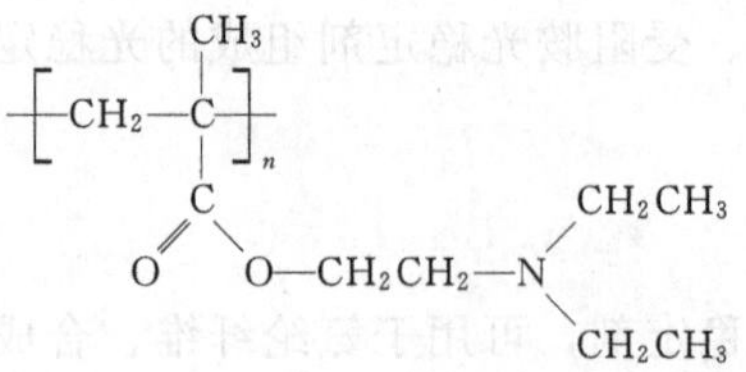

$$\left[-CH_2-\underset{\underset{\underset{O}{\|}}{C}-O-CH_2CH_2-N(CH_2CH_3)_2}{|}}{\overset{CH_3}{\overset{|}{C}}}-\right]_n$$

<u>生产厂商</u>

上海新浦化工厂有限公司，蓬莱红卫化工有限公司，烟台市裕盛化工有限公司等。

9.1.4.5 氨纶防黄剂 XHTS-011

烟台开发区星火化工有限公司的 XHTS-011 是烷基亚氨基二乙醇与二异氰酸酯聚合物的二甲基乙酰胺（DMF、DMAC）溶液，外观为无色或淡黄色透明液体，有效成分为（33±1）%[或（35±1）%或者（50±1）%]，黏度≤200mPa·s，水分≤0.5%。

防黄剂 XHTS-011 是由二异氰酸酯和烷基亚氨基二乙醇为原料，通过缩聚反应制得的低分子量的聚氨酯产品，是一种多功能型氨纶纤维用添加剂。与一般的防黄剂相比，其与氨纶纤维具有更加优异的相容性，对氨纶纤维的变色（如由光照和烟气侵熏导致的变色）具有更好的抑制作用和预防黄变的性能，对氨纶纤维的耐含氯漂洗剂的洗涤性能突出，对氨纶纤维的染色性能也有明显改善，并且对染色后的氨纶纤维的褪色具有明显的抑制作用。具有优异的耐高温性能，特别适用于较大规模的连续法生产氨纶纤维的工艺中。

9.2 抗氧剂

抗氧剂主要用于防止聚氨酯热氧降解，这类稳定剂从作用机理分有自由基链封闭剂和过氧化物分解剂。自由基链封闭剂有受阻酚和芳香族仲胺两类，属于主抗氧剂。过氧化物分解剂有硫酯和亚磷酸酯两类，属于辅助抗氧剂。

9.2.1 主抗氧剂

9.2.1.1 抗氧剂 245

化学名称：三甘醇双-[3-(3-叔丁基-4-羟基-5-甲基苯基)丙酸酯]。

英文名：triethyleneglycolbis-3-(3-*tert*-butyl-4-hydroxy-5-methylplenyl)propionate 等。

分子式为 $C_{34}H_{50}O_8$，分子量为 586.8。CAS 编号为 36443-68-2。

结构式：

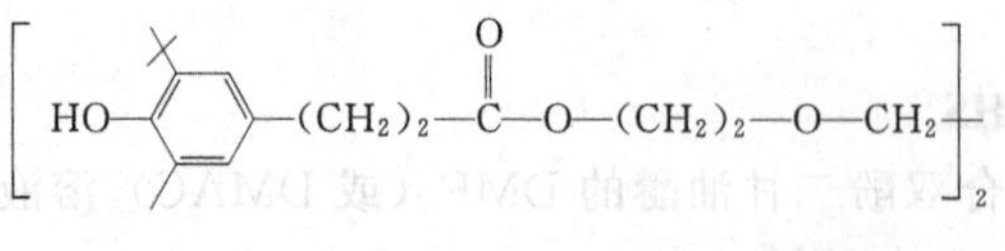

$$\left[HO-C_6H_2(C(CH_3)_3)(CH_3)-(CH_2)_2-\overset{O}{\overset{\|}{C}}-O-(CH_2)_2-O-CH_2-\right]_2$$

<u>物化性能</u>

白色或淡黄色结晶粉末或颗粒。熔点为 76～79℃，闪点＞150℃，密度（20℃）为 1.14g/cm³。1%失重温度 280℃。不溶于水，溶于丙酮、乙酸乙酯，在聚醚多元醇中溶解度约 3%。

毒性较低，许多国家允许本品用于接触食品的包装材料。

<u>特性及用途</u>

抗氧剂 245 是一种受阻酚类抗氧剂，在合成、加工及最终使用中防止材料的热氧降解。抗氧剂 245 无味、低挥发性，具有良好的色稳定性和耐萃取性。

该抗氧剂与聚合物相容性好，抗热氧效能高，适用于高冲击聚苯乙烯、ABS 树脂、AS

树脂、MBS树脂、聚氯乙烯、聚甲醛、聚酰胺、聚氨酯、羟基化丁苯橡胶和丁苯胶乳等。在PVC聚合中它还是链终止剂（0.02%～0.05%）。在聚氨酯材料领域，可用于RIM、TPU、氨纶、聚氨酯胶黏剂、密封胶等产品中。

它可以与辅助稳定剂（如硫酯、亚磷酸酯、亚膦酸酯、内酯）、光稳定剂和其他功能性稳定剂并用。用量范围为0.03%～1%。一般用量为0.05%～0.1%就可提供长期的热稳定性。TPU中用量为0.1%～0.5%。

生产厂商

德国BASF公司（Irganox 245），美国科聚亚公司（Lowinox GP45），蓬莱红卫化工有限公司，烟台市裕盛化工有限公司（YS245），上海同金化工有限公司等。

9.2.1.2 抗氧剂1010

化学名称：四[β-(3,5-二叔丁基-4-羟基苯基)丙酸]季戊四醇酯等。

英文名：pentaerythritol tetrakis [3-(3,5-di-*t*-butyl-4-hydroxyphenyl)propionate] 等。

分子式为$C_{73}H_{108}O_{12}$，分子量为1177.7。CAS编号为6683-19-8。

结构式：

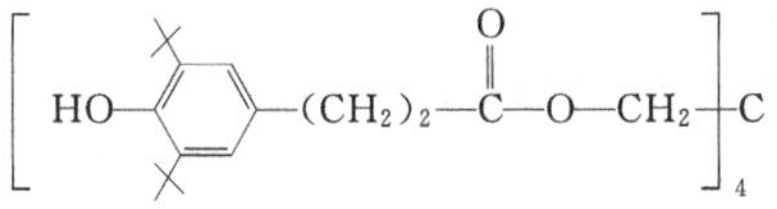

$$\left[HO-\text{(3,5-di-t-butylphenyl)}-(CH_2)_2-\overset{O}{\overset{\|}{C}}-O-CH_2 \right]_4 C$$

物化性能

可自由流动的白色粉末或颗粒，熔程为110～125℃。不溶于水，溶于丙酮、乙酸乙酯、甲苯，稍溶于乙醇。

BASF公司的Irganox 1010产品有粉末、细粒［FF(C)］、小球（DD）等规格，其密度（20℃）为1.15g/cm³，松装密度分别为0.53～0.63g/cm³、0.48～0.57g/cm³、0.45～0.55g/cm³，闪点为297℃。美国科聚亚公司同类产品Anox 20密度（20℃）为1.045g/cm³。

毒性很小，LD_{50}(白鼠)＞5000mg/kg。它可用于食品包装材料。

特性及用途

抗氧剂1010是一种高分子量的受阻酚抗氧剂，挥发性很低，而且不易迁移，耐萃取。它能有效地防止聚合物材料在长期老化过程中的热氧化降解，同时也是一种高效的加工稳定剂，能改善聚合物材料在高温加工条件下的耐变色性。其耐变色耐废气性能不如抗氧剂245。

它是可用于聚烯烃、聚甲醛、聚酰胺、聚氨酯、聚酯、聚氯乙烯、ABS等的主抗氧剂。在聚氨酯领域，可用于RIM材料、氨纶、TPU、胶黏剂和密封胶等。可与辅助稳定剂（硫醚、亚磷酸酯等）、光稳定剂等并用，例如其与稳定剂168等并用效果很好。在聚合物中0.05%～0.1%的用量，一般就可提供长期的热稳定性，但根据不同的需要，用量可高达百分之几。在热熔胶中用量范围在0.2%～1%。

生产厂商

青岛市海大化工有限公司，台湾双键化工有限公司（Chinox 1010），南京华立明科工贸有限公司，台湾妙春实业股份有限公司（Evernox 10），宜兴市天使合成化学有限公司，北京三安化化工产品有限公司（北京化工三厂），北京加成助剂研究所（KY-1010），淄博祥东化工有限公司，德国BASF公司（Irganox 1010），德国Clariant公司（Hostanox O10），美国雅保公司（Ethanox 310），美国科聚亚公司（Anox 20）等。

9.2.1.3 抗氧剂 1035

化学名称：硫代二亚乙基双[3-(3,5-二叔丁基-4-羟基苯)丙酸酯]，2,2′-硫代双[3-(3,5-二叔丁基-4-羟基苯基)丙酸乙酯]。

英文名：thiodiethylene bis[3-(3,5-di-*tert*-butyl-4-hydroxyphenyl)propionate]等。

分子量为 643。CAS 编号为 41484-35-9。

结构式：

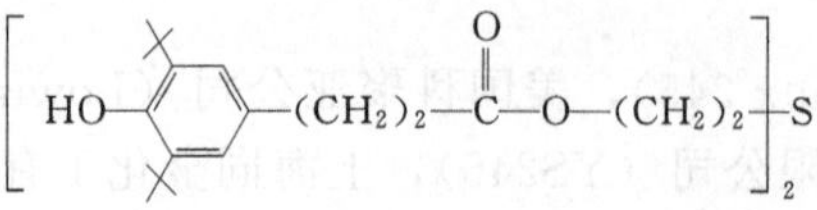

$$\left[\text{HO}-\text{Ar}-(CH_2)_2-\overset{O}{\overset{\|}{C}}-O-(CH_2)_2\right]_2 S$$

物化性能

白色至灰白色粉末或颗粒，熔程为 63～67℃，闪点为 279℃，蒸气压（20℃）为 1.3×10^{-9}Pa，密度为 1.00g/cm³。Irganox 1035 产品有粉末和颗粒（FF）两种形式，其松装密度分别是 0.53～0.63g/cm³、0.48～0.57g/cm³。

溶解度（20℃，g/100g 溶剂中）：水中＜0.01，丙酮 56，苯 56，氯仿 35，环己烷 56，乙酸乙酯 45，正己烷 5，甲醇 5。

毒性低，LD_{50}＞2000mg/kg（大白鼠经口急性毒性试验）。

特性及用途

抗氧剂 1035 是含硫受阻酚类抗氧剂和热稳定剂。具有良好的加工稳定性和长期热稳定性。主要用于聚乙烯电线电缆、聚丙烯、高抗冲聚苯乙烯、ABS 树脂、PVA、多元醇/聚氨酯软泡、弹性体等。

抗氧剂 1035 与抗氧剂 5057 等受阻胺抗氧剂结合，可防止聚氨酯软泡的烧芯，用于替代 BHT。在软泡多元醇中抗氧剂 1035/抗氧剂 5057 混合物的推荐用量是 0.2%～0.3%/0.2%～0.3%。

生产厂商

德国 BASF 公司（Irganox 1035），美国科聚亚公司（Anox 70），台湾双键化工有限公司（Chinox 1035），台湾优禘股份有限公司（Eunox AO-1035），北京加成助剂研究所等。

9.2.1.4 抗氧剂 1076

化学名称：3,5-二叔丁基-4-羟基苯基丙酸十八酯，β-(4-羟基-3,5-二叔丁基苯基）丙酸十八酯。

英文名称：octadecyl-3,5-di-*tert*-butyl-4-hydroxyhydrocinnamate；octadecyl-3-(3,5-di-*tert*-butyl)-4-hydroxyphenylpropionate 等。

分子式为 $C_{35}H_{62}O_3$，分子量为 530.9。CAS 编号为 2082-79-3。

结构式：

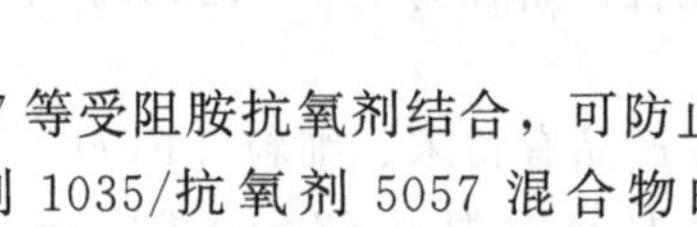

$$\text{HO}-\text{C}_6\text{H}_2[\text{C}(\text{CH}_3)_3]_2-CH_2CH_2COOC_{18}H_{37}$$

$(H_3C)_3C$，$(H_3C)_3C$

物化性能

白色至浅黄色粉末或颗粒，熔程为 50～55℃（一般 50～53℃），蒸气压（20℃）为 2.5×10^{-7}Pa，相对密度（25℃）为 1.02，粉末松装密度为 0.26～0.32g/cm³，颗粒松装密度为 0.47～0.52g/cm³，一般产品纯度≥99.0%，挥发分≤0.5%。热失重：1%失重温度为

230℃，10%失重温度为288℃。溶解度（20℃）：丙酮19%，苯57%，氯仿57%，乙酸乙酯38%，已烷32%，甲醇0.6%，甲苯50%，水＜0.01%。

特性及用途

抗氧剂1076是一种性能良好的受阻酚类抗氧化剂，广泛应用于聚乙烯、聚丙烯、聚甲醛、ABS树脂、PS树脂、PVC、聚氨酯、工程塑料、胶黏剂、橡胶及石油产品等的抗氧化剂。在聚氨酯领域，可用于软泡、TPU、氨纶等。可用于异氰酸酯。

可在产品的聚合前后或最终使用阶段添加。可与其他添加剂如助稳定剂（硫酯、亚磷酸酯等）、光稳定剂及其他功能性稳定剂结合使用。它可与抗氧剂168或与抗氧剂168、内酯类助抗氧剂HP-136并用，产生良好的协同效应。

抗氧剂1076在聚合物中0.05%～0.1%的用量就可提供长期热稳定性。一般用量为0.1%～0.4%。

生产厂商

青岛市海大化工有限公司，北京加成助剂研究所，宜兴市天使合成化学有限公司，南京华立明科工贸有限公司，台湾双键化工股份有限公司（Chinox 1076），台湾妙春实业股份有限公司（Evernox 76），台湾恒桥产业股份有限公司（Chemnox-76），台湾优禘股份有限公司（Eunox AO-76），淄博祥东化工有限公司，德国BASF公司（Irganox 1076），美国科聚亚公司（Anox PP18），美国雅保公司（Ethanox 376）等。

9.2.1.5 抗氧剂1098

化学名称：*N*,*N*′-双-[3-(3,5-二叔丁基-4-羟基苯基)丙酰基]己二胺。

英文名：*N*,*N*′-hexane-1,6-diylbis[3-(3,5-di-*tert*-butyl-4-hydroxy phenylpropionamide)]。

分子式为$C_{40}H_{60}O_4N_2$，分子量为637。CAS编号为23128-74-7。

结构式：

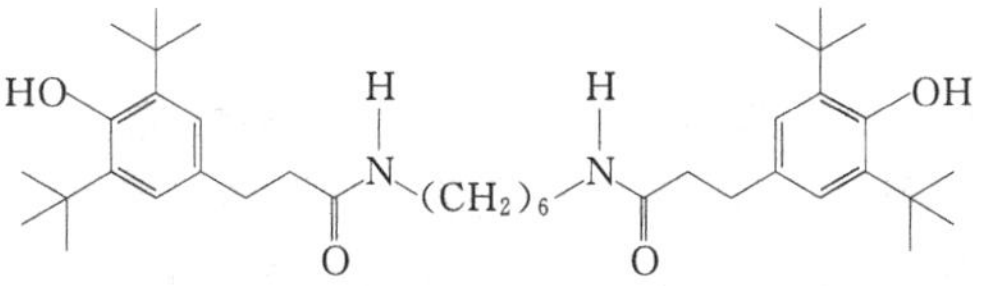

物化性能

白色至灰白色粉末或颗粒，熔程为156～161℃，闪点为282℃，密度（20℃）为1.04g/cm^3。失重1%温度为280℃，失重10%温度为340℃。不溶于水，在丙酮、氯仿和甲醇中的溶解度（25℃）分别为2%、6%和6%。

毒性低，LD_{50}＞5000mg/kg（大白鼠急性毒性试验）。

特性及用途

抗氧剂1098是一种受阻酚抗氧剂。特别适合于聚酰胺（尼龙）制品、纤维及薄膜的稳定，也用于其他聚合物，如聚甲醛、聚酯、聚氨酯、胶黏剂、弹性体及其他有机材料，用量范围是0.05%～0.5%。它具有低挥发性，使树脂具有优异的加工热稳定性及长期热稳定性以及初始色泽。在聚氨酯领域，抗氧剂1098可用于TPU、胶黏剂等。

它可与亚磷酸酯、硫酯、羟基胺、内酯等助稳定剂，紫外线吸收剂、受阻胺等光稳定剂，以及其他稳定剂并用，具有良好协同效应。

生产厂商

北京市化学工业研究院（抗氧剂N），台湾双键化工股份有限公司（Chinox 1098），台湾恒桥产业股份有限公司（Chemnox-1098），宜兴市天使合成化学有限公司，南京华立明科工贸有限公司德国 BASF 公司（Irganox 1098），美国科聚亚公司（Lowinox HD98）等。

9.2.1.6 抗氧剂 1135

化学名称：3,5-二叔丁基-4-羟基苯丙酸异辛酯，3,5-二叔丁基-4-羟基苯丙酸支链化 $C_7 \sim C_9$ 碳烷基酯。

英文名：benzenepropanoic acid，3,5-bis(1,1-dimethyl-ethyl)-4-hydroxy-C_7-C_9 branched alkyl esters(Irganox 1135)；benzenepropanoic acid，3,5-bis(1,1-dimethyl-ethyl)-4-hydroxy-isooctyl ester 等。

3,5-二叔丁基-4-羟基苯丙酸异辛酯的分子式为 $C_{25}H_{42}O_3$，分子量为 390。CAS 编号为 146598-26-7。3,5-二叔丁基-4-羟基苯丙酸支链化 $C_7 \sim C_9$ 碳烷基酯的 CAS 编号为 125643-61-0（抗氧剂 1135 多用这个编号）。

结构式：

OH

O

O—i-C_8H_{17}

物化性能

无色至浅黄色液体，熔点＜－6℃，闪点为 152℃，蒸气压（25℃）为 0.0015Pa，黏度（25℃）为 200～500mPa·s，密度（20℃）约为 0.96g/cm³。折射率（20℃）为 1.493～1.499。一般纯度≥98%，挥发分≤0.5%，灰分≤0.1%。热失重（TGA，空气，20℃/min)：失重 1%温度为 160℃，失重 10%温度为 200℃。不溶于水（＜0.01%），溶于丙酮、二氯甲烷、氯仿、乙酸乙酯、聚醚多元醇、聚酯多元醇。

特性及用途

抗氧剂 1135 是一种液态受阻酚类抗氧剂，它是一种性能优异的抗氧剂，操作方便，由于其低挥发性和优异的相容性，主要用于多元醇、聚氨酯以及其他聚合物。可用于异氰酸酯组分。用于软质聚氨酯泡沫塑料，抗氧剂 1135 在聚醚多元醇贮存过程中阻止过氧化物的形成，并在发泡中防止烧芯。特别适合于聚氨酯块泡的空气冷却工艺，并且在汽车泡沫中防止烟雾产生，在织物复合材料中防止污迹产生。它可在聚合物的聚合反应之前、聚合中或者在聚合之后添加。

在聚氨酯领域，还用于 TPU、RIM 材料、密封胶、水性聚氨酯等。用于水性聚氨酯体系，它易被乳化。

生产厂商

上海修远化工有限公司，北京加成助剂研究所，广州志一化工有限公司（抗氧剂 235），德国 BASF 公司（Irganox 1135），山西省化工研究院（KY-390），台湾双键化工股份有限公司（Chinox 35），台湾妙春实业股份有限公司（Evernox 1135），佛山市沅胜化工有限公司（Sonox-1135），昆山市钡化厂有限公司等。

9.2.1.7 抗氧剂 1330

化学名称：1,3,5-三甲基-2,4,6-三(3,5-二叔丁基-4-羟基苯甲基)苯。

英文名：1,3,5-trimethy-2,4,6-tris(3,5-di-*tert*-butly-4-hydroxybenzyl)benzene 等。

分子式为 $C_{54}H_{78}O_3$，分子量为 775.2。CAS 编号为 1709-70-2。

结构式：

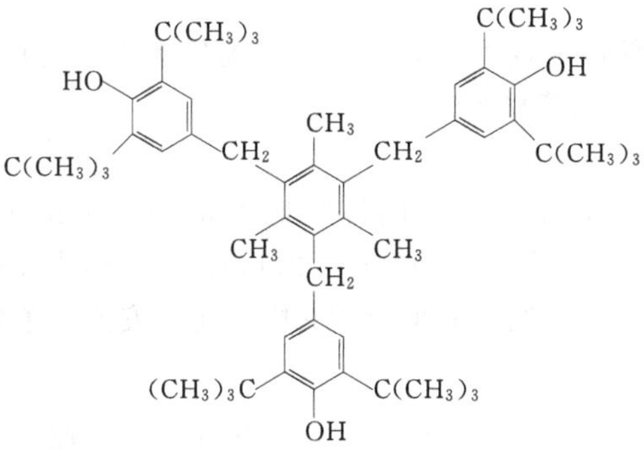

物化性能

白色至灰白色粉末或颗粒，熔点为240～244℃，相对密度（25℃）为1.05，粉末堆积密度为0.50g/cm^3（松散）或0.74g/cm^3（紧密），颗粒堆积密度为0.49～0.52g/cm^3。一般纯度≥98%（HPLC），挥发分（105℃、2h）≤0.5%，灰分≤0.1%。不溶于水，溶于丙酮、二氯甲烷、芳烃溶剂。

毒性较小，大鼠经口急性毒性值LD_{50}>2000mg/kg。

特性及用途

抗氧剂1330是一种高分子量酚类抗氧剂，可用于弹性体、热熔胶、增黏剂、工程树脂混合物等许多领域。例如可用于聚烯烃、工程塑料，也可用于聚氯乙烯、聚氨酯等。它与许多基质相容性良好，耐萃取，无色，它可与硫醚、亚磷酸酯等辅助稳定剂、光稳定剂结合使用。抗氧剂1330与168结合使用效果很好。

生产厂商

德国BASF公司（Irganox 1330），美国雅保公司（Ethanox 330），美国科聚亚公司（Anox 330），台湾双键化工股份有限公司（Chinox 1330），台湾妙春实业股份有限公司（Evernox 1330），北京加成助剂研究所等。

9.2.1.8 抗氧剂3114

化学名称：1,3,5-三(3,5-二叔丁基-4-羟基苯甲基)-均三嗪-2,4,6-(1*H*,3*H*,5*H*)三酮。

英文名：1,3,5-tris(3,5-di-*tert*-butyl-4-hydroxy benzyl)-s-triazine-2,4,6-(1*H*,3*H*,5*H*) trione等。

分子式为$C_{48}H_{69}O_6N_3$，分子量为784.1。CAS编号为27676-62-6。

结构式：

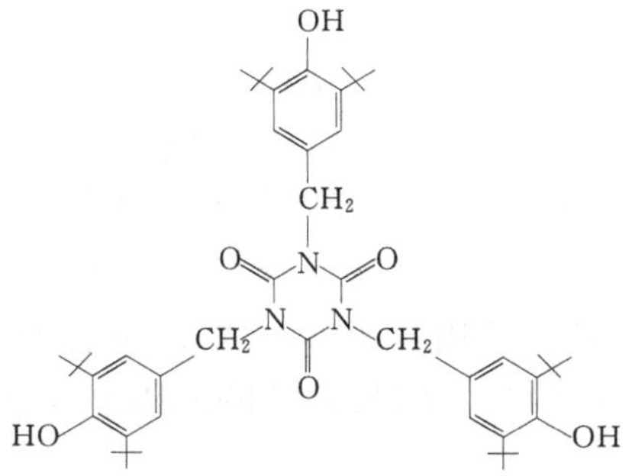

物化性能

白色结晶粉末，熔程为210～224℃，相对密度（25℃）约为1.03。纯度≥98%，挥发分（105℃、2h）≤0.1%，灰分≤0.01%。透光率：425nm≥95%，500nm≥97%。

特性及用途

高分子量、高熔点、低挥发性的三官能团受阻酚抗氧剂，可用于聚烯烃、聚酯、聚氨酯（纤维、TPU、弹性体）、尼龙等材料。

生产厂商

德国BASF公司（Irganox 3114），美国科聚亚公司（Anox IC-14），美国雅保公司（Ethanox 314），台湾双键化工股份有限公司（Chinox 3114），台湾妙春实业股份有限公司（Evernox 3114），上海修远化工有限公司，宿迁联盛化学有限公司，安徽祥丰化工有限公司等。

9.2.1.9 抗氧剂1024

化学名称：*N*,*N*′-双[3-(3,5-二叔丁基-4-羟基苯基)丙酰]肼。

英文名：2′,3′-bis[3-(3′,5′-di-*t*-butyl-4′-hydroxy-phenyl)propionyl]hydrazide等。

分子式为$C_{34}H_{52}N_2O_4$，分子量为553。CAS编号为32687-78-8。

结构式：

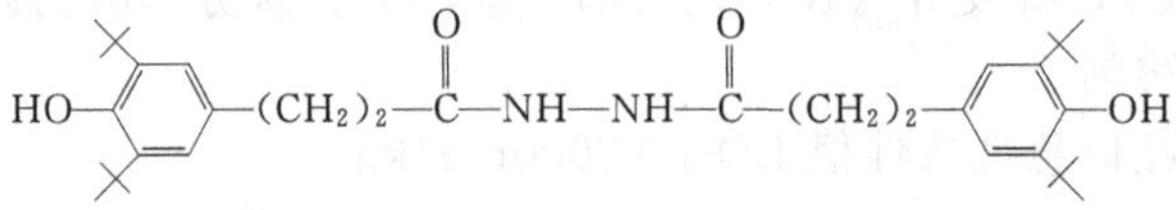

$$HO-C_6H_2(t\text{-}Bu)_2-(CH_2)_2-\overset{O}{\overset{\|}{C}}-NH-NH-\overset{O}{\overset{\|}{C}}-(CH_2)_2-C_6H_2(t\text{-}Bu)_2-OH$$

物化性能

白色或浅黄色结晶粉末，熔点为218～232℃，密度（20℃）为1.11g/cm³，松装密度为0.32～0.38g/cm³。不溶于水，在丙酮中溶解度（20℃）为4%。

特性及用途

抗氧剂1024是一种金属减活化剂及酚类抗氧剂。它主要用于与铜接触的聚合物，可用于TPU电缆树脂及RIM聚氨酯。用量范围为0.1%～0.2%。它可单独使用，也可与抗氧剂1010或其他酚类抗氧剂结合使用。

生产厂商

德国BASF公司（Irganox MD1024），台湾双键化工股份有限公司（Chinox 1024），台湾妙春实业股份有限公司（Evernox MD 1024），台湾恒桥产业股份有限公司（Chemnox-1024），宜兴市天使合成化学有限公司，美国科聚亚公司（Lowinox MD24）等。

9.2.1.10 抗氧剂5057

抗氧剂5057是丁基、辛基化二苯胺，原Ciba公司牌号为Irganox 5057，原美国Crompton公司牌号为Naugard PS-30。CAS编号为68411-46-1。

结构式：

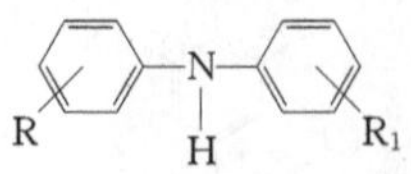

$$R-C_6H_4-NH-C_6H_4-R_1$$

R,R₁=H,C_4H_9或C_8H_{17}及其他烷基链

物化性能

抗氧剂5057为浅黄色液体，凝固点为0～5℃，闪点为185℃，沸点>200℃，密度（20℃）为0.98g/cm³，黏度（25℃）为1100～1400mPa·s，蒸气压约为0.03Pa。

特性及用途

它是一类低挥发性的液态高效芳香族仲胺抗氧剂，用于许多聚合物，包括多元醇和聚氨酯。即使在较低浓度，也能防止聚合物的热降解。它们一般与受阻酚抗氧剂（如抗氧剂

1135)、亚磷酸酯以及光稳定剂结合使用，能发挥极佳的协同效果。推荐用于聚氨酯泡沫塑料。它是液体，易于与多元醇在室温下混合，用于软泡聚醚多元醇，可防止聚氨酯软块泡生产中的烧芯。并且在多元醇中添加抗氧剂，可防止贮存和运输过程的氧化。典型用量是 0.1%～0.4%。

生产厂商

安徽祥丰化工有限公司，上海修远化工有限公司等。

9.2.1.11 其他主抗氧剂

（1）抗氧剂 264（BHT） 化学名称：2,6-二叔丁基-4-甲基苯酚，2,6-二叔丁基对甲酚。国外俗称丁基化羟基苯。简称：BHT。英文名：2,6-di-*tert*-butyl-4-methyl phenol 等。分子式为 $C_{15}H_{24}O$，分子量为 220.3。CAS 编号为 128-37-0。

BHT（国内一般称为抗氧剂 264、T501）是白色结晶颗粒或粉末。熔点为 68.5～71℃，沸点为 265℃，相对密度为 1.05，折射率为 1.486，易溶于甲醇、乙醇、甲乙酮、苯、甲苯等有机溶剂及猪油、大豆油，难溶于水、丙二醇、丙三醇。热稳定性好。一般纯度≥99.5%。游离甲酚≤0.02%。抗氧剂 264 是一种传统的抗氧剂，广泛用于塑料、橡胶，具有消除自由基作用。可用于食品如食用油，也用于聚醚多元醇和聚氨酯材料中。由于其分子量较低，具有较高的挥发性，近年来在国外逐渐被其他低挥发性的抗氧剂所取代。

生产厂商为美国 Eastman 化学公司（Tenox BHT），德国 LANXESS 公司（Vulkanox BHT），南京宁康化工有限公司，苏州市翱海科技有限公司，南京华立明科工贸有限公司，山东淄博祥东化工有限公司，山东瑞普生化有限公司等。

（2）抗氧剂 1790 化学名称：1,3,5-三(4-叔丁基-3-羟基-2,6-二甲基苄基)1,3,5-三嗪-2,4,6-(1*H*,3*H*,5*H*)-三酮。分子式为 $C_{42}H_{57}O_6N_3$，分子量为 700。CAS 编号为 40601-76-1。白色粉末，熔点范围为 159～166℃，堆积密度为 0.40～0.6g/cm³，密度为 1.32g/cm³。不溶于水，溶于丙酮、乙酸乙酯和甲苯。本品毒性低，美国和德国许可本品用于食品包装材料。

结构式：

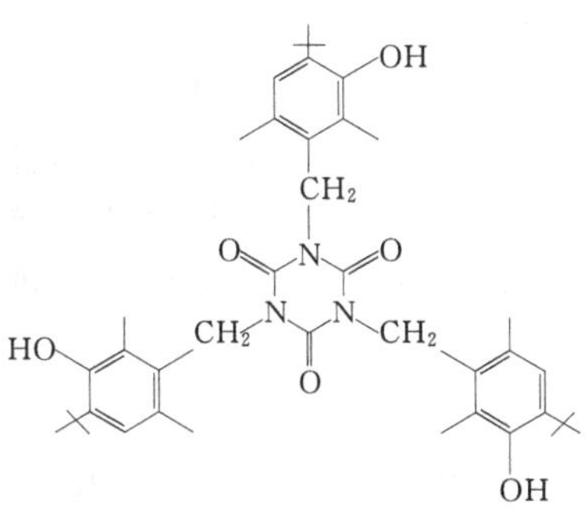

抗氧剂 1790 是一种用于改善聚合物加工及长期热稳定性的受阻酚类主抗氧剂，具有高分子量，有优良的耐萃取性。抗氧剂 1790 适合于聚氨酯纤维及其他聚合物的成型加工，可用于 TPU。0.02%～0.1%的低浓度即可有效地抑制其在高温下加工及使用过程中的热氧化降解。在氨纶中其浓度最高可达 1%。它与辅助抗氧剂如硫代二丙酸酯并用具有协同效应，可作为长期热稳定剂，还可与受阻胺光稳定剂和紫外线吸收剂并用。

生产厂商为美国科聚亚公司（Lowinox 1790），台湾妙春实业股份有限公司（Evernox 1790），烟台市裕盛化工有限公司，南通金康泰精细化工有限公司等。

(3) 抗氧剂 1315　与抗氧剂 1135 结构相似的抗氧剂 Anox 1315（美国科聚亚公司），化学名称为 3,5-二叔丁基-4-羟基苯丙酸支链化 $C_{13}\sim C_{15}$ 碳烷基酯，CAS 编号为 171090-93-0，也是一种低黏度液态高效受阻酚类抗氧剂，相对密度（20℃）为 0.94，黏度（30℃）约为 200mPa・s。它可用于多种聚合物，也推荐用于聚氨酯泡沫塑料用的多元醇，在聚醚多元醇贮存过程中阻止过氧化物的形成，并在发泡中防止烧芯。

(4) 抗氧剂 1726　化学名称为 2,4-二(十二烷基硫甲基)-6-甲基苯酚，英文名为 4,6-bis (dodecylthiomethyl)-o-cresol，CAS 编号为 110675-26-8，分子式为 $C_{33}H_{60}OS_2$，分子量为 537.0。它是固体，熔点约为 28℃，密度（40℃）为 0.934g/cm^3。抗氧剂 1726 是一种多功能的酚类抗氧剂，适用于有机物的稳定；适用于聚合物胶黏剂、弹性体等产品的加工和改善长期热稳定性。通常的添加量为 0.1%～1%。可用于聚氨酯，例如 PU 密封胶。建议采用复合抗氧剂体系。

生产厂商为德国 BASF 公司（Irganox 1726），佛山市沅胜化工有限公司（Sonox-1726），上海同金化工有限公司（Chemnox AN-1726）等。

(5) 抗氧剂 2246　抗氧剂 2246 化学名称为 2,2′-亚甲基双(4-甲基-6-叔丁基苯酚)，分子式为 $C_{23}H_{32}O_2$，分子量为 340.5，CAS 编号为 119-47-1。

结构式：

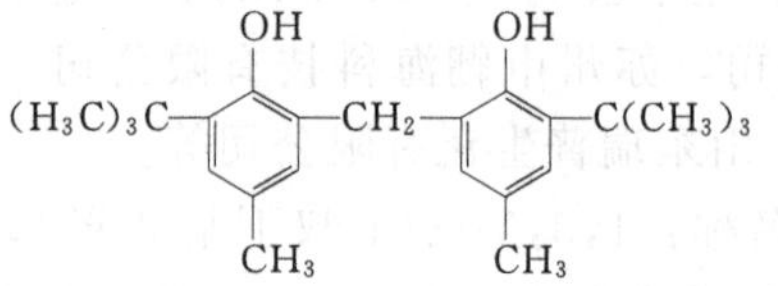

外观白色结晶粉末，熔点为 125～133℃，密度为 1.04g/cm^3。长期暴露于空气中略有黄粉红色。稍有酚臭。易溶于丙酮等有机溶剂，不溶于水。它是一种高效非污染的通用型酚类防老剂，广泛用于天然和合成橡胶、合成材料中作抗氧剂，可用于聚氨酯。一般用 0.1%～1.5%。

生产厂商为南京华立明科工贸有限公司，德国 Raschig 公司（Ionol 46）等。

(6) 抗氧剂 KY-405　抗氧剂 KY-405 化学名称是 4.4′-双(α,α-二甲基苄基)二苯胺，分子式为 $C_{30}H_{31}N$，分子量为 405.6，CAS 编号为 10081-67-1，是一种芳香族仲胺类抗氧剂，具有低挥发性、低毒性，可用于包括聚氨酯泡沫塑料、聚醚多元醇、聚烯烃在内的聚合物。防止高热、光等引起的老化。与含硫的抗氧剂有良好的协同效应。它是白色粉末。熔点为 98～100℃，相对密度为 1.14。江苏飞亚化学工业有限责任公司等有产品。

结构式：

(7) 其他抗氧剂　美国科聚亚公司的抗氧剂 Lowinox TBM-6 即抗氧剂 300 也可以用于聚氨酯软泡的抗烧芯助剂。抗氧剂 300 化学名 4,4′-硫代双(6-叔丁基间甲酚)，CAS 编号为 96-69-5，分子式为 $C_{22}H_{30}O_2S$，分子量为 359，白色或浅黄色粉末，熔点≥161℃，南京华立明科工贸有限公司、佛山市沅胜化工有限公司等有生产。

科聚亚公司 Lowinox TBP-6 也是同类不变色受阻巯基酚类抗氧剂，作用与 TBM-6 相似。该产品国内不多见。

9.2.2 辅助抗氧剂

辅助抗氧剂以亚磷酸酯为主，用于聚合物加工，具有抗氧、热稳定等作用，国外又叫加工稳定剂。其中以抗氧剂 168 最常见。亚磷酸酯一般是液态。

9.2.2.1 抗氧剂 168

化学名称：亚磷酸三(2,4-二叔丁基苯基)酯。

英文名：tris(2,4-di-*tert*-butylphenyl)phosphite 等。

主成分的分子式为 $C_{42}H_{63}O_3P$，分子量为 646.9。CAS 编号为 31570-04-4。

结构式：

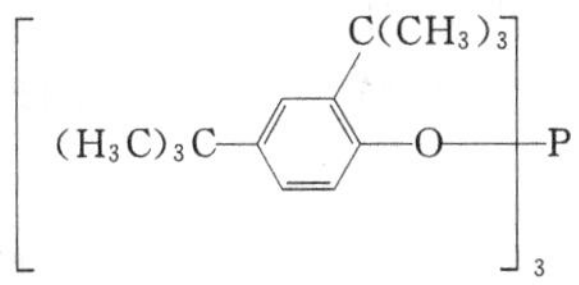

$C(CH_3)_3$

$(H_3C)_3C$—⟨苯环⟩—O—P

$[\ \ ]_3$

物化性能

白色粉末或自由流动粉末，熔点范围为 182～186℃，密度（20℃）为 1.03g/cm^3，闪点为 225℃。游离 2,4-二叔丁基苯酚≤0.2%，挥发分（105℃ 2h)≤0.5%。Irgafos 168 含＜2%的滑块石（变白云母)，起稳定作用。

溶解度（20℃，g/100g 溶剂中)：水＜0.01，丙酮 1，甲苯 30，乙醇 0.1，环己烷 10，己烷 11，乙酸乙酯 4，甲醇＜0.01。

LD_{50}（白鼠经口急性毒性）＞5000mg/kg。

特性及应用

抗氧剂 168 是一种三芳基亚磷酸酯类加工稳定剂，属于辅助抗氧剂。它的水解稳定性较液态亚磷酸酯抗氧剂如亚磷酸三苯酯（TPP）和亚磷酸三（*p*-壬基苯）酯（TNPP）的高，是最耐水解的亚磷酸酯，对聚合物的色泽有良好的保护作用，而且挥发性较低，适用于相对较高的加工温度。作为辅助抗氧剂，常和酚类抗氧剂 1010、1098、1076，以及受阻胺光稳定剂 770、622、944 结合使用并具有协同效用，效果优异。抗氧剂 168 能与聚合物自动氧化而产生的过氧化物反应，可防止因加工而产生的聚合物降解，并延长主抗氧剂的抗氧化性能。它与许多聚合物或基质的相容性强，故而应用领域很广。参考用量为0.1%～0.3%。

生产厂商

德国 BASF 公司（Irgafos 168)，美国科聚亚化学公司（Alkanox 240)，美国雅保公司（Ethaphos 368)，北京市化学工业研究院（PL-10)，北京加成助剂研究所（PKY-168)，台湾双键化工股份有限公司（Chinox 168)，台湾妙春实业股份有限公司（Everfos 168)，青岛市海大化工有限公司，江苏靖江宏泰化工有限公司，宜兴市天使合成化学有限公司，南京华立明科工贸有限公司，北京三安化化工产品有限公司，淄博祥东化工有限公司等。

9.2.2.2 其他几种亚磷酸酯辅助抗氧剂

(1) 亚磷酸三苯基酯　英文名：triphenyl phosphite。简称：TPP、TPPi。分子式为 $C_{18}H_{15}O_3P$，分子量为 310.3。CAS 编号为 101-02-0。外观（38℃）为透明液体，黏度

(38℃）为 12mPa·s，密度（25℃）为 1.183～1.186g/cm^3，低于室温时为无色或淡黄色斜晶体，熔点为 19～24℃，沸点为 360℃。溶于大多数有机溶剂，不溶于水。

三苯基亚磷酸酯是一种多用途芳基亚磷酸酯，在许多聚合物中用作辅助抗氧剂。例如在聚氨酯中防止泡沫烧芯、提高色稳定性，在聚酯生产中调节黏度、改善色稳定性，还用于环氧树脂、PVC、聚烯烃（用作辅助催化剂）、胶黏剂、涂料等。

(2) 亚磷酸三(壬基苯)酯　英文名：tris-(nonyl phenyl)-phosphite。简称：TNPP、TNP。分子式为 $C_{45}H_{69}O_3P$，分子量为 689。CAS 编号为 26523-78-4。无色或浅黄色透明黏稠液体，密度（20℃）为 0.99g/cm^3，黏度（25℃）为 2500～5000mPa·s。TNPP 溶于丙酮、芳香族及脂肪族烃、氯代烃及醇。不溶于水，在水中可缓慢水解，但在水乳液中一定期限内具有足够的水解稳定性。它与许多聚合物具有良好的相容性，是一种无污迹、抗变色的稳定剂和抗氧剂。它一般可用作辅助抗氧剂，与酚类抗氧剂并用，产生协同作用。它还可与其他辅助稳定剂如内酯并用，也可与光稳定剂并用。用量范围在 0.05%～1.0%。可应用于聚烯烃、苯乙烯聚合物、弹性体、胶黏剂、聚酯工程塑料、聚氨酯（如 RIM 材料）等。

生产厂商为美国科聚亚公司（Weston TNPP），上海修远化工有限公司等。

(3) 亚磷酸二苯基异癸基酯　英文名：diphenyl isodecyl phosphite。

简称：DPDP。

分子式为 $C_{22}H_{31}O_3P$，分子量为 374，磷含量为 8.3%。CAS 编号为 26544-23-0。外观为无色或浅黄色透明液体，密度（25℃）为 1.03g/mL，黏度（38℃）为 10.3mPa·s，沸点（5×133Pa）为 170℃，折射率（25℃）为 1.516～1.519，闪点为 154℃，溶于大多数有机溶剂，不溶于水。

DPDP 是一种亚磷酸酯类助抗氧剂，DPDP 主要用作聚碳酸酯、聚氨酯、ABS 树脂、涂料等的保色和加工稳定剂。例如，可用于聚醚型软块泡、RIM 聚氨酯等。

生产厂商为美国科聚亚公司（Weston DPDP），广州志一化工有限公司等。

(4) 其他亚磷酸酯　三(一缩二丙二醇)亚磷酸酯既是含磷多元醇阻燃剂，也是一种抑制聚氨酯泡沫黄变的抗氧剂，牌号有 NIAX CS-22、Weston 430 等，具体物性已经在阻燃剂一章介绍。

亚磷酸二苯基异辛酯（ODPP）分子式为 $C_{20}H_{27}O_3P$，CAS 编号为 26401-27-4。黏度（38℃）为 8.2mPa·s，密度（25℃）为 1.04g/mL。

亚磷酸三异癸基酯分子式为 $C_{30}H_{63}O_3P$，CAS 编号为 25448-25-3。黏度（38℃）为 11.6mPa·s，密度（25℃）为 0.89g/mL，磷含量为 6.2%。

亚磷酸苯基二异癸基酯分子式为 $C_{26}H_{47}O_3P$，CAS 编号为 25550-98-5。密度（25℃）为 0.94g/mL，黏度（38℃）为 12.0mPa·s，磷含量为 7.1%。

四苯基二丙二醇二亚磷酸酯分子式为 $C_{30}H_{32}O_7P_2$，CAS 编号为 57077-45-9，无色液体，凝固点＜－10℃，相对密度（25℃）为 1.18。该产品是含游离羟基的双亚磷酸酯，在台湾双键化工股份有限公司牌号为 Chinox TP-10，建议用于聚氨酯软泡、TPU 等，耐热压性能好。

这些亚磷酸酯抗氧剂都可以用作包括聚氨酯在内的聚合物的着色稳定剂和加工稳定剂。

9.2.2.3 硫醚类辅助抗氧剂

DLTDP(DLTP) 的化学名是 β,β'-硫代二丙酸二月桂酯，分子式为 $C_{30}H_{58}O_4S$，分子量为 514.8，CAS 编号为 123-28-4，在 BASF 公司中的牌号是 Irganox PS800，白色粉末或颗

粒，熔点为 39～41℃，溶于苯、甲苯、丙酮、汽油，不溶于水。毒性很低。

结构式：

$$H_{25}C_{12}-O-C(=O)-CH_2CH_2-S-CH_2CH_2-C(=O)-O-C_{12}H_{25}$$

DSTDP(DSTP) 的化学名是 β,β'-硫代二丙酸双十八酯，分子式为 $C_{42}H_{82}O_4S$，分子量为 683.2，CAS 编号为 693-36-7，在 BASF 公司中的牌号是 Irganox PS802，白色粉末或颗粒，熔点为 63～69℃，无毒。

这两种硫代二丙酸的二烷基酯是优良的硫化酯类辅助抗氧剂，特别适用于聚丙烯和高密度聚乙烯中。通常它们与酚类主抗氧剂混合使用，以增强老化稳定性和光稳定性，改善材料的初期色泽。不着色、不污染。广泛用于多种聚合物，也包括聚氨酯材料。DSTP 使用效果比 DLTP 好。

生产厂家有德国 BASF 公司、美国雅保公司、美国科聚亚公司、台湾双键化工股份有限公司、南京华立明科工贸有限公司、北京三安化化工产品有限公司等。

9.2.3 复合抗氧剂和复合光热稳定剂

9.2.3.1 复合抗氧剂

（1）抗氧剂 B215 和 B225 受阻酚类主抗氧剂 1010 与亚磷酸酯类辅助抗氧剂 168 按一定的比例可配制成复合抗氧剂，例如常见的 B215 和 B225 是抗氧剂 1010 及抗氧剂 168 分别按 1∶2 与 1∶1 质量比混合而成的复合稳定剂。在其组成中，抗氧剂 168 是低挥发性的有机亚磷酸酯，抑制聚合物在加工过程的氧化降解；抗氧剂 1010 是受阻酚抗氧剂，在聚合物加工过程中提供协效稳定性，在聚合物使用中阻止热氧化降解，提供长期热稳定性。B215 和 B225 主要用于聚烯烃及烯烃共聚物，也用于工程塑料、聚苯乙烯及其共聚物、聚氨酯、弹性体、胶黏剂等。它们可与光稳定剂并用。该类混合物抗氧剂还可与硫酯等助抗氧剂结合使用，如与内酯协效稳定剂 HP-136 结合，可获得协同效果。

抗氧剂 B215 和 B225 是白色流动性粉末或颗粒。德国 BASF 公司的 Irganox B215 和 Irganox B225 粉末产品松装密度为 0.53～0.63g/cm³，FF 型颗粒产品松装密度为 0.46～0.57g/cm³。熔程为 110～187℃。

生产厂商

除了德国 BASF 公司外，还有美国雅保公司（ALBlend 182 和 ALBlend 181P）、台湾妙春实业股份有限公司（Evernox B210 和 B110）、北京加成助剂研究所（复合抗氧剂 PKB B215 和 B225）、宜兴市天使合成化学有限公司、佛山市沅胜化工有限公司等。

另外 Evernox B310、B410 是抗氧剂 168 和抗氧剂 1010 分别按 3∶1 和 4∶1 质量比混合而成的复合稳定剂，用途同抗氧剂 B215、225。

（2）抗氧剂 B900 BASF 公司的 Irganox B900 是一种兼有长效抗氧和高温加工抗氧效果的高效复合抗氧剂，可用于多种聚合物和合成材料。具有良好的光稳定性和色牢性、与大多数聚合物相容性很好、低挥发性和耐萃取的特点。抗氧剂 B900 的成分是抗氧剂 168［即亚磷酸三(2,4-二叔丁苯基）酯］和抗氧剂 1076(即 3,5-二叔丁基-4-羟基-苯基丙酸十八烷基酯)，是受阻酚与亚磷酸酯的组合抗氧剂。为白色粉末，熔点为 59～61℃，密度为 1.02～1.03g/cm³。它主要用于聚烯烃，可用于聚氨酯树脂涂料等，可混入异氰酸酯组分。Irganox B900 可以与其他添加剂如光稳定剂和抗静电剂混合使用。

佛山市沅胜化工有限公司的 Sonox-900 是抗氧剂 168 和抗氧剂 1076 分别按 4∶1 质量比

混合而成的复合稳定剂。台湾妙春实业股份有限公司的复合抗氧剂 Evernox B201 和 B401 是抗氧剂 168 及抗氧剂 1076 分别按 1：1 与 4：1 质量比混合而成的复合稳定剂。

(3) 其他复合抗氧剂　佛山市沅胜化工有限公司的 Sonox-1171 是抗氧剂 1098 与抗氧剂 168 质量比 1：1 的复合抗氧剂。

台湾双键化工股份有限公司的抗氧剂 Chinox TP-10H 是有机亚磷酸酯与受阻酚的复合物，为浅黄色液态，推荐用于聚氨酯泡沫、TPU 等聚氨酯材料以及 PVC 材料。

原瑞士 Ciba 公司的 Irganox B3557 是由酚类抗氧剂 1135 与芳香族仲胺抗氧剂 5057 按 2：1 质量比混合而成的协效液态热稳定剂。

美国迈图高新材料公司的 NIAX CS-15 是用于聚氨酯软块泡的抗氧剂，成分不详，相对密度（25℃）为 0.964，黏度约为 130mPa・s，具有抑制烧芯、防止泡沫存放过程光变色作用。

还有不少由主抗氧剂和辅助抗氧剂，或者 2 种或 2 种以上同类或不同类抗氧剂组成的复合抗氧剂体系，有的专用于聚氨酯。

9.2.3.2 复合光热稳定剂

由具有光稳定作用的紫外线吸收剂、受阻胺光稳定剂与具有热稳定作用（部分兼具光稳定作用）的抗氧剂，可以按不同的组合配制成具有光、热稳定作用的多功能防老剂。下面举几个例子。

原 Ciba 公司的稳定剂 Tinuvin B75 是紫外线吸收剂 Tinuvin 571、受阻胺光稳定剂 Tinuvin 765 和抗氧剂 Irganox 1135 按 2：2：1 质量比复配形成的混合物。这种光稳定剂与抗氧剂的复配型液体稳定剂主要用于聚氨酯制品，如反应注射成型（RIM）聚氨酯、热塑性聚氨酯（TPU）、聚氨酯胶黏剂、密封胶、涂料、合成革树脂。用量范围为 0.2%～1.5%。

原 Ciba 公司的 Tinuvin B88 是受阻胺光稳定剂 Tinuvin 765、某种紫外线吸收剂和辅助稳定剂亚磷酸癸基二苯酯按一定比例复配形成的混合物。它是黄色黏稠液体，主要用于 RIM 聚氨酯及 TPU，以及密封胶、胶黏剂、涂料涂层、合成革浆料、色浆。用量可在 0.2%～2.0%范围选择。

Tinuvin B75、B88 在多元醇中即使在较低温度也不会产生沉淀。在许多聚氨酯体系耐渗出、不结晶。

原 Ciba 公司的 Irgastab PUR68 是为专用于聚氨酯体系的复配型抗氧剂，成分不详。它是浅黄色液体，沸点＞200℃，黏度（40℃）为 200～300mPa・s，密度（20℃）为 0.95～1.00g/cm³，蒸气压（20℃）＜0.003Pa，在水中溶解度＜0.1%。Irgastab PUR68 是用于多元醇的无胺热稳定剂，是新型的液体热稳定剂混合物，用于聚醚型及聚酯型聚氨酯软泡。它不含 BHT，特别适合添加到软泡多元醇中。PUR68 具有优良的抗烧芯、抗烟雾化、抗纺织品污点性能，泡沫具有杰出的抑制黄变的作用，可用于汽车内部泡沫、鞋用泡沫和胸罩海绵等。PUR68 在软块泡多元醇和模塑软泡多元醇中的推荐用量分别在 0.40%～0.45%和 0.05%～0.10%之间。也可以与其他抗氧剂及/或辅助性稳定剂（如亚磷酸酯）及/或光稳定剂一起添加。

台湾双键化工股份有限公司的 Chisorb TPU 是专用于包括泡沫塑料、TPU 等在内的聚氨酯稳定剂，为浅黄色粉末，由紫外线吸收剂、受阻胺光稳定剂和抗氧剂复合而成。Chisorb B2661 系列是由二烷胺基苯甲酸酯紫外线吸收剂、受阻酚抗氧剂复合而成。浅黄或浅紫色液体，专用聚氨酯材料，包括泡沫塑料、合成革、薄膜、TPU 等，用量范围为 0.2%～2.0%。

Chisorb 9260 是由紫外线吸收剂、热稳定性抗氧剂和光稳定剂复合而成，为液体。它既有吸收紫外线的功能，也有抗氧化（用于软泡则耐热压）、抵抗室内自然光、废气（NO_x）变色的作用。多方面的耐黄变功能使其比其他紫外线吸收剂有更好的效果。与高分子聚合物相容性好、挥发性低，使用更加方便，在 PU 软泡应用中无需再用抗氧剂。适用于 PU 软泡、PU 革、PU 胶黏剂和涂料。

Chisorb 8818 是亚磷酸酯和受阻酚的液态复合物，偏于紫外线吸收剂类光稳定剂功效，具有吸收紫外线和耐热氧化的双重效果，可用于 PU 软泡、PU 皮革、TPU 和 PU 涂料中。挥发性较低，是理想的耐候加工助剂。

Chisorb 3898 是紫外线吸收剂与抗氧剂的复合物，为灰白至浅黄色结晶粉末，主要用于增强聚氨酯的耐候性，特别适合于 TPU 注射成型、TPU 薄膜、聚氨酯鞋底等。

北京加成助剂研究所的聚氨酯系列稳定剂为复合稳定剂产品，JC-901 适用于聚氨酯合成革，JC-902 适用于聚氨酯鞋底料，JC-903 适用于需长效耐候的聚氨酯制品，成分不详。

9.3 水解稳定剂

聚酯及聚酯型聚氨酯中的酯基长期在潮湿环境中或者浸泡在水中容易水解，酯键断裂，聚合物降解，生成羧酸基团，而羧基的存在又加速了酯基的水解。添加水解抑制剂（水解稳定剂、抗水解剂），可抑制水解、延缓水解。

最常用的水解稳定剂有碳化二亚胺及其衍生物和环氧化合物。

9.3.1 碳化二亚胺

碳化二亚胺（carbodiimide）是一类含［—N═C═N—］基团的化合物。它一般由异氰酸酯在特殊催化剂如氧化膦作用下获得。

碳化二亚胺很容易与羧酸反应，生成稳定的酰脲，抑制水解的继续进行：

$$-N{=}C{=}N- \ + R-COOH \longrightarrow -N(C(=O)R)-C(=O)-N(H)-$$

因此在聚氨酯制品中加入碳化二亚胺，明显提高了制品的水解稳定性，碳化二亚胺是聚酯型聚氨酯弹性体最常用的耐水解稳定剂。

专门用作水解稳定剂的碳化二亚胺一般不含 NCO，否则高度活泼性的 NCO 会对配方体系产生某些不利影响。

碳化二亚胺水解稳定剂包括有单碳化二亚胺（monomeric carbodiimide，分子中只含一个碳化二亚胺官能团）和多碳化二亚胺或聚碳化二亚胺（polycarbodiimide 或 oligomeric carbodiimide，可简称 PCD，含两个或两个以上碳化二亚胺官能团）。

9.3.1.1 单碳化二亚胺

最常见的单碳化二亚胺是四异丙基二苯基碳化二亚胺。

化学名称：*N*,*N′*-二(2,6-二异丙基苯基)碳二亚胺；2,2′,6,6′-四异丙基二苯基碳化二亚胺。

英文名：bis(2,6-diisopropylphenyl)carbodiimide 等。

分子式为 $C_{25}H_{34}N_2$，分子量为 362.6，CAS 编号为 2162-74-5。

结构式：

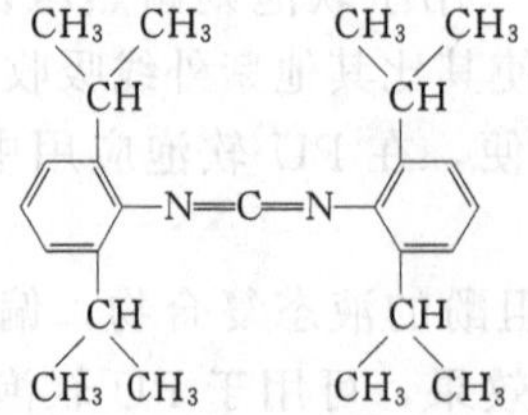

CH_3 CH_3 CH_3 CH_3

CH CH

N=C=N

CH CH

CH_3 CH_3 CH_3 CH_3

物化性能

室温下为浅黄蜡状结晶固体或白色粉末，熔程为40～53℃。熔化后为黄色至棕色液体。固态密度（20℃）约为0.97g/cm^3，液态密度（50℃）约为0.94g/cm^3，黏度（50℃）约为19mPa·s。德国朗盛旗下莱茵化学公司的普通级Stabaxol Ⅰ的碳化二亚胺含量是10.6%，最佳级是10.8%，熔程为40～45℃。可溶于有机溶剂，如丙酮、氯苯、二氯甲烷等，不溶于水，不溶于1,4-丁二醇。台湾优祎公司产品Eustab HS-700纯度≥98.5%，熔程为49～53℃。

RheinChemie公司还有一系列用于延长聚氨酯胶黏剂服务期的碳化二亚胺类稳定剂，Hycasyl 100和Hycasyl 1001成分估计是单碳化二亚胺，外观为微黄色结晶，密度（20℃）约为0.97g/cm^3，熔程为43～50℃，黏度（50℃）约为16～24mPa·s，碳化二亚胺含量≥9.8%。Hycasyl 1001纯度高于Hycasyl 100，挥发性更低。

制备方法

在一定温度下，在2,6-二异丙基苯基-1-异氰酸酯中加入有机磷催化剂，当反应达到一定的转化率时，冷却至室温，所得产物经减压蒸馏除去未反应的异氰酸酯组分和有机磷组分，再经薄膜蒸发器精制则得最终碳化二亚胺产品。反应过程可通过测定NCO含量来监控，碳化二亚胺可通过红外光谱分析来确定（在2150～2100cm^{-1}处有特征吸收单峰）。

特性及应用

单碳化二亚胺是聚酯型聚氨酯如聚氨酯弹性体、聚氨酯胶黏剂、聚氨酯涂料等的水解稳定剂，一般以熔融状态用于液态聚酯聚氨酯体系。除了用于聚氨酯水解稳定剂外，还用于聚酯纤维、聚酰胺、EVA等易水解塑料的稳定剂，也用于酯基合成油和润滑剂。加工温度不超过120℃。

德国Raschig公司（德国拉西格公司）的产品Stabilizer 7000是粉末状的，可以直接使用，或者熔化后以液体使用；Stabilizer 7000F是聚乙烯罐装固体，熔化成液体使用。纯度≥99.5%。

建议用量范围为0.5%～2.0%。在一般聚氨酯中推荐添加量为0.7%～1.5%。

单碳化二亚胺的反应活性比多碳化二亚胺高。但单碳化二亚胺分子量小、会缓慢从最终的聚酯、聚氨酯树脂中向外迁移。

生产厂商

德国RheinChemie公司，德国Raschig公司，池州万维化工有限公司，台湾优祎股份有限公司，上海朗亿功能材料有限公司（HyMax 1010）等。

9.3.1.2 聚碳化二亚胺

聚碳化二亚胺（PCD）CAS编号为151-51-9，高碳化二亚胺含量的PCD常温为黄色至棕色片状粉末，分子量一般大于600，具有较好的耐热和耐迁移性能。德国Raschig公司、德国朗盛公司下属RheinChemie公司生产的聚碳化二亚胺一般由1,3,5-三异丙苯-2,4-二异氰酸酯自聚，并以2,6-二异丙苯单异氰酸酯封端而制得，其结构式如下：

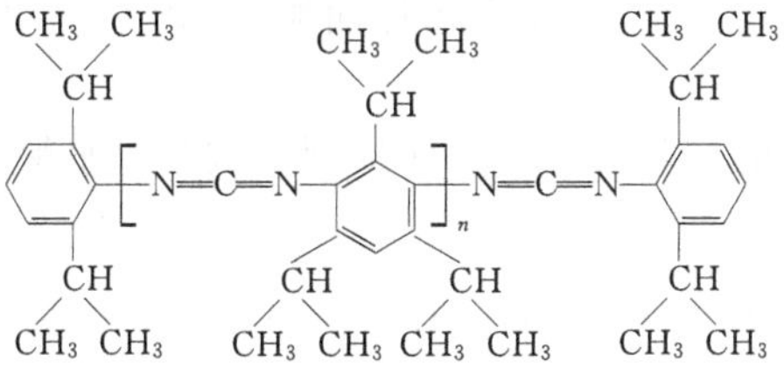

CH_3 CH_3 CH_3 CH_3 CH_3 CH_3
CH CH CH
—[N=C=N—]$_n$—N=C=N—
CH CH CH CH
CH_3 CH_3 CH_3 CH_3 CH_3 CH_3 CH_3 CH_3

RheinChemie公司的Stabaxol P为白色至浅黄色颗粒或粉末，熔程为60～90℃，密度约为1.05g/cm³。分子量在3000左右，含4%的气相二氧化硅。颗粒型的碳化二亚胺含量≥13.0%，粉末型产品的碳化二亚胺含量≥12.5%。Stabaxol P的碳化二亚胺含量典型值，普通的约为13.7%，高质量的可达13.9%。它主要用于混炼型聚氨酯橡胶、热塑性聚氨酯等的抗水解剂，也用于聚酯（PET/PBT）、EVA和聚酰胺（PA）的熔融加工，防止聚合物在加工过程中的分子量降低。建议用量在0.5%～2.5%范围。另外RheinChemie公司有一种用于改善聚酯型聚氨酯胶黏剂耐水解性能、提高聚氨酯胶黏剂使用寿命的助剂Hycasyl 500，和Stabaxol P性能相似，为自由流动粉末，含4%气相二氧化硅，碳化二亚胺含量≥13.0%，熔程为70～80℃，密度约为1.05g/cm³，不溶于水、乙酸乙酯、乙醇，溶于芳烃、四氢呋喃。

Stabaxol P100是高分子量的PCD，浅黄色粉末或颗粒，熔程约为100～120℃，分子量在1万以上，碳化二亚胺含量≥13.0%，主要用于热塑性塑料如PET、PBT、TPU、EVA等的加工成型过程的抗水解，用量范围为1.5%～2.5%。

Stabaxol P200是浅黄色黏稠液体状态的PCD，熔点约为5℃，碳化二亚胺含量≥6%；Stabaxol P250是浅黄色黏稠液体，碳化二亚胺含量≥9%。它们主要用于各种聚酯型聚氨酯体系，包括TPU，添加剂在1%～4%范围。RheinChemie公司有一种用于聚酯型聚氨酯胶黏剂的水解稳定剂Hycasyl 510，与Stabaxol P200相似，外观为黄色黏稠液体，碳化二亚胺含量≥6.2%，密度（25℃）约为1.10g/cm³，黏度（23℃）为3500mPa·s左右，溶于水和有机溶剂。

Stabaxol P400是在Stabaxol P100基础上经一系列聚合技术及提纯工艺改进之后推出的新产品，纯度高，气味低，耐热稳定性更佳，挥发性更低，抗迁移析出性更佳，尤其适合于要求低雾化及薄膜类制品。外观呈白色粉末状，熔点>130℃，分子量高达2万以上，抗水解效率更出色，尤其是长期耐水解稳定性能更佳。主要用于聚酯、聚酰胺等塑料及薄膜，也可用于聚氨酯。

德国Raschig公司的Stabilizer 9000和Stabilizer 11000是聚碳二亚胺水解稳定剂，它们的CAS编号为29963-44-8、29117-01-9，化学名称是聚（1,3,5-三异丙基亚苯基-2,4-碳化二亚胺），分子式为$(C_{16}H_{22}N_2)_n$。Stabilizer 9000通常被用于长期保护，一般和Stabilizer 7000同时使用。Stabilizer 11000具有更高的分子量，几乎没有迁移性，特别适用于高温应用。Stabilizer G100是由较多的Stabilizer 9000和较少Stabilizer 7000复合得到的颗粒产品；Stabilizer G500是由Stabilizer 7000和Stabilizer 9000均等组成的颗粒。它们同样提供优良的加工稳定性和长期的保护。颗粒态可很方便地直接使用。用于聚酯型聚氨酯、TPU和其他可能水解的聚合物如PET、PBT、PA、EVA等。

聚碳化二亚胺一般可以固态粉末、熔化的液态或溶液形式加入。

9.3.2 环氧化合物

在环氧化合物水解稳定剂中，应用比较广泛的是缩水甘油醚类环氧化合物，如苯基缩水甘油醚、双酚 A 双缩水甘油醚（即通常的环氧树脂）、1,1,2,2-四(对羟基苯基)乙烷四缩水甘油醚、1,2,3-丙三醇脱水甘油醚、3-(缩水甘油醚基)丙基三甲氧基硅烷（即偶联剂 KH-560）等。

环氧基团与水解所产生的羧基反应，从而抑制了羧基对水解的催化作用。反应式如下：

$$\sim\!\sim CH\!\overset{O}{\frown}\!CH_2 + \sim\!\sim R-\overset{O}{\overset{\|}{C}}-OH \longrightarrow \sim\!\sim \overset{OH}{\overset{|}{C}H}-CH_2-O-\overset{O}{\overset{\|}{C}}-R\sim\!\sim$$

德国 Raschig 公司有几种缩水甘油醚产品，虽然没有推荐用于聚氨酯，但只要与聚氨酯原料及制品有相容性，就可以用作水解稳定剂，该公司产品包括 GE 100（丙三醇三缩水甘油醚，CAS 编号为 90529-77-4；25038-04-4)、GE 500（一种四三缩水甘油醚，CAS 编号为 118549-88-5）和 PEG 400-DGE（聚乙二醇二缩水甘油醚，CAS 编号为 39443-66-8）。

在高温、高湿下环氧化合物对聚氨酯的水解稳定作用比碳化二亚胺的好。环氧类水解稳定剂的用量较大，一般为 1.5%～8%。

9.4 杀菌防霉剂

在潮湿环境下使用的聚氨酯制品，特别是聚酯型聚氨酯容易受到微生物侵蚀，发生霉变，产生霉斑和气味，加速材料的老化。添加杀菌剂、防霉剂（antimicrobial，antifungus agent）可抑制霉菌的生长，保持制品整洁的外观，延长使用寿命。

杀菌/防霉/防腐剂的品种很多，包括有机锡、有机汞等有机金属化合物和不含金属元素的有机物，有液体和固体粉末等产品形式，固体可在溶于合适的溶剂后添加，也可将微细粉末直接拌入物料。含锡、汞元素的杀菌剂毒性大，有机杀菌剂毒性较低或无毒。下面介绍一些杀菌防霉剂。

9.4.1 异噻唑啉酮类杀菌防霉剂

异噻唑啉酮类化合物具有较好的杀菌防霉防腐作用，可与微生物体内含有—SH 基团的活性酶中的—SH 基团发生化学反应而破坏酶的活性，从而可杀死聚氨酯材料上的微生物。

2-甲基-4-异噻唑啉-3-酮简称 MIT、MI，分子量为 115.2，CAS 编号为 2682-20-4。5-氯-2-甲基-4-异噻唑啉-3-酮简称 CIT、CMI，分子量为 149.5，CAS 编号为 26172-55-4。它们的结构式如下：

[结构式：MIT（S—N—CH_3，C=O）；CIT（Cl—，S—N—CH_3，C=O）]

目前国内外不少厂家采用 CIT 和 MIT 复配，或者采用含氯的异噻唑啉酮复配，形成一系列浓度都和成分不同的防腐杀菌剂，广泛应用于各行业的防腐，效果好，对真菌、细菌、霉菌及酵母菌都有很好的抑制能力，用量低，无气味，不产生颜色变化，毒性低，易于操作。例如一种 CIT/MIT 质量比为 2.5～4.0 的异噻唑啉酮衍生物混合物防腐杀菌剂，含 13.9%～14.5%有效组分，为微黄色透明液体，密度（20℃）为 1.26～1.33g/mL，pH 值为 2.0～3.0，与水、低分子醇混溶，在 pH=2.0～9.0 范围稳定，用于水性聚合物、胶黏剂等，用量为 0.05%～0.40%。瑞士 Lonza 集团公司的 Isocil IG、IsocilIG-C 和 Isocil MW-14 也是异噻唑啉酮类 MIT/CIT 复配的液态防腐剂，用于涂料、聚合物乳液等。还有其他异噻唑啉酮复配型杀菌剂产品，因篇幅有限不一一列举。

4,5-二氯-2-正辛基-3-异噻唑啉酮英文名为 4,5-dichloro-2-*n*-octyl-4-isothiazolin-3-one，

简称 DCOIT，分子式为 $C_{11}H_{17}Cl_2NOS$，分子量为 282.2，CAS 编号为 64359-81-5。DCOIT是固体，熔点为 36～40℃，相对密度为 1.25，是一种低毒、高效、广谱的杀菌剂。美国 Dow 化学公司 Vinyzene IT 4000 DIDP、4008 CPF、4010 DIDP、4020 DIDP 和 4020 DINP 系列杀菌剂，活性成分分别是 4%、8%、10%及 20%的 DCOIT，载体是增塑剂等。它们可用于包括聚氨酯涂层、PU 鞋底、PU 泡沫塑料等在内的聚合物等的防霉。Lonza 集团公司的 Lonzaserve 920 和 Lonzaserve S10 液体工业杀菌防霉剂的主要成分是 DCOIT。

N-正丁基-1,2-苯并异噻唑啉-3-酮（*N*-butyl-1,2-benzisothiazoline-3-one）简称 BBIT，CAS 编号为 4299-07-4。瑞士 Lonza 集团美国 Arch 化学公司生产的 Vanquish 100 杀菌防霉剂，主要成分即为正丁基苯并异噻唑啉酮（BBIT），用于需要浓缩杀菌剂、不能用水剂的聚氨酯、聚硅氧烷、PVC 等聚合物的防护，杀灭侵蚀、附着在高分子材料上的微生物。Vanquish 100 杀菌防霉剂为棕色液体，活性成分约为 94.5%，密度为 $1.17g/cm^3$，闪点为 176℃，水含量<1%，可溶于有机溶剂，不溶于水，可直接加入聚酯多元醇或聚醚多元醇中，具有良好的混溶性和热稳定性，可广泛用于聚氨酯硬泡、软泡、弹性体、防水材料、合成革、胶黏剂等，一般用量为 0.1%～0.3%。该公司另一个产品 Vanquish DOP 中 BBIT 含量为 9.5%，用于可使用稀释液体杀菌剂的 PU 革等场合，用量为 1%～3%。

2-辛基-4-异噻唑啉-3-酮（2-*n*-Octyl-4-isothiazolin-3-one），简称 OIT，分子式为 $C_{11}H_{19}NOS$，分子量为 213.3，CAS 编号为 26530-20-1。Lonza 集团公司的杀菌防腐剂 Isocil WT 就是 OIT 粉末。美国 Dow 化学公司 Vinyzene IT 3020 DINP 杀菌剂、Vinyzene IT 3020 CPF 杀菌剂、Vinyzene IT 3025 DIDP 杀菌剂含 20%或 25%的 OIT，为草黄色透明液体，载体是邻苯二甲酸二异壬酯（DINP）、邻苯二甲酸二异癸酯（DIDP）或一种非邻苯二甲酸酯类物质（CPF）。它们可用于聚氯乙烯等聚合物，以及聚氨酯涂层、PU 鞋底、PU 泡沫塑料等。含 OIT 25%产品推荐用量为 0.15%～0.36%，20%产品用量 0.4%～0.6%。

1,2-苯并异噻唑啉-3-酮（1,2-benzisothiazoline-3-one）简称 BIT，CAS 编号为 2634-33-5，熔点为 150～158℃。具有突出的抑杀细菌、真菌、霉菌和藻类等微生物在有机介质中滋生的作用。目前，BIT 被欧美、日本等发达国家和地区广泛用于水性树脂涂料（乳胶漆）、乳胶制品、丙烯酸聚合物、聚氨酯制品、照相洗液、油品、造纸、油墨、皮革制品、黏合剂、浆料、颜料分散体和水处理剂中。

9.4.2 吡啶硫酮类杀菌防霉剂

2-巯基吡啶氧化物钠盐（吡啶硫酮钠，sodium pyrithione，简称 SPT）分子式为 C_5H_4NNaOS，分子量为 149.1，CAS 编号为 3811-73-2，常温为淡黄色液体，熔点为－30～－25℃，沸点为 109℃，溶于水，相对密度为 1.22。该抗菌剂具有高效、广谱、低毒、水溶液稳定等特点。瑞士 Lonza 公司牌号为 Sodium Omadine，水溶液，吡啶硫酮钠活性成分 40%，pH＝9.5，典型用量为 0.12%～0.75%，用于绝热等应用场合的聚氨酯硬泡等的防霉。国内宜兴市燎原化工有限公司（牌号福美灵 SPT 浓度 40%）、南通醋酸化工股份有限公司（浓度≥40%，淡黄色至浅棕色液体）、无锡市珠峰精细化工有限公司、新沂大江化工有限公司等有产品。

吡啶硫酮钠结构式如下：

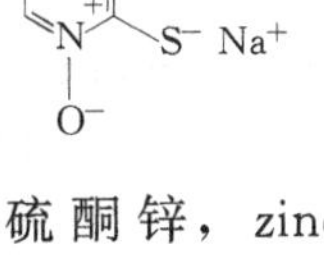

N^+ S^- Na^+
O^-

2-巯基吡啶氧化物锌盐（吡啶硫酮锌，zinc pyrithione，简称 ZPT）分子式为

$C_{10}H_8N_2O_2S_2Zn$，分子量为 317.7，CAS 编号为 13463-41-7，作为优良的广谱、低毒、环保的真菌和细菌的抑菌剂可广泛用于民用涂料、胶黏剂和地毯等领域。瑞士 Lonza 集团 Arch 公司 ZPT 粉末产品牌号是 Zinc Omadine Powder 和 Isocil ZPT。Zinc Omadine fps 为白色到棕褐色分散液，活性成分为 48%，Zinc Omadine(ZOE) 活性成分为 37%，用于需少量水的场合如地毯背衬；Zinc Omadine Powder 为粉末状，含量≥95%，用于不能有水的聚氨酯和 PVC 等塑料应用场合，用量为 0.05%～0.35%。国内宜兴市燎原化工有限公司（牌号福美灵 ZPT，纯度 97%灰白色粉末或 48%乳剂）、南通醋酸化工股份有限公司、无锡市珠峰精细化工有限公司等有相关产品。SPT、ZPT 还用于洗发香波，可去头皮屑等。

吡啶硫酮脲（PM）也是广谱抗菌剂，分子式为 $C_6H_8N_3SOCl$，分子量为 205.4，外观浅灰色或奶黄色粉末，含量一般≥95%，熔点为 157～159℃(分解)，固体有一定挥发性。溶于水，微溶于甲醇、乙醇。宜兴市燎原化工有限公司（牌号福美灵）、武汉威顺达科技发展有限公司等有相关产品。

9.4.3 其他有机杀菌防霉剂

2,4,4′-三氯-2′-羟基-二苯基醚(2,4,4′-trichloro-2′-hydroxy-diphenyl ether)的分子量为 289.5，CAS 编号为 3380-34-5。结构式如下：

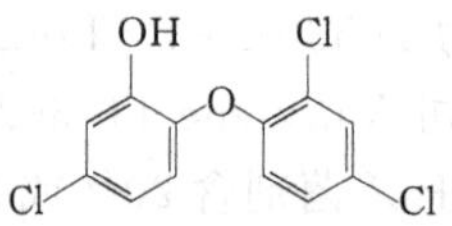

OH Cl
O
Cl Cl

它是高活性广谱杀菌剂，具有较高的热稳定性、低迁移性。它是固体粉末，熔点为56～58℃，闪点为 223℃，密度（20℃）为 1.58g/cm³，松装密度为 0.55～0.61g/cm³，蒸气压（20℃）为 5.3×10^{-4}Pa，不溶于水，溶于丙酮和异丙醇，在甘油或水/乙醇（70/30）中溶解度约为 0.16%。在 240℃时失重率 35.2%(TGA，空气中 20℃/min)。该杀菌剂在德国 BASF 公司牌号为 Irgaguard B1000。它适用于聚烯烃、EVA、有机玻璃、聚苯乙烯、不饱和树脂、聚氨酯、乳胶等。在聚氨酯涂料、胶黏剂、浇注弹性体中用量范围为 0.2%～1.0%，在 TPU 中用量范围为 0.1%～0.5%。

2-(4-噻唑基)苯并咪唑，中文名称为噻菌灵、噻苯咪唑等，英文名为 2-(4-thiazolyl) benzimidazole 等，简称 TBZ，分子式为 $C_{10}H_7N_3S$，分子量为 201.3，CAS 编号为 148-79-8。噻苯咪唑是淡黄色粉末，密度（20℃）为 1.40～1.44g/cm³，熔点为 297～298℃。几乎不溶于水；微溶于乙二醇、甲乙酮；稍溶于丙酮、乙酸乙酯，溶于 DMF。它可作为潮湿环境木材、塑料和橡胶的高效防霉剂，低迁移，热稳定性好，不水解，一般用量为 0.1%～1.0%。该品在原 Ciba 公司牌号为 Irgaguard F3000，可用于聚氨酯等多种聚合物材料，具有持久的活性。它还是一种动物和人类驱虫药。2-(4-噻唑基)苯并咪唑在瑞士 Lonza 集团的牌号是 Isocil TBZ(粉末状)。

澳大利亚托尔专用化学品有限公司（Thor）、加拿大诺德公司（Nordes）生产的一种干膜防霉剂 EPW 由杀藻剂敌草隆［Diuron，化学名 3-(3,4-二氯苯基)-1,1-二甲基脲］、2-正辛基-4-异噻唑啉-3-酮和 2-(4-噻唑基)苯并咪唑组成，不溶于水，微溶于大多数有机溶剂中。为白色至米色分散体，是一种高效、广谱水性防霉杀菌剂，能有效杀灭真菌和藻类，对水性内、外墙涂料有良好的防护作用。

1,3-二羟甲基-5,5-二甲基乙内酰脲（dimethyloldimethyl hydantoin）简称 DMDMH、海因，CAS 编号为 6440-58-0，分子式为 $C_7H_{12}N_2O_4$，分子量为 188.2。DMDMH 结构式如下：

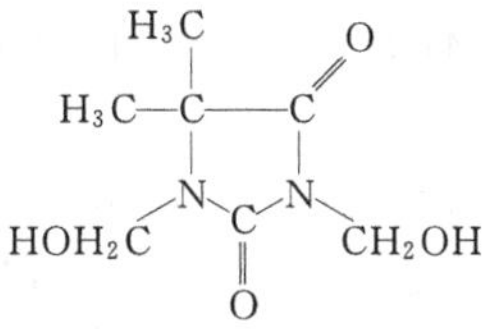

```
        H3C        O
          |       //
    H3C—C———C
          |       |
          N       N
        /   \   /   \
HOH2C       C        CH2OH
            ||
            O
```

DMDMH 是一种广谱、高效的抗菌防腐剂，通过释放物抑制革兰阳性菌、革兰阴性菌、霉菌等，与各种表面活性剂配伍性好。在较宽的 pH 值范围和温度范围使用一直保持稳定。属低毒产品。可用于聚氨酯。高纯度 DMDMH 产品为白色晶体，熔程为 90～97℃，水分≤1.0%。Lonza 公司的 Dantogard XL-1000 杀菌防霉剂是白色粉末。上海九信化学有限公司等生产的含 55%±2%有效物的防腐杀菌剂海因为无色至淡黄色透明液体，耐热性良好，凝固点为－11℃，pH 值为 6.0～8.0，相对密度（25℃）为 1.16g/mL。用量为 0.1%～0.5%。Lonza 公司的 Dantogard（在北美市场的牌号）或 Glydant（在中国市场的牌号）是以 DMDMH 为活性成分的液体杀菌剂。Glydant 2000 和 Dantogard 2000 是特殊的海因混合物。

碘代丙炔基氨基甲酸丁酯（3-iodo-2-propynyl-butyl-carbamate，简称 IPBC）分子式为 $C_8H_{12}O_2NI$，分子量为 281.1，CAS 编号为 55406-53-6，是一种以抗杀霉菌为主的杀菌剂，用于涂料、颜料、皮革、木材等。美国 Dow 化学公司的 Filmguard IPBC 系列杀菌剂包括 100%固体产品及溶液产品。Lonza 公司 Glydant Plus 和 Dantogard Plus 是 DMDMH 及 IPBC 的混合物粉末，另有液体杀菌剂产品。

10,10′-氧代双吩砒（10,10′-oxybisphenoxarsine，简称 OBPA，分子式为 $C_{24}H_{16}As_2O_3$，分子量为 502.2，CAS 编号为 58-36-6）也是一种杀菌剂，Dow 化学公司一种以聚氨酯为载体的母粒杀菌剂 VINYZENE SB-1 U 含 5% 的 OBPA，用于聚氨酯材料，用量为 0.6%～1.0%。

Dow 化学公司的 AMICAL 48 杀菌剂是纯度 95%以上的对甲苯基-二碘甲基砜（diiodomethyl-*p*-tolylsulfone，CAS 编号是 20018-09-1），为褐色粉末，熔点约为 150℃，相对密度为 2.2，用于 PVC、聚氨酯、橡胶等。

有机锡化合物是有机金属类杀菌剂，但有一定的毒性。富马酸三丁基锡为白色结晶粉末，熔点为 124.5～128.5℃，具有很强的防腐、防霉作用，适用于塑料和橡胶等高分子材料。乙酸三丁基锡为白色针状结晶，分子量为 349，锡含量为 34%±1%，熔点为 81～87℃，溶于有机溶剂，不溶于水，可作为塑料用防霉剂，一般用量为 0.5%～1%。双(三丁基锡)硫化物为无色或淡黄色液体，分子量为 612，锡含量为 38.7%±1%，溶于有机溶剂，不溶于水，可作为塑料和橡胶用防霉剂，一般用量为 0.5%～1%。三丁基氯化锡分子量为 325.5，锡含量为 36.4%±1%，无色或微黄色液体，相对密度（25℃）为 1.2，微溶于有机溶剂，不溶于水。可用作塑料防霉剂，一般用量为 0.5%～1.0%。双(三正丁基)氧化锡，简称 TBTO，无色或淡黄色透明液体，分子量为 596，锡含量为 39.8%±1%，相对密度为 1.16，溶于有机溶剂，不溶于水，用于塑料、织物等的防霉，效率高，一般用量为 0.5%～1%，

德国科莱恩（Clariant）公司的 Nipacide DFX 是一种低毒性广谱干膜杀菌剂，有效成分为辛基异噻唑啉酮、甲基苯并咪唑-2-氨基甲酸酯和敌草隆；DFX/1 是一种白色水分散体系，可用于胶黏剂、涂料等的防霉、防藻。

水杨酰苯胺（salicylanilide），分子式为 $C_{13}H_{11}NO_2$，分子量为 213.2，CAS 编号为 87-17-2，它是白色粉末，相对密度为 1.22，熔点为 130～136℃，溶于丙酮、乙醇，微溶于水，

其钠盐易溶于水。本品可作为塑料、橡胶、涂料、胶黏剂、皮革、织物等材料的防霉剂，杀菌效力一般，无刺激性。

N-(氟二氯甲基硫代)邻苯二甲酰亚胺［*N*-(fluorodichloromethylthio)phthalimide］为白色或淡黄色粉末。熔点为142～146℃。不溶于水。它可作为塑料和橡胶用防霉剂，一般用量为0.1%～0.5%。

N-(三氯甲基硫代)邻苯二甲酰亚胺［*N*-(trichloronethylthio)phthalimide］、*N*-(三氯甲基硫代)-4-环己烯-1,2-二甲酰亚胺［*N*-(trichloronethylthio)-4-cyclohexene-1,2-dicarboximide］为白色细微粉末，不溶于水、甘油、丙二醇，溶于许多有机溶剂，为高效防霉剂和杀菌剂，热稳定性好，毒性小，适用于聚氯乙烯塑料等。*N*-(三氯甲基硫代)-4-环己烯-1,2-二甲酰亚胺结构式如下：

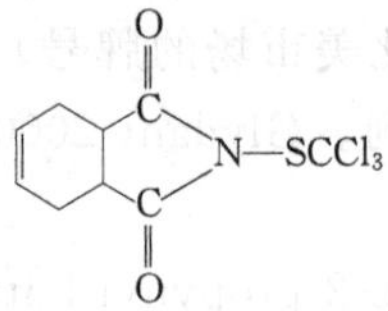

5,6-二氯苯并噁唑啉酮［5,6-dichlorobenzoxaxolinone］为白色至米色粉末，分子量为204。熔点为186～192℃，溶于乙醇和香蕉水。可作为塑料、橡胶和涂料的防霉剂，分散性比较好，一般用量为1%左右。

对氯间二甲基苯酚（*para*-chloro meta-xylenol）为白色粉末，相对密度为1.4，熔点为125～145℃。耐热性和耐候性好，水抽出性小，在树脂中的持久性强。一般用量为2%。

2,2′-二羟基-5,5′-二氯代二苯基甲烷（2,2′-dihydroxy-5,5′-dichlorodiphenyl methane）为浅灰色粉末，相对密度为1.4～1.5，熔点为160～164℃，具有苯酚气味，与碱生成盐。不溶于水，部分溶于有机溶剂，挥发性小，不被水抽出，持久性好。它是一种广泛使用的防霉剂。它可与乙二胺水溶液配制成红棕色溶液高效防霉杀菌剂。结构式如下：

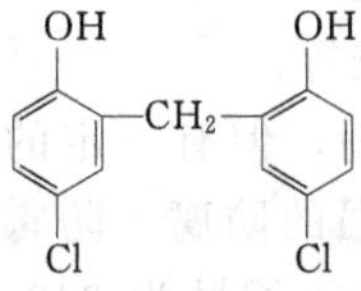

N,*N*-二甲基-*N*′-苯基(氟二氯甲基硫代)磺酰胺［*N*,*N*-dimethyl-*N*′-phenyl(fluorodichloromethylthio)sulfamide］为白色粉末，不溶于水，部分溶于有机溶剂。可作为橡胶和塑料的防霉剂，杀菌效力比*N*-(氟二氯甲基硫代)邻苯二甲酰亚胺高。

8-羟基喹啉铜或双(8-羟基喹啉基)铜［copper-8-quinolinolate或bis(8-quinolinate)copper］为黄绿色至褐色粉末，相对密度为0.954，在溶剂中的溶解性小，与2-乙基己酸镍混合可将其溶解性提高到10%，是一种传统的防霉剂，杀菌效力高。毒性较小，但有着色性，影响制品的透明性，且挥发性较大。8-羟基喹啉铜结构式如下：

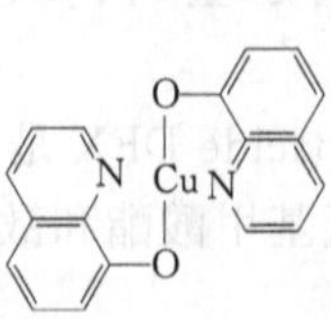

五氯苯酚（pentachlorophenol）简称PCP，白色结晶，分子量为266。熔点为90～101℃，沸点为293℃，分解温度为310℃，微溶于水。五氯苯酚是一种广泛使用的防霉剂，

灭菌效力高。它无色，不污染处理物，化学稳定性好，不变色，不挥发，耐久性高，一般用量为 0.1%～0.5%。可以制成油溶性和水溶性两种形式，使用简便，但毒性较大。

五氯苯酚钠（sodium pentachlorophenate）简称 PCP-Na，白色或灰白色结晶，熔点约为 190℃，溶于水。具有很强的防霉和杀菌作用。

多菌灵（carbendazim），化学名称为 *N*-(2-苯并咪唑基)氨基甲酸甲酯，是一种高效、低毒、广谱、杀菌剂。

其他有机杀菌防霉剂有 2,3,5,6-四氯-4-(甲基磺酰)吡啶、3,5-二甲基-4-氯代苯酚、对羟基苯甲酸酯、2 巯基苯并噻唑钠盐、氯甲桥萘、3,4′,5-三溴水杨酰苯胺等，不一一列举。

有机汞如油酸苯基汞、乙酸苯汞也是高效杀菌防霉剂，用量仅需 0.1%，但毒性大。

银离子对人体安全，可广谱杀菌。银沸石是一种杀菌剂。杀菌剂 AlphaSan 是美国 Milliken 公司开发的含银离子的磷酸锆基陶瓷离子交换树脂，具有高温稳定性和低变色性，无毒，不燃、无腐蚀性，长期高效，适合于家用器具、织物、塑料、纤维和涂料等的防霉，可抑制聚氨酯制品上细菌和霉菌的生长。AlphaSan 是粒径均匀的粉末固体，低吸湿性。AlphaSan 系列产品含银范围在 3.1%～10%，平均银微粒直径为 1.3μm。

·第10章· 溶剂及增塑剂

10.1 溶剂

为了调节黏度，便于工艺操作，在聚氨酯胶黏剂、涂料、PU革树脂等产品的制备过程或配制使用时，经常要使用溶剂。聚氨酯胶黏剂和涂料用的有机溶剂一般必须是“氨酯级溶剂”，基本上不含水、醇等活泼氢的化合物。“氨酯级溶剂”是以异氰酸酯当量为主要指标，也即消耗1mol的NCO基所需溶剂的质量（g），该值必须大于2500，低于2500以下者为不合格。因此，聚氨酯胶黏剂用的溶剂纯度比一般工业品高。一般来说，如果不含醇等杂质，氨酯级溶剂的水分含量低于0.05%。

另外，水是水溶性树脂的溶剂，CAS编号为7732-18-5，表面张力（20℃）为72.80mN/m。它不是有机溶剂，在此不作详细介绍。

10.1.1 部分常规溶剂的物性参数表

聚氨酯树脂中使用的溶剂（稀释剂）通常包括酮类（如甲乙酮、丙酮）、酯类（如乙酸乙酯）、芳香烃（如甲苯）、二甲基甲酰胺、二醇醚（酯）、卤代烃、环醚（四氢呋喃、二氧六环）等。可用于聚氨酯胶黏剂、涂料、聚氨酯浆料的溶剂品种很多，溶剂的选择可根据聚氨酯分子与溶剂的溶解原则——即溶解度参数SP相近、极性相似以及溶剂本身的挥发速率等因素来确定。可采用混合溶剂来提高溶解性、调节挥发速率来适应不同应用工艺的要求。

10.1.1.1 酯类及醚酯类溶剂

酯类溶剂主要包括乙酸酯、二醇醚酯和二羧酸酯三类。

乙酸乙酯、乙酸丁酯等是聚氨酯胶黏剂常用的溶剂，乙酸丁酯也多用于聚氨酯涂料。另外，异丁酸异丁酯与水不相溶（水在异丁酸异丁酯中的溶解度很小），可用于对湿气敏感体系，如双组分溶剂型聚氨酯涂料。

二醇醚酯是高沸点溶剂，一般用于涂料和油墨，还用作成膜剂、流平剂的组分，可用于聚氨酯涂料。乙二醇乙醚乙酸酯别名：乙酸乙二醇乙醚、2-乙氧基乙酸乙酯、乙酸乙基溶纤剂，类似物的别名可类推。

二羧酸酯（二元酸酯，dibasic ester，简称DBE）是高沸点溶剂，部分可用作增塑剂，因成本低，DBE主要用作设备清洗剂。

大部分乙酸酯及二醇醚酯溶剂的英文名、分子式和CAS编号见表10-1，典型物化性质见表10-2。

DBE系列高沸点溶剂是二元羧酸或混合二元羧酸与甲醇进行酯化反应得到的二羧酸酯，结构式为$CH_3CO_2(CH_2)_nCO_2CH_3$，此处n=2、3和4。

表 10-1 酯类溶剂的英文名称及 CAS 编号

溶　剂	英文名	分子式	CAS 编号
乙酸甲酯	methyl acetate	$C_3H_6O_2$	79-20-9
乙酸乙酯	ethyl acetate	$C_4H_8O_2$	141-78-6
乙酸丙酯	n-propyl acetate	$C_5H_{10}O_2$	109-60-4
乙酸异丙酯	isopropyl acetate	$C_5H_{10}O_2$	108-21-4
乙酸丁酯	n-butyl acetate	$C_6H_{12}O_2$	123-86-4
乙酸异丁酯	isobutyl acetate	$C_6H_{12}O_2$	110-19-0
乙酸正戊酯	amyl acetate	$C_7H_{14}O_2$	628-63-7
乙酸异辛酯	2-ethylhexyl acetate	$C_{10}H_{20}O_2$	103-09-3
异丁酸异丁酯	isobutyl isobutyrate	$C_8H_{16}O_2$	97-85-8
乙二醇甲醚乙酸酯	2-methoxyethyl acetate	$C_5H_{10}O_3$	110-49-6
乙二醇乙醚乙酸酯	ethylene glycol ethyl ether acetate	$C_6H_{12}O$	111-15-9
乙二醇丁醚乙酸酯	ethylene glycol monobutyl ether acetate	$C_8H_{16}O_3$	112-07-2
丙二醇甲醚乙酸酯	propylene glycol monomethyl ether acetate	$C_6H_{12}O_3$	108-65-6
二甘醇乙醚乙酸酯	diethylene glycol monoethyl ether acetate	$C_8H_{16}O_4$	112-15-2
二甘醇丁醚乙酸酯	diethylene glycol monobutyl ether acetate	$C_{10}H_{20}O_4$	124-17-4
乙二醇二乙酸酯	ethylene glycol diacetate	$C_6H_{10}O_4$	111-55-7

表 10-2(a) 酯类溶剂的典型物性

溶　剂	分子量	沸点/℃	凝固点/℃	蒸气压/kPa	相对密度	闪点/℃
乙酸甲酯(醋酸甲酯)	74.1	58	−99	13.3(9.4℃)	0.92	−10
乙酸乙酯(醋酸乙酯)	88.1	76～78	−84	9.7	0.90	−3
乙酸丙酯(醋酸丙酯)	102.1	99～103	−92	3.1	0.89	13
乙酸异丙酯	102.1	85～90	−73	6.3	0.87	2
乙酸丁酯(醋酸丁酯)	116.2	124～129	−77	1.3	0.88	28
乙酸异丁酯	116.2	112～119	−99	1.7	0.87	21
乙酸正戊酯	130.2	142.0	−71	1.2(40℃)	0.87	25
乙酸异辛酯	172.3	199～205	−93	53Pa	0.87	71
异丁酸异丁酯	142.2	144～151	−80	0.43	0.86	40
乙二醇甲醚乙酸酯	118.1	143	−70	0.27	1.01	44
乙二醇乙醚乙酸酯	132.2	156	−62	0.4	0.97	51
乙二醇丁醚乙酸酯	160.2	186～194	−64	40Pa	0.94	71
丙二醇甲醚乙酸酯	132.2	140～150	<−55	0.46	0.97	48
二甘醇乙醚乙酸酯	176.2	214～221	−25	7Pa	1.02	107
二甘醇丁醚乙酸酯	204.3	235～250	−32	5Pa	0.99	105
二丙二醇甲醚乙酸酯	190.2	205		7Pa	0.98	186
乙二醇二乙酸酯	146.1	187～193	−42	27Pa	1.11	88

表 10-2(b) 酯类溶剂的典型物性

溶　剂	缩写	表面张力/(mN/m)	Hansen 溶度参数	折射率(20℃)	水溶性/%	相对挥发速率
乙酸乙酯	EtAc	23.9	8.8	1.3718	7.4	4.1
乙酸丙酯	PrAc	24.3	8.6	1.38	2.3	2.3
乙酸异丙酯	IPAc	22.1	8.6	1.38	2.9	3.0
乙酸丁酯	BuAc	25.1	8.5	1.394	0.7	1.0
乙酸异丁酯	IBAc	23.7	8.2	1.40	0.7	1.4
乙酸异辛酯	EHA	25.8	8.2	1.41	0.03	0.03
异丁酸异丁酯	IBIB	23.2	8.1	1.400	<0.1	0.43
乙二醇丁醚乙酸酯	EBA	30.3	8.9	1.4142	1.1	0.03
丙二醇甲醚乙酸酯	PMA	27.4	9.4	1.400	20	0.39
二甘醇乙醚乙酸酯	DEA	31.7	9.4	1.420	完全	0.008
二甘醇丁醚乙酸酯	DBA	30.0	9.0	1.430	6.5	0.002
二丙二醇甲醚乙酸酯	DPMA	28.3	8.6	1.414	12	<1
乙二醇二乙酸酯	EGDA	33.7	9.5	1.4159	16.4	0.02

注：蒸气压、相对密度为20℃的数据。水溶性指在20℃水中的溶解度。部分数据来自 Eastman 化学公司产品说明书资料。

DBE一般无色，低气味、高沸点。它们可被用作聚氨酯设备的清洗剂，能良好消除设备中残余物料，防止设备管路堵塞。另外，还用于油墨溶剂、涂料溶剂（汽车涂料、卷钢涂料、木器涂料、容器涂料、漆包线涂料）、树脂溶剂、脱漆剂等领域，用作溶剂、稀释剂和流平性助剂等。

DBE系列的自燃温度在360℃以上，蒸发潜热在340J/g左右。美国INVISTA公司（原属DuPont公司）的DBE～DBE-9产品的黏度（20℃）约为2.5mm^2/s。DBE-4、DBE-5和DBE-6分别是纯丁二酸二甲酯（dimethyle succinate，CAS编号为106-65-0）、戊二酸二甲酯（dimethyl glutarate，CAS编号为1119-40-0）和己二酸二甲酯（CAS编号为627-93-0），除用于高沸点溶剂外，还可在酯交换反应中替代各自的二羧酸。DBE-IB是混合二羧酸的二异丁酯，具有低气味、比普通DBE低的挥发性，是一种有效的聚结剂，DBE-IB黏度为18.8mm^2/s。美国INVISTA公司的二羧酸酯溶剂DBE的技术指标和典型组成见表10-3，典型物性见表10-4。

表10-3 美国INVISTA公司的二羧酸酯溶剂DBE的技术指标和典型组成

牌号	酯含量/%	DMA含量/%	DMG含量/%	DMS含量/%	水分/%	酸值/(mgKOH/g)
DBE	≥99.0//99.5	10～25//21	55～65//59	15～25//20	≤0.10	≤0.30
DBE-2	≥99.0//99.5	20～28//24	72～78//75	≤1.0//0.3	≤0.10	≤1.00
DBE-3	≥99.0//99.5	85～95//89	5～15//10	≤1.0//0.2	≤0.20	≤1.00
DBE-4	≥98.5//98.5	≤0.1//—	≤0.4//0.3	≥98.0//98	≤0.04	≤0.50
DBE-5	≥99.0//99.5	≤0.2//0.1	≥98.0//99	≤1.0//0.4	≤0.10	≤0.50
DBE-6	≥99.0//99.0	≥98.5//99	≤1.0//<0.5	≤0.15//0.1	≤0.05	≤1.00
DBE-9	≥99.0//99.0	≤0.3//0.2	65～69//66	31～35//33	≤0.10	≤0.50
DBE-IB	≥98.5//99.5	10～20//21	55～70//59	20～30//20	≤0.1	≤1.00

注：DMA代表己二酸二甲酯（质量分数，下同），DMG代表戊二酸二甲酯，DMS代表丁二酸二甲酯；"//"后的数值是典型组成；色度（APHA）≤15，浑浊度≤5；甲醇含量除DBE为0.20%外，其他的<0.1%。

表10-4 美国INVISTA公司的二羧酸酯溶剂DBE的典型物性

牌号	平均分子量	相对密度(20℃)	馏程/℃	蒸气压/Pa	凝固点/℃	闪点/℃	溶解度/%
DBE	159	1.092	196～225	27	−20	100	5.3/3.1
DBE-2	163	1.081	210～225	5.3	−13	104	4.2/2.9
DBE-3	173	1.068	215～225	0.3	8	102	2.5/2.5
DBE-4	146	1.121	沸点196	17.3	19	94	7.5/3.8
DBE-5	160	1.091	210～215	6.7	−37	107	4.3/3.2
DBE-6	174	1.064	227～230	1.3	10	113	2.1/2.4
DBE-9	156	1.099	196～215	9.3	−10	94	约5/3.5
DBE-IB	242	0.959	275～295	<1.3	−55	133	<0.1/0.6

注：蒸气压为20℃数据，闪点测试方法为TCC闭杯。溶解度数据，分隔号"/"前面的为DBE在20℃水中的溶解度，"/"后面的为水在20℃的DBE中的溶解度。

如果以乙酸乙酯的挥发性为1，则DBE的相对挥发速率为0.01。DBE的表面张力（20℃）为35.6mN/m。

美国Dow化学公司的DBE产品牌号为Estasol，其丁二酸二甲酯、戊二酸二甲酯、己二酸二甲酯的质量分数分别为15%～25%、55%～65%、12%～23%，二酯含量≥99%，水分≤0.2%，酸值≤0.5mg KOH/g，平均分子量为160，折射率（20℃）为1.423～1.425，在水中的溶解度（20℃）5%。

10.1.1.2 酮类溶剂

大部分酮类溶剂可溶解聚氨酯树脂，其中丙酮和甲乙酮是常用溶剂，多用于聚氨酯胶黏剂等，高沸点的酮类溶剂可用于聚氨酯涂料、油墨等，还用作成膜剂、流平剂的组分。大部分酮类溶剂的英文名、分子式和 CAS 编号见表 10-5，典型物化性质见表 10-6。

表 10-5　酮类溶剂的英文名称及 CAS 编号

溶　剂	英文名	分子式	分子量	CAS 编号
丙酮	acetone	C_3H_6O	58.1	67-64-1
甲乙酮	methyl ethyl ketone	C_4H_8O	72.1	78-93-3
甲基异丙基酮	methyl isopropyl ketone	$C_5H_{10}O$	86.1	563-80-4
甲基丙基酮	methyl n-propyl ketone	$C_5H_{10}O$	86.1	107-87-9
甲基异丁基酮	methyl isobutyl ketone	$C_6H_{12}O$	100.2	108-10-1
甲基异戊基酮	methyl isoamyl ketone	$C_7H_{14}O$	114.2	110-12-3
甲基戊基酮	methyl n-amyl ketone	$C_7H_{14}O$	114.2	110-43-0
二异丁基酮	diisobutyl ketone	$C_9H_{18}O$	142.2	108-83-8
环己酮	cyclohexanone	$C_6H_{10}O$	98.1	108-94-1

表 10-6(a)　酮类溶剂的典型物性

溶　剂	沸点/℃	熔点/℃	蒸气压/kPa	相对密度	闪点/℃	相对挥发速率
丙酮	57	−94	24.6	0.79	−20	5.5
甲乙酮	79.6	−87.3	9.5	0.80	−5.6	3.7
甲基异丙基酮	94	−92	5.6	0.80	0.5	2.9
甲基丙基酮	101～105	−86	3.7	0.81	8	2.3
甲基异丁基酮	119	−85	2.0	0.80	17	1.6
甲基戊基酮	147～154	−33	0.28	0.82	39	0.4
甲基异戊基酮	141～148	−74	0.6	0.81	36	0.5
二异丁基酮	163～176	−42	0.19	0.81	49	0.2
环己酮	157	−45	0.45	0.95	41.5	—

表 10-6(b)　酮类溶剂的典型物性

溶　剂	简称	表面张力/(mN/m)	Hansen 溶解度参数	折射率(20℃)	水溶性/%
丙酮	AT	25.2 或 23.7	9.41	1.3588	完全
甲乙酮	MEK	24.60	9.19	1.3787	完全
甲基异丙基酮	MIPK	—	8.5	1.388	微溶
甲基丙基酮	MPK	26.6	8.9	1.3902	3.1
甲基异丁基酮	MIBK	23.6	8.1	1.3958	2
甲基戊基酮	MAK	26.1	8.6	1.408	0.5
甲基异戊基酮	MIAK	25.8	8.3	1.4078	0.5
二异丁基酮	DIBK	24.6	8	1.415	0.05
环己酮	—	38.1	10.0	1.4507	不溶

注：蒸气压、相对密度为 20℃的数据。水溶性指在 20℃水中的溶解度。挥发速率以乙酸丁酯为 1.0 计。

10.1.1.3　醚类溶剂

可用于聚氨酯的醚类溶剂包括的二氧六环、四氢呋喃等环醚，以及少量二醇单醚和二醇双醚。另外，低沸点的二甲醚可少量用于单组分泡沫的抛射剂。二醇醚一般用于涂料、油墨、纺织助剂。二醇单醚含活性的羟基，不能用于异氰酸酯组分，少量用于水性聚氨酯等的助溶剂。表 10-7 列出四氢呋喃和二氧六环的典型物性。四氢呋喃的详细性质可见 5.1.4 小节的“四氢呋喃”条目。

表 10-7　四氢呋喃和二氧六环的典型物性

溶　剂	分子量	沸点/℃	熔点/℃	蒸气压/kPa	相对密度	闪点/℃	折射率(20℃)	溶解度参数
四氢呋喃	72.1	66	−108	17.2	0.889	−17	1.407	9.15
二氧六环	88.1	101	11	4.9	1.03	12	1.417	10.24

乙二醇单乙醚又称为溶纤剂、乙基溶纤剂（ethyl cellosolve)、2-乙氧基乙醇、乙二醇乙醚，表面张力（20℃）为28.6mN/m。乙二醇二甲醚化学名称为1,2-二甲氧基乙烷，别名为二甲基溶纤剂。其他二醇醚的名称可类推。除乙二醇单辛醚不溶于水外，其他二醇单低级烷基醚一般完全溶于水，几乎无毒。大部分二醇单醚和二醇双醚类溶剂的典型物性见表10-8。

表 10-8　二醇醚类溶剂的典型物性

溶　剂	分子量	沸点/℃	凝固点/℃	蒸气压/Pa	相对密度	闪点/℃	相对挥发速率
乙二醇单甲醚	76.1	124	−85	800	0.97	43	—
乙二醇单乙醚	90.1	135	−70	500	0.93	45	—
乙二醇单丙醚	104.1	151	<−90	170	0.92	49	0.2
乙二醇单丁醚	118.2	171	−75	100	0.91	62	0.06
乙二醇单辛醚	混合物	224～275	<−45	10	0.89	98	0.003
二甘醇单甲醚	120.1	194	−85	20	1.03	88	0.02
二甘醇单乙醚	134.2	202	−90	60	0.99	91	0.02
二甘醇单丙醚	148.2	215	<−90	5	0.98	93	0.01
二甘醇单丁醚	162.2	230	−76	10	0.95	78	0.003
丙二醇单甲醚	90.1	121	−95	—	0.93	33	0.7
二甘醇二甲醚	134.2	162	−68	400	0.95	70	—
二甘醇二乙醚	162.2	188	−44	50	0.91	82	—
乙二醇二甲醚	90.1	83	−69	6400	0.87	1(开杯)	—
乙二醇二乙醚	118.2	121	−74	1250	0.84	35	—

注：闪点为闭杯（TCC）法测试，蒸气压为20℃时的数据。乙二醇单辛醚为Eastman公司的EEH溶剂产品指标，该产品含85%的乙二醇单2-乙基己基醚和15%的二甘醇单2-乙基己基醚。二甘醇二甲醚黏度（20℃）为2.0mPa·s。

10.1.1.4　其他溶剂

除上述溶剂外，常用的溶剂还有甲苯、二甲苯等芳烃，二氯甲烷等卤代烃，*N*,*N*-二甲基甲酰胺（DMF）、*N*,*N*-二甲基乙酰胺（DMAc）等酰胺，*N*-甲基-2-吡咯烷酮（NMP，CAS编号为872-50-4，EINECS号为212-828-1)，溶剂油等，它们可用于聚氨酯涂料、胶黏剂等产品。DMAc具有与DMF相似的溶解性能，是聚氨酯强溶剂，以DMF最常用。*N*-甲基吡咯烷酮能与水和常规有机溶剂混溶，可用于聚合物包括聚氨酯的溶剂和反应介质，例如它可用于水性聚氨酯。二氧六环与水互溶，表面张力（20℃）为33.0mN/m，在聚氨酯合成革生产中，二氧六环可替代二甲基甲酰胺、四氢呋喃作为挥发性溶剂。溶剂汽油（solvent naphtha，溶剂油、溶剂石脑油）也见用作多异氰酸酯固化剂的助溶剂，国内120# 和200# 溶剂油的沸点分别为80～120℃、140～200℃。

部分溶剂的典型物性见表10-9。

表 10-9　部分溶剂的典型物性

溶　剂	分子量	沸点/℃	熔点/℃	蒸气压/kPa	相对密度	闪点/℃	折射率(20℃)	溶解度参数
二甲亚砜	78.1	189	19	0.055	1.10	95	1.477	13
DMF	73.1	153	−61	0.49	0.944	58	1.438	12.09
DMAc	87.1	165	−20	1.2(60℃)	0.94	70	1.436	—
NMP	99.1	202	−24	0.04	1.03	86	1.470	11
二氯甲烷	84.9	40	−95	53.3(24℃)	1.53	无	1.424	9.78
甲苯	92.14	110	−95	2.9	0.87	4	1.497	8.85
二甲苯	106.17	139	−48	0.82	0.86	26	—	8.79
S100	—	152	−53	1.3(38℃)	0.88	42	—	—
S150	—	227	<0	0.4(38℃)	0.89	63	—	—

注：NMP全称*N*-甲基吡咯烷酮，二甲亚砜简称DMSO(Dimethyl Sulfoxide)，DMF全称*N*,*N*-二甲基甲酰胺。闪点为闭杯，蒸气压和相对密度为20℃时的数据。S100和S150分别代表Solvesso100和150芳烃溶剂油，沸程分别为152～171℃和227～286℃。

10.1.2 几种常用溶剂

10.1.2.1 乙酸乙酯

别名：醋酸乙酯。

英文名：ethyl acetate；acetic acid ethyl ester。

分子式为 $C_4H_8O_2$，分子量为 88.1，CAS 编号为 141-78-6，EINECS 号为 205-500-4。

结构式：$CH_3COOCH_2CH_3$。

物化性能

无色透明液体，有水果香味，相对密度（20℃）为 0.90，凝固点为－84℃，沸点为 77.1℃，闪点为 7.2℃(开杯)、－4℃(闭杯)，燃点为 425.5℃，折射率（20℃）为1.3719～1.3724，黏度（20℃）为 0.45mPa·s。易挥发，蒸气压（20℃）为 9.7kPa。比热容为 1.92kJ/(kg·K)，溶解度参数 9.1。能与醇、醚、氯仿、酮、苯、汽油等有机溶剂混溶，微溶于水，在 25℃水中的溶解度约为 8%，水在 20℃的乙酸乙酯中溶解度约 3.3%。乙酸乙酯的蒸发速率是乙酸丁酯的 4.5 倍。在空气中 20℃的表面张力为 23.7mN/m。蒸气密度是空气的 3 倍。易燃，其蒸气与空气形成爆炸性混合物，爆炸极限（体积分数）为 2.0%～11.4%。

乙酸乙酯遇水可缓慢水解生成乙酸和乙醇，添加微量的酸或碱能促进水解反应。乙酸乙酯也能发生醇解、氯解、酯交换、还原等一般酯的共同反应。

乙酸乙酯毒性很小，LD_{50}＝5620mg/kg。高浓度乙酸乙酯有刺激性，空气中最高允许浓度 300mg/m^3(或 0.04%)。

乙酸乙酯的质量指标（GB3728－1991）见表 10-10。

表 10-10 乙酸乙酯的质量指标

项 目	一级品	二级品	优等品	优级品①
外观	透明液体	透明液体	透明液体	—
色度(Pt-Co) ≤	10	10	10	10
相对密度(20℃)	0.877～0.902			0.897～0.902
纯度/% ≥	99.7	99.5	99.0	99.9
乙醇含量/% ≤	0.10	0.20	0.50	0.04
水分/% ≤	0.05	0.10	0.10	0.02
游离酸(以乙酸计)/% ≤	0.004	0.005	0.005	0.004
不挥发分/%	0.001	0.005	0.005	0.0007

① 山东金沂蒙公司的优级产品指标，还包括蒸馏范围 76.0～79.0℃。

塞拉尼斯公司（Celanese AG）的氨酯级乙酸乙酯技术指标：纯度≥99.5%，水分≤0.05%，乙醇含量≤0.20%，Pt-Co 色度≤10，酸度（以乙酸计）≤0.005%。

制法

乙酸乙酯工业制备方法主要有乙酸酯化法、乙醛缩合法、乙烯加成法和乙醇脱氢法等。传统的酯化法工艺即在催化剂存在下，由乙酸和乙醇发生酯化反应而得乙酸乙酯，成本高、设备腐蚀性强，国内大型乙酸乙酯企业多采用酯化法技术。酯化法在国外被逐步淘汰。目前大规模生产装置主要是乙醛缩合法和乙醇脱氢法，乙烯加成法也是新的工业化技术。乙醛缩合法是在催化剂乙醇铝的存在下，两个分子的乙醛自动氧化和缩合，重排形成一分子的乙酸乙酯，在乙醛原料较丰富的地区万吨级以上的乙醛缩合法装置得到了广泛的应用。乙醇脱氢法是近年开发的新工艺，采用铜基催化剂使乙醇脱氢生成粗乙酸乙酯，经高低压蒸馏除去共沸物，得到纯度为 99.8%以上乙酸乙酯。在乙醇丰富且低成本的地区得到了推广。乙烯加成法，是在以附载在二氧化硅等载体上的杂多酸金属盐或杂多酸为催化剂的存在下，乙烯气相水合后与气化乙酸直接酯化生成乙酸乙酯。

$$H_2C{=}CH_2 + CH_3COOH \longrightarrow CH_3COOCH_2CH_3$$

特性及用途

乙酸乙酯是应用最广泛的脂肪酸酯之一，具有优良的溶解性能，是一种快干性的工业溶剂。被广泛用于醋酸纤维、乙基纤维、氯化橡胶、乙烯树脂、乙酸纤维树脂、合成橡胶、油墨等的生产，可溶解聚苯乙烯、聚丙烯酸酯、SBS树脂、丁腈橡胶、松香等。乙酸乙酯是聚氨酯胶黏剂、涂料等的重要溶剂、稀释剂。

除用作溶剂、稀释剂外，也可在纺织工业中用作清洗剂，在香水生产中作为配制香水的香精，在食品工业中用作特殊改性乙醇的香味萃取剂，以及制造药物、染料的原料。

生产厂商

江苏索普（集团）有限公司（原镇江化工厂），山东金沂蒙集团有限公司，江门谦信化工发展有限公司，扬子江乙酰化工有限公司，上海吴泾化工有限公司，广州珠江化工集团有限公司广州溶剂厂，山西三维集团股份有限公司等。

10.1.2.2 乙酸丁酯

乙酸丁酯一般指乙酸正丁酯，又称醋酸丁酯。

英文名：*n*-butyl acetate；acetic acid *n*-butyl ester；butyl ethanoate。

分子式为 $C_6H_{12}O_2$，分子量为 116.16。CAS 编号为 123-86-4，EINECS 号为 204-658-1。

结构式：$CH_3COOCH_2CH_2CH_2CH_3$。

物化性能

乙酸丁酯为无色透明液体，具有愉快的水果香味。相对密度（20℃）为 0.878～0.883，黏度（20℃）为 0.74mPa·s。凝固点为－73.5℃，沸点为 126℃，馏程为 120～128℃，闪点为 33～34℃(开杯)、24℃(闭杯)。折射率（20℃）为 1.3947。易挥发，蒸气压为 185Pa (20℃)、1.53kPa(25℃)，蒸气密度约是空气的 4 倍。汽化热为 309.4J/g，比热容（20℃）为 2.1kJ/(kg·K)。20℃时空气中表面张力为 24.0mN/m。

乙酸丁酯与醇、酮、醚等有机溶剂混溶；与低级同系物如乙酸乙酯相比，较难溶于水，也较难水解。20℃在水中溶解度为 0.68%，水在乙酸丁酯中的溶解度为 1.18%，易燃，爆炸极限（体积分数）为 1.4%～8.0%。

部分乙酸丁酯的产品质量指标见表 10-11。

表 10-11 乙酸丁酯的产品质量指标

指标		GB/T 3729—2007		山东金沂蒙①	无锡百川化工		Celanese 氨酯级
		一等品	合格品		优等品	一等品	
纯度/%	≥	99.5	99.2	99.2	99.5	99.2	99.5
色度(Hazen)	≤	10	10	10	10	10	10
丁醇含量/%	≤	0.2	0.5	—	0.20	0.50	0.50
水分/%	≤	0.05	0.10	0.10	0.05	0.10	0.05
酸度(乙酸)计/%	≤	0.010	0.010	0.005	0.010	0.010	0.010
蒸发残渣/%	≤	0.005	0.005	0.002	0.005	0.005	—

① 山东金沂蒙集团有限公司的产品指标。

乙酸丁酯急性毒性很低，几乎对动物无毒。大鼠经口 LD_{50} ＝10700～14130mg/kg。但有麻醉和刺激作用，在 34～50mg/L 浓度下对人的眼、鼻有相当强烈的刺激，在高浓度下会引起麻醉。操作场所最高允许浓度为 0.015%。

特性及用途

乙酸丁酯是常用的有机溶剂，对乙酸丁酸纤维素、乙基纤维素、氯化橡胶、聚氨酯、聚苯乙烯、甲基丙烯酸树脂以及许多天然树胶均有良好的溶解性能，广泛应用于硝化纤维清漆中，在人造革、织物及塑料加工过程中用作溶剂，在各种石油加工和制作过程中用作萃取剂，也用于香料复配。

在聚氨酯行业，乙酸丁酯可用于胶黏剂、家具用双组分聚氨酯漆、干法PU革浆料等。

生产厂商

扬子江乙酰化工有限公司，山东金沂蒙集团有限公司，江门谦信化工发展有限公司，无锡百川化工股份有限公司，广州珠江化工集团有限公司广州溶剂厂，山西三维集团股份有限公司等。

10.1.2.3 丙酮

别名：二甲酮，醋酮，木酮。

英文名：acetone；dimethyl ketone；methyl acetyl；2-propanone等。

分子式为C_3H_6O，分子量为58.1。CAS编号为67-64-1，EINECS号为200-662-2。

结构式：CH_3COCH_3。

物化性能

无色透明液体，有刺激性的醚味和芳香味。相对密度（20℃）为0.79，凝固点为−95℃，沸点为56.2℃。闪点（开杯）为−20℃，折射率为1.3588，黏度（25℃）为0.32mPa·s，表面张力为23.7mN/m，蒸气压（39.5℃）为53.32kPa，比热容（20℃）为1.28kJ/(kg·K)。丙酮蒸气与空气的气体密度之比为2.0。能与水、甲醇、乙醇、乙醚、氯仿和吡啶等混溶。能溶解油、脂肪、树脂和橡胶。易挥发，易燃烧，蒸气与空气形成爆炸性混合物，爆炸极限为2.15%～13.0%（体积分数）。自燃点538℃。

国家标准GB/T 6206—2008中工业丙酮的质量指标，优级品、一级品和合格品的最高水分分别为0.3%、0.4%和0.6%。GB/T 686—2008《化学试剂　丙酮》中分析纯丙酮的水分≤0.3%。

低毒，LD_{50}为5800mg/kg(大鼠经口)、20g/kg(兔经皮)；人吸入最小中毒浓度为1.2%(4h)。车间空气中的最高允许浓度为400mg/m^3。

制法

丙酮的生产方法主要有异丙醇法、异丙苯法、粮食发酵法、乙炔水合法和丙烯直接氧化法。目前世界上丙酮的工业生产以异丙苯法为主，以丙烯和苯为原料，经烃化制得异丙苯，再以空气氧化得到氢过氧化异丙苯，然后以硫酸或树脂分解，同时得到丙酮和苯酚。

特性及用途

丙酮既是常用的塑料和涂料的溶剂，又是一种重要的基本有机合成原料。在聚氨酯领域主要用作胶黏剂等的溶剂，溶解性能好，沸点低，挥发快。

生产厂商

中国石化股份有限公司上海高桥分公司化工事业部，北京燕化石油化工股份有限公司化学品事业部，中国蓝星哈尔滨石化有限公司（蓝星化工新材料股份有限公司哈尔滨分公司），中国石化股份有限公司天津分公司，中国石油吉林石化公司，鹤壁市吉化三强化工有限公司，香港建滔化工集团惠州忠信化工有限公司等。

10.1.2.4 甲乙酮

别名：丁酮，2-丁酮，甲基乙基酮，甲基丙酮。

简称：MEK。

英文名：methyl ethyl ketone；2-butanone；ethyl methyl ketone；methyl acetone。

分子式为 C_4H_8O，分子量为 72.1，CAS 编号为 78-93-3，EINECS 号为 201-159-0。

结构式：$CH_3COCH_2CH_3$。

物化性能

无色透明液体，有类似丙酮的气味。相对密度（20℃）为 0.805，凝固点为－86.7℃，沸点为 79.6℃，折射率为 1.3787，比热容为 2.297kJ/(kg·K)，闪点为－1℃(开杯)、－9℃(闭杯)，燃点为 516℃。黏度（25℃）为 0.42mPa·s，溶于水，并能与醇、醚、苯、氯仿、油类混溶。蒸气压（20℃）为 9.49kPa。蒸发速率是乙酸丁酯的 3.3～5.7 倍。蒸气密度是空气的 2.42 倍。

易挥发，易燃烧，蒸气与空气形成爆炸性混合物，爆炸极限为 2.0%～11.0%(体积分数)。低毒，急性毒性：LD_{50}＝3400mg/kg(大鼠经口)，LD_{50}＝6480mg/kg(兔经皮)，LC_{50} 23520mg/m^3（大鼠吸入 8h）。

国内甲乙酮产品纯度一般大于 99.7%，水分小于 0.1%，淄博齐翔腾达化工有限公司的优等品纯度≥99.9%，水分≤0.03%。

Celanese AG 公司的氨酯级甲乙酮技术指标：甲乙酮纯度≥99.5%，水分≤0.05%，色度 Pt-Co 号≤10，酸度（以乙酸计)≤0.003%，相对密度（20℃）为 0.805～0.807，不挥发分≤0.005mg/100mL。

制法

甲乙酮的生产方法主要有正丁烯法（仲丁醇法）、正丁烷液相氧化法、丁二烯催化水解法、丁烯液相氧化法、异丁苯法、异丁醛异构化法和发酵法等十余种，但已经工业化的生产方法只有正丁烯法、正丁烷液相氧化法和异丁苯法三种。其中正丁烯两步法（先将正丁烯水合生成仲丁醇，然后仲丁醇液相脱氢生成甲乙酮）是目前国内外工业化生产甲乙酮普遍采用的方法；丁烷液相氧化法生产乙酸，副产甲乙酮，也是甲乙酮的工业化来源之一；异丁苯液相氧化成过氧化氢异丁基苯，联产甲乙酮和苯酚。

特性及用途

甲乙酮是一种性能优良的工业溶剂，其溶解能力与丙酮相当，但具有沸点较高、蒸气压较低的优点，挥发速率快、稳定、毒性小。主要用于聚氨酯树脂、PU 革及人造革、黏合剂、涂料、润滑油脱蜡、油墨、磁记录材料等行业。甲乙酮还是一种重要的精细化工原料。

生产厂商

大庆中蓝石化有限公司（原黑龙江石油化工厂），中国石油抚顺石油化工公司，山东淄博齐翔腾达化工股份有限公司，泰州石油化工有限责任公司，中国石油哈尔滨石化分公司，新疆独山子天利高新技术股份有限公司，中国石油兰州石油化工公司，中国石化集团济南炼油厂，湖北荆门炼油厂，中海石油中捷石化有限公司等。

10.1.2.5 甲苯

别名：苯基甲烷（不常用）。

英文名：toluene，methylbenzene，phenylmethane，toluol。

分子式为 C_7H_8，分子量为 92.1，CAS 编号为 108-88-3，EINECS 号为 203-625-9。

结构式：

C_6H_5—CH_3

物化性能

无色透明易挥发液体，有类似苯的气味，相对密度（20/4℃）为0.866，熔点为−95℃，沸点为110.4～110.8℃，表面张力为28.4mN/m，折射率（25℃）为1.494。闪点（闭杯）为4.4℃。自燃点为536℃。蒸气密度是空气的3.2倍。蒸气压为2.9kPa(20℃）或4.89kPa(30℃)。遇热、明火或氧化剂易着火，蒸气与空气混合物的限爆炸限为1.27%～7.0%。

甲苯与乙醇、氯仿、乙醚、丙酮、冰乙酸、二硫化碳、溶剂汽油等混溶，不溶于水。甲苯与水及大多数烃类、醇类可形成共沸物。

国家标准GB/T 3406—2010将石油甲苯产品分为Ⅰ号和Ⅱ号两种。Ⅰ号品纯度≥99.9%。GB 3406—2010质量指标中无水、醇杂质含量指标。

毒性

甲苯有毒，对皮肤和黏膜刺激性大，对神经系统作用比苯强，长期接触有引起膀胱癌的可能。但甲苯能被氧化成苯甲酸，与甘氨酸生成马尿酸排出，故对血液并无毒害。公布的最低致死量（人）LDL_0＝50mg/kg。大鼠经口急性毒性值LD_{50}＝636mg/kg；吸入LC_{50}＝49mg/(m^3·4h)。小鼠吸入LC_{50}＝0.04%(24h)。车间空气卫生标准：中国MAC为100mg/m^3，美国ACGIH TLV-TWA为188mg/m^3(0.005%)。

制法

甲苯主要由石油裂解及煤焦油分馏而获得。

特性及用途

重要的基本化工原料，还大量用作提高辛烷值汽油组分和多种用途的溶剂。在聚氨酯领域，主要用于涂料、胶黏剂、干法PU革树脂的溶剂，它还是甲苯二异氰酸酯及芳香族二胺DMTDA、DETDA等的原料。

生产厂商

扬子石化-巴斯夫有限责任公司，中国石化扬子石油化工股份有限公司，中国石化镇海炼化分公司，中国石化上海石油化工股份有限公司，中国石化燕山石化公司炼油厂，青岛丽东化工有限公司，上海赛科石油化工有限责任公司，中国石油抚顺石化公司，中国石化集团茂名石油化工公司，中国石化广州分公司，中国石化长岭分公司（原长岭炼油化工总厂），中国石油独山子石化公司，中国石油兰州石化公司，中国石油大庆石化公司，中国石化武汉分公司，中国石化湛江东兴石油化工有限公司，中国石油大连石化公司等。

10.1.2.6 二甲苯

溶剂二甲苯一般是指混合二甲苯，是三种异构体——对二甲苯（CAS编号为106-42-3)、邻二甲苯（CAS编号为95-47-6)、间二甲苯（CAS编号为108-38-3）的混合物，一般含少量乙苯（CAS编号为100-41-4)。主要由石油裂解及煤焦油分馏而获得。

英文名：xylene(mixture)，dimethylbenzene(mixture)，xylol。

分子式为C_8H_{10}，分子量为106.2，CAS编号为1330-20-7，EINECS号为215-535-7。

结构式：

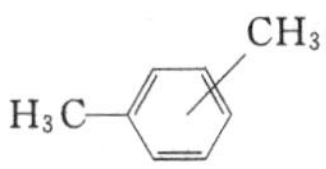

CH_3

H_3C—

物化性能

无色透明液体，相对密度约为0.86～0.87。闪点为27.2（闭杯）～46.1℃。熔点为

-48℃，沸点为137℃，蒸气密度是空气的3.7倍，蒸气压（20℃）约为700Pa，易燃，蒸气与空气混合物的限爆炸限为1.1%～8.0%。表面张力约为29.4mN/m。溶于乙醇和乙醚，不溶于水。

三种异构体的沸点分别为：邻二甲苯144.4℃、间二甲苯139.1℃和对二甲苯138.3℃。对二甲苯是无色单斜晶体，相对密度为0.861，熔点为13℃，沸点为138℃。

二甲苯有毒，毒性比苯和甲苯小。大鼠经口急性毒性LD_{50}＝4300mg/kg，老鼠皮下给药毒性LD_{50}＝1700mg/kg。典型的工作场所TLV/TWA值约为0.010%。

石油混合二甲苯产品质量指标（GB/T 3407—2010）中，5℃混合二甲苯的相对密度（20℃）为0.86～87，馏程为137～143℃；3℃混合二甲苯的馏程为137.5～141.℃。

特性及用途

混合二甲苯是混合物，作为化学原料使用时，可将各异构体预先分离。对二甲苯主要用于制造对苯二甲酸及其衍生物对苯二甲酸二甲酯。邻二甲苯（OX）是生产苯酐、染料、杀虫剂等的化工原料。

混合二甲苯主要用作涂料的溶剂和航空汽油添加剂。二甲苯是聚氨酯涂料的一种重要溶剂。

生产厂商

扬子石化-巴斯夫有限责任公司，中国石化上海石油化工股份有限公司，中国石油抚顺石化公司，中国石化集团茂名石油化工公司，中国石化北京燕山石油化工有限公司炼油厂，中国石化镇海炼化分公司，中国石化长岭分公司（原长岭炼油化工总厂），中国石化广州分公司，中国石油独山子石化公司，中国石油兰州石化公司，中国石油大庆石化公司，中国石化武汉分公司，中国石化湛江东兴石油化工有限公司，中国石油吉林石化分公司等。

10.1.2.7 芳烃溶剂油

别名：溶剂石脑油，芳香烃溶剂，轻芳烃溶剂油，轻质芳香烃石脑油，C_9芳烃溶剂油，C_9～C_{10}芳香烃。

英文名：light aromatic solvent naphtha；solvent naphtha (petroleum) light aromatic；C_9～C_{10} aromatic hydrocarbons；solvent naphtha 100 等。

芳香烃剂油的主要成分是C_9（例如三甲苯）和C_{10}的混合芳烃，是重整芳烃石油馏分产品。CAS编号为64742-95-6，EINECS号为265-199-0。

物化性能

无色透明液体，不溶于水。100#溶剂石脑油蒸气在空气中的爆炸极限（体积分数）为1.5%～7.5%。

表10-12和表10-13为国内两个厂家的溶剂油产品物性指标。

表10-12 金陵石化有限责任公司炼油厂C_9芳烃溶剂油的性能指标

项目	JLA-100	JLA-110	JLA-120
相对密度(20℃)	0.850～0.890	0.860～0.875	0.875～0.890
馏程/℃	140～180	155～175	160～185
闪点(闭口)/℃	≥40	≥40	≥45
芳烃含量/%	≥99.0		

注：浙江恒河石油化工股份有限公司的产品牌号与指标与此表相同。

表 10-13 吴江市雪力润滑油有限公司高沸点芳烃溶剂油系列产品的技术指标

项目		产品型号			
		S-800	S-1000A	S-1000B	S-1500
馏程/℃		145～178	160～188	170～195	180～210
闪点(闭口℃)	≥	42	66	68	75
溴值(gBr/100g)	≤	0.2	0.4	0.4	0.15
相对密度(20℃)		0.860～0.868	0.866～0.878	0.870～0.880	0.885～0.900

注：芳烃含量≥98%。

美国埃克森美孚化工公司（ExxonMobil Chemical Company）芳香烃溶剂（aromatic fluids）的典型物性见表 10-14。

表 10-14 美国埃克森美孚公司芳烃溶剂的典型物性

Solvesso 牌号	馏程(沸点)/℃	密度(15℃)/(g/cm³)	闪点/℃	黏度(25℃)	蒸气压(20℃)/kPa	苯胺点/℃	溴值/(mg/100g)	相对挥发速率
100	164～180	0.879	50	0.94	0.2	14	6	22
150	181～207	0.900	66	1.23	0.07	15	55	5
150ND	179～194	0.886	64	1.17	0.09	16	NA	NA
200	227～287	0.985	103	3.03	<0.01	15	1023	<1
200ND	242～299	0.994	113	3.54	<0.01	14	NA	NA

注：相对挥发速率以 *n*-BuAc 为 100 计。混合苯胺点测试方法按 ASTM D 611。动力黏度单位 mm^2/s。芳烃含量 99%。

特性及用途

芳烃溶剂油具有馏程窄、沸点高、挥发速率适宜、溶解力强、闪点高、气味较低、毒性低等特点，广泛用于涂料工业，如氨基漆、聚氨酯漆、醇酸漆、沥青漆等，特别适用于烘烤型涂料和静电喷涂流水线上，能较好地改善施工性能和涂膜质量。此外，还可用作工业清洗剂，农药乳化剂，纸箱上光防潮剂，油墨调和剂，墙纸专用溶剂以及化学应用溶剂等。

在聚氨酯行业，主要用作烘烤型聚氨酯漆的共溶剂。

生产厂商

中国石化金陵石化有限责任公司炼油厂（原南京炼油厂），江苏省吴江市万事达环保溶剂有限公司，吴江市雪力润滑油有限公司，浙江恒河石油化工股份有限公司，美国埃克森美孚化工公司等。

10.1.2.8 二甲基甲酰胺

化学名称：*N*,*N*-二甲基甲酰胺。

简称：DMF。

英文名：*N*,*N*-dimethyl formamide。

分子式为 C_3H_7NO，分子量为 73.09。CAS 编号为 68-12-2，EINECS 号为 200-679-5。

结构式：$HCON(CH_3)_2$

物化性能

无色透明液体，密度（20℃）为 0.945g/mL，有轻微氨味，是一种高纯度、高介电性、双极性非质子传递性溶剂。表面张力（20℃）为 37.1mN/m。熔点为 −61℃，沸点为 152.8℃，闪点为 70℃(开杯) 或 58℃(闭杯)，蒸气压约为 346Pa(20℃) 或 490Pa(25℃)，蒸气密度是空气的 2.5 倍。折射率为 1.427～1.429(25℃)。能与水及大多数有机溶剂互溶。有吸湿性。蒸气与空气的混合物爆炸极限（体积分数）为 2.2%～15.2%。遇明火、高热可引起燃烧爆炸。自燃点为 445℃。能与浓硫酸、发烟硝酸剧烈反应甚至发生爆炸。

本品毒性较低，大鼠经口毒性 LD_{50}＝2800mg/kg。

国内大部分厂家的 DMF（一等品）质量指标：纯度≥99.8％或 99.9％，甲醇含量≤100mg/kg，DMAc 含量≤200mg/kg，水分≤0.05％。

制法

二甲基甲酰胺工业化生产多采用先进的一氧化碳和二甲胺一步合成法，以甲醇钠为催化剂。该法的原料成本低。产品纯度高，适宜于大规模生产。另外国内还有甲酸甲酯法，包括甲醇脱氢两步法生产工艺，先将甲醇脱氢生成甲酸甲酯，再将甲酸甲酯与二甲胺反应制得 DMF。

特性及用途

二甲基甲酰胺是重要的有机化工原料和优良溶剂，在湿法聚氨酯革和腈纶干法纺丝中用作溶剂。DMF 极性很强，是聚氨酯的良溶剂。

生产厂商

山东华鲁恒升化工股份有限公司，浙江江山化工股份有限公司，安徽淮化集团有限公司，江苏新亚化工有限公司，台湾化学纤维股份有限公司，衡阳三化实业股份有限公司，德国 BASF 公司，美国 DuPont 公司，韩国三星化工公司等。

10.1.2.9 二甲基乙酰胺

化学名称：*N*,*N*-二甲基乙酰胺。

简称：DMAc，DMAC。

别名：乙酰二甲胺。

英文名：*N*,*N*-dimethyl acetamide。

分子式为 C_4H_9NO，分子量为 87.12。CAS 编号为 127-19-5，EINECS 号为 204-826-4。

结构式：$CH_3CON(CH_3)_2$。

物化性能

无色透明液体，能与水、醇、醚、酯、苯、三氯甲烷和芳香化合物等有机溶剂任意混溶。相对密度为 0.9366，折射率为 1.4380，沸点为 166℃(164～166℃)，闪点为 70℃。

浙江江山化工股份有限公司的 DMAc，二甲基乙酰胺含量≥99.90％，色度≤10Hazen（铂-钴色号），水分≤0.020％，铁含量≤0.050mg/kg，酸度（乙酸计）≤50mg/kg，碱度(二甲胺计)≤3.0mg/kg。

对身体几乎无害。

特性及用途

二甲基甲酰胺是一种强极性非质子化溶剂，广泛应用于石油加工和有机合成工业中，二甲基乙酰胺作为重要的溶剂，对多种树脂尤其是聚氨酯树脂、聚酰亚胺树脂具有良好的溶解能力，主要用于耐热合成纤维、塑料薄膜、涂料、医药、催化剂和丙烯腈纺丝的溶剂，另外还可用于从 C_8 馏分中分离苯乙烯的萃取蒸馏溶剂、反应的催化剂、涂料清除剂等。

生产厂商

美国 DuPont 公司，浙江江山化工股份有限公司，上海金山经纬化工有限公司等。

10.1.2.10 丙二醇甲醚乙酸酯

简称：PMA、MPA、PGMAC。

别名：丙二醇单甲醚乙酸酯，1-甲氧基丙基乙酸酯-2，丙二醇单甲醚乙酸酯等。

英文名：propylene glycol(mono)methyl ether acetate；1-methyoxypropylacetate-2；1-methoxy-2-propanol acetate；2-methoxy-1-methylethyl acetate 等。

分子式为 $C_6H_{12}O_2$，分子量为132.2，CAS编号为108-65-6、84540-57-8，EINECS号为283-152-2、203-603-9。

结构式：

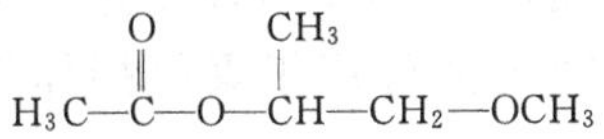

$$H_3C-\overset{\overset{\displaystyle O}{\|}}{C}-O-\overset{\overset{\displaystyle CH_3}{|}}{CH}-CH_2-OCH_3$$

物化性能

无色至浅黄色液体，有酯香气味。蒸气密度是空气的4.6倍，蒸气在空气中的爆炸极限（体积分数）为1.5%～10.8%。挥发速率为乙酸丁酯的34%。部分溶于水，在水中溶解度（20℃）约为18%，水在PMA中的溶解度（20℃）为6%。

丙二醇甲醚乙酸酯的典型物性见表10-15。

表10-15 丙二醇甲醚乙酸酯的典型物性

项　目	指　标	项　目	指　标
外观	透明液体	相对密度(20℃/20℃)	0.965～0.972
沸点/℃	146	在水中溶解度(20℃)/(g/100g)	18.5
熔点/℃	−80	比热容(25℃)/[J/(g·K)]	1.93
黏度(25℃)/mPa·s	1.1	表面张力(20℃)/(mN/m)	27.4
闪点(闭杯)/℃	46.5	折射率(25℃)	1.400
燃点/℃	344	蒸气压(25℃)/Pa	500

丙二醇甲醚乙酸酯毒性很低。大鼠经口急性中毒数据 LD_{50}＞8532mg/kg，兔经皮吸收毒性数据 LD_{50}＞5000mg/kg。

美国LyondellBasell公司（牌号Arcosolv PMA）和日本协和发酵化学株式会社的PMA产品指标为：纯度≥98%，游离酸（以乙酸计）≤0.02%，水分≤0.05%，沸程为140～150℃，色度（APHA）≤10。

特性及用途

丙二醇甲醚乙酸酯是高沸点溶剂。主要用于涂料的溶剂、清洗剂等。

在聚氨酯领域，主要用于聚氨酯涂料的溶剂，多用作多异氰酸酯固化剂的溶剂（共溶剂）。

生产厂商

江苏瑞佳化学有限公司，江苏天音化工有限公司，美国LyondellBasell工业公司，美国Eastman化学公司，日本协和发酵化学株式会社等。

10.2 增塑剂

增塑剂品种很多，如从二酸原料来分，有邻苯二甲酸酯、对苯二甲酸酯、间苯二甲酸酯、己二酸酯、癸二酸酯、戊二酸酯、丁二酸酯等；磷酸三酯也是一类具有阻燃元素的增塑剂（兼阻燃剂）；偏苯三酸酯是一类三元酸三酯增塑剂；还有二元醇酯类增塑剂，如新戊二醇双酯、二醇双苯甲酸酯。某些高沸点的增塑剂同时也可用作润滑剂。某些沸点相对较低的二酸酯增塑剂同时具有溶剂作用，部分增塑剂（如脂肪族二酸甲酯等）还用作聚氨酯发泡设备的清洗液，即所谓的DBE(dibasic ester）溶剂，详见酯类溶剂部分。

大部分增塑剂常温下为无色或浅黄色低黏度透明油状液体。有轻微的特殊气味。

增塑剂的主要作用有：降低物料黏度，便于混合；留在制品中，增加制品的柔韧性、增加伸长率、降低硬度、降低脆性；降低成本（增量）；在反应型聚氨酯体系中可延长适用期，作为MOCA的溶剂可降低操作温度，可用于室温固化体系。适量的相容性良好的增塑剂可改善制品性能，而不合适地使用增塑剂可能损害聚合物材料的性能，所以在使用前需做好筛选和配方试验。

聚氨酯本身可通过调节原料组成改变其硬度，所以增塑剂在聚氨酯制品中的用途不广泛，用量不大，仅用于某些特殊制品，如制造低硬度弹性体、改善泡沫脆性，可少量用于密封胶、防水涂料配方等。许多增塑剂都可用于聚氨酯体系，现把有关增塑剂的物性归纳如下。

10.2.1 邻苯二甲酸酯

邻苯二甲酸酯（又称酞酸酯）是最常用的增塑剂，尤以邻苯二甲酸二辛酯（DOP）和邻苯二甲酸二丁酯（DBP）最常用。

DOP 的全称，严格说来不是邻苯二甲酸二(正)辛酯，而是邻苯二甲酸二异辛酯，化学名称是邻苯二甲酸二(2-乙基己基)酯，是由邻苯二甲酸酐与异辛醇为原料合成的邻苯二甲酸二酯类增塑剂。其他羧酸辛酯增塑剂也一般指羧酸 2-乙基己基酯。

表 10-16 和表 10-17 为部分邻苯二甲酸酯类增塑剂的品种代号及典型物性。

表 10-16 邻苯二甲酸酯类增塑剂的品种及代号

名称	简称	分子式	分子量	CAS 编号
邻苯二甲酸二甲酯	DMP	$C_{10}H_{10}O_4$	194	131-11-3
邻苯二甲酸二乙酯	DEP	$C_{12}H_{14}O_4$	222	84-66-2
邻苯二甲酸二丁酯	DBP	$C_{16}H_{22}O_4$	278	84-74-2
邻苯二甲酸二异丁酯	DIBP	$C_{16}H_{22}O_4$	278	84-69-5
邻苯二甲酸丁苄酯	BBP	$C_{19}H_{20}O_4$	312	85-68-7
邻苯二甲酸二己酯	DHP	$C_{20}H_{30}O_4$	334	84-75-3
邻苯二甲酸二辛酯	DOP	$C_{24}H_{38}O_4$	391	117-81-7
邻苯二甲酸二异壬酯	DINP	$C_{26}H_{42}O_4$	418.6	68515-48-0
邻苯二甲酸二异癸酯	DIDP	$C_{28}H_{46}O_4$	446.7	26761-40-0
邻苯二甲酸双(十一烷)酯	DUP	$C_{30}H_{50}O_4$	474.7	3648-20-2
邻苯二甲酸双(十三烷)酯	DTDP	$C_{34}H_{58}O_4$	530.8	119-06-2
邻苯二甲酸 C_6～C_{10}直链烷烃酯	C_6～C_{10}酯	—	—	无

表 10-17 邻苯二甲酸酯系列增塑剂的典型物性

增塑剂名称	黏度(25℃)/mPa·s	相对密度(20℃)	沸点/℃	凝固点/℃	闪点(COC)/℃	折射率(20℃)
DMP	11	1.19	284	2～5	157	1.516
DEP	9	1.12	298	<−50	161	—
DBP	15	1.04	340	−35	190	1.4920
DIBP	36	1.039	327	−50	185	1.490
BBP	41	1.12	370	−35	199	1.535
DHP	25	1.01	210/(0.67kPa)	—	193	1.487
DOP	56	0.98	384	−55	216	1.487
DINP	52	0.97	252/(0.67kPa)		221	1.486
DIDP	79	0.96	250/(0.53kPa)	−50	232	1.490
DUP	53	0.95	523	−9	252	1.48
DTDP	190	0.95	285/(0.47kPa)	−35	235	1.482
C_6～C_{10}直链酯	31	0.97	—	—	227	—

注：表格中典型物性值来源于 Eastman 公司。

国内一级品邻苯二甲酸酯类增塑剂纯度≥99.0%，部分优级品纯度≥99.5%，无水分指标。国外某些公司的产品指标比国内厂家严格。例如，美国 Eastman 公司的 DOP 纯度（酯含量）在 99.4%以上，Pt-Co 色度≤15，酸度（以苯二甲酸计）≤0.003%，相对密度（20℃/20℃）为 0.985，闪点（COC 开杯）为 216℃。

美国 Eastman 公司的 DBP 纯度在 99.2%以上，Pt-Co 色度≤15，酸度（以苯二甲酸计）≤0.01%。据 Eastman 公司的产品资料，DBP 的相对密度（20℃/20℃）约为 1.047，闪点（COC 开杯）为 190℃。DBP 在水中溶解度（20℃）为 11.2mg/L。它的黏度与温度的关系如下：

温度/℃	−18	0	25	100
黏度/mPa·s	225	59	15	2.2

DBP 在沸水中 96h 后的水解率仅为 0.0483%；在 205℃、2h 的产生的酸为 0.009%。

邻苯二甲酸二甲氧基乙酯（DMEP，dimethoxyethyl phthalate，CAS 编号 117-82-8）可用于软质聚氨酯弹性体，具有优异的耐迁移性能。

10.2.2 脂肪族二酸酯

脂肪族二酸酯一般具有良好的耐寒性能，多用于有耐低温要求的制品。己二酸二辛酯和己二酸二癸酯还可用作高温润滑剂。

表 10-18 和表 10-19 为部分脂肪族二酸酯类增塑剂的品种代号及典型物性。

表 10-18 脂肪族二酸酯增塑剂的名称及代号

名 称	简称	分子式	分子量	CAS 编号
己二酸二甲酯	DMA	$C_8H_{14}O_4$	174	627-93-0
己二酸二异丙酯	DIPA	$C_{12}H_{22}O_4$	230	6938-94-9
己二酸二丁酯	DBA	$C_{14}H_{26}O_4$	258	105-99-7
己二酸二正己酯	DHA	$C_{18}H_{34}O_4$	314	110-33-8
己二酸二辛酯	DOA	$C_{22}H_{42}O_4$	370	103-23-1
癸二酸二乙酯	DES	$C_{14}H_{26}O_4$	258	110-40-7
癸二酸二异丙酯	DIPS	$C_{16}H_{30}O_4$	286	7491-02-3
癸二酸二丁酯	DBS	$C_{18}H_{34}O_4$	314	109-43-3
癸二酸二辛酯	DOS	$C_{26}H_{50}O_4$	427	122-62-3
壬二酸二辛酯	DOZ	$C_{25}H_{48}O_4$	412	103-24-2

表 10-19 脂肪族二酸酯增塑剂的典型物性指标

增塑剂简称	黏度(25℃)/mPa·s	相对密度(20℃)	沸点/℃	凝固点/℃	折射率(25℃)	闪点(COC)/℃
DMA	—	1.063	109/(1.87kPa)	≥8	1.429	107
DBA	—	0.963	168/(1.3kPa)	−37	1.434	150～175
DHA	78	0.935	—	液体	1.440	185
DOA	12～18	0.927	417 或 215/(0.67kPa)	<−70	1.447	206
DES	—	0.962	312	1～2	1.4360	>110
DIPS	—	0.933	—	−20	1.432	170
DBS	—	0.938	345	−10	—	180
DOS	25	0.914	约 300	−67	1.4832	215
DOZ	15	0.91	376	−65	1.4512	213

杭州大自然有机化工实业有限公司等生产己二酸二酯和癸二酸二酯增塑剂。

美国 Eastman 公司的 DOA 纯度（酯含量）在 99.0%以上，Pt-Co 色度≤10，酸度（以苯二甲酸计）≤0.02%。闪点（COC 开杯）为 206℃。DOA 不溶于水（在 25℃水中溶解度<0.01g/L）。

DOA 的黏度与温度的关系如下。

温度/℃	−18	0	25	100
黏度/mPa·s	113	36.5	13	2.5

10.2.3 苯甲酸二醇酯

苯甲酸酯类增塑剂与聚氨酯有良好相容性，可用于低硬度浇注型聚氨酯弹性体。部分苯甲酸二醇酯增塑剂的典型物性见表10-20。

表 10-20 部分苯甲酸二醇酯（二醇双苯甲酸酯）增塑剂的典型物性

项目	二醇品种			
	DEG	TEG	DPG	DEG/DPG(1/1)
外观	白色结晶	白色结晶	无色液体	无色液体
分子量	314	358	342	328
相对密度	1.177(20)	1.227(30)	1.129(20)	1.154(25)
熔点/℃	28	47	−40	6
沸点/℃	238/(650Pa)	230/(1.33kPa)	232/(650Pa)	235/(650Pa)
折射率(25℃)	1.543	1.525	1.528	1.535
闪点(开杯)/℃	232(闭)	237	226	213

10.2.4 磷酸酯增塑剂

磷酸酯（包括部分卤代磷酸酯，及其混合物）是一类多功能助剂。它可用作阻燃增塑剂，因含磷（及含氯），具有一定的阻燃作用；同时又是高沸点增塑剂，使制品具有柔韧性，还可降低液体物料的黏度，利于操作。部分(氯代)磷酸酯的物性详见阻燃剂部分相关条目。

磷酸三(2-乙基己基)酯是一种具有优良耐低温和耐候性的磷酸酯类增塑剂，适合用于多种聚合物，包括聚氯乙烯、聚氨酯、丁腈橡胶和丁苯橡胶。Bayer 公司同类产品牌号 Disflamoll TOF，纯度≥98.5%，水分≤0.2%。几种磷酸酯增塑剂的典型物性见表10-21。

表 10-21(a) 几种磷酸酯增塑剂的典型物性

项目	磷酸三苯酯	磷酸三甲苯酯	磷酸二苯异辛酯	磷酸二苯异癸酯
相对密度(20℃)	1.185～1.210	1.16～1.18	1.08～1.09	1.075
黏度(25℃)/mPa·s	11(50℃)	78～85(20℃)	21～23(20℃)	—
沸点/℃	245/(1.46kPa)	235～255/(532Pa)	239/(1.33kPa)	245/(1.33kPa)
凝固点/℃	49～51	−33	−60	<−50
闪点(COC)/℃	220	215～230	200	241
折射率(25℃)	1.552～1.563	1.555	1.506～1.512	—
CAS 编号	115-86-6	1330-78-5	1241-94-7	29761-21-5
简称	TPP、TPF	TCP、TTP	DPOF、DPOP	DPDP
分子式	$C_{18}H_{15}O_4P$	$C_{21}H_{21}O_4P$	$C_{20}H_{27}O_4P$	$C_{22}H_{31}O_4P$
分子量	326	368	362.4	390.5
英文名	triphenyl phosphate	tricresyl phosphate	diphenyl octylphosphate	diphenylisodecyl phosphate

注：磷酸三(异)辛酯即磷酸三(2-乙基己)酯。磷酸三甲苯酯即磷酸三甲酚酯。

表 10-21(b) 几种磷酸酯增塑剂的典型物性

项目	磷酸三乙酯	磷酸三丁酯	磷酸三(异)辛酯
相对密度(20℃)	1.065～1.072	0.974～0.980	0.920～0.926
黏度(25℃)/mPa·s	1.7	5	13～15
沸点/℃	210～220	289	210/(500Pa)
凝固点/℃	−56	<−80	−70 倾点

续表

项　　目	磷酸三乙酯	磷酸三丁酯	磷酸三(异)辛酯
闪点(COC)/℃	130	146	～170
折射率(25℃)	1.406±0.001	1.410～1.440	1.445～1.446
CAS 编号	78-40-0	126-73-8	78-42-2
简称	TEP	TBP	TOF、TOP
分子式	$C_6H_{15}O_4P$	$C_{12}H_{27}O_4P$	$C_{24}H_{51}O_4P$
分子量	182.1	266.3	434.6
英文名	triethyl phosphate	tributyl phosphate	tri(2-ethylhexyl)phosphate

除在阻燃剂部分及本小节所介绍的磷酸酯外，其他磷酸酯还有：磷酸异丙苯基苯基酯（CAS 编号为 68782-95-6），磷酸苯基二丁酯（dibutylphenyl phosphate，CAS 编号为 2528-36-1），磷酸二苯甲苯酯（cresyldiphenyl phosphate，CAS 编号为 26444-49-5），磷酸苯基二甲酚酯（phenyldicresyl phosphate，CAS 编号为 26446-73-1），磷酸丁基二苯酯（butyldiphenyl phosphate，CAS 编号为 2752-95-6）等。

10.2.5　其他增塑剂

Bayer 公司烷基磺酸酯类增塑剂产品烷基磺酸苯酯牌号为 Mesamoll。其典型物性如下：外观微黄色透明液体，相对密度（20℃）为 1.04～1.07，黏度（20℃）为 100～130mPa·s，折射率（20℃）为 1.496～1.502，酸值≤0.1mg KOH/g，水分≤0.05%，倾点为 −32℃，闪点（开杯）为 225℃。不溶于水，溶于常规有机溶剂。烷基磺酸苯酯（CAS 编号为 91082-17-6）是一种通用增塑剂，具有良好的胶凝行为和耐皂化性能，适合用于各种聚合物，包括 PVC 和聚氨酯。在聚氨酯领域可用于单组分和双组分聚氨酯密封胶、胶黏剂，聚氨酯发泡机的工作液和清洗剂等。

2,2,4-三甲基-1,3-戊二醇二异丁酸酯（CAS 编号为 6846-50-0，Eastman 公司牌号 Eastman TXIB）是一种低黏度增塑剂，黏度（25℃）为 9mPa·s，相对密度（20℃）为 0.94，沸点为 280℃。它一般与 DOP 等通用增塑剂混合使用，其增塑效果与 DOP 相似，除用于 PVC，也用于聚氨酯弹性体、涂料、油墨等。

对苯二甲酸二辛酯（DOTP，分子量为 391，相对密度为 0.98）具有良好的电性能和耐寒性，低挥发，增塑效能比 DOP 高，体积电阻≥$1\times10^{12}\Omega\cdot cm$。用于要求高绝缘、耐抽出、耐热及柔软性好的制品。适宜作聚氯乙烯树脂等的增塑剂，也可用于聚氨酯。

·第11章· 聚氨酯CASE助剂

聚氨酯涂料、胶黏剂、密封胶、包封料以及弹性体，在国外，根据其英文缩写字母形成一个专用名词“CASE”，这个词已得到广泛认可。实际上，大部分非泡沫聚氨酯，包括PU革浆料、防水材料、铺装材料、织物涂层剂等，可归类到CASE类聚氨酯材料。

聚氨酯CASE产品所用的助剂品种较多，除常规的促进反应的催化剂外，有流平剂、消泡剂、消光剂、基材润湿剂、PU革离型剂、触变剂、偶联剂、颜料、溶剂和增塑剂等。本章将介绍除水剂、消泡剂、流变剂、流平剂、润湿剂、水性聚氨酯交联剂、活性稀释剂、偶联剂等助剂。

11.1 除水剂

对于不允许有水分的聚氨酯原料，添加除水剂是不错的选择。

许多聚氨酯组分和原料含水分，颜料和填料表面吸附了单分子层的水，另外，颜料在贮存过程会吸附水。通常，用于聚氨酯反应的溶剂、多元醇、颜填料等需要干燥。物理方法脱水是常用的工艺，一般将低聚物多元醇在100～120℃及较高真空度下减压脱水1～2h，可脱除大部分水分，达到使用要求。填料在使用前需烘干。在某些情况下没有条件采用上述方法进行脱水，则可通过添加除水剂来除去水分。根据除水机理可分为物理除水剂和化学除水剂。最常见的物理除水剂是分子筛（molecular sieve）。

11.1.1 分子筛干燥剂

溶剂低等极、低黏度的液体原料可加分子筛干燥剂吸附水分。国外有分子筛糊产品供应，是将分子筛微细粉末分散在增塑剂中得到的。

分子筛是将结晶化的合成沸石（synthetic zeolite，一种特殊的硅酸铝钠/钾盐）结构中的水去除，即“活化”，所获得的具有特定孔径的微孔粉末固体。分子筛可选择性吸附小分子混合物，包括水分子。

法国Arkema集团CECA公司生产的工业分子筛，牌号为Siliporite，分子筛粉末粒径有0.7mm、1.0mm、1.3mm、1.6mm、2.0mm等规格。可用于单组分及双组分聚氨酯体系的除水（吸水、干燥）剂主要是Siliporite NK30AP和Siliporite SA1720，有粉末和糊状产品形式，见表11-1。

表11-1 法国Arkema集团CECA公司的除水用分子筛的典型物性

项目	Siliporite型号						
	SA1720	SA1720	NK30	NK30	NK10	NK10	G5
产品形式	粉	糊	粉	糊	粉	糊	粉
孔径/Å	约3	约3	3	3	4	4	10

续表

项　目	Siliporite 型号						
	SA1720	SA1720	NK30	NK30	NK10	NK10	G5
吸水能力(相对湿度 10%)	23.5	12	24	12	26	12.5	28.5
灼烧损失(950℃)/%	1.2	50	1	50	2.5	50	3
相对密度	0.7	1.22	0.7	1.22	0.6	1.21	0.45

注：对于粉末是压实后的密度，对于糊是表观密度；1Å=10^{-10}m。

在双组分聚氨酯体系中，分子筛可加入多元醇/颜填料混合物中，但要考虑分子筛对适用期（pot life）的影响。SA1720 是专为聚氨酯体系开发的吸水剂，改善了双组分聚氨酯体系的适用期，根据体系中水分的不同，加入 2%～5%就足够除去残留水分。

11.1.2　噁唑烷除水剂

噁唑烷类除水剂（moisture scavenger）是通过对水分敏感的噁唑烷环的分解，消耗水分，来去除聚氨酯原料中的水分。

当噁唑烷（oxazolidine，1,3-氧氮杂环戊烷）化合物遇到微量水分或暴露在湿气中时，噁唑烷优先与水反应，生成仲氨基醇和挥发性的酮（或醛），噁唑烷除水剂的反应产物变成聚氨酯的一部分，另外产生的酮完全从聚氨酯膜中逸出，因而避免异氰酸酯与水分反应产生 CO_2。

$$\text{(R—N, R', R''-噁唑烷环)} + H_2O \longrightarrow RNHCH_2CH_2OH + R'—\overset{\overset{O}{\|}}{C}—R''$$

美国 Dow 化学公司属下的 Angus 化学公司、瑞士 Sika 集团属下的英国 Incorez 公司生产噁唑烷类除水剂。这些噁唑烷除水剂可快速与水反应，迅速而安全地除去水分，而无需进行后处理，使用非常方便。它们的特点是低黏度、对水敏感，水解迅速，

主要用于聚氨酯涂料、密封胶和弹性体。这类湿气去除剂有如下功能：①能从聚氨酯原料及半成品（包括多元醇、预聚物、溶剂、增塑剂及颜料等）中除去残留水分，甚至在脂肪族聚氨酯涂料中还能除去混入异氰酸酯中的水分；②用于双组分聚氨酯体系，消除起泡和针孔，减轻光泽损失和雾浊，改善涂层鲜映度，改善耐磨和耐化学品性能，改善黏附性，消除发泡现象，很好的操作性能；③用作包装稳定剂，含除水剂的涂料或胶黏剂在贮存时还可防止微量湿气与异氰酸酯反应产生二氧化碳引起胀罐，或缩短贮存期的问题，并且增加反复开启容器的容忍度；④促进低 NCO 含量聚氨酯预聚体的固化；⑤在喷涂聚氨酯弹性体体系控制原料水分，得到弹性涂层而无 CO_2 气体产生；⑥保护双组分涂料在湿基材上或潮湿环境中应用时不受湿气的影响。

美国 Angus 化学公司的噁唑烷除水剂 Zoldine MS-Plus，化学名称为 3-乙基-2-甲基-2-(3-甲基丁基)-1,3-噁唑烷，英文名为 3-ethyl-2-methyl-2-(3-methylbutyl)-1,3-oxazolidine，CAS 编号为 143860-04-2，分子量为 185，属单噁唑烷环化合物。水解产物含一个羟基和一个氨基，为两官能度反应物。Zoldine MS-Plus 的典型物性为：凝固点－35℃，沸点 209℃，密度（24℃）0.872g/mL，闪点（PMCC）79℃，黏度＜100mPa·s，蒸气压（25℃）320Pa。它溶于多元醇和许多有机溶剂，如甲苯、甲乙酮、乙酸丁酯等。每 1 质量份水加 18～22 质量份 Zoldine MS-Plus 除水剂，可有效除去体系中的水分。在双组分喷涂聚氨酯体系，除水剂可在任何时间加入多元醇组分，通常 3～4 质量份的除水剂就可消除因环境潮湿引起的表面失光、针孔等缺陷。为了除去多元醇中的水分，建议 Zoldine MS-PLUS 加到含水多元醇

中后，在60℃左右加热搅拌1h以上。为了清除颜料中的水分，应尽早在研磨工序将除水剂混入，剪切产生的热量可足够促进除水反应。试验证明，在上述条件，水分可在1h以内降低到0.05%以下。在单组分脂肪族异氰酸酯体系中使用Zoldine MS-Plus比较稳定，但在芳香族异氰酸酯体系中可能有催化三聚的作用，因此不推荐用于单组分湿固化体系。

英国Incorez公司的Incozol 2和湖南安乡县艾利特化工有限公司的除水剂ALT-201为低毒性单噁唑烷干燥剂和除湿剂，化学名称为3-丁基-2-(1-乙基戊基)噁唑烷［或2-(3-庚基)-*N*-丁基-1,3-噁唑烷］，分子量为228，CAS编号为165101-57-5，透明浅黄色低黏度液体，纯度＞95%，黏度（20℃）约为20mPa·s，密度为0.87g/cm³，色度（APHA）≤200，沸点为260℃，闪点为82℃。纯度为96%。与水不能混溶。它与异氰酸酯间接反应的官能度为2，用于聚氨酯涂料和密封胶，一般不建议用于低NCO含量单组分聚氨酯体系。

Incozol 3用作湿气去除剂和反应性稀释剂，化学名称为2-异丙基-3-噁唑烷乙醇，为含羟基的单噁唑烷，与异氰酸酯间接反应的官能度为3，分子式为$C_8H_{17}NO_2$，分子量为159.2，CAS编号为28770-01-6，浅黄色低黏度液体，纯度＞99%，黏度（20℃）约为48mPa·s，密度为1.01g/cm³，色度（APHA）≤250，沸点为176℃。它与水不能混溶，可用于高固含量配方，可加速低NCO聚氨酯体系的固化。Incozol 3结构式如下：

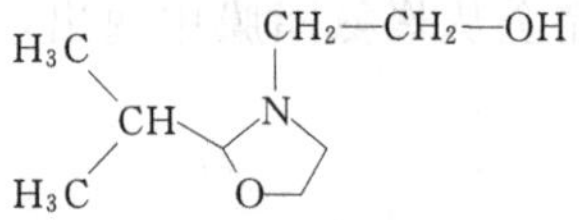

H_3C　　CH_2—CH_2—OH
CH　N
H_3C　　O

在加入噁唑烷除水剂到聚氨酯组分中时，因为产生的醇胺是可以与异氰酸酯基团反应的物质，需计算噁唑烷消耗的NCO，不能破坏NCO/OH配比。

国内还有广州森波拉化工有限公司曾销售SL-201除水剂。该除水剂是含羟基的单噁唑烷，与异氰酸酯间接反应的官能度为3。黏度（20℃）约为28mPa·s，密度（25℃）为0.817g/cm³，每克除水剂消耗量11g水。

某些多官能度的噁唑烷化合物也可用于除水的目的，得到无气泡的固化物，将在第11.7.1小节中介绍。

11.1.3 对甲基苯磺酰异氰酸酯

别名：对甲苯磺酰异氰酸酯，4-甲基异氰酸苯磺酰酯。

简称：pTSI或PTSI。

英文名：paratoluenesulphonyl isocyanate；4-methyl-benzenesulfonylisocyanate；4-isocyanatosulphonyltoluene等。

分子式为$C_8H_7NO_3S$，分子量为197.2，CAS编号为4083-64-1，EINECS号为223-810-8。

物化性能

德国OMG Borchers公司的pTSI牌号为Additive TI，是无色（水白色）透明低黏度液体，活性成分≥97%，黏度为10mPa·s，相对密度（25℃）为1.29，折射率（20℃）为1.534，沸点为270℃或144℃(1.33kPa)，凝固点为5℃，蒸气压（100℃）为133Pa，闪点＞100℃。吸湿，有催泪作用。

特性及用途

对甲基苯磺酰异氰酸酯是一种很高活性的单官能度异氰酸酯，它优先于TDI、HDI等常规二异氰酸酯与多元醇、溶剂中的水分反应，生成的甲苯磺酰胺不增加体系的黏度。缺点是毒性较噁唑烷等除水剂的大；它与水反应产生二氧化碳，因此不能在使用中直接用于涂料配方，一般用于预先除水。pTSI 作为溶剂、填充料、颜料等的脱水剂，应用于双组分聚氨酯胶黏剂、湿固化聚氨酯地板涂料、双组分聚氨酯涂料的预先快速脱水。可作为湿固化单组分聚氨酯体系的稳定剂，提高贮存稳定性。不会导致体系出现黄变现象。经过处理的溶剂几小时之后即可使用。理论上 1g 水需耗去约 12g 的对甲基苯磺酰异氰酸酯，实际用量应高于此。pTSI 的推荐添加量为全配方的 0.5%～4%(有效对应于 0.05%～0.3%的水分)。

$$CH_3C_6H_4SO_2NCO + H_2O \longrightarrow CH_3C_6H_4SO_2NH_2 + CO_2$$

生产厂商

OMG 集团 Borchers 公司（Borchers 原属 Bayer 公司），杭州伊联化工有限公司（牌号 Hardlion TS)，浙江丽水有邦化工有限公司，天津中信凯泰化工有限公司等。另外东莞三宝公司销售一种据称是来自美国路易斯化学品公司的 Dibaa TI-A，也是 PTSI。

11.1.4 原甲酸三乙酯

原甲酸三乙酯（triethyl orthoformate）是一种医药中间体，也是一种可用于聚氨酯体系的除水剂。

原甲酸三乙酯别名为三乙氧基甲烷，分子结构式为 $CH(OCH_2CH_3)_3$，分子式为 $C_7H_{16}O_3$，分子量为 148.2，CAS 编号为 122-51-0。它是无色液体，有特殊酯类刺激性气味，蒸气压为 1.33kPa/(40.5℃)，沸点为 143～146℃，密度（20℃）为 0.887～0.895g/mL，折射率（20℃）为 1.392，闪点为 38℃。能与醚、醇混溶，微溶于水并同时分解，故能消耗体系中的水分。用于原料除水，建议在稍高温度混合并放置，如 30～40℃，有利于与水反应。

$$CH(OCH_2CH_3)_3 + H_2O \longrightarrow HCOOCH_2CH_3 + CH_3CH_2OH$$

德国 Borchers 公司供应的一种除水剂 Additive OF，其主要成分是原甲酸三乙酯。据产品说明书介绍，它是一种无色透明的有酯气味的液体，有效组分在 98%以上，沸点为 140℃，密度（20℃）为 0.9g/mL，闪点为 37℃。它的用途是结合聚氨酯漆中的水分，通常的添加量是 1%～3%。理论上 1 质量份水需 8.2 质量份除水剂。中山市优派材料有限公司供应的 UP-920 固化稳定剂（除水剂）、惠州市金海洋化工产品有限公司的除水剂 BH-20，都是无色透明液体，有特殊香味，沸点为 145℃，密度（25℃）约为 0.89g/mL，根据溶剂中的含水量来确定 BH-20 的用量，1 质量份水需 8 质量份除水剂。其主要成分估计也是原甲酸三乙酯。另外东莞三宝化工公司销售一种除水稳定剂 Dibaa OF-I，也是这种物质。

原甲酸三乙酯是有机合成中间体，生产厂家较多，如常州市盛凯化工有限公司、吴江信谊化工有限公司、昆山市钡化厂有限公司、淄博万昌科技发展有限公司、常州祥邦化工有限公司、山东临沭县华盛化工有限公司等。

另外，原甲酸三甲酯也对水敏感，但分子量小，挥发性大，一般不用于脱水剂。

11.1.5 氧化钙

氧化钙也是一种无机除水剂，它与水反应生产氢氧化钙，同时也能吸收二氧化碳。在某些特殊的密封胶、水固化胶黏剂等体系可加入氧化钙粉末。

$$CaO + H_2O \longrightarrow Ca(OH)_2$$

国外有 CaO 糊供应，如德国 BYK 公司的 BYK-2616 就是将微细氧化钙粉末与合适的润湿剂结合通过特殊工艺分散而成的白色糊状物，一般推荐用于聚氯乙烯塑溶胶的吸水助剂。但碱性的氧化钙对异氰酸酯的贮存稳定性有影响，所以不常用。

如果知道体系中含有的水分，根据水分含量加入最佳量的除水剂，就可获得最好的除水效果。

11.2 消泡剂

在某些产品的生产中产生的泡沫很多，影响操作，需消泡；在涂料和PU革浆料成膜过程也需防止内在和外来因素造成的涂层表面泡孔等缺陷，本节介绍用于消除机械泡沫的消泡剂和脱泡剂。有关水分引起的泡孔可从配方脱水、添加除水剂来解决。

有机硅是人们熟知的一种消泡剂成分，其他物质如聚丙烯酸酯等也可用作聚氨酯等体系的脱泡和消泡，消除涂层表面缺陷。为了生产和应用期间阻止泡沫和气泡生成，一般将消泡剂先加在树脂中。

11.2.1 溶剂型及无溶剂体系消泡剂

溶剂型及无溶剂体系消泡剂以有机硅类为主，包括聚硅氧烷溶液、改性聚硅氧烷溶液、含疏水粒子的聚硅氧烷，另外不含有机硅的某些特殊聚合物溶液也可用于消泡剂。现介绍几种消泡剂。

高效有机硅脱泡剂BYK-066N（德国BYK化学公司产）是聚硅氧烷的二异丁基酮溶液，不挥发分≤1%，其密度为0.81g/mL，闪点为47℃。它可用于溶剂型涂料，用量为总配方的0.1%～0.7%。可用于双组分聚氨酯、氯化橡胶、环氧树脂、醇酸树脂、自交联丙烯酸酯等。也可适用于聚氨酯铺装材料、浇注弹性体等的消泡，减少针孔缺陷。

BYK-060N、BYK-070、BYK-088、BYK-141和BYK-A530是具有破泡作用的聚合物与聚硅氧烷的混合物溶液，用于许多涂料体系，包括聚氨酯涂料、木器漆/家具漆的消泡。其中BYK-060N密度为0.81g/mL，不挥发分为2.8%，溶剂为二异丁基酮，用量为0.05%～0.7%。BYK-070密度为0.89g/mL，不挥发分为9%，溶剂是二甲苯/甲基丙二醇乙酸酯/乙酸丁酯（10/2/1）混合物，它用于中至高极性的树脂，用量为0.3%～0.8%。BYK-088不挥发分为3.3%，烃类溶剂，密度为0.75g/mL，闪点为38℃，适用于所有溶剂型工业涂料、印刷油墨、木器漆/家具漆、无溶剂UV固化树脂等，用量为总配方的0.1%～1.0%。BYK-141密度为0.87g/mL，不挥发分为3%，溶剂是烷基苯/异丁醇（11/2），BYK-A500、A501、A550、A555是不含有机硅的聚合物消泡剂，用于溶剂型和无溶剂环氧树脂、聚氨酯等的脱泡。它们的用量范围为总配方的0.1%～0.5%。BYK-A506、A525、A535适用于环氧树脂和聚氨酯体系用脱泡剂。BYK-A506、A535用量范围为0.1%～1.0%，A525用量0.1%～0.5%。部分消泡剂的典型物性见表11-2。

表11-2 BYK公司的部分可用于聚氨酯体系的消泡剂

产品牌号	密度(20℃)/(g/mL)	不挥发分/%	特点和用途
BYK-A 500	0.88	6.5	非有机硅聚合物，可用于PU体系
BYK-A 501	0.89	44	非有机硅聚合物，推荐用于PU体系
BYK-A 550	0.87	9.7	非有机硅聚合物，可用于聚氨酯
BYK-A 555	0.88	38	非有机硅聚合物，可用于聚氨酯
BYK-A 506	0.95	0.7	聚硅氧烷溶液，用于环氧及聚氨酯体系
BYK-A 525	0.86	52.0	聚醚改性有机硅，用于环氧及聚氨酯
BYK-A 535	0.86	>99.0	非有机硅聚合物，特别适用于无溶剂PU和环氧体系

英国海名斯特殊化学公司（2008 年兼并德谦企业）的溶剂型体系的消泡剂有两个牌号，即 DAPRO 和 Defom，也有有机硅和非有机硅聚合物溶液两类。例如 DAPRO DF MOM 不含有机硅，溶剂是矿物油/溶剂油，相对密度为 0.83，用于醇酸树脂、丙烯酸聚氨酯漆等。DAPRO NA 1622 是有机硅溶液，可用于包括改性聚氨酯在内的涂料体系。Defom 5300/5400/5500/5600/5800F/6500 都是改性聚硅氧烷与不同有机溶剂形成的溶液，用于溶剂型涂料体系。德国 Schill＋Seilacher 公司也生产各种有机硅类消泡剂。

有的产品未指明用于聚氨酯，但对聚氨酯的消泡会有一定效果，要经过试验才能知道是否适用。

11.2.2　水性体系的有机硅消泡剂

水性树脂消泡剂一般以憎水性聚硅氧烷为主要成分。聚硅氧烷的憎水性越强，越能消除水性涂料、水性涂层浆料中的微细气泡。添加剂与体系的相容性越差，去泡作用越好。

BYK 化学公司的水性体系用有机硅消泡剂的成分、特性及应用领域见表 11-3。

表 11-3(a)　BYK 化学公司的水性体系用有机硅消泡剂的特性和优点

牌号	成分、特性及应用体系
BYK-019	60％聚醚改性聚硅氧烷的二丙二醇单甲醚溶液。特别适合于基于聚氨酯分散液和聚氨酯-丙烯酸酯水性涂料，也可用于颜料浓缩浆的消泡。BYK-019 可与 BYK-024 以 3∶2 的比例结合使用，效果良好
BYK-021 BYK-022 BYK-024 BYK-028	疏水性固体和聚硅氧烷在聚二醇中的混合物，无溶剂。BYK-021 和 BYK-022 特别用于含颜料和 18～25 质量份 PVC 的苯乙烯/丙烯酸酯、丙烯酸酯或丙烯酸酯/聚氨酯乳液。BYK-024、BYK-028 适合于颜料体积浓度 0～25％的水性聚氨酯和丙烯酸酯/聚氨酯乳液涂料
BYK-025	19％聚硅氧烷的二丙二醇单甲醚溶液。适用不含颜料的水性聚氨酯
BYK-093 BYK-094	具有消泡作用的聚硅氧烷和疏水性颗粒的混合物，适合于含颜料的和不含颜料的水性漆。BYK-093 还用于水性胶黏剂

表 11-3(b)　BYK 化学公司的水性体系用有机硅消泡剂的应用领域

	外墙涂料	光亮和半光涂料	塑料涂料	木器/地板漆	家具涂料	汽车漆	颜料浓缩浆
BYK-019	○	◎	◎	◎	◎		◎
BYK-021	◎	◎	◎				
BYK-022	◎	◎	◎	◎	◎		
BYK-024		◎	◎	◎	◎	○	◎
BYK-025			◎	◎	◎	○	
BYK-028	○	◎	◎	◎	◎	◎	
BYK-093	◎			◎			
BYK-094	◎		◎	◎	◎		

注：◎表示效果好，推荐使用；○表示效果一般，可用。

这些添加剂可在生产中任何阶段加入。推荐用量为 0.1％～1.0％(基于配方总量)，BYK-025 最高用量为 1.5％。把消泡剂分 2 个阶段添加（2/3 消泡剂加在研磨料中，1/3 在放料过程添加或加到成品漆中）是通常很有效的方法。因为 BYK-019、BYK-021、BYK-022 和 BYK-024 的高活性，这些添加剂应在高剪切力下加入，以使消泡剂分布均匀。否则体系可能出现缺陷。可能有分层的趋势，因此使用前需混合均匀，产品效力不受影响。

英国海名斯特殊化学公司（Elementis 公司）或其中国子公司德谦（上海）化学有限公司的水性体系消泡剂有两个牌号 DAPRO 和 Defom，主要成分为矿物油、有机硅或蜡、特殊聚酯溶液等。

11.3 流变剂

在聚氨酯涂料、密封胶等体系，会用到增稠剂、触变剂等流变助剂（rheology additives）。

11.3.1 触变剂

当少量触变剂加入树脂体系中，一般会产生氢键等作用力，形成三维网络结构，使树脂黏度增加数倍到许多倍，甚至失去流动性。当施工时，在一定的剪切力作用下，网状结构被破坏，体系黏度随剪切速率的增加而大幅度降低，可达到施工要求。当剪切力消失后，三维网状结构又重新形成，体系黏度上升，从而防止了漆膜和胶黏剂、密封胶的渗胶、流挂。触变剂具有明显的增稠效果，有时也称作防沉剂、防流挂剂等。

对于溶剂型体系，触变剂的增稠和触变性能还与溶剂的种类有关，使用前必须先做试验。触变剂品种有气相白炭黑、氢化蓖麻油、聚酰胺蜡、膨润土、改性脲等。

气相白炭黑（fumed silica，fume colloidal silica）是常用的一种流变助剂，它是气相法二氧化硅的俗称，比表面积很大。其生产流程为：将 $SiCl_4$ 蒸气与一定量的氢气、氧气（或空气）混合，在燃烧室中于1000～1200℃下发生气相反应，进行水解气化生成 SiO_2，将氯化氢初步分离，再将白炭黑用湿热空气处理，降低其残存的HCl而得成品。

为了增强白炭黑的触变效果，可加入少量助触变剂。例如，BYK-R605是多羟基羧酸酰胺类溶液，在与亲水性气相二氧化硅结合时，氢键增加，在低极性体系中可产生很强的触变性。R605用量为气相二氧化硅的10％～30％。它可用于聚醚多元醇体系。除二氧化硅，还可用于有机改性黏土等的触变增效。DMSO也可用作助触变剂。

由于白炭黑易吸水，用于聚氨酯体系时应注意水分的影响。

氢化蓖麻油（如德国OMG公司属下的Borchers公司的Borchi Gel Thixo 2，德国BASF公司属下Cognis公司的Rilanit Spezial Micro）是用于含低极性溶剂涂料的触变剂和增稠剂，适合用于干性油、醇酸树脂、环氧树脂、不饱和聚酯树脂、聚氨酯、氯化橡胶等体系。产品形式是微细白色粉末，99％颗粒粒径＜32μm，其酸值＜4mg KOH/g，熔点为80～86℃，皂化值为180mg KOH/g，羟值为150～160mg KOH/g，堆积密度为0.275～0.325g/cm³，用于光泽涂料、无光泽涂料。与非极性及低极性溶剂相溶性好。可以粉末形式直接添加。用二甲苯、溶剂油等预调配成糊状加入，效果更好。最好能够研磨，使体系均匀。调配触变剂糊宜在70～80℃搅拌进行。对于配方总量，触变剂用量在0.1％～2.0％。用量不能太多，否则对性能有负面影响。

改性氢化蓖麻油的外观、特性和用途与氢化蓖麻油相似，高温稳定性较好。例如Cognis公司的Rilanit HT Extra，一般用于溶剂型和无溶剂体系，可以允许较高操作温度。

聚酰胺蜡大多是将脂肪酸酰胺在天然石蜡中乳化产生极性，再加入二甲苯预先膨润生成膏状触变剂，它的膨润结构成网状，有非常好的强度和耐热性，贮存稳定性好，在涂料体系中具有极佳的防沉效果，可提高涂料的触变性。例如Elementis公司的THIXATROL MAX、P200N、P220X等THIXATROL P系列和DeuRheo 229就属于这类助剂，适合于低到高极性溶剂体系，提供抗流挂、防沉降、防返粗性能，具有较宽的温度活化范围。外观有粉末（100％）和浆体（20％）两类。其中DeuRheo 229是聚酰胺蜡浆，不挥发分为20％，溶剂是二甲苯与少量醇的混合物，相对密度约为0.88，它适用于各种溶剂型涂料、重防腐底漆、油墨、填缝胶、紫外光固化体系等。在聚氨酯中掺1％～3％可防流挂。

改性脲低聚物一般是液体新型触变剂，它克服了固态触变剂的使用不便。增稠机理是通过与涂料体系有选择地不相容，在合适的搅拌速度下，产生细小的针状结晶，通过结晶间的键合力，形成三维网状结构，从而为体系提供了较强的触变性。例如，德国BYK化学公司的BYK-410、420系列。BYK-410、D410、E410是用于溶剂型和无溶剂树脂体系的液体流变助剂，固含量为52%，主要有效成分是改性脲低聚物，溶剂分别是*N*-甲基吡咯烷酮(NMP)、二甲基亚砜、*N*-乙基吡咯烷酮（NEP），相对密度（20℃）分别是1.13、1.16和1.10，BYK-410黏度（20℃）为300～900mPa·s。产生的流变效果取决于时间及体系极性，通常在2～4h建立触变性，在中等极性体系中效果最好，适合用于聚氨酯体系。用于填料防沉时添加量为0.1%～0.7%；用于防流挂时添加量为0.5%～3%。用量取决于体系的极性和固体分。Elementis公司的DeuRheo 2810的成分、固含量、用途与BYK-410相似。

BYK-411、E411是固含量为27%的改性脲的溶液，溶剂分别是NMP、NEP，用于低极性树脂如醇酸树脂。BYK-420是用于水性涂料及色浆的液态流变性添加剂，产生触变性流动行为，改善涂料的抗下垂性能，用量为0.3%～3%；它也可以用作水性颜料、填料及消光剂浓缩浆的抗沉降剂，推荐用量占总配方的0.3%～1.5%。它是52%改性脲的NMP溶液，相对密度为1.12。使用时无需控制pH及温度。与其他流变助剂如硅酸盐类、丙烯酸和聚氨酯增稠剂，或者气相白炭黑相比，BYK-420不降低涂料的耐水性。

液态流变控制助剂BYK-430是高分子量脲改性中等极性聚酰胺溶液，不挥发分30%，相对密度为0.86，溶剂是异丁醇/石脑油溶剂（9/1），用于包括聚氨酯在内的溶剂型和无溶剂涂料体系等，用于防沉降时用量为0.1%～1.5%，用于抗流挂时用量为1%～3%。

11.3.2 增稠剂

市场上可选用的水性树脂增稠剂品种主要有无机增稠剂（膨润土、凹凸棒土）、纤维素类（羟乙基纤维素、羧甲基纤维素等）、聚丙烯酸酯（聚丙烯酸盐水溶液和丙烯酸酯乳液）、缔合型聚氨酯增稠剂、缔合型聚醚多元醇等类型。有些增稠剂具有触变效果。

无机增稠剂是一类吸水膨胀而形成触变性的凝胶矿物。聚丙烯酸酯本身是酸性的，需用碱或氨水中和至pH=8～9才能达到增稠效果。非离子型聚氨酯类增稠剂是缔合型增稠剂。

例如，Elementis公司的BENTONE系列是蒙脱土类粉末状流变助剂，用于水性工业涂料、建筑涂料。BENAQUA 4000是高分子改性膨润土，BENAQUA 1000成分是蒙脱土和膨润土。RHEOLATE 1、125、150、420、425、450、WT-113、WT-115、WT-120等是丙烯酸聚合物类增稠剂。

缔合型增稠剂的分子结构中引入了亲水基团和疏水基团，具有表面活性剂的性质。当它的水溶液浓度超过某一特定浓度时，形成胶束，胶束和聚合物粒子缔合形成网状结构，使体系黏度增加。

聚氨酯增稠剂是一种极佳的水性树脂体系的增稠剂，适用于多种乳液体系的高、中档乳胶漆及水性油墨、水性黏合剂等许多方面，国内外都有生产。例如德国Borchers公司的Borchi Gel LW44是基于聚氨酯的增稠剂，为黄色透明至微乳色液体，固含量为46%，相对密度（20℃）为1.06，黏度为5～9Pa·s。少量的LW44在水相中就有明显的增稠效果，产生触变性。因此特别适合用于低施工黏度场合，包括水性双组分聚氨酯体系，对涂膜光泽无不利影响。推荐用量为0.1%～2%。Borchi Gel L75N是一种基于聚氨酯的非离子型液体增稠剂，它在乳胶漆中用作流动性促进剂，并使含颜料的水性涂料稳定。外观为黄色半透明液体，是50%的水溶液，密度（20℃）为1.04～1.11，黏度（23℃）为5～9mPa·s。它吸附在分散颗粒的表面，改善乳胶漆的流变性。

Elementis公司的大部分聚氨酯类缔合型增稠剂是疏水改性的含氧化乙烯链节的聚醚型聚氨酯，包括RHEOLATE 200和600系列，以及DeuRheo WT系列。例如DeuRheo WT-

105A 是一种聚氨酯成分的水性增稠剂，是非离子型聚氨酯溶于乙二醇单丁醚和水形成的溶液，微黄色微浊液体，不挥发分为 50%左右，相对密度为 1.02，黏度低于 14000mPa·s，在流平性、涂膜光泽及耐水性等方面优于传统的纤维素类增稠剂或聚丙烯酸类增稠剂。RHEOLATE 300 是缔合型聚醚类增稠剂。

11.4 流平剂

流平剂是表面活性剂，它能降低涂料的表面张力，使得涂料容易流平，得到平整的涂膜。聚氨酯体系的流平剂可以是有机硅聚合物，也有丙烯酸酯聚合物等类型。

Elementis 公司的 Levaslip 系列流平剂的成分有聚硅氧烷、改性聚硅氧烷或（氟改性）丙烯酸酯共聚物等，其中部分流平剂用于溶剂型和无溶剂聚氨酯涂料体系。Levaslip 432 是改性聚硅氧烷，不挥发分为 13%～14%，相对密度为 0.87～0.90，溶剂为二甲苯/丁基溶纤剂，可用于亚光涂料。它们的用量占涂料总配方的 0.1%～0.5%。

德国 BYK 化学公司的流平剂 BYK-S706 是聚丙烯酸酯溶液，用于不饱和聚酯树脂、聚氨酯树脂及无溶剂环氧树脂体系，它改善流动性，在某些聚氨酯配方中还有助于脱气。它是无色至微黄液体，不挥发分为 51%，密度为 0.95g/mL，闪点为 45℃。用量为总配方的 0.5%～1.5%。

流平剂 BYK-350、BYK-356、BYK-359 和 BYK-361N 是聚丙烯酸酯共聚物，相对密度为 1.01～1.05 不等。BYK-359、BYK-361N 用于溶剂型、无溶剂涂料及粉末涂料，在工业涂料、卷材涂料中用作流平剂、抗涂膜缺陷添加剂，另外它可用作脱泡消泡剂。它们在总配方中用量为 0.05%～0.7%，可在任何阶段加入。BYK-388 是氟改性聚丙烯酸酯溶液，溶剂是二丙二醇单甲醚，不挥发分为 70%，用于溶剂型和无溶剂涂料于改善木器和家具涂料、汽车涂料、工业涂料和卷材涂料的表面流平性及底材润湿，但并不稳泡。可用于聚氨酯体系，用量为 0.5%～1.5%。

11.5 润湿剂

11.5.1 基材润湿剂

为了使涂料或油墨等液体铺展到基材上，液体的表面张力必须小于或等于基材的表面张力。聚氨酯是极性聚合物，表面张力高，对低极性表面的润湿性较差，可考虑在聚氨酯涂料体系添加基材润湿剂。润湿剂成分一般是聚硅氧烷、聚醚聚硅氧烷共聚物、有机氟改性聚合物溶液等。润湿剂除了对底材的润湿性外，有的还增进表面滑爽和抗粘连性。

例如德国毕克公司的 BYK-306、BYK-307、BYK-330、BYK-333、BYK-341、BYK-344 的主要成分是聚醚改性聚二甲基硅氧烷，BYK-310 是聚酯改性聚二甲基硅氧烷，它们能够显著降低表面张力，用于溶剂型涂料对基材的润湿。它们可在生产或使用前任何阶段添加，见表 11-4。

表 11-4 BYK 公司部分改性聚硅氧烷基材润湿剂的典型物性和应用

牌号	密度/(g/mL)	不挥发分/%	适用体系	建议用量范围等
BYK-306	0.93	12.5	S☆,N△,W△	溶剂为二甲苯/乙二醇单苯醚。用量为 0.1%～0.5%
BYK-307	1.03	>97	S☆,N☆,W△	性质与 BYK-306 相似，无溶剂。用量为 0.01%～0.15%
BYK-310	0.91	25	S☆,N△	比聚醚改性有机硅耐热。用量为 0.05%～0.3%
BYK-330	0.98	51	S☆,N△	改进抗划伤，防浮色发花，用量为 0.1%～0.5%
BYK-333	1.04	>97	S☆,N☆,W☆	适用广，可作抗缩孔剂。相容性好。用量为 0.05%～0.3%，在水性体系中可高至 1%

续表

牌号	密度/(g/mL)	不挥发分/%	适用体系	建议用量范围等
BYK-337	0.96	15	S☆,N△,W☆	溶剂为二丙二醇单甲醚。相容性好,不影响清漆透明。用量为0.1%~1.0%
BYK-341	0.97	51.5	S☆,N△,W☆	溶剂为乙二醇丁醚。用量为0.1%~0.3%。可作抗缩孔剂
BYK-344	0.94	52	S☆,N△	增进表面滑爽性,改善粘连,用量为0.1%~0.3%

注：S、N和W分别表示溶剂型、无溶剂和水性体系，☆表示推荐，△表示适用。

还有一些用于增进水性体系底材润湿剂的有机硅表面活性剂，如BYK-345、BYK-346、BYK-347、BYK-348和BYK-349是聚醚改性聚硅氧烷或其溶液。

不少这种聚醚改性聚硅氧烷可用于PU树脂、湿法PU树脂与人造革生产，在水性聚氨酯等体系改善基材润湿，还可用于离型纸润湿剂。

11.5.2 润湿分散剂

润湿分散剂（分散剂）的作用是提高固体粉料如颜料填料的分散效率并改善贮存稳定性，防止粉料在贮存期间沉降、结块。颜填料的良好分散还能够改善涂料的光泽、遮盖力和流变性等。

润湿分散剂是一种表面活性剂，它能够降低液/固之间的界面张力，可提高颜料的分散效率，缩短研磨时间。分子量低的湿润效率高。能够吸附在粉体离子的表面上构成电荷斥力、空间位阻效应，使分散体处于稳定状态。通过在分散的同时还需研磨，借助机械作用把颜料凝聚体和附聚体解聚成接近原始粒子的细小粒子，并均匀分散在连续相中。润湿分散剂用量不仅与涂料及粉末性质有关，而且很大程度取决于粉末的粒径，一般需通过实验决定。

加入填料或颜料前，通常应先将润湿分散剂搅拌混入树脂中。

润湿分散剂的种类比较多，从所含的离子类型分为阴离子型、阳离子型、非离子型、两性型、电中性型等。润湿分散剂含有羧基等酸根适合于无机颜料和填料通过极性力而稳定；含有氨基适合于有机颜料通过范德华力而稳定；空间位阻型润湿分散剂常含有与溶剂相容的长链如聚酯、聚醚、聚丙烯酸链。例如，英国海名斯特殊化学公司的Disponer、NUOSPERSE牌号的溶剂型涂料等体系的润湿分散剂的成分有含羧基的聚合物有机溶剂溶液、改性聚硅氧烷溶液、阴离子表面活性剂、高分子量羧酸有机溶液、电中性聚酰胺与聚酯混合物的有机溶液、电中性聚羧酸铵盐、高分子量羧酸与改性聚硅氧烷的混合物有机溶液、聚氨酯的有机溶液等；用于水性涂料体系的分散剂大多是阴离子型和非离子表面活性剂、聚羧酸盐水溶液、聚羧酸胺盐水溶液等。

例如，OMG Borchers公司Borchi Gen 0451是通用型无溶剂的聚氨酯类润湿和分散剂，可用于水性、溶剂型、无溶剂涂料以及颜料糊制备。Borchi Gen 0851是一种基于高分子量聚氨酯的润湿和分散剂，用于稳定有机颜料。

BYK 9076是不含溶剂的高分子量共聚物烷基铵盐（胺值为44mg KOH/g，酸值为38mg KOH/g）。BYK 9077是不含溶剂的“含颜料亲和基团”的高分子量共聚物。它们相对密度都是1.05。用于溶剂型和无溶剂涂料体系、PVC塑溶胶、热塑性塑料和胶黏剂，稳定有机和无机颜料，特别是炭黑。特别适合制备用于聚氨酯以及PVC应用的多元醇色浆。制成的多元醇浓色浆可用于聚氨酯泡沫塑料、聚氨酯地板等场合。用量基于炭黑的15%~50%，对于无机颜料等是5%~10%，对于有机颜料是10%~25%，对于二氧化钛是1%~3%。

又如，BYK-W961是多元羧酸-烷基铵盐的丙二醇溶液（酸值为60mg KOH/g，胺值为

60mg KOH/g，相对密度为 0.95)，该润湿分散剂推荐用于含矿物填料的聚氨酯胶黏剂的防沉降，用量为填料的 0.5%～1.5%。BYK-W966 和 BYK-W980 是不饱和脂肪酸多元胺酰胺和酸性聚酯的盐溶液，固含量分别为 52%和 80%。它们是具有降低黏度和防沉降性能的润湿分散剂，用量为填料的 0.5%～1.5%。可用于溶剂型和无溶剂涂料和胶黏剂体系，BYK-W980 比 BYK-W966 更推荐用于聚氨酯胶黏剂以及环氧树脂、聚酯胶黏剂、丙烯酸酯胶黏剂。BYK-W966 可用于各种涂料，还用于制造膨润土浆。BYK-W969 是带羟基官能团的酸性共聚物烷基铵盐的 40%溶液，特别适合于含有填料的聚氨酯胶黏剂、不饱和树脂、环氧树脂等体系，该助剂可交联入聚氨酯中，可用于低挥发的聚氨酯配方。它属于解絮凝型润湿分散剂，可加快润湿填料颗粒并在颗粒间产生温和的相互作用，使黏度得以大幅降低，从而提高填料含量。BYK-W985 是酸性聚酯 10%溶液，作用与 BYK-W969 相似，特别适合环氧体系，也可用于聚氨酯胶黏剂，但它通常不提供抗沉降性。

11.6 水性聚氨酯交联剂

水性聚氨酯交联剂品种较多，其化学类型有可水分散多异氰酸酯、氮丙啶、碳化二亚胺、环氧基硅烷、六羟甲基三聚氰胺、环氧树脂以及多元胺等。常用的有可水分散多异氰酸酯、氮丙啶、碳化二亚胺、环氧基硅烷、脂肪族环氧树脂（缩水甘油醚）等。有关可水分散多异氰酸酯交联剂的产品和性能介绍详见第 1.3.11 小节“可水分散多异氰酸酯”部分。

11.6.1 氮丙啶交联剂

多元氮丙啶（polyfunctional aziridine）是一类特殊的化合物，它易与羧酸基团反应，发生交联，用作交联剂、黏附性促进剂和改性剂，多元氮丙啶一般用于丙烯酸酯乳液及聚氨酯乳液的交联剂，也可用于非水性树脂。它可显著提高胶黏剂、涂料和印刷油墨等的最终性能，改善涂膜的强度、柔韧性、耐溶剂性、耐水性、硬度和对基材的黏附力。

氮丙啶（亚乙基亚胺）与羧基的反应式如下：

$$R-\overset{O}{\overset{\|}{C}}-OH + \underset{R'}{\overset{H_3C}{\triangle N}} \longrightarrow R'-NH-\overset{CH_3}{\overset{|}{CH}}CH_2-O-\overset{O}{\overset{\|}{C}}-R$$

Bayer 公司曾经有几种三元氮丙啶产品 XAMA 220、PFAZ 321 和 PFAZ 322，氮丙啶平均官能度约为 2.8，XAMA 220 和 PFAZ 322 的氮丙啶基团含量在 5.4～6.6mmol/g，这些产品已停产。

表 11-5 是上海泽龙化工有限公司 3 种三元氮丙啶交联剂的典型物性。该公司还供应聚氨酯改性多元氮丙啶交联剂。

表 11-5 上海泽龙化工有限公司的 3 种三元氮丙啶交联剂的典型物性

项 目	XC-103	XC-105	XC-113
CAS 编号	52234-82-9	57116-45-7	64265-57-2
分子式	$C_{21}H_{35}N_3O_6$	$C_{20}H_{33}N_3O_7$	$C_{24}H_{41}N_3O_6$
分子量	425.5	427.5	467.6
固含量/%	>99	>99	>99
黏度(25℃)/mPa·s	200～500	1000～4000	200～500
密度(25℃)/(g/mL)	1.1	1.18～1.20	1.08
凝固点/℃	约−15	<−10	约−15
pH 值	8.0～11.0	8.0～11.0	8.0～10.5

续表

项　　目	XC-103	XC-105	XC-113
氮丙啶官能度	3	3	3
氮丙啶基含量/(mmol/g)	6.77	6.74	NA
液体外观	无色至淡黄	无色至淡琥珀	无色至淡黄
其他公司对应牌号	HD-105	HD-110,PZ-33	HD-100,PZ-28

注：都可溶解在水、醇、酮、酯等常见溶剂中。

美国 PolyAziridine LLC 公司是专门生产多元氮丙啶交联剂的公司，只有 2 个产品，其中 PZ-28 的 CAS 编号为 64265-57-2，浅黄色透明液体，氮丙啶基含量为 5.4～6.6mmol/g，平均官能度约为 2.8，密度（25℃）为 1.05～1.09g/mL，黏度（25℃）为 100～300mPa·s。PZ-33 的 CAS 编号为 57116-45-7，浅黄色透明液体，氮丙啶基含量为 6.4～7.3mmol/g，平均官能度约为 3.3，密度（25℃）为 1.18～1.2g/mL，黏度（25℃）<4000mPa·s。上海西润化工科技有限公司的 XR-100 交联剂的 CAS 编号为 64265-57-2。此外，盐城市康乐化工有限公司（盐城市药物化工厂，HD 系列）、上海尤恩化工有限公司、东莞市百利福化工新材料有限公司等也生产或供应氮丙啶类交联剂。

CAS 编号为 64265-57-2 的 PZ-28 和 XC-113 等，化学名称是三羟甲基丙烷三(2-甲基-1-氮丙啶基丙酸酯)，结构式如下：

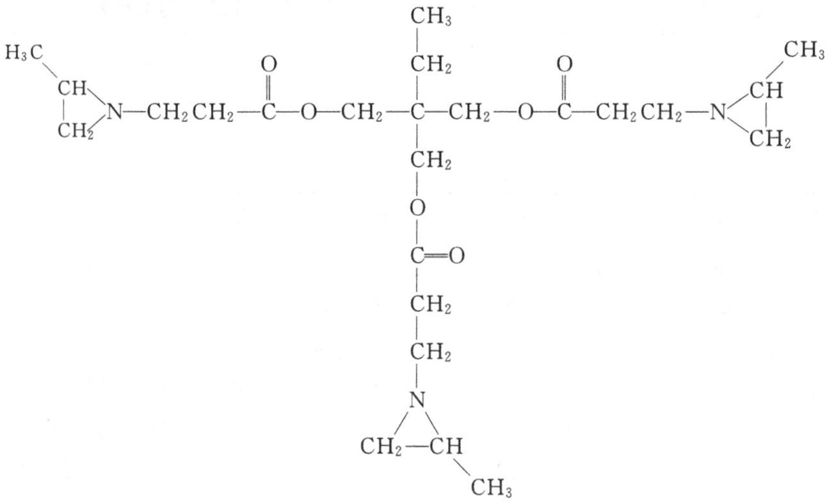

```
                                              CH3
                                              |
H3C                           O               CH2              O                      CH3
   \                          ‖               |                ‖                     /
    CH                        |               |                |                   CH
    | \N—CH2CH2—C—O—CH2—C—CH2—O—C—CH2CH2—N<  |
    CH2                                       |                                    CH2
                                              CH2
                                              |
                                              O
                                              |
                                              C=O
                                              |
                                              CH2
                                              |
                                              CH2
                                              |
                                              N
                                             / \
                                          CH2—CH
                                                 \
                                                  CH3
```

CAS 编号为 57116-45-7 的 PZ-33 和 XC-105，化学名称是季戊四醇三[3-(1-氮丙啶基)丙酸酯]，分子结构中除了 3 个氮丙啶基外，还存有一个羟基，可以与异氰酸酯反应；CAS 编号为 52234-82-9 的 XC-103，化学名称是三羟甲基丙烷三(3-氮丙啶基丙酸酯)。结构式与 PZ-28 的相似。

这几种氮丙啶类交联剂在使用前缓慢地添加到均匀搅拌着的涂料体系中，相当于该多元氮丙啶作为双组分涂料的交联剂组分。可直接加入，或者用不含活性氢的溶剂或水稀释后加入。添加量根据对涂层性能要求而定，一般为树脂固体分的 1%～3%，也可添加 5%。固化后形成耐溶剂性能更高的涂层。pH 值对交联速率影响较大，乳液 pH 值控制在 9.0～9.5 时添加多元氮丙啶交联剂，可获得最佳效果。较低的 pH 值可导致氮丙啶反应过快。一般室温可反应，加热有利于反应进行。

加入氮丙啶后，含低沸点胺如氨水或三乙胺的水性体系的适用期通常在 18～36h，超过这个时间，有效氮丙啶基团损失，只需补加即可，据称对胶膜的性能无负面影响。氮丙啶化合物对活性氢基团敏感，不能与酸性物质及强氧化剂接触。

11.6.2 碳化二亚胺交联剂

某些碳化二亚胺化合物用于水性聚氨酯、丙烯酸酯乳液、水性聚酯树脂等的交联剂。碳化二亚胺与聚合物链段上的羧基、氨基发生反应，可把两个基团连接起来，形成交联。

$$R\text{—}COOH + \text{—}N\text{=}C\text{=}N\text{—} \longrightarrow \text{—}N(H)\text{—}C(\text{=}O)\text{—}N(C(\text{=}O)R)\text{—}$$

$$R\text{—}NH_2 + \text{—}N\text{=}C\text{=}N\text{—} \longrightarrow \text{—}N(H)\text{—}C(NH\text{—}R)\text{=}N\text{—}$$

日本日清纺控股集团公司日清纺化学公司生产的Carbodilite系列水性树脂交联剂属于碳化二亚胺类多官能度交联剂。日清纺化学公司的常规水性碳化二亚胺类交联剂的典型物性见表11-6。它们外观为水溶液或乳液，都不含溶剂，毒性非常低，固含量40%，都是非离子型，pH值为8～11，固化温度都在室温以上。Carbodilite E-02推荐用量为树脂的3%～7%（固体分的质量分数）。

表11-6 日清纺化学公司的常规水性碳化二亚胺类交联剂的典型物性

产品品种	SV-02	V-02-L2	E-02
类型	水溶液		乳液(无皂)
黏度/mPa·s	100		10
—NCN—当量①	429	385	445
特点	高反应性,在较低温度固化	高反应性	长适用期

① 碳化二亚胺当量指每一个碳化二亚胺基团所分摊的摩尔质量，即分子量与官能度的比值。

Dow化学公司属下美国Angus化学公司的ZOLDINE XL-29SE（Dow化学公司原牌号Ucarlnk XL-29SE）碳化二亚胺交联剂是黄色至褐色透明液体，固含量为50%，固体分碳化二亚胺当量为410，典型黏度（25℃）为100mPa·s，相对密度（20℃）为1.028，闪点为46℃，可分散于水中，pH值约为11。它可在缓慢搅拌下加入水性树脂中，用量为5%～10%。

上海尤恩化工有限公司供应的多功能聚碳化二亚胺UN-557，外观为黄色水溶液，固含量为40%，黏度（25℃）为60～300mPa·s，密度为1.045g/cm³，pH值约为12，用量为5%～10%。

碳化二亚胺与羧基的交联反应可常温进行，但比较缓慢，完全固化需2～3天。升温有利于加快反应进行，例如在80～85℃需0～3min左右即可完成。当水性树脂体系的pH值调到中性和酸性时，反应加快。另外，碳化二亚胺与水也能反应（水解），生成取代脲，这个反应在pH值为8.5～9范围最慢。因此，当用氨水等把pH值调为碱性时，交联反应活性很低，可在水性树脂配方稳定一段时间。这类碳化二亚胺产品一般作为双组分体系的交联剂组分。

碳化二亚胺交联剂改善含羧基水性树脂的耐水性、耐溶剂性、耐磨性、耐温性、附着力和耐久性，主要用作涂料、皮革涂饰剂、油墨、胶黏剂、织物涂层剂的交联剂。还用于玻璃纤维和碳纤维的表面处理。另外还可提高水性体系涂饰剂在非极性基材上的黏附力。

11.6.3 环氧硅烷交联剂

β-(3,4-环氧环己基)乙基三乙氧基硅烷和β-(3,4-环氧环己基)乙基三甲氧基硅烷这两种环氧硅烷偶联剂，可用于含羧基或氨基的水性聚氨酯及丙烯酸酯涂料的交联添加剂，可用于配制贮存稳定的单组分或双组分体系。该化合物可在加热条件下进行交联，或在碱性物质和催化剂存在下室温交联。

β-(3,4-环氧环己基)乙基三乙氧基硅烷，英文名 β-(3,4-epoxycyclohexyl)ethyltriethoxysilane，分子式为 $C_{14}H_{28}O_4Si$，分子量为 288.5，CAS 编号为 10217-34-2。结构式如下：

$$(CH_3CH_2O)_3SiCH_2CH_2-\text{(3,4-环氧环己基)}$$

该产品在美国迈图高新材料公司的牌号为 CoatOSil 1770Silane，活性材料 100%。在日本信越化学工业株式会社的牌号是 KBE 303。在南京德能化工有限公司的牌号为 SiLink KH-567，纯度≥97%。

该环氧基硅烷偶联剂为浅黄色透明液体，相对密度（25℃）约为 1.00，沸点>300℃，凝固点低于 0℃，CoatOSil 1770 的闪点（PMCC）为 129℃。

β-(3,4-环氧环己基）乙基三乙氧基硅烷用作水性树脂的交联剂或黏附促进剂，分子中的环氧基与基质树脂中的羧基或氨基反应，分子中的烷氧基在水解后通过缩合形成硅氧烷键而交联。这种交联剂可使涂料具有优异的湿/干黏附力、耐溶剂、耐冲击、耐磨、耐候及耐久性等优异涂层性能，特别用于需耐久性的高性能场合，如清漆、木器涂料、外部涂料。烷氧基硅烷基材表面反应，增进涂层的湿黏附强度，或与填料反应增进颜料结合。它可在中等剪切力分散下直接添加，也可配成 40%固含量的乳液后添加。添加量占树脂总固体分的 0.5%～5%。为了获得最高的性能和耐久性，建议采用较高的酸值及硅烷用量。把 CoatOSil 1770 硅烷配入水性涂料配方中，在成品单组分涂料体系中甚至能稳定 18 个月，稳定性优于多元氮丙啶、三聚氰胺-甲醛交联剂及异氰酸酯等交联剂。当交联剂用量增加（大于树脂固体分的 5%），或者 pH 值超过 6～8.5 的范围时，涂料的贮存稳定性下降。当用于酸值在 15～70mg KOH/g 范围的水性树脂中可获得最佳效果。对于各种树脂添加量如下：木器涂料（厨房橱柜、家具）2%，木器涂料（地板）3%，砖石建筑涂料 2%，外用金属涂料 1%，玻璃涂料 1.5%，外用建筑涂料 1.2%，内用建筑涂料 0.5%，皮革及塑料涂料 2%。

β-(3,4-环氧环己基)乙基三甲氧基硅烷也可用于水性树脂交联剂但不如 β-(3,4-环氧环己基)乙基三乙氧基硅烷。

美国迈图高新材料公司的 Silquest Wetlink 78 不仅可用于密封胶的粘接促进剂，也可用于单组分含羧基乳液（包括常规水性聚氨酯）的交联剂，它的主要成分是 3-缩水甘油醚氧丙基甲基二乙氧基硅烷（3-glycidoxypropylmethyldiethoxysilane），分子量为 248.4，相对密度为 0.98，黏度（25℃）约为 3mPa·s，折射率为 1.431，闪点为 121℃，沸点为 259℃，CAS 编号为 2897-60-1。该化学品日本信越公司的牌号为 KBE-402。

11.7 活性稀释剂

在聚氨酯涂料体系中，为了符合低 VOC（挥发性有机化合物）环保法规要求、得到高固含量的配方，采用活性稀释剂是一种较好的办法。

活性稀释剂起溶剂和增塑剂的降黏作用，但不同于溶剂和增塑剂的地方是它们能够结合到树脂中。用于聚氨酯体系的活性稀释剂有噁唑烷、环状碳酸酯、内酯等。

11.7.1 噁唑烷活性稀释剂和潜固化剂

噁唑烷潜固化剂和活性稀释剂有共同之处，就是遇到湿气后氨基和羟基活性基团被释放，用作固化剂成分。低黏度的产品既是活性稀释剂，又是潜固化剂。在暴露在湿气中时，噁唑烷基团水解产生氨基和羟基，起交联固化作用。其水溶液一般为碱性。噁唑烷与水反应快，因而体系中无 CO_2 气体生成，防止涂层发泡和针孔现象的发生。

11.7.1.1 噁唑烷活性稀释剂

嗯唑烷活性稀释剂的水解活性较比醛(酮)亚胺低，稳定性较好，在固化环境下遇湿气离解后产生羟基或及仲氨基，参加固化反应，而生成的少量副产物酮（或醛）与树脂具有良好的相容性，慢慢挥发，不影响固化后树脂的外观。它不但不会像增塑剂那样降低硬度，而且可得到良好耐化学品性能、柔韧性、耐冲击性、耐磨性和附着力的涂膜。

美国 Angus 化学公司 20 世纪 90 年代推出了两种 Zoldine RD 系列活性稀释剂产品，配入 PU 涂料中不会降低涂膜硬度及耐化学品性能。Zoldine RD-20 是一种 2 官能度的双环噁唑烷，分子量为 227；Zoldine RD-4 是一种噁唑烷-醛亚胺，其官能度为 3，分子量为 268。它们在 25℃时的黏度均低于 30mPa·s。它们一般加入多元醇组分中，降低黏度，再与异氰酸酯组分配合成双组分高性能聚氨酯涂料及胶黏剂体系，推荐加入量一般在 10%～30%之间。由于醛亚胺基团的活性较大，噁唑烷-醛亚胺（RD-4）缩短双组分体系的适用期，明显使固化加快。而采用噁唑烷稀释剂（RD-20），当稀释剂用量增加时，适用期及固化时间延长。可采用微量催化剂加速固化。如今已经没有这两个产品。目前 Angus 公司的 PARALOID 反应型改性剂 QM-1007M 是含噁唑烷基团的活性稀释剂，为浅褐色低黏度液体，一般用于双组分丙烯酸聚氨酯涂料以及聚酯型聚氨酯涂料，其不挥发分≥98%，相对密度为 1.07，黏度为 50mPa·s，活性基团当量（即分子量/官能度）为 100，可产生的羟基含量为 9%，氨基含量为 7%。

英国 Incorez 公司（原名 ICL 公司）也在 1997 年推出了一种噁唑烷类高性能反应型稀释剂 Incozol LV，可用于聚氨酯涂料、密封胶及弹性体，加到多元醇组分中，配成低 VOC 体系，主要用于高固含量双组分 PU 涂料。Incozol LV 是双环噁唑烷，与异氰酸酯反应的官能度为 4，分子量为 344。黏度（20℃）约为 50mPa·s，密度为 1.07g/cm³，色度（APHA）≤250，沸点 200℃。它用作单组分或双组分聚氨酯的反应型稀释剂，多用于双组分体系，用于低 NCO 含量预聚体的生产，还用于弹性体和高性能漆。Incozol 3 既是除水剂，也能用作活性稀释剂。

11.7.1.2 噁唑烷潜固化剂

在聚氨酯材料配方中，潜固化剂多用于单组分湿固化体系，噁唑烷类潜固化剂已工业化。潜固化剂中包含封闭氨基和羟基，可通过空气中的湿气活化。这类潜固化剂特点包括：水固化而不产生 CO_2 气泡，对重复开闭包装桶有一定的容忍度，加速低 NCO 含量的聚氨酯预聚体的固化。对于脂肪族聚氨酯预聚体，为确保羟基与异氰酸酯基团有足够的反应速率，有时需添加传统聚氨酯催化剂，如二月桂酸二丁基锡。噁唑烷类潜固化剂的添加要适量，加入过多会导致涂膜发黏，甚至无法固化的情况。下面介绍几种潜固化剂。

Hardener OZ 是 Bayer 的一种基于氨酯二噁唑烷潜固化剂，为无溶剂型液体或含部分结晶物质。黏度（23℃）为（7500±2500）mPa·s，密度（20℃）约为 1.07g/mL，NH 当量为 243±10。

英国 Incorez 公司有几种潜固化剂，Incozol 4、Incozol K、Incozol HP 和 Incozol NC 是双噁唑烷基团潜固化剂，水解后可产生 4 个反应基团。Incozol 4 可用于单和双组分聚氨酯体系，对于单组分体系一般是脂肪族聚氨酯预聚体；在双组分体系，预聚体和异氰酸酯都可以常用。Incozol K 是改性噁唑烷潜固化剂，Incozol NC 和 EH 是氨酯改性噁唑烷潜固化剂，低温不会结晶。都用于湿固化体系。Incozol 4、Incozol K、Incozol HP 和 Incozol NC 可用于屋顶涂料，高固含量湿固化涂料或清漆，密封胶及胶黏剂。Incozol EH 可用于单组分湿固化脂肪族和芳香族聚氨酯，气味相对较小。英国 Incorez 公司有几种噁唑烷潜固化剂的典型物性见表 11-7。

表 11-7 英国 Incorez 公司有几种噁唑烷潜固化剂的典型物性

项 目	Incozol4	IncozolK	IncozolHP	IncozolNC	IncozolEH
表观分子量	488	476	488	460	600
黏度(20℃)/Pa · s	10	5	10	2	7
密度(25℃)/(g/mL)	1.08	1.10	1.08	1.08	1.03
闪点/℃	90	70	110	74	107
官能度	4	4	4	4	4
色度(APHA) ≤	300	500	200	300	400
凝固点/℃	—	≤−10	—	≤−10	≤−15

安乡县艾利特化工有限公司生产的 ALT-101 和广州森波拉化工有限公司供应的 SL-101 是一种低黏度潜固化剂，用于单组分湿固化聚氨酯，消除发泡，表干时间可调至 1h 以内，生产和施工过程中不产生令人不愉快的气味。ALT-301 是氨酯双噁唑烷类产品，分子量为 590，与国外的潜固化剂 Hardener OZ 类同。ALT-402、403 不存在冬天固化慢的问题，ALT-402 加入体系后可在 10℃以下施工，ALT-403 加入体系后可在 15℃以下施工。它们的应用包括单组分聚氨酯涂料，密封胶、胶黏剂、弹性体等领域，而且在双组分聚氨酯体系中也有很好的抑泡效果。

国内几种噁唑烷潜固化剂的典型物性见表 11-8。

表 11-8 国内几种噁唑烷潜固化剂的典型物性

项 目	SL-101 ALT-101	ALT-301	SL-401 ALT-401	ALT-402	ALT-403
外观	橙色透明	浅黄透明	橙色透明	无色-浅黄	淡黄透明
黏度(20℃)/mPa · s	<25	3325	210	85	105
密度(25℃)/(g/mL)	0.925	0.815	0.955	0.98	1.08
凝固点/℃	<0	≤0	−3	<0	<0
沸点/℃	332	—	252	235	295
固含量/%	≥99.0	≥99.0	≥99.0	≥99.5	≥99.5
氨基/(mmol/g)	2.5±0.1	NA	6.7±0.1	NA	NA

11.7.2 亚烷基碳酸酯

亚烷基碳酸酯与异氰酸酯相容性好，可用作异氰酸酯或预聚体的活性稀释剂。

亚烷基碳酸酯（如亚乙基碳酸酯、亚丙基碳酸酯、亚丁基碳酸酯）是一类杂环化合物，毒性低，可与活性氢基团如羧基、芳香族羟基、巯基和氨基反应，通过烷氧基化作用机理开环、失去一个二氧化碳分子，生成含羟基化合物。反应式如下：

$$\text{(环状碳酸酯, R取代)} + HX{-}R_1 \xrightarrow{B} HO{-}C(=O){-}O{-}CH_2{-}CH(R){-}X{-}R_1$$

$$HO{-}C(=O){-}O{-}CH_2{-}CH(R){-}X{-}R_1 \xrightarrow{-CO_2} HO{-}CH_2{-}CH(R){-}X{-}R_1$$

亚丙基碳酸酯（propylene carbonate）的化学名称为 4-甲基-1,3-二氧戊环-2-酮，别名为碳酸丙烯、碳酸丙烯酯、碳酸亚丙酯。分子式为 $C_4H_6O_3$，分子量为 102.1。CAS 编号为

108-32-7。结构式：

$$\begin{array}{c} O \\ \| \\ O \diagup \overset{}{C} \diagdown O \\ | \qquad | \\ \text{—}\text{—}CH_3 \end{array}$$

亚丙基碳酸酯是有特殊气味的无色液体。部分溶于水。亚丙基碳酸酯的典型物理性质见表 11-9。

表 11-9　亚丙基碳酸酯的典型物理性质

项　目	指　标	项　目	指　标
外观	无色透明液体	黏度(20℃)/mPa·s	2.4
分子量	102.1	蒸气压(25℃)/Pa	4
沸点/℃	240	闪点/℃	132～135
沸程/℃	195～253	相对密度(20℃)	1.20～1.21
凝固点/℃	－50	PC在水中溶解度	21%(25℃)
折射率(20℃)	1.421	水在PC中溶解度	8%(25℃)
折射率(25℃)	1.419	Hansen溶解度参数	13.3
自燃温度/℃	454	蒸发速率(BuA=1)	<0.005

注：以 LyondellBasell 公司的 Arconate 亚丙基碳酸酯物性数据为主。

亚丙基碳酸酯毒性很低，LD_{50}（大鼠经口）=29g/kg。亚丙基碳酸酯产品的纯度一般≥99.0%，水分≤0.1%。Nitroil 公司的亚丙基碳酸酯牌号是 PC Medion，Huntsman 公司的产品牌号是 Jeffsol 亚丙基碳酸酯（PC），LyondellBasell 公司的牌号为 Arconate 亚丙基碳酸酯（PC）。

另外，亚丙基碳酸酯的同系物亚乙基碳酸酯在 35℃熔化成透明液体，可与其他极性溶剂混溶。Nitroil 公司的亚乙基碳酸酯（ethylenecarbonate、1,3-dioxolane-2-one）的牌号为 PC Dilanon。Nitroil 公司的 PC Dilanon 50 是亚丙基碳酸酯和亚乙基碳酸酯的混合物。

亚丙基碳酸酯是一种低黏度、高沸点化合物，具有生物降解性能，可广泛应用于溶剂。可作为聚氨酯预聚体的降黏剂、活性稀释剂和增塑剂，用于喷涂聚氨酯弹性体体系等。另外它们还能代替氧化烯烃用作烷氧化原料，如用于制造 HQEE、HER 芳香族二醇扩链剂制备，常压操作，无需高压。

11.7.3　γ-丁内酯

γ-丁内酯（*gamma*-butyrolactone）分子式为 $C_4H_6O_2$，分子量为 86.1。CAS 编号为 96-48-0。结构式：

$$\begin{array}{c} CH_2\text{—}CH_2 \\ | \qquad\quad | \\ CH_2 \quad C{=}O \\ \diagdown \; \diagup \\ O \end{array}$$

它是无色油状液体，有类似丙酮气味，沸点范围为 201～206℃，凝固点约为－43℃，密度（20℃）为 1.13g/cm³，闪点为 104℃。能与水、醇、酮、酯及芳烃混溶。有限溶解于脂肪烃和环脂烃。

BASF 公司的 γ-丁内酯产品纯度在 99.7%以上，水分≤0.05%，1,4-丁二醇含量≤0.10%，酸度（以丁酸计）≤0.03%。

γ-丁内酯用途广泛，在聚氨酯领域，可用作聚氨酯的黏度改性剂（活性稀释剂）以及聚氨酯和氨基涂料体系的固化剂。

有些用于特殊产品的助剂，例如用于水性 PU 涂层胶、PU 织物整理用的拨水剂，用于聚氨酯革的拒水拒油添加剂（成分有有机氟改性聚合物等），水性涂料的拒水剂，PU 革抗粘连柔软剂（一般是有机硅类），湿法 PU 革泡孔调整剂（成分一般是聚醚改性聚硅氧烷），PU 革泡孔调节剂等，限于篇幅，在此不详细介绍，需要的可咨询专业助剂厂家。

11.8　偶联剂

在聚氨酯胶黏剂、密封胶、涂料、弹性体、增强 RIM 等材料中可能采用偶联剂。偶联剂主要是用作无机填料如玻璃纤维、白炭黑、滑石粉、云母、陶土和硅灰石等的表面处理剂，得到活化填料，提高与聚氨酯等聚合物树脂的结合力。还可用作胶黏剂、填料等的添加剂，用有机溶剂稀释的稀溶液也可用作基材表面底涂剂，以提高胶黏剂或涂层附着力。偶联剂种类包括硅烷类和钛酸酯类，聚氨酯多使用硅烷偶联剂，含氨基、巯基、异氰酸酯基的有机硅偶联剂优选用于聚氨酯材料，含脲基的适用于聚氨酯，含环氧基也可以使用。下面介绍几种有机硅偶联剂。

11.8.1　含氨基的硅烷偶联剂

11.8.1.1　γ-氨丙基三乙氧基硅烷

英文名：γ-aminopropyltriethoxysilane；3-aminopropyltriethoxy silane；3-(trimethoxysilyl)-1-propanamine 等。

简称：KH-550。

结构式：$NH_2CH_2CH_2CH_2Si(OC_2H_5)_3$。

分子量为 221.4。CAS 编号为 919-30-2。

无色至淡黄色透明液体，相对密度（25℃）为 0.946，黏度约为 1.5mPa·s，沸点为 217～220℃，折射率（25℃）为 1.420，闪点为 96℃(Pensky-Martens 密封杯)。可立即完全溶于水、醇、芳香族和脂肪族烃类化合物，与水反应，但不宜用丙酮作稀释剂。

本品为含氨基的硅烷偶联剂，广泛适用于包括聚氨酯在内的许多热塑性树脂和热固性树脂。需注意氨基与 NCO 发生反应的速率较快。

部分公司对应牌号：Silquest A-1100、A-1108、A-1102(美国迈图公司，即 Momentive 公司)，KBE-903(日本信越化学工业株式会社)，Geniosil GF 93(德国瓦克化学公司，即 Wacker Chemie)，Z-6011(美国道康宁公司，即 Dow Corning 公司)，Dynasylan AMEO(美国赢创工业集团公司，即 Evonik Industries 公司)。国内大部分公司如南京曙光化工集团有限公司、辽宁盖州市恒达化工有限责任公司等该产品名称一般是硅烷偶联剂 KH-550。

11.8.1.2　γ-氨丙基三甲氧基硅烷

英文名：3-aminopropyltrimethoxysilane 等。

结构式：$NH_2CH_2CH_2CH_2Si(OCH_3)_3$。

分子式为 $C_6H_{17}NO_3Si$，分子量为 179.3。CAS 编号为 13822-56-5。

无色至淡黄色透明液体，相对密度（25℃）为 1.01，折射率（25℃）为 1.422，闪点为 88℃，沸点为 215℃。

部分公司对应牌号：KH540 或 SG Si-1110(南京曙光化工集团有限公司)，Silquest A-1110(美国迈图公司)，KBM-903(日本信越化学工业株式会社)，Dynasylan AMMO(德国赢创工业集团公司)，Geniosil GF 96(德国瓦克化学公司)。

11.8.1.3 *N*-(β-氨乙基)-γ-氨丙基三甲氧基硅烷

别名：*N*-(2-氨乙基)-3-氨丙基三甲氧基硅烷，KH-792。

英文名：γ-aminoethyl-aminopropyltrimethoxy silane；*N*-2(aminoethyl)3-aminopropyltrimethoxysilane。

分子量为222.4。CAS编号为1760-24-3。

结构式：$NH_2CH_2CH_2NHCH_2CH_2CH_2Si(OCH_3)_3$。

无色至淡黄色透明液体，相对密度（25℃）为1.03，沸点为259℃，折射率（25℃）为1.442，闪点为128℃。溶于苯、乙醚等有机溶剂，与丙酮、四氯化钛、水反应。

本品主要应用于丙烯酸、纤维素、环氧、呋喃、三聚氰胺、硝基纤维素聚酰胺、聚醚、聚氨酯、有机硅、脲醛等树脂中，以及乙烯基树脂漆、环氧树脂漆、聚氨酯树脂漆中，显著提高涂料对涂层表面的附着力，对难上漆的金属特别有效。对于玻纤、玻璃棉处理可以提高其弯曲强度、柔软程度。该品也是生产玻璃胶不可缺少的助剂。

该硅烷偶联剂的部分厂家对应牌号为：Silquest A-1120(美国迈图公司)，Geniosil GF 91和GF 9(德国瓦克化学公司)，KBM-603(日本信越公司)，Z-6020或Xiameter OFS-6020、高纯度Z-6094或Xiameter OFS-6094(美国道康宁公司)，SG-Si900(南京曙光化工集团有限公司)，Dynasylan DAMO(德国赢创公司)。

11.8.1.4 *N*-(β-氨乙基)-γ-氨丙基三乙氧基硅烷

别名：*N*-(2-氨乙基)-3-氨丙基三乙氧基硅烷，*N*-氨乙基-3-氨丙基三乙氧基硅烷，*N*-[3-(三乙氧基硅基)丙基]乙二胺，KH-791、KH-552。

英文名：*N*-2-(aminoethyl)-3-aminopropyltriethoxysilane等。

分子式为$C_{11}H_{28}N_2O_3Si$，分子量为264.5。CAS编号为5089-72-5。

结构式：$NH_2CH_2CH_2NHCH_2CH_2CH_2Si(OC_2H_5)_3$。

相对密度（25℃）为0.97，折射率（25℃）为1.438，闪点为123℃，沸点为135℃/0.67kPa。遇水水解。

日本信越公司产品牌号KBE-603，杭州置信化工有限公司ZX-5005或KH-552。

11.8.1.5 苯胺甲基三乙氧基硅烷

英文名：anilinomethyltriethoxysilane等。

分子式为$C_{13}H_{23}NO_3Si$，分子量为269.4，CAS编号为3473-76-5。

结构式：$PhNHCH_2Si(OC_2H_5)_3$。

淡黄色油状液体，含量通常≥95.0%，沸点为132℃(0.533KPa)，相对密度（20℃）为1.021，折射率（20℃）为1.4857，溶于醇、醚、酮、酯、烃等大部分有机溶剂，不溶于水。可用于聚氨酯树脂体系。

国内牌号为南大-42等。

11.8.1.6 苯胺丙基三乙氧基硅烷

英文名：anilinopropyltriethoxysilane；*N*-(3-triethoxysilylpropyl)aniline。

分子式为$C_{15}H_{27}NO_3Si$，分子量为297.5。

草黄色至琥珀色透明液体。溶于醇、酮、醚、酯、烃等大中分溶剂中，不溶于水。氯含量为0～10mg/kg。相对密度为1.070(25℃)，沸点为310℃，闪点为146℃(Pensky-Martens闭杯)。

本品作为偶联剂可应用于聚氨酯、环氧树脂、丙烯酸酯，能提高玻璃布-酚醛树脂复合材料的高温老化性能。还可作为胶黏剂、密封剂、涂料、玻璃纤维的浸润剂和表面处理剂。

11.8.1.7　其他含氨基的硅烷偶联剂

γ-氨丙基甲基二乙氧基硅烷，为无色至黄色透明液体，CAS 编号为 3179-76-8，对应国外牌号为 Z-6015(美国道康宁公司)、Dynasylan 1505(德国赢创公司) 等。

N-(β-氨乙基)-γ-氨丙基甲基二甲氧基硅烷，CAS 编号为 3069-29-2，对应牌号有 A-2120(原美国联碳公司)、KBM-602(日本信越化学工业株式会社)、Dynasylan 1411(德国赢创公司)、Geniosil GF 95(德国瓦克化学公司)、硅烷偶联剂 KH-602 等。

N-乙基-3-三甲氧基硅烷-2-甲基丙胺(*N*-乙基氨异丙基三甲氧基硅烷)，分子式为 $C_9H_{23}NO_3Si$，分子量为 221.4，CAS 编号为 227085-51-0。美国迈图公司对应牌号为 Silquest A-Link 15，它是聚氨酯胶黏剂、密封胶的一种仲氨基硅烷交联剂。

苯胺丙基三甲氧基硅烷(*N*-苯基-3-氨丙基三甲氧基硅烷)，分子量为 255.4。CAS 编号为 3068-76-6。相对密度（25℃）为 1.07，折射率（25℃）为 1.504，沸点为 312℃。部分厂家对应牌号：Silquest Y-9669(美国迈图公司)，KBM-573(日本信越公司)。

苯胺丙基甲基二甲氧基硅烷，分子式为 $C_{12}H_{21}NO_2Si$，分子量为 239.4，CAS 编号为 2452-94-0。相对密度（25℃）为 0.997，折射率（25℃）为 1.505。

γ-脲丙基三乙氧基硅烷，分子式为 $C_{10}H_{24}N_2O_4Si$，分子量为 264.4，CAS 编号为 23779-32-0。原 GE 东芝有机硅公司的 A-1160 是 50%甲醇溶液。

γ-脲丙基三甲氧基硅烷，分子式为 $C_7H_{18}N_2O_4Si$，分子量为 222.3，CAS 编号为 23843-64-3。相对密度为 1.066，沸点为 251℃。原 GE 东芝有机硅公司对应牌号为 A-1524。

11.8.2　含环氧基的硅烷偶联剂

11.8.2.1　γ-缩水甘油醚氧丙基三甲氧基硅烷

别名：3-缩水甘油氧丙基三甲氧基硅烷，γ-(2,3-环氧丙氧) 丙基三甲氧基硅烷，KH-560。

英文名：γ-glycidoxypropyltrimethoxysilane；3-glycidoxypropyltrimethoxysilane。

分子式为 $C_9H_{20}O_5Si$，分子量为 236.4。CAS 编号为 2530-83-8。

结构式：

$$\underset{\diagdown\ O\ \diagup}{CH_2—CHCH_2}—O(CH_2)_3Si(OCH_3)_3$$

无色至浅黄色透明液体，相对密度（25℃）为 1.07，沸点为 290℃，折射率（25℃）为 1.427，闪点（Tag 闭杯）为 110℃。可溶于醇、丙酮、乙酸乙酯、苯等（浓度<5%）。遇水水解。产品纯度一般≥95.0%。

本品为含环氧基的硅烷偶联剂。适用于许多树脂，可大幅度提高增强塑料的物理机械性能和耐水性，改善密封胶和涂料的粘接性。

该硅烷偶联剂部分厂家对应牌号：Silquest A-187(美国迈图公司)，Geniosil GF 80(德国瓦克化学公司)，KBM-403(日本信越公司)，Dow Corning Z-6040 或 Xiameter OFS-6040(美国道康宁公司)。国内牌号一般为 KH-560。

11.8.2.2　β-(3,4-环氧环己基)乙基三甲氧基硅烷

英文名：β-(3,4-epoxycyclohexyl)ethyltrimethoxysilane；2-(3,4-epoxycyclohexyl)-ethyltrimethoxysilane。

分子量为 246.1。CAS 编号为 3388-04-3。

结构式：

$$\text{(3,4-环氧环己基)}-CH_2CH_2-Si(OCH_3)_3$$

无色至浅黄色透明液体，相对密度（25℃）为1.06，沸点为310℃，折射率（25℃）为1.448，闪点（Tag闭杯）为112℃。溶于许多有机溶剂。调制水溶液时使用水和乙醇的混合溶剂。水解后溶于水。水解物的稳定性较差。

本品为含环氧基的硅烷偶联剂。适用于环氧树脂、不饱和聚酯、聚氨酯、酚醛树脂、蜜胺树脂等热固性塑料，也适用于聚氯乙烯、聚苯乙烯、聚乙烯、聚丙烯、ABS树脂、聚碳酸酯、聚酰胺、苯乙烯-丙烯腈共聚物等热塑性树脂。

部分厂家对应牌号有：Silquest A-186(美国迈图高新材料公司)，KBM-303(日本信越化学公司)，Z-6043(美国道康宁公司)，Sila-Ace S530(日本智索（Chisso）公司)，E6250(美国优思汀，即UCT Specialties)，KH-566(南京德能化工有限公司）等。

11.8.2.3 其他含环氧基的硅烷偶联剂

γ-缩水甘油醚氧丙基三乙氧基硅烷，CAS编号为2602-34-8，分子量为278.4，相对密度为1.004，折射率为1.427，对应牌号有KH-561、Geniosil GF 82(德国瓦克化学公司)、Z-6041(美国道康宁公司)、Silquest A-1871(美国迈图公司)，KBE-403(日本信越公司）等。

β-(3,4-环氧环己基）乙基三乙氧基硅烷，在水性聚氨酯交联剂11.6.3小节“环氧硅烷交联剂”中已介绍。

11.8.3 含巯基的硅烷偶联剂

11.8.3.1 γ-巯基丙基三甲氧基硅烷

英文名：γ-mercaptopropyltrimethoxysilane等。

分子式为$C_6H_{16}O_3SSi$，分子量为196.4，CAS编号为4420-74-0。

结构式：$HSCH_2CH_2CH_2Si(OCH_3)_3$

浅黄色透明液体，略有臭味，相对密度（25℃）为1.057，沸点为212～215℃，折射率（25℃）为1.440，闪点为（Tag闭杯）88℃。在pH＝5的水溶液中经搅拌可完全水解。溶于甲醇、乙醇、异丙醇、丙酮、苯、甲苯、二甲苯。

本品为含巯基的硅烷偶联剂，适用于环氧树脂、聚苯乙烯、硫黄硫化橡胶的填充体系，可显著提高制品的物理机械性能。也可用于聚氨酯填充体系填料的处理。可用于金属制品表面处理等。

部分厂家对应牌号为Silquest A-189(美国迈图高新材料公司)，KBM-803(日本信越化学公司)，Z-6062(美国道康宁公司)，KH-590。

11.8.3.2 γ-巯基丙基三乙氧基硅烷

别名：3-巯基丙基三乙氧基硅烷

英文名：γ-mercaptopropyltriethoxysilane等。

分子式为$C_9H_{22}O_3SSi$，分子量为238.4，CAS编号为14814-09-6。

略有臭味的浅黄色透明液体，相对密度（25℃）为0.987，沸点为82.5℃/(0.67kPa)，折射率（25℃）为1.433。部分厂家对应牌号为Silquest A-1891(美国迈图高新材料公司)，Z-6910和Z-6911(美国道康宁公司)，KH-580。

关于γ-巯基丙基三甲氧基硅烷和γ-巯基丙基三乙氧基硅烷，哪个是KH-590还是KH-580，国内有关厂家和资料有些混乱。

11.8.4 含异氰酸酯基的硅烷偶联剂

11.8.4.1 γ-异氰酸酯丙基三甲氧基硅烷

别名：3-异氰酸酯丙基三甲氧基硅烷。

英文名：3-isocyanatopropyltrimethoxysilane 等。

结构式：$OCNCH_2CH_2CH_2Si(OCH_3)_3$。

γ-异氰酸酯丙基三甲氧基硅烷分子式为 $C_7H_{15}NO_4Si$，分子量为 205.3，CAS 编号为 15396-00-6，相对密度（25℃）为 1.073。国外对应牌号：Siquest A-Link 35（美国迈图公司），Geniosil GF 40（德国瓦克化学公司）。

11.8.4.2 γ-异氰酸酯丙基三乙氧基硅烷

与 γ-异氰酸酯丙基三甲氧基硅烷结构相似的 γ-异氰酸酯丙基三乙氧基硅烷，分子式为 $C_{10}H_{21}NO_4Si$，分子量为 247.4，CAS 编号为 24801-88-5，相对密度（25℃）为 1.00，折射率（25℃）为 1.418，闪点为 118℃（开杯）或 77℃（PM 闭杯），沸点约为 283℃。国外对应牌号：Silquest A-Link 25（美国迈图公司），KBE-9007（日本信越化学公司）。

含 NCO 基团的有机硅偶联剂特别适于用作单组分湿固化聚氨酯胶黏剂、密封胶和涂料的交联剂，用于二醇或多元醇的封端；用作单组分湿固化和双组分反应型聚氨酯体系的粘接改进剂；还用于有机硅密封胶和涂料的粘接促进剂。

3-异氰酸酯丙基三甲氧基硅烷或 3-异氰酸酯丙基三乙氧基硅烷与含羟基、氨基和巯基的多元醇和聚合物反应，得到具有湿固化交联机理的硅烷基团，改善热稳定性、黏附性、耐化学品性能和光稳定性。

3-异氰酸酯丙基三甲氧基硅烷制得的硅烷化聚氨酯预聚体在大气湿度下快速水解、固化；而 3-异氰酸酯丙基三乙氧基硅烷制得的硅烷化聚氨酯预聚体水解相对较慢，延长了可操作时间。

11.9 不饱和改性单体

聚氨酯的改性原料品种较多，如环氧树脂、聚丁二烯、聚氯乙烯、有机硅、丙烯酸酯等。它们或能弥补聚氨酯的不足，或能增加聚氨酯材料的某些功能。环氧树脂、端羟基聚丁二烯等低聚物在多元醇部分已介绍，本节主要介绍丙烯酸酯及其他不饱和单体。

11.9.1 (甲基)丙烯酸(酯)单体

丙烯酸酯聚合物具有耐光性好、光泽好等优点，是一种常见的聚合物材料。丙烯酸酯是聚氨酯的最常用的改性材料，在聚氨酯领域，丙烯酸酯单体（包括丙烯酸、丙烯酸酯、甲基丙烯酸酯等）的应用如下。

① 合成聚丙烯酸酯多元醇，作为丙烯酸-聚氨酯涂料的原料，用于汽车涂料、外部涂料等。

② 合成聚氨酯-丙烯酸酯乳液，用于皮革涂饰剂、织物涂层、涂料。

③ 丙烯酸羟乙酯等羟烷基丙烯酸酯与聚氨酯预聚体反应，用于制备紫外光固化的 PUA 涂料。

丙烯酸及丙烯酸酯单体是黏度很低的无色透明液体，有的单体黏度低至 1mPa·s 左右，例如甲基丙烯酸黏度（25℃）1.3mPa·s，甲基丙烯酸异丁酯黏度（25℃）为 1.24mPa·s，丙烯酸-2-羟乙酯黏度（25℃）为 5.34mPa·s。表 11-10 为常见丙烯酸酯单体的 CAS 编号等化学信息，表 11-11 和表 11-12 分别为部分丙烯酸酯单体和(甲基)丙烯酸羟烷酯的典型物性。

表 11-10 常见(甲基)丙烯酸酯单体的分子式、CAS 编号等信息

化学名称	代号	分子式	CAS 编号	英文名
丙烯酸	AA	$C_3H_4O_2$	79-10-7	acrylic acid;propenoic acid
丙烯酸甲酯	MA	$C_4H_6O_2$	96-33-3	methyl acrylate
丙烯酸乙酯	EA	$C_5H_8O_2$	140-88-5	ethyl acrylate
丙烯酸丁酯	BA	$C_7H_{12}O_2$	141-32-2	n-butyl acrylate
丙烯酸异丁酯	IBA	$C_7H_{12}O_2$	106-63-8	2-ethylhexyl acrylate
丙烯酸异辛酯	2-EHA	$C_{11}H_{20}O_2$	103-11-7	isobutyl acrylate
甲基丙烯酸	MAA	$C_4H_6O_2$	79-41-4	methacrylic acid
甲基丙烯酸甲酯	MMA	$C_5H_8O_2$	80-62-6	methyl methacrylate
甲基丙烯酸乙酯	EMA	$C_6H_{10}O_2$	97-63-2	ethyl methacrylate
甲基丙烯酸正丁酯	BMA	$C_8H_{14}O_2$	97-88-1	*n*-butyl methacrylate
甲基丙烯酸异丁酯	IBMA	$C_8H_{14}O_2$	97-86-9	isobutyl methacrylate
丙烯酸 2-羟乙酯	HEA	$C_5H_8O_3$	818-61-1	2-hydroxyethyl acrylate
丙烯酸 2-羟丙酯	HPA	$C_6H_{10}O_3$	25584-83-2	2-hydroxypropyl acrylate
甲基丙烯酸-2-羟乙酯	HEMA	$C_6H_{10}O_3$	868-77-9	2-hydroxyethyl methacrylate
甲基丙烯酸 2-羟丙酯	HPMA	$C_7H_{12}O_3$	27813-02-1	2-hydroxypropyl methacrylate

表 11-11 部分常见(甲基)丙烯酸酯单体的典型物性

化学名称	分子量	沸点/℃	凝固点/℃	蒸气压/kPa	闪点/℃	相对密度	折射率
丙烯酸	72.06	141	13	0.4	54(闭)	1.05	1.422
丙烯酸甲酯	86.09	80	−76	9.1	3	0.95	1.403
丙烯酸乙酯	100.11	100	−72	3.9	9	0.93	1.407
丙烯酸丁酯	128.17	146	−64	0.53	49	0.90	1.419
丙烯酸异丁酯	128.17	132.8	−61	1.40	30	0.88	—
丙烯酸异辛酯	184.16	214	−90	<0.1	92	0.89	1.435
甲基丙烯酸	86.09	161	15	0.09	77	1.01	1.431
甲基丙烯酸甲酯	100.12	101	−49	3.9	10	0.94	1.414
甲基丙烯酸乙酯	114.14	117	−75	3.2	20	0.91	1.415
甲基丙烯酸正丁酯	142.22	160	<−50	0.65	66	0.90	1.424
甲基丙烯酸异丁酯	142.19	155	−33	0.4	49	0.89	1.420

注：如未指明，相对密度、蒸气压和折射率为20℃时的数据。闪点大部分为开杯数据。

表 11-12 (甲基)丙烯酸羟烷酯单体的典型物理性能

化学名称	分子量	沸点(0.67kPa)/℃	凝固点/℃	闪点(开)/℃	相对密度	折射率(25℃)
丙烯酸 2-羟乙酯	116.06	82	−70	77	1.11	1.450
丙烯酸 2-羟丙酯	130.08	7	<−60	100	1.05	1.444
甲基丙烯酸-2-羟乙酯	130.08	85	−12	108	1.07	1.540
甲基丙烯酸 2-羟丙酯	144.1	90(1kPa)	−58	115	1.07	1.446

注：相对密度为 20℃时的数据。

下面简单介绍常规的丙烯酸酯。

(1) 丙烯酸　结构式：$CH_2═CHCOOH$ 。

别名：败脂酸。无色液体，有刺激性气味，有较强腐蚀性。溶于水、乙醇、乙醚。有氧存在时极易自聚合。

(2) 丙烯酸甲酯　结构式：$CH_2═CHCOOCH_3$。

无色透明液体，在 20℃水中溶解度为 5.2g/100g。溶于乙醇、乙醚、丙酮、苯、甲苯。

丙烯酸甲酯聚合物较硬。

(3) 丙烯酸乙酯　结构式：$CH_2{=}CHCOOCH_2CH_3$。

无色液体，有辛辣的刺激气味，水中溶解度为1.5g/100mL(25℃)，溶于乙醇、氯仿。

(4) 丙烯酸丁酯　结构式：$CH_2{=}CHCOO(CH_2)_3CH_3$。

无色液体，水中溶解度为0.14g/100mL(20℃)。溶于丙酮等。

(5) 丙烯酸异丁酯　结构式：$CH_2{=}CHCOOCH_2CH(CH_3)_2$。

无色液体，微溶于水。

(6) 丙烯酸异辛酯（丙烯酸-2-乙基己酯）结构式：

$$CH_2{=}CHCOOCH_2CH_2(C_2H_5)(CH_2)_3CH_3\text{。}$$

溶于乙醇、乙醚，几乎不溶于水，水中溶解度（25℃）为0.01g/100mL，易聚合。丙烯酸异辛酯聚合物较软。

(7) 甲基丙烯酸　结构式：$CH_2{=}C(CH_3)COOH$。

别名：异丁烯酸。无色结晶或透明液体，有刺激性气味，溶于水、乙醇、乙醚等多数有机溶剂。

(8) 甲基丙烯酸甲酯　结构式：$CH_2{=}C(CH_3)COOCH_3$。

无色易挥发液体，并具有强辣味，微毒。微溶于水，溶于丙酮等。

(9) 甲基丙烯酸乙酯　结构式：$CH_2{=}C(CH_3)COOCH_2CH_3$。

无色液体，有刺激性，不溶于水。

(10) 甲基丙烯酸正丁酯　结构式：$CH_2{=}C(CH_3)COO(CH_2)_3CH_3$。

无色、具有甜味和酯气味的液体，一般加有阻聚剂。不溶于水，可混溶于醇、醚，溶于多数有机溶剂

(11) 甲基丙烯酸异丁酯　结构式：$CH_2{=}C(CH_3)COOCH_2CH(CH_3)_2$。

无色液体，不溶于水，易溶于醇、醚，易聚合，微毒。

(12) 丙烯酸-2-羟乙酯　结构式：$CH_2{=}CHCOOCH_2CH_2OH$。

无色液体，溶于乙醇、乙醚等一般有机溶剂。极易聚合。

(13) 丙烯酸-2-羟丙酯　结构式：$CH_2{=}CHCOOCH_2CH_2CH_2OH$。

无色透明液体，溶于水，溶于一般有机溶剂。易聚合。易燃。

(14) 甲基丙烯酸-2-羟乙酯　结构式：$CH_2{=}C(CH_3)COOCH_2CH_2OH$。

无色透明液体，溶于水，溶于一般有机溶剂。易聚合。易燃。

(15) 甲基丙烯酸-2-羟丙酯　结构式：$CH_2{=}C(CH_3)COOCH_2CH(CH_3)OH$。

无色透明液体，在水中有一定的溶解度。溶于一般有机溶剂。易聚合，微毒。

（甲基）丙烯酸及其酯易自聚，一般添加有阻聚剂，以保证贮存稳定。标准阻聚剂是对苯二酚单甲醚（MEHQ）。普通的丙烯酸酯中阻聚剂添加剂一般在0.001%～0.005%范围，极易聚合的HEA、HPA含0.05%左右阻聚剂，丙烯酸含0.02%左右的阻聚剂。

11.9.2　丙烯腈、苯乙烯和烯丙醇

丙烯腈和苯乙烯是合成聚合物多元醇（接枝聚醚多元醇）的原料，烯丙醇是用于合成有机硅泡沫稳定剂的原料，还可用于合成特殊的丙烯酸酯多元醇及苯乙烯多元醇等。这三种不饱和单体的CAS编号和典型物性分别见表11-13。

(1) 丙烯腈　结构式：$CH_2{=}CHCN$。

无色液体，有桃仁气味，微溶于水，易溶于多数有机溶剂，纯品易自聚。在浓碱存在下强烈聚合。毒性较大。

(2) 苯乙烯 别名乙烯基苯。结构式：$C_6H_5CH{=}CH_2$ 。

无色透明油状液体，不溶于水，溶于醇、醚等多数有机溶剂。

(3) 烯丙醇 别名2-丙烯-1-醇。结构式：$CH_2{=}CHCH_2OH$ 。

无色液体，有类似芥子样的刺激性气味，与水混溶，可混溶于乙醇、乙醚、石油醚、氯仿。

表 11-13(a) 丙烯腈、苯乙烯和烯丙醇的分子式及 CAS 编号

化学名称	代号	分子式	CAS 编号	英文名
丙烯腈	AN	C_3H_3N	107-13-1	acrylonitrile
苯乙烯	ST	C_8H_8	100-42-5	styrene
烯丙醇	AAL	C_3H_6O	107-18-6	allyl alcohol

表 11-13(b) 丙烯腈、苯乙烯和烯丙醇的典型物理性能

化学名称	分子量	沸点/℃	凝固点/℃	蒸气压/kPa	闪点(开)/℃	相对密度	折射率
丙烯腈	53.06	77	−84	13.33/23℃	−5	0.81	1.384
苯乙烯	104.14	146	−30.6	1.33/30℃	34	0.91	1.547
烯丙醇	58.08	96	−50	2.26/20℃	21	0.86	1.413

注：如未指明，相对密度和折射率为20℃时的数据。闪点大部分为开杯数据。

11.10 抗静电剂

抗静电剂在聚氨酯行业是用于特殊聚氨酯泡沫塑料和弹性体材料的一种助剂，在本节介绍。

一般的聚氨酯具有良好的电绝缘性能，因摩擦而产生的静电荷不易消失，静电荷的积聚会产生许多问题，甚至成为灾害。在某些应用场合，要求聚氨酯弹性体、软质聚氨酯泡沫塑料等具有静电消散性能，即需降低聚氨酯制品的表面电阻，一般需要添加抗静电剂或进行其他抗静电处理。

抗静电剂是一种表面活性剂，其化学结构上有极性基团（亲水基），还有非极性基团（亲油基）。抗静电剂的作用是：在塑料表面形成光滑的抗静电剂分子层，减少因摩擦而产生的静电荷；所形成的抗静电剂分子层是导电层，能使静电荷迅速逸散不聚集；抗静电剂本身带有电荷，可产生电中和，从而消除静电。按使用方法分类，抗静电剂又可分为外部涂层型和内部添加型。

聚合物的抗静电剂品种很多，有阳离子型、阴离子型、非离子型及其复配物。烷基胺环氧乙烷加成物、聚氧乙烯硬脂酸酯、辛基酚聚氧乙烯醚、十二烷基二甲基甜菜碱、*N*,*N*-双(2-羟基乙基)烷基胺、*N*-(3-十二烷基-2-羟基丙基)乙醇胺、12-羟基单硬脂酸甘油酯、单棕榈酸甘油酯、*N*,*N*-十六烷基乙基吗啉硫酸乙酯盐、硬脂酰胺丙基二甲基-*β*-羟乙基铵二氢磷酸盐、三羟乙基甲基铵硫酸甲酯盐、(3-月桂酰胺丙基)三甲基铵硫酸甲酯盐、硬脂酰胺丙基二甲基-*β*-羟乙基铵硝酸盐、醇醚磷酸单酯、烷基磷酸酯二乙醇胺盐等都是抗静电剂，它们大多适合用于聚乙烯、PVC等塑料，由于相容性、抗静电能力及含水等原因，某些抗静电剂不适合于聚氨酯。用于聚氨酯的抗静电剂以季铵盐化合物居多。另外，导电炭黑是填料型抗静电剂，也用于聚氨酯泡沫塑料等。

BASF、法国罗地亚（Rhodia）等公司供应的某些抗静电剂的主成分是椰油基乙基二甲基铵乙基硫酸盐，该季铵盐的CAS编号为68308-64-5。BASF公司的Larostat 377 DPG抗静电剂是由80%上述季铵盐与20%一缩二丙二醇组成的液体，黏度约为1000mPa·s，10%

水溶液的 pH 值=6～7，添加量为 1%～2%。罗地亚公司的 Catafor CA-100 是 100%的上述季铵盐，该公司有一种用于聚氨酯的抗静电剂是 80% *N*-烷基二甲基乙铵硫酸乙酯盐与 1,4-丁二醇组成，牌号为 Catafor PU。加入 2%的 Catafor PU，可使聚氨酯弹性体传送带的表面电阻保持在 $1.5\times10^7\Omega$ 左右；加入 3%的 Catafor PU，可使微孔聚氨酯工作鞋的表面电阻在 $10^7\Omega$ 左右；加入 2%～3%的 Catafor PU，可使低密度聚氨酯泡沫塑料包装材料的表面电阻率和体积电阻率分别降到 $10^{11}\Omega$ 和 $10^{10}\sim10^{11}\Omega\cdot cm$，优于规定的指标 $1.8\times10^{11}\Omega$。英国 ABM 公司最早开发了 Catafor 系列季铵盐类抗静电剂。

美国 Cytec 工业公司的抗静电剂 Cyastat LS，化学名称为（3-月桂酰胺丙基）三甲基铵硫酸甲酯盐，英文名为（3-lauramidopropyl）trimethylammonium methylsulfate，分子式为 $C_{19}H_{42}O_5N_2S$，分子量为 410，CAS 编号为 10595-49-0，结构式如下：

$$\left[C_{11}H_{23}CONHCH_2CH_2CH_2\overset{\displaystyle CH_3}{\underset{\displaystyle CH_3}{N}}-CH_3\right]^+ CH_3SO_4^-$$

Cyastat LS 是含酰胺结构的季铵盐阳离子表面活性剂，外观为白色结晶粉末，熔点为 99～103℃，相对密度（25℃）为 1.121，纯度≥99.0%，小分子量铵盐三甲胺基硫酸甲酯含量≤0.7%，分解温度为 235℃。该抗静电剂用于聚氨酯材料效果较好，用量范围为0.5%～2%。

抗静电剂 Cyastat SN 的有效成分化学名称为硬脂酰胺丙基二甲基-*β*-羟乙基铵硝酸盐，英文名为 stearamidopropyldimethyl-2-hydroxyethylammonium nitrate，分子式为 $C_{25}H_{53}O_5N_3$，分子量为475，CAS 编号为 2764-13-8。结构式如下：

$$\left[C_{17}H_{35}CONHCH_2CH_2CH_2\overset{\displaystyle CH_3}{\underset{\displaystyle CH_3}{N}}CH_2CH_2OH\right]^+ NO_3^-$$

Cyastat SN 商品形式是以异丙醇/水（1/1）为溶剂的浅黄色至黄色透明溶液，含硬脂酰胺丙基二甲基-*β*-羟乙基铵硝酸盐 50%（48.5%～51.5%），pH 值（2%溶液）为 4.0～5.5。国内的抗静电剂 SN 也是 50%～60%的溶液，相对密度为 0.95，可能是相同的成分，该抗静电剂在 5%的苛性碱液或 5%硫酸溶液中煮沸 1h 不发生水解，溶于水和大多数有机溶剂。在聚合物中用量范围为 0.5%～2%。

抗静电剂 Cyastat SP 的主成分化学名称为硬脂酰胺丙基二甲基-*β*-羟乙基铵二氢磷酸盐，分子式为 $C_{25}H_{55}O_6N_2P$，分子量为 510，CAS 编号为 3758-54-1。其商品形式为含本品 35%的异丙醇/水（1/1）溶液，外观为浅黄色透明液体。pH 值 6.3～7.2，浊点≤13℃。相对密度（25℃）为 0.94。溶于水、丙酮、醇类和其他低分子极性溶剂。用量为 0.5%～1.5%。Cyastat SN 和 Cyastat SP 用于聚氨酯配方体系时应注意它是含水混合物，必要时可除去水分。用含 1%～10%抗静电剂 SN、SP 的溶液喷涂、浸涂或刷涂到制品表面，也可提供良好的抗静电效果，但耐久性差。

美国迈图高新材料集团供应的抗静电剂 Niax antistat AT-21 和 AT-30 是无机盐与多元醇的混合物，主要用于要求优异静电衰减值和表面电阻的包装用聚氨酯块状软泡，降低包装软块泡中的静电荷积累。Niax AT-21 是一种低黏度抗静电添加剂，含聚醚多元醇>60.0%，抗氧剂<20.0%，二乙二醇二甲醚<15.0%，金属盐<8.0%。它是稍有浑浊的黄色液体，密度（25℃）为 1.035g/mL，黏度（25℃）为 429mPa·s，羟值为 46mg KOH/g，溶于多元醇，凝固点为−34℃。Niax AT-21 用量（每 100 质量份多元醇）：高密度泡沫中 1.5～3 质量份，中密度泡沫 2～4 质量份，低密度泡沫中 3～5 质量份。在低密度块泡生产中，AT-

21提供良好的抗静电性能，具有更好的耐热性以及低变色性。AT-21最近可能已不再生产。

Niax AT-30的成分为聚亚烷基二醇＞70.0%、无机盐＜20.0%，水＜10.0%、酰胺＜5.0%。Niax AT-30为无色到浅黄色透明液体，典型物性为：密度（25℃）1.246g/mL，黏度（25℃）870mPa·s，闪点（PMCC）210℃，水含量7%～9%，与水易混合，凝固点−8℃。Niax AT-30用于高抗静电要求的场合，可采用更高的用量（5～10质量份）而不损害制品性能，对泡沫催化几乎无影响，也不会使泡沫变色，它黏度低，易于操作、泵送和计量。对于高密度泡沫每100质量份多元醇的抗静电剂用量建议为2～3质量份，中密度3～4质量份，低密度泡沫中4～6质量份。应将抗静电剂中的水计入配方。Niax AT-66是用于聚酯型和聚醚型PU泡沫的抗静电剂，成分不详。

德国BASF集团Cognis公司的Dehydat 51抗静电剂是一种含氮的脂肪衍生物，外观为低黏度浅黄色液体，伯胺和仲胺含量0～4%，黏度为140～150mPa·s，主要用于聚烯烃塑料，也可用于聚氨酯、环氧树脂、涂料等（国内深圳海川化工科技有限公司等代销）。

德国赢创工业公司的Ortegol AST，是无机盐溶解在多元醇形成的抗静电剂，用于聚醚型聚氨酯鞋底等。它是无色至浅黄色液体，密度（25℃）为1.09，羟值为33mg KOH/g，黏度（25℃）为255～375mPa·s，当其用量占聚醚多元醇总量的5%时，可使表面电阻由10^{13}～10^{14}Ω降低到10^{9}Ω。Ortegol AST 4是用于聚酯型聚氨酯鞋底等的抗静电剂，相容性好，不影响耐水解性能。

韩国Hepce化学公司生产的Impression HCP系列3种聚氨酯泡沫塑料专用抗静电剂物性见表11-14，它们具有良好的抗静电性能，100%固含量，在常温为蜡状固体，熔化后为无色透明液体。它们与聚氨酯原料体系相容性好，通过反应赋予制品耐久的抗静电性能。它们除用于聚氨酯泡沫塑料外，还用于聚氨酯浇注弹性体和涂层剂，以及丙烯酸树脂、其他弹性聚合物树脂等。

表11-14 Impression HCP系列聚氨酯泡沫塑料专用抗静电剂的物性

Impression 牌号	熔点 /℃	黏度 /mPa·s	密度 /(g/cm³)	用量 /%	PU表面电阻 /(Ω/cm²)
HCP-120L	约45	5500±500(45℃)	1.19±0.02	2～5	10^{10}～10^{12}
HCP-120LB	约45	900±100(80℃)	1.15±0.05	3～10	10^{10}～10^{12}
HCP-150L	约60	25±50(60℃)	1.15±0.2	2～5	10^{8}～10^{12}

北京市化学工业研究院的ASA-150型抗静电剂属非离子-阳离子复合型抗静电剂，ASA-156是阳离子型抗静电剂，它们用于聚氯乙烯（PVC）、聚氨酯（PU）制品，也可用于橡胶、聚烯烃类塑料制品中。ASA-150常温为微黄色或黄色膏状物，溶于苯、二甲苯、氯仿等有机溶液剂，微溶于水；ASA-156为黄色或红色透明黏稠液体，溶于乙醇等溶剂，也溶于水。它们毒性很小，可用于PU和PVC厚制品、片材及PU泡沫塑料等，在厚制品（片材）中用量为3%～6%，在薄膜中用量为0.2%～0.6%。国内还有少数公司生产抗静电剂，如杭州临安德昌化学有限公司的抗静电剂HDC-305和HDC-308是季铵盐阳离子表面活性剂与非离子型表面活性剂组成的复合物，溶于乙醇等有机溶剂，它们显著降低塑料制品表面电阻，抗静电高效、持久，可用于聚氨酯。HDC-305为黄色或浅棕色黏稠液体，胺值为10.0～15.0mg KOH/g，季铵盐含量为（58±6)%。HDC-308为浅棕色液体或膏状物，胺值为5.0～10.0mg KOH/g，游离胺值≤3.0mg KOH/g，季铵盐含量为（48±6)%。添加量1.5%～3%。江阴科密欧仪器化工有限公司的W系列塑料抗静电剂中，聚氨酯抗静电剂W-9B由多种表面活性剂和其他助剂复配而成，是聚氨酯制品专用高效优质内加型抗静电剂，主要用于聚氨酯弹性体（如轮胎的抗静电高弹体系统等）、聚氨酯泡沫（如工业和医院

的聚氨酯安全鞋底，电子元件的聚氨酯泡沫包装材料等）等，使用时先把它与聚合物多元醇、胺或醇类扩链剂混合均匀，即可进行后道工序生产，对加工性能影响最小。建议添加量为 2.0%～5.0%，可大大降低制品的表面电阻达 $10^7\Omega$。W-8 与 W-9B 成分相似，也可用于聚氨酯制品。

季铵盐抗静电剂品种还有很多。例如，*N*,*N*-十六烷基乙基吗啉硫酸乙酯盐（英文名 *N*,*N*-cetyl ethyl morpholinium ethosulfate）也是一种季铵盐抗静电剂，它为橘黄色或琥珀色蜡状物，分子量为 453，相对密度为 1.01，熔点为 74℃，pH 值（10%溶液）为 4.5，用量为 1%～2%。

烯丙基磺酸钠衍生物也可以用作抗静电剂的成分，可用于包括 TPU 在内的塑料。

·第12章· 填料和色浆

为了降低制品生产成本，同时改善硬度或其他性能（阻燃、补强、耐热等），在某些聚氨酯制品生产时可加入有机或无机填料。填料也称作填充剂、增量剂。某些填料同时又是体质颜料，微细的填料具有良好的遮盖力，常用于涂料行业。

为了满足使用要求，使制品带特征的颜色，需添加颜料和染料，颜料和染料可预制成浓色浆，使用时很方便。

12.1 填料和体质颜料

三聚氰胺、植物纤维等有机填料可用于软质和硬质聚氨酯泡沫塑料；而碳酸钙、硫酸钡、高岭土、滑石粉等无机填料一般可用作聚氨酯密封胶、聚氨酯软泡、聚氨酯弹性体、胶黏剂等的填料，每100质量份聚醚多元醇或树脂，填料用量可达的50～150质量份，甚至更高。液态树脂如石油树脂、煤焦油、古马隆树脂、萜烯树脂等可用作聚氨酯防水涂料、胶黏剂等的填充剂（填料）。在RIM硬质、半硬质聚氨酯泡沫塑料以及微孔弹性体制品中，玻璃纤维等特殊纤维或片状填料已广泛使用。在RIM及微孔弹性体中采用合适的填料，能在相当大的温度范围内增加弹性模量，改善热稳定性，降低热膨胀系数。

钛白粉等无机填料可用于涂料，同时也属于体质颜料。

一般来说，微细的粉末填料或者经改性处理的微细填料，以及纤维状、片状填料，少量使用可提高其整体性能，例如对弹性聚合物（如橡胶、聚氨酯弹性体）有一定的补强作用，增加模量、强度、耐磨性、耐热性，改善其尺寸稳定性，对硬质制品也能适当提高强度、耐老化性。但使用量过大则使得物性降低，并且填料掺量较大时操作困难。填料使得物料黏度增加，特别是纤维填料使黏度明显增高。

为了防止水分的影响，聚氨酯用的填料在使用前一般必须干燥。

下面介绍几种常用填料。氢氧化铝、氧化锑详见“无机阻燃剂”。

12.1.1 碳酸钙

碳酸钙（calcium carbonate）分子式为$CaCO_3$，分子量为100，是白色粉末，无色无味，无毒，相对密度为2.71。熔点为1339℃。微溶于水，10%悬浮液pH值为8～10。遇稀酸或加热至825℃分解，生成氧化钙，放出二氧化碳。

碳酸钙是最常用的填料，资源丰富，价廉。碳酸钙填料有轻质碳酸钙和重质碳酸钙之分，作为填料最常用的是轻质碳酸钙，有工业沉淀碳酸钙和超细活性碳酸钙系列。

轻质碳酸钙即沉淀法碳酸钙，由天然石灰石煅烧成石灰，再投入水中消化，在得到的石灰乳（氢氧化钙水乳液）中通入二氧化碳进行碳酸化，使碳酸钙沉淀，收集沉淀、烘干而成。沉淀法碳酸钙粒度均匀，比表面积大，在聚氨酯等聚合物基料中分散性较好。

工业沉淀碳酸钙（轻质）的典型物性见表 12-1。

表 12-1 工业沉淀碳酸钙（轻质）的典型物性

碳酸钙品级		优等品	一等品	合格品
主含量(以 $CaCO_3$计)/%		98.0～100.0	97.0～100.0	97.0～100.0
pH 值(10%悬浮液)		8.0～10.0	8.0～10.5	8.0～11.0
105℃挥发物含量/%	≥	0.4	0.70	1.00
盐酸不溶物含量/%	≤	0.10	0.20	0.30
沉降体积/(mL/g)	≥	2.8	2.6	2.4
铁(Fe)含量/%	≤	0.08	0.10	0.10
锰(Mn)含量/%	≤	0.006	0.008	0.010
125 μm 试验筛筛余率/%	≤	0.005	0.010	0.015
45 μm 试验筛筛余率/%	≤	0.30	0.40	0.50
白度	≥	90.0	90.0	—

超细碳酸钙是一种特殊结晶型的、平均粒径小于 0.4 μm 的碳酸钙细微粉末，全部通过 325 目筛，吸油量≤40mL/100g，水分≤0.4%。

活性碳酸钙（胶质碳酸钙）是指用高级脂肪酸等化学物质进行处理得到的碳酸钙填料。将碳酸钙用脂肪酸（如硬脂酸、月桂酸、癸酸等）或脂肪酸盐的溶液、有机硅烷偶联剂等进行表面处理，能使填料微粒表面包覆一层疏水性有机物质。通过改性，可改善填料与聚合物的相容性和结合力，降低填料本身的吸水性，用于聚氨酯密封胶等体系，可提高贮存稳定性，并可增加填料用量而不降低制品性能。

微细活性碳酸钙平均粒径≤1.0 μm，吸油值为 85～110mL/100g，碳酸钙（以干基计）≥96.0%，活化率≥96%，水分≤0.50%，白度≥90。脂肪酸含量为（1.0±0.5）%。堆密度为 0.40～0.60g/mL，比表面积（BET）一般在 25～50m^2/g。

重质碳酸钙又称石粉，是将天然石灰石经选矿、干式粉碎、分级而制得。种类有重质活性碳酸钙、重质超细碳酸钙、重质微细碳酸钙及各种白度（85～95）各种细度（120～600 目）的重质碳酸钙。重质碳酸钙按细度由粗到细分为单飞粉、双飞粉、三飞粉和四飞粉。以三飞粉为常用，其碳酸钙含量≥95%，水分≤0.5%，45 μm 筛余物≤0.5%。

12.1.2 高岭土

高岭土（kaolin）又称高岭黏土、白陶土、陶土、瓷土（porcelain clay）。主要成分是硅酸铝水合物（$Al_2O_3 \cdot 2SiO_2 \cdot 2H_2O$）。颜色为纯白或淡灰，呈六角形片状结晶，相对密度为 2.54～2.60，吸油量为 30%～50%。高岭土的 pH 值一般为 4～5，呈弱酸性。

高岭土是将较纯的自然风化原料经干法或湿法加工而得。湿法制得的产品较干法制得的产品纯净，粒度分布好。

高岭土用作涂料或聚氨酯密封胶的填料时，需煅烧以除去水分，成为疏水性硅酸铝。天然高岭土经除杂、800℃特殊煅烧 3h 以上、超细、改性处理得到的涂料用高岭土，具有高白度、易分散、悬浮性好等特点，漆面平整、光亮、耐候性好，并可部分替代钛白粉。某些工业品涂料和聚合物用高岭土的主要指标：粒度 800～1200 目，白度≥85%，吸油率为 15～20mL/100g，相对密度为 2.6，SiO_2含量为 45%～51%，Al_2O_3含量为 38%～42%，Fe_2O_3含量≤0.5%，水分<0.1%。

12.1.3 硅灰石粉

硅灰石（wollastonite）为纤维状（针状）晶体，是一种特殊类型的偏硅酸钙（$CaSiO_3$）矿物，呈亮白色珍珠光泽，有时带浅灰、浅红色调，主要用作高聚物基复合材料的增强填料。吉林市山威硅灰石矿业有限公司的填料级（325～2500 目）硅灰石粉指标：二氧化硅≥49%，氧化钙≥43%，三氧化二铁≤0.5%，烧失量≤1.5%。

硅灰石具有湿膨性低、吸油率低、绝缘性较好、热稳定性及尺寸稳定良好等特点，热膨胀系数为 6.5×10^{-6}℃$^{-1}$，莫氏硬度为 4.5～5.0，相对密度约为 2.8，熔点为 1540℃。完全溶于浓盐酸。一般情况下耐酸、耐碱、耐化学腐蚀。吸湿性小于 4%。

硅灰石可用于油基或水油基涂料、塑料、橡胶的增强填充剂，陶瓷制品的添加剂。纤维状的硅灰石粉末可用于 RIM 聚氨酯、聚氨酯硬泡等的增强填料。

12.1.4 滑石粉

滑石粉（talc,talcum powdor）主要成分是硅酸镁，分子式为 $3MgO\cdot4SiO_2\cdot H_2O$，别名为水合硅酸镁超细粉、老粉。由于产地不同，颜色质地各异，有纯白、银白或淡黄色粉末，以层片状和纤维状两种形态混合存在，质地柔软而有滑腻感。不同的滑石粉产品中二氧化硅含量 35%～60%不等，氧化镁含量在 30%左右，氧化钙含量为 0.5%～2%，三氧化二铁为 0.4%左右，三氧化二铝为 0.2%～0.5%。相对密度为 2.7～2.8，滑石粉不溶于水，化学性质不活泼，还具有润滑性、熔点高、耐酸碱、绝缘性好、遮盖力良好、柔软、光泽好、吸附力强等物化性质。吸油量为 20%～40%。超细滑石粉相对密度为 2.75，悬浮性好，粒径在 20 μm 以下，大部分小于 5 μm，松装密度约为 0.3～0.35g/cm³，吸油量为 20%～50%，水分为 0.5%，pH 值为 8.5～10。

滑石粉可提高制品的硬度、耐火性、耐酸碱性、电绝缘性、尺寸稳定性、耐蠕变性。

12.1.5 云母粉

云母（mica）是一种含有水的层状硅酸盐矿物，种类很多，云母粉具有独特的耐酸、耐碱、化学稳定性能，还具有良好的绝缘和耐热性、不燃性、防腐性。

云母分为白云母、金云母、绢云母、黑云母等。按加工程度分为云母片和云母粉。在工业上用得最多的是白云母，其次为金云母。白云母分子式为 $K_2O\cdot3Al_2O_3\cdot6SiO_2\cdot2H_2O$，相对密度为 2.8～3.2。云母粉的粒径一般为 10～80 μm，呈细片状，长宽比通常为 30。工业上主要利用它的绝缘性和耐热性，以及抗酸、抗碱性、抗压和剥分性，用作电气设备和电工器材的绝缘材料等件。云母粉还广泛用作涂料、橡胶、塑料等行业的填料及建筑材料。

云母的典型化学成分为：

成分	SiO_2	Al_2O_3	Fe_2O_3	K_2O	S+P	Na_2O	MgO	H_2O
含量/%	44～50	20～33	2～6	9～11	0.02～0.05	0.95～1.8	1.3～2	0.13

片状云母可用于反应注射成型（RIM）聚氨酯，作为增强填料，具有某些增强效果。

12.1.6 钛白粉

钛白粉是二氧化钛的俗称，又称钛白。英文名：titanium dioxide；titanium white powder；white titanium pigment；titania。分子式为 TiO_2。

钛白粉是一种白色颜料和填料。钛白粉中二氧化钛含量约为 97%，具有优良物理、化学稳定性。钛白粉无毒，平均粒径 0.1 μm。根据晶型结构，二氧化钛可分为金红石型、锐钛型和板钛型。工业上常用前两种。

金红石型二氧化钛的相对密度约为 4.26，折射率为 2.72，耐光性非常强。作为填料，能使光反射率增大，保护高分子材料内层免受紫外光的破坏，起到光屏蔽剂的作用。它可作为白色颜料，提高制品的白度。也可和其他填料并用，提高材料的寿命。锐钛型二氧化钛，相对密度为 3.84，折射率为 2.55，耐光性不如金红石型，适宜添加于室内用的制品。

12.1.7　硅微粉

硅微粉是由天然石英或熔融石英经破碎、球磨（或振动、气流磨）、浮选、酸洗提纯、高纯水处理等多道工艺加工而成的微粉。硅微粉是一种物理性质、化学性质均十分稳定的中性无机填料，化学成分为二氧化硅（SiO_2），不含结晶水，无反应活性，与大部分酸、碱不起化学反应，具有较强的抗腐蚀性。对各类树脂有良好的浸润性，吸附性能好，易混合，不产生结团现象。硬度大，可提高固化物的抗拉、抗压、抗冲击强度、耐磨性能和阻燃性能。能增大热导率。由于硅微粉的粒度细，分布合理，比表面积高，能有效地增稠，减少和消除沉淀、分层现象。加入硅微粉后，可降低各类产品的成本。

例如，安徽伊纳高新技术有限公司的硅微粉有 300～6500 目不同的规格。其中 300 目的硅微粉比表面积为 1700～2100cm^2/g，中位粒径 D_{50} 为 21～25 μm，75％以上的颗粒粒径小于 50 μm。600 目的硅微粉比表面积为 2400～3000cm^2/g，中位粒径 D_{50} 为 11～15 μm，75％以上的颗粒粒径小于 25 μm。密度为 2.2～2.7g/cm^3。

12.1.8　重晶石粉和硫酸钡

重晶石粉（blanc fix，baryte powder）是由天然重晶石经过压碎、研磨、水洗、干燥及风选而制得，主要成分是硫酸钡（≥90％），水分≤1.5％，白色或灰白色粉末，具有玻璃光泽，无味，无毒。不溶于水和酸。筛余物（325 目）≤5％，200 目筛全部通过。重晶石粉价格较普通沉淀硫酸钡的低，是普通沉淀硫酸钡的替换产品。

重晶石超微粉中位粒径（D_{50}）为数微米，相对密度为 4.3～4.4，对水、油脂和树脂都有良好的亲和力。一级品硫酸钡含量≥96％，水分 0.2％，酸溶物≤1％，白度≥90。它作为填料可替代部分钛白粉。

除上述天然硫酸钡粉外，沉淀法硫酸钡的生产工艺是将重晶石粉和炭加热还原，生成可溶性硫化钡，再与硫酸或硫酸钠作用，生成沉淀硫酸钡。硫酸钡分子式为 $BaSO_4$，分子量为 233.4。相对密度为 4.50，熔点为 1580℃，不溶于水、乙醇和稀酸。干燥时易结块。水分≤0.2％，pH 值为 6.5～8。10 μm 以下粒径占 80％，2 μm 以下占 25％。超细硫酸钡是斜方晶体或无定形白色粉末，堆密度为 0.85～0.90，一级品白度大于 92，水溶物≤0.8％，挥发物≤0.6％，吸油量为 18％～30％，45 μm 筛余物≤0.2％。

硫酸钡广泛用于涂料、粉末涂料、搪瓷、纸张、橡胶、光亮搪瓷、高级纸张、油墨等行业。将超细硫酸钡（0.2～0.7 μm）按一定比例与钛白粉同时加入涂料产品中，既可控制钛白粉粒子间的距离，又能消除因挤压效应而产生的光学絮凝现象，从而改善涂料光泽等性能。

12.1.9　石膏粉和硫酸钙

硫酸钙（calcium sulfate）俗称石膏（gypsum），分子式为 $CaSO_4$。相对密度为 2.96。熔点为 1450℃。

天然石膏即生石膏，分子式为 $CaSO_4 \cdot 2H_2O$，含硫酸钙 79.3％，结合水 20.1％，相对密度为 2.36，石膏粉平均粒径 4 μm，分解温度为 128～163℃，失水后生成烧石膏（半水硫酸钙），更高温度煅烧得到无水硫酸钙。半水硫酸钙与水反应固化结块。

天然硬石膏（无水石膏）含硫酸钙 98％～99％，相对密度为 2.95，石膏粉粒径可在 0.5～3.0 μm，平均粒径为 2.0 μm。用沉淀法制得的无水硫酸钙粉末，含硫酸钙 99％，相对密度为 2.95，粒径范围为 0.2～10 μm，平均粒径为 1.0 μm。

硫酸钙晶须是无水硫酸钙的纤维状单晶体，白色细小纤维粉末，相对密度为 2.96，长度为 100～200 μm，直径为 1～4 μm，平均长径比为 80，它尺寸稳定、强度高、韧性好、耐高温、耐腐蚀、耐摩擦、电绝缘性好，不溶于水，易进行表面处理，与合成树脂等相容性好，可产生触变性，可用于密封胶、胶黏剂等。

12.1.10 炭黑

炭黑（carbon black）是一种常用填料，它能起补强作用，同时也是一种黑色颜料，使制品抗紫外线。炭黑品种有炉法炭黑、槽法炭黑、乙炔黑（灯黑）等。

半补强炉黑又称高定伸半补强炉黑，是炭黑的一种，简称 SBF。炭黑的组成主要是碳，只含少量的氢和氧，是具有“准石墨晶体”结构和胶体粒径范围的黑色粉状物质。真密度为 1.80g/cm^3，平均粒径为 60～130nm，比表面积为 10～35m^2/g，吸油值为 0.45～0.80mL/g，pH 值为 7～10。半补强炉黑有气炉法和油炉法两种产品，后者填充物硬度较大，弹性较低。

超耐磨炉黑又称标准结构超耐磨炉黑，简称 SAF。黑色粉状物质，真密度为 1.80g/cm^3，平均粒径为 14～26nm，比表面积为 90～150m^2/g，吸油值为 1.1～1.5mL/g，pH 值为 7～9，挥发分为 1.0%，氢含量为 0.28%～0.34%，氧含量为 1%～2%。

乙炔炭黑又称乙炔黑，简称 ACET。是以乙炔为原料，在 1400℃左右高温下隔绝空气进行热分解，再经冷却收集制得，纯度很高，含碳量大于 99.5%。外观为黑色微细粉末，真密度为 1.59g/cm^3，表观密度为 0.02～0.03g/cm^3，平均粒径为 35～45nm，比表面积为 55～70m^2/g，吸油值为 2.5～3.5mL/g，pH 值为 6～8。它具有较高导电性和导热性。

导电炉黑又称导电炭黑，简称 CF，平均粒径为 21～29nm，比表面积为 125～200m^2/g，吸油值为 1.3mL/g，pH 值为 8～9，挥发分为 1.5%～2.0%。还有高导电炉黑和超导电炉黑。它们用作导电填料和抗抗静电剂。

12.1.11 玻璃纤维

玻璃纤维按碱金属原料组成可分为：无碱玻璃纤维（即 E 型玻璃纤维，碱金属氧化物含量在 2%以下）、低碱玻璃纤维（碱金属氧化物含量为 2%～6%）和中碱玻璃纤维（碱金属氧化物含量为 6%～12%）。另外还有多种特种玻璃纤维。

常用的无碱玻璃纤维，直径为几微米至几十微米，可制成长纤维或短纤维。其典型化学成分为：SiO_2（53.5%），Al_2O_3 · Fe_2O_3（15.3%），B_2O_3（10.0%），CaO（16.3%），MgO（4.5%），Na_2O（<0.5%）、CaF_2（2.0%）。相对密度为 2.5～2.7，拉伸强度为 250～3000MPa，伸长率一般为 3%，性脆较易折断。具有优良的耐热性、耐腐蚀性、隔热性、绝缘性和吸音性，不燃烧、不吸水，无毒。

玻璃纤维是一种特殊的填料，属增强材料或增强填料，用于聚氨酯等聚合物增强材料的玻璃纤维材料有锤磨玻璃纤维、短切玻璃纤维及玻璃纤维网垫三类。

锤磨玻璃纤维是将长玻璃纤维经锤磨粉碎后的粉末状短纤维填料，用筛孔尺寸分别为 1/32in(1in=2.54cm)、1/16in、1/4in 的筛网筛分成不同的规格，单丝直径一般在 15 μm 左右。这种玻纤是常用的增强材料，对黏度的影响不大，增强效果好，对成形品的表面平滑性影响较小。其中 1.6mm(1/16in) 规格的锤磨玻璃纤维最常用，其长度范围为 0.01～1.0mm（大多数在 0.2～0.3mm 范围），在料液中的用量一般在 30%以内，可获得机械设备及制品所要求的“A级”抛光表面。

短切玻璃纤维是切断成一定长度（如 1.5、3.0、6mm 等）的玻璃纤维，直径为 10～20 μm，易造成制品表面粗糙。

长玻纤增强工艺的开发，使得聚氨酯可采用长玻璃纤维增强。在与料液混合之前切断成数厘米到十多厘米长的纤维，作为增强填料。

长玻璃纤维束编织而成的玻纤网垫（或称玻璃纤维毡）也用作增强材料，这就与普通的粉状填料相差很大。

12.1.12　其他填料

可用于聚氨酯材料的填料很多，上面仅列举了几种常用填料，还有一些填料也用于聚氨酯。

铝粉、锌粉、铜粉、银粉等金属粉末可用作导电填料。水泥、粉煤灰等也可用作填料。木粉、淀粉等植物性粉末也可用作填料。氧化钙可少量用于聚氨酯胶黏剂和密封胶体系，兼具二氧化碳吸收剂的作用。

白炭黑是二氧化硅粉末的俗称，有沉淀法和气相法之分。一般有吸潮性，含吸附水。白炭黑外观为白色无定形微细粒末状，不溶于水及酸，能溶于强碱溶液。电绝缘性能好，无毒无臭，无氧化性，无腐蚀性。其比表面积很大，具有类似炭黑的补强作用。白炭黑含水量较高，在聚氨酯中很少用作补强填料。气相白炭黑可用作触变剂。

硅藻土为白色或浅黄色粉末，由硅藻遗骸组成，含硅藻 70%～90%，主要矿物成分是二氧化硅凝胶体，为轻质多孔性物质，吸附、黏附很强。膨润土是土黄色多孔性物质。它们易吸水，膨润土的含水量达 10%以上，不适合于用作对水敏感的聚氨酯体系的填料。

片状玻璃可用作 RIM 增强填料，其尺寸一般为 0.3～3.2mm、片厚 33～37 μm，增强产品的各向异性小，但其抗冲性能比纤维增强的差。增强材料还有天然植物纤维、尼龙纤维、聚酯纤维、碳纤维、微细金属丝、矿物纤维等。

12.2　颜料及色浆

聚氨酯的染色性较好。通过添加染料或颜料色浆（color paste），可制造具有所需颜色的聚氨酯制品，如彩色聚氨酯软泡、弹性体、合成革等。

除了利用颜色提供功能性的效果，对聚氨酯泡沫塑料染色还有以下作用：①利用不同的颜色区分不同密度和不同功能的聚氨酯软泡，不同颜色和深度代表不同的密度，或阻燃性海绵，或抗静电海绵；②着色可以遮盖和减少聚氨酯的黄变，可用棕色、红色、黄色或黑色来掩饰聚氨酯的变黄现象，使聚氨酯制品的变黄现象不明显或不易察觉，从而将负面效果降低至最低点。

颜料及染料品种很多，由于聚氨酯反应体系存在高活性 NCO 基团，所以要注意颜料（及染料）中是否存在易和聚氨酯原料发生反应而失去着色效果的官能团或化合物，以及颜料的耐酸碱性、抗氧化性、耐热性、耐光性、着色力、耐水性、耐溶剂性和价格等。最好通过实验选择颜料是否适用于聚氨酯体系，颜料要能很容易在组分中分散，并可经受加工温度，对材料性能的影响要尽可能地小，不发生色移和颜料析出。颜料用量范围可大也可小，调节方便。

黑色颜料和染料有钛黑、炭黑、苯胺黑等，红色颜料有硫化镉、氧化铁红、色淀红等，黄色颜料有钛黄、异吲哚啉酮系颜料等，绿色颜料有氧化镉、酞箐绿等，橙色颜料有铬红等。

为了使用上的方便以及染色效果更佳，一般把颜料或染料预分散和溶解在聚醚中，制成色浆。

瑞士 Berlac 集团属下德国 iSL 化学公司以及英诗诺化工（上海）有限公司是聚氨酯色浆的专业生产商之一。该公司供应的 Moltopren、Isopur 和 Bayflex 品牌的色浆，分别用于不同的聚氨酯制品。但即使是着有颜色的聚氨酯部件，黄变效果肉眼仍然能够看出。为了控制聚氨酯体系自然的黄变，iSL 产品通过添加 UV 稳定剂制造耐 UV 色浆来解决这个问题，极大地阻止了黄变的过程。

德国 Evonik 工业公司的 TEGOCOLOR 色浆是由 10%～20%的颜料分散在聚醚多元醇中形成的色浆，密度（20℃）为 1.00～1.15g/cm³，有黑、蓝、绿、红、黄 5 种颜色，产品牌号分别为 TEGOCOLOR Black HI、TEGOCOLOR Blue 2、TEGOCOLOR Green、TEGOCOLOR Red 2、TEGOCOLOR Yellow 2。主要用于连续法和箱式聚醚型聚氨酯块状软泡、热模塑软泡。TEGOCOLOR Black HI 为深黑色黏稠液体，这类产品黏度（25℃）为 1200～4200mPa·s，羟值为 88～108mgKOH/g。蓝、绿、红、黄四色的色浆粒径<35μm，羟值在 28～33mg KOH/g。

美国 Milliken 化学公司生产商品名为“Reactint”的不同颜色的高分子色料（着色剂），它们被广泛应用于聚氨酯泡沫塑料、弹性体、胶黏剂、涂料、合成革、保龄球等对颜色质量需求较高的聚氨酯产品中。它们是黏稠均相液体，黏度小于 5000mPa·s，溶于水。不同于普通颜料分散于多元醇所形成的色浆，是将染料和聚醚组分接枝反应，含有反应型羟基的高分子链连接于发色基团，不同的发色基团将呈现不同的颜色。使颜料和原料结成一体，不仅使用方便，而且在聚氨酯反应过程中，将着色基团接入聚合物网络，色彩牢固，不会迁移褪色。这种反应型染料的羟值在 50～300mg KOH/g 之间。

最初的 Reactint 反应型色料有 5 种，颜色分别为蓝色、橙色、红色、黄色和紫色。通过将 2 种甚至 3 种色料，还有黑色料，按一定比例混合，可得到各种不同的制品颜色。目前产品系列已经较以前的丰富，基本上仍是水溶性的。在树脂中 0.05%～0.10%的 Reactint 色料用量就显浅色，0.5%～1.5%用量呈现深色。表 12-2 为美国 Milliken 公司 Reactint 反应型染料的典型物性。例如，Black X95AB 色强度约比 10%炭黑分散液要深 4 倍，所以用量较少。

表 12-2 美国 Milliken 公司 Reactint 反应型染料的典型物性

产品牌号	颜色	黏度(25℃)/mPa·s	密度/(g/cm³)	羟值/(mg KOH/g)	色强度
Black X41LV	黑色	2000	1.10	136	12.5
Black X77	黑色	2000	1.10	136	12.5
Black X95AB	黑色	1600	1.10	104	①
Blue 17AB	蓝色	3500	1.20	210	15
Blue X3LV	蓝色	2500	1.10	168	25
Blue X8119LV	蓝色	2000	1.20	181	21
Green X8218LV	绿色	1900	1.16	185	19
Orang X96	橙色	3000	1.13	103	18
Red X64	红色	900	1.10	180	15
Violet X80LT	紫色	2000	1.09	80	24
Yellow X15	柠檬黄	2500	1.10	84	28

①Black X95AB 黑色约比 10%炭黑分散液深 4 倍

注：Red X64 官能度为 2。Blue X17AB 主要用于双组分聚氨酯体系，可用于 RIM、RRIM、微孔弹性体和浇注弹性体，不用于有高温产生的大块泡沫塑料。

国内有一些厂家生产聚氨酯用的色浆。具体品种较多，不作详细介绍。

模内漆是具有涂料、色浆和脱模剂三种功能的助剂。它与聚氨酯模塑部件良好的附着力，高柔韧性。它均匀喷涂于模具内，漆膜干燥后，即可模塑聚氨酯鞋底、自结皮泡沫塑料、聚氨酯软泡、硬泡制品，脱模后，色漆附着在成型固化的制品上。脱模后的部件的耐手汗或耐清洗剂性能，以及部件的外观、光稳定性也能得到长久的改善。一般用于汽车工业、家具工业等领域的聚氨酯模塑部件（如方向盘、扶手）。

·附　　录·

为了便于读者了解和索引原料缩写、国外（跨国）聚氨酯原料公司名称和网址等，现将与本手册内容相关的英文缩写、外国公司中英文名对照及网址、有关计量单位的换算作为附录，简列如下。

附录1　常见的英文缩写

AA：己二酸；烯丙醇；丙烯酸

ADI：脂肪族二异氰酸酯

APHA：铂-钴比色法

APP：聚磷酸铵

ATH：三水合氧化铝，氢氧化铝

BA：丙烯酸丁酯；乙酸丁酯

BBP：邻苯二甲酸丁苄酯

BDMA：*N*,*N*-二甲基苄胺

BDMAEE：双(二甲胺基乙基)醚，二[2-(*N*,*N*-二甲胺基乙基)]醚

BDO、BD、BG：丁二醇

BEPD、EBP、BEPG：2-丁基2-乙基丙二醇

BHPA：*N*,*N*-二(2-羟丙基)苯胺

BHT：丁基化羟基甲苯，2,6-二叔丁基-4-甲基苯酚

BuAc：乙酸丁酯

CAS：蓖麻油；化学文摘社［美国］

CASE：聚氨酯涂料、聚氨酯胶黏剂、聚氨酯密封胶及聚氨酯包封体系的英文缩写，泛指非泡沫聚氨酯材料

CDDD：十二碳环烷二醇

CEM：4-十六烷基吗啉

CFC：氯氟烃

CHDA：1,4-环己烷二羧酸，1,4-环己烷二甲酸。

CHDI：1,4-环己烷二异氰酸酯

CHDM：1,4-二羟甲基环己烷，1,4-环己二甲醇

CHDO：环己二醇，环己烷二醇

C-MDI：碳化二亚胺改性 MDI

CMHR：阻燃改性高回弹泡沫，阻燃高回弹泡沫塑料

COC：Cleveland 开杯法（闪点测试方法）

DBA：混合二羧酸；二甘醇丁醚醋酸酯
DBE：二元羧酸二(甲)酯
DBNPG、BBMP：二溴新戊二醇
DBP：邻苯二甲酸二丁酯
DBTAC：二醋酸二丁基锡，二丁基锡二醋酸酯
DBTL、DBTDL：二月桂酸二丁基锡，二丁基锡二月桂酸酯
DBU：1,8-二氮杂二环-双环(5,4,0)十一烯-7
DDDA、DDA：十二碳二酸
DEEP：乙基膦酸二乙酯
DEG：一缩二乙二醇，二甘醇
DEOA：二乙醇胺
DEP：邻苯二甲酸二乙酯
DEPD：2,4-二乙基-1,5-戊二醇
DETDA：二乙基甲苯二胺，Ethacure100
DIDP：邻苯二甲酸二异癸酯
DINP：邻苯二甲酸二异壬酯
DMAc、DMA：*N*,*N*-二甲基乙酰胺
DMBA：2,2-二羟甲基丁酸
DMC：碳酸二甲酯
DMCD：1,4-环己烷二甲酸二甲酯
DMCHA；二甲基环己胺
DMDEE：双(2,2-吗啉乙基)醚，二吗啉二乙基醚
DMEA：*N*,*N*-二甲基乙醇胺
DMEE、DMAEE：二甲氨基乙氧基乙醇
DMEP：邻苯二甲酸二甲氧基乙酯
DMF：二甲基甲酰胺
DMI：1,2-二甲基咪唑
DMMP：甲基膦酸二甲酯
DMP：1,4-二甲基哌嗪；邻苯二甲酸二甲酯
DMP-30：2,4,6-三(二甲氨基甲基)苯酚
DMPA、DHPA：2,2-二羟甲基丙酸
DMPP：丙基膦酸二甲酯
DMT：对苯二甲酸二甲酯
DMTDA、DADMT：二氨基-3,5-二甲硫基甲苯，二甲硫基甲苯二胺，Ethacure 300
DOA：己二酸二辛酯
DOP：邻苯二甲酸二(异)辛酯
DOS：癸二酸二辛酯
DOTP：对苯二甲酸二辛酯
DPDP：亚磷酸二苯基异癸基酯
DPG：一缩二丙二醇，二丙二醇
EG、MEG：乙二醇，单乙二醇
EHD：2-乙基-1,3-己二醇，辛二醇（OG）

EO：环氧乙烷，氧化乙烯
EP：环氧树脂
EtAc：乙酸乙酯
GLY：甘油，丙三醇
HALS：受阻胺光稳定剂（hindered amine light stabilizer）
HC：烃，碳氢化合物
HCFC：氢氯氟烃
HDI：六亚甲基二异氰酸酯，己二异氰酸酯
HDO：1,6-己二醇
HEA：丙烯酸 2-羟乙酯
HEMA：甲基丙烯酸-2-羟乙酯
HER：间苯二酚双(羟乙基)醚
HFC：氢氟烃
HMDI、H_{12}MDI：二环己基甲烷二异氰酸酯，氢化 MDI
HPER：间苯二酚双羟丙基乙基醚
HPHP、HPN：羟基新戊酸羟基新戊醇酯，羟基特戊酸新戊二醇单酯
HPR：间苯二酚双羟丙基醚。
HQEE：氢醌双(2-羟乙基)醚，对苯二酚二羟乙基醚
HR：高回弹（泡沫塑料）
HTBN：端羟基聚丁二烯-丙烯腈，丁腈羟
HTBS：端羟基丁苯液体橡胶，丁苯羟
HTDI：甲基环己基二异氰酸酯，氢化 TDI
HTPB：端羟基聚丁二烯，丁羟胶
HXDI、H_6XDI：环己烷二亚甲基二异氰酸酯，氢化 XDI
IPA、PIA:(精)间苯二甲酸
IPDI：异佛尔酮二异氰酸酯
IPPP：磷酸三异丙基苯酯，异丙基化三苯基磷酸酯
ISO：异氰酸酯的缩写，有时出现在设备标记上
ISOPA：欧洲二异氰酸酯和多元醇生产商协会
LD_{50}：半数致死剂量
L-MDI：液化 MDI
MA：丙烯酸甲酯；马来酸酐
MAK：甲基正戊基酮
MBOCA：亚甲基双邻氯苯胺（即 MOCA）
MBOEA：4,4′-亚甲基双(2-乙基苯胺)
MC：二氯甲烷
MCDEA：4,4′-亚甲基双(3-氯-2,6-二乙基苯胺)
MDA：4,4′-二氨基二苯基甲烷，4,4′-二苯基甲烷二胺
M-DEA：4,4′-亚甲基双(2,6-二乙基)苯胺
MDEA：*N*-甲基二乙醇胺
MDI：二苯基甲烷二异氰酸酯
M-DIPA：4,4′-亚甲基双(2,6-二异丙基)苯胺

MEK：甲乙酮，丁酮
MIAK：甲基异戊基酮
MIBK：甲基异丁基酮
MMA：甲基丙烯酸甲酯
M-MIPA：4,4′-亚甲基双(2-异丙基-6-甲基)苯胺
MOCA：3,3′-二氯-4,4′-二氨基二苯甲烷，亚甲基双邻氯苯胺
MPA：1-甲氧基丙基乙酸酯-2，丙二醇甲醚醋酸酯
MPD：2-甲基-1,3-丙二醇；3-甲基-1,5-戊二醇
MPP、PPM：聚磷酸三聚氰胺（melamine-polyphosphate）
NBDI：降冰片烷二异氰酸酯
NCM：*N*-可可吗啉
ND：1,9-壬二醇
NDI：1,5-萘二异氰酸酯
NEM：*N*-乙基吗啉
NMM：*N*-甲基吗啉
NMP：*N*-甲基吡咯烷酮
NOP：天然油多元醇
NPG：新戊二醇
ODP：臭氧消耗潜值（ozone depleting potential）
ODPP：亚磷酸二苯基异辛酯
ODS：臭氧消耗性物质
PA：邻苯二甲酸酐，苯酐，邻苯二酸酐；聚酰胺
PAPI：多亚甲基多苯基异氰酸酯，聚芳基聚异氰酸酯
PBA：聚己二酸丁二醇酯二醇
PBAI：聚己二酸间苯二甲酸丁二醇酯二醇
PBDPE（penta-BDPE、pentaBDE）：五溴二苯醚，五溴联苯醚
PC：碳酸亚丙酯；聚碳酸酯
PCD：聚碳化二亚胺；聚碳酸酯二醇
PCDL：聚碳酸酯二醇
PCL：聚己内酯多元醇
PDA：聚己二酸二乙二醇酯二醇
PDDP：亚磷酸苯基二异癸基酯
PDEA：聚己二酸二乙二醇酯二醇
PDO、PD：1,3-丙二醇
PDP：聚邻苯二甲酸一缩二乙二醇酯二醇
PE：季戊四醇；聚乙烯
PEA：聚己二酸乙二醇酯二醇
PEBA：聚己二酸乙二醇丁二醇酯二醇
PEDA：聚己二酸乙二醇二乙二醇酯二醇
PG、MPG：1,2-丙二醇，单丙二醇
PHA：聚己二酸己二醇酯二醇
PHD：聚脲多元醇

PIR：聚异氰脲酸酯

PM：丙二醇单甲醚

PMA、PMAC：醋酸苯汞

PMA：丙二醇甲醚乙酸酯，甲氧基丙基乙酸酯

PMA：美国聚氨酯制造商协会

PMCC：Pensky-Martens 闭杯法（闪点测试方法）

PMDETA：五甲基二亚乙基三胺

PNA：聚己二酸新戊二醇酯二醇

PO：1,2-环氧丙烷，氧化丙烯

POP：聚合物多元醇，接枝聚醚

PPDI：对苯二异氰酸酯，亚苯基-1,4-二异氰酸酯

PPG：聚氧化丙烯二醇，有时泛指聚氧化丙烯多元醇

PPG：聚氧化乙烯二醇，聚乙二醇

PTA：(精) 对苯二甲酸

PTMEG、PTMG、PTG、PTHF：聚四氢呋喃二醇，四氢呋喃均聚醚，聚四亚甲基醚二醇

PU：聚氨酯

PUA：聚氨酯-丙烯酸酯

PUE：聚氨酯弹性体；聚氨酯乳液

PUF：聚氨酯泡沫塑料

PUR：聚氨酯

PUU：聚氨酯-脲

RDP：间苯二酚双(二苯基磷酸酯)

REACH 法规：Registration，Evaluation，Authorization and Restriction of Chemicals 的缩写，即化学品注册、评估、许可和限制，是欧盟对进入其市场的所有化学品进行预防性管理的法规。在 2007 年 6 月 1 日正式实施。

RIM：反应注射成型

RRIM：增强反应注射成型

SAA：聚苯乙烯-烯丙醇共聚物多元醇

SAN：苯乙烯-丙烯腈

SRIM：结构反应注射成型

TBDPE：四溴二季戊四醇

TBEP：磷酸三(2-丁氧基乙基)酯

TBNPA：三溴新戊醇

TBP：2,4,6-三溴苯酚；磷酸三丁酯

TBT、TNBT：钛酸四正丁酯

TCC：Tag 闭杯法（闪点测试方法）

TCD：三环十二碳伯羟基二醇

TCEP：三(2-氯乙基)磷酸酯

TCP：磷酸三甲苯酯，磷酸三甲酚酯

TCPP：三(2-氯丙基)磷酸酯

TDA：甲苯二胺，二氨基甲苯

TDBPP：三(二溴丙基)磷酸酯
TDCP、TDCPP：三(二氯丙基)磷酸酯
TDI：甲苯二异氰酸酯
TDP：亚磷酸三异癸基酯
TEA：三乙胺；三乙醇胺
TEDA：三亚乙基二胺；三乙烯二胺；DABCO
TEG：二缩三乙二醇；三甘醇
TEOA：三乙醇胺
TEP：磷酸三乙酯；三乙基磷酸酯
TGA：热重分析
THEIC：三（2-羟乙基）异氰脲酸酯
THF：四氢呋喃
TIN：三异氰酸酯基壬烷
TIPA：三异丙醇胺
TLV：毒性反应最低极限值（即空气中允许浓度）
TMBPA：四甲基亚胺二丙基胺，双-(3-二甲基丙氨基)胺
TMCP、TMCPP：三(氯丙基）磷酸酯，即三单氯丙基磷酸酯
TME：三羟甲基乙烷
TMEDA、TMED：四甲基乙二胺，四甲基亚乙基二胺
TMHDA：四甲基己二胺
TMHDI、TMDI、TMHMDI：三甲基-1,6-六亚甲基二异氰酸酯
TMP：三羟甲基丙烷
TMPD：2,2,4-三甲基-1,3-戊二醇
TMPDA：四甲基丙二胺
TMXDI：四甲基间苯二亚甲基二异氰酸酯，1,3-双(1-异氰酸酯基-1-甲基乙基)苯
TNPP、TNP：亚磷酸三(壬基苯)酯
TODI：3,3′-二甲基-4,4′-联苯二异氰酸酯；邻联甲苯二异氰酸酯
TPG：二缩三丙二醇
TPA：对苯二甲酸；三丙胺
TPP、TPPa、TPF：磷酸三苯酯
TPP、TPPi：亚磷酸三苯酯
TPT、TIPT：钛酸四异丙酯
TPTI：硫代磷酸三(4-苯基异氰酸酯)；JQ-4 胶；Desmodur RF(E)
TPU：热塑性聚氨酯
TTI：三苯基甲烷三异氰酸酯；JQ-1 胶；Desmodur R(E)
UV：紫外光
VOC：挥发性有机化合物
XDI：间苯二亚甲基二异氰酸酯，1,3-二(异氰酸酯甲基)苯

附录2 相关国外原料公司的中英文名称对照及网址

• 德国巴斯夫公司：BASF Aktiengesellschaft，www.basf.de（巴斯夫美国公司：BASF Corporation，www.basf.com)（另外，瑞士汽巴精化有限公司 Ciba Specialty Chemicals, Inc. 已经于 2008 年被 BASF 集团收购)

• 德国拜耳集团:Bayer AG,www. bayer. com(其他聚氨酯原料等相关网站有 www. pur. bayer. com,www. pur-raw. bayer. com 或 www. pur-raw. bayer. de,www. bayercoatings. com,www. bayer. com. cn,www. bayercas. cn 等)

• 德国拜耳材料创新集团:Bayer MaterialScience AG,www. materialscience. bayer. com

• 德国毕克化学股份有限公司:BYK-Chemie GmbH,www. byk. com

• 德国科莱恩公司:Clariant GmbH,www. clariant. com

• 德国莱茵化学莱脑有限公司:Rhein Chemie Rheinau GmbH,www. rheinchemie. com

• 德国朗盛公司:LANXESS AG,www. lanxess. com,lanxess. de(是德国 Bayer 公司化学与高分子部门重新整合而成的一家独立公司,拜耳公司部分精细化学品包括纺织化学品相关业务部门已相应地纳入朗盛公司)

• 德国赢创工业集团公司:Evonik Industries AG,www. evonik. com(2007 年成立的大型跨国公司,由几个公司合并而成,其在聚氨酯等化工行业比较知名的前体子公司有 Degussa 德固萨、Goldschmidt 高施米特)

• 德国性能化学品汉德尔斯有限公司:Performance Chemicals Handels GmbH,www. nitroil-chemicals. com

• 德国 Borchers 公司:OMG Borchers GmbH,www. borchers. com(2007 年该德国著名涂料助剂生产商被美国 OM 集团(www. omgi. com)收购)

• 德国塞拉尼斯集团公司:Celanese AG,www. celanese. com

• 法国道达尔集团:Total Group,www. total. com(旗下有 Cray Valley、Bostik、Total Petrochemicals、Sartomer、Hutchinson 等子公司,网址分别为 www. crayvalley. com、www. bostik. com、www. totalpetrochemicals. com、www. sartomer. com、www. hutchinsonworldwide. com 等)

• 法国阿科玛公司:Arkema Group(Arkema S A、Arkema Inc.),www. arkema. com(原名 Elf AtoChem、Atofina,2006 年由法国 Total 集团公司资产重组独立而来)

• 法国罗地亚公司:Rhodia group,www. rhodia. com

• 韩国 SKC 株式会社:SKC Co.,Ltd.,www. skc. co. kr,www. skc. kr

• 韩国 SK 株式会社:SK Corporation,www. skchemicals. com

• 韩国爱敬油化株式会社 Aekyung Petrochemical Co.,Ltd.,www. akp. co. kr

• 韩国 OCI 株式会社:OCI Company Ltd.,www. oci. co. kr/eng/(原韩国东洋制铁化学株式会社(DC Chemical Co.,Ltd.),生产 TDI、芳香族聚酯多元醇等)

• 韩国 KPX 化工有限公司:KPX Chemical Co.,Ltd.,www. kpxchemical. com(属 KPX 集团,原 Korea Polyol Co.,Ltd.,主要生产聚醚多元醇)

• 韩国 KPX 精细化工株式会社:KPX Fine Chemical Co.,Ltd.,www. kpxfinechem. com(属 KPX 集团,2008 年由原 Korea Fine Chemical Co,Ltd. 即韩国 KFC 株式会社的 TDI 业务变更而来,主要生产 TDI。保留的 Korea Fine Chemical Co,Ltd. 公司 KFC 主要生产 TPU,网址 www. kfcchem. com)

• 韩国国都化学株式会社:Kukdo Chemcial Co.,Ltd.,www. kukdo. com

• 韩国锦湖三井化学株式会社:Kumho Mitsui Chemical Inc. ,www. kmci. co. kr

• 韩国精细化工株式会社:Korea Fine chemical Co,Ltd.,www. finechem. co. kr

• 韩国 PTG 株式会社:Korea PTG Co.,Ltd.,www. koreaptg. co. kr

• 韩国三星精细化学品株式会社:Samsung Fine Chemicals Co. Ltd,www. sfc. samsung.

co. kr

· 美国 Aceto 公司：Aceto Corporation，www. aceto. com

· 美国 Cytec 工业公司：Cytec Industries Inc. ，www. cytec. com

· 美国迈图高新材料集团：Momentive Performance Materials，www. momentive. com（原 GE 东芝有机硅有限公司、GE Advanced Materials 公司）

· 美国奥麒化学公司：Arch Chemicals，Inc. ，www. archurethanes. com（http：//www. archchemicals. com/Fed/URETHANE）

· 美国柏斯托多元醇有限公司：Perstorp Polyols Inc. ，www. perstorppolyols. com

· 美国杜邦公司：DuPont Chemical Solutions Enterprise，www. dupont. com

· 美国亨斯迈集团公司（含亨斯迈聚氨酯公司）：Huntsman International LLC（Huntsman Polyurethanes），www. huntsman. com

· 美国杰奥特殊化学品公司：GEO Specialty Chemicals，www. geosc. com

· 美国壳牌化学公司：Shell Chemicals Companies，www. shellchemicals. com

· 美国利安德巴塞尔工业公司：LyondellBasell Industries，www. lyondellbasell. com

· 美国科聚亚公司：Chemtura Corporation，www. chemtura. com（2005 年由生产匀泡剂等产品的 Crompton 公司与生产阻燃剂等产品的 Great Lakes 化学公司合并，产生了 Chemtura 公司，因此 Chemtura 公司的历史包括 Crompton & Knowles Corporation，Uniroyal Chemical Corporation，Great Lakes Chemical 和 Witco Corporation）

· 美国米林肯公司：Milliken & Company，www. milliken. com

· 美国空气化工产品公司：Air Products and Chemicals，Inc. ，www. airproducts. com

· 美国斯泰潘公司：Stepan Company，www. stepan. com

· 美国陶氏化学公司：The Dow Chemical Company，www. dow. com（属下有生产聚丙烯酸酯多元醇等的美国罗姆哈斯公司 Rohm and Haas Company，生产噁唑烷类聚氨酯化学品的美国 Angus 化学公司等）

· 美国雅保公司：Albemarle Corporation，www. albemarle. com

· 美国伊斯曼化学公司：Eastman Chemical Company，www. eastman. com

· 美国英威达公司：INVISTA S. àr. l. ，www. invista. com（原 DuPont 公司纺织材料部门 2003 年从母公司分离出来成立的公司，现为美国 Koch 工业公司子公司）

· 日本保土谷化学工业株式会社：Hodogaya Chemical Co. ，Ltd. ，www. hodogaya. co. jp

· 日本株式会社大赛璐：Daicel Corporation.（株式会社ダイセル），www. daicel. com（2011 年 10 月由原日本大赛璐化学工业株式会社改名为株式会社大赛璐）

· 日本东曹株式会社：Tosoh Corporation（東ソー株式会社），www. tosoh. com，www. tosoh. co. jp

· 日本广荣化学工业株式会社：Koei Chemical Co. ，Ltd.（広栄化学工業株式会社），www. koeichem. com

· 日本化成株式会社：Nippon Kasei Co. ，Ltd，www. nkchemical. co. jp

· 日本聚氨酯工业株式会社：Nippon Polyurethane Industry Co. ，Ltd. ，www. npu. co. jp

· 日本可乐丽株式会社：Kuraray Co. ，Ltd（株式会社クラレ），www. kuraray. co. jp

· 日本日清纺织株式会社：Nisshinbo Industries，Inc. ，www. nisshinbo. co. jp

· 日油株式会社：NOF Corporation，www. nof. co. jp

· 日本三共有机株式会社：Sankyo Organic Chemicals Co. ，Ltd. ，www. sankyoygk. co. jp

• 日本三共生科株式会社：Sankyo Lifetech Co.，Ltd.（三共ライフテック株式会社），www. sankyo-lifetech. co. jp

• 日本三井化学株式会社：Mitsui Chemicals，Inc.，www. mitsuichem. com（日本三井化学株式会社收购原日本三井武田化学株式会社的股份后，原三井武田的所有聚氨酯原料和产品业务并入三井化学）

• 日本三菱化学株式会社（原：日本三菱化成工业株式会社）：Mitsubishi Chemical Corporation（原 Mitsubishi Chemical Industries Ltd.），www. m-kagaku. co. jp

• 日本三菱瓦斯化学株式会社：Mitsubishi Gas Chemical Company，Inc.（三菱ガス化学株式会社），www. mgc. co. jp

• 日本协和发酵化学株式会社：Kyowa Hakko Chemical Co.，Ltd.（協和発酵ケミカル株式会社），www. kyowachemical. co. jp

• 日本旭化成株式会社：Nippon Asahi Kasei Corporation，www. asahi-kasei. co. jp（生产聚碳酸酯二醇等的日本旭化成化学品株式会社，即 Asahi Kasei Chemicals Corporation、旭化成ケミカルズ株式会社，属日本旭化成株式会社）

• 日本宇部兴产株式会社：Ube Industries，Ltd.，www. ube-ind. co. jp

• 日本伊藤制油株式会社：Itoh Oil Chemicals Co.，Ltd.，www. itoh-oilchem. co. jp

• 日本住友化学株式会社：Sumitomo Chemical Company，Ltd.，www. sumitomo-chem. co. jp

• 瑞典柏斯托特殊化学品集团公司：Perstorp Specialty Chemicals AB，Perstorp Holding AB，www. perstorp. com

• 瑞士龙沙集团有限公司：Lonza Group Ltd，Switzerland，www. lonza. com

• 西班牙圣希亚集团公司：Synthesia Group（Grupo Synthesia），www. gruposynthesia. com（生产聚酯多元醇和聚氨酯原液等，原 Hoocker S. A. 并入该公司）

• 以色列 ICL 集团工业产品公司：ICL Industrial Products，www. iclfr. com 或 www. icl-ip. com（阻燃剂业务以时间顺序原属美国 Akzo Nobel Functional Chemicals、美国 Supresta LLC 公司，ICL 是以色列化学品有限公司缩写）

• 英国巴辛顿化学品有限公司：Baxenden Chemicals Limited，www. baxchem. co. uk

• 英国 Incorez 有限公司：Incorez Ltd，www. incorez. com（原名英国工业共聚物有限公司即 Industrial Copolymers Limited，目前是 Sika 集团的子公司）

• 英国禾大国际股份有限公司：Croda International Plc，www. croda. com 或 www. crodacoatingsandpolymers. com

• 印度道夫科塔私人有限公司：Dorf Ketal Chemicals（I）Pvt. Ltd.，www. dorfketal. com

• 欧洲聚氨酯软泡生产商协会（EUROPUR）：European Association of Flexible Polyurethane Foam Blocks Manufacturers，www. europur. com

• 欧洲异氰酸酯和多元醇生产厂商协会（ISOPA）：European Diisocyanate and Polyol Producers Association，www. isopa. org、www. polyurethanes. org（ISOPA 成立于 1987 年，是欧洲异氰酸酯和多元醇原料生产商组织，成员有拜耳、陶氏、巴斯夫、亨斯迈、壳牌化学品、柏斯托、Repsol 等。）

• 美国聚氨酯制造商协会（PMA）：Polyurethane Manufacturers Association，www. pma-home. org

附录3 常用计量单位与SI单位换算

标准规定的量	在国内禁用的单位	英制与SI的换算关系或数量级的换算
质量 m(禁用:重量)	磅(lb)、斤	1lb(磅)=0.4536kg 1millionlb=453.6t 1billion lb=453.6kt
长度、厚度	密耳(mil)、埃(Å)	1 μm=1000nm=10000Å=10^{-6}m 1mil=0.0254mm
密度 ρ (禁用:比重)	lb/in^3(pci)、lb/ft^3(pcf)、lb/gal	1lb/in^3(pci)=27680kg/m^3 1lb/ft^3(pcf)=16.02kg/m^3 1lb/gal=0.11984kg/L=0.11984g/mL
体积(液体)	加仑(gal)	1gal(美制)=3.785L
拉伸强度 剪切强度 弯曲强度 压缩强度 弹性模量 压力、真空度	psi、kgf/cm^2、lb/in^2 bar、mmHg、torr、atm	1kg/cm^2=98.07kPa=0.0981MPa 1psi=1lb/in^2=6895Pa 1N/mm^2=1Pa 1bar=100kPa 1mbar=0.75mmHg=100Pa 1mmHg=1torr=133.3Pa 1atm=101.3kPa=0.1MPa
撕裂强度 剥离强度	pli、lb/in、kgf/cm	1kg/cm=980.7N/m=9.807N/cm 1lb/in(pli)=175.1N/m
冲击强度	kg·cm/cm^2、kg·cm/cm、ft·lb/in	1kg·cm/cm^2=0.98kJ/m^2 1kg·cm/cm=9.8J/m 1ft·lb/in=53.4J/m
黏度	泊、厘泊(cP) 厘斯(cSt)	1P(泊)=100cP=100mPa·s 1cSt=1mm^2/s
热导率	cal/(cm·s·K)、kcal/(cm·h·K)、BUT	1cal/(cm·s·K)=418.7W/(m·K) 1kcal/(cm·h·K)=1.163W/(m·K) 1BUT=0.1429W/(m·K)
温度	°F	华氏温度(°F) $F=32+1.8C$ 摄氏温度(℃) $C=(F-32)/1.8$ 热力学温度(K) $T=273.15+C$
热量	cal	1cal=4.18J
表面张力	dyne/cm	1dyne/cm=1mN/m(1N=100000dyne)

附录4 化学元素周期表

1H 氢 1.008								化学元素周期表									2He 氦 4.0026
3Li 锂 6.941	4Be 铍 9.012											5B 硼 10.811	6C 碳 12.011	7N 氮 14.007	8O 氧 15.999	9F 氟 18.998	10Ne 氖 20.17
11Na 钠 22.99	12Mg 镁 24.305											13Al 铝 26.982	14Si 硅 28.085	15P 磷 30.974	16S 硫 32.06	17Cl 氯 35.453	18Ar 氩 39.94
19K 钾 39.098	20Ca 钙 40.08	21Sc 钪 44.956	22Ti 钛 47.9	23V 钒 50.942	24Cr 铬 51.996	25Mn 锰 54.938	26Fe 铁 55.84	27Co 钴 58.933	28Ni 镍 58.69	29Cu 铜 63.54	30Zn 锌 65.38	31Ga 镓 69.72	32Ge 锗 72.5	33As 砷 74.922	34Se 硒 78.9	35Br 溴 79.904	36Kr 氪 83.8
37Rb 铷 85.467	38Sr 锶 87.62	39Y 钇 88.906	40Zr 锆 91.22	41Nb 铌 92.906	42Mo 钼 95.94	43Tc 锝 (99)	44Ru 钌 161.0	45Rh 铑 102.906	46Pd 钯 106.42	47Ag 银 107.868	48Cd 镉 112.41	49In 铟 114.82	50Sn 锡 118.6	51Sb 锑 121.7	52Te 碲 127.6	53I 碘 126.905	54Xe 氙 131.3
55Cs 铯 132.905	56Ba 钡 137.33	57-71 La-Lu 镧系	72Hf 铪 178.4	73Ta 钽 180.947	74W 钨 183.8	75Re 铼 186.207	76Os 锇 190.2	77Ir 铱 192.2	78Pt 铂 195.08	79Au 金 196.967	80Hg 汞 200.5	81Tl 铊 204.3	82Pb 铅 207.2	83Bi 铋 208.98	84Po 钋 (209)	85At 砹 (201)	86Rn 氡 (222)
87Fr 钫 (223)	88Ra 镭 226.03	89-103 Ac-Lr 锕系	104 (261) Rf	105 (262) Db	106 (263) Sg	107 (262) Bh	108 (265) Hs	109 (266) Mt									

注：镧系、锕系具体元素在聚氨酯行业几乎不用，此处略。